Handbuch Kognitionswissenschaft

Herausgegeben
von Achim Stephan
und Sven Walter

Mit 28 Abbildungen

Verlag J. B. Metzler
Stuttgart · Weimar

Die Herausgeber

Achim Stephan ist Professor für Philosophie der Kognition
an der Universität Osnabrück.
Sven Walter ist Professor für Philosophie des Geistes an der
Universität Osnabrück.

Bibliografische Information der Deutschen Nationalbibliothek
Die Deutsche Nationalbibliothek verzeichnet diese Publikation in der Deutschen
Nationalbibliografie; detaillierte bibliografische Daten sind im Internet
über http://dnb.d-nb.de abrufbar.

ISBN 978-3-476-02331-5
ISBN 978-3-476-05288-9 (eBook)
DOI 10.1007/978-3-476-05288-9

© 2013 Springer-Verlag GmbH Deutschland
Ursprünglich erschienen bei J. B. Metzler'sche Verlagsbuchhandlung
und Carl Ernst Poeschel Verlag GmbH in Stuttgart 2013

www.metzlerverlag.de
info@metzlerverlag.de

Inhaltsverzeichnis

V. Neuere Entwicklungen

VI. Anhang

Für Claus Rollinger,
ohne den die Kognitionswissenschaft in Deutschland
um einiges ärmer wäre

Vorwort

Gelebte Interdisziplinarität ist ein hehres wissenschaftliches Ziel, oft angestrebt, aber vielfach unerreicht, weil der Weg dahin notorisch mit Schwierigkeiten, Unwägbarkeiten und Missverständnissen gepflastert ist. Die Betreuung von Nachschlagewerken gehört zu den eher undankbareren Aufgaben des Wissenschaftsbetriebs, weil der erwartbare Nutzen den damit verbundenen Aufwand allzu oft nicht einmal annähernd rechtfertigt. Dass beides in Kombination, im geeigneten institutionellen Umfeld, mit den richtigen Autoren und optimaler Unterstützung aber auch großen Spaß machen kann, durften wir im Verlauf der vergangenen vier Jahre während der Redaktion des vorliegenden Handbuchs erfahren.

Wir waren angetreten mit der Überzeugung, dass die Kognitionswissenschaft eben genau das ist: *eine* (inter- oder transdisziplinäre) Wissenschaft, kein loser Verbund unterschiedlich stark aneinander interessierter und miteinander kooperierender Kognitionswissenschaft*en*. Entsprechend sollten die Beiträge zu einem *Handbuch Kognitionswissenschaft* unseres Erachtens die mitunter zwar mehr oder weniger facettenreiche, unter dem Strich aber doch integrative Perspektive *einer* Disziplin auf zentrale Themen wie Emotionen, Entscheidung, Gedächtnis, Kommunikation, Lernen, Problemlösen, Sprache, Wahrnehmung oder Wissen wiedergeben, und nicht nur zusammenhanglos das aneinanderreihen, was die einzelnen Teildisziplinen je für sich genommen dazu sagen können. Wir waren stets aufs Neue überrascht, wie ambitioniert dieses in unseren Augen selbstverständliche Vorhaben vielen ›Veteranen‹ unserer noch jungen Disziplin erschien und welche Schwierigkeiten wir manchen Autoren mit unserem Beharren auf der (wenn möglich) konsequenten Umsetzung unserer Vorstellung von integrativen Beiträgen bereiteten. Beeindruckt von den Ergebnissen, sind wir nun umso froher zu sehen, welch’ spannende und in ihrer Art im deutschen Sprachraum wohl einzigartige Beiträge durch die teils doch sehr mühevolle Arbeit der Autoren und Herausgeber sowie den Enthusiasmus unserer Helfer entstanden sind.

Die integrativen Beiträge zu verschiedenen kognitiven Leistungen, die zum Teil von einzelnen Autoren alleine, zum Teil aber auch von Autorenteams ganz unterschiedlicher disziplinärer Provenienz verfasst wurden, machen den Großteil von *Teil IV: Kognitive Leistungen* aus und bilden zusammen mit den Beiträgen in *Teil III: Strukturen kognitiver Systeme* den eigentlichen Kern des Handbuchs. Teil III bietet insbesondere einen Überblick über die verschiedenen Konzeptualisierungen und Modelle des Kognitiven, die für die moderne Kognitionswissenschaft zu verschiedenen Zeiten und in verschiedenen Bereichen prägend waren, angefangen vom traditionellen Computermodell des Geistes über den Konnektionismus und die Theorie dynamischer Systeme bis hin zu den gegenwärtig mit Vehemenz und Inbrunst diskutierten Ansätzen auf den Gebieten der situierten Kognition, der evolutionären Robotik, des *organic* oder *morphological computing* oder des Enaktivismus. Ergänzt werden die beiden primär systematisch orientierten mittleren Teile des Handbuchs durch einen historischen Überblick in *Teil I: Ursprünge und Anfänge der Kognitionswissenschaft* sowie durch eine inhaltliche und methodische Übersicht in *Teil II: Teildisziplinen der Kognitionswissenschaft* mit knapp gehaltenen Einführungen in die zentralen Fragen und typischen Methoden der an der Kognitionswissenschaft beteiligten Forschungsfelder, die deren Stellung innerhalb des kognitionswissenschaftlichen Forschungsverbunds skizzieren und aktuelle Fragestellungen und Tendenzen der gegenwärtigen Forschungslandschaft darstellen. Abgerundet wird das Handbuch in *Teil V: Neuere Entwicklungen* durch einen kursorischen Ausblick auf einige neuere Entwicklungen, sei es auf methodischen oder inhaltlichen Gebieten der Kognitionswissenschaft selbst, in ihrem unmittelbaren akademischen Umfeld, etwa in der Archäologie, der Poetik, den Wirtschaftswissenschaften oder der Ethik, oder im Hinblick auf mögliche klinische Anwendungen. Eine kleine Auswahlbibliografie mit allgemeinen Einführungs- und Nachschlagewerken findet sich im Anhang; die einführende und vertiefende Literatur zu den Teildisziplinen der Kognitionswissenschaft, einzelnen kognitiven Leistungen sowie anderen systematischen Schwerpunkten allerdings ist in den Literaturverzeichnissen der jeweiligen Beiträge hinreichend dokumentiert. Der Anhang enthält auch ein Personenregister, auf ein Sachregister hingegen haben wir bewusst verzichtet: Angesichts der thematischen Breite der Beiträge und ihrer individuellen fachlichen Tiefe wäre jeder Versuch, sachgemäße Schlagworte zu finden, entweder oberflächlich geblieben oder ausgeufert, zumal die Stichwortsuche in elektronischen Dokumenten das klassische Register zunehmend ablöst.

Im laufenden Wissenschaftsbetrieb wäre ein solches Mammutprojekt ohne eine entsprechende Unterstützung überhaupt nicht zu stemmen. Wir danken nicht nur unseren Kollegen am *Institut für Kognitionswissenschaft* der *Universität Osnabrück*, darunter insbesondere Kai-Uwe Kühnberger, sowie Henrik Walter (*Charité*, Berlin), die uns von Anfang an bei der Konzeption des Handbuchs und der Auswahl der Autoren unterstützt haben, sondern auch und vor allem einer ganzen Reihe von Studierenden des Master- und PhD-Studiengangs *Cognitive Science* in Osnabrück, die in den vergangenen vier Semestern im Rahmen von Studienprojekten bzw. interdisziplinären Seminaren jeden Text zum Teil mehrfach durchgearbeitet, kommentiert und so in Rücksprache und Zusammenarbeit mit den jeweiligen Autoren mitgeholfen haben, die Texte sukzessive zu verbessern. Sie waren dabei wesentlich mehr als ›redaktionelle Handlanger‹: Mit ihren Schwerpunkten in ganz verschiedenen Teilgebieten der Kognitionswissenschaft bildeten sie als repräsentativer Querschnitt einer wichtigen Zielgruppe des Handbuchs nicht nur den idealen und kritischen Prüfstein für unseren Anspruch, in den Beiträgen eine ausgewogene Balance zwischen fachlicher Breite und Tiefe einerseits und einer klaren, auch Fachfremden zugänglichen Darstellung andererseits zu finden; aufgrund ihrer vielfältigen Expertisen waren sie zudem in der Lage, den Autoren auch dort substanzielles Feedback zu geben, wo unser beider fachliche Kompetenz an ihre Grenzen stieß; und schließlich sind einige von ihnen sogar selbst zu Autoren oder Koautoren von Beiträgen geworden. Neben Ambra Agostini, Witali Aswolinskiy, Alexandra Bidler, Vincent Brunsch, Bret Ronald Cohen, Armin Egger, Petra Fischer, Anna Gojowsky, Doreen Jakob, Michael Kempter, Carina Krause, Andres Kurismaa, Freya Materne, Kevin Plöger, Luca Pogoda, Chris Reinke,

Theresa Stiller, Sebastian Timmer, Nicole Yvonne Troxler, Richard Wermes, Christina Woitscheck und Xu Xu zählten zum ›harten Kern‹ unseres unermüdlichen Redaktionsteams vor allem Imke Biermann, Simon Harst, Gregor Hörzer, Ngan-Tram Ho Dac, Jacob Huth, Jonas Klein, Alexander Krüger, Johannes Merkel, Alexander Niedrig, Danja Porada und Laura Schmitz. Ihnen allen sind wir ebenso zu Dank verpflichtet wie unseren beiden Kollegen Kai-Uwe Kühnberger und Tarek Besold, die die oben erwähnten Studienprojekte und interdisziplinären Seminare zusammen mit uns betreut haben: Ihr wart einfach großartig!

Unser Dank gilt auch Ute Hechtfischer vom Metzler Verlag, die das Projekt von Anfang an geduldig und wohlwollend begleitet hat, sowie Imke Biermann, Verena Sommer und Sascha Fink, die uns während seiner Fertigstellung auf unterschiedliche Weise organisatorisch und redaktionell unterstützt haben.

Wie eingangs bemerkt, wäre ein solches Projekt kaum durchführbar, würde nicht die unmittelbare wissenschaftliche Umgebung den richtigen Nährboden zur Verfügung stellen: Die *Universität Osnabrück* mit ihren kurzen institutionellen Wegen zu Präsidium und Verwaltung hat uns seit Beginn unserer Tätigkeit an diesem Ort hervorragende Arbeitsbedingungen ermöglicht und auch unseren unmittelbaren Arbeitsbereich, das *Institut für Kognitionswissenschaft*, als ausgewiesenes Profilelement dieser Universität in ausgezeichneter Weise unterstützt. Das *Institut für Kognitionswissenschaft* wiederum bildete in seiner ganzen Vielfalt und dem auf allen Ebenen spürbaren Enthusiasmus für die gemeinsame wissenschaftliche Sache die ideale Folie für unser Projekt, für das wir in unserer unmittelbaren Umgebung durch Petra Dießel und die Arbeitsgruppe Philosophie des Geistes und der Kognition stets vielfältige Unterstützung und äußerst erfreuliche und stimulierende Arbeitsbedingungen erfahren haben.

In einer Zeit, in der Wissenschaftler, die einen Beitrag zu einem Werk wie diesem leisten, unentgeltlich viel Zeit und Arbeit in ein Projekt investieren, das in ihrer Heimatdisziplin aufgrund der zu geringen internationalen Sichtbarkeit bzw. des fehlenden Impactfaktors in der Regel wenig Wertschätzung genießt, kann die Bereitschaft, dennoch daran mitzuwirken, kaum genug gewürdigt werden. Wir danken daher nachdrücklich allen Autoren, die mit ihrem Engagement und ihrem Willen zu wiederholten

Überarbeitungen maßgeblich zum Gelingen unseres Projekts beigetragen haben.

Für unsere Heimatinstitution, die uns ein in jeder Hinsicht ideales Arbeitsumfeld bereitgestellt hat, wird es sich leider nicht direkt auszahlen, dass wir in den letzten Jahren einen Großteil unserer wissenschaftlichen Energie in ein uns weitgehend absorbierendes, wissenschaftlich ambitioniertes Projekt wie dieses Handbuch haben fließen lassen, statt (noch mehr) Drittmittel einzuwerben. Wir blicken mit Bedauern und großer Besorgnis auf eine Entwicklung, nach der Impactfaktoren und die erfolgreiche Einwerbung lukrativer Drittmittelprojekte die einzig verbliebenen ›Währungen‹ zur Bewertung der wissenschaftlichen Leistung von Einzelpersonen und Universitäten zu sein scheinen, die von der staatlichen Wissenschaftsbürokratie noch akzeptiert werden. Es steht zu befürchten, dass diese einseitige Entwicklung die Wissenschaftslandschaft auf Dauer eintöniger werden lassen wird.

Achim Stephan und Sven Walter
Osnabrück, im Juli 2013

Einleitung

Kognitionswissenschaft ist die Wissenschaft von Kognition. Was aber ist Kognition? Insofern der Ausdruck ›Kognition‹ etymologisch auf die lateinischen und griechischen Ausdrücke für erkennen, wahrnehmen oder wissen – ›*cognoscere*‹ und ›*gignoskein*‹ – zurückgeht, wird sprachgeschichtlich zunächst einmal seine erkenntnistheoretische Dimension betont. In diesem Zusammenhang wird Kognition oftmals mit Problemlösen und Intelligenz in Verbindung gebracht: Wir sind ständig mit Problemen unterschiedlichster Art konfrontiert: Wir müssen beim Schachspielen den besten Zug finden, bei einer Klausur ein mathematisches Theorem beweisen, herausfinden, warum der Rasenmäher Öl verliert, im Straßenverkehr Radfahrern und Fußgängern ausweichen, den Hund zum Tierarzt bringen, beim Metzger Besorgungen machen und das Auto in Reparatur geben, ohne dabei zu große Umwege zu fahren oder den Hund unnötig lange mit den Einkäufen allein im Wagen zu lassen, einen Text so ausformulieren, dass ein anderer versteht, was wir sagen wollen, ein Tablett mit vollen Gläsern durch eine ausgelassene Menge balancieren usw. So verstanden werden unter den Begriff der Kognition mithin primär jene Funktionen gefasst, die es uns ermöglichen, uns intelligent zu verhalten und so Probleme wie diese möglichst angemessen und effizient zu meistern: Wir müssen z. B. unsere Umgebung *wahrnehmen*, die Probleme und unsere Optionen, Relevantes und Irrelevantes *kategorisieren*, unsere *Aufmerksamkeit* auf das Relevante konzentrieren, uns an vergangene Lösungsversuche *erinnern*, aus gescheiterten *lernen*, dabei aus unseren Erfahrungen *Schlüsse ziehen*, mit unseren Mitmenschen über ihre Erfahrungen *sprechen* oder auf andere Weise mit ihnen *kommunizieren*, neue Lösungsstrategien *planen*, uns für eine davon *entscheiden*, entsprechende *Handlungen initiieren* sowie ihre Ausführung *motorisch steuern* usw.

Die Kognitionswissenschaft kann in diesem Sinne als ein integratives, transdisziplinäres Forschungsprogramm (Mittelstraß 2003) verstanden werden, das im Rahmen einer empirisch wie begrifflich umfassenden Untersuchung zu verstehen versucht, was komplexe Systeme zu kognitiven Leistungen wie den eben genannten befähigt, die von der Wahrneh-

mung eines Problems zu einer entsprechenden Lösung in Form einer (im Idealfall geeigneten) Abfolge von Handlungen führen. Es geht dabei nicht nur um den Menschen, sondern auch um künstliche Systeme wie Computersimulationen oder Roboter: Neben dem wissenschaftlichen Ideal der Erschaffung tatsächlich intelligenter künstlicher Systeme (das Projekt einer sog. ›starken‹ Künstliche-Intelligenz-Forschung) und dem rein ingenieurwissenschaftlichen Interesse an künstlichen Systemen, die ein Verhalten zeigen können, das zumindest beim Menschen Intelligenz erfordert, besteht dabei v. a. auch die Hoffnung, durch die synthetische Nachbildung intelligenter Leistungen bzw. ihre Simulation oder Modellierung Aufschlüsse über die Natur, die Funktion und die Organisationsprinzipien der kognitiven Leistungen des Menschen zu erlangen (das Projekt einer sog. ›schwachen‹ Künstliche-Intelligenz-Forschung).

In der gerade skizzierten Lesart wird der Ausdruck ›Kognition‹ oftmals mit den Begriffen ›Emotion‹ und ›Motivation‹ kontrastiert: Gegenstand der Kognitionswissenschaft wäre demnach die Erforschung jener mentalen Phänomene, die nicht das Fühlen und Wollen, sondern Intelligenz, intelligentes Verhalten oder im weitesten Sinne das Denken, d. h. weder das *Affektive* noch das *Konative*, sondern eben das *Kognitive* betreffen.

Die sich Mitte des 20. Jh.s nach dem Niedergang des radikalen Behaviorismus im Sinne von John Watson und Burrhus Skinner (wieder) universell durchsetzende Einsicht, dass intelligentes Verhalten ohne Rekurs auf interne mentale Prozesse, die dazu beitragen, dass ein Akteur ein Problem erkennen und in Form einer geeigneten Handlung einer Lösung zuführen kann, nicht zu erklären ist (s. Teil I), hat allerdings zu einer weiteren wichtigen Abgrenzung geführt, durch die sich der Begriff des Kognitiven auch umfassender bestimmen lässt. In der ersten Hälfte des 20. Jh.s ließ sich die Psychologie nicht mehr uneingeschränkt als die »Science of Mental Life« verstehen, als die William James, neben Wilhelm Wundt einer ihrer beiden Gründerväter, sie intendiert hatte (James 1890, 1), sondern war gemäß dem maßgeblich durch Skinner geprägten radikalen

Behaviorismus als eine »science of behavior« anzusehen (Skinner 1953, insb. Kap. 2), für die Geist bzw. Gehirn lediglich eine nicht weiter erklärungsbedürftige Blackbox darstellten, zu der wissenschaftlich weder etwas gesagt werden konnte noch musste. In diesem historischen Kontext betonte das Adjektiv ›kognitiv‹ im Wesentlichen den Unterschied zwischen der reinen Reiz-Reaktions-Psychologie des radikalen Behaviorismus einerseits und der später so genannten kognitiven Psychologie andererseits, die zur Erklärung intelligenten Verhaltens ausdrücklich informationsverarbeitende Strukturen im Gehirn – kognitive Prozesse – postulierte (z. B. Miller et al. 1960; Neisser 1967), die letztlich zwischen den Reizen als perzeptuellem Input und den Reaktionen als behavioralem Output zu vermitteln hatten. Wird Kognition in diesem Sinne verstanden, dann spricht nichts dagegen, auch affektive und konative Phänomene darunter zu fassen, die an der Überführung von Stimuli in geeignetes Verhalten beteiligt sind.

Als z. B. die Psychologen Jerome Bruner und George Miller 1960 im Zuge der sog. kognitiven Wende bzw. kognitiven Revolution (Gardner 1985; Miller 2003), die schlussendlich den Niedergang des Behaviorismus besiegelte und maßgeblich dazu beitrug, dass mentale Entitäten (wieder) zu legitimen Explananantia der wissenschaftlichen Psychologie wurden (s. Teil I), mit dem *Harvard Center for Cognitive Studies* das erste interdisziplinäre Forschungszentrum auf dem Gebiet der späteren Kognitionswissenschaft gründeten, verwendeten sie den Ausdruck ›kognitiv‹ in dem zuletzt genannten umfassenderen Sinne. Zwar sollte es (aufgrund der Forschungsschwerpunkte von Bruner und Miller) nach wie vor primär um Wahrnehmung, Sprache, Gedächtnis und Problemlösen gehen und dabei ausdrücklich die Abkehr vom Behaviorismus betont werden, zu den Untersuchungsgegenständen sollten jedoch explizit auch konative und affektive Phänomene, d. h. Motivation und Emotion, gehören:

> In reaching back for the word »cognition«, I don't think anyone was intentionally excluding »volition« or »conation« or »emotion« […]. In using the word »cognition« we were setting ourselves off from behaviorism. We wanted something that was mental – but »mental psychology« seemed terribly redundant. (Miller 1986, 210)

Aus ›cognitive studies‹ wurde binnen eines Jahrzehnts ›cognitive sciences‹: Der Psychologe Hugh Christopher Longuet-Higgins, der 1966 zusammen mit dem Psychologen Richard Gregory und dem Computerwissenschaftler Donald Mitchie in Edinburgh das *Department of Machine Intelligence and Perception* gegründet hatte, war 1973 der erste, der diesen Ausdruck im Zuge seiner Verteidigung einer an der Modellierung psychologischer Prozesse orientierten Künstliche-Intelligenz-Forschung (KI) in einer Veröffentlichung verwendete:

> The question *What science or sciences are likely to be enriched by artificial intelligence studies?* can now receive a provisional answer, namely *All those sciences which are directly relevant to human thought and perception.* These *cognitive sciences* may be roughly grouped under four main headings:
> *Mathematical* – including formal logic, the theory of programs and programming languages, the mathematical theory of classification and of complex data structures.
> *Linguistic* – including semantics, syntax, phonology and phonetics.
> *Psychological* – including the psychology of vision, hearing and touch, and
> *Physiological* – including sensory physiology and the detailed study of the various organs of the brain. (Longuet-Higgins 1973, 37)

Bereits im nächsten Satz jedoch wies Longuet-Higgins darauf hin, dass der Singular ›Kognitionswissenschaft‹ dem bloßen Verweis auf die an der Erforschung geistiger Leistungen beteiligten einzelnen Kognitionswissenschaft*en* vorzuziehen sein könnte: »Perhaps *cognitive science* in the singular would be preferable to the plural form, in view of the ultimate impossibility of viewing any of these subjects in isolation« (ebd.).

Zwei Jahre später hatte sich die Singularform etabliert: Der Band *Representation and Understanding* der Computerwissenschaftler Daniel Bobrow und Allan Collins trug den Untertitel *Studies in Cognitive Science* (Bobrow/Collins 1975), und der von Donald Norman und David Rumelhart, zwei Psychologen der *University of California at San Diego*, herausgegebene Band *Explorations in Cognition* schloss mit den Worten: »The concerted efforts of a number of people from […] linguistics, artificial intelligence, and psychology may be creating a new field: cognitive science« (Norman/Rumelhart 1975, 409).

Ab 1975 förderte die *Alfred P. Sloan Foundation* die Suche nach einer interdisziplinären begrifflichen und theoretischen Grundlage der Erforschung geistiger Leistungen und verwendete dabei ebenfalls den Singular ›*cognitive science*‹. Unter demselben Titel erscheint seit 1977 eine kognitionswissenschaftliche Fachzeitschrift, 1979 wurde in den USA die *Cognitive Science Society* gegründet und in Deutschland folgte 1994 die Gründung der *Gesellschaft für Kognitionswissenschaft* (eine 1990 in Deutschland ins Leben gerufene Fachzeitschrift mit dem Titel *Kognitionswissenschaft* wurde 2003 eingestellt). In der Zwischenzeit ist die Kognitionswissenschaft auch zu einem festen Bestandteil universitärer Curricula geworden. Neben einflussreichen internationalen Instituten u.a. in den USA (z.B. das *Department of Cognitive Science* an der *University of California at San Diego*, das *Philosophy-Neuroscience-Psychology Program* an der *Washington University in St. Louis* oder das *Center for Cognitive Science* an der *Rutgers University*), Großbritannien (z.B. das *Centre for Research in Cognitive Science* an der *University of Sussex*), Australien (z.B. das *Department for Cognitive Science* an der *Macquarie University*) und den Niederlanden (z.B. das *Donders Institute for Brain, Cognition and Behavior* an der *Universität Nijmegen* oder das *Cognitive Science Center Amsterdam* an der *Universität Amsterdam*) finden sich inzwischen zunehmend auch in Deutschland kognitionswissenschaftliche Studiengänge, Einrichtungen und Institute: Während das aus dem *Institut für semantische Informationsverarbeitung* hervorgegangene und 2001 gegründete *Institut für Kognitionswissenschaft* der *Universität Osnabrück* der älteste und nach wie vor einzige Anbieter konsekutiver Bachelor – (seit 1998), Master – (seit 2001) und Promotionsstudiengänge (seit 2002) ist, bieten mittlerweile auch die *Eberhard Karls Universität Tübingen* sowie die *Otto-von-Guericke-Universität Magdeburg* einschlägige Bachelor- und Masterstudiengänge an, Promotionsmöglichkeiten bieten sich u.a. an der *Berlin School of Mind and Brain* der *Humboldt-Universität Berlin* oder den *Max-Planck-Instituten für Kognitions- und Neurowissenschaften* (Leipzig) bzw. *Bildungsforschung* (Berlin) und weitere Universitäten spezialisieren sich auf Bachelor- (z.B. Freiburg, Potsdam) bzw. Masterstudiengänge (z.B. Bochum, Kaiserslautern). Die schon früh von Longuet-Higgins geäußerte Überzeugung, dass die umfassenden und vielschichtigen Erklärungsansprüche, die das Forschungsprogramm von Anfang an angetrieben und überhaupt erst ins Leben gebracht haben, durch eine bloße Kooperation verschiedener Kognitions*wissenschaften* nicht zu erfüllen sind, sondern eine einheitliche, wenn auch facettenreiche und in ihren Teilgebieten methodologisch und inhaltlich hoch spezialisierte, Kognitions*wissenschaft* erfordern, steht auch hinter der durchgängigen Verwendung des Singulars ›Kognitionswissenschaft‹ in diesem Handbuch. Damit soll natürlich nicht behauptet werden, dass die Kognitionswissenschaft dereinst die in sie einfließenden Disziplinen ersetzen wird. Ganz im Gegenteil: Sie wird auch weiterhin auf originäre Forschung in den diversen Forschungsfeldern ihrer Teildisziplinen angewiesen sein und diese immer wieder neu einbeziehen müssen, um nicht von den aktuellsten

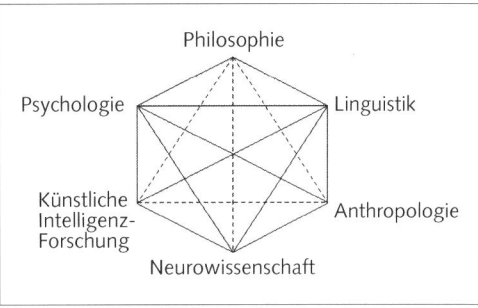

Abbildung 1: Die Kognitionswissenschaft nach Keyser et al. 1978; durchgezogene Linien deuten inhaltlich enge Verbindungen an, gestrichelte Linien schwächere (Stand 1978; im Jahr 2003 war Miller der Meinung, für alle 15 Verbindungen gäbe es gute Beispiele; Miller 2003, 143).

Entwicklungen abgeschnitten zu werden (vgl. Kitcher 1992, 197 f.).

Ein Übersichtsbericht, den George Miller und zwei Kollegen 1978 für die *Sloan Foundation* verfassten (vgl. Miller 2003), zählte zu den Teilgebieten der Kognitionswissenschaft neben den bereits von Longuet-Higgins angedeuteten Disziplinen der Linguistik, der Psychologie und der Physiologie bzw. Neurowissenschaft zusätzlich noch die KI selbst sowie die Anthropologie und die Philosophie. Die Kognitionswissenschaft umfasst diesem Bericht zufolge also sechs Disziplinen, die im Wesentlichen das gemeinsame Ziel einer computational-repräsentationalen Beschreibung geistiger Leistungen verbindet (vgl. Abb. 1): »What has brought the field into existence is a common research objective: to discover the representational and computational capacities of the mind and their structural and functional representation in the brain« (Keyser et al. 1978, 6).

Mit der Vorstellung, dass kognitive Prozesse computational-repräsentationale Prozesse und als solche materiell ganz unterschiedlich implementierbar sind, verortete die Kognitionswissenschaft geistige Leistungen auf einer eigenständigen, von ihrem materiellen Substrat losgelösten Ebene. Allerdings entziehen sich geistige Leistungen durch diese Loslösung vom Materiellen keineswegs einer wissenschaftlichen Erforschung: Sie waren nach wie vor Gegenstand geisteswissenschaftlicher, z.B. anthropologischer Forschung, wurden aber durch ihre computationale und repräsentationale Charakterisierung auch und insbesondere ein Thema jener Disziplinen, in denen sich ab Mitte des 20. Jh.s zum Teil unabhängig voneinander die Auffassung zu etablieren begann, dass mentale Prozesse eine Sache der funktionalen und syntaktisch spezifizierbaren Struktur eines Systems sind und folglich sowohl auf der Ebene ihrer materiellen Implementation, beim Menschen dem Gehirn, als auch auf abstrakteren, algorithmischen bzw. computational-repräsentationalen Ebenen zu erforschen sind (Marr 1982), so dass sich die Kognitionswissenschaft historisch und systematisch durchaus zu Recht im Überlappungsbereich der folgenden sechs Teildisziplinen verorten lässt:

- Anthropologie
- Informatik
- Linguistik
- Neurowissenschaft
- Philosophie
- Psychologie

Obwohl das ursprüngliche Ideal eines computational-repräsentationalen Ansatzes gegenwärtig nicht mehr unhinterfragt ist (s. Kap. III.4, III.5, III.6), bilden diese sechs Disziplinen auch heutzutage noch den Kern der Kognitionswissenschaft, die zwar, wie der Psychologe Howard Gardner einmal bemerkte, nur auf eine vergleichsweise kurze Geschichte zurückblicken kann, aber eine lange Vergangenheit aufzuweisen hat (1985, 9). Diese Vergangenheit reicht – wie der Beitrag von Thomas Sturm und Horst Gundlach in *Teil I: Ursprünge und Anfänge der Kognitionswissenschaft* umfassend nachzeichnet – von den historischen Ursprüngen der Kognitionswissenschaft vor zweieinhalbtausend Jahren bis zu ihren Anfängen vor knapp einem halben Jahrhundert, die dann letztlich zu jenen modernen Theorien, Ansätzen, Forschungsfragen und Themen geführt haben, die im Mittelpunkt des restlichen Handbuchs stehen (für weitere primär historisch orientierte Arbeiten zur Kognitionswissenschaft vgl. Boden 2006; Brook 2007; Gardner 1985; Gurova et al. 2013).

Aus systematischer Sicht hat die bekannte, auf den *Sloan-Report* von Miller und seinen Kollegen zurückgehende Unterteilung der Kognitionswissenschaft in die sechs miteinander verzahnten Teildisziplinen Anthropologie, Informatik, Linguistik, Neurowissenschaft, Philosophie und Psychologie, die den Kernbereich der in *Teil II: Teildisziplinen der Kognitionswissenschaft* vorgestellten Forschungsfelder bilden, in ihren Grundzügen nach wie vor ebenso Bestand wie die Grundannahme, dass Kognition eine Art der Informationsverarbeitung ist und kognitive Prozesse Berechnungsvorgänge (Computationen) sind, die im Wesentlichen in der syntaktischen Regeln folgenden Transformation repräsenta-

tionaler Strukturen bestehen (und damit z. B. von den Neuronen im menschlichen Gehirn ebenso ausgeführt werden können wie von der Hardware eines digitalen Computers). Gleichwohl haben sich seit den Anfangstagen der Kognitionswissenschaft natürlich in beiden Hinsichten neue theoretische Einsichten, andere Akzentuierungen und technische sowie methodologische Neuerungen ergeben. Der Disziplinenkanon etwa ist, wie die Beiträge in Teil II detailliert aufzeigen, feinkörniger und mit der Etablierung von Forschungsfeldern wie Neuroinformatik, Psycholinguistik, Computerlinguistik, kognitive Neurowissenschaft, Neuropsychologie oder Neurophilosophie deutlich transdisziplinärer geworden, so dass aus einem Forschungsverbund von zum Teil sehr unterschiedlichen Disziplinen nach und nach tatsächlich eine gemeinsame Disziplin der Kognitionswissenschaft mit ihren verschiedenen Teildisziplinen am Erwachsen ist. Im Hinblick auf die Frage nach der Natur kognitiver Prozesse bzw. Systeme spielen die beiden Begriffe der Computation und Repräsentation, wie die Beiträge zu *Teil III: Strukturen kognitiver Systeme* dokumentieren, nach wie vor eine zentrale Rolle. Die Vorstellung, dass intelligentes Verhalten maßgeblich durch Berechnungsprozesse über repräsentationale Strukturen erklärt werden kann, gehört noch immer zu den erfolgreichsten Modellierungsansätzen der Kognitionswissenschaft. Sie wurde in den vergangenen Jahrzehnten allerdings auch um zahlreiche, teils mehr, teils weniger radikale Alternativen ergänzt, die nicht nur zu wichtigen begrifflichen und methodologischen Einsichten geführt, sondern darüber hinaus auch nachhaltig dazu beigetragen haben, den Gegenstandsbereich der Kognitionswissenschaft über den ursprünglichen Fokus auf deduktives Schließen, Problemlösen, Sprachverständnis und Theorembeweisen hinaus zu erweitern und u. a. auch Facetten wie Emotion, Motivation, Motorik und Handlungssteuerung oder Volition miteinzubeziehen.

Die Beiträge zu *Teil IV: Kognitive Leistungen* dokumentieren die gesamte Bandbreite dieser aktuellen, thematisch und methodologisch liberaleren kognitionswissenschaftlichen Forschung. Neben Einträgen zu klassischen kognitiven Leistungen im engeren Sinne, etwa zu Entscheidungsfindung, Gedächtnis und Erinnern, Kategorisierung, Kommunikation, Lernen, Planen, Problemlösen, Schlussfolgern oder Sprache, finden sich dort auch Einträge zu Leistungen kognitiver Systeme, die erst in jüngerer Zeit gezielt in den Fokus kognitionswissenschaftlicher Forschung gerückt sind, etwa zu Bewusstsein, Emotion, Motivation, Volition, der Fähigkeit zum

Träumen oder dem Verfügen über eine *theory of mind*, sowie zu solchen ›Leistungen‹, die überhaupt erst im Zuge der fortschreitenden technischen Entwicklung in den Blick geraten konnten, etwa im Kontext sog. *brain-computer-interfaces* oder Techniken zur sensorischen Substitution oder im Zusammenhang mit der Mensch-Maschine-Interaktion.

Dass die Entwicklung der Kognitionswissenschaft keineswegs stillsteht und auch ihre disziplinäre Ausweitung keineswegs zum Ende gekommen ist, spiegeln eindrücklich auch die Beiträge zu *Teil V: Neuere Entwicklungen* wider, die neben technischen Fortschritten, z. B. bei bildgebenden Verfahren im Kontext des sog. *brain reading* oder der Neuromodulation, auch neue Anbindungsmöglichkeiten bzw. Anbindungen der Kognitionswissenschaft zu Disziplinen wie der Affektforschung, der Archäologie, der Poetik, der Ökonomie oder der Pädagogik thematisieren und sich aus der fortschreitenden Entwicklung ergebende ethische und sozialpolitische Fragen aufgreifen.

Literatur

Bobrow, Daniel/Collins, Allan (Hg.) (1975): *Representation and Understanding*. New York.

Boden, Margaret (2006): *Mind as Machine*, 2 Bde. Oxford.

Brook, Andrew (Hg.) (2007): *The Prehistory of Cognitive Science*. Basingstoke.

Gardner, Howard (1985): *The Mind's New Science: A History of the Cognitive Revolution*. New York. [dt.: *Dem Denken auf der Spur: Der Weg der Kognitionswissenschaft*. Stuttgart 1989].

Gurova, Lilia/Ropolyi, László/Pléh, Csaba (Hg.) (2013): *New Perspectives on the History of Cognitive Science*. Budapest.

James, William (1890): *The Principles of Psychology*. New York.

Keyser, Samuel/Miller, George/Walker, Edward (1978): *Cognitive science in 1978. An unpublished report submitted to the Alfred P. Sloan Foundation*. New York.

Kitcher, Patricia (1992): *Freud's Dream: A Complete Interdisciplinary Science of Mind*. Cambridge (Mass.).

Longuet-Higgins, Hugh Christopher (1973): Comments on the Lighthill report and the Sutherland reply. In: *Science Research Council*, 35–37.

Marr, David (1982): *Vision*. San Francisco.

Miller, George (1986): Interview with George Miller. In: Bernard Baars (Hg.): *The Cognitive Revolution in Psychology*. London, 200–223.

Miller, George (2003): The cognitive revolution. In: *Trends in Cognitive Sciences* 7, 141–144.

Miller, George/Galanter, Eugene/Pribram, Karl (1960): *Plans and the Structure of Behavior*. New York.

Mittelstraß, Jürgen (2003): *Transdisziplinarität: Wissenschaftliche Zukunft und institutionelle Wirklichkeit*. Konstanz.

Neisser, Ulric (1967): *Cognitive Psychology*. East Norwalk. [dt.: *Kognitive Psychologie*. Stuttgart 1974].

Norman, Donald/Rumelhart, David (Hg.) (1975): *Explorations in Cognition*. San Francisco.

Skinner, Burrhus (1953): *Science and Human Behavior*. New York.

Sven Walter und Achim Stephan

I. Ursprünge und Anfänge der Kognitionswissenschaft

Zur Geschichte und Geschichtsschreibung der ›kognitiven Revolution‹ – eine Reflexion

Das Aufkommen der Kognitionswissenschaft

Mit Themen der Kognition haben sich die Philosophie und die Spezialwissenschaften schon seit der Antike befasst. Dies betrifft nicht nur philosophische Grundfragen wie etwa die, was Erkenntnis eigentlich ist oder wie man den Begriff der Erkenntnis definieren soll, welche Arten von Kognitionen – etwa Wahrnehmung (s. Kap. IV.24), Meinung oder Wissen (s. Kap. IV.25) – es gibt, sowie ob und wie wir gesicherte Erkenntnis erlangen können – Themen, die schon in Platons Dialogen *Menon, Theätet* und dem *Staat* behandelt werden. Auch war die Wahrnehmung schon früh Gegenstand naturwissenschaftlicher Abhandlungen, etwa der *Optik* des Ptolemäus (ca. 100–180) oder des im Mittelalter von dem bedeutenden arabischen Gelehrten Alhazen (965–1039/40) verfassten *Buch vom Sehen* oder *Schatz der Optik* (1021). Seit der Neuzeit setzten sich diese Themen in den Werken von René Descartes, John Locke, David Hume, Immanuel Kant, Ernst Heinrich Weber oder Hermann von Helmholtz fort. Eine umfassende Geschichte der Erforschung menschlichen Denkens, Erkennens, Schlussfolgerns oder Problemlösens (s. Kap. IV.11, Kap. IV.17) müsste zudem auch viele weniger bekannte Autoren einbeziehen, etwa den seinerzeit enorm einflussreichen Mathematiker und Philosophen Christian Wolff (1679–1754) und manche seiner Schüler, den englischen Mediziner und Assoziationstheoretiker David Hartley (1705–1757), den Schweizer Naturforscher und Philosophen Charles Bonnet (1720–1793) oder den für Kant wichtigen Mathematiker, Psychologen und dänischen Politiker Johann Nicolas Tetens (1736–1807) (vgl. Sturm 2009, Kap. 2 & 4). Sie und andere entwickelten Theorien der Assoziation geistiger Repräsentationen (s. Kap. IV.16), teils unterfüttert mit neurophysiologischen Hypothesen, forschten mit ersten Experimenten und Messungen über Wahrnehmungstäuschungen und ihre Ursachen, untersuchten die Effekte von Hirnverletzungen auf kognitive Leistungen (s. Kap. II.E.3) oder stellten Modelle der Entwicklung des Geistes von der Kindheit bis zum Erwachsenenalter auf (s. Kap. II.E.4). All dies geschah schon lange vor der offiziellen Institutionalisierung der Psychologie als universitärer Disziplin im frühen 19. Jh. sowie als Laborwissenschaft mit der durch Wilhelm Wundt (1832–1920) erfolgten Gründung des ersten Instituts für experimentelle Psychologie 1879 in Leipzig (Gundlach 2004).

Nach verbreiteter Auffassung entstand jedoch in den 1950er Jahren eine neuartige und intensive Zusammenarbeit zwischen Anthropologie (s. Kap. II.A), Computerwissenschaft, Informatik (s. Kap. II.B), Regelungstechnik, Spieltheorie (s. Kap. III.11), Sprachwissenschaft (s. Kap. II.C), Neurowissenschaft (s. Kap. II.D), Psychologie (s. Kap. II.E), Technikwissenschaft, Teilen der Philosophie (s. Kap. II.F) und weiterer Nachbarwissenschaften. Für dieses anfangs interdisziplinäre Forschungsfeld, das nachfolgend eigene akademische Institute, Gesellschaften und Zeitschriften hervorbrachte, bürgerte sich die Bezeichnung ›Kognitionswissenschaft(en)‹ (*cognitive science(s)*) ein. Eine wesentliche Grundlage für diese Entwicklung lieferten die teils vorhergegangenen, teils simultanen, in jedem Fall aber bedeutenden Fortschritte der Computertechnik, Logik (s. Kap. II.F.4) und Informatik sowie die Verbreitung bestimmter quantitativer Methoden und Modelle, besonders der Wahrscheinlichkeitstheorie und Statistik. Man bezeichnet das Aufkommen dieses Forschungsfeldes häufig, wenn auch nicht ohne erheblichen Widerspruch, als ›kognitive Revolution‹.

Im Folgenden möchten wir uns auf die engere Vorgeschichte dieser Wissenschaften vom Kognitiven beschränken und dabei einerseits Vorläufer und Anfänge der Kognitionswissenschaft darlegen sowie andererseits das Bewusstsein dafür schärfen, wie problematisch die nicht wenigen Versuche sind, dieses historische Geschehen zu bestimmen. Wir wollen dabei von der weithin akzeptierten Auffassung ausgehen, dass ab etwa der Mitte des 20. Jh.s tatsächlich ein gewisser Wandel feststellbar ist und schrittweise versuchen, diesen deutlicher zu bestimmen – sowohl nach seinen Inhalten als auch danach, ob er einen revolutionären Charakter hatte.

Nach Vorbemerkungen zu den Begriffen der Kognition und Kognitionswissenschaft führen wir in die Kontroverse über die wirkliche oder vermeintliche ›kognitive Revolution‹ ein. Vor diesem Hintergrund untersuchen wir dann theoretische, forschungspraktische und institutionelle Entwicklungen, welche die These einer kognitiven Revolution teils in Frage stellen, teils aber auch stützen können. Abschließend argumentieren wir dafür, dass diese These nicht eindeutig zu beurteilen ist. Entgegen der verbreiteten Neigung, sich in dieser Angelegenheit auf ein klares Entweder-Oder festzulegen, ist zu betonen, dass der Revolutionsbegriff selbst umstritten ist. Gleichwohl gibt es Aspekte in der Entstehung der Kognitionsforschung, die über eine bloß kumulative Wissenschaftsentwicklung hinausgehen.

Begriffliche Vorbemerkungen

Kognition. Das Wort ›Kognition‹ und seine Entsprechungen in anderen Sprachen hatten eine bewegte Geschichte hinter sich, bevor sie im 20. Jh. erneut mit Leben gefüllt wurden. ›Kognition‹ ist dem Lateinischen entnommen, der Sprache, die im Mittelalter und in der frühen Neuzeit bis in das 19. Jh. hinein die europäische Wissenschaftssprache war und in den modernen Wissenschaftssprachen ihre Spuren hinterlassen hat. ›Cognitio, -onis, f.‹ bedeutet ›Erkennen‹ oder ›Kennenlernen‹, ›Erkenntnis‹ oder ›Kenntnis‹, sinnlich wie geistig, und auch ›Wiedererkennen‹. Die Verwandtschaft mit griechischen Wörtern, etwa mit ›gnôsis‹, ist unverkennbar. Etymologisch nicht verwandt sind dagegen Wörter wie ›cogito‹ (entgegen etwa der Behauptung von Green 1996), das sich aus ›co(m)‹ und ›agito‹ zusammensetzt und ›denken‹, ›gedenken‹, ›nachdenken‹ bedeutet.

Die lateinische Wissenschaftssprache entstand im Verlauf der Aneignung und Übersetzung der griechischen Wissenschaften und Philosophie. Folgenreich war, dass in lateinischen Übersetzungen der Schriften des Aristoteles dessen Zweiteilung der höheren seelischen Funktionen in ›epistemonikon‹ (= die theoretische oder erkennende Vernunft) und ›bouleutikon‹ (= die praktische oder beratende Vernunft) mit ›cognitio‹ und ›voluntas‹ wiedergegeben wurde. Als Bezeichnung für die erstere seelische Funktion überlebt das Wort im Englischen bis heute. In dieser aristotelischen Tradition ist ›cognitio‹ in der lateinischen mittelalterlichen Philosophie als Fach-

wort vertreten, hauptsächlich in der zweifachen Bedeutung entweder des Aktes des Erkennens oder aber des Ergebnisses eines solchen Aktes. Wenn an das Ergebnis gedacht wird, kann ›cognitio‹ auch als Äquivalent für das griechische ›idea‹ verwendet werden, mithin einen repräsentationalen Gehalt (oder Teile desselben) meinen. Mit dem Aufkommen der modernen Sprachen als Wissenschaftssprachen im 17. Jh. blieb das Wort im Englischen geläufig, trat im Französischen in den Hintergrund und verschwand nahezu aus dem Deutschen.

Im Englischen wurde es ohne Unterbrechung verwendet. George Frederick Stout und James Mark Baldwin definieren ›cognition‹ im *Dictionary of Philosophy and Psychology* als »The being aware of an object« und erläutern: »[...] cognition is an ultimate mode of consciousness co-ordinate with conation and affection« (Stout/Baldwin 1918, 192). Sie folgen also nicht der Zweiteilung der höheren seelischen Funktionen des Aristoteles, sondern haben sie durch die von Tetens und Kant unabhängig voneinander entwickelte und unterschiedlich begründete Dreiteilung ersetzt. Beide hatten ähnlich zwischen Erkenntnisvermögen, Gefühl sowie Begehrungsvermögen unterschieden. Während Tetens diese Einteilung als Resultat einer genauen empirischen und speziell introspektiven Analyse beschrieb, hat Kant sie als vollständige und basale Unterscheidung von Fähigkeiten bezeichnet, die vorausgesetzt werden müssen, wenn und insofern wir Handlungen in den empirischen Wissenschaften rational erklären (vgl. Sturm 2009, 99, 374–394).

Im Französischen findet sich das Wort ›cognition‹ gelegentlich, aber es tritt zurück hinter ›connaissance‹ und wird z. B. in André Lalandes *Vocabulaire technique et critique de la philosophie* (1951) ausdrücklich als englischer Terminus gekennzeichnet.

Der Übergang vom Lateinischen zur deutschen Volkssprache ist besonders deutlich bei Christian Wolff. In seiner *Psychologia empirica* definiert er: »Cognitio est actio animae, qua notionem vel ideam rei sibi acquirit« (Wolff 1732, 32). In der deutschen Version verwendet er den Ausdruck ›Erkäntniß‹: »So bald wir uns eine Sache vorstellen können; so erkennen wir sie. Und wenn die Begriffe deutlich sind; so ist auch unsere Erkäntniß deutlich: sind aber jene undeutlich; so ist auch die Erkäntniß undeutlich« (Wolff 1720/1751, 154). ›Kognition‹ und verwandte Ausdrücke werden im Deutschen erst seit wenigen Jahren im Gefolge der englischen Wissenschaftssprache verwendet.

Zu bemerken ist hier noch, dass in Wolffs Äußerungen keine klare Trennung zwischen Psychologie und Philosophie *qua* Erkenntnistheorie vorliegt. Diese entwickelt sich erst mit Kant und in der Rezeption kantischer Positionen. Wie gleich deutlich werden wird, gibt es ein Verständnis der Kognitionswissenschaft(en), das genau diese Trennung überwinden will.

Cognitive science(s). Den englischsprachigen Originalterminus ›*cognitive science(s)*‹ könnte man mit ›kognitive Wissenschaft(en)‹ übersetzen, wobei jedoch eine gewisse Mehrdeutigkeit vorliegt: Soll gesagt werden, dass die beteiligten Wissenschaften einen besonderen *Gegenstand* haben, eben Kognition? Oder ist gemeint, dass das *Erklärungsformat* dieser Wissenschaften in besonderer Weise kognitiv ist, demgemäß als explanatorische Variablen v.a. oder ausschließlich kognitive Zustände oder Prozesse gewählt werden und also etwa, der zuvor genannten Dreiteilung gemäß, emotionale oder volitionale Faktoren auszuklammern sind? Oder soll an das eine und an das andere zugleich gedacht werden? Und was wäre in diesem Fall vorrangig?

Alle genannten Lesarten kommen in der Literatur vor, und es finden sich sogar noch speziellere Antworten. So erklärt z. B. Bernard Baars: » ... the word ›cognitive‹ is ambiguous: Although it may denote ›conscious, intellectual functions,‹ this is *not* the primary sense in which modern cognitive psychologists use it« (Baars 1986, 5). Obwohl er betont, dass Kognitionspsychologen mit dem Ausdruck ›cognitive‹ speziell Informationsprozesse meinen, die bewusst oder auch unbewusst sein können, bevorzugt er selbst eine noch breitere Bedeutung des Wortes: »For our purposes it refers primarily to a metatheory that encourages one to infer unobservable theoretical constructs from empirical observations« (ebd., 158). Damit gerät der Kreis freilich zu weit, denn auch schwarze Löcher sind *theoretical constructs*, ohne dass sich dafür die Bezeichnung ›kognitiv‹ aufdrängte.

Diesem überweiten, sehr schwachen Begriff des Kognitiven steht etwa die Position Howard Gardners entgegen, der die Wurzel der Kognitionswissenschaft in der philosophischen Tradition der Erkenntnistheorie sieht: »I define cognitive science as a contemporary, empirically based effort to answer long-standing epistemological questions – particularly those concerned with the nature of knowledge, its components, its sources, its development, and its deployment« (Gardner 1985, 6).

Vertritt man mit Baars einen weiten Kognitionsbegriff, so wird man jede Erklärung des Kognitiven durch nichtbeobachtbare Entitäten als ›kognitionswissenschaftlich‹ bezeichnen. Mit einem solchen Kognitionsbegriff ließe sich die Kognitionswissenschaft weit vor die Mitte des 20. Jh.s bis zur Jahrtausende alten Vermögenspsychologie (*faculty psychology*) zurückdatieren. Gardner hingegen erläutert den Begriff der *cognitive science* erheblich enger durch fünf wesentliche Merkmale, die – mehr oder weniger – zu erfüllen sind:

[…] in talking about cognitive activities, it is (1.) necessary to speak about mental representations and to posit a level of analysis wholly separate from the biological or neurological, on the one hand, and the sociological or cultural, on the other […]. (2.) There is the faith that essential to any understanding of the human mind is the electronic computer […]. (3.) The third feature […] is the deliberate decision to de-emphasize certain features which may be important for cognitive functioning but whose inclusion at this point would unnecessarily complicate the cognitive-scientific enterprise. These factors include the influence of affective factors or emotions, the contribution of historical and cultural factors, and the role of the background context in which particular actions or thoughts occur. (4.) […] cognitive scientists harbor the faith that much is to be gained from interdisciplinary studies. At present most cognitive scientists are drawn from the ranks of specific disciplines – in particular, philosophy, psychology, artificial intelligence, linguistics, anthropology, and neuroscience […]. The hope is that some day the boundaries between these disciplines become attenuated or perhaps disappear altogether, yielding a single, unified cognitive science. (5.) A fifth and somewhat more controversial feature is the claim that a key ingredient in contemporary cognitive science is the agenda of issues, and the set of concerns, which have long exercised epistemologists in the Western philosophical tradition. (Gardner 1985, 6–7; Nummerierung T.S./H.G.)

In ihrer monumentalen Studie *Mind as Machine: A History of Cognitive Science* (2006) bestimmt Margaret Boden den Inhalt der Kognitionswissenschaft nicht über den Begriff der Kognition oder die historische Tradition der Erkenntnistheorie, sondern weitaus breiter. Vor allem seien auch mehr oder minder alle traditionellen, oft philosophischen Grundfragen über den Geist (*mind*) thematisch zugehörig, z. B. die Eigenart der Beziehung zwischen Geist und Gehirn (s. Kap. II.F.1), die Möglichkeit eines freien Willens (s. Kap. IV.23), die Natur des Bewusstseins (s. Kap. IV.4) und der Kreativität (s. Kap. IV.11), die Beziehung zwischen Sprache und Geist (s. Kap. IV.20), aber auch die Evolution des Geistes (s. Kap. II.E.6) oder die Erklärung psychopathologischer Erscheinungen: »cognitive science deals with all mental processes. Cognition (language, memory, perception, problem-solving […]) is included of course. But so are motivation, emotion, and social interaction – and the control of motor action, which is largely what cognition has evolved for« (Boden

2006, Bd. 1, 10). Dieses sehr umfassende Verständnis von Kognitionswissenschaft entspricht nicht mehr der Definition, die von Stout und Baldwin oder auch Gardner geteilt wird. Man mag darin eine tolerante Auffassung sehen und für Bodens Position den Umstand anführen, dass zwischen Themen der Kognition und anderen Themen verschiedene Beziehungen bestehen und in den letzten Jahrzehnten in der Tat eine Verbreiterung der Themen der Kognitionswissenschaft zu bemerken ist. Schließlich spiegelt Bodens Position wider, dass im heutigen wissenschaftlichen Sprachgebrauch im Englischen die Rede vom Kognitiven und vom Mentalen nicht selten austauschbar behandelt wird. Das alles erschwert freilich eine fokussierte historische Analyse. Boden räumt denn auch zwei wichtige Punkte ein. Erstens gesteht sie zu, dass sich nach den ersten Jahren der Kognitionswissenschaft zunächst das Bemühen durchsetzte, kognitive Phänomene in Isolation von Phänomenen etwa der Emotion und Motivation zu betrachten, wie Gardner in seinem dritten Punkt festhält. Zweitens stimmt sie auch zu, dass die neue Forschung von neuen theoretischen Konzepten und neuen Forschungsmethoden geleitet gewesen ist, die um das Modell der programmierbaren Rechenmaschine und verwandte Ideen kreisen, wie Gardner in seinem zweiten Punkt betont. Der erste und vierte Punkt Gardners – die Zentralität des Repräsentationsbegriffs sowie die interdisziplinäre Orientierung der Kognitionsforschung – sind auch unumstritten. Es spricht also manches für Gardners Analyse der Kognitionswissenschaft und ihrer Entstehung, ohne dass man damit freilich seiner These folgen muss, dass die beteiligten Wissenschaften auch noch versucht haben, die philosophische Erkenntnistheorie zu ersetzen – dieser Punkt wird mehreren Aspekten und Aufgaben der philosophischen Epistemologie nicht gerecht.

Bei all dem gilt, dass der Begriff des Kognitiven, sowohl als Ziel der Erklärung, als *Explanandum*, wie auch als Mittel der Erklärung, als *Explanans*, zumindest teils wohl strittig bleibt.

Gab es eine kognitive Revolution?

Der Beginn der genannten interdisziplinären Zusammenarbeit wird wie eingangs erwähnt gern als ›Revolution‹ oder spezifisch als ›kognitive Revolution‹ bezeichnet (z. B. Baars 1986; Boden 2006; Gardner 1985; Lachman et al. 1979; Miller 2003; Palermo 1971; Weimer/Palermo 1973). Manche Autoren legen sich dabei sogar auf genaue Daten fest. So

erklärt z. B. Gardner: »Seldom have amateur historians achieved such consensus. There has been nearly unanimous agreement among the surviving principals that cognitive science was officially recognized around 1956. The psychologist George A. Miller (1979) has even fixed the date, 11 September 1956« (Gardner 1985, 28; vgl. Miller 2003, 142).

Man beachte freilich zunächst einmal die Einschränkungen: Der Konsens sei nur *nearly unanimous* und bestehe zudem unter *Amateur*historikern – in diesem Fall frühe Protagonisten der Kognitionsforschung wie der eben erwähnte Miller (1920–2012), Herbert Simon (1916–2001) und Allen Newell (1927–1992), Noam Chomsky (*1928), Jerome Bruner (*1915), W. Ross Ashby (1903–1972), Marvin Minsky (*1927), Karl Pribram (*1919) oder Ulrich Neisser (1928–2012) (vgl. dazu die Zeitzeugenaussagen zur Diskussion innerhalb der Psychologie in Baars 1986). Andere Datierungen finden sich allerdings auch. Miller selbst z. B. hat die kognitive Revolution zumindest in der Psychologie schon in die frühen 1950er Jahre gelegt (Miller 2003, 141), Baars datiert den Umschwung auf die ganze Dekade von 1955 bis 1965 (Baars 1986, 4) und Andrew Brook schließlich sieht die »prehistory of cognitive science« als die Periode bis 1900 an (Brook 2013, 45), wohl entsprechend dem erwähnten Umstand, dass Themen der Kognition seit der Antike von Wissenschaft und Philosophie untersucht worden sind. Brook behauptet dann jedoch weiter, dass es nach 1900 ein »interregnum« gegeben habe, in dem die Kognition nicht viel erforscht worden sei (wie deutlich werden wird, eine gleich in mehreren Hinsichten irreführende These), bis dann, beginnend in den 1950er und 1960er Jahren die Periode der Kognitionswissenschaft begonnen habe (ebd.).

Wichtiger als eine Festlegung auf ganz exakte Daten ist aber die Frage, wie es um die Behauptung des revolutionären Charakters der Entstehung der Kognitionsforschung steht. Zunächst einmal heißt ›revolutio‹ streng genommen nichts anderes als Umdrehung. In der Neuzeit jedoch hat sich in der politischen und wissenschaftlichen Terminologie mit dem Wort ›Revolution‹ die Vorstellung einer Umkehr, Erneuerung oder Verbesserung verbunden (Cohen 1976). In den Wissenschaften dagegen verknüpft man mit diesem Ausdruck insbesondere nach Thomas Kuhns einflussreichem Werk *Structure of Scientific Revolution* (1970; Erstausgabe 1962) nicht nur die Kombination neuer Erkenntnis und wissenschaftlichen Fortschritts, sondern besonders einen radikalen und ruckartigen Bruch mit einer jeweils herrschenden Tradition, einem ›Paradigma‹.

Jedoch ist die Kuhn'sche Theorie höchst umstritten. Erstens gibt es mit ihr konkurrierende Auffassungen, wie etwa die von Karl Popper, Imre Lakatos oder Larry Laudan. Zweitens wird oft eingewandt, dass mit der Rede von einer wissenschaftlichen Revolution häufig das fragwürdige Motiv einhergeht, dem neueren Forschungsfeld ›echte‹ oder ›reife‹ Wissenschaftlichkeit zuzusprechen (vgl hierzu etwa Briskman 1972; Leahey 1992; O'Donohue et al. 2003; Warren 1971). Drittens schließlich sollte der Ausdruck ›wissenschaftliche Revolution‹ nur mit Vorsicht verwendet werden, denn nicht selten findet sich darunter manch altes Material in neuer Verpackung. Manche Forscher lehnen es daher sogar ab, nach Revolutionen in der Wissenschaftsgeschichte zu suchen, sowohl im Allgemeinen als auch speziell im Fall der Kognitionswissenschaft.

Aus den genannten Gründen sind Modelle wissenschaftlicher Revolutionen in der Wissenschaftsforschung inzwischen in einigen Verruf geraten. Im Licht dieser schon seit Jahren laufenden Diskussionen muss es verwundern, dass Boden (2006, Bd. 1, 238–241) ohne wirklich kritische Diskussion behauptet, die Entstehung der Kognitionswissenschaft habe eine solche Revolution dargestellt. Wir müssen daher genauer fragen: Wenn die Rede von einer ›kognitiven Revolution‹ einen Sinn haben soll, welchen genau? Wie steht es um Kontinuitäten und Diskontinuitäten im Übergang von einem Entwicklungsstand der fraglichen Disziplinen in einen anderen? Dies gilt es in den kommenden Abschnitten zu erörtern.

›Überwindung‹ des Behaviorismus?

Die Untersuchung des kognitiven Apparats gehörte seit jeher zum Arbeitsgebiet der Psychologie. Allerdings hatten einige radikale Ausgestaltungen des Behaviorismus – der 1913 von John B. Watson (1878–1958) verkündeten Auffassung, dass allein intersubjektiv beobachtbares Verhalten Grundlage und Gegenstand einer wissenschaftlichen Psychologie sein könne (Watson 1913) – besonders an einigen psychologischen Instituten in den USA dafür gesorgt, dass Betrachtungen über den intersubjektiv eben nicht beobachtbaren kognitiven Apparat vernachlässigt, ja verpönt wurden. Einer der Gründungsmythen der Kognitionswissenschaft besagt, die Psychologie habe sich erst von der Vorherrschaft des Behaviorismus befreien müssen. Miller z. B. behauptet: »Psychology could not participate in the cognitive revolution until it had freed itself from behaviorism, thus restoring cognition to scientific respectability« (Miller 2003, 141; vgl. Boden 2006, Bd. 1, 238 f.; Gardner 1985, 11).

Diese verbreitete Auffassung, die man auch etwa in vielen Lexikon- oder Lehrbuchartikeln wiederfindet, ist in gleich mehreren Hinsichten falsch. Erstens war nämlich nicht die globale Psychologie dem Behaviorismus verfallen, sondern bestenfalls einige Universitätsabteilungen, vornehmlich in den USA. Zweitens nahm man an anderen Orten Methoden der Verhaltensforschung in Forschungen zur Kognition auf oder betrachtete das behavioristische Programm aus eher gelassener Distanz. Drittens schließlich entwickelte sicher der Behaviorismus schon seit den 1930er Jahren so, dass von einem scharfen oder ausschließlichen Gegensatz zur späteren Kognitionswissenschaft nicht ohne Weiteres die Rede sein kann. Diese Punkte sollen im Folgenden näher begründet werden.

Besonders stringent wurde der radikale Behaviorismus von Burrhus Frederic Skinner (1904–1990), Professor für Psychologie an der *Harvard University*, vertreten. Auch einflussreiche Autoren in Europa befürworteten durchaus starke Formen des Behaviorismus, wenn auch nicht in der Psychologie, sondern in der Philosophie, etwa bei Vertretern des Logischen Empirismus. So forderte z. B. der Ökonom und Philosoph Otto Neurath (1933), die Psychologie in ›Behavioristik‹ umzubenennen, und der Wissenschaftstheoretiker Rudolf Carnap verlangte unter dem Stichwort eines ›logischen Behaviorismus‹, das mentalistische Vokabular in eine ›physikalische‹ Sprache, d. h. eine Sprache des beobachtbaren Verhaltens, zu *übersetzen* (was übrigens nicht bedeutet, es zu *eliminieren*; Carnap 1932).

Im Europa des frühen 20. Jh.s wurde die Psychologie bestimmt vom Wirken und Nachwirken einflussreicher Gründergestalten wie Gustav Theodor Fechner (1801–1887) und dem schon eingangs erwähnten Wundt, der auch Lehrer einer ganzen Generation von weltweit, insbesondere auch in den USA, arbeitenden Psychologen wie Edward Bradford Titchener (1867–1927) oder James McKeen Cattell (1860–1944) war. Watsons Programm des Behaviorismus und dessen spätere Spielarten verstanden sich hierzu als Gegenbewegung, besonders etwa gegen die von Titchener (aber nicht von Wundt) vertretene Introspektionsmethode. In Europa wurde der Behaviorismus jedoch nicht sehr ernst genommen. Hier arbeiteten führende Psychologen weiter unter Berücksichtigung kognitiver Themen und Erklärungsformate. Zu nennen sind etwa der in Frankreich einflussreiche Henri Pieron

(1881–1964), der Schweizer Entwicklungspsychologe Jean Piaget (1896–1980), die Angehörigen der Würzburger Schule der Denkpsychologie wie Oswald Külpe (1862–1915), Karl Marbe (1869–1953), Otto Selz (1881–1943) oder Karl Bühler (1879–1963), Gestaltpsychologen wie Wolfgang Köhler (1887–1967), Max Wertheimer (1880–1943), Kurt Koffka (1886–1941) oder Karl Duncker (1903–1940), oder in Großbritannien Forscher wie Frederic Charles Bartlett (1886–1969). Viele der genannten deutschen Psychologen, darunter Bühler, Köhler und Wertheimer, emigrierten später vor der NS-Diktatur häufig in die USA und wirkten dort mit unterschiedlichem Erfolg weiter. Auch hatten z. B. Bühler, Selz oder die Gestaltpsychologen einen nachweisbaren Einfluss auf die spätere Kognitionswissenschaft (z. B. Murray 1995; Simon 1981). Sie und alle zuvor Genannten arbeiteten durchgängig zu Themen der Wahrnehmung (s. Kap. IV.24), des Denkens (s. Kap. IV.11), des Gedächtnisses (s. Kap. IV.7), der Sprache (s. Kap. IV.20), der Beziehung von Vorwissen und Lernen (s. Kap. IV.12), der kognitiven Entwicklung (s. Kap. II.E.4) und anderem mehr. Sie gingen dabei davon aus, dass diesen Phänomenen oft kognitive Prozesse zugrunde liegen, und verschlossen sich zugleich nicht gegenüber der Verwendung behavioristischer Methoden.

So hat Bühler zwar in einer Auseinandersetzung mit Wundt introspektiv-experimentelle Methoden zur Erforschung des Denkens verteidigt. Trotz gewisser Schwierigkeiten – etwa unsichere Kontrollmöglichkeiten, Unverlässlichkeiten der Aussagen von Versuchspersonen und dergleichen – wollte er die Methode der Introspektion nicht über Bord werfen (Bühler 1908). Jedoch war Bühler kein reiner Introspektionist, sondern stand Methoden der Verhaltensforschung offen gegenüber. Im Rahmen seiner späteren, bedeutenden *Sprachtheorie* (Bühler 1934; vgl. auch Bühler 1927) hat er gefordert, Introspektion, Verhaltensbeobachtung sowie die Analyse geistiger Gebilde (wie der Wissenschaft) systematisch zu verknüpfen, statt diese Methoden gegeneinander auszuspielen. So ging er davon aus, dass eine der Hauptaufgaben der Linguistik darin bestehe zu erklären, wie sprachliche Zeichen interpretiert werden. Kein Wort besitze schon für sich genommen eine fixierte Bedeutung, wir müssten diese vielmehr aus anderen Zusammenhängen bestimmen: sei es dem Satzkontext (eine Auffassung, die als das ›Kontextprinzip‹ des einflussreichen Logikers Gottlob Frege (1848–1925) bekannt ist; s. Kap. IV.20), sei es noch weiteren Zusammenhängen, zu denen auch pragmatische Kontexte des zielgerichteten Verhal-

tens oder Handelns zu zählen seien (s. Kap. II.C.1). Um mit der Mehrdeutigkeit der Sprache zurechtzukommen, müsse man eine funktionale Analyse der Sprache entwickeln, also ihre speziellen Leistungen unterscheiden. Wenn etwa zwei Personen in einem Raum stehen und A sagt ›Feuer‹ zu B, so zeigen sich Bühler zufolge in solch einem konkreten Sprechakt üblicherweise drei Grundleistungen: Erstens der ›Ausdruck‹ dessen, was man subjektiv erlebt, hier also die Wahrnehmung einer Situation durch A (nach Bühler *via* Introspektion greifbar); zweitens ein ›Appell‹, d. h. eine Aufforderung an B zu gewissen Handlungen – etwa der, vom Kamin wegzugehen oder vielleicht auch die brennende Jacke auszuziehen (was nach Bühler eine Analyse des Zeichengebrauchs als eines *zweckgerichteten* Verhaltens erfordert); und drittens eine ›Darstellung‹ objektiver Sachverhalte – etwa dem Sachverhalt, dass B zu nahe am Kamin steht oder seine Jacke schon brennt (was eine Analyse der Sprache als eines Repräsentationsinstrumentes einschließe, das über kontextgebundene Äußerungen hinausgehen kann und Untersuchungen von Lexikon, Syntax und Logik erfordere). Diese dritte Grundleistung, die Darstellungsfunktion, sei die zentrale Leistung menschlicher Sprache. Als ›Steuerungsinstrument‹ für soziales Verhalten diene die Sprache Menschen und Tieren freilich gemeinsam. Was ein Sprachzeichen genau bedeutet oder in welcher Funktion es in einem gebebenen Fall primär gebraucht wird, lässt sich nach Bühler jedenfalls nicht durch eine Methode allein entscheiden, und keinesfalls ohne eine gewisse Verhaltensforschung. Bühler sah die Integration der genannten Methoden auch als Modell dafür, wie sich ein krisenhafter Zerfall der Psychologie in verschiedene Schulen oder Forschungsprogramme überwinden ließe (Sturm 2012).

Trotz den erwähnten Positionen Carnaps oder Neuraths waren auch nicht alle Anhänger von Positionen des Logischen Empirismus auf einen strikten Behaviorismus verpflichtet. Egon Brunswik (1903–1955) etwa war in den 1920ern ein Schüler von Bühler und Moritz Schlick, dem Haupt des Wiener Kreises, dem Brunswik auch angehörte. Daneben war er beeinflusst von Ideen des ebenfalls dem Logischen Empirismus zuzurechnenden Hans Reichenbach, besonders von dessen Wahrscheinlichkeitstheorie, derzufolge alles menschliche Erkennen probabilistischer Natur ist (Leary 1987). Brunswik hat nicht nur auf die Reduktion des Mentalen auf Verhaltensvokabular verzichtet, sondern vielmehr eine neue kognitive Theorie besonders der Wahrnehmung formuliert, die Helmholtz'sche Ideen über ›unbewusste

Schlüsse‹ weiterentwickelt. Brunswik zufolge ist der menschliche Geist als ›intuitiver Statistiker‹ zu verstehen, der Wahrscheinlichkeiten kalkuliert und zwischen konkurrierenden Hypothesen darüber entscheidet, ob Stimuli ein Objekt in der Umgebung signalisieren oder nur Störgeräusche sind. Dementsprechend beurteilte Brunswik die Leistungen der Wahrnehmung nicht introspektiv, sondern anhand objektiver Fehlerraten, die sich aus mehr oder weniger erfolgreicher Anpassung an die Umwelt ergeben. Das Wahrnehmungssystem sei ›quasi-rational‹, da es bei seinen Schlussfolgerungen ein Verfahren des Intellekts verwende, nämlich die Korrelationsstatistik (z. B. Brunswik 1955). Solche Auffassungen waren durchaus als buchstäbliche Erklärung für die der Wahrnehmung zugrunde liegenden kognitiven Prozesse gemeint. Mit Verzögerung wurde Brunswiks Konzept des intuitiven Statistikers zuerst in der Wahrnehmungstheorie, insbesondere im Rahmen der Signalentdeckungstheorie (Tanner/Swets 1954), weiterentwickelt und nachfolgend zudem auf Theorien des Gedächtnisses oder der Urteilsbildung übertragen. Dies begründete einen wesentlichen Zweig kognitiver Theorien des Geistes (vgl. Gigerenzer/Murray 1987; Gigerenzer/Sturm 2007).

Aus der breiten Tradition der Denkpsychologie seien hier noch zwei Arbeiten erwähnt, die Simon (1981) als Anregungen seiner eigenen informationstheoretischen Psychologie bezeichnete: Otto Selz' Werk *Über die Gesetze des geordneten Denkverlaufs* (1913) und Adriaan de Groots *Het Denken van den Schaker* (1946). Statt von Versuchspersonen einfach Assoziationen zu Stichwörtern abzufragen (›Hund – Katze‹ – ›Papier – Stift‹), erteilte Selz ihnen genauere und kontrastierende Aufgaben wie ›Koordiniere: Hund – ?‹ und ›Superordiniere: Hund – ?‹. Da die Antworten nicht als passive Assoziationen (behavioristisch gesprochen: Folgen bestimmter Reiz-Reaktions-Verknüpfungen) zu erklären waren, sah Selz Denkprozesse als durch produktive und reproduktive geistige Operationen gesteuerte Tätigkeiten an, die der zielgerichteten Lösung von ›Aufgaben‹ dienen. Dabei sei es wesentlich, dass das Verstehen einer Denkaufgabe mit der Formung von Leerstellen enthaltender Strukturen einhergehe (in etwa das, was man heute als ›Problemraum‹ bezeichnen würde), die dann im Verlauf des Problemlösens durch passend gewählte, abstrakte Mittel ausgefüllt würden. In ähnlicher Weise entwickelte Bartlett in *Remembering* (1932) in einflussreicher Weise den Begriff des *Schemas*: Gedächtnisleistungen funktionieren Bartlett zufolge vor einer Menge von Schemata – Formen oder abstrakten Überzeugungsbe-

ständen, die bei bestimmten Aufgaben der Erinnerung oder der Speicherung neuer Kognitionen die Resultate mitbringen. De Groot ließ Schach spielende Versuchspersonen unterschiedlicher Kompetenz mehrere Aufgaben lösen und dann ihre Überlegungen protokollieren. Damit zeigte er z. B., dass Experten kaum mehr Züge vorausdenken oder mehr Stellungen prüfen als schwächere Spieler, aber die Situationen offenbar anders auffassen, und sich Schachspieler nicht aller Details der Denkprozesse introspektiv bewusst, d. h. Denkprozesse großenteils opak sind. Damit wurde erneut die Frage aufgeworfen, wie man diese Prozesse vollständig erfassen könnte.

Wir haben gesehen, dass die Verhaltensbeobachtung und -analyse in der europäischen Tradition keineswegs als primäre, geschweige denn ausschließliche, Methode der Psychologie angesehen wurde; sie wurde aber auch nicht rundheraus abgelehnt, sondern vielmehr mit kognitiven Erklärungsmodellen verbunden. Weiterhin gilt es zu beachten, dass es auf amerikanischer Seite – neben den Traditionslinien der Wundt'schen Psychologie – schon in den 1930er Jahren nicht mehr nur den einen und einzigen Behaviorismus eines Watson, sondern verschiedenste Behaviorismen und Neobehaviorismen gab (Briskman 1972, 90–92; Lovie 1983; Smith 1986). Zu erwähnen sind in diesem Zusammenhang insbesondere Skinner, Edwin Guthrie (1886–1959), Clark Hull (1884–1952), Edward Chase Tolman (1886–1959), John Dollard (1900–1980) und Neal Miller (1905–2002).

Beliebt in vielen Formen des Behaviorismus war das Verstecken kognitiver Operationen hinter dem Wort ›Reiz‹ (*stimulus*). Während dieser Ausdruck im 18. Jh. ursprünglich für physikalisch und chemisch beschreibbare Einwirkungen auf Organismen und Sinnesorgane verwendet wurde, funktionierte man später seine Bedeutung um auf die projizierten Ergebnisse neural und kognitiv verarbeiteter Einwirkungen. Diese Verpackung kognitiver Prozesse im Terminus ›stimulus‹ zeigt sich deutlich, wenn etwa Skinner (1938, 167) Nahrung als ›*stimulus*‹ bezeichnet: Es ist anzunehmen, dass Stoff nicht allein durch seine physikalisch-chemischen Einwirkungen auf Sinnesorgane als Nahrung kategorisiert wird, sondern dazu spezifische Verarbeitungen dieser Einwirkungen in einem Organismus ablaufen müssen, der erfahren hat, was essbar ist und was nicht. Dass z. B. manche Menschen Insekten als Nahrung auffassen, andere aber nicht, liegt nicht (nur) an den physikalisch-chemischen Einwirkungen, die von diesen Tierchen unmittelbar ausgehen, sondern an kognitiven Kategorisierungen (s. Kap. IV.9) - vorausgesetzt,

es werden nicht hypothetische Lern- und Verstär-
kungsvorgänge und deren zerebrale Spuren in der
Gegenwart angesetzt. Hull (1943) suchte über die
Verwendung intervenierender Variablen solcherlei
Prozessen beizukommen. Miller/Dollard (1945) versuchten dem Problem, dass der Bezug auf Stimuli
bestimmte Reaktionen nicht ausreichend erklärt,
dadurch zu entkommen, dass sie neben ›stimulus‹
auch den Ausdruck ›cue‹ verwenden, doch solche
Züge wurden als zirkulär kritisiert (Meehl 1950) –
schon vor Noam Chomskys (1959) einflussreiche-
rer, ähnlich gerichteter Kritik an Skinners Theorie
des Sprachverhaltens.

Diese Kritik wird gern als die Vernichtungs-
schlacht der Kognitionswissenschaft gegen den Behaviorismus beschrieben. Doch obwohl Chomskys
Besprechung von Skinners Buch *Verbal Behavior*
(1957) zu großen Teilen das behavioristische Vokabular von ›stimulus‹, ›response‹, ›reinforcement‹ und
anderen Ausdrücken als leer und daher explanatorisch nutzlos oder auch unüberprüfbar kritisierte,
betraf die Kontroverse zwischen ihm und Skinner
nicht so sehr die Auseinandersetzung Behaviorismus *contra* Kognitivismus, sondern eher die alte
Frage: angeboren oder erworben? Chomsky sprach
sich dabei für die Postulierung größerer Segmente
des Angeborenen aus: »[…] complex innate behavior patterns and innate ›tendencies to learn in specific ways‹ […]« (Chomsky 1959, 57). Skinner dagegen plädierte für sehr viel geringere angeborene Anteile, was er methodologisch mit dem Missbrauch
innatistischer Annahmen seit Anbeginn der Geschichte der Psychologie begründete. Wer Recht hat
in der Frage, welche Verhaltensweisen, Verhaltensbereitschaften oder Verhaltenserwerbbereitschaften
angeboren und welche erworben sind, kann jedoch
nicht *per fiat* festgelegt, sondern muss Fall für Fall
empirisch geklärt werden. In dieser Hinsicht ist die
Kontroverse zwischen Chomsky und Skinner als offen anzusehen.

Manche behavioristische Positionen ließen das
mentalistische Vokabular von Überzeugungen oder
Zwecken und dergleichen durchaus zu und bemüh-
ten sich nicht, es auf beobachtbares Verhalten zu reduzieren (vgl. Lovie 1983; Smith 1986; vgl. jedoch
auch Baars 1986, 44 f.). So bediente sich z. B. Tolman
vorbehaltlos der Ausdrücke ›cognition‹ und ›cognitive‹ und definierte sie sogar (damit als Fachtermini
kennzeichnend) in seinem Glossar am Ende seines
Werkes *Purposive Behavior in Animals and Men*
(1932). Er sprach in seinen Studien von ›cognitive
maps‹, denen Ratten ebenso folgen wie Menschen,
wenn sie sich in der Umgebung – etwa in Labyrin-

then – zweckgerichtet (*purposive*) zu verhalten versuchen (Tolman 1948), und er verwendete zudem
die Ausdrücke ›sign‹, ›purpose‹ und ›expectation‹. Es
ist wohl kein bloßer Zufall, dass Simon, der an Tol-
mans Werken Psychologie gelernt hatte, zu einer der
Gründungsfiguren der Kognitionswissenschaft werden konnte.

Miller schließlich hatte seine Ausbildung in
räumlicher Nähe zu Skinner erhalten, allerdings in
wissenschaftstheoretisch großer Distanz unter
nicht-behavioristischen Vorzeichen, nämlich im
Psycho-Akustischen Laboratorium in Harvard, bei
dem Psychophysiker Stanley Smith Stevens (1906–
1973), der dort wie sein bedeutender Vorgänger
Fechner die Beziehungen zwischen Reizen und Sinnesempfindungen erforschte. Miller war daher gegen stringent-behavioristische Dogmatik impräg-
niert.

Zwar hat Skinner die Entstehung der Kognitionswissenschaft mit unverkennbarer Ironie als »the
cognitive restoration of the Royal House of Mind«
(Skinner 1989, 68) bezeichnet. In diesem Punkt ist er
sich mit George Miller einig, der behauptet hat: »The
cognitive revolution in psychology was a counterre-
volution« (Miller 2003, 141). Doch nach den gezeigten Sachverhalten, zu denen sich vieles ergänzen
ließe, sind die Thesen eines scharfen Gegensatzes
zwischen kognitiven und behavioralen Studien oder
auch einer ›Überwindung‹ des die gesamte Psychologie beherrschenden Behaviorismus schlicht nicht
überzeugend. Sie sind besser im Bereich der Mythen
aufgehoben (vgl. Watrin/Darwich 2012). Auf sie
kann sich die These einer ›kognitiven Revolution‹ jedenfalls nicht stützen. Wozu die Annahme der
Überwindung des Behaviorismus dienlich sein mag,
darf gefragt werden. Wer sich als Teilnehmer einer
Revolution auffassen möchte, braucht wohl irgend-
ein *ancien régime*, das er tatsächlich oder vermeintlich in die Knie zwingt.

Der Einfluss von Logik, Computertechnik und Informatik

Wie gezeigt, haben mentale und spezieller auch kognitive Termini und sogar Erklärungsformate neben
dem Behaviorismus und teils sogar in ihm existiert.
Die ›kognitive Revolution‹ hat weder darin bestanden, das Thema der Kognition zu entdecken, noch
darin, kognitive Erklärungen zuzulassen, geschweige
denn allererst solche zu erfinden. Kritiker der Rede
von einer kognitiven Revolution übersehen jedoch
leicht, dass die neuen Theorien in der Psychologie,

der Linguistik und verwandten Disziplinen die Rede vom Kognitiven mit neuen *Inhalten* bestimmt haben. Anders ausgedrückt: Nicht *ob* Kognition als Thema oder Erklärungsmittel zulässig ist, ist entscheidend für die Neuheit der Kognitionswissenschaft oder gar für die Legitimität der Behauptung einer kognitiven Revolution, sondern *wie* der Ausdruck ›Kognition‹ genau zu verstehen ist oder welches kognitivistische Vokabular man gewählt hat. Dabei gab es verschiedene Optionen. Die Orientierung an Wahrscheinlichkeitstheorie und Statistik zur Modellierung von Wahrnehmung und anderen kognitiven Prozessen wurde bereits angesprochen. Besonders hervorzuheben ist jedoch auch die Rolle von informationsverarbeitenden Computern und der sie ermöglichenden wissenschaftlichen Theorien aus dem Bereich der Logik (s. Kap. II.F.4), Informatik (s. Kap. II.B) und der Kybernetik (s. Kap. III.5). Dies gilt in mindestens zwei Hinsichten, die zugleich eng miteinander verknüpft gewesen sind: Einerseits diente der Computer als *theoretisches Modell* für das Funktionieren kognitiver Systeme, andererseits als zentrales *methodisches Instrument* – mittels Computersimulationen erfolgreich ausgeführte Problemlösungen sollten beweisen, dass der Geist ebenfalls so funktioniert (Gigerenzer/Sturm 2007).

Dieser Wandel hat eine längere Vorgeschichte. Im 17. und 18. Jh. wurden menschengemachte mechanische Systeme, besonders Uhren und Automaten, Puppen und Figuren, zu Deutungsmustern, in deren Analogie versucht wurde, biologische Systeme und insbesondere den Menschen zu verstehen (z. B. de Vaucanson 1738; La Mettrie 1748). Blaise Pascal (1632–1662) und Gottfried Wilhelm Leibniz (1646–1716) erdachten und entwickelten erste Rechenmaschinen zur Addition, Subtraktion, Multiplikation und Division. Leibniz dachte auch, dass Schlussfolgern im Grunde eine Art Kalkulation sei, die sich allgemein durch einen zu schaffenden *calculus ratiocinator* formalisieren lasse, welcher zur Lösung aller Meinungsstreitigkeiten eingesetzt werden könne (Davis 2000).

Im 19. Jh. entwickelte der Mathematiker und Erfinder Charles Babbage (1791–1871) mit Ada Lovelace (1815–1852) Pläne zu programmierbaren Rechnern, mittels derer etwa Polynome (mit der sog. *difference engine*, seit den 1820er Jahren entworfen) und symbolische Algebra (mit der sog. *analytical engine*) berechnet werden können sollten. Wegen dieser Pläne, die zu Lebzeiten ihrer Entwickler nie vollständig realisiert wurden, werden die beiden oft als Vater und Mutter der computationalen Kognitionswissenschaft bezeichnet, obwohl es mehr als zweifel-

haft ist, dass Babbage diese Maschinen tatsächlich als Modelle für den menschlichen Geist ansah (Green 2005).

Während des Zweiten Weltkriegs entstanden – theoretisch ermöglicht durch die neue Logik, die mit den Arbeiten von George Boole (1815–1864), dem schon erwähnten Frege, Bertrand Russell (1872–1970) und Alfred North Whitehead (1861–1947), Alfred Tarski (1901/02–1983) sowie anderen einen erheblichen Aufschwung erlebt hatte – die ersten modernen Computer (Alex 2007; Davis 2000). Dazu zählen etwa der *Zuse Z3* 1941 in Deutschland, der zwar noch nicht elektronisch, aber dennoch bereits universell programmierbar war, dann der *Colossus* in Großbritannien, entwickelt zur Entschlüsselung der deutschen Enigma-Kryptografie und elektronisch aufgebaut, aber nicht universell programmierbar, sowie die von der US-Armee in Auftrag gegebenen Rechner ENIAC (*Electronic Numerical Integrator and Computer*) und EDVAC (*Electronic Discrete Variable Automatic Computer*). Die beiden zuletzt genannten waren sowohl elektronisch aufgebaut als auch universell programmierbar, und beide wurden an der *University of Pennsylvania* hergestellt, Letzterer unter Mitwirkung von John von Neumann (1903–1957). Dennoch ließ die Idee, kognitive Leistungen des Menschen und anderer Lebewesen vor diesem Deutungsmuster neu zu konzipieren, auf sich warten. Es brauchte mehrere Schritte, um diese Idee zu generieren, und noch mehr, um sie zu verbreiten.

Zu den wesentlichen Voraussetzungen gehörte zunächst die Erfindung der Kybernetik durch Norbert Wiener (1894–1964), die er in *Cybernetics* (1948) darlegte, sowie die Entwicklung der Informationstheorie durch Claude Shannon (1916–2001) und Warren Weaver (1894–1987) in ihrem grundlegenden Werk *The Mathematical Theory of Communication* (1949). Mit diesen Arbeiten wurde die Regelungstechnik weiterentwickelt, die sich mit der Messung, Steuerung und Regelung technischer Apparate, von der Dampfmaschine bis hin zum Kühlschrank, befasst. Beide Werke bezogen sich primär auf technische informationsverarbeitende Systeme, darunter auch die in rascher Entwicklung begriffenen Computer, erschlossen aber durch ihre abstrakte Darstellung zudem die Möglichkeit, analoge Ansätze auch auf lebende Systeme anzuwenden. Wiener zeigte, wie durch informationsverarbeitende Rückkoppelungsschleifen mechanische und andere Systeme quasi-zielgerichtetes Verhalten aufweisen konnten. Der Begriff der Information erfuhr durch Shannon und Weaver eine präzise Definition, wurde in der weiteren Entwicklung jedoch oft und gern in einem recht lockeren Alltagsverständnis verwendet. Shannon und Weaver definierten Information als eine Maßgröße für die Ungewissheit des Eintretens eines Ereignisses und den Informationsgehalt I durch die Formel I = *ld* N, wobei *ld* der *logarithmus dualis* und N die Zahl der Elemente des spezifischen und abgeschlossenen Zeichenvorrats ist. Diese Formel gilt bei gleicher Auftrittswahrscheinlichkeit aller Elemente des Zeichenvorrats, bei ungleicher Auftrittswahrscheinlichkeit wird sie entsprechend modifiziert. Allerdings wird der Ausdruck ›Information‹ in der Kognitionswissenschaft oft auch dann verwendet, wenn gar kein abgeschlossener Zeichenvorrat vorliegt. Die durch die Informationstheorie gewonnene Präzision verschwindet dann (Collins 2007), so dass der Ausdruck ›Information‹ ein ähnliches Schicksal erleidet wie der schon oben erläuterte Ausdruck ›Reiz‹ (Gundlach 1976), indem er mit kognitiven Prozessen und Gehalten aufgeladen wird und so Präzision vortäuschen kann.

Zu den inspirierenden Ansätzen zählen weiter Ideen des britischen Mathematikers und Logikers Alan Turing (1912–1954), der dem erwähnten *Colossus* vorgearbeitet und auch an der Entschlüsselung des deutschen Enigma-Codes mitgewirkt hatte. Neben seiner wegweisenden Definition des Berechenbarkeitsbegriffs mithilfe sog. Turingmaschinen (s. Kap. II.F.4) entwickelte Turing auch die Idee, Computerprogramme könnten menschliche Intelligenz täuschend echt nachahmen. Während von Neumann über Ähnlichkeiten zwischen Computern und menschlichen Hirnen spekulierte, also eine Analogie auf der Ebene der Hardware vermutete, formulierte Turing (1950) die Analogie auf der Ebene der Funktionsweise oder der Software von Geist und künstlichem Computer. Dafür entwarf er einen viel debattierten Test: Wenn ein Mensch, der mit einem Computerprogramm und einem anderen Menschen nur auf elektronischem Wege kommuniziert, nicht imstande ist, verlässlich zu urteilen, welcher seiner Kommunikationspartner der Mensch ist, dann verdiene das Programm die Bezeichnung ›intelligent‹. Turing formulierte auch viele der Begriffe und Aufgaben, die für die kommende Kognitionswissenschaft wichtig werden sollten, etwa dass man Russells und Whiteheads *Principia Mathematica* (1910–1913) nutzen könnte, um die Möglichkeiten künstlicher Computer zu testen (s. Kap. II.F.4). Allerdings: Turing warf damit zwar die Frage auf, ob ein Computer Eigenschaften wie ein Geist oder ein intelligentes System habe, nicht aber die umgekehrte Frage, ob der menschliche Geist wie ein Computer

funktioniert (Gigerenzer/Sturm 2007, 324). Diese sollte erst noch folgen.

Wichtig ist in diesem Kontext schließlich, dass sogar in der Neurowissenschaft vor und um die Jahrhundertmitte Ideen entwickelt wurden, die das Funktionieren des menschlichen Gehirns als logischen Strukturen folgend ansahen. So hatten besonders der Neurophysiologe und Kybernetiker Warren McCulloch (1898–1969) und der Logiker Walter Pitts (1923–1969) argumentiert, dass die – zuerst durch den spanischen Mediziner Santiago Ramón y Cajal (1852–1934) identifizierten – Neuronen nicht nur die kleinsten Einheiten des Nervensystems seien, sondern auch in gleichsam logischen Verbindungen zueinander stünden. Wie in der (klassischen) Logik ein Satz entweder wahr oder falsch ist, so könnten Neuronen entweder feuern oder nicht feuern – eine binär strukturierte Signalverbreitung (McCulloch/Pitts 1943). Einfache Netze künstlicher Neurone konnten auch bestimmte logische Junktoren (*und*, *oder*, *nicht*) simulieren. Beeinflusst von Russell, hatte McCulloch schon zuvor die Logik auf Sprache und Geist anzuwenden versucht und dabei sogenannte ›Psychonen‹ als einfachste geistige Akte postuliert. Ramón y Cajals Theorie der Neurone und ihrer axonalen Impulse schien für McCulloch das passende physiologische Gegenstück hierzu (vgl. Boden 2006, Bd. 1, 182–190). Diese Reduktionsthese war freilich spekulativ. Festzuhalten ist: Während Turing gezeigt hatte, dass sich universell programmierbare Rechenmaschinen bauen lassen, hatten McCulloch und Pitts die Idee plausibel gemacht, dass das menschliche Gehirn nach logischen Prinzipien funktioniert und daher womöglich eine biologische Realisierung einer Turingmaschine mit endlichem Speicher darstellt.

Zwei Konferenzen im Jahr 1956 und ihre Kontexte

Oben wurde erwähnt, dass Gardner, Miller und anderen Autoren das Jahr 1956 als das Geburtsjahr der Kognitionswissenschaften bestimmen. Worauf beziehen sie sich dabei? Weder Wissenschaften noch Revolutionen haben einen präzisen Geburtstag, und wir haben bereits die verschlungenen Pfade der Vorgeschichte skizziert, die erst allmählich zu der neu einsetzenden Kognitionsforschung geführt haben. Aber es gab im Jahr 1956 in der Tat zwei wissenschaftliche Konferenzen, die zu Recht als Meilensteine der Kognitionswissenschaft bezeichnet werden können.

Doch schon 1948 fand am *California Institute of Technology* ein von der *Hixon Stiftung* finanziertes Symposium zu *Cerebral Mechanisms in Behavior* statt (Jeffress 1951), dass in der Entwicklung der Kognitionswissenschaft ebenfalls einflussreich war. Dort sprach von Neumann über Unterschiede und Ähnlichkeiten zwischen dem Gehirn und dem elektronischen Computer, und auch andere Vortragende behandelten die Informationsmechanismen des Gehirns. Zu den Sprechern zählten neben von Neumann u. a. auch Köhler, McCulloch und Karl Lashley (1890–1958). Lashley, der noch bei Watson studiert hatte, war inzwischen durch seine Studien zu Rattengehirnen bekannt geworden. Sie hatten ihn zu der These geführt, dass Gedächtnisleistungen nicht in einer spezifischen Hirnregion lokalisiert, sondern über das Gehirn verteilt seien (s. Kap. II.E.3). Auf dem *Hixon-Symposium* argumentierte er unter dem Titel ›The problem of serial order in behavior‹ dafür, dass das Gehirn ständig dynamisch aktiv ist, statt nur passiv auf die Umwelt zu reagieren. Ein zentrales Beispiel seiner Überlegungen betraf die menschliche Sprache: Sprachliche Sequenzen seien nicht assoziativ zu erklären, sondern setzten eine gewisse Organisation im Organismus voraus (wie bereits angedeutet, sollte Chomsky später derartige Positionen weiter vorantreiben). Doch erst auf den beiden Tagungen des Jahres 1956 stand deutlich die Frage im Zentrum, inwiefern Computersysteme und ihre Leistungen auch in Analogie zu Leistungen nicht des Gehirns, sondern des *kognitiven Systems* des Menschen oder anderer Lebewesen stehen. Während die Hirnforschung in der weiteren Entwicklung der Kognitionswissenschaft eine zunehmend zentralere Rolle gespielt hat und spielt – der unter der Bezeichnung ›Neurowissenschaft(en)‹ inzwischen auch institutionell etablierte hybride Zusammenschluss verschiedener Disziplinen erfolgte erst seit den 1960er Jahren (vgl. Abi-Rached/Rose 2010, 17–20) –, ging es ihr nicht von Beginn an und schon gar nicht vorrangig um eine echte physikalistische *Reduktion* kognitiver Phänomene auf neurophysiologische Phänomene oder um Fragen nach der Implementation kognitiver Phänomene in neuronalen Strukturen. Bedeutsamer war die interdisziplinäre Zusammenarbeit von Psychologie, Informationstheorie und Computertechnik.

Im Sommer 1956 trafen sich am *Dartmouth College* in Hanover, New Hampshire, zehn junge Wissenschafter aus den Fächern Mathematik und Logik zu einer von der *Rockefeller Foundation* finanzierten Tagung, bei deren Vorbereitung das Thema der Künstlichen Intelligenz (KI) entstand. Zu den Teilnehmern gehörten Alex Bernstein von der IBM Corporation, John McCarthy, damals Mathematikprofessor in Dartmouth und ein Jahr später Gründer des ersten Instituts für KI am *Massachusetts Institute of Technology*, Minsky, damals in Harvard, später ebenfalls am *Massachusetts Institute of Technology*, sowie Simon und Newell, beide am *Carnegie Institute of Technology* (später *Carnegie-Mellon*) sowie für die *RAND Corporation* (*Research ANd Development*) tätig — einer von der US-Armee nach dem Zweiten Weltkrieg gegründeten und hauptsächlich von der Air Force finanzierten einflussreichen Denkfabrik, die zahlreiche Informatiker, Mathematiker, Sozialwissenschaftler und Philosophen zusammenführte. Dort wurde insbesondere die Idee gefördert, dass Denken, Entscheiden und Schlussfolgern durch Algorithmen gesteuert werden, die ebenso auf Computern wie in menschlichen Gehirnen implementierbar seien (Erickson et al. 2013).

Im September 1956 fand am *Massachusetts Institute of Technology* zudem das *Symposium on Information Theory* statt. Auf diesem Symposium, an dem u. a. Miller, Chomsky und erneut Newell und Simon teilnahmen, wurden verschiedene Meilensteine der späteren Kognitionswissenschaft vorgestellt: Chomsky unterbreitete seine Theorie der Sprache als eines regelgesteuerten Systems (s. Kap. II.C.1), Miller berichtete die Ergebnisse seiner Forschung zur Kapazitätsgrenze des menschlichen Arbeitsgedächtnisses bei etwa sieben *items* (Miller 1956; s. Kap. IV.7) und Simon und Newell präsentierten den *Logic Theorist*. Während Babbages Maschinen numerische Berechnungen durchführen sollten, handelte es sich beim *Logic Theorist* um ein Computerprogramm, das – gemäß Simons *physical symbol hypothesis*, wonach Computer und Menschen gleichermaßen Symbolverarbeiter (*symbol manipulators*) seien (s. Kap. III.1) – darauf ausgerichtet war, Symbole zu verarbeiten. Der *Logic Theorist* führte Beweise in formaler Logik aus, speziell zu einer Zahl von Theoremen aus der *Principia Mathematica* von Russell und Whitehead (Newell et al. 1958). Simon und Newell entwickelten auch den GPS, den *General Problem Solver*, ein Programm, das zeigen sollte, dass Computer sogar kreative Denkprozesse nachahmen können (Newell et al. 1962).

Mit Simons und Newells Ansatz entstand jedoch nicht nur eine neue Theorie der Kognition, sondern mit der Computersimulation auch eine neue Forschungsmethode: Ließ sich eine Problemlösung durch ein Computerprogramm simulieren, so galt dies fortan als (zumindest mögliche oder plausible)

Evidenz dafür, dass der Geist ebenso funktionieren könnte wie ein Computer. Methode und Theorie stützen sich also gegenseitig. Wie Simon später erklärte: »A running program is the moment of truth« (Simon 1992, 155). Ergänzt wurde diese Argumentation mittels Simulationen dadurch, dass man die Programme mit Denkprotokollen von Versuchspersonen verglich. Zugleich konnte man Computersimulationen auch als Ergänzungen der – wie gesehen unvollständigen – introspektiven Denkprotokolle sehen. Letztlich jedoch setzen derartige Evidenzen allerdings schon voraus, dass man die Analogie von Computer und Geist für prinzipiell sinnvoll hält und etwaige Disanalogien ausblendet. Insofern waren die empirischen Daten aus den Simulationen, wie man heute sagt, derart theoriegeladen, dass sie nicht verwendet werden konnten, um etwa einen radikalen Behaviorismus zu widerlegen.

Das Jahr 1956 gewann zusätzliche Bedeutung durch die Publikation von *A Study in Thinking* (Bruner et al. 1956). Bezeichnenderweise war dieses 1951 begonnene und von der *Rockefeller Foundation* sowie der *Behavioral Sciences Division* der *Ford Foundation* geförderte Buchprojekt, das sich mit Untersuchungen zur Begriffsbildung, verbunden mit Befragungen, warum welche Entscheidungen für welches Vorgehen getroffen wurden, befasste, dem im selben Jahr verstorbenen Brunswik gewidmet. Mit *A Study in Thinking* wurden die in Europa bewährten Methoden der Denkpsychologie breiter in die USA eingeführt.

Es dauerte dennoch eine gute Weile, bis die am Computer orientierten Modelle in der Psychologie und ihren Nachbarwissenschaften akzeptiert wurden. Simon hat später treffend erklärt: »I wish that I could say that the discipline of psychology was eager to embrace the new information-processing paradigm. I am afraid, however, that would be an exaggeration« (Simon 1980, 465; vgl. auch Baars 1986, 194). Für diese Verzögerung gab es sowohl theoretische als auch forschungspraktische Gründe. Oft war die Einrichtung von mit Computern ausgestatteten Laboren sehr mühselig und führte daher nicht schnell zu neuen theoretischen Forschungsergebnissen. Selbst an neugegründeten Instituten wie dem *Center for Cognitive Studies* an der *Universität Harvard* (gegründet 1960 von Miller und Bruner) wurden zunächst nur wenige Computersimulationen durchgeführt. Der dortige PDP-4C Computer wurde wegen technischer Probleme so wenig genutzt, dass noch 1966 unter dem Titel ›Programmanship, or how to be one-up on a computer without actually ripping out its wires‹ ein offenbar verzweifelter technischer

Bericht erschien (vgl. Gigerenzer/Sturm 2007, 330). Darüber hinaus mussten Psychologen sich auch in ihrer alltäglichen Forschung im psychologischen Experiment mit dem Computer vertraut machen, bevor sie sich ganz auf den Gedanken einlassen konnten, dass die Rechner nicht nur ein Forschungsinstrument, sondern auch ein theoretisches Modell für den Geist darstellen könnten (ebd.).

Des Weiteren dürften institutionelle Faktoren die neuen Ideen in ihrer Ausbreitung gehemmt haben. Die Psychologie hatte im 20. Jh. einen Ausbildungskanon entwickelt, insbesondere mithilfe psychologischer Tests, die seit dem Ersten Weltkrieg in Eignungsprüfungen in Militär und Wirtschaft breit eingesetzt und erweitert worden waren. Dies führte zur gesellschaftlichen Durchsetzung der neuen Expertenprofession der Psychologen und bestimmte maßgeblich den Lehrkanon an den Universitäten (Capshew 1999). Die Verwandlung des Psychologieunterrichts in eine Berufsausbildung erzeugte eine Reserviertheit gegenüber neuen, noch nicht praktisch bewährten Ideen. Es ist bezeichnend, dass Newell und Simon ihren Ansatz an einem Forschungsinstitut wie der *RAND Corporation* entwickelten, wo interdisziplinäre Arbeit gängige Praxis war und – trotz des Interesses des Militärs an Praxisanwendungen, die es natürlich gab – der Witz die Runde machte, das Akronym stehe auch für ›*Research And No Development*‹.

Erst in den 1970er Jahren verbesserten sich die institutionellen Entwicklungen. Die erste Konferenz der *Cognitive Science Society* (in La Jolla, Kalifornien) fand 1979 statt, und explizit kognitionswissenschaftliche Zeitschriften entstanden ebenfalls in diesen Jahren (*Cognition*: 1972–; *Cognitive Science*: 1977–). Auch erst in dieser Dekade konnten kognitivistisch orientierte Publikationen solche behavioristischen Zuschnitts überholen (Tracy et al. 2003). Dann jedoch war die Analogie von Geist und Computer so weit akzeptiert, dass Johnson-Laird (1983, 10) erklären konnte: »The computer is the last metaphor; it need never be supplanted.«

Die ›kognitive Revolution‹: ein zwiespältiges Ergebnis

Wie gezeigt, finden sich in der Entstehung der Kognitionswissenschaft sowohl substanzielle Kontinuität als auch Diskontinuitäten. Was ist daher von der These einer kognitiven Revolution zu halten? Dies ist eine schwierige, in umfassende wissenschaftstheoretische Diskussionen führende Frage. Wir können hier nur einige Punkte skizzieren, die aber ausreichend zeigen, dass die Frage überkomplex und deshalb nur mit einem deutlichen ›Jein‹ zu beantworten ist.

Mehrere Anhänger der These gebrauchen die Wendung ›kognitive Revolution‹ ohne nähere Reflexion oder Kriterienangabe (z. B. Boden 2006; Gardner 1985; Miller 2003). Das ist wenig befriedigend, da die These einer solchen Revolution umstritten ist und insofern kein intuitives Einverständnis vorausgesetzt werden kann. Welche Kriterien aber sollte man für den Revolutionsbegriff voraussetzen?

Mehrere Kritiker der These einer kognitiven Revolution haben das Kuhn'sche Modell wissenschaftlicher Revolutionen oder auch damit konkurrierende Ansätze herangezogen und dann bestritten, dass diese Modelle auf den vorliegenden Fall passen (Briskman 1972; Leahey 1992; O'Donohue et al. 2003; Warren 1971). Zweifellos kann das Kuhn'sche Modell nicht schlichtweg auf die Ablösung des Behaviorismus durch die Kognitionswissenschaft übertragen werden, allerdings zum Teil nicht aus den Gründen, die manche Kritiker angeführt haben. So hat z. B. Leahey (1992, 314; ähnlich O'Donohue et al. 2003, 85, 93) betont, der Behaviorismus habe kaum unter ›Anomalien‹ oder ungelösten Rätseln gelitten, was gegen die Anwendung des Kuhn'schen Modells spreche. Jedoch hat Kuhn das Anomalie-Kriterium in Reaktion auf Kritik ohnehin verworfen – wissenschaftliche Revolutionen setzen nicht in allen Fällen die Krise eines herrschenden Paradigmas im Sinne eines Überhandnehmens der Anomalien voraus (Kuhn 1970, 181), sie mögen auch durch eine neue theoretische Idee, deren Transfer aus einer Wissenschaft in eine andere oder die Integration verschiedener Wissenschaften hervorgerufen werden. Die Entstehung der Molekularbiologie in den 1950er Jahren ist dafür ein beliebtes Beispiel, und in mancher Hinsicht lässt sich auch die Entwicklung der Kognitionswissenschaft auf vergleichbare Weise erklären. Gegen eine Anwendung des Kuhn'schen Modells sprechen aber v. a. zwei Umstände. Erstens haben wir gezeigt, dass der Behaviorismus keineswegs das universell akzeptierte Paradigma der Psychologie gewesen ist. Auch ist die Kognitionsforschung heute in viele Richtungen aufgeteilt, die teils miteinander konkurrieren, so dass auch sie nicht als allgemein akzeptiertes Paradigma im Kuhn'schen Sinne bezeichnet werden kann. Zweitens zeigt die historische Analyse, dass die Entstehung der Kognitionswissenschaft insgesamt fließender ablief und allenfalls den radikalen Behaviorismus abgelöst hat. Der Wandel fand nicht ruckartig statt, sondern in vielfach kleinen und rekonstruierbaren Schritten, die zeigen, dass es zwischen radi-

kalem Behaviorismus und Kognitionswissenschaft zahlreiche Zwischenformen und historische Übergänge gegeben hat. Der Eindruck eines abrupten Umschwungs beruht also auf einer oberflächlichen Kenntnis der Inhalte und Stufen der Entstehung der Kognitionswissenschaft.

Die Rede von einer ›kognitiven Revolution‹ kam übrigens erst in den 1970er Jahren auf, vorwiegend in der Rezeption Kuhns (Palermo 1971; Weimer/ Palermo 1973). Manche Wissenschaftshistoriker betrachten sie daher als etwas, das dem historischen Geschehen nachträglich aufgesetzt wurde (s. etwa Leahey 1992, 315). Teils steht hinter diesem Vorwurf der nicht ganz von der Hand zu weisende Verdacht, dass die Proklamation einer ›kognitiven Revolution‹ von einigen Akteuren als schlagkräftige Formel bei der Einwerbung von Forschungsgeldern genutzt wurde, nicht zuletzt von Mitteln aus dem industriell-militärischen Komplex (siehe etwa den Einsatz von Computern seit dem Zweiten Weltkrieg und im Kalten Krieg).

Allerdings kann dieser Punkt die Berechtigung der Rede von einer ›kognitiven Revolution‹ letztlich nicht entscheiden. Es bestehen schließlich durchaus erhebliche Differenzen zwischen dem radikalen Behaviorismus Skinner'scher Prägung und den leitenden neuen und komplexen theoretischen und methodologischen Vorstellungen der Kognitionswissenschaftler. Dabei mag die enge Verknüpfung von Theorie, Methoden und sogar Daten, etwa in den computationalen Modellen des Geistes (s. Kap. II.E.2), sogar dafür sprechen, dass zwischen dieser Variante der Kognitionswissenschaft und einigen Spielarten des Behaviorismus so etwas bestanden haben könnte wie die von Kuhn so genannte ›Inkommensurabilität‹ – eine Unvergleichbarkeit, ja Unverständlichkeit der Theorien oder Forschungsansätze. Auch sollte erwähnt werden, dass Simon seine Arbeiten zwar mit der Tradition der Denkpsychologie von Selz und anderen verband, dass dabei jedoch auch erhebliche Diskontinuitäten in Theorie und Methode zu finden sind (Gigerenzer/Sturm 2007, 326 f. gegen Greenwood 1999, 15–18). Kurzum, in einigen Hinsichten zeigt die Entstehung der Kognitionswissenschaft also durchaus revolutionäre Aspekte, in anderen Hinsichten jedoch auch klar nicht.

Schwierig – und hier gar nicht – zu beantworten ist die naheliegende Frage, die sich aus alternativen Begriffen wissenschaftlicher Revolution ergibt, etwa aus Lakatos' oder Laudans Auffassungen: Ist die (besonders am Computermodell orientierte) Kognitionswissenschaft dem Behaviorismus *rational* vorzuziehen gewesen? Aus Sicht der Akteure der kognitiven Wende um die Mitte des 20. Jh.s war dies jedenfalls nicht eindeutig. Es war kaum die Rede davon, dass sie ihre Disziplinen revolutionieren wollten. So lehnte Miller es noch 1986 (vgl. das Interview in Baars 1986, 210) ab, die Entstehung der Kognitionswissenschaft als ›Revolution‹ zu bezeichnen, entgegen seiner späteren Auffassung (Miller 2003). Auch ist strittig, ob sich die behavioristische Psychologie in einer fundamentalen Krise befand (Palermo 1971; Weimer/Palermo 1973; Briskman 1972; Leahey 1992, 314). Dies ist umso bemerkenswerter, als Psychologen sich kaum scheuen, immer wieder eine Krise ihrer Disziplin auszurufen (und das schon lange vor Kuhn; vgl. Mülberger/Sturm 2012). Das letzte Wort in dieser Angelegenheit kann jedoch nicht von Wissenschaftshistorikern oder Wissenschaftsphilosophen gesprochen werden, zumindest nicht von ihnen allein. Die heutige wissenschaftliche Forschung selbst muss immer wieder prüfen, ob ein Programm wie das des Behaviorismus endgültig erledigt ist oder die Kognitionswissenschaft diesem überlegen ist. Naiv von dem einen oder anderen auszugehen, sollte man möglichst vermeiden.

Literatur

Abi-Rached, Joelle/Rose, Nikolas (2010): The birth of the neuromolecular gaze. In: *The History of the Human Sciences* 23, 11–36.

Alex, Jürgen (2007): *Zur Entstehung des Computers*. Düsseldorf.

Baars, Bernard (1986): *The Cognitive Revolution in Psychology*. New York.

Bartlett, Frederic (1932): *Remembering*. Cambridge.

Boden, Margaret (2006): *Mind as Machine*, 2 Bde. New York.

Briskman, Laurence (1972): Is a Kuhnian analysis applicable to psychology? In: *Science Studies* 2, 87–97.

Brook, Andrew (2013): The prehistory of cognitive science. In: Lilia Gurova/László Ropolyi/Csaba Pléh (Hg.): *New Perspectives on the History of Cognitive Science*. Budapest, 45–57.

Bruner, Jerome/Goodnow, Jacqueline/Austin, George (1956): *A Study in Thinking*. New York.

Brunswik, Egon (1955): Representative design and probabilistic theory in a functional psychology. In: *Psychological Review* 62, 193–217.

Bühler, Karl (1908): Tatsachen und Probleme zu einer Psychologie der Denkvorgänge: II. Über Gedankenzusammenhänge; III. Über Gedankenerinnerungen. Nachtrag: Antwort auf die von W. Wundt erhobenen Einwände gegen die Methode der Selbstbeobachtung an experimentell erzeugten Erlebnissen. In: *Archiv für die gesamte Psychologie* 12, 1–92, 93–123.

Bühler, Karl (1927): *Die Krise der Psychologie*. Jena.

Bühler, Karl (1934): *Sprachtheorie*. Jena.

Capshew, James (1999): *Psychologists on the March*. Cambridge.

Carnap, Rudolf (1932): Psychologie in physikalischer Sprache. In: *Erkenntnis* 3, 107–142.

Chomsky, Noam (1959): Review of *Verbal behavior*, by B.F. Skinner. In: *Language* 35, 26–57.

Cohen, I. Bernard (1976): The eighteenth-century origins of the concept of scientific revolution. In: *Journal of the History of Ideas* 37, 257–288.

Collins, Alan (2007): From H=log sn to conceptual framework. In: *History of Psychology* 10, 44–72.

Davis, Martin (2000): *The Universal Computer*. New York.

de Groot, Adriaan (1946): *Het Denken van den Schaker*. Amsterdam. [engl.: *Thought and Choice in Chess*. Den Haag 1965].

Erickson, Paul/Klein, Judy/Daston, Lorraine/Lemov, Rebecca/Sturm, Thomas/Gordin, Michael (2013): *How Reason Almost Lost Its Mind*. Chicago.

Gardner, Howard (1985): *The Mind's New Science*. New York. [dt.: *Dem Denken auf der Spur*. Stuttgart 1989].

Gigerenzer, Gerd/Murray, David (1987): *Cognition as Intuitive Statistics*. Hillsdale.

Gigerenzer, Gerd/Sturm, Thomas (2007): Tools=theories= data? In: Mitchell Ash/Thomas Sturm (Hg.): *Psychology's Territories*. Mahwah, 305–342.

Green, Christopher (1996): Where did the word ›cognitive‹ come from anyway? In: *Canadian Psychology* 37, 31–39.

Green, Christopher (2005): Was Babbage's analytical engine intended to be a mechanical model of the mind? In: *History of Psychology* 8, 35–45.

Greenwood, John (1999): Understanding the ›cognitive revolution‹ in psychology. In: *Journal of the History of the Behavioral Sciences* 35, 1–22.

Gundlach, Horst (1976): *Reiz – zur Verwendung eines Begriffes in der Psychologie*. Bern.

Gundlach, Horst (1976): Reine Psychologie, Angewandte Psychologie und die Institutionalisierung der Psychologie. In: *Zeitschrift für Psychologie* 212, 183–199.

Hull, Clark (1943): *Principles of Behavior*. New York.

Jeffress, Lloyd (Hg.) (1951): *Cerebral Mechanisms in Behavior*. New York.

Johnson-Laird, Philip (1983): *Mental Models*. Cambridge.

Kuhn, Thomas (^{2}1970): *The Structure of Scientific Revolutions*. Chicago [1962].

Lachman, Roy/Lachman, Janet/Butterfield, Earl (1979): *Cognitive Psychology and Information Processing*. Hillsdale.

Lalande, André (^{6}1951): *Vocabulaire technique et critique de la Philosophie*. Paris [1902–1923].

La Mettrie, Julien Offray de (1748): *L'homme machine*. Leiden. [dt.: *Die Maschine Mensch*. Hamburg 1990].

Leahey, Thomas (1992): The mythical revolutions of American psychology. In: *American Psychologist* 47, 308–318.

Leary, David (1987): From act psychology to probabilistic functionalism. In: Mitchell Ash/William Woodward (Hg.): *Psychology in Twentieth-Century Thought and Society*. Cambridge, 115–142.

Lovie, Alexander (1983): Attention and behaviorism – fact and fiction. In: *British Journal of Psychology* 74, 301–310.

McCulloch, Warren/Pitts, Walter (1943): A logical calculus of the ideas immanent in nervous activity. In: *Bulletin of Mathematical Biophysics* 5, 115–133.

Meehl, Paul (1950): On the circularity of the law of effect. In: *Psychological Bulletin* 47, 52–74.

Miller, George (1956): The magical number seven, plus or minus two. In: *Psychological Review* 63, 81–97.

Miller, George (2003): The cognitive revolution. In: *Trends in Cognitive Sciences* 7, 141–144.

Miller, Neal/Dollard, John (1945): *Social Learning and Imitation*. London.

Mülberger, Annette/Sturm, Thomas (2012) (Hg.): *Psychology, a Science in Crisis? A Century of Reflections and Debates. Studies in History and Philosophy of Biological and Biomedical Sciences* (Sonderteil) 43, 425–521.

Murray, David (1995): *Gestalt Psychology and the Cognitive Revolution*. New York.

Neurath, Otto (1933): *Einheitswissenschaft und Psychologie*. Wien.

Newell, Allen/Shaw, John/Simon, Herbert (1958): Elements of a theory of human problem solving. In: *Psychological Review* 23, 342–343.

Newell, Allen/Shaw, John/Simon, Herbert (1962): The process of creative thinking. In: Howard Gruber/Glenn Terell/Max Wertheimer (Hg.): *Contemporary Approaches to Creative Thinking*. New York, 63–119.

O'Donohue, William/Ferguson, Kyle/Naugle, Amy (2003): The structure of the cognitive revolution. In: *The Behavior Analyst* 26, 85–110.

Palermo, David (1971): Is a scientific revolution taking place in psychology? In: *Social Studies of Science* 1, 135–155.

Russell, Bertrand/Whitehead, Alfred North (1910–1913): *Principia Mathematica*, 3 Bde. Cambridge. [dt.: *Principia Mathematica*. Frankfurt a. M. 2008].

Selz, Otto (1913): *Über die Gesetze des geordneten Denkverlaufs*. Stuttgart.

Shannon, Claude/Weaver, Warren (1949): *The Mathematical Theory of Communication*. Chicago. [dt.: *Mathematische Grundlagen in der Informationstheorie*. München 1976].

Simon, Herbert (1980): Herbert A. Simon. In: Gardner Lindzey (Hg.): *A History of Psychology in Autobiography*. San Francisco, 435–472.

Simon, Herbert (1981): Otto Selz and information-processing psychology. In: Nico Frijda/Adriaan de Groot (Hg.): *Otto Selz: His Contribution to Psychology*. Den Haag, 147–163.

Simon, Herbert (1992): What is an »explanation« of behavior? In: *Psychological Science* 3, 150–161.

Skinner, Burrhus (1938): *The Behavior of Organism*. New York.

Skinner, Burrhus (1957): *Verbal Behavior*. New York.

Skinner, Burrhus (1989): *Recent Issues in the Analysis of Behavior*. Columbus.

Smith, Laurence (1986): *Behaviorism and Logical Positivism*. Stanford.

Stout, George Frederick/Baldwin, James Mark (1918): Cognition. In: James Mark Baldwin (Hg.): *Dictionary of Philosophy and Psychology*, Bd. 1. New York, 192.

Sturm, Thomas (2009): *Kant und die Wissenschaften vom Menschen*. Paderborn.

Sturm, Thomas (2012): Bühler and Popper: Kantian therapies for the crisis in psychology. In: *Studies in History and Philosophy of Biological and Biomedical Sciences* 43, 462–472.

Tanner, Wilson/Swets, John (1954): A decision-making theory of visual detection. In: *Psychological Review* 61, 401–409.

Tolman, Edward (1932): *Purposive Behavior in Animals and Men*. Berkeley.

Tolman, Edward (1948): Cognitive maps in rats and men. In: *Psychological Review* 55, 189–208.

Tracy, Jessica/Robins, Richard/Gosling, Samuel (2003): Tracking trends in psychological science. In: Thomas Dalton/Rand Evans (Hg.): *The Life Cycle of Psychological Ideas*. New York, 105–129.

Turing, Alan (1950): Computing machinery and intelligence. In: *Mind* 59, 433–460.

Vaucanson, Jacques de (1738): *Le mécanisme du flûteur automate*. Paris.

Warren, Neil (1971): Is a scientific revolution taking place in psychology? In: *Social Studies of Science* 1, 407–413.

Watrin, João Paulo/Darwich, Rosângela (2012): Behaviorism in the cognitive revolution. In: *Review of General Psychology* 16, 269–282.

Watson, John (1913): Psychology as the behaviorist views it. In: *Psychological Review* 20, 158–177.

Weimer, Walter/Palermo, David (1973): Paradigms and normal science in psychology. In: *Science Studies* 3, 211–244.

Wiener, Norbert (1948): *Cybernetics*. New York.

Wolff, Christian von (1732): *Psychologia empirica methodo scientifica pertractata, qua ea, quae de anima humana indubia experientiae fide constant, continentur et ad solidam universae philosophiae practicae ac theologiae naturalis tractationem via sternitur*. Frankfurt a. M.

Wolff, Christian von (1720/1751): *Vernünfftige Gedancken Von Gott, Der Welt und der Seele des Menschen, Auch allen Dingen überhaupt, Den Liebhabern der Wahrheit mitgetheilet*. Halle.

Thomas Sturm/Horst Gundlach

II. Teildisziplinen der Kognitionswissenschaft

A. Anthropologie

Einleitung

Die Anthropologie ist die Wissenschaft vom Menschen. Sie fächert sich in geistes- und naturwissenschaftlich orientierte Disziplinen auf, wobei für die Kognitionswissenschaft hauptsächlich die Sozial- und Kulturanthropologie (in Deutschland meist als ›Ethnologie‹ bezeichnet) – und deren Unterdisziplin Kognitionsethnologie (s. Kap. II.A.2) – sowie v.a. naturwissenschaftlich ausgerichtete interdisziplinäre Ansätze wie die evolutionäre Anthropologie (s. Kap. II.A.1) relevant sind. Obwohl die Sozial- und Kulturanthropologie eine der Gründungsdisziplinen der Kognitionswissenschaft ist und mit daran beteiligt war, im Rahmen der sog. kognitiven Wende den Behaviorismus als dominantes Forschungsparadigma abzulösen, zeigten sich in den Jahren danach gewisse Entfremdungstendenzen – Boden (2006, 515) spricht gar von einer »missing discipline«. Sehr allgemein gesprochen befasst sich die Sozial- und Kulturanthropologie damit, kulturell variierende Weltordnungen, Deutungsstrukturen und soziale Handlungsmuster zu verstehen, zu erklären und miteinander zu vergleichen. Sie bedient sich dabei insbesondere der stationären Feldforschung, die lange Aufenthalte in kulturell fremden Kontexten erfordert, um am dortigen Alltagsleben teilhaben und aus dieser Perspektive Erkenntnisse gewinnen zu können, wobei davon ausgegangen wird, dass kulturelle Fremdheit ein Grundmerkmal menschlicher Existenz ist und überall – auch in der eigenen Gesellschaft – anzutreffen ist. Auf den ersten Blick unterscheidet sich diese Vorgehensweise erheblich von anderen empirischen Disziplinen wie etwa der Kognitionspsychologie (s. Kap. II.E.1), in der vermeintliche Objektivität und Replizierbarkeit der in stark kontrollierten Laborexperimenten gewonnenen Ergebnisse angestrebt werden und der Fokus (wenn auch nicht ausschließlich) auf Individuen liegt, wobei die Versuchspersonen oft aus Studierenden der jeweiligen Universität rekrutiert werden, kulturelle Variabilität also nicht gewährleistet werden kann. Ist die Kognitionswissenschaft zu einseitig und unreflektiert von methodischen Idealvorstellungen wie

den in der Kognitionspsychologie vorherrschenden dominiert, besteht die Gefahr, dass Methodologie und Ziele so weit divergieren, dass eine fruchtbare Kooperation mit der Sozial- u. Kulturanthropologie schwierig wird. Ein weiteres Problem ist die (ursprüngliche) Dominanz des Computermodells des Geistes in der Kognitionswissenschaft. Diesem Modell zufolge ist der menschliche Geist als ›Software‹ (gegenüber der ›Hardware‹ Gehirn) zu verstehen, und Kognition ist nichts anderes als Symbolverarbeitung (s. Kap. III.1) von mentalen Repräsentationen (s. Kap. IV.16). Dieses recht stark vereinfachte Bild von Kognition führte dazu, dass die Betrachtung von Emotionen (s. Kap. IV.5) und kulturellen Zusammenhängen oft ignoriert oder gar aktiv zurückgewiesen wurde.

Ob die Sozial- und Kulturanthropologie ein Teil der Kognitionswissenschaft sein kann (oder sollte), hängt also zu einem großen Teil davon ab, was man als das Ziel der Kognitionswissenschaft versteht. Ist dieses Ziel etwa allgemein definiert als das Interesse, durch interdisziplinäre Forschung ein besseres Verständnis des menschlichen Geistes zu erlangen, ohne damit restriktive Standards betreffend der Forschungsmethode zu verbinden, dann besteht kein Grund, nicht auch sozial- u. kulturanthropologische Resultate miteinzubeziehen. In diesem Zusammenhang gilt es in Anlehnung an Beller et al. (2012, 350) allerdings noch eine weitere Unterscheidung zu beachten: Die Relevanz von Kultur zu akzeptieren, erfordert nicht notwendigerweise die Einbeziehung anthropologischer Resultate, da auch Forscher anderer Teilgebiete der Kognitionswissenschaft kultursensitive Methoden in ihre eigenen Experimente einbauen können (s. Kap. II.E.6). Eine historisch wichtige Unterscheidung ist jene zwischen Prozess und Inhalt: Während die Kognitionswissenschaft allgemeine Prozesse etwa der Wahrnehmung (s. Kap. IV.24), des Denkens (s. Kap. IV.17) oder der Kategorisierung (s. Kap. IV.9) erforscht, ist es das Interesse der Sozial- u. Kulturanthropologie, den (von Kultur zu Kultur variierenden) Inhalt dieser Prozesse zu verstehen. Die Implikation dieser Unterscheidung ist eine Marginalisierung des Inhalts zugunsten der Prozesse, die als Explananda der Kognitionswissenschaft betrachtet werden. Ob diese strikte Unterscheidung haltbar ist, kann allerdings bezweifelt werden, da von einer Interaktion zwischen Prozess und Inhalt auszugehen ist und eben auch kognitive Prozesse kultureller Variation unterliegen. Wenn es als Ziel der Kognitionswissenschaft betrachtet wird, allgemeingültige Aspekte des Geistes zu isolieren, die unabhängig von einer Rücksichtnahme auf Emotion, Kultur und Kontext erforscht werden, dann ist es tatsächlich schwierig zu sehen, wie die Anthropologie einen Beitrag zu einem solchen Erkenntnisinteresse leisten kann. Allerdings entfernt sich die Kognitionswissenschaft selbst in den letzten Jahren immer weiter von ihren früheren Idealen und beginnt (wieder) die Notwendigkeit einer erweiterten Perspektive zu sehen – die Idee von *embodied, embedded* und *enactive cognition* etwa (s. Kap. III.6–9) betont die Rolle von Interaktionsprozessen zwischen Lebewesen und der Welt und die kritische Neuro- und Kognitionswissenschaft (s. Kap. V.5) fordert eine größere Sensitivität gegenüber kultureller Variabilität ein. Allerdings verfolgen natürlich nicht nur Kognitionswissenschaftler teils verschiedene Ziele, auch innerhalb der anthropologischen Disziplinen sind die vielfältigen, sich deutlich voneinander unterscheidenden Ansätze zu unterschiedlichen Graden kompatibel mit der Kognitionswissenschaft. Kurz: Es gibt nicht ›die‹ Anthropologie, sondern teils stark divergente Ansätze, wie auch die Beiträge in diesem Handbuch illustrieren.

Ausgehend von der These, dass die Entstehung der Arten durch Evolution auch eine Naturgeschichte des Geistes impliziere, postuliert Volker Sommer in Kapitel 1, *Evolutionäre Anthropologie*, dass eine Passung zwischen der ›realen Welt‹ und dem verhaltenssteuernden kognitiven Apparat stattgefunden hat und menschliches und tierisches Verhalten aus dieser Perspektive erklärt werden muss. Nach einem Überblick über Grundideen der Evolutionstheorie und der evolutionären Psychologie (s. Kap. II.E.6) widmet sich Sommer der sozialen Intelligenz. Durch taktisches Täuschen (oder machiavellische Intelligenz) wird das Zusammenleben in Gruppen besonders gut von jenen ausgenützt, die sich in andere hineinversetzen können, was die Frage aufwirft, ob dies den Besitz einer *theory of mind* erfordert und ob nichtmenschliche Primaten in der Lage sind, eine solche auszubilden (s. Kap. IV.21). Basierend auf einem schwachen Kulturbegriff als ›sozial weitergegebenes Verhalten‹ wird dann dafür argumentiert, die Grenze zwischen Menschen und anderen Primaten aufzuweichen und etwa Schimpansen ein ›Wir‹-Gefühl (und die damit

verbundene Fähigkeit zu kollektiver Intentionalität) sowie die Beherrschung und symbolische Untermauerung einer ›Wir‹-›Andere‹-Unterscheidung zuzuschreiben. Im Kontext des sozialen Lernens (s. Kap. IV.12) stellen sich weiterhin die Frage nach der Unterscheidung zwischen ›echter‹ Imitation und ›bloßer‹ Emulation sowie die Frage, ob Menschenaffen in der Lage sind, Andere als absichtsvoll Handelnde zu begreifen. Werden die Thesen der evolutionären Anthropologie akzeptiert, legt das Sommer zufolge einen materialistischen Naturalismus nahe und kann dazu beitragen, Dualismen zwischen Mensch und Tier oder Geist und Körper (s. Kap. II.F.1) in Frage zu stellen.

In Kapitel 2, *Sozial- und Kulturanthropologie/Kognitionsethnologie*, beschreiben Birgitt Röttger-Rössler und Andrea Bender die historische Entwicklung der Kognitionsethnologie, deren Methoden sich in den Jahren nach ihrer Entstehung teilweise stark an der Linguistik (s. Kap. II.C) und der Kognitionswissenschaft orientierten. So wurde etwa die Erforschung lexikalischer Domänen aus der Linguistik entlehnt, um Klassifikationssysteme anderer Kulturen zu verstehen, *serial symbolic processing*-Modelle aus der Künstliche-Intelligenz-Forschung (s. Kap. II.B.1) wurden zur Inspiration für die Propositionsanalyse, später führte die Dominanz des Konnektionismus (s. Kap. III.2) zur Entwicklung der Schematheorie, die in weiterer Folge um eine evaluative Komponente erweitert wurde. Allgemein erforscht die Kognitionsethnologie die kulturspezifische Wahrnehmung und Deutung verschiedener Phänomene und die Organisation dieses Wissens. Sie arbeitet dabei sowohl mit qualitativen als auch mit quantitativen Methoden. Röttger-Rössler und Bender beschreiben auch die eingangs erwähnte Entfremdung von Kognitionswissenschaft und kognitiver Anthropologie und sprechen von Letzterer als einer ›verschollenen Disziplin‹. Als Gründe für diese Entfremdung identifizieren sie auf Seiten der Kognitionsethnologie die Hinwendung zum Postmodernismus, auf Seiten der Kognitionswissenschaft das Computermodell des Geistes. Abschließend besprechen Röttger-Rössler und Bender zukünftige Forschungstendenzen – kulturelle Diversität und das Verhältnis von Kognition zu Emotion (s. Kap. V.1); insbesondere diskutieren sie kulturell verschiedene Emotionsvorstellungen am Beispiel der Scham, die manche Kulturen positiv als Zeichen des Verständnisses sozialer Normen, andere negativ als zu vermeidenden Ausdruck von Schwäche konzipieren. Beispiele wie dieses verdeutlichen die Signifikanz kulturspezifischer Emotionsmodelle für die subjektive Gefühlswahrnehmung und damit die Relevanz des Zusammenhangs zwischen Kognition und Emotion für die kognitionswissenschaftliche Forschung.

Literatur

Beller, Sieghard/Bender, Andrea/Medin, Douglas (2012): Should anthropology be part of cognitive science? In: *Topics in Cognitive Science* 4, 342–353.

Boden, Margaret (2006): *Mind as Machine*, Bd. 2. Oxford.

Armin Egger

1. Evolutionäre Anthropologie

Anthropologie und evolutionäre Anthropologie

Physiologie, Verhalten und Denken des Menschen sind Produkte der Evolution – und bauen deshalb auf eine archaische Infrastruktur. Das ist eine zentrale These der evolutionären Anthropologie.

Die Anthropologie (griech. *anthropos*: Mensch) umfasst sowohl geistes- als auch naturwissenschaftliche Felder:

- Die Sozialanthropologie erforscht kulturelle Vielfalt;
- die linguistische Anthropologie dokumentiert die geografische Entwicklung von Sprachen;
- die Archäologie rekonstruiert vergangene Kulturen;
- die biologische oder physische Anthropologie erforscht physiologische und psychologische Variation, speziell durch Untersuchungen von Fossilien und der Verhaltensökologie von Primaten (Halbaffen, Affen, Menschenaffen).

Synergien zwischen diesen klassischen Feldern führten zum interdisziplinären und synthetischen Ansatz der evolutionären Anthropologie, die dabei zusätzlich Methoden von Nachbardisziplinen wie Genetik, Primatologie, Paläoanthropologie, Verhaltensökologie, Entwicklungspsychologie (s. Kap. II.E.4) oder Neurobiologie (s. Kap. II.D) integriert.

Im Sinne der evolutionären Erkenntnistheorie (Vollmer 2002) geht die evolutionäre Anthropologie davon aus, dass nicht nur unsere Anatomie, unsere ›Hardware‹, eine Naturgeschichte hat, sondern auch unsere ›Software‹ – also das, was gerne ›Geist‹ oder ›Seele‹ genannt wird und Fühlen, Wollen, Erkennen usw. einschließt. Die Evolution bewirkte demnach eine Passung zwischen der realen Welt und jenem kognitiven Apparat, der Verhalten steuert. Unsere Sinne sind dabei allerdings auf die mittleren Dimensionen eines Mesokosmos geeicht, während Makro- und Mikrokosmos außerhalb unserer naiven Wahrnehmung liegen.

Evolution ist im Prinzip ein Prozess, bei dem Organismen mit Informationen konfrontiert sind, die ihre Umwelt reflektieren. Wird Kognition als Informationsverarbeitung verstanden, dann zielen demnach alle Fragestellungen der evolutionären Anthropologie zumindest indirekt auf Kognition ab, etwa auch Aspekte der Genomik, der Immunologie, der Verdauung oder der Biomechanik. Die evolutionäre

Anthropologie widmet sich zudem der Kognitionsforschung im engeren Sinne, weil sie sich mit bewussten und unbewussten Denkprozessen beschäftigt.

Zu den die Kognitionswissenschaft betreffenden Kernfragen der evolutionären Anthropologie zählen z. B.:

- Wie entwickelte sich das Gehirnvolumen während der Hominisation?
- Mit welchen physikalischen und sozialen Problemen waren die Denkapparate unserer Vorfahren konfrontiert?
- Wie hängt die Gehirnanatomie mit kognitiven Leistungen zusammen?
- Ist Intelligenz generalisiert oder modularisiert?
- Sind typische Denkweisen ererbt oder erlernt?
- Unterscheiden sich kognitive Mechanismen von Männern und Frauen?
- Dient auch in modernen Gesellschaften das Denken weiterhin der Fortpflanzung?
- Unterscheidet sich menschliches Denkvermögen von dem anderer Tiere qualitativ oder quantitativ?
- Existieren menschliche Alleinstellungsmerkmale, etwa hinsichtlich Technologie, Zukunftsplanung, Kooperation, Bewusstsein, Sprache, Religion oder Kultur?
- Inwieweit redet das Paradigma der evolutionären Anthropologie einem philosophischen Naturalismus das Wort?

Exemplarische Konzepte, Methoden und Streitpunkte solcher Bezüge zur Kognitionswissenschaft werden im Folgenden skizziert.

Evolutionstheoretische Grundlagen

Paläoanthropologische Rekonstruktionen unseres Denkapparats sind nicht zuletzt dadurch limitiert, dass Verhalten nicht fossiliert (s. Kap. V.3). Dieses Dilemma mildert die sog. vergleichende Methode (Boyd/Silk 2011). Daten über Ähnlichkeiten und Unterschiede in Anatomie und Verhalten heute lebender Primatenarten (Campbell et al. 2010) werden dabei mit Stammbäumen abgeglichen, die über Paläontologie und Genetik erstellt wurden. So teilten Schimpansen und Menschen noch vor etwa 5,4 Millionen Jahren einen gemeinsamen Vorfahren, waren mithin taxonomisch noch nicht separiert. Merkmale, in denen wir mit Schimpansen übereinstimmen (etwa die Zahnformel oder eine Vorliebe für Süßes), sollten deshalb auch den letzten gemeinsa

men Vorfahren auszeichnen. Bei Unterschieden wird es komplizierter. So sind Schimpansen Knöchelgänger, während Menschen aufrecht gehen, und anders als Menschen sprechen Schimpansen nicht. War nun der letzte gemeinsame Vorfahre ein sprechender Zweibeiner oder ein nichtsprechender Knöchelgänger? Hier kann ein Vergleich mit Gorillas Aufschluss geben, mit denen Schimpansen und Menschen vor etwa 6,4 Millionen Jahren einen weiter zurückliegenden letzten gemeinsamen Vorfahren teilten. Da Gorillas nichtsprechende Knöchelgänger sind, sind Sprachvermögen und Bipedie mithin wahrscheinlich Spezialentwicklungen der Menschenlinie.

Wie ein Blick auf Gorillas, Schimpansen und Menschen klarmacht, sind die äußerlich ähnlichsten Formen allerdings keineswegs automatisch am engsten miteinander verwandt, was drastischer noch das Beispiel von Fledermäusen und Vögeln lehrt. Die Gleichform letzterer entstand aufgrund derselben Selektionsdrucke. Somit muss bei Ähnlichkeiten zwischen einer *Homologie* (Ursprungsgleichheit) und einer *Analogie* (Parallelentwicklung) unterschieden werden. Da der Körperbau langsamer evolviert als Verhalten, ist das Problem bei der Messung kognitiver Leistungen entsprechend potenziert. Heute leben hunderte Primatenarten, und wenn manche Werkzeuge benutzen oder Gefahren durch spezielle Vokalisationen kennzeichnen, ist es oft schwer, solche kognitiven Leistungen als homolog oder analog einzustufen.

Jedenfalls gilt, dass Organismen mit Anforderungen der physikalischen oder innerartlichen Umwelt konfrontiert sind, was Prozesse der *natürlichen* respektive *geschlechtlichen Auslese* nach sich zieht (Darwin 1871). Obwohl die Übergänge fließend sind, wird natürliche Auslese dabei von Faktoren wie Klima, Nahrungsverteilung, Raubfeinden und Pathogenen bestimmt, während bei der geschlechtlichen Auslese der Druck entweder von Geschlechtsgenossen (intrasexuelle Konkurrenz; oft als *male competition* zwischen Männchen um Zugang zu fruchtbaren Weibchen) oder vom Gegengeschlecht (intersexuelle Konkurrenz; oft als *female choice*, indem Weibchen Männchen bevorzugen, deren Merkmale auf gute erbliche Konstitution hindeuten) ausgeübt wird.

Lebewesen, die Informationen besser als ihre Artgenossen verarbeiten und deshalb mehr Nachkommen hinterlassen, gelten als besser angepasst oder ›fitter‹. Auslese bzw. Selektion bewertet mithin, wie Einzelne im Vergleich mit Konkurrenten abschneiden. Die Perspektive unterscheidet sich radikal von jener Auffassung, wonach Verhalten der Arterhaltung dient. Eine solche *Gruppenselektion* (*sensu* Konrad Lorenz und Nikolaas Tinbergen) wäre wegen des sog. Schwarzfahrerproblems nicht stabil: Das Erbgut von Individuen, die den eigenen Vorteil suchen, würde die Gene derer verdrängen, die um eines übergeordneten Zieles wegen zurückstecken.

Wenn aber ein ›Prinzip Eigennutz‹ (Dawkins 1976) am Werke ist – wie erklärt sich dann Altruismus? Die Evolution sozialen Verhaltens ist Gegenstand der *Soziobiologie* (Wilson 1975; vgl. auch Trivers 1985; Voland 2013), die Menschen bewusst als eine Tierart unter anderen betrachtet. Aus dieser Perspektive ist Selbstlosigkeit fast immer *Pseudo-Altruismus*, weil Individuen sich durch Zusammenarbeit Vorteile erwirtschaften. Entsprechend lässt sich Kooperation oft durch *Reziprozität* erklären, durch wechselseitige Hilfe. Einen weiteren wichtigen Mechanismus der Genverbreitung stellt die *Verwandtenselektion* dar, da Kopien eigener Erbinformation auch indirekt über Blutsverwandte weitergegeben werden können. Aus diesem Grund kann sich selbst Kinderlosigkeit auszahlen: Statt in ein eigenes Kind zu investieren, das die Hälfte der eigenen Gene in die nächste Generation transportiert, kann alternativ die Aufzucht zweier zusätzlicher Neffen oder Nichten ermöglicht werden, die je ein Viertel der eigenen Gene transportieren. Der Fortpflanzungserfolg bemisst sich also durch die Addition der direkten (Darwin-Fitness) und der indirekten Nachkommen (Hamilton-Fitness) zur sog. Gesamtfitness (*inclusive fitness*; Hamilton 1964).

Die Evolutionstheorie stellt somit einen metatheoretischen Rahmen von großer Integrationskraft bereit. So, wie sie das Feld der Biologie einte, sehen ihre Vertreter ähnliche Möglichkeiten etwa für die Ökonomie, die Philosophie – oder eben auch die Psychologie.

Gehirngröße und die *scala naturae*

Ein Charakteristikum heutiger Menschen ist ihr großes Gehirn – durchschnittlich 1350 cm³. Was aber bedeutet hier ›groß‹ (Boyd/Silk 2011)? Unter nicht-menschlichen Primaten erreichen Gorillas einen Spitzenwert von 490 cm³, mithin lediglich ein Drittel des Wertes von Menschen. Ein großes Gehirn sollte gleichwohl nicht *per se* als *Conditio sine qua non* für ›typisch menschliche‹ Kognitionsleistungen angesehen werden: Einerseits ist auch mit einem nur schimpansengroßen Gehirn von 380 cm³ u. a. die Herstellung komplexer Werkzeuge und Wasserfahr-

zeuge, der Gebrauch von Feuer oder die Jagd auf Elefanten möglich (das jedenfalls leisteten kleinwüchsige Menschen der Art *Homo floresiensis*, die noch vor 12.000 Jahren auf der indonesischen Insel Flores lebten), andererseits übertreffen uns, absolut gesehen, Gehirne von Elefanten oder Walen um ein Vielfaches.

Ein besseres Maß könnte das Verhältnis von Hirn- zu Körpergewicht sein, die *Enzephalisation*. Der Wert für Menschen (4.5) liegt dabei deutlich über jenem, der für ein Säugetier unserer Größe zu erwarten wäre. Unsere nächsten Verwandten – Schimpansen (1.5), Gorillas (1.1), Orang-Utans (1.4) – stehen uns diesbezüglich weniger nahe als Spinnen- und Totenkopfaffen (2.6), obwohl diese südamerikanischen Primaten nicht durch besondere kognitive Leistungen auffallen. Somit könnte ihr hoher Wert eher einen Auslesedruck auf kleine Körpergröße reflektieren. Eine weitere Methode indirekter Intelligenzmessung hebt auf das Verhältnis des ›denkenden‹ Teiles des Gehirns, der Hirnrinde (Kortex), zu den übrigen Gehirnteilen ab (*neocortex ratio*) – was wiederum Menschen als Spitzenreiter der Skalierung sieht.

Aufgrund oft disparater Selektionsdrucke und Phylogenien sind Vergleiche über Tiergruppen hinweg allerdings grundsätzlich schwierig. So besitzen etwa nur Säugetiere einen Neokortex. Vogelgehirne wiederum mögen absolut und relativ klein sein, weil sie durch die Lüfte befördert werden müssen. Umgekehrt können sich wasserlebende Säugetiere wie Wale große Gehirne leisten, weil zusätzliches Gewicht für sie keinen Nachteil bedeutet.

Die vergleichende Methode ist zudem philosophisch problematisch, weil sie oft gradistisch gehandhabt wird, also eine Entwicklung von ›einfachen‹ zu ›komplexen‹ bzw. von ›niedrigen‹ zu ›höheren‹ Formen behauptet. Zumindest implizit spiegelt sich im vergleichenden Ansatz das antike Konzept einer *scala naturae* wider, einer Leiter der Natur, auf der verschiedene Tierarten sukzessive höhere Sprossen einnehmen – und Menschen die höchste. Neutraler reden Biologen heutzutage von ›adaptiver Radiation‹.

Sagt man allerdings, alle Tierarten seien auf ihre jeweilige Weise gleich intelligent, wäre ein einheitliches Konzept von ›Intelligenz‹ hinfällig. Alternativ könnte ein offensiv anthropozentrischer Ansatz danach fragen, inwieweit die Kognition anderer Lebewesen ähnlich oder verschieden von der unseren ist – ohne deswegen eine Hierarchie zu implizieren (Wynne 2001).

Evolutionäre Psychologie

Fossilfunde belegen eine zunehmende Gehirngröße und Enzephalisation über die letzten drei bis vier Millionen Jahre der Hominidenevolution. Der Trend beschleunigte sich in den letzten zwei Millionen Jahren deutlich; z. B. verdreifachten sich mit Entwicklung der Gattung *Homo* die Hirnvolumina von 400 bis 500 cm³ früher Australopithecusformen.

Obwohl unser Gehirn nur etwa zwei Prozent der Körpermasse ausmacht, verbraucht es 16 bis 20 Prozent an Energie und Sauerstoff. Diese hohen metabolischen Kosten zeichnen es als ›kostspieliges Gewebe‹ aus. Da unser Gehirn wesentlich größer ist als es für ein Säugetier unserer Statur zu erwarten wäre, hält die Hypothese vom *expensive tissue* (Aiello/Wheeler 1994) eine ausgeglichene Energiebilanz nur dann für möglich, wenn andere energiefressende Gewebe reduziert werden – in diesem Falle der Eingeweidetrakt. Diese Hypothese impliziert zugleich eine vermehrte Aufnahme leicht verdaulicher und energetisch hochwertiger Nahrung: Fleisch. Gemäß diesem Szenario waren die Anfänge der Gattung *Homo* vor etwa zwei Millionen Jahren gekennzeichnet von zunehmender Kooperation unter Männern bei der gemeinsamen Jagd auf Großwild, was eine komplexe Koordinierung beim Beschaffen und Verteilen der Ressource erforderte, weshalb symbolische Kommunikation und Sprachfähigkeit von zunehmendem Vorteil waren (Dunbar 1996).

In diesem Zusammenhang verfestigten sich auch psychologische Mechanismen, die heutige Menschen auszeichnen – so jedenfalls die Ausgangsvermutung der Evolutionären Psychologie (Barkow et al. 1992; Dunbar/Barrett 2007; s. Kap. II.E.6). Während dieses Zeitabschnittes der Steinzeit lebten unsere Vorfahren demzufolge in einer Umwelt der evolutionären Angepasstheit (*environment of evolutionary adaptedness*, EEA). Ähnlich wie Körperorgane unterschiedliche Funktionen haben, entwickelten sich spezielle kognitive Module (man spricht entsprechend auch vom ›modular mind‹), um den sich wiederholenden Problemen des EEA effizient zu begegnen – z. B. in Bereichen wie Kooperation, Partnerwahl, Kinderaufzucht und Spracherwerb. Die Evolutionäre Psychologie behauptet deshalb, dass unser Denkapparat einem Schweizer Messer mit seinen spezifischen Einbauten gleicht und unser Denken mithin kein generelles, kulturell ausgeformtes Werkzeug ist, wie es Sozialwissenschaftler im Rahmen des sog. *standard social science model* gern annehmen. Als Kandidaten für solche psychologischen Anpassungen gelten der Evolutionären Psychologie

kulturübergreifende Verhaltensmerkmale, sog. Universalien. Die Evolutionäre Psychologie wird allerdings u. a. dafür kritisiert, dass sie von einer Uniformität des EEA ausgeht, Menschen aber vermutlich in variierenden Umwelten evolvierten. Statt eine strikte Modularität des Gehirns hätte eine entsprechende Diversität von Selektionsdrucken demnach eher generalisierte Module oder eine generelle Intelligenz gefördert.

Gleichwohl kapriziert sich die Evolutionäre Psychologie speziell auf statistische Geschlechtsunterschiede, die auf unterschiedliches elterliches Investment zurückgeführt werden (Trivers 1985). Die Reproduktion weiblicher Säugetiere geht mit langer Schwangerschaft und Stillzeit einher, während sich Männchen auf ein einziges Spermium beschränken können. Limitierender Faktor weiblicher Reproduktion sind somit Ressourcen (Nahrung, Sicherheit), während männliche Fortpflanzung durch Zugang zu fertilen Weibchen begrenzt ist. Eine väterliche Beteiligung an der Kinderaufzucht reduziert diese Möglichkeit. Allerdings kann väterliche Fürsorge männlichen Fortpflanzungserfolg auch erhöhen, wenn die Sterblichkeit gesenkt und die spätere Wettbewerbsfähigkeit des Nachwuchses erhöht wird. Deshalb versuchen Weibchen, männliche Bereitschaft zum Investment zu steigern, die jedoch stark von der Vaterschaftssicherheit abhängt. Potenzielle sexuelle Untreue einer Partnerin stellt Männer somit vor ein grundsätzliches Problem, während Frauen sich ihrer Mutterschaft stets sicher sein können.

Dieses Konfliktpotenzial der Geschlechter wird von der Evolutionären Psychologie etwa in die folgenden Szenarien und Interpretationen überführt (Dunbar/Barrett 2007) – wenngleich sie allesamt umstritten sind und ihnen vorgeworfen wird, lediglich plausible *just-so stories* zu sein:

- *Cinderella-Effekt*: Im Grimm'schen Märchen wird Aschenputtel von ihren nichtleiblichen Verwandten misshandelt. In der Tat ist die Mortalität von Stiefkindern weitaus höher als die leiblicher Kinder. Das spiegelt speziell die Unwilligkeit von Stiefvätern wider, in Kinder anderer Männer zu investieren – weil dies der eigenen genetischen Replikation nicht dienlich wäre.
- *Vaterschaftsunsicherheit*: Ganz ähnlich kümmern sich Großeltern mehr um die Kinder ihrer Tochter als um die ihres Sohnes – weil letzteren Enkelkindern immer ein Restrisiko unsicherer Vaterschaft anhaftet.
- *Partnerwahl*: In sog. *lonely-hearts*-Anzeigen betonen Männer materielle Unabhängigkeit (›Haus‹, ›Auto‹) und suchen jüngere Partnerinnen, Frauen

hingegen betonen Jugendlichkeit (›attraktiv‹) und werben um liquide Partner. Das bedient geschlechtsdifferente Erwartungen von höherer Fertilität hinsichtlich Frauen und Investmentpotenzial hinsichtlich Männern – weshalb sich Paare auch bevorzugt aus älteren Männern und jüngeren Frauen bilden.

Unsere moderne Umwelt unterscheidet sich zum Teil erheblich vom postulierten EEA, weshalb sich eine steinzeitliche Psyche heute unter Umständen als fehlangepasst erweist (*maladaptation*). So war es einst nützlich, die seltenen Nährstoffe Salz, Fett und Zucker aktiv zu suchen, was uns ein Begehren hinsichtlich ihres Wohlgeschmacks anzüchtete. Gestillt wird dies heute von Industrien, die Fastfood und Süßigkeiten liefern – mit entsprechend negativen Folgen für die Gesundheit. Im EEA war es auch vorteilhaft, wenn Männer auf weibliche Signale sexueller Verfügbarkeit mit einer Erektion reagierten. Diesen Automatismus nutzt heute die Pornografie, was aber reproduktiv konsequenzlos bleibt. In neuen Umwelten kann Verhalten somit der Fitnessmaximierung hinterherhinken. Gemäß der Evolutionären Psychologie folgen unsere Gehirne daher weiterhin evolvierten *Mechanismen*, doch sind diese unter Umständen von ihrer ursprünglichen *Funktion* abgekoppelt. Wie die klassische Evolutionstheorie unterscheidet also auch die Evolutionäre Psychologie zwischen einer proximaten Ursache (*causa efficiens*) und einer ultimaten Ursache (*causa finalis*), d.h. zwischen der Frage: ›Wie kommt es?‹, deren Antwort lautet: ›Verursacher sind Genetik, Physiologie, Psychologie.‹, und der Frage: ›Wozu?‹, deren Antwort lautet: ›Um Reproduktion zu maximieren.‹.

Soziale Intelligenz

Die Evolutionäre Psychologie nährt sich nicht zuletzt aus der Annahme, dass unser Denkvermögen wesentlich durch Kosten und Nutzen des Soziallebens geprägt wurde (Byrne/Whiten 1988).

Ausgangspunkt dieser Hypothese ist die Überlegung, dass das für Primaten so typische Gruppenleben Vorteile bietet: Nahrungsquellen können gemeinsam verteidigt werden, viele Augen machen schneller Gefahren aus, man kann sich gegenseitig wärmen und reinigen. Gleichwohl sind Gruppengenossen zugleich Konkurrenten – eben um Nahrung, Fortpflanzungspartner oder sichere und bequeme Schlafplätze. In solchen Situationen hinterlassen jene mehr Nachkommen, die die Vorteile des Grup-

penlebens nutzen, aber dessen Nachteile abmildern können. Hierbei hilft die Fähigkeit, die Motivationen Anderer durchschauen zu können, um sie dann zum eigenen Vorteil zu manipulieren (Sommer 1992). *Taktisches Täuschen* ist dabei speziell effektiv, etwa wenn durch Ausstoßen von falschem Alarm Gruppengenossen zur Flucht veranlasst werden und der Betrüger daraufhin z. B. eine Nahrungsquelle alleine nutzen kann. Zudem hilft es, Emotionen kontrollieren zu können, also sich etwa einem Rangniederen ohne Anzeichen von Aggression zu nähern – um dann dessen Ressourcen rauben zu können. So kommt eine Spirale von Täuschung und Gegentäuschung in Gang, bei der das Gehirn immer besser im Täuschen und zugleich ein stetig effizienterer Lügendetektor wird.

Eine solche *machiavellische Intelligenz* (Byrne/Whiten 1988) beruht darauf, sich in andere hineinversetzen zu können, mithin auf der Fähigkeit zum Gedankenlesen im Sinne eines *mind reading* (s. Kap. IV.21): Konkurrenten müssen in ihren Köpfen eine Vorstellung von dem besitzen, was in anderen vorgeht, d.h. eine sog. *theory of mind*. Ob nichtmenschliche Primaten eine solche *theory of mind* besitzen, war zunächst umstritten, weil etwa Schimpansen in Versuchen den Zusammenhang zwischen Sehen und Wissen nicht begreifen: Sollen sie beim Erbetteln von Nahrung wählen zwischen einer Person mit Augenbinde und einer Person, die sie ansehen kann, machen sie zwischen beiden keinen Unterschied. Dieses negative Ergebnis spiegelt vermutlich wider, dass wilde Schimpansen selten mit Kooperation, aber oft mit Konkurrenz konfrontiert werden. Wird das Experiment nämlich in eine Wettbewerbssituation abgewandelt, dann wählen Niedrigrangige systematisch jene Leckerbissen, die Hochrangige nicht sehen können. Offenbar versteht ein Schimpanse also unter Umständen doch, was ein anderer sieht – und damit weiß und will.

Wie verhält es sich mit anderen Arten? Betrachten wir das im Freiland dokumentierte Verhalten eines kleinen Savannenpavians, der einen älteren beim Ausbuddeln schmackhafter Knollen beobachtet, die er selbst nicht ausgraben kann, daraufhin zu wimmern beginnt und dadurch seine Mutter auf die Situation aufmerksam macht. In der offenbaren Annahme, ihr Kind sei misshandelt worden, vertreibt sie den Älteren. Was ging im Kopf des kleinen Savannenpavians vor? Wichtig ist, dass sich die Szene bei sämtlichen folgenden Möglichkeiten von Denkstufen identisch abgespielt hätte: Im Falle einfacher Konditionierung dachte sich der Kleine gar nichts – eine Denkstufe nullter Ordnung (›Ich schreie aus Hunger.‹). Eine Stufe erster Ordnung liegt dann vor, wenn er etwas möchte (›Ich möchte, dass meine Mutter kommt.‹). Ab einer Denkstufe zweiter Ordnung läge Gedankenlesen vor (›Ich möchte, dass meine Mutter *glaubt*, dass ich misshandelt werde.‹) – was sich auf einer Denkstufe dritter Ordnung weiter verkomplizieren könnte (›Ich möchte, dass meine Mutter glaubt, dass ich glaube, dass ich misshandelt werde.‹).

Eine Entscheidung über die mentale Ebene, die mit beobachtetem Verhalten einhergeht, ist naturgemäß schwierig. Gleichwohl korreliert die Frequenz taktischer Täuschungen innerhalb der Primatenordnung positiv mit dem Neokortexverhältnis. Zudem scheint die Trennungslinie zwischen gutem und weniger gutem Gedankenlesen nicht zwischen Menschen und dem Rest der Primaten zu verlaufen, sondern zwischen den *Hominidae* (Orang-Utans, Gorillas, Bonobos, Schimpansen, Menschen) und den übrigen Primaten (Halbaffen, Neuweltaffen, Altweltaffen, Gibbons).

Überdies könnte die intraspezifische Varianz erheblich sein. Am einen Ende des Spektrums wäre eine Art ›Sozialblindheit‹ zu finden (Autismus). Im breiten Mittelfeld befänden sich Menschen, die Denkstufen vierter Ordnung meistern können (auf die etwa das folgende Schild in einer Autowerkstatt abhebt: ›Ich weiß, dass du glaubst, du hättest verstanden, was ich sagte, aber ich bezweifle, dass du verstehst, dass das, was du hörst, nicht das war, was ich meinte.‹). Am anderen Ende des Spektrums stehen außergewöhnliche Talente, die in Manier eines Shakespeare sogar eine Vogelperspektive sechster oder siebter Ordnung einnehmen können – und Normalsterblichen jene Spannung schenken, die sie beim Genuss eines besonders gelungenen Theaterstücks, Romans oder Kinofilms erleben.

Die Vor- und Nachteile sozialen Miteinanders scheinen Mechanismen der *mentalen Buchhaltung* kreiert zu haben. Beispielsweise werden in Szenarien der Reziprozität gewöhnlich nur kleine Vorleistungen erbracht, bevor eine Rückzahlung verlangt wird. So kraulen Affen einem Gruppengenossen nur für einige Minuten das Fell, bevor sie selbst ein Körperteil zum *grooming* darbieten. Kompliziert wird es dadurch, dass dabei unterschiedliche Währungen im Spiel sein können, etwa indem die am Morgen empfangene Fellpflege am Nachmittag durch das Teilen von Nahrung ausgeglichen wird. Andere potenzielle Mechanismen wären ein Sinn für Neigungen zur Bestrafung und Versöhnung bis hin zur Bildung politischer Allianzen.

Die Logik der machiavellischen Intelligenz sollte zudem in letzter Konsequenz die Evolution von Selbsttäuschung begünstigen (Trivers 1985), denn Betrüger wirken unter Umständen am glaubwürdigsten, wenn sie um ihre eigennützigen Motive gar nicht wissen – zumal sie dann nicht mit verräterischen Signalen (z. B. Schwitzen, Erröten, Zittern) zu kämpfen haben.

Auch wenn die Theorie vom sozialen Gehirn gerne ›primatozentrisch‹ argumentiert, könnten entsprechende Denklandschaften in paralleler Evolution mehrfach unabhängig voneinander entstanden sein, begünstigt durch komplexe soziale Umwelten – wie sie nicht nur bei Primaten an der Tagesordnung sind, sondern ebenfalls bei Elefanten, Ratten, Walen, Papageien oder Rabenvögeln. In welchem Maße die beschriebenen Mechanismen in Gesellschaften nichtmenschlicher Tiere tatsächlich realisiert sind, wird weiterhin kontrovers diskutiert (Hurley/Nudds 2006).

Physikalische Intelligenz

Soziale Intelligenz mag auch den Umgang mit der physikalischen Umwelt beeinflusst haben. So beruht Technologie auf einem Ursache-Wirkungs-Verhältnis zwischen Werkzeugen und Objekten, bei dem eigene Muskelkraft effizient transformiert wird. Eine ähnliche Dynamik ist am Werk, wenn z. B. in einer Gruppe von Mantelpavianen ein Weibchen ein anderes bedroht und dabei zugleich dem Haremshalter beschwichtigend ihre Genitalregion präsentiert. Die Bedrohte wird sich nicht durch Entblößen ihrer Zähne revanchieren, weil ihre Drohung sonst von dem Männchen als an ihn gerichtet missverstanden werden könnte. Bei dieser sog. geschützten Drohung nutzt das drohende Weibchen somit die Muskelkraft des Haremshalters zu eigenen Zwecken – er agiert für sie als soziales Werkzeug (Byrne/Whiten 1988).

Protagonisten der Sozialintelligenz-Hypothese gehen davon aus, dass es aus dem sozialen Feld zu einem *kognitiven Transfer* ins technologische Feld kam. Innerartliche Konflikte hätten damit wichtigere Selektionsfaktoren dargestellt als ökologische. Das wird vielfach bestritten, etwa mit Hinweis darauf, dass Primaten sich oft von Früchten ernähren, die zu unterschiedlichen Zeiten an verschiedensten Stellen eines Wohngebietes reifen. Erfolgreiches Abernten setzt also eine entsprechende mentale Kartierung voraus, samt einer Berechnung der energetisch günstigsten Wanderwege – was dem Problem des Handlungsreisenden (*traveling salesman problem*; s. Kap. II.B.3) nahe kommt, der mehrere Städte nacheinander auf dem kürzesten Weg besuchen will. Überdies sind viele Ressourcen wie nestbildende Insekten, Honig, Samen oder Nüsse nicht sichtbar, sondern müssen gefunden und sorgfältig extrahiert werden. Gegen eine Priorität der ökologischen Intelligenz spricht allerdings, dass die relative Größe des Neokortex weder positiv mit extraktiven Techniken noch mit früchteessender Lebensweise noch mit der Wohngebietsgröße korreliert – wohl aber mit der Gruppengröße schlechthin.

Sei es wie es sei – jedenfalls ist mittlerweile ein erstaunliches Repertoire technologischer Raffinesse bei nichtmenschlichen Primaten erwiesen (Lonsdorf et al. 2010), was die einstmals gern behauptete Einmaligkeit menschlicher Kognition im Bereich des Werkzeuggebrauchs stark in Frage stellt.

So wählen etwa Menschenaffen bestimmte Pflanzenarten, je nachdem, ob sie hartes oder biegsames Rohmaterial benötigen, und transportieren die Zweige über teils erhebliche Distanz zum späteren Einsatzort. Wollen sie etwa Termiten fischen oder Bienenhonig erlöffeln, fächern sie im Vorhinein die Zweigenden bürstenartig auf, so dass sich die Oberfläche und damit die Ausbeute vergrößert. Überdies zeigen Schimpansen zuweilen extreme Geduld, um Baumnester von Bienen aufzubrechen, mögen doch mehr als tausend Schläge mit einem Knüppel nötig sein. Zeitweilig beginnen sie damit am Morgen, legen das Holz in der Baumkrone ab, pausieren über Mittag und machen dann weiter. Ähnlich wie wir unseren Werkzeugkästen diverse Schlüssel entnehmen, spüren wilde Schimpansen zudem tief im Boden verborgene Kammern von Termiten durch Probebohrungen mit einem dicken Stock auf, bevor sie ein zweites, biegsames Werkzeug einführen, das bereits vorausschauend gefertigt wurde.

Erst seit wenigen Jahrzehnten ist das Benutzen lithischer Werkzeuge durch Schimpansen, z. B. steinerne Hämmer und Ambosse zum Zerschlagen von Nüssen, genauer dokumentiert. Und erst seit ein paar Jahren wissen wir, dass andere nichtmenschliche Primaten ebenfalls Steinwerkzeuge zum Extrahieren von Nahrung einsetzen, darunter Kapuzineraffen in Südamerika und Makaken in Thailand. Ein weiteres Beispiel ist die recht junge Entdeckung, dass Primaten wie Gorillas und Schimpansen Selbstmedikation anwenden: Speziell wenn sie an Durchfall leiden, pflücken sie raue, pricklige Blätter ausgewählter Pflanzen, falten sie und schlucken sie unzerkaut, was den Darm reizt und Wurmparasiten ausscheidet. Offenbar werden Blätter dabei bewusst in Gänze konsumiert, denn zerkaut bliebe die Darmreinigung aus.

Zu behaupten, die Bandbreite technologischer Fähigkeiten anderer Tiere sei bereits ausgelotet, wäre also voreilig.

Kultur

Das Einzigartige der *conditio humana* wird gerne auch in unserer Kulturfähigkeit gesehen (s. Kap. II. A.2). Dieser Graben erodiert allerdings ebenfalls, wenn Kultur undogmatisch als ›sozial weitergegebenes Verhalten‹ verstanden wird (Dunbar/Barrett 2007; McGrew 2004) – auch wenn diese Vereinfachung gewiss nicht alle Kulturwissenschaftler teilen. Bei Menschen manifestiert sich kulturelle Vielfalt jedenfalls darin, dass sie je nach Wohnort anderen Sitten folgen, die nicht angeboren, sondern im sozialen Kontext erlernt sind. Verhaltensbiologen arbeiten immer deutlicher heraus, wie sich auch Populationen derselben Tierart hinsichtlich sozialer Gepflogenheiten oder Nahrungsgewohnheiten unterscheiden können.

Als entsprechend ›kulturfähig‹ erweisen sich z. B. Kapuzineraffen in Costa Rica, bei denen periodisch bizarre Spiele in Mode kommen: Ausgewählten Partnern lutschen die Affen dann an den Zehen, schieben ihnen Finger in die Nase oder gar unter die Augäpfel. Dies dürfte kaum angenehm sein und erfordert einiges Vertrauen. Genau das ist wohl die Funktion der Intimitäten: Wer sie teilt, signalisiert Bereitschaft zu Allianz in anderen, meist aggressiven Situationen. Ähnlich geht es unter Japanmakaken zu, die mancherorts Kiesel klackernd aneinanderklopfen – eine nutzlose Tätigkeit, die vielleicht ein Gefühl lokaler Zusammengehörigkeit kreiert. Musterschüler in Sachen Kultur sind erneut Schimpansen – was diesbezüglicher Forschung an der Gattung *Pan* den Spitznamen ›Panthropologie‹ eintrug. Eine Synopse des Verhaltens verschiedener Bevölkerungen ergab, dass sie sich dutzendfach hinsichtlich Körperpflege, Werkzeugen oder sozialem Miteinander unterscheiden. Nur manche Verhaltensweisen machen Schule, während die meisten Neuerungen wohl Eintagsfliegen bleiben. Keine Nachahmer fand etwa jene wilde Schimpansin, die einen Streifen aus dem Fell eines erbeuteten Stummelaffen verknotete und in offensichtlicher Selbstdekoration um den Hals hängte. Manche Gebräuche scheinen keinen anderen Zweck als den zu haben, Zugehörigkeit zur Gruppe zu signalisieren – gemäß dem Motto: ›Bei uns macht man das so.‹ (oder: ›Bei uns tut man das nicht.‹). So planschen Schimpansen des Senegal in flachen Teichen, während ostafrikanische Gruppen das Nasse meiden wie der Teufel das Weihwasser. Ganz ähnlich verzichten Schimpansen mancherorts auf bestimmte Nahrung. Schimpansen in Nigeria z. B. essen fast jeden Tag Ameisen, rühren aber nie eine Termite an – obwohl diese Insekten vorkommen und andernorts als Leckerbissen gelten. Solche Nahrungsgewohnheiten erfordern die Unterordnung unter eine gemeinsame Regel, was eine Harmonisierung der Gruppenmitglieder fördert – vermutlich inklusive des Gefühls eines kollektiven ›Wir‹.

Eine symbolisch untermauerte Einteilung in ›Wir‹ und ›Andere‹ bildete sich vermutlich im Zuge von tödlichen Konflikten zwischen Nachbargruppen aus. Solche letalen Übergriffe kommen nicht nur in allen genauer untersuchten wilden Bevölkerungen von Schimpansen vor (Wrangham/Peterson 1996). Über die weitaus längste Zeit der Hominisation dürften auch eigenständige Jäger-Sammler-Gruppen um ökologische Vorteile gestritten haben, während es erst in den letzten etwa 15.000 Jahren zu Konflikten zwischen sesshaften Siedlern kam. Entsprechend wichtig waren und sind die mentalen Konzepte von ›Wir‹ und ›Andere‹. Wären Schimpansen Menschen, würden dabei Gebräuche wie das Meiden von Wasser oder bestimmter Nahrung als magisch-religiöse Tabus gelten. Ähnlich den bizarren Ritualen des Augeneindrückens und Kieselklackerns bei Affen scheint jedenfalls auch bei Schimpansen soziale Identität speziell über ›irrationale‹ Traditionen zu entstehen. Hier bildet sich eine Schnittstelle zur eher sozialwissenschaftlich orientierten kognitiven Anthropologie, die untersucht, wie bestimmte Ereignisse und Verhaltensweisen den nicht hinterfragten Kern einer Kultur ausmachen (s. Kap. II. A.2).

Soziales Lernen

Kulturelle Evolution kann ohne Mechanismen des sozialen Lernens nicht stattfinden – wobei Verhaltensbiologen sich durchaus nicht einig sind über das diesbezügliche Repertoire nichtmenschlicher Tiere (Dunbar/Barrett 2007; McGrew 2004; Tomasello/Call 1997).

Wie verhält es sich etwa mit dem sprichwörtlichen ›Nachäffen‹? Bei echter *Imitation* muss sich der Nachahmer in ein Modell versetzen und dessen Absichten sowie die Methode verstehen, die zum Ziel führt. Bei der *Emulation* wird hingegen lediglich das Resultat einer Handlung kopiert, nicht aber die Methode (ein Dreikäsehoch z. B., der beim Fußballspiel seines Vaters zuschaut, mag sich den Ball schnappen und über die Torlinie tragen, statt zu schießen).

Ein Lehrbuchbeispiel sozialen Lernens bei nichtmenschlichen Tieren stammt aus Japan, wo Primatenforscher in den 1950er Jahren am Strand einer von Japanmakaken bewohnten Insel Süßkartoffeln ausstreuten. Zunächst klaubten die Affen die Nah-

rung aus dem Sand – weshalb sie zwischen den Zähnen knirschte. Ein junges Weibchen trug als erste die Kartoffeln ins Meerwasser, befreite sie so von Verunreinigung und genoss außerdem den Vorteil, dass die Speise gesalzen war. Nach einigen Jahren wuschen fast alle Affen der Kolonie die Süßkartoffeln – und tun es bis heute.

Die Beobachtung galt als Paradebeispiel für Traditionsbildung über Imitation. Das Verhaltensmuster hatte sich jedoch so langsam ausgebreitet, dass vermutlich auch nicht-soziale Mechanismen eine Rolle spielten. So kann es sein, dass viele Affen das Kartoffelwaschen individuell erfanden, einfach weil sich Sand, Wasser und Nahrung in räumlicher Assoziation befanden. Damit läge lediglich eine nicht-mentalistische Konditionierung vor, und eine soziale Komponente bestenfalls in Form von sog. sozialer Erleichterung (*social enhancement*), wegen der regelmäßigen Nähe zu waschenden Artgenossen.

Dass zumindest Schimpansen zur echten Imitation fähig sind, belegen sog. Geist-Experimente (*ghost experiments*). Dabei werden die Menschenaffen mit einem Gerät konfrontiert, dessen Hebel, Schalter und Schieber durch eine unsichtbare Angelschnur bedient werden und dann eine Belohnung freigeben. Die wenigsten Menschenaffen können die Sequenz nachvollziehen. Wird ihnen allerdings die gleiche Reihenfolge von einem anderen Menschenaffen oder Menschen demonstriert, können sie das Problem oft lösen. Sie schließen also aus der Präsenz eines anderen Primaten auf Absichten und können entsprechende Wege zum Ziel kopieren.

Die meisten Primatologen glauben mittlerweile, dass zumindest Menschenaffen andere als absichtsvoll Handelnde begreifen können (s. Kap. IV.21). Allerdings machen manche vergleichenden Entwicklungspsychologen weiterhin spezifische Unterschiede zu Menschen aus – etwa dass anderen Tieren grundsätzlich jenes Wir-Gefühl abgeht, das *kollektive Intentionen* erlaubt (Tomasello 2008). Ist also z. B. jene soziale Vogelperspektive spezifisch menschlich, aus der heraus Mitglieder einer Fußballmannschaft Aktionen koordinieren? Speziell Freilandprimatologen sind davon überzeugt, dass Schimpansen bei ihrer gemeinsamen Jagd auf Affen durchaus ähnlich aufeinander abgestimmte Rollen einnehmen: ein Initiator leitet die Attacke ein, ein Blockierer schneidet die Fluchtwege ab, Treiber drängen die Beute in bestimmte Richtungen und ein Fänger lauert normalerweise im Hinterhalt.

Statt als koordinierte Aktion lassen sich Schimpansenjagden allerdings unter Umständen auch als Form von individuellem Opportunismus begreifen.

Demnach würde sich jeder Teilnehmer an genau dem Zeitpunkt und Ort einklinken, an dem er selbst die beste Chance hat, die Beute zu ergreifen. Die Interpretation beißt sich jedoch mit dem Faktum, dass der Initiator ganz selten die Beute erlegt – weshalb er nach kurzer Zeit aufgeben sollte, eine Jagd zu starten. Zudem schließen sich die anderen Akteure leise an, ohne offenbare Konkurrenz, sobald der Initiator einen Baum mit Beutetieren erklimmt. Nach erfolgreichem Fang erhalten die meisten Beteiligten zumindest etwas vom Fleisch – ein Teilen, das offenbar von allen erwartet wird und ungeschriebenen Regeln zu folgen scheint.

Ein kollektives Ziel dürfte auch in den geschilderten aggressiven Expeditionen in Territorien benachbarter Schimpansengesellschaften zum Ausdruck kommen, die hoch koordiniert wirken. Derlei Beispiele suggerieren, dass nicht allein Menschen ein Wir-Gefühl entwickeln können. Zumindest wilde Schimpansen scheinen damit Kriterien zu erfüllen, die ihnen angeblich abgehen, weil sie keine Menschen sind (Boesch 2005).

Als weiteres menschliches Spezifikum wird gern der sog. Wagenhebereffekt genannt, wonach unsere kulturelle Evolution auf einer einmaligen Fähigkeit zum kumulativen Lernen beruht (Tomasello 2008): Demzufolge gerät das Braten von Schweinefleisch, sobald es einmal erfunden ist, nicht mehr in Vergessenheit, sondern mag zur Basis raffinierterer Zubereitung in Form eines Jägerschnitzels werden. Bei Menschen machen Ideen demnach also Geschichte, während Tiergesellschaften diese historische Dimension angeblich fehlt. Der Gedankengang wird wiederum aus mehreren Gründen kritisiert (McGrew 2004). Erstens scheint der Wagenheber zeitweilig schlüpfrig zu sein: So wissen wir durchaus nicht genau, wie die Ägypter ihre Pyramiden bauten. Tradierte Errungenschaften können also in Vergessenheit geraten. Zweitens könnten die wenigsten von uns Algebra neu erfinden oder ein wohltemperiertes Klavier bauen. Das Jägerschnitzel hingegen – oder Wasserkochen oder eine Handaxt aus Abschlägen zu fertigen – mag Menschen mehrfach unabhängig voneinander in den Sinn gekommen sein. Drittens kommt kumulatives Lernen auch bei nichtmenschlichen Primaten vor. Im Anschluss an das Waschen von Süßkartoffeln im Meer fingen z. B. die Japanmakaken an, ihnen zugeteilten Weizen vom Sand zu trennen, indem sie die Sand-Getreide-Mischung ins seichte Wasser warfen und die Nahrung abschöpften. Weil ihnen dann aber andere Affen die Leckerbissen streitig machen konnten, wuschen sie den Weizen in der Hand; noch später begannen sie, ei-

gene Waschpfützen zu graben. Techniken der Nahrungsbehandlung kumulierten also über Jahre und Jahrzehnte hinweg.

Wie viel oder wie wenig kognitive und kulturelle Kompetenz man nichtmenschlichen Tieren auch zuschreiben mag, auf jeden Fall ist richtig, dass wir eigentlich noch immer vergleichsweise wenig über andere Tiergruppen wissen (Hurley/Nudds 2006).

Philosophischer Kontext: Naturalisierung des Geistes

Die Ansätze der evolutionären Anthropologie – und speziell die Paradigmen der Soziobiologie und der Evolutionären Psychologie – werden zuweilen ideologisch angefeindet (Segerstråle 2000). Erstens werden sie als genetischer Determinismus (miss-)verstanden. Zu den wichtigen Innovationen der evolutionären Anthropologie gehört aber gerade, dass Variabilität betont wird – im Bereich der genetischen Ausstattung ebenso wie hinsichtlich der situationsabhängigen Flexibilität von Verhalten. Zweitens wird oft angenommen, dass ethisch unerwünschtes Verhalten gerechtfertigt wird – von Aggression über Kindestötung bis hin zu Fremdenhass, sexueller Gewalt und Diskriminierung von Frauen. Darauf ist zu entgegnen, dass die fraglichen Ansätze nicht präskriptiv im Sinne einer Vorschrift gemeint sind, sondern prädiktiv, also lediglich wahrscheinliches Verhalten vorhersagen. Ganz ähnlich wie ein Seismologe nicht für die verheerenden Folgen von Erdbeben verantwortlich gemacht werden kann, ist auch ein evolutionärer Anthropologe nicht für die mitunter traurigen Resultate von Intergruppenkonkurrenz oder Geschlechtsunterschieden verantwortlich. Es geht v. a. um deskriptive Ursachenforschung, ohne dass deshalb automatisch der naturalistische Fehlschluss (*sensu* David Hume) begangen würde, aus dem Sein ein Sollen abzuleiten (s. Kap. II.E.6).

Gleichwohl operiert auch die evolutionäre Anthropologie nicht in einem politischen Vakuum. Speziell ihre Kosten-Nutzen-Analysen sind Modellen der Ökonomie entlehnt, die wiederum die Kraft kapitalistischer Marktmechanismen widerspiegeln.

Zudem arbeitet die evolutionäre Anthropologie auf philosophischer Ebene (Schmidt-Salomon 2006; Walach 2009) einem materialistischen Naturalismus zu, der davon ausgeht, dass kognitive Vorgänge den gleichen Naturgesetzlichkeiten folgen wie physiologische Prozesse (s. Kap.II.E.1). Im Lichte eines solchen Monismus werden klassische Dualismen hinterfragt, wie sie etwa René Descartes ausformulierte – speziell solche von Mensch *versus* Tier und Körper *versus* Geist. Dualistische Dogmen befeuerten jene Philosophie, die eine menschliche Sonderstellung über Alleinstellungsmerkmale in Bereichen wie Technologie, Kultur, Sprache oder Sozialverhalten behauptet. Insbesondere die skizzierten Studien an Menschenaffen lösten die postulierte Mensch-Tier-Grenze jedoch weithin auf.

Dieser Gradualismus eröffnet ethische Perspektiven, die unter dem Stichwort eines *evolutionären Humanismus* an Fahrt gewinnen. Diskutiert wird etwa der rechtliche Status von Menschenaffen. So fordert z. B. das *Great Ape Project* (Cavalieri/Singer 1993), auch Menschenaffen ein Recht auf Leben und Personenstatus zuzusprechen und sie in die ›Gemeinschaft der Gleichen‹ (*community of equals*) aufzunehmen.

Damit heizt also die dem Evolutionsparadigma nahestehende Kognitionsforschung zeitgenössische Wertedebatten an.

Literatur

Aiello, Leslie/Wheeler, Peter (1994): The expensive tissue hypothesis. In: *Current Anthropology* 36, 199–221.

Barkow, Jerome/Cosmides, Leda/Tooby, John (Hg.) (1992): *The Adapted Mind*. New York.

Boesch, Christophe (2005): Joint cooperative hunting among wild chimpanzees. In: *Behavioral and Brain Sciences* 28, 692–693.

Boyd, Robert/Silk, Joan (^{6}2011): *How Humans Evolved*. New York [2002].

Byrne, Richard/Whiten, Andrew (Hg.) (1988): *Machiavellian Intelligence*. Oxford.

Campbell, Christina/Fuentes, Agustín/MacKinnon, Katherine/Panger, Melissa/Bearder, Simon (^{2}2010): *Primates in Perspective*. New York [2006].

Cavalieri, Paola/Singer, Peter (Hg.) (1993): *The Great Ape Project*. New York. [dt.: *Menschenrechte für die Großen Menschenaffen*. München 1994].

Darwin, Charles (1871): *The Descent of Man, and Selection in Relation to Sex*. London. [dt.: *Die Abstammung des Menschen und die geschlechtliche Zuchtwahl*. Stuttgart 1871].

Dawkins, Richard (1976): *The Selfish Gene*. Oxford. [dt.: *Das egoistische Gen*. Berlin 1978].

Dunbar, Robin (1996): *Grooming, Gossip and the Evolution of Language*. Cambridge (Mass.). [dt.: *Klatsch und Tratsch*. München 1998].

Dunbar, Robin/Barrett, Louise (Hg.) (2007): *Oxford Handbook of Evolutionary Psychology*. Oxford.

Hamilton, William (1964): The evolution of social behavior. In: *Journal of Theoretical Biology* 7, 1–52.

Hurley, Susan/Nudds, Matthew (Hg.) (2006): *Rational Animals?* Oxford.

Lonsdorf, Elizabeth/Ross, Stephen/Matsuzawa, Tetsuro (Hg.) (2010): *The Mind of the Chimpanzee*. Chicago.

McGrew, William (2004): *The Cultured Chimpanzee*. Cambridge.

Schmidt-Salomon, Michael (2006): *Manifest des Evolutionären Humanismus*. Aschaffenburg.

Segerstråle, Ullica (2000): *Defenders of the Truth*. Oxford.

Sommer, Volker (1992): *Lob der Lüge*. München.

Tomasello, Michael (2008): *Origins of Human Communication*. Cambridge (Mass.). [dt.: *Die Ursprünge der menschlichen Kommunikation*. Berlin 2009].

Tomasello, Michael/Call, Josep (1997): *Primate Cognition*. Oxford.

Trivers, Robert (1985): *Social Evolution*. Menlo Park.

Voland, Eckart (^{4}2013): *Soziobiologie*. Heidelberg [1993].

Vollmer, Gerhard (2002): *Evolutionäre Erkenntnistheorie*. Stuttgart.

Walach, Harald (2009): *Psychologie*. Stuttgart.

Wilson, Edward (1975): *Sociobiology*. Cambridge (Mass.).

Wrangham, Richard/Peterson, Dale (1996): *Demonic Males*. Boston. [dt.: *Bruder Affe*. München 2001].

Wynne, Clive (2001): *Animal Cognition*. New York.

Volker Sommer

2. Sozial- und Kulturanthropologie/ Kognitionsethnologie

Zentrale Fragen und typische Methoden

In der Ethnologie – so die im deutschsprachigen Raum übliche Bezeichnung für *social anthropology* (UK) oder *cultural anthropology* (USA) – begann sich bereits in den 1950er Jahren die Kognitionsethnologie (*cognitive anthropology*) als ein eigenständiges Forschungsfeld herauszubilden. Den zentralen Forschungsgegenstand dieser Teildisziplin bildet die Frage, wie Menschen in verschiedenen Kulturen und sozialen Gruppen die Phänomene und Ereignisse ihrer jeweiligen Lebenswelt wahrnehmen und deuten – und zwar sowohl in Bezug auf konkrete physische Objekte der natürlichen Umwelt, wie Pflanzen oder Tiere, als auch in Bezug auf abstrakte Konzepte, wie Zahlen, Raum und Zeit oder Verwandtschaft, bis hin zu komplexen Überzeugungssystemen, etwa zu Religion oder sozialer Gerechtigkeit. Mit anderen Worten: Die Kognitionsethnologie interessiert sich dafür, wie das Wissen, das Menschen brauchen, um in ihrer jeweiligen Umwelt sinnvoll agieren und interagieren zu können, organisiert und repräsentiert ist, wie es erworben, vermittelt, erinnert, gebraucht und reorganisiert wird.

Im Mittelpunkt der ethnologischen Auseinandersetzung mit Kognition steht das Wissen, das die Mitglieder eines Sozialverbandes miteinander teilen und das es ihnen ermöglicht, sich in einer den Konventionen ihrer Gruppe gemäßen Weise zu verhalten und zu verständigen. Eine v. a. in der Anfangsphase der Kognitionsethnologie einflussreiche Definition von Kultur *als geteiltes Wissen* stammt von Ward Goodenough (1957, 167 f.): »A society's culture consists of whatever it is one has to know or believe in order to operate in a manner acceptable to its members […] culture must consist of the end product of learning: knowledge«. Diese Definition ist zwar vielfach als zu ›mentalistisch‹ zurückgewiesen und v. a. in Bezug auf die scheinbare Ausgrenzung materieller Produktionen kritisiert worden. Einigkeit herrscht innerhalb des Faches allerdings darüber, dass ein wichtiger Teilbereich der Kultur jeder menschlichen Gruppe der ihr gemeinsame Bestand an Überzeugungen, Regeln und Werten sowie impliziten, schwer oder nicht verbalisierbaren Wissensformen (wie Umweltwahrnehmung, Körpertechniken oder Handlungsroutinen) ist. Dieser gemeinsame Wissensbestand wird häufig auch als ›kulturelles Wissen‹ (*cultural knowledge*) bezeichnet.

Zum Bestand kulturellen Wissens wird auch das sog. Expertenwissen gezählt, also jene Wissensbestände, die bestimmten Personen in einer Gesellschaft vorbehalten sind und etwa durch (berufliche) Spezialisierung oder andere soziale Differenzierungen und Hierarchien entstehen. Zentral ist hier die Frage, inwieweit unterschiedliche kulturelle Wissensbereiche auch unterschiedlich organisiert sind, also auf einer jeweils spezifischen ›mentalen Architektur‹ (Bennardo/Kronenfeld 2011) beruhen. Formen des Wissens, die primär auf Erfahrungen und Sinneseindrücken basieren, wie etwa ›bäuerliches‹ Wissen über die Beschaffenheit und Reifung von Feldfrüchten in Abhängigkeit von Boden- und Witterungsbedingungen oder handwerkliches Wissen über Fertigungsabläufe und das Verhalten verschiedener Werkstoffe bei der Bearbeitung, werden anders erlernt, erinnert und aktiviert als primär sprachlich vermitteltes konzeptuelles Wissen, wie z. B. das Wissen über Verwandtschaftsbeziehungen, also etwa darüber, welche soziale Beziehung über Bezeichnungen wie ›Vater‹ oder ›Bruder‹ angezeigt wird.

Ethnologische Daten werden in der Regel im Rahmen langer Feldaufenthalte (in spezifischen kulturellen Gruppen) erhoben und umfassen damit stets reichhaltiges Beobachtungsmaterial zum tatsächlichen Verhalten. Dadurch ist es nicht nur möglich, durch Befragungen gewonnenes Datenmaterial durch die Beobachtung kontextbezogener ›natürlicher‹ Sprechakte zu ergänzen, diese Sprechakte können vielmehr auch selbst in den Mittelpunkt der Erhebung gestellt werden, wie etwa in einer beispielhaften Studie von Edwin Hutchins. Hutchins (1980) zeichnete auf den zu Papua-Neuguinea gehörenden Trobriand-Inseln die öffentlich ausgetragenen Rechtsdispute über Landbesitzkonflikte auf Tonband auf, um damit die lokalen Formen des Schlussfolgerns zu analysieren. Ein weiterer enormer Vorteil ethnologischer *in situ*-Studien liegt darin, dass sie es durch das Mittel der systematischen Beobachtung auch ermöglichen, sich dem nicht oder nur partiell verbalisierbaren Handlungswissen anzunähern, das z. B. Arbeitsabläufen zugrunde liegt (s. o.). Daneben hat insbesondere die Kognitionsethnologie eine Reihe spezifischer Verfahren zur systematischen Datenerhebung erarbeitet, die im Folgenden kurz vorgestellt werden.

In der Anfangsphase der Kognitionsethnologie, die stark durch die damalige Linguistik (s. Kap. II.C) geprägt war, konzentrierten sich die Studien zunächst auf eng begrenzte und sprachlich repräsentierte Wissensbereiche, sog. lexikalische Domänen, wie z. B. Pflanzen-, Farb- oder Verwandtschaftsterminologien. Das zentrale Ziel bestand darin, die Klassifikationssysteme nichtwestlicher Kulturen aufzudecken, zu beschreiben und zu verstehen, weshalb diese ethnologische Subdisziplin in ihren Anfangsjahren auch als *ethnoscience*, *ethnosemantics* oder *new ethnography* bezeichnet wurde. Im Vordergrund stand dabei die Erfassung der jeweiligen kulturspezifischen Begrifflichkeiten und der ihnen zugrunde liegenden Semantik, die in Anlehnung an die in der Linguistik getroffene Unterscheidung von Phon*emik* und Phon*etik* als *emische* Kategorien (Innenperspektive) bezeichnet und von den *etischen*, d. h. den analytischen Konzepten des Forschenden (Außenperspektive), unterschieden wurden – ein Begriffspaar, das von zentraler Relevanz für das Fach generell geworden ist. (Die Phonemik befasst sich mit den bedeutungsunterscheidenden Lauteinheiten einer bestimmten Sprache, ist also auf das Partikulare ausgerichtet, während die Phonetik sich auf ein sprachübergreifendes Zeichensystem zur Darstellung der Laute bezieht, also Sprachen in einem generalisierten Modus zu beschreiben und zu vergleichen versucht.) Auch methodisch orientierte sich die frühe Kognitionsethnologie stark an der Linguistik, der sie u. a. die Komponentenanalyse entlehnte, um systematisch die kulturspezifische Bedeutung der Begriffe eines begrenzten Themenfeldes zu erheben (anhand der die Begriffe voneinander unterscheidenden Bedeutungsmerkmale). Durch Verfahren wie *free listing* oder detaillierte Befragungen wurden die alltagssprachlichen Begrifflichkeiten der jeweils interessierenden Domäne erhoben und systematisch auf die ihnen zugrunde liegenden Ordnungsprinzipien (wie Inklusion, Exklusion oder Intersektion) hin überprüft, auf deren Basis dann generelle Modelle der Wissensorganisation (wie Taxonomien oder Paradigmen) abgeleitet wurden.

Die anfängliche Fokussierung der Kognitionsethnologie auf die Untersuchung eng umgrenzter Kategorien rückte in den 1970er Jahren zunehmend zugunsten einer stärkeren Hinwendung zu komplexeren und dynamischeren Formen der Wissensorganisation in den Hintergrund. Das Interesse begann sich auf diejenigen kognitiven Strukturen zu richten, die Entscheidungen (s. Kap. IV.6) und Schlussfolgerungen (s. Kap. IV.17) ermöglichen. Eine zentrale Studie zu Kausalrelationen hat Roy D'Andrade mit seiner Untersuchung US-amerikanischer Krankheitskonzeptionen vorgelegt. D'Andrade (1976) führte zunächst informelle Interviews über Krankheiten durch; diesen Gesprächen entnahm er zahlreiche Krankheitsbegriffe (Grippe, Krebs, Windpocken usw.) sowie Aussagen (Propositionen) über Implikationsbeziehungen (z. B. Grippe ist ansteckend, Krebs ist schwer therapierbar usw.). Aus diesem Set von Aussagen bildete er 30 offene Propositionen in Form von Satzergänzungseinheiten (z. B.: ›Man kann … von einem anderen Menschen bekommen.‹ oder › … ist schwer therapierbar.‹ usw.). In diese ließ er in einem zweiten Erhebungsschritt seine Informanten 30 unterschiedliche Krankheitsbegriffe einsetzen und dann entscheiden, ob die so entstandenen Aussagen richtig oder falsch sind. Die Personen mussten also insgesamt 900 Entscheidungen treffen. Dass sie dies in relativ kurzer Zeit schafften, sei nur möglich, so D'Andrade, weil sie auf einen Wissensfundus und ein Regelsystem zurückgreifen konnten, die ein schnelles Einordnen und Beurteilen der zahlreichen Kombinationen zuließen.

Diese von D'Andrade entwickelte *Propositionsanalyse* zielte darauf ab, das Netzwerk der Implikationsbeziehungen aufzudecken, auf dessen Basis Menschen in einem bestimmten Wissensbereich schlussfolgern, und stellte einen bedeutenden Schritt hin zu einer Analyse komplexer Überzeugungssysteme dar, auch wenn sie noch auf einen sehr kleinen Gegenstandsbereich beschränkt war. Dieser Ansatz basierte auf den in der Künstliche-Intelligenz-Forschung (s. Kap. II.B.1) als *serial symbolic processing models* bezeichneten Konzepten (s. Kap. III.1), die auf der Annahme beruhen, dass Wissen in Form satzartig formulierter Regeln (Propositionen) organisiert ist und die Wissensanwendung dem Ziehen logischer Schlussfolgerungen entspricht. Die kulturspezifischen Logiken aufzudecken, auf deren Basis die Mitglieder einer kulturellen Gruppe schlussfolgern, ist das Ziel kognitionsethnologischer Studien.

In der Folgezeit richtete sich das Interesse der Kognitionsethnologie zunehmend auf prozessuale Phänomene und Handlungswissen. »Actions speak louder than words« lautete entsprechend der Titel einer programmatischen Arbeit (Gatewood 1985). Der bisherige Fokus auf Sprachliches wich nun dem Interesse an der Anwendung von Wissen im alltäglichen Handeln und damit der Frage, wie das nicht verbalen (und nicht verbalisierbaren) Handlungsabläufen zugrundeliegende Wissen verarbeitet wird. Auch die neue Schwerpunktsetzung wurde von der Ende der 1970er Jahre erstarkten Künstliche-Intelligenz-Forschung beeinflusst, von der auch die zentralen Konzepte ›Script‹ und ›Schema‹ sowie das konnektionistische Modell der Wissensorganisation übernommen wurden (s. Kap. III.2). Der Schemaansatz geht davon aus, dass Wissen in Form abstrakter, assoziativ vernetzter und damit flexibler kognitiver Einheiten organisiert ist, die keine fest gefügten Repräsentationen, sondern dynamische und kontextabhängige Informationsprozessoren darstellen. In der Kognitionsethnologie wurde dieser Ansatz zur *cultural model theory* weiterentwickelt (z. B. D'Andrade 1995; Garro 2000; Strauss/Quinn 1997).

Als *kulturelle Modelle* werden jene kognitiven Schemata angesehen, die von den Mitgliedern einer kulturellen Gruppe intersubjektiv geteilt werden. Kulturelle Modelle werden informell erlernt und weniger durch direkte und kohärente Instruktion vermittelt. Modelle stellen im Gegensatz zu Theorien kein explizites und deklaratives, sondern implizites Wissen dar (s. Kap. IV.25), das auf Schemata basiert, die zwar in Worte eingebettet sein können, aber nicht als explizite Propositionen formuliert sind (D'Andrade 1995, 180). Kulturelle Modelle konstituieren sich also keineswegs nur aus verbalen, sondern auch aus bildhaften Schemata, sog. *image-Schemata*, also aus auf direkte Sinneswahrnehmungen bezogenen mentalen Abstraktionen wie visuelle, olfaktorische, haptische und kinästhetische Schemata. Eine Theorie besteht D'Andrade zufolge aus einem Set von miteinander verbundenen Propositionen, durch welche die Beschaffenheit eines Phänomens beschrieben wird. Kulturelle Theorien sind demnach stets explizites, sprachlich ausformuliertes und größtenteils bewusst erlerntes Wissen, das von den Mitgliedern einer Gruppe geteilt wird. Sie sind direkt erfrag- und beschreibbar (ebd., 173). Generell jedoch bildet Wissen stets ein Amalgam aus expliziten und impliziten Komponenten, wobei die Anteile je nach Wissensbereich unterschiedlich gewichtet sein können (s. o.).

Der Ethnologie stellen sich hier zwei besondere Herausforderungen – in theoretischer wie in methodischer Hinsicht. Zum einen gilt es, individuelle, aus idiosynkratischen Erfahrungen erwachsene Schemata von intersubjektiv geteilten kulturellen Schemata abzugrenzen, die zudem vielfältigen intrakulturellen Variationen unterworfen sind. Zum anderen ist dem dynamischen Charakter kulturellen Wissens Rechnung zu tragen, das im interaktiven Gebrauch beständig transformiert wird. Für letzteres bietet die Schematheorie ein ideales analytisches Gerüst, indem sie mittels konnektionistischer Modelle nachzubilden versucht, wie Informationen kreativ verarbeitet werden (s. Kap. IV.11). Allerdings vermag sie nicht überzeugend zu erklären, warum intersubjektiv geteiltes Wissen das individuelle Verhalten in sehr unterschiedlichem Maße motiviert

(alle kennen z. B. die Verkehrsregeln, aber nur wenige halten sich an sie).

Um die Kluft zwischen Kognition und Aktion zu schließen bzw. um die Variabilität menschlichen Verhaltens zu erklären, führten Strauss/Quinn (1997) den Aspekt der subjektiven Erfahrung und der daraus resultierenden emotionalen Bedeutung in die Schematheorie ein. Gerade die unterschiedlichen subjektiven Erfahrungen, die einzelne Individuen mit bestimmten kulturellen Modellen verbinden, bedingen demnach die motivationale Kraft dieser Modelle. Strauss/Quinn (1997, 102 f.) postulieren, dass aus der Menge der ›geteilten‹ Schemata nur die emotional ›besetzten‹ Schemata die Handlungen eines Individuums motivieren können (s. Kap. IV.5, Kap. IV.14). Geteilte kulturelle Schemata entfalten folglich für die Mitglieder einer Gesellschaft sehr unterschiedliche Bedeutungen. Diese sind zum Teil idiosynkratischer Natur, zum Teil aber auch geprägt durch unterschiedliche soziale Schichten, Milieus und Gruppierungen einer Gesellschaft, welche die Lebenswelten und Erfahrungen ihrer Mitglieder in ähnlicher Weise prägen und damit auch zu ähnlichen Bedeutungszuschreibungen, sog. *cultural meanings*, führen.

Die Erforschung kulturellen Wissens erfordert auch die systematische Erfassung der intrakulturellen Variabilität dieses Wissens (*socially distributed cognition*; s. Kap. III.10) und der zugrunde liegenden Strukturen. Methodisch lassen sich diesbezüglich zwei zentrale Wege abgrenzen: ein primär qualitativer und ein primär quantitativer Ansatz. Der mit der bereits skizzierten *cultural model theory* verbundene Ansatz geht qualitativ vor: Durch informelle Interviews sowie andere empirische Erhebungstechniken (z. B. *free listing* oder die Kartenwahlmethode) wird zunächst ein Datensatz zu emischen Kategorien, Komponenten und Perspektiven bezüglich einer bestimmten kulturellen Domäne erhoben, der dann in einem zweiten Schritt mittels verschiedener interpretativer Verfahren (Propositions-, Metaphern-, Themenanalyse usw.) analysiert wird. Die Ergebnisse – also die jeweiligen Propositionen, Metaphern, Themen usw. – werden anschließend mit möglichst vielen weiteren Informanten aus unterschiedlichen sozialen Gruppierungen der jeweiligen Gesellschaft auf ihre Gültigkeit und soziale Reichweite hin überprüft. Ob dies in Interviews oder anhand von Fragebögen, Satzergänzungslisten usw. geschieht, hängt stark von den lokalen Gegebenheiten wie etwa der Literalität der Informanten ab.

Die variable Verteilung kulturellen Wissens steht im Mittelpunkt der sog. *cultural consensus theory*

(z. B. Boster 1980; Gatewood 2011; Romney et al. 1986), die sich den Mustern der sozialen Wissensverteilung mittels formalisierter quantitativer Methoden annähert. Ihre Grundannahme lautet, dass in größeren Gruppen keine Person über das gesamte Wissen ihrer Gruppe verfügen kann, Wissen also grundsätzlich und notwendigerweise geteilt und Wissenskonformität immer nur graduell gegeben ist (s. Kap. III.10). Idealerweise teilen Akteure in einem bestimmten sozialen Kontext dabei zumindest so viel Wissen, wie nötig ist, um adäquat und effektiv interagieren zu können: Damit z. B. ein Barbesucher und ein Barkeeper bei der Getränkebestellung erfolgreich kommunizieren können, genügt es, wenn der Barbesucher den Namen seines Lieblingscocktails kennt; die genauen Zutaten oder die Zubereitungsweise muss er nicht parat haben. Die soziale Verteilung des Wissens erhöht also die Informationskapazitäten einer Gruppe und somit ihre Leistungs- bzw. Adaptionsfähigkeit (Gatewood 2011, 780). Eine entscheidende Frage in diesem Kontext lautet, bis zu welchem Grad die kulturelle Diversität des Wissens funktional ist bzw. ab welchem Heterogenitätsgrad sich nicht mehr sinnvoll von kulturellem Konsens sprechen lässt. Die *cultural consensus analysis* untersucht mit komplexen statistischen Verfahren – allerdings stets auf Basis zuvor induktiv erhobenen Materials, das den *emischen* Perspektiven Rechnung trägt – die Variationsgrade kulturellen Wissens in Bezug auf bestimmte Bereiche (einen Einblick in das methodische Vorgehen vermitteln u. a. Romney et al. (1986) sowie Gatewood (2011); eine kritische Betrachtung der Konsensusanalyse bietet Garro (2000)).

Stellung der (Kognitions-)Ethnologie in der Kognitionswissenschaft

Die kognitionswissenschaftlichen Disziplinen verbindet das Bestreben, die Grundlagen des menschlichen Geistes und seiner Leistungen in einer interdisziplinären Anstrengung gemeinsam zu erforschen, und die Ethnologie gehörte einst zu ihren Pionieren.

Zur kognitiven Wende, die in den 1950er Jahren zur Ablösung des Behaviorismus als vorherrschendes Forschungsparadigma in den Sozialwissenschaften führte, hatten Kognitionsethnologen wie Brent Berlin, Roy D'Andrade, Charles Frake, Ward Goodenough und Kimball Romney entscheidende Beiträge geleistet (Tyler 1969). Als sich in den 1950er und 1960er Jahren gefördert durch die *Sloan-Foundation* die Kognitionswissenschaft zu formie-

ren begann, wurde die Ethnologie als eines ihrer sechs Kernfächer angesehen, mit besonders engen Verbindungen zu Linguistik, Psychologie und Neurowissenschaften (Gardner 1985). Kognitive Ansätze beeinflussten damals maßgeblich die ethnologische Fachdiskussion und Forschung, und das nährte die Hoffnung, mithilfe ihrer komparativen Perspektive in der Vielfalt menschlicher Ausdrucksformen das Grundlegende zu entdecken und die basalen und universellen Gesetzmäßigkeiten kognitiver Phänomene aufzudecken. Auch bei der Gründung der *Cognitive Science Society* (1978) und ihrer ersten Tagung, der *La Jolla Conference on Cognitive Science* (1979), war die Ethnologie mit Forschern wie Edwin Hutchins, Paul Kay oder Naomi Quinn noch prominent vertreten.

Aber während die Kognitionswissenschaft prosperierte und sich dem gemeinsamen Forschungsinteresse stetig neue Fächer anschlossen, verlor die Ethnologie darin zunehmend an Bedeutung und Einfluss, und zwar in einem solchen Ausmaß, dass man heute von einer verschollenen Disziplin sprechen kann. Das galt auch – sogar in besonderem Ausmaß – für die Forschungslandschaft in Deutschland, wo die Ethnologie lange Zeit nicht einmal als potenzieller, geschweige denn essenzieller Gesprächs- und Kooperationspartner wahrgenommen wurde (Röttger-Rössler 2010).

Für diese Entfremdung lassen sich verschiedene Ursachen identifizieren (Bender et al. 2010; Bloch 1991), darunter fachinterne Entwicklungen wie die sog. reflexive Wende in den späten 1970er Jahren, die in weiten Teilen der Ethnologie zu einer Ausrichtung auf den Postmodernismus und interpretative Verfahren und damit zu einer Marginalisierung kognitiver Ansätze führte, die bis dahin als Vermittler zwischen beiden wissenschaftlichen Traditionen fungiert hatten. Aber auch für die Kognitionsethnologen selbst wurde die inhaltliche Zusammenarbeit mit der Kognitionswissenschaft zunehmend schwieriger. Die Hauptursache dafür liegt in der Computermetapher der Informationsverarbeitung, die lange Zeit die Theoriebildung und das methodische Vorgehen in der Kognitionswissenschaft beherrschte (s. Kap. III.1). Diese Metapher implizierte Annahmen, die das Interesse an den Forschungsgegenständen der Ethnologie dämpfte (Bender/Beller 2011): Sie legte erstens die Auffassung von Kognition als mentalem und kontextunabhängigem Phänomen nahe, das zweitens aus Information (Inhalt) und Verarbeitung (Prozessen) besteht, die getrennt betrachtet werden können, wobei die Verarbeitungsprozesse selbst stets in universell gleichartiger Weise ablaufen.

Die in der ersten Annahme implizierte Rückbesinnung auf mentale Phänomene war für die Überwindung des Behaviorismus erforderlich. Die einseitige Fokussierung darauf verleitete aber zugleich
dazu, den Kontext kognitiver Interaktionen zu vernachlässigen. Mehr noch, die Beschäftigung mit
Affekt, Kontext, Kultur und Geschichte wurde in der
Anfangsphase der Kognitionswissenschaft sogar explizit ausgeklammert (Gardner 1985). Studien wie
die des Ethnologen Hutchins (1995a) zeigten dagegen eindrücklich, wie wichtig Kontextfaktoren für
kognitive Prozesse sind: Bei komplexen Aktivitäten
wie dem Navigieren von Schiffen und Flugzeugen
interagieren Personen untereinander sowie mit extern repräsentierten Informationen und kulturellen
Artefakten, und dies in einem solchen Umfang, dass
Kognition hier als *distributed cognition* konzeptualisiert und analysiert werden muss (s. Kap. III.10).
Aber trotz der breiten Anerkennung für diese Arbeiten fanden sie bislang nur wenig Nachahmer – sicher
auch wegen des enormen methodischen Aufwands,
der mit langfristigen ethnologischen Feldforschun-
gen einhergeht. Erst dieser Aufwand ermöglicht es
jedoch, komplexe, nicht verbalisierbare Handlungen
und Abläufe mitsamt ihren Einzelkomponenten zu
erfassen. Für die fundierte Datenerhebung in seiner
Navigationsstudie hat Hutchins sich deshalb z. B.
zum Piloten ausbilden lassen, um entsprechende
Navigationsmanöver teilnehmend beobachten zu
können (Hutchins 1995b).

Auch die zweite Annahme, Kognition lasse sich in
Inhalte und Verarbeitungsprozesse aufspalten, ist in
mehrfacher Hinsicht kritisch zu betrachten. Sie
diente als Legitimation der Zuweisung von Zustän-
digkeiten für die Inhalte an die Ethnologie und für
die kognitiven Prozesse an die Psychologie – eine Arbeitsteilung, die zur Entfremdung zwischen den Disziplinen wesentlich beigetragen haben dürfte (Bender
et al. 2010). Aber auch inhaltlich ist sie nicht haltbar,
wie der Psychologe Douglas Medin und der Ethnologe Scott Atran in kulturvergleichenden Studien zeigen konnten. Ihr interdisziplinäres Forschungsprogramm belegt, dass die jeweiligen Konzepte und
Kenntnisse sich auswirken auf die Organisation von
Gedächtnisinhalten, ökologisches Schlussfolgern, die
wahrgenommene Rolle des Menschen in der Natur
sowie auf Aspekte der sozialen Kognition, mit Implikationen für Gruppenkonflikte (Atran/Medin 2008).
Die Erkenntnis, dass das Wissen von Personen sich
substanziell auf die entsprechende Informationsverarbeitung auswirkt, macht die Expertise der Ethnologie zu kulturspezifischen Inhalten für ein umfassendes Verständnis kognitiver Prozesse unverzichtbar.

Die Annahme schließlich, dass Prozessor und
Prozesse als kulturunabhängig angesehen werden
können, legitimierte die Beschränkung auf selektive
Stichproben, denn für die Erforschung universeller
Phänomene ist jede beliebige Gruppe von Personen
so gut wie jede andere. Kulturvergleiche wurden in
der Folge als nicht notwendig erachtet oder gar, auch
wegen ihrer methodischen Schwierigkeiten, gezielt
gemieden. Immer deutlicher wird allerdings, dass
empirische Befunde kognitiver Studien tatsächlich
und zum Teil massiv von der untersuchten Stich-
probe abhängen können, und zwar in nahezu allen
kognitiven Domänen – von der visuellen Wahrnehmung (s. Kap. IV.24) über räumliches Schließen, Kategorisierung (s. Kap. IV.9) und Induktion (s. Kap.
IV.17) bis hin zu moralischem Denken, Fairness und
Kooperation (Henrich et al. 2010). Dies zwingt auch
hier zum Umdenken.

Die genannten Desiderate implizieren nicht die
Notwendigkeit, die Computermetapher *ad acta* zu
legen, wohl aber, sie um entscheidende Aspekte zu
ergänzen: Erforderlich ist eine Einbeziehung des
Kontextes (der ›kognitiven Ökologie‹ im Sinne von
Hutchins), eine Einbeziehung von Inhalten und Re-
präsentationsformaten (s. Kap. IV.16) bei der Analyse kognitiver Prozesse und schließlich eine Ausweitung der Stichproben zur Validierung von Hypothesen, Befunden und Theorien. Zu allen drei
Forderungen kann die Ethnologie entscheidende
Beiträge leisten, und tatsächlich mehren sich mit
dem wachsenden Interesse an kultureller Diversität
innerhalb der Kognitionswissenschaft inzwischen
auch die Bestrebungen, dieser Entfremdung gegen-
zusteuern (für Beispiele vgl. Bender/Beller 2011).

Tendenzen der Forschung

Einen aktuellen Überblick über den Status quo und
sich abzeichnende Tendenzen der (Kognitions-)Eth-
nologie gibt der *Companion to Cognitive Anthropology* (Kronenfeld et al. 2011). Wir wollen hier v. a. auf
zwei zukunftsweisende Entwicklungen eingehen.

Die erste betrifft die Erforschung kultureller Diversität – inzwischen eines der zentralen Themen
sowohl in der Ethnologie als auch in der Kognitionswissenschaft (Bender/Beller 2012a; Evans/Levinson
2009; Henrich et al. 2010). Konkret wird dabei untersucht – und zwar für so verschiedene Domänen
wie räumlich-zeitliche Referenzierung (Haun et al.
2011), Zahlkognition (Bender/Beller 2012b) oder
das Verständnis ökologischer Zusammenhänge
(Atran/Medin 2008) –, welche der seitens der Kogni-

tionswissenschaft lange als universell angenommenen Prozesse und Phänomene in Wirklichkeit kulturellen Einflüssen unterliegen oder kulturell konstituiert sind. Es ist auch kein Zufall, dass gerade hier interdisziplinäre Kooperationsprojekte entstehen, die zu substanziellen Erkenntnisfortschritten führen (wie etwa in den Studien von Atran und Medin, die Interaktionen zwischen kulturell vermittelten Inhalten und ihrer kognitiven Verarbeitung belegen konnten). Das Beispiel der numerischen Kognition zeigt besonders deutlich, wie wichtig diese Integration ist: Der kulturelle Hintergrund beeinflusst nicht nur, *wie* gezählt wird, sondern ist sogar unabdingbar dafür, *ob* überhaupt gezählt werden kann (Bender/Beller 2012b).

In den letzten Jahren ist auch die Relation zwischen Emotion und Kognition zunehmend ins Zentrum des Interesses gerückt (s. Kap. IV.5, Kap. V.1). In der Ethnologie wird diesbezüglich v. a. die Frage thematisiert, inwieweit kulturspezifische Emotionsmodelle die subjektive Gefühlswahrnehmung modellieren (Röttger-Rössler 2004). Besonders fruchtbar hierfür sind Studien darüber, wie bestimmte emotionale Dimensionen – z. B. Scham, Ärger oder Liebe/Verliebtheit – in unterschiedlichen Kulturen ausgestaltet sind. So deckte Fessler (2004) zunächst mit *free-listing* und *pile-sorting* die zentralen Komponenten indonesischer und US-amerikanischer Schamkonzeptionen auf, die er dann in Interviews vertiefend untersuchte. Dabei zeigte sich, dass im indonesischen Kontext Scham eine extrem betonte (›hyperkognisierte‹) Emotion darstellt, die entsprechend häufig in einer Vielzahl von Kontexten erlebt und gezeigt wird (bei den jeweils als am häufigsten erlebten Emotionen wurde Scham in Indonesien an erster, in den USA erst an 56. Stelle genannt). Scham ist in Indonesien generell mit positiven Konnotationen verbunden: Eine hohe Schambereitschaft wird als Tugend, als Sensitivität gegenüber den sozialen Normen und Verhaltensstandards gewertet. In den USA dagegen ist Scham negativ konnotiert; sie wird als ein Zeichen der Unsicherheit und Schwäche gewertet, als eine Emotion, deren Ausdruck es zu vermeiden gilt. In methodisch ähnlicher Weise hat De Munck (2011) in einer kulturvergleichenden Untersuchung der romantischen Liebe herausgefunden, dass Litauer sie primär mit Begriffen assoziieren, die sie im Bereich der Fantasie und Fiktion ansiedeln, und romantische Liebesbeziehungen als grundsätzlich flüchtige und unrealistische Bindungen werten, während US-Amerikaner sie als das Anfangsstadium einer dauerhaften, auf wechselseitigem *commitment* beruhenden Bindung konzeptualisieren.

Diese differenten kulturellen Liebesmodelle wirken sich auch auf das subjektive Erleben von und den Umgang mit romantischen Beziehungen aus: So bildet für die Litauer das Scheitern romantischer Liebesbeziehungen die quasi ›natürliche‹ Konsequenz einer emotionalen Fiktion, während sie für Amerikaner den dramatischen Bruch einer realen Beziehungsperspektive darstellt.

In jüngerer Zeit sind auch Lern- und Sozialisationsprozesse wieder in den Interessenfokus der Kognitionsethnologie gerückt (z. B. Shimizu 2011). In einer richtungweisenden Studie problematisiert Quinn (2005) die Rolle von expliziten und impliziten Erziehungspraktiken bei der Vermittlung und dem Erwerb kulturellen Wissens. Sie fragt nach der Bedeutung ›affektiver‹ Erziehungspraktiken (wie Ängstigen, Beschämen, Loben, Aufziehen, Verunsichern usw.) für die Vermittlung kultureller Werte und Standards. Diese Frage ist von Röttger-Rössler et al. (2013) aufgegriffen und in Bezug auf die Sozialisation und Ontogenese von Emotionen in drei außereuropäischen Kulturen vergleichend untersucht worden. Die ersten Ergebnisse dieses noch laufenden Projektes zeigen gravierende Unterschiede bezüglich der kulturspezifischen Emotionskonzepte, Sozialisationsziele sowie der jeweils verwendeten affektiven Erziehungspraktiken, die zu signifikant anderen Verläufen der ontogenetischen Emotionsentwicklung zu führen scheinen. Dies verdeutlicht, wie wichtig die Erforschung des Zusammenhangs zwischen Emotion und Kognition auch für die Kognitionswissenschaft ist (s. Kap. V.10).

Literatur

Atran, Scott/Medin, Douglas (2008): *The Native Mind and the Cultural Construction of Nature*. Boston.

Bender, Andrea/Beller, Sieghard (2011): The cultural constitution of cognition. In: *Frontiers in Psychology: Cognitive Science* 2, 67, 1–6.

Bender, Andrea/Beller, Sieghard (2012a): *Die Welt des Denkens*. Bern.

Bender, Andrea/Beller, Sieghard (2012b): Nature and culture of finger counting. In: *Cognition* 124, 156–182.

Bender, Andrea/Hutchins, Edwin/Medin, Douglas (2010): Anthropology in cognitive science. In: *Topics in Cognitive Science* 2, 374–385.

Bennardo, Giovanni/Kronenfeld, David (2011): Types of collective representations. In: David Kronenfeld/Giovanni Bennardo/Victor De Munck/Michael Fischer (Hg.): *A Companion to Cognitive Anthropology*. Chichester, 82–101.

Bloch, Maurice (1991): Language, anthropology and cognitive science. In: *Man* 26, 183–198.

Boster, James (1980): *How the Exceptions Prove the Rule*. Berkeley.

D'Andrade, Roy (1976): A propositional analysis of U.S. American beliefs about illness. In: Keith Basso/Henry Selby (Hg.): *Meanings in Anthropology*. Albuquerque, 155–180.

D'Andrade, Roy (1995): *The Development of Cognitive Anthropology*. Cambridge.

De Munck, Victor (2011): Cognitive approaches to the study of romantic love. In: David Kronenfeld/Giovanni Bennardo/Victor De Munck/Michael Fischer (Hg.): *A Companion to Cognitive Anthropology*. Chichester, 513–530.

Evans, Nicholas/Levinson, Stephen (2009): The myth of language universals. In: *Behavioral and Brain Sciences* 32, 429–492.

Fessler, Dan (2004): Shame in two cultures. In: *Journal of Cognition and Culture* 4, 207–262.

Gardner, Howard (1985): *The Mind's New Science*. New York. [dt.: *Dem Denken auf der Spur*. Stuttgart 1989].

Garro, Linda (2000): Remembering what one knows and the construction of the past. In: *Ethos* 28, 275–319.

Gatewood, John (1985): Actions speak louder than words. In: Janet Dougherty (Hg.): *Directions in Cognitive Anthropology*. Urbana, 199–220.

Gatewood, John (2011): Socially distributed cognition. In: Patrick Colm Hogan (Hg.): *The Cambridge Encyclopedia of the Language Sciences*. Cambridge, 779–781.

Goodenough, Ward (1957): Cultural anthropology and linguistics. In: Paul Garvin (Hg.): *Report of the 7th Annual Round Table Meeting on Linguistics and Language Study*. Washington, 167–173.

Haun, Daniel/Rapold, Christian/Janzen, Gabriele/Levinson, Stephen (2011): Plasticity of human spatial cognition. In: *Cognition* 119, 70–80.

Henrich, Joseph/Heine, Steven/Norenzayan, Ara (2010): The weirdest people in the world? In: *Behavioral and Brain Sciences* 33, 61–135.

Hutchins, Edwin (1980): *Culture and Inference*. Cambridge (Mass.).

Hutchins, Edwin (1995a): *Cognition in the Wild*. Cambridge.

Hutchins, Edwin (1995b): How a cockpit remembers its speeds. In: *Cognitive Science* 19, 265–288.

Kronenfeld, David/Bennardo, Giovanni/De Munck, Victor/Fischer, Michael (Hg.) (2011): *A Companion to Cognitive Anthropology*. Chichester.

Quinn, Naomi (2005): Universals of child rearing. In: *Anthropological Theory* 5, 477–516.

Romney, Kimball/Weller, Susan/Batchelder, William (1986): Culture as consensus. In: *American Anthropologist* 88, 313–338.

Röttger-Rössler, Birgitt (2004): *Die kulturelle Modellierung des Gefühls*. Münster.

Röttger-Rössler, Birgitt (2010): Das Schweigen der Ethnologen. In: *Sociologus* 60, 99–121.

Röttger-Rössler, Birgitt/Jung, Susanne/Scheidecker, Gabriel/Holodynski, Manfred (2013): Socializing emotions in childhood. In: *Mind, Culture, and Activity* 20/3, 260–287.

Shimizu, Hidetada (2011): Cognitive anthropology and education. In: David Kronenfeld/Giovanni Bennardo/Victor De Munck/Michael Fischer (Hg.): *A Companion to Cognitive Anthropology*. Chichester, 430–450.

Strauss, Claudia/Quinn, Naomi (1997): *A Cognitive Theory of Cultural Meaning*. Cambridge.

Tyler, Stephen (Hg.) (1969): *Cognitive Anthropology*. New York.

Birgitt Röttger-Rössler/Andrea Bender

B. Informatik

Einleitung

Die Informatik ist die Wissenschaft der Informationsverarbeitung, spezieller der automatisierten Informationsverarbeitung mithilfe digitaler Computer, deren Errungenschaften gegenwärtig aus fast keinem Forschungsbereich mehr wegzudenken sind. In der Zusammenarbeit mit anderen Wissenschaften kann die Informatik unterschiedliche Rollen spielen. Zum einen sind neue Disziplinen wie etwa die Geoinformatik oder die Bioinformatik entstanden, in denen informationsverarbeitende Prozesse in digitalen Computern lediglich der Modellierung von Explananda (z. B. geologischen oder biologischen Prozessen) dienen, die selbst nicht auf reine Informationsverarbeitung reduzierbar sind; zum anderen ist die Informatik als Teildisziplin der Kognitionswissenschaft jedoch auch eingebunden in ein Forschungsprogramm, dessen Explanandum (Kognition) selbst eine bestimmte Art von informationsverarbeitendem Prozess ist, der durch automatisierte Berechnungsprozesse in digitalen Computern mithin nicht nur modelliert, sondern unter Umständen sogar repliziert werden kann und soll.

In der Bioinformatik etwa geht es u. a. um die Strukturanalyse von Proteinen auf Basis ihrer DNA. Dabei beschäftigen sich die Wissenschaftler einerseits mit der Erforschung biochemischer Vorgänge, z. B. mit der Frage, wie sich Proteine in dreidimensionale Strukturen falten, und andererseits damit, wie diese Vorgänge möglichst effizient durch Computer modelliert werden können. Erforderlich ist also sowohl Wissen über die biochemischen Prozesse als auch über die Wege, diese effizient zu berechnen. Das computationale Lösungsverfahren, an dem die Informatik interessiert ist, sollte dabei zwar zu einem Ergebnis kommen, das isomorph zu dem Resultat der Strukturbildung des biologischen Prozesses ist, an dem die Biologie interessiert ist; es muss allerdings nichts mit diesem Prozess selbst gemein haben.

Da Kognition anders als biochemische Prozesse selbst als Verarbeitung von Informationen verstanden werden kann (s. Kap. III.1), steht in der Kogni-tionswissenschaft die grundsätzliche Frage nach dem computationalen Lösungsweg einer Aufgabe stärker im Fokus als deren konkrete Lösung. Hier sollen informationsverarbeitende Prozesse in digitalen Computern andere informationsverarbeitende Prozesse (z. B. im Menschen) erklären, indem sie diese simulieren. Im besten Fall ergibt sich dabei eine funktionale Äquivalenz zwischen dem kognitiven System als Explanandum und der künstlichen Simulation als Explanans, so dass anders als bei der Proteinfaltung keine bloße Vorhersage erstellt, sondern die Simulation selbst zu einem kognitiven Prozess wird. Vom Ziel einer tatsächlichen Äquivalenz ist die Informatik gegenwärtig zwar noch weit entfernt, je nach Ausrichtung der jeweiligen Forschungsgruppen wird dieses anspruchsvolle Ziel zum Teil aber auch gar nicht angestrebt (s. u.).

Die Annahme, dass Kognition nicht auf eine bestimmte Materie des Gehirns angewiesen ist, sondern als informationsverarbeitender Prozess zumindest prinzipiell auch in Computern implementierbar ist, bildet die Grundlage für jenes Feld, für das John McCarthy 1956 den Ausdruck ›Künstliche Intelligenz‹ prägte: Die *Künstliche-Intelligenz-Forschung* (KI), die Ute Schmid in Kapitel 1 vorstellt, versucht, in künstlichen Systemen Lösungen für Probleme zu finden, die traditionell nur mit menschlicher Intelligenz zu lösen waren. Zum einem sollen allgemeine Lösungen für die Probleme gefunden werden, vor denen kognitive Systeme stehen können (z. B. einen möglichst kurzen Rundweg durch vorgegebene Orte zu finden), zum anderen sollen menschliche (in einigen Fällen auch tierische) kognitive Prozesse (z. B. die Wegfindung durch Pheromone auf Ameisenstraßen) nachgebildet werden. Ziel ist dabei einerseits das Erfassen und Lösen des Problems (s. Kap. IV.11, Kap. IV.17), andererseits ein allgemeines Verständnis von Kognition. Dabei beschäftigt man sich u. a. mit der Repräsentation von Wissen (s. Kap. IV.25), mit dessen Benutzung (etwa in Form von Schlussfolgerungen; s. Kap. IV.17) und Erweiterung (in Form von Lernen; s. Kap. IV.12).

Zwar gibt es auch heute noch Strömungen, die an einer allgemeinen *human level intelligence* interessiert sind und sich dem Paradigma einer ›starken KI‹

verschreiben, wonach eine entsprechend programmierte künstliche Intelligenz allgemeine menschliche Intelligenz vollumfänglich nachbilden kann. In der Zwischenzeit hat sich jedoch auch ein pragmatisches Feld an intelligenten Lösungsstrategien entwickelt, die sich mit weniger zufriedengeben. Im Sinne einer ›schwachen KI‹ geht es dort vornehmlich um unterstützende Expertensysteme und Klassifikations- oder Planungsalgorithmen, die in ihren speziellen und beschränkten Anwendungsgebieten menschliche Fähigkeiten gerade durch ihre Andersartigkeit übersteigen und gar nicht mehr den Anspruch erheben, echte Nachbildungen zu sein. Die schwache KI scheint insofern eine Mittelstellung einzunehmen zwischen den rein ergebnismodellierend orientierten Disziplinen wie der Bioinformatik und der starken KI mit ihrem Anspruch, kognitive Prozesse in künstlichen Systemen nachzubilden.

Ein Teilgebiet der Informatik, das sich mit verkörperten Systemen beschäftigt, ist die in Kapitel 2 von Joachim Hertzberg vorgestellte *kognitive Robotik*, welche die allgemeine Problemstellung der KI auf in der Welt handelnde autonome Roboter überträgt und sich mit der Repräsentation und Verarbeitung von Wissen (s. Kap. IV.25) in solchen Agenten beschäftigt. Künstliche autonome Agenten müssen Umgebungsdaten interpretieren und zu einem ganzheitlichen Bild zusammenführen. Während uns die Generierung eines solchen ganzheitlichen Bildes sehr einfach vorkommt, stellt es für künstliche Systeme eine große Herausforderung dar, sensorische Daten von auch nur zwei Sensoren zu fusionieren. Eine weitere Schwierigkeit in der Robotik ist z. B. die gleichzeitige Lokalisation und Kartierung, bei welcher der Roboter aus seinen Sensordaten eine Karte der Umgebung erstellen soll, dazu allerdings bereits seine eigene Position mit vorherigen Positionen ins Verhältnis setzen können muss.

Die Brücke, die die kognitive Robotik auch im Allgemeinen zu schlagen versucht, spannt sich von den unzuverlässigen Sensordaten, die direkt aus der Umgebung aufgenommen werden, bis hin zum expliziten Wissen, mit dem der Roboter seine vorgegebene Aufgabe überhaupt erst mit seinem Handeln in Verbindung bringen kann. Es ist daher z. B. sinnvoll zu fordern, dass ein kognitiver Roboter über Kategorien von Objekten und Orten verfügen muss. Andere Roboterarchitekturen, etwa in der Industrierobotik, können auf diesen Zusatz verzichten, da die Aufgaben und Abläufe in ihrem Fall strikt festgelegt und nicht variabel sind. Evolutionär entwickelte Roboter (s. Kap. III.5) oder Roboter mit reaktiver Steuerung (die nur direkt auf die Umwelt reagieren; s. Kap. III.7) benötigen auch nicht notwendigerweise interne Repräsentationen (s. Kap. IV.16) von explizitem Wissen (s. Kap. IV.25), solange ihr Verhaltensrepertoire zur Lösung ihrer Aufgabe ausreicht.

Roboter sind von sich aus situiert und verkörpert und profitieren in vielen Kontexten stark von der Externalisierung und Verteilung ihrer kognitiven Prozesse. Daher sind für die kognitive Robotik auch die Ansätze situierter, verkörperlichter, erweiterter und verteilter Kognition (s. Kap. III.6–8, Kap. III.10) relevant.

Die *Neuroinformatik*, die Barbara Hammer in Kapitel 3 vorstellt, beschäftigt sich mit einer bestimmten Art der Nachbildung kognitiver Systeme, nämlich mit der strukturellen Vernetzung kleiner Berechnungseinheiten, und untersucht die Fähigkeiten und Limitationen von Lernverfahren und Selbstorganisationsprinzipien. Die Idee künstlicher neuronaler Netze wurde schon in den 1950er Jahren formuliert und ist damit älter als die KI selbst. Zum Verständnis darüber, wie Aktionspotenziale in einzelnen Zellen gebildet werden, haben Neurophysiologen jedoch v. a. durch computationale Modelle beigetragen. Das sog. McCulloch-Pitts-Modell (s. Kap. III.2) z. B. zeigte 1943, wie neuronale Netze Berechnungen ausführen können, indem komplizierte biochemische Vorgänge auf simple mathematische Prinzipien heruntergebrochen werden. Obwohl es zwischenzeitlich überzogene Thesen über die Limitation von neuronalen Netzen gab, haben sich die Methoden heute in der Praxis vielfach bewährt. In Zusammenarbeit mit Neurobiologen, die sich mit biologischen neuronalen Netzen befassen, können neue Denkweisen sowohl für technische Probleme als auch für das Verständnis von Kognition entstehen.

Die Methoden der klassischen KI, der kognitiven Robotik und der Neuroinformatik schließen sich nicht gegenseitig aus. Vielmehr tragen diese Disziplinen auf jeweils unterschiedlichen Ebenen zum Verständnis von Kognition bei: Es gibt nicht nur eine ›intelligente Computer‹-Wissenschaft, denn auf welche Weise ein künstliches System ›intelligent‹ sein soll, hängt davon ab, für welche Anwendung dieses System gebraucht wird und welcher Bereich von Kognition untersucht werden soll.

Jacob Huth

1. Künstliche-Intelligenz-Forschung

Zentrale Fragen und typische Methoden

Als ›Künstliche-Intelligenz-Forschung‹ bzw. ›Künstliche-Intelligenz‹ (KI) wird derjenige Teil der Informatik bezeichnet, der sich mit der Konzeption, Formalisierung, Charakterisierung, Implementation und Evaluation von Algorithmen befasst, die Probleme lösen, die bislang nur mit menschlicher Intelligenz lösbar waren. Als Teil der Informatik ist die KI primär eine Ingenieurwissenschaft und sekundär eine Formalwissenschaft. Ingenieurwissenschaften zeichnen sich dadurch aus, dass – basierend auf soliden methodischen Grundlagen – Artefakte konstruiert und gebaut werden. Im Falle der KI sind diese Artefakte selten greifbar, sondern Programme, die von einem Computer oder einem Roboter (s. Kap. II.B.2) ausgeführt werden. Formalwissenschaften wie die Mathematik sind insbesondere mit der Entwicklung und Untersuchung formaler Systeme befasst. Im Schnittbereich zwischen KI und theoretischer Informatik meint dies insbesondere Untersuchungen zur Komplexität, Berechenbarkeit und Lernbarkeit von Problemen bzw. Algorithmen zu deren Lösung.

Aus dieser engen Perspektive betrachtet, ist es zunächst nicht nötig, dass die KI bei der Entwicklung von Systemen psychologische, biologische oder neurowissenschaftliche Erkenntnisse berücksichtigt. Zudem erhebt ein KI-System nur den Anspruch, ein Problem auf intelligente (z. B. effiziente) Art zu lösen; es beansprucht aber nicht, es auf ähnliche Art zu lösen wie ein Mensch. In einem viel verwendeten Lehrbuch der KI finden sich fast keine Bezüge zur kognitionswissenschaftlichen Forschung (Russell/ Norvig 2010). Auf den zweiten Blick profitiert aber auch die ingenieurwissenschaftlich orientierte KI von kognitionswissenschaftlichen Erkenntnissen. KI-Systeme sind – wie andere Softwaresysteme auch – häufig interaktiv. Entsprechend sollten bekannte Charakteristika und Beschränkungen menschlicher Informationsverarbeitung berücksichtigt werden, um zu steuern, welche Information dem menschlichen Nutzer, wann, in welcher Form und in welcher Granularität präsentiert wird. Gibt es für ein Problem zahlreiche Lösungen, sollte nicht eine beliebige, sondern die für den Menschen natürlichste präsentiert werden. Dies setzt Kenntnisse über menschliche Wissensrepräsentation (s. Kap. IV.16, Kap. IV.25) und menschliche Problemlösestrategien

(s. Kap. IV.11, Kap. IV.17) voraus. Zudem können Erkenntnisse über intelligentes Verhalten natürlicher Organismen Anregungen für die Entwicklung neuer Methoden geben. In den Ingenieurwissenschaften steht der Begriff der Bionik für die explizite Nutzung von Erkenntnissen aus der Biologie als Inspiration für die Entwicklung neuer Technologien. Ähnlich könnte eine ›Psychonik‹ in der KI dafür stehen, dass Erkenntnisse aus der Psychologie als Ideengeber für die Entwicklung neuer Algorithmen herangezogen werden.

Eine spezielle Ausrichtung innerhalb der KI ist die kognitive KI. Forschung in dieser Richtung erhebt explizit den Anspruch, dass die entwickelten Algorithmen und Systeme nach ähnlichen Prinzipien der Informationsverarbeitung funktionieren wie beim Menschen. Zentral ist dabei die Entwicklung kognitiver Modelle (s. Kap. II.E.2) oder kognitiver Architekturen, also von Computersimulationen menschlicher Informationsverarbeitungsprozesse. Aus dieser Perspektive ist die KI in den Bereich der erfahrungswissenschaftlichen Disziplinen einzuordnen (Newell 1990; Newell/Simon 1976; Simon 1995; Sun 2007). Neben den formalwissenschaftlichen Anforderungen an die präzise Formulierung und Charakterisierung des untersuchten Problembereichs und den ingenieurwissenschaftlichen Anforderungen an die systematisch und methodisch saubere Umsetzung von Algorithmen in Software müssen hier auch empirische Methoden zum Einsatz kommen, mit denen es möglich wird, Computermodelle und menschliche Informationsverarbeitung zu vergleichen.

Wie eng die Beziehung zwischen empirischen Ergebnissen und einem Computermodell sein sollte, damit letzteres als kognitives Modell gelten kann, wird von KI-Forschern und Kognitionspsychologen unterschiedlich bewertet (s. Kap. II.E.2): In der KI entwickelte kognitive Systeme sollen in ihrer Konzeption meist nur allgemeine, in der psychologischen Literatur dokumentierte Befunde berücksichtigen. Kognitive Modelle, wie sie von einigen Forschern in der Kognitionspsychologie (s. Kap. II.E.1) entwickelt werden, zielen dagegen auf eine enge Übereinstimmung zwischen empirischen Daten und Modellverhalten ab.

Beide Herangehensweisen haben nicht den Anspruch, dass ein Computermodell den Turingtest bestehen muss: Alan Turing, einer der wichtigsten Vordenker der KI, hatte vorgeschlagen, dass eine Maschine dann als intelligent zu bewerten sei, wenn ein Mensch, der nur über eine Tastatur sowohl mit dieser Maschine als auch einem anderen Menschen kommuniziert, nicht klar entscheiden kann, welcher der beiden Interaktionspartner der Mensch ist (Turing 1950). Kognitive KI-Modelle sollen hingegen lediglich bestimmte Teilleistungen durch ein Programm modellieren und umgehen so methodische sowie philosophische Probleme, die durch den Turingtest aufgeworfen werden. Insbesondere ist es nicht notwendig zu definieren, was in diesem Zusammenhang genau unter ›Intelligenz‹ zu verstehen ist.

Die KI setzt sich aus zahlreichen spezialisierten Bereichen zusammen, die vom Gegenstandsbereich her zum größten Teil mit Forschungsgebieten der Kognitionswissenschaft korrespondieren; insbesondere: Problemlösen (s. Kap. IV.11, Kap. IV.17), Planen (s. Kap. IV.17), Wissensrepräsentation (s. Kap. IV.25), Schlussfolgern (s. Kap. IV.17), Lernen (s. Kap. IV.12), Sprachverstehen und -produktion (s. Kap. IV.10, Kap. IV.20) sowie Bildverstehen (Görz/Nebel 2003; Görz et al. 2003). In allen Bereichen wurden und werden insbesondere Methoden entwickelt, die es ermöglichen, möglichst große Klassen von Problemstellungen möglichst effizient zu lösen. Da die meisten Problembereiche, die in der KI betrachtet werden, im Allgemeinen nicht effizient lösbar sind, werden häufig heuristische Verfahren entwickelt. In der Entwicklung der KI haben sich immer wieder spezielle Bereiche herausgebildet, die im Laufe der Zeit von ihr unabhängig wurden. Beispiele hierfür sind automatisches Theorembeweisen (s. Kap. IV.17) und maschinelles Lernen (s. Kap. IV.12) – insbesondere die nicht symbolisch/logisch fundierten Lernverfahren wie künstliche neuronale Netze (s. Kap. III.2) und statistische Ansätze oder das *semantic web*.

Stellung der KI in der Kognitionswissenschaft

Mit ihrem Anliegen, Computermodelle menschlicher Informationsverarbeitungsprozesse zu entwickeln, ist die kognitive KI integraler Bestandteil der Kognitionswissenschaft. Die Entwicklung von kognitiven Architekturen, die einen allgemeinen Rahmen für die Erstellung kognitiver Modelle definieren, wird im Rahmen der kognitionswissenschaftlichen Forschung von KI-Forschern und Psychologen gemeinsam betrieben. Kognitive Modelle haben den Anspruch, die in der Kognitionspsychologie formulierten Theorien zu präzisieren und damit mögliche Inkonsistenzen oder Lücken in den theoretischen Annahmen aufzudecken. In der kognitiven Modellierung werden generative Theorien definiert, d.h.

theoretische Annahmen werden so in Berechnungsprozesse überführt, dass die entstehenden Modelle Prozesse der kognitiven Informationsverarbeitung nachbilden (Sun 2008).

Zu Beginn der KI in den 1950er Jahren wurde vielfach der Ansatz einer sog. starken KI vertreten. Hier gingen Forscher davon aus, dass intelligente Computerprogramme auf dieselbe Art intelligent sind wie Menschen. In der *physical symbol system hypothesis* (s. Kap. III.1) postulierten Newell/Simon (1976), dass ein physikalisches symbolverarbeitendes System wie ein Computer die notwendigen und hinreichenden Voraussetzungen für intelligentes Verhalten aufweist (Nilsson 2007). Diese Position wurde insbesondere von mehreren Philosophen stark angegriffen (z.B. Searle 1980). Heutzutage wird die Computermodellierung kognitiver Prozesse jedoch weitaus pragmatischer gesehen. Sehr treffend formuliert Johnson-Laird (1989, 51) dieses pragmatischere Verständnis: »*Theories* of the mind, however, should not be confused with the mind itself, any more than theories about the weather should be confused with rain or sunshine. And what is clear is that computability provides an appropriate conceptual apparatus for theories of the mind«.

Die frühe KI trat explizit mit dem Ziel an, allgemeine Mechanismen zu identifizieren, die intelligentem menschlichen Verhalten zugrunde liegen, und diese Mechanismen mit Computerprogrammen nachzubilden (McCarthy 1996; Minsky 1968). Damit war die frühe KI eben auch kognitionswissenschaftliche Forschung. Bereits seit den 1980er Jahren hat sie sich – wie viele andere Forschungsbereiche – jedoch zunehmend auch auf technische Lösungsansätze für immer detailliertere Probleme konzentriert. Erst in den letzten Jahren entwickelt sich in der KI wieder ein stärkeres Interesse an kognitionswissenschaftlichen Fragen. Dies zeigt sich z.B. darin, dass sich zunehmend mehr KI-Forscher explizit für eine Rückbesinnung auf das ursprüngliche Ziel der KI aussprechen und sich seit 2008 eine Strömung der *artificial general intelligence* herausbildet, die explizit die Entwicklung von Systemen mit ›*human level intelligence*‹ als Anliegen formuliert (Kühnberger/Hitzler 2009). Während in den 1980er und 1990er Jahren das Thema kognitive Architekturen im Wesentlichen von Psychologen dominiert wurde, finden sich nun Vorschläge für neue Architekturen von KI-Forschern – etwa CLARION (Sun 2007), ICARUS (Langley et al. 2009) oder COMPANION COGNITIVE SYSTEMS (Forbus/Hinrichs 2006).

Neben dem erfahrungswissenschaftlich orientierten Ziel der kognitiven KI, durch kognitive Modelle zur Weiterentwicklung psychologischer Theorien beizutragen, leisten aber auch die theorieorientierten und ingenieurwissenschaftlichen Teile der KI einen Beitrag zur Kognitionswissenschaft: Formale Analysen von Komplexität und Lernbarkeit können wichtige Hinweise auf allgemeine Beschränkungen der Informationsverarbeitung geben. Die Einbettung kognitiver Aspekte in ingenieurwissenschaftlich orientierte KI-Systeme kann als Bestätigung der Relevanz bestimmter kognitionswissenschaftlicher Fragen für die Anwendung gesehen werden. Damit liefert die KI Beiträge zu allen Säulen der kognitionswissenschaftlichen Methodik – der begrifflich-reflektierenden, der analytisch-formalen, der technisch-implementierenden und der erfahrungswissenschaftlich-empirischen. Diese Orientierungen der KI werden in etwa durch vier der Gründerväter der KI und ihre Hauptwirkungsstätten repräsentiert: John McCarthy steht mit der *Stanford University* für formal orientierte KI, Marvin Minsky steht mit dem *Massachusetts Institute of Technology* für ingenieurwissenschaftliche KI, und Allen Newell und Herbert Simon haben die *Carnegie-Mellon University* maßgeblich als Standort für kognitive KI mitgeprägt.

Tendenzen der Forschung

Eine aus kognitionswissenschaftlicher Perspektive erfreuliche Tendenz ist die bereits oben diskutierte Wiederbelebung des Interesses der KI an kognitiven Architekturen. Bereits seit den 1990er Jahren wird daran gearbeitet, autonome Agenten zu realisieren. Im Gegensatz zu Standard-KI-Systemen, die im Wesentlichen interne ›Denk‹prozesse abbilden, zeichnen sich autonome Agenten dadurch aus, dass sie in Interaktion mit der Umwelt *handeln*. Während zu Beginn dieser Forschungsrichtung v. a. an Architekturen für Multiagentensystemen gearbeitet wurde, finden sich in der aktuellen Forschung zunehmend Arbeiten, die kognitionswissenschaftlich relevante Themen wie soziale Interaktion, Antizipation und Vertrauen behandeln (z. B. Piunti et al. 2007). In der Robotik (s. Kap. II.B.2) wird autonomen Agenten zusätzlich Körperlichkeit verliehen (z. B. Nüchter/ Hertzberg 2008).

Ebenfalls seit den 1990er Jahren hat sich ein starkes Interesse an lernenden Systemen entwickelt (s. Kap. IV.12). Die Forschung zum maschinellen Lernen hat eine Vielzahl verschiedener Methoden zum Klassifikationslernen hervorgebracht. Auch wenn die ersten Ansätze zum maschinellen Lernen – die Entscheidungsbaumverfahren – von psychologi-

scher Forschung inspiriert waren, existiert in der aktuellen Forschung wenig Bezug zu kognitionswissenschaftlichen Fragen. Eine Ausnahme bilden kognitive Architekturen wie CLARION und ICARUS, da diese explizit verschiedene Ansätze des maschinellen Lernens, wie das *reinforcement learning*, einbeziehen.

Bereits seit ihrem Beginn ist die KI daran interessiert, Computersysteme mit so viel Wissen und geschickten Abruf- und Inferenzmechanismen auszustatten, dass sie in der Lage sind, beliebige Fragen, die in natürlicher Sprache gestellt werden, sinnvoll zu beantworten. Im Jahr 2011 scheint hier mit dem System WATSON von IBM ein Durchbruch gelungen zu sein: Das System konnte gegen die beiden erfolgreichsten Spieler der Quizshow *Jeopardy* gewinnen. IBM hatte mit DEEP BLUE in den 1990er Jahren bereits erfolgreich gezeigt, dass es für ein Computerprogramm möglich ist, gegen einen Schachgroßmeister zu gewinnen. Allerdings ist der Erfolg von DEEP BLUE nur zu geringem Teil auf die Nachbildung kognitiver Prozesse menschlicher Schachspieler gegründet. Seine Stärke liegt insbesondere in einer hocheffizienten Suchstrategie nach den besten Zügen. Das System WATSON kombiniert KI-Methoden aus den Bereichen der Sprachverarbeitung, des *information retrieval*, der Wissensrepräsentation, des Schlussfolgerns und des maschinellen Lernens, um Hypothesen zu generieren und zu bewerten. Gerade die Fähigkeit, abzuschätzen, wie zuverlässig die eigenen Schlussfolgerungen sind – also die Fähigkeit zur Metakognition (s. Kap. IV.21) –, ist ein relevantes kognitionswissenschaftliches Thema.

Literatur

Forbus, Kenneth/Hinrichs, Thomas (2006): Companion cognitive systems. In: *AI Magazine* 27, 83–95.
Görz, Günther/Nebel, Bernhard (2003): *Künstliche Intelligenz*. Frankfurt a. M.
Görz, Günther/Rollinger, Claus/Schneeberger, Josef (Hg.) (⁴2003): *Handbuch der Künstlichen Intelligenz*. München [1993].
Johnson-Laird, Philip (1989): *The Computer and the Mind*. Cambridge (Mass.). [dt.: *Der Computer im Kopf*. München 1996].
Kühnberger, Kai-Uwe/Hitzler, Pascal (2009): Facets of artificial general intelligence. In: *Künstliche Intelligenz* 23, 58–59.
Langley, Pat/Choi, Dongkyu/Rogers, Seth (2009): Acquisition of hierarchical reactive skills in a unified cognitive architecture. In: *Cognitive Systems Research* 10, 316–332.
McCarthy, John (1996): *Defending AI research* (CSLI lecture notes no. 49).
Minsky, Marvin (Hg.) (1968): *Semantic Information Processing*. Cambridge (Mass.).

Newell, Allen (1990): *Unified Theories of Cognition*. Cambridge (Mass.).

Newell, Allen/Simon, Herbert (1976): Computer science as empirical inquiry. In: *Communications of the ACM* 19, 113–126.

Nilsson, Nils (2007): The physical symbol system hypothesis. In: Max Lungarella/Fumiya Iida/Josh Bongard/Rolf Pfeifer (Hg.): *50 Years of Artificial Intelligence*. Heidelberg, 9–17.

Nüchter, Andreas/Hertzberg, Joachim (2008): Towards semantic maps for mobile robots. In: *Journal of Robotics and Autonomous Systems* 56, 915–926.

Piunti, Michele/Castelfranchi, Cristiano/Falcone, Rino (2007): Surprise as shortcut for anticipation. In: *Proceedings of the International Joint Conference on Artificial Intelligence*, 507–512.

Russell, Stuart/Norvig, Peter (³2010): *Artificial Intelligence*. Englewood Cliffs [1995]. [dt.: *Künstliche Intelligenz*. München 2004].

Searle, John (1980): Minds, brains, and programs. In: *Behavioral and Brain Sciences* 3, 417–424.

Simon, Herbert (1995): Artificial intelligence. In: *Artificial Intelligence* 77, 95–127.

Sun, Ron (2007): The importance of cognitive architectures. In: *Journal of Experimental and Theoretical Artificial Intelligence* 19, 159–193.

Sun, Ron (2008): Introduction to computational cognitive modeling. In: ders. (Hg.): *The Cambridge Handbook of Computational Psychology*. New York, 3–19.

Turing, Alan (1950): Computing machinery and intelligence. In: *Mind* 59, 433–460.

Ute Schmid

2. Kognitive Robotik

Der Ausdruck ›kognitive Robotik‹ (*cognitive robotics*) wird in zwei Bedeutungen verwendet. Im engeren Sinn bezeichnet er eine Arbeitsrichtung im Gebiet Wissensrepräsentation in der Künstliche-Intelligenz-Forschung (KI), welche die speziellen Probleme bearbeitet, die sich für autonome mobile Roboter stellen. Levesque/Lakemeyer (2008, 869) definieren kognitive Robotik entsprechend als »the study of the knowledge representation and reasoning problems faced by an autonomous robot (or agent) in a dynamic and incompletely known world«. Im umfassenderen, in der Literatur nicht scharf definierten Sinn wird die kognitive Robotik als Teilgebiet der Robotik verstanden. Der Zusatz ›kognitiv‹ bezeichnet hier den zentralen Aspekt, dass Roboter in der Lage sein sollen,

- zielgerichtet unter Realzeitbedingungen zu agieren, und zwar
- unter unsicherer Information über ihre Umgebung und die Wirkung ihrer eigenen Aktionen,
- als eingebettete Systeme unter laufender Verarbeitung von Sensordaten aus der Umgebung (s. Kap. III.7),
- unter Verwendung von einschlägigem, explizit gemachtem Wissen (s. Kap. IV.25) und
- mit einem hohen Grad an Autonomie (s. Kap. IV.2).

Diese Interpretation umfasst das engere Begriffsverständnis, bezieht aber zusätzlich die Einbettung der Wissensverarbeitung in die Sensorik und Aktuatorik kognitiver Roboter und die daraus resultierenden Fragen der Systemarchitektur ausdrücklich mit ein. Von den Hauptströmungen des Gebiets Robotik (Siciliano/Khatib 2008), etwa in der Industrieautomation, unterscheidet sie sich grundlegend durch die Betonung von Unsicherheit, durch die explizite Wissensbasiertheit der Roboter, durch die Untersuchung autonomer zielgerichteter Aktionen und durch die zentrale Stellung der laufenden Interpretation von Sensordaten aus der Umgebung.

Dieser Beitrag behandelt das Gebiet der kognitiven Robotik im umfassenden Sinn, was zur Unterscheidung heute meist mit ›Kognitive Technische Systeme‹ (*cognitive technical systems*, CTS) bezeichnet wird. Wir übernehmen diese Bezeichnung im Folgenden, wobei wir das Kürzel ›CTS‹ sowohl für das Gebiet als auch für einzelne ›kognitive‹ Roboter nutzen. Der Begriff ›kognitiv‹ wird dem Zeitgeist folgend zwar gerne auch in diesem Bereich verwendet, ohne damit jedoch einen tief gehenden Bezug zur Kognitionswissenschaft und ihren Erkenntnissen zu implizieren. Darin unterscheidet sich CTS vom angrenzenden Gebiet der Neurorobotik (*neurorobotics*; Arbib et al. 2008), in dem es darum geht, biologische neuronale Strukturen und Funktionsprinzipien in die Robotik zu übertragen.

Typische Methoden

Die Wurzeln der CTS liegen in Arbeiten zur KI (s. Kap. II.B.1) und zwar bereits dort in zwei Strängen. Die kognitive Robotik im engeren Sinn der Behandlung von Wissensrepräsentationsproblemen findet sich bereits in Gedankenexperimenten der frühen Schriften von John McCarthy (z. B. McCarthy 1959). Für die CTS im weiteren Sinn ist das SHAKEY-Projekt der späten 1960er Jahre am *Stanford Research Institute* der historisch zentrale Ausgangspunkt (für eine Zusammenfassung der wichtigsten Publikationen vgl. Nilsson 1984). Noch eingeschränkt durch die im Vergleich zu heute bescheidenen technischen Möglichkeiten (Sensorik, Rechnerleistung) wurde damals in Gestalt des Roboters SHAKEY die erste vollständige Studie durchgeführt, die sämtliche der o. g. zentralen Fragen eines CTS im Zusammenspiel untersuchte: zielgerichtete, autonome Aktion in Realzeit, Unsicherheit der Information, Verarbeitung von Sensordaten, Repräsentation und Verarbeitung von Wissen – hier insbesondere Wissen über Roboteraktionen und die Frage, wie aus ihnen Aktionssequenzen oder Pläne zur zielgerichteten Robotersteuerung automatisch zu generieren sind.

Damit war eine unverzichtbare Methode des Gebiets CTS im Spiel: das Experiment mit kompletten Robotersystemen. Diese Methode hat ihren Preis – in Budget und Arbeitszeit, aber v. a. methodisch: Physische Roboterexperimente sind praktisch nicht exakt reproduzierbar. Der Grund dafür liegt im unvermeidbaren stochastischen Rauschen realer Sensoren und Aktuatoren: Selbst unter kontrollierten Randbedingungen der Umgebung misst derselbe Roboter nicht exakt dieselben Sensordaten und erzielt mit demselben Steuerungsbefehl nicht exakt dieselbe physische Aktion. Für das Gebiet CTS insgesamt ist das kein Problem, ist doch die Behandlung von Unsicherheiten dieser Art eines seiner definierenden Ziele. Nicht-Reproduzierbarkeit stellt jedoch ein methodisches Problem bei der Bewertung von Ergebnissen dar, weil sie eine echte Wiederholbarkeit von Experimenten, hier z. B. von Roboterläu-

fen, verhindert. Praktisch wird dieses Problem dadurch verschärft, dass es heute nur wenige Roboterexemplare exakt gleicher Bauart gibt: Experimente sind meist also nicht einmal näherungsweise unabhängig reproduzierbar. Für isolierbare, insbesondere rein algorithmisch definierte, Teilprobleme der Robotersteuerung gibt es ersatzweise freie Sammlungen von Datensätzen, auf denen entsprechende Algorithmen getestet und bewertet werden – z. B. das *Robotics Data Set Repository* (RADISH, http://radish.sourceforge.net). Die Arbeit mit vorfabrizierten Datensätzen erlaubt es aber offensichtlich nicht, komplette Robotersysteme zu bewerten, da unterschiedliche Robotersteuerungen in derselben Umgebung ja unterschiedliches Verhalten und damit unterschiedliche Datensätze produzierten.

Das Gebiet CTS reagiert auf dieses methodische Problem mit der Verwendung zweier Behelfsmethoden, die beide ihre Verdienste und Schwächen haben: Simulationen und Wettbewerbe. Ein Simulationslauf eines Roboters in seiner Umgebung ist beliebig oft reproduzierbar. Zudem sind Experimente in Simulation leicht und in großer Zahl zu generieren, was z. B. bei der systematischen Erzeugung von Trainingsdaten für Lernverfahren nützt. Ist die Simulation der Umgebung und der Roboterkomponenten (etwa der einzelnen Sensoren) hinreichend realistisch, kann ein komplettes Robotersteuerungsprogramm erst in Simulation entwickelt und dann auf den physischen Roboter übertragen werden. Allerdings steht im Anschluss an alle Vorarbeiten in Simulation das reale Experiment – eine noch so realistische Simulation ist nicht die reale Welt. Da Roboteraktion unter Unsicherheit gerade eine zentrale Forschungsfrage für CTS ist, wäre es nicht tolerierbar, einen Roboter abschließend in Simulation zu evaluieren, in der für ihn präzise die Unsicherheiten enthalten sind, die in der Simulation eingebaut wurden.

Roboterwettbewerbe sind eine zweite, in einiger Hinsicht extreme, Behelfsmethode im Gebiet CTS, mit der Robotersysteme vergleichbar gemacht werden. Je nach Forschungs- oder Anwendungsfragestellung gibt es eine Vielzahl von Wettbewerben; prominent und einflussreich sind z. B. die unterschiedlichen Ligen der *RoboCup Federation* (http://www.robocup.org). Die Vergleichbarkeit von Robotersystemen wird hier dadurch hergestellt, dass zu einem Turnier unter vorgegebenen Regeln zu konkreter Zeit an konkretem Ort Roboter unter autonomer Steuerung gegeneinander antreten. Dieses Gegeneinander kann dabei die Form von direkten Begegnungen annehmen, wie z. B. in diversen

Roboter-›Fußball‹-Ligen, oder von Wertungen von Einzelläufen, wie z. B. im *RoboCup Rescue* oder *RoboCup@Home*. Es ist viel kritisiert worden und zudem offensichtlich, dass die ›sportliche‹ Bewertung eines Robotersystems in einem solchen Turnier nicht dasselbe ist wie die Bewertung der wissenschaftlichen Relevanz, Signifikanz oder Originalität der intern verwendeten Verfahren. Ein historisches Beispiel ist der Erfolg eines Roboterfußballteams, das ein Turnier nach allgemeiner Meinung durch eine zur damaligen Zeit überragende Ballschussmechanik gewann, was sicherlich keinen wichtigen Beitrag zur Wissenschaft darstellt – und es auch gar nicht sollte. Im Sinne einer Behelfsmethode, um Lösungen klar definierter wissenschaftlich-technischer Probleme auf eine sehr spezielle Weise vergleichbar zu machen, sind Wettbewerbe aus dem Gebiet CTS derzeit aber nicht wegzudenken. Zudem erzeugen sie für die im engen Sinn wissenschaftliche Arbeit unschätzbare Erfahrungen und Daten.

Motiviert insbesondere durch die Anforderung, mit Unsicherheit von Daten und Wissen umzugehen, haben sich probabilistische Formalismen zur Repräsentation und Verarbeitung von Wissen in Robotern als Methode im Gebiet CTS durchgesetzt (Thrun et al. 2005). Ein Beispiel ist das Problem der Lokalisierung, also der Bestimmung von Position und Orientierung, d. h. der *Pose*, des Roboters in einer gegebenen Karte der Umgebung. Die Pose würde probabilistisch durch eine Wahrscheinlichkeitsverteilung (oder im kontinuierlichen Fall: durch eine Wahrscheinlichkeitsdichte) über die Karte angegeben (also nicht durch ›Sie sind hier!‹, sondern allgemeiner durch: ›So ist Ihre Posewahrscheinlichkeit verteilt!‹). Diese Darstellung repräsentiert die Unsicherheit der Sensordaten und der eigenen Aktionen, im Beispiel also der vergangenen Roboterbewegungen; falls die Karte selbst unsicher sein sollte, kann auch das in die Poseverteilung eingehen. Es gibt effiziente Algorithmen, die es erlauben, die entsprechenden Verteilungen in Realzeit zu aktualisieren; in der Regel reichen dabei wie allgemein in der Informatik üblich approximierende Algorithmen aus, also etwa Monte-Carlo-Algorithmen zur Verarbeitung von Stichproben der Verteilung (Thrun et al. 2005, Kap. 8).

Die Verwendung von Lernverfahren auf allen Ebenen der Robotersteuerung spielt in CTS potenziell eine wichtige methodische Rolle, weil eine rein manuelle Programmierung aufgrund der Diversität, Dynamik und der schieren Menge relevanter Daten und relevanten Wissens für Roboter auf Dauer selbst für anwendungsmotivierte Arbeiten keine Option

ist; für Arbeiten, die biologische Kognition zum Vorbild nehmen, ist die Betrachtung von Lernverfahren sowieso obligatorisch. Derzeit hat sich im Gebiet CTS jedoch keine übergreifende Lernmethodik durchgesetzt. Zumeist werden Lernverfahren der KI adaptiert (s. Kap. IV.12). In jüngerer Zeit sind das besonders das Verstärkungslernen (*reinforcement learning*; Russell/Norvig 2010, Kap. 21) zum Erlernen bzw. Optimieren relativ basaler Sensor-Aktuator-Kopplungen sowie probabilistische Lernverfahren (oft unter *graphical models* subsumiert; ebd., Kap. 20) zum Erlernen von Teilen des zeitabhängigen Umgebungs- und Aktionsmodells zur probabilistischen Robotersteuerung.

Tendenzen der Forschung

Arbeiten zu CTS begannen in größerem Umfang weltweit Ende der 1980er Jahre, u.a. da erst dann mobile Roboter als Hardware und leistungsfähige Steuerungsrechner verbreitet zur Verfügung standen. In den 1990er bis Mitte der 2000er Jahre standen Probleme der Roboternavigation im Vordergrund, also die sichere, kollisionsfreie, zielgerichtete Bewegung von A nach B bei möglicherweise unvollständigem und unkorrektem Umgebungsmodell und der Möglichkeit externer Umgebungsdynamik. Hier liegt auch die Prominenz von Roboterfußball in den o. g. Wettbewerben seit Ende der 1990er Jahre begründet: Die Aktion eines Spielerroboters ist überwiegend Navigation in dynamischer Umgebung, zu der jedoch aktuatorische Schwierigkeiten im Hinblick auf die Ballkontrolle hinzukommen.

Ein Teilproblem der Navigation hat in den 2000er Jahren hohe Aufmerksamkeit erfahren: Kartieren unter unsicherer Lokalisierung, üblicherweise als ›SLAM-Problem‹ (*simultaneous localization and mapping*; Thrun/Leonard 2008) bezeichnet. Ein Roboter soll in einem zunächst unbekannten Gebiet durch Umherfahren aus seinen eigenen Sensordaten (Kamerabilder, Laser-Abstandsdaten) eine Karte der Umgebungsgeometrie erstellen, die ihm später zur eigenen Lokalisierung und möglicherweise auch zur Angabe des Ortes anderer Objekte dienen kann. SLAM ist ein Henne-und-Ei-Problem: Um eine präzise Karte zu erstellen, müsste der Roboter stets präzise lokalisiert sein; dafür bräuchte er jedoch eine präzise Karte. SLAM vereinigt die laufende, autonome Verarbeitung von unsicherer Information (Eigenbewegungsschätzung, eigene Pose) einerseits und von Sensordaten aus der Umgebung andererseits in einem Problem zum Aufbau einer expliziten

Datenstruktur (d. h. der Karte). Es erlaubt also einen Querschnitt durch die Fragen der CTS und ist zudem hochrelevant für Roboteranwendungen. Das SLAM-Problem gilt heute weitgehend als gelöst. Auf jeden Fall ist das so für Gebäude, die während der Kartierung weitgehend frei von unabhängiger Dynamik (z. B. Passanten, bewegte Objekte) sind. Es dominieren probabilistische Zustandsschätzungsverfahren, wie sie auch in Lernverfahren verwendet werden: Das Henne-und-Ei-Problem wird dadurch gelöst, dass eine Wahrscheinlichkeitsverteilung über plausible Karten und über die Historie der Posen gemäß Sensormessungen und geschätzten Eigenbewegungen laufend approximiert wird.

Der Fokus auf Navigation in den Anfängen des Gebiets CTS hatte einen praktischen Grund: Da die Roboter mobil sein sollten, mussten sie autonom zielgerichtet navigieren können; Navigation berührte alle Themen des Gebiets CTS und Verfahren dafür waren zunächst nicht bekannt. Nun, da Roboternavigation gut verstanden ist, rücken aktuell umfassendere Themen in den Vordergrund, von denen drei skizziert werden sollen:

Roboterkontrollarchitekturen. Seit Shakey war klar, dass das Steuerungsprogramm eines Roboters Komponenten unterschiedlicher Charaktere vereinigen muss: Einerseits werden Programmstücke benötigt, die in kurzen Zeitzyklen Sensordaten direkt in Kontrollkommandos abbilden, wie z. B. bei der Kollisionsvermeidung, die reflexartig auf auftauchende Hindernisse reagieren muss. Bei Shakey wurden diese Programmstücke als ›*low-level actions*‹ bezeichnet. Andererseits braucht ein Roboter zur Stabilisierung seines zielgerichteten Verhaltens auch Programmstücke, bei Shakey ›*high-level actions*‹ genannt, die über lange Zeitzyklen, möglicherweise über lokale Störeinflüsse hinweg, auf ein konstantes Zielereignis hinarbeiten. Dafür werden im Allgemeinen viele oder mehrere Programmstücke kürzerer Zeitzyklen eingesetzt, die geeignet parametriert werden. Ein Beispiel ist das Anfahren eines Navigationsziels in einem Nachbargebäude, das durch unvorhergesehen geschlossene Türen oder umherstehende Objekte womöglich modifiziert, aber nicht grundsätzlich verhindert werden sollte. Weder dürfen die *low-level actions* die *high-level actions* dominieren – sonst bestünde die Gefahr, dass der Roboter ›zappelig‹ jedem beliebigen Störeinfluss nachgäbe; noch dürfen die *high-level actions* die *low-level actions* dominieren – sonst folgte der Roboter auch dann stur seinem Plan, wenn Störungen diesen endgültig obsolet gemacht hätten. Roboterkontroll-

architekturen (Kortenkamp/Simmons 2008) sollen den Kontroll- und Datenfluss innerhalb einer Robotersteuerung so organisieren, dass ein Kompromiss zwischen beiden Extremen gefunden wird. Ab Ende der 1980er Jahre wurden ›reaktive‹ Architekturen eine Zeit lang als Gegensatz zu ›deliberativen‹ (auf Handlungsplanung (s. Kap. IV.15) und Schlussfolgerung (s. Kap. IV.17) beruhenden) Architekturen diskutiert; inzwischen herrscht weitgehend Konsens, dass ›hybride‹, also beiderlei Anteile umfassende, Architekturen erforderlich sind. Nichtsdestoweniger ist außer in Beispielen erfolgreicher Roboteranwendungen ungeklärt, wie eine solche hybride Architektur im Allgemeinen aufgebaut sein muss.

Umgebungswahrnehmung in semantischen Kategorien. Jeder Roboter, der deklarativ vorliegendes Wissen einsetzen und abhängig vom Sensorabbild seiner Umgebung agieren soll, muss das Problem lösen, die Sensordaten auf das deklarative Wissen abzubilden und umgekehrt. In der KI wird dieses Problem als *symbol grounding* (Harnad 1990) diskutiert (s. Kap. III.1). Für die CTS ist insbesondere der Teil des *grounding* relevant, bei dem es um physische Objekte geht, die in Sensordaten sichtbar sind; dieser Anteil wird nach Coradeschi/Saffiotti (2003) ›Objektverankerung‹ (*object anchoring*) genannt. Danach korrespondiert dem Symbol eines Objekts in einem Wissensrepräsentationsformalismus immer auch ein *Objektanker*, bestehend aus dem Sensorabbild des Objekts und einer Funktion, die die Situation des Objekts seit der letzten Sichtung schätzt und somit für die Sensordateninterpretation Erwartungen oder Hypothesen über Ort und Aspekt des Objekts liefert. Diese Art der Sensordateninterpretation wächst derzeit mit allgemeineren Formen der Kartierung zusammen. Klassische Kartierung hatte wie oben skizziert Karten zum Ziel, die die Geometrie des belegten und von der Robotersensorik darstellbaren Raums metrisch akkurat darstellen. Dazu kommen neuerdings Arbeiten zur *Semantischen Kartierung*, in denen zum einen kartierte Objekte und Strukturen klassifiziert sind und zum anderen Schlussfolgern auf Wissen über die bereits kartierten Objekte bei der Vervollständigung der Karte hilft (›Wenn hier die Küche ist, müsste es einen Herd geben!‹); für eine Sammlung aktueller Arbeiten zu diesem Thema vgl. Hertzberg/Saffiotti (2008).

Mobile Manipulation. Nach Maßstäben von Wissenschaft und Anwendung ist es unbefriedigend, physische Aktionen eines mobilen Roboters wesentlich darauf zu beschränken, sich von A nach B zu bewegen. Die gezielte Manipulation von Objekten einzubeziehen, war längst ein Ziel, ist aber in der Vergangenheit meist an der physischen Realisierung gescheitert: Technische Greifarme, die gleichzeitig leicht und leistungsfähig genug für den Betrieb auf mobilen Robotern waren, standen nicht verbreitet zur Verfügung. Das beginnt sich zu ändern. Konsistent mit der Methodik im Gebiet CTS gibt es bereits Wettbewerbe, die mobile Manipulation bewerten, wie z. B. *RoboCup@Home*. Derzeit ist es zu früh, Grundlinien der wissenschaftlichen Fragen in diesem aufkeimenden Thema zu zeichnen, die über den Ausbau des Vorhandenen hinausgehen. Es ist aber abzusehen, dass die Möglichkeit zur physischen Manipulation von Objekten die Umgebungswahrnehmung mobiler Roboter gleichzeitig fordert und stützt. Entsprechend ist eine Ko-Evolution der Themen *mobile Manipulation* und *semantische Umgebungswahrnehmung* in nächster Zeit plausibel.

Stellung der Kognitiven Robotik in der Kognitionswissenschaft

Seinem Namen zum Trotz ist das Gebiet CTS mit der Kognitionswissenschaft derzeit nur lose gekoppelt. Viele der darin forschenden Personen sehen ihre Nachbarn eher in der Robotik oder dem ingenieurwissenschaftlichen Teil der KI (s. Kap. II.B.1) als in der Kognitionswissenschaft. Innerhalb der Kognitionswissenschaft hat CTS gleichwohl die größte Nähe zur stärker kognitiv ausgerichteten KI (s. Kap. II.B.1), sowohl historisch als auch methodisch durch den engen Austausch von Verfahren und Ergebnissen unter den Gebieten.

Im Gegenzug scheint der Kognitionswissenschaft der Zugang zum Gebiet CTS nicht leicht zu fallen. Das mag einerseits an der Anwendungsnähe vieler CTS-Projekte liegen, die die Darstellung von Ergebnissen in Termini der Kognitionswissenschaft nicht fördert. Andererseits sind Arbeiten zu CTS nicht von deren physischer Basis in Roboterhardware und Steuerungssoftware zu trennen, die zumeist – bewusst oder unbewusst – biologischen Vorbildern nicht folgen. Die Relevanz von Fragen oder Ergebnissen der CTS für die Kognitionswissenschaft ist ohne technisches Wissen also oft schwer einzuschätzen.

Diese Relevanz ist jedoch vielfach da – zum beiderseitigen potenziellen Nutzen. Es ist legitim, im Gebiet CTS nicht auf der Nähe zu biologischen Vorbildern zu bestehen; vorhandenes Wissen über biologische Kognition zu übergehen, birgt aber die Gefahr der Naivität. In der Kognitionswissenschaft die Ergebnisse aus den CTS zu ignorieren, birgt umgekehrt die Gefahr, relevante Präzisierungen oder Falsifikationen kognitionswissenschaftlicher Modelle zu übersehen.

Literatur

Arbib, Michael/Metta, Giorgio/van der Smagt, Patrick (2008): Neurorobotics. In: Bruno Siciliano/Oussama Khatib (Hg.): *Springer Handbook of Robotics*. Heidelberg, 1453–1480.

Coradeschi, Silvia/Saffiotti, Alessandro (2003): An introduction to the anchoring problem. In: *Robotics and Autonomous Systems* 43, 85–96.

Harnad, Stevan (1990): The symbol grounding problem. In: *Physica D* 42, 335–346.

Hertzberg, Joachim/Saffiotti, Alessandro (Hg.) (2008): *Semantic Knowledge in Robotics. Robotics and Autonomous Systems* (Themenheft) 56, 857–1014.

Kortenkamp, David/Simmons, Reid (2008): Robotic systems architectures and programming. In: Bruno Siciliano/Oussama Khatib (Hg.): *Springer Handbook of Robotics*. Heidelberg, 187–206.

Levesque, Hector/Lakemeyer, Gerhard (2008): Cognitive robotics. In: Frank van Harmelen/Vladimir Lifschitz/Bruce Porter (Hg.): *Foundations of Artificial Intelligence*, Bd. 3. Amsterdam, 869–886.

McCarthy, John (1959): Programs with common sense. In: *Proceedings of the Teddington Conference on the Mechanization of Thought Processes*. London, 75–91.

Nilsson, Nils (1984): *Shakey the robot* (technischer Bericht TN 323). Stanford. http://www.ai.sri.com/pubs/files/629.pdf

Russell, Stuart/Norvig, Peter (^{3}2010): *Artificial Intelligence*. Englewood Cliffs [1995]. [dt. *Künstliche Intelligenz*. München 2004].

Siciliano, Bruno/Khatib, Oussama (Hg.) (2008): *Springer Handbook of Robotics*. Heidelberg.

Thrun, Sebastian/Burgard, Wolfram/Fox, Dieter (2005): *Probabilistic Robotics*. Cambridge.

Thrun, Sebastian/Leonard, John (2008): Simultaneous localization and mapping. In: Bruno Siciliano/Oussama Khatib (Hg.): *Springer Handbook of Robotics*. Heidelberg, 871–889.

Joachim Hertzberg

3. Neuroinformatik

Die Neuroinformatik befasst sich mit der Untersuchung biologischer neuronaler Netze, ihrer Funktionsweise und zugehöriger Lern- bzw. Adaptationsverfahren. Ziel ist, diese zu abstrahieren und zu formalisieren, so dass solche kognitiv inspirierten Lernverfahren in technischen Systemen genutzt werden können. Die Vision ist, in technischen Systemen mit durch klassische Algorithmen schwer zugänglichen Herausforderungen wie etwa der Szenenerkennung bei Kamerabildern, dem Verstehen gesprochener Sprache oder der Motorkontrolle in der humanoiden Robotik genauso leicht und adaptiv umzugehen, wie Menschen es tun. Das Gebiet der Neuroinformatik ist heutzutage ein fester Bestandteil der Wissenschaften, seine Geschichte bis zu diesem Punkt stellt allerdings eine bemerkenswerte Berg- und Talfahrt dar.

Die Anfänge: abstrakte Modelle einzelner Neuronen

1943 – der erste funktionsfähige programmierbare Computer, die Z3, wurde zwei Jahre vorher von Konrad Zuse gerade erst gebaut – schlugen McCulloch/Pitts (1943) das heute nach ihnen benannte McCulloch-Pitts-Neuron als abstraktes Modell der Signalverarbeitung im Gehirn vor. Unter Abstraktion von räumlichen und zeitlichen Aspekten einer biologischen Nervenzelle implementiert ein McCulloch-Pitts-Neuron eine einfache Klassifikation (s. Kap. III.1): Eingabesignale werden aufsummiert und mit eventuell hemmenden Eingaben und einem Schwellensignal verglichen; abhängig von den gegebenen Werten wird dann eine Null oder Eins ausgegeben. Es war schon früh klar, dass durch die Kopplung mehrerer solcher Neuronen insbesondere alle aussagenlogischen Funktionen (s. Kap. II.F.4) realisiert werden können.

Rosenblatt (1958) erweiterte die Funktionalität der einfachen McCulloch-Pitts-Neurone um flexiblere Gewichtungen der Eingabesignale. Obschon auch dies nur zu sehr einfachen Klassifikationen führt, ermöglicht es eine essenzielle neue Funktionalität: das Lernen der Gewichtsvektoren anhand gegebener Beispieldaten. Die Perzeptronlernregel basiert auf dem Prinzip des Hebbschen Lernens (s. Kap. III.2), d.h. dem biologisch plausiblen Verstärken der synaptischen Verbindungen bei wiederholter gleichzeitiger Aktivität prä- und postsynaptischer Zellen

(Hebb 1949). Interessanterweise kann dieses Prinzip mit einem mathematischen Konvergenzbeweis unterlegt werden; zudem führen auf der Basis mathematischer Kostenfunktionen hergeleitete Lernregeln zu sehr ähnlichen Adaptationsregeln. Ein Beispiel ist das von Widrow/Hoff (1960) vorgeschlagene ADALINE (*Adaptive Linear Neuron*), bei dem genau wie bei vielen heute populären neuronalen Netzen, Backpropagationsnetzen etwa (s. u.), der quadratische Fehler minimiert wird.

Marvin Minsky und Seymour Paperts Buch *Perceptrons* (1969) bereitete diesem frühen Boom der neuronalen Netze ein jähes Ende (s. Kap. III.2). Unter anderem zeigten Minsky und Papert die funktionelle Beschränkung von einzelnen Neuronen wie etwa dem Rosenblatt-Perzeptron auf sehr einfache und im Kern lineare Funktionen. Auch bedingt durch das darauffolgende Versiegen von Forschungsgeldern kam das Gebiet der neuronalen Netze fast zum Erliegen.

Die Renaissance: mathematische Modelle und Training von Neuronenverbünden

Mehrere Entwicklungen im Gebiet neuronaler Netze führten zu einer Renaissance etwa um das Jahr 1980 mit einer explosionsartigen Zunahme der wissenschaftlichen Arbeiten in der Neuroinformatik: Forscher wie Kohonen (1982) oder von der Malsburg (1973) untersuchten Prinzipien der Selbstorganisation. Es gelang ihnen, mathematisch einfache Mechanismen zu definieren, die zur topologischen Organisation von Zellverbänden führen, wie sie etwa im visuellen oder somatosensorischen Kortex zu finden sind. John Hopfield (1982) adressierte das Verhalten eingeschränkter rückgekoppelter Systeme mathematisch mithilfe von Modellen der theoretischen Physik. Die nach ihm benannten Hopfield-Modelle optimieren eine Energiefunktion und können so als fehlertolerante Assoziativspeicher dienen. Von besonderem Interesse für die Entwicklung der Neuroinformatik war die daraus resultierende Möglichkeit, klassische Probleme der Informatik in diesen Rahmen einzubetten. Das Handlungsreisendenproblem (*traveling salesman problem*) z.B. betrachtet die Aufgabe, durch gegebene Städte eine kürzeste Rundreise zu finden. Dieses Problem ist praktisch unmittelbar relevant, aber bis heute konnte niemand eine effiziente Lösungsstrategie dafür finden – es ist ein sog. NP-hartes Problem, gehört also zu einer Klasse von Problemen der Informatik, von denen man vermutet, dass sie nicht effizient lösbar sind (das NP Problem ist eines der mit je einer Million Dollar dotierten Millennium Probleme, http://www.claymath.org/millennium/P_vs_NP/). Hopfield konnte das Handlungsreisendenproblem als Optimierungsproblem der Energiefunktion eines Hopfieldnetzes umformulieren. Obwohl die daraus resultierenden Lösungen des Problems selten herausragende Qualität haben, führte allein diese Tatsache zu einiger Beachtung in der Forschung.

Den endgültigen Durchbruch neuronaler Netze bewirkte die von Rumelhart et al. (1986) vorgestellte Lernregel für vorwärtsgerichtete mehrschichtige neuronale Netze, d.h. Verbände von Neuronen, die, ähnlich wie in einigen Bereichen der Informationsverarbeitung im visuellen Kortex, Informationen lediglich in einer Richtung weiterreichen, deren synaptische Verbindungen also keine Rückkoppelungen enthalten. Genau wie bei der ADALINE kann der quadratische Trainingsfehler von solchen Neuronenverbänden mit differenzierbarer Transferfunktion durch einen Gradientenabstieg optimiert werden. Ein Gradientenabstieg ist dabei eine einfache, auf Ableitungen des Fehlers des Neuronenverbandes beruhende mathematische Vorschrift. Die relevanten Ableitungen können für die betrachteten Neuronenverbände sehr intuitiv durch ein Zurückreichen von Fehlersignalen im neuronalen Netz berechnet werden. Die resultierende Backpropagationslernregel, die tatsächlich erstmalig schon 1974 von Paul Werbos vorgeschlagen worden war (vgl. Werbos 1994), formalisiert die Berechnung der zugehörigen Terme mithilfe mathematischer Formeln.

Backpropagation erlaubt so, azyklisch verbundene Neuronennetzwerke effizient zu trainieren. Da hierdurch jede stetige Funktion beliebig gut approximiert werden kann, eröffnet sich ein weites Anwendungsfeld für neuronale Netze: Angefangen bei frühen Erfolgen wie etwa dem Lernen von Spielstrategien, der Erkennung von Schriftzeichen oder der Aussprache englischer Wörter werden neuronale Netze heutzutage in so unterschiedlichen Bereichen wie etwa der Prognose der Sekundärstruktur von Proteinen in den Biowissenschaften, der Vorhersage von Börsenkursen in der Wirtschaft oder der Überwachung technischer Systeme eingesetzt. Das sehr populäre NETTALK etwa (Sejnowski/Rosenberg 1986) ist eine neuronale Architektur, die als Eingabe Wörter in einem Text erhält. Die Ausgabe ist deren Aussprache, d.h. die zugehörigen Phoneme. Interessant ist, dass diese Funktion durch das Netz ausschließlich auf der Basis von Trainingsdaten gelernt wird, ohne dass auf Regeln für die Aussprache von Buchstaben in einem Kontext zurückgegriffen werden muss. Eine andere sehr populäre Anwendung ist ein neuronales Netzwerk, dessen Eingabe im Wesentlichen aus kurzen Teilstücken der Primärstruktur der DNA eines Organismus besteht (Rost/Sander 1993). Ausgabe ist die zugehörige Sekundärstruktur, d.h. die lokale geometrische Anordnung der Nukleotide. Auch hier ist diese Funktion allein aufgrund von Beispieldaten gelernt worden, ohne auf eine explizite Modellierung der Proteinfaltung zurückzugreifen. Neben den derzeit für Anwendungen besonders populären Backpropagationsnetzen ermöglicht ein breites Repertoire neuronaler Netztopologien und Lernalgorithmen die Modellierung verschiedenster Sachverhalte (s. Kap. III.2, Kap. IV.12).

Vorwärtsgerichtete Mehrschichtnetze

Ausgehend von der Architektur neuronaler Netze unterscheiden sich mögliche Anwendungsgebiete und die grundlegenden mathematischen Eigenschaften der betrachteten Netztypen (vgl. etwa die Übersicht in Hammer/Villmann 2003). Vorwärtsgerichtete neuronale Netze verarbeiten eingehende Informationen unabhängig von deren Kontext und erlauben so die Realisierung von Klassifikatoren oder Funktionsapproximatoren. In den ersten Schichten des visuellen Kortex etwa kann man Bereiche finden, die weitgehend in dieser Form organisiert sind. Die bereits erwähnten Backpropagationsnetze sind eine sehr populäre Variante vorwärtsgerichteter Neuronenverbände, die Informationsverarbeitung im Gehirn durch eine Referenz auf mittlere Neuronenaktivitäten nachbilden. Es gibt auf anderen biologischen Prinzipien beruhende vorwärtsgerichtete Mehrschichtnetze, etwa sog. *Winner Takes All*-Netze, die typische Reize speichern und neue Reize aufgrund der Ähnlichkeit zu bekannten verarbeiten. Zu erwähnen ist an dieser Stelle auch die von Vladimir Vapnik vorgeschlagene und mathematisch motivierte *Support Vektor Maschine*, die bezogen auf die Funktionsweise ein einfaches Perzeptron um eine feste nichtlineare Vorverarbeitung der Daten erweitert. Diese nichtlineare Vorverarbeitung bildet die Daten in einen hochdimensionalen Raum ab, wo die Chance sehr viel größer ist, eine lineare Trennebene zu finden. Um trotz der hohen Dimensionalität noch gute Generalisierungseigenschaften und algorithmische Performanz zu erreichen, werden zwei Tricks eingeführt (Cortes/Vapnik 1995): Die lineare Trennung mit optimalen Trenneigenschaften wird bezogen auf den Abstand zu den Daten betrachtet (*margin trick*), und es werden nur solche Vorverarbeitungen zugelassen, die sich effizient implizit als Kern berechnen lassen (*kernel trick*). Es hat sich in vielen Benchmarks gezeigt, dass die *Support Vektor Maschine* zu einem der derzeit leistungsfähigsten Lernverfahren zur Funktionsapproximation zählt.

Da vorwärtsgerichtete neuronale Netze typischerweise für klar umrissene Klassifikations- oder Regressionsaufgaben eingesetzt werden, ist ihr theoretischer Hintergrund gut untersucht: Neben effizienten Trainingsverfahren steht ihre Approximationsfähigkeit für komplizierte in der Praxis auftretende Funktionen und ihre Generalisierungsfähigkeit für neue, nicht für das Training verwendete Daten im Zentrum mathematischer Betrachtungen (Hammer/Villmann 2003).

Rekurrente Netze

Neuronale Verschaltungen im Gehirn sind zumeist nicht ausschließlich vorwärtsgerichtet, sondern führen zu Rückkoppelungen. Auf diese Weise hängt die jeweilige Aktivität betrachteter Neuronen von der zeitlichen Historie ab. Es ist etwa möglich, dass ein Neuron sich durch eine vorangegangene Aktivierung selbst für nachfolgende Schritte hemmt, sofern eine entsprechende unterdrückende Rückkoppelung des Neurons auf sich selbst existiert (s. Kap. III.2). Rückkoppelungen wurden bereits bei Hopfieldnetzen zur Modellierung von neuronalen Assoziativspeichern verwendet. Einem ähnlichen Zweck dienen die u. a. von Palm (1980) vorgeschlagenen neuronalen Assoziativspeicher.

Eine interessante Variante sind sog. partiell rekurrente Netze, bei denen rekurrente Verbindungen nur auf wenige Bereiche beschränkt sind und mit deren Hilfe es möglich ist, Informationen über die Zeit zu speichern und so temporale Daten in ihrem zeitlichen Kontext zu verarbeiten. Verarbeitet ein rekurrentes Netz etwa das Wort ›Netz‹ im Kontext ›Die Fischer holen das Netz ein.‹ *versus* ›Der Forscher trainiert das Netz.‹, dann kann es aufgrund des Kontexts die unterschiedliche Bedeutung des Wortes ›Netz‹ unterscheiden. Elman (1990) hat solche einfachen rekurrenten Netze zur Verarbeitung von Sprache vorgeschlagen und mit ihrer Hilfe interessante Strukturbildungseigenschaften der Netze nachweisen können, die denen der menschlichen Sprachverarbeitung entsprechen.

Rekurrente Verbindungen erweitern das Repertoire neuronaler Informationsverarbeitung von einer einfachen Funktionsapproximation zu komplexen zeitabhängigen Rechenformalismen. Die so entstehenden ›neuronalen Rechenmaschinen‹ sind formal gut untersucht: Basiert ein rekurrentes Netz auf reellwertigen Neuronen, die rein theoretisch beliebig viel Information in den Dezimalstellen speichern können, ergeben sich nicht nur neuronale Turingmaschinen, sondern noch mächtigere Formalismen (Siegelmann 1995).

Trotz oder gerade wegen dieses Potenzials erweist sich das Training rekurrenter neuronaler Netze als schwierig (Hammer/Villmann 2003). Während einfache rekurrente Elmannetze mithilfe eines heuristischen Tricks trainiert werden (zeitliche Abhängigkeiten werden in Backpropagation ignoriert), gibt es heute eine ganze Palette mathematisch gut motivierter Trainingsverfahren für rekurrente Netze, die aber zumeist numerische Probleme haben, wenn es darum geht, lange Zeitintervalle zu überbrücken.

In den letzten Jahren wurden sog. Reservoirmethoden als Alternative vorgeschlagen – diese adaptieren rekurrente Verbindungen zumeist nur sehr langsam oder gar nicht, sondern fokussieren das Training auf eine effiziente Adaptation der Verbindungen, die aus dem sog. *reservoir layer* die Ausgabe auslesen. Grob gesagt ist also bei Reservoirmethoden die rekurrente Verarbeitung der Signale zufällig und nur die Art, wie aus dem Reservoir linear die benötigte Information ausgelesen wird, wird adaptiert. Diese Verfahren haben eine starke biologische Plausibilität und sind in verschiedensten Bereichen, etwa der Sprachverarbeitung oder der Robotik, erfolgreich zum Einsatz gekommen (Jaeger/Haas 2004).

Selbstorganisation

Die stetig wachsende Datenflut in fast allen Lebensbereichen macht eine dritte Klasse neuronaler Netzwerke zunehmend populär: Selbstorganisierende neuronale Netze wie etwa die von Kohonen (1982) vorgeschlagene *Self-Organizing Map* bieten die Möglichkeit, mithilfe von biologisch motivierten Algorithmen große und hochdimensionale Datenmengen zu strukturieren. Ähnlich wie kortikale Karten repräsentiert die *Self-Organizing Map* Daten durch wenige Repräsentanten, die in einer niedrigdimensionalen topologischen Karte angeordnet sind und ermöglicht auf diese Weise eine schnelle und intuitive Inspektion großer Datenmengen durch den menschlichen Benutzer.

Im Gegensatz zu den oft sehr intuitiven und biologisch plausiblen Lernalgorithmen im Bereich der selbstorganisierenden Netze erweist sich eine formale mathematische Untersuchung in diesem Fall als schwierig. Einerseits werden kontinuierliche und diskrete Operationen zu numerisch komplizierten Prozessen vermischt, andererseits ist es *a priori* unklar, was überhaupt sinnvolle mathematische Zielsetzungen unüberwachten Lernens sind, da ja für die Beispieldaten keine gewünschte Klasse oder Ausgabe explizit vorgegeben ist. Wichtige Fragestellungen in diesem Zusammenhang betreffen etwa die Topologieerhaltung der Verfahren, d.h. die Frage, inwieweit lokale Nachbarschaftsbeziehungen der Signale mit den Nachbarschaften ihrer Repräsentationen in der neuronalen Karte übereinstimmen, und eine genaue Formalisierung der Repräsentation der zugrunde liegenden Datenstatistik durch die topologischen Karten (Hammer/Villmann 2003).

Heute stellt die Neuroinformatik einen festen Bestandteil der Künstliche-Intelligenz-Forschung dar (s. Kap. II.B.1). Ihre Stärken liegen insbesondere in robusten, flexiblen und effizienten Lernverfahren, die einen automatisierten Umgang mit statistisch verrauschter Information ermöglichen. Ein breites Repertoire von Netzarchitekturen und Lernalgorithmen paart sich hier mit inzwischen in der Regel gut untersuchten mathematischen Grundlagen, zumeist einheitlich formuliert in der Sprache der Statistik (Bishop 2006).

Literatur

Bishop, Christopher (2006): *Pattern Recognition and Machine Learning*. Berlin.

Cortes, Corinna/Vapnik, Vladimir (1995): Support-vector networks. In: *Machine Learning* 20, 273–297.

Elman, Jeffrey (1990): Finding structure in time. In: *Cognitive Science* 14, 179–211.

Hammer, Barbara/Villmann, Thomas (2003): Mathematical aspects of neural networks. In: *Proceedings of the European Symposium on Artificial Neural Networks*, 59–72.

Hebb, Donald (1949): *The Organization of Behavior*. New York.

Hopfield, John (1982): Neural networks and physical systems with emergent collective computational properties. In: *Proceedings of the National Academy of Science of the USA* 79, 2554–2558.

Jaeger, Herbert/Haas, Harald (2004): Harnessing nonlinearity. In: *Science* 304, 78–80.

Kohonen, Teuvo (1982): Self-organized formation of topologically correct feature maps. In: *Biological Cybernetics* 43, 59–69.

McCulloch, Warren/Pitts, Walter (1943): A logical calculus of the ideas immanent in nervous activity. In: *Bulletin of Mathematical Biophysics* 7, 115–133.

Minsky, Marvin/Papert, Seymour (1969): *Perceptrons*. Cambridge (Mass.).

Palm, Günther (1980): On associative memory. In: *Biological Cybernetics* 36, 19–31.

Rosenblatt, Frank (1958): The perceptron. In: *Psychological Review* 65, 386–408.

Rost, Burkhard/Sander, Chris (1993): Prediction of protein secondary structure at better than 70 % accuracy. In: *Journal of Molecular Biology* 232, 584–599.

Rumelhart, David/Hinton, Geoffrey/Williams, Ronald (1986): Learning representations by back-propagating errors. In: *Nature* 323, 533–536.

Sejnowski, Terrence/Rosenberg, Charles (1986): *NETtalk: A parallel network that learns to read aloud* (Technical Report JHU/EEC-86/01). Baltimore.

Siegelmann, Hava (1995): Computation beyond the Turing limit. In: *Science* 68, 545–548.

von der Malsburg, Christoph (1973): Self-organization of orientation sensitive cells in the striate cortex. In: *Kybernetik* 14, 85–100.

Werbos, Paul (1994): *The Roots of Backpropagation*. New York.

Widrow, Bernard/Hoff, Marcian (1960): Adaptive switching circuits. In: IRE WESCON *Convention Record*, Bd. 4. New York, 96–104.

Barbara Hammer

C. Linguistik

Einleitung

Der Erwerb von Sprache sowie ihre Implementierung im Gehirn sind zentrale Fragestellungen der Linguistik und nehmen in jeder ihrer Teildisziplinen eine wesentliche Rolle ein. Die Erforschung von Sprache ist auch für die Kognitionswissenschaft von sehr großem Interesse, weil Sprache eine bedeutende Leistung ist, die uns Menschen von Tieren unterscheidet. Wir Menschen sind in der Lage, aus einer begrenzten Anzahl von Wörtern und Wortteilen immer neue, noch nicht existierende Wörter zu bilden und, bestimmten Regeln folgend, ebensolche Sätze zu formen. Dieses als ›Produktivität der Sprache‹ bezeichnete Phänomen, erstreckt sich über die elementaren sprachlichen Ebenen der Realisierung einzelner Laute (Phonologie), die Wortstruktur (Morphologie) sowie die Satzstruktur (Syntax) bis hin zur adäquaten Wortwahl (Semantik) im entsprechenden Kontext (Pragmatik). Unser Gesprächspartner wiederum ist (meist) in der Lage, diese noch nie dagewesenen Äußerungen zu verstehen und ihnen eine Bedeutung zuzuschreiben. Jene Produktivität, die sprachenübergreifend auftritt, beleuchtet Peter Bosch in Kapitel 1, *Theoretische Linguistik*. Ansätze zur Erklärung der Produktivität von Sprache basieren auf Erkenntnissen aus Logik und Mathematik (s. Kap. IV.20). Wissen aus solchen Gebieten ermöglicht eine Systematisierung sprachlicher Äußerungen, weil sie dadurch formal beschrieben werden können. Die Beschreibung darf dabei jedoch weder zu liberal noch zu strikt sein, da nicht die Eigenschaften einer spezifischen Sprache, sondern die Gemeinsamkeiten aller Sprachen erfasst werden sollen. Dies ist notwendig, um allgemeine Aussagen darüber treffen zu können, welchen Strukturen der Aufbau von Sprachen folgt und dadurch Produktivität ermöglicht.

Jene spezifischen Eigenschaften einer Sprache müssen auch ihre Sprecher kennen und anwenden können, um als kompetent zu gelten. Jedoch besteht eine Diskrepanz zwischen dem Wissen um die Eigenschaften einer Sprache (der Sprachkompetenz) und ihrer Anwendung (der Sprachperformanz):

Real produzieren wir eine Reihe ungrammatischer Äußerungen, obwohl wir in der Lage wären, sie korrekt zu formulieren. Diese Tatsache wirft die Frage auf, wie Kleinst- und Kleinkinder in der Lage sind, innerhalb eines eng umgrenzten Zeitraums Sprache fehlerfrei zu erlernen (s. Kap. IV.12), obwohl sie fortwährend mit fehlerhaften Äußerungen konfrontiert werden. Basierend auf diesen Beobachtungen entstand die viel diskutierte Theorie, dass dem Menschen das Sprachvermögen angeboren sei, da ein schneller und fehlerfreier Spracherwerb bei defizitärem Input anders nicht möglich sei (Chomsky 1965). Die Annahme eines inhärenten Sprachvermögens geht mit der Auffassung einher, dass es sich bei Sprache um ein autonomes System handelt, ähnlich dem Sehen oder Hören. Ein solches Sprachmodul fußt auf seinen Teilmodulen (Phonologie, Morphologie, Syntax, Semantik und Pragmatik) und ist bereits bei der Geburt implementiert. Eine dazu konträre Auffassung sieht Sprache nicht als eigenständiges Modul, sondern als eine allgemeine kognitive Fähigkeit an. Dementsprechend gehen Vertreter einer solchen Position davon aus, dass das Sprachvermögen keine angeborene Fähigkeit ist, sondern generellen Lernmechanismen folgt (Skinner 1957).

Diese Thematik wird nicht nur in der theoretischen Linguistik behandelt. Auch die *kognitive Linguistik*, die Artemis Alexiadou in Kapitel 2 darstellt, beschäftigt sich damit. Bei der Betrachtung des Spracherwerbs stellt sich unweigerlich die Folgefrage nach der Organisation sprachlichen Wissens (s. Kap. IV.12): In welcher Form werden all unsere sprachlichen Kenntnisse im Gehirn repräsentiert und wie erfolgt der Zugriff darauf, wenn wir mit sprachlichem Material konfrontiert werden? Einen möglichen Ansatz bildet die Betrachtung von Metaphern, die in der alltäglichen Sprache verwendet werden. Diese Metaphern gelten dabei als derart verinnerlicht, dass sie gar nicht mehr als solche wahrzunehmen sind. Gerade deshalb vermittelt ihre Verwendung einen Eindruck der kognitiven Strukturen von Sprache. Andere Theorien gehen davon aus, dass es bei der Wahrnehmung sprachlichen Materials nicht nur zur umgrenzten Aktivierung einzelner Einträge kommt, die explizit im Input auftreten, sondern ganze Netzwerke reagieren. Diese Netzwerke setzen sich aus verschiedenen aktivierten Repräsentationen zusammen, die in bedeutungsvoller Verbindung zu dem explizit geäußerten Wort stehen. Eine neue Perspektive eröffnen in diesem Zusammenhang auch Beiträge aus der Biologie, die nach den Unterschieden menschlicher und tierischer Kommunikation im Laufe der Evolution suchen (s. Kap. IV.10).

Geleitet von all diesen Theorien werden Modelle erstellt, die die Produktion und Rezeption von Sprache erklären sollen. Diese sind mit empirischen Daten, die aus Untersuchungen und Experimenten gewonnen werden, zu verifizieren bzw. falsifizieren und entsprechend anzupassen. Solche Prozesse fallen in den Bereich der *Psycholinguistik und Neurolinguistik*, die Carina Krause in Kapitel 3 vorstellt. Dabei kommt der Psycholinguistik v. a. die Rolle der Modellbildung zu (s. Kap. II.E.2): Begründet durch Erkenntnisse aus der theoretischen und der kognitiven Linguistik sowie aus psychologischen Beobachtungen werden Modelle erstellt, mit deren Hilfe es möglich ist, sprachliche Leistungen vorherzusagen. Dabei kommt es zur Postulierung unterschiedlicher Hypothesen für Sprachproduktion und -rezeption, da noch nicht vollständig geklärt ist, ob beiden Prozessen dieselben Mechanismen zugrunde liegen.

Dementsprechend erfolgt auch die empirische Überprüfung der modellgetriebenen Vorhersagen, die der Neurolinguistik zuzurechnen ist, für beide Modalitäten getrennt. Mittels bildgebender Verfahren sollen dabei Strukturen und Aktivierungsmuster im Gehirn ausfindig gemacht werden, die mit spezifischen sprachlichen Leistungen assoziiert sind. Diese Untersuchungsmethoden geben einen vergleichsweise unmittelbaren Eindruck von den Vorgängen im Gehirn und sind auch als Online-Verfahren bekannt. Das methodische Pendant bilden Offline-Verfahren, die einen indirekten Eindruck kognitiver Vorgänge ermöglichen. Diese Verfahren arbeiten mit Parametern wie der Geschwindigkeit oder der Art und Anzahl von Fehlern bei der Bearbeitung sprachlicher Aufgaben. Damit ist es zwar nicht möglich, Prozesse direkt zu erfassen, dennoch können auf Grundlage der Offline-Verfahren Wirkmechanismen abgeleitet werden. Beide Methoden finden sowohl bei ungestörter wie auch bei gestörter Sprachfähigkeit Anwendung. Erkenntnisse aus Untersuchungen mit sprachgesunden Probanden helfen, die Vorhersagen der bestehenden Modelle zu prüfen und sie gegebenenfalls zu adaptieren. Evidenzen aus der Betrachtung angeborener und erworbener Sprachpathologien wiederum ermögli-chen einen Vergleich mit sprachlich unbeeinträchtigten Leistungen. Auf diese Weise bilden Psycho- und Neurolinguistik ein iteratives System, das dazu beiträgt, die Prozesse, die Sprache zugrunde liegen, besser zu verstehen und auch durch künstliche Systeme verwenden zu lassen.

Solche künstlichen Systeme stellen Computer dar, deren Sprachverarbeitung durch erprobte linguistische Theorien determiniert ist. Da die zugrunde liegenden Theorien modalitätsspezifisch sind, erfolgt die Verarbeitung von Sprache getrennt für Rezeption und Produktion. Diese Unterteilung erfährt eine weitere Verfeinerung, die in der separaten Bearbeitung von verbalem (gesprochensprachlichem) und nonverbalem (schriftlichem) Material resultiert. Mit der schriftlichen Repräsentation von Informationen im Speziellen beschäftigt sich die *Computerlinguistik*, wie Bernhard Schröder in Kapitel 4 aufzeigt. Die anfänglichen Anforderungen an die Computerlinguistik bestanden dementsprechend im Umgang mit Texten, v. a. in deren Übersetzung. Dies stellte keine einfache Herausforderung dar: Sprachspezifische Eigenschaften sowie vielfältige Möglichkeiten, einen einzelnen Inhalt auszudrücken, machen eine Eins-zu-eins-Übersetzung unmöglich. Weiterentwicklungen in der Formalisierung von Sprache und der Einbezug statistischer und konnektionistischer Verfahren boten einen Zugang zu diesen Problemen. Mit den Fortschritten in der theoretischen Entwicklung erweiterte sich auch der Anspruch an die Computerlinguistik: Neben der Übersetzung von Texten rückten auch die automatische Textfilterung und die Suche nach bestimmten Textstücken (Stichwortsuche) in den Fokus der Anwendungen. Für deren effektive und effiziente Umsetzung ist es unabdingbar, die Erforschung jener kognitiven Prozesse weiter voranzutreiben, die Sprache ermöglichen.

Literatur

Chomsky, Noam (1965): *Aspects of the Theory of Syntax.* Cambridge (Mass.). [dt.: *Aspekte der Syntax-Theorie.* Frankfurt a. M.].

Skinner, Burrhus (1957): *Verbal Behavior.* Englewood Cliffs.

Freya Materne

1.   Theoretische Linguistik

Eine wissenschaftliche Disziplin ist durch ihre Forschungsfragen und ihre Methoden bestimmt. Die zentrale Forschungsfrage der theoretischen Linguistik ergibt sich aus der Beobachtung, dass Menschen mit endlichen mentalen Ressourcen in der Lage sind, eine potenziell unendliche Vielfalt von sprachlichen Äußerungen hervorzubringen und zu verstehen (s. Kap. IV.10, Kap. IV.20): Es gilt uns als selbstverständlich, dass Menschen Sätze äußern und auch verstehen können, die sie nie zuvor gehört oder gelesen haben. Diese Fähigkeit bezieht sich nicht nur auf die Phonologie, Morphologie und Syntax, sondern auch auf die Semantik und Pragmatik sprachlicher Äußerungen, d. h. sprachliche Ausdrücke werden unter immer neuen Umständen so verwendet und verstanden, dass Kommunikation allem Anschein nach zuverlässig stattfinden kann. Für diese Beobachtung, man spricht hier von der *Produktivität menschlicher Sprache*, sucht die theoretische Linguistik nach Erklärungen. Diese Forschungsfrage unterscheidet sie von anderen linguistischen Teildisziplinen und macht zugleich verständlich, dass die theoretische Linguistik von Anfang an zusammen mit der Philosophie, der Psychologie und der Künstliche-Intelligenz-Forschung zu den Kerndisziplinen der Kognitionswissenschaft gehört hat.

Von der Methode her ist die theoretische Linguistik auf formale Theorien festgelegt, aus denen empirisch überprüfbare Vorhersagen abgeleitet werden können. Insofern steht die theoretische Linguistik nicht im Gegensatz zu und ist auch nicht komplementär zu empirischer Linguistik. Mit dem Adjektiv ›theoretisch‹ wird die theoretische Linguistik lediglich von der angewandten Linguistik unterschieden, deren Fragestellungen von jeweils aktuellen Anwendungsproblemen bestimmt sind, während die theoretische Linguistik auf die Theorieentwicklung abzielt.

Die Forschungsfrage

Beobachtungen zur Produktivität menschlicher Sprache finden sich immer wieder in der langen Geschichte der Linguistik und der Sprachphilosophie. Bis in das frühe 20. Jh. hinein fehlten jedoch die Voraussetzungen, um dieses Problembewusstsein in wissenschaftliche Forschung zu überführen. Es standen nicht die Mittel zur Formulierung komplexer Theorien und empirisch testbarer Hypothesen zur

Verfügung. Erst mit den Entwicklungen in der Grundlegung der Logik und Mathematik (s. Kap. II.F.4) und der Theorie der formalen Sprachen gegen Ende des 19. und in der ersten Hälfte des 20. Jh.s, insbesondere durch Gottlob Frege, Giuseppe Peano, Bertrand Russell, Rudolf Carnap, Yehoshua Bar-Hillel, Alan Turing, Claude Shannon, Warren Weaver und Stephen Kleene, begann sich ein Bild der formalen Eigenschaften von Sprachen abzuzeichnen, das die Basis für eine Theorie auch menschlicher Sprache bilden konnte.

Aufbauend auf den hier entwickelten Konzepten und auf frühen formalen Ansätzen in der strukturalistischen Linguistik (insbesondere Harris 1951) entwickelte Noam Chomsky in den 1950er Jahren die Grundlagen einer generativen Grammatiktheorie, mit dem Ziel, die genannten Produktivitätseigenschaften natürlicher Sprache zu klären. Grundgedanke war die Überlegung, dass eine menschliche Sprache analog zu formalen Sprachen als die nicht-endliche Menge von wohlgeformten Zeichenfolgen betrachtet werden kann, die zu der Sprache gehören. Diese Menge von Sätzen kann durch eine formale Grammatik algebraisch beschrieben werden (Chomsky 1957; 1959, 137 ff.). Eine formale Grammatik ist hier als ein 4-Tupel $<N,\Sigma,P,S>$ zu verstehen, wobei N eine endliche Menge nicht-terminaler Symbole ist (also z. B. syntaktische Kategoriensymbole), Σ eine endliche Menge terminaler Symbole (also z. B. Wörter), $S \in N$ das Startsymbol (für die syntaktische Kategorie Satz) und P eine endliche Menge von Produktionsregeln (z. B. die Regel ›S→NP VP‹, die besagt, dass ein Satz aus einer Nominalphrase gefolgt von einer Verbphrase besteht).

Das Ziel der theoretischen Linguistik besteht jedoch nicht in der grammatischen Beschreibung einzelner Sprachen, sondern in einem formalen Modell menschlicher Sprache überhaupt, d. h. einer Charakterisierung der Klasse möglicher Grammatiken menschlicher Sprachen, einer Universalgrammatik. Diese Charakterisierung darf nicht so eng ausfallen, dass mögliche menschliche Sprachen ausgeschlossen werden, aber auch nicht zu weit. Das Ziel ist ja, die formalen Eigenschaften menschlicher Sprachen herauszuarbeiten, die nicht notwendigerweise von Kunstsprachen oder tierischen Kommunikationssystemen geteilt werden. Das einfachste Modell wäre hier dasjenige des endlichen Automaten. Doch das wäre eher zu restriktiv, weil endliche Automaten den Begriff einer syntaktischen Konstituente nur schlecht modellieren können. Sie erlauben nur solche Produktionsregeln, die ein nicht-terminales Symbol durch ein terminales Symbol oder durch eine Sequenz aus einem terminalen und einem nicht-terminalen Symbol ersetzen. Mit dieser Beschränkung können Abhängigkeiten zwischen nicht direkt aufeinanderfolgenden Zeichen einer Zeichenkette nur sehr unelegant dargestellt werden. Die intuitiv einfache Idee, dass z. B. in indoeuropäischen Sprachen ein Verb mit seinem Subjekt in den Merkmalen Person und Numerus übereinstimmen muss, könnte nicht direkt ausgedrückt werden, wenn Subjekt und Verb nicht aus zwei aufeinanderfolgenden Wörtern bestehen, sondern selbst komplexe Ausdrücke sind. Im anderen Extrem könnte man die universelle Turingmaschine als Modell wählen und würde Grammatiken zulassen, die beliebige rekursiv aufzählbare Mengen von Sätzen beschreiben können. Doch diese Charakterisierung ist offensichtlich zu liberal, denn nicht jede rekursiv aufzählbare Menge von Sätzen konstituiert eine menschliche Sprache. Nach gegenwärtiger Auffassung reduziert sich die Suche nach einer Klasse von formalen Grammatiken für natürliche Sprache damit auf Modelle, die weniger mächtig sind als die universelle Turingmaschine, aber mächtiger als endliche Automaten, also auf kontextfreie und kontextsensitive Grammatiken, wie man es unter Bezug auf die Chomsky-Hierarchie ausdrücken würde (Chomsky 1956; Hopcroft/Ullman 1979).

Ausgangspunkt für jede Grammatik ist eine empirisch gegebene, also endliche, Menge von Zeichenketten. Grammatiken, die in diesem Sinn empirisch korrekt sind, gelten als beobachtungsadäquat. Sie liefern jedoch insofern nur eine schwache Charakterisierung einer Sprache, als sie die Struktur der Zeichenketten ignorieren; strukturell mehrdeutige Zeichenketten können nicht unterschieden werden, so dass eine Grammatik, die nur die korrekte Satzmenge einer Sprache generiert, aber nicht die Struktur der Sätze beschreibt, als Basis für eine semantische Beschreibung ungeeignet ist (Chomsky 1959). Wenn eine Grammatik zusätzlich jedem Satz die angemessenen Konstituentenstrukturen zuschreibt, gilt sie als beschreibungsadäquat.

Methoden

In *Syntactic Structures* hat Chomsky (1957) eine formale Grammatik nach den oben beschriebenen Grundsätzen beispielhaft für einen Ausschnitt des Englischen entwickelt. Er bricht hierbei mit der damals induktiv und deskriptiv ausgerichteten Arbeitsweise der Linguistik und optiert für ein deduktives Vorgehen, d. h. er verschiebt den Schwerpunkt

auf die Validierung von Grammatiken: »One may arrive at a grammar by intuition, guess-work, all sorts of partial methodological hints, reliance on past experience, etc. […] Our ultimate aim is to provide an objective, non-intuitive way to evaluate a grammar once presented« (ebd., 56). Zwei Aspekte sind hier zu unterscheiden: Erstens die Frage, ob die Grammatik einer Sprache tatsächlich die als empirisch gegeben unterstellte Menge der Sätze mit den dazugehörigen Strukturen definiert (Beschreibungsadäquatheit), und zweitens die Frage, welche der beliebig vielen Grammatiken, die diese Anforderung erfüllen, die ›richtige‹ ist. Die Parameter einer beschreibungsadäquaten Grammatik machen nicht notwendigerweise schon die allgemeinen Eigenschaften menschlicher Sprache sichtbar. Diese werden in einer allgemeinen Grammatiktheorie, oder Universalgrammatik, formuliert. Die grammatische Beschreibung einer Einzelsprache kann erst dann als *erklärungsadäquat* gelten, wenn sie in den Parametern der allgemeinen Grammatiktheorie formuliert ist und damit die grammatischen Regelmäßigkeiten der Einzelsprache als eine Instanziierung allgemeiner Eigenschaften menschlicher Sprache darstellt. In der Forschungspraxis bedeutet dies, dass auch empirisch korrekte Beschreibungen für Einzelsprachen korrigiert werden müssen, wenn sich herausstellt, dass ihre Kategorien mit für andere Sprachen erforderlichen Beschreibungskategorien unvereinbar sind.

Eine naheliegende, von Chomsky intendierte, jedoch auch innerhalb der theoretischen Linguistik nicht unkontroverse Interpretation der Universalgrammatik ist, dass es sich um die Theorie eines angeborenen menschlichen Sprachvermögens handelt, d. h. einer genetisch angelegten menschlichen Fähigkeit, wie z. B. der Fähigkeit, visuelle Reize auf Objekte abzubilden, sich im Raum zu orientieren oder aufrecht auf zwei Beinen zu gehen. Ebenso wie andere angeborene Fähigkeiten, und im Gegensatz z. B. zur Arithmetik, muss Muttersprache nicht unterrichtet werden, sondern wird anhand der sprachlichen Reize in der Umgebung und aufgrund einer angeborenen Universalgrammatik erworben. Die wesentliche Argumentation für diese Auffassung zum kindlichen Spracherwerb ist der Hinweis darauf, dass die sprachlichen Reize der Umgebung allein, zumal sie oft spärlich und fehlerhaft sind, den vergleichsweise schnellen und fehlerlosen Erwerb der Muttersprache nicht erklären könnten, wenn nicht bereits der Parameterraum für die implizit zu erlernende Grammatik – und genau als solcher wäre die Universalgrammatik zu sehen – angeboren wäre (das sog. *poverty of the stimulus argument*). Aktuelle Theorien des kindlichen Spracherwerbs sind im Wesentlichen als Weiterentwicklung bzw. Kritik dieser Angeborenheitshypothese entstanden (s. Kap. IV.12).

Die Grammatik einer Einzelsprache wird empirisch an der Menge von Sätzen überprüft, die unabhängig von der jeweiligen Grammatik als zu der Sprache gehörig betrachtet werden. Die Entscheidung darüber, welche Sätze zu einer Sprache gehören, ist allerdings nicht trivial. Nicht jeder Satz, den ein muttersprachlicher Sprecher äußert, muss dieser Menge zugerechnet werden. Sprachliche Äußerungen können Fehler enthalten, die der Sprecher auch selbst erkennt, die z. B. durch Ablenkung, Müdigkeit, Drogen oder neurologische Störungen hervorgerufen werden können. Solche Fehler, oft auch nur einfache Versprecher, sind zwar Phänomene des Sprachverhaltens und können für viele wissenschaftliche Zwecke relevant sein, z. B. im Rahmen einer neurologischen Diagnose. Wenn jedoch die Grammatik der Sprache und damit das implizite sprachliche Wissen des Sprechers beschrieben werden soll, schließt man sie vernünftigerweise aus. Chomsky (1965) hat in diesem Zusammenhang den Unterschied zwischen Sprachkompetenz und Sprachperformanz eingeführt: Die Sprachperformanz können wir direkt im Sprachverhalten beobachten, während die Sprachkompetenz, also das implizite Wissen, das ein idealisierter muttersprachlicher Sprecher von seiner Sprache hat, der eigentliche Gegenstand der grammatischen Beschreibung ist.

Die Ausgliederung der Performanz ist einerseits eine notwendige Konsequenz der Festlegung des Forschungsgegenstandes auf sprachliches Wissen, führt andererseits aber zu einem Empiriebegriff, der nicht ohne Probleme ist. Die wesentliche Form empirischer Überprüfung, die Chomsky vorschlug und die auch gegenwärtig die Arbeit in weiten Bereichen der theoretischen Linguistik bestimmt, ist die Überprüfung an Urteilen muttersprachlicher Sprecher: Ein Satz gehört zur Sprache, wenn er für einen muttersprachlichen Sprecher ›akzeptabel‹ ist. Chomsky orientiert sich hier an dem logisch-empiristischen Begriff der Explikation oder rationalen Rekonstruktion. Er sieht die grammatische Beschreibung als »a familiar task of explication of some intuitive concept – in this case, the concept ›grammatical in English‹, and more generally, the concept ›grammatical‹ […] A certain number of clear cases, then, will provide us with a criterion of adequacy for any particular grammar« (Chomsky 1957, 13 f.). Diese Sichtweise räumt der Empirie zwar einen wichtigen Platz

ein, ist aber wesentlich motiviert durch die Entscheidung für ein strikt deduktives Vorgehen und den Wunsch nach einfachen Theorien. Viele theoretische Linguisten sehen gegenwärtig eine Datenerhebung über die Intuitionen muttersprachlicher Sprecher als eher unzureichend und unzuverlässig an (s. u.).

Modularität

Die bisher skizzierten Aspekte der theoretischen Linguistik sind auf Syntax fokussiert und erklären noch nicht, wie den Sätzen einer Sprache rekursiv Bedeutungen zugeordnet werden und wie Sätze oder Bedeutungen in Zusammenhänge menschlichen Handelns und Wahrnehmens eingebunden sind. Dass der menschliche Gebrauch der Sprache ohne Bedeutungszuordnung und ohne Anbindung an Wahrnehmen und Handeln nur sehr eingeschränkt modelliert ist, ist unkontrovers. Kontrovers hingegen ist die Architektur einer Theorie des sprachlichen Wissens: Ist sprachliches Wissen erstens in einem engeren oder weiteren Sinn als ein eigenständiges kognitives Modul zu behandeln? Und ist sprachliches Wissen zweitens in sich modular aufgebaut? Die Antworten auf diese Fragen hängen wesentlich davon ab, welche empirische Interpretation dem Modell zugeordnet und was genau unter Modularität verstanden wird.

Ausgehend von der anfänglichen Fokussierung auf eine Menge wohlgeformter Sätze und eine postulierte Fähigkeit des muttersprachlichen Sprechers, die Zugehörigkeit von Sätzen zu dieser Menge zu beurteilen, wurde gelegentlich ein autonomes Syntaxmodul postuliert. Dies bringt jedoch gewisse empirische Probleme mit sich, da Wohlgeformtheitsurteile muttersprachlicher Sprecher selbst als kognitive Leistungen betrachtet werden müssen, die von intuitiven Bedeutungszuschreibungen, von vorgestellten Äußerungskontexten sowie von sprachlicher Erfahrung und sozialen Normen nicht unabhängig sind. Eine empirische Validierung syntaktischer Hypothesen ist somit letztendlich nicht ohne gewisse Annahmen zur Relation eines postulierten Syntaxmoduls mit anderen kognitiven Modulen möglich. Wenn das Syntaxmodul sehr konkret als ein Modul im menschlichen Sprachverarbeitungsprozess verstanden wird, das unabhängig vom Zugriff auf andere Module bestimmte Input-Output-Relationen definiert (Fodor 1983), ist die Hypothese eines Syntaxmoduls nicht haltbar (s. Kap. II.C.2). Es kann empirisch als gesichert gelten, dass im menschlichen Sprachverarbeitungsprozess syntaktische, semantische und kontextuelle Information interaktiv und nicht im strikten Sinn modular verarbeitet werden (Altmann/Steedman 1988; Marslen-Wilson/Tyler 1980). Nun steht es dem Theoretiker natürlich frei, Modularisierung in einem abstrakteren Sinn auf die Theorie selbst zu beziehen. Modularität der Theorie besteht dann darin, dass eine Teiltheorie unabhängig von anderen Teiltheorien in ihren jeweils eigenen Parametern formuliert werden kann. Die Theorie der Syntax ist demnach zu verstehen als eine eigenständig formulierbare abstrakte Menge von Beschränkungen, denen Verarbeitungsprozesse – neben anderen Beschränkungen aus anderen Teiltheorien – unterworfen sind.

Eine empirische Validierung eines so konzipierten Syntaxmoduls ist jedoch nur unter Zuhilfenahme von Annahmen über andere kognitive Module möglich. Dem Theoretiker bietet sich insofern die Option, den Begriff des sprachlichen Wissens um andere Module zu erweitern und damit u. a. eine größere Nähe zu Verarbeitungsprozessen und eine direktere empirische Validierung zu erreichen. Diese Option hat sich insbesondere bezüglich der Semantik und Pragmatik seit den 1980er Jahren in der theoretischen Linguistik etabliert und vielfach zu einer engen Interaktion mit der Psycho- und Neurolinguistik (s. Kap. II.C.3) geführt.

Semantik

Als Bedeutungen von Sätzen nimmt man in der theoretischen Linguistik im Allgemeinen vereinfacht Wahrheitsbedingungen an: »Einen Satz verstehen, heißt, wissen was der Fall ist, wenn er wahr ist« (Wittgenstein 1921/1960, 4.024). Da es in jeder Sprache bei endlichem Vokabular dennoch unendlich viele verschiedene Sätze gibt, ist eine Erklärung der semantischen Produktivität, also der Fähigkeit, unendlich viele verschiedene Sätze zu verstehen, nur über die Annahme möglich, dass die Wahrheitsbedingungen eines Satzes funktional von den Bedeutungen der Wörter des Satzes und seiner syntaktischen Struktur abhängen (man spricht vom Prinzip der Kompositionalität). Wir nehmen hier etwas vereinfacht an, dass Wörter entweder Dinge (konkreter oder abstrakter Art) oder Begriffe bezeichnen, wobei Begriffe nach Frege als Funktionen vorgestellt werden. So lässt sich erklären, dass die Bedeutung des Satzes ›Der Bauer tritt den Esel.‹, d. h. $[\![\mathrm{tritt}(\iota x(\mathrm{Bauer}^c(x)),\ \iota y(\mathrm{Esel}^c(y)))]\!]$, einerseits von der Syntax und der Denotation des Verbs, d. h. der Relation $[\![\lambda x(\lambda y.\mathrm{tritt}(y,x))]\!]$, und andererseits von der De-

notation der beiden Nominalausdrücke ›der Bauer‹, d. h. $[\![\iota x(\mathrm{Bauer}^c(x))]\!]$, und ›der Esel‹, d. h. $[\![\iota y(\mathrm{Esel}^c(y))]\!]$, abhängt. Deren Denotation wiederum hängt ab von der Denotation des definiten Artikels, $[\![\lambda P \iota x(P^c(x))]\!]$ – zu lesen als ›der einzige Gegenstand x, der im aktuellen Kontext c unter den Begriff P fällt‹ – und den Begriffen Bauer $[\![\lambda x(\mathrm{Bauer}\ (x))]\!]$ bzw. Esel $[\![\lambda y(\mathrm{Esel}(y))]\!]$. Da die Syntax im Fall des ganz ähnlichen Satzes ›Den Bauern tritt der Esel.‹ die Nominalausdrücke genau umgekehrt auf die Argumentstellen des Verbs abbildet, ergibt sich hier eine andere, aber völlig analoge Satzbedeutung. Auch bei ihrer syntaktischen Struktur nach mehrdeutigen Sätzen wie ›Hans liebt Maria.‹ (Hans kann Subjekt oder Objekt sein) oder Groucho Marx' klassischen Spruch ›I shot an elephant in my pyjamas.‹ (die Präpositionalkonstituente ›in my pyjamas‹ kann entweder das Verb oder das Objekt modifizieren) ist offensichtlich die syntaktische Struktur für den Unterschied in den Wahrheitsbedingungen ausschlaggebend.

Sprache und Situation

Generative Syntax und kompositionelle Semantik stellen einen relativ gut ausgearbeiteten Kern einer linguistischen Theorie dar, die in Grundzügen eine Erklärung für syntaktische und semantische Produktivität und somit ein Teilmodell für sprachliches Wissen liefern kann. Zur Erklärung produktiven Sprachgebrauchs muss jedoch eine Interaktion mit zusätzlichem Wissen über die jeweiligen sprachlichen und nicht-sprachlichen Kontexte angenommen werden. Da jedoch Kontexte nicht wie Sätze nach einem rekursiven Algorithmus aus einer endlichen Anzahl von Elementen aufgebaut sind, lassen sich die Grundgedanken der generativen Syntax und kompositionellen Semantik nicht trivial auf Kontextabhängigkeit erweitern.

Kontextabhängigkeit tritt in einer offensichtlichen Form u. a. bei der Interpretation von Pronomina auf. Die Wahrheitsbedingungen für den Satz ›Er arbeitet.‹ müssen Bezug nehmen auf ein bestimmtes vom Sprecher intendiertes Referenzobjekt für das Pronomen, das sich jedoch aus der Semantik des Satzes allein nicht bestimmen lässt. Es muss sich um ein Referenzobjekt handeln, das entweder belebt und männlich ist oder durch ein maskulines Substantiv bezeichnet wird; es muss weiterhin ein Referenzobjekt sein, für das die Denotation des Verbs definiert ist, d. h. einen Gegenstand, von dem man sinnvoll fragen kann, ob er unter ein bestimmtes Konzept des Arbeitens fällt. Die Semantik des Satzes schränkt somit die Interpretation ein, determiniert sie aber nicht. Es bleibt offen, auf welches von beliebig vielen Referenzobjekten sich das Pronomen ›er‹ bezieht bzw. worauf der Sprecher es beziehen möchte. Die Integration von Äußerungen in einen sprachlichen oder außersprachlichen Kontext verlangt, dass Pronomina einer Reihe weiterer nicht-semantischer Bedingungen genügen; u. a. müssen sie sich auf Referenzobjekte beziehen, die in der Äußerungssituation zugänglich (Kamp/Reyle 1993) und zudem in der einen oder anderen Weise prominent sind (Gundel et al. 1993).

Zu vergleichbaren Problemen kommt es bei der Interpretation von Ausdrücken, die sich nicht auf Objekte, sondern auf Konzepte beziehen. Auch hier kann die Semantik lediglich Beschränkungen formulieren, nicht aber notwendige und hinreichende Bedingungen. Wir haben es hier nicht bloß mit einfacher lexikalischer Ambiguität zu tun, sondern mit sog. Polysemie. ›Arbeiten‹ kann im Gegensatz stehen zu ›in Ausbildung befindlich‹ oder ›im Ruhestand befindlich‹ oder zu ›arbeitslos sein‹, aber auch zu ›in Urlaub sein‹ oder ›krankgeschrieben sein‹ – beides würde ›arbeiten‹ im ersten Sinn voraussetzen. Es kann auch bedeuten, aktuell einer Tätigkeit nachzugehen im Gegensatz etwa zu ›ausruhen‹ – keines von beiden setzt ein Arbeitsverhältnis voraus oder stünde im Gegensatz zu ›in Urlaub sein‹ oder ›krankgeschrieben sein‹. Hier das situativ passende und vom Sprecher intendierte Konzept zu bestimmen, ist offenbar, trotz relativ klarer semantischer Beschränkungen, nicht ausschließlich eine Frage der Semantik, sondern hängt ebenfalls von kognitiven Fähigkeiten ab, die sich auf Kenntnis der Situation, auf plausible Ausdrucksintentionen des Sprechers und Ähnliches beziehen. Hier handelt es sich, ebenso wie im Falle der pronominalen Referenz, um Parameter, die nicht im strikten Sinn Teil des sprachlichen Wissens sind, wenngleich jede Verwendung sprachlichen Wissens in der Interpretation von sprachlichen Äußerungen nicht ohne sie auskommt. Ob und in welchem Umfang solche kontextuellen Parameter im Rahmen einer kompositionellen Theorie modelliert werden können, ist unklar. Grobe Skizzen hierfür gibt es bei Montague (1968/1974), Kaplan (1977/1989) oder Lewis (1970). Man wird jedoch eher davon ausgehen müssen, dass eine umfassende Behandlung von Kontextabhängigkeiten der genannten Art die Grenzen der Theorie sprachlichen Wissens überschreitet. Hier geht es um Interaktionen zwischen sprachlichem Wissen und anderen kognitiven Modulen – und somit um eine der aktuell größten Herausforderungen an die Kognitionswissenschaft.

Literatur

Altmann, Gerry/Steedman, Mark (1988): Interaction with context during human sentence processing. In: *Cognition* 30, 191–238.

Chomsky, Noam (1956): Three models for the description of language. In: *I.R.E. Transactions on Information Theory* 2, 113–124.

Chomsky, Noam (1957): *Syntactic Structures.* Den Haag.

Chomsky, Noam (1959): On certain formal properties of grammars. In: *Information and Control* 2, 137–167.

Chomsky, Noam (1965): *Aspects of the Theory of Syntax.* Cambridge (Mass.). [dt.: *Aspekte der Syntax-Theorie.* Frankfurt a. M. 1969].

Fodor, Jerry (1983): *The Modularity of Mind.* Cambridge (Mass.).

Gundel, Jeanette/Hedberg, Nancy/Zacharski, Ron (1993): Cognitive status and the form of referring expressions in discourse. In: *Language* 69, 274–307.

Harris, Zellig (1951): *Structural Linguistics.* Chicago.

Hopcroft, John/Ullman, Jeffrey (1979): *Introduction to Automata Theory, Languages, and Computation.* Boston.

Kamp, Hans/Reyle, Uwe (1993): *From Discourse to Logic.* Dordrecht.

Kaplan, David (1977/1989): Demonstratives. In: Joseph Almog/Howard Wettstein/John Perry (Hg.): *Themes from Kaplan.* Oxford, 481–563.

Lewis, David (1970): General semantics. In: *Synthese* 22, 18–67.

Marslen-Wilson, William/Tyler, Lorraine (1980): The temporal structure of spoken language understanding. In: *Cognition* 8, 1–71.

Montague, Richard (1968/1974): Pragmatics. In: Richmond Thomason (Hg.): *Formal Philosophy.* New Haven, 95–118.

Wittgenstein, Ludwig (1921/1960): *Tractatus logico-philosophicus.* In: ders.: *Schriften,* Bd. 1. Frankfurt a. M.

Peter Bosch

2. Kognitive Linguistik

Zentrale Fragen

Die kognitive Linguistik ist jener Teilbereich der Kognitionswissenschaft, der sich mit der Beschreibung und Erklärung mentaler Sprachprozesse und -strukturen beschäftigt. Sie entstand Ende der 1950er Jahre in den USA als Reaktion auf den amerikanischen Strukturalismus in der Linguistik (Chomsky 1957, 1965), der sich auf die Segmentierung, Klassifizierung und Beschreibung von Sprachdaten beschränkte (s. Kap. II.C.1), und den Behaviorismus in der Psychologie (s. Kap. II.E), der ausschließlich beobachtbares Verhalten untersuchte. Inzwischen hat sich die kognitive Linguistik mit ihrer Untersuchung der Interaktion zwischen der Repräsentation und der Verarbeitung sprachlichen Wissens zu einem der bedeutendsten Ansätze innerhalb der Sprachwissenschaft entwickelt. Ihr Hauptziel besteht in einer Erklärung der menschlichen Sprachfähigkeit sowie ihrer onto- und phylogenetischen Entwicklung. Damit ist einerseits die Untersuchung der Eigenschaften, typologischen Variation und historischen Entwicklung einzelner Sprachen verbunden, andererseits findet aber auch eine Vielzahl weiterer Themenfelder Berücksichtigung, etwa die Rolle von Sprache (s. Kap. IV.20) in Denk- und Kommunikationsprozessen (s. Kap. IV.17), die biologischen und physiologischen Grundlagen von Sprachfähigkeit (s. Kap. IV.10), der Zusammenhang von Sprachfähigkeit und Wahrnehmungsprozessen (s. Kap. IV.24), sprachpathologische Phänomene und Prozesse (s. Kap. II.C.3), Erst- und Fremdspracherwerb (s. Kap. IV.12) sowie Phänomene des Sprachverlusts. Dementsprechend widmet sich die kognitive Linguistik einem vielfältigen Spektrum an Themen, das von der Frage nach einer angeborenen Universalgrammatik (s. Kap. II.C.1) über die Betrachtung von Spracherwerbsprozessen bis hin zur Untersuchung möglicher semantischer Strukturen wie etwa der Organisation sprachlichen Wissens in Prototypen (s. Kap. IV.9), konzeptuellen Metaphern oder Metonymien reicht.

Grundannahmen und Methoden

Innerhalb der kognitiven Linguistik finden sich verschiedene, zum Teil einander widersprechende Ansätze. Grundsätzlich wird zwischen einem holistischen und einem modularen Ansatz unterschieden (Schwarz 1992), wobei Letzterer untrennbar mit der generativen Grammatik von Noam Chomsky verknüpft ist (z. B. Chomsky 1957) und neuerdings als Teilgebiet der sog. Biolinguistik (s. u.) verstanden wird.

Der modulare Ansatz versteht Sprache als eigenständiges Modul, d. h. als eine fest in unserem Kognitionssystem verankerte Struktur, die von anderen Kenntnissystemen bzw. Modulen klar abzugrenzen ist (Chomsky 1986). Aufgrund dieses Sprachmoduls sind dem Sprecher demnach bestimmte Universalien inhärent, welche die Produktion syntaktisch korrekter Äußerungen ermöglichen und ihn in die Lage versetzen, sprachliches Material regelkonform zu verarbeiten – Chomsky spricht in diesem Zusammenhang von der ›Kompetenz‹ eines Sprechers bzw. Hörers. Die tatsächliche Sprachverwendung hingegen, die durchaus Verstöße gegen syntaktische Regeln aufweisen und damit ungrammatisch sein kann, bezeichnet er als ›Performanz‹ (auf diesen dynamischen Prozess der Sprachproduktion und -rezeption, der der Tatsache Rechnung trägt, dass auch ungrammatische Produktionen korrekt verarbeitet werden können, geht das Konzept eines ›idealen‹ Sprechers bzw. Hörers zurück). Vor dem Hintergrund eines solchen modularen Ansatzes gelten auf der Anwendung syntaktischer Regeln basierende grammatische Erklärungen dementsprechend immer als Beschreibungen von Strukturen eines Teils unseres Gehirns – des Sprachmoduls eben (zu den Methoden dieses Ansatzes s. Kap. II.C.1).

Der holistische Ansatz läuft in der kognitiven Linguistik üblicherweise unter der Bezeichnung ›kognitive Grammatik‹ und wird vor allem von Langacker (1987/1991) und Lakoff (1987) vertreten. Zu den neuesten Ausprägungen der kognitiven Grammatik zählt die sog. Konstruktionsgrammatik (Fillmore 1988; Goldberg 1995, 2005). Ganz allgemein wendet sich der holistische Ansatz gegen eine modulare Auffassung von Sprachfähigkeit, d. h. gegen die oben skizzierte These, dass Sprache – insbesondere die Syntax – ein autonomes System bildet: Statt ein spezialisiertes und angeborenes Sprachmodul vorauszusetzen, durch das inhärente syntaktische Regeln entsprechend der jeweiligen Zielsprache adaptiert werden, soll Sprachfähigkeit demnach vielmehr auf nichtspezialisierte, allgemeine kognitive und perzeptuelle Fähigkeiten zurückzuführen sein.

Zu den theoretischen und methodologischen Grundannahmen des holistischen Ansatzes zählen u. a. die folgenden Thesen (Schwarz 1992):

- Bei Sprache handelt es sich um ein Zeichensystem, d. h. ein Symbolsystem, in dem Formen und Bedeutungen sowohl auf lexikalischer als auch auf grammatischer Ebene konventionell miteinander verwoben sind, so dass Form-Bedeutungs-Konstruktionen entstehen.

- Die Untersuchung sprachlicher Bedeutungen (Semantik) ist gleichbedeutend mit der Untersuchung konzeptueller Strukturen: Bedeutungen werden weitgehend durch Bildschemata sowie konzeptuelle Metaphern, Metonymien und ›Verschmelzungen‹ (*conceptual blends*) geprägt; sie sind zu einem großen Teil in der menschlichen Erfahrung verankert (*embodiment*; s. Kap. III.7) und kulturell bestimmt.
- Spracherwerb erfolgt auf der Grundlage allgemeiner kognitiver Fähigkeiten: Die Annahme eines spezifischen, angeborenen Erwerbsmechanismus (in Form einer Universalgrammatik) ist nicht notwendig.
- Sprachliche Beschreibungen und Erklärungen sollten nicht (nur) auf Introspektion, sondern (auch) auf authentischem Sprachgebrauch basieren.

Beispiele für Forschungsinhalte

Metaphern und Verkörperlichung. George Lakoff vertritt die These, dass Menschen unbewusst in Metaphern denken und dass uns die Metaphern, die wir rhetorisch nutzen – auch wenn wir die meisten davon gar nicht mehr als solche wahrnehmen mögen – Aufschlüsse über unsere (nicht direkt erfassbare) mentale Organisation liefern können. Laut Lakoff/Johnson (1980) zeigt sich dies z. B. in der Beschreibung einer Argumentation mithilfe kriegerischer Metaphern: Wir sagen z. B., jemand *attackiere* die Schwachpunkte einer Argumentation, *vernichte* eine Strategie oder *verteidige* seine eigene Argumentation mit allen Mitteln usw. (Pielenz 1993, 69). Auf diese Weise sollen letztlich alle unsere Begriffe auf einige wenige basale Begriffe zurückführbar sein, die ihrerseits durch unsere charakteristische Art von Körper bestimmt sind, was sich u. a. auch darin zeigt, dass man Argumentationen nicht nur durch kriegerische Metaphern beschreiben, sondern auch als auf ein Ziel hin ausgerichtet darstellen und dabei klarerweise durch unsere körperliche Verfasstheit geprägte Reisemetaphern bemühen kann (Pielenz 1993, 70): Wir sagen z. B., dass jemand von gewissen Annahmen *ausgeht*, so und so weit *gekommen* ist, sich *vorantastet*, *Schritt für Schritt* fortführt usw. Durch diese metaphorische Redeweise, so Lakoff /Johnson (1980), spiegeln unser konzeptueller Zugang zur Wirklichkeit und die Inferenzmuster höherstufiger Denkprozesse (z. B. in Diskursen über Argumentationen oder Reisen) immer auch die grundlegende Struktur unserer körperlichen Verfasstheit wider. In diesem Sinne sind unsere konzeptuellen Fähigkeiten verkörperlicht (Lakoff 1987), wobei mit ›Verkörperlichung‹ bzw. ›Situiertheit‹ in diesem Zusammenhang eine Einheit von Körper und Geist gemeint ist sowie auf ein enges Zusammenspiel zwischen kognitiven Prozessen wie der Sprachverarbeitung und der direkten Umgebung entnommenen Informationen hingedeutet wird (s. Kap. III.7).

Frame-Semantik. Die Frame-Semantik ist eine Weiterentwicklung von Charles Fillmores Kasusgrammatik (Fillmore 1977a,b), die die linguistische Semantik mit enzyklopädischem Wissen (Weltwissen) verbindet (s. Kap. IV.25). Der Frame-Semantik zufolge aktiviert die Verarbeitung eines Wortes einen Rahmen an semantischem Wissen, seinen sog. semantischen Rahmen (*semantic frame*), d. h. eine zusammenhängende Struktur der mit diesem Wort verknüpften Konzepte, ohne deren Kenntnis auch die einzelnen Strukturbestandteile nicht verständlich wären. Um die Bedeutung eines Wortes zu erfassen, muss demnach das gesamte damit verbundene Schemawissen aktiviert werden, d. h. es ist nicht möglich, z. B. ein Wort wie ›kaufen‹ oder ›verkaufen‹ zu verstehen, ohne grundlegende Kenntnisse über die Gesamtsituation einer finanziellen Transaktion zu haben, die u. a. einen Käufer, einen Verkäufer, die zu verkaufende Ware, den Gegenwert in Form von Geld usw. umfasst. In jüngster Zeit ist die Frame-Semantik zur Konstruktionsgrammatik weiterentwickelt worden (s. u.).

Tendenzen der Forschung

Biolinguistik. Neuere Arbeiten im Rahmen des modularen Ansatzes (z. B. Hauser et al. 2002) ebneten den Weg für die neue Forschungsrichtung der sog. Biolinguistik. Die Biologie befasst sich nicht nur mit der Anatomie und Physiologie von Lebewesen, sondern auch mit deren Verhalten (Ethologie; s. Kap. II.E.6). Insofern Sprache ein Teil des menschlichen Verhaltens ist, kann sie daher auch als biologisches Phänomen untersucht werden. Lechner (2007) fasst die Grundidee der sich aus dieser Überlegung ergebenden Biolinguistik wie folgt zusammen: »In der Biolinguistik wird Sprache als ein *abstraktes Organ* betrachtet, ähnlich den abstrakten Systemen, die für das Sehen, das Fühlen, den Orientierungssinn bei Tauben, oder tierische Kommunikation zwischen Ameisen zuständig sind.«

Allerdings unterscheidet sich Sprache in zwei wichtigen Aspekten von übrigen biologischen Systemen: Erstens besitzt Sprache die Eigenschaft der *Rekursion*, d.h. man kann auf Grundlage einer endlichen Anzahl von Mitteln (Wörtern) potenziell unendlich viele neue Strukturen (Phrasen und Sätze) bilden (s. Kap. II.C.1); zweitens können wir uns sprachlich auf nicht existierende bzw. zeitlich oder räumlich versetzte Objekte beziehen (z. B. mit Ausdrücken wie ›Pegasus‹, ›Homer‹, ›die Vorlesung nächste Woche‹, ›der angebliche Täter‹ usw.). Da alle anderen bekannten biologischen Kommunikationssysteme solche Verweise nicht zulassen (s. Kap. IV.10), lässt sich Sprache nicht mit anderen Kommunikationssystemen gleichsetzen.

Konstruktionsgrammatik. Eine neuere Entwicklung innerhalb des holistischen Ansatzes ist die oben erwähnte Konstruktionsgrammatik, eine Familie von Theorien bzw. Modellen, denen die Vorstellung zugrunde liegt, dass weder atomare syntaktische Einheiten noch deren syntaktischen Regeln folgende Verbindung die elementaren Grammatikbestandteile darstellen, sondern die gesamte Grammatik einer Sprache aus hierarchisch geordneten Konstruktionen besteht. Da sich zahlreiche Vertreter der Konstruktionsgrammatik auch mit kognitiver Linguistik beschäftigen und viele ihrer theoretischen und philosophischen Grundannahmen teilen, wird die Konstruktionsgrammatik üblicherweise eng mit der kognitiven Linguistik assoziiert.

Der Konstruktionsgrammatik zufolge sind die Konstruktionen, aus denen die Grammatik einer jeden Sprache besteht, in Familien bzw. Netzwerken organisiert, die analog zu Netzwerken konzeptueller Kategorien aufgebaut sind, wie sie in der kognitiven Linguistik verwendet werden; d. h. sie folgen Prinzipien wie Vererbung, Prototypizität, Extension oder *multiple parenting*, was dazu führen kann, dass die entsprechenden Netzwerkmodelle unter Umständen sehr komplex sind (der englische Satz ›*Did Mary go?*‹ etwa ist eine Frage, aber gleichzeitig auch eine Konstruktion mit dem Verb ›*do*‹). Da es im Hinblick auf die Art und Weise, wie Informationen in solchen Netzwerken gespeichert sind, unterschiedliche Vorstellungen gibt, spricht man im Zusammenhang mit der Konstruktionsgrammatik oftmals auch von einer Familie grammatischer Theorien (vgl. auch Croft 2001).

Die Annahme von Konstruktionen hat u.a. auch Auswirkungen auf Spracherwerbstheorien: Laut Tomasello (2003) sind dem Menschen zwar wirkungsvolle Lernmechanismen angeboren, Sprachproduktion und -rezeption gehen jedoch in erster Linie von Konstruktionen aus, so dass alle sprachlichen Fähigkeiten letztlich aus dem Input abstrahiert werden: Soziale Interaktion ist demnach essenziell für den Erwerb von Sprache und bietet alle nötigen Informationen für einen schnellen und mühelosen Spracherwerb. Vor diesem Hintergrund benötigen Kinder zum Spracherwerb zwei Fähigkeiten: erstens die Fähigkeit zum sog. *intention-reading*, d.h. zur Absichtsinterpretation (s. Kap. IV.21), und zweitens die Fähigkeit zum sog. *pattern-finding*, d.h. zur Mustererkennung (s. Kap. IV.9). Zu Beginn des Spracherwerbsprozesses spielt das imitative Lernen eine entscheidende Rolle: Das Kind, so Tomasello (2003), ahmt prototypische Konstruktionen nach, wodurch es sukzessiv Sprachstrukturen erwirbt, bis schließlich ein umfassendes Inventar an linguistischen Konstruktionen aufgebaut ist (s. Kap. IV.12).

Embodiment und Robotik. Unter dem Schlagwort ›embodiment‹ bzw. ›Verkörperlichung‹ (s. Kap. III.7) werden seit einiger Zeit diverse neue Forschungsrichtungen vorangetrieben. Darunter fallen etwa die Betrachtung des Wechselspiels von Wahrnehmung und motorischen Prozessen (s. Kap. IV.24) sowie das ›situierte‹ Sprachverstehen, bei dem die Verarbeitung von visuellen Informationen, Weltwissen und sprachlichen Äußerungen untersucht wird (s. Kap. IV.10). Auch andere innovative Trends in der Kognitionswissenschaft, darunter z.B. die Beschäftigung mit Emotion und Sprache, Synästhesie, sozialer Kognition und Sprache oder der Computermodellierung von Sprachverarbeitung sind in diesem Feld anzusiedeln (Duffy/Joue 2000; Wilson/Foglia 2011).

Darüber hinaus entstehen gemeinsame Forschungsprojekte mit der Robotik (s. Kap. II.B.2). Aktuell konzentriert man sich dabei auf neuronale Netze (s. Kap. III.2), die die Funktionsweise des menschlichen Gehirns abbilden sollen und von denen angenommen wird, dass sie Leistungen wie autonomem Handeln (s. Kap. IV.8), Intelligenz (s. Kap. IV.11) und womöglich auch Intuitionen und Bewusstsein (s. Kap. IV.4) zugrunde liegen. Der Schritt zur tatsächlichen Menschenähnlichkeit bestünde in diesem Zusammenhang in der Entwicklung verkörperlichter Maschinen, also Systemen, die eine bestimmte Form der leiblichen Selbstwahrnehmung besitzen (s. Kap. IV.18), wofür jedoch zur virtuellen auch noch die phänomenale Ebene hinzukommen müsste (s. Kap. II.F.3). Solche Systeme könnten Körperlichkeit wie Menschen bewusst erleben, gekoppelt mit eigenen kognitiven Prozessen, eigenen Gefühlen, Zielen und einem eigenen Willen (Duffy/Joue 2000).

Schließlich sind Wissenschaftler am *General Robotics, Automation, Sensing and Perception Lab* der *University of Pennsylvania* gegenwärtig dabei, Roboter zu entwickeln, die wie Menschen lesen können. Um diese Fähigkeit zu erwerben, scannen die Roboter ihre Umgebung immer wieder nach neuen Worten ab, die sie anschließend ähnlich wie ein Schulanfänger zu analysieren und laut vorzulesen versuchen (www.grasp.upenn.edu/).

Literatur

Chomsky, Noam (1957): *Syntactic Structures*. Den Haag.

Chomsky, Noam (1965): *Aspects of the Theory of Syntax*. Cambridge (Mass.). [dt.: *Aspekte der Syntax-Theorie*. Frankfurt a. M. 1969].

Chomsky, Noam (1986): *Knowledge of Language*. New York.

Croft, William (2001): *Radical Construction Grammar*. Oxford.

Duffy, Brian/Joue, Gina (2000): Intelligent robots. In: *Proceedings of the Brain-Machine Workshop*, December 20–22, 2000, Ankara, Türkei. http://www.csi.ucd.ie/prism/publications/pub2000/BrainMachine2000.pdf

Fillmore, Charles (1977a): The case for case reopened. In: Peter Cole (Hg.): *Syntax and Semantics 8*. New York, 59–81.

Fillmore, Charles (1977b): Scenes-and-frames semantics. In: Antonio Zambolli (Hg.): *Linguistic Structure Processing*. Amsterdam, 55–82.

Fillmore, Charles (1988): The mechanisms of ›construction grammar‹. In: *Berkeley Linguistics Society* 14, 35–55.

Goldberg, Adele (1995): *Constructions*. Chicago.

Goldberg, Adele (2005): Constructions, lexical semantics and the correspondence principle. In: Nomi Erteschik-Shir/Tova Rapoport (Hg.): *The Syntax of Aspect*. Oxford, 215–236.

Hauser, Marc/Chomsky, Noam/Fitch, Tecumseh (2002): The faculty of language. In: *Science* 298, 1569–1579.

Lakoff, George (1987): *Women, Fire, and Dangerous Things*. Chicago.

Lakoff, George/Johnson, Mark (1980): *Metaphors We Live By*. Chicago. [dt.: *Leben in Metaphern*. Heidelberg 1997].

Langacker, Ronald (1987/1991): *Foundations of Cognitive Grammar*, 2 Bde. Stanford.

Lechner, Wilfried (2007): *Architektur der Grammatik*. Ms. Universität Athen.

Pielenz, Michael (1993): *Argumentation und Metapher*. Tübingen.

Schwarz, Monika (1992): *Einführung in die Kognitive Linguistik*. Tübingen.

Tomasello, Michael (2003): *Constructing a Language*. Cambridge.

Wilson, Robert/Foglia, Lucia (2011): Embodied cognition. In: Edward Zalta (Hg.): *The Stanford Encyclopedia of Philosophy* (Fall 2011). http://plato.stanford.edu/archives/fall2011/entries/embodied-cognition/

Artemis Alexiadou

3. Psycholinguistik und Neurolinguistik

Die Psycho- und Neurolinguistik beschäftigt sich mit der menschlichen Sprachfähigkeit. Sie will die psychologischen und neurobiologischen Grundlagen aufdecken, die es dem Menschen ermöglichen, Sprache zu erwerben, zu produzieren und zu verstehen. Wo im Gehirn geschieht die Verarbeitung sprachlicher Informationen und welche kognitiven Mechanismen liegen ihr zugrunde? Was macht die menschliche Sprache so besonders, d. h. was können wir, was Tiere nicht können? Ist das, was wir unter ›Denken‹ verstehen, nur möglich, weil wir sprechen können?

Die konkreten Fragestellungen dieser empirischen Disziplin betreffen sämtliche Ebenen strukturlinguistischer Beschreibung, d. h. Phonologie, Morphologie, Syntax, Semantik und Pragmatik. Die Grenzen zwischen den Teilgebieten der Psycho- und der Neurolinguistik sind fließend, so dass eine klare Abgrenzung nur eingeschränkt sinnvoll ist (Ähnliches gilt für die Grenzen zu Bereichen wie der Patholinguistik oder der kognitiven Linguistik, s. Kap. II.C.2). Zur groben Einordnung lässt sich jedoch sagen, dass die Psycholinguistik in erster Linie Modelle von Sprachverarbeitung entwickelt und diese mit psychologischen Methoden testet, während die Neurolinguistik v. a. nach den neuronalen Korrelaten dieser Prozesse fragt.

Sprachproduktion und Sprachrezeption werden meist separat untersucht, da die Frage, ob diese Prozesse auf einem gemeinsamen oder mehreren spezialisierten neuronalen Netzwerken basieren, noch immer nicht eindeutig beantwortet ist. Insbesondere seit der intensiven Nutzung bildgebender Verfahren in der linguistischen Forschung zeigt sich, dass einerseits Regionen, die jahrzehntelang als reine ›Sprachzentren‹ angesehen wurden, noch in viele weitere kognitive Prozesse eingebunden sind, und andererseits weitaus mehr Hirnregionen in die Sprachverarbeitung involviert zu sein scheinen als bisher angenommen wurde.

Die Lokalisierung sprachrelevanter Hirnregionen wird auch dadurch erschwert, dass die Lateralisierung der Sprachfähigkeit individuell variiert. So sind zwar bei einem Großteil der rechtshändigen Bevölkerung die meisten Sprachfunktionen in der linken Hemisphäre lokalisiert, jedoch verarbeiten etwa 30 Prozent aller Linkshänder Sprache entweder rechts- oder sogar beidhemisphärisch. Hinzu kommt, dass jedes Gehirn eine individuelle Faltung der Großhirnrinde aufweist – entsprechend kann das gleiche Gehirnareal interindividuell erheblich in seiner kortikalen Position variieren. Das Gesamtbild des Sprachnetzwerks im Gehirn wird jedoch trotz aller anatomischen Besonderheiten dank moderner Bildgebung immer genauer.

Die Psycho- und Neurolinguistik steht als verhältnismäßig junge Disziplin noch vor vielen ungelösten Fragen. Zur Beantwortung dieser Fragen stehen drei grundlegende Ansätze zur Verfügung, wobei die interessierende Fragestellung zumeist die jeweilige Herangehensweise bestimmt:

- patholinguistische Studien zu angeborenen oder erworbenen Sprachstörungen,
- Untersuchungen zum Verlauf des Erst- und Zweitspracherwerbs (s. Kap. IV.12) sowie natürlich
- Experimente mit gesunden adulten Sprechern.

Im Folgenden werden zunächst die Methoden und Forschungsschwerpunkte der Psycho- und Neurolinguistik vorgestellt. Anschließend wird ein erster Eindruck davon vermittelt, wo diese linguistischen Teilgebiete im Gesamtfeld der Sprachwissenschaft verortet werden können und welche Bedeutung ihre Ergebnisse für andere kognitionswissenschaftliche Disziplinen haben.

Methoden

Die Psycholinguistik hat ihre Wurzeln in der Experimentalpsychologie des späten 19. Jh.s und in der klassischen Linguistik, also der Wissenschaft von Einzelsprachen und Sprachsystemen. Sie thematisiert das sprachliche Verhalten und Erleben des Menschen einerseits isoliert, versucht darüber hinaus andererseits aber auch, Sprache in ihrem Zusammenspiel mit anderen mentalen Repräsentationen (s. Kap. IV.16) und Prozessen zu verorten (s. Kap. IV.20). Dazu stehen ihr zwei Klassen von methodischen Ansätzen zur Verfügung: erstens sog. Offline-Verfahren, die das Ergebnis eines kognitiven Prozesses messen und damit auf Basis der produzierten Sprachstrukturen oder Bewertungen rückwirkende Schlüsse auf die Sprachverarbeitung zulassen (z. B. Elizitationsstudien, also Aufgaben, bei denen Probanden ein fehlendes sprachliches Element ergänzen müssen, oder Grammatikalitätsbeurteilungen), zweitens sog. Online-Verfahren, die den Sprachverarbeitungsprozess abbilden, während er abläuft (z. B. Reaktionszeitmessungen oder Eyetracking). Während die indirekten Online-Methoden den Vorteil haben, dass sehr spezifische Kompo-

nenten der Sprachverarbeitung operationalisiert und isoliert getestet werden können (z. B. die Geschwindigkeit, mit der das Gehirn semantische Ungereimtheiten in einem Satz erkennt), basieren Offline-Paradigmen auf der Untersuchung der eigentlichen Rohsprachdaten selbst und ermöglichen so die Beobachtung produktiver Reaktionen, etwa Übergeneralisierungen, Versprecher oder pathologische Sprachfehler.

Die Neurolinguistik sucht nach spezifischen Gehirnaktivitäten und -strukturen, die mit Sprachverarbeitungsprozessen assoziiert sind. Bereits Anfang des 19. Jh.s postulierte der deutsche Anatom Franz Joseph Gall, dass die menschliche Sprachfähigkeit in einem spezifischen, abgegrenzten Bereich im Gehirn angesiedelt sei. Obschon es aus heutiger Sicht unplausibel ist, ein einzelnes ›Sprachzentrum‹ im Gehirn anzunehmen, ebnete Gall mit seinen Überlegungen den Weg zur modernen Neurolinguistik.

Oft basiert neurolinguistische Forschung auf psycho- und manchmal auch strukturlinguistischen Modellen und untersucht, wie die durch die Modelle vorhergesagten Prozesse im Gehirn implementiert sein könnten. Dabei geht es jedoch nicht zwangsläufig darum, einzelnen Prozessen separate Gehirnregionen zuzuordnen. Zum einen setzt die psychologische Annahme, dass z. B. Syntax- und Semantikverarbeitung zwei Modellkomponenten zugrunde liegen, nicht zwangsläufig voraus, dass diese Trennung auch im Gehirn angelegt ist. Zum anderen ist die Zuordnung von Sprachprozessen zu spezifischen Gehirnregionen, wie sie noch im 19. Jh. bei Paul Broca oder Carl Wernicke üblich war, nach heutigem Kenntnisstand so nicht mehr haltbar. Zwar wissen wir, dass etwa das Broca-Areal (die Brodman-Areale 44 und 45) eine wichtige Rolle in der Syntaxverarbeitung spielt, doch ohne Berücksichtigung des neuronalen Netzwerks, in das diese Region involviert ist, lässt sich der sprachliche Prozess als Ganzes nicht erklären. Umgekehrt scheint das Broca-Areal zudem auch in ganz andere kognitive Systeme eingebunden zu sein, etwa in die Musikperzeption oder in mathematisches Denken (Baldo/Dronkers 2007; Patel 2003). Eine Eins-zu-eins-Zuweisung von Sprachprozess zu Gehirnregion entspricht also nicht der neurobiologischen Realität.

Um Kenntnisse über die der Sprachverarbeitung zugrunde liegenden Netzwerke zu gewinnen, nutzt die Neurolinguistik wie schon erwähnt drei verschiedene Ansätze: die experimentelle Manipulation bei gesunden adulten Sprechern, Studien (kindlicher) Sprachentwicklung sowie klinische Ansätze bei Patienten mit angeborenen (z. B. Legasthenie) oder erworbenen (z. B. Aphasie nach Schlaganfall) Sprachstörungen. Dabei werden sämtliche heute verfügbaren bildgebenden Methoden angewandt, etwa die Elektroenzephalografie (EEG) und die Magnetoenzephalografie (MEG) für Fragen des zeitlichen Ablaufs sprachlicher Prozesse, räumlich hochauflösende Verfahren wie die (funktionelle) Magnetresonanztomografie (MRT/fMRT) oder die Diffusions-Tensor-Bildgebung (DW-MRT) für die Darstellung der Nervenverbindungen zwischen Gehirnregionen, aber auch minimal-invasive Stimulationsverfahren zur zeitweiligen Verstärkung oder Ausschaltung kognitiver Prozesse wie die transkranielle Magnetstimulation (TMS) oder die funktionelle direkte Gleichstrom-Stimulation (fDCS).

Die Psycholinguistik bezieht die so gewonnenen neurolinguistischen Daten dann wiederum in die Entwicklung und Evaluation ihrer Modelle mit ein. Auf diese Weise entsteht ein Wechselspiel aus Theoriebildung und empirischer Überprüfung.

Tendenzen der Forschung

Sprachrezeption. Studien zur Sprachrezeption beschäftigen sich mit den kognitiven Prozessen beim Dekodieren und Interpretieren sprachlicher Zeichen, z. B. beim Hören sprachlicher Äußerungen oder beim Lesen von Texten. Dabei geht es nicht nur darum herauszufinden, wie und wo die Bedeutung von Wörtern im Kopf verarbeitet, gespeichert und kombiniert wird, sondern z. B. auch um die kognitionswissenschaftlich brisante Frage, ob die Sprache unser Denken und damit unsere Weltwahrnehmung prägt. Nehmen Menschen, deren Muttersprache viele verschiedene Bezeichnungen für die Farbe Rot parat hält, auch tatsächlich mehr Abstufungen wahr? Inwieweit strukturiert das Begriffsinventar unserer Muttersprache die vermeintlich objektive außersprachliche Welt?

Das Sprachverständnis kann zudem durch eine Vielzahl von Erkrankungen gestört sein, etwa durch Gehirntumore, traumatische Läsionen oder angeborene Erkrankungen. Die wohl eindrücklichste Störung der Sprachrezeption ist die sog. Wernicke-Aphasie, die zumeist als Folge eines Schlaganfalls auftritt. Charakteristisch für diese Störung ist ein häufig überbordender Redefluss, der jedoch in weiten Teilen sinnentleert ist:

Untersucher: Sie waren doch Polizist, haben Sie mal einen festgenommen?

Patient: Na ja … das ist so … wenn Sie einen treffen draußen abends … das ist ja … und der Mann wird jetzt versucht … als wenn er irgend was festgestellt hat ungefähr … ehe sich macht ich … ich kann aber noch nicht amtlich … (Poeck/Hacke 2010, 84)

In schweren Fällen versteht der Patient die Äußerungen seines Gegenübers gar nicht mehr (und andersherum) und ist damit in seinen kommunikativen und sozialen Interaktionen stark eingeschränkt.

Sprachproduktion. Die Untersuchung der Sprachproduktion umfasst alle Prozesse, die von einer Äußerungsabsicht zur Produktion von sprachlichen Lauten führen. Neurolinguistische Studien zur Sprachproduktion sind im Vergleich zu Sprachverständnisparadigmen verhältnismäßig selten, was in erster Linie praktischen Erwägungen geschuldet ist, da beim Sprechen natürlich Teile des Kopfes bewegt werden müssen, bildgebende Verfahren jedoch anfällig für Bewegungsartefakte sind. Zudem muss das Paradigma sicherstellen, dass Probanden exakt die gewünschten Strukturen produzieren und z. B. nicht statt ›Der Hund verfolgt den Mann.‹ eine Passivkonstruktion wie ›Der Mann wird von dem Hund verfolgt.‹ wählen.

Interessant an solchen produzierten Daten sind z. B. die Implikationen von Ereignissen wie dem *tip-of-the-tongue*-Phänomen, bei dem man sich vielleicht an den ersten Buchstaben des gesuchten Wortes, an seine Silbenstruktur oder Wörter mit ähnlichen phonologischen oder semantischen Charakteristika erinnert, das eigentliche Wort aber nicht oder nur mit Verzögerung produzieren kann. Aus Beobachtungen dieser Art lassen sich Hypothesen über Aufbau und Funktionalität des mentalen Lexikons ableiten. Ähnliche Rückschlüsse lassen Analysen von Versprechern und Elizitationsstudien mit aphasischen Patienten zu, die ebenfalls gängige Werkzeuge der psycholinguistischen Modellbildung darstellen. Zur Sammlung solcher Daten werden Offline-Verfahren angewendet, denn insbesondere die direkten Rohsprachdaten lassen in diesem Fall Rückschlüsse auf die verantwortlichen Mechanismen zu. Allerdings gibt es bereits eine kleine Zahl an Studien mittels Magnetoenzephalografie und funktioneller Magnetresonanztomografie, die parallel dazu darstellen, welche Gehirnregionen beim Auftreten solcher Phänomene aktiv sind (z. B. Lindin et al. 2010; Maril et al. 2005; Sahin et al. 2009).

Sprachproduktion und -rezeption lassen sich also getrennt voneinander operationalisieren und untersuchen – aber basieren sie auch auf distinkten neuronalen Netzwerken? In einer aktuellen Studie mittels funktioneller Magnetresonanztomografie am *Max-Planck-Institut für Psycholinguistik* in Nijmegen wurde die Gehirnaktivität von Probanden gemessen, die entweder Sätze hörten oder sie produzierten (Segaert et al. 2012). Die Forscher konnten zeigen, dass Prozesse wie z. B. das syntaktisch korrekte Integrieren von Wörtern in einen Satz bei der *Produktion* von Sprache dieselben Gehirnregionen aktivieren wie bei der *Verarbeitung* von Sprache. Lediglich der Motorkortex ist, entgegen einer bislang verbreiteten Annahme, in der Sprachrezeption offensichtlich nicht involviert, d. h. Menschen scheinen während des Sprachverstehens nicht selber die Sprachproduktion zu ›simulieren‹.

Spracherwerb. Die Spracherwerbsforschung beschäftigt sich in erster Linie mit dem kindlichen Erstspracherwerb, aber auch mit dem frühen oder späten Zweitspracherwerb und dem Erlernen von Lesen und Schreiben (s. Kap. IV.12). Ziel der Psycholinguistik ist es dabei, aus Verlauf und Struktur des Erwerbsprozesses Rückschlüsse auf die zugrunde liegenden kognitiven Prozesse zu ziehen. Eine Vielzahl sich teils widersprechender, teils ergänzender Erklärungsmodelle liegen dieser Forschung zugrunde. Der behavioristische Ansatz etwa postuliert einen Erwerb, der auf Imitation und Verstärkung durch die Umwelt des Kindes basiert (Skinner 1957). Je häufiger ein Kind eine positive Reaktion auf eine Lautäußerung erfährt, desto stärker verfestigt sich das jeweilige Wort oder das grammatische Konstrukt in seinem Sprachrepertoire. Als kritischen Gegenentwurf etablierte Noam Chomsky ein nativistisches Modell, das eine angeborene ›Universalgrammatik‹ annimmt (s. Kap. II.C.1). Gemeint ist damit, dass ein Grundinventar grammatischer Funktionalitäten (wie etwa sämtliche möglichen Satzstellungen, d. h. Subjekt-Verb-Objekt usw.) bereits im Gehirn verankert ist und eben nicht mehr erlernt wird, sondern letztlich nur noch durch sprachlichen Input aktiviert werden muss (Chomsky 1959, 1965): Ein Kind *lernt* also nicht, an welcher Stelle das Subjekt in einem korrekten deutschen Satz stehen kann, sondern aktiviert (unbewusst) den entsprechenden ›Schalter‹ im Gehirn. Die psycholinguistische Forschung ist seitdem geprägt von Reaktionen auf Chomskys Vorstoß und den Versuchen, seine Theorie zu verifizieren bzw. zu widerlegen. Insbesondere die Konstruktionsgrammatik hat einen einflussreichen Gegenentwurf vorgelegt, der den kindlichen Spracherwerb durch das Erlernen generalisierbarer Konstruktionen erklärt und somit auf die Annahme angeborenen Sprachwissens verzichten kann (Tomasello 2005; s. Kap. II.C.2). Die Neuroinformatik (s. Kap. II.B.3) liefert durch Simulation neuronaler Netzwerke ebenfalls Indizien für einen lernbasierten Erwerb (s. Kap. III.2, Kap. IV.12).

In Entwicklungsstudien lässt sich die Ontogenese sprachlicher Fähigkeiten insbesondere in Bezug auf Gehirnmaturation und die Myelinisierung kritischer Hirnregionen untersuchen. So zeigen z. B. aktuelle Studien, dass die dorsale Verbindung zwischen dem Broca-Areal und dem temporalen Kortex, die für die Verarbeitung syntaktisch komplexer Sätze von entscheidender Bedeutung ist, bei Kindern im Alter von sieben Jahren noch nicht vollständig myelinisiert ist. Entsprechende behaviorale Befunde belegen, dass Kinder in diesem Alter Schwierigkeiten haben, Sätze korrekt zu interpretieren, die eine markierte Wortstellung aufweisen – etwa wenn das Objekt wie in ›Dem Hund gibt das Kind Lakritze.‹ am Anfang des Satzes steht (Friederici 2009; Skeide 2012).

Stellung der Psycho- und Neurolinguistik in der Kognitionswissenschaft

Psycho- und Neurolinguistik stellen die Schnittstelle zwischen der Psychologie (s. Kap. II.E) und den Neurowissenschaften (s. Kap. II.D) auf der einen und den theoretischen bzw. strukturorientierten Linguistikansätzen (s. Kap. II.C.1) auf der anderen Seite dar. Die Teildisziplinen Psycholinguistik und kognitive Linguistik (s. Kap. II.C.2) sind in ihrer Beschäftigung mit der Beschreibung und Erklärung mentaler Sprachprozesse und -strukturen zu großen Teilen deckungsgleich. Der entscheidende Unterschied liegt darin, dass sich die Psycholinguistik als klassisch empirische Wissenschaft definiert und aus einer ebensolchen hervorgegangen ist, während die kognitive Linguistik in erster Linie theoretisch modellierende Ansätze verfolgt.

Die theoretische Linguistik ist von der Methode her ebenfalls auf Modelle und formale Theorien festgelegt, aus denen empirisch überprüfbare Vorhersagen abgeleitet werden können (s. Kap. II.C.1). Die Modelle der theoretischen und strukturellen Linguistik sind also keineswegs abseits der psychologischen Realität, wie hin und wieder behauptet wird. Die klassische geisteswissenschaftliche Linguistik profitiert von den modernen psychologischen und neurowissenschaftlichen Erkenntnissen, die formale Theorien überprüfen und widerlegen können, während die naturwissenschaftlichen Disziplinen die veränderten Modelle und Strukturbeschreibungen wiederum neuen Forschungsansätzen zugrunde legen können.

Menschliche Sprache basiert auf einer Vielzahl von kognitiven Prozessen wie logischem Denken (s. Kap. IV.17) oder Gedächtnis (s. Kap. IV.7), die ihrerseits wiederum zumindest anteilig sprachlich strukturiert zu sein scheinen. Die offensichtliche Bedeutung der Sprachfähigkeit für das Menschsein selbst lässt psycho- und neurolinguistische Erkenntnisse zu einem wichtigen Teil einer allgemeinen Theorie menschlicher Kognition werden.

In der Philosophie des Geistes (s. Kap. II.F.1) wird die Verbindung von Sprache und Kognition u. a. von Fodor (1975) aufgegriffen, der die Existenz einer ›Sprache des Geistes‹ postuliert, in der sämtliche Denkvorgänge stattfinden sollen. Diese Sprache ist, analog zu natürlichen Sprachen, aus einzelnen bedeutungstragenden Einheiten aufgebaut, die systematisch in unterschiedlichen mentalen Repräsentationen (s. Kap. IV.16) auftreten können (so wie ein Wort Teil unterschiedlicher Sätze sein kann) und deren Gesamtbedeutung sich wiederum kompositional ergibt. Wie der Name bereits nahelegt, unterscheidet sich dieses ›Mentalesisch‹ von natürlichen Sprachen jedoch dadurch, dass es weder akustisch noch optisch realisiert wird, sondern ein vollständig geistiges Phänomen darstellt.

Auch in Bezug auf empirische kognitionswissenschaftliche Fragestellungen spielt die Linguistik eine wichtige Rolle. So wirft die Bedeutung des Broca-Areals für die Verarbeitung hierarchischer Sequenzen, wie wir sie in der Sprache, aber auch in Musik oder Mathematik finden, weitreichende Fragen auf: Basieren Phylo- und Ontogenese von Sprache und bestimmten anderen kognitiven Prozessen auf sich überschneidenden neuronalen Netzwerken? Und inwieweit sind diese geistigen Fähigkeiten in Abhängigkeit voneinander zu verstehen?

Die moderne Kognitionswissenschaft rückt zunehmend von der Betrachtung isolierter kognitiver Fähigkeiten ab und wendet sich einer globalen und interaktiven Sichtweise zu, die auch – oder gerade – die Sprachfähigkeit betrifft. Die neuropsychologische Annahme, dass die Funktionalität des Gehirns auf generalisierten Mechanismen beruht, die unabhängig vom jeweiligen kognitiven Prozess Allgemeingültigkeit haben, lässt sich auch durch die Analyse der Sprachverarbeitung zeigen. Sog. *bottom-up*- und *top-down*-Prozesse, wie sie v. a. aus der basalen visuellen und auditorischen Reizverarbeitung bekannt sind, scheinen auch höheren kognitiven Pro-

zessen wie dem Sprachverstehen zugrunde zu liegen (Friederici 2011). Ein vollständiges Verständnis von Sprachverarbeitung ist also nicht nur für sich genommen ein spannendes Ziel, sondern würde zudem den Versuch einer holistischen Modellierung menschlicher Kognition einen entscheidenden Schritt voranbringen.

Sprache ist jedoch nicht nur essenzieller Teil kognitiver Architekturen, sie ist natürlich auch selbst Objekt mathematischer Modellierung. So gibt es z. B. Ansätze in der Neuroinformatik (s. Kap. II.B.3), die mithilfe von statistischen Modellen oder maschinellem Lernen (s. Kap. IV.12) hinterfragen, ob die Rolle der Grammatik für Spracherwerb und -verarbeitung wirklich so bedeutend ist, wie seit Chomskys generativer Grammatik häufig angenommen wird, und knüpfen damit – bewusst oder unbewusst – an die theoretischen Überlegungen der kognitionslinguistischen Konstruktionsgrammatik an (z. B. Hsu et al. 2011).

Und schließlich finden sich Ergebnisse psycho- bzw. neurolinguistischer Forschung auch in direkten Alltagsanwendungen wieder: Künstliche-Intelligenz-Forschung (s. Kap. II.B.1) und Computerlinguistik (s. Kap. II.C.4) z. B. nutzen die Erkenntnisse im Bereich des maschinellen Lernens, etwa bei der maschinellen Sprachverarbeitung oder der Kommunikationsoptimierung.

Zusammenfassend lässt sich sagen, dass Sprache zweifellos ein fundamentaler Bestandteil menschlicher Kognition ist. Sie unterscheidet uns von anderen Säugetieren, prägt unsere Weltwahrnehmung und ist Basis unserer sozialen Interaktion. Insbesondere Störungen dieses hoch entwickelten kognitiven Systems demonstrieren eindringlich, wie essenziell das Sprachvermögen für die Selbst- und Fremdwahrnehmung der eigenen Identität ist. Die psycho- und neurolinguistische Untersuchung der menschlichen Sprachfähigkeit ist für die Kognitionswissenschaft deshalb von fundamentaler Bedeutung.

Literatur

Baldo, Juliana/Dronkers, Nina (2007): Neural correlates of arithmetic and language comprehension. In: *Neuropsychologia* 45, 229–235.

Chomsky, Noam (1959): *Verbal Behavior*, by B. F. Skinner. In: *Language* 35, 26–58.

Chomsky, Noam (1965): *Aspects of the Theory of Syntax*. Cambridge (Mass.). [dt.: *Aspekte der Syntax-Theorie*. Frankfurt a. M. 1969].

Fodor, Jerry (1975): *The Language of Thought*. Cambridge (Mass.).

Friederici, Angela (2009): Pathways to language. In: *Trends in Cognitive Sciences* 13, 175–181.

Friederici, Angela (2011): The brain basis of language processing. In: *Physiological Reviews* 91, 1357–1392.

Hsu, Anne/Chater, Nick/Vitány, Paul (2011): The probabilistic analysis of language acquisition. In: *Cognition* 120, 380–390.

Lindin, Mónica/Diaz, Fernando/Capilla, Almudena/Ortiz, Tomás/Maestu, Fernando (2010): On the characterization of the spatio-temporal profiles of brain activity associated with face naming and the tip-of-the-tongue state. In: *Neuropsychologia* 48, 1757–1766.

Maril, Anat/Simons, Jon/Weaver, Josh/Schacter, Daniel (2005): Graded recall success. In: *Neuroimage* 24, 1130–1138.

Patel, Aniruddh (2003): Language, music, syntax and the brain. In: *Nature Neuroscience* 6, 674–681.

Poeck, Klaus/Hacke, Werner ([10]2010): *Neurologie.* Berlin [1966].

Sahin, Ned/Pinker, Steven/Cash, Sydney/Schomer, Donald/Halgren, Eric (2009): Sequential processing of lexical, grammatical, and phonological information within Broca's area. In: *Science* 326, 445–449.

Segaert, Katrien/Menenti, Laura/Weber, Kirsten/Petersson, Karl/Hagoort, Peter (2012): Shared syntax in language production and language comprehension. In: *Cerebral Cortex* 22, 1662–1670.

Skeide, Michael (2012): *Syntax and Semantics Networks in the Developing Brain.* Leipzig.

Skinner, Burrhus (1957): *Verbal Behavior.* Englewood Cliffs.

Tomasello, Michael (2005): *Constructing a Language.* Cambridge (Mass.).

Carina Denise Krause

4. Computerlinguistik

Die Computerlinguistik (*computational linguistics*) befasst sich mit der Verarbeitung natürlicher Sprache(n) auf Computersystemen. Die Bezeichnungen ›maschinelle Sprachverarbeitung‹ (*natural language processing*), ›linguistische Datenverarbeitung‹ (*linguistic data processing*), ›Sprachtechnologie‹ (*language engineering, human language technology*) sind teilweise synonym mit dem Ausdruck ›Computerlinguistik‹ bzw. bezeichnen Teilgebiete oder überlappende Gebiete. Das anwendungsorientierte Ziel dieser Disziplinen ist die Entwicklung technischer Lösungen im Bereich sprachverarbeitender Anwendungen, sei es in Form von selbstständiger Software oder in Form von Schnittstellen zur natürlichsprachlichen Ein- und Ausgabe in Softwaresystemen. Typischerweise befasst sich die Computerlinguistik dabei mit den Systemkomponenten, die bei einer schriftlichen Repräsentation natürlichsprachlicher Äußerungen und Texte ansetzen. Die Erkennung des gesprochenen Textes aus dem akustischen Signal einer gesprochenen Äußerung und die Synthese einer akustischen Äußerung aus einem geschriebenen Text werden zur Sprachsignalverarbeitung gerechnet, die nicht zum Kernbereich der Computerlinguistik gehört, aber unter maschineller Sprachverarbeitung und Sprachtechnologie mitbegriffen wird. Ähnliches gilt für die Schrifterkennung.

Zur Computerlinguistik werden traditionell auch Forschungsbereiche gezählt, die unterstützende Aufgaben für die empirische Linguistik wahrnehmen, wie die Bereitstellung und Auswertung von Daten für die sprachwissenschaftliche Empirie oder die Philologien (z. B. die Gewinnung, Bereitstellung und Etikettierung von Korpora oder die Entwicklung von Auswertungs- und Recherchewerkzeugen). Krallmann (1968) unterschied dies als ›Linguistik mit Computern‹ von einer ›Linguistik für Computer‹. Diese Verwendung des Begriffs ›Computerlinguistik‹ für die Linguistik mit Computern wurde von Köhler (2005) kritisiert, da andere Wissenschaftszweige, die Computer selbstverständlich in ihrer empirischen Forschung nutzen, keinen analogen Begriff (etwa ›Computerphysik‹) eingeführt hätten. Andererseits sind gerade in den letzten Jahren Bezeichnungen wie ›Computerphysik‹, ›Computerbiologie‹, ›Computermathematik‹ und Ähnliches aufgekommen, deren Verhältnis zu den zugehörigen empirischen und theoretischen Wissenschaften Analogien zum Verhältnis von Computerlinguistik und Linguistik aufweist.

Sprachbezogene Betrachtungen theoretisch-informatischer Art, z. B. komplexitätstheoretische oder lerntheoretische Betrachtungen natürlicher und maschineller sprachverarbeitender Prozesse, werden manchmal unter den Begriff ›theoretische Computerlinguistik‹ gefasst.

Die Anfänge der Computerlinguistik und die maschinelle Übersetzung

Die Bezeichnung ›computational linguistics‹ kam in den 1960er Jahren auf (Hays 1967). Zunächst ist der Begriff eng mit den Bemühungen um die maschinelle Übersetzung zwischen verschiedenen natürlichen Sprachen verbunden. Weaver (1949/1955) versteht die maschinelle Übersetzung als Lösung eines kryptografischen Problems: Die Aufgabe der Übersetzung von einer natürlichen Sprache in eine andere wird analog zur Entschlüsselung eines unbekannten Codes gesehen und soll weitestgehend mit statistischen Methoden gelöst werden. Das durch eine Korpusanalyse zu gewinnende Wissen über die jeweilige statistische Verteilung von Ausdrücken in der Quell- und Zielsprache und bekannte Korrespondenzen zwischen quell- und zielsprachlichen Texten soll dabei zu statistischen Hypothesen über Entsprechungen zwischen diesen Ausdrücken führen. Seither entwickelte statistische Übersetzungssysteme lernen Häufigkeitsverteilungen zielsprachlicher Entsprechungen quellsprachlicher Ausdrücke (im einfachsten Fall von Wörtern), gegeben einen bestimmten quellsprachlichen Kontext und Häufigkeitsverteilungen zielsprachlicher Folgen von Ausdrücken, um die optimalen zielsprachlichen Entsprechungen zu einem quellsprachlichen Text zu ermitteln.

Zu den frühen Anwendungen der Computerlinguistik zählen aber auch sprachstatistische Untersuchungen sowie die Entwicklung von Texterschließungswerkzeugen, also Werkzeugen, die Unterstützung bei der Auffindung von Texten und Textteilen mit bestimmten formalen und inhaltlichen Merkmalen bieten. Kennzeichnend für die frühe Phase der Computerlinguistik war die Konzentration auf die informatischen Aspekte der Unterfangen und die damit verbundene Unterschätzung der Komplexität, die in den spezifischen Eigenschaften natürlicher Sprache (s. Kap. IV.20) begründet liegt.

Eine Zäsur stellte 1964 der Bericht des ALPAC (*Automatic Language Processing Advisory Committee*) dar, ein von der US-Regierung eingesetztes Gremium zur Evaluation des Stands der Computerlinguisik und insbesondere der maschinellen Übersetzung. Der ALPAC Report beurteilte die Erfolgsaussichten automatisierter Übersetzungen sehr skeptisch und mahnte linguistische Grundlagenforschung an. Zwar führte er zu einer drastischen Reduzierung der Fördermittel für die Entwicklung der maschinellen Übersetzung, gleichzeitig wirkte er aber auch als Katalysator bei der Etablierung der Computerlinguistik als über die Anwendungsentwicklung hinausreichende Forschungsdisziplin. Das Ziel einer vollautomatischen maschinellen Übersetzung in hoher Qualität (Bar-Hillel 1964) für unrestringierten Text – unrestringiert in Hinsicht auf die Domäne, den Inhalt und die grammatische Komplexität – bleibt zwar nach wie vor in weiter Ferne, dennoch wurden neben erfolgreichen domänenspezifischen Systemen auch Systeme entwickelt, die gegebenenfalls nachzubessernde Rohübersetzungen liefern, den Humanübersetzer in den Übersetzungsprozess eingreifen lassen (*human aided machine translation*) oder ihn bei seiner Arbeit unterstützen (*machine aided human translation, computer-aided translation*).

Regelbasierte Analyse natürlicher Sprache

Entscheidende theoretische Impulse gingen für die Computerlinguistik seit den 1960er Jahren von der durch Noam Chomskys Arbeiten angestoßenen Entwicklung generativer Grammatikmodelle aus (z. B. Chomsky 1965), mit denen sich die Syntax natürlicher Sprachen in einer Weise beschreiben lässt, die linguistische und intuitive Kategorienbildungen widerspiegelt (s. Kap. IV.9) und anknüpfungsfähig für semantische und pragmatische Theorien ist (s. Kap. IV.20). Zunächst wurden stark prozedural orientierte Grammatikprogrammierformalismen wie die *augmented transition networks* entwickelt (Woods 1970). Die grammatiktheoretischen Entwicklungen motivierten grammatische Formalismen (z. B. Merkmalslogiken) und spezielle Repräsentationssprachen (z. B. PATR-II; Shieber 1986). Zunehmend wurden die deklarativen Aspekte der Grammatikbeschreibung von den prozeduralen Aspekten der Grammatikverarbeitung getrennt, d. h. Wissen über mögliche grammatische Strukturen kodiert und dabei von den Analyseverfahren (Parsingalgorithmen) abstrahiert, mit deren Hilfe diese Strukturen in einem gegebenen Text gefunden werden. Diese Modularisierung der Systeme machte die Entwicklung sehr umfangreicher Grammatiken mit Abdeckung auch komplexer Phänomene erst handhabbar. Auf der informatischen Seite der Computerlinguistik wurde dadurch das Problem der Verarbeitung dieser Formalismen und einer effizienten Analyse (Parsing) sprachlicher Äußerungen aufgrund umfangreicher Grammatiken aufgeworfen: Natürliche Sprachen erlauben viele und strukturell sehr unterschiedliche Realisierungen derselben grammatischen Kategorie; umgekehrt kann derselbe Ausdruck in vielen sehr unterschiedlichen Kontexten stehen, was sowohl reine *top-down-* als auch *bottom-up*-Ansätze ineffizient macht, weshalb lokale Analysehypothesen im weiteren Kontext zum Teil wieder verworfen werden müssen. Da aber Teilergebnisse der zu verwerfenden Analysen zutreffend sein können, brachte die Idee der Verwendung von Charts, also Datenstrukturen zur Speicherung von Teilanalysen, große Effizienzgewinne (Earley 1970).

In den 1970er Jahren wurden Semantiktheorien verfügbar, die sich mit den Grammatikmodellen vernetzen ließen. In der Computerlinguistik wurden besonders Merkmalsemantiken und Fillmores (1968) Frame-Semantik aufgegriffen. Die typenlogisch basierte Montague-Semantik (Montague 1974) lieferte die Grundlage für einen kompositionalen Aufbau semantischer Repräsentationen komplexer Ausdrücke aus der Semantik der Teilausdrücke (s. Kap. IV.20). Die Montague-Semantik bot so die formale Basis, um die Wahrheitsbedingungen von Sätzen aus den Bedeutungen (Denotationen) der in ihnen vorkommenden Wörter und ihren grammatischen Verknüpfungen zu ›berechnen‹. In den 1990er Jahren richtete sich das Interesse zunehmend auf satzübergreifende Phänomene, z. B. auf den Rückbezug auf bereits eingeführte Objekte, Zeiten, Orte, Situationen usw. oder auf die inhaltlichen Relationen zwischen Textteilen. Um z. B. einen kurzen Diskurs wie den folgenden intentionsgemäß interpretieren zu können, müssen die Sätze semantisch aufeinander bezogen werden: ›Am Wochenende hat die Polizei einen betrunkenen Autofahrer aus dem Verkehr ziehen müssen. Der Mann war mit über zwei Promille Alkohol im Blut unterwegs.‹ Zu einer intentionsgemäßen Interpretation gehört, dass der Ausdruck ›der Mann‹ als auf denselben Mann wie der Ausdruck ›einen betrunkenen Autofahrer‹ referierend und das im zweiten Satz beschriebene Geschehen als gleichzeitig oder zeitlich vorhergehend zu dem im ersten Satz beschriebenen Geschehen und zudem als Grund für ersteres interpretiert wird. Die Diskursrepräsentationstheorie (Kamp 1981; Kamp/Reyle 1994) und darauf aufbauende Formalismen wie etwa die Segmentierte Diskursrepräsentationstheorie (Asher/Lascarides 2003) liefern dazu eine geeignete theoretische und formale Grundlage.

Statistische und konnektionistische Verfahren

Die praktischen und zum Teil auch prinzipiellen Grenzen der auf linguistischen Regelwerken basierenden Verfahren wurden immer deutlicher und führten in den 1990er Jahren zu einem zunehmenden Interesse an statistisch basierten Lern- und Entscheidungsverfahren (s. Kap. IV.12). Dabei wird das zur Klassifikation und Analyse sprachlicher Ausdrücke benötigte Wissen nicht händisch in Regelsystemen kodiert, sondern Klassifikatoren werden an Korpora statistisch trainiert, wobei in Kauf genommen wird, dass die Klassifikatoren keine hundertprozentige Akkuratheit erreichen und oft nur eine Wahrscheinlichkeitsverteilung über Klassifikationshypothesen liefern (s. Kap. III.2).

Regelbasierte Ansätze stoßen insbesondere durch die hochgradige Ambiguität natürlicher Sprachen an ihre Grenzen. In natürlichen Sprachen sind die elementaren Einheiten (etwa die Morpheme und gerade auch die Lexeme) fast ausnahmslos mehrdeutig. Hinzu kommen oftmals konkurrierende Möglichkeiten, denselben komplexen sprachlichen Ausdruck grammatisch zu analysieren. Zudem bleiben für eine präzise Interpretation relevante logische Abhängigkeitsverhältnisse (z. B. Skopusverhältnisse) in den Ausdrücken der natürlichen Sprache oftmals unspezifiziert. Dadurch ergibt sich eine Explosion prinzipiell möglicher Lesarten eines komplexen Ausdrucks, ohne dass die offene Menge pragmatisch motivierter Reinterpretationsmöglichkeiten dabei schon mitberücksichtigt wäre. Eine effektive und effiziente rein regelbasierte Auswahl der intendierten Lesart(en) ist damit praktisch unmöglich. Hier können an Korpora trainierte statistische und konnektionistische Verfahren zur Disambiguierung zu einem hohen Anteil zutreffende Lesartenhypothesen liefern (zur statistikbasierten Computerlinguistik vgl. Manning/Schütze 1999).

Das Streben nach Robustheit ist eine weitere Motivation für den Einsatz derartiger Verfahren. Linguistische Ressourcen wie Lexika und Grammatiken erreichen bei unrestringierten Eingabemöglichkeiten nie eine vollständige Abdeckung, da grammatische Regelsysteme nicht alle Aspekte sprachlicher Kreativität (etwa im Sinne der Humboldt'schen Energeia: »[Die Sprache] ist kein Werk (*Ergon*), sondern eine Thätigkeit (*Energeia*).«, 1836, 41) beschreiben, natürliche Sprachen zudem eine schwer zu bewältigende Anzahl sehr seltener Phänomene (wie bestimmte Lexeme oder grammatische Konstruktionen) aufweisen und bei den Nutzereingaben zudem Normabweichungen zu berücksichtigen sind. Dieses letzte Problem wird bei einem ›verrauschten‹ Eingabekanal wie der gesprochenen Sprache noch dringlicher: Spracherkenner liefern nur mit einer gewissen Wahrscheinlichkeit die tatsächlich geäußerte Wortfolge, manchmal hingegen auch konkurrierende Hypothesen, zurück. Bei gesprochener Sprache ist zudem mit einem deutlich geringeren Maße an Normkonformität zu rechnen als bei geschriebenen Äußerungen. So trugen die Fortschritte bei der Erkennung gesprochener Sprache ab den 1980er Jahren wesentlich zur Etablierung statistischer Verfahren in der Computerlinguistik bei. Die Wortartenerkennung (*part-of-speech tagging*) mit auf Korpora gelernten sprachstatistischen Modellen, die es zu einer hohen Präzision bei maximaler Abdeckung brachte, spielte bei der Verbreitung statistischer Methoden eine Pionierrolle (DeRose 1988). Viele Systeme seither sind ›hybrid‹ (s. Kap. III.3) in dem Sinne, dass sie regelbasierte mit statistischen oder anderen Verfahren maschinellen Lernens (s. Kap. IV.12) kombinieren.

Die Sprachgenerierung

Die systematische Beschäftigung mit der maschinellen Erzeugung von Äußerungen, der Sprachgenerierung (*natural language generation*), setzte später ein als die Forschung auf der Analyseseite. Dies hat wesentlich damit zu tun, dass die Generierung in der maschinellen Übersetzung dadurch ›trivialisiert‹ wird, dass man sich bei der zielsprachlichen Generierung zumeist weitestgehend an den quellsprachlichen Strukturen orientiert und auf einen möglichst engen Transfer setzt, also versucht, die Strukturen des quellsprachlichen Textes, z. B. Merkmale der Wortstellung, auf einer relativ oberflächlichen Ebene möglichst weit im zielsprachlichen Text nachzubilden. Dabei nutzt man die funktionale Ähnlichkeit sprachlicher Strukturen in vielen Sprachpaaren. Die dahinterstehende Äquivalenzannahme ist aber keineswegs immer zutreffend und führt nicht immer zu adäquaten Übersetzungen.

In anderen natürlichsprachlichen Systemen mit standardisierbaren Frage-Antwort-Strukturen lassen sich die maschinellen Äußerungen durch wenige Schemata kontrollieren, die Generierungsseite ist also durchweg leichter beschränkbar als die Analyseseite. Das Generierungsproblem wird jedoch umso dringender, je weniger eine einfache schematische Vorstrukturierung der Systemäußerungen möglich ist: Die automatische Generierung von Wettervorhersagen, Straßenzustandsberichten, Wegbeschreibungen, die automatische Zusammenfassung von Texten oder die Informationsextraktion aus Texten mit natürlichsprachlicher Antwortgenerierung erfordern größere Flexibilität bei der Generierung als einfache Schemata sie bieten können. In den 1980er Jahren bildeten sich Architekturen für Generierungskomponenten heraus. Man unterscheidet in diesem Zusammenhang gegenwärtig die Makroplanung mit der Inhaltsbestimmung und -strukturierung von der Mikroplanung, bei der über die Wortwahl (Lexik) entschieden und zusammengehörige Information gruppiert wird (Aggregierung), und die Mikroplanung wiederum von der Oberflächenrealisierung der Äußerung (Carstensen 2012).

Die Texttechnologie

Die Digitalisierung von Textverarbeitungsprozessen und die digitale Vernetzung insbesondere in Form des *world wide web* (WWW) haben seit den 1990er Jahren für eine breite Nachfrage nach neuen sprachtechnologischen Anwendungen gesorgt: nach Rechtschreib- und Grammatikkorrekturprogrammen, nach Suchmaschinen und automatischer Textfilterung bzw. -klassifikation, nach Werkzeugen zur automatischen Informationsextraktion aus Texten oder zur Textzusammenfassung. Mit dem rapiden Wachstum des *world wide web* erfuhren die bis dahin wenig beachteten Textauszeichnungsformalismen (SGML mit der Anwendung HTML und später XML), die es in standardisierter Weise erlauben, Strukturen von Texten explizit zu machen, Texte mit Metainformationen zu versehen und Textteile untereinander zu verknüpfen, einen massenhaften Gebrauch. Die Texttechnologie etablierte sich als neue Teildisziplin der Computerlinguistik, die sich mit der Verarbeitung und Fortentwicklung der Formalismen und der so annotierten Textressourcen befasst. Durch die Texttechnologie wurden viele Standardisierungsbemühungen für Formate sprachbezogener Ressourcen angestoßen, von Lexika bis hin zu Standards für dynamische Interaktion z. B. in E-Learning-Anwendungen oder in gesprochensprachlichen Dialoganwendungen. Zunehmend werden proprietäre durch generische und standardisierte Schnittstellenformate ersetzt, was die modularisierte Entwicklung sprachtechnologischer Anwendungen sehr erleichtert.

Die Computerlinguistik in multimodalen Umgebungen

Die inzwischen selbstverständliche ubiquitäre Verfügbarkeit von Geräten, die verschiedene Ein- und Ausgabemodalitäten kombinieren (Bild, Schrift, Klang, Taktiles), bettet die sprachliche Mensch-Maschine-Interaktion (s. Kap. IV. 13) in einen umfassenderen Interaktionszusammenhang ein (vgl. hierzu das BMBF-Programm *IKT 2020* im Bereich *Interfaces*). Neue Herausforderungen entstehen durch die Integration von Informationen in unterschiedlichen Modalitäten auf der Analyseseite. Auf der Generierungsseite bringt die Multimodalität neue Freiheitsgrade für die Verteilung der maschinellen Ausgabe auf die verschiedenen Modalitäten, deren sinnvolle Nutzung sowohl entsprechende Usability-Forschung nötig macht als auch nach grundlegenden kognitiven Modellen (s. Kap. II.E.2) multimodaler Kommunikation verlangt.

Literatur

Asher, Nicholas/Lascarides, Alex (2003): *Logics of Conversation*. Cambridge.

Bar-Hillel, Yehoshua (1964): A demonstration of the nonfeasibility of fully automatic high quality machine translation. In: ders.: *Language and Information*. Jerusalem, 174–179.

Carstensen, Kai-Uwe (2012): *Sprachtechnologie*. http://www.kai-uwe-carstensen.de/Publikationen/Sprachtechnologie.pdf, Version 2.1, 23.2.2012.

Chomsky, Noam (1965): *Aspects of the Theory of Syntax*. Cambridge (Mass.). [dt.: *Aspekte der Syntax-Theorie*. Frankfurt a. M. 1969].

DeRose, Steven (1988): Grammatical category disambiguation by statistical optimization. In: *Computational Linguistics* 14, 31–39.

Earley, Jay (1970): An efficient context-free parsing algorithm. In: *Communications of the ACM* 13, 94–102.

Fillmore, Charles (1968): The case for case. In: Emmon Bach/Robert Harms (Hg.): *Universals in Linguistic Theory*. New York, 1–88.

Hays, David (1967): *Introduction to Computational Linguistics*. New York.

Humboldt, Wilhelm von (1836): *Über die Verschiedenheit des menschlichen Sprachbaus*. Berlin.

Kamp, Hans (1981): A theory of truth and semantic representation. In: Jeroen Groenendijk/Theo Janssen/Martin Stockhof (Hg.): *Formal Methods in the Study of Language*. Amsterdam, 277–322.

Kamp, Hans/Reyle, Uwe (1994): *From Discourse to Logic*. Dordrecht.

Köhler, Reinhard (2005): Gegenstand und Arbeitsweise der quantitativen Linguistik. In: Reinhard Köhler/Gabriel Altmann/Rajmund Piotrowski (Hg.): *Quantitative Linguistik / Quantitative Linguistics*. Berlin, 1–15.

Krallmann, Dieter (1968): Maschinelle Analyse natürlicher Sprachen. In: Rul Gunzenhäuser (Hg.): *Nicht-numerische Informationsverarbeitung*. Berlin, 227–294.

Manning, Chris/Schütze, Hinrich (1999): *Foundations of Statistical Natural Language Processing*. Cambridge (Mass.).

Montague, Richard (1974): *Formal Philosophy*, hg. von Richmond Thomason. New Haven.

Shieber, Stuart (1986): *An Introduction to Unification-Based Approaches to Grammar*. Stanford.

Weaver, Warren (1949/1955): Translation. In: William Locke/Donald Booth (Hg.): *Machine Translation of Languages*. Cambridge (Mass.), 15–23.

Woods, William (1970): Transition network grammars for natural language analysis. In: *Communications of the ACM* 13, 591–606.

Bernhard Schröder

D. Neurowissenschaft

Einleitung

Die Neurowissenschaft ist gegenwärtig in aller Munde. Kaum eine andere wissenschaftliche Disziplin gewann in so kurzer Zeit so viel Aufmerksamkeit. Heute, ein halbes Jahrhundert nach Entstehung der modernen Neurowissenschaft, beeinflusst sie nicht nur verschiedene akademische Fachgebiete, etwa die Psychologie (s. Kap. II.E), die Erziehungswissenschaft (s. Kap. V.9), die Ökonomie (s. Kap. V.7) oder die Ethik (s. Kap. V.8), auch Bereiche der Popkultur bleiben vom durch die zunehmende Verwendung bildgebender Verfahren katalysierten ›Hype‹ um das Gehirn nicht unberührt. Der Ausdruck ›neuroculture‹ spiegelt dieses wachsende öffentliche Interesse am Gehirn und die zunehmende Verflechtung der Neurowissenschaft mit unterschiedlichen Wissens- und Lebensbereichen wider. Dass dieser Boom zum Teil zunächst eher medial vermittelt als faktisch vorhanden war, konstatiert Jan Slaby in seinem Beitrag zur *kritischen Neuro- und Kognitionswissenschaft* (s. Kap. V.5). Dennoch wird das ›moderne Selbst‹ heute in industrialisierten, ausgeprägt medikalisierten Gesellschaften manchmal als ›zerebrales Subjekt‹ etikettiert und somit zum anthropologischen Prototyp der Moderne stilisiert (Vidal 2009). Grund hierfür mag der Umstand sein, dass, wie Saskia Nagel in ihrem Beitrag zu *Neurowissenschaft und Ethik* (s. Kap. V.8) treffend aufzeigt, neurowissenschaftlich generiertes Wissen unser Selbstverständnis und damit auch unser Menschenbild direkt betrifft.

Ein Einbringen neurowissenschaftlicher Befunde in fachfremde Fragestellungen polarisiert und führt regelmäßig zu kontroversen und teilweise einseitigen Diskussionen. Jedoch ist nicht von der Hand zu weisen, dass sich die Neurowissenschaft als bedeutsames Teilgebiet der Humanwissenschaften etabliert hat. Sie stellt zudem eine zentrale Disziplin der Kognitionswissenschaft dar, vermutlich sogar diejenige, welche die zahlreichsten Interrelationen zu anderen kognitionswissenschaftlichen Teilgebieten aufweist. Beispiele hierfür wären Neuroinformatik (s. Kap. II.B.3), Neurolinguistik (s. Kap. II.C.3), Neu-

ropsychologie (s. Kap. II.E.3), Neurophilosophie (s. Kap. II.F.2) oder Neurophänomenologie (s. Kap. II.F.3).

Von den drei im Folgenden näher beschriebenen Teildisziplinen der Neurowissenschaft kann die *kognitive Neurowissenschaft*, die Constantin Rothkopf in Kapitel 1 vorstellt, in besonderem Maße als Synthese biowissenschaftlicher und kognitionswissenschaftlicher Ansätze betrachtet werden. Zentrales Moment, dem spezifische Fragestellungen der kognitiven Neurowissenschaft untergeordnet sind, ist das grundlegende Bestreben, ein Verständnis davon zu entwickeln, wie kognitive Prozesse biologisch implementiert sind. Um dieses Ziel einer umfassenden und vereinheitlichenden Erklärung von Wahrnehmung und Verhalten des Menschen und nichtmenschlicher Tiere zu erreichen, schöpft die kognitive Neurowissenschaft aus einem vielseitigen methodischen Repertoire. Im Vordergrund steht dabei der computationale Ansatz, der kognitive Prozesse als Ergebnis von Informationsverarbeitung versteht (s. Kap. III.1). Die kognitive Neurowissenschaft bedient sich ferner der verschiedenen empirischen Methoden zur Ableitung physiologischer Vorgänge innerhalb von Nervensystemen und kombiniert diese Ansätze mit anderen biologisch-medizinischen Interventionen und Messungen.

Neben der interdisziplinären Ausrichtung der kognitiven Neurowissenschaft wird in Rothkopfs Kapitel ferner deutlich, dass trotz der relativen Eigenständigkeit dieser Teildisziplin eine trennscharfe Unterscheidung von der theoretischen Neurowissenschaft, der klinischen Neurowissenschaft und anderen Bereichen der Kognitionswissenschaft weder immer gegeben noch sinnvoll ist. Die interdisziplinären Bezüge, zahlreichen Schnittstellen und wechselseitigen Bereicherungen, welche auch die Kognitionswissenschaft prägen, werden dort ebenfalls veranschaulicht.

Im Kontrast zur methodischen Fülle des kognitiven Ansatzes konzentriert sich die *theoretische Neurowissenschaft* auf formale und computerbasierte Methoden. Dabei kombiniert sie, wie Gordon Pipa in Kapitel 2 beschreibt, Methoden aus der Mathematik, der Informatik (s. Kap. II.B), der Statistik und der theoretischen Physik, um Kognition auf Grundlage eines vertieften Verständnisses neuronaler Funktionen und Mechanismen begreifbar zu machen. Basale Prinzipien der zentralnervösen Informationsverarbeitung und den Beitrag, den einzelne Komponenten eines biologischen Systems dabei leisten, ermittelt die theoretische Neurowissenschaft mithilfe verschiedener sog. Modelle (s. Kap. II.E.2), die auf statistischem und maschinellem Lernen, Computersimulationen und numerischen Methoden basieren. Mit verwandten Disziplinen wie der computerbasierten Neurowissenschaft oder der Neuroinformatik (s. Kap. II.B.3) bestehen dabei erhebliche Überschneidungen; Unterschiede ergeben sich v.a. durch verschiedene Schwerpunkte in der methodischen Ausrichtung.

Die selektive Verwendung beschreibender, mechanistischer oder interpretativer Modelle erlaubt es der theoretischen Neurowissenschaft, etwa experimentell gewonnene Daten präzise abzubilden, emergente Eigenschaften des Nervensystems zu erklären sowie fundamentale Eigenheiten neuronaler Informationsverarbeitung zu erforschen. Die Darlegung einzelner Schritte der Modellbildung ermöglicht auch fachfremden Lesern, einen Eindruck vom Vorgehen und dem Potenzial der theoretischen Neurowissenschaft zu gewinnen. Möglich sei es, so Pipa, dass der theoretische Ansatz innerhalb der Neurowissenschaft einen Bedeutungszuwachs erfahren wird, der künftige Forschung entscheidend beeinflussen, sogar beflügeln könnte.

Im Gegensatz zu diesen sehr weit gefassten Zielsetzungen speist die *klinische Neurowissenschaft*, wie Henrik Walter in Kapitel 3 darlegt, ihr Selbstverständnis aus der Erforschung struktureller und funktioneller Pathologien des zentralen Nervensystems und seltener auch nichtneuronaler Erkrankungen, die im Zuge der Untersuchung damit verbundener Prozesse im Gehirn besser verstanden und/oder therapiert werden können. Die klinische Neurowissenschaft umfasst damit nicht nur die Forschung in explizit neurologischen Bereichen wie der Neuropsychologie, Neuropathologie oder Neuroradiologie, sondern auch die allgemeine Psychiatrie, die Psychotherapie und die Psychosomatik. Sie schließt grundlagenwissenschaftliche Fragestellungen ebenso ein wie Fragen zur Anwendung.

Methodische Überschneidungen gibt es – vom computationalen Ansatz abgesehen – v.a. mit der kognitiven Neurowissenschaft; daneben bedient sich die klinische Neurowissenschaft der Methoden der molekularen Medizin. Ein besonderer Schwerpunkt liegt außerdem auf Interventionen, welche Prozesse im Gehirn verändern, etwa der Tiefen Hirnstimulation (s. Kap. V.6), der Psychopharmakologie oder der Transkraniellen Magnetstimulation (TMS). Eine methodische Eigenheit stellt die Bedeutung quasi-experimenteller Studien und Einzelfalluntersuchungen dar. Der Fokus auf funktionell oder strukturell geschädigte Gehirne schließt Plan- und Kontrollierbarkeit zwar aus, ermöglicht aber die Auseinandersetzung mit Phänomenen, die in experimentellen Studien nicht reproduzierbar wären. Aus der klinischen Untersuchung dieser ›Experimente der Natur‹ ergeben sich daher äußerst exklusive Implikationen für die Kognitionswissenschaft. Ein Beispiel hierfür ist das Capgras-Syndrom, welches verdeutlicht, dass für das Erkennen einer vertrauten Person sensorische Informationen nicht hinreichend sind, sondern erst aus der Kopplung von visueller Information und emotionalem Gehalt die Empfindung resultiert, tatsächlich einen geliebten Menschen zu sehen.

An den Beispielen Schizophrenie, Bewusstseinsstörung und Adipositas zeigt Walter auf, welche Art von Daten durch die klinische Neurowissenschaft gewonnen werden, und verdeutlicht ferner die praktische Relevanz dieses Zweiges der Neurowissenschaft. So legt die klinisch-neurowissenschaftliche Forschung mit Wachkomapatienten, entgegen bisher gängiger Auffassungen, nahe, dass Patienten im Wachkoma nicht nur über visuelles Vorstellungsvermögen verfügen, sondern auch Sprache verstehen. Dass solche Erkenntnisse auch hinsichtlich ihrer ethischen und praktischen Konsequenzen zu diskutieren sind, scheint evident.

Die Neurowissenschaft präsentiert sich also in ihren methodischen Ansätzen, ihren Fragestellungen und ihren Konsequenzen als äußerst vielseitig. Sie fasziniert uns auf besondere Weise, weil durch sie bedeutende, ehemals nur geisteswissenschaftlich zugängliche Fragen naturwissenschaftlich formuliert und empirisch überprüft werden können. Bleibt zu hoffen, dass sie zumindest einige der großen, mit ihr verbundenen Erwartungen einlöst, ohne dass dabei inhärente Grenzen und mögliche Risiken aus dem Blick geraten.

Literatur

Vidal, Fernando (2009): Brainhood, anthropological figure of modernity. In: *History of the Human Sciences* 22, 5–36.

Michael Kempter

1. Kognitive Neurowissenschaft

Die kognitive Neurowissenschaft speist sich einerseits aus der klassischen Kognitionswissenschaft und andererseits aus den Wissenschaften, die gemeinschaftlich die Neurowissenschaft ergeben und traditionell den Feldern Biologie, Psychologie und Medizin zugeordnet wurden. Während die klassische Kognitionswissenschaft darauf abzielt, auf der Grundlage von Informationsverarbeitung das Verhalten von Organismen zu verstehen, beschäftigt sich die Neurowissenschaft mit der empirischen und quantitativen Beschreibung des Aufbaus und der Funktionsweise neuronaler Systeme. Aus dem Verständnis von kognitiven Prozessen als Computationen (d.h. algorithmischen Berechnungsprozessen; s. Kap. III.1) und der Annahme, dass mentale Operationen eine physische Grundlage haben müssen (s. Kap. II.E.1), ergibt sich die Frage, welcher Zusammenhang zwischen diesen beiden Ansätzen besteht, also wie geistige Prozesse im Körper, insbesondere im Gehirn, verwurzelt sind: Wie können Neuronen Computationen ausführen, die zum Ergreifen eines Gegenstandes führen? Welche Gehirnregionen verarbeiten visuelle Information, wenn wir uns einen bestimmten Ort ins Gedächtnis rufen und bildlich vorstellen? Im Sinne von David Marrs drei Beschreibungsebenen (1982; s. Kap. II.E.2) besteht die zentrale Aufgabe der kognitiven Neurowissenschaft darin zu klären, wie abstrakte computationale Theorien (auf Marrs höchster Ebene) sowie spezifische algorithmisch-repräsentationale Modelle zu deren Lösung (auf der mittleren Ebene) konkret im biologischen System mit seinem neuronalen Substrat (auf der untersten Ebene) implementiert sind. Insbesondere geht es um die übergreifende Frage, wie das Verständnis auf diesen drei Ebenen zusammengeführt werden kann. Insofern ist die kognitive Neurowissenschaft auf der Suche nach einer umfassenden und vereinheitlichenden Erklärung von Verhalten (im weiten Sinne), bis hinunter zu den biochemischen Prozessen, auf deren Grundlage dieses Verhalten entsteht. Ihr Fokus liegt dabei auf dem Gehirn, der neuronalen Verarbeitung von Signalen und der Frage, wie auf deren Basis kognitive Leistungen wie Wahrnehmung (s. Kap. IV.24), Kategorisierung (s. Kap. IV.9), Entscheidung (s. Kap. IV.7) oder Lernen (s. Kap. IV.12) entstehen können.

Historische Entwicklung

Der Beginn der wissenschaftlichen Erforschung sowohl mentaler Prozesse als auch neuronaler Vorgänge wird im Allgemeinen in der zweiten Hälfte des 19. Jh.s im Zusammenhang mit der systematischen empirischen und quantitativen Beschreibung von Wahrnehmungs- und Denkvorgängen in den Laboren von Gustav Fechner, Hermann von Helmholtz und Wilhelm Wundt, die den Ursprung der Psychophysik bildeten, angesetzt. In klassischen Versuchen auf diesem Gebiet wurde etwa gemessen, wie stark die wahrgenommene Lautstärke von Tönen oder die wahrgenommene Helligkeit von Licht von den physikalischen Intensitäten der entsprechenden Stimuli abhängen. Während sich bei Fechner (1860) die äußere Psychophysik damit beschäftigte, durch Messverfahren den funktionalen Zusammenhang zwischen subjektiv psychischem Erleben und objektiv physischen Reizen zu ermitteln, wurde in der sog. inneren Psychophysik der Zusammenhang zwischen den erlebten Sinneswahrnehmungen und den internen, also neuronalen Prozessen, hergestellt. Weitere Arbeiten, insbesondere von Wundt, untersuchten quantitativ und systematisch weitere kognitive Prozesse, z.B. die Kapazität des menschlichen Gedächtnisses. Diese Untersuchungen sowie die Charakterisierung von sinnlicher Wahrnehmung als ›unbewusster Inferenz‹ durch Helmholtz nahmen bereits spätere Ansätze der Kognitionswissenschaft vorweg.

Der Beginn der systematischen empirischen Neurowissenschaft hingegen wird im Allgemeinen mit der Entdeckung der Technik zur Einfärbung von Neuronen durch Camillo Golgi im Jahr 1873 angesetzt, die es ermöglichte, selektiv einzelne Neuronen sichtbar zu machen (Kandel et al. 1991). Dies führte zu Santiago Ramón y Cajals (1899, 80–95, 106–110) Nachweis, dass Neuronen einzelne Zellen sind, und später zu der Einsicht, dass die von Neuronen produzierten elektrischen Signale nur in einer Richtung übertragen werden. Diese Erkenntnisse werden in der Regel als Geburtsstunde der sog. *neuron doctrine* angesehen, d.h. der Hypothese, dass das Nervensystem aus einzelnen diskreten Zellen besteht, die unterschiedlichen Morphologieklassen zugehören, woraus auf entsprechend unterschiedliche Funktionen geschlossen wurde. Aus dieser Hypothese ergeben sich unmittelbar weitere zentrale Fragen: Wie werden die elektrischen Signale, die schon 1791 Luigi Galvani beschrieb, zwischen Neuronen weitergeleitet? Auf welche Weise beeinflussen sie das Verhalten eines Lebewesens und spezifisch dessen mentale

Prozesse? Welche funktionalen Aufgaben übernehmen dabei einzelne Neuronentypen?

Eine weitere frühe einflussreiche Hypothese in der Neurowissenschaft, derzufolge bestimmte kognitive Leistungen im Gehirn lokalisiert sind, wurde durch Arbeiten der Ärzte Paul Broca und Carl Wernicke empirisch untermauert. Broca und Wernicke hatten unabhängig voneinander in den Jahren 1861 und 1874 Patienten ausfindig gemacht, die entweder Sprache verstehen, aber nicht produzieren konnten, oder aber zwar unzusammenhängende Sprache produzieren, aber weder gehörte noch gelesene Sprache verstehen konnten. Neuroanatomische Untersuchungen dieser Patienten ergaben, dass nach Schlaganfällen bestimmte Areale der linken Gehirnhälfte in ihrer Funktion beeinträchtigt waren. Daraus schlossen Broca und Wernicke, dass individuelle kortikale Areale spezifische Funktionen ausführen – eine Erkenntnis, die der auch heute noch zentralen Frage der kognitiven Neurowissenschaft nach der Lokalisation spezifischer kognitiver Leistungen zugrunde liegt (s. Kap. II.E.1).

Einer der wesentlichen Einflüsse auf die Disziplin resultierte aus der sog. kognitiven Wende. Während der Blütezeit des Behaviorismus standen in der experimentellen Psychologie zunächst v.a. solche Fragestellungen im Fokus, die zu behavioristischen Erklärungen affin waren, während Themen wie Aufmerksamkeit (s. Kap. IV.1), Gedächtnis (s. Kap. IV.7), visuelle Wahrnehmung (s. Kap. IV.24), Sprachverarbeitung (s. Kap. IV.20) sowie Schlussfolgern und Problemlösen (s. Kap. IV.11, Kap. IV.17) weniger Beachtung fanden. Als diese wieder in den Blickpunkt des Interesses rückten, offenbarten sich die Nachteile einer Position, die wie der Behaviorismus auf interne Repräsentationen zu verzichten können glaubte: Im Wesentlichen mit beeinflusst durch Shannons (1948) Entwicklung der Informationstheorie (s. Kap. IV.10), wurden vermehrt Versuche zur sog. *signal detection theory* und zur Aufmerksamkeit durchgeführt, die eine Beschreibung von Prozessen der Kommunikation als Grundlage benutzten und dabei unbeobachtete interne Repräsentationen und Prozesse der Signalverarbeitung voraussetzten (s. Kap. IV.16). Entwicklungen in der Linguistik wie Noam Chomskys *universal grammar structure* (s. Kap. II.C.1) schlugen eine universale hierarchische Organisation sprachlicher Elemente vor, die auch eine spezifische Struktur interner Repräsentationen voraussetzte. Weitere Untersuchungen der Eigenschaften von Gedächtnis (s. Kap. IV.7) und der damit verbundenen neuen Analyse des Schlussfolgerns und Problemlösens (s. Kap. IV.11, IV.17) machten es ebenfalls notwendig, diese Vorgänge im Rahmen von computationalen Prozessen zu verstehen. Vor diesem Hintergrund entstand eine direkte Verbindung der experimentellen Psychologie zur Künstliche-Intelligenz-Forschung (s. Kap. II.B.2), die sich auch in der häufig als Geburtsstunde der Kognitionswissenschaft angesehenen Konferenz 1956 am *Massachusetts Institute of Technology* niederschlug, an der u. a. der Psychologe George Miller, der Linguist Chomsky sowie die Computerwissenschaftler Allen Newell und Herbert Simon teilnahmen.

Die konkrete Geburtsstunde der kognitiven Neurowissenschaft wird anekdotenhaft im Jahr 1979 angesetzt, in dem Miller und Michael Gazzaniga an der *Rockefeller University* diesen Begriff zum ersten Mal benutzt haben sollen. Da sich die Kognitionswissenschaft in dieser Zeit auch institutionell als eigenständige Disziplin auszuformen begann, lag es nahe, den Ansatz der Informationsverarbeitung auf die Untersuchungsgegenstände der Psychologie, der Neuropsychologie (s. Kap. II.E.5) und den später unter dem Ausdruck ›Neurowissenschaft‹ zusammengefassten Teilgebieten auszudehnen. Die Abgrenzung zur Neuropsychologie, die häufig versucht, eine direkte Verbindung zwischen dem beobachtbaren Verhalten und den zugrunde liegenden neuronalen Prozessen herzustellen, ohne Marrs mittlere Ebene gebührend zu berücksichtigen, ist dabei fundamental. In der kognitiven Neurowissenschaft ist hingegen der computationale Ansatz zentral, in dem nach funktionalen Modellen neuronaler Aktivität gefragt wird. Weil die Neurowissenschaft selbst als eigenständige Disziplin auch erst zu Beginn der 1970er Jahre entstand, musste das Gebiet der kognitiven Neurowissenschaft erst geschaffen werden. Zur ihrer Entwicklung hat dabei insbesondere eine Buchreihe beigetragen, die als Teil des jährlichen *Summer Institute in Cognitive Neuroscience* ungefähr alle fünf Jahre unter dem Titel *The Cognitive Neurosciences* als eine Übersicht über das sich entwickelnde Feld herausgegeben wurde (Gazzaniga 2009).

Den bisher nachhaltigsten Schub bekam die kognitive Neurowissenschaft durch die starke Zunahme an methodisch-technischen Entwicklungen zur Messung physiologischer Vorgänge, insbesondere von Größen, die verschiedene Aspekte neuronaler Aktivität reflektieren. Auf die Elektroenzephalografie (EEG, 1924) folgten später die Magnetoenzephalografie (MEG, 1968), die Positronenemissionstomografie (PET, 1969), die funktionelle Magnetresonanztomografie (fMRT, 1991), die Nahinfrarotspektroskopie (NIRS, 1992) sowie die

Diffusions-Tensor-Bildgebung (DTI, 1994), um einige der prominentesten Verfahren zu nennen. Diese Methoden haben seit der Mitte der 1980er Jahre zu einer Explosion an Studien geführt, wobei sie sich hinsichtlich der Frage, welche physikalischen Größen sie messen können und auf welche biologischen Prozesse durch sie zurückgeschlossen werden kann, zum Teil erheblich unterscheiden. Besonders solche bildgebende Verfahren, bei denen die Aktivität in den verschiedenen Hirnarealen gemessen und in dreidimensionalen Darstellungen des Gehirns visualisiert werden kann, boten sich unmittelbar an, um nach Regionen im Gehirn zu suchen, die während der Bearbeitung bestimmter kognitiver Aufgaben stärker als andere Regionen aktiviert sind.

Weiterentwicklungen auf dem Gebiet der kognitiven Neurowissenschaft sowie Fortschritte im Bereich Analyse und Technik haben zu neuen Ansätzen geführt. Erstens wurde vermehrt nach dem dynamischen Zusammenspiel verschiedener Areale während der Bearbeitung kognitiver Aufgaben gefragt, z. B. in Versuchen zu exekutiven Funktionen, die das Setzen von Prioritäten, die Entscheidungsfindung und das Planen sowie Initiieren von Handlungssequenzen erforschen (z. B. Watanabe/Tanaka 2007). Ein wichtiger Aspekt ist dabei u. a. die zeitliche Abfolge der Aktivität in unterschiedlichen kortikalen Regionen, d. h. der Informationsfluss zwischen verschiedenen Arealen, z. B. entlang der visuellen Hierarchie während der Steuerung von Aufmerksamkeit. Zweitens sind die o. g. Methoden mit vielfältigen Methoden aus anderen biologischen und medizinischen Bereichen kombiniert worden, etwa mit pharmakologischen Interventionen, mit der Typisierung individueller genetischer Unterschiede zwischen Probanden, mit longitudinalen Studien, bei denen Probanden über längere Zeiträume untersucht werden, sowie mit speziesübergreifenden Studien, die Ergebnisse aus der Tierforschung zu den im Menschen gewonnenen Erkenntnissen in Beziehung setzen. Drittens hat die computationale Modellierung (s. Kap. II.E.2) als theoretische Analyse an Bedeutung für die kognitive Neurowissenschaft stetig zugenommen. Die genannten Entwicklungen werden im weiteren Verlauf dieses Kapitels wieder aufgegriffen.

Die kognitive Neurowissenschaft ist also eine immer noch junge Disziplin, deren primäre Aufgabe darin besteht, überhaupt erst die zentralen Fragestellungen zu formulieren, die ein Fortkommen ermöglichen, oder, mit Pinkers (1998) Worten, Mysterien in Fragestellungen umzuwandeln. Obwohl bis heute viele fundamentale Fragen der kognitiven Neuro-

wissenschaft als noch immer unbeantwortet gelten, ist sie zu Beginn des 21. Jh.s so populär wie kaum eine andere wissenschaftliche Disziplin geworden. Nicht nur haben neue Strömungen, die von *cognitive foods* bis Neuromarketing (s. Kap. V.7) reichen, den Mainstream erreicht, darüber hinaus sind die Einflüsse dieser Popularisierung bis hin zu Diskussionen über Willensfreiheit (s. Kap. IV. 8, IV.23), persönlicher Schuldfähigkeit und Rechtsprechung im Lichte der Interpretation der Ergebnisse aus der kognitiven Neurowissenschaft zu spüren (s. Kap. V.5).

Zentrale Fragen und Methoden

Zu den zentralen Fragen der kognitiven Neurowissenschaft gehören zu Beginn des 21. Jh.s v. a. die Untersuchung der Art der internen Repräsentationen von Daten im neuronalen Substrat (s. Kap. IV.16), die Erörterung der Computationen, die auf der Basis dieser Repräsentationen ausgeführt werden, und die damit verbundene Lokalisation dieser Prozesse im Gehirn. Um neuronale Korrelate von Computationen messen zu können, werden häufig Fragestellungen und Paradigmen aus der Kognitionswissenschaft übernommen und in ein Experiment übertragen, wobei die bildgebenden Verfahren wie die Positronenemissionstomografie und die funktionelle Magnetresonanztomografie sowie die Magnetoenzephalografie dominieren. Häufig werden Korrelate von Prozessen gesucht, die in den klassischen behavioralen Studien postuliert wurden, also z. B. Prozesse der räumlichen visuellen Aufmerksamkeit (*spatial attention*) oder der Merkmalsaufmerksamkeit (*feature attention*), die das unterschiedliche Verhalten von Probanden in klassischen empirischen Studien erklären. Als Beispiel sei eine Serie von Studien zur Lokalisation kortikaler Areale, die differentiell bei Experimenten der endogenen und exogenen visuellen Aufmerksamkeit (s. Kap. IV.1) involviert sind, genannt (Corbetta/Shulman 2002). Geleitet von der Hypothese, dass unterschiedliche neuronale Netzwerke in die Prozesse selbstgesteuerter sowie von äußeren Stimuli geleiteter Aufmerksamkeit involviert sind, wurden klassische experimentelle Paradigmen wie das Posner-Paradigma oder das *visual-search*-Paradigma wiederholt und dabei mittels funktioneller Magnetresonanztomografie die Gehirnaktivität gemessen. Dabei zeigte sich, dass intraparietale und superior-frontale Regionen mehr BOLD-Aktivität (das sog. *blood oxygen level dependent* Signal; s. u.) bei willentlicher Aufmerksamkeitssteuerung aufwiesen, der tempoparietale und inferofrontale Kortex hingegen bei unerwarteten und exogenen Stimuli. Dennoch wurde in diesen Studien auch gezeigt, dass an der Aufmerksamkeitssteuerung eine Vielzahl an Arealen beteiligt sind und dass dementsprechend eine feinere Unterscheidung verschiedener Prozesse von Aufmerksamkeit möglich ist, als vorher aufgrund psychophysischer Experimente allein angenommen worden war. Nichtsdestoweniger ordnet man Studien häufig den Kategorien zu, die den zugrunde liegenden kognitiven Prozessen entsprechen, z.B. sinnliche Wahrnehmung (s. Kap. IV.24), Kategorisierung (s. Kap. IV.9), Gedächtnis (s. Kap. IV.7), Entscheidungsfindung (s. Kap. IV.6) oder Handlungssteuerung (s. Kap. IV.15). Die Annahme, dass diese kognitiven Leistungen im Gehirn lokalisiert sind, führt direkt zu der Suche nach differentieller Aktivität, die mit parametrisch veränderten Versuchsvariablen korreliert.

Da die verschiedenen Methoden zur Messung neurophysiologischer Prozesse wie erwähnt unterschiedliche Eigenschaften, z.B. unterschiedliche zeitliche oder räumliche Auflösung, haben, müssen die experimentellen Protokolle diesen Eigenschaften entsprechend angeglichen werden und bestimmen, welche Prozesse aus den Messungen inferiert werden können. So unterscheiden sich die Methoden in den physikalischen Größen, die sie messen, und damit in den neurobiologischen Prozessen, auf die geschlossen werden kann. Die funktionelle Magnetresonanztomografie z.B. misst die unterschiedlichen magnetischen Eigenschaften von oxygeniertem und desoxygeniertem Blut, dem sog. *blood oxygen level dependent* (BOLD) Signal, wodurch auf Unterschiede im Stoffwechsel in verschiedenen Hirnarealen geschlossen wird, da neuronale Aktivität zwar Sauerstoff verbraucht, die Blutzufuhr sich aber zeitverzögert anpasst, um diesen erhöhten Bedarf zu decken, also mal weniger und mal mehr oxygeniertes Blut in einer aktiven Region vorhanden ist. Der genaue Zusammenhang zwischen den neuronalen Vorgängen und dem BOLD-Signal ist dabei weiterhin ein aktives Forschungsfeld (Logothetis 2008). Im Vergleich dazu misst die Magnetoenzephalografie mit bis zu einigen hundert am Kopf angebrachten Magnetfeldsensoren die magnetischen Signale, die durch elektrische Ströme im Gehirn verursacht werden. Die Magnetoenzephalografie erlaubt es, magnetische Veränderungen, die durch kortikale Aktivität ausgelöst werden, im Bereich von Millisekunden zu messen und besitzt damit eine (im Vergleich z.B. zur funktionellen Magnetresonanztomografie) sehr hohe zeitliche Auflösung; die räumliche Lokalisation der Ursprungssignale ist jedoch nur mit komplexen Modellen zu inferieren und nicht direkt beobachtbar. Demgegenüber braucht die funktionelle Magnetresonanztomografie eine Integrationszeit von mehreren Sekunden, erlaubt aber eine Lokalisation der differentiellen Aktivität mit einer räumlichen Auflösung in der Größenordnung von Millimetern.

Die Arbeitsweise der bildgebenden Verfahren sei exemplarisch am Beispiel der visuellen Wahrnehmung vorgestellt. Dieser kommt eine besondere Rolle zu, insofern durch eine Vielzahl von Studien inzwischen viel über die an der Verarbeitung visueller Stimuli beteiligten kortikalen Areale bekannt ist (s. Kap. IV.24). Dies ist nicht zuletzt darauf zurückzuführen, dass die Logik einer direkten Assoziation zwischen Stimuli und neuronalen Korrelaten zur unmittelbaren Gestaltung von Versuchen in der Tradition der Psychophysik und deren Interpretation führen kann. Aus diesen Studien haben sich einige übergreifende Organisationsprinzipien als Arbeitshypothesen herauskristallisiert. Insgesamt geht man von der Vorstellung einer individuell spezifischen und übergreifend hierarchischen Verarbeitung visueller Information aus, die im kortikalen Substrat topografisch organisiert ist, wobei die Topografie progressiv in den jeweiligen kortikalen Regionen unterschiedlich ausfällt. Während im primären visuellen Kortex (V1), der ersten kortikalen Region, die neuronale Signale von der Retina erreichen, Neurone auf Merkmale wie Helligkeitskanten zwischen 0.5 und 2 Grad des visuellen Feldes reagieren, werden in den sich anschließenden Regionen die Merkmale immer komplexer, bis hin zum inferotemporalen Kortex, wo einzelne Neurone auf spezifische Objekte oder komplexe Objektteile im Bereich von 30 Grad reagieren. Des Weiteren wurde eine Vielzahl an Arealen gefunden, die eine Spezialisierung auf bestimmte Merkmalsklassen zeigen, d.h. für sehr spezifische Stimuli differenziell mehr Aktivität zeigen, so z.B. die *fusiform face area*, die differenziell mehr auf menschliche Gesichter als z.B. auf Häuser oder Autos reagiert. Während die Repräsentationen in vielen Regionen des okzipitalen Kortex, so auch in V1, eine retinotope Organisation aufweisen, zeigen Neurone in höheren Bereichen der Hierarchie eine Organisation, bei der Merkmalsähnlichkeiten in benachbarten Arealen angesiedelt sind, wie z.B. im inferotemporalen Kortex, wo einzelne Körperteile sowie Gesichter oder natürliche unbelebte Objekte jeweils nahe beieinander repräsentiert sind (Kriegeskorte et al. 2008).

Neuere Studien haben sich vermehrt dem Zusammenspiel in unterschiedlichen Hirnarealen lokalisierter, aber an der Ausführung derselben komplexeren kognitiven Aufgaben beteiligter kognitiver Systeme zugewendet (z. B. Miller/Phelps 2010). Exemplarisch seien hier Studien herausgegriffen, die sich mit kognitiver Kontrolle beschäftigen (s. Kap. IV.23). Zu den klassischen Resultaten aus der Kognitionswissenschaft gehört die Vorstellung, dass in komplexen sequenziellen Handlungsabfolgen dynamisch Information ausgewertet werden muss und eine Auswahl von verschiedenen hierarchisch aufgebauten Handlungsabfolgen ausgeführt wird. Wichtig sind dabei die vielfältigen Quellen der Unsicherheit, da der genaue Zustand der Welt nie beobachtbar ist und die Konsequenzen einer Handlung üblicherweise vielfältig sind und somit unsicher ist, welche Handlungsabfolgen zum gewünschten Ziel führen können. Computationale Studien haben gezeigt, wie unterschiedliche Lern- und Entscheidungssysteme integriert werden können, um Handlungskonflikte zu lösen und Entscheidungen vorteilhaft auszuwählen (Daw et al. 2005). Dementsprechend wurden im frontalen Kortex, den Basalganglien und der Amygdala vielfältige Signale gefunden, die die Wertigkeit von zukünftigen Handlungen für den Organismus repräsentieren, dabei aber jeweils auf unterschiedliche Aspekte abzielen (s. Kap. IV.6). Während z. B. im dorsolateralen Striatum Wertigkeiten mit Orten und Stimuli direkt assoziiert sind, repräsentieren Areale im präfrontalen Kortex Wertigkeiten, die in der Planung von Handlungssequenzen involviert sind, wohingegen die Amygdala Wertigkeiten im Zusammenhang mit emotionalen Stimuli repräsentiert. Während diese Hirnareale unterschiedliche Handlungen ›vorschlagen‹, scheint der anteriore Gyrus cinguli an der Aushandlung von Entscheidungskonflikten beteiligt zu sein (Botvinick et al. 1999).

Ein weiterer Trend in der kognitiven Neurowissenschaft ist die Verbindung verschiedener Methoden. Als Beispiel seien hier Studien genannt, die unterschiedliche medikamentöse Eingriffe in das System vornehmen und das Verhalten sowie die physiologischen Korrelate der Probanden beim Ausführen von Aufgaben messen. So haben z. B. Gaben von Dopaminantagonisten oder Dopaminvorstufen zu einer Verringerung bzw. einer Verstärkung von Entscheidungen zugunsten von Handlungen geführt, die die höchste Wertigkeit versprechen, wobei die BOLD-Aktivität in Bereichen des Striatums, des Putamens und der Insula mit der in einem mathematischen Modell berechneten Vorhersage von Wertigkeiten korreliert (Pessiglione et al. 2006). Des Weiteren haben Studien gezeigt, dass individuelle genetische Unterschiede zwischen Probanden, die

z. B. zu unterschiedlicher Produktion von Neurotransmittern wie Dopamin führen, in Entscheidungsaufgaben Auswirkungen auf das Zusammenspiel von Motivation (s. Kap. IV.154) und kognitiver Kontrolle (s. Kap. IV.23) haben (Aarts et al. 2010). Ebenso sind neue Methoden zur Präsentation komplexer und rückgekoppelter Stimuli entwickelt worden, die es z. B. ermöglichen, solche Prozesse während der Entscheidungsfindung in kontrollierten, aber naturalistischen Umgebungen wie etwa virtuellen Realitäten zu untersuchen.

Zudem haben sich die quantitativen Analysemethoden basierend auf mathematischen und statistischen Modellen für die Auswertung der physiologischen Messungen stetig weiterentwickelt und ermöglichen die Beantwortung neuer, v. a. quantitativer Fragen. So sind in Studien mit funktioneller Magnetresonanztomografie statistische Methoden des maschinellen Lernens (s. Kap. IV.12) angewendet worden, die es erlauben, mit viel höherer Empfindlichkeit Signale auszulesen und statistische Regelmäßigkeiten in den Repräsentationen von Daten festzustellen. Dabei kann das Lernen der Zusammenhänge zwischen bestimmten Stimuli und (dazugehörigen) Aktivitätsmustern genutzt werden, um den Inhalt von Wahrgenommenem aufgrund gemessener BOLD-Aktivitätsmuster zu inferieren (s. Kap. V.2). Indem komplexe physikalische Modelle der elektromagnetischen Eigenschaften des Gehirns angenommen und Schlüsse darüber angestellt werden, wie Signale im Gehirn zu verschiedenen Messungen über die einzelnen Sensoren führen, lassen sich anhand von Magnetoenzephalografiedaten schließlich auch die Quellen neuronaler Aktivität inferieren, obwohl diese Methode eigentlich nur die summierte magnetische Aktivität auf der Kopfhaut misst.

Die fundamentale Rolle von computationalen Theorien

Da ein übergreifendes Verständnis von Kognition auf verschiedenen Beschreibungsebenen die Berücksichtigung der computationalen, der algorithmischen sowie der implementationalen Ebene voraussetzt, kommt der Künstliche-Intelligenz-Forschung (s. Kap. II.B.2) und dem maschinellen Lernen (s. Kap. IV.12) in der kognitiven Neurowissenschaft eine besondere Rolle zu, was die fundamentale Bedeutung der Informatik als der Wissenschaft von der Computation für das Verständnis der Prozesse im Gehirn und deren Implementierung in biologischen Systemen unterstreicht. Die Zahl an Studien, die physiologische Daten auf der Grundlage von funktionalen Modellen erklären, hat deshalb stetig zugenommen (s. Kap. II.E.2), wobei sich in vielen Studien computationale Methoden danach unterscheiden lassen, auf welcher Beschreibungsebene sie ansetzen.

Der Bereich der normativen Modellierung beginnt bei der Frage nach der allgemein optimalen Lösung einer Aufgabe und ist somit auf der obersten von Marrs drei Ebenen anzusiedeln. Diese Art der computationalen Modellierung fragt zunächst nicht danach, wie die sich ergebende optimale Lösung in konkreten Verarbeitungsschritten im neuronalen Substrat implementiert werden kann, sondern nur nach der Funktion des Systems, d. h. sie formuliert die zu lösende kognitive Aufgabe in einem abstrakten Sinne und sucht nach einer optimalen computationalen Lösung. Eine solche computationale Beschreibung hat die Aufgabe zu charakterisieren, die das System zu lösen hat (s. Kap. II.E.2). Da von Optimalität immer nur im Hinblick auf ein konkretes computationales Modell die Rede sein kann, schließt die normative Modellierung auch Beschränkungen und intrinsische Kosten der Computationen selbst sowie Beschränkungen von Ressourcen mit ein, die im Modell konkret und explizit gemacht werden können. Die gefundene Lösung besitzt dann allgemeine Gültigkeit, kann also auch in einem technischen System umgesetzt werden, und stellt somit einen Standard dar, mit dem das Verhalten des betrachteten Systems verglichen werden kann.

Marrs mittlere Beschreibungsebene, die algorithmische Ebene, ist im Bereich der kognitiven Neurowissenschaft bisher eine besonders große Herausforderung, da trotz vieler Erkenntnisse, die über die letzten Jahrzehnte gewonnen worden sind, noch sehr große Unklarheiten darüber bestehen, wie der Zusammenhang zwischen beobachteter neuronaler Aktivität und den mathematischen Verarbeitungsschritten im Sinne von Repräsentationen und deren algorithmischer Transformation tatsächlich aussehen könnte. Beobachtungen können zwar Korrelationen zwischen gemessenen Vorgängen im Menschen und einzelnen Größen sowie Parametern in diesen Modellen feststellen, es sind aber viele Modelle denkbar, die solche Korrelationen erlauben. Im Bereich des *reinforcement*-Lernens wurde z. B. beachtliche Evidenz akkumuliert, die zeigt, dass die Feuerraten von Neuronen in Teilbereichen der Basalganglien mit spezifischen Variablen korrelieren, die zukünftig zu erwartende Belohnungen berechnen (den sog. *state-values* und *state-action-values*;

Daw/Doya 2006). Aus dem maschinellen Lernen sind aber unzählige Algorithmen bekannt, die angeben, wie diese Werte konkret berechnet werden könnten. Hier wird wohl nur eine enge Verflechtung verschiedener empirischer und theoretischer Methoden auf allen drei Beschreibungsebenen in der Lage sein, die genauen Prozesse und ihre Bedeutung einzukreisen.

Marrs unterste Beschreibungsebene wird häufig mit der theoretischen Neurowissenschaft in Verbindung gebracht (s. Kap. II.D.2), bei der die konkrete Frage nach der Implementation von Computationen im neuronalen Substrat gestellt wird. Hier geht es also um konkrete biophysikalische und chemische Prozesse sowie um die Frage, wie diese Prozesse Computationen realisieren. Eine wesentliche Schwierigkeit besteht darin, bei der sehr großen Komplexität des betrachteten Systems und der Vielzahl an Prozessen eine mathematische Beschreibung zu finden, die diese Komplexität hinreichend abbilden kann und dennoch mathematisch handhabbar und somit abstrakt genug ist, um Verständnis zu generieren. Eine weitere fundamentale Schwierigkeit besteht darin, von mechanistischen Beschreibungen biophysikalischer Prozesse auf die zugrunde liegenden Computationen, also auf die funktionale Bedeutung auf der ersten Marr'schen Ebene, zurückzuschließen.

Wenngleich dies nicht immer offensichtlich ist, ist die fundamentale Wichtigkeit von computationalen Modellen selbst schon in der Auswertung und Interpretation der beobachteten biophysischen Messungen ständig präsent. So hat die statistische Evaluation vielfach verwendeter Analysemethoden aus Studien mit funktioneller Magnetresonanztomografie gezeigt, dass Rückschlüsse auf putative Prozesse nicht in allen Fällen gerechtfertigt sind (Bennett et al. 2009; Vul et al. 2009). Selbst bei der Frage nach der Lokalisation von kognitiven Prozessen ist beim Fund differenzieller Aktivität, die mit den Versuchsvariablen korreliert, nicht ganz klar, was daraus zu schließen ist, da sogar innerhalb der einzelnen Modelle, aber auch modellübergreifend, eine Vielzahl an verschiedenen Größen miteinander korreliert ist.

Selbst die Suche nach einzelnen Neuronen, deren Aktivität mit einer einzelnen Versuchsvariable stark korreliert, beruht auf ganz bestimmten Annahmen über die Art der internen Repräsentationen und Computationen. Es ist jedoch eher anzunehmen, dass viel mehr Information in auf verschiedene Areale verteilter Aktivität als in der Aktivität eines einzelnen Neurons enthalten ist. Aus dem Bereich des maschinellen Lernens weiß man z. B. im Hinblick auf Kategorisierung, dass hochdimensionale Repräsentationen unter Umständen nur sehr schwache Korrelationen einzelner Neurone mit einzelnen Versuchsvariablen zeigen würden, aber als Ensemble die Aufgabe der Kategorisierung viel besser berechnen könnten (Rigotti et al. 2010). Dementsprechend entscheidet hier die computationale Theorie darüber, ob eine biophysische Messung als im Hinblick auf die anstehende Aufgabe optimal angesehen wird oder nicht.

Abschließend ergibt sich somit die Notwendigkeit eines steten Zusammenspiels verschiedener Ansätze und Methoden auf allen drei Beschreibungsebenen, bei dem computationale Theorien klären, unter welchen Umständen die beobachteten Phänomene tatsächlich putative kognitive Prozesse implementieren könnten. Im Gegenzug braucht die kognitive Modellierung reichhaltige experimentelle Beschreibungen der Systeme, damit die tatsächlichen Computationen eingekreist werden können. Forschungsergebnisse auf einer Beschreibungsebene liefern somit korrelative Evidenz und zu berücksichtigende Randbedingungen, aber ebenso Inspiration für neue Fragestellungen und experimentelle Untersuchungen auf anderen Ebenen.

Literatur

Aarts, Esther/Roelofs, Ardi/Franke, Barbara/Rijpkema, Mark/Fernandez, Guillen/Helmich, Rick/Cools, Roshan (2010): Striatal dopamine mediates the interface between motivational and cognitive control in humans. In: *Neuropsychopharmacology* 35, 1943–1951.

Bennett, Craig/Baird, Abigail/Miller, Michael/Wolford, George (2009): Neural correlates of interspecies perspective taking in the post-mortem atlantic salmon. In: *Journal of Serendipitous and Unexpected Results* 1, 1–5.

Botvinick, Matthew/Nystrom, Leigh/Fissell, Kate/Carter, Cameron/Cohen, Jonathan (1999): Conflict monitoring versus selection-for-action in anterior cingulate cortex. In: *Nature* 402, 179–181.

Cajal, Santiago Ramón y (1899): *Textura del sistema nervioso del hombre y de los vertebrados*, Bd 1. Madrid.

Corbetta, Maurizio/Shulman, Gordon (2002): Control of goal-directed and stimulus-driven attention in the brain. In: *Nature Reviews Neuroscience* 3, 201–215.

Daw, Nathaniel/Doya, Kenji (2006): The computational neurobiology of learning and reward. In: *Current Opinion in Neurobiology* 16, 199–204.

Daw, Nathaniel/Niv, Yael/Dayan, Peter (2005): Uncertainty-based competition between prefrontal and dorsolateral striatal systems for behavioral control. In: *Nature Neuroscience* 8, 1704–1711.

Fechner, Gustav (1860): *Elemente der Psychophysik*. Leipzig.

Gazzaniga, Michael (Hg.) ([4]2009): *The Cognitive Neurosciences*. Cambridge (Mass.) [1995].

Kandel, Eric/Schwartz, James/Jessel, Thomas (1991): *Principles of Neural Science*. Norwalk.

Kriegeskorte, Nikolaus/Mur, Marieke/Ruff, Douglas/Kiani, Roozbeh/Bodurka, Jerzy/Esteky, Hossein/Tanaka, Keiji/Bandettini, Peter (2008): Matching categorical object representations in inferior temporal cortex of man and monkey. In: *Neuron* 60, 1126.

Logothetis, Nikos (2008): What we can do and cannot do with fMRI. In: *Nature* 453, 869–878.

Marr, David (1982): *Vision*. San Francisco.

Miller, Earl/Phelps, Elizabeth (2010): Editorial overview. In: *Current Opinion in Neurobiology* 20, 141–142.

Pessiglione, Mathias/Seymour, Ben/Flandin, Guillaume/Dolan, Raymond/Frith, Chris (2006): Dopamine-dependent prediction errors underpin reward-seeking behaviour in humans. In: *Nature* 442, 1043–1045.

Pinker, Stephen (1997): *How the Mind Works*. New York. [dt.: *Wie das Denken im Kopf entsteht*. München 1998].

Rigotti, Mattia/Rubin, Daniel/Wang, Xiao-Jing/Fusi, Stefano (2010): Internal representation of task rules by recurrent dynamics. In: *Frontiers in Computational Neuroscience* 4, 24, 1–29.

Shannon, Claude (1948): The mathematical theory of communication. In: *The Bell System Technical Journal* 27, 379–423, 623–656.

Vul, Edward/Harris, Christine/Winkielman, Piotr/Pashler, Harold (2009): Puzzling high correlations in fMRI studies of emotion, personality, and social cognition. In: *Perspectives on Psychological Science* 4, 274–290.

Watanabe, Takeo/Tanaka, Kenji (2007): Cognitive neuroscience, editorial overview. In: *Current Opinion in Neurobiology* 17, 1–3.

Constantin A. Rothkopf

2. Theoretische Neurowissenschaft

Zentrale Fragen und Methoden

Das Ziel der theoretischen Neurowissenschaft besteht darin, die Funktionen und Mechanismen des Gehirns, der neuronalen Informationsverarbeitung und letztlich von Kognition im Allgemeinen aufzudecken. Seine Komplexität sowie die Vielfalt und die große Zahl von Komponenten des Nervensystems machen das Gehirn zu einem ganz besonderen Untersuchungsgegenstand. Um seine Funktionsweise und die dort ablaufenden informationsverarbeitenden Prozesse zu verstehen, kombiniert und nutzt die theoretische Neurowissenschaft daher Methoden wie statistisches Lernen (s. Kap. IV.12), Computersimulationen (s. Kap. II.E.2) und numerische Methoden aus vielen Bereichen der Naturwissenschaften, u. a. aus der Mathematik, der Informatik (s. Kap. II.B), der Statistik und der theoretischen Physik. Durch die Kombination dieser Methoden wird es möglich, Konzepte und abstrakte Modelle zu entwickeln, mit deren Hilfe sich grundlegende Prinzipien der Informationsverarbeitung in biologischen Systemen formulieren (s. Kap. III.5) und die Bedeutung einzelner Systemkomponenten erklären lassen.

Verglichen mit anderen Gebieten der Neurowissenschaft zeichnet sich die theoretische Neurowissenschaft v. a. durch ihr Streben nach Abstraktion aus. Durch Abstraktion wird es möglich, Modelle verschiedener Detail- und Komplexitätsstufen konzeptionell zu vereinigen und so Synergien zwischen verschiedenen Bereichen der Neurowissenschaft, etwa zwischen der Physiologie, der Neurochemie und der Neuroanatomie oder zwischen Veränderungen der Anatomie und Physiologie des Nervensystems einerseits und Krankheiten wie Parkinson oder Demenz andererseits, herzustellen.

Neben der theoretischen Neurowissenschaft beschäftigen sich zwei weitere fest etablierte Wissenschaftsbereiche mit ähnlichen Fragestellungen: die computerbasierte Neurowissenschaft und die Neuroinformatik (s. Kap. II.B.3). Eine strikte gegenseitige Abgrenzung dieser drei Disziplinen ist allerdings nur selten sinnvoll, da sie sich häufig nur durch eine etwas stärkere Nutzung der einen oder anderen Methode unterscheiden: Im Vergleich zur theoretischen Neurowissenschaft etwa nutzt die computerbasierte Neurowissenschaft oft mehr numerische Methoden und Computersimulationen, während die Neuroinformatik den Aspekt der Informationsverarbeitung stärker betont und deshalb vermehrt auf Methoden des statistischen Lernens (s. Kap. IV.12) zurückgreift.

Um die Funktionsweise des Nervensystems und v. a. die dort ablaufenden informationsverarbeitenden Prozesse verstehen zu können, beschreibt die theoretische Neurowissenschaft biologische Vorgänge mithilfe abstrakter Modelle. Man unterscheidet in diesem Zusammenhang häufig drei Arten von Modellen, die sich sowohl hinsichtlich der Stärke der Abstraktion als auch hinsichtlich ihrer Erklärungsziele unterscheiden:

- beschreibende Modelle
- mechanistische Modelle
- interpretative Modelle

Auf einer ersten Abstraktionsstufe finden sich sehr abstrakte *beschreibende Modelle*, die dennoch genutzt werden können, um experimentelle Daten kompakt und umfassend zu repräsentieren, auch wenn sie die biologischen Details eines Prozesses vernachlässigen und ihn in diesem Sinne nicht wirklich erklären. Ein mathematisches Modell etwa, das eine funktionelle Abhängigkeit definiert, ist ein solches beschreibendes Modell. Ein bekanntes Beispiel aus der theoretischen Neurowissenschaft ist die sog. IF-Kurve eines Neurons, welche die Abhängigkeit der Feuerrate (F) eines Neurons als Funktion des treibenden Stroms (I) beschreibt (Kandel et al. 1991, 1995). Um derartige mathematische Modelle zu formulieren und an die entsprechenden Daten anzupassen, greift die theoretische Neurowissenschaft auf Methoden des statistischen und maschinellen Lernens, z. B. auf die *maximum likelihood parameter Anpassung* (Dayan/Abbott 2001; Pawitan 2001), zurück.

Mechanistische Modelle hingegen versuchen die Funktionsweise bestimmter Komponenten des Nervensystems sowie die dort ablaufenden informationsverarbeitenden Prozesse zu erklären, indem sie konkrete biologische Prozesse sowie die ihnen zugrunde liegende Anatomie und Physiologie ab- bzw. nachbilden. Sie schlagen daher häufig die Brücke zwischen den rein beschreibenden Modellen, die zunächst die jeweiligen Daten durch ein mathematisches Modell erfassen, und den diesen Daten letztlich zugrunde liegenden Mechanismen, welche die funktionellen Abhängigkeiten zwischen den verschiedenen Systemkomponenten erklären: Im Fall der IF-Kurve eines Neurons z. B. charakterisiert das beschreibende IF-Modell die Feuerfrequenz als Funktion des Stroms, während das mechanistische Modell mithilfe der konkreten Mechanismen in den

Synapsen und der Zellmembran eines Neurons erklärt, wann und wie häufig eine Nervenzelle feuert. Ein bekanntes mechanistisches Modell dieser Art, für dessen Entwicklung Alan Hodgkin und Andrew Huxley 1963 den Nobelpreis für Medizin erhielten, erklärt auf diese Weise z. B. die Generierung von Aktionspotenzialen. Besonders wichtig sind mechanistische Modelle zur Erklärung von emergenten Phänomenen wie z. B. der Synchronisation der Aktivität großer Gruppen von Nervenzellen (s. u.), die sich aus der Interaktion mehrerer Systemkomponenten ergeben und durch die Eigenschaften der einzelnen Komponenten alleine nicht erklärt werden können (Pikovsky et al. 2003; Stephan 2007).

Interpretative Modelle schließlich interpretieren das Verhalten komplexer Systeme aus einer bestimmten Perspektive (z. B. aus der Perspektive eines informationsverarbeitenden Systems), kombinieren dabei Aspekte beschreibender und mechanistischer Modelle und vermitteln so zwischen verschiedenen Abstraktionsstufen. Die theoretische Neurowissenschaft z. B. greift häufig auf Prinzipien der Informationstheorie, der Statistik, der statistischen Physik und des statistischen Lernens zurück, um die Aufbauprinzipien des Nervensystems und seiner Komponenten zu interpretieren und zu verstehen und so erklären zu können, warum sich Teile des Nervensystems, z. B. ein einzelnes Neuron, auf eine bestimmte Weise verhalten. Interpretative Modelle erlangen ihre Stärke durch ein hohes Maß an Abstraktion, das ein Verständnis ganz grundlegender Eigenschaften neuronaler Informationsverarbeitung erlaubt. Aus diesem Grund haben sie auch im Bereich der Kognitionswissenschaft große Bedeutung erlangt. Wenn wir etwa im Alltag Entscheidungen treffen (s. Kap. IV.6) oder etwas planen (s. Kap. IV.11, Kap. IV.17), dann nutzen wir dazu fast immer verschiedene Informationsquellen: Wenn wir z. B. etwas greifen möchten, dann nutzen wir zunächst optische Informationen, um sowohl die Position des zu greifenden Gegenstands als auch die unserer eigenen Hand zu erkennen, und ziehen dann als zweite Informationsquelle die Propriozeption hinzu, d. h. die Wahrnehmung von Körperlage und -bewegung im Raum durch Nutzung von Signalen, die in unserem Bewegungs- und Halteapparat gewonnen werden. Da sich beide Informationsquellen, die optische Wahrnehmung und die Propriozeption, hinsichtlich der Art und der Präzision der durch sie vermittelten Informationen deutlich unterscheiden, stellt sich die Frage, wie bei der Planung und Durchführung einer Bewegung Informationen aus beiden Quellen miteinander kombiniert werden (s. Kap. IV.15). Ein häufig verwendetes interpretatives Modell nähert sich einer Antwort auf diese Frage, indem sowohl die visuellen als auch die propriozeptiven Signale als statistische Signale (also als gemessene und fehlerbehaftete Informationen) interpretiert werden und zugleich postuliert wird, dass diese statistischen Signale im Gehirn so miteinander kombiniert werden, dass die kombinierte Information der wahren Information am nächsten kommt. Dazu interpretiert das Modell das Verhalten des neuronalen Systems als einen mathematischen Prozess, der die grundlegenden Prinzipien der statistischen Informationsverarbeitung abbildet, ohne dabei aber zu erklären, wie das neuronale System diesen mathematischen Prozess im Detail umsetzt.

Alle drei Modellarten streben danach, die elementaren Prozesse und Eigenschaften eines bestimmten Prozesses zu erkennen und zu modulieren, wobei idealerweise nur die notwendigen Details genutzt und alle anderen vernachlässigt werden (s. Kap. II.E.2). Dabei das richtige Maß zu finden, ist die wahrscheinlich schwierigste Aufgabe bei der Modellbildung und in der theoretischen Neurowissenschaft ganz besonders schwierig, da die Biologie der Nervenzellen und die Anatomie des Gehirns wie eingangs erwähnt extrem reichhaltig und oft noch unvollständig verstanden sind.

Beispiele aus der theoretischen Neurowissenschaft

Im Folgenden werden die Bedeutung von Modellen in der theoretischen Neurowissenschaft sowie die zugrunde liegenden Ideen und genutzten Methoden anhand von zwei Beispielen erläutert: ein beschreibendes Modell, mit dem die Encodierung von Information durch Nervenzellen im visuellen Kortex charakterisiert werden kann, und ein mechanistisches Modell zur Erklärung der emergenten Eigenschaft der Synchronisation von großen Gruppen von Nervenzellen im Gehirn.

Encodierung visueller Information. Im Gehirn wird Information durch Nervenzellen verarbeitet: Jede einzelne Nervenzelle sammelt über ihren Dendriten Informationen, die von anderen Nervenzellen in Form von Aktionspotenzialen (*spikes*) übertragen werden, verrechnet die ankommenden Informationen in den Dendriten und generiert unter Umständen ein Aktionspotenzial, das über ihr Axon an andere Nervenzellen weitergeleitet wird. Um diese Informationsverarbeitung zu modellieren, wird der entsprechende Mechanismus zunächst als eine mathematische Abbildung formuliert: Eine Nervenzelle wird abstrahiert als eine Funktion, die eine bestimmte Eingabe von sehr vielen Nervenzellen auf ein binäres Signal abbildet, das für das Auftreten eines Aktionspotenzials steht (1 entspricht *spike*, 0 entspricht kein *spike*). Eine solche Funktion ist damit ein abstraktes beschreibendes Modell einer Nervenzelle, das es erlaubt vorherzusagen, ob in Abhängigkeit von den im Dendriten ankommenden Signalen ein Aktionspotenzial generiert wird; eine solche Funktion ist ein beschreibendes, kein mechanistisches Modell, da sie nicht erklärt, wie die Nervenzelle die entsprechenden Informationen verarbeitet und wie das Aktionspotenzial generiert wird, sondern lediglich ein hochdimensionales Eingangssignal auf ein binäres Ausgangssignal abbildet.

Um das mathematische Modell im nächsten Schritt zu konkretisieren, muss als erstes eine Entscheidung für eine bestimmte Klasse von Modellen getroffen werden. Da bisher nicht vollständig geklärt ist, ob Nervenzellen deterministisch oder probabilistisch arbeiten, wird, auch um der Komplexität des Signals gerecht zu werden, die allgemein gültige probabilistische Formulierung genutzt. Ziel ist es, eine Funktion zu finden, welche die Wahrscheinlichkeit eines Aktionspotenzials $p(t|\text{Input})$ zum Zeitpunkt t in Abhängigkeit des Inputs der Nervenzelle beschreibt (Truccolo et al. 2005). Dabei handelt es sich (ohne auf alle Details einzugehen) um eine Funktion ξ, angewendet auf die Linearkombination einer kleinen Anzahl einfacher zeitabhängiger Funktionen f_i, um damit die Wahrscheinlichkeit $p(t|\text{Input})$ zu modellieren:

$$p(t|\text{Input}) = \xi\left(\sum_i \alpha_i f_i(t, \text{Input})\right)$$

Im dritten Schritt werden geeignete Basisfunktionen f_i ausgewählt. Oft handelt es sich dabei um abstrakte, aber einfache und differenzierbare Funktionen, z. B. Polynome oder *splines* (Bishop 2006), es können aber auch Basisfunktionen gewählt werden, die aus Daten abgeleitet und auch neurobiologisch leicht interpretiert werden können. Welche Basisfunktionen ausgewählt werden, hängt dabei entscheidend davon ab, welches Ziel mit dem jeweiligen Modell verfolgt wird.

In einem letzten Schritt wird das Modell schließlich so optimiert, dass die gemessenen Daten möglichst gut beschrieben werden. Dazu werden, meistens mit Methoden des statistischen Lernens, die Koeffizienten α_i angepasst (ebd.; Pawitan 2001).

Aus diesen Schritten ergibt sich ein beschreibendes mathematisches Modell, das die Wahrscheinlichkeit erfasst, mit der in Abhängigkeit von den Eingangssignalen ein Aktionspotenzial erzeugt wird. Ein solches Modell kann im Vergleich zur Komplexität des Eingangssignals und der biophysikalischen Prozesse in einer Zelle sehr einfach sein und Aktionspotenziale trotzdem mit einer Genauigkeit von Millisekunden vorhersagen. Diese Komplexitätsreduktion erlaubt es, ungeachtet der Unterschiedlichkeit der Nervenzellen und der zugrunde liegenden biophysikalischen Prozesse die Informationsverarbeitung von Nervenzellen zu verstehen.

Zeitliche Synchronisation von Aktionspotenzialen in großen Gruppen von Nervenzellen. Experimentell wurde gezeigt, dass an der Informationsverarbeitung im Gehirn stets große Mengen von Nervenzellen beteiligt sind, die sich in Gruppen (*assemblies*) organisieren (Uhlhaas et al. 2009), indem sie ihre Aktionspotenziale in der Weise synchronisieren, dass Zellen einer Gruppe ihre Aktionspotenziale nahezu gleichzeitig generieren. Diese Synchronisation ist eine emergente Eigenschaft eines komplexen Systems, die sich nicht aus den Eigenschaften der einzelnen Komponenten, d. h. der Zellen des Netzwerks, ableiten lässt, sondern sich aus ihrer Wechselwirkung ergibt. Zusätzlich erschwert wird das Verständnis dieses Synchronisationsprozesses dadurch, dass die Interaktion der Elemente verzögert ist, d. h. dadurch, dass es relativ lange dauert, bis Aktionspotenziale andere Zellen erreichen (Vicente et al. 2008). Man kann diese Schwierigkeit anhand eines einfachen Experiments illustrieren: Drei Personen sollen sich so aufstellen, dass sie sich gegenseitig nicht sehen, und gleichzeitig in die Hände klatschen, und zwar entweder periodisch oder nicht periodisch; insbesondere bei nicht periodischem Klatschen ist diese Synchronisation extrem schwierig, weil jeder Teilnehmer immer nur verzögert auf das gehörte Klatschen der anderen reagieren kann, so wie Nervenzellen Aktionspotenziale immer nur zeitverzögert untereinander austauschen können.

Da experimentelle Befunde zeigen, dass Aktionspotenziale tatsächlich synchronisiert sind, muss sich das Problem der Synchronisation ungeachtet dieser beiden Schwierigkeiten durch einen verlässlichen Mechanismus lösen lassen. Um diesen Mechanismus zu verstehen, lässt sich ein einfaches, aber auch abstraktes mechanistisches Modell entwickeln (ebd.). Man nimmt an, dass die komplexen Verbindungsstrukturen (die Topologie) von Nervenzellnetzwerken aus einzelnen Grundstrukturen der Vernetzung einiger weniger Nervenzellen aufgebaut sind, den sog. *motifs*. Ein einfaches *motif* ist z. B. eine gegenseitige Verbindung zwischen zwei Nervenzellen (A ⇆ B), ein anderes eine Dreiecksverbindung, bei der Zelle 1 mit Zelle 2, Zelle 2 mit Zelle 3 und Zelle 3 wieder mit Zelle 1 verbunden ist (A→B→ C→A), also eine gerichtete zyklische Verbindung von drei Zellen. Schaut man sich die Anatomie der Verbindungen im Kortex an, so zeigt sich, dass ein bestimmtes *motif* besonders häufig auftritt: die sog. V-Form, die drei Zellen (A, B, C) verbindet, wobei die jeweils mittlere Zelle mit zwei anderen bidirektional verbunden ist (A ⇆ B ⇆ C). Um diese *motifs* erstens in anatomischen Daten zu finden und zweitens zu entscheiden, ob sie häufig vorkommen, werden Methoden der Computerwissenschaften und der Statistik genutzt.

Das fragliche mechanistische Modell reduziert also in einem ersten Schritt die Komplexität neuronaler Netzwerke, indem angenommen wird, dass jedes Netzwerk aus Grundelementen, den *motifs*, aufgebaut ist. Dies ermöglicht es, im zweiten Schritt anstelle des gesamten Netzwerks die Eigenschaften einzelner *motifs* zu betrachten. In einem dritten Schritt werden dann die Dynamik und die Eigenschaften möglicher Synchronisationen dieser einzelnen *motifs* untersucht. Dazu wird zunächst die Dynamik jeder einzelnen Zelle in Form einer Differenzialgleichung formuliert und anschließend mithilfe von Methoden der theoretischen Physik die Dynamik der gekoppelten *motifs* untersucht. Ein Vergleich der Eigenschaften zeigt dabei, dass nur das V-Form *motif* zu einer stabilen Synchronisation der Nervenzellen führt. Dies führt schließlich zum mechanistischen Modell der Erklärung der zeitlichen Synchronisation von Aktionspotenzialen in großen Gruppen von Nervenzellen zurück: Entscheidend für die Synchronisation von Nervenzellen ist, dass das Netzwerk überwiegend aus V-Form *motifs* besteht und es deshalb zu der stabilen Synchronisation der Aktionspotenziale verschiedener Nervenzellen kommt. Der zugrunde liegende Mechanismus basiert also auf der besonderen V-Form der Verbindung.

Ausblick

Für die Zukunft ist zu erwarten, dass die theoretische Neurowissenschaft innerhalb der gesamten Neurowissenschaft eine zunehmend zentrale Bedeutung erlangen wird, indem sie im Lichte unseres immer detaillierteren Wissens über biochemische und biophysikalische Prozesse sowie über die Anatomie und Physiologie der Nervenzellen diejenigen Me-

chanismen identifiziert und beschreibt, die den informationsverarbeitenden Prozessen im Gehirn zugrunde liegen. Zudem ist zu erwarten, dass die neurowissenschaftliche Forschung mehr und mehr durch theoretische Arbeiten motiviert sein wird: Eine derart theorieorientierte Forschung hat in der Physik, der Chemie oder der Biologie in der Vergangenheit zu großen Erfolgen und wissenschaftlichen Durchbrüchen geführt und ist auf diesen Gebieten heutzutage oft mindestens ebenso wichtig und verbreitet wie rein explorative Studien. In der Neurowissenschaft zeichnet sich ebenfalls ein entsprechender Trend ab, auch wenn theoriegetriebene Forschung in diesem Bereich aufgrund der Komplexität des Gehirns und seiner vielen Komponenten derzeit noch ein ganz besonders anspruchsvolles Unterfangen darstellt.

Literatur

Bishop, Christopher (2006): *Pattern Recognition and Machine Learning*. New York.

Dayan, Peter/Abbott, Larry (2001): *Theoretical Neuroscience*. Cambridge (Mass.).

Kandel, Eric/Schwartz, James/Jessel, Thomas (1991): *Principles of Neural Science*. Norwalk.

Kandel, Eric/Schwartz, James/Jessell, Thomas (Hg.) (1995): *Essentials of Neuroscience and Behavior*. New York. [dt.: *Neurowissenschaften*. Berlin 1995].

Pawitan, Yudi (2001): *In All Likelihood*. Oxford.

Pikovsky, Arkady/Rosenblum, Michael/Kurths, Jürgen (2003): *Synchronization*. Cambridge.

Stephan, Achim (³2007): *Emergenz*. Paderborn [1999].

Truccolo, Wilson/Eden, Uri/Fellows, Matthew/Donoghue, John/Brown, Emery (2005): A point process framework for relating neural spiking activity to spiking history, neural ensemble, and extrinsic covariate effects. In: *Journal of Neurophysiology* 93, 1074–1089.

Uhlhaas, Peter/Pipa, Gordon/Lima, Bruss/Melloni, Lucia/Neuenschwander, Sergio/Nikolic, Danko/Singer, Wolf (2009): Neural synchrony in cortical networks. In: *Frontiers in Integrative Neuroscience* 3, 17, 1–19.

Vicente, Raul/Gollo, Leonardo/Mirasso, Claudio/Fischer, Ingo/Pipa, Gordon (2008): Dynamical relaying can yield zero time lag neuronal synchrony despite long conduction delays. In: *Proceedings of the National Academy of Sciences of the United States of America* 105, 17157–17162.

Gordon Pipa

3. Klinische Neurowissenschaft

Unter klinischer Neurowissenschaft versteht man den Einsatz neurowissenschaftlicher Methoden für klinische Fragestellungen in der Grundlagenwissenschaft (Krankheitsmechanismen) und der Anwendung (Diagnostik und Therapie). Die klinische Neurowissenschaft beschäftigt sich naturgemäß v. a. mit neurologischen und psychiatrischen Erkrankungen wie etwa Parkinson oder Schizophrenie, kann sich aber auch auf andere Erkrankungen erstrecken, sofern das Gehirn dabei eine Rolle spielt. Im Fächerkanon der Medizin zählt zu der klinischen Neurowissenschaft die Forschung in den Fächern Neurologie, Neuropsychologie (s. Kap. II.E.3), Neuropathologie, Neuroradiologie, Neurochirurgie, Psychiatrie, Psychotherapie und Psychosomatik. Für die Kognitionswissenschaft sind neurologische und psychiatrische Erkrankungen von besonderem Interesse, da man durch das neurowissenschaftliche Verständnis gestörter mentaler Prozesse etwas über die Funktionsprinzipien kognitiver Prozesse beim Menschen lernen kann (Broome/Bortolotti 2009; Karnath/Thier 2012; Merkel et al. 2007).

Die klinische Neurowissenschaft ist aber auch von philosophischer Bedeutung, da sie den engen Zusammenhang zwischen Gehirn und Geist plausibel macht (s. Kap. II.F.1), und dabei übernatürliche Erklärungen geistiger Phänomene sukzessive als entbehrlich erweist. Ein klassisches Beispiel ist die Epilepsie, die ›Heilige Krankheit‹, deren Erklärung sich von Besessenheit durch Dämonen oder Kontakte zu einer übernatürlichen Welt hin zu einer Funktionsstörung der Entladung von Neuronen entwickelte. Im Rahmen der Entwicklung der Epilepsiechirurgie Mitte des 20. Jh.s wurde durch den Chirurgen Wilder Penfield die somatotopische Organisation des sensomotorischen Kortex entdeckt (d. h. die Anordnung der motorischen Outputs im Kortex nach Körperteilen, bildhaft bekannt als Homunculus), der damit stark zur heute aufgegebenen Vorstellung beitrug, dass alle mentalen Funktionen in bestimmten Hirnregionen lokalisierbar sind. Penfield konnte zudem erstmals systematisch und eindeutig zeigen, dass sich durch elektrische Reizung des Gehirns komplexe mentale Phänomene auslösen lassen, etwa die Erinnerung an ein konkretes Musikstück oder komplexe Gefühle (Penfield/Rasmussen 1950).

Ein weiteres Beispiel ist die im frühen 20. Jh. aufgeklärte Ursache der Neurolues, einer Spätform der durch das Bakterium *Treponema pallidum* verur-

sachten Geschlechtskrankheit Syphilis, unter der z. B. Friedrich Nietzsche litt. Durch Befall des Gehirns kann es hier zu ausgeprägten Wesensveränderungen bis hin zu einer Demenz kommen, mit Symptomen des (Größen-)Wahns, Anfällen und Halluzinationen. Damit war historisch erstmals der Beweis erbracht, dass Geisteskrankheiten somatische Ursachen haben können, was die im 19. Jh. entstehende Ansicht, dass Geisteskrankheiten Gehirnkrankheiten sind, stark stützte.

Zentrale Themen

Ein ›zentrales Thema‹ der klinischen Neurowissenschaften gibt es nicht, da sie sich auf nahezu alle relevanten neurologischen und psychiatrischen Erkrankungen und Phänomene erstreckt, die mit den zur Verfügung stehenden Methoden der molekularen Medizin und der kognitiven Neurowissenschaft (s. Kap. II.D.1) untersucht werden. Aufgrund ihrer Häufigkeit, ihrer klinischen Bedeutung und ihrem Bezug zu geistigen Leistungen sind Erkrankungen wie Epilepsie, Schlaganfall, Schizophrenie, Demenz, Depression, Morbus Parkinson sowie Symptome wie Halluzinationen, Schmerz, Bewusstseinsstörungen oder gestörter Schlaf wichtige Forschungsfelder. Daneben stehen aber auch seltener auftretende Phänomene im Brennpunkt des Interesses, weil sie als Modellerkrankungen gelten, an denen man die Mechanismen der Erkrankung besonders gut studieren kann, wie etwa die Blindsicht (*blindsight*) oder die Narkolepsie. Ferner werden Erkrankungen, die durch moderne Diagnoseinstrumente, Therapien oder die öffentliche Diskussion neue Aufmerksamkeit erfahren, intensiv neurowissenschaftlich erforscht, etwa der Autismus oder das Aufmerksamkeitsdefizit-/Hyperaktivitätssyndrom (ADHS). Und schließlich sind es neue diagnostische und therapeutische Methoden in der Neuropsychiatrie, die Einblicke in die Mechanismen kognitiver Phänomene erlauben, etwa die Bildgebung des Gehirns (*neuroimaging*; s. Kap. V.2), die Psychopharmakologie oder die Tiefe Hirnstimulation (s. Kap. V.6).

Stellung der klinischen Neurowissenschaft in der Kognitionswissenschaft

Aus Sicht der kognitiven Neurowissenschaft sind neurologische und psychische Erkrankungen so etwas wie ›Experimente der Natur‹: Sie sind zwar nicht kontrollierbar und planbar, dafür erlauben sie aber die empirische Untersuchung kognitionswissenschaftlich relevanter Phänomene am Menschen, die sonst nicht zugänglich wären. Dadurch können sehr allgemeine Zusammenhänge nachgewiesen werden (mentale Erlebnisse beruhen auf Gehirnvorgängen), bestimmte philosophische bzw. neurokognitionswissenschaftliche Theorien gestützt oder widerlegt werden (z. B. über die Subjektivität des Schmerzes oder die Einheitlichkeit des Bewusstseins; s. Kap. IV.4) und bestimmte zentrale Phänomene einer empirischen Erklärung zugänglich gemacht werden (z. B. Wie funktioniert Sprache? Wie entsteht eine Überzeugung?). Im Folgenden sollen exemplarisch drei Beispiele erläutert werden: die Schizophrenie (eine Erkrankung aus der Psychiatrie), Bewusstseinsstörungen (aus Sicht der Neurologie) und neurowissenschaftliche Ansätze zur Erklärung von Adipositas (Übergewicht).

Schizophrenie

Die Schizophrenie gilt als das klassische Beispiel einer psychischen Erkrankung. Im Folgenden soll nur ihre prototypische Erscheinungsform beschrieben und in ihrer Bedeutung für die Kognitionswissenschaft diskutiert werden. Die paranoid-halluzinatorische Schizophrenie tritt familiär gehäuft auf, hat eine starke genetische Komponente, beginnt typischerweise im jungen Erwachsenenalter und ist durch zwei prominente Symptome, nämlich Halluzinationen und Paranoia (Verfolgungswahn), gekennzeichnet. Eine typische Entwicklung sähe ungefähr so aus, dass ein junger Mann zunehmend das Gefühl entwickelt, irgendetwas sei ›anders‹, merkwürdig, unheimlich (Wahnstimmung). Er registriert verdächtige Ereignisse (Blicke, Autonummern, Geräusche usw.), die er auf sich bezieht (Ichstörungen) und die ihn vermuten lassen, dass irgendetwas gegen ihn Gerichtetes vorgeht. Diese Vermutungen verdichten sich im Laufe der Zeit zur Gewissheit, dass er beobachtet und verfolgt wird. Diese Überzeugung wird auch nicht dadurch erschüttert, dass z. B. die Suche nach Wanzen in der Wohnung erfolglos ist, zeigt dies doch nur, wie raffiniert ›sie‹, die anderen, vorgehen; seine Überzeugung wird also *subjektiv gewiss* und *unkorrigierbar*, obwohl sie *falsch ist* (dies entspricht den drei Wahnkriterien nach Jaspers (1965, 80), bei dem das dritte Wahnkriterium spezifischer ›Unmöglichkeit des Inhalts‹ lautet). Die Wahrnehmung auffälliger Geräusche (Akoasmen) oder das laute Denken (Gedankenlautwerden) nehmen zu, und der Betroffene hört schließlich Stim-

men, die sein Verhalten kommentieren, ihn möglicherweise beschimpfen oder gar Dialoge über ihn führen, obwohl niemand anwesend ist (akustische Halluzinationen). Möglicherweise entwickelt der Betroffene dann die Überzeugung, dass ihm mittels technischer Vorrichtungen Gedanken eingegeben (Gedankeneingebung) oder weggenommen (Gedankenentzug) werden.

Halluzinationen und Wahn, die zu den Positivsymptomen gehören, sind seit langem Gegenstand theoretischer Überlegungen und inzwischen auch neurowissenschaftlicher Forschungen. Wie kann es sein, dass man Stimmen hört, obwohl niemand da ist, der spricht? Untersuchungen mit funktioneller Magnetresonanztomografie (fMRT) konnten zeigen, dass es während des Stimmenhörens zu einer Aktivierung des primären auditorischen Kortex kommt, die erklärt, warum eine Wahrnehmung ohne äußeren Stimulus vorliegt (Dierks et al. 1999; van Lutterveld et al. 2011). Noch nicht erklärt ist damit allerdings, warum die Betroffenen diese Stimmen nicht als selbstproduziert erkennen. Dies versuchen neurokognitive Theorien der Schizophrenie dadurch zu erklären, dass es zu einer gestörten internen Selbstüberwachung (*self-monitoring*) kommt, die bewirkt, dass selbst- und fremdgenerierte Signale nicht mehr sauber unterschieden werden können (z. B. Blakemore et al. 2000). Untersuchungen mit funktioneller Magnetresonanztomografie legen nahe, dass dem inferioren parietalen Kortex eine wichtige Rolle für die Selbstüberwachung zukommt (Schnell et al. 2008).

Ein anderer Ansatz stellt die Rolle des Neuromodulators Dopamin ins Zentrum der Erklärung des Wahns (Kapur 2003; Spitzer 1995; Walter/Spitzer 2003). Seit der Entdeckung von Medikamenten, die gut gegen sog. Positivsymptome wie Halluzinationen oder Wahn wirken, gibt es die Dopaminhypothese der Schizophrenie, die als Grundlage dieser Symptome eine Hyperaktivität im dopaminergen System postuliert, der allerdings möglicherweise ein primäres Dopamindefizit vorangeht (Carlsson/Carlsson 2006). Diese Medikamente wirken nämlich alle darüber, dass sie den Dopamin-2-Rezeptor blockieren. Untersuchungen mittels Positronenemissionstomografie (PET) belegen, dass bei akuter Schizophrenie eine erhöhte Dopaminausschüttung vorliegt (Kuepper et al. 2012). Der Neuromodulator Dopamin hat vielerlei Wirkungen im Gehirn. Eine davon besteht darin, dass das Signal-Rausch-Verhältnis im Nervensystem erhöht wird, was zur folgenden Erklärung der Wahnentstehung geführt hat (Kapur 2003; Spitzer 1995): Ein erhöhter dopaminerger Tonus hat zur Folge, dass eigentlich irrelevante, d.h. zufällige, äußere Ereignisse besonders hervorgehoben werden (erhöhtes Signal-Rausch-Verhältnis) und damit eine subjektiv empfundene, besondere Bedeutung (Salienz) erlangen. Wiederholte Ereignisse dieser Art erzeugen das Gefühl der Unheimlichkeit und Bedrohung, die nach einer Erklärung verlangen. Der Betroffene versucht, sich die Ereignisse plausibel zu machen, woraus sich z. B. die Überzeugung entwickelt, verfolgt zu werden, weil diese die zunächst unerklärlichen Erlebnisse einer subjektiv rationalen Interpretation zugänglich macht. Liegt erst einmal eine subjektiv befriedigende Erklärung vor, werden alle zukünftigen Ereignisse in diese wahnhafte Erklärung eingepasst. In diesem Stadium ist der Wahn noch gut durch antidopaminerge Medikamente behandelbar. Je öfter die wahnhaften Gedanken allerdings gedacht werden, umso stärker verfestigten sie sich, und es kommt zu entsprechenden neuroplastischen Veränderungen, d.h. zur Veränderung von Synapsenstärken. In diesem Stadium ist der Wahn durch Medikamente nicht mehr gut behandelbar bzw. persistiert auf kognitiver Ebene, auch wenn das Gefühl der Bedrohung, der Unheimlichkeit und der emotionalen Bedeutung durch eine medikamentöse Behandlung möglicherweise noch vermindert werden kann.

Hier wird deutlich, dass eine neurokognitive Erklärung von Halluzinationen und Wahn auf allgemeine Konzepte etwa zur Natur subjektiver Wahrnehmung oder auf Vorstellungen darüber zurückgreift, wie Überzeugungen im Gehirn realisiert sein könnten. Neuere Ansätze aus der *computational neuroscience* (s. Kap. II.D.1) versuchen allerdings, eine tiefer liegende Erklärung zu finden, die unterhalb der psychologisch motivierten Unterscheidung von Wahrnehmung und Überzeugung liegt. Zur Erklärung von Positivsyndromen (Halluzinationen, Wahn oder Passivitätsphänomene) postulieren sie ein Kerndefizit, das in einer Störung der fehlerabhängigen Aktualisierung von Schlussfolgerungen und Überzeugungen über die Welt besteht. Diese fehlerhafte Aktualisierungsfunktion ist nicht auf psychologische Kategorien angewiesen, sondern lässt sich am besten im Rahmen eines gestörten hierarchischen Bayes'schen Netzwerks verstehen und dann auch modellieren (Fletcher/Frith 2008).

Bewusstseinsstörungen

Als zweites Beispiel soll die klinische Erforschung von Bewusstseinsstörungen dienen. Darunter fallen zum einen spezielle Störungen des Bewusstseins, wie sie durch lokale Hirnschädigungen entstehen können, etwa bei der sog. Blindsicht (eine Läsion des primären visuellen Kortex, die mit der Überzeugung einhergeht, nicht sehen zu können, obwohl visuelle Information noch über alternative Wege verarbeitet wird) oder dem sog. Charles-Bonnet-Syndrom (eine Schädigung im Auge oder der Sehbahn, die mit der Entstehung optischer Wahrnehmungen einhergeht, d.h. mit visuellen Halluzinationen und der Überzeugung, noch sehen zu können, obwohl die Betroffenen tatsächlich blind sind). Diese Störungen erklären sich durch noch erhaltene indirekte visuelle Inputpfade (im Fall der Blindsicht) oder durch die Spontanaktivität in höheren visuellen Arealen ohne visuellen Input (im Fall des Charles-Bonnet-Syndroms). Sie fallen im engeren Sinne in das Gebiet der Neuropsychologie (s. Kap. II.E.3) und sollen hier nicht weiter besprochen werden. Stattdessen soll kurz auf quantitative Störungen des Bewusstseins eingegangen werden, d.h. auf das Kontinuum von Wachheit, Schläfrigkeit, Somnolenz und Koma (Laureys/Tononi 2009; die folgenden Passagen folgen weitgehend Walter/Müller 2012).

Neurologisch lassen sich verschiedene Stufen der Bewusstlosigkeit unterscheiden. Koma ist ein Zustand vollständiger, nicht aufweckbarer Bewusstlosigkeit nach Hirnschädigung. Ein minimaler Bewusstseinszustand (*minimally conscious state*) wird diagnostiziert, wenn der Patient zumindest gelegentlich behaviorale Hinweise auf Restbewusstsein zeigt. Auch Patienten im Wachkoma (*vegetative persistent state*) bewegen sich noch und zeigen gelegentlich reflexhafte Reaktionen. Bis vor Kurzem waren Ärzte davon überzeugt, dass Wachkomapatienten kein bewusstes Erleben aufweisen und dass die gegenteilige Meinung von Angehörigen eher durch deren Wunsch als durch den Zustand des Patienten erklärbar ist. Neuere Studien sprechen jedoch dafür, dass einige Wachkomapatienten noch bewusst denken können. Wie kommt man zu dieser Ansicht?

Sie beruht auf Untersuchungen von Owen et al. (2006), die unter Einsatz funktioneller Magnetresonanztomografie einen Ansatz entwickelt haben, der eine rein reflexartige Reaktion des Gehirns auf einen erlernten Stimulus so gut wie ausschließt. Sie forderten Wachkomapatienten verbal auf, sich entweder vorzustellen, Tennis zu spielen, oder sich vorzustellen, durch ihre Wohnung zu gehen. Die dabei beobachteten Aktivierungen waren hochspezifisch: In der Tennisbedingung zeigten sich Aktivierungen des prämotorischen Kortex, in der Raumbedingung Aktivierungen des parahippocampalen Kortex. Diese Aktivierungen entsprachen exakt denen einer gesunden Kontrollgruppe bei der gleichen Aufgabe. Dieses Resultat lässt darauf schließen, dass bei den Wachkomapatienten Sprachverständnis, Motivation und visuelles Vorstellungsvermögen erhalten waren, mit anderen Worten, dass sie bei Bewusstsein waren. In einer ähnlichen Studie von Monti et al. (2010) mit inzwischen 54 Patienten (23 davon mit der Diagnose eines Wachkomas, 31 mit der Diagnose eines minimalen Bewusstseinszustands) waren fünf Patienten in der Lage, ihre Hirnaktivität absichtlich zu modulieren, bei zwei von ihnen war in der klinischen Untersuchung keinerlei absichtliches Verhalten erkennbar. Ein Patient mit der Diagnose Wachkoma war sogar in der Lage, mithilfe dieser Technik auf Ja-Nein-Fragen korrekt zu antworten, indem er bei Ja-Antworten ein Tennisspielen imaginierte und bei Nein-Antworten ein räumliches Szenario. Das eröffnet zumindest prinzipiell die Möglichkeit, mit scheinbar bewusstlosen Patienten mittels funktioneller Magnetresonanztomografie mit sehr großem Aufwand eine basale Kommunikation zu führen.

Mithilfe funktioneller Magnetresonanztomografie ist es auch möglich, die intrinsische Konnektivität des Gehirns ohne Stimulation zu untersuchen. Im Vergleich zu aufmerksamkeitsfordernden Aufgaben ist bei Gesunden im Ruhezustand (*resting state*) und in Zuständen des Tagträumens, des Schweifenlassens der Gedanken sowie bei selbstbezogenen Gedanken das sog. *default-mode-network* aktiv, das den Präkuneus, den medialen Präfrontalkortex und den temporo-parietalen Kortex umfasst. In einer Studie an 14 nichtkommunikativen Patienten mit unterschiedlichen Hirnschädigungen zeigte sich, dass die Konnektivität des *default-mode-network* mit dem Grad der klinischen Bewusstseinsstörung in nichtlinearer Weise negativ korrelierte (Vanhaudenhuyse et al. 2010). Die Verbindungsstärke innerhalb des *default-mode-network* könnte somit als Indikator für den Bewusstseinszustand von Patienten dienen.

Diese Ergebnisse zwingen Forscher, Theorien über die neuronalen Grundlagen des bewussten Erlebens zu entwickeln. In Zusammenhang mit anderen Ergebnissen der Neuroforschung zum Bewusstsein (vgl. dazu Walter/Müller 2012) zeichnet sich ab, dass der Grad der Integration der Informationsverarbeitung im Gehirn den entscheidenden Mechanismus darstellt. So bedarf es offenbar einer gewissen Dauer neuronaler Aktivität, damit es zu Bewusstseinsphänomenen kommt, und phasensynchrone Oszillationen zwischen Hirnregionen, insbesondere zwischen Thalamus und Kortex, sowie wiedereintretende Aktivierungen (zwischen sensorischen und höheren Hirnarealen) könnten dafür entscheidende

Mechanismen darstellen (s. Kap. IV.4). Aus informationstheoretischer Sicht wurde Bewusstsein mit dem prinzipiell quantitativ bestimmbaren Maß an integrierter Informationsverarbeitung gleichgesetzt (Tononi 2004). An dieser Stelle kann nicht auf die Einzelheiten dieser ausgearbeiteten Theorien eingegangen werden. Wichtig ist, dass es die Untersuchung klinischer Phänomene, etwa von Bewusstseinsstörungen, prinzipiell erlaubt, allgemeine Theorien des Bewusstseins empirisch zu untersuchen und zu testen.

Klinische Neurowissenschaft von Adipositas

Auf den ersten Blick mag es überraschen, Übergewicht als ein Beispiel der klinischen Neurowissenschaft aufgeführt zu sehen. Tatsächlich ist die im Folgenden referierte Theorie ungewöhnlich, soll aber dennoch hier angeführt werden, da sie die potenzielle Relevanz der klinischen Neurowissenschaft auch für Phänomene zeigt, für die man es nicht unbedingt erwarten sollte. Es handelt sich dabei um die Theorie des egoistischen oder besser: eigennützigen Gehirns (*selfish brain*; Peters 2011; Peters et al. 2011), die postuliert, dass das Gehirn aktiv dafür sorgt, dass es immer ausreichend mit seinem Hauptenergielieferanten Glukose versorgt ist (das Gehirn macht ca. zwei Prozent des Körpergewichts aus, verbraucht aber 60 Prozent der zirkulierenden Blutglukose), was Folgen für das Verständnis von Übergewicht und Diäten und möglicherweise sogar die Entstehung von Typ-2-Diabetes hat. Gestützt wird diese Theorie zum einen dadurch, dass das Gehirn bei Diäten oder Hungerzuständen im Gegensatz zu anderen Körperorganen nicht an Gewicht abnimmt, sich also in der Konkurrenz um den Energielieferanten Glukose behauptet, zum anderen dadurch, dass in den letzten Jahren Mechanismen entdeckt wurden, die zeigen, wie das Gehirn dies aktiv bewerkstelligt.

Das Gehirn misst seine Energiekonzentration über Rezeptoren für das energiereiche Adenosintriphosphat und kann so eine drohende Mangelversorgung feststellen. In diesem Fall aktiviert es über die Amygdala, den ventromedialen Thalamus und den Nucleus paraventricularis den Sympathikus und das Hypothalamus-Hypophysen-Nebennierenrindensystem, d. h. ›Stresssysteme‹, die beide zu einer Unterdrückung der Insulinproduktion in der Bauchspeicheldrüse führen. Insulin vermittelt normalerweise die Aufnahme von Glukose ins Muskel- und Fettgewebe über den Glukosetransporter Glut-4. Weniger Insulin führt zu einer verminderten Aufnahme von Glukose in periphere Gewebe und zu einem Anstieg des Blutglukosespiegels. Da die Glukoseaufnahme ins Gehirn durch den insulinunabhängigen Glukosetransporter Glut-1 erfolgt, ist das Gehirn auf Kosten der Peripherie weiterhin gut mit Glukose versorgt.

Dieser aktive Mechanismus zur Versorgung des Gehirns mit Glukose wird auch ›brain-pull‹ genannt (das Gehirn ›zieht‹ Glukose ins Gehirn). Der brain-pull-Mechanismus funktioniert gut bei einem hoch reaktiven Stresssystem: Das Gehirn wird bei Mangelernährung und akutem Stress ausreichend mit Glukose versorgt, und der Körper bleibt (oder wird) dünn. Bei jeder stressbedingten Aktivierung des brain-pull-Mechanismus kommt es jedoch auch zu einer Ausschüttung von Kortisol, das im Sinne einer negativen Rückkoppelung dazu führt, dass der brain-pull-Mechanismus zurückgefahren wird. Bei chronischem Stress kommt es daher langfristig zu einer verminderten Reaktivität des brain-pull-Mechanismus: Damit das Gehirn auch bei chronischem Stress weiter gut versorgt werden kann, muss mehr Nahrung zugeführt werden, die dann aber nicht nur im Gehirn, sondern auch im Körper landet und damit zu Übergewicht führt.

Aus dieser Theorie ergeben sich, unter weiteren Überlegungen, überraschende Folgerungen.

Erstens: Übergewicht kann eine gesunde Adaptation sein. So scheint es zwei Typen von Menschen zu geben, die aus genetischen Gründen auf chronischen Stress unterschiedlich reagieren. Typ A-Personen zeigen keine Anpassung der Reaktivität ihres brain-pull-Systems, während bei Typ B-Personen dieses System (vermittelt über Endocannabinoide) ›abstumpft‹, d. h. weniger reaktiv wird. Dies hat unterschiedliche Folgen: Typ A-Personen reagieren bei Stress weiterhin wie beschrieben und nehmen auch bei hohem Nahrungsangebot nicht zu, sind dafür aber stärker anfällig für Erkrankungen wie Depressionen und andere Stressfolgeerkrankungen, die auf erhöhte Kortisolausschüttungen zurückgehen. Bei Typ B-Personen dagegen funktioniert aufgrund der geringeren Reaktivität das brain-pull-System weniger gut, und eine ausreichende Versorgung des Gehirns mit Glukose wird (bei hohem Nahrungsangebot) durch vermehrte Nahrungsaufnahme und damit einhergehendem höherem Körpergewicht erreicht. Allerdings zeigen Typ B-Personen eben auch eine geringere Aktivierung des Kortisol-vermittelten Stresssystems mit positiven gesundheitlichen Folgen. In diesem Sinne lässt sich folgern, dass für Typ B Personen Übergewicht bei psychosozialem Dauerstress und reichlichem Nahrungsangebot (die heutige Standardsituation) eine gesunde Adaptation

ist, was sich auch durch epidemiologische Studien zeigen lässt. Die entgegengesetzte übliche, offenbar durch Studien gut belegte Ansicht, dass Übergewicht ungesund ist, ergibt sich nach Ansicht der Anhänger der selfish-brain-Theorie durch die Vernachlässigung des Stressfaktors, d. h. durch einen (unfairen) Vergleich von übergewichtigen Personen im Dauerstress mit gesunden Dünnen ohne Dauerstress. Richtig sei hingegen, dass bei hohem Nahrungsangebot dicke Menschen – bei gleicher psychosozialer Belastung – im Vergleich zu dünnen länger leben.

Zweitens: Die übliche Diätmaßnahme, nämlich eine Verringerung des Nahrungsangebots, ist häufig kontraproduktiv, weil eine solche Verringerung in die Selbstregulation des Gehirns eingreift und gesundheitsgefährdend wirken kann. Sinnvoller sind stattdessen kombinierte Maßnahmen aus Stressabbau, körperlichem Aufbautraining und metabolischer Erziehung (etwa Vermeidung von Süßstoffen, welche die Selbstregulation des Gehirns ebenfalls durcheinander bringen).

Die selfish-brain-Theorie ist nicht allgemein anerkannt und nicht alle Teilschritte der Argumentation sind durch empirische Studien ausreichend belegt. Gegenwärtig ist sie Gegenstand eines aktiven Forschungsprogramms. Sie wurde hier aber v. a. deswegen im Detail erläutert, weil sie zeigt, dass selbst im Bereich der nicht neuropsychiatrischen Medizin die Bedeutung des Gehirns als zentrale Koordinationseinheit des menschlichen Körpers unterschätzt werden kann.

Literatur

Blakemore, Sarah-Jayne/Smith, J./Steel, R./Johnstone, C./Frith, Chris (2000): The perception of self-produced sensor stimuli in patients with auditory hallucinations and passivity experiences. In: Psychological Medicine 30, 1131–1139.

Broome, Mathew/Bortolotti, Lisa (Hg.) (2009): Psychiatry as Cognitive Neuroscience. Oxford.

Carlsson, Arvid/Carlsson, Maria (2006): A dopaminergic deficit hypothesis of schizophrenia. In: Dialogues in Clinical Neuroscience 8, 137–142.

Dierks, Thomas/Linden, David/Jandl, Martin/Formisano, Elia/Goebel, Rainer/Lanfermann, Heinrich/Singer, Wolf (1999): Activation of Heschl's gyrus during auditory hallucinations. In: Neuron 22, 615–621.

Fletcher, Paul/Frith, Chris (2008): Perceiving is believing. In: Nature Reviews Neuroscience 10, 48–58.

Jaspers, Karl (*1965): Allgemeine Psychopathologie. Berlin [1913].

Kapur, Shitij (2003): Psychosis as a state of aberrant salience. In: American Journal of Psychiatry 160, 13–23.

Karnath, Hans-Otto/Thier, Hans-Peter (Hg.) (³2012): Kognitive Neurowissenschaften. Heidelberg [2003].

Kuepper, Rebecca/Skinbjerg, Mette/Abi-Dargham, Anissa (2012): The dopamine dysfunction in schizophrenia revisited. In: Gerhard Gross/Mark Meyer (Hg.): *Current Antipsychotics*. Berlin, 1–26.

Laureys, Steven/Tononi, Giulio (Hg.) (2009): *The Neurology of Consciousness*. London.

Merkel, Reinhard/Boer, Gerard/Fegert, Jörg/Galert, Thorsten (Hg.) (2007): *Intervening in the Brain*. Heidelberg.

Monti, Martin/Vanhaudenhuyse, Audrey/Coleman, Martin/Boly, Melanie/Pickard, John/Tshibanda, Luaba/Owen, Adrian/Laureys, Steven (2010): Willful modulation of brain activity in disorders of consciousness. In: *New England Journal of Medicine* 362, 579–589.

Owen, Adrian/Coleman, Martin/Boly, Melanie/Davis, Matthew/Laureys, Steven/Pickard, John (2006): Detecting awareness in the vegetative state. In: *Science* 313, 1402.

Penfield, Wilder/Rasmussen, Theodore (1950): *The Cerebral Cortex of Man*. New York.

Peters, Achim (2011): *Das egoistische Gehirn*. Berlin.

Peters, Achim/Kubera, Britta/Hubold, Christian/Langemann, Dirk (2011): The selfish brain. In: *Frontiers in Neuroscience* 5, 74, 1–11.

Schnell, Knut/Heekeren, Karsten/Daumann, Jörg/Schnell, Thomas/Schnitker, Ralph/Möller-Hartmann, Walter/Gouzoulis-Mayfrank, Euphrosyne (2008): Correlation of passivity symptoms and dysfunctional visuomotor action monitoring in psychosis. In: *Brain* 131, 2783–2797.

Spitzer, Manfred (1995): A neurocomputational approach to delusions. In: *Comprehensive Psychiatry* 36, 83–110.

Tononi, Giulio (2004): An information integration theory of consciousness. In: *BMC Neuroscience* 5, 1–22.

Vanhaudenhuyse, Audrey/Noirhomme, Quentin/Tshibanda, Luaba/Bruno, Marie-Aurelie/Boveroux, Pierre/Schnakers, Caroline/Soddu, Andrea/Perlbarg, Vincent/Ledoux, Didier/Brichant, Jean-Francois/Moonen, Gustave/Maquet, Pierre/Greicius, Michael/Laureys, Steven/Boly, Melanie (2010): Default network connectivity reflects the level of consciousness in non-communicative brain-damaged patients. In: *Brain* 133, 161–171.

van Lutterveld, Remko/Sommer, Iris/Ford, Judith (2011): The neurophysiology of auditory hallucinations – a historical and contemporary review. In: *Frontiers in Psychiatry* 2, 28, 2–7.

Walter, Henrik/Müller, Sabine (2012): Neuronale Grundlagen des Bewusstseins. In: Hans-Otto Karnath/Hans-Peter Thier (Hg.): *Kognitive Neurowissenschaften*. Berlin, 655–664.

Walter, Henrik/Spitzer, Manfred (2003): The cognitive neuroscience of agency. In: Anthony David/Tilo Kircher (Hg.): *The Self in Neuroscience and Psychiatry*. Cambridge, 436–444.

Henrik Walter

E. Psychologie

Einleitung

Einen wesentlichen Anteil an der Entstehung des interdisziplinären Forschungsprogramms der Kognitionswissenschaft in den 1950er Jahren hatte neben der Künstliche-Intelligenz-Forschung (s. Kap. II.B.1) und der Linguistik (s. Kap. II.C) die Psychologie. Ihre Bedeutung innerhalb der Kognitionswissenschaft war daher von jeher fundamental, und ihr Einfluss nimmt weiterhin stetig zu, wie sich z. B. am Anteil psychologischer Publikationen in der Fachzeitschrift *Cognitive Science* erkennen lässt.

Die folgenden Beiträge beschäftigen sich deshalb mit Grundfragen der Psychologie, wie sie für die Kognitionswissenschaft wesentlich sind, etwa: Wie funktioniert Wahrnehmung? Wie arbeitet unser Gedächtnis? Was sind die zerebralen Korrelate kognitiver Funktionen? Wie lassen sich diese Funktionen künstlich modellieren? Welche Prozesse liegen der individuellen Entwicklung zugrunde? Aus welchen Bestandteilen setzt sich unsere Persönlichkeit zusammen?

Diese Fragen sind nicht neu. Es sind Fragen, die in der Geschichte der Philosophie (s. Kap. II.F) immer wieder aufgegriffen wurden und zu unterschiedlichsten Antworten geführt haben – man denke nur an Aristoteles' Abhandlung über die Seele, Epikurs atomistische Vorstellung vom Denken oder die Postulierung der Trennung von Körper und Geist bei René Descartes. Obwohl die Beschäftigung mit Fragen zur menschlichen Psyche eine so lange Tradition hat, etablierte sich die Psychologie als eigenständige wissenschaftliche Disziplin erst in der zweiten Hälfte des 19. Jh.s, als Wilhelm Wundt erste Laborversuche durchführte und so die empirisch-experimentelle Forschungsmethode der Psychologie begründete und William James an US-Universitäten das Fach Psychologie institutionalisierte und mit *The Principles of Psychology* (James 1890) das erste Standardlehrwerk verfasste.

Während der nächsten dreißig Jahre erfreute sich die experimentelle introspektive Psychologie mit Wundt, James und ihren Schülern großer Beliebtheit. Zu einem Umbruch kam es, als die empirische psychologische Forschung dazu überging, sich auf die Untersuchung des objektiv beobachtbaren Verhaltens des Menschen zu beschränken und die Methode der Introspektion zurückwies, so dass Fragen nach inneren mentalen Prozessen oder Repräsentationen in der Folge vollständig ausgeklammert wurden. Dieses Paradigma des von James Watson 1913 begründeten Behaviorismus wurde erst wieder durch die sog. kognitive Wende aufgehoben: Der behavioristische Ansatz in der Psychologie wurde mit der Entstehung der Kognitionswissenschaft durch den kognitivistischen Ansatz der Kognitionspsychologie abgelöst, der die Untersuchung der dem beobachtbaren Verhalten zugrunde liegenden mentalen Prozesse betont und diese als Prozesse der Informationsverarbeitung beschreibt.

Die Idee, geistige Vorgänge als Prozesse der Informationsverarbeitung aufzufassen, führte zum Computermodell des Geistes, demzufolge das Gehirn als Hardware angesehen werden kann und kognitive Prozesse der Software entsprechen. Ist die Adäquatheit dieses Modells heute auch durchaus umstritten (s. Kap. III.6), so kommt dem Paradigma der Informationsverarbeitung doch eine zentrale historische Bedeutung zu, denn es beeinflusste Teilgebiete der Kognitionswissenschaft, insbesondere auch verschiedene Unterdisziplinen der Psychologie, maßgeblich.

Wie Sieghard Beller in Kapitel 1 erläutert, untersucht die *Kognitionspsychologie*, welche Mechanismen der Informationsverarbeitung im menschlichen Gehirn zugrunde liegen und wie diese Mechanismen ineinandergreifen, um kognitive Leistungen wie Wahrnehmen (s. Kap. IV.24), Problemlösen (s. Kap. IV.11, Kap. IV.17), Steuerung von Aufmerksamkeit (s. Kap. IV.1), Sprache (s. Kap. IV.20) oder Erinnern (s. Kap. IV.7) genauer zu verstehen. Dabei arbeiten Kognitionspsychologen auf empirischer Basis, indem sie gezielt Hypothesen aufstellen und diese in experimentellen Settings überprüfen. Durch die systematische Variation bestimmter Einflussfaktoren auf kognitive Prozesse lassen sich Erkenntnisse über zugrunde liegende Mechanismen und Zusammenhänge gewinnen. Mithilfe der entsprechenden empirischen Daten werden Theorien zur

Aufnahme von Information, ihrer Verarbeitung und Repräsentation (s. Kap. IV.16) aufgestellt.

Die in der Kognitionspsychologie gewonnen Ergebnisse dienen als Basis für die von Holger Schultheis in Kapitel 2, *Kognitive Modellierung*, vorgestellten Modelle, in denen kognitive Funktionen in Form von Computerprogrammen abgebildet werden. Indem man das Verhalten eines solchen Modells testet und mit menschlichem Verhalten vergleicht, lassen sich Schlüsse auf die Adäquatheit der Abbildung ziehen. Theoretische Annahmen über bestimmte kognitive Funktionen, auf die sich das Modell stützt, können auf diese Weise bestärkt oder in Frage gestellt werden. Die kognitive Modellierung bietet so die Möglichkeit, Theorien empirisch zu überprüfen und den Erkenntnisfortschritt voranzutreiben. Außerdem entstehen aus der Modellierung oft neue Anstöße zur weiteren Forschung.

Nicht das künstliche Modellieren kognitiver Funktionen, sondern ihre tatsächliche zerebrale Realisierung steht im Mittelpunkt der *Neuropsychologie*, die sich mit der Verbindung zwischen psychischen Funktionen und ihren neuronalen Korrelaten beschäftigt. Wie Peter Bublak und Kathrin Finke in Kapitel 3 darstellen, geht es in dieser Disziplin darum, psychische Vorgänge wie Wahrnehmen und Denken auf ihre anatomischen, physiologischen und biochemischen zerebralen Grundlagen zurückzuführen. Großer Fortschritt wird in der neuropsychologischen Forschung mithilfe neuester Messmethoden und bildgebender Verfahren erzielt. Des Weiteren besteht eine wichtige Erkenntnisquelle in der Untersuchung von Patienten mit neuropsychologischen Störungen, bei denen man Verbindungen zwischen kognitiven Defiziten und (z. B. durch einen Unfall oder Schlaganfall) beschädigten Hirnarealen herzustellen versucht. Zwar geht man davon aus, dass Struktur-Funktions-Zusammenhänge im Gehirn von sehr komplexer Natur sind, da viele kognitive Prozesse nur durch das Zusammenspiel verschiedener Hirnregionen realisiert werden können, jedoch lassen sich gewisse spezifische Prozesse in bestimmten Regionen lokalisieren (z. B. scheint die Fähigkeit, Gesichter zu erkennen, eng verknüpft zu sein mit der Aktivität von Neuronen in der sog. *fusiform face area*).

Während sich neuropsychologische Untersuchungen häufig auf kurzfristige, durch äußere Einflüsse verursachte Veränderungen im Gehirn richten, geht es in der *Entwicklungspsychologie* v. a. um langfristige Entwicklungen und Veränderungen menschlichen Verhaltens und Erlebens. In Kapitel 4 diskutiert Manfred Holodynski den entwicklungspsychologischen Ansatz, der darauf ausgerichtet ist, die Veränderungen der psychischen Funktionen eines Menschen im Laufe seines ganzen Lebens zu analysieren und zu erklären. Es gilt dabei herauszufinden, auf welche Weise und zu welchem Zeitpunkt sich bestimmte kognitive Fähigkeiten wie Wahrnehmung, Erinnerung oder Sprache entwickeln.

Die von Julius Kuhl in Kapitel 5 vorgestellte Disziplin der *Persönlichkeitspsychologie* befasst sich hingegen nicht so sehr mit der Veränderung als vielmehr mit den eine Person charakterisierenden überdauernden Strukturen, wie z. B. persönlichen Gewohnheiten, Motiven und Eigenschaften, sowie mit interindividuellen Unterschieden in diesen Strukturen. Aufgabe der Persönlichkeitspsychologie ist die Bestimmung persönlichkeitskonstitutiver Prozesse und Funktionen sowie die Erstellung eines integrativen und prozessdynamischen Persönlichkeitsmodells.

Die Betrachtung der Ontogenese menschlicher Verhaltensmechanismen wird ergänzt durch eine von der *evolutionären Psychologie* eingenommene phylogenetische Perspektive, die Sven Walter in Kapitel 6 vorstellt. Dem evolutionspsychologischen Paradigma zufolge lässt sich die Funktion einer Verhaltensweise mithilfe von Prinzipien der Evolutionstheorie erklären. Dabei werden dem Verhalten zugrunde liegende kognitive Mechanismen zurückgeführt auf Strategien, die von unseren Vorfahren zur Lösung evolutionär wichtiger Probleme entwickelt wurden. Durch dieses Einbeziehen stammesgeschichtlicher Forschung liefert die evolutionäre Psychologie eine – durchaus kontrovers diskutierte – Erweiterung der klassischen psychologischen Methoden, wie sie von anderen Teildisziplinen verwendet werden.

Literatur

James, William (1890): *Principles of Psychology*. New York.

Laura Schmitz

1. Kognitionspsychologie

Die Psychologie als wissenschaftliche Fachdisziplin, wie wir sie heute kennen, ist bereits weit über 100 Jahre alt (vom ersten Labor Wilhelm Wundts 1879 an gerechnet), und von Anfang an hat sie sich mit kognitiven Themen beschäftigt – u.a. mit der Wahrnehmung und dem Denken des Menschen (Lück 2009; Schönpflug 2004). Dennoch spricht man von ›Kognitionspsychologie‹ erst seit der sog. kognitiven Revolution in den 1950er und 1960er Jahren (Gardner 1985). Der Psychologie brachte diese einen Wechsel vom Forschungsparadigma des Behaviorismus hin zur Kognitionsforschung. Während im behavioristischen Paradigma beobachtbares Verhalten und dessen Modifikation durch Konditionierungsprozesse im Mittelpunkt des Interesses gestanden hatten und mentale Prozesse als nicht direkt beobachtbar von der wissenschaftlichen Erforschung ausgeschlossen worden waren, thematisierte das kognitive Paradigma gerade diese inneren Vorgänge, aufgefasst als Prozesse der Informationsverarbeitung. Das Hauptinteresse galt der Frage, so Ulric Neisser (1967, 4) in einem der ersten Lehrbücher des neuen Paradigmas, wie sensorisch aufgenommene Informationen »transformiert, vereinfacht, elaboriert, gespeichert, abgerufen und verwendet werden«, um all diejenigen geistigen Leistungen hervorzubringen, die die Intelligenz des Menschen auszeichnen.

Innerhalb der Psychologie ist die Kognitionspsychologie im Grundlagenfach der Allgemeinen Psychologie angesiedelt, die sich mit all denjenigen psychologischen Prozessen beschäftigt, die allen Personen gemeinsam sind (im Gegensatz zur Differenziellen Psychologie, die sich speziell mit den Unterschieden zwischen Personen beschäftigt). Die kognitive Perspektive wurde aber auch in vielen anderen Bereichen der Psychologie übernommen, z.B. in der Sozialpsychologie (mit dem Thema *social cognition*), in der Entwicklungspsychologie (mit der Analyse der Entwicklung kognitiver Funktionen im Kindesalter und über die Lebensspanne hinweg; s. Kap. II.E.4), in der Neuropsychologie (als *cognitive neuroscience*; s. Kap. II.D.1, Kap. II.E.3), in der Pädagogischen Psychologie (z.B. in der Lehr-Lern-Forschung) und auch in der Klinischen Psychologie (mit der kognitiven Verhaltenstherapie). Die kognitive Perspektive ist damit ein bis heute aktueller und zentraler Ansatz sowohl in der psychologischen Grundlagenforschung als auch in der praktischen Anwendung der gewonnenen Erkenntnisse.

Zentrale Fragen und typische Methoden

Die Kognitionspsychologie beschäftigt sich mit allen psychischen Funktionen, die in Teil IV als kognitive Leistungen vorgestellt werden (wie ein Blick in entsprechende Lehrbücher zeigt; z.B. Müsseler 2008; Spada 2006). Sie untersucht alle Prozesse, die mit dem Erwerb von und dem Umgang mit Wissen verbunden sind und manchmal als *cold cognitions* bezeichnet werden. Dazu gehören Prozesse der Wahrnehmung (s. Kap. IV.24) und Aufmerksamkeitssteuerung (s. Kap. IV.1), solche des Denkens (s. Kap. IV.17), Problemlösens (s. Kap. IV.11) und Entscheidens (s. Kap. IV.6), des Lernens (s. Kap. IV.12) und Erinnerns (s. Kap. IV.7) sowie der Sprache (s. Kap. IV.20) und Kommunikation (s. Kap. IV.10). Dass man diese Prozesse als Informationsverarbeitung charakterisieren kann, ist offensichtlich, schließlich werden dabei, ganz im Sinne Neissers, Informationen aufgenommen, umgeformt, gespeichert, wieder abgerufen und weitergegeben. Nicht gleichermaßen offensichtlich ist dies bei der Bildung von Emotionen (s. Kap. IV.5) und der Motivierung von Verhaltensweisen (s. Kap. IV.14), die als *hot cognitions* gelten. Doch auch hierbei sind kognitive Prozesse beteiligt und werden Informationen verarbeitet, etwa wenn eine Situation als positiv oder negativ bewertet wird und entsprechend positive oder negative Emotionen damit einhergehen bzw. aktivierende oder hemmende Handlungsimpulse ausgelöst werden (s. Kap. V.1).

Das übergeordnete Ziel der Kognitionspsychologie ist es, die kognitive Architektur zu entschlüsseln, also das Zusammenspiel all derjenigen Mechanismen, die der Informationsverarbeitung des Menschen im Allgemeinen und einzelnen kognitiven Leistungen im Besonderen zugrunde liegen. Nach David Marr (1982) kann die Verarbeitung von Informationen auf drei hierarchisch geordneten Ebenen betrachtet und theoretisch gefasst werden: Auf der obersten, *computationalen*, Ebene sind zunächst allgemeine Ziele und Strategien zu spezifizieren, die mit einer kognitiven Leistung verbunden sind. Will man z.B. verstehen, wie Personen arithmetische Berechnungen vornehmen, so ist auf der ersten Ebene zu beschreiben, um welche arithmetischen Operationen es geht und wie diese definiert sind (z.B. Addition und Subtraktion). Auf der nächsten, *algorithmisch-repräsentationalen*, Ebene ist dann zu klären, wie diese abstrakt formulierte computationale Theorie konkret umgesetzt ist: Wie sind die relevanten Konzepte (z.B. Zahlen und Operatoren) repräsentiert und mit welchen Verarbeitungsschritten

(Algorithmen) wird auf der Grundlage dieser Repräsentationen das Ergebnis erzeugt? Die Art der Repräsentation kann für die Informationsverarbeitung gravierende Unterschiede bewirken: So sind die Schritte beim Addieren und Subtrahieren mit arabischen Ziffern andere als mit römischen Ziffern, und auch die kognitiven Anforderungen und die Effizienz sind für verschiedene Arten der Repräsentation unterschiedlich (Zhang/Norman 1995). Auf der untersten, der *Implementations*ebene schließlich ist zu klären, wie die Repräsentationen und Algorithmen, die man für die kognitive Aufgabe annimmt, physikalisch realisiert sind. Für die Informationsverarbeitung des Menschen wird auf dieser Ebene heutzutage untersucht, welche neuronalen Prozesse im Gehirn einzelnen kognitiven Leistungen (z. B. arithmetischen Berechnungen) zugrunde liegen (zur mathematischen Kognition allgemein vgl. Dehaene 1997).

Kognitionspsychologische Theorien geistiger Leistungen wurden lange Zeit v. a. auf den beiden oberen Ebenen formuliert: als computationale Modelle bzw. algorithmisch-repräsentationale Theorien darüber, wie verschiedene Arten von Informationen beim Lösen von Aufgaben verarbeitet werden. Dies änderte sich mit dem Einsatz von Verfahren der kognitiven Modellierung (s. Kap. II.E.2) ab den 1970er Jahren und mit der Entwicklung bildgebender Verfahren in den Neurowissenschaften in den 1980er Jahren. Mit der kognitiven Modellierung wurde es möglich, computational bzw. algorithmisch-repräsentational formulierte Theorien als lauffähige Computerprogramme zu implementieren und damit geistige Leistungen mit dem Computer dynamisch zu simulieren (z. B. Opwis 1992; Opwis/Plötzner 1996). Dies erfordert eine Offenlegung und Präzisierung der getroffenen Annahmen (z. B. über den Abruf von Informationen aus dem Langzeitgedächtnis oder über das Zusammenspiel von Problemlöse- und Lernprozessen) in einem Ausmaß, wie dies sonst nur selten erfolgt. Gleichzeitig muss die Frage beantwortet werden, wie die Informationsverarbeitung in Maschinen physikalisch – also auf Marrs Implementationsebene – realisiert wird. Mit der Verfügbarkeit bildgebender Verfahren wiederum wurde es möglich, die neuronalen Grundlagen geistiger Leistungen, also ihre physikalische Realisierung im Gehirn, zu erforschen (z. B. Gazzaniga 2009; s. Kap. II.D.1).

Ein Modell, das die verschiedenen Ebenen ganz explizit verknüpft, ist Andersons kognitive Architektur ACT-R: Andersons Modell spezifiziert zentrale Eigenschaften der menschlichen Informationsverar-

beitung (z. B. dass beim Lösen von Problemen immer auch gelernt wird), schlägt Repräsentationen sowie Algorithmen für verschiedene psychische Funktionen vor (z. B. Produktionsregeln für das Problemlösen), implementiert dies alles in Form eines computerbasierten Simulationsmodells, das es erlaubt, geistige Leistungen auf ihre kognitiven Anforderungen hin zu untersuchen, und setzt dies schließlich auch in Beziehung zur neuronalen Verarbeitung im Gehirn. Damit konnte z. B. das Zusammenspiel kognitiver Funktionen in Anwendungsbereichen wie der Luftraumkontrolle an Radarschirmen im Detail analysiert werden (Anderson et al. 2004).

Welche Methoden sind für die Kognitionspsychologie zentral? Grundsätzlich versteht sich die Kognitionspsychologie als empirisch-experimentelle Wissenschaft, denn nur durch Experimente, in denen potenzielle Einflussfaktoren auf kognitive Prozesse systematisch variiert und ihre Auswirkungen auf kognitive Leistungen untersucht werden, können Hypothesen über die zugrunde liegenden kausalen Zusammenhänge empirisch geprüft werden (zur experimentellen Methodik vgl. Beller 2008; Westermann 2000). Da das Fach, wie oben erläutert, alle Arten kognitiver Leistungen thematisiert und damit inhaltlich sehr breit angelegt ist, kommen dabei viele verschiedene Methoden zur Erfassung und Analyse kognitiver Prozesse zum Einsatz.

Zur Illustration sei hier ein Bereich herausgegriffen: die Denk-, Problemlöse- und Entscheidungsforschung (Beller/Bender 2010; s. Kap. IV.6, Kap. IV.11, Kap. IV.17). In diesem Bereich werden Personen Denkaufgaben, Problemstellungen oder Entscheidungsaufgaben zur Bearbeitung vorgegeben, etwa logische Aufgaben, Planungsprobleme oder Kaufentscheidungen, die nach theoretischen Überlegungen konstruiert wurden. Erfasst werden typischerweise das Endergebnis des Denk-, Problemlöse- und Entscheidungsprozesses und, wenn möglich, einzelne Zwischenschritte (die man z. B. durch Protokollierung laut ausgesprochener Überlegungen während der Aufgabenbearbeitung erheben kann), dazu aber auch Reaktionszeiten und Fehler. Aus diesen empirischen Daten werden dann Rückschlüsse über das Verständnis der Aufgabe, die Art der Problemrepräsentation und den Verlauf der Lösungsgenerierung gezogen und mit den theoretischen Annahmen oder den Ergebnissen einer entsprechenden kognitiven Modellierung (s. Kap. II.E.2) verglichen. Heutzutage wird dies meist durch neurowissenschaftliche Studien ergänzt, mit denen Teilprozesse und ihre zeitlichen Verläufe im Gehirn lokalisiert werden.

Stellung der Kognitionspsychologie in der Kognitionswissenschaft

Zum 30-jährigen Jubiläum der *Cognitive Science Society*, also der internationalen wissenschaftlichen Fachgesellschaft für Kognitionswissenschaft, hat Dedre Gentner in einem Perspektivenartikel die Stellung der Psychologie in der Kognitionswissenschaft und ihre Entwicklung während der letzten 30 Jahre analysiert (Gentner 2010). Als Indikator wertet Gentner die Anteile jeder der kognitionswissenschaftlichen Teildisziplinen an den Artikeln in der Zeitschrift der Fachgesellschaft (*Cognitive Science*) aus: Zu Beginn des ersten Jahrzehnts (1978) stellten Arbeiten aus der Künstliche-Intelligenz-Forschung (s. Kap. II.B.1) den größten Anteil, gefolgt von der Psychologie (mit rund einem Viertel) und der Linguistik (s. Kap. II.C). In jedem weiteren Jahrzehnt wuchs der Anteil psychologischer Arbeiten, bis er zu Beginn des vierten Jahrzehnts (2008) schließlich etwas mehr als die Hälfte betrug, gefolgt nun von der Linguistik und der Künstliche-Intelligenz-Forschung. In Forschungsartikeln gemessen prosperiert die Psychologie also innerhalb der Kognitionswissenschaft – man ist sogar geneigt zu sagen, sie dominiert die Kognitionswissenschaft. Dieses Ergebnis deckt sich mit Eindrücken von kognitionswissenschaftlichen Tagungen, deren Teilnehmer meist zu einem beträchtlichen Teil aus der Psychologie stammen.

Diese Entwicklung hat vielerlei Ursachen. Seitens der Psychologie tragen dazu bei: das Wachstum des Gesamtfaches in den letzten Jahrzehnten, die anhaltende Verwendung des kognitiven Ansatzes innerhalb des Faches und die Vielfalt der Themen, die die Kognitionspsychologie behandelt und die alle Bereiche kognitiver Leistungen abdecken. Diese Entwicklung birgt allerdings auch die Gefahr, dass sich andere, v. a. kleinere Fächer wie die Ethnologie (s. Kap. II.1.2) innerhalb der Kognitionswissenschaft zunehmend unterrepräsentiert sehen und aus dem von der Interdisziplinarität lebenden Forschungsfeld zum Nachteil aller zurückziehen (Bender et al. 2010).

Ein wesentlicher Beitrag der Psychologie zum Verbund der Kognitionswissenschaft besteht aufgrund ihrer stark empirisch-experimentellen Ausrichtung darin, empirische Daten zur ganzen Bandbreite kognitiver Leistungen des Menschen in verschiedensten Aufgaben und unter variierenden Bedingungen beizusteuern. Diese Daten zeigen die Leistungsfähigkeit des kognitiven Systems, seine Anpassungsfähigkeit an verschiedene Kontexte, aber auch seine Grenzen, und sie dienen sowohl als Ausgangspunkt als auch als Korrektiv für die Entwicklung psychologischer Theorien über kognitive Abläufe. Die meisten Theorien sind inzwischen auf Marrs *algorithmisch-repräsentationaler* Ebene angesiedelt (Gentner 2010), machen also Annahmen darüber, wie Informationen repräsentiert (s. Kap. IV.16) und verarbeitet werden. In der Weiterentwicklung solcher Theorien besteht der zweite wesentliche Beitrag der Kognitionspsychologie zur Kognitionswissenschaft.

Verbindungen hat die Kognitionspsychologie dabei zu allen anderen kognitionswissenschaftlichen Disziplinen (Gardner 1985; Gentner 2010):

- zur *Ethnologie* (s. Kap. II.A.2) mit der kulturvergleichenden Erforschung kognitiver Phänomene,
- zur *Informatik* (s. Kap. II.B) sowohl als Ideengeberin für künstliche intelligente Systeme als auch als Nutznießerin dort entwickelter methodischer Techniken wie der symbolischen (s. Kap. III.1) oder konnektionistischen Modellierung (s. Kap. III.2),
- zur *Linguistik* (s. Kap. II.C) mit den Themen Sprache (s. Kap. IV.20) und Kommunikation (s. Kap. IV.10),
- zur *Neurowissenschaft* (s. Kap. II.D, Kap. II.E.3), die erforscht, wie kognitive Leistungen vom Gehirn erzeugt werden, und auch
- zur *Philosophie* mit den Themen Philosophie des Geistes (s. Kap. II.E.1), Intentionalität (s. Kap. II.E.1) und Bewusstsein (s. Kap. IV.4).

Wie die Beziehung zur Informatik beispielhaft zeigt, profitieren die Disziplinen durchaus wechselseitig von ihren jeweiligen Erkenntnissen.

Tendenzen der Forschung

Fast ein Jahrzehnt lang, etwa von 1978 bis 1985, hat die Psychologie nach der Analyse von Gentner (2010) hauptsächlich Beiträge zu folgenden Themenfeldern geleistet: zur Repräsentation (s. Kap. IV.16) von Wissen (s. Kap. IV.25), zur Sprache (s. Kap. IV.20) sowie zum Denken (s. Kap. IV.17) und Wahrnehmen (s. Kap. IV.24). Dann setzte eine Diversifizierung der Themen ein, die bis heute anhält. So umfasst das Spektrum kognitionspsychologischer Beiträge inzwischen auch artvergleichende Arbeiten mit Primaten, sprachvergleichende und kulturvergleichende Arbeiten, Arbeiten zur sozialen Kognition (*social cognition*; s. Kap. IV.21), zur verteilten Kognition (*distributed cognition*, s. Kap. III.10) und zur ›körperlichen Gebundenheit‹ von Kogni-

tion (*embodied cognition*, s. Kap. III.7), Schlussfolgerungsprozesse aller Art wie logisches, analogie-
basiertes und Bayes'sches Schließen (s. Kap. IV.17),
Arbeiten zur kindlichen Entwicklung kognitiver
Funktionen (s. Kap. II.E.4), verschiedene Arten von
Modellierungen kognitiver Prozesse (symbolische,
konnektionistische und Bayes'sche) sowie den Einsatz neurowissenschaftlicher Methoden.

Drei spezifische Trends seien abschließend herausgegriffen. Erstens wird die kognitive Neurowissenschaft (s. Kap. II.D.1) auch in Zukunft von großer
Bedeutung für die Kognitionspsychologie und die
Kognitionswissenschaft sein. Während kognitive
Funktionen mit den heute verfügbaren Techniken
räumlich und zeitlich oft nur recht grob im Gehirn
lokalisiert werden können, wird es in Zukunft mit
zunehmend besseren Verfahren hoffentlich gelingen, auch komplexe neuronale Netzwerke und ihr
Zusammenspiel bei einzelnen kognitiven Funktionen zu entschlüsseln (s. Kap. V.2). Dabei profitiert
die Neurowissenschaft durchaus von den bisherigen
kognitionspsychologischen Theorien und Befunden, die bedeutsame Phänomene aufzeigen und somit forschungsleitend sein können. Zweitens kann
die Fülle kognitionspsychologischer Befunde lehren,
wie unglaublich adaptiv das kognitive System ist,
wenn sich die Rahmenbedingungen ändern. Kognitive Leistungen sind demnach in hohem Maße in-
halts-, aufgaben- und kontextspezifisch. Dies besser
auszuloten, wird eine weitere Forschungsaufgabe für
die Zukunft sein. Drittens schließlich sollte die empirische Basis der Kognitionsforschung verbreitert
werden. Kognitionspsychologische Experimente
werden derzeit vorzugsweise mit Studierenden von
Hochschulen westlicher Länder durchgeführt – eine
Gruppe von Personen, die, wie wir heute wissen, im
weltweiten Vergleich in psychologischer Hinsicht
nur beschränkt repräsentativ ist (Henrich et al.
2010). Die Generalisierbarkeit der Befunde wird dadurch stark in Frage gestellt. Nur wenn wir es schaffen, die Diversität kognitiver Phänomene (im Sinne
interindividueller Unterschiede, aber auch breiterer
Stichproben aus unterschiedlichen Kulturen) stärker
zu explorieren – und erste Anstrengungen hierzu
werden tatsächlich bereits unternommen (Bender/
Beller 2011, 2013) –, werden wir dem generellen Ziel
der kognitionspsychologischen Forschung, den Universalien der kognitiven Architektur, wirklich entscheidende Schritte näherkommen.

Literatur

Anderson, John/Bothell, Daniel/Byrne, Michael/Douglass,
   Scott/Lebiere, Christian/Quin, Yulin (2004): An inte-
   grated theory of the mind. In: *Psychological Review* 111,
   1036–1060.
Beller, Sieghard (2008): *Empirisch forschen lernen*. Bern.
Beller, Sieghard/Bender, Andrea (2010): *Allgemeine Psy-
   chologie*. Göttingen.
Bender, Andrea/Beller, Sieghard (2011): The cultural con-
   stitution of cognition. In: *Frontiers in Psychology: Cogni-
   tive Science* 2, 67, 1–6.
Bender, Andrea/Beller, Sieghard (2013): *Die Welt des Den-
   kens*. Bern.
Bender, Andrea/Hutchins, Edwin/Medin, Douglas (2010):
   Anthropology in cognitive science. In: *Topics in Cogni-
   tive Science* 2, 374–385.
Dehaene, Stanislas (1997): *The Number Sense*. Oxford. [dt.:
   Der Zahlensinn. Basel 1999].
Gardner, Howard (1985): *The Mind's New Science*. New
   York. [dt.: *Dem Denken auf der Spur*. Stuttgart 1989].
Gazzaniga, Michael (Hg.) (⁴2009): *The Cognitive Neuro-
   sciences*. Cambridge (Mass.) [1995].
Gentner, Dedre (2010): Psychology in cognitive science. In:
   Topics in Cognitive Science 2, 328–344.
Henrich, Joseph/Heine, Steven/Norenzayan, Ara (2010):
   The weirdest people in the world? In: *Behavioral and
   Brain Sciences* 33, 61–135.
Lück, Helmut (2009): *Geschichte der Psychologie*. Stuttgart.
Marr, David (1982): *Vision*. San Francisco.
Müsseler, Jochen (Hg.) (2008): *Allgemeine Psychologie*. Ber-
   lin.
Neisser, Ulric (1967): *Cognitive Psychology*. East Norwalk.
   [dt.: *Kognitive Psychologie*. Stuttgart 1974].
Opwis, Klaus (1992): *Kognitive Modellierung*. Bern.
Opwis, Klaus/Plötzner, Rolf (1996): *Kognitive Psychologie
   mit dem Computer*. Heidelberg.
Schönpflug, Wolfgang (2004): *Geschichte und Systematik
   der Psychologie*. Weinheim.
Spada, Hans (2006): *Lehrbuch Allgemeine Psychologie*.
   Bern.
Westermann, Rainer (2000): *Wissenschaftstheorie und Ex-
   perimentalmethodik*. Göttingen.
Zhang, Jiajie/Norman, Donald (1995): A representational
   analysis of numeration systems. In: *Cognition* 57, 271–
   295.

Sieghard Beller

2. Kognitive Modellierung

Die kognitionswissenschaftliche Teildisziplin der kognitiven Modellierung befasst sich mit der Entwicklung und Analyse kognitiver Modelle. Ein kognitives Modell ist ein näherungsweises Abbild menschlichen Denkens. Es ist insofern eine Näherung, als einzelne Modelle lediglich ausgewählte Aspekte der abgebildeten kognitiven Leistung repräsentieren. Häufig erfolgt die Abbildung in einer Programmiersprache, so dass das entwickelte Modell in Form eines ausführbaren Computerprogramms vorliegt. Im Folgenden wird näher auf Ziel und Nutzen kognitiver Modellierung, ihre Grundannahmen, Modellentwicklung und -qualität, die Stellung der kognitiven Modellierung in der Kognitionswissenschaft sowie auf einige zentrale offene Fragen eingegangen.

Ziel und Nutzen kognitiver Modellierung

Ein wesentliches Ziel der kognitiven Modellierung ist es, neue Erkenntnisse über menschliches Denken zu gewinnen. Dabei zeichnen sich kognitive Modelle bzw. die Entwicklung der Modelle dadurch aus, dass sie Erkenntnisgewinn und Theoriebildung in besonderer Form unterstützen (Sun 2008). So verlangt die Erstellung eines Modells eine detailreiche Spezifikation der abgebildeten kognitiven Prozesse und Repräsentationen: Ohne konkrete Spezifikation jedes einzelnen Verarbeitungsschrittes wäre das erstellte Computerprogramm nicht ausführbar. Dieser Zwang zur Spezifikation hilft dabei, unzureichend ausgearbeitete Aspekte vorhandener theoretischer Vorstellungen zu identifizieren. Auf diese Weise kann die Modellspezifikation die genauere, auch empirische, Untersuchung der fraglichen Aspekte nahelegen und wirkt somit forschungsleitend. Darüber hinaus legt die Spezifikation eventuell vorhandene Inkonsistenzen der theoretischen Überlegungen offen. Insbesondere kann also schon die *Entwicklung* eines kognitiven Modells die Weiterentwicklung und Verbesserung der theoretischen Vorstellungen über menschliches Denken zur Folge haben.

Ein weiterer Vorteil kognitiver Modelle in Hinblick auf die Theoriebildung ist die Tatsache, dass die Modelle als ausführbare Computerprogramme verfügbar sind. Ähnlich wie die Untersuchung menschlicher Probanden erlaubt dies eine empirische Untersuchung des Modellverhaltens und damit auch der in das Modell eingegangenen theoretischen

Annahmen. Durch wiederholtes Ausführen des Modells in verschiedenen Situationen (meist als ›Simulation‹ bezeichnet) lässt sich bestimmen, welches Verhalten ein Mensch aufgrund der theoretischen Annahmen in vergleichbaren Situationen zeigen sollte. Eine unmittelbare Überprüfung des Modells bzw. der Annahmen besteht dann darin, die Verhaltensdaten des Modells mit den Verhaltensdaten von Menschen zu vergleichen: Verhält sich das Modell deutlich anders als die Menschen, so ist davon auszugehen, dass das Modell ein schlechtes Abbild menschlicher Kognition ist. Neben der Überprüfung theoretischer Annahmen kann die Simulation forschungsleitend wirken: Nicht selten zeitigen die Simulationen Verhaltensweisen, die erstens nicht antizipiert waren und zweitens noch nicht am Menschen untersucht wurden. Ähnlich wie die Modellentwicklung identifizieren solche Simulationsergebnisse aktuelle Wissenslücken und damit auch fruchtbare Felder für weitere Untersuchungen. Für die Realisierung der gerade genannten Vorteile ist die Ausführbarkeit des Modells von entscheidender Bedeutung. Oft ergibt sich schon aus der Verbindung weniger einfacher Verarbeitungsschritte und -komponenten ein so komplexes System, dass das Systemverhalten ohne die Möglichkeit zur Simulation nur schwer, falls überhaupt, analysiert werden kann.

Neben – und häufig basierend auf – ihrem Nutzen für die Theoriebildung kann kognitive Modellierung auch gewinnbringend in verschiedenen Anwendungsbereichen eingesetzt werden. Im Zusammenspiel mit anderen Teildisziplinen der Kognitionswissenschaft können kognitive Modelle z. B. zur Verbesserung von Mensch-Maschine-Schnittstellen (s. Kap. IV.13) beitragen (s. u.).

Grundannahmen kognitiver Modellierung

Die Entwicklung und Verwendung kognitiver Modelle basiert auf der Annahme, dass sich menschliches Denken durch Berechnungsschritte, wie sie Computer ausführen können, abbilden lässt. Dabei wird üblicherweise von heutzutage gängigen Computern, d. h. von Computern mit einer sog. von-Neumann-Architektur ausgegangen. Ob eine Abbildung menschlicher Kognition in von-Neumann-Computern möglich ist, ist jedoch unklar und umstritten (s. Kap. III.1).

Ein prominentes Argument gegen die Annahme, dass menschliche Kognition sich in von-Neumann-Computern abbilden lässt, wurde von John Searle (1980) vorgestellt und wird oft als ›Argument des chinesischen Zimmers‹ (*chinese room argument*) bezeichnet. Dem Argument liegt folgendes Gedankenexperiment zugrunde. Man stelle sich eine Person vor, die nur die englische Sprache beherrscht und in einem Raum sitzt, in dem sie eine umfangreiche Bibliothek von Büchern zur Verfügung hat, die Regeln enthalten, die es ihr erlauben, schriftlich so auf Chinesisch zu kommunizieren, als wäre ihre Muttersprache Chinesisch. Obwohl es jemandem, der mit der Person schriftlich Chinesisch kommuniziert, so vorkommen mag, als verstünde sie Chinesisch, ist dies tatsächlich nicht der Fall (s. Kap. II.F.1). Nach Searle ist dies eine Analogie zu dem Verhältnis zwischen der Simulation eines kognitiven Modells durch einen Computer einerseits und menschlicher Kognition andererseits. Selbst wenn es gelänge, ein kognitives Modell zu entwickeln, das bei Ausführung ein Verhalten zeigt, das menschlichem Verhalten sehr ähnlich ist, wäre die Simulation trotzdem kein akkurates Abbild der tatsächlichen Prozesse: In der Simulation werden Informationen nach rein syntaktischen Kriterien und ohne Verstehen verarbeitet, während menschliches Denken im Wesentlichen aus semantischer Verarbeitung besteht, die mit Verstehen einhergeht.

Demgegenüber stützen sich Befürworter einer Abbildbarkeit menschlichen Denkens in Form von Computerprogrammen oft auf die von Newell/Simon (1976, 116) formulierte *physical symbol system hypothesis* (s. Kap. III.1): »A physical symbol system has the necessary and sufficient means for general intelligent action.« Dementsprechend genügt also die Realisierung eines Symbolsystems in beliebiger physikalischer Form, um menschliche Intelligenz (d. h. menschliches Denken) zu realisieren. Da von-Neumann-Computer physikalische Symbolsysteme sind, sollte es daher möglich sein, menschliche Kognition durch Computerprogramme abzubilden. Die Hypothese ist derzeit noch nicht bewiesen. Die Tatsache, dass eine ganze Reihe von Computerprogrammen existiert, die erfolgreich intelligentes Verhalten realisieren bzw. menschliche Kognition abbilden, spricht jedoch für die Hypothese. Diese Art von Evidenz mag vor dem Hintergrund von Searles Argument des chinesischen Zimmers unbefriedigend scheinen. Andererseits ist aber auch dessen Gültigkeit fraglich. Wie Copeland (1993, Kap. 6) darlegt, fokussiert dieses Argument ausschließlich auf die zentrale Verarbeitungseinheit des Computers, der die Simulation realisiert. Diese Verarbeitungseinheit arbeitet zwar rein syntaktisch, ist aber lediglich ein Teil des Gesamtsystems, das durch den simulierenden Computer gegeben ist. Entsprechend legt die

Rede vom chinesischen Zimmer nahe, dass die Tätigkeit der zentralen Verarbeitungseinheit allein kein treffendes Abbild menschlicher Kognition darstellt. Daraus lässt sich jedoch nicht schlussfolgern, dass das simulierende Gesamtsystem und damit die Simulation als Ganzes ebenfalls kein akkurates Modell menschlicher Kognition sein kann. Mit anderen Worten: Die scheinbare argumentative Kraft von Searles Einwand basiert auf einem logischen Fehlschluss von den Eigenschaften eines Teils der Simulation auf die Eigenschaften der Gesamtsimulation.

Mangels klarer Beweise für oder gegen die *physical symbol system hypothesis* ist es also weiter eine offene Frage, inwiefern menschliches Denken sich in Form ausführbarer Computerprogramme fassen lässt. Ungeachtet dessen ist kognitive Modellierung – als produktives und generatives Instrument zur Erforschung menschlicher Kognition (s. o.) – eine etablierte Teildisziplin der Kognitionswissenschaft.

Modellentwicklung

Die Entwicklung kognitiver Modelle ist ein nicht standardisierter Prozess. Es gibt keine Ablaufpläne oder Schablonen, die einzelne notwendige Schritte oder Strukturen darlegen. Stattdessen steht eine Vielzahl an Formalismen und generellen Herangehensweisen zur Verfügung, und es bleibt dem Modellierer überlassen, einen (geeigneten) Ansatz auszuwählen. In diesem Abschnitt werden die wichtigsten dieser Ansätze kurz aufgezählt.

Eine gängige Unterteilung in verschiedene Modellierungsansätze geht auf David Marr (1982) zurück, der drei Ebenen unterscheidet, auf denen eine Modellierung Kognition beschreiben kann. Die erste Ebene, die *computational theory*, umfasst Modelle, die im Wesentlichen spezifizieren, was berechnet werden soll und warum. Mit anderen Worten: Die kognitive Leistung wird als eine mathematische Funktion betrachtet, die gewisse Ausgangszustände auf gewisse Endzustände abbildet. Ziel einer Modellierung auf dieser Ebene ist es, diese Abbildung sowie ihren Nutzen zu charakterisieren. Die zweite Ebene nennt Marr *representation and algorithm*. Modellierungen auf dieser Ebene spezifizieren die an der Informationsverarbeitung beteiligten Repräsentationsstrukturen und Verarbeitungsschritte. Im Gegensatz zur ersten Ebene wird also nicht nur spezifiziert, was berechnet werden soll, sondern auch, *wie* die Berechnung zu erfolgen hat. Die dritte Ebene, *hardware implementation*, umfasst Modellierungen, deren Ziel es ist, auch auf die physikalische Realisierung von Strukturen und Algorithmen einzugehen. Gegenstand solcher Modellierung ist also die detaillierte Abbildung der physikalischen Verarbeitungseinheiten (z. B. menschliche Nervenzellen) und ihrer Funktionsweise. Entsprechend der vorherrschenden Auffassung, dass die physikalische Realisierung beim Verständnis und der Abbildung von Kognition vernachlässigbar ist (*physical symbol system hypothesis*, s. o.), wird diese Ebene in der kognitiven Modellierung häufig nicht berücksichtigt.

Zusätzlich zu dieser eher am Beschreibungsgegenstand orientierten Unterteilung in drei Ebenen kann eine Charakterisierung von Modellen anhand der für die Modelle verwendeten Formalismen erfolgen. Hierbei unterscheidet man symbolische (s. Kap. III.1), konnektionistische (s. Kap. III.2), dynamische (s. Kap. III.4) und Bayes'sche Modellierungen (Griffiths et al. 2008). Im Prinzip kann jeder dieser Formalismen für die Modellierung aller kognitiven Leistungen eingesetzt werden. Aufgrund ihrer spezifischen Eigenschaften gibt es jedoch kognitive Leistungen, bei deren Abbildung die verschiedenen Formalismen jeweils besonders erfolgreich sind.

Vor diesem Hintergrund liegt es nahe, verschiedene Formalismen miteinander zu kombinieren, um die spezifischen Stärken der einzelnen Ansätze zu integrieren. Dies geschieht – v. a. in Hinsicht auf die Verbindung symbolischer und konnektionistischer Modellierungen – in sog. hybriden Modellen (s. Kap. III.3).

Einen weiteren integrativen Modellierungsansatz stellen *kognitive Architekturen* dar (Newell 1990): Während kognitive Modelle einzelne kognitive Leistungen abbilden, ist es das Ziel kognitiver Architekturen, einen Rahmen zu bilden, in dem sämtliche kognitive Leistungen modelliert werden können.

Modellqualität

Der Erkenntnisgewinn, der durch ein kognitives Modell erzielt wird, ist eng mit der Überprüfung der Modellqualität verknüpft: Ohne Prüfung sind z. B. Fehler in der dem Modell zugrunde liegenden Theorie nicht feststellbar. Entsprechend ist die Bestimmung bzw. Überprüfung der Modellqualität integraler Bestandteil jeder kognitiven Modellierung. Eine Mindestanforderung an ein gutes Modell ist, dass das Modellverhalten mit beobachtetem menschlichen Verhalten korrespondiert. Hat man z. B. Personen einem Gedächtnistest unterzogen und ein kognitives Modell der angenommenen Gedächtnisrepräsentationen und -prozesse entworfen, so

sollte das Modell eine ähnliche Gedächtnisleistung zeigen wie die beobachteten Personen. In der kognitiven Modellierung spricht man in diesem Zusammenhang vom *goodness of fit* des Modells zu den Daten. Um den *goodness of fit* zu bestimmen, errechnet man üblicherweise einen Kennwert (z. B. die Korrelation) aus empirischen Ergebnissen und Simulationsergebnissen. Nur wenn der *goodness of fit* hoch ist, ist es plausibel anzunehmen, dass das Modell eine akkurate Abbildung der entsprechenden kognitiven Prozesse ist. Umgekehrt garantiert ein hoher *goodness of fit* jedoch nicht automatisch ein gutes Modell. Ein hoher *goodness of fit* ist also ein notwendiges, aber kein hinreichendes Kriterium für die Güte eines Modells.

Um ein besseres Maß für die Güte kognitiver Modelle zu erhalten, ist es notwendig, den *goodness of fit* durch weitere Maße für die Komplexität und die Generalisierbarkeit des Modells zu ergänzen (Pitt/ Myung 2002). Die Notwendigkeit dieser zusätzlichen Maße ergibt sich aus den Eigenschaften empirischer Daten einerseits und den Eigenschaften kognitiver Modelle andererseits. Empirische Daten sind immer ›verrauscht‹, d. h. sie enthalten Variationen, die nicht auf jene Aspekte des menschlichen kognitiven Systems zurückgehen, die das Ziel der Untersuchung darstellen. Hinzu kommt, dass Modelle mit steigender Komplexität verstärkt in der Lage sind, auch kleinste Variationen in den Daten abzubilden. Ist ein Modell zu komplex, so bildet es nicht nur die eigentlich interessierenden Aspekte der untersuchten kognitiven Leistung ab, sondern auch die irrelevanten Variationen. Erkenntnisse, die aus solchen Modellen gewonnen werden, sind dann nur noch eingeschränkt Erkenntnisse über Kognition, denn ein Teil der ›Erkenntnis‹ beruht auf irrelevanten Fluktuationen in den Daten. Bildet ein Modell substanzielle Teile der zufälligen Variation ab, so zeigt sich dies, sobald man das Modell auf Daten aus einer anderen empirischen Untersuchung zum selben Untersuchungsgegenstand anwendet. In den zusätzlichen Daten liegen andere zufällige Variationen vor, was dazu führt, dass das Modell die Daten nicht mehr gut abbilden kann. In diesem Sinne stellen Maße der Modellkomplexität und der Generalisierbarkeit des Modells wichtige Hinweise auf die Modellqualität dar.

Zusätzlich zu den bisher genannten Gütekriterien gibt es eine Reihe qualitativer Kriterien, anhand derer man die Qualität eines Modells beurteilen kann. Eines davon ist die Einbettung des Modells in schon existierende Erkenntnisse über menschliches Denken. Ein Modell, das ausschließlich auf völlig neuen, bisher durch keine Untersuchungen gestützten Eigenschaften menschlichen Denkens basiert, ist weniger plausibel als ein Modell, in das viele bereits etablierte Annahmen über Kognition einfließen. In Zusammenhang damit ist auch die Interpretierbarkeit des Modells bzw. seiner Komponenten ein wichtiges Merkmal eines guten Modells. Ein weiteres wichtiges qualitatives Kriterium ist die Falsifizierbarkeit: Ein Modell, das durch keine plausible Beobachtung widerlegt werden kann, steht dem Erkenntnisgewinn eher im Wege anstatt ihn zu befördern.

Stellung der kognitiven Modellierung in der Kognitionswissenschaft

Es bestehen vielfältige wechselseitige Beziehungen zwischen kognitiver Modellierung und anderen Teildisziplinen der Kognitionswissenschaft.

Quasi alle Modelle basieren auf Ergebnissen vorangegangener empirischer Untersuchungen. Darüber hinaus sind zur Überprüfung der Modellqualität empirische Daten von großer Wichtigkeit. Entsprechend nutzt die kognitive Modellierung Ergebnisse der Teildisziplinen der Kognitionswissenschaft, die menschliches Denken experimentell untersuchen, d. h. insbesondere der Kognitionspsychologie (s. Kap. II.E.1), der kognitiven Neurowissenschaft (s. Kap. II.D.1) und der kognitiven (Psycho-)linguistik (s. Kap. II.C.2, Kap. II.C.3). Umgekehrt sind die aus der Modellierung hervorgehenden Ergebnisse oft von unmittelbarer Relevanz für diese empirischen Teildisziplinen: Es werden Theorien korrigiert und verfeinert sowie neue relevante empirische Fragestellungen identifiziert (s. o.).

Ebenfalls enge Verknüpfungen bestehen zur Teildisziplin Informatik (s. Kap. II.B). Zum einen sind ein Großteil der in der kognitiven Modellierung verwendeten Methoden genuin informatisch. Zum anderen können kognitive Modelle eine nützliche Bereicherung informatischer Arbeiten darstellen. So gibt es eine Vielzahl von kognitiven Leistungen, in denen Menschen technischen Systemen überlegen sind. Gelingt die Entwicklung eines akkuraten Modells einer solchen Leistung, so hat dieses Modell das Potenzial, den Weg zu verbesserten technischen Systemen aufzuzeigen. Zusätzlich ist es möglich, kognitive Modelle zur Verbesserung der Mensch-Maschine-Interaktion einzusetzen (Pew/Mavor 2007; s. Kap. IV.13). Es ist z. B. möglich, eine Mensch-Maschine-Schnittstelle dadurch zu evaluieren, dass man die Interaktion eines Modells mit der Maschine beobachtet. Da ein kognitives Modell (wenn es einmal entwickelt ist) einfacher verfügbar ist als menschliche Probanden, lässt sich die Schnittstelle unter Verwendung eines Modells – bei meist geringeren Kosten – umfassender prüfen.

Wie bereits oben deutlich wurde, hat die kognitive Modellierung auch Verbindungen zur Philosophie (s. Kap. II.F). Ob die derzeit vorherrschenden Formen kognitiver Modellierung gerechtfertigt sind, ist eine weitgehend philosophische Frage. Entsprechend ist die kognitive Modellierung gut beraten, zentrale Annahmen vor dem Hintergrund der aus dem philosophischen Diskurs erwachsenden Ergebnisse ständig neu zu hinterfragen.

Tendenzen der Forschung

Es existiert eine Reihe von aktuellen Forschungsfragen, deren Beantwortung von zentraler Bedeutung für die kognitive Modellierung bzw. ihren Beitrag zur Kognitionswissenschaft ist. Hier seien drei dieser Fragen erwähnt.

- Die Annahmen, auf denen kognitive Modellierung basiert, sind nicht unumstritten. Es ist weiterhin unklar, ob menschliches Denken durch Berechnungsmodelle abgebildet werden kann, und falls ja, durch welche.
- Die Vielzahl verschiedener Herangehensweisen und Techniken, die für die Modellierung zur Verfügung stehen, ist nicht unproblematisch. Wie Newell (1973) festgehalten hat, ist eine voneinander losgelöste Betrachtung vereinzelter kognitiver Leistungen nur eingeschränkt hilfreich, um zu einem umfassenden Verständnis menschlicher Kognition zu gelangen. Vergleichbar scheint die augenblicklich gängige multimethodische Modellierung einzelner kognitiver Leistungen zumindest langfristig unbefriedigend zu sein. Im Rahmen kognitiver Architekturen gibt es zwar Bemühungen, sich einem ›Gesamtmodell‹ menschlicher Kognition zu nähern, aber inzwischen gibt es eine solche Vielzahl verschiedener Architekturen, dass sich weiterhin die Frage stellt, wie ein kognitives Gesamtmodell beschaffen sein mag.
- Es besteht Bedarf an präzisen Methoden zur Prüfung bzw. Sicherung der Modellqualität. Für einige ausgewählte Arten von Modellen gibt es schon Maße, die die Modellkomplexität und -generalisierbarkeit berücksichtigen. Für den Großteil der üblicherweise verwendeten Modellarten ist jedoch weiterhin ungeklärt, wie diese beiden Aspekte in die Beurteilung der Modellqualität einfließen können und sollten.

Literatur

Copeland, Jack (1993): *Artificial Intelligence: A Philosophical Introduction*. Malden.

Griffiths, Thomas/Kemp, Charles/Tenenbaum, Joshua (2008): Bayesian models of cognition. In: Ron Sun (Hg.): *The Cambridge Handbook of Computational Psychology*. New York, 59–100.

Marr, David (1982): *Vision*. Cambridge.

Newell, Allen (1973): You can't play 20 questions with nature and win. In: William Chase (Hg.): *Visual Information Processing*. New York, 283–310.

Newell, Allen (1990): *Unified Theories of Cognition*. Cambridge.

Newell, Allen/Simon, Herbert (1976): Computer science as empirical inquiry. In: *Communications of the ACM* 19, 113–126.

Pew, Richard/Mavor, Anne (2007): *Human-System Integration in the System Development Process*. Washington.

Pitt, Mark/Myung, Jae (2002): When a good fit can be bad. In: *Trends in Cognitive Sciences* 6, 421–425.

Searle, John (1980): Minds, brains, and programs. In: *Behavioral and Brain Sciences* 3, 417–457.

Sun, Ron (2008): Introduction to computational cognitive modeling. In: ders. (Hg.): *The Cambridge Handbook of Computational Psychology*. New York, 2–19.

Holger Schultheis

3. Neuropsychologie

Zentrale Fragen und typische Methoden

Gegenstand der Neuropsychologie ist die Untersuchung des Zusammenhangs zwischen psychischen Leistungen und Funktionen des Gehirns. Insbesondere strebt sie nach Erkenntnissen darüber, wie unser Denken, Empfinden und Handeln mit seinen anatomischen, physiologischen und biochemischen zerebralen Grundlagen in Beziehung steht (Sturm/Hartje 1989). Grundlegende Prämissen dafür sind zum einen die Annahme, dass mentale Vorgänge ein Produkt der Gehirntätigkeit sind und nicht von einem immateriellen Geist hervorgebracht werden (s. Kap. II.F.1), sowie zum anderen die Annahme, dass mentale Vorgänge sich in Teilfunktionen zerlegen lassen, die bei allen Menschen weitgehend gleich und durch geeignete Untersuchungsmethoden zu erfassen sind (Goldenberg 2007).

Als geistiger Vater dieser Idee gilt der aus Wien stammende Arzt und Neuroanatom Franz Joseph Gall, der in seiner Schädellehre (Phrenologie) den menschlichen Charakter auf eine begrenzte Menge von Gemütseigenschaften und geistigen Fähigkeiten, sog. Fakultäten, wie z. B. Wortsinn, Zahlensinn, Wohltätigkeit oder Kausalität, zurückführte, als deren Grundlage er die Tätigkeit spezifischer Regionen der Hirnrinde (Organe) annahm. Da stärker ausgeprägte Fähigkeiten als Ausdruck eines mächtigeren Organs betrachtet wurden, welches an entsprechender Stelle eine Ausbuchtung des Schädelknochens hervorrufen musste, war Gall davon überzeugt, anhand der Untersuchung und Vermessung der Schädelstruktur eine vollständige Charakterisierung der Fähigkeiten und Eigenschaften einer Person vornehmen zu können (Poeck 2003).

Das Projekt scheiterte nicht zuletzt aufgrund unscharf definierter Begrifflichkeiten und einer unzureichenden empirischen Untersuchungsmethode und hatte bereits damals erbitterte Gegner. So vertrat z. B. Pierre Flourens die Ansicht, dass geistige Fähigkeiten das Ergebnis zerebraler Gesamtaktivität (Holismus) und nicht das Resultat der Tätigkeit einzelner Regionen der Großhirnrinde (Lokalisationismus) seien. Flourens gilt auch als Vorläufer des später von Karl Lashley vertretenen Konzepts der *Äquipotentialität*, wonach unterschiedliche Hirnrindengebiete dieselbe Funktion ausüben können und die Aufgaben einer Region daher z. B. nach einer Schädigung durch eine andere übernommen werden können (Stirling 2002; s. Kap. IV.19).

Beide Denkschulen, Lokalisationismus und Holismus, können als Vorläufer einer modernen Vorstellung über den Zusammenhang zwischen höheren psychischen Funktionen und der Gehirntätigkeit angesehen werden. So ist die Annahme lokaler Spezialisierung, dass sich spezifische mentale Funktionen in umschriebenen Hirnregionen lokalisieren lassen, nach wie vor ein wesentliches Element neuropsychologischen Denkens. Gleichzeitig herrscht in Form des Netzwerkgedankens Konsens darüber, dass v. a. komplexere Leistungen nur durch das integrierte Zusammenwirken separater, letztlich über das gesamte Gehirn verteilter Regionen zustande kommen können.

Das Instrumentarium der Neuropsychologie zur Gewinnung von Erkenntnissen über Struktur-Funktions-Zusammenhänge orientiert sich an zwei Forschungsparadigmen.

Zum einen werden Veränderungen der Gehirnaktivität als Folge einer Variation auf der Verhaltens- und Wahrnehmungsebene untersucht. Auf der Grundlage dieser Aktivierungslogik nutzt die experimentelle Neuropsychologie u. a. die Methoden der Elektroenzephalografie (EEG), der EEG-basierten Analyse ereigniskorrelierter Potentiale (EKP), der Magnetoenzephalografie (MEG) und der funktionellen Magnetresonanztomografie (fMRT), um Modifikationen zerebraler Vorgänge unter dem Einfluss einer kognitiven Aufgabenstellung zu messen (s. Kap. II.D.1).

Zum anderen können Veränderungen auf der Verhaltensebene, z. B. Defizite bei der Aufgabenbearbeitung, als Folge einer Störung der Gehirnfunktion (z. B. durch eine strukturelle Schädigung) untersucht werden. Dies ist das zentrale Tätigkeitsfeld der klinischen Neuropsychologie (s. Kap. II.D.3). Sie beschäftigt sich mit den Funktionsausfällen von Patienten mit Hirnschädigung und versucht z. B., die für bestimmte Schädigungsformen und -orte typischen Beeinträchtigungsmuster zu identifizieren und darauf aufbauend Methoden zur Diagnostik und Behandlung zu entwickeln. Die Dokumentation der Hirnschädigung erfolgt dabei heute durch moderne bildgebende Verfahren wie die craniale Computertomografie (CCT) bzw. die klinisch noch wichtigere Magnetresonanztomografie (MRT), mit deren Hilfe man den genauen Ort einer strukturellen Hirnschädigung lokalisieren kann. Darüber hinaus ist es auch möglich, Funktionsstörungen in strukturell intakten zerebralen Netzwerken durch funktionelle Bildgebungsmethoden wie die Positronenemissionstomografie (PET), die *single photon emission computed tomography* (SPECT) oder die funktionelle Magnet-

resonanztomografie nachzuweisen (z. B. bei psychiatrischen Erkrankungen).

Außerhalb der quasi-experimentellen Situationen natürlich auftretender Krankheitsprozesse ist eine direkte Anwendung der Läsionsmethode, im Sinne des Setzens dauerhafter Schädigungen, beim Menschen selbstredend ausgeschlossen. Sie wird jedoch in der tierexperimentellen Forschung angewendet, die zu unserem neuropsychologischen Wissen über Struktur-Funktions-Beziehungen einen sehr wesentlichen Beitrag leistet. Eine tatsächlich auch beim Menschen einsetzbare Methodik, der eine analoge Logik zugrunde liegt wie der Läsionsmethode, ist die transkranielle Magnetstimulation (TMS), bei der umschriebene kortikale Regionen durch einen elektromagnetischen Hochfrequenzimpuls für kurze Zeit in ihrer natürlichen Funktion gestört und die Effekte einer solchen Manipulation auf mentale Leistungen geprüft werden können.

Schlussfolgerungen über Struktur-Funktions-Zusammenhänge werden im Rahmen der Läsionsmethode aus drei Klassen von Auswirkungen gezogen, die sich nach einer Schädigung des Gehirns beobachten lassen (Shallice 1988):

- Bei der *Assoziation* zeigen sich gleichzeitige Beeinträchtigungen in zwei unterschiedlichen Funktionen A und B (bzw. in zwei Aufgaben, die diese Funktionen abbilden).
- Bei einer *Dissoziation* ist nur eine der beiden Aufgaben beeinträchtigt, während die andere unbeeinflusst bleibt.
- Bei einer *doppelten Dissoziation* schließlich kommt es zu einer gekreuzten Überlagerung von zwei einfachen Dissoziationen: Eine Schädigung im rechten Schläfenlappen kann z. B. visuelle Identifikationsleistungen (etwa die Gesichtererkennung) beeinträchtigen, aber visuell-räumliche Fähigkeiten (etwa das Pfadlernen) unverändert lassen, während im Falle einer Schädigung im rechten Scheitellappen das umgekehrte Muster auftritt (Newcombe et al. 1987).

Stellung der Neuropsychologie in der Kognitionswissenschaft

Der kognitionswissenschaftlich bedeutsame neuropsychologische Zweig ist die kognitive Neuropsychologie. Sie gilt als Teildisziplin der Kognitionspsychologie (s. Kap. II.E.1) und zieht ihre Schlüsse aus der Analyse gestörter kognitiver Systeme, indem sie kognitive Defizite von Patienten mit Hirnschädigung untersucht und daraus Aussagen über die kognitive Architektur bei Gesunden abzuleiten versucht. Anders als bei der klinischen Neuropsychologie sind diagnostische oder therapeutische Erwägungen für sie unwesentlich. In Abgrenzung von der kognitiven Neurowissenschaft (s. Kap. II.D.1) ist für die kognitive Neuropsychologie auch die Frage nach der zerebralen Implementierung oder genauen Lokalisation einer kognitiven Funktion ohne Belang. Ihr primärer Fokus liegt auf der Frage, ob sich Hinweise auf die Separierbarkeit kognitiver Einzelkomponenten, wie sie von einem Modell (s. Kap. II.E.2) einer kognitiven Architektur postuliert werden, tatsächlich finden lassen, und ob ein solches Modell durch die Untersuchung von hirngeschädigten Patienten bestätigt oder widerlegt wird (Coltheart 2001). So stützte z.B. die o.g. Beobachtung dissoziierbarer visueller Objekt- und Raumwahrnehmungsleistungen die theoretische Annahme separater Verarbeitungspfade für visuelle Information im menschlichen Gehirn (Ungerleider/Haxby 1994).

Die Vorstellung von der Zerlegbarkeit eines kognitiven Systems in einzelne Komponenten (Module) ist für das Selbstverständnis der kognitiven Neuropsychologie zentral – schließlich sind nur unter Voraussetzung einer solchen Zerlegbarkeit selektive Störungsmuster bei Patienten zu erwarten, die zur Prüfung einer Modellvorstellung herangezogen werden können. Wann aber ist ein Verarbeitungssystem als ein eigenständiges Modul zu betrachten? Unterschiedlich starke Kriterien sind möglich (z.B. Mahon/Cantlon 2011a). Jerry Fodors (1983) Liste von Eigenschaften, die für ein Modul charakteristisch sind (Domänenspezifität, informationelle Verkapselung, beschränkte Zugänglichkeit, obligatorische Funktionsweise, Schnelligkeit, Autonomie, Angeborenheit sowie neuronale Spezifität), intendiert zwar nicht, dass ein System alle besitzen muss, um als Modul zu gelten. Dennoch impliziert sie eine Abstufung, so dass ein System, in Abhängigkeit davon, wie viele Eigenschaften es erfüllt, als ›besserer‹ oder ›schlechterer‹ Kandidat für den Modulstatus betrachtet werden kann. In Fodors Modell von Wahrnehmung und Kognition wird, unter Anlegung eines eher strengeren Maßstabs, Modularität nur für die Inputsysteme angenommen, nicht aber für das sog. zentrale System. Letzteres wird daher als der empirischen Prüfung nicht zugänglich erachtet, weshalb genuine Aspekte der menschlichen Kognition (z.B. Denkprozesse, Erwartungen, Überzeugungen, Annahmen oder Wünsche) in Fodors Augen der wissenschaftlichen Untersuchung entzogen sind. Am anderen Ende des Kontinuums wurde von Cara-mazza (1992) eine liberalere Position vertreten, wonach es ausreicht, Modularität in Anlehnung an Marr (1982) mit der Zerlegbarkeit in kleinere, weitgehend unabhängige und spezialisierte Subprozesse gleichzusetzen. Damit wäre auch das zentrale, *top-down* regulierte kognitive System empirisch untersuchbar. Colthearts (1999) Kriterium der Domänenspezifität kann in diesem Zusammenhang als ein Kompromiss verstanden werden, der versucht, ein klar definiertes und einheitliches Kriterium zu setzen: ›Domänenspezifität‹ bedeutet demnach, dass ein Verarbeitungssystem nur auf eine Klasse von Stimuli reagiert (z.B. auf Wörter), auf andere (z.B. auf Gesichter, Stimmen usw.) aber nicht.

Aus dem Gesagten geht hervor, dass die Definition von Modularität weitreichende Konsequenzen für den Untersuchungsgegenstand der kognitiven Neuropsychologie hat. Es ist daher kein Zufall, dass sich der weit überwiegende Teil der kognitiv-neuropsychologischen Studien mit Inhalten beschäftigt, die auf der Input- und Outputebene des kognitiven Verarbeitungssystems liegen, deren Modularität weniger strittig ist als dies bei zentralen Prozessen der Fall ist: Objekterkennung, Gesichtererkennung, Lesen, Sprechen, Schreiben usw. Shallice (1988) hat eindringlich auf die Probleme hingewiesen, aus klinischen Studien valide Schlussfolgerungen über die normale kognitive Architektur zu ziehen, sobald Systeme untersucht werden, deren Modularität fraglich ist.

Neben der bisher betrachteten funktionellen Modularität muss die kognitive Neuropsychologie, um zu sinnvollen Aussagen zu gelangen, auch eine anatomische Modularität annehmen. Nur wenn ein Verarbeitungsmodul im Gehirn durch ein relativ umschriebenes und damit im Rahmen einer Schädigung separierbares System realisiert wird, besteht die Chance, selektive Störungsmuster zu beobachten. Zwei weitere Grundannahmen der kognitiven Neuropsychologie sind zum einen, dass alle Personen über die gleichen kognitiven Fähigkeiten verfügen (wenn auch in unterschiedlicher Ausprägung), die durch die gleichen Verarbeitungsmodule hervorgebracht werden (interindividuelle Gleichartigkeit der funktionellen Architektur), und zum anderen, dass eine Hirnschädigung zwar Teile der kognitiven Architektur (d.h. Module oder deren Verbindungen) zerstört, dem System jedoch keine neuen Komponenten hinzufügt (Subtraktivität; vgl. Coltheart 2001 für eine eingehendere Diskussion der Grundannahmen).

Aus methodischer Sicht charakteristisch für die kognitive Neuropsychologie sind der Untersuchungsansatz der Einzelfallstudie und die Beschränkung auf die Untersuchung von Symptomen anstelle von Syndromen (d.h. Konstellationen mehrerer Symptome). Der Fokus auf Einzelfallstudien lässt sich wie folgt begründen: Jede kognitive Leistung kann auf mehrere Module und ihre Verbindungen zurückgeführt werden, und jede dieser Komponenten kann potenziell durch eine Hirnschädigung zerstört werden. Daher ist die Wahrscheinlichkeit, zwei Patienten zu finden, bei denen exakt dieselben Module bzw. Verbindungen geschädigt sind, selbst bei nur aus wenigen Teilkomponenten bestehenden kognitiven Systemen praktisch gleich null. Da aber andererseits bereits die anhand eines einzigen Patienten erhobenen Daten ausreichen, um die Vorhersage eines kognitiven Modells zu widerlegen, gilt die Einzelfallstudie als einzig aussichtsreicher Weg, um auf der Basis neuropsychologischer Untersuchungen von umschriebenen Symptomen sinnvolle Aussagen über die funktionelle Architektur der Kognition zu erhalten. Der in dieser ›klassischen‹ Annahme der Falsifizierbarkeit einer Theorie zum Ausdruck kommende Glaube an die Rationalität des Wissenschaftsprozesses ist allerdings von Wissenschaftstheoretikern grundlegend kritisiert worden (Okasha 2002).

Eine wichtige Rolle kommt der Einzelfallstudie auch im Kontext der kognitiven Modellierung zu (s. Kap. II.E.2). Die korrekte Simulation von Defiziten hirngeschädigter Patienten gilt als kritischer Test dafür, ob ein Computerprogramm die kognitive Architektur einer mentalen Funktion adäquat repräsentiert (Caramazza/Coltheart 2006).

im Produktionssystem gestützt wird. Interindividuelle Unterschiede, die im Rahmen der klassischen Einzelfallstudie mit Bedacht ausgeschlossen werden, können so zum Verständnis kognitiver Mechanismen gezielt ausgenützt werden. Die Vorteile, aber auch die Fallstricke dieses neuen Untersuchungsansatzes, werden in einer Sonderausgabe der Zeitschrift *Cognitive Neuropsychology* aus dem Jahr 2011 diskutiert (Rapp 2011).

Nicht zuletzt wegen der Bedeutung für die Untersuchbarkeit der höheren kognitiven Prozesse des zentralen Systems wird auch die Frage der Modularität weiterhin lebhaft diskutiert (Mahon/Cantlon 2011b). Dabei werden die funktionelle und die anatomische Modularität immer häufiger direkt aufeinander bezogen. Diese Entwicklung spiegelt ein steigendes Interesse an der zerebralen Implementierung von Funktionen auch seitens der kognitiven Neuropsychologie wider, wodurch die Grenze zur kognitiven Neurowissenschaft (s. Kap. II.D.1) allmählich verschwimmt (Caramazza/Coltheart 2006). Allerdings wird seitens der kognitiven Neuropsychologie kritisiert, dass kognitiv-neurowissenschaftliche Studien zu häufig nur auf die neuroanatomische Lokalisation kognitiver Prozesse fokussieren und zu selten eine empirische Evaluation konkurrierender kognitionspsychologischer Theorien anstreben (Coltheart 2006; Tressoldi et al. 2012). Die Entwicklung geeigneter Modelle wird gerade für den Fortschritt bei der Analyse zentraler kognitiver Mechanismen und Prozesse von entscheidender Bedeutung bleiben. Hier wird die kognitive Neuropsychologie auch in Zukunft eine wichtige Rolle innerhalb der Kognitionswissenschaft spielen.

Tendenzen der Forschung

Aktuell zeichnen sich zwei grobe Linien ab, die in den nächsten Jahren die Entwicklung der kognitiven Neuropsychologie in methodischer und inhaltlicher Hinsicht charakterisieren dürften. Zum einen wird der Untersuchungsansatz der Einzelfallstudie hinterfragt und durch das Konzept der Einzelfallserie ergänzt, womit sich auch graduelle Abstufungen eines Störungsbildes untersuchen und zur Prüfung einer theoretischen Position heranziehen lassen. Beispielsweise konnten Schwartz/Dell (2010) bei Aphasikern einen systematischen Zusammenhang zwischen dem Ausmaß der Benennstörung und der Wahrscheinlichkeit für semantische bzw. phonologische Fehler bei der Produktion von Worten und Nichtworten nachweisen, wodurch die Annahme eines einheitlichen Faktors beim lexikalischen Zugriff

Literatur

Caramazza, Alfonso (1992): Is cognitive neuropsychology possible? In: *Journal of Cognitive Neuroscience* 4, 80–95.

Caramazza, Alfonso/Coltheart, Max (2006): Cognitive Neuropsychology twenty years on. In: *Cognitive Neuropsychology* 23, 3–12.

Coltheart, Max (1999): Modularity and cognition. In: *Trends in Cognitive Sciences* 3, 115–120.

Coltheart, Max (2001): Assumptions and methods in cognitive neuropsychology. In: Brenda Rapp (Hg.): *The Handbook of Cognitive Neuropsychology*. Philadelphia, 3–21.

Coltheart, Max (2006): What has functional neuroimaging told us about the mind (so far)? In: *Cortex* 42, 323–331.

Fodor, Jerry (1983): *The Modularity of Mind*. Cambridge (Mass.).

Goldenberg, Georg (⁴2007): *Neuropsychologie*. München [1996].

Mahon, Bradford/Cantlon, Jessica (2011a): The specialization of function. In: *Cognitive Neuropsychology* 28, 147–155.

Mahon, Bradford/Cantlon, Jessica (Hg.) (2011b): *Cognitive Neuropsychology* (Themenheft) 28, 147–303.

Marr, David (1982): *Vision*. San Francisco.

Newcombe, Freda/Ratcliff, Graham/Damasio, Hanna (1987): Dissociable visual and spatial impairments following right posterior cerebral lesions. In: *Neuropsychologia* 25, 149–161.

Okasha, Samir (2002): *Philosophy of Science*. New York.

Poeck, Klaus (2003): Die Entwicklung der modernen Neuropsychologie. In: Hans-Otto Karnath/Peter Thier (Hg.): *Neuropsychologie*. Berlin, 1–8.

Rapp, Brenda (Hg.) (2011): *Cognitive Neuropsychology* (Themenheft) 28, 435–520.

Schwartz, Myrna/Dell, Gary (2010): Case series investigations in cognitive neuropsychology. In: *Cognitive Neuropsychology* 27, 477–494.

Shallice, Tim (1988): *From Neuropsychology to Mental Structure*. Cambridge.

Stirling, John (2002): *Introducing Neuropsychology*. Hove.

Sturm, Walter/Hartje, Wolfgang (1989): Methoden der Neuropsychologie. In: Klaus Poeck (Hg.): *Klinische Neuropsychologie*. Stuttgart, 8–31.

Tressoldi, Patrizio/Sella, Francesco/Coltheart, Max/Umiltà, Carlo (2012): Using functional neuroimaging to test theories of cognition. In: *Cortex* 48, 1247–1250.

Ungerleider, Leslie/Haxby, James (1994): ›What‹ and ›where‹ in the human brain. In: *Current Opinion in Neurobiology* 4, 157–165.

Peter Bublak/Kathrin Finke

4. Entwicklungspsychologie

Zentrale Fragen und typische Methoden

Gegenstand der Entwicklungspsychologie sind die *intra*individuellen Stabilitäten und nachhaltigen Veränderungen des Verhaltens und Erlebens eines Menschen im Laufe seines Lebens, der Ontogenese, sowie die *inter*individuellen Unterschiede in diesen intraindividuellen Veränderungen (Trautner 2003). Dabei wird die Entwicklung der psychischen Funktionen, die dem Verhalten und Erleben zugrunde liegen, wie z.B. kognitive, motivationale (s. Kap. IV.14) und emotionale (s. Kap. IV.5) Funktionen, ebenso analysiert wie ihre kontextuellen Bedingungsfaktoren (z.B. Familie, Peergroup oder Schule). Aufgaben der Entwicklungspsychologie sind:

- Die *Beschreibung* von Entwicklungsprozessen, z.B. die Modellierung (s. Kap. II.E.2) der kognitiven Leistungen und Prozesse auf den einzelnen Altersstufen.
- Eine *Erklärung*, die aufzeigt, welche Faktoren die Entwicklung bedingen. Dabei werden nicht nur anlage- und umweltbedingte Faktoren, sondern auch die Person selbst als eigenständiger Kausalfaktor berücksichtigt (s. Kap. II.E.5), da sie ihre Entwicklung und ihre Bedingungsfaktoren reflektieren und durch Lebenswegentscheidungen auch aktiv beeinflussen kann (Eckensberger/Keller 1998).
- Die *Vorhersage* von Entwicklungsverläufen auf der Basis des diagnostizierten Entwicklungsstands und der spezifizierten Bedingungsfaktoren.
- Die gezielte *Beeinflussung* von Entwicklungsprozessen auf der Basis evaluierter Interventionen, um günstige Entwicklungsverläufe zu fördern und ungünstige zu verhindern oder auszugleichen (Trautner 2003).

Zu den gebräuchlichen Forschungsmethoden der Entwicklungspsychologie gehören insbesondere die systematische Beobachtung in natürlichen Settings (Tagebuch, Alltagsbeobachtungen) und in experimentell konstruierten Settings (Aufgaben und standardisierte Testverfahren), Selbstauskünfte (Fragebögen und Interviews) sowie physiologische Messungen (Berk 2009; Schneider/Wilkening 2006). Da der Gegenstand der Entwicklungspsychologie die Analyse von Stabilitäten und Veränderungen *über die Zeit* ist, werden die o.g. Methoden im Rahmen spezifischer Untersuchungsdesigns angewendet: in

Querschnitt-, Längsschnitt- und in Sequenzdesigns (Schneider/Wilkening 2006, Kap. 14) und zunehmend auch in kulturvergleichenden Studien (Trommsdorff/Kornadt 2007):

- In *Querschnittdesigns* werden Personen unterschiedlicher Geburtsjahrgänge (Alterskohorten) einmalig zum selben Zeitpunkt untersucht und Unterschiede zwischen den Altersgruppen als Entwicklungsunterschiede interpretiert, obwohl sie auch durch Zeitwandelunterschiede zwischen den unterschiedlichen Kohorten verursacht sein können. Diese Vermischung von Alters- und Zeitwandelunterschieden ist ein Kritikpunkt an Querschnittdesigns.
- In *Längsschnittdesigns* werden Personen derselben Alterskohorte wiederholt zu verschiedenen Zeitpunkten untersucht, so dass tatsächlich Entwicklungsverläufe aufgedeckt werden können – wenn auch nur von der untersuchten Kohorte.
- In *Sequenzdesigns* benutzt man eine Kombination aus zeitlich versetzten Längsschnitt- und Querschnittstudien, um die geschilderten Konfundierungen von Kohorten-, Entwicklungs- und Zeitwandeleffekten kontrollierbar zu machen. Hierbei werden Personen verschiedener Alterskohorten über einen bestimmten Zeitraum wiederholt untersucht.

Ein Klassiker ist die Studie von Schaie et al. (1973) mit einem Sequenzdesign, die 1956 sieben Kohorten im Alter von 25, 32, 39, 46, 53, 60 und 67 Jahren im Hinblick auf ihre Intelligenzleistungen im Querschnitt untersuchten, wobei sich ein kontinuierlicher Abfall der Intelligenz schon nach dem 32. Lebensjahr zeigte. Diesen Leistungsabfall als Entwicklungseffekt im Sinne eines Alterungseffekts zu interpretieren, erwies sich aber als falsch. Denn eine längsschnittliche Untersuchung dieser sieben Kohorten nach sieben Jahren (1963) und 14 Jahren (1970) ergab für die 32-, 39- und 46-jährige Kohorte einen gleichbleibenden Intelligenzverlauf und einen Intelligenzabfall im Längsschnitt erst ab der 53-jährigen Kohorte. Die niedrigeren Intelligenzleistungen der 39-, 46- und 53-jährigen Kohorten im Querschnitt müssen demnach auf Zeitwandeleffekte zurückgeführt werden, die z. B. darin bestehen, dass die älteren Kohorten aufgrund einer geringeren Schuldauer gar nicht erst das Intelligenzniveau der 32-Jährigen erreicht hatten. Erst ab der 53-jährigen Kohorte macht sich ein tatsächlicher altersbedingter Intelligenzabbau bemerkbar.

Allen aktuell in der Entwicklungspsychologie vorherrschenden Forschungsparadigmen ist gemeinsam, dass sie den Menschen als eine Person konzeptualisieren, die ihre Psyche und Entwicklung aktiv konstruiert (s. Kap. II.E.5). Unterschiedliche Paradigmen gibt es im Hinblick auf die Art und Weise dieser Konstruktionen und den Grad, zu dem man bereits Säuglingen bestimmte psychische Verarbeitungsleistungen wie z. B. Tiefenwahrnehmung, Objektpermanenz oder Erkennen von Intentionen zuschreiben kann (Berk 2009; Miller 2009; Schneider/Wilkening 2006).

Paradigma der Informationsverarbeitung. Dieses Paradigma ist bislang insbesondere in der kognitiven Entwicklungspsychologie einflussreich gewesen. Es ist im Zuge der kognitiven Wende in der Psychologie in den 1970er Jahren und auch in Auseinandersetzung mit Jean Piagets (1936) Stufentheorie der kognitiven Entwicklung entstanden. Dabei dienten die damals aufkommenden digitalen Computer als Leitmodell. Analog zu diesen wird die menschliche Psyche als ein System betrachtet, durch das Informationen fließen, die codiert, umgewandelt und organisiert werden (Siegler et al. 2010, Kap. 4). Besonders prominent sind sog. Mehrspeichermodelle, nach denen die Informationsverarbeitung zwischen den sensorischen Speichern mit ihren aktuellen modalitätsspezifischen Wahrnehmungsinhalten, dem Arbeitsgedächtnis als der zentralen Exekutive und dem Langzeitgedächtnis mit den bereits gelernten Inhalten verteilt sein soll. Im Vordergrund steht die Analyse der Struktur dieser Informationsverarbeitung, d. h. des Zusammenwirkens der Gedächtnissysteme (s. Kap. IV.7) auf den einzelnen Altersstufen (Säuglinge, Kleinkinder usw.) mit exekutiven Funktionen (Aufmerksamkeitsfokussierung, Informationsauffrischung, Hemmung unerwünschter Verarbeitungsschritte usw.) und Lernprozessen (Trolldenier et al. 2010).

Paradigmen der domänenspezifischen Entwicklung. Diese Theorien nehmen ihren Ausgang in der Kritik an Piagets universalem Stufenmodell der kognitiven Entwicklung, wonach sich Kinder in den unterschiedlichen Wissensdomänen (z. B. der Erklärung numerischer, physikalischer, psychologischer oder biologischer Phänomene) in vergleichbarer Weise entwickeln sollten, was sie aber faktisch nicht tun. So verstehen manche Sechsjährige z. B. schon die Invarianz von Anzahlen, wenn man zählbare Gegenstände nur unterschiedlich anordnet (Erklärung eines numerischen Phänomens). Zugleich verstehen sie aber z. B. noch nicht, dass das Volumen einer Flüssigkeit invariant bleibt, wenn man es in unterschiedlich geformte Behälter füllt (Erklärung eines physikalischen Phänomens). Das Verständnis von Invarianzen ist demnach abhängig von der Wissensdomäne. Des Weiteren scheinen bereits Säuglinge über gewisse domänenspezifische kognitive Schemata zu verfügen (Siegler et al. 2010, Kap. 4); z. B. erlernen Kinder Erwerbsstrategien der Muttersprache ohne jene formale Instruktion (s. Kap. IV.12), die bei anderen Regelsystemen vergleichbarer Komplexität erforderlich ist. Besonderes Interesse hat die psychologische Domäne gefunden; hier geht es um die Frage, wann Kinder welche Aspekte einer *theory of mind* erwerben (s. Kap. IV.21). Diese Studien sagen aber bislang wenig darüber aus, *wie* Kinder diese Fähigkeit erwerben, anderen Personen Wünsche und Erwartungen zuzuschreiben, die auch deren Handeln bestimmen.

Paradigma der Ko-Konstruktion psychischer Prozesse. Diese Theorien sind maßgeblich von den Arbeiten Vygotskijs inspiriert (z. B. Vygotskij 1934) Sie konzentrieren sich auf die Frage nach dem *Prozess* und den *Entwicklungsmechanismen*, nach denen ein Kind psychische Schemata aufbaut (Siegler et al. 2010, Kap. 4). Demgegenüber sind die beiden vorgenannten Paradigmen vornehmlich darauf fokussiert, die *Struktur* der Informationsverarbeitung auf den einzelnen Altersstufen zu modellieren. Außerdem spielen in ko-konstruktivistischen Theorien anders als bei den anderen beiden Paradigmen soziale Prozesse eine konstitutive Rolle beim Aufbau höherer psychischer Prozesse. In sozialen Interaktionen, insbesondere zwischen Kindern und kompetenteren Anderen, findet sich auf Seiten der Bezugspersonen eine Vielzahl an adaptiven Verhaltensweisen gegenüber dem Kind (z. B. geteilte Aufmerksamkeit, kindgerechte Sprache, Unterstützung beim Ausführen von Handlungen sowie Spiegeln von Affekten, Handlungen und Sprechakten). Damit stimmen sie ihr Verhalten auf das psychische Verarbeitungsniveau des Kindes ab und unterstützen sein Lernen. Auf Seiten des Kindes finden sich ebenfalls darauf abgestimmte adaptive Verhaltensweisen (z. B. motorische Imitation oder soziales Kontingenzlernen). Dieses Zusammenspiel führt dazu, dass in der Regel bereits neunmonatige Kinder die intentionale Matrix sozialer Interaktionen und das intentionale Imitationslernen beherrschen, was sie besonders empfänglich für das Erlernen von Sprache und das Nachahmen beobachteter zielgerichteter Handlungen macht (Tomasello et al. 2005). Aufbauend auf diesen sozialen Grundkompetenzen können sich Kinder daraufhin die Sprache als Mittel der Kommunika-

tion (s. Kap. IV.10) und Selbststeuerung (s. Kap. IV.23) sowie die unterschiedlichsten kulturspezifischen Werte, Überzeugungen, Fähigkeiten und Gebräuche ihrer sozialen Gemeinschaft aneignen (s. Kap. II. A.2). Diese soziale Genese höherer psychischer Prozesse kann erklären, wie sich Menschen in sozialen Interaktionen augenscheinlich problemlos aus einer Vielzahl an Möglichkeiten auf einen gemeinsamen Referenzrahmen ihrer Interaktion einigen und miteinander kooperieren können.

Stellung der Entwicklungspsychologie in der Kognitionswissenschaft

Die Kognitionswissenschaft befasst sich im weitesten Sinne mit den geistigen Leistungen von Menschen und anderen Organismen sowie mit den Möglichkeiten, diese in technischen Systemen nachzubilden (Tack 1997). Ein zentrales Problem der Modellierung menschlicher kognitiver Systeme in künstlichen Systemen ist die oben angesprochene Frage, wie künstliche Systeme aus der Vielzahl ihrer Systemmöglichkeiten jeweils den passenden Referenzrahmen auswählen können, um mit Menschen oder anderen ›intelligenten‹ Systemen ›verständig‹ kooperieren zu können, und zwar ohne dass bereits jede Zuordnungsmöglichkeit zwischen dem Referenzrahmen des künstlichen Systems und dem Referenzrahmen des mit diesem kommunizierenden Menschen vorprogrammiert sein muss (Frawley 1997; s. Kap. IV.13). Wenn z. B. künstliche Systeme Servicepersonal in der Fahrkartenausgabe simulieren, dann sind Fragen zum Fahrkartenverkauf der vorprogrammierte Referenzrahmen mit dem Kunden. Wenn die künstlichen kognitiven Systeme aber wirklich *Menschen* simulieren sollten, müssten sie so offen sein, dass sie auch z. B. zum Referenzrahmen eines Gesprächs von ›Mensch zu Mensch‹ wechseln könnten. Hier können insbesondere ko-konstruktivistische entwicklungspsychologische Theorien wesentliche Erkenntnisse beisteuern, mit deren Hilfe sich Probleme der Mikrogenese und Ontogenese von zeichenvermittelten Lernprozessen thematisieren lassen. Es kann nämlich gezeigt werden, wie Menschen lernen, sich mit ihrem psychischen Apparat an jeweils wechselnde soziale Anforderungen aktual- und ontogenetisch anzupassen, und welche sozialen Interaktionen solche nachhaltigen Anpassungsleistungen begünstigen oder beeinträchtigen (Frawley 1997; Tomasello et al. 2005).

Die frühe Kognitionswissenschaft hatte noch die Computermetapher als Leitmodell kognitiver Pro-

zesse, die sich als reine Symbolverarbeitungspro-
zesse modellieren und als vollständig vorprogrammierte Systeme ohne Lernverhalten implementieren
lassen sollten (s. Kap. III.1). Ihre offensichtliche Un-
zulänglichkeit bei der Aufgabe, die höheren kognitiven Prozesse des Menschen angemessen modellieren zu können, hat zu alternativen Paradigmen
geführt, die der Entwicklungspsychologie eine prominente Stellung zuweisen (Frawley 1997). In den
neueren kognitionswissenschaftlichen Modellen
spielen Entwicklungs- und Lernprozesse (s. Kap.
IV.12) sowie die Wahrnehmung (s. Kap. IV.24) der
sächlichen und sozialen Kontexte, in denen agiert
und gelernt wird, eine herausgehobene Rolle. Die
Forschungen zu *grounded cognition* (Barsalou 2008;
s. Kap. III.7) und auch entwicklungspsychologische
Studien zum Erwerb zielgerichteter Handlungen
(Hommel/Elsner 2009) und des Sprechens (Bruner
1985; Tomasello et al. 2005) haben gezeigt, dass symbolverarbeitende Prozesse nur unzureichend modelliert sind, wenn sie sich nur auf andere symbolverar-
beitete Prozesse beziehen. Vielmehr beziehen sie
sich immer auch auf physikalisch gegebene Sachverhalte, die sinnlich erfahrbar sein müssen, sowie in
sozialen Kontexten auch auf Wünsche und Erwartungen des Gegenübers, die aus dem situativ Gegebenen erschlossen werden müssen (s. Kap. IV.21).

Auch die Anforderung an die Konstruktion
künstlicher Systeme, dass sich nicht der Mensch den
begrenzten Kapazitäten dieser Systeme anzupassen
habe, sondern sich umgekehrt die Systeme den
Menschen anpassen können müssten, hat eine Hinwendung zur Entwicklungspsychologie und ihren
Erkenntnissen zur menschlichen Entwicklung ausgelöst. Diese Anforderung setzt nämlich kommunikative Kompetenzen künstlicher Systeme voraus,
um Intentionen und Erwartungen des menschlichen
Interaktionspartners – seinen Referenzrahmen –
verstehen und angemessen darauf antworten zu
können. Kinder erwerben diese kommunikativen
Kompetenzen in den ersten vier Lebensjahren.

Bei drei zentralen Aspekten in der Modellierung
kognitiver Systeme (s. Kap. II.E.2) können entwicklungspsychologische Theorien konzeptuelle Anregungen sowohl für die Modellbildung als auch für
ihre Überprüfung geben:

- *Erlernen kognitiver Strukturen und Prozesse*, insbesondere solcher, die dem kommunikativen Verstehen zugrunde liegen (s. Kap. IV.10). Dazu zählen das Herstellen geteilter Aufmerksamkeit, das
Erschließen der Intentionen des Interaktionspartners, die Anfänge zielgerichteten Handelns und
die intentionale Imitation als fundamentaler

menschlicher Lernmechanismus (Tomasello et al.
2005).

- *Identifikation elementarer und komplexer kognitiver Strukturen und Prozesse.* In der natürlichen
Entwicklung des Menschen entstehen die einzelnen kognitiven Fähigkeiten erst nacheinander
und bauen aufeinander auf. Daher lässt sich anhand der menschlichen Entwicklung rekonstruieren, welche kognitiven Prozesse primär und ele-
mentar und welche sekundär und komplex sind
(Lungarella et al. 2003).

- *Entwicklungsbezogene Analyse elementarer kognitiver Strukturen und Prozesse.* Kognitive Anpassungsleistungen, die bei Erwachsenen zum Großteil nur auf der mentalen Ebene stattfinden, also
für die äußere Beobachtung unzugänglich sind,
lassen sich in ihrer Entstehung bei Kindern noch
real in der sozialen Interaktion beobachten. Bei
jüngeren Kindern haben zeichenvermittelnde
Prozesse, z. B. in Form der gesprochenen Sprache,
noch eine beobachtbare soziale Form. Auf entwickelten Stufen sind sie bereits internalisiert und
können z. B. als inneres Sprechen, durch das kognitive Planungs- und Kontrollprozesse vermittelt werden (s. Kap. IV.17, Kap. IV.23), nicht mehr
unmittelbar beobachtet werden. Eine solche entwicklungsbezogene Analyse kann auch aufdecken, inwiefern beim Übergang von sozialen zu
mentalen Prozessen letztere neue Systemeigenschaften wie z. B. einen verkürzten und prädikati-
ven Sprachgebrauch annehmen.

Es gibt mittlerweile eine Vielzahl an konzeptuellen
Ansätzen und Projektgruppen, die auf der Basis entwicklungspsychologischer Erkenntnisse kognitive
Systeme konstruieren und in Computersimulationen und Robotern mit wachsendem Erfolg zu implementieren versuchen. Dazu gehören z. B. die Konstruktion von Kindrobotern wie im Rubi-Projekt
oder dem CB2-Projekt, bei dem ein Roboter mit kognitiven und motorischen Fähigkeiten eines einjäh-
rigen Kindes ausgestattet werden soll (Meltzoff et al.
2009).

Eine größtmögliche Integration von Entwicklungspsychologie und Robotik (s. Kap. II.B.2) hin zu
einer eigenständigen wissenschaftlichen Disziplin
wird mit der *cognitive developmental robotics* verfolgt (Asada et al. 2009). Deren Ziel ist der Bau von
Robotern, die fähig sind, wesentliche motorische
und sozial-kognitive Fähigkeiten von Menschen unterschiedlichen Alters und damit eines unterschiedlich komplexen Entwicklungsstands zu erwerben.
Dabei wird die menschliche Entwicklung als Modell

herangezogen, um folgenden Fragen nachgehen zu können:

- Wie sind die Ausgangsbedingungen der Entwicklung beschaffen?
- In welcher Abfolge entstehen die einzelnen kognitiven Strukturen und Prozesse?
- Welche Lernmechanismen kommen zum Tragen?
- Wie muss der Input und damit die physikalische und soziale Umgebung gestaltet sein, damit der Roboter erfolgreich lernen kann?

Die Forschungsschwerpunkte konzentrieren sich auf zentrale Fragen des Aufbaus kognitiver Strukturen:

- *Das Erlernen von Bewegungen* im ersten Lebensjahr mit der Koordination von Wahrnehmung und Handlung mit dem Entwicklungsergebnis, zielgerichtete Handlungen ausführen zu können (ebd.).
- *Das Erlernen kommunikativer Fähigkeiten*, die für das intentionale Imitationslernen notwendig sind (Schaal 1999; Watanabe et al. 2007).
- *Das Erlernen von Sprache*, deren Erwerb augenscheinlich die Implementation der genannten basalen kommunikativen Fähigkeiten voraussetzt (s. Kap. IV.10, Kap. IV.20). Spracherwerb wird ebenfalls als koregulativer Prozess mit einer sinnlichen Verankerung von Zeichen konzeptualisiert (Pezzulo et al. 2011; Tomasello 2003), bevor das individuelle Sprachsystem im weiteren Entwicklungsverlauf zu einem selbstreferenziellen System von Zeichen transformiert wird (Nelson 1996) und Kinder das Sprechen nicht nur zur Regulation sozialer Interaktionen, sondern auch zur Selbstregulation (s. Kap. IV.23) in Form des privaten und inneren Sprechens nutzen (Frawley 1997).

Die Entwicklungspsychologie ist aufgrund ihrer entwicklungsorientierten Perspektive mit vielen anderen Disziplinen vernetzt, z. B. mit der allgemeinen Psychologie oder der Kognitionspsychologie (s. Kap. II.E.1), wenn diese Disziplinen entwicklungspsychologische Forschungen als Prüfstein allgemeinpsychologischer Modelle heranziehen, um elementare kognitive Prozesse zu analysieren. Weitere Verbindungen bestehen über den Zusammenhang von sozialem Input und Hirnentwicklung zur Neuropsychologie (s. Kap. II.E.3), über den Erwerb des Sprechens als pragmatischer Benutzung von Sprache zur Psycholinguistik (s. Kap. II.C.3) oder über einen Vergleich der psychischen Entwicklung unter verschiedenen kulturellen Rahmenbedingungen zur Kulturpsychologie. Ebenso bestehen Verbindungen zur Philosophie in der Diskussion von Grundsatzfragen wie etwa dem Zusammenhang kognitiver und materialer Strukturen (s. Kap. II.F.1), dem Verhältnis von Beobachter- und Ich-Perspektive mit ihrer Vermittlung durch die Du-Perspektive (s. Kap. II.F.3) oder dem Verhältnis emotionaler und kognitiver Prozesse (s. Kap. IV.5, Kap. V.1).

Tendenzen der Forschung

Um in den Erkenntnissen über kognitive Entwicklungsprozesse substanzielle Fortschritte zu erzielen, sind präzise definierte Theorien über die Mikrogenese von Lernprozessen erforderlich, z. B. im Hinblick darauf, was genau ein einjähriges Kind bereits an Situationsverständnis benötigt, um eine vorgemachte Handlung ihrer Intention nach imitieren zu können. Solche Theorien sind bislang erst im Entstehen. Eine Hinwendung zu solchen mikrogenetischen Analysen könnte genaueren Aufschluss über deren Determinanten und Mechanismen geben (Granott/ Parziale 2002). Dabei kann in konzeptueller Hinsicht die Analyse ko-konstruktiver Entwicklungsprozesse und ihrer sinnlichen Verankerung Modelle bereitstellen, die uns verstehen lassen, wie künstliche Systeme kognitive Strukturen erlernen können. In methodischer Hinsicht können Simulationen in Avataren und Robotern als Modelltestungen äußerst erfolgversprechend sein (s. Kap. II.B.2). Denn damit kann geprüft werden, inwiefern die jeweiligen Modelle nicht nur notwendige, sondern auch hinreichende Bedingungen für den Aufbau kognitiver Strukturen spezifiziert haben (s. Kap. II.E.2). Andererseits zwingt die Konstruktion von Simulationen, sich nicht nur über kognitive Strukturen, sondern auch über ihre Entstehungsbedingungen Gedanken zu machen, wie dies z. B. in der *cognitive developmental robotics* bereits erfolgreich praktiziert wird. Ein vielversprechendes Beispiel sind Arbeiten von Messinger et al. (2010) zur Entstehung von Intentionalität in der frühen *face-to-face*-Interaktion zwischen Mutter und Säugling. Intentionalität ist ein fundamentales Merkmal menschlicher Kommunikation und zeigt sich darin, im Gegenüber eine erwartete und damit vorhersagbare Reaktion zu induzieren. Dazu wurden zunächst Mutter-Säugling-Interaktionen wöchentlich über die ersten sechs Lebensmonate videografiert und die Interaktionen mittels mathematischer Modelle nachgebildet, um sie dann in einem Kindavatar und einem Kindroboter simulieren zu können.

Des Weiteren werden die Analyse emotionaler Prozesse und ihre Entwicklung in der Kognitionswissenschaft zunehmend einbezogen (Becker-

Asano/Wachsmuth 2010). Ein Beispiel ist das Projekt EMMA (*Empathic MultiModal Agent*). Dabei geht es um die Modellierung von empathischem Verhalten durch eine virtuelle Agentin EMMA, die erstens durch eine interne Imitation des Gesichtsausdrucks ihres Gegenübers dessen Emotion erfasst, zweitens durch die Berücksichtigung eigener psychischer Parameter wie z. B. die aktuelle emotionale Stimmung und Sympathie zum Gegenüber die Ausprägung des eigenen empathischen Verhaltens moduliert und drittens durch einen resultierenden Gesichtsausdruck und Stimmmodulation Empathie zum Ausdruck bringt (Boukricha/Wachsmuth 2011).

Insgesamt stehen diese Forschungen erst am Anfang, ebenso wie Modellierungen über den Entwicklungszusammenhang von sprachlichen, kognitiven und emotionalen Regulationsprozessen (Holodynski et al. 2012).

Literatur

Asada, Minoru/Hosoda, Koh/Ishiguro, Hiroshi/Kuniyoshi, Yasuo/Inui, Toshio (2009): Towards computational developmental model based on synthetic approaches. In: *Proceedings of the 8th IEEE International Conference on Development and Learning*, 1–8.

Barsalou, Lawrence (2008): Grounded cognition. In: *Annual Review of Psychology* 59, 617–645.

Becker-Asano, Christian/Wachsmuth, Ipke (2010): Affective computing with primary and secondary emotions in a virtual machine. In: *Autonomous Agents and Multi-Agent Systems* 20, 32–49.

Berk, Laura (⁵2009): *Development Through the Lifespan*. New York [1997]. [dt.: *Entwicklungspsychologie*. München ⁵2010 [1997]].

Boukricha, Hana/Wachsmuth, Ipke (2011): Empathy-based emotional alignment for a virtual human. In: *Künstliche Intelligenz* 25, 195–204.

Bruner, Jerome (1985): *Child's Talk*. New York. [dt.: *Wie das Kind sprechen lernt*. Bern 1987].

Eckensberger, Lutz/Keller, Heidi (1998): Menschenbilder und Entwicklungskonzepte. In: Heidi Keller (Hg.): *Entwicklungspsychologie*. Bern, 11–56.

Frawley, William (1997): *Vygotsky and Cognitive Science*. Cambridge (Mass.).

Granott, Nira/Parziale, Jim (2002): *Microdevelopment*. Cambridge.

Holodynski, Manfred/Seeger, Dorothee/Hartmann, Petra/Wörmann, Viktoriya (2012): Placing emotion regulation in a developmental framework of self-regulation. In: Karen Barrett/Nathan Fox/George Morgan/Deborah Fidler/Lisa Daunhauer (Hg.): *Handbook of Self-Regulatory Processes in Development*. New York, 27–60.

Hommel, Bernhard/Elsner, Birgitt (2009): Acquisition, representation, and control of action. In: Ezequiel Morsella/John Bargh/Peter Gollwitzer (Hg.): *Oxford Handbook of Human Action*. Oxford, 371–398.

Lungarella, Max/Metta, Giorgio/Pfeifer, Rolf/Sandini, Giulio (2003): Developmental robotics. In: *Connection Science* 15, 151–190.

Meltzoff, Andrew/Kuhl, Patricia/Movellan, Javier/Sejnowski, Terrence (2009): Foundations for a new science of learning. In: *Science* 325, 284–288.

Messinger, Daniel/Ruvolo, Paul/Ekas, Naomi/Fogel, Alan (2010): Applying machine learning to infant interaction. In: *Neural Networks* 23, 1004–1016.

Miller, Patricia (⁵2009): *Theories of Developmental Psychology*. New York [1989]. [dt.: *Theorien der Entwicklungspsychologie*. Heidelberg ²2002 [1993]].

Nelson, Katherine (1996): *Language in Cognitive Development*. Cambridge.

Pezzulo, Giovanni/Barsalou, Lawrence/Cangelosi, Angelo/Fischer, Martin/McRae, Ken/Spivey, Michael (2011): The mechanics of embodiment. In: *Frontiers in Psychology* 2, 5, 1–21.

Piaget, Jean (1936): *La naissance de l'intelligence chez l'enfant*. Paris [dt.: *Das Erwachen der Intelligenz beim Kinde*. Stuttgart 1969].

Schaal, Stefan (1999): Is imitation learning the route to humanoid robots? In: *Trends in Cognitive Sciences* 3, 233–242.

Schaie, K. Warner/Labouvie, Gisela/Buech, Barbara (1973): Generational and cohort-specific differences in adult cognitive functioning. In: *Developmental Psychology* 9, 151–166.

Schneider, Wolfgang/Wilkening, Friedrich (Hg.) (2006): *Theorien, Modelle und Methoden der Entwicklungspsychologie*. Göttingen.

Siegler, Robert/DeLoache, Judy/Eisenberg, Nancy (³2010): *How Children Develop*. New York [2003]. [dt.: *Entwicklungspsychologie im Kindes- und Jugendalter*. Heidelberg 2003].

Tack, Werner (1997): Kognitionswissenschaft. In: *Kognitionswissenschaft* 6, 2–8.

Tomasello, Michael (2003): *Constructing a Language*. Cambridge (Mass.).

Tomasello, Michael/Carpenter, Malinda/Call, Joseph/Behne, Tanya/Moll, Henrike (2005): Understanding and sharing intentions. In: *Behavioral and Brain Sciences* 28, 675–735.

Trautner, Hanns Martin (²2003): *Allgemeine Entwicklungspsychologie*. Stuttgart [1995].

Trolldenier, Hans-Peter/Lenhard, Wolfgang/Marx, Peter (Hg.) (2010): *Brennpunkte der Gedächtnisforschung*. Göttingen.

Trommsdorff, Gisela/Kornadt, Hans-Joachim (Hg.) (2007): *Theorien und Methoden der kulturvergleichenden Psychologie*. Göttingen.

Vygotskij, Lew (1934): *Myshlenie i rech*. Moskau. [dt.: *Denken und Sprechen*. Weinheim 2002].

Watanabe, Ayako/Ogino, Masaki/Asada, Minoru (2007): Mapping facial expression to internal states based on intuitive parenting. In: *Journal of Robotics and Mechatronics* 19, 315–323.

Manfred Holodynski

5. Persönlichkeitspsychologie

Zentrale Fragen und typische Methoden

Die Persönlichkeitspsychologie hat zwei ineinandergreifende Gegenstandsbereiche: Erstens *inter*individuelle Unterschiede in überdauernden Strukturen der Person (z.B. Intelligenz, Ängstlichkeit oder Extraversion) und zweitens die *intra*individuelle Organisation von persönlichkeitsrelevanten Prozessen und Strukturen. Was dabei als ›persönlichkeitsrelevant‹ angesehen wird, hängt naturgemäß von der Definition des Begriffs der Persönlichkeit ab. In der Psychologie gibt es keine theoretisch fundierte, einheitliche Definition von Persönlichkeit. Wie in anderen Gebieten der Psychologie auch, wird der Forschungsgegenstand heute mehr pragmatisch-empirisch als theoretisch bestimmt. Überspitzt formuliert, ließe sich also in Anlehnung an eine berühmte Definition von ›Intelligenz‹, wonach Intelligenz dasjenige ist, was Intelligenztests messen, sagen: ›Persönlichkeit ist dasjenige, was in der Persönlichkeitspsychologie untersucht wird.‹

Kurt Lewin, einer der Begründer der experimentellen (naturwissenschaftlich ausgerichteten) Persönlichkeitspsychologie, leitete die Definition ihres Gegenstands von der kleinsten Einheit der Analyse ab, die er in dem kleinsten, prinzipiell noch willentlich ansteuerbaren Handlungsschritt (d.h. größer als eine willentlich nicht steuerbare Muskelkontraktion, aber kleiner als ein Handlungsplan, der sich in willentlich beeinflussbare Teilschritte gliedern lässt) sah (Lewin 1935). Heute lässt sich der Begriff der Persönlichkeit systemtheoretisch bestimmen: Persönlichkeitskonstituierend sind Prozesse, die an der *Interaktion* verschiedener Funktionsebenen des psychischen Gesamtsystems beteiligt sind. Damit lässt sich das Ganzheitliche und Integrative, das dem Begriff ›Persönlichkeit‹ zukommt, kognitionswissenschaftlich präzisieren, indem die Funktionen und Prozesse bestimmt werden, die an solchen subsystemübergreifenden Interaktionen beteiligt sind (Kuhl 2001).

Die beiden o.g. zentralen Fragen der Persönlichkeitspsychologie betreffen die Analyse von personrelevanten *Strukturen* und *Prozessen*. Lewin sah die zentrale Aufgabe der Persönlichkeitspsychologie in der prozessdynamischen Beschreibung der das Handeln bestimmenden personseitigen Strukturen und der einwirkenden situativen Kräfte. Personseitige Strukturen wurden mithilfe der Topologie dargestellt, durch die die Person in verschiedene Bereiche

unterteilt wird, die z.B. verschiedenen unerledigten Absichten entsprechen (jede Absicht wird durch eine Region innerhalb der Person repräsentiert, wobei ähnliche Absichten als benachbarte Regionen dargestellt werden, deren Grenzen bei ähnlichen Absichten durchlässig sind, so dass bei der Ausführung einer Absicht alle ähnlichen Absichten mehr oder weniger an der mit der Erledigung verbundenen Spannungsreduktion teilhaben). Die auf die Person einwirkenden Kräfte werden durch Vektoren dargestellt, die die Richtung und Stärke motivationaler Kräfte angeben. Die Persönlichkeitspsychologie ist allerdings nach dem Zweiten Weltkrieg Lewins prozessdynamischem Ansatz zunächst nicht gefolgt: Die Persönlichkeit wird seit mehr als einem halben Jahrhundert durch die eine Person charakterisierenden überdauernden Strukturen beschrieben (z.B. Gewohnheiten, Eigenschaften oder Motive). Solche Strukturen lassen sich heute verschiedenen Funktionsebenen des Gesamtsystems ›Persönlichkeit‹ zuordnen, z.B. Gewohnheiten, die auf automatisierten Reiz-Reaktions-Verknüpfungen beruhen, und die seit der Antike (Hippokrates) postulierten *affektiven Dispositionen* (z.B. Extraversion bzw. sanguinischer Typus und Neurotizismus bzw. melancholischer Typus).

Ein auch heute noch weit verbreiteter methodischer Ansatz versucht, die Grunddimensionen der Persönlichkeit zu erschließen, indem korrelierende Merkmale zu Faktoren wie Extraversion, Neurotizismus (emotionale Labilität), Verträglichkeit, Gewissenhaftigkeit und Offenheit für Erfahrung aggregiert werden. Je nach Zahl der aggregierten Faktoren spricht man von den *big five* (McCrae/Costa 1987) oder den *big three* (Eysenck 1967). Eysenck (1967) hatte einen der ersten psychophysiologischen Erklärungsansätze entwickelt, indem er extravertiertes Verhalten (z.B. Kontaktfreude, Unternehmungslust) mit dem Bestreben erklärte, das für Extravertierte charakteristische niedrige Erregungsniveau durch ›Reizsuche‹ auf das optimale mittlere Erregungsniveau anzuheben.

Alternativ zur aggregationsorientierten Methode der Faktorenanalyse gewinnt heute zunehmend ein dissoziationsorientierter Ansatz an Bedeutung, der (anderen Naturwissenschaften vergleichbar) das Bedingungsgefüge durch die experimentelle Trennung der im Alltag korrelierenden Determinanten zu erforschen versucht. So lassen sich die im Faktor Extraversion aggregierten Systemebenen der Erregung und des Affekts experimentell separieren (hohe Erregung intensiviert normalerweise den Affekt). Man kann z.B. Erregung durch sog. weißes Rauschen induzieren, während ein negativer Affekt durch wenig erregende, aber negativ valenzierte Stimuli angeregt werden kann (z. B. durch das Bild eines faulen Apfels). Auf diese Weise lässt sich die Wirkungsweise dieser beiden Systemebenen separat untersuchen. Eine weitere, häufig eingesetzte experimentelle Methode ist das aus der Kognitionspsychologie (s. Kap. II.E.1) übernommene Priming. Dabei gehen den aufgabenbezogenen Reizen (*targets*) Vorreize (*primes*) voraus, die einen semantischen oder einen emotionalen Zusammenhang aufweisen: Beim emotionalen Priming wird z. B. die emotionale Wirkung eines Vorreizes (z. B. ›schlank sein‹) überprüft, indem anschließend die Reaktionszeit beim Kategorisieren der Valenz (positiv *versus* negativ) von Emotionswörtern wie ›fröhlich‹ oder ›ängstlich‹ registriert wird. Bei Vorreizen, nach deren Erscheinen positive Wörter schneller kategorisiert werden, wird ein positiver emotionaler Gehalt vermutet, während bei Vorreizen, die bei negativen Reizwörtern eine Reaktionszeitersparnis auslösen, eine negative Valenzierung angenommen wird (z. B. Ferguson 2007). Auf diese Weise lässt sich prüfen, ob Extravertierte eine höhere Sensibilität für positiven Affekt aufweisen, wie es Jeffrey Gray im Unterschied zu Hans Eysencks Erregungsmodell (s. o.) postulierte: Grays (1987) Theorie würde erwarten lassen, dass Extravertierte nach Vorreizen, die sich auf positive Anreize beziehen (z. B. ›Kinobesuch‹ oder ›Witz erzählen‹) positive Reizwörter (z. B. ›schön‹) schneller als positiv kategorisieren können als Introvertierte. Da die Persönlichkeitspsychologie noch stark am korrelativen Forschungsparadigma orientiert ist, bleiben viele solcher Fragen vorerst noch ungeklärt. Allerdings nimmt die Anzahl funktionsanalytisch orientierter Experimente zu.

Stellung der Persönlichkeitspsychologie in der Kognitionswissenschaft

Die in diesem Beitrag dargestellte funktionsanalytische Orientierung der Persönlichkeitspsychologie zeigt vielfältige Berührungspunkte mit kognitionswissenschaftlichen Fragestellungen: Ergänzend zu den klassischen Ansätzen, die persönlichkeitsrelevante Phänomene ausschließlich über mentale Inhalte (d. h. Inhalte von Kognitionen, Intentionen und Gefühlen) zu erklären suchen, rückt mehr und mehr die experimentelle Analyse persönlichkeitsrelevanter Systeme und Funktionen in den Fokus. Die dabei analysierten Interaktionen verschiedener Subsysteme (z. B. symbolische und subsymbolische

Verarbeitung) und ihre Modulation durch Emotionen eröffnen interessante Anknüpfungspunkte für einen interdisziplinären Dialog zwischen der Persönlichkeitspsychologie, der Künstliche-Intelligenz-Forschung (s. Kap. II.B.1), der Robotik (s. Kap. II.B.2) und philosophischen (s. Kap. II.F) Ansätzen (Quirin et al. 2011).

Tendenzen der Forschung

Die eingangs erwähnten zentralen Fragen nach den persönlichkeitsrelevanten Strukturen und Prozessen wurden seit den Anfängen der experimentellen Persönlichkeitspsychologie vor etwa 100 Jahren ganz unterschiedlich beantwortet. Die verschiedenen Ansätze versuchen meist, möglichst viele persönlichkeitsrelevante Prozesse oder Strukturen mit einer Systemebene zu erklären. Die Unterschiedlichkeit der jeweils fokussierten Systemebenen zeigt sich in sehr unterschiedlichen, oft inkompatibel erscheinenden Menschenbildern (weshalb sie meist auch in separaten Lehrbuchkapiteln behandelt werden). Drei elementare Ebenen der Persönlichkeit sind durch Unterschiede in den (1) Gewohnheiten, im (2) Erregungs- bzw. Aktivierungsniveau sowie in der Sensibilität für (3) positiven und negativen Affekt gekennzeichnet. Skinner (1953) wollte mit seinem behavioristischen Ansatz sogar die höchsten Formen menschlicher Selbststeuerung (›Willensfreiheit‹; s. Kap. IV.8, Kap. IV.23) mit der ersten dieser drei Ebenen, nämlich der Ebene elementarer Reiz-Reaktions-Verknüpfungen (Gewohnheiten) erklären: Der Hustenreflex etwa sei ein gutes Beispiel für Willensfreiheit, weil man sich ja von einem störenden Reiz ›befreie‹. Eysenck (1967) versuchte, möglichst viele Phänomene mit individuellen Unterschieden im Erregungsniveau (der Retikulärformation des Hirnstamms) zu erklären: Extravertierte interessieren sich für andere Menschen, weil sie sich sonst langweilen (d. h. um ihre Untererregung zu überwinden; andere Gründe für zwischenmenschliche Beziehung treten in diesem Menschenbild in den Hintergrund). Gray (1987) betrachtete dagegen wie erwähnt Unterschiede in der Sensibilität für Belohnung und Bestrafung (d. h. für positive und negative Affekte) als die eigentliche Grundlage für Unterschiede zwischen Extra- und Introvertierten: Extravertierte gehen auf andere Menschen zu, weil es ihnen Freude macht (was wiederum auf einem sensiblen Reagieren ihres Belohnungssystems beruht), wobei die Abwesenheit stark positiver Affekte nicht impliziert, dass negative Affekte vorhanden sind.

In Sigmund Freuds Persönlichkeitstheorie nimmt zusätzlich zu den Affekten die Regression eine zentrale Stellung ein. Heute lässt sich dieses Konzept mit einer weiteren Systemebene – (4) Stressbewältigung – erklären, die den Einfluss der im folgenden Abschnitt beschriebenen höheren Funktionsebenen (z. B. Motive, Ziele oder Selbststeuerung) auf die unteren Ebenen vermittelt. Als neurobiologische Grundlage dieser vierten Ebene kann der Hippocampus angesehen werden, der ab einer kritischen Konzentration des Stresshormons Cortisol gehemmt wird und seine Funktionen nicht mehr optimal einbringen kann (wie z. B. die Hemmung kontextunangemessener Gewohnheiten oder Affekte, episodisches und räumliches Gedächtnis sowie die Dämpfung weiterer Cortisolausschüttung).

Andere persönlichkeitspsychologische Ansätze sehen in höheren Systemebenen die entscheidenden Charakteristika der Persönlichkeit. Auch hier können drei Ebenen unterschieden werden: (5) die Ebene vorbegrifflicher (z. B. bildhafter) Assoziationskomplexe (z. B. Motive), (6) die Ebene begrifflicher Repräsentationen (s. Kap. IV.16), zu der auch explizierbare Ziele gehören, und (7) die Ebene exekutiver Prozesse (Selbststeuerung; s. Kap. IV.23), die Prozesse auf allen anderen Systemebenen je nach der aktuell zu bewältigenden Aufgabe an Plänen und Intentionen ausrichten und mit eigenen Werten und persönlich relevanten Einstellungen und Lebenserfahrungen (dem Selbst; s. Kap. IV.18) abstimmen. Motive kann man sich als erfahrungsbasierte ›Bilderwelten‹ vorstellen, die für motivspezifische Anregungsgehalte von Situationen sensibilisieren, z. B. für Gelegenheiten, um beziehungs-, leistungs- oder machtthematische Bedürfnisse zu befriedigen. So besteht das Leistungsmotiv aus einem großen Netzwerk von Bildern, die an Situationen erinnern, in denen die Person schon einmal ihre Fähigkeiten unter Beweis gestellt hat, wobei für jede Situation auch die verschiedenen Handlungsoptionen repräsentiert sind, die in der betreffenden Situation schon einmal ausprobiert wurden. Motivrelevante Vorstellungsbilder sind im Unterschied zu Begriffen nicht hierarchisch (in Ober- und Unterbegriffe) organisiert, sondern als Assoziationskomplexe vernetzt. Solche vorbegrifflichen Kognitionen wie z. B. Metonymien sind in der Kognitionspsychologie nicht annähernd so intensiv untersucht worden wie begriffliche Kognitionen: Eine Metonymie ist ein Wort, das nicht in seiner analytischen Bedeutung, sondern als ›Aufhänger‹ für einen motivrelevanten Assoziationskomplex verwendet wird (z. B. wenn ein Kind, das ›Mütze‹ ruft, gern wieder zum Spielplatz gehen

möchte, wo ihm beim letzten Besuch die Mutter eine Mütze aufgesetzt hat). Motive werden durch spontane Geschichten und Assoziationen gemessen, die Personen zu mehrdeutig interpretierbaren Bildvorlagen erfinden, während begrifflich repräsentierte Ziele *per* Fragebogen erfasst werden (McClelland et al. 1989). Motive sagen Spontanverhalten voraus, sogar über Zeiträume von über zehn Jahren (wer z. B. zu den gezeigten Bildern machtthematische Geschichten erzählt, der steigt später mit höherer Wahrscheinlichkeit in der Karriereleiter auf). Dagegen sagen erfragte Ziele besser reaktives Verhalten in Situationen voraus, in denen das Motivthema im Fokus des Bewusstseins steht (z. B. strengen sich Personen, die sich im Fragebogen als ›leistungsmotiviert‹ beschreiben, eher dann an, wenn ihnen klar ist, dass sie an einem Leistungstest teilnehmen, während das aus ihren erfundenen Geschichten erschlossene Leistungsmotiv keinen oder sogar einen negativen Einfluss auf das Verhalten in stark strukturierten und fremdbestimmten Situationen hat). Die Systemebenen übergreifende Wirkung von Motiven wird durch den Zusammenhang zwischen bestimmten Neuromodulatoren und spezifischen Motiven bestätigt: Substanzen wie Dopamin, das mit dem Affiliationsmotiv korreliert, und Noradrenalin, dessen Konzentration mit dem Machtmotiv korreliert (McClelland 1985), verschalten verschiedene Systemebenen vom Hirnstamm bzw. dem Belohnungssystem bis in den Neokortex (Derryberry/Tucker 1991).

Die zweite der drei höheren Ebenen der Persönlichkeitsorganisation betrifft begrifflich-symbolische Repräsentationen und deren Verarbeitung. Schon Jung (1936/2001) definierte die aus seiner Sicht zentralen Persönlichkeitsunterschiede durch die Art und Weise, wie Personen Informationen verarbeiten. Dabei unterschied er außer den elementaren Funktionen des Empfindens (d. h. der unmittelbaren Wahrnehmung) und des elementaren Intuierens auf einer höheren Ebene erkenntnisrelevanter Prozesse das analytische Denken und das ganzheitliche Fühlen, das heute mit höheren Formen impliziten Wissens verbunden werden kann (Goschke 1997). Kelly (1955) entwickelte eine auch heute noch verwendete Methode zur Diagnose der Begriffswelt, mit der Menschen ihre soziale Umwelt interpretieren. Bei dieser Methode soll der Proband jeweils drei ihm bekannte Personen (z. B. Schwester, Vater und Lieblingslehrer) vergleichen und die Frage beantworten, in welchem Merkmal sich zwei ähneln und sich von der dritten Person unterscheiden. Die Antworten zeigen, mit welchen Begriffen (›Konstrukten‹) Probanden ihre (soziale) Umwelt interpretieren. Die Anzahl unterschiedlicher Begriffe, die sie verwenden, wenn mehrere Dreiergruppen ihr bekannter Personen bearbeitet werden, wird als Maß für die kognitive Komplexität (d. h. die erreichte Differenzierungsstufe der kognitiven Entwicklung) interpretiert.

Schließlich wird auf der höchsten Ebene der Persönlichkeitsorganisation die Selbststeuerung angesiedelt (s. Kap. IV.18, Kap. IV.23), die verschiedene Systemebenen koordiniert. Diese integrative Funktion geht weit über das hinaus, was in der Kognitionspsychologie an exekutiven Prozessen untersucht wird, die es z. B. ermöglichen, gewohnheitswidriges oder kontraintuitives Verhalten auszuführen (Goschke 2002): Abgesehen von exekutiven Leistungen, etwa das Überwinden einer dominanten Gewohnheit (z. B. im sog. Strooptest mit ›Rot‹ zu antworten, wenn das Wort ›Blau‹ in roter Schrift gezeigt wird), werden in der Persönlichkeitspsychologie weitere Funktionen der Selbststeuerung (Volition) untersucht, z. B. die Selbstmotivierung zur Umsetzung emotional unangenehmer Vorsätze oder die Selbstberuhigung zur Herabregulierung negativen Affekts und zur Integration der mit ihnen verbundenen Erlebnisse. Die selbstkonfrontative (statt defensive) Bewältigung negativer Erfahrungen wird als relevant für die Fähigkeit angesehen, aus Fehlern und anderen negativen Erfahrungen zu lernen, bis hin zur Entwicklung integrativer Kompetenzen und der persönlichen Urteils- und Entscheidungsfähigkeit (Kuhl/Kaschel 2004).

Da man das Zusammenspiel verschiedener Ebenen der Persönlichkeit als konstitutiv für den Begriff der Persönlichkeit betrachten kann, ist die Untersuchung von Interaktionen zwischen kognitiven Prozessen und Emotionen bzw. Erregung von zentraler Bedeutung (s. Kap. IV.5, Kap. V.1): So erleichtern positive Stimmungen kreative Leistungen wie das Erkennen größerer Zusammenhänge (s. Kap. IV.11), während negative Stimmungen eher die Beachtung von Einzelheiten, Unstimmigkeiten und logischen Regeln fördern soll (z. B. Isen 1984; Kuhl 1983). Vor dem Hintergrund von diesbezüglichen kognitions-, neuro-, entwicklungs- und persönlichkeitspsychologischen Forschungsergebnissen wurde die Theorie der *Persönlichkeits-System-Interaktionen* (PSI-Theorie) entwickelt, welche die Interaktionen zwischen zwei handlungssteuernden Systemen und zwei erlebnisseitigen Erkenntnissystemen (Objekterkennung und das integrierte Selbst als parallel distribuiertes Netzwerk persönlich relevanter Lebenserfahrungen) von dem Wechsel zwischen verschiedenen affektiven Zuständen abhängig macht (Kuhl 2001). Die beiden handlungssteuernden Systeme sind das Gedächtnis für unerledigte Absichten (Intentionsgedächtnis) und ein intuitiv (d. h. ohne nennenswerte Beteiligung der zentralen Exekutive) operierendes Verhaltenssteuerungssystem. Die beiden erlebnisseitigen Systeme sind die Objekterkennung, die Einzelheiten aus ihrem Kontext löst, und das integrierte Selbst, das persönlich relevante Lebenserfahrungen in einem parallel distribuierten Netzwerk repräsentiert. Die zentralen Annahmen konnten experimentell bestätigt werden: Die Dämpfung positiven Affekts (z. B. bei auftretenden Schwierigkeiten) aktiviert das Intentionsgedächtnis für unerledigte Absichten (Goschke/Kuhl 1993) mit seinen Hilfssystemen (z. B. das analytische Denken), und die Wiederherstellung positiven Affekts (durch positive Außenreize oder Selbstmotivierung) bahnt selektiv die Umsetzung schwieriger Absichten, was z. B. mithilfe der oben erwähnten Stroop-Aufgabe gezeigt wurde (Kazén/Kuhl 2005). Die selbstregulierte Bewältigung negativen Affekts erleichtert den Selbstzugang, was z. B. durch die Reduktion der Verwechslung eigener und fremder Wünsche demonstriert wurde (Baumann et al. 2005).

Literatur

Baumann, Nicola/Kuhl, Julius/Kazén, Miguel (2005): Hemispheric activation and self-infiltration. In: *Motivation and Emotion* 29, 135–163.

Derryberry, Douglas/Tucker, Don (1991): The adaptive base of the neural hierarchy. In: Richard Dienstbier (Hg.): *Nebraska Symposion on Motivation*. Lincoln, 289–342.

Eysenck, Hans (1967): *The Biological Basis of Personality*. Springfield.

Ferguson, Melissa (2007): On the automatic evaluation of end-states. In: *Journal of Personality and Social Psychology* 92, 596–611.

Goschke, Thomas (1997): Implicit learning of perceptual and motor sequences. In: Michael Stadler/Peter Frensch (Hg.): *Handbook of Implicit Learning*. Thousand Oaks, 401–444.

Goschke, Thomas (2002): Volition und kognitive Kontrolle. In: Jochen Müsseler/Wolfgang Prinz (Hg.): *Allgemeine Psychologie*. Heidelberg, 271–335.

Goschke, Thomas/Kuhl, Julius (1993): The representation of intentions. In: *Journal of Experimental Psychology: Learning, Memory, and Cognition* 19, 1211–1226.

Gray, Jeffrey (²1987): *The Psychology of Fear and Stress*. Cambridge [1971].

Isen, Alice (1984): Toward understanding the role of affect in cognition. In: Robert Wyer/Thomas Srull (Hg.): *Handbook of Social Cognition*. Hillsdale, 179–236.

Jung, Carl Gustav (1936/2001): *Typologie*. München.

Kazén, Miguel/Kuhl, Julius (2005): Intention memory and achievement motivation. In: *Journal of Personality and Social Psychology* 89, 426–448.

Kelly, George (1955): *The Psychology of Personal Constructs*. New York. [dt.: *Die Psychologie der persönlichen Konstrukte*. Paderborn 1998].

Kuhl, Julius (1983): Emotion, Kognition und Motivation: In: *Sprache und Kognition* 4, 228–253.

Kuhl, Julius (2001): *Motivation und Persönlichkeit*. Göttingen.

Kuhl, Julius/Kaschel, Rainer (2004): Entfremdung als Krankheitsursache. In: *Psychologische Rundschau* 55, 61–71.

Lewin, Kurt (1935): *A Dynamic Theory of Personality*. New York. [dt.: *Dynamische Theorie der Persönlichkeit*. Stuttgart 2005].

McClelland, David (1985): *Human Motivation*. Glenview.

McClelland, David/Koestner, Richard/Weinberger, Joel (1989): How do self-attributed and implicit motives differ? In: *Psychological Review* 96, 690–702.

McCrae, Robert/Costa, Paul (1987): Validation of the five-factor model of personality across instruments and observers. In: *Journal of Personality and Social Psychology* 52, 81–90.

Quirin, Markus/Hertzberg, Joachim/Kuhl, Julius/Stephan, Achim (2011): Could positive affect help engineer robot control systems? In: *Cognitive Processing* 12, 375–378.

Skinner, Burrhus (1953): *Science and Human Behavior*. New York. [dt.: *Wissenschaft und menschliches Verhalten*. München 1973].

Julius Kuhl

6. Evolutionäre Psychologie

In seiner weiten Lesart steht der Ausdruck ›evolutionäre Psychologie‹ für ein allgemeines *Forschungsfeld*, das eine evolutionäre Perspektive auf den Menschen und seine geistigen Leistungen einnimmt und sich dabei nicht auf den Methodenkanon der Geistes- und Sozialwissenschaften beschränkt, sondern auch auf Prinzipien der Evolutionstheorie zurückgreift (z. B. Barrett et al. 2002). In seiner engen Lesart bezeichnet er ein spezifisches *Forschungsprogramm*, das sich gegen alternative Ansätze auf diesem Forschungsfeld strikt abgrenzt. Dieser Evolutionären Psychologie im engen Sinne zufolge (angedeutet durch ein großes ›E‹) wird unser Verhalten in unserem modernen Umfeld immer noch von einer Ansammlung aufgabenspezifischer kognitiver Mechanismen gesteuert, die in unseren Vorfahren zur Lösung zentraler evolutionär wichtiger, d. h. fortpflanzungsrelevanter, Probleme entstanden und seither in unserem Gehirn weitgehend unverändert erhalten geblieben sind. Ihr Ziel ist es, diese kognitiven Mechanismen aufzudecken und zu erklären.

Stellung der evolutionären Psychologie in der Kognitionswissenschaft

Auf der letzten Seite seines Werks *Über die Entstehung der Arten*, in dem Charles Darwin anhand zahlloser Beobachtungen aus dem Tierreich seine Theorie der Evolution durch natürliche Selektion entwickelte, bemerkte er, diese Theorie werde dereinst auch Licht auf »den Menschen und seine Geschichte« werfen (Darwin 1859/1981, 676). In der Tat begannen Psychologen Ende des 19. Jh.s dafür einzutreten, dass es unsere evolutionäre Vergangenheit ist, die uns so werden ließ, wie wir sind, und zwar nicht nur körperlich, sondern auch hinsichtlich unseres Verhaltens, unserer Kultur sowie unserer Familien- und Sozialstrukturen (Walter 2010). Das Aufkommen des Behaviorismus und die Ergebnisse komparativer kulturanthropologischer Studien (z. B. Mead 1935), die eine enorme interkulturelle Variabilität im Denken und Handeln des Menschen und seiner psychosozialen Struktur zu belegen schienen, führten jedoch dazu, dass in den Sozial- und Geisteswissenschaften bis Mitte der zweiten Hälfte des 20. Jh.s die Ansicht dominierte, der Mensch sei ein durch Erziehung und soziokulturelle Einbettung geprägtes und zu formendes Kulturwesen. Erst ab den 1960er Jahren begann sich (wieder) die Einsicht durchzusetzen, dass zwischen Phänomenen, die im weitesten Sinne Produkt des menschlichen Geistes sind, und den Erklärungen der Evolutionstheorie keine prinzipielle Kluft besteht. Das Wiedererstarken evolutionärer Ansätze in der Psychologie, die dafür eintreten, dass z. B. unsere Präferenzen, Gewohnheiten und emotionalen Einstellungen im Hinblick auf Faktoren wie Sexualverhalten, Partnerwahl, Nahrungsauswahl und -suche, Kindererziehung, Religion oder Heirats- und Herrschaftssysteme nicht alleiniger Gegenstand der Sozial- und Geisteswissenschaften sind, sondern auch evolutionär erklärt werden können, wurde durch zwei Entwicklungen in der Evolutionsbiologie maßgeblich begünstigt.

Zum einen zeigte sich das wahre Ausmaß von Darwins Entdeckung erst, als seine Theorie der natürlichen Selektion nach der Jahrhundertwende im Anschluss an die Wiederentdeckung der Mendel'schen Vererbungsregeln und die Einführung der Begriffe ›Genetik‹ und ›Gen‹ im Zuge der sog. modernen Synthesis mit den Erkenntnissen und dem präzisen mathematischen Unterbau der modernen Populationsgenetik verknüpft wurde. Insofern natürliche Selektion eine erbliche Variation von fortpflanzungsrelevanten Merkmalen erfordert, war damit der Weg frei für die Vorstellung, dass geistige, kulturelle und soziale Merkmale, sofern sie die drei Bedingungen der *Variation*, der *Heredität* (Vererbbarkeit) und der *differentiellen Fitness* erfüllen, evolutionären Erklärungen ebenso zugänglich sind wie morphologische Merkmale.

Zum anderen wiesen Evolutionsbiologen in den 1960er und 1970er Jahren überzeugend nach, dass viele bis dahin unverstandene soziale Verhaltensweisen im Tierreich – z. B. Arbeitsteilungen bei der Beschaffung von Nahrung und der Aufzucht von Nachkommen, Kooperationen und Konflikte innerhalb von und zwischen Gruppen sowie zwischen Eltern und ihren Nachkommen, Strategien bei der Partnerwahl und beim Paarungsverhalten oder die Existenz steriler Arbeiterkasten – evolutionär erklärt werden können (Voland 2013). 1975 veröffentlichte der Entomologe Edward Wilson mit *Sociobiology: The New Synthesis* das Standardwerk der neu geborenen Disziplin der *Soziobiologie*, d. h. der Erforschung der biologischen Grundlagen des Sozialverhaltens von Tieren. Auf vehementen (und oftmals dogmatischen; z. B. Rose et al. 1984) Widerstand stieß Wilsons Buch allerdings v. a. wegen des letzten Kapitels, das die Übertragung der Soziobiologie auf den Menschen forderte. Zu Beginn des 21. Jh.s jedoch besteht kaum mehr ein Zweifel daran, dass wir in unserem Denken und Handeln und unserer soziokulturellen Einbettung nicht mehr nur Gegenstand der Sozial- oder Geisteswissenschaften, sondern auch legitimes Forschungsinteresse von Anthropologen, Biologen und Psychologen sind, die von der Überzeugung geleitet sind, dass sich unsere geistigen Fähigkeiten und kulturellen Errungenschaften umfassend nur vor dem Hintergrund unserer Phylogenese erklären lassen.

Eine umfassende Erklärung des Verhaltens eines Lebewesens besteht laut Tinbergen (1963) in der Beantwortung von vier zentralen Fragen: *Was* liegt ihm zugrunde? *Wie* entwickelt es sich? *Wozu* dient es? und *Warum* ist es entstanden? Vor diesem Hintergrund wird ersichtlich, wie sich die anderen Teildisziplinen der Kognitionswissenschaft erst mit der evolutionären Psychologie zu einem kompletten Erklärungskanon zusammenfügen: Die Kognitionspsychologie (s. Kap. II.E.1), die Neuropsychologie (s. Kap. II.E.3) und die Neurowissenschaften (s. Kap. II.D) streben proximale Erklärungen der unseren geistigen Leistungen zugrunde liegenden physiologischen und psychologischen Mechanismen an und beantworten damit die erste Frage: *Was sind die Mechanismen eines Verhaltens?* In der Entwicklungs- (s. Kap. II.E.4) und Persönlichkeitspsychologie (s. Kap. II.E.5) hingegen stehen distale Erklärungen der Ontogenese dieser proximalen Mechanismen im Vordergrund, also Antworten auf die zweite Frage: *Wie entwickelt sich ein Verhalten?* Die evolutionäre Psychologie schließlich beantwortet mit ihren ultimaten Erklärungen, die aufzeigen, weshalb sich bestimmte Mechanismen im Verlauf eines natürlichen Ausleseprozesses ausgebildet haben, die dritte und vierte Frage: *Welche Funktion hat ein Verhalten?* und *Welchen phylogenetischen Ursprung hat ein Verhalten?*

Evolutionäre Psychologie als Forschungsprogramm: zentrale Fragen und Methoden

Die Evolutionäre Psychologie (als spezifisches Forschungsprogramm; s. o.) ist die gegenwärtig prominenteste Strömung auf dem allgemeinen Forschungsfeld der evolutionären Psychologie, auch wenn sie, zum Teil wegen ihrer historischen Nähe zur Soziobiologie (Rose/Rose 2000), zum Teil aus grundsätzlichen methodologischen Gründen (Buller 2005; Richardson 2007), durchaus umstritten ist. Sie fasst den menschlichen Geist nicht als universellen Problemlöser (s. Kap. III.1) auf, sondern als Sammelsurium aufgabenspezifischer kognitiver Mechanismen bzw. Module, die Adaptionen an evolutionäre Probleme darstellen. Obgleich sie eine Teildisziplin der Psychologie ist, hat sie enge Verbindungen zu drei anderen Bereichen:

- Der Kognitionswissenschaft entlehnt sie das *Computermodell des Geistes*, wonach unser ›Geist/Gehirn‹ (*mind/brain*) ein informationsverarbeitendes System ist, das mittels interner Operationen aus sensorischen Inputs entsprechende behaviorale Outputs generiert (Cosmides/Tooby 1987).
- Ebenfalls der Kognitionswissenschaft entnimmt sie die Idee, dass dieses System (massiv) *modular* ist, d.h. Subsysteme umfasst, die von Natur aus auf besondere Aufgaben zugeschnitten sind.
- Auf die Evolutions- und Soziobiologie geht ihre Überzeugung zurück, dass diese Subsysteme *Adaptionen* sind, also Merkmale, die wir heute besitzen, weil sie für unsere Vorfahren adaptiv, d.h. evolutionär vorteilhaft, waren.

Thesen und Argumente. Das Bild, das die Evolutionäre Psychologie vom Menschen und seinen geistigen und kulturellen Leistungen zeichnet, beruht auf fünf zentralen Thesen.

- *Adaptionismus*: Da Evolution durch natürliche Selektion der einzige bekannte natürliche Prozess ist, der eine so komplexe Struktur wie den menschlichen Geist hervorbringen kann, muss es sich bei den unserem Verhalten zugrunde liegenden kognitiven Mechanismen um Adaptionen handeln, d.h. um Merkmale, die im Laufe der Phylogenese zur Lösung zentraler evolutionärer Probleme ausgebildet wurden.
- *Das environment of evolutionary adaptedness:* Da der Selektionsprozess Zeit braucht, ist unser Geist/Gehirn durch jene evolutionären Probleme geformt, die im sog. *environment of evolutionary adaptedness* das Leben unserer Vorfahren als Jäger und Sammler geprägt und einen Großteil unserer Stammesgeschichte bestimmt haben (speziell die Lebens- und Umweltbedingungen im Pleistozän bzw. Paläolithikum; s. Kap. II.A.1).
- *Modularität*: Aufgrund unserer evolutionären Vergangenheit besteht unser Geist/Gehirn wie ein Schweizer Taschenmesser aus einer Ansammlung aufgabenspezifischer Module. Erstens könnte ein einzelner universeller Mechanismus all die Probleme, vor denen unsere Vorfahren standen, gar nicht optimal lösen, da sich das Verhalten, das die Fortpflanzungswahrscheinlichkeit erhöht, von Problem zu Problem unterscheidet. Zweitens wäre ein universeller Mechanismus unpraktikabel, weil in einer konkreten Handlungssituation oftmals überhaupt nicht auszumachen ist, welches Verhalten angemessen ist, da sich seine Auswirkungen auf die Fitness erst viel später zeigen. Drittens ließe die Komplexität der Probleme in der realen Welt jedes universelle System am Problem der kombinatorischen Explosion scheitern (Cosmides/Tooby 1994).

- *Universalismus*: Aufgrund ihrer Komplexität erfordert die Ausbildung kognitiver Mechanismen ein Zusammenspiel vieler Gene; da bei der sexuellen Fortpflanzung die Genome von Mutter und Vater kombiniert werden, ist es äußerst unwahrscheinlich, dass alle erforderlichen Genversionen in den Nachkommen vorhanden wären, wenn sich die Eltern genetisch massiv unterscheiden könnten. Also müssen die Gene für unsere kognitiven Mechanismen (mit Ausnahme einiger weniger geschlechtsspezifischer Unterschiede) in allen Menschen weitgehend identisch sein (Tooby/Cosmides 1990).
- *Funktionale Analyse:* Kognitive Mechanismen müssen im Rahmen einer sog. funktionalen Analyse indirekt erschlossen werden (Tooby/Cosmides 1989): Im ersten Schritt werden dabei Hypothesen über die Probleme aufgestellt, vor denen unsere Vorfahren vermutlich standen; im zweiten Schritt wird überlegt, mittels welcher Mechanismen sich diese Probleme hätten lösen lassen; im dritten Schritt wird mithilfe psychologischer Tests nachzuweisen versucht, dass wir tatsächlich über diese Mechanismen verfügen. Gelingt dies, wird es als erwiesen angesehen, dass es sich dabei um Adaptionen zur Lösung der entsprechenden Probleme handelt.

Forschungsinhalte. Obwohl es sich um eine vergleichsweise junge Disziplin handelt, hat die Evolutionäre Psychologie bereits zu einer Reihe interessanter empirischer Befunde geführt (z.B. Barkow et al. 1992).

Räumliche Orientierung: Während klassische kognitionspsychologische Studien zeigten, dass die räumliche Orientierungsfähigkeit von Männern besser ist als die von Frauen, argumentierten Silverman/Eals (1992), dass das Jagen (die angebliche Hauptbeschäftigung unserer männlichen Vorfahren) zwar räumliche Orientierungsfähigkeiten erfordert, das Sammeln von Pflanzen (die angebliche Hauptbeschäftigung unserer weiblichen Vorfahren) allerdings auch, wenngleich andere, weil man sich z.B. über die Jahreszeiten hinweg die Standorte von nährstoffreichen Pflanzen merken muss. Entsprechend ließ sich mit speziell auf diese Hypothese ausgelegten empirischen Tests zeigen, dass sich Frauen in einer komplexen Umgebung die genaue Position von mehr Gegenständen exakter merken konnten als Männer.

Eifersucht: Aufgrund der unterschiedlichen Probleme, vor denen Frauen und Männer evolutionär stehen, sind Unterschiede in ihrem Eifersuchtsverhalten zu erwarten: Da sich Männer im Gegensatz zu Frauen nie sicher sein konnten, dass ein Kind tatsächlich der eigene Nachkomme ist, während die Absicherung ökonomischer Ressourcen für Frauen ein wichtigerer Faktor bei der Partnerwahl war als für Männer, sollten Männer eher an der sexuellen Treue ihrer Partnerin als an ihrer emotionalen Zuneigung interessiert sein, während Frauen umgekehrt eher Wert auf emotionale Zuneigung als auf sexuelle Treue legen sollten, was sich in kulturübergreifenden Studien zu bestätigen scheint (z. B. Buss 2000).

Wason selection task: Laut Cosmides/Tooby (1992) lässt sich ein lange Zeit unverstandener *content effect* beim sog. *Wason selection task* (s. Kap. IV.17) evolutionär erklären. Bei dieser Aufgabe geht es darum, falsifizierende Instanzen konditionaler Regeln der Form ›Wenn P, dann Q.‹ zu finden. Der Effekt besteht darin, dass einige dieser Aufgaben größtenteils richtig gelöst werden, andere, strukturell gleiche, hingegen überwiegend falsch. Die Hypothese lautet, dass die Suche nach falsifizierenden Instanzen konditionaler Regeln für unsere Vorfahren nur dann evolutionär bedeutsam war, wenn es sich dabei um Ordnungen des sozialen Miteinanders handelte. In der Tat scheint es empirische Evidenz dafür zu geben, dass wir beim *Wason selection task* genau dann besonders gut abschneiden, wenn es um soziale Ordnungsregeln der Form ›Wenn eine Person diese-und-jene Leistung der Sozialgemeinschaft in Anspruch nimmt, dann muss sie diese-und-jene Bedingungen erfüllen.‹ geht (ebd.).

Einwände. Der Evolutionären Psychologie wird oft vorgeworfen, sie vertrete einen genetischen Determinismus, wonach unser Verhalten ausschließlich durch unsere Gene bestimmt und kulturell, sozial oder individuell nicht mehr formbar sei (z. B. Rose/Rose 2000). Allerdings geht es der Evolutionären Psychologie darum, dass die kognitiven Mechanismen, die unser Verhalten hervorbringen, universale Merkmale des *Homo sapiens* sind, nicht darum, dass das aus diesen Mechanismen resultierende Verhalten nicht mehr individuell oder soziokulturell beeinflusst werden kann.

Ein weiterer Einwand wirft der Evolutionären Psychologie vor, sie versuche, Rassen- oder Geschlechtsunterschiede im Hinblick auf z. B. Intelli-

genz, Gewaltbereitschaft, Unterdrückung usw. zu rechtfertigen, indem sie sie als unabänderliches Resultat unserer Gene und erfolgreiche Lösungen evolutionärer Probleme betrachtet (ebd.). Die erste These ist falsch (s. o.), die zweite ist eine Instanz des sog. *naturalistischen Fehlschlusses*: Dass unser Verhalten angeblich von kognitiven Mechanismen gesteuert wird, die Anpassungen an evolutionär wichtige Probleme darstellen, bedeutet nicht, dass das fragliche Verhalten moralisch gutgeheißen wird.

Neben der Diskussion um die These einer umfassenden Modularität, in der die Kritiker Bedenken an der empirischen Plausibilität einer massiven Modularitätsthese äußern (Buller 2005, Kap. 4) oder dafür argumentieren, dass weder periphere noch zentrale kognitive Systeme die für Module charakteristischen Merkmale aufweisen (Prinz 2006; s. Kap. II.E.3), betrifft der überzeugendste Einwand das methodologische Fundament der Evolutionären Psychologie. Wenn sie nicht nur plausibel klingende ›just so stories‹ erfinden möchte, dann muss sie belegen, dass die von ihr entworfenen Szenarien (Frauen mussten sich die Position von Pflanzen merken, Männer mussten eher um die sexuelle Treue ihrer Partner besorgt sein usw.) auch tatsächlich genau so bestanden haben. Allerdings wissen wir über die Bedingungen im *environment of evolutionary adaptedness* zu wenig, um die evolutionären Probleme unserer Vorfahren verlässlich identifizieren zu können. Anhänger der Evolutionären Psychologie verweisen zwar darauf, dass ihre Hypothesen indirekt überprüfbar sind, weil die postulierten kognitiven Mechanismen experimentell in uns nachgewiesen werden können. Allerdings ist selbst dann, wenn dieser Nachweis gelingt, noch nicht gezeigt, dass es sich dabei um *Adaptionen* handelt: Dazu müsste man nicht nur zeigen, dass ein Mechanismus *de facto* existiert und sich im Lauf der Evolution entwickelt hat, sondern auch, dass er sich als Anpassung an das entsprechende evolutionäre Problem entwickelt hat – und das erscheint ohne detaillierte Kenntnis der evolutionären Bedingungen unmöglich (Richardson 2007).

Tendenzen der Forschung: evolutionäre Psychologie als Forschungsfeld

In der Folge der Soziobiologiedebatte sind auf dem Forschungsfeld der evolutionären Psychologie drei weitere Forschungsansätze entstanden, welche die Überzeugung der Evolutionären Psychologie teilen, dass ein Verständnis unserer geistigen Fähigkeiten und soziokulturellen Errungenschaften die Einbeziehung evolutionärer Gesichtspunkte erfordert, sich jedoch hinsichtlich der Frage unterscheiden, wie genau dies zu geschehen hat.

Menschliche Verhaltensökologie. Vertretern der menschlichen Verhaltensökologie (Borgerhoff Mulder 1991) geht es weniger darum, ob ein Merkmal eine Adaption ist, sondern primär darum, ob es *adaptiv* ist, d.h. aktuell unsere Fortpflanzungswahrscheinlichkeit erhöht. Dahinter steht die Überzeugung, dass uns die Evolution mit einer außerordentlichen Flexibilität (*phenotypic plasticity*) ausgestattet hat, die es uns erlaubt, uns unter den verschiedensten Bedingungen fitnessmaximierend zu verhalten. Darauf aufbauend wird mithilfe von Optimalitätsmodellen und quantitativen ethnografischen Informationen untersucht, ob und wie die Adaptivität des Verhaltens durch das ökologische und soziokulturelle Umfeld beeinflusst wird und auf welche Weise sich das unterschiedliche Verhalten, das Individuen entwickeln, um den Herausforderungen ihres evolutionären Umfelds zu begegnen, umgekehrt in geistigen oder soziokulturellen Unterschieden niederschlägt (z. B. Cronk et al. 2002).

Memetik. Anhänger der sog. Memetik (z. B. Blackmore 1999; Distin 2005) sind weniger an den spezifisch geistigen Leistungen des Menschen interessiert als an Kultur im Allgemeinen, d. h. an jeder Art von Information, die Individuen von anderen mittels Unterweisung, Imitation oder anderen Arten sozialen Lernens erwerben können – Fähigkeiten, Einstellungen, Überzeugungen, Werte usw. Der Memetik zufolge gehen unsere kulturellen Charakteristika auf einen eigenständigen Prozess kultureller Evolution zurück, der denselben Prinzipien folgt wie der biologische Evolutionsprozess – es gibt eine Variation im (kulturellen) Phänotyp, die mit unterschiedlicher (kultureller) Fitness und einer unterschiedlich starken Übertragung eines geeigneten (kulturellen) Replikators einhergeht. Dawkins (1976) führte den Ausdruck ›Mem‹ zur Bezeichnung des kulturellen Analogons des Gens als Replikator und Einheit des Evolutionsprozesses ein: Meme sind ebenso kulturelle Replikatoren, wie Gene biologische Replikatoren sind, und im Prozess der kulturellen Evolution werden Meme wie Gene mit unterschiedlichem Erfolg von Individuen auf andere übertragen.

Koevolution. Die Anhänger der sog. Koevolutionstheorie (Boyd/Richerson 2005; Durham 1991) sind ebenfalls der Meinung, dass kulturelle Evolution ein darwinistischer Prozess ist und eine zu einseitige Konzentration auf biologische Faktoren ignorieren würde, dass das adaptive Umfeld biologischer Evolution kulturell beeinflusst ist. Allerdings bestreiten sie, dass es eine strikte und tragfähige Analogie zwischen genetischer und kultureller Evolution, zwischen Genen und Memen, gibt. Eine evolutionäre Erklärung soziokultureller oder geistiger Merkmale des Menschen muss vielmehr sowohl genetische als auch kulturelle Faktoren und insbesondere deren Interaktion berücksichtigen, indem sie zeigt, wie und durch welche Mechanismen sie interagieren, indem die jeweils eine Seite das Umfeld mitprägt, in dem sich die andere entwickelt.

Literatur

Barkow, Jerome/Cosmides, Leda/Tooby, John (Hg.) (1992): *The Adapted Mind*. Oxford.

Barrett, Louise/Dunbar, Robin/Lycett, John (Hg.) (2002): *Human Evolutionary Psychology*. Princeton.

Blackmore, Susan (1999): *The Meme Machine*. Oxford. [dt.: *Die Macht der Meme*. Heidelberg 2000].

Borgerhoff Mulder, Monique (1991): Human behavioral ecology. In: John Krebs/Nicholas Davies (Hg.): *Behavioral Ecology*. Oxford, 69–98.

Boyd, Robert/Richerson, Peter (2005): *Not by Genes Alone*. Chicago.

Buller, David (2005): *Adapting Minds*. Cambridge.

Buss, David (2000): *The Dangerous Passion*. New York.

Cosmides, Leda/Tooby, John (1987): From evolution to behavior. In: John Dupre (Hg.): *The Latest on the Best*. Cambridge, 277–306.

Cosmides, Leda/Tooby, John (1992): Cognitive adaptations for social exchange. In: Jerome Barkow/Leda Cosmides/John Tooby (Hg.): *The Adapted Mind*. Oxford, 163–228.

Cosmides, Leda/Tooby, John (1994): Origins of domain specificity. In: Lawrence Hirschfeld/Susan Gelman (Hg.): *Mapping the Mind*. Cambridge, 85–116.

Cronk, Lee/Chagnon, Napoleon/Iron, William (Hg.) (2002): *Adaptation and Human Behavior*. Berlin.

Darwin, Charles (1859): *On the Origin of Species by Means of Natural Selection, or the Preservation of Favoured Races in the Struggle for Life*. London. [dt.: *Über die Entstehung der Arten*. Stuttgart 1981].

Dawkins, Richard (1976): *The Selfish Gene*. Oxford. [dt.: *Das egoistische Gen*. Reinbek 2000].

Distin, Kate (2005): *The Selfish Meme*. Cambridge.

Durham, William (1991): *Coevolution*. Stanford.

Mead, Margaret (1935): *Sex and Temperament in Three Primitive Societies*. London. [dt.: *Jugend und Sexualität in primitiven Gesellschaften*, 3 Bde. München 1970].

Prinz, Jesse (2006): Is the mind really modular? In: Robert Stainton (Hg.): *Contemporary Debates in Cognitive Science*. London, 22–36.

Richardson, Robert (2007): *Evolutionary Psychology as Maladapted Psychology*. Cambridge.

Rose, Hilary/Rose, Steven (Hg.) (2000): *Alas Poor Darwin*. New York.

Rose, Steven/Lewontin, Richard/Kamin, Leon (1984): *Not in Our Genes*. New York.

Silverman, Irwin/Eals, Marion (1992): Sex differences in spatial abilities. In: Jerome Barkow/Leda Cosmides/John Tooby (Hg.): *The Adapted Mind*. Oxford, 533–549.

Tinbergen, Nikolaas (1963): On aims and methods of ethology. In: *Zeitschrift für Tierpsychologie* 20, 410–433.

Tooby, John/Cosmides, Leda (1989): Evolutionary psychology and the generation of culture. In: *Ethology and Sociobiology* 10, 29–49.

Tooby, John/Cosmides, Leda (1990): On the universality of human nature and the uniqueness of the individual. In: *Journal of Personality* 58, 17–67.

Voland, Eckart (⁴2013): *Soziobiologie*. Heidelberg [1993].

Walter, Sven (2010): Psychologie und Psychiatrie. In: Philipp Sarasin/Marianne Sommer (Hg.): *Evolution*. Stuttgart, 295–302.

Sven Walter

F. Philosophie

Einleitung

Die Philosophie nimmt innerhalb des interdisziplinären Kontexts der Kognitionswissenschaft gewissermaßen eine Sonderstellung ein: Historisch gilt sie als Mutter aller Wissenschaften, und so sind auch die heutigen Themen und Probleme der Kognitionswissenschaft in ähnlicher Form bereits im Laufe der letzten Jahrtausende von Philosophen behandelt worden; ihre Rolle erschöpft sich aber nicht in dieser historischen Kontinuität, tritt sie doch an verschiedenen Stellen durch Kritik und Begriffsklärung an die Kognitionswissenschaft heran. Um die Bedeutung der Philosophie für die Kognitionswissenschaft einzufangen, bietet es sich an, ihre klassischen Themenfelder kurz zu umreißen. Die Frage, was Philosophie denn eigentlich sei, wurde bereits in der Antike unterschiedlich beantwortet. Bis heute gehen die Ansichten über ihren Gegenstand und ihre Methoden entlang verschiedener Traditionslinien mitunter weit auseinander. Manche verstehen Philosophie als eine Form der Kritik, bei der Denkgewohnheiten, Ideologien und/oder Normen radikal hinterfragt und transformiert werden. Andere wiederum sehen in ihr eine systematische Wissenschaft, die sich am Vorbild der Naturwissenschaften und ihrer methodischen Rigorosität orientieren sollte.

Der amerikanische Philosoph Wilfrid Sellars gibt die folgende Beschreibung der Aufgabe der Philosophie: Es ist das Ziel der Philosophie zu begreifen, wie die Dinge, aufgefasst im weitesten Sinne, miteinander zusammenhängen, wiederum verstanden im weitesten Sinne (1962, 35). Mit ›Dingen‹ meint Sellars hier nicht nur Stühle, Berge und Moleküle, sondern auch Normen, Götter, Handlungen, Staaten, Emotionen oder Zahlen. Diese ›Dinge‹ werfen bereits an sich interessante Fragen auf: Welche Normen gibt es und warum sind sie bindend? Wie können wir unsere Handlungen rechtfertigen? Solche Themen werden u. a. in der Ethik und der politischen Philosophie behandelt. Grundsätzlicher stellt sich die Frage, wie wir überhaupt etwas über diese ›Dinge‹ und ihre Zusammenhänge wissen können. Darin liegt der Gegenstandsbereich der Erkenntnis

theorie. Wir können uns außerdem fragen, welche Dinge eigentlich *wirklich* existieren und was ihr Wesen ausmacht: Das sind Fragen, mit denen sich die Metaphysik und die Ontologie beschäftigen.

Damit sind bereits einige Teilgebiete der Philosophie benannt, die alle in gewisser Weise die Kognitionswissenschaft berühren. Beispielsweise stellt sich ontologisch im Kontext der Kognitionswissenschaft die Frage, was der Geist ist, was Gedanken und andere mentale Zustände sind und wie sie mit unserem Körper, insbesondere dem Gehirn, zusammenhängen. Des Weiteren können wir fragen: Gibt es nur physikalisch beschreibbare Materie, auf die unser Geist letztendlich vollständig reduzierbar ist (s. Kap. IV.4)? Ist unser Denken frei oder sind wir durch die kausale Geschlossenheit der Natur völlig bestimmt (s. Kap. IV.8, Kap. IV.23)?

Erkenntnistheorie und Kognitionswissenschaft wiederum hängen in zweierlei Hinsicht zusammen. Zum einen, weil die Kognitionswissenschaft als Wissenschaft einem Erkenntnisgewinn und damit gesichertem Wissen zustrebt. Es stellen sich also die wissenschaftstheoretischen Fragen, was gute kognitionswissenschaftliche Erklärungen sind und welche Methoden adäquat sind, um zu diesen Erklärungen zu gelangen. Zum anderen ist die Auseinandersetzung mit unserem Denken klassisch philosophisches Terrain, dem sich die Kognitionswissenschaft empirisch zuwendet: Was sind die Grenzen unseres Erkenntnisvermögens und wie können wir zu Wissen gelangen (s. Kap. IV.25)? Wie bilden wir Überzeugungen und wie lassen sich diese rechtfertigen? Wie kommen wir zu einheitlichen Wahrnehmungseindrücken (s. Kap. IV.24)?

Mit ontologischen, erkenntnis- und wissenschaftstheoretischen Überlegungen ist die Rolle der Philosophie in der Kognitionswissenschaft aber noch nicht erschöpft. So wirft sie an verschiedenen Stellen u. a. auch ethische Fragen auf (s. Kap. V.8): Sind Tierexperimente moralisch gerechtfertigt? Dürfen wir, falls es denn jemals möglich sein sollte, künstliches Bewusstsein erschaffen?

Insgesamt betreffen diese Fragen bzw. die Antworten darauf eine anthropologische Grundfrage: Wie können wir verstehen, dass wir einerseits körperliche Wesen sind, die gleichzeitig über ein komplexes mentales Leben aus Überzeugungen, Emotionen und Träumen verfügen? Die Kognitionswissenschaft trägt zumindest teilweise zu einer Beantwortung dieser grundphilosophischen Frage bei.

In den folgenden Kapiteln wird es immer wieder um die bereits erwähnten Fragestellungen gehen, die dabei weiter ausdifferenziert und spezifiziert werden. Den Anfang macht Johannes Brandl in Kapitel 1 zur *Philosophie des Geistes und der Kognition*. Dieses Teilgebiet der Philosophie befasst sich mit den allgemeinsten Begriffen und Zusammenhängen geistiger Phänomene und Entitäten. Dabei werden sowohl ontologische als auch erkenntnistheoretische und wissenschaftstheoretische Fragen in den Fokus genommen. Zwei große Themenkomplexe sind das Körper-Geist-Problem und die sog. Intentionalität mentaler Zustände. Unter ersterem versteht man die Debatte über den Zusammenhang von Körper und Geist und ihre wechselseitige Interaktion. ›Intentionalität‹ bezeichnet die Eigenschaft unserer Gedanken, sich auf die Welt zu beziehen, ähnlich wie sich eine Landkarte auf den dargestellten geografischen Abschnitt bezieht (s. Kap. IV.16). Philosophen diskutieren in diesem Zusammenhang u. a., was den Gehalt mentaler Zustände ausmacht und ob er sich rein naturwissenschaftlich beschreiben lässt.

Sowohl in der öffentlichen Wahrnehmung als auch im akademischen Diskurs haben die Neurowissenschaften in den letzten Dekaden wachsendes Interesse auf sich gezogen. Fortschritte in der Grundlagenforschung, zunehmende Mathematisierung und methodische Verbesserungen lassen dabei auch die Philosophie, insbesondere die Philosophie des Geistes, nicht unbeeindruckt. Henrik Walter stellt die gegenseitige Befruchtung von Neurowissenschaft und Philosophie in Kapitel 2, *Neurophilosophie und Philosophie der Neurowissenschaft*, vor. Die Bezeichnung ›Neurophilosophie‹ versammelt unter sich kein einheitliches Programm, sondern unterschiedliche Ansätze, denen ein positiver Bezug auf die Neurowissenschaft und die Betonung einer möglichen Kontinuität zwischen beiden Disziplinen gemein ist. Dem stehen kritische bis skeptische Positionen gegenüber, die z. B. die Autonomie unseres alltagspsychologischen Vokabulars gegenüber reduktiven oder gar eliminativen Ansätzen betonen oder eine allzu enge Fokussierung auf das Gehirn als Substrat aller geistigen Phänomene kritisieren.

In Kapitel 3 stellen Dan Zahavi und Ngan-Tram Ho Dac ein Forschungsprogramm vor, das in den letzten zwei Jahrzehnten als *Neurophänomenologie* zunehmend an Prominenz gewann. Dieses Programm entstand aus einer Kritik der klassischen Kognitionswissenschaft und kann durchaus als ein alternatives kognitionswissenschaftliches Paradigma verstanden werden (s. Kap. III.9). Eine grundlegende Überzeugung der Neurophänomenologie betrifft die zentrale Rolle von Bewusstsein (s. Kap. IV.4), das als essenziell für unser mentales Leben und somit als unverzichtbar für seine angemessene Erforschung angesehen wird. Die Neurophänomenologie fußt in der philosophischen Tradition der Phänomenologie, die Anfang des 20. Jh.s von Edmund Husserl begründet wurde. An diese Tradition knüpft die Neurophänomenologie in mehrerlei Hinsicht an. Zum einen nimmt sie die Kritik an klassischen philosophischen Positionen auf, denen sie vorwirft, in den unterschiedlichen Spielarten einer Trennung von Welt und Geist zu verharren. Zum anderen sucht sie die von Phänomenologen entwickelten Methoden aufzugreifen. In diesem Kapitel wird es entsprechend um die Grundannahmen der Neurophänomenologie sowie um deren praktisch-experimentelle Umsetzung gehen.

Ein ganz anderer für die Kognitionswissenschaft relevanter Bereich der Philosophie ist die Logik, die sich mit korrektem Schlussfolgern beschäftigt (s. Kap. IV.17). Durch die Entwicklung moderner Kalküle hat sich die Logik von einem klassischen Teilgebiet der Philosophie mittlerweile zu einer eigenständigen Formalwissenschaft entwickelt. Was unter Schlussfolgern zu verstehen ist und welcher Methoden sich die Logik bedient, wird in Kapitel 4, *Logik*, von Vera Hoffmann-Kolss vorgestellt. Dabei beschäftigt sich die Logik nicht mit dem Wahrheitsgehalt einzelner Aussagen, sondern damit, wie aus wahren Aussagen wiederum korrekt auf wahre Aussagen geschlossen werden kann und was diese Schlüsse rechtfertigt. Dazu wird außerdem betrachtet, wie Sachverhalte und natursprachliche Sätze adäquat formalisiert werden können. Die Logik hat damit erhebliche Bedeutung für die Mathematik, die Künstliche-Intelligenz-Forschung (s. Kap. II.B.1) und allgemein die Informatik (s. Kap. II.B).

Literatur

Sellars, Wilfrid (1962): Philosophy and the scientific image of man. In: Robert Colodny (Hg.): *Frontiers of Science and Philosophy*. Pittsburgh, 35–78.

Jonas Klein

1. Philosophie des Geistes und der Kognition

Die Philosophie des Geistes ist eine Disziplin mit reicher Vergangenheit. Seit der Antike beschäftigen sich Philosophen mit den verschiedenen Aspekten des menschlichen Geistes, seiner Beziehung zur körperlichen Natur des Menschen sowie den Merkmalen, durch die sich die geistigen Fähigkeiten des *Homo sapiens* von den kognitiven Fähigkeiten anderer Lebewesen unterscheiden. Die miteinander konkurrierenden Auffassungen von Platonisten, Aristotelikern und frühen Materialisten blieben bis weit in die Neuzeit einflussreich. Als besonders strittig erwies sich dabei die Existenz der menschlichen Seele, die oft nicht nur als Bedingung menschlichen Lebens, sondern auch als unsterblich angesehen wurde. Die Klärung dieser kontroversiellen Frage oblag dabei auch der Theologie. Erst im Zuge der Aufklärung konnte sich die Philosophie die Freiheit erkämpfen, die Natur der menschlichen Seele unabhängig von religiös begründeten Beschränkungen aus einer wissenschaftsnahen Perspektive zu betrachten.

Seit Ende des 19. Jh.s definiert sich die Philosophie des Geistes in Abgrenzung zu der sich neu etablierenden empirischen Psychologie (s. Kap. II.E). Während letztere auf empirischem Wege unser Denken, Fühlen und Wollen zu erklären versucht, ist es die Aufgabe der Philosophie des Geistes, unser Verständnis psychologischer Tatsachen zu vertiefen und in ein Gesamtbild des Menschen zu integrieren. Dabei spiegeln die unterschiedlichen Auffassungen vom Gegenstandsbereich der Psychologie jene lebhafte Entwicklung wider, die die psychologische Forschung genommen hat. Im Einklang mit der Phänomenologie verstand man die Psychologie zunächst als eine Wissenschaft von den Vorgängen im Bewusstsein. Dagegen erklärten Behavioristen das öffentlich beobachtbare menschliche Verhalten zum eigentlichen Gegenstandsbereich der Psychologie. Im Zuge der kognitiven Wende in der Psychologie begann Mitte des 20. Jh.s der Aufstieg des Funktionalismus in der Philosophie des Geistes. Aus funktionalistischer Sicht bilden psychische Vorkommnisse ein kausales Netzwerk von internen Zuständen, das ähnlich wie die Programmzustände eines Computers eintreffende Information (perzeptuelle Inputs) in zielführendes Verhalten (zweckmäßige Outputs) transformiert. Dem Funktionalismus zufolge sind psychische Phänomene daher nicht an ein spezifisches materielles Substrat

gebunden, sondern schlicht dasjenige, was, wie auch immer es implementiert ist, auf geeignete Weise zwischen Input und Output vermittelt. Der Funktionalismus bildet damit gewissermaßen das philosophische Pendant zum sog. ›Sandwich Modell von Kognition‹ in der Kognitionswissenschaft (s. Kap. III.6).

Die jüngste Phase in der langen Geschichte der Philosophie des Geistes begann mit der Wiederaufnahme des Begriffs des Bewusstseins. Eine entscheidende Rolle spielten dabei Argumente, die zu zeigen versuchen, dass funktionalistische Modelle die phänomenalen Gegebenheiten des Bewusstseins nicht zu erklären vermögen, also z. B. angeblich nicht erklären können, wie es sich anfühlt, eine kalte Dusche zu nehmen oder ein Glas guten Weines zu genießen (s. Kap. IV.4). Vertreter repräsentationaler Bewusstseinstheorien beanspruchen dagegen, solche Erklärungen zu liefern (Rosenthal 2005; Tye 1995). In dieser Form wird heute die neuzeitliche Kontroverse zwischen Materialisten und Dualisten weitergeführt (Block et al. 1997; Chalmers 1996).

Zentrale Fragen und typische Methoden

Die vielfältigen Fragestellungen der Philosophie des Geistes lassen sich grob in vier Kategorien einteilen (Churchland 1988): Begriffliche Fragen, ontologische Fragen, erkenntnistheoretische Fragen sowie wissenschaftstheoretische und methodologische Fragen. Vielfältig sind auch die Methoden, mit denen Philosophen an diese Fragen herangehen. In der vorherrschenden analytischen Tradition bedient man sich, teils unter Verwendung formaler Methoden, der Begriffs- und Sprachanalyse, der rationalen Rekonstruktion wissenschaftlicher Theorien sowie einer von Gedankenexperimenten gestützten Argumentationstechnik.

Begriffliche Fragen. Eine wichtige begriffsanalytische Aufgabe ist die genauere Bestimmung der Begriffe ›psychisches Phänomen‹, ›geistiger (mentaler) Zustand‹ und ›kognitives Ereignis‹ bzw. ›kognitiver Prozess‹. Obwohl diese Termini oft austauschbar verwendet werden, unterscheiden sie sich sowohl in ihrem Inhalt als auch in ihrem Umfang. Spricht man von einem psychischen Phänomen, so meint man primär die Vorkommnisse im Bewusstsein eines Subjekts, also z. B. Wahrnehmungserlebnisse (s. Kap. IV.24), Empfindungen wie Lust und Schmerz oder Erinnerungs- und Vorstellungsbilder (s. Kap. IV.7).

Mit geistigen (mentalen) Zuständen meint man dagegen jene Einstellungen, die in Handlungserklärungen eine wichtige Rolle spielen, insbesondere Überzeugungen und Wünsche sowie andere propositionale Einstellungen, deren Inhalt sich in Form eines vollständigen Satzes wiedergeben lässt (z. B. sich *freuen*, dass die Sonne scheint, sich *fürchten*, dass eine Lawine abgeht usw.). Der Begriff der Kognition ist verglichen damit viel allgemeiner und umfasst sowohl psychische Phänomene als auch geistige Zustände, aber auch Vorkommnisse, die sich im alltagspsychologischen Vokabular nur schwer beschreiben lassen, wie z. B. jene subpersonalen Prozesse, durch die sog. Blindsichtige visuelle Information verarbeiten, ohne dabei ein visuelles Erlebnis zu haben oder eine entsprechende Überzeugung zu generieren.

In hohem Maß klärungsbedürftig ist auch die gebräuchliche Unterscheidung zwischen intentionalen Akten und phänomenalen Erlebnissen (s. Kap. IV.4). Diese Zweiteilung erinnert an die alte Dichotomie von Begriff und Anschauung oder die Unterscheidung von Denken und Fühlen. Eine solche Einteilung kann aber nur paradigmatisch und nicht als eine vollständige disjunktive Einteilung zu verstehen sein: Es ist fraglich, ob alle kognitiven Prozesse in eine dieser beiden Kategorien fallen, und es ist möglich, dass intentionale Akte zugleich auch phänomenale Erlebnisse sind.

Ontologische Fragen. In ontologischer Hinsicht beschäftigt sich die Philosophie des Geistes mit zwei Grundproblemen: In welchem Sinn existieren psychische, geistige und kognitive Vorkommnisse, und welche ontologischen Beziehungen verbinden den Bereich des Psychischen (Geistigen, Kognitiven) mit dem Bereich des Physischen (der physischen Realität)?

Was die erste Frage betrifft, werden in der Literatur sehr divergierende Annahmen gemacht, die von der eliminativistischen These, wonach es Geistiges im strikten Sinne gar nicht gibt, bis hin zu der phänomenologisch motivierten These reichen, dass uns nur die Existenz psychischer Phänomene unmittelbar evident ist. Eine Mittelposition nimmt dabei die Auffassung ein, dass wir bewusstseinsfähige Wesen sind, die sowohl mentale als auch physische Eigenschaften haben, dass es also einen Bereich mentaler Phänomene gibt, der genauso existiert wie der Bereich physischer Phänomene.

Akzeptiert man diese Mittelposition, stellt sich zweitens die Frage, wie sich mentale und physische Phänomene zueinander verhalten. Dabei geht es zunächst um die Frage möglicher kausaler Beziehun-

gen. Auf der einen Seite scheint es, als könnten mentale Phänomene physische Wirkungen haben: Dies wäre z. B. der Fall, wenn ich einen Entschluss fasse und als Folge dessen eine Handlung physisch realisiere. Umgekehrt betrachten wir mentale Phänomene als Wirkungen physischer Phänomene: Es scheint z. B. möglich, Wahrnehmungserlebnisse kausal zu erklären, wobei die Ursachen dieser Erlebnisse gewisse physiologische Prozesse im Wahrnehmungsapparat sind (s. Kap. IV.24).

Jede dieser Annahmen, so plausibel sie *prima facie* zu sein scheint, muss jedoch gegen verschiedene Einwände verteidigt werden. Dies ist Gegenstand der aktuellen Geist-Materie-Debatte oder Leib-Seele-Diskussion, in der die klassischen Positionen des Dualismus und des Materialismus neu verhandelt werden. Dabei verbinden sich Fragen nach der kausalen Rolle mentaler Phänomene mit Fragen ihrer Reduzierbarkeit, wobei verschiedene Begriffe von ›Reduzierbarkeit‹ zu unterscheiden sind. So kann man sagen, die Menge der mentalen Phänomene sei *ontologisch* reduzierbar, wenn es zu jedem dieser Phänomene ein oder mehrere physische Phänomene gibt, die mit ihm identisch sind. Dies ist die These der Identitätstheoretiker. Im Sinne des sog. Semantischen Physikalismus hingegen kann ›reduzierbar‹ aber auch bedeuten, dass jede Aussage, in der ein mentaler Begriff vorkommt, ohne Bedeutungsverlust in eine Aussage übersetzt werden kann, in der nur physikalisches Vokabular verwendet wird. Drittens kann mit Reduzierbarkeit auch eine intertheoretische Beziehung gemeint sein. Dann lautet die These, dass es zu jeder theoretischen Aussage über psychische Phänomene eine oder mehrere theoretische Aussagen gibt, die den gleichen oder einen höheren Erklärungswert besitzen, aber nur von physischen Phänomenen handeln.

Auf diese Weise kann man verschiedene Versionen eines reduktiven und eines nicht-reduktiven Physikalismus formulieren bzw. durch Negation verschiedene Formen von Dualismus. Der Terminus ›Physikalismus‹ ist dabei allerdings etwas irreführend, da nicht die Physik, sondern die Biologie und die Neurowissenschaften den stärksten Einfluss auf die Psychologie und die Kognitionswissenschaft haben. Zu den aktuellen Positionen, die heute in der Leib-Seele-Diskussion das Erbe des Materialismus und Physikalismus verwalten, gehören daher u. a. der biologische Naturalismus, der Emergentismus und der Neuroreduktionismus.

Erkenntnistheoretische Fragen. Die zentrale erkenntnistheoretische Frage in der Philosophie des Geistes dreht sich darum, durch welche Quellen wir Zugang zu psychischen, geistigen und kognitiven Phänomenen haben. Zu unterscheiden sind hier die Frage nach den Quellen der Selbsterkenntnis, die Frage nach unserem Zugang zum Denken und Fühlen anderer menschlicher Personen und die Frage, ob auch nichtmenschliche Lebewesen (Tiere) oder von Menschen geschaffene Maschinen (Computer oder Roboter) über Bewusstsein verfügen oder zumindest verfügen könnten.

Die traditionelle Quelle unserer Selbsterkenntnis ist die Introspektion. Im wörtlichen Sinne versteht man darunter einen wahrnehmungsähnlichen Vorgang, durch den Subjekte unmittelbares Wissen von ihren augenblicklichen Empfindungen, Gedanken und Gefühlen erwerben. Ob es Introspektion in diesem Sinn gibt, ist aus mehreren Gründen umstritten. Erstens fehlen gute Modelle, die uns verstehen lassen, wie Introspektion funktioniert. Zweitens gibt es Befunde, die die Zuverlässigkeit vermeintlicher Akte der Introspektion in Frage stellen. Drittens zeigen sowohl sprachphilosophische als auch vernunfttheoretische Ansätze, dass man die Autorität erstpersonaler Selbstbeschreibungen auch ohne Berufung auf Introspektion (z.B. durch höherstufige, nicht-phänomenale Repräsentationen mentaler Zustände) erklären kann. Viertens gibt es Gründe anzunehmen, dass unser Wissen von unseren eigenen Gedanken und Gefühlen gar keine eigenständige Form von Erkenntnis darstellt, sondern zu der allgemeineren Fähigkeit gehört, das Verhalten von Personen (einschließlich unseres eigenen Verhaltens) auf psychologische Weise zu interpretieren.

Das Problem des Fremdpsychischen (*other minds problem*) ist traditionell verknüpft mit der skeptischen Frage, ob wir überhaupt wissen können, was andere Personen empfinden, denken und fühlen. Dahinter steckt die Vermutung, solche Zuschreibungen beruhten auf dem fragwürdigen Analogieschluss, dass andere Personen ähnliche Empfindungen, Gedanken und Gefühle haben, weil sie uns körperlich und in ihrem Verhalten ähnlich sind. Die Schwierigkeit, diesen Analogieschluss zu rechtfertigen, hat zu einer Reihe neuer Ansätze geführt, die versuchen, die Fremdzuschreibung mentaler Zustände, die diesem Problem des Fremdpsychischen zugrunde liegt, empirisch anzugehen. Dabei orientiert man sich an entwicklungspsychologischen Theorien, die zu erklären versuchen, wie Kinder in den ersten Lebensjahren eine *theory of mind* erwerben (s. Kap. IV.21). Für manche Psychologen und Philosophen bedeutet dies, dass Kinder Handlungserklärungen und mit ihnen die alltagspsychologi-

schen Begriffe lernen, die in solche Erklärungen eingebettet sind. Andere betonen hingegen die Fähigkeit, durch Simulation und Imitation zu erkennen, was andere Personen sehen oder mit welchen Absichten sie handeln. Eine dritte These besagt, dass Kinder über eine spezielle perzeptuelle Fähigkeit verfügen, mit der sie nicht nur Gesichtsausdrücke und Gesten, sondern auch die dabei ausgedrückten Gefühle und Emotionen erkennen können.

Die in diesem Zusammenhang erkenntnistheoretisch schwierigste Frage lautet, wie wir entscheiden können, ob Tiere oder auch spezielle Maschinen, die es in Zukunft vielleicht geben wird, über ein elementares Bewusstsein verfügen. Auch hier steht ein problematischer Analogieschluss zur Debatte: Können wir aus ähnlichen biologischen Merkmalen (z.B. ähnlichen Gehirnstrukturen) oder ähnlichen Verhaltensweisen (z.B. Sprachperformanz) auf psychologische Ähnlichkeiten schließen? Als zusätzliche Schwierigkeit kommt hinzu, dass unser alltagspsychologisches Vokabular sowohl wörtliche als auch metaphorische Verwendungsweisen zulässt. So sagen wir z.B. von einem Menschen ebenso wie von einem Käfer oder einem Computer, er ›plage‹ sich, wenn wir ihn bei der Arbeit an einer schwierigen Aufgabe beobachten. Manchmal ist dabei impliziert, dass man eine Aufgabe als schwierig empfindet und bewusste Anstrengungen unternimmt. Das kann man von (derzeit existierenden) Maschinen nicht behaupten, und ob es beim Käfer der Fall ist, ist schwer zu sagen (Hurley/Nudds 2006).

Wissenschaftstheoretische und methodologische Fragen. Als ein weiteres Teilgebiet der Philosophie des Geistes kann man die Philosophie der Psychologie betrachten, die sich mit wissenschaftstheoretischen und methodologischen Fragen befasst. Im Mittelpunkt steht dabei die Frage nach der Natur psychologischer Erklärungen, wobei verschiedene Aspekte dieser Frage zu unterscheiden sind. Einer dieser Aspekte ist der Status alltagspsychologischer Erklärungen, die uns Gründe dafür nennen, warum sich jemand auf diese oder jene Weise verhält. Können wir aus solchen Erklärungen schließen, dass die darin genannten Gründe auch die *Ursache* für das jeweilige Verhalten waren? Sind Gründe und Ursachen hier zweierlei, dann brauchen wir ein eigenes wissenschaftliches Erklärungsmodell, um die wahren Ursachen unseres Verhaltens zu identifizieren. Ein anderer Aspekt betrifft die Frage, ob die empirische Psychologie die im Alltag bewährten Erklärungsweisen übernehmen soll und wie weit ein naturwissenschaftlicher Erklärungsbegriff auf die Psychologie übertragbar ist: Ähneln psychologische Erklärungen den Erklärungen in der Physik und Biologie oder gleichen sie eher historischen Erklärungen?

Die Behandlung dieser Fragen stellt methodisch hohe Anforderungen an die Philosophie des Geistes. Gefordert sind nicht nur begriffliche Klarheit und ein Sinn für ontologische Probleme, sondern darüber hinaus eine Kenntnis des aktuellen Standes der erkenntnistheoretischen und wissenschaftstheoretischen Debatte: Welche Erklärungsbegriffe und welche Modelle von Theorienreduktion gibt es? Wie lassen sie sich auf die Psychologie anwenden, um auf diese Weise die Differenzen zwischen Dualismus und Materialismus wissenschaftstheoretisch zu rekonstruieren? So geht es in der Debatte um den nicht-reduktiven Physikalismus z. B. um die Frage, ob eine Form von Eigenschaftsdualismus als Konsequenz der Nichtreduzierbarkeit psychologischer Theorien anzusehen ist oder ob sich beides aus noch grundlegenderen Annahmen ergibt, z. B. aus Annahmen über die unmittelbare Erkennbarkeit eigener Erlebnisse. Auch die Methode der Gedankenexperimente spielt hier eine wichtige Rolle, z. B. um zu prüfen, ob sich psychologische Eigenschaften aus Eigenschaften ableiten lassen, die Materialisten zur Beschreibung natürlicher Prozesse verwenden.

Ein viel diskutiertes Problem, das diese methodologischen Schwierigkeiten veranschaulicht, ist die Frage der Naturalisierbarkeit von Intentionalität. In der Tradition von Brentano (1874) bezeichnet der Ausdruck ›Intentionalität‹ jene spezifische Eigenschaft eines psychischen Aktes, die den Gegenstand festlegt, auf den ein solcher Akt ›gerichtet‹ ist. So unterscheidet sich z. B. der Wunsch nach einem Getränk in seinem intentionalen Gegenstand vom Wunsch nach einem Glas Wasser und letzterer wiederum vom Wunsch nach einem Glas kalten Wasser. Will man diese semantischen Eigenschaften ›naturalisieren‹, muss man erklären, wodurch ein Wunsch einer Person zu einem bestimmten Zeitpunkt genau jenen Inhalt erhält, der ihn zu einem Wunsch nach X macht. Die naturalistische Einschränkung verlangt dabei, dass in einer solchen Erklärung nur von Begriffen wie ›Kausalität‹, ›Kovarianz‹ oder ›biologischer Nutzen‹ Gebrauch gemacht werden darf. Unterschiedliche Lösungen dieses Problems bieten z. B. die von Jerry Fodor entwickelte Psychosemantik, die informationstheoretische Semantik von Fred Dretske sowie die Biosemantik von Ruth Millikan (Stich/Warfield 1994). Ein noch ambitionierteres Vorhaben in diesem Zusammenhang ist es, auch die phänomenalen Eigenschaften mentaler Zustände auf diese Weise zu erklären, indem man sie zunächst

auf repräsentationale Eigenschaften reduziert und danach zeigt, dass diese repräsentationalen Eigenschaften durch eine naturalistische Semantik vollständig erklärbar sind (MacDonald/Papineau 2006; s. Kap. IV.16).

Stellung der Philosophie des Geistes in der Kognitionswissenschaft

Im Rahmen der Kognitionswissenschaft müssen die klassischen Themen und Argumente der Philosophie des Geistes weiterentwickelt und so reformuliert werden, dass sie in der interdisziplinären Forschung fruchtbar eingesetzt werden können. Fast alle aktuellen Themen der Kognitionswissenschaft haben historische Wurzeln in der Philosophie, u. a. die Frage der modularen Architektur des Geistes (s. Kap. II.E.3), das Zusammenspiel angeborener und erlernter Fähigkeiten (s. Kap. II.E.6), die Kontroverse zwischen symbolischen und konnektionistischen Modellen mentaler Repräsentation (s. Kap. III.1, III.2) oder die Debatte um die Möglichkeit der Lokalisation kognitiver Prozesse außerhalb des Gehirns (s. Kap. III.8, Kap. III.10). In jedem Fall verfügt die Philosophie des Geistes über einen Fundus an Ideen, die zur Entwicklung neuer Theorien ausgeschöpft werden können.

Es gibt allerdings zwei sehr unterschiedliche Einstellungen, die Philosophen gegenüber der Kognitionswissenschaft einnehmen. Man kann sie als ›skeptisch‹ und als ›konstruktiv‹ bezeichnen, wobei sich die Skepsis nicht auf die Kognitionswissenschaft insgesamt, sondern nur auf gewisse Strömungen innerhalb dieser Disziplin beziehen kann. Ein berühmtes Beispiel für eine solche skeptische Herausforderung liefert John Searle (1980), dessen Kritik sich gegen die vom Funktionalismus inspirierte Computeranalogie für geistige Prozesse und gegen die Künstliche-Intelligenz-Forschung (s. Kap. II.B.1) richtet. Methodisch verpackt ist diese Kritik in einem Gedankenexperiment, Searles sog. Argument des chinesischen Zimmers. Stellen wir uns eine Person vor, so Searle, die kein Wort Chinesisch versteht, für Außenstehende aber dennoch den Eindruck erweckt, sie verstehe chinesische Anfragen, während sie in einem (für Außenstehende nicht einsehbaren) Raum mit entsprechenden Hilfsmitteln (Lexika usw.) ausgestattet ist. Damit möchte Searle seine These illustrieren, dass maschinelles Verhalten (wie z. B. das Produzieren von korrekten Übersetzungen) noch kein Beleg dafür ist, dass die dabei stattfindenden symbolischen Operationen mit einem Verständnis ihrer Inputs und Outputs einhergehen. Daher könne maschinelles Verhalten niemals ein Beleg für einen echten geistigen Prozess sein. Was die Künstliche-Intelligenz-Forschung zeigen kann, sei daher nur, dass Maschinen über eine Form von ›als ob Intentionalität‹ verfügen können: Ihre Programmzustände werden von uns so interpretiert, als hätten sie einen semantischen Gehalt, *de facto* besitzen sie nach Searle aber nur syntaktische Eigenschaften; ›echte‹ Intentionalität gibt es nur in Subjekten, die sich ihrer mentalen Zustände potenziell bewusst sind. Dass Maschinen unabhängig von ihrer physischen Realisierung über eine Form von Bewusstsein verfügen könnten, verneint Searle (1992) auf Basis seines biologischen Naturalismus, der Bewusstsein als das kausale Produkt eines menschlichen (oder menschenähnlichen) Gehirns versteht. Searles Kritik mündet damit in ein Argument zugunsten der kognitiven Neurowissenschaft (s. Kap. II.D.1).

Einen Schritt weiter geht hier noch das sog. Argument der Erklärungslücke (s. Kap. IV.4). Auch dieses Argument kann die Grenzen eines rein funktionalistischen Verständnisses kognitiver Prozesse aufzeigen, stellt aber auch ein Problem für neurowissenschaftliche Theorien dar, die beanspruchen, die subjektiven Qualitäten des Bewusstseins erklären zu können. Wieder ist es ein Gedankenexperiment, das dieser Kritik Ausdruck verleiht. Jackson (1982) ist der Erfinder der Geschichte von Mary, einer Neurowissenschaftlerin, die in einer Welt ohne Farben aufwächst, aber – so die Annahme – eine vollständige Kenntnis der Beschaffenheit und Funktionsweise des menschlichen Gehirns besitzt: Wenn Mary erstmals eine rote Blume sieht und überrascht ist, dass die Farbe der Blume genau *so* aussieht, dann zeigt dies, dass etwas in dem funktionalistischen und neuronalen Erklärungsmodell (das Mary vollständig kannte) fehlt, denn es kann dann ganz offensichtlich den phänomenalen Eindruck eines Roterlebnisses nicht vermitteln.

Eine dritte Form der Kritik, die sich gegen eine rein naturwissenschaftlich ausgerichtete Form von Kognitionswissenschaft richtet, impliziert das Schlagwort von der ›Normativität des Mentalen‹. Diese Kritik geht zurück auf Überlegungen von Ludwig Wittgenstein, Donald Davidson und Saul Kripke, die zeigen sollen, dass die Existenz geistiger Inhalte an normative Strukturen gebunden ist, die eine unabdingbare Basis für die Entwicklung des menschlichen Geistes seien. Daraus könnte man die weitreichende Konsequenz ziehen, dass sich die Kognitionswissenschaft zu einer umfassenden Kulturwissenschaft entwickeln müsste, in der u.a. auch die

Ethnologie und die Anthropologie (s. Kap. II.A) eine zentrale Rolle spielen, um die normativen Voraussetzungen geistiger Zustände erfassen zu können.

Anders beurteilen dies Philosophen, die nicht darauf bedacht sind, der Kognitionswissenschaft Grenzen zu setzen oder Forderungen an sie zu stellen, sondern die sich umgekehrt von ihren Ergebnissen inspirieren lassen und diese als konstruktiven Beitrag zur Lösung philosophischer Probleme verstehen. So zeigt z.B. Goldman (1993), wie breit die Anwendungsmöglichkeiten kognitionswissenschaftlicher Resultate innerhalb der Philosophie sind: Erkenntnisse über Objekterkennung und Selbsttäuschung sind z.B. unmittelbar relevant für die Erkenntnistheorie (s. Kap. IV.24); computationale Modelle (s. Kap. II.E.2) können in der Wissenschaftstheorie als Modelle für die rationale Bewertung von Theorien verwendet werden; Untersuchungen zur Gestaltwahrnehmung können herangezogen werden, um Fragen nach den identitätsstiftenden Eigenschaften von Einzeldingen zu klären; und ein Verständnis der kognitiven Grundlagen empathischen Verhaltens kann wesentlich sein für die Ethik (s. Kap. V.8). Es ist also keinesfalls nur die Philosophie des Geistes, die auf diese Weise von einer konstruktiven Einstellung gegenüber der Kognitionswissenschaft profitieren kann.

Tendenzen der Forschung

Zukunftsweisende Projekte gibt es derzeit in allen Bereichen der Philosophie des Geistes. Welche davon für die Kognitionswissenschaft besondere Relevanz gewinnen werden, ist aufgrund der dynamischen Entwicklungen auf diesem Gebiet schwer abzuschätzen.

Ein Projekt, das den Begriff des Kognitiven verändern könnte, ist das sog. *phenomenal intentionality research program*, dessen Grundidee darin besteht, den Begriff der Intentionalität nicht externalistisch durch kausale oder informationstheoretische Begriffe zu erklären, sondern internalistisch durch den phänomenalen Gehalt von Erlebnissen (Schmicking/Gallagher 2010). Wie sich dieser Gehalt dann kognitiv erklären lässt, ohne auf externalistische Faktoren Bezug zu nehmen, ist allerdings offen. Unabhängig davon kann dieses Projekt aber dazu dienen, Searles These zu stützen, dass genuine Intentionalität nur in Lebewesen auftreten kann, die über ein grundlegendes phänomenales Bewusstsein verfügen.

Was die Ontologie und das Geist-Materie-Problem betrifft, so entwickelt sich die Philosophie des

Geistes derzeit in gegensätzliche Richtungen. Auf der einen Seite bleibt die Reduktion psychischer Phänomene ein Ziel, das immer wieder neue Projekte hervorbringt, sei es auf der Basis besserer Korrelationen von Erlebnisinhalten und Aktivitäten in einzelnen Hirnarealen oder durch die Ausweitung der Reduktionsbasis auf den ganzen Körper und die Objekte, mit denen wir in unserer unmittelbaren Umgebung interagieren (Esfeld/Sachse 2011). Auf der anderen Seite gibt es verschiedene Versuche, eine zeitgemäße Form von Dualismus zu entwickeln, sei es durch den Nachweis seiner Verträglichkeit mit empirischen Daten oder durch Argumente, die *a priori* zu beweisen versuchen, dass der Dualismus untrennbar mit dem Begriff des Mentalen verbunden ist (Koons/Bealer 2010).

Ähnlich kontrovers verläuft die Diskussion erkenntnistheoretischer Fragen. Konfliktstoff liefert hier die Auffassung, philosophische Fragen seien wegen ihres normativen Charakters strikt von naturwissenschaftlichen Untersuchungen zu trennen (De Caro/Macarthur 2010). Dem widersprechen Philosophen, die aus kognitionswissenschaftlichen Studien erkenntnistheoretische Schlussfolgerungen ableiten, z.B. bezüglich des Begriffserwerbs (Carruthers et al. 2005–2008; Prinz 2002; s. Kap. IV.9), der Wahrnehmung (Hatfield 2009; Noë 2004; s. Kap. IV.24) oder menschlicher Rationalität (Bermúdez/Millar 2002).

Zu den strittigen Themen gehören zudem Selbstbewusstsein und Selbsterkenntnis (s. Kap. IV.18). Naturalistisch eingestellte Philosophen orientieren sich auch hier an den Ergebnissen der Kognitionswissenschaft (Bermúdez 1998; Carruthers 2011; Vosgerau 2009). Dem steht die Auffassung gegenüber, dass es eines grundlegenden Umdenkens in der Kognitionswissenschaft bedarf, um Phänomene wie Selbstbewusstsein und Selbsterkenntnis adäquat erfassen zu können. Grundlage dafür sind zum einen phänomenologische Studien zur Subjektivität und Intersubjektivität (Thompson 2001; Zahavi 2005; s. Kap. II.E.3). Zum anderen spielen auch hier normative Überlegungen eine wichtige Rolle. So vertritt z.B. Baker (2000) die Auffassung, dass Selbstbewusstsein und Selbsterkenntnis an einen Begriff der Person (s. Kap. II.E.5) gebunden sind, der neben kognitiven auch normative Aspekte umfasst. Wie die Kognitionswissenschaft diesen personalen Aspekten gerecht werden kann, bleibt eine Frage für die Zukunft.

Literatur

Baker, Lynne (2000): *Persons and Bodies*. Cambridge.

Bermúdez, Jose (1998): *The Paradox of Self-Consciousness*. Cambridge (Mass.).

Bermúdez, Jose/Millar, Alan (Hg.) (2002): *Reason and Nature*. Oxford.

Block, Ned/Güzeldere, Güven/Flanagan, Owen (Hg.) (1997): *The Nature of Consciousness*. Cambridge (Mass.).

Brentano, Franz (1874): *Psychologie vom empirischen Standpunkt*, Bd. 1. Leipzig.

Carruthers, Peter (2011): *The Opacity of Mind*. Oxford.

Carruthers, Peter/Laurence, Stephen/Stich, Stephen (Hg.) (2005–2008): *The Innate Mind*, 3 Bde. Oxford.

Chalmers, David (1996): *The Conscious Mind*. Oxford.

Churchland, Paul (1988): *Matter and Consciousness*. Cambridge (Mass.).

De Caro, Mario/Macarthur, David (Hg.) (2010): *Naturalism and Normativity*. New York.

Esfeld, Michael/Sachse, Christian (2011): *Conservative Reductionism*. London.

Goldman, Alvin (1993): *Philosophical Applications of Cognitive Science*. Boulder.

Hatfield, Garry (2009): *Perception and Cognition*. Oxford.

Hurley, Susan/Nudds, Matthew (Hg.) (2006): *Rational Animals?* Oxford.

Jackson, Frank (1982): Epiphenomenal qualia. In: *Philosophical Quarterly* 32, 127–136.

Koons, Robert/Bealer, George (Hg.) (2010): *The Waning of Materialism*. Oxford.

MacDonald, Graham/Papineau, David (Hg.) (2006): *Teleosemantics*. Oxford.

Noë, Alva (2004): *Action in Perception*. Cambridge (Mass.).

Prinz, Jesse (2002): *Furnishing the Mind*. Cambridge (Mass.).

Rosenthal, David (2005): *Consciousness and Mind*. Oxford.

Schmicking, Daniel/Gallagher, Shaun (Hg.) (2010): *Handbook of Phenomenology and Cognitive Science*. Dordrecht.

Searle, John (1980): Minds, brains, and programs. In: *Behavioral and Brain Sciences* 3, 417–424.

Searle, John (1992): *The Rediscovery of the Mind*. Cambridge (Mass.). [dt.: *Die Wiederentdeckung des Geistes*. Frankfurt a. M. 1996].

Stich, Stephen/Warfield, Ted (Hg.) (1994): *Mental Representation*. London.

Thompson, Evan (Hg.) (2001): *Between Ourselves*. Charlottesville.

Tye, Michael (1995): *Ten Problems of Consciousness*. Cambridge (Mass.).

Vosgerau, Gottfried (2009): *Mental Representation and Self-Consciousness*. Paderborn.

Zahavi, Dan (2005): *Subjectivity and Selfhood*. Cambridge (Mass.).

Johannes L. Brandl

2. Neurophilosophie und Philosophie der Neurowissenschaft

In einem sehr weiten Sinne kann man unter den Ausdruck ›Neurophilosophie‹ jeden Ansatz fassen, der versucht, die Philosophie und die Neurowissenschaft (s. Kap. II.D) füreinander fruchtbar zu machen. In diesem Sinne ist Neurophilosophie eine übergeordnete Kategorie, unter die dann die Philosophie der (Neuro-)Kognition, die Neurophänomenologie (s. Kap. II.F.3), die Neuroethik (s. Kap. V.8), eine Wissenschaftstheorie der Neurowissenschaft, der dualistische Interaktionismus, die Neurotheologie, die kritische Neurowissenschaft (s. Kap. V.5) und vieles mehr fällt. Im engeren Sinne ist die Bezeichnung ›Neurophilosophie‹ mit einem naturalistischen und reduktionistischen Ansatz verbunden, der programmatische Gestalt durch Patricia Churchlands (1986) Monografie *Neurophilosophy* annahm, in der sie ausgehend von der analytischen Philosophie des Geistes (s. Kap. II.F.1) für eine vereinheitlichte Theorie des ›Geist-Gehirns‹ warb, die ein detailliertes Wissen über neurowissenschaftliche Erkenntnisse erfordert.

Systematisch kann man Neurophilosophie in zwei Richtungen betreiben: Entweder geht man von einem philosophischen Problem aus (Was ist Bewusstsein? Wie frei und verantwortlich sind wir? Wie können wir die Welt erkennen?) und nutzt bei dessen Bearbeitung neurowissenschaftliche Erkenntnisse. Oder man geht von der Neurowissenschaft aus, d. h. ihren Behauptungen, Theorien, Experimenten und gesellschaftlichen Wirkungen, und untersucht jene mit philosophischen Methoden wie der Begriffsanalyse, der Wissenschaftstheorie, der ethischen Analyse oder der systematischen Kritik. Inzwischen wird häufig, gerade bei der zweiten Vorgehensweise, auch von der ›Philosophie der Neurowissenschaft‹ statt von ›Neurophilosophie‹ gesprochen. Hier sollen beide Begriffe synonym verstanden werden.

Neurophilosophie ist notwendigerweise spezieller als die korrespondierenden philosophischen Ansätze, da ihr primäres Explanandum der Mensch mit seinem Gehirn ist. In diesem Sinne ist sie immer auch Anthropologie (s. Kap. II.A), die eng mit der Philosophie des Geistes und der modernen Neurowissenschaft zusammenhängt. Faktisch gibt es wenige, die sich explizit als ›Neurophilosophen‹ im engeren Sinne bezeichnen, obwohl die Neurowissen-

schaft inzwischen eine prominente oder sogar dominante Rolle in der öffentlichen Debatte genuin philosophischer Probleme innehat. Systematisch kann man jedoch einige Kernthesen eines neurophilosophischen Ansatzes (eine ›minimale Neurophilosophie‹) charakterisieren (Walter 1999). Dazu zählen

- die ontologische Annahme, dass mentale Prozesse biologischer Organismen wesentlich durch oder mithilfe von neuronale(n) Prozessen realisiert sind,
- die einschränkende Bedingung, dass philosophische Analysen mentaler Prozesse den besten zur Zeit verfügbaren Hirntheorien und -befunden nicht widersprechen sollten, und
- das heuristische Prinzip, dass sich aus der Struktur und Dynamik neuronaler Prozesse Erkenntnisse über die Struktur und Dynamik mentaler Prozesse gewinnen lassen.

Ihrer minimalen Natur entsprechend sind diese Kernthesen in weiten Teilen der heutigen Philosophie konsensfähig, von bestimmten Positionen z. B. religiöser und transzendentalphilosophischer Natur einmal abgesehen. In einer harmlosen Lesart können sogar erklärte Gegner einer Neurophilosophie diesen Kernthesen zustimmen. Strittig ist jedoch die Frage des ›Primats des Neuronalen‹: Während Neurophilosophen im engeren Sinne der neuronalen Basis eine fundamentale Rolle v. a. in Bezug auf kausale Erklärungen zuweisen und daher von ihren Gegnern in einem abwertenden Sinne gerne auch als ›Neurochauvinisten‹ bezeichnet werden, spielen andere Philosophen neuronale Erklärungen als ›bloße Implementierung‹ oder Selbstverständlichkeit herunter.

Die aktuelle Debatte um die Neurophilosophie speist sich wesentlich aus drei Debatten. Die erste ist die Diskussion des Leib-Seele-Problems in der analytischen Philosophie des Geistes (s. Kap. II.F.1). Die frühen Identitätstheoretiker setzten mentale mit neuronalen Prozessen gleich, hatten aber kein fundiertes Wissen darüber, wie das Gehirn funktioniert. Daher drehten sich die Diskussionen um simple Identitätsbehauptungen wie ›Schmerz ist das Feuern von C-Fasern.‹ und damit verbundene logische und begriffliche Probleme. Eine zweite Quelle ist die Wissenschaftstheorie und die Frage des Reduktionismus. Diese stark von der Physik beeinflusste Debatte drehte sich v. a. um die Frage, ob (und wie) sich wissenschaftliche Begriffe und Theorien aufeinander reduzieren lassen (das erkenntnistheoretische Problem) und was das für die Realität der mit diesen

Begriffen bezeichneten Entitäten bedeutet (das ontologische Problem). Eine dritte Quelle schließlich war die Neurowissenschaft (s. Kap. II.D) selbst. So verteidigten Popper/Eccles (1977) in ihrem Buch *The Self and its Brain* einen interaktionistischen Dualismus, d. h. die These, dass der ›selbstbewusste Geist‹ als eigenständige Substanz mit dem Gehirn wechselwirke. Diese Theorie wurde zwar von fast allen Kritikern heftig attackiert, führte aber dazu, dass seitdem aktuelle neurowissenschaftliche Erkenntnisse in den Mittelpunkt der Neurophilosophie rückten, wie etwa Befunde zu *split-brain*-Patienten, zum Bereitschaftspotenzial (s. Kap. IV.23) oder zu neurochirurgischen Hirnstimulationen. Im Jahre 1986 schließlich erschien dann Churchlands Buch *Neurophilosophy*, die in diesem und nachfolgenden Werken – ebenso wie ihr Mann Paul Churchland in seinen Publikationen – den anspruchsvollen Versuch startete, philosophische Ansätze und neueste neurowissenschaftliche Erkenntnisse zu einer gemeinsamen Theorie zu vereinen. Während beide anfangs anknüpfend an Paul Feyerabend offiziell die provozierende These vertraten, dass mentalistische Begriffe eines Tages aus unserem Sprachschatz verschwinden und durch neuronale Begriffe ersetzt würden, vertreten sie im Grunde eigentlich einen Revisionismus: Mentale Begriffe werden im Laufe einer Koevolution von psychologischen und neuronalen Erklärungen einen Bedeutungswandel erfahren, da diese anders funktionieren, als wir es im Allgemeinen annehmen.

Zentrale Themen der Neurophilosophie

Zentrale Themen der Neurophilosophie der letzten Jahrzehnte sind
- Probleme des Reduktionismus, Symbolverarbeitung *versus* Konnektionismus in der Informationsverarbeitung (s. Kap. III.1, Kap. III.2), die Suche nach neuronalen Korrelaten des Bewusstseins (Walter/Müller 2012),
- das Aufkommen der Neurophänomenologie (Francisco Varela; s. Kap. II.F.3, Kap. III.9), die Entwicklung eines radikalen Neurokonstruktivismus (Humberto Maturana, Gerhard Roth),
- die angebliche neurowissenschaftliche Widerlegung von Willensfreiheit (Walter 2011; s. Kap. IV.8, Kap. IV.23),
- die Dekonstruktion der Vorstellung eines eigentlichen Selbst (Metzinger 2004; s. Kap. IV.18),
- die neuronalen Grundlagen moralischer Urteile (Churchland 2011), ethische Probleme der Neu-

rowissenschaft (s. Kap. V.8), die Bedeutung neurowissenschaftlicher Erkenntnisse für die Rechtswissenschaft (Schleim et al. 2009),
- das Paradigma eines ›neuen Mechanismus‹, wonach psychologische Funktionen primär durch Rekurs auf die ihnen zugrunde liegenden Mechanismen zu erklären sind (Bechtel 2008; Craver 2007), die Diskussion um die funktionelle Bildgebung (Walter 2009),
- die Erfolgsgeschichte der molekularen Psychologie und die Entwicklung der sog. *computational neuroscience* (Bickle 2009) sowie
- die neuerdings immer lauter werdende Kritik an überbordenden Erklärungsansprüchen der Neurowissenschaft (Choudhury/Slaby 2012; s. Kap. V.5).

Zusammenfassend könnte man statt von ›Neurophilosophie‹ inzwischen auch von einer ›Neuroanthropologie‹ sprechen, die versucht, wesentliche Merkmale des Menschen neurowissenschaftlich zu erklären und in ein allgemeines Verständnis des Menschen, eine Anthropologie, zu integrieren.

Stellung der Neurophilosophie in der Kognitionswissenschaft

Innerhalb der Kognitionswissenschaft kommt der Neurophilosophie sowohl eine treibende Kraft (in ihrer Entwicklung) als auch die Funktion einer synthetisierenden und kritischen Instanz zu. Viele Neuro- und Kognitionswissenschaftler würden sie allerdings wohl als überflüssig bezeichnen, da sie der Ansicht sind, dass sie entweder die begrifflichen und methodischen Probleme ihres Faches gut allein bearbeiten können oder es sich dabei gar nicht um ›echte‹ Probleme handelt, wie etwa die Frage, wie man Sprache verwenden ›darf‹ oder die Tatsache, dass man zentrale Begriffe eines mentalen Phänomens zunächst genau definieren muss, ehe man es erforscht. Die philosophische Expertise, nämlich die Betonung von Begriffsklärung, Argumenten, kritischer Distanz und einer begrifflich konsistenten Theorie des Menschen kann im besten Fall allerdings zu einer erheblichen Schärfung und Präzision von Erklärungen beitragen. Eine gelungene Interaktion setzt jedoch eine gewisse Grundkenntnis und Vertrautheit sowohl mit den Methoden als auch mit den Inhalten der Neuro- und Kognitionswissenschaft voraus, die idealerweise durch eine duale Ausbildung oder engen Kontakt mit empirisch arbeitenden Wissenschaftlern erworben wird. Hier haben

Philosophen im Bereich der Philosophie des Geistes in den letzten zwei Jahrzehnten große Fortschritte gemacht. Die philosophische Kompetenz von Neurowissenschaftlern ist dagegen selbst in interdisziplinären Kontexten häufig gering und führt im öffentlichen Diskurs gelegentlich zu Aussagen, deren argumentativer Gehalt nur in einem allenfalls lockeren Zusammenhang zu empirischen Befunden steht. Die unterschiedlichen Erfordernisse von empirisch arbeitenden Wissenschaftlern (Genauigkeit im empirischen Detail, Wissen um die Fehlbarkeit von Daten oder der Versuch, der verrauschten Natur einigermaßen verlässliche Antworten auf einfache Fragen abzuringen) und von Philosophen (Betonung logischer Stringenz, Tendenz zur Verallgemeinerung, Orientierung am Sprachlichen oder der Primat des Logischen) macht es nicht einfach, neurowissenschaftliche und philosophische Ansätze in einer Person, geschweige denn in einem Projekt, zu vereinen.

Tendenzen der Forschung

Neben einer neu aufkeimenden Kritik am Primat des Neuronalen ist die gegenwärtige neurophilosophische Diskussion maßgeblich geprägt durch Fragen, die sich aus der Erschließung neuer Forschungsfelder in den Humanwissenschaften und der Grundlagenforschung, aus neuen bildgebenden Verfahren in der Neurowissenschaft sowie aus der Perspektive einer Wissenschaftstheorie der Neurowissenschaft ergeben.

Die neue Kritik am Primat des Neuronalen. In der Philosophie gab es schon immer eine kritische Haltung gegenüber dem Versuch, empirische Erkenntnisse für philosophische Fragestellungen nutzbar zu machen, und das gilt auch für die Neurophilosophie. Noch vor gar nicht langer Zeit galt Philosophie vielen als das, über das sich empirisch nichts sagen lasse, da es dort nur logische, begriffliche und metaphysische Fragen gebe, die *a priori*, d. h. ohne Bezug auf empirisches Wissen, bearbeitet werden könnten. Erschwerend kam hinzu, dass die meisten Philosophen bis vor Kurzem nicht das Wissen besaßen, um neurowissenschaftliche Erklärungen zu verstehen, geschweige denn kompetent beurteilen zu können. Das hat sich inzwischen geändert, da Philosophen heute zunehmend über Inhalte und Methoden der Neurowissenschaft informiert sind, was eine Voraussetzung dafür ist, um überhaupt Neurophilosophie betreiben zu können. Typische philosophische Kritiken etwa beziehen sich auf Überinterpretatio-

nen von Experimenten oder Befunden wie etwa des Libet-Experiments (s. Kap. IV.23), der Geschichte von Phineas Gage (s. Kap. IV.6) oder den Ergebnissen von Neuroimagingstudien (s. Kap. V.2). Eine weitergehende Kritik bezieht sich auf den Neurozentrismus bzw. die internalistische Struktur neurowissenschaftlicher Ansätze, programmatisch kondensiert zu der Formel: ›Du bist nicht Dein Gehirn‹ (z. B. Noë 2009). In der Philosophie des Geistes ist, ein wenig technischer, auch die Rede von den vier ›Es‹: Da die Neurophilosophie Geistiges nur aus dem Gehirn heraus erkläre, das Gehirn aber erstens in einen Körper (*embodied*) und darüber hinaus auch in eine (vorwiegend soziale und kulturelle) Umwelt eingebunden sei (*embedded*; s. Kap. III.7), in der die das Gehirn besitzende Person handle (*enacted*; s. Kap. III.9), und geistige Prozesse durch über das Gehirn hinausreichende Prozesse konstituiert seien (*extended*; s. Kap. III.8), müsse eine internalistische Neurophilosophie ihr Ziel einer umfassenden Erklärung verfehlen. Anders ausgedrückt: Kognition ist immer situiert (s. Kap. III.6). Eine fundamentaler erscheinende Kritik kommt von zwei anderen Seiten. Die eine ist die auf Ludwig Wittgenstein zurückgehende sprachphilosophische Kritik, dass die Neurowissenschaft Begriffe, die nur für ein Ganzes vorgesehen seien, auf dessen Teile anwende (der sog. mereologische oder Homunculusfehlschluss), wenn sie etwa behaupte, dass das Gehirn denke, glaube oder entscheide (Bennett/Hacker 2003). Eine zweite Fundamentalkritik schließlich ist mehr politischer und soziologischer Natur: Die sog. kritische Neurowissenschaft (s. Kap. V.5) kritisiert nicht nur Überinterpretationen, einen Internalismus oder eine unangemessene Verwendung von Begriffen, sondern sieht die Neurowissenschaft(ler) als Repräsentant(en) einer gesellschaftlichen Einflussgruppe oder gar Priesterschaft, die durch die Macht der Bilder, eine revolutionäre Rhetorik sowie durch gesellschaftliche Ausbreitung und institutionelle Zwänge eine Deutungshoheit über gesellschaftliche Prozesse erlange oder zu erlangen suche, die es ebenso wie den damit verbundenen Möglichkeiten zu Interventionen zu entlarven und der es zu widerstehen gelte (Choudhury/Slaby 2012).

Mit der ersten Form der Kritik rennen Philosophen in der Regel offene Türen ein, da die Kritik an Über- bzw. Falschinterpretationen bestimmter empirischer Resultate von Neurophilosophen selbst sehr früh gesehen wurde (vgl. dazu die Kritik der Libet-Experimente durch Churchland und Daniel Dennett in den 1980er Jahren, welche die gegenwärtige Diskussion in Deutschland zum großen Teil vorwegnimmt). Auch die leichtfertige Verwendung der Ergebnisse von Neuroimagingstudien ist nach einer ersten ›Honeymoonphase‹ dieser neuen Methodik sowohl von Neurowissenschaftlern selbst als auch von Neurophilosophen häufig kritisiert worden (für eine systematische Übersicht vgl. Walter 2009). Kritiker einer Neurophilosophie verfallen dabei allerdings häufig selbst der von ihnen monierten Fokussierung auf eine ›Bildersprache‹ und setzen neurophilosophische Erklärungen mit der Neurobildgebung gleich, ohne grundlagenwissenschaftliche Entwicklungen einzubeziehen (s. u.). Der Vorwurf eines mereologischen Fehlschlusses ist zwar zunächst berechtigt, lässt sich mit sprachlichen Vereinbarungen in der Regel aber problemlos beseitigen und übersieht zudem, dass sich eine eventuelle Änderung des Sprachgebrauchs immer erst gegen das übliche Verständnis durchsetzen muss. Allerdings macht sich in der Neurowissenschaft kaum jemand die Mühe, den anthropozentrischen Sprachgebrauch zu vermeiden, u. a. da die Kritik oft als ›Sprachpolizei‹ empfunden wird, die kaum eines der echten Probleme löst. Die Thesen der kritischen Neurowissenschaft sind noch schwerer zu beurteilen, erscheinen aber aufgrund der Tatsache, dass Neurowissenschaftler allzu oft ohne entsprechende Fachkenntnis Deutungshoheit über gesellschaftliche Domänen beanspruchen, zumindest plausibel. Philosophisch am interessantesten ist jedoch die Frage der vier ›E‹s, d. h. die Frage, inwieweit neurowissenschaftliche Erklärungen alleine Mentales erklären können, und die damit verbundene Frage, was mentale Zustände und Prozesse eigentlich sind bzw. wodurch sie konstituiert sind (s. Kap. III.6–10; Walter 2013). Die Bedeutungshaltigkeit neuronaler Zustände zumindest lässt sich der These einer ›adaptiven Neurosemantik‹ zufolge (Walter 1999, 266–292) nur dann erschließen, wenn man sie in ihrer historischen und aktuellen Interaktion mit der Umwelt und den dort enthaltenen repräsentationalen Systemen betrachtet.

Neue humanwissenschaftliche Forschungsfelder. Durch die Entwicklung einer eigenständigen Wissenschaft, der kognitiven Neurowissenschaft (*cognitive neuroscience*; s. Kap. II.D.1), die experimentalpsychologische Fragestellungen mit neuen, nichtinvasiven Verfahren der Messung von Hirnaktivität verbindet, haben sich der Neurowissenschaft neue Felder erschlossen, die vordem nur im Tierversuch zugänglich waren. Das gilt etwa für das Bewusstsein von mutmaßlichen Komapatienten durch Neuroimaging (Walter/Müller 2012; s. Kap. II.D.3), für Emotionen, für die Hirnregionen relevant sind, die nur mit neuen Techniken darstellbar sind (s. Kap. IV.5), für soziale Kognition (s. Kap. III.10), die in vielen Aspekten nur beim Menschen erforscht werden kann (Perspektivenübernahme, Mentalisierung, Empathie; s. Kap. IV.21), für typisch menschliche Aspekte der Volition, etwa die Fähigkeit zur Imagination kontrafaktischer Szenarien oder zur Antizipation von Bedürfnissen (s. Kap. IV.23), für moralisches Urteilen (Churchland 2011) oder für die neuronale Grundlage von Überzeugungen (Krueger/Grafmann 2012) und religiösem Glauben (Vaas/Blume 2011). In gewissem Sinne kommt es dabei zu einer ›Wiederentdeckung‹ von Themen, die in Philosophie und Psychologie schon seit langem bearbeitet werden, nur eben jetzt unter einer anderen Perspektive, denn inzwischen können wir jene Prozesse mit neurokognitiven und molekularen Mechanismen in Verbindung bringen. Interessanterweise gelingt die Verbindung zum Molekularen dabei gerade in Bereichen, in denen man es intuitiv nicht erwarten würde, denn neben dem Gedächtnis (Bickle 2009) ist das Thema von Bindung, Sexualität und Liebe (Elternliebe, Partnerliebe) ein Paradebeispiel dafür, wie psychologische, neurokognitive und molekulare Erklärungen zu einem neuen Gesamtbild eines allgemein bekannten Phänomens beitragen können (Walter 2003). Allerdings zeichnen sich in diesen neuen, oder besser: wiederentdeckten, Feldern, z. B. im Bereich der sozialen Kognition, methodologische Begrenzungen des neurowissenschaftlichen Ansatzes ab, da es viele aktuelle Techniken nicht erlauben, Probanden in sozialer Interaktion oder in einer Feldstudie zu untersuchen. Ein aktives Feld der Neurophilosophie besteht daher darin, die neuronalen Mechanismen, Bedingungen und Erklärungen von sozialen, volitionalen und Glaubensprozessen auf ihre Erklärungskraft und Reichweite hin zu untersuchen.

Neue Grundlagenforschung. Auf der nicht humanwissenschaftlichen Seite gibt es neuartige Methoden und Techniken, die neue Erklärungen möglich machen. Das ›Primat des Neuronalen‹ besagt ja, dass sich jeder mentale Prozess (des Menschen) letztlich auf materielle Vorgänge im Gehirn zurückführen lassen muss, auch wenn diese möglicherweise nur im Zusammenspiel mit externen Bedingungen (s. o.) mentale Prozesse *sui generis* hervorbringen können.

Im Gegensatz zur Humanforschung gibt es in der Grundlagenforschung viel bessere Möglichkeiten, Zusammenhänge nicht nur korrelativ festzustellen, sondern durch Interventionen auch etwas über die Kausalität postulierter Mechanismen zu erfahren, etwa durch die Ausschaltung von Genen bei ›knock-out-Mäusen‹ oder durch die Gabe von Pharmaka. Während diese Techniken schon länger bekannt sind, hat in den letzten Jahren eine neue Methode von sich reden gemacht, die einen großen Fortschritt im mechanistischen Verständnis neuronaler Funktionen bedeutet, nämlich die Optogenetik (Yizhar et al. 2011). Während bis vor kurzem der ›Goldstandard‹ einer Intervention ins Gehirn die Reizung mit Elektroden war, die viele Neurone in einem begrenzten Bereich unspezifisch erregte, erlaubt die Technik der Optogenetik ganz spezifische Aktivierungen oder Hemmungen bestimmter Neuronentypen. Das Prinzip besteht darin, mittels eines viralen Vektors lichtempfindliche Proteine verschiedener Art (Opsine) in bestimmte Typen von Nervenzellen einzuschleusen, die sich dann in die Nervenmembran integrieren. Durch die Bestrahlung mit Licht einer bestimmten Wellenlänge ändern diese ihre Struktur und bewirken so einen transmembranösen Ionenfluss, der zu einer Aktivierung oder Hemmung einer Nervenzelle führt – und dies mit millisekundengenauer Präzision. Die Stimulation kann durch implantierte Lichtleiter an bestimmten Stellen im Gehirn erfolgen und hat zudem den großen Vorteil, dass sie eine gleichzeitige Ableitung von Nervenzellen erlaubt, was bei elektrischer Stimulation unmöglich ist. Diese Technik wird inzwischen weltweit in vielen Laboratorien eingesetzt. Mit ihrer Hilfe kann das Verhalten von Nagern sehr gezielt beeinflusst werden, und sie wird zu einem erheblichen Erkenntnisgewinn in der Neurowissenschaft beitragen – eine bis jetzt neurophilosophisch und neuroethisch noch nicht aufgearbeitete Konstellation. Inzwischen werden auch erste Kombinationen der Optogenetik und der Neurophysiologie in medizinischen Anwendungen erprobt, etwa bei der Konstruktion künstlicher Netzhäute. Prinzipiell ist auch eine Kombination von Tiefer Hirnstimulation (s. Kap. V.6) und Optogenetik denkbar, auch wenn das dafür notwendige Einbringen genetischer Vektoren in das Gehirn (noch) eine große Hürde bildet. Aus der systematischen Perspektive der Neurophilosophie ist zu bedenken, dass neuronale Erklärungen mentaler Prozesse beim Menschen auch deshalb beschränkt sind, weil wir aus nachvollziehbaren ethischen Gründen (s. Kap. V.8) invasive Untersuchungen an Menschen nicht durchführen können. Dies führt dazu, dass viele Untersuchungen rein korrelativer Natur sind, ja sein müssen, und tiefere Einblicke in kausale Bedingungsgefüge oft nur durch Experimente der Natur (s. Kap. II.E.3) oder als ›Nebenprodukte‹ in einem medizinischen Kontext anfallen (s. Kap. II.D.3).

Wissenschaftstheorie. Ein bisher nur sehr unzureichend bearbeitetes Feld der Neurophilosophie ist die Wissenschaftstheorie der Neurowissenschaft. Eine naheliegende Erklärung für diese Lücke besagt, dass es eben (noch) keine allgemeine Theorie des Gehirns gibt, v. a. keine, die quantitative Gesetze oder Prinzipien aufstellt. Die klassische Wissenschaftstheorie ist stark an der Physik ausgerichtet. Lediglich im Bereich der Biologie hat sich eine eigenständige wissenschaftstheoretische Diskussion entwickelt, u. a. weil es hier mit der Evolutionstheorie eine umfassende, gut bestätigte Theorie gibt, an der sich Philosophen ›abarbeiten‹ können. Möglicherweise bietet der sog. Neue Mechanismus (Bechtel 2008; Craver 2007) einen Ansatzpunkt für eine Wissenschaftstheorie der Neurowissenschaft. Allerdings ist dieser sehr oft auf die Erklärung neurobiologischer Phänomene selbst fokussiert (z. B. die Erklärung von Aktionspotenzialen) und nicht auf mentale Zustände, wie sie in der kognitiven Neurowissenschaft bearbeitet werden (s. Kap. II.D.1).

Eine wissenschaftsphilosophisch ebenfalls noch wenig bearbeitete Frage lautet, ob der Ansatz der ›big science‹ beim Verstehen und Erklären des Gehirns hilfreich sein kann. Dazu zählt sowohl der Versuch, ein ganzes Gehirn zu simulieren (*blue brain project*; http://bluebrain.epfl.ch), als auch der Versuch, seine molekularen, zellulären und funktionellen Komponenten systematisch zu kartieren und damit in die Komplexität des Gehirns wie mit einem Großteleskop hinein zu zoomen, um seine Funktionsprinzipien zu verstehen (*Allen Institute for Brain Science*; http://www.alleninstitute.org). Diese Ansätze sind deshalb interessant, weil sie die philosophische These, dass ein noch so detailliertes Verständnis eines Mechanismus uns niemals erklären könne, wie und weshalb es zu bewusstem Erleben kommt (s. Kap. IV.4), empirisch auf die Probe stellen und möglicherweise als falsche Intuition erweisen könnten.

Computational neuroscience und das prädiktive Gehirn. Eine weitere Entwicklung in der Neurowissenschaft, die von neurophilosophischer Relevanz ist, ist die Entwicklung computationaler Methoden und Modellierungen, eine Entwicklung, die schon Churchland/Sejnowski (1994) in ihrem Buch *The Computational Brain* thematisieren und Churchland (1992) auf die Wissenschaftstheorie und die Philosophie des Geistes angewendet hat. Inzwischen hat sich die *computational neuroscience* als Gebiet sowohl in der Grundlagenforschung als auch in der humanwissenschaftlichen Bildgebungsforschung eta-

bliert – nicht nur zur Datenbeschreibung oder Auswertung, sondern v. a. um Modelle zu formulieren,
die anhand experimenteller Daten überprüft und
verbessert werden. Eine solche Mathematisierung
und Quantifizierung ist wissenschaftshistorisch oft
Voraussetzung einer allgemeinen Theorie in einer
wissenschaftlichen Domäne gewesen. Dabei zeichnet sich gegenwärtig ein Thema ab, das geeignet erscheint, Grundlage einer allgemeinen Hirntheorie
zu werden. Es geht dabei um die These, dass unser
Gehirn ständig damit beschäftigt ist, Vorhersagen zu
machen und zu überprüfen, ob diese eintreffen oder
nicht (Bennett/Hacker (2003) sprächen hier von einem mereologischen Fehlschluss, auf eine umständ-
liche Umformulierung wird dennoch verzichtet).
Dies gilt sowohl im sensorischen als auch im motorischen und motivationalen Bereich, etwa bei der
Erwartung von Belohnungen. Andy Clark, einer
der Begründer des *extended-mind*-Ansatzes (s. Kap.
III.8), hat 2013 einen umfassenden Artikel über
diese sich im Entstehen befindende Theorie des Gehirns zur Diskussion gestellt (Clark 2013), die sehr
stark auf neurowissenschaftlichen Befunden beruht.

Die Neurophilosophie oder Philosophie der Neurowissenschaften hat sich von einer radikalen Position innerhalb der Philosophie des Geistes (elimina-
tiver Materialismus) zu einer Disziplin entwickelt,
die sich die Aufgabe stellt, Philosophie und Neurowissenschaften in enger Auseinandersetzung mit
aktuellen empirischen Erkenntnissen füreinander
fruchtbar zu machen. Obwohl traditionell weiterhin
eng der Philosophie des Geistes verbunden, hat die
Neurophilosophie inzwischen teilweise den Charakter einer Neuroanthropologie angenommen: Durch
die extensive neurowissenschaftliche Forschung zu
fast allen zentralen psychischen Merkmalen lassen
sich philosophische Thesen zur Natur des Menschen
nämlich nunmehr teilweise empirisch überprüfen.
Die in ihrem Erklärungsanspruch häufig überbordenden ›Neurobindestrichdisziplinen‹ haben aktuell
zur Entwicklung neurokritischer Positionen geführt,
die letztlich zu einer Schärfung und genaueren Charakterisierung der Reichweite der Neurophilosophie
beitragen werden. Insbesondere im Bereich der Wissenschaftstheorie der Neurowissenschaften, der Suche nach einer allgemeinen Theorie des Gehirns und
der neuroethischen Brisanz von Neurotechnologien
besteht ein erheblicher Forschungsbedarf, der nur
interdisziplinär abgedeckt werden kann (s. Kap. V.5,
Kap. V.8).

Literatur

Bechtel, William (2008): *Mental Mechanisms*. New York.
Bennett, Maxwell/Hacker, Peter (2003): *Philosophical Foundations of Neuroscience*. Oxford. [dt.: *Die philosophischen Grundlagen der Neurowissenschaften*. Darmstadt 2010].
Bickle, John (Hg.) (2009): *The Oxford Handbook of Philosophy and Neuroscience*. Oxford.
Choudhury, Suparna/Slaby, Jan (Hg.) (2012): *Critical Neuroscience*. London.
Churchland, Patricia (1986): *Neurophilosophy*. Cambridge (Mass.).
Churchland, Patricia (2011): *Braintrust*. Princeton.
Churchland, Patricia/Sejnowski, Terrence (1994): *The Computational Brain*. Cambridge (Mass.). [dt.: *Grundlagen zur Neuroinformatik und Neurobiologie*. Wiesbaden 1997].
Churchland, Paul (1992): *A Neurocomputational Perspective*. Cambridge (Mass.).
Clark, Andy (2013): Whatever next? Predictive brains, situated agents, and the future. In: *Behavioral and Brain Sciences* 36/3, 181–204.
Craver, Carl (2007): *Explaining the Brain*. Oxford.
Krueger, Frank/Grafman, Jordan (Hg.) (2012): *The Neural Basis of Human Belief Systems*. Hove.
Metzinger, Thomas (2004): *Being no One*. Cambridge (Mass.).
Noë, Alva (2009): *Out of Our Heads*. New York. [dt.: *Du bist nicht dein Gehirn*. München 2010].
Popper, Karl/Eccles, John (1977): *The Self and its Brain*. Berlin. [dt.: *Das Ich und sein Gehirn*. München 1977].
Schleim, Stephan/Spranger, Tade/Walter, Henrik (Hg.) (2009): *Von der Neuroethik zum Neurorecht?* Göttingen.
Vaas, Rüdiger/Blume, Michael (³2011): *Gott, Gene und Gehirn*. Stuttgart [2008].
Walter, Henrik (²1999): *Neurophilosophie der Willensfreiheit*. Paderborn [1998].
Walter, Henrik (2003): Lust und Liebe. In: Achim Stephan/Henrik Walter (Hg.): *Natur und Theorie der Emotion*. Paderborn, 75–111.
Walter, Henrik (2009): Was können wir messen? In: Stephan Schleim/Tade Spranger/Henrik Walter (Hg.): *Von der Neuroethik zum Neurorecht?* Göttingen, 67–103.
Walter, Henrik (²2011): Contributions of neuroscience to the free will debate. In: Robert Kane (Hg.): *The Oxford Handbook of Free Will*. Oxford [2002], 515–529.
Walter, Henrik/Müller, Sabine (2012): Neuronale Grundlagen des Bewusstseins. In: Hans-Otto Karnath/Peter Thier (Hg.): *Kognitive Neurowissenschaften*. Berlin, 655–664.
Walter, Sven (2013): *Kognition*. Stuttgart.
Yizhar, Ofer/Lief, Fenno/Davidson, Thomas/Mogri, Murtaza/Deisseroth, Karl (2011): Optogenetics in neural systems. In: *Neuron* 71, 9–34.

Henrik Walter

3.   Neurophänomenologie

Ursprünglich geht der Ausdruck ›Neurophänomenologie‹ auf Laughlin et al. (1992) zurück. In einer engen Lesart steht er inzwischen für die Position des Biologen und Neurowissenschaftlers Francisco Varela, der die verkörperlichte Natur des menschlichen Geistes im biologischen Organismus betont (s. Kap. II.9) und sich gegen das klassische Paradigma von Kognition als informationsverarbeitendem Prozess wendet, das dazu geführt hat, dass sich die Neurowissenschaften auf die Erforschung der funktionalen Rolle subpersonaler Hirnprozesse im Hinblick auf sensorische Inputs und motorische Outputs konzentrieren. Untersuchungen dieser Art aus der Dritte-Person-Perspektive lassen laut Varela das personale Bewusstsein von mentalen Zuständen außer Acht, d.h. das *bewusste Erleben* vom eigenen Denken, Wahrnehmen, Handeln, Fühlen usw. aus der Erste-Person-Perspektive. Seine – gewissermaßen als neues Paradigma der Kognitionswissenschaft intendierte – Neurophänomenologie (Varela 1996) ist in ihrem Kern die These, dass Kognition und Bewusstsein nicht unabhängig voneinander verstanden werden können. Damit ist nicht gemeint, dass eine adäquate Theorie von Kognition und Bewusstsein einfach das subjektive qualitative Erleben in den Blick zu nehmen habe. Wenn Varela von ›Phänomenologie‹ spricht, dann hat er nicht (wie z. B. Owen Flanagan, Ned Block, David Chalmers und andere) die nicht-technische Lesart dieses Ausdrucks im Sinn, mit der lediglich eine alltägliche Introspektion des phänomenalen Aspekts unseres bewussten Erlebens gemeint ist (s. Kap. IV.4). Vielmehr zieht er Inspiration aus der Phänomenologie, jener philosophischen Position mit ihren eigenen Methoden, die ihren Ursprung in Edmund Husserl hat, von Autoren wie Max Scheler, Martin Heidegger, Aron Gurwitsch, Jean Paul Sartre und Maurice Merleau-Ponty weiterentwickelt wurde und sich als systematisch disziplinierte Analyse der *Strukturen* des Erlebens versteht. Laut Varela ist eine Verbindung von Neurowissenschaft und Phänomenologie notwendig, um die wechselseitige Abhängigkeit von neurophysiologischer Struktur und Funktion einerseits und Erleben und Bewusstsein andererseits zu erforschen. Varelas Ansatz wurde u.a. von Antoine Lutz und Evan Thompson aufgegriffen und weiterentwickelt (Lutz 2002; Lutz/Thompson 2003; Thompson 2007).

In seiner weiten Lesart steht der Ausdruck ›Neurophänomenologie‹ für verschiedene Versuche einer Naturalisierung der Phänomenologie, die von der Auffassung getrieben sind, dass Phänomenologie und empirische Wissenschaften sich sowohl gegenseitig erhellen als einander auch inhaltliche Beschränkungen auferlegen können. Als gemeinsamer historischer Bezugspunkt dienen dabei die Arbeiten des Phänomenologen Merleau-Ponty, der als früher Verfechter einer »mutual illumination among a phenomenology of direct lived experience, psychology and neurophysiology« gefeiert wurde (Varela et al. 1991, 15).

Phänomenologie und Verkörperlichung

In seinem Frühwerk *Die Struktur des Verhaltens* (Merleau-Ponty 1942) setzte sich Merleau-Ponty explizit mit verschiedenen Wissenschaftlern seiner Zeit auseinander, darunter Iwan Pavlov, Sigmund Freud, Kurt Koffka, Jean Piaget, John Watson und Henri Wallon. Er zeigte die Grenzen der beiden zu seiner Zeit vorherrschenden erkenntnistheoretischen Positionen des Idealismus und des Empirismus auf, um aus dieser Dialektik seine Phänomenologie zu entwickeln, in deren Kern die Forderung nach einem neuen Verständnis von Bewusstsein und Natur jenseits der etablierten Kategorien von Subjektivität und Objektivität steht.

Die konzeptuelle Trennung zwischen Bewusstsein als subjektivem Innenleben (unabhängig von der Welt) einerseits und Natur als objektiver Außenwelt (unabhängig vom Subjekt) andererseits führt laut Merleau-Ponty dazu, dass wir den menschlichen Geist nur entweder als erlebendes Subjekt oder als wissenschaftliches Objekt verstehen können.

Der Idealismus nimmt das Subjekt als Ausgangspunkt aller Erkenntnis, wobei die Welt zu einer reinen Projektion einer vorgegebenen inneren Welt wird: Wir können niemals wissen, wie die Welt an sich ist, sondern nur, wie sie uns in unserem subjektiven Erleben erscheint. Unter der Überschrift »Hat der Naturalismus nicht seine Wahrheit?« übt Merleau-Ponty Kritik an Immanuel Kants Transzendentalphilosophie, die Bewusstsein in einer idealen, außerhalb jeglicher weltlichen Erfahrung liegenden Sphäre ansiedelt. Stattdessen fordert er auf der letzten Seite eine Neudefinition ein, die sich die wirkliche Welt zu Herzen nimmt (Merleau-Ponty 1942/1976, 260).

Der Empirismus hingegen geht laut Merleau-Ponty vom anderen Extrem aus, indem er eine objektive Welt als Bezugspunkt aller Erkenntnis annimmt und von einer Welt-an-sich mit vom Beobachter unabhängigen extern vordefinierten Eigenschaften ausgeht. Bewusstsein wird damit reduziert als ein mechanistischer informationsverarbeitender Prozess betrachtet, der eine möglichst adäquate innere Repräsentation dieser äußeren Welt erzeugt.

Statt uns zwischen einer internen phänomenologischen Reflektion einerseits und einer externen wissenschaftlichen Erklärung andererseits wählen zu lassen (eine Wahl, die den subjektiv erfahrenen Zusammenhang zwischen Bewusstsein und Natur entzweirisse), möchte Merleau-Ponty, dass wir die Unterscheidung zwischen Subjektivismus und Objektivismus hinter uns lassen und nach einer Dimension jenseits davon Ausschau halten. Statt Bewusstsein und Natur bereits konzeptuell dualistisch zu trennen, werden sie als zwei Pole eines einheitlichen *verkörperlichten Erlebens* verstanden (s. Kap. III.7). Subjektives Erleben ist im körperlichen Dasein in der Welt begründet (und nicht wie in Kants Idealismus in einem transzendentalen Bewusstsein). Die körperliche Situiertheit in einer *natürlichen Umgebung* ist die Bedingung der Möglichkeit dafür, dass das Subjekt eine bestimmte Perspektive auf die Welt hat und die Welt als bedeutsam für die eigenen Interaktionsmöglichkeiten erfährt. Dinge in der Welt haben keine extern definierten Eigenschaften, sondern bekommen erst im Erleben eines lebendigen und bewussten Subjekts Bedeutung. Damit wird die Welt als *signifikante Umwelt* erlebt (und nicht wie im Empirismus als natürlich gegebene objektiv erfahrbare Tatsache). Zusammenfassend wird bewusstes Erleben als eine *verkörperlichte Perspektive* und nicht als subjektives Innenleben und die Welt als ein *phänomenales Feld* und nicht als objektive Außenwelt verstanden: »Die Welt ist unabtrennbar vom Subjekt, einem Subjekt jedoch, das selbst nichts anderes ist als ein Entwurf der Welt, und das Subjekt ist untrennbar von der Welt, doch von einer Welt, die es selbst entwirft« (Merleau-Ponty 1945/1965, 489).

Die Erforschung von bewusstem Erleben erfordert für Merleau-Ponty folglich eine Integration von phänomenologischen Beschreibungen aus der Erste-Person-Perspektive und naturwissenschaftlicher Erforschung aus der Dritte-Person-Perspektive. Dabei ist wichtig zu sehen, dass es ihm bei der Frage nach dem Zusammenhang zwischen philosophischer Phänomenologie und empirischer Wissenschaft nicht um die Frage ging, wie bereits etablierte phänomenologische Erkenntnisse auf empirische Fragen anzuwenden sind, d.h. auf welche Weise die Phänomenologie die positive Wissenschaft beschränken kann. Merleau-Ponty war vielmehr überzeugt, dass die Phänomenologie durch den Dialog mit den empirischen Wissenschaften selbst verän-

dert werden kann und genau diese Konfrontation braucht, um sich angemessen zu entwickeln. Seine Arbeiten (wie auch die seiner Kollegen wie etwa Gurwitsch oder Erwin Straus), die eine wechselseitige Bereicherung zwischen der Phänomenologie und den Naturwissenschaften ihrer Zeit sehen, haben die aktuelle Debatte nachhaltig beeinflusst. Aufbauend auf dieser besonderen Form der *verkörperlichten Phänomenologie,* die einen Mittelweg (*entre-deux*) zwischen Geist und Körper, Bewusstsein und Natur, Phänomenologie und Wissenschaft sucht, entwickelte sich auch die Neurophänomenologie im engen Sinne.

Varelas Neurophänomenologie

Das Pendant zur Psychologie zu Merleau-Pontys Zeiten ist im kontemporären Unterfangen die Kognitionswissenschaft, v. a. die Neurowissenschaft. Varelas Neurophänomenologie zeichnet sich erstens durch die theoretische Annahme der verkörperlichten Natur des Geistes aus und zweitens durch die pragmatische Forderung, phänomenologische Methoden direkt in die neurowissenschaftliche Erforschung von Bewusstsein zu integrieren. Varela hinterfragt den Zusammenhang zwischen (Kognitions-)Wissenschaft und menschlichem Erleben und kommt zu folgendem Schluss: »Experience and scientific understanding are like two legs without which we cannot walk« (Varela et al. 1991, 14).

Varela charakterisiert die Neurophänomenologie erstens durch die Zurückweisung repräsentationalistischer und computationalistischer Theorien von Kognition und Bewusstsein (s. Kap. IV.4). Stattdessen verfolgt er einen verkörperlichten (s. Kap. III.7) und dynamischen (s. Kap. III.4) Ansatz, der von einer reziproken (neuro-)physiologischen Kopplung von Gehirn und Körper und einer kontinuierlichen sensomotorischen Kopplung von Organismus und Umwelt ausgeht (s. Kap. II.9). Durch das Streben des verkörperlichten Lebewesens nach biologischer Selbsterhaltung ist die Welt nicht nur mit bestimmten physikochemischen Eigenschaften gegeben (z. B. Zucker als molekulare Struktur), sondern bekommt eine Bedeutung für das Lebewesen als eine in der Interaktion für das Überleben signifikante Nische (z. B. Zucker als Nahrung). Kognition und Bewusstsein sind gleichbedeutend mit dieser Fähigkeit des Lebewesens, Bedeutung hervorzubringen (Thompson 2004). Merleau-Pontys Ideen von Verkörperlichung und Situiertheit werden hier im biologischen Leben selbst verwurzelt, womit das Subjekt nicht mehr unabhängig von der Welt ist; zugleich wird die Welt zu einer erlebten und bedeutungsvollen Welt, womit sie nicht mehr unabhängig vom Subjekt ist.

Die zweite von Varela inspirierte These lautet, dass die aus einer phänomenologisch disziplinierten Analyse des erstpersonalen Erlebens gewonnenen Erkenntnisse einerseits und die drittpersonalen experimentellen Ansätze in der kognitiven Neurowissenschaft andererseits (s. Kap. II.D.1) gleichberechtigte Partner sind, die sich gegenseitig inhaltliche Bedingungen auferlegen können. Die Kognitionswissenschaft, so Varela, muss auch eine wissenschaftliche Theorie von Bewusstsein anstreben. Dieses Ziel kann sie nur verwirklichen, wenn sie dessen phänomenologischer Dimension Rechnung trägt, da sie einen wesentlichen Aspekt des Explanandums ignoriert, wenn sie zum Thema Subjektivität nicht Stellung bezieht. Mit anderen Worten: Wir werden auf unserem Weg zu einer umfassenden Theorie des Geistes nicht weit kommen, wenn wir uns zu engstirnig auf die unserem Erleben zugrunde liegenden subpersonalen neuronalen Ereignisse konzentrieren und der Qualität und Struktur unseres phänomenalen Erlebens selbst keine Beachtung schenken.

Laut Varela ist die subjektive Dimension unseres Erlebens – gegeben eine entsprechende Methode – grundsätzlich offen für eine intersubjektive Bestätigung. Seiner Meinung nach bietet uns die klassische philosophische Phänomenologie genau eine solche Methode. Für ihn hängt die Zukunft der Kognitionswissenschaft entscheidend davon ab, dass Kognitionswissenschaftler einige der von Phänomenologen wie Husserl oder Merleau-Ponty entwickelten Methodologien anzuwenden lernen (Varela 1996, 1997, 1999). In der klassischen phänomenologischen Methode werden, vereinfacht dargestellt, Annahmen über die metaphysische Natur von Welt, Bewusstsein und deren Beziehung vorläufig ausgeklammert (*epoché*), um sich einer Betrachtung des intentionalen Erlebens zuzuwenden (phänomenologische Reduktion). In Abgrenzung zu subjektiven introspektiven Einzelberichten werden durch wiederholtes aufmerksames Betrachten des eigenen Bewusstseins die invarianten Strukturen des phänomenalen Erlebens identifiziert, die auch unter veränderten Bedingungen gleich bleiben und mittels intersubjektive Validierung verallgemeinert werden können (Gallagher/Zahavi 2008).

Wie kann bei der neurowissenschaftlichen Erforschung von Bewusstsein explizit Gebrauch von phänomenologischen Methoden gemacht werden? Eine neurophänomenologische Leitstudie soll im Folgenden kurz aufzeigen, wie phänomenologische Metho-

den direkt in die Forschung miteinbezogen und erstpersonale mit drittpersonalen Daten kombiniert werden können.

Eine neurophänomenologische Leitstudie

In einer Studie von Lutz et al. (2002) sollten Versuchspersonen in einer vorexperimentellen Trainingsperiode entsprechend der phänomenologischen Methode ihren unvoreingenommenen Zugang zum eigenen Erleben verbessern. Durch Übung gesteigerter Achtsamkeit beim Betrachten eines entstehenden Stereogramms wurden sie darauf trainiert, ihre Aufmerksamkeit auf ihr subjektives Erleben zu richten und Aspekte ihres Bewusstseins zu beobachten, die üblicherweise übersehen werden, wie z. B. Konzentrationsgrad oder Momente der Ablenkung oder inneren Grübelns. Anschließend formulierten sie frei exakte Beschreibungen der Qualität ihres Erlebens einer räumlichen Tiefe. Dadurch entwickelte jede Versuchsperson im Laufe wiederholter Durchgänge präzisere persönliche Beschreibungskategorien, ohne auf (z. B. durch eine bestimmte Fragestellung implizierte) vorgefertigte theoretische Kategorien zurückgreifen zu müssen. Durch intersubjektive Validierung zwischen den Versuchspersonen wurden invariante Beschreibungen des eigenen Bereitschaftszustandes und der Qualität der Wahrnehmung ausgemacht und zu drei Kategorien der Aufmerksamkeit zusammengefasst: *steady readiness*, *fragmented readiness* und *unreadiness*. Diese selbstentwickelten und stabilen Beschreibungskategorien wurden im folgenden Experiment von den Versuchspersonen genutzt, um ihren eigenen Bewusstseinszustand zu beschreiben.

Im Hauptexperiment betrachteten die Versuchspersonen wieder einen Bildschirm mit einem 2D-*random-dot*-Muster, aus dem nach einer Stimulation mit Tiefensignalen langsam die Illusion eines 3D-Bildes entstand. Dabei wurden drei Arten von Daten erhoben: Erstens wurde mittels EEG die elektrische Hirnaktivität gemessen, zweitens drückte die Versuchsperson einen Knopf, sobald sie die 3D-Illusion wahrnahm und drittens beschrieb sie nach jedem Durchlauf ihren subjektiv erlebten Zustand mit einer der drei entwickelten Kategorien. In der anschließenden Auswertung wurden die erstpersonalen Berichte als analytisches Mittel verwendet, um die drittpersonalen Messungen (elektrophysiologische und Verhaltensdaten) der individuellen Durchläufe zu organisieren und in drei phänomenale Cluster (entsprechend der jeweiligen Beschreibungskategorie) aufzuteilen. Statt die hohe Variabilität in der fortlaufenden dynamischen Hirnaktivität, die nicht nur vom Stimulus, sondern stark auch vom jeweiligen Bereitschafts- oder Aufmerksamkeitszustand abhängt, als Lärm zu ignorieren oder durch Mittelung der Messungen über viele Durchläufe und Versuchspersonen zu neutralisieren, sollte sie durch eine getrennte Analyse jedes Clusters gezielt untersucht werden. Tatsächlich fanden sich bei jedem phänomenalen Cluster vor der Stimulation dynamische Aktivitätsmuster, die für den Bereitschaftszustand der Versuchsperson vor Einsetzen der 3D-Illusion charakteristisch waren und später die neuronale und behaviorale Antwort beim Wahrnehmen des 3D-Bildes bedingten. Bei einigen Versuchspersonen war eine klare Korrelationen zwischen subjektivem Erleben (z. B. hohe Aufmerksamkeit und eine erlebte Kontinuität beim Übergang vom 2D- zum 3D-Bild) und neuronaler Dynamik (z. B. frühe Phasensynchronie im frontalen Bereich, die kontinuierlich aufrecht erhalten blieb) zu beobachten. Weiterhin zeigte die Datenauswertung eine klare Korrelation zwischen der jeweiligen Beschreibungskategorie (z. B. *steady readiness* verbunden mit hohem Bereitschaftszustand und Konzentration) und den Verhaltensdaten (z. B. schnelle Reaktion).

Diese Leitstudie zeigt, dass mithilfe von phänomenologischen Methoden gewonnene erstpersonale Daten mit neurowissenschaftlichen Methoden und drittpersonalen Daten integriert werden können (Lutz et al. 2002; Lutz/Thompson 2003).

Phänomenologie und Naturalisierung

Varelas Arbeiten führten zu einer intensiven Debatte über das Verhältnis von Phänomenologie und Kognitionswissenschaft und zu einer expliziten Auseinandersetzung mit der Frage, ob die Phänomenologie naturalisiert werden kann bzw. naturalisiert werden sollte (z. B. Gallagher 1997, 2003; Gallagher/Zahavi 2008; Lutz/Thompson 2003; Thompson 2007; Zahavi 2004, 2010). Einer der Gründe, warum der Ruf nach einer Naturalisierung der Phänomenologie nicht von allen Phänomenologen begrüßt wird, ist sicherlich der, dass Husserl als überzeugter Anti-Naturalist bekannt ist. Husserl hat in seinen Schriften den Naturalismus als fundamental verfehlte Philosophie bezeichnet und ihn ausdrücklich mit seiner eigenen Phänomenologie des Bewusstseins kontrastiert (Husserl 1911–1921/1986, 17, 41). An einer Stelle schreibt Husserl sogar, der Kampf gegen den

Naturalismus, dem er sein Leben gewidmet habe, sei unerlässlich für den Fortschritt der Philosophie (Husserl 1994, V. 178). Warum widersetzte sich Husserl dem Versuch einer umfassenden Naturalisierung des Bewusstseins so hartnäckig?

Ein Grund liegt sicher darin, dass der Naturalismus in seinen Augen dem Phänomen Bewusstsein überhaupt nicht vollumfänglich gerecht werden konnte. Nicht nur hatte der Naturalismus in Gestalt der experimentellen Psychologie das (subjektive) Bewusstsein aus den Augen verloren (Husserl 1911–1921/1986, 104), er behandelte, und das war für Husserl noch wichtiger, Bewusstsein als etwas in der Welt real Existierendes. Für Husserl war dies inakzeptabel, denn Bewusstsein war für ihn immer schon nicht nur ein Objekt in der Welt, sondern zugleich auch ein Subjekt für die Welt, d. h. eine Bedingung der Möglichkeit dafür, dass wir überhaupt irgendetwas in der Art und Weise und mit der subjektiven Bedeutung erfahren können, wie wir es erfahren. Obwohl Husserls Ablehnung des Naturalismus unmissverständlich erscheint, haben einige Autoren dafür argumentiert, dass er gegenüber einer bescheideneren Form von Naturalismus, die lediglich die Möglichkeit eines fruchtbaren Austauschs zwischen Phänomenologie und empirischer Wissenschaft betont, weniger Vorbehalte gehabt hätte (Zahavi 2004, 2010), aber die Sache bleibt umstritten.

Zur Diskussion steht also die Frage, was genau unter einer Naturalisierung der Phänomenologie zu verstehen wäre. In der ausführlichen Einleitung zu ihrem wegweisenden Band *Naturalizing Phenomenology* (Petitot et al. 1999) argumentieren Varela und seine Mitherausgeber, das Ziel einer Naturalisierung sei letztlich eine natürliche Erklärung von Bewusstsein, d. h. eine Erklärung, die jeden Rest von Dualismus vollständig vermeide (s. Kap. II.F.1). Die Phänomenologie müsse daher integriert werden in ein explanatorisches Schema, das nur solche Eigenschaften als real akzeptiert, die prinzipiell wissenschaftlich erfassbar sind (Roy et al. 1999, 1–2). Versteht man das Naturalisierungsprojekt als eine Reduktion von Bewusstsein auf den biologischen Körper, könnte der Eindruck entstehen, die von der Phänomenologie traditionell angestrebte philosophische Klärung solle durch wissenschaftliche Theorien und Erklärungen ersetzt werden. Allerdings betrachtet Varela bewusstes Erleben als irreduzible Bedingung der Möglichkeit jeglicher Erfahrung, Aussage oder Theorie. Den Erkenntnissen und Theorien der empirischen Naturwissenschaften liegen Beobachtungen von Phänomenen zugrunde. Diese Beobachtungen setzen ihrerseits Bewusstsein voraus, besser gesagt, ein bewusst erlebendes Subjekt, das die Welt beobachtet und Schlüsse zieht. Demzufolge bleibt eine Untersuchung der Strukturen unseres Erlebens als Vorbedingung jeglichen Wissens irreduzibel (Thompson 2004).

Thompson (2007) liest seinen Kollegen und langjährigen Freund Varela in seinem Buch *Mind in Life* in diesem nicht-reduktionistischen Sinne und sieht einen bidirektionalen Zusammenhang zwischen Phänomenologie und Neurowissenschaft. Thompson zufolge führt eine Naturalisierung der Phänomenologie letztlich zu einem neuen Verständnis der Natur von Leben und Geist (ebd., 14). Die Phänomenologie versetzt uns seiner Meinung nach in die Lage, natürliche Phänomene auf eine Art und Weise zu beobachten und zu beschreiben, die Aspekte aufdeckt, die der Wissenschaft anders verborgen blieben, wie z.B. Selbst, Normativität, Subjektivität, Intentionalität oder Zeitlichkeit. Ein wesentliches Ziel von Thompsons *Mind in Life* ist daher der Nachweis, dass und wie die Phänomenologie es schafft, uns dazu zu bringen, die subjektive Perspektive von biologischen Systemen stärker zu würdigen (ebd., 358).

Gegenseitige Befruchtung

Die eingangs eingeführte weite Lesart charakterisiert eine naturalisierte Phänomenologie nicht über eine unbedingte verkörperlichte Natur des menschlichen Geistes, sondern über einen fruchtbaren Austausch und die Zusammenarbeit mit den empirischen Wissenschaften. Das phänomenologische Credo ›Zu den Sachen selbst!‹ erfordert es, so die Grundidee, dass wir unser wissenschaftliches Theoretisieren von unserem phänomenalen Erleben leiten lassen und darauf achten, wie wir die Wirklichkeit subjektiv erfahren. Da es empirischen Wissenschaftlern um konkret erfahrbare Phänomene geht, sollten sie die Reichhaltigkeit, Komplexität und Diversität, die unser Erleben der Wirklichkeit für uns bereithält, nicht unterschätzen. Da sich die Phänomenologie traditionell mit jenen Aspekten unseres Bewusstseins auseinandergesetzt hat, die auch einer empirischen Untersuchung zugänglich sind (z.B. Wahrnehmung (s. Kap. IV.24), Vorstellung, Propriozeption, Aufmerksamkeit (s. Kap. IV.1), soziale Kognition (s. Kap. III.10) oder Erinnerung (s. Kap. IV.7)), wäre es falsch, ignorierte sie die entsprechenden empirischen Befunde einfach. Die Phänomenologie sollte ganz im Gegenteil über unsere aktuellen wissenschaftlichen Erkenntnisse im Bilde sein, denen sie

gerecht werden muss und die dazu führen können, dass phänomenologische Analysen verfeinert oder überdacht werden müssen. Wie schon erwähnt, wird manchmal behauptet, Phänomenologie und empirische Wissenschaften würden sich gegenseitig sowohl befruchten als auch inhaltliche Beschränkungen auferlegen.

Die Phänomenologie steuert zur empirischen Wissenschaft nicht nur genaue Beschreibungen des Explanandums bei, sondern kann auch grundlegende theoretische Annahmen erhellen oder hinterfragen und zur Entwicklung neuer experimenteller Paradigmen beitragen. Eine ›front-loaded phenomenology‹, wie Shaun Gallagher (2003) sie nennt, beschränkt sich nicht darauf, Versuchspersonen zu trainieren (wie in Lutz' Experiment), sondern trägt mit den durch phänomenologische Analyse gewonnenen Erkenntnissen auch zum Design von Experimenten in den empirischen Wissenschaften bei. Beispielsweise stellen Entwicklungspsychologen manchmal einen engen Zusammenhang her zwischen Selbstbewusstsein und der Fähigkeit, den sog. Spiegeltest zu bestehen: Ab ungefähr dem 18. Lebensmonat sind Kinder beim Betrachten ihres Spiegelbilds in der Lage zu erkennen, dass sie selbst es sind, die sie im Spiegel sehen, und einige Autoren haben dafür argumentiert, dass Kinder erst dann über ein Bewusstsein von sich selbst verfügen (Lewis 2003). Diese Fähigkeit ist Phänomenologen zufolge charakteristisch für eine bereits sehr komplexe Form von Selbstbewusstsein (Rochat/Zahavi 2011). Eine phänomenologische Analyse offenbart zusätzlich eine noch grundlegendere Form von propriozeptivem Leibbewusstsein. Diese theoretische Annahme eines *präreflexiven* Selbstbewusstseins kann im Experiment selbst getestet werden. Eine ›front-loaded phenomenology‹ stellt folglich aufgrund von konzeptuellen Unterscheidungen Hypothesen auf, statt einfach die nachträgliche Interpretation von Resultaten durch phänomenologische Erkenntnisse leiten zu lassen. Das impliziert keineswegs, dass bestimmte phänomenologische Behauptungen ganz einfach vorausgesetzt oder akzeptiert werden müssen. Es geht vielmehr gerade darum, eine dialektische Balance zu finden zwischen phänomenologisch gewonnenen theoretischen Erkenntnissen einerseits und praktischen Vorversuchen andererseits, die diese Erkenntnisse im Hinblick auf ein konkretes Experiment oder eine konkrete empirische Untersuchung spezifizieren oder erweitern (Gallagher 2003).

Die meisten Phänomenologen werden gerne zugestehen, dass die Phänomenologie für die Kognitionswissenschaft, die Neurowissenschaft, die Biologie und ganz allgemein für jede empirische Untersuchung des Geistes relevant sein kann. Allerdings soll das Umgekehrte gerade auch gelten, d.h. Erkenntnisse der empirischen Wissenschaften sollen ihrerseits einen Einfluss auf die Phänomenologie haben können. Es geht dabei nicht nur darum, dass empirische Erkenntnisse klassische phänomenologische Analysen ergänzen, sondern darum, dass sie zu einer Verbesserung und Verfeinerung phänomenologischer Analysen führen können. Andernfalls wäre es unsinnig, von einer gegenseitigen Befruchtung zu sprechen. Dadurch wird jedoch die Frage aufgeworfen, wie phänomenologische Analysen, bei denen es darum geht, der Erste-Person-Perspektive gerecht zu werden und Bewusstsein vor dem Hintergrund seiner Bedeutung für das jeweilige Subjekt zu verstehen, überhaupt von wissenschaftlichen Erkenntnissen zu verschiedenen subpersonalen Prozessen und Mechanismen profitieren können. Die Grundidee ist jedoch ganz einfach. Angenommen, eine phänomenologische Analyse beschreibt anfänglich ein scheinbar einheitliches Phänomen, die Erforschung der neuronalen Korrelate zeigt jedoch, dass dabei zwei verschiedene Mechanismen eine Rolle spielen – Mechanismen z.B., die im Normalfall mit ganz unterschiedlichen Phänomenen, etwa Wahrnehmung und Erinnerung, einhergehen. Dies kann dazu führen, dass wir die ursprüngliche phänomenologische Beschreibung überdenken und uns fragen, ob das entsprechende Phänomen tatsächlich so einheitlich ist, wie wir dachten, und eine sorgfältigere Analyse mag dann unter Umständen eine bislang verdeckte Komplexität zu Tage fördern. (Der umgekehrte Fall ist ganz offensichtlich auch möglich, d.h. es kann sein, dass neurowissenschaftliche Erkenntnisse die Vermutung nahelegen, dass sich zwei Phänomene, die in der phänomenologischen Analyse scheinbar verschieden sind, in Wirklichkeit überlappen oder gar identisch sind.) Allerdings kann, und das ist wichtig, die Entdeckung einer Komplexität auf der subpersonalen Ebene, um bei diesem einfachen Beispiel zu bleiben, uns niemals zwingen, unsere phänomenologische Beschreibung zu verfeinern oder zu überdenken. Da es keinen unmittelbaren Isomorphismus zwischen der subpersonalen und der personalen Ebene gibt, kann sie bestenfalls Anlass sein, noch einmal genauer nachzuschauen. Letzten Endes können wir eine Komplexität auf einer phänomenalen Ebene nur dadurch rechtfertigen, dass wir sie in einer Beschreibung unseres subjektiven Erlebens ausbuchstabieren.

Abschließende Beurteilung

Viele Verfechter einer klassischen Kognitionswissenschaft und Philosophie des Geistes beäugen die Neurophänomenologie kritisch. Auch wenn inzwischen meist eingestanden wird, dass eine wissenschaftliche Erforschung von Bewusstsein nicht umhin kann, auch dem Erlebnisaspekt gerecht zu werden, dass also der Phänomenologie in ihrem nicht-technischen Sinn durchaus Bedeutung zukommt, lehnt die Mehrheit es wohl weiterhin ab, sich die konkreten Methodologien oder theoretischen Annahmen der klassischen philosophischen Phänomenologie zu eigen zu machen.

Wenngleich daher die Neurophänomenologie (sowohl in ihrer engen als auch in ihrer weiten Lesart) in der Kognitionswissenschaft eine Minderheitenposition bleibt, haben die Arbeiten von Varela, Thompson, Gallagher und anderen eine intensive und andauernde Debatte ausgelöst und auch die Entwicklung und Weiterentwicklung verwandter Forschungsgebiete, z.B. zur verkörperlichten Kognition (s. Kap. III.7) oder zum Enaktivismus (s. Kap. III.9), vorangetrieben.

Literatur

Gallagher, Shaun (1997): Mutual enlightenment. In: *Journal of Consciousness Studies* 4/3, 195–214.

Gallagher, Shaun (2003): Phenomenology and experimental design. In: *Journal of Consciousness Studies* 10/9–10, 85–99.

Gallagher, Shaun/Zahavi, Dan (2008): *The Phenomenological Mind*. London.

Husserl, Edmund (1911–1921/1986): *Aufsätze und Vorträge (1911–1921)*. Dordrecht.

Husserl, Edmund (1994): *Briefwechsel. Husserliana Dokumente III/1–10*, hg. von Karl Schuhmann/Elisabeth Schuhmann. Dordrecht.

Laughlin, Charles/McManus, John/D'Aquili, Eugene (1992): *Brain, Symbol and Experience*. New York.

Lewis, Michael (2003): The development of self-consciousness. In: Johannes Roessler/Naomi Eilan (Hg.): *Agency and Self-Awareness*. Oxford, 275–295.

Lutz, Antoine (2002): Toward a neurophenomenology as an account of generative passages. In: *Phenomenology and the Cognitive Sciences* 1, 133–167.

Lutz, Antoine/Lachaux, Jean-Philippe/Martinerie, Jacques/Varela, Francisco (2002): Guiding the study of brain dynamics using first-person data. In: *Proceedings of the National Academy of Science of the USA* 99, 1586–1591.

Lutz, Antoine/Thompson, Evan (2003): Neurophenomenology. In: *Journal of Consciousness Studies* 10/9–10, 31–52.

Merleau-Ponty, Maurice (1942): *La structure du comportement*. Paris. [dt.: Die *Struktur des Verhaltens*. Berlin 1976].

Merleau-Ponty, Maurice (1945): *Phénoménologie de la perception*. Paris. [dt.: *Die Phänomenologie der Wahrnehmung*. Berlin 1965].

Petitot, Jean/Varlea, Francisco/Pachoud, Bernard/Roy, Jean-Michel (Hg.) (1999): *Naturalizing Phenomenology*. Stanford.

Rochat, Philippe/Zahavi, Dan (2011): The uncanny mirror. In: *Consciousness and Cognition* 20, 204–213.

Roy, Jean-Michel/Petitot, Jean/Pachoud, Bernard/Varela, Francisco (1999): Beyond the gap. In: Jean Petitot/Francisco Varlea/Bernard Pachoud/Jean-Michel Roy (Hg.): *Naturalizing Phenomenology*. Stanford, 1–83.

Thompson, Evan (2004): From autopoiesis to neurophenomenology. In: *Phenomenology and the Cognitive Sciences* 3, 381–398.

Thompson, Evan (2007): *Mind in Life*. Cambridge (Mass.).

Varela, Francisco (1996): Neurophenomenology. In: *Journal of Consciousness Studies* 3/4, 330–350.

Varela, Francisco (1997): The naturalization of phenomenology as the transcendence of nature. In: *Alter* 5, 355–381.

Varela, Francisco (1999): The specious present. In: Jean Petitot/Francisco Varlea/Bernard Pachoud/Jean-Michel Roy (Hg.): *Naturalizing Phenomenology*. Stanford, 266–329.

Varela, Francisco/Thompson, Evan/Rosch, Eleanor (1991): *The Embodied Mind*. Cambridge (Mass.). [dt.: *Der mittlere Weg der Erkenntnis*. München 1992].

Zahavi, Dan (2004): Phenomenology and the project of naturalization. In: *Phenomenology and the Cognitive Sciences* 3, 331–347.

Zahavi, Dan (2010): Naturalized phenomenology. In: Shaun Gallagher/Daniel Schmicking (Hg.): *Handbook of Phenomenology and Cognitive Science*. Dordrecht, 2–19.

Dan Zahavi/Ngan-Tram Ho Dac

4. Logik

Was ist Logik? – Schlüsse, Wahrheitstafeln und Kalküle

Die Logik ist die Lehre vom korrekten Schließen. Sie liefert Kriterien dafür, unter welchen Bedingungen es korrekt ist, eine Aussage aus anderen Aussagen zu folgern. Eine solche Folgerung, bei der eine Aussage, die Konklusion, aus anderen Aussagen, den Prämissen, abgeleitet wird, ist ein logischer Schluss. Logische Schlüsse können etwa folgendermaßen aussehen:

Schluss 1

Prämisse 1:	Wenn es Wasser auf dem Mars gab, dann gab es dort Leben.
Prämisse 2:	Auf dem Mars gab es Wasser.
Konklusion:	Auf dem Mars gab es Leben.

Schluss 2

Prämisse 1:	Alle berühmten Logiker haben sich mit formalen Sprachen beschäftigt.
Prämisse 2:	Gottlob Frege war ein berühmter Logiker.
Konklusion:	Gottlob Frege hat sich mit formalen Sprachen beschäftigt.

In beiden Fällen handelt es sich um einen logisch gültigen Schluss. Ein Schluss ist logisch gültig, wenn es nicht der Fall sein kann, dass die Prämissen alle wahr sind und die Konklusion falsch ist. Dabei ist nicht entscheidend, ob die Aussagen, aus denen der Schluss besteht, tatsächlich wahr oder falsch sind. So ist es etwa (noch) fraglich, ob es auf dem Mars tatsächlich Leben gab und ob der in Prämisse 1 postulierte Zusammenhang zwischen dem Vorkommen von Wasser und Lebewesen tatsächlich gilt. *Schluss 1* ist jedoch unabhängig davon logisch gültig: Wenn wir annehmen, dass seine Prämissen alle wahr sind, so folgt aus seiner logischen Form, dass die Konklusion nicht falsch sein kann.

Um die logische Form von Schlüssen bzw. Aussagen sichtbar zu machen, bedient sich die Logik formaler Sprachen. Im Gegensatz zu natürlichen Sprachen enthalten die formalen Sprachen der Logik ein sehr beschränktes Vokabular, dessen Zusammensetzung primär darauf abzielt, die logische Struktur der betrachteten Aussagen offenzulegen. Die strukturell einfachsten Sprachen dieser Art sind die formalen Sprachen der Aussagenlogik. Aussagenlogische Sprachen bestehen üblicherweise aus drei Arten von

Zeichen: Zeichen, die komplette Aussagen repräsentieren, Zeichen, die für logische Verknüpfungen von Aussagen stehen, und Klammern als Gliederungselemente. Komplette Aussagen werden durch Satzkonstanten repräsentiert, d. h. durch einzelne Buchstaben wie ›p‹, ›q‹, ›r‹. Als logische Verknüpfungen zwischen Aussagen gelten die Verneinung (›nicht‹), die Konjunktion (›und‹), die Disjunktion (›oder‹), das Konditional (›wenn, dann‹) und das Bikonditional (›genau dann, wenn‹ bzw. ›dann und nur dann, wenn‹). Diese logischen Verknüpfungen werden in formalen Logiksprachen durch spezielle Zeichen, die Junktoren, symbolisiert. Aussagenlogische Sprachen setzen sich stets aus diesen Elementen zusammen, wenngleich sich die Syntax dieser Sprachen im Detail unterscheiden kann. Insbesondere die Symbole für die Junktoren können variieren. So kann die Konjunktion z. B. durch das Zeichen ›∧‹ symbolisiert werden, durch das lateinische ›&‹ oder auch durch einen Punkt ›·‹.

Trotz dieser leichten syntaktischen Verschiedenheiten zeichnen sich alle aussagenlogischen Sprachen durch dieselbe semantische Grundstruktur aus. Charakteristisch für die Semantik aussagenlogischer Sprachen ist, dass den Satzkonstanten Wahrheitswerte zugewiesen werden – jede Satzkonstante kann entweder den Wert ›wahr‹ oder den Wert ›falsch‹ annehmen. Die Semantik der Junktoren wird durch Wahrheitstafeln festgelegt. Eine Wahrheitstafel weist einer Aussage, die sich aus mehreren Teilaussagen zusammensetzt, für jede mögliche Wahrheitswertkombination der Teilaussagen einen eindeutig bestimmten Wahrheitswert zu. Die Aussage ›p ∧ q‹ etwa besteht aus zwei Teilaussagen ›p‹ und ›q‹, die jeweils die Wahrheitswerte ›wahr‹ (W) und ›falsch‹ (F) annehmen können, so dass es insgesamt vier mögliche Kombinationen von Wahrheitswerten gibt. Der Junktor ›∧‹ ist so definiert, dass die Aussage ›p ∧ q‹ dann und nur dann wahr ist, wenn ›p‹ und ›q‹ beide wahr sind; für die anderen drei möglichen Wahrheitswertkombinationen ist ›p ∧ q‹ falsch. Dies entspricht auch unserer üblichen Auffassung, dass eine alltagssprachliche Aussage ›p und q‹ genau dann wahr ist, wenn beide Teilaussagen wahr sind. Abbildung 1 gibt einen Überblick über verschiedene Symbole für die genannten Junktoren sowie die zugehörigen Wahrheitstafeln. Prinzipiell können aussagenlogische Sprachen um weitere Junktoren für andere mögliche Wahrheitswertverteilungen erweitert werden. Standardmäßig beschränkt man sich jedoch auf die fünf in der Abbildung dargestellten Junktoren.

Vor diesem Hintergrund betrachte man noch einmal *Schluss 1*. Werden die Satzkonstanten ›p‹ und ›q‹ so definiert, dass p = *auf dem Mars gab es Wasser* und q = *auf dem Mars gab es Leben*, so lässt sich der Schluss folgendermaßen in eine aussagenlogische Sprache übersetzen:

Schluss 1

Prämisse 1:	$p \rightarrow q$	Wenn es Wasser auf dem Mars gab, dann gab es dort Leben.
Prämisse 2:	p	Auf dem Mars gab es Wasser.
Konklusion:	q	Auf dem Mars gab es Leben.

Das o. g. Kriterium für logische Gültigkeit, dass es nicht der Fall sein kann, dass die Prämissen alle wahr sind und die Konklusion falsch ist, lässt sich nun folgendermaßen ausbuchstabieren: Welche Wahrheitswerte auch immer die in dem Schluss vorkommenden Satzkonstanten annehmen, es kann niemals die Situation auftreten, dass die Prämissen sämtlich wahr sind, während die Konklusion falsch ist. Dies ist im vorliegenden Fall gegeben: Nehmen wir an, dass Prämisse 2 wahr ist, dass ›p‹ also den Wahrheitswert ›wahr‹ annimmt, so geht aus der Wahrheitstafel für ›→‹ hervor, dass Prämisse 1 nur dann wahr sein kann, wenn ›q‹ – die Konklusion – ebenfalls wahr ist. Dies schließt den Fall aus, dass beide Prämissen wahr sind, während die Konklusion falsch ist.

In analoger Weise lassen sich auch die Begriffe logischer Wahrheit und logischer Falschheit definie-

p	q	nicht p $\neg p$ $\sim p$ $\overline{p}$	p und q $p \wedge q$ $p \,\&\, q$ $p \cdot q$	p oder q $p \vee q$	wenn p, dann q $p \rightarrow q$ $p \supset q$ $p \Rightarrow q$	p genau dann, wenn q $p \leftrightarrow q$ $p \equiv q$ $p \Leftrightarrow q$
W	W	F	W	W	W	W
W	F	F	F	W	F	F
F	W	W	F	W	W	F
F	F	W	F	F	W	W

Abbildung 1: Wahrheitstafeln für die fünf gängigsten Junktoren der Aussagenlogik

ren. Eine Aussage ist logisch wahr, wenn sie aus logischen Gründen wahr ist, und logisch falsch, wenn sie aus logischen Gründen falsch ist. Im Rahmen der Aussagenlogik bedeutet logische Wahrheit dementsprechend, dass die Aussage wahr ist, welche Wahrheitswerte auch immer die in ihr vorkommenden Teilaussagen annehmen. Ein einfaches Beispiel für eine logisch wahre Aussage ist das Gesetz vom ausgeschlossenen Dritten, das sich durch ›$p \vee \neg p$‹ formalisieren lässt.

Das Wahrheitstafelverfahren ist ein automatisierbares Entscheidungsverfahren, das es ermöglicht, nach festgelegten Regeln zu bestimmen, ob ein Schluss oder eine Aussage aussagenlogisch gültig bzw. wahr ist oder nicht. Dafür muss es allerdings möglich sein, die logische Struktur des Schlusses bzw. der Aussage adäquat in einer aussagenlogischen Sprache abzubilden. Dies ist jedoch nicht immer gegeben. Ein Beispiel ist *Schluss 2*: Würde dieser Schluss in eine aussagenlogische Sprache übersetzt, so müssten die drei Aussagen, aus denen er besteht, durch unterschiedliche Satzkonstanten repräsentiert werden, z. B. folgendermaßen:

Schluss 2

Prämisse 1:	p	Alle berühmten Logiker haben sich mit formalen Sprachen beschäftigt.
Prämisse 2:	q	Gottlob Frege war ein berühmter Logiker.
Konklusion:	r	Gottlob Frege hat sich mit formalen Sprachen beschäftigt.

Die aussagenlogische Struktur dieses Schlusses lässt es zu, dass die Konklusion falsch ist, selbst wenn die Prämissen beide wahr sind. Dennoch haben wir die Intuition, dass der Schluss korrekt ist. Diese Intuition lässt sich im Rahmen der Prädikatenlogik einfangen. Im Gegensatz zu aussagenlogischen Sprachen nehmen prädikatenlogische Sprachen auch die interne Struktur der betrachteten Aussagen in den Blick. Sie enthalten Zeichen, die für Individuen stehen, sowie Prädikate, die Individuen zugeschrieben werden können. Wenn z. B. ›g‹ für den Namen ›Gottlob Frege‹ steht und ›L‹ für das Prädikat ›war ein berühmter Logiker‹, so kann Prämisse 2 des Schlusses in die prädikatenlogische Formel ›$L(g)$‹ übersetzt werden.

Ein weiterer wesentlicher Bestandteil prädikatenlogischer Sprachen sind Quantoren, ein Allquantor ›$\forall$‹, der für den normalsprachlichen Ausdruck ›alle‹ steht, und ein Existenzquantor ›$\exists$‹, der für den Ausdruck ›einige‹ bzw. ›mindestens ein‹ steht. Zusätzlich enthalten prädikatenlogische Sprachen Variablen, üblicherweise ›x‹, ›y‹, ›z‹, die als Platzhalter für

Individuennamen dienen. Stehen Quantoren und Variablen zur Verfügung, so können auch generelle Aussagen wie Prämisse 1, die sich nicht auf konkrete Individuen beziehen, adäquat analysiert werden. Prämisse 1 besitzt die prädikatenlogische Struktur ›für alle x gilt: wenn x ein berühmter Logiker war, dann hat x sich mit formalen Sprachen beschäftigt‹. Dementsprechend kann *Schluss 2* in prädikatenlogischer Sprache folgendermaßen dargestellt werden (wobei ›F‹ für ›hat sich mit formalen Sprachen beschäftigt‹ steht):

Schluss 2

Prämisse 1:	$\forall x\,(L(x) \rightarrow F(x))$	Alle berühmten Logiker haben sich mit formalen Sprachen beschäftigt.
Prämisse 2:	$L(g)$	Gottlob Frege war ein berühmter Logiker.
Konklusion:	$F(g)$	Gottlob Frege hat sich mit formalen Sprachen beschäftigt.

Dieser Schluss ist prädikatenlogisch gültig. Dies bedeutet, dass es keine Interpretation der vorkommenden Eigennamen und Prädikate gibt, die die Prämissen sämtlich wahr macht, die Konklusion aber falsch. In der Prädikatenlogik kann jedoch nicht mithilfe eines Wahrheitstafelverfahrens entschieden werden, ob ein Schluss logisch gültig ist. Eine Möglichkeit, die Gültigkeit eines prädikatenlogischen Schlusses nachzuweisen, besteht darin, anzunehmen, dass es eine Interpretation gibt, die die Prämissen alle wahr und die Konklusion falsch macht, und zu prüfen, ob dies zu einem Widerspruch führt. Lässt sich ein solcher Widerspruch finden, ist der Schluss logisch gültig (für eine ausführliche Darstellung aussagen- und prädikatenlogischer Sprachen sowie semantischer Beweisverfahren in der Aussagen- und Prädikatenlogik vgl. z. B. Barwise/Etchemendy (1999) sowie Beckermann (2010)).

Alternativ kann die Gültigkeit eines logischen Schlusses sowohl in der Aussagen- als auch in der Prädikatenlogik dadurch nachgewiesen werden, dass die Konklusion in einem syntaktischen Kalkül aus den Prämissen abgeleitet wird. Ein syntaktischer Kalkül ist ein Regelsystem, das beschreibt, in welcher Weise Aussagen einer gegebenen formalen Sprache aus anderen Aussagen dieser Sprache gefolgert werden können. Dass ein Kalkül syntaktisch ist, bedeutet dabei, dass seine Regeln sich nur auf die

Form, d. h. die Syntax, der betrachteten Ausdrücke beziehen. Eine Regel, die in logischen Kalkülen eine zentrale Rolle spielt, ist der *Modus Ponens* (s. Kap. IV.17): Wenn in einer syntaktischen Ableitung an einer Stelle ein Satz Φ vorkommt und an einer anderen Stelle ein Satz der Form Φ → Ψ (wobei Φ und Ψ beliebige Sätze der zugrunde gelegten formalen Sprache sind), so erlaubt der *Modus Ponens*, hieraus den Satz Ψ abzuleiten. Ein einfacher Anwendungsfall dieser Regel ist *Schluss 1*: Prämisse 1 entspricht dem Satz der Form Φ → Ψ, Prämisse 2 entspricht dem Satz Φ und die Konklusion dem Satz Ψ.

Um zum Nachweis der logischen Gültigkeit eines Schlusses geeignet zu sein, muss ein syntaktischer Kalkül sowohl korrekt als auch vollständig sein. Ein Kalkül ist korrekt, wenn sich in ihm nur Ableitungen vornehmen lassen, die auch tatsächlich logisch gültigen Schlüssen entsprechen. Vollständig ist ein Kalkül dann, wenn sich in ihm prinzipiell alle logisch gültigen Schlüsse in einer endlichen Folge von Schritten ableiten lassen. Erfüllt ein aussagenlogischer Kalkül diese beiden Bedingungen, so lassen sich in ihm genau solche Ableitungen vornehmen, die auch aussagenlogisch gültigen Schlüssen entsprechen. Analoges gilt für prädikatenlogische Kalküle: Ist ein prädikatenlogischer Kalkül korrekt und vollständig, so lassen sich in ihm genau solche Ableitungen vornehmen, die prädikatenlogisch gültigen Schlüssen entsprechen (für eine umfassende Darstellung syntaktischer Beweisverfahren inklusive Korrektheits- und Vollständigkeitsbeweisen vgl. Barwise/Etchemendy (1999)). Die Entwicklung korrekter und vollständiger Kalküle ist eines der zentralen Anliegen der modernen Logik.

Varianten logischer Systeme

Die im vorigen Abschnitt dargestellten Standardsysteme der Aussagen- und Prädikatenlogik zählen zur klassischen Logik. In der klassischen Logik gilt zum einen das Bivalenzprinzip: Jeder syntaktisch korrekt gebildete Satz nimmt entweder den Wahrheitswert ›wahr‹ oder den Wahrheitswert ›falsch‹ an (das sog. *tertium non datur*). Zum anderen sind Aussagen der klassischen Logik wahrheitswertfunktional: Wenn die Wahrheitswerte der Teile einer Aussage feststehen, so besitzt auch die Gesamtaussage einen eindeutig bestimmten Wahrheitswert; der Wahrheitswert der Gesamtaussage ist also eine Funktion der Wahrheitswerte der Teilaussagen.

Ein entscheidender Wegbereiter der klassischen Logik war Gottlob Frege, der in seiner *Begriffsschrift*

(1879) als erster eine komplette formale Sprache der Aussagen- und Prädikatenlogik sowie entsprechende Kalküle entwickelte. Der von Frege ausgearbeitete Formalismus löste die auf Aristoteles zurückgehende Syllogismentheorie ab, die bis ins 19. Jh. hinein weit verbreitet war und als eine der wichtigsten Vorläufertheorien der modernen Logik angesehen werden kann. Zuvor hatte bereits George Boole einen algebraischen Logikkalkül entwickelt, der u. a. eine Formalisierung der aristotelischen Syllogistik zum Ziel hatte. Die Weiterentwicklung formaler Systeme im 20. Jh., die maßgeblich von Bertrand Russell und Alfred Whitehead in ihrem dreibändigen Werk *Principia Mathematica* (1910–1913) vorangetrieben wurde, lehnte sich jedoch primär an den von Frege vorgeschlagenen Formalismus an.

Seit Einführung der formalen Logiksprachen ist eine Vielzahl logischer Systeme entwickelt worden. Die oben skizzierte prädikatenlogische Sprache ist eine Sprache erster Stufe. Das bedeutet, dass die vorkommenden Quantoren sich nur auf Individuen beziehen und dass Prädikate ebenfalls nur Individuen zugeschrieben werden können. Darüber hinaus existieren prädikatenlogische Sprachen zweiter Stufe, die die Möglichkeit beinhalten, über Eigenschaften zu quantifizieren, und Prädikate zweiter Stufe enthalten, d. h. Prädikate, die Eigenschaften zugeschrieben werden können. Außerdem lassen sich prädikatenlogische Sprachen definieren, in denen über weitere Entitäten quantifiziert wird, z. B. über Funktionen oder Mengen.

Eine wichtige Entwicklung in der zweiten Hälfte des 20. Jh.s ist die Modallogik. Die Modallogik enthält neben den logischen Zeichen der klassischen Aussagen- und Prädikatenlogik zwei Modaloperatoren: den Operator ›es ist notwendig, dass‹ (symbolisiert durch ›□‹ oder ›N‹) und den Operator ›es ist möglich, dass‹ (symbolisiert durch ›◊‹, ›M‹ oder ›P‹). Ein Satz der Form ›□p‹ ist genau dann wahr, wenn ›p‹ in allen möglichen oder denkbaren Situationen, technisch gesprochen in allen möglichen Welten, wahr ist. ›◊p‹ ist genau dann wahr, wenn ›p‹ in mindestens einer möglichen Welt wahr ist, d. h. wenn eine Situation möglich oder denkbar ist, in der ›p‹ wahr ist (selbst wenn ›p‹ tatsächlich falsch ist). Eine Besonderheit der Modallogik ist, dass sich der Wahrheitswert von Sätzen der Form ›□p‹ nicht automatisch aus dem Wahrheitswert von ›p‹ ergibt. Steht ›p‹ etwa für den wahren Satz ›3 × 3 = 9‹, so ist ›□p‹ wahr; steht ›p‹ hingegen für den ebenfalls wahren Satz ›Gottlob Frege war ein Logiker‹, so ist ›□p‹ falsch, da Umstände möglich oder denkbar sind, unter denen Gottlob Frege kein Logiker geworden wäre. Da die Philosophie in vielen Teilbereichen auf modallogische Konzepte und Zusammenhänge zurückgreift, wird dieser Typ von Logik auch als *philosophische Logik* bezeichnet (vgl. Hughes/Cresswell 1996; Stuhlmann-Laeisz 2002).

Überdies sind eine Reihe weiterer nicht-klassischer Logikvarianten entwickelt worden. Zu nennen sind hier z. B. mehrwertige Logiken, die das Bivalenzprinzip aufgeben und zulassen, dass Aussagen mehr als zwei verschiedene Wahrheitswerte annehmen können (ein Spezialfall dieses Typs von Logik ist z. B. die Fuzzy Logik; s. Kap. IV.17). Die intuitionistische Logik weist das in der klassischen Logik geltende Gesetz vom ausgeschlossenen Dritten zurück (d. h. die oben erwähnte Annahme, dass Aussagen der Form ›$p \lor \neg p$‹ logisch wahr sind). Die parakonsistente Logik weist die Annahme zurück, dass Sätze der Form ›$p \land \neg p$‹ logisch falsch sind (eine Einführung in die nicht-klassische Logik findet sich in Priest (2001); s. Kap. IV.17).

Stellung der Logik in der Kognitionswissenschaft

Die Entwicklung logischer Systeme ist zum einen eine theoretisch motivierte Grundlagendisziplin. Zum anderen können die im ausgehenden 19. Jh. geschaffenen formalen Systeme als Ausgangspunkt für die rasante Entwicklung der Informatik im 20. Jh. angesehen werden, deren praktische Auswirkungen aus kaum einem Lebensbereich mehr wegzudenken sind.

In Kenntnis der von Russell und Whitehead verfassten *Principia Mathematica* stellte David Hilbert (1923) die Forderung auf, dass ein widerspruchsfreier und vollständiger Kalkül der Mathematik gefunden werden sollte, der es ermöglichen sollte, für jede beliebige mathematische Aussage zu entscheiden, ob sie wahr oder falsch ist. Dieses unter der Bezeichnung ›Hilbertprogramm‹ bekannte Vorhaben sah sich jedoch mit dem von Hilbert selbst formulierten *Entscheidungsproblem* konfrontiert, welches sich u. a. für die Prädikatenlogik erster Stufe stellt: Ist ein beliebiger prädikatenlogischer Satz gegeben, so existiert kein formales Verfahren, das es ermöglicht, nach festen Regeln zu entscheiden, ob dieser Satz prädikatenlogisch gültig ist. In diesem Punkt unterscheidet sich die Prädikatenlogik von der Aussagenlogik, bei der mithilfe des Wahrheitstafelverfahrens für jeden beliebigen Satz in einer Serie von klar vorgegebenen Schritten algorithmisch entschieden werden kann, ob er logisch wahr ist oder nicht.

Ein entscheidender Fortschritt im Hinblick auf die Frage, ob sich für Sätze der Mathematik und Logik das Entscheidungsproblem stellt, wurde durch die Arbeiten des Mathematikers und Logikers Kurt Gödel erzielt. Gödel konnte zeigen, dass die Prädikatenlogik erster Stufe vollständig ist (Feferman et al. 1986). Ohne den durch Boole, Frege, Russell und Whitehead angestoßenen und schließlich durch Gödel vollzogenen Nachweis, dass rein syntaktische Transformationen uninterpretierter Symbole in einem logischen Kalkül semantische Zusammenhänge zwischen normalsprachlichen Sätzen abbilden können, wäre nicht nur die Automatisierung von Schlussfolgerungsprozessen, wie sie von der frühen Computerwissenschaft unternommen wurde, undenkbar gewesen. Auch die für die spätere Kognitionspsychologie (s. Kap. II.E.1) sowie für die Kognitionswissenschaft im Allgemeinen (s. Kap. III.1) charakteristische Vorstellung, dass geistigen Leistungen informationsverarbeitende Strukturen zugrunde liegen, die in algorithmischen Berechnungsprozessen bestehen und somit durch computationale Erklärungsmodelle eingefangen werden können (s. Kap. II.E.2), wäre ohne den von der modernen Logik hergestellten Zusammenhang zwischen der semantischen Ebene der Bedeutung und der syntaktischen, und damit maschinell zugänglichen, Ebene der Symboltransformation unmöglich gewesen.

Gödels Vollständigkeitsbeweis impliziert allerdings nicht, dass das Entscheidungsproblem für prädikatenlogische Sätze gelöst ist. Existiert für eine prädikatenlogische Aussage eine Ableitung in einem korrekten Kalkül, so lässt sich daraus schließen, dass die Aussage logisch wahr ist. Es gibt jedoch kein schematisiertes Verfahren, nach dem man vorgehen könnte, um eine solche Ableitung zu finden. Existiert für eine prädikatenlogische Aussage keine Ableitung in einem Kalkül, so lässt sich daraus nicht unbedingt schließen, dass sie nicht prädikatenlogisch wahr ist. Es könnte auch sein, dass die Ableitung schlicht noch nicht gefunden wurde.

Durch den Beweis seiner beiden Unvollständigkeitssätze konnte Gödel überdies zeigen, dass – entgegen der von Hilbert formulierten Forderung – kein widerspruchsfreier und vollständiger Kalkül existiert, aufgrund dessen für jeden beliebigen mathematischen Satz entschieden werden kann, ob er wahr oder falsch ist. Dieses Resultat bedeutet natürlich nicht, dass logische oder mathematische Aussagen in keinem Fall mithilfe eines schematisierten Entscheidungsverfahrens auf ihre Wahrheit geprüft werden können. Wir haben bereits gesehen, dass für Sätze der Aussagenlogik genau so ein Entscheidungsverfahren existiert. Die Existenz einer schematisierten Methode zur Lösung eines mathematischen oder logischen Problems kann durch den Begriff der Berechenbarkeit beschrieben werden (s. Kap. III.1). Eine Funktion ist berechenbar, wenn ihr Wert durch mechanisches Befolgen einer endlichen Zahl klar definierter Instruktionen ermittelt werden kann. Die Funktion, die für jeden aussagenlogischen Satz angibt, ob er logisch wahr ist oder nicht, ist somit berechenbar.

Alan Turing (1936) unterzog diesen zunächst intuitiv definierten Begriff von Berechenbarkeit einer Spezifizierung. Turing stellte das Konzept eines Systems vor, das aus einem Schreib-/Lesekopf und einem unendlichen, in Felder eingeteilten Speicherband besteht. Der Schreib-/Lesekopf dieser sog. Turingmaschine kann sich auf dem Speicherband hin und her bewegen, Zeichen in den Feldern lesen, Zeichen überschreiben und stoppen. Dabei folgt die Turingmaschine einem Algorithmus, der angibt, unter welchen Bedingungen die Maschine welche Aktion ausführt. Werte von Funktionen, z. B. Wahrheitswerte oder Zahlen, lassen sich durch Zeichen(-folgen) auf dem Speicherband codieren. Eine Funktion ist laut Turings Präzisierung genau dann Turing-berechenbar, wenn ihre Werte durch eine Turingmaschine bestimmt werden können. Turing stellte die Behauptung auf, dass die Turing-berechenbaren Funktionen genau denjenigen Funktionen entsprechen, die auch intuitiv berechenbar sind. Da Church (1936) eine analoge These im Hinblick auf Funktionen aufgestellt hatte, die im von ihm entwickelten Lambda-Kalkül berechenbar sind, und überdies bewiesen werden konnte, dass die Menge der im Lambda-Kalkül berechenbaren Funktionen identisch ist mit der Menge der Turing-berechenbaren Funktionen, wird diese These als ›Church-Turing-These‹ bezeichnet.

Der Algorithmus, der die Bewegungen des Schreib-/Lesekopfes auf dem Speicherband koordiniert, wird zunächst als integraler Bestandteil der Turingmaschine selbst angesehen. Eine Turingmaschine, die nur Additionen durchführen kann, ist somit verschieden von einer Turingmaschine, die nur Divisionen ausführen kann. Turing konnte jedoch zeigen, dass sich eine universelle Turingmaschine konstruieren lässt, die jeden Algorithmus ausführen kann, der prinzipiell von einer Turingmaschine befolgt werden kann. Diese Grundidee entspricht dem Konzept eines modernen Computers, dessen Hardware prinzipiell jedes (formal adäquat konstruierte) Programm implementieren kann. In den 1950er Jahren entwickelte John von Neumann eine Hardwarearchitektur, die als eine endliche Annäherung an eine Implementierung einer universellen Turingmaschine angesehen werden kann. Bis heute basiert die Funktionsweise der meisten Computer auf dieser sog. von-Neumann-Architektur. Neben der grundsätzlichen Bedeutung der Logik für die Entstehung der Informatik und der Kognitionswissenschaft spielen logische Strukturen eine zentrale Rolle in diversen informatischen Anwendungskontexten (s. Kap. IV.11, Kap. IV.17, Kap. IV.25). Ein Beispiel ist die logische Programmierung, ein Programmierparadigma, das insbesondere in der Künstliche-Intelligenz-Forschung (s. Kap. II.B.1) zur Anwendung kommt. Die Syntax der in diesem Bereich verwendeten Programmiersprachen – die bekannteste ist derzeit *Prolog* – weist große strukturelle Ähnlichkeiten zur Syntax prädikatenlogischer Sprachen auf.

Als weiteres Beispiel lassen sich Datenbanksysteme anführen, die nach logischen Kriterien strukturiert sind. Auch Suchanfragen an Datenbanken und Internetrecherchen funktionieren mithilfe logischer Operatoren. Gibt man etwa auf der Website *Google Scholar* mehrere unverbundene Suchbegriffe ein, so wird nach deren Konjunktion gesucht, d. h. es werden alle Links ausgegeben, unter denen jeder der genannten Suchbegriffe zu finden ist. Gibt man hingegen eine Anfrage der Form ›*Begriff 1* OR – *Begriff 2*‹ ein, so werden alle Seiten ausgegeben, auf denen *Begriff 1* auftaucht, sowie alle Seiten, auf denen *Begriff 2* nicht auftaucht. Solche Suchanfragen haben daher eine einfache aussagenlogische Struktur.

Die moderne Logik ist also noch viel mehr als die ›Lehre vom korrekten Schließen‹. Es handelt sich um eine vielschichtige Disziplin, die einerseits einen eigenen Forschungszweig bildet, andererseits aber auch ein unverzichtbares Instrument innerhalb diverser anderer Bereiche darstellt – von der Philosophie über die Mathematik und theoretische Informatik bis hin zu praktischen Programmieranwendungen und Internetrecherchen.

Literatur

Barwise, Jon/Etchemendy, John (1999): *Language, Proof and Logic*. Stanford. [dt.: *Sprache, Beweis und Logik*. Paderborn 2005].

Beckermann, Ansgar (³2010): *Einführung in die Logik*. Berlin [1997].

Church, Alonzo (1936): An unsolvable problem of elementary number theory. In: *American Journal of Mathematics* 58, 345–363.

Feferman, Solomon/Dawson, John/Kleene, Stephen/Moore, Gregory/Solovay, Robert/van Heijenoort, Jean (Hg.) (1986): *Kurt Gödel*. Oxford.

Frege, Gottlob (1879): *Begriffsschrift*. Halle.

Hilbert, David (1923): Die logischen Grundlagen der Mathematik. In: *Mathematische Annalen* 88, 151–165.

Hughes, George/Cresswell, Max (1996): *A New Introduction to Modal Logic*. New York.

Priest, Graham (2001): *An Introduction to Non-Classical Logic*. Cambridge. [dt.: *Einführung in die nicht-klassische Logik*. Paderborn 2008].

Russell, Bertrand/Whitehead, Alfred (1910–1913): *Principia Mathematica*, 3 Bde. Cambridge. [dt.: *Principia Mathematica*. Frankfurt a. M. 2008].

Stuhlmann-Laeisz, Rainer (2002): *Philosophische Logik*. Paderborn.

Turing, Alan (1936): On computable numbers, with an application to the Entscheidungsproblem. In: *Proceedings of the London Mathematical Society* 42, 230–265.

Vera Hoffmann-Kolss

III. Strukturen kognitiver Systeme

Einleitung

Die Kognitionswissenschaft ist ein integratives Forschungsprogramm, das eine empirisch wie begrifflich umfassende transdisziplinäre Untersuchung jener kognitiven Leistungen anstrebt, die komplexe natürliche bzw. künstliche Systeme – z. B. Menschen, andere Tiere, Computersimulationen oder Roboter – befähigen, durch intelligentes Verhalten Probleme verschiedenster Art möglichst effizient zu lösen. In den Beiträgen von Teil III geht es insbesondere um die Frage, wie ein System strukturiert sein muss, um kognitive Leistungen wie Wahrnehmen, Erinnern, Lernen, Schlussfolgern, Planen, Entscheiden, Kategorisieren, Sprechen usw. (s. Teil IV) erbringen und so intelligentes Verhalten zeigen zu können: Welche Teile eines Systems oder seiner Umwelt tragen zu seinem intelligenten Verhalten bei und auf welche Weise? Was ist die Natur jener materiellen Prozesse, die den kognitiven Leistungen eines Systems zugrunde liegen? Ist Kognition ausschließlich oder zumindest auch eine Sache von Berechnungsprozessen über symbolische Repräsentationen, wie sie in handelsüblichen digitalen Computern zu finden sind? Wenn ja, beschränken sich diese Berechnungsprozesse auf neuronale Strukturen oder erstrecken sie sich über den ganzen Körper oder gar in die Umwelt eines Systems hinein? Wenn nein, beruhen kognitive Leistungen stattdessen auf komplexen Aktivierungsmustern in neuronalen Netzen und machen entsprechend Gebrauch von subsymbolischen Repräsentationen? Oder hat Kognition am Ende überhaupt nichts mit Berechnungsprozessen und Repräsentationen zu tun und ist einfach eine Sache der dynamischen Gesamtorganisation von Gehirn, Körper und Umwelt, d. h. etwas, das im Rahmen der reziproken Echtzeitinteraktion eines körperlich auf eine bestimmte Weise verfassten Systems mit der es umgebenden Umwelt entsteht?

Der historisch wohl einflussreichste Ansatz versteht unter Kognition die formalen Regeln folgende Transformation symbolischer Strukturen. Kognition ist demnach eine Form von *Informationsverarbeitung*, genauer gesagt: *Symbolverarbeitung*, in einem physisch realisierten Symbolsystem (*physical symbol system*), und kognitive Prozesse sind durch syntaktische Regeln geleitete Berechnungsprozesse über interne symbolische Repräsentationen, die in Analogie zu Computern einen Input in einen Output überführen. Der Geist, so diese Computermetapher, ist ein Programm, d. h. die Software, die durch computational-repräsentationale Prozesse in der Hardware des Gehirns implementiert ist. Unter dem Einfluss dieses von Tarek Besold und Kai-Uwe Kühnberger in Kapitel 1, *Kognition als Symbolverarbeitung: das Computermodell des Geistes*, diskutierten Computermodells war die Kognitionswissenschaft methodologisch zunächst von einem *top-down*-Ansatz geprägt, der nur über computationale Modelle und die algorithmische Zergliederung kognitiver Leistungen zu Fragen ihrer konkreten materiellen Implementierung voranschritt.

In den 1980er Jahren jedoch begann ein alternativer *bottom-up*-Ansatz Erfolge zu feiern, der das Computermodell des Geistes in seiner klassischen Form für physiologisch unrealistisch hielt und davon ausging, dass das menschliche Gehirn (einige) kognitive Leistungen vielmehr gerade deshalb erbringen kann, weil es *keine* sequenzielle Symbolverarbeitung im Stile digitaler Computer betreibt: Statt im Vorfeld aus computationalen Modellen gewonnene Regeln und Repräsentationen explizit in serielen Systemen symbolisch zu kodieren, setzte dieser von Tarek Besold und Kai-Uwe Kühnberger in Kapitel 2, *Konnektionismus, neuronale Netze und parallel distributed processing*, vorgestellte Ansatz in Anlehnung an informationsverarbeitende Strukturen im Gehirn auf parallel arbeitende Systeme, die sich die erforderlichen Regeln und Repräsentationen aufgrund ihrer Organisation implizit selbst aneignen. Bei diesen sog. künstlichen neuronalen Netzen handelt es sich um hochgradig vernetzte Verbünde einfacher Verarbeitungseinheiten, die wie natürliche Neurone einen gewissen Aktivierungsgrad aufweisen und in Analogie zu deren synaptischer Aktivität andere Einheiten über gewichtete Verbindungen (*connections*) aktivieren oder hemmen können. Durch gezielte Anpassung der Verbindungsgewichtungen können konnektionistische Systeme dieser

Art z. B. anhand von Beispielen lernen, einfache Grammatikregeln zu verstehen oder einen geschriebenen englischen Text in gesprochenes Englisch zu überführen, wobei sie ausschließlich von ihrer Struktur, den Eigenschaften der Verarbeitungseinheiten, den Verbindungsgewichtungen und der Dynamik der sich daraus ergebenden Aktivierungsmuster Gebrauch machen, aber nicht wie im Rahmen des klassischen Computermodells auf explizit vorgegebene Problemlöseoperatoren und Kategorien zurückgreifen müssen.

Der Konnektionismus bestreitet zwar die Notwendigkeit symbolischer Repräsentationen, teilt aber die computational-repräsentationale Grundausrichtung des klassischen Computermodells: Neuronale Netze sind zwar keine symbolverarbeitenden digitalen Computer, aber trotzdem Computer (d. h. ›Berechner‹), die durch parallele Operationen an den einzelnen ›Knoten‹ eines Netzes einen Input in einen Output überführen und dabei subsymbolische Repräsentationen hervorbringen. Wie Tarek Besold und Kai-Uwe Kühnberger in Kapitel 3, *Hybride Architekturen*, deutlich machen, handelt es sich bei diesen beiden Positionen daher weniger um miteinander konkurrierende und unverträgliche Ansätze als vielmehr um weitgehend komplementäre Perspektiven, die sich in ihren Stärken und Schwächen gegenseitig ergänzen. Aus diesem Grund erfreuen sich in der Künstliche-Intelligenz-Forschung (s. Kap. II.B.1) derzeit sog. hybride Architekturen großer Beliebtheit, die die Vorteile beider Positionen zu vereinigen versuchen, indem sie symbolische und subsymbolische Elemente in einem modularisierten Ansatz kombinieren oder in einem integrativen neurosymbolischen Ansatz mit einem übergreifenden Formalismus vereinen.

Der den bislang genannten Ansätzen gemeinsame computational-repräsentationale Kern geriet in die Kritik, als in den 1990er Jahren mit dem von Gregor Schöner in Kapitel 4, *Die Theorie dynamischer Systeme*, vorgestellten Dynamizismus eine generelle Skepsis gegenüber allen Arten von Berechnungsprozessen und Repräsentationen einsetzte, die sowohl den digitalen Computer als auch neuronale Netze als Modell des Geistes zurückwies und Kognition stattdessen als Prozess in einem dynamischen System auffasste. Dieser Dynamizismus, der üblicherweise als eine Kombination aus einer metaphysischen These (kognitive Systeme *sind* dynamische Systeme) und einer epistemischen These (kognitive Systeme lassen sich mit dynamizistischen Begriffen und Methoden *beschreiben* und *erklären*) verstanden wird, bildet seit dieser Zeit einen teils radikalen, teils weniger radikalen anti-computationalistischen und anti-repräsentationalistischen Gegenpol zu den klassischen Ansätzen.

In eine ähnliche Richtung gehen auch jene Strömungen, die Marieke Rohde in Kapitel 5, *Evolutionäre Robotik, organic computing und Künstliches Leben*, beschreibt. Unter ›*morphological computing*‹ oder ›*organic computing*‹ versteht man die Vorstellung, dass die Morphologie eines Systems, bis hin zu seinen je spezifischen Materialeigenschaften, Funktionen übernehmen kann, die traditionell internen Repräsentationen und zentralen Kontrollprozessen zukamen. Auf diese Weise können morphologische Charakteristika zu einer computational schlanken Intelligenz beitragen und damit selbst zu einem Teil der kognitiven Maschinerie werden. Auch die evolutionäre Robotik, die sich auf das implizite Design von Robotern durch Nachahmung natürlicher Ausleseprozesse konzentriert, nutzt die Tatsache aus, dass intelligentes Verhalten nicht immer auf aufwendige repräsentationale Berechnungsprozesse in einer zentralen Verarbeitungseinheit angewiesen ist, sondern auch eine Sache der Architektur eines Systems sowie der Art und Weise sein kann, wie es mittels seiner spezifischen körperlichen Verfasstheit mit seiner Umwelt interagiert.

Seit Ende der 1980er Jahre formiert sich ganz unabhängig von der Debatte zwischen klassisch computational-repräsentationalen Ansätzen einerseits sowie berechnungs- und repräsentationsskeptischen Ansätzen andererseits Widerstand gegen die traditionelle Auffassung von Kognition als etwas, das auf Prozesse in einer zentralen Verarbeitungseinheit wie dem Gehirn beschränkt ist. Wie Holger Lyre und Sven Walter in Kapitel 6, *Situierte Kognition*, erläutern, können offenbar weder die einen noch die anderen Ansätze der Natur kognitiver Prozesse umfassend gerecht werden, solange sie ignorieren, dass Kognition in dem Sinne *situiert* ist, dass kognitive Prozesse wesentlich von unserem Körper sowie von unserer interaktiven Einbettung in unsere natürliche, technische und soziale Umwelt abhängen. Allerdings ist die Rede von situierter Kognition bislang weniger Ausdruck eines wohldefinierten Forschungsprogramms als vielmehr der kleinste gemeinsame Nenner eines mehr oder minder losen Verbunds philosophischer Erwägungen, empirischer Studien, psychologischer Modelle und kognitionswissenschaftlicher Anwendungen, die lediglich die Idee eines ganzheitlichen Ansatzes von Gehirn, Körper und Umwelt eint, ohne dass Klarheit darüber bestünde, wie genau ein solcher Ansatz im Detail auszusehen hat. Die wichtigsten Optionen werden in den Kapiteln 7 bis 10 vorgestellt.

Traditionell war der Ausdruck ›Kognition‹ wie erwähnt reserviert für Operationen im Gehirn (oder einer anderen zentralen Verarbeitungseinheit) und Kognition damit gewissermaßen ›körperlos‹: Der übrige Körper hatte allenfalls die für die genuin kognitiven Prozesse erforderliche Energie bereitzustellen und die symbolisch bzw. subsymbolisch berechneten Lösungen umzusetzen, musste dabei aber wiederum koordiniert und kontrolliert werden und warf so selbst eher Probleme auf, statt konstruktiv zum intelligenten Verhalten eines Systems beizutragen. In den vergangenen zwanzig Jahren jedoch wurde unter dem Stichwort ›Verkörperlichung‹ (*embodiment*) in allen Bereichen der Kognitionswissenschaft die Auffassung vertreten, der Körper sei selbst eine wertvolle kognitive Ressource und könne durch die spezifischen Details seiner materiellen Beschaffenheit zur energie- und berechnungseffizienten Lösung von Problemen beitragen. Darüber hinaus können kognitive Systeme mittels ihres Körpers ihre Umwelt so manipulieren, dass diese auch zu einer wertvollen kognitiven Ressource wird. Den gegenwärtig unter dem Stichwort ›situative Einbettung‹ (*embeddedness*) zusammengefassten Ansätzen geht es daher nicht um die Verkörperlichung, sondern um die Umweltabhängigkeit kognitiver Prozesse. Wie Holger Lyre in Kapitel 7, *Verkörperlichung und situative Einbettung (embodied/embedded cognition)*, aufzeigt, können kognitive Prozesse also offenbar nicht wie vom klassischen Computermodell und vom Konnektionismus angenommen weitgehend unabhängig vom Körper und der Umwelt eines Systems betrachtet werden.

Einigen Autoren geht die gerade beschriebene Art von Umweltabhängigkeit noch nicht weit genug. Wenn der Umwelt im Hinblick auf unsere kognitiven Leistungen tatsächlich eine so zentrale Rolle zukommt, mit welchem Recht betrachten wir das Gehirn bzw. Gehirn und Körper dann noch als das alleinige materielle Substrat kognitiver Prozesse? Mit anderen Worten: Was qualifiziert Vorgänge in Gehirn oder Körper als kognitive Prozesse im eigentlichen Sinne, während die Umwelt zur zwar wichtigen und womöglich unverzichtbaren Ressource degradiert wird, die Kognition unterstützt und ermöglicht, selbst aber nicht Teil kognitiver Prozesse sein kann? Überlegungen dieser Art führten seit Ende der 1990er Jahre zu jenen Ansätzen, die üblicherweise unter dem Stichwort ›extended mind‹ bzw. ›extended cognition‹ zusammengefasst werden und die Sven Walter in Kapitel 8, *Erweiterte Kognition (extended cognition)*, diskutiert.

Anders als die bisher betrachteten Positionen hat die von Miriam Kyselo in Kapitel 9, *Enaktivismus*, beschriebene Position ihre Wurzeln primär nicht in den traditionellen Kerndisziplinen der Kognitionswissenschaft, sondern verbindet Elemente von Strömungen, die der klassischen Kognitionswissenschaft eher fremd sind, darunter die Philosophie des Lebens von Hans Jonas, die Autopoiesistheorie von Francisco Varela und Humberto Maturana und die Phänomenologie von Maurice Merleau-Ponty. Oftmals wirkt der Enaktivismus daher idiosynkratisch und unzugänglich, hat sich aber zu einem festen Bestandteil der einschlägigen Theorienlandschaft entwickelt. Er geht aus von der Überlegung, dass die klassischen Ansätze zwar die traditionelle Dichotomie von Geist und Körper bzw. Materie überwunden haben, durch die Postulierung detaillierter interner Repräsentationen einer unabhängig existierenden Umwelt aber immer noch ein von der Welt losgelöstes ›Selbst‹ (s. Kap. IV.18) postulieren müssen, das sich in dieser vorgefertigten Welt zurechtzufinden hat. Der Enaktivismus soll diesen Rest an ›Cartesianischem Unbehagen‹ (*Cartesian anxiety*) überwinden, indem er Kognition statt als Informationsverarbeitung konsequent anti-repräsentationalistisch als Merkmal lebendiger Organismen versteht, in und durch deren Interaktion mit ihrer Umgebung Sinnhaftigkeit, und damit eine Umwelt im eigentlichen Sinne, überhaupt erst hervorgebracht (*enacted*) wird. Daraus ergibt sich die zunächst eigenwillig erscheinende Kontinuitätsthese von Leben und Geist (*life-mind continuity thesis*), der die Überlegung zugrunde liegt, dass Kognition eine Art Sinnstiftung (*sense-making*) ist, die sich aus der Interaktion autonomer und adaptiver Systeme mit ihrer Umgebung ergibt, und lebendige Organismen immer schon im erforderlichen Sinne autonom und adaptiv sind. Leben und Geist sind demnach also insofern eins, als höhere kognitive Leistungen denselben Prinzipien folgen wie bereits einfachste Lebensformen – auch wenn Kognition in Menschen natürlich anders ausgeprägt ist als z. B. in Bakterien, Einzellern oder Amöben.

Die Diskussion um die Konsequenzen der Integration externer kognitiver Ressourcen hat sich über weite Strecken auf im weitesten Sinne technische Artefakte konzentriert. In den Hintergrund getreten ist dabei, dass wir bei der Lösung von Problemen in der Praxis oft auch auf andere kognitive Akteure zurückgreifen. Edwin Hutchins hat für die von Oliver Scholz in Kapitel 10, *Soziale und verteilte Kognition (social/distributed cognition)*, diskutierte Auffassung, dass sich kognitive Prozesse über Komplexe aus interagierenden Akteuren und technischen Ressourcen erstrecken können, Ende der 1980er Jahre die

Bezeichnung ›verteilte Kognition‹ (*distributed cognition*) geprägt. Hutchins geht es um kognitive Leistungen, die überhaupt erst durch die Interaktion mehrerer Akteure unter Zuhilfenahme technischer Ressourcen möglich werden. Er geht dabei zwar von einer klassisch computational-repräsentationalen Konzeption von Kognition aus, die maßgeblichen Berechnungsprozesse umfassen seiner Meinung nach aber nicht nur die Transformation interner mentaler Repräsentationen, sondern machen in einigen Fällen auch von hybriden Repräsentationen Gebrauch, die sich über verschiedenste Medien erstrecken und zum Teil eben auch andere Akteure einschließen. Die Navigation eines großen Schiffes beim Einlaufen in den Hafen, so Hutchins z. B., war vor dem GPS-Zeitalter eine so komplexe Angelegenheit, dass ein einzelner Akteur alleine die Teilaufgaben überhaupt nicht erledigen konnte. Der Navigationsprozess war vielmehr in dem Sinne ›verteilt‹, dass er die koordinierte Interaktion mehrerer Akteure untereinander und mit technischen Ressourcen erforderte und im Hinblick auf die adäquate Umsetzung dieser Interaktionen insbesondere auch von den Eigenheiten der sozialen Hierarchie der Beteiligten abhängig war.

Die bislang vorgestellten Strukturmodelle nehmen nahezu ausschließlich die Mikrostruktur kognitiver Systeme in den Blick, um deren Arbeitsweise zu verstehen und dann darauf Bezug nehmend ihre kognitiven Leistungen erläutern zu können. Die v. a. in den Wirtschaftswissenschaften entwickelten rationalen Modelle menschlichen Verhaltens stellen uns einen weiteren Zugang zur Erklärung und zum Verständnis mehr oder weniger rational agierender Akteure zur Verfügung. Während dabei, wie Wulf Gaertner in Kapitel 11, *Modelle menschlichen Entscheidens*, ausführt, über Jahre hinweg der sog. *Homo oeconomicus* im Mittelpunkt des Interesses stand (s. Kap. V.7), wird der mikroökonomischen Theorie mittlerweile vorgeworfen, sie habe sich mit ihrem Festhalten am Konstrukt des *Homo oeconomicus* so weit von der wirtschaftlichen Realität entfernt, dass ihre Analysen und Empfehlungen kaum brauchbar seien, so dass die Idee des *Homo oeconomicus* durch geeignete Nachfolgekonzepte, etwa dem des *Homo reciprocans*, *Homo puniens* oder *Homo (re)distribuens*, zu ersetzen seien.

Sven Walter

1. Kognition als Symbolverarbeitung: das Computermodell des Geistes

Grundlagen und Voraussetzungen

Gewöhnlich wird sowohl die Geburtsstunde der Künstliche-Intelligenz-Forschung (KI) als akademische Disziplin (s. Kap. II.B.1) als auch die Etablierung der Grundlage für das sog. Computermodell des Geistes mit dem Jahr 1956 verbunden. Während der Begriff ›Künstliche Intelligenz‹ von John McCarthy 1956 auf der bekannten *Dartmouth Conference* geprägt wurde, fanden sich im gleichen Jahr am *Massachusetts Institut of Technology* innerhalb des *Symposium on Information Theory* Wissenschaftler zusammen, die den Grundstein für die Kognitionswissenschaft legten (u. a. Noam Chomsky, Allen Newell, Herbert Simon und George Miller) und eine zentrale Annahme teilten, nämlich, dass das Gehirn im Wesentlichen wie ein Computer funktioniere, der Geist eine Art Software des Gehirns darstelle und das Gesamtsystem Gehirn durch Informationsverarbeitungsprozesse beschrieben werden könne. Dies fasst etwas vereinfacht die grundlegende Idee des Computermodells des Geistes zusammen. Obwohl die eben skizzierte Lokalisierung der Ausgangspunkte der KI und des Computermodells des Geistes ohne jeden Zweifel einen hohen Plausibilitätsgrad besitzt, können die Ursprünge und Vorläufer beider Entwicklungen historisch sicherlich weiter zurückdatiert werden.

Mindestens zwei notwendige Voraussetzungen sind für die Etablierung der KI als Disziplin und des Computermodells des Geistes als klassisch kognitivem Ansatz identifizierbar: erstens die Möglichkeit einer algorithmischen Beschreibung einer Berechnung als Prozess und zweitens die Möglichkeit einer formal präzisen Spezifikation von Weltzuständen. Während die Entwicklung von Algorithmen ganz wesentlich mit der Präzisierung des Begriffs der Berechenbarkeit verbunden ist, stellt die (klassische) Logik die Basis für die Spezifikation von Weltzuständen dar (s. Kap. II.F.4).

Wenden wir uns der Formalisierung des Berechenbarkeitsbegriffs zu. Historisch betrachtet wurden für eine Präzisierung zunächst verschiedene Modelle aus unterschiedlichen Bereichen vorgeschlagen: Im Falle einer Turingmaschine (Turing 1936) wird ein potenziell unendliches, in Felder separiertes Speicherband durch einen Schreib-Lese-Kopf modifiziert, indem ein Symbol (aus einem gegebenen endlichen Alphabet) entweder auf ein Feld des Speicherbands geschrieben, davon gelesen oder davon gelöscht werden kann; jede Funktion, die von einer Turingmaschine berechnet werden kann, nennt man Turing-berechenbar. Eine alternative Präzisierung des Berechenbarkeitsbegriffs gelang mit dem Konzept rekursiver Funktionen, wobei eine Funktion genau dann als berechenbar gilt, wenn es eine rekursive Funktion gibt, die sie berechnet. Vereinfacht gesprochen erlaubt die Definition einer (primitiv) rekursiven Funktion $f\colon \mathbb{N}^m \to \mathbb{N}$ die Berechnung des Wertes $f(x_1, …, x_{m-1}, n+1)$ durch bereits berechnete Werte $f(x_1, …, x_{m-1}, 1), f(x_1, …, x_{m-1}, 2), …, f(x_1, …, x_{m-1}, n)$. Hierbei wird vorausgesetzt, dass als Basisfunktionen die konstante Funktion, Projektionsfunktionen (d.h. Funktionen, welche aus einer Anzahl n von Argumenten ein Argument j mit $1 \le j \le n$ als Funktionswert ergeben (z.B. $P_j(x_1, …, x_j, …, x_n) = x_j$)) und die Nachfolgerfunktion gegeben sind und Kombinationen dieser Funktionen durch die eben vorgestellte primitive Rekursion, Komposition und den µ-Operator (den sog. *unbounded search*-Operator, d.h. einen Operator, der zu einer gegebenen Eigenschaft die kleinste natürliche Zahl zurückgibt, welche diese Eigenschaft aufweist) erlaubt sind. Die kleinste Klasse, die unter diesen Operationen abgeschlossen ist (d.h. die Klasse, welche mit den betrachteten Mitteln unter endlicher Anwendung nicht erweitert werden kann), nennt man rekursive Funktionen.

In der ersten Hälfte des 20. Jh.s stellte sich heraus, dass die beiden genannten (sowie eine Reihe weiterer) Berechenbarkeitsbegriffe äquivalent sind. Neben Turingmaschinen und rekursiven Funktionen wurden z.B. Typ-0-Grammatiken, Registermaschinen oder der Lambda-Kalkül als Spezifizierung des Berechenbarkeitsbegriffs vorgeschlagen. Alle diese Begriffe beschreiben den gleichen Berechenbarkeitsbegriff. Insbesondere folgt aus der Möglichkeit, die Semantik moderner funktionaler Programmiersprachen (wie *CommonLisp* oder *ML*) durch den Lambda-Kalkül zu modellieren, dass auch viele moderne Programmiersprachen Turing-vollständig sind (d.h. alle Funktionen, die eine universelle Turingmaschine berechnen kann, können auch durch diese Programmiersprachen repräsentiert werden). Diese Äquivalenz verschiedener Berechenbarkeitskonzepte hat z.B. zur Folge, dass eine Funktion f genau dann Turing-berechenbar ist, wenn es eine rekursive Funktion gibt, die sie berechnet. Die Äquivalenz solcher Präzisierungen des Berechenbarkeitsbegriffs führte schließlich zur bekannten *Church-Turing-These*, die besagt, dass die intuitiv berechen-

baren Funktionen genau die rekursiven (alternativ Turing-berechenbaren) Funktionen sind, wobei intuitive Berechenbarkeit so viel bedeutet wie ›Menschen könnten eine solche Funktion prinzipiell ausrechnen.‹

Bezüglich der zweiten Grundlage der KI und des Computermodells des Geistes, nämlich der (klassischen) Logik als Fundament der Repräsentation von Weltzuständen (s. Kap. II.F.4), reichen die historischen Vorläufer ohne jeden Zweifel mindestens bis in die antike Philosophie zurück. Insbesondere die aristotelische Syllogistik (welche auf Aristoteles' *Analytica priora* zurückgeht, jedoch im Lauf der Jahrhunderte etwa von Galen erweitert wurde) stellt schon Typen logischer Argumentationsmuster zur Verfügung, ohne allerdings einen Apparat der formalen Repräsentation zu besitzen. Obwohl die akademische Beschäftigung mit logisch richtigen Schlüssen seit der Antike über die mittelalterliche Philosophie (z.B. bei Boethius, Avicenna, Petrus Hispanus oder Buridan) bis in die Neuzeit immer wieder aufgegriffen wurde, gelang es erst Gottlob Frege im Jahre 1879, eine zwingende Voraussetzung für die automatisierte algorithmische Verarbeitung von Repräsentationen (s. Kap. IV.16) zu schaffen: In seiner *Begriffsschrift* (Frege 1879) entwickelte er eine Formalisierung der Logik in einer formalen Sprache heutigen Stiles mithilfe von Axiomen und schuf damit die Grundlage für alles, was wir heute unter dem Begriff ›(formale) Logik‹ verstehen. Um die Bedeutung dieser Entwicklung noch besser zu verdeutlichen: Bereits im 13. Jh. hatte z.B. Ramon Llull versucht, in seiner *Ars Magna* eine ›logische Maschine‹ zur methodischen, regelbasierten Kombination von Begriffen zu konzipieren, jedoch waren dieser und alle anderen Frege vorausgehenden Versuche weitgehend erfolglos geblieben.

In ihrer Kombination führten diese beiden Entwicklungen zum entscheidenden Durchbruch in den Bemühungen, allgemeine Schlussfolgerungsprozesse (s. Kap. IV.17) unter Inklusion von Weltwissen im deduktiven Sinne zu automatisieren: Wenn man davon ausgeht, dass Menschen in einer Welt agieren, die durch Fakten (z.B. ›Fritz bewegt sich auf einer Kreisbahn (er fährt nämlich Karussell).‹ und generelle Regeln (›Immer dann, wenn sich ein Objekt auf einer Kreisbahn bewegt, wirkt eine Zentripetalkraft.‹) beschreibbar ist, dann ist ein natürlicher Kandidat, solche Fakten und Regeln zu beschreiben, eine (klassische) Logiksprache. Mithilfe logischer Deduktionsregeln lassen sich dann sehr einfach Folgerungen ableiten (›Auf Fritz wirkt eine Zentripetalkraft.‹). Durch die Entwicklung eines formalen Berechenbarkeitsbegriffs mithilfe der Rekursionstheorie wird zudem die Möglichkeit eröffnet, solche Folgerungen zu automatisieren. Mit diesen Voraussetzungen ist das Computermodell des Geistes sehr einleuchtend: Falls man akzeptiert, dass das Gehirn ein informationsverarbeitendes System ist, das Berechnungen (im intuitiven Sinne der Church-Turing-These) durchführt, und falls es stimmt, dass alles, was berechenbar ist, durch und nur durch ein Maschinenmodell wie die Turingmaschine (oder äquivalente Formalismen) beschrieben werden kann – deren konkreteste Realisierung bzw. Approximation im Übrigen ein moderner Computer ist –, dann ist die Identifizierung des Gehirns mit einem Computer und die Identifizierung des Geistes mit einem (komplexen) Programm intuitiv äußerst plausibel. Letztendlich beherrschte dieses *cognition-as-computation*-Paradigma die Kognitionswissenschaft bis in die 1990er Jahre, und in der KI selbst ist das Modell eines symbolverarbeitenden Systems trotz Kritik und Gegenbewegungen nach wie vor dominant.

Newell und Simons *physical symbol hypothesis*

Seinen vielleicht einflussreichsten Niederschlag fand die Auffassung von Kognition als Symbolmanipulation in der auf Newell/Simon (1976) zurückgehenden *physical symbol hypothesis*: »A physical symbol system has the necessary and sufficient means for general intelligent action« (ebd., 116). Diese Hypothese ist ohne Zweifel sehr stark: Sie behauptet erstens, dass eine Äquivalenzrelation zwischen generellem intelligentem Verhalten und Symbolmanipulation in einem formalen System besteht und zweitens, dass dadurch nicht nur spezielle Typen intelligenten Verhaltens modelliert werden können, sondern intelligentes Verhalten im Allgemeinen.

Während eine rein abstrakte Bewertung dieser einflussreichen Hypothese nicht einfach ist, kann eine Illustration an konkreten Beispielen relativ gut vor Augen führen, inwiefern sie gerechtfertigt ist,

aber auch, unter welchen Umständen sie signifikante Schwächen zeigt. Hierzu seien zunächst einige historische Bemerkungen angeführt, die die Bemühungen der KI aufzeigen, insbesondere höhere kognitive Fähigkeiten des Menschen zu modellieren. Anstrengungen diesbezüglich kennzeichnen die 1970er und 1980er Jahre der KI und der Kognitionswissenschaft und manifestieren sich in Beispielen wie der Modellierung von Brettspielen (z. B. Schach oder Dame), logischem Schließen in der Mathematik oder in der Logik selbst (Theorembeweisen), Planen in diskreten (in der Regel endlichen) Domänen (s. Kap. IV.17) oder auch Problemlösen im Allgemeinen (siehe z. B. das *general-problem-solver*-Projekt von Newell/Simon 1963; s. Kap. IV.11). Viele dieser Domänen wurden sowohl hinsichtlich der Möglichkeit einer Simulation mittels Maschinen als auch durch experimentelle Methoden der Psychologie (s. Kap. II.E) untersucht. Auf Seiten der Informatik und KI zeigte sich hierbei, dass es aufgrund ihrer kontrollierten Natur relativ einfach ist, logische Weltmodelle für Spiele wie Schach, die Repräsentation mathematischer Domänen oder Planungsdomänen wie Winograds (1971) *blocks-world* zu spezifizieren. Abbildung 1 veranschaulicht diese im Planungsbereich äußerst populäre *blocks-world*-Domäne, in der es darum geht, Blöcke aufeinander zu stapeln bzw. einen Block von einem anderen Block zu entfernen, um einen vorgegebenen Zielzustand zu erreichen. Obwohl diese Domäne auf den ersten Blick sehr einfach erscheint, stellt sie doch einen überaus interessanten Testfall für Planungsalgorithmen dar: Wie kann eine symbolische Repräsentation gefunden werden, die es erlaubt, Probleme in dieser Domäne zu lösen, z. B. um von einer Konfiguration $C - B - A$ zu einer Konfiguration $A - B - C$ zu kommen (s. Abb. 1)?

Wir wählen hierzu den wohl einflussreichsten Formalismus, STRIPS (*STanford Research Institute Problem Solver*; Fikes/Nilsson 1971; s. Kap. IV.11):
- Objekte (Blöcke) werden als Symbole repräsentiert: $D = \{A, B, C\}$
- Prädikate werden wie üblich als *n*-stellige Relationen definiert: $P = \{ontable^1, clear^2, on^2\}$. Hierbei

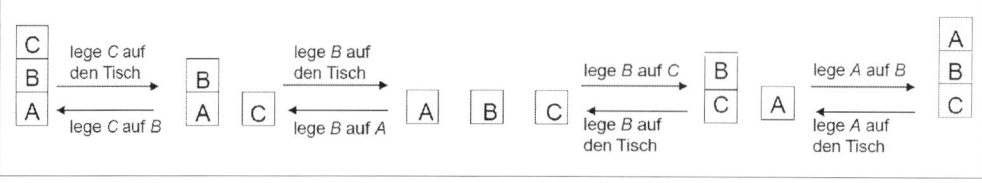

Abbildung 1: Mögliche Aktionen in der *blocks-world*-Domäne.

bedeutet z. B. *ontable(A)*, dass Block *A* auf dem Tisch steht, oder *on(B,C)*, dass Block *B* auf Block *C* steht.

- Zustände des Systems sind Konjunktionen (gewöhnlich repräsentiert als Mengen) positiver, instanziierter Literale (Atomformeln). So beschreibt also z. B. $s = \{on(B,C), ontable(C)\}$ den Zustand, dass Block *B* auf Block *C* liegt und sich *C* auf dem Tisch befindet.
- Ein Zielzustand *G* ist typischerweise eine partielle Zustandsbeschreibung, also z. B. $G = \{on(B,C)\} \subseteq \{on(B,C), ontable(C)\} = s$.

Auf diesen Repräsentationen können durch die Definition von Operatorschemata, die darauf arbeiten, relativ leicht Operationen definiert werden. Als Beispiel betrachten wir das Operatorschema *put*:

Operator:	*put(x,y)*
PRE:	$\{ontable(x), clear(x), clear(y)\}$
ADD:	$\{on(x,y)\}$
DEL:	$\{ontable(x), clear(y)\}$

Anstelle von instanziierten Prädikaten kommen hier nur Prädikate vor, die Variablen beinhalten. Beim Operator selber handelt es sich um eine zweistellige Relation, die, um angewendet werden zu können, die Erfüllung von Vorbedingungen (PRE) erfordert und nach ihrer Anwendung Veränderungen des Zustandes nach sich zieht, die durch ADD (*add-list*) und DEL (*delete-list*) repräsentiert werden. Die Vorbedingungen sind, dass ein Block *x* auf dem Tisch steht, auf *x* nichts positioniert ist und ein anderer Block *y* ebenfalls bewegbar ist (also kein anderer Block auf *y* liegt). Falls nun *x* auf *y* gelegt wird (Anwendung von *put*), dann resultiert dies in einem neuen Zustand, in dem *x* auf *y* liegt, *x* nicht auf dem Tisch liegt und *y* nicht mehr frei ist (da *x* auf ihm liegt). Nimmt man zu dem eben definierten Operator noch weitere hinzu, z. B. einen Operator, der es erlaubt, einen Block von einem anderen Block auf den Tisch zu stellen, dann kann durch Anwendung solcher Operatoren auf einfache Weise jede endliche Konfiguration in eine andere endliche Konfiguration transformiert werden. Das algorithmische Finden einer Lösung für ein solches Planungsproblem ist dann nichts anderes als eine Suche nach einer Folge von Aktionen im endlichen Suchraum aller möglichen (redundanzfreien) Kombinationen von Operatoranwendungen (s. Kap. IV.11). Da eine solche Suche im obigen Sinne berechenbar ist, stellt eine symbolische Repräsentation eines derartigen Problems sowie eine Lösung mittels Symbolmanipulation eine äußerst leistungsstarke Modellierung der kognitiven Fähigkeit des Menschen dar, Probleme dieses Typs zu lösen (s. Kap. IV.17).

Es sei an dieser Stelle darauf hingewiesen, dass durchaus auch komplexere Problemstellungen mittels eines symbolischen Ansatzes zu exzellenten Resultaten führen. Die Felder eines Schachbretts z. B. können durch 64 Paare von Symbolen (etwa Paare von natürlichen Zahlen), beschrieben werden: <1,1>, <1,2>, …,<1,8>, <2,1>,<2,2>, …,<8,8>. Jedes Paar entspricht einem Feld. Die verschiedenen Figuren können durch Symbole repräsentiert werden, die Operatoren sind mögliche valide Züge. Damit ist eine Repräsentation jedes möglichen ›Weltzustandes‹ einfach zu realisieren. Dank der Entwicklung algorithmischer Suchverfahren kann auf diesen Repräsentationen ein Suchalgorithmus implementiert werden, der eine Anzahl möglicher Züge berechnet und mithilfe einer Evaluierungsfunktion den aus ihnen resultierenden Zustand bewertet. Mithilfe solcher Repräsentationen, einer Datenbank von tatsächlich gespielten Spielen, intelligenten Suchalgorithmen und sinnvollen Heuristiken gelang es IBM 1997, den damals amtierenden Weltmeister im Schach mittels eines leistungsfähigen Computers (DEEP BLUE) zu schlagen. Im Gegensatz zur letzten Dekade des vorherigen Jahrtausends benötigt man heute keine Supercomputer mehr, um die weltbesten Schachspieler in ihre Schranken zu weisen: moderne absolut kompetitive Programme laufen schon auf normalen handelsüblichen Computern.

Den o. g. Domänen ist eigen, dass sie sich relativ einfach mittels eines symbolischen Formalismus repräsentieren lassen und die Dynamik des Systems sehr einfach mittels bekannter algorithmischer Techniken implementiert und automatisiert werden kann. Hinsichtlich dieser Typen von Problemen und kognitiven Fähigkeiten des Menschen ist die *phyiscal symbol hypothesis* ohne jeden Zweifel stichhaltig. Da sich die KI in der Zeit, als diese Hypothese vorgeschlagen wurde, selbst insbesondere mehr oder minder exklusiv auf solche Problemfelder beschränkte, schien diese Annahme aus der damaligen Perspektive auch durchaus verallgemeinerungsfähig zu sein.

Probleme der *physical symbol hypothesis*

Es lassen sich jedoch auch relativ leicht Bereiche menschlicher Kognition identifizieren, die die Defizite der *physical symbol hypothesis* hinsichtlich ihrer Allgemeingültigkeit deutlich werden lassen. Insbesondere sollte man sich in diesem Kontext vergegenwärtigen, dass sowohl die *blocks-world*-Domäne als auch das Schachspielen einige Eigenschaften aufweisen, die in der alltäglichen menschlichen Kognition kein Analogon haben. Eine Auswahl dieser Punkte sei hier listenartig zusammengefasst:

- Das Computermodell des Geistes geht davon aus, dass eine symbolische (oft logische) Beschreibung von Weltzuständen möglich ist. Während dies für die *blocks-world*-Domäne oder deterministische Brettspiele wie Schach plausibel erscheint, ist es für die Verarbeitung von sensorischen Daten (s. Kap. IV.24) oder die Beschreibung dynamischer Systeme (s. Kap. III.4) im Allgemeinen im besten Fall wenig plausibel, weil kontinuierliche Domänen wie die Perzeption realer Weltzustände oder Bewegungen in einer dynamischen Umwelt kaum adäquat in einem diskreten symbolischen Begriffsrahmen repräsentiert werden können. An dieser Stelle wurden Modellierungen in Form von neuronal inspirierten Methoden, der ursprünglich aus der Physik stammenden Theorie der dynamischen Systeme (s. Kap. III.4) oder auch Vektorraummodellen vorgeschlagen, welche subsymbolisch genannt werden müssen (s. Kap. III.2). All diese Ansätze zeichnen sich dadurch aus, dass sich die benutzten analytischen Methoden dieser Modellierungen für die Repräsentation kontinuierlicher Domänen bestens eignen.
- Der Raum möglicher Zustände sowohl beim Schach als auch in der *blocks-world*-Domäne ist erstens diskret und zweitens endlich, zwei Eigenschaften, die in realen Situationen der physikalischen Welt, in denen ein Agent (im Sinne eines künstlichen oder natürlichen Akteurs) handeln muss, selten auftreten. Mögliche Auswege aus diesem Dilemma können Diskretisierungen (die dann wieder symbolisch repräsentiert werden können) oder die analytische Modellierung kontinuierlicher Zustände sein, wobei die zuletzt genannte Option dann nicht mehr als ›symbolisch‹ bezeichnet werden kann.
- Eine weitere Annahme, die in realen Situationen menschlicher Kognition praktisch nie erfüllt ist, besagt, dass zu jeder Zeit vollständige Information über den kompletten Weltzustand vorliegt. In realen Situationen sind Agenten hingegen vielmehr mit einem teilweise erheblichen Maß an Unsicherheit, Vagheit und Unvollständigkeit konfrontiert, deren Modellierung mit einem klassisch logisch-symbolischen Ansatz ausgeschlossen ist. Es wurde in diesem Zusammenhang eine große Anzahl an Formalismen eingeführt, die die klassische Logik in Richtung Unsicherheit (z. B. *Markov logic networks*; Richardson/Domingo 2006),

Vagheit (z. B. Fuzzy Logik; Zadeh 1965) und Unvollständigkeit (z. B. partielle Logik; Langholm 1996) erweitern. In einem gewissen Sinne können solche Begriffsrahmen immer noch ›logisch-symbolisch‹ genannt werden.

- Passende symbolische Repräsentationen werden einem System in den Beispielen mitgegeben. Versucht man allerdings, mit einem Schachprogramm *Go* zu spielen, tritt ein nichttriviales Problem auf: Das Programm kann weder das *Go*-Brett noch die *Go*-Steine sinnvoll repräsentieren, geschweige denn Operatoren anwenden, um überhaupt zu spielen. Menschliche Kognition zeichnet sich jedoch dadurch aus, dass sie äußerst flexibel Repräsentationen nie gesehener Situationen spontan generieren kann. Der Versuch, solche teilweise komplexen Repräsentationen dynamisch aufgrund von natürlicher Interaktion mit der Umwelt (z. B. durch Kommunikation mit anderen Agenten (s. Kap. IV.10), Handlungen in der Umwelt (s. Kap. III.7) oder Wahrnehmung von Situationen (s. Kap. IV.24)) zu generieren, hat sich als äußerst schwieriges Problem erwiesen (das sog. *symbol grounding problem*).
- Ein weiteres klassisches Problem, das in der einschlägigen Kritik an der Vorstellung von Kognition als Symbolverarbeitung immer wieder genannt wird, ist das sog. *frame problem*, das zusammen mit dem o. g. *symbol grounding problem* in der oft philosophisch motivierten Kritik am Computermodell des Geistes vermutlich die größte Resonanz erfuhr. Deswegen sollen beide Probleme kurz näher beleuchtet werden.

Das *frame problem* (McCarthy/Hayes 1969) stellt sich insbesondere in Kontexten, in denen Handlungen eines Agenten eine wichtige Rolle spielen. Das Problem besteht darin, dass Aktionen in einer Umwelt im Regelfall Veränderungen bewirken, dass aber die meisten Fakten, die in der Umwelt gelten, von den Aktionen nicht tangiert werden. Um Dennetts (1984) bekannte Veranschaulichung zu bemühen: Nehmen wir an, ein Roboter, eine Batterie für seine Energiezufuhr, ein Wagen und eine Zeitbombe befinden sich alle in einem Raum, und die Batterie sowie die Zeitbombe befinden sich beide auf dem Wagen. Der Roboter hat die Aufgabe, sich rechtzeitig mit seiner Batterie vor der Zeitbombe in Sicherheit zu bringen. Natürlich verändert das Herausfahren des Wagens aus dem Raum den Standort der Batterie, den Standort des Wagens und den Standort des Roboters. Für die Überlegungen des Roboters sollten allerdings nicht nur jene Veränderungen des

Weltzustands wichtig sein, deretwegen er die Handlung ausführt (also sich selbst mit seiner Batterie aus dem Raum mit der Zeitbombe zu entfernen), sondern auch sekundäre Veränderungen, z. B. dass sich die Bombe mit dem Wagen mitbewegt. Zudem gibt es eine Vielzahl von Aspekten, die sich durch die Aktionen des Roboters nicht ändern und durchaus relevant für seine Wissenszustände sein sollten, z. B. zu wissen, dass er sich nicht von der Zeitbombe entfernt, da sie auf dem Wagen liegt, und auch zu wissen, welche Vorbedingungen erfüllt sein müssen, um gewisse Handlungen durchführen zu können, z. B. dass die Bremsen des Wagens gelöst sind.

Neben Wissensinhalten, die die tatsächlich relevanten Veränderungen des Weltzustandes durch Aktionen betreffen, können wir deswegen die folgenden Wissensaspekte unterscheiden: Zu wissen, welche sekundären Veränderungen eine Handlung hat (dass sich die Bombe mit dem Wagen mitbewegt), nennt man das ›Qualifikationsproblem‹ (*qualification problem*); zu wissen, welche Vorbedingungen für eine Aktion erfüllt sein müssen (dass die Bremsen des Wagens gelöst sind), nennt man das ›Verzweigungsproblem‹ (*ramification problem*); zu wissen, was sich durch eine Aktion nicht verändert (dass der Roboter sich nicht von der Zeitbombe entfernt), nennt man das ›Rahmenproblem‹ (*frame problem*). Durch eine explizite und vollständige Beschreibung von Weltzuständen ist die Berechnung all dieser Aspekte kaum zu leisten. Insbesondere in der Philosophie gibt es deswegen eine umfangreiche Literatur, die zu zeigen versucht, dass genau das *frame problem* (manche Autoren unterscheiden hier nicht genau zwischen den o. g. Typen von Problemen) eine Art *knock-down*-Argument gegen das Computermodell des Geistes darstellt. Allerdings scheint die Fokussierung auf diese einzelne Problematik eher eine Unkenntnis der Autoren bezüglich der Forschungslage widerzuspiegeln, denn ein wirkliches Argument zu liefern. In praktischen Anwendungen der KI müssen natürlich auch das *frame problem* und die genannten verwandten Probleme bedacht werden, jedoch sind diese Probleme oft modellierbar. Beispielsweise zeigt ein Formalismus wie STRIPS (vgl. die Modellierung von *blocks-world*) sehr klar, wie sie gelöst werden können: Die Menge PRE modelliert die minimalen Vorbedingungen, die für eine Handlung notwendig sind (dass z. B. die Bremsen des Wagens gelöst sind), die Menge ADD repräsentiert die Fakten, die durch die Handlung neu gelten (z. B. die Veränderung des Standorts der Batterie, des Roboters und der Bombe durch das Herausfahren des Wagens) und die Menge DEL die Fakten, die im neuen Zustand nicht mehr gelten

(dass sich z. B. der Roboter noch im Zimmer befände). Das System listet also nicht nach jeder Handlung immer wieder aufs Neue auf, was sich nicht ändert, sondern repräsentiert explizit nur, was sich nach jeder Handlung ändert (ADD und DEL). Damit kann eine signifikante Reduktion der Berechnungskomplexität erreicht werden.

Eine zweite überaus prominente Kritik am Computermodell des Geistes ist das schon erwähnte *symbol grounding problem* (Harnad 1990), also die Frage, wie ohne einen Programmierer eine Referenz zwischen einem Symbol im System und der Umwelt etabliert werden kann. Dieses Problem hängt eng mit der Frage zusammen, wie Repräsentationen überhaupt von einem System selbst gelernt werden können bzw. wie eine suboptimale Repräsentation optimiert (d. h. re-repräsentiert bzw. alternativ repräsentiert) werden kann, um für eine bestimmte Aufgabe besser geeignet zu sein. Insbesondere für Robotikanwendungen (s. Kap. II.B.2) und autonom lernende Systeme (s. Kap. IV.12) ist die Frage des *symbol grounding* von nicht unwesentlicher Bedeutung, während sie für spezialisierte Systeme (z. B. klassische Expertensysteme) oder generelle virtuelle Systeme (wie *semantic-web*-Anwendungen, Suchmaschinen oder IBMs *Jeopardy* spielendes System WATSON) eher unwesentlich erscheint. Obwohl das Problem in der KI schon gut zwei Jahrzehnte alt ist, kann man ohne Übertreibung sagen, dass man einer Lösung heute nicht näher ist als Anfang der 1990er Jahre. Zwar hat z. B. Steels (1998) Ideen für das Lernen einer rudimentären Sprache durch ein Multiagentensystem vorgeschlagen, diese Ansätze sind aber weit von einer überzeugenden Modellierung der Komplexität menschlicher Sprachfähigkeit (s. Kap. IV.20) entfernt.

Fasst man die skizzierten Probleme im unmittelbaren Zusammenhang mit der *physical symbol hypothesis* zusammen, werden die folgenden Punkte deutlich:

- Einige Probleme (z. B. das *frame problem*) sind überwiegend theoretischer Natur und aus praktischer Sicht von geringerer Bedeutung als manche Autoren behaupten.
- Andere Probleme (z. B. das *symbol grounding problem*) sind bisher ungelöst, jedoch scheinen sie primär eine Frage für Anwendungen innerhalb der Robotik und für multimodale, holistische Agenten zu sein, die in einer Umgebung situiert sind (s. Kap. III.7), und weniger die Modellierung einzelner Aspekte von Kognition zu betreffen.
- Für einige Probleme in Zusammenhang mit dem Computermodell des Geistes wurden innerhalb

symbolischer Ansätze Lösungswege vorgeschlagen, die zumindest Teilaspekte der Probleme abdecken können (z.B. Diskretisierungen einer kontinuierlichen Umwelt oder die symbolische Modellierung von Unsicherheit, Vagheit und Unvollständigkeit).

- Einige Probleme haben sich tatsächlich als schwierig zu lösende Fragestellungen für symbolische Ansätze herauskristallisiert. Beispiele hierfür sind die Modellierung und Verarbeitung sensorischer Daten (s. Kap. IV.24), das Lernen von verrauschten Daten (s. Kap. IV.12) oder die Handlungssteuerung realer Roboter (s. Kap. II.B.2), um nur einige zu nennen.

Neuere Ansätze der Kognition als Symbolverarbeitung

Innerhalb der KI, betrachtet als eigenständige wissenschaftliche Disziplin, steht die Symbolverarbeitung ohne jeden Zweifel weiter im Zentrum des akademischen Diskurses. Zwar sind zwischenzeitlich auch Bereiche mit subsymbolischen (s. Kap. III.2) oder hybriden (s. Kap. III.3) Verarbeitungsmechanismen nachhaltig etabliert, eine KI ohne Symbolverarbeitung jedoch ist gegenwärtig schlichtweg nicht denkbar. Dies ist sicherlich auch der hohen Spezialisierung innerhalb der KI geschuldet, die Kognition im Rahmen eines integrierten, viele Facetten von Kognition tangierenden Ansatzes, z.B. im Sinne von kognitiven Systemen, kaum thematisiert. Betrachtet man die gegenwärtige Situation der KI innerhalb der Kognitionswissenschaft, ergibt sich ein etwas differenzierteres Bild. Kognition als Symbolverarbeitung ist hier eher ein gleichberechtigter Ansatz unter anderen und kann gegenüber neuronal inspirierten, probabilistischen oder hybriden Ansätzen nicht in besonderem Maße herausgehoben werden. Es soll im Folgenden am Beispiel des analogen Schließens als eines breit anwendbaren kognitiven Mechanismus gezeigt werden, wie klassische Symbolverarbeitung eingesetzt wird, um Kognition zu modellieren.

Die Bildung von Analogien als kognitiver Fähigkeit, gemeinsame Strukturen in unterschiedlichen Domänen zu erkennen, spielt in der Kognition natürlicher Akteure eine zentrale Rolle. Analogien treten in Form von Metaphern in der natürlichen Sprache auf (s. Kap. IV.10, Kap. IV.20), sie ermöglichen kreative Lösungen von Problemen (s. Kap. IV.11), sie erlauben uns, zuvor nie gesehene Szenen zu konzeptualisieren (s. Kap. IV.9), sie unterstützen das Lernen

von Konzepten aus wenigen Beispielen (s. Kap. IV.12) und sie gestatten es, uns in alltäglichen Situationen so zu verhalten, wie wir das immer tun, eben in analogen Situationen. Obwohl die verschiedenen Begriffsrahmen, die für die Modellierung von Analogien vorgeschlagen wurden, breit gefächert sind, sind symbolische Ansätze ohne Zweifel diejenigen mit der breitesten Anwendbarkeit. Als Beispiele seien hier nur die *structure-mapping engine* (Falkenhainer et al. 1989) oder die *heuristic-driven theory projection* (Schwering et al. 2009) genannt. Beiden Ansätzen ist eigen, dass sie eine symbolische Repräsentation der Domänen zugrunde legen, dass sie eine adaptive Re-Repräsentation dieser Domänen erlauben, dass das System aus der Berechnung von analogen Relationen lernen kann, dass Vagheit und Unsicherheit intrinsisch im Begriffsrahmen durch ein Kostenmodell integriert sind und dass sie, insbesondere die *structure-mapping engine*, auch für die Verarbeitung visueller Daten vorgeschlagen und angewendet wurden. Mit anderen Worten: Ein nicht unwesentlicher Teil der o.g. Probleme, die für den Begriffsrahmen von Kognition als Symbolverarbeitung identifiziert werden konnten, wird in diesen Modellen explizit thematisiert und Lösungen zugeführt.

Fazit

Ein großer Teil der philosophischen Literatur disqualifizierte schon seit Jahrzehnten die symbolverarbeitende klassische KI, die das Computermodell des Geistes als Grundlage akzeptiert, als ›altbacken‹ (Haugeland 1985). Diese Haltung mag sicherlich für die Abgrenzung der symbolischen KI zu neueren, eher subsymbolischen Aspekten und Bereichen wie dem neuronalen Lernen (s. Kap. IV.12) oder gewissen Aspekten der Robotik (s. Kap. II.B.2) helfen. Andererseits dokumentiert sie auch eine erschreckende Unkenntnis der Situation innerhalb der KI und Kognitionswissenschaft. Nach wie vor ist die bestimmende Methodologie innerhalb der KI symbolisch geprägt und selbst in Bereichen des maschinellen Lernens, ein Bereich, der meistens als Gegenposition zur klassischen KI gezählt wird, sind symbolische Lernverfahren durchaus nicht irrelevant (z.B. ist der C4.5 Algorithmus von Quinlan (1993), ein symbolisches Entscheidungsbaumverfahren im maschinellen Lernen, nach wie vor ein zentraler Benchmarkalgorithmus für jedes Lernverfahren). Zudem ist ein nicht unwesentlicher Teil der kognitionswissenschaftlichen Modellierungen nach wie vor symbolisch. Dies soll nicht bedeuten, dass es seit den 1990er Jahren nicht durchaus Verschiebungen gab. Es wurden neue Bereiche erkundet, die in den 1970er Jahren noch ignoriert wurden: Lernen und Adaptionsfähigkeit von Agenten, Verarbeitung sensorischer Daten, Aspekte der Motorsteuerung von Aktuatoren, Modellierung emotionaler Zustände usw. Es stellte sich heraus, dass diese neuen Bereiche durchaus neue Methodologien notwendig machten, die vom Computermodell des Geistes nicht abgedeckt werden. Allerdings stellen diese neuen Methodologien keinen Gegenentwurf zur klassischen KI und zur klassischen Kognitionswissenschaft im Sinne des Computermodells des Geistes dar, sondern vielmehr eine Ergänzung und Vervollständigung. Ein tieferes Problem ist vielmehr die Vermittlung zwischen den symbolischen und subsymbolischen Ebenen: Wie ist es möglich, dass diese miteinander verzahnt sind und interagieren (s. Kap. III.3)?

Literatur

Dennett, Daniel (1984): Cognitive wheels. In: Christopher Hookway (Hg.): *Minds, Machines and Evolution*. Cambridge, 129–151.

Falkenhainer, Brian/Forbus, Kenneth/Gentner, Dedre (1989): The structure-mapping engine. In: *Artificial Intelligence* 41, 1–63.

Fikes, Richard/Nilsson, Nils (1971): STRIPS: A new approach to the application of theorem proving to problem solving. In: *Artificial Intelligence* 2, 189–208.

Frege, Gottlob (1879): *Begriffsschrift*. Halle.

Harnad, Stevan (1990): The symbol grounding problem. In: *Physica* D42, 335–346.

Haugeland, John (1985): *Artificial Intelligence*. Cambridge (Mass.). [dt.: *Künstliche Intelligenz – programmierte Vernunft*? New York 1987].

Langholm, Tore (1996): How different is partial logic? In: Patrick Doherty (Hg.): *Partiality, Modality and Nonmonotonicity*. Stanford, 3–43.

McCarthy, John/Hayes, Patrick (1969): Some philosophical problems from the standpoint of artificial intelligence. In: *Machine Intelligence* 4, 463–502.

Newell, Allen/Simon, Herbert (1963): GPS, a program that simulates human thought. In: Edward Feigenbaum/Julian Feldman (Hg.): *Computers and Thought*. New York, 279–296.

Newell, Allen/Simon, Herbert (1976): Computer science as empirical inquiry. In: *Communications of the ACM* 19, 113–126.

Quinlan, J. Ross (1993): *C4.5: Programs for Machine Learning*. San Mateo.

Richardson, Matthew/Domingo, Pedro (2006): Markov logic networks. In: *Machine Learning* 62, 107–136.

Schwering, Angela/Krumnack, Ulf/Kühnberger, Kai-Uwe/Gust, Helmar (2009): Syntactic principles of heuristic-driven theory projection. In: *Cognitive Systems Research* 10, 251–269.

Steels, Luc (1998): The origins of ontologies and communication conventions in multi-agent systems. In: *Autonomous Agents and Multi-Agent Systems* 1, 169–194.

Turing, Alan (1936): On computable numbers, with an application to the Entscheidungsproblem. In: *Proceedings of the London Mathematical Society* 42, 230–265.

Winograd, Terry (1971): *Procedures as a representation for data in a computer program for understanding natural language* (MIT AI Technical Report 235).

Zadeh, Lotfi (1965): Fuzzy sets. In: *Information and Control* 8, 338–353.

Tarek R. Besold/Kai-Uwe Kühnberger

2.   Konnektionismus, neuronale Netze und *parallel distributed processing*

Konnektionismus: historische Anfänge und erste Jahrzehnte

Der wohl bekannteste Gegenentwurf zum Symbolismus und dem Computationalismus als Modell der Kognition (s. Kap. III.1) ist der Konnektionismus: Komplexes Verhalten und mentale Phänomene werden hierbei als emergente Prozesse innerhalb von Netzwerken miteinander in Verbindung stehender, simpler Teileelemente verstanden. Die Geschichte des Konnektionismus lässt sich bis ins 19. Jh. zurückverfolgen. So erdachte etwa bereits der schottische Philosoph und Pädagoge Alexander Bain (1873) ein erstes theoretisches Strukturmodell neuronaler Informationsverarbeitung, das, angeregt durch Stimuli unterschiedlicher Intensität, differenziellen Output zurückgeben sollte. Bains Modell fußte auf der Grundannahme, dass jede Art von Aktivität eine Aktivierung gewisser Neuronen hervorrufe, und wiederholte Aktivierung zu einer Stärkung der Verknüpfung zwischen den beteiligten Neuronen führe, und griff so den erst 70 Jahre später vorgeschlagenen, überaus bedeutenden Prinzipien des Hebb'schen Lernens (s. u.) vor.

Der Begriff ›Konnektionismus‹ selbst wurde mit großer Wahrscheinlichkeit zum ersten Mal in den Werken des Psychologen Edward Thorndike gebraucht, der den psychologischen Konnektionismus als eine Theorie des Lernens (s. Kap. IV.12) entwickelte: Ausgehend von John Deweys Ideen zum psychologischen Funktionalismus (einer Strömung innerhalb der Psychologie, die sich kritisch gegenüber dem Einsatz von statistischen Methoden zur Analyse des Bewusstseins zeigte und stattdessen ein Funktionen und Prozesse betonendes Leitparadigma verfolgte) gelang es Thorndike durch Hinzufügen einer Reiz-Reaktions-Komponente, Resultate aus Experimenten an Tieren in das bestehende theoretische Konzept einzupassen und somit den Brückenschlag zwischen theoretischen Modellen und experimentellen Beobachtungen zu vollziehen. Dies wiederum bildete nachfolgend die Grundlage für die erstmalige empirisch motivierte Formulierung der Hypothese, dass auch menschliches Lernen auf einer noch näher zu bestimmenden Eigenschaft von neuronalen Verbindungen im Gehirn beruhe (Thorndike 1932).

Die Geburtsstunde des Konnektionismus in seiner heute am weitesten verbreiteten Lesart (nämlich als Theorie, die Computermodellen neuronaler Netze zugrunde liegt und auf mathematisch-algorithmischen Modellierungen beruht) schlug im Jahr 1943, als Warren McCulloch und Walter Pitts mit ihrer *threshold logic unit* ein erstes Konzept für ein künstliches Neuron vorstellten. Die seitdem nahezu allen künstlichen Neuronen zugrunde liegende Vorstellung ist, die Dendriten eines natürlichen Neurons durch einen oder mehrere Eingangswerte (Input) zu modellieren, welche das künstliche Neuron nach gewissen Regeln aufsummiert (und damit verarbeitet). Das Berechnungsergebnis dient anschließend als Ausgabewert (Output) und somit als Repräsentation des biologischen Axons. Im Entwurf von McCulloch/Pitts (1943) war das Modell noch stark vereinfacht, weil zunächst z. B. lediglich binäre Eingabe- und Ausgabewerte zugelassen wurden. Nichtsdestoweniger wurde schnell klar, dass durch Verschaltung mehrerer derartiger Neuronen, also durch die Schaffung eines künstlichen neuronalen Netzes, eine vergleichsweise mächtige Architektur erzeugt werden kann: So kann etwa zu jeder booleschen Funktion ein McCulloch-Pitts-Netzwerk angegeben werden, welches deren Berechnung implementiert.

Einen zweiten großen Beitrag zum späteren Siegeszug der konnektionistischen Idee, sowohl für Modelle künstlicher als auch biologischer neuronaler Netze, leistete gegen Ende desselben Jahrzehnts Donald Hebb (1949) mit der Publikation seiner bereits erwähnten Lernregeln. Das in diesen Lernregeln angewandte Prinzip ist relativ simpel: Zellen, welche gemeinsam feuern, vernetzen sich. Hebbs Prinzip kann hierbei als Wiederentdeckung der bereits von Bain skizzierten Mechanismen assoziativen Lernens gelten: Wiederholt gemeinsam aktive Zellen oder Zellsysteme weisen eine Tendenz auf, sich enger miteinander zu verknüpfen, was nachfolgend zu einer Unterstützung der Aktivität eines Partners durch den jeweils anderen führt. Diese Lernregel lässt sich unmittelbar auf künstliche neuronale Netze übertragen, indem man sie dazu verwendet, die Veränderung der Gewichtungen von interneuronalen Verbindungen zu steuern. So wird das Verbindungsgewicht zwischen zwei zeitgleich und gleichartig aktiven und miteinander verschalteten künstlichen Neuronen erhöht, d. h. zukünftige Signale, die über diese Verbindung laufen, werden verstärkt, wohingegen die Gewichte zwischen unterschiedlich oder asynchron aktivierten Neuronen verringert werden.

Künstliche neuronale Netze: Feedforwardnetze

Auf Implementierungsseite bildete Frank Rosenblatts (1958) *Perzeptron* die konzeptuelle Basis aller nachfolgenden künstlichen neuronalen Netze. Bei einem Perzeptron handelt es sich in seiner ursprünglichen Form um einen einfachen linearen Klassifikator, d.h. um die simpelste – da einschichtige – Form eines künstlichen neuronalen Netzes. Es besteht aus einer einzigen Schicht künstlicher Neurone, welche einen reellen Eingabevektor x mittels einer Klassifizierungsfunktion $f(\cdot)$ auf einen einzelnen, binären Ausgabewert $f(x)$ abbildet, d.h. der Eingabevektor wird einer von zwei Klassen, korrespondierend zu einem der beiden möglichen Ausgabewerte, zugeordnet. Der Vorteil eines Perzeptrons ist hierbei, dass die Klassifizierungsfunktion nicht vorgegeben werden muss, sondern unter Verwendung von Methoden wie z. B. der Hebb'schen Lernregel für künstliche Neurone aus Beispielen gelernt werden kann. Ist $f(\cdot)$ mittels einer ausreichend großen Anzahl von Beispielen hinreichend gut gelernt worden, kann das Perzeptron für bereits angesprochene Klassifizierungsaufgaben verwendet werden, was im Endeffekt einer Verwendung von $f(\cdot)$ als linearer Diskriminierungsfunktion über die Menge der Eingabevektoren gleichkommt. Rosenblatt gelang es zu zeigen, dass sich die drei logischen Grundoperatoren *und, oder* und *nicht* durch ein einfaches Perzeptron mit zwei Eingabewerten und einem einzigen Ausgabeneuron realisieren lassen. Dies war einer der Gründe, weshalb Perzeptronen innerhalb kürzester Zeit zu einem gefeierten und überaus vielversprechenden Konzept innerhalb der KI wurden.

1969 mussten die Anhänger des Perzeptronenparadigmas jedoch einen schweren Rückschlag hinnehmen. Marvin Minsky und Seymour Papert führten in ihrem Buch *Perceptrons* (Minsky/Papert 1969) auf überzeugende und zugleich simple Art und Weise vor Augen, dass einschichtige Perzeptronen nicht in der Lage sind, eine XOR-Funktion (d.h. ein *ausschließendes oder*) zu lernen – einfache Perzeptronen können lediglich linear separierbare Funktionen lernen. Diesem Problem kann zwar auf einfache Weise durch Verwendung mehrschichtiger Perzeptronen Abhilfe geschaffen werden, im Falle des XOR-Problems etwa durch eine einfache Verschaltung entsprechender *und*- und *oder*-Gatter in einem zweischichtigen Perzeptron. Nichtsdestoweniger führte die von Minsky und Paperts Buch ausgelöste Debatte für mehr als ein Jahrzehnt zu einem weitgehenden Stillstand der Forschung in diesem Bereich.

Mehrschichtige Perzeptronen konstituieren die einfachste Klasse sog. Feedforwardnetze. Hierbei handelt es sich um schichtweise aufgebaute Netzwerke, innerhalb welcher jedes Neuron gerichtete Verbindungen zu anderen Neuronen der nachfolgenden Schicht hat, d.h. eine Aktivierung fließt von der Eingangs- zur Ausgangsschicht linear vorwärtsgerichtet durch das Netzwerk. Trotz dieser an sich simplen Struktur handelt es sich bei mehrschichtigen Perzeptronen um eine überaus mächtige Klasse an Funktionsapproximatoren: Das Cybenko-Theorem (Cybenko 1989) stellt, unter gewissen Voraussetzungen an die verwendeten Aktivierungsfunktionen der künstlichen Neurone, sicher, dass jede stetige Funktion, welche Intervalle aus den reellen Zahlen auf reelle Ausgabeintervalle abbildet, beliebig genau durch ein mehrschichtiges Perzeptron mit lediglich einer verborgenen Schicht (d.h. einer Schicht zwischen Eingangs- und Ausgangsschicht) approximiert werden kann.

Der wohl prominenteste Lernalgorithmus für mehrschichtige Perzeptronen ist der Backpropagationsalgorithmus (Bryson/Ho 1969). Hierbei wird eine bereits vorklassifizierte Menge an Trainingsbeispielen eingesetzt, die Ausgabewerte des Perzeptrons werden mit den korrekten Antworten verglichen und die resultierende Differenz wird verwendet, um eine vorher festgelegte Fehlerfunktion zu berechnen. Der ermittelte Fehlerwert wird anschließend rückwärts durch das künstliche neuronale Netz zurückpropagiert, und der Algorithmus passt die Verbindungsgewichte zwischen den Neuronen entsprechend an, so dass der Wert der Fehlerfunktion verringert wird. Durch Iteration dieses Vorgangs über eine ausreichend hohe Anzahl von Trainingsläufen konvergiert das Netz im Normalfall gegen einen größtenteils stabilen Zustand, in welchem der Gesamtwert der Fehlerfunktion als gering betrachtet werden kann, d.h. das mehrschichtige Perzeptron hat die Zielfunktion ausreichend genau gelernt.

Künstliche neuronale Netze: rekurrente Netze

Zu Beginn der 1980er Jahre wurde, zum Teil auch durch das Aufkommen eines neuen Konstruktionsparadigmas für künstliche neuronale Netze, welches Lösungen zu vorher nicht zu bewältigenden Problemen versprach, eine neue Ära des Konnektionismus eingeläutet. Waren die ersten Jahrzehnte des computationalen Konnektionismus von Feedforwardnetzen dominiert, so erwies sich eine im Nachhinein naheliegend erscheinende Veränderung der grundsätzlichen Netzstruktur als entscheidend: Statt Aktivierung nur und ausschließlich entlang der Vorwärtskanten von der Eingabeschicht bis zur Ausgabeschicht des künstlichen Netzes zu propagieren, konnte man durch Einführung von Verschaltungen zwischen Neuronen innerhalb einer Schicht bzw. zu Neuronen einer vorangegangenen Schicht gezielt Rückkoppelungen erzeugen. Die hieraus resultierende neue Netzwerkarchitektur wird ›rekurrent‹ bzw. ›rückgekoppelt‹ genannt. War diese Entwicklung zunächst hauptsächlich von technischen Überlegungen getrieben, so steigerte sie jedoch auch die biologische Adäquatheit künstlicher neuronaler Netze. Vor allem im Bereich des Neokortex weist auch das Gehirn einen signifikanten Anteil an rekurrent verschalteten Neuronennetzwerken auf (Douglas/Martin 2007). Auch auf Ingenieursseite besitzen rekurrente neuronale Netze einen entscheidenden Vorteil gegenüber einfachen Feedforwardnetzen, da es dank der Rückkoppelungsstrukturen möglich wird, temporal codierte Informationen in Daten zu finden und zu verwenden.

Eine der ersten und bis heute populärsten Spezialisierungen eines rekurrenten Netzmodells wurde von Hopfield (1982) vorgestellt. Sogenannte Hopfield-Netze bestehen lediglich aus einer einzigen Schicht von McCulloch-Pitts Neuronen, die zugleich als Ein- und Ausgabeschicht dienen. Die binären künstlichen Neurone sind dabei vollständig miteinander verknüpft (d.h. jedes Neuron weist eine Verknüpfung zu jedem anderen Neuron auf, lediglich die Selbstverknüpfung eines Neurons wird ausgeschlossen); die zugehörigen Verbindungsgewichte sind insofern symmetrisch, als die Verbindung von Neuron i zu Neuron j dieselbe Gewichtung erhält wie die Verbindung in umgekehrter Richtung. Das Hauptanwendungsfeld von Hopfield-Netzen ist die Verwendung als (auto-)assoziativer Speicher, z.B. zur Musterwiederherstellung. Zunächst werden dem Hopfield-Netz während einer Trainingsphase verschiedene, vorher ausgewählte Vektoren (Muster) präsentiert, welche das Netz lernt, z.B. durch Anwendung einer Verallgemeinerung der bereits erwähnten Hebb'schen Lernregel durch Anpassung

der Verbindungsgewichte zwischen den Neuronen. Ein Netzwerk aus 1.000 Neuronen kann hierbei bis zu 138 verschiedene Eingabevektoren optimal speichern (Hertz et al. 1991). Ist die Trainingsphase abgeschlossen, kann durch Eingabe eines Testmusters, also etwa eines leicht verrauschten oder unvollständigen Musters, die Rechenphase angestoßen werden, welche (unter Beachtung der maximalen Speichergrenze des Netzes während der Trainingsphase) nach endlich vielen Update-Iterationsschritten zu einem stabilen Endzustand führt. In diesem Endzustand gibt das Netz entweder das korrigierte, korrespondierende Muster aus der Menge der vorher eingespeicherten Vektoren, die genau invertierte Version des Binärvektors oder – bei Fehlschlag der Mustererkennung – einen sog. unechten Zustand (d.h. einen stabilen Zustand, der allerdings nicht dem korrigierten Originalvektor entspricht) zurück. Die Qualität der Zuordnung hängt dabei u.a. entscheidend von der Anzahl der eintrainierten Muster ab: So führt ein Überschreiten der ›138 Vektoren pro 1.000 Neuronen‹-Faustregel schnell zu signifikanten Qualitätseinbußen in den Ergebnissen.

Eine zweite, gerade auch in Anwendungen im Bereich der Kognitionswissenschaft häufig anzutreffende Unterform rekurrenter neuronaler Netze sind die zu Anfang der 1990er Jahre erstmals vorgeschlagenen, nach ihrem Erfinder benannten Elman-Netze (Elman 1990). Ein Elman-Netz (auch als ›einfaches rekurrentes Netz‹ bezeichnet) besteht in seiner simpelsten Form aus drei Ebenen künstlicher Neurone (aus einer Eingabe-, einer Ausgabe- sowie einer verdeckten Schicht), wobei die Eingabeschicht um sog. Kontextzellen (eine Zelle pro Neuron der verdeckten Schicht) erweitert wird. Diese Kontextzellen werden in Form einer Eins-zu-eins-Zuordnung mit künstlichen Neuronen der verdeckten Schicht verbunden und dienen dazu, nach jedem Zeitschritt eine Kopie des aktuellen Ausgabewertes des jeweiligen Neurons aus der verdeckten Schicht zu speichern und im darauffolgenden Verarbeitungstakt diese hinterlegte Kopie zusätzlich zum neuen Input aus der Eingabeschicht an das Neuron zurückzugeben (vgl. Abb. 1).

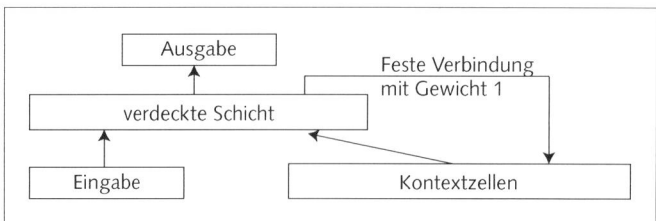

Abbildung 1: Schematischer Aufbau eines Elman-Netzes

Durch diesen Mechanismus wird das Gesamtnetz in die Lage versetzt, einen Netzzustand in einer Art Zwischenspeicher zu hinterlegen, was in der Folge wiederum dazu verwendet werden kann, auch längere Eingabesequenzen zeitinvariant zu behandeln (d. h. aufgrund der speziellen Architektur können zeitliche Abhängigkeiten innerhalb der Eingabedaten implizit behandelt werden). Elman-Netze sind damit u. a. auch für Sequenzvoraussageaufgaben geeignet, ein Anwendungsgebiet, das die Mächtigkeit der meisten reinen Feedforwardnetze bei Weitem übersteigt. Dies macht einfache rekurrente Netze (häufig auch in ihrer verallgemeinerten Form, den sog. hierarchischen Elman-Netzen, also Netzen mit mehr als drei Schichten und Rückkoppelungen auch in den Kontextzellen) für Anwendungen wie etwa Spracherkennung überaus interessant: Wörter einer Sprache bestehen zumeist aus unterschiedlich vielen Silben, wodurch ein einfacher Satz als Paradebeispiel für eine Menge an Signalen mit zeitlich variabler Länge angesehen werden kann. Ein nicht unwesentlicher Grund für die Popularität von Elman-Netzen in der Kognitionswissenschaft ist die Tatsache, dass es mithilfe eines Elman-Netzes gelang, eine komplexe linguistische Konstruktion zu lernen. Dabei handelt es sich um die sog. Hilfsverbinversion in Fragesätzen (Lewis/Elman 2001), von der in der Chomsky-Tradition angenommen wurde, dass sie eine nicht lernbare angeborene Beschränkung natürlicher Sprache darstellt (Crain 1991). Hierdurch wurden grundsätzliche Annahmen zum Spracherwerb, die von Verfechtern der Universalgrammatik immer wieder ins Feld geführt wurden, nachhaltig in Frage gestellt.

Künstliche neuronale Netze: neue Paradigmen

Eine der jüngsten Entwicklungen im Bereich der rekurrenten neuronalen Netze sind sog. *ECHO-state*-Netzwerke (Jaeger 2001). Ein *ECHO-state*-Netzwerk hat eine in der Regel überaus neuronenreiche, aber nur sehr lose verbundene Zwischenschicht. Sowohl die Verbindungen innerhalb der mittleren Schicht als auch die zugehörigen Verbindungsgewichte werden bei vorgegebener Neuronenzahl durch einen Zufallsprozess angelegt und bleiben fortan unverändert. Das Lernen des Netzes hat im weiteren Verlauf lediglich Einfluss auf die Verbindungsgewichte zu den Neuronen der Ausgabeschicht. Die Grundidee eines derartigen Netzes besteht darin, dass durch das Eingabesignal innerhalb jedes künstlichen Neurons

der mittleren Schicht des Netzwerkes ein nichtlineares Antwortsignal erzeugt und diese Vielzahl an Antwortsignalen danach vermittels einer gelernten Linearkombination aller Antwortsignale in der Ausgabeschicht zu einem gewünschten Ausgabesignal zusammengefasst wird. Die trainingsgesteuerte Anpassung der Verbindungsgewichte zwischen mittlerer Netzebene und Ausgabeschicht dient also dazu, das *ECHO-state*-Netzwerk in die Lage zu versetzen, gewisse (möglicherweise zeitlich variierende) Ausgabemuster zu erzeugen. Der große Vorteil von *ECHO-state*-Netzwerken gegenüber anderen, früheren rekurrenten Netzarchitekturen ist eine stark gesteigerte Effizienz des Lernvorgangs bei gleichzeitigem Wegfall gewisser problematischer Eigenschaften (wie z. B. der Gefahr, dass der Lernprozess nicht konvergiert, die Trainingsphase also nicht zu einem stabilen Endzustand des Netzes führt).

Zeitlich parallel zu *ECHO-state*-Netzwerken wurden auch *liquid state machines* erstmals der wissenschaftlichen Öffentlichkeit präsentiert (Maass et al. 2002). Obwohl beide Architekturen völlig unabhängig voneinander entwickelt wurden, sind sie konzeptuell eng miteinander verwandt. *ECHO-state*-Netzwerke und *liquid state machines* können zusammen als die aktuellen Hauptvertreter des *reservoir-computing*-Paradigmas gelten (s. Kap. II.B.3). Das *reservoir-computing*-Paradigma ist eine abstrakte Architektur für verteilte Berechnungen, welche auf der Idee beruht, ein Eingabesignal in ein zufällig erzeugtes dynamisches System (s. Kap. III.4) einzuspeisen, dort das Signal zunächst in einen höherdimensionalen Raum abzubilden und es anschließend durch einen trainierbaren Ausleseprozess in ein gewünschtes Ausgabesignal umzuwandeln. Der Unterschied zwischen beiden Realisierungen des Paradigmas liegt in den etwas geringeren Anforderungen an Signal- und Netzwerkform im Falle der *liquid state machines*: Sind *ECHO-state*-Netzwerke z. B. häufig noch eindeutig als rekurrente neuronale Netze im klassischen Sinne erkennbar, so handelt es sich bei *liquid state machines* tatsächlich um eine an sich strukturlose, reservoirartige Ansammlung sog. *spiking*-Neurone (d. h. einer weiterentwickelten Art der klassischen vielschichtigen Perzeptronen, welche eine zusätzliche zeitliche Komponente in das Neuronenmodell integriert).

Obwohl dem Konnektionismus in gewissen Bereichen, wie z. B. dem Lernen aus verrauschten Daten (s. Kap. IV.12), ein teilweise beeindruckendes Potenzial attestiert werden muss, stellen sich ihm bei der Modellierung der ganzen Bandbreite menschlicher Kognition auch fundamentale Probleme. Insbesondere hat sich die Modellierung höherer kognitiver Fähigkeiten (z. B. Planen, Schließen, Argumentieren usw.; s. Kap. IV.17) mittels neuronaler Architekturen als kaum lösbares Problem herausgestellt. Speziell ist hierbei die neuronale Repräsentation komplexer Datenstrukturen ein großes Problem. Es liegt daher nahe, den Konnektionismus mit dem Symbolismus in einem uniformen Ansatz zu versöhnen. Ein weitreichendes Grundsatzprogramm wird deswegen von Forschern im Bereich der neurosymbolischen Integration verfolgt: Ziel ihrer Bemühungen ist die Auflösung des einleitend erwähnten Gegensatzes zwischen symbolischen und konnektionistischen Modellen durch einen Brückenschlag zwischen beiden Methodenfamilien und somit die Entwicklung sog. hybrider Ansätze (s. Kap. III.3). Hierbei wird gehofft, Systeme zu entwickeln, welche die Vorteile beider Architekturen miteinander verbinden – die für Menschen explizit les- und schreibbare Form sowie die klare deklarative Semantik symbolischer Ansätze einerseits und die massiv parallele Berechnungsausführung und die Lern- und Adaptionsfähigkeiten konnektionistischer Modelle andererseits. Historisch ist hierbei festzuhalten, dass die Trennung zwischen symbolischen und subsymbolischen (u. a. konnektionistischen) Systemen innerhalb der Forschergemeinde nicht immer so klar war wie heute, begannen doch z. B. mit McCulloch und Pitts sowohl die Arbeit an künstlichen neuronalen Netzen als auch die ebenfalls bis heute andauernden Forschungsbemühungen im Bereich finiter Automaten.

Ein klassisches Beispiel für ein implementiertes neurosymbolisches System auf konnektionistischer Basis sind die *knowledge-based artificial neural networks* von George Towell und Jude Shavlik. Towell/ Shavlik (1994) gingen der Frage nach, wie einfache ›wenn-dann‹-Regeln mithilfe einer konnektionistischen Architektur repräsentiert und gelernt werden können. Dabei gelang es ihnen, ein System zu entwickeln, das die Abbildung von hierarchischem Domänenwissen in ein künstliches neuronales Netz ermöglicht, welches im Anschluss erfolgreich in verschiedenen Anwendungstests (wie z. B. der Analyse von DNS-Sequenzen) eingesetzt werden konnte und dabei ausschließlich empirische oder rein manuell angelegte Klassifikatoren leistungsmäßig übertraf. Nichtsdestoweniger sind die aktuell in Bearbeitung befindlichen Forschungsfragen noch sehr grundsätzlicher Art: Wie kann symbolisches Wissen in konnektionistischen Systemen repräsentiert und später wieder extrahiert werden? Wie können konnektionistische Systeme symbolisches Wissen lernen? Kann ein Lernvorgang innerhalb eines konnek-

tionistischen Systems eventuell durch symbolisches Hintergrundwissen geleitet werden?

Parallel distributed processing und das Bindungsproblem

Zusammenfassend ist festzuhalten, dass im heutigen Sprachgebrauch der Konnektionismus auf Systemmodellseite weitgehend mit dem – von künstlichen neuronalen Netzen inspirierten – Begriff des *parallel distributed processing* übereinstimmt. Diesem Ansatz folgende Systeme sind meistens eindeutig erkennbar, weisen sie doch im unterliegenden mathematischen Modell in der Regel nachstehende gemeinsame Elemente auf: eine Menge an (zumeist simplen) Verarbeitungseinheiten, Aktivierungswerte für diese Elemente, eine Ausgabefunktion für jede Einheit, eine gewisse Verbindungsstruktur zwischen den einzelnen Elementen, eine Propagierungsregel zur Aktivitätsweitergabe entlang der Verbindungen zwischen den Einheiten, eine Aktivierungsregel (welche die Aktivierung einzelner Elemente bestimmt) sowie eine Lernregel, welche die Verbindungen an die Lernerfahrung des Systems anpasst. Die Betonung liegt damit auf zwei Aspekten dieses Modellierungsschemas, erstens der Parallelität neuronaler Verarbeitung und zweitens der verteilten Natur neuronaler Repräsentationen. Damit einher geht aber auch eine Hauptbeschränkung dieses Ansatzes: Indem jeglicher kognitiver Prozess durch Neuronenfeuer und -kommunikation zu erklären versucht wird, ist er strikt reduktionistisch.

Vor diesem Hintergrund stellt sich auch eine nach wie vor weitestgehend ungelöste, grundsätzliche Frage, das sog. Bindungsproblem: Wie ist sensorische Integration überhaupt möglich? Hierfür wiederum gibt es zwei Lesarten, nämlich die intramodale Lesart und die intermodale Lesart. Die erstgenannte, spezifischere Lesart interpretiert das Bindungsproblem als die Frage, wie genau das Gehirn komplexe Umgebungseindrücke in einzelne Elemente aufspaltet. Mit anderen Worten: Wodurch wird sichergestellt, dass beim Betrachten eines weißen Blattes und eines schwarzen Bleistifts der Sinneseindruck *weiß* mit der Wahrnehmung der Form des Blattes und der Sinneseindruck *schwarz* mit der Form des Bleistifts einhergeht? Das Problem stellt sich folglich als Problem der intramodalen Integration, nachfolgend ›Trennungsproblem‹ genannt. Die zweite, allgemeinere Lesart des Bindungsproblems ist die Frage nach dem Zustandekommen einer vereinheitlichten bewussten Wahrnehmung *per se*: Wie entsteht beim Wahrnehmen einer Rose, das zeitgleich u. a. aus Sehen, Riechen und Fühlen bestehen kann, aus den einzelnen, verteilten neuronalen Aktivitäten eine holistische bewusste Wahrnehmung der Rose in ihrer sinnlichen Gesamtheit (s. Kap. IV.24)? Das Problem stellt sich folglich als Problem der intermodalen Integration, nachfolgend ›Kombinationsproblem‹ genannt. Trennungs- und Kombinationsproblem sind auch in der Natur der Frage unterschiedlich: Das Trennungsproblem adressiert eine Thematik, die sich so auch z. B. in technischen Systemen stellt, während der Charakter des Kombinationsproblems (allein schon aufgrund des Konzepts einer holistischen bewussten Wahrnehmung als Frageobjekt) mehr metaphysisch bzw. genuin philosophisch angehaucht ist.

Während die Diskussion auf Seiten des Kombinationsproblems, obwohl überaus engagiert und über Disziplingrenzen hinweg geführt, noch völlig offen ist, besteht bezüglich des Trennungsproblems die Vermutung, dass durch gewisse Teilstimuli einer komplexen Wahrnehmung merkmalspezifische Gehirnareale aktiviert werden. Studien zeigen, dass z. B. gewisse Areale des visuellen Kortex darauf spezialisiert sind, unterschiedliche Aspekte wie etwa Form, Farbe oder Bewegungsrichtung zu verarbeiten (Bartels/Zeki 2006; s. Kap. IV.4). Diese Teilinformationen müssen in der weiteren Verarbeitung in passender Form miteinander verschmolzen werden, wobei die hierfür verwendeten Mechanismen noch weitestgehend unidentifiziert sind. Eine der aktuell favorisierten Theorien diesbezüglich schlägt synchrone Oszillationen der beteiligten Neuronenverbände als Schlüsselelement in der Koordination der Informationszusammenführung vor (Singer 1999). So würden im Blatt-Bleistift-Beispiel etwa die Neuronengruppen für die Farbwahrnehmung ›schwarz‹ und die (komplexe) Formwahrnehmung ›Bleistift‹ zeitlich synchrone Aktivierungsmuster zeigen. Im Einzelnen stützt sich diese Neuronale-Synchronitäts-Hypothese u. a. auf die hohe Präzision, mit der neuronale Netze (wie etwa im cerebralen Kortex vorzufinden) zeitliche Charakteristiken von Aktivierungsmustern innerhalb von Millisekunden weiterleiten und verarbeiten können, sowie auf ein höheres Reaktionsvermögen bezüglich synchroner denn asynchroner Eingabereize. Auch eine Verarbeitungsassoziierung synchroner Stimuli (zumindest wenn diese extern angeregt wurden), zusammen mit zahlreichen Beobachtungen bezüglich Korrelationen zwischen intern generierter neuronaler Synchronität und (extern angeregten) kognitiven Prozessen sowie resultierenden motorischen Handlungen, werden als weitere Hinweise für die Richtigkeit der Vermutung gewertet. Trotz großem Forschungsaufwand ist es jedoch nach wie vor nicht gelungen, abschließend eindeutige und unwidersprochene empirische Belege für diese (oder eine alternative) Theorie zu finden.

Literatur

Bain, Alexander (1873): *Mind and Body*. New York. [dt.: *Geist und Körper*. Saarbrücken 2002].

Bartels, Andreas/Zeki, Semir (2006): The temporal order of binding visual attributes. In: *Vision Research* 46, 2280–2286.

Bryson, Arthur/Ho, Yu-Chi (1969): *Applied Optimal Control*. Waltham.

Crain, Stephan (1991): Language acquisition in the absence of experience. In: *Behavioral and Brain Sciences* 14, 597–650.

Cybenko, George (1989): Approximations by superpositions of sigmoidal functions. In: *Mathematics of Control, Signals, and Systems* 2, 303–314.

Douglas, Rodney/Martin, Kevan (2007): Recurrent neuronal circuits in the neocortex. In: *Current Biology* 17, R496–500.

Elman, Jeffrey (1990): Finding structure in time. In: *Cognitive Science* 14, 179–211.

Hebb, Donald (1949): *The Organization of Behavior*. New York.

Hertz, John/Palmer, Richard/Krogh, Anders (1991): *Introduction to the Theory of Neural Computation*. Redwood City.

Hopfield, John (1982): Neural networks and physical systems with emergent collective computational abilities. In: *Proceedings of the National Academy of Sciences of the USA* 79, 2554–2558.

Jaeger, Herbert (2001): *The ›echo state‹ approach to analysing and training recurrent neural networks* (GMD Report 148, German National Research Center for Information Technology).

Lewis, John/Elman, Jeffrey (2001): Learnability and the statistical structure of language. In: Barbora Skarabela/Sarah Fish/Anna Do (Hg.): *Proceedings of the 26th Annual Boston University Conference on Language Development*. Somerville, 359–370.

Maass, Wolfgang/Natschläger, Thomas/Markram, Henry (2002): Real-time computing without stable states. In: *Neural Computation* 14, 2531–2560.

McCulloch, Warren/Pitts, Walter (1943): A logical calculus of the ideas immanent in nervous activity. In: *Bulletin of Mathematical Biophysics* 7, 115–133.

Minsky, Marvin/Papert, Seymour (1969): *Perceptrons*. Cambridge (Mass.).

Rosenblatt, Frank (1958): The perceptron. In: *Psychological Review* 65, 386–408.

Singer, Wolf (1999): Neuronal synchrony. In: *Neuron* 24, 49–65.

Thorndike, Edward (1932): *The Fundamentals of Learning*. New York.

Towell, George/Shavlik, Jude (1994): Knowledge-based artificial neural networks. In: *Artificial Intelligence* 70, 119–165.

Tarek R. Besold/Kai-Uwe Kühnberger

3. Hybride Architekturen

Motivation

Historisch betrachtet wurden Computermodelle kognitiver Phänomene zunächst durch das Paradigma der symbolischen Informationsverarbeitung geprägt (s. Kap. III.1). Später trat hierzu der Konnektionismus, der eine stärkere biologische Plausibilität zu realisieren versprach (s. Kap. III.2). Tatsächlich bestimmen diese beiden Hauptparadigmen nach wie vor die mittlerweile große Anzahl von Computermodellen und Architekturen kognitiver Fähigkeiten. Allerdings kann diese Dominanz nicht darüber hinwegtäuschen, dass beide Strömungen mit nichttrivialen Problemen konfrontiert sind, insbesondere dann, wenn sie als Modelle für generelle Intelligenz und die Gesamtheit kognitiver Fähigkeiten intendiert sind:

- In klassischen Symbolverarbeitungssystemen ist weder klar, wie eine Referenz von Symbolen auf die Umgebung eines Agenten etabliert werden kann (das *symbol grounding problem*; s. Kap. III.1), noch gibt es allgemein akzeptierte Begriffsrahmen für die Modellierung von Unsicherheit, Vagheit, einer kontinuierlichen Umwelt und der Unvollständigkeit von Weltzuständen. Darüber hinaus sind Entwickler kognitiver Systeme mit Schwierigkeiten bei der symbolischen Verarbeitung sensorischer Daten, beim Lernen verrauschter Daten (s. Kap. IV.12) oder bei der Steuerung komplexer Systeme (s. Kap. IV.15) konfrontiert.
- Klassische konnektionistische Systeme zeichnen sich (im Gegensatz zur klassischen Symbolverarbeitung) durch eine große Flexibilität beim Lernen verrauschter Daten, bei der Verarbeitung subsymbolischer Daten oder bei der Modellierung von Unsicherheit und Vagheit aus, haben jedoch Probleme in mehr oder weniger allen Bereichen, die die Modellierung höherer kognitiver Fähigkeiten betreffen. Innerhalb eines klassischen konnektionistischen Ansatzes gibt es bisher keine überzeugenden umfassenden Modellierungen für Planung (s. Kap. IV.17), logisches Schließen (s. Kap. II.F.4), Sprache (s. Kap. IV.20) oder das Lösen komplexer strukturierter Probleme (s. Kap. IV.11).

Eine wichtige Erkenntnis aus dem Studium der Anwendungsdomänen und dem Modellierungspotenzial des symbolischen und des subsymbolischen Paradigmas ist die Tatsache, dass die jeweiligen Stärken und Schwächen der beiden Methodologien mehr oder weniger komplementär sind. Mit anderen Worten: In Bereichen, in denen ein symbolverarbeitendes System Schwächen zeigt (z. B. beim Lernen aus verrauschten Sensordaten), kann ein konnektionistisches System unter Umständen brauchbare Resultate liefern. Umgekehrt könnte ein symbolverarbeitendes System in den Bereichen, in denen ein konnektionistisches System Schwächen zeigt (z. B. bei komplexen Planungsaufgaben), eine Lösung liefern. Es liegt daher nahe, beide Ansätze in einem System zu verbinden, das die Stärken beider Methodologien auszunutzen erlaubt. Die daraus resultierenden Architekturen werden gewöhnlich ›hybrid‹ genannt. Natürlich sind die Möglichkeiten einer Kombination symbolischer und subsymbolischer Prozesse innerhalb einer Architektur vielfältig und können auf multiplen Wegen realisiert werden; insbesondere gibt es mannigfaltige Möglichkeiten, beide Prozesstypen miteinander zu verschränken. Eine tatsächlich uniforme Struktur des Systems ist dadurch jedoch noch nicht gegeben. Formal unterscheidet man zumeist zwischen zwei Herangehensweisen: einem modularisierten Ansatz in sog. hybriden Architekturen, wobei getrennte symbolische und subsymbolische Elemente in einem Gesamtsystem miteinander verzahnt werden, und dem integrativen Gegenentwurf neurosymbolischer Architekturen, in welchen ein einzelner, übergreifender Formalismus beide Paradigmen in sich vereinen soll.

Vorläufer hybrider Architekturen

Hybride Architekturen sind historisch eng mit der Entwicklung sog. kognitiver Architekturen verbunden. Unter einer kognitiven Architektur wird hierbei ein Computermodell (s. Kap. II.E.2) verstanden, das die elementaren – gewöhnlich aus psychologischen, seltener auch aus neurophysiologischen Erkenntnissen abgeleiteten – Ressourcen eines kognitiv inspirierten künstlichen Agenten spezifiziert, um damit möglichst das gesamte Spektrum der kognitiven Fähigkeiten natürlicher Agenten, insbesondere von Menschen, simulieren zu können. So besitzen die meisten kognitiven Architekturen Module wie ein Perzeptionsmodul, verschiedene Gedächtnismodule (z. B. Module für ein deklaratives Gedächtnis, ein prozedurales Gedächtnis, ein episodisches Gedächtnis usw.; s. Kap. IV.7), Lernmodule (z. B. realisiert mittels *chunking* in Modulen mit symbolischer Verarbeitung, mittels Backpropagation in neuronalen Modulen oder mittels *reinforcement learning*, falls probabilistische Repräsentationen vorhanden sind und ein direkter *reward* der Umgebung gegeben ist; s. Kap. IV.12) usw., um damit ein ähnliches Grundinventar von Ressourcen bereitzustellen, wie sie nach heutigem Kenntnisstand bei natürlichen Agenten vorliegen. Neben der Auswahl und der Spezifikation der einzelnen Module und den zwischen den Modulen definierten Informationsflüssen kommt offensichtlich den Fragen nach der Repräsentation der Inhalte der verschiedenen Module eine zentrale Rolle zu. Frühe kognitive Architekturen ließen dabei ausschließlich symbolische Repräsentationen zu.

Die beiden am weitesten verbreiteten kognitiven Architekturen sind das hauptsächlich in der Psychologie beliebte ACT-R-Modell (*Adaptive Control of Thought-Rational*; Anderson et al. 2004) und die v. a. in der Künstliche-Intelligenz-Forschung (KI) weit verbreitete SOAR-Architektur (*State, Operator Apply Result*; Laird et al. 1987). Beiden Architekturen ist eigen, dass sie ursprünglich als reine symbolische Produktionssysteme konzipiert und erst relativ spät um Module subsymbolischer Informationsverarbeitung erweitert wurden. Zudem ist innerhalb der SOAR-Architektur die subsymbolische Erweiterung eher sparsam, während ACT-R mittlerweile durchaus umfangreiche neuro-inspirierte Modellierungen zulässt.

Großen Einfluss auf hybride Architekturen hatte auch eine Entwicklung in den 1990er Jahren innerhalb der Robotik (s. Kap. II.B.2), die v. a. auf Forscher wie Rodney Brooks, Philip Agre und Luc Steels zurückgeht. Diese Strömung wird als ›kognitive Robotik‹, ›verhaltensbasierte Robotik‹, ›new AI‹ oder auch ›embodied AI‹ bezeichnet und geht davon aus, dass Kognition in ihrer Allgemeinheit in Systemen modelliert werden sollte, die verkörpert, situiert und eingebettet (*embodied, situated, embedded*) sind (s. Kap. III.6, Kap. III.7). Diese Richtung der Robotik versteht sich als Ansatz, der als Maximen formuliert, dass nur mit verkörperten Agenten (d. h. mit realen Robotern und nicht mit Simulationen) gearbeitet werden sollte, dass viele Eigenschaften solcher Agenten (wie z. B. ihr Wissen) nur unter Einbeziehung des Kontexts (Situation, physikalische Beschränkungen usw.) modelliert werden sollten (d. h. dass sie in dieser Umgebung situiert sein sollten) und dass sie dynamisch mit der Umwelt operieren sollten, um damit kognitive Prozesse und mögliches Verhalten der Agenten erst emergieren lassen zu können (d. h. dass sie in diese Umwelt dynamisch eingebettet sein sollten). Dieser Ansatz wurde über die Grenzen der Robotik hinaus sehr stark popularisiert und um eine Anzahl weiterer Prinzipien – manche sprechen auch

von ›abgeleiteten Prinzipien‹ – ergänzt, wie z. B. den Prinzipien der Vermeidung von Repräsentationen im System, der Vermeidung einer zentralen Kontrollinstanz, der Vermeidung des Gebrauchs vorprogrammierten Wissens, der Vermeidung abstrakter Planungen usw. Aus heutiger Perspektive können die großen Ziele der kognitiven Robotik in der skizzierten radikalen Form, nämlich durch einen innovativen Ansatz eine völlig neue Fundierung von Kognition im Allgemeinen zu schaffen, als gescheitert gelten: Es ist bis heute nicht möglich, innerhalb eines solchen Ansatzes ein System zu kreieren, das über Insektenverhalten, Schwarmverhalten oder generell niedere kognitive Leistungen hinausgeht und höhere kognitive Fähigkeiten des Menschen adäquat modellieren kann.

Während viele der genannten Prinzipien deshalb aus heutiger Sicht überzogen erscheinen, gibt es trotzdem eine Reihe von Aspekten aus dieser Forschungsrichtung, die einen wesentlichen Beitrag zu der Entwicklung von hybriden Architekturen leisteten. Einer dieser Aspekte ist der von Brooks vorgeschlagene Begriff der Subsumptionsarchitektur. Eine Subsumptionsarchitektur integriert hierarchisch verschiedene Ebenen von Verhalten: Klassischerweise wird zwischen rein reaktivem Verhalten, deliberativem Verhalten und reflektierendem (metakognitivem) Verhalten unterschieden. Diese drei Ebenen sind nicht voneinander unabhängig, sondern können sich in der Regel gegenseitig beeinflussen. Intuitiv entspricht der reaktiven Ebene eher eine subsymbolische Informationsverarbeitung, während für die deliberative und reflektierende Ebene eher eine symbolische Informationsverarbeitung adäquat erscheint. Die Entdeckung und Popularisierung der großen Bedeutung rein reaktiven Verhaltens von kognitiven Agenten ist sicherlich eine der wichtigsten Erkenntnisse dieser Forschungsrichtung und heutzutage aus kaum einer hybriden Architektur völlig wegzudenken.

Klassische hybride Architekturen

Seit Beginn der 1990er Jahre wurde eine Vielzahl hybrider Architekturen vorgeschlagen. Es ist an dieser Stelle unmöglich, einen vollständigen Überblick zu geben, weshalb im Folgenden informell eine Auswahl wichtiger Vertreter solcher Architekturen genannt werden soll.

- DUAL (Kokinov 1994) ist ein uniformer Begriffsrahmen und eine Architektur für Kognition im Allgemeinen. Darauf wird AMBR (*Associative*

Memory-Based Reasoning; Kokinov/Petrov 2001) als dynamisch emergentes kognitives Modell aufgesetzt. Die Kernidee ist eine Menge aus Mikroagenten (minimale symbolische Berechnungseinheiten), die dynamisch Koalitionen mit anderen Mikroagenten eingehen können, um komplexe Berechnungen durchzuführen. Diese Koalitionen werden durch neuronale Aktivität innerhalb eines Netzes ausgelöst. Hybridität wird hierbei durch die neuronale Steuerung der Interaktion simpler symbolischer Einheiten erreicht. Der Name DUAL soll auf den hybriden (d. h. neuronalen und symbolischen) Charakter der Agenten hinweisen.

- Eine Architektur, die explizit eine symbolische und eine subsymbolische Ebene einführt, ist CLARION (*Connectionist Learning with Adaptive Rule Indication*; Sun 2007). Die symbolische Ebene von CLARION ist regelbasiert und codiert symbolisches Wissen (explizites Wissen), während die subsymbolische Ebene implizites Wissen in Form eines konnektionistischen Netzwerks repräsentiert. Es besteht die Möglichkeit der Interaktion zwischen den Ebenen, indem z. B. symbolisches Wissen subsymbolisch repräsentiert wird oder explizites Wissen aus der subsymbolischen Ebene extrahiert wird. CLARION wurde in vielen Anwendungen innerhalb der kognitiven Modellierung evaluiert und zeigte eine Performanz, die durchaus mit klassischen Architekturen (z. B. ACT-R) mithalten konnte.

- *MicroPsi* (Bach 2009) ist die Spezifikation einer Architektur, die einige kognitive Aspekte beinhaltet, die gewöhnlich von klassischen Architekturen ignoriert werden: Beispielsweise werden Motive (s. Kap. IV.8), Motivationen (s. Kap. IV.14), Bedürfnisse usw. eines Agenten explizit in der Architektur repräsentiert und integriert. Die psychologischen Grundlagen der genannten motivationsrelevanten Aspekte für *MicroPsi* wurden in den 1980er und 1990er Jahren erforscht (z. B. Dörner 1999). *MicroPsi* ist insofern eine hybride Architektur, als Operationen auf einem semantischen Netzwerk, das selbst als symbolische Repräsentation interpretiert werden kann, durch neuronale Aktivität initiiert und gesteuert werden. Der neuronale Aktivitätsgrad wiederum wird stark von Perzepten, Motiven, Bedürfnissen usw. beeinflusst. Dadurch kommt dem Motivationsaspekt in *MicroPsi* die Rolle des zentralen Moderators der Gesamtheit kognitiver Prozesse zu. Anders ausgedrückt: Ohne Bedürfnisse, Motive usw. gibt es in diesem Ansatz keine Kognition.

- Das System SHRUTI (›das Gehörte‹, ursprünglich eine Bezeichnung für verbindliche Schriften des Hinduismus; Shastri 2007) realisiert Hybridität mithilfe eines lokalistisch zu interpretierenden neuronalen Netzes. Ausgangspunkt der Repräsentation komplexer Datenstrukturen und relationaler Zusammenhänge sind Ansammlungen von Neuronen, deren Aktivierung durch spezielle Knoten des Netzwerkes moduliert werden (sog. *collector nodes, enabler nodes* usw.). Die Bindung von Variablen und Werten bzw. Rollen und deren Füller wird in SHRUTI durch eine Synchronisation der Aktivierung von Neuronen realisiert. SHRUTI ist implementiert und wurde benutzt, um selbst große Wissensbasen zu codieren. Insbesondere können mittels SHRUTI auch episodische Gedächtniseinträge (s. Kap. IV.7), Motorschemata (s. Kap. IV.15) oder Perzeptionsschemata (s. Kap. IV.24) modelliert werden. Man könnte vermuten, dass SHRUTI ein klassisch konnektionistischer Ansatz ist, der eine distribuierte Repräsentation von Wissen (s. Kap. IV.25) erlaubt. Das zugrunde liegende Netzwerk ist jedoch lokalistisch und damit symbolisch zu interpretieren. Insofern handelt es sich bei SHRUTI um eine hybride Architektur.

- Der Begriff der vektorsymbolischen Architektur (Plate 2003) bezeichnet eine Menge von Ansätzen, die komplexe Daten in hochdimensionalen Vektorräumen codieren und mittels spezieller Operationen die Konstruktion und Dekonstruktion neuer Datenstrukturen sowie die Bindung von Werten an Variablen erlauben. Die Grundidee dieses Typs der Repräsentation geht auf Paul Smolenskys Tensorrepräsentation zurück; allerdings hat Smolenskys ursprünglicher Ansatz den negativen Effekt eines exponentiellen Wachstums der Dimensionalität des Vektorraums. Mittels des mathematischen Tricks der *circular convolution* erlaubt jedoch z. B. die Klasse der holographisch reduzierten Repräsentationen, diese Dimensionalität des Vektorraums konstant zu lassen und trotzdem neue Datenstrukturen zu konstruieren sowie vorhandene zu dekonstruieren.

Die genannten Architekturen unterscheiden sich in signifikanter Weise hinsichtlich ihrer Struktur, der verwendeten Methoden und ihrer Anwendungsdomänen. Ein Grund hierfür ist sicherlich die jeweilige Motivation, die zur Entwicklung einer bestimmten Architektur geführt hat. Beispielsweise wurde DUAL/AMBR im Kontext der Integration von Gedächtnismodellen und analogem Schließen entwickelt, CLARION als Architektur für die Modellierung von explizitem und implizitem Lernen, *MicroPsi* für die Modellierung der Modulation kognitiver Leistungen durch Bedürfnisse und Motivation usw. Dies erklärt in gewissem Sinne die große Anzahl und Unübersichtlichkeit hybrider Systeme, die sich seit den 1990er Jahren herausgebildet hat. Zwar wurden die genannten und viele weitere Architekturen auf eine Vielzahl von Domänen angewendet und zeitigten teilweise durchaus adäquate Resultate, bisher kann jedoch noch nicht davon gesprochen werden, dass hybride Architekturen den einzig gangbaren Weg zur Modellierung und zum Verständnis der Kognition in ihrer Allgemeinheit darstellen.

Neurosymbolische Integration

Auch auf neurosymbolischer Seite wurden zahlreiche verschiedene Ansätze und Formalismen diskutiert und implementiert, wobei nachfolgend ein kurzer Blick auf drei prominente Vertreter dieser Systemklasse geworfen werden soll.

Die *core*-Methode (Hölldobler/Bader 2006) ist ein Ansatz zur konnektionistischen Modellgenerierung unter Verwendung rekurrenter künstlicher neuronaler Netze. Dies bildet die Grundlage einer Verwendung künstlicher neuronaler Netze zum Lernen symbolischen Wissens und, vermittels Standardalgorithmen des maschinellen Lernens, zur Durchführung von Schlussvorgängen auf Grundlage dieses Wissens. Der Ansatz basiert auf den beiden Beobachtungen, dass auf der *symbolischen* Seite die Semantiken verschiedener Logikprogramme mit Fixpunkten der damit zusammenhängenden Konsequenzoperatoren identifiziert werden können und dass auf der *konnektionistischen* Seite jede stetige Funktion über den reellen Zahlen gleichmäßig durch ein Feedforwardnetz approximiert werden kann. Nimmt man nun noch den Banach'schen Fixpunktsatz hinzu, wonach jede Kontraktionsabbildung f auf einem vollständigen metrischen Raum (X, d) einen eindeutigen Fixpunkt hat und die Sequenz wiederholter Funktionsanwendungen $y, f(y)$, $f(f(y)), \ldots$ für alle y in X gegen diesen Fixpunkt konvergiert, können Logikprogramme, deren Konsequenzoperator eine stetige Kontraktion beschreibt, somit durch künstliche neuronale Netze implementiert werden.

CML (*Connectionist Modal Logic*; D'Avila Garcez et al. 2007) stellt einen Versuch dar, ein allgemeines Modell für die Entwicklung konnektionistischer nicht-klassischer Formen logischen Schließens (s. Kap. IV.17), beruhend auf Modallogiken, zu formulieren. Modallogiken gehören zu den insgesamt erfolgreichsten Logiksprachen (s. Kap. II.F.4). Sie haben aufgrund ihrer Ausdrucksmächtigkeit und Anpassbarkeit weite Verbreitung in zahlreichen Anwendungen innerhalb der Informatik gefunden und bilden somit auch ein Rückgrat der symbolischen Weltsicht innerhalb der KI (s. Kap. II.B.1). CML versucht, einen konzeptuellen Rahmen zu bilden, innerhalb dessen Modallogiken unter Verwendung künstlicher neuronaler Netze repräsentiert, gelernt oder in Schlussprozessen verwendet werden können. Modallogische Programme werden in Ensembles künstlicher neuronaler Netzwerke übersetzt, die nachfolgend eine fixpunktbasierte Bedeutung des ursprünglichen Logikprogrammes berechnen (d. h. als verteiltes Modell für die Modallogik dienen).

Bei der von der Topostheorie inspirierten neurosymbolischen Integration (Gust et al. 2007) handelt es sich um einen Ansatz zum Lernen prädikatenlogischer Formeln durch künstliche neuronale Netze, der auf Topoi als kategorientheoretische Konstruktionen zurückgreift. Dieser hochspezialisierte mathematische Formalismus erlaubt es, eine in Prädikatenlogik formulierte logische Theorie T variablenfrei zu repräsentieren und im Anschluss automatisch erzeugte korrespondierende Gleichungen und Ungleichungen als Input für ein künstliches neuronales Feedforwardnetz zur Verfügung zu stellen. Dieses kann sodann mittels Backpropagation die (Un-) Gleichungen in einer solchen Form lernen, dass die Wahrheitsbedingungen der unterliegenden Axiome der anfänglichen Theorie T erfüllt werden. Zusammenfassend wird somit das Lernen eines Modells der logischen Theorie T durch das konnektionistische künstliche neuronale Netz möglich.

Obwohl es innerhalb der Forschung an neurosymbolischen Architekturen zu einer Vielzahl von Ansätzen kam und einige Erfolge zu verzeichnen sind, ist dieses Gebiet noch von einem durchschlagenden Erfolg entfernt. Bis heute hat ein neurosymbolisches System in einer Domäne hochstrukturierten Wissens nicht die Performanz eines symbolischen Systems erreicht. Zudem gibt es bisher keinen Konsens, welcher Ansatz der aussichtsreichste Kandidat für die Modellierung klassischen und nichtklassischen Schließens (s. Kap. IV.17) wäre.

Fazit

Es bleibt festzuhalten, dass sich bis heute keine der verschiedenen Herangehensweisen als allgemein akzeptierter Lösungsansatz der grundsätzlichen Spannung zwischen beiden Paradigmen herauskristallisieren konnte, obwohl zahlreiche Versuche unternommen wurden, konnektionistische und symbolische Paradigmen in einem Formalismus zusammenzuführen und schlussendlich vollständig zu vereinen. Dies hat mehrere Gründe, die von methodologischen Schwierigkeiten und Herausforderungen im Zusammenhang mit den weitenteils überaus komplexen und sehr spezifischen Formalismen bis hin zu ideologischen Widerständen und dem Skeptizismus gegenüber neuen Herangehensweisen und Paradigmen reichen. Angesichts der klar erkennbaren Schwächen und Mängel, die rein symbolische oder rein konnektionistische Systeme bei uneingeschränktem Einsatz in Realweltszenarien offenbaren, wird aber gerade in mittel- und langfristiger Perspektive die Bedeutung und Akzeptanz hybrider Architekturen und neurosymbolischer Ansätze weiterhin zunehmen. Ob hierbei beide Spielformen der Hybridität koexistenziell fortbestehen oder ob z. B. hybride Architekturen eines Tages in neurosymbolischen Formalismen aufgehen (oder *vice versa*) ist heute noch nicht absehbar.

Literatur

Anderson, John/Bothell, Daniel/Byrne, Michael/Douglass, Scott/Lebiere, Christian/Qin, Yulin (2004): An integrated theory of the mind. In: *Psychological Review* 111, 1036–1060.

Bach, Joscha (2009): *Principles of Synthetic Intelligence*. Oxford.

D'Avila Garcez, Artur/Lamb, Luis/Gabbay, Dov (2007): Connectionist modal logic. In: *Theoretical Computer Science* 371, 34–53.

Dörner, Dietrich (1999): *Bauplan für eine Seele*. Reinbek.

Gust, Helmar/Kühnberger, Kai-Uwe/Geibel, Peter (2007): Learning models of predicate logical theories with neural networks based on topos theory. In: Barbara Hammer/Pascal Hitzler (Hg.): *Perspectives of Neural-Symbolic Integration*. Berlin, 233–264.

Hölldobler, Stefan/Bader, Sebastian (2006): The core method, connectionist model generation. In: Stefanos Kollias/Andreas Stafylopatis/Wlodzislaw Duch/Erkki Oja/John Taylor (Hg.): *Proceedings of the International Conference on Artificial Neural Networks*. Berlin, 1–13.

Kokinov, Boicho (1994): The DUAL cognitive architecture. In: Anthony Cohn (Hg.): *Proceedings of the 11ᵗʰ European Conference on Artificial Intelligence*. London, 203–207.

Kokinov, Boicho/Petrov, Alexander (2001): Integrating memory and reasoning in analogy-making. In: Dedre Gentner/Keith Holyoak/Boicho Kokinov (Hg.): *The Analogical Mind*. Cambridge (Mass.), 59–124.

Laird, John/Rosenbloom, Paul/Newell, Allen (1987): Soar: An architecture for general intelligence. In: *Artificial Intelligence* 33, 1–64.

Plate, Tony (2003): *Holographic Reduced Representations*. Stanford.

Shastri, Lokendra (2007): SHRUTI. A neurally motivated architecture for rapid, scalable inference. In: Barbara Hammer/Pascal Hitzler (Hg.): *Perspectives of Neural-Symbolic Integration*. Berlin, 183–203.

Sun, Ron (2007): The motivational and metacognitive control in CLARION. In: Wayne Gray (Hg.): *Modeling Integrated Cognitive Systems*. Oxford, 63–75.

Tarek R. Besold/Kai-Uwe Kühnberger

4. Theorie dynamischer Systeme

Unter dem Dynamizismus versteht man die in theoretischen und philosophischen Diskussionen wiederholt aufgetauchte Auffassung, dass kognitive Prozesse besonders gut mithilfe der sog. Theorie dynamischer Systeme beschrieben werden können (Clark 1997; Rosen 1970; van Gelder 1999). Ausgangspunkt waren dabei häufig Analogien zur Selbstorganisation, d. h. zur Vorstellung, dass Kognition ebenso aus gekoppelten nichtlinearen dynamischen Prozessen emergieren könnte wie bestimmte Muster in selbstorganisierenden physikalischen Systemen (Thelen/Smith 1994). Da die Theorie dynamischer Systeme die theoretische Sprache liefert, in der eine solche Selbstorganisation verstanden werden kann (Haken 1983), legte diese Analogie es nahe, kognitive Prozesse mithilfe gerade dieser Theorie zu analysieren.

In neuerer Zeit wurde dieser Gedanke im Zusammenhang mit der Rede von Verkörperlichung (*embodied cognition*) konkretisiert und präzisiert (s. Kap. III.7), die die Einbettung kognitiver Prozesse in die Körperlichkeit kognitiver Systeme und deren Situierung in strukturierten Umwelten betont (Riegler 2002). Aus einem solchen Ansatz lassen sich Anforderungen an die Natur kognitiver Prozesse herleiten, die unmittelbar an den Dynamizismus anknüpfen (Schöner 2008). Dazu gehört insbesondere das Postulat, dass kognitive Prozesse sich kontinuierlich in der Zeit entwickeln und dabei jederzeit an sensorische und motorische Prozesse ankoppeln können. Dies setzt voraus, dass kognitive Prozesse Stabilitätseigenschaften haben – ein für den Dynamizismus zentrales Prinzip. Die Einbettung von Kognition in den Verhaltenskontext wird im Zusammenhang mit der Rede von Verkörperlichung ebenfalls betont. Die Anpassung an einen Verhaltenskontext geschieht letztendlich durch Lernprozesse (s. Kap. IV.12). Kognitive Prozesse müssen daher auf allen Zeitskalen lernfähig sein, was durch die im Dynamizismus postulierten graduierten internen Zustände kognitiver Prozesse ermöglicht wird. Da oft sogar angenommen wird, dass alle kognitiven Prozesse, bis hin zu höheren kognitiven Leistungen, verkörperlicht sind, wird der Dynamizismus in dieser Interpretation zu einer Sprache für Kognition schlechthin, unabhängig von seinen Anfängen in der Sensomotorik.

Was sind dynamische Systeme?

Zunächst sind dynamische Systeme mathematische Objekte, für die es eine gut verstandene klassische Theorie gibt (Perko 2001). Historisch wurden die Begriffe der mathematischen Theorie in enger Anlehnung an Probleme der Physik entwickelt. Gegenstand der Theorie sind Zeitverläufe von dynamischen Variablen, die in der Physik als ›Zustandsvariablen‹ bezeichnet werden. Die Kernaussage der Theorie ist, dass sich unter geeigneten Umständen aus den gegenwärtigen Werten der Variablen deren zukünftige zeitliche Entwicklung vorhersagen lässt. Ein historisch wichtiges Beispiel sind die Trajektorien der Planeten, die durch Bewegungsgesetze so beschrieben werden können, dass Vorhersagen über zukünftige Positionen der Planeten möglich sind. Mathematisch wird diese Regelmäßigkeit und Vorhersagbarkeit der Zeitverläufe der Variablen typischerweise durch Differenzialgleichungen erfasst. Diese drücken also das ›Bewegungsgesetz‹ aus, das die Regelhaftigkeit der Zeitverläufe kennzeichnet. In der Mathematik läuft die Kernaussage der Theorie dynamischer Systeme unter dem Namen ›Existenz- und Eindeutigkeitssatz‹: Dieser besagt, dass zu gegebenen Anfangsbedingungen die Lösungen von Differenzialgleichungen existieren und eindeutig sind, solange bestimmte technische Bedingungen erfüllt sind.

In der Physik liefert diese Kernaussage umgekehrt eine Methode zur Identifikation relevanter Variablen. Nur solche Variablen kommen als Zustandsgrößen in Frage, deren Anfangswerte die Zukunft des Systems eindeutig festlegen. Man spricht auch von den ›Freiheitsgraden‹ des Systems, nämlich jenen Größen, deren Anfangswerte man frei wählen kann.

Attraktoren und Emergenz durch Bifurkationen in dynamischen Systemen

In der Kognitionswissenschaft spielt der Existenz- und Eindeutigkeitssatz keine gleichermaßen zentrale Rolle. In kognitiven Systemen ist es im Allgemeinen schwierig, Variablen einen bestimmten Anfangswert zu geben und deren Zeitverläufe direkt zu beobachten. Die Metapher des dynamischen Systems nährt sich vielmehr aus einem anderen Teilaspekt der Theorie dynamischer Systeme, der sich weniger mit dem Lösen von Differenzialgleichungen als vielmehr mit den Eigenschaften der Lösungen beschäftigt. Dieser Teilaspekt wird manchmal ›qualitative Theorie dynamischer Systeme‹ genannt

(Perko 2001). Diese Theorie beschäftigt sich mit der Gesamtheit der Lösungen einer Differenzialgleichung für alle denkbaren Anfangsbedingungen. Sind die Gleichungen durch Parameter kontinuierlich veränderlich, dann interessieren v. a. solche Parameterwerte, bei denen sich die Gesamtheit der Lösungen qualitativ verändert. Die Lösungen einer im Wesentlichen linearen Differenzialgleichung sind z. B. oft dadurch gekennzeichnet, dass sie nach hinreichend langer Zeit von jeder Anfangsbedingung zu einem eindeutigen Grenzwert konvergieren, dem sog. Attraktor der Gleichung. Ein solcher Attraktor ist eine stabile Lösung, die auch dann erreicht wird, wenn Störungen das System vorübergehend vom Grenzwert wegtreiben. Dies wird etwa in der Regelungstechnik genutzt, indem der gewünschte Systemzustand zum Attraktor gemacht wird. Ein anschauliches Beispiel aus der Physik ist das gedämpfte Pendel (z. B. ein Pendel, das in einer Flüssigkeit schwingt), das aus jedem Bewegungszustand durch Reibung zur Ruhelage strebt. Diese Ruhelage ist also ein Attraktor. Die Planetenbahnen dagegen erwachsen aus einer speziellen Klasse von (konservativen) dynamischen Systemen, die keine Attraktoren kennen, da die Konvergenz zu einem eindeutigen Zustand durch Energieerhaltung verhindert wird.

Eine qualitative Änderung eines Systems kann sich nun z. B. dadurch manifestieren, dass sich bei stetiger Änderung eines Parameters der Attraktor in zwei Attraktoren aufteilt, wobei eine abstoßende Lösung, ein Repellor, zwischen die beiden Attraktoren tritt. Ein solches, als ›Bifurkation‹ bezeichnetes Phänomen kann nur in nichtlinearen dynamischen Systemen auftreten. Vor der Bifurkation konvergieren Lösungen von jedem beliebigen Anfangswert aus zum einzigen Attraktor. Nach der Bifurkation hängt es vom Anfangswert ab, zu welchem der beiden Attraktoren die Lösungen konvergieren. Dieser Unterschied zwischen den Gesamtheiten der Lösungen *vor* im Vergleich zu *nach* der Bifurkation ist qualitativ: Er lässt sich nicht durch eine kontinuierliche Verformung der Lösungen eliminieren. Im Parameterbereich teilt die Bifurkation die Familie von dynamischen Systemen in zwei Parameterbereiche, einer davon mit eindeutiger Attraktorlösung, der andere mit zwei Attraktorlösungen (man spricht in diesen Parameterbereichen von einem ›mono-‹ bzw. einem ›bistabilen‹ System).

Solche Bifurkationen finden in vielen sog. dissipativen Systemen statt. Das sind physikalische, chemische oder auch biologische Systeme, deren Zeitverhalten durch Dissipation (z. B. Reibung) zu Attraktoren konvergiert. Die Anziehungskraft oder

Stabilität dieser Lösungen kann verschwinden, wenn Konflikte zwischen zugrunde liegenden Kräften auftreten. Wird eine Flüssigkeit z. B. von unten erhitzt, gibt es einen Konflikt zwischen dem Bestreben der heißeren Flüssigkeit am Boden des Gefäßes aufzusteigen und dem Reibungswiderstand innerhalb der Flüssigkeit, der die Konvektion unterdrückt. Solange der Temperaturunterschied zwischen unten und oben klein bleibt, ist die konvektionslose Lösung der hydrodynamischen Gleichung stabil (Attraktorlösung). Wächst der Temperaturunterschied über eine kritische Schwelle an, wird diese konvektionslose Lösung instabil und eine Bifurkation tritt auf, bei der sich Konvektionsmuster bilden: Die Flüssigkeit steigt in räumlich regelmäßig angeordneten Zonen auf und sinkt in anderen Zonen ab (z. B. als Hexagonalmuster). Ganz allgemein kann man die spontane Entstehung von Mustern als Ausdruck von Bifurkationen verstehen (Haken 1983).

Diese mathematische Tatsache hat die Metapher befördert, wonach sinnvolle Zustände in Nervennetzen durch Bifurkationen aus den vielen gekoppelten neuronalen Dynamiken der Einzelneurone emergieren. Beispielsweise haben Forscher die Koordination von verschiedenen Muskeln, Gelenken oder Gliedmaßen als Ergebnis der Selbstorganisation ihrer Dynamiken verstanden (Kelso 1995; Turvey 1990). Die Vorstellung ist dabei, dass die Dynamik gekoppelter neuronaler Oszillatoren zu Attraktorlösungen führt, die die beobachtete Ordnung der koordinierten Bewegung erzeugen. Dabei können verschiedene Koordinationsmuster als Attraktorlösungen auftreten, z. B. der Trott und der Galopp als zwei koordinierte Bewegungsmuster von Vierbeinern. Diese geordneten Koordinationsmuster emergieren also aus der gekoppelten neuronalen Dynamik. Dass die Muster als Attraktoren konstituiert sind, kann man daran erkennen, dass eine Bifurkation sie zum Verschwinden bringen kann: Der Trott z. B. wird bei wachsender Laufgeschwindigkeit instabil, d. h. der entsprechende Attraktor verschwindet und die gekoppelte neuronale Dynamik schaltet in den Galopp um. In vereinfachten Laborsystemen wurde nachgewiesen, dass solche Umschaltphänomene zwischen Koordinationsmustern im mathematisch-technischen Sinne Bifurkationen sind (Schöner/Kelso 1988a). Dies gelang dadurch, dass Maße der verbleibenden Stabilität der verschwindenden Attraktorlösung bei Annäherung an den Umschaltpunkt experimentell gemessen wurden und den von der Theorie dynamischer Systeme vorhergesagten Verlauf zeigten.

Dynamische Systeme als Metapher für Informationsverarbeitung

Diese Analogie zwischen der Musterbildung in gekoppelten dynamischen Systemen und der Organisation neuronaler Aktivitätsmuster scheint den Begriff der Informationsverarbeitung von vornherein auszusparen. Nicht umsonst wurde diese Analogie daher genutzt, um das Konzept der neuronalen Informationsverarbeitung insgesamt zu kritisieren. Allerdings sind die Koordinationsmuster eindeutig an sensorische Information gekoppelt, sei es als Perzeptions-Aktions-Muster (Warren 2006), sei es in dem Sinne, dass sensorisch ganz bestimmte Koordinationsmuster aufgeprägt werden (Schöner/Kelso 1988b). Eine vorsichtigere Schlussfolgerung aus der Validierung des Dynamizismus durch Beobachtung echter Instabilitäten lautet daher, dass funktionale Zustände in Nervensystemen Stabilitätseigenschaften besitzen müssen und diese Stabilität umgekehrt wieder konstituierend für sie ist. Mit funktionalen Zuständen sind dabei solche Zustände gemeint, die unter ›normalen‹ Umweltbedingungen im intakten Organismus auftreten (im Gegensatz etwa zu im Labor erzeugten speziellen Zuständen, die mit dem Überleben des Systems nicht dauerhaft verträglich sind). Information wird dann zu einem Teil der Dynamik, aus der funktionale Zustände als Attraktorlösungen entstehen. Ohne Stabilität bleiben die Zustände nicht erhalten, so dass auch die den Zuständen zuzuschreibende Informationsverarbeitungsfunktion aufhört, wirksam zu sein.

Kann eine solche Beschreibung von Informationsverarbeitung auch Elemente von Kognition erklären? Kognition beginnt für viele erst, wenn Verhalten oder innere Zustände keine eindeutige Funktion des sensorischen Eingangs mehr sind, da dann der Stimulus nicht mehr eindeutig das Verhalten bestimmt und bei der Entscheidungsfindung innere Freiheitsgrade wirksam werden. Das elementarste Zeichen der Flexibilität, die Kognition zugeschrieben wird, ist vielleicht das Fällen von Selektionsentscheidungen, d. h. die Auswahl eines von mehreren möglichen sensorisch spezifizierten Zielen. Ein solches Selektionsverhalten kann in der Sprache dynamischer Systeme als Ergebnis von Bistabilität verstanden werden: Unter geeigneten Umständen können mehrere Muster bei gegebener Sensorinformation stabilisiert werden. Welches Muster dann ausgewählt wird, hängt insbesondere von der genauen Zeitfolge ab, in der Eingänge eintreffen, sowie von deren relativen Stärken und vom inneren Zustand des Systems beim Eintreffen der Eingänge. Ein

elementares Beispiel ist die Selektion des Ziels einer Sakkade (sprunghafte Augenbewegung) aus der Vielfalt möglicher Ziele. Dieser Auswahlprozess konnte im Laborversuch mit zwei möglichen sakkadischen Zielen als bistabiles dynamisches System beschrieben werden (Kopecz/Schöner 1995); im Allgemeinen handelt es sich hierbei um multistabile Dynamiken.

Repräsentation im Dynamizismus

Ist man mit sensomotorischen Entscheidungen wirklich schon in der Kognition angekommen? Eine andere elementare kognitive Funktion ist die des Arbeitsgedächtnisses (s. Kap. IV.7), bei der sensorische Information, die nicht mehr aktuell an der Sensoroberfläche anliegt, weiterhin auf das Verhalten wirken kann. Dies ist keine triviale Leistung, wie wir u. a. daraus wissen, dass Babys diese Leistung regelmäßig nicht erbringen. Jean Piagets ›A-nicht-B‹-Fehler (Smith et al. 1999) belegt die Intuition ›aus dem Auge aus dem Sinn‹: Wird einem Baby mehrfach eine Greifbewegung auf einen verborgenen Gegenstand am Ort A ermöglicht und dann der Gegenstand vor seinen Augen am Ort B versteckt, so greift es trotzdem nach A, wenn zwischen Verstecken und Greifen ein Zeitverzug im Sekundenbereich entsteht. Erst Einjährige können über diese Periode hinweg die Angewohnheit, nach A zu greifen, überwinden und das neue Bewegungsziel im Arbeitsgedächtnis stabilisieren.

Ein solches Arbeitsgedächtnis für metrische Information kann als Attraktorlösung eines dynamischen Systems aufgefasst werden, das Aktivierungsverteilungen über einem metrischen Raum als Zustandsvariablen aufweist (hier der Raum der möglichen Ziele von Greifbewegungen; Thelen et al. 2001). Der Zeitverlauf der Aktivität von Populationen v. a. kortikaler Neurone kann in diesem Bild der neuronalen Dynamik beschrieben werden (Schöner 2008). In einer geometrischen Anschauung sind die Attraktorlösungen Aktivierungsberge, die über demjenigen Ort im metrischen Raum positioniert sind, der den aktuellen Inhalt des Arbeitsgedächtnisses darstellt. Solche Aktivierungsberge werden gegen den Zerfall der Aktivierung dadurch stabilisiert, dass benachbarte Orte im metrischen Raum gegenseitig erregend gekoppelt sind, also zum Wachstum der Aktivierung anregen. Die Berge sind gegen ein Auseinanderdiffundieren stabilisiert, indem weiter voneinander entfernte Orte im metrischen Raum hemmend gekoppelt sind, also dem Wachstum der

Aktivierung entgegenwirken. Ähnlich wie im elementaren Gedächtnisbaustein des digitalen Computers, dem *flip-flop*, wird der Aktivierungsberg durch
ein lokalisiertes Eingangssignal ›gesetzt‹, kann sich
dann aber nach Entfernung dieses Signals im angeregten Zustand halten. Gelöscht wird ein Aktivierungsberg erst durch Interferenz mit neuen Gedächtnisinhalten, die durch die hemmende Koppelung vermittelt wird.

Der Unterschied zwischen jungen Babys und Ein-
jährigen besteht in diesem mathematischen Modell
darin, dass im jungen Nervensystem die neuronale
Koppelung, die das Arbeitsgedächtnis zum Attraktor macht, noch zu schwach ist, um die Aktivierungsberge zu erhalten, wenn das Eingangssignal
von der Sensoroberfläche verschwindet. Der Übergang zur neuronalen Dynamik, die diese Attraktorlösung hat, ist eine Instabilität oder Bifurkation. Die
kognitive Funktion des Arbeitsgedächtnisses entsteht in der kindlichen Entwicklung also ganz konkret aus einer Bifurkation in der generischen neuronalen Dynamik.

Die Verteilungen neuronaler Aktivierung über
metrischen Räumen sind Repräsentationen auch im
Sinne der Kognitionswissenschaft (s. Kap. IV.16).
Aktivierungsberge ›stehen für etwas‹, nämlich für
den sensorischen oder motorischen Eingang, der die
Berge ›gesetzt‹ hat (Spencer/Schöner 2003). Die Entscheidung, einen Aktivierungsberg zu setzen, wird
auch schon durch eine Bifurkation modelliert, man
spricht von einer ›Detektionsinstabilität‹. Die Selektion eines von mehreren möglichen sensorischen
oder motorischen Werten geschieht durch Multi-
stabilität in diesen Aktivierungsdynamiken. Die
Theorie solcher neuronaler Aktivierungsfelder, auch
›dynamische Feldtheorie‹ genannt (Schöner 2008),
legt die Grundlagen für eine Auffassung von Repräsentationen, die in sensorischen und motorischen
Prozessen verankert sind, aber durch die Möglichkeit von Entscheidungen und Gedächtnis über diese
hinausgehen.

In dieser theoretischen Sprache bedeutet Lernen
das Ändern der neuronalen Dynamik aus der Erfahrung (s. Kap. IV.12). Im Bild der Aktivierungsfelder
kann Lernen als Aufbau von Gedächtnisspuren
(s. Kap. IV.7) aufgefasst werden, die überall dort die
Induktion eines Aktivierungsberges erleichtern, wo
schon zuvor ein Aktivierungsberg vorhanden war.
Die Entwicklung des Verhaltens in der Kindheit bis
ins Erwachsenenalter ist dann nur ein Spezialfall des
Lernens, bei dem die Änderung der neuronalen Dynamik über längere Zeiträume hinweg stattfindet.

Höhere Kognition im Dynamizismus

Die Sprache der neuronalen Dynamiken wurde v. a.
in der Sensomotorik zur Konkretisierung der Metapher der dynamischen Systeme eingesetzt. Die
ersten Formalisierungen durch dynamische Felder
entstanden als Modelle der sakkadischen Bewegungsplanung (Kopecz/Schöner 1995) und der Vorbereitung von Willkürbewegungen (Erlhagen/Schö-
ner 2002). Ist der Dynamizismus also auf relativ elementare, sensor- oder motornahe Formen von
Kognition beschränkt?

Eine solche Beschränkung ist nicht grundsätzlich
erkennbar. Eine Reihe von Arbeiten im Bereich der
autonomen Robotik haben die gleichen Prinzipien
der dynamischen Feldtheorie genutzt, um relativ
komplexe Formen kognitiver Prozesse zu generieren. Sandamirskaya/Schöner (2010) haben z. B. gezeigt, dass Sequenzen von Aktivierungszuständen
autonom aus neuronalen Dynamiken erzeugt werden können. Dabei wird in jedem Schritt der sequenziellen Verarbeitung eine Instabilität ausgelöst,
durch die Aktivierungsberge, die den gerade abgear-
beiteten Schritt darstellen, gelöscht und neue Aktivierungsberge, die den nachfolgenden Schritt darstellen, induziert werden. Indem Sequenzen in An-
kopplung an zeitlich variable Sensorinformation
autonom aus neuronalen Dynamiken erzeugt werden können, hat der Dynamizismus eine entscheidende Schwelle zur höheren Kognition überschritten, denn Sequenzen liegen allen Formen höherer
Kognition zugrunde, von der Planung von Handlungssequenzen (s. Kap. IV.15) über die sequenzielle
Verarbeitung komplexer Informationen und mentale Arithmetik bis hin zum Problemlösen und strategischen Denken (s. Kap. IV.11, IV.17).

Ausblick

Aufbauend auf der mathematischen qualitativen
Theorie dynamischer Systeme ist ein Begriffsapparat
entstanden, in dem eine neuronal verankerte
Theorie von Kognition formuliert werden kann. Aus
Anfängen in der Sensomotorik wurde in Form der
dynamischen Feldtheorie auch ein Zugang zu elementaren kognitiven Funktionen geschaffen, z. B.
zum Fällen von perzeptuellen oder motorischen
Entscheidungen (s. Kap. IV.6), dem Arbeitsgedächtnis für metrische Information oder dem Aufbau von
Gedächtnisspuren (s. Kap. IV.7) in den metrischen
Räumen, die mit Sensor- und Motoroberflächen
verknüpft sind. Ein Weg zur höheren Kognition

scheint offen und wird in der aktuellen Forschung beschritten (Johnson et al. 2008; Lipinski et al. 2012). Auch wenn einfache Lernmechanismen bereits Teil der Theorie sind, wird eine wichtige zukünftige Herausforderung darin bestehen, das Prinzip des durchgängigen Lernens aus Erfahrung in allen Prozessen und Repräsentationen zu verankern und die daraus abzuleitenden Prozesse der Entwicklung zu verstehen.

Literatur

Clark, Andy (1997): The dynamical challenge. In: *Cognitive Science* 21, 461–481.

Erlhagen, Wolfram/Schöner, Gregor (2002): Dynamic field theory of movement preparation. In: *Psychological Review* 109, 545–572.

Haken, Hermann (³1983): *Synergetics*. Berlin [1977]. [dt.: *Synergetik*. Berlin 1982].

Johnson, Jeffrey/Spencer, John/Schöner, Gregor (2008): Moving to higher ground. In: *New Ideas in Psychology* 26, 227–251.

Kelso, Scott (1995): *Dynamic Patterns*. Cambridge (Mass.).

Kopecz, Klaus/Schöner, Gregor (1995): Saccadic motor planning by integrating visual information and pre-information on neural, dynamic fields. In: *Biological Cybernetics* 73, 49–60.

Lipinski, John/Schneegans, Sebastian/Sandamirskaya, Yulia/Spencer, John/Schöner, Gregor (2012): A neuro-behavioral model of flexible spatial language behaviors. In: *Journal of Experimental Psychology: Learning, Memory and Cognition* 38, 1490–1511.

Perko, Lawrence (³2001): *Differential Equations and Dynamical Systems*. Berlin [1991].

Riegler, Alexander (2002): When is a cognitive system embodied? In: *Cognitive Systems Research* 3, 339–348.

Rosen, Robert (1970): *Dynamical System Theory in Biology*. New York.

Sandamirskaya, Yulia/Schöner, Gregor (2010): An embodied account of serial order. In: *Neural Networks* 23, 1164–1179.

Schöner, Gregor (2008): Dynamical systems approaches to cognition. In: Ron Sun (Hg.): *Cambridge Handbook of Computational Cognitive Modeling*. Cambridge, 101–126.

Schöner, Gregor/Kelso, Scott (1988a): Dynamic pattern generation in behavioral and neural systems. In: *Science* 239, 1513–1520.

Schöner, Gregor/Kelso, Scott (1988b): A dynamic theory of behavioral change. In: *Journal of Theoretical Biology* 135, 501–524.

Smith, Linda/Thelen, Esther/Titzer, Robert/McLin, Dewey (1999): Knowing in the context of acting. In: *Psychological Review* 106, 235–260.

Spencer, John/Schöner, Gregor (2003): Bridging the representational gap in the dynamical systems approach to development. In: *Developmental Science* 6, 392–412.

Thelen, Esther/Schöner, Gregor/Scheier, Christian/Smith, Linda (2001): The dynamics of embodiment. In: *Behavioral and Brain Sciences* 24, 1–33.

Thelen, Esther/Smith, Linda (1994): *A Dynamic Systems Approach to the Development of Cognition and Action*. Cambridge (Mass.).

Turvey, Michael (1990): Coordination. In: *American Psychologist* 45, 938–953.

van Gelder, Tim (1999): Dynamic approaches to cognition. In: Robert Wilson/Frank Keil (Hg.): *The MIT Encyclopedia of Cognitive Sciences*. Cambridge (Mass.), 244–246.

Warren, William (2006): The dynamics of perception and action. In: *Psychological Review* 113, 358–389.

Gregor Schöner

5. Evolutionäre Robotik, *organic computing* und Künstliches Leben

Evolutionäre Robotik, *organic computing* und Künstliches Leben (*artificial life*) sind Ansätze, die sich mit der Nachbildung intelligenter biologischer Phänomene befassen und ihren Ursprung zum Teil in der Kybernetik, der Systemwissenschaft und der Kognitionswissenschaft, dort insbesondere in der Künstliche-Intelligenz-Forschung (KI), haben. Als interessant wird in diesen Ansätzen nicht primär das Logisch-Rationale erachtet, sondern das Adaptive, d. h. das, was einem Lebewesen seinen eigenen Fortbestand unter widrigen Umständen sichert. Dies umfasst insbesondere Prozesse, die nicht offensichtlich als Datenverarbeitung im Gehirn verstanden werden können, wie etwa Selbstorganisationsprozesse (z. B. Evolution durch natürliche Selektion oder Schwarmverhalten) oder das Verhalten von nichtlinearen Medien (z. B. rekurrente neuronale Netze oder chemische Systeme). Die evolutionäre Robotik konzentriert sich dabei auf implizites Roboterdesign durch Nachahmung natürlicher Ausleseprozesse. Der Begriff ›*organic computing*‹ beschreibt die Lösung technischer Probleme mithilfe biologischer Prinzipien (wie Selbstkonfiguration, Selbsterhalt, Selbstreparatur usw.). Im Künstlichen Leben werden die Konzepte Leben und Kognition durch die Synthese lebensartiger Phänomene ergründet (s. Kap. III.9). Im Folgenden sind solche Ansätze als ›organismisch‹ zusammengefasst.

Wie alle kognitiven Modellierungsansätze (s. Kap. II.E.2) verfolgen organismische Ansätze ein Doppelziel: Zum einen wollen sie ein natürliches System durch Nachbildung wissenschaftlich verstehen, zum anderen lassen sie sich in der technischen Problemlösung durch die Natur inspirieren (s. u.). Im Gegensatz zur klassischen KI (s. Kap. II.B.1) unterstreichen organismische Ansätze jedoch die *Komplexität, dezentrale Organisation, Körperlichkeit, Historizität, Nichtlinearität und Situationsabhängigkeit* biologischer Systeme. Der Bau eines Termitenhügels z. B. erfordert die Interaktion zwischen den verschiedenen Individuen einer Kolonie, deren Interaktion mit dem sich ebenfalls wandelnden Terrain sowie die Interaktion der Individuen mit der wachsenden Struktur. Das Endprodukt folgt nicht aus den Verhaltensvorschriften der einzelnen Termite, und es gibt keine zentrale kognitive Steuerung. Da selbst einfache Lebewesen so beeindruckend Komplexes leisten,

scheint es plausibel, dass auch der Mensch und höhere Tiere sich der Prinzipien der Verteiltheit und der dynamischen Selbstorganisation (s. Kap. III.4, Kap. III.9) oder nichtlinearer Prozesse bedienen.

Ob ein solches verhaltensbasiertes und dezentral gesteuertes Verhalten ›kognitiv‹ zu nennen ist und inwieweit der Mensch solche Techniken zur Problemlösung verwendet, sind kontroverse Themen, zu denen die Meinungen der Verfechter organismischer Ansätze und solcher des klassischen Computermodells des Geistes (s. Kap. III.1) weit auseinander gehen.

Geschichte

Die (biologische) Kybernetik der 1940er bis 1960er Jahre (z. B. Ashby 1956) kann als historischer Vorläufer organismischer Strömungen in der Kognitionswissenschaft gesehen werden. Sie zog u. a. die Systemtheorie und die Regelungstechnik zum Verständnis und zur Synthese biologischer Prozesse heran. Viele der Methoden und Modelle, die in den Kognitions- und Neurowissenschaften heute zur Anwendung kommen, z. B. auch Claude Shannons Informationstheorie (s. Kap. IV.10) oder neuronale Netze (s. Kap. III.2), haben ihren Ursprung in der Kybernetik. Auch wenn die Kybernetik daher teilweise als Vorläufer der KI gesehen werden kann, folgen nur organismische Ansätze der gleichen generellen Zielsetzung der Synthese adaptiver Lebensprozesse.

In den 1990er Jahren emanzipierte sich das Künstliche Leben als eigenständige Strömung in der KI (Langton 1998). Kernthemen waren Evolution, Anpassung, Selbstorganisation und das Verhalten in der geschlossenen Regelschleife (*closed sensorimotor loop*) – wenn ein System die Auswirkungen seines Verhaltens in der Umwelt unmittelbar registrieren und in Echtzeit darauf reagieren kann. Die evolutionäre Robotik wurde erfunden und etablierte sich als eine der Kernmethoden des Künstlichen Lebens (Nolfi/Floreano 2000). Die große Popularität dieser Ansätze erklärt sich dadurch, dass die damals dominante klassische KI an ihre Grenzen stieß. Körperliche und organismische Ansätze boten Lösungen zu Problemen, mit denen sich die klassische KI schwer tat, wie z. B. die Echtzeitkontrolle von Robotern in veränderlichen Umgebungen (s. Kap. III.7). Der in der klassischen symbolverarbeitenden KI so zentrale Begriff der internen Repräsentation (s. Kap. IV.16) wurde hinterfragt, da Verhalten in der geschlossenen Regelschleife nicht immer offensichtlich eine interne Nachbildung der Umgebung erfordert (Brooks 1991).

Heutzutage ist die Kognitionswissenschaft fragmentierter, und organismische Ansätze bestehen neben einer Reihe anderer teils ähnlich motivierter Strömungen. Der *embodied turn* Ende der 1990er Jahre hat die Einbeziehung des Körpers und der Umwelt in kognitionswissenschaftliche Erklärungen etabliert (s. Kap. III.6). Organismische Ansätze überlappen daher zum Teil mit dem Konnektionismus (s. Kap. III.2), hybriden Ansätzen (s. Kap. III.3), dynamischen Ansätzen (s. Kap. III.4), situierten Ansätzen (s. Kap. III.6), sozialer Kognition (s. Kap. III.10) und besonders mit dem Enaktivismus (s. Kap. III.9). Organismische Ansätze sind jedoch einzigartig in der zentralen Zielsetzung, biologische Phänomene auf allen Ebenen künstlich nachzubilden. Auch einfache Lebewesen und einfaches Verhalten werden als für die Kognitionswissenschaft relevant erachtet, da adaptives Verhalten in der Evolutionsgeschichte graduell komplexer wurde – das Verständnis des einfachen Lebewesens ist der Schlüssel zum Verständnis von Kognition und menschlicher Intelligenz. Diese *life-mind continuity thesis* (Maturana/Varela 1987) teilen organismische Ansätze mit dem Enaktivismus, der sich allerdings nicht primär mit Synthese und Modellierung befasst.

Beispiele, Themen, Methoden und Ziele

Im Folgenden werden an Beispielen aus Natur und Modellierung ohne Vollständigkeitsanspruch einige Kerngebiete und Kernfragen organismischer Ansätze vorgestellt.

Adaptives und intelligentes Verhalten beruht zum großen Teil auf dem ausgeklügelten Design und Gebrauch von Körpern und Körperteilen (*embodiment*), sowie deren Bedeutung für Verhalten in der geschlossenen Regelschleife (*situatedness/embeddedness*). Wohl am anschaulichsten demonstrieren dies die sog. Braitenberg-Vehikel (Braitenberg 1984): Durch direkte Verschaltung von Lichtsensoren mit Motoren kann ein zweirädriger Roboter entweder zum ›Jäger‹ (bei überkreuzter positiver Verschaltung) oder zum ›Vermeider‹ (bei paralleler positiver Verschaltung) einer Lichtquelle werden. Solche Roboter können ganz ohne Kontrollprogramm, allein aufgrund der entsprechenden Anordnung der Sensoren und Motoren, in Echtzeit ihr ›Ziel‹ verfolgen und rapide auf Änderungen in der Umgebung reagieren. Die verhaltensbasierte Robotik (Brooks 1991) macht sich solche Verhaltensmuster in der Roboterkontrolle zunutze.

Es gibt zahllose Beispiele intelligenter Morphologie aus der Natur, etwa die menschliche Hand, die sich aufgrund der ihr eigenen Anordnung von Sehnen, Knochen und Gelenken um Gegenstände verschiedenster Form adaptiv schließen kann, oder die unterschiedliche Dichte von Sensoren im Facettenauge der Fliege, die Unterschiede im optischen Fluss in verschiedenen Teilen des Gesichtsfelds ausfiltern. Der Gebrauch dieser und anderer Materialeigenschaften und Körperformen in Problemen der KI wird manchmal als ›morphological computing‹ bezeichnet (für weitere Beispiele vgl. Pfeifer/Bongard 2007). Viele Vorteile adaptiver Morphologien entfalten sich erst in der dynamischen Interaktion eines Agenten mit seiner Umgebung. Lebewesen machen sich passive Kräfte, wie z. B. Trägheit, Schwerkraft, Fluid- oder Aerodynamik zu Nutze, die hochgradig nichtlinear sind und deshalb von traditionellen KI Methoden offline nur schwer eingeplant werden können.

In der Natur sind sowohl die Körper von Lebewesen als auch ihre Verhaltensdispositionen ein Produkt der Evolution (s. Kap. II.E.6). Unter dem Begriff ›evolutionary computation‹ werden Programmiertechniken zusammengefasst, die die Darwin'sche Evolution nachahmen, um sich die Vielseitigkeit evolutionärer Gestaltung zur Programmoptimierung zu Nutze zu machen. Genetische Algorithmen z. B. vergleichen, verändern und vermehren Bitsequenzen über tausende von Zyklen, in Abhängigkeit davon, wie gut sie eine Lösung für ein Optimierungsproblem codieren (Holland 1975). In der evolutionären Robotik (Nolfi/Floreano 2000) wird evolutionäre Optimierung zur Gestaltung von Roboterkontrollalgorithmen verwendet. Wie in der Natur können so effiziente oder zum Teil auch skurrile Lösungen entstehen (Harvey et al. 2005). Auch zur Gestaltung adaptiver Morphologie selbst kann diese Technik verwendet werden: Sims' (1994) Evolution kriechender, kämpfender, springender und schwimmender Kreaturen aus einfachen Bauteilen ist hier als ideengebend zu nennen.

Die Frage des Ursprungs einer kognitiven Fähigkeit rückt in organismischen Ansätzen in den Vordergrund. Natürliche Intelligenz zeichnet sich nicht nur durch evolutionäre Anpassung, sondern auch durch die Anpassungsfähigkeit eines Lebewesens während seiner Lebenszeit (Lernen, Entwicklung, Robustheit, adaptives Verhalten, Selbstreparatur) aus. Hier besteht eine Schnittstelle zwischen organismischen Ansätzen und dem maschinellen Lernen in der KI (s. Kap. IV.12), wobei sich erstere allerdings häufiger durch nichtlineare und komplexe dynamische Systeme (s. Kap. III.4) in der Biologie sowie durch das Prinzip der dynamischen Selbstorganisation (s. Kap. III.9) inspirieren lassen.

Der Begriff der Selbstorganisation beschreibt die spontane Bildung geordneter Strukturen durch Kopplung lokaler Prozesse, wie sie z. B. bei der Kristallbildung zu beobachten sind. Zur Veranschaulichung des Prinzips der Selbstorganisation eignet sich John Conways sog. Spiel des Lebens (Gardner 1970): Das Spiel des Lebens ist ein zellulärer Automat. Einfache Regeln bestimmen, ob Zellen auf einem Gitter ›leben‹ oder ›sterben‹, abhängig davon, wie viele der Nachbarzellen lebendig oder tot sind. Obwohl keine der Zellen ›weiß‹, wie es um das Gitter als Ganzes bestellt ist, bilden sich Muster und multizelluläre Strukturen verschiedener Größe, die sich über das Gitter bewegen oder festsitzen und einander in Interaktion zerstören oder erschaffen, ganz ohne externe Planung. Zahllose adaptive Prozesse in der Biologie beruhen auf Selbstorganisation (Haken 1983), u. a. auch Selbstheilungs-, Selbstkonfigurations- und Selbstbildungsprozesse (Di Paolo 2003; s. Kap. III.9).

In dynamisch komplexen und selbstorganisierten Systemen werden zwei Beschreibungsebenen unterschieden: Auf der mechanischen Ebene werden lokale Änderungen beschrieben (z. B. Regeln der Zellen im Spiel des Lebens), auf der emergenten Ebene das Verhalten des Systems als Ganzes (z. B. Strukturen, die über das Gitter gleiten und miteinander kollidieren). Diese beiden Ebenen können nicht wechselseitig erklärt oder aufeinander reduziert werden: Wenn ein Braitenberg-Vehikel mit den Attributen ›Liebe für‹ oder ›Angst vor‹ einer Lichtquelle versehen wird, dann kann man nicht sagen, welche Struktur innerhalb des Vehikels für die Liebe oder die Angst verantwortlich ist oder diese repräsentiert (s. Kap. IV.16) – das Verhalten *emergiert*. Dies ist ein wichtiger Unterscheidungspunkt zum Computermodell des Geistes, in dem mentale Prozesse oft auf lokale Rechenprozesse reduziert werden (s. Kap. III.1).

Während Datenverarbeitung im klassischen Sinne elektronisch, zentral und digital ist, setzen sich organismische Ansätze mit einer Reihe von Medien und Systemen auseinander. Dies können interne neuronale Prozesse sein (z. B. Rechnen mit dynamischen Reservoiren zur Vorhersage von Zeitreihen oder zur Mustererkennung; Jaeger/Haas 2004), aber auch nichtneuronale Prozesse, z. B. das Immunsystem oder genregulierende Netze. Schon bei der Arbeit mit Verhaltensmustern, etwa bei aktiver Wahrnehmung und Motorkontrolle (z. B. Beer 2008), umfasst das System das gesamte Lebewesen und seine Umwelt. Diese Umwelt kann auch belebt sein, wie bei der Selbstorganisation in Fisch- und Vogelschwärmen (z. B. Reynolds 1987) oder wenn gesamte Ökosysteme als ›lebende Maschinen‹ verwendet werden

(z. B. Todd/Jack Todd 1991). Auch chemische Systeme, etwa die Sensomotorik von Bakterien oder Reaktionsdiffusionssysteme, die die Entstehung von Mustern (Fingerabdrücke, Fellmuster) erklären, werden untersucht.

Die Natur bedient sich des Prinzips der Verteilung und Vernetzung auf allen Organisationsebenen. Schwarm- und Netzwerkarchitekturen verleihen Robustheit und Anpassungsfähigkeit, da die Einzelteile ersetzbar sind, ohne dass das Verhalten des ganzen Systems leidet. Dies inspiriert eine Vielzahl von *organic-computing*-Techniken wie z. B. neuronale Netze, Multiagentensysteme, Partikelschwarmoptimierung, Ameisenalgorithmen oder Ko-Evolution in der evolutionären Robotik. Interessant ist, dass oftmals die gleichen Formalismen Netzwerk- und Interaktionseigenschaften auf verschiedensten Ebenen beschreiben können (z. B. skalenfreie Netze; Barabási/Albert 1999).

Ziele

Wie die KI (s. Kap. II.B.1) verfolgen organismische Ansätze wie eingangs erwähnt ein Doppelziel. Zum einen dient der lebende Organismus als Inspirationsquelle für die Lösung ingenieurwissenschaftlicher Probleme (*organic computing*). Durch die Bandbreite der in Betracht gezogenen Phänomene gibt es hier Schnittstellen zu einer Vielzahl von Disziplinen, z. B. zur Informatik (s. Kap. II.B), zum maschinellen Lernen (s. Kap. IV.12), zur synthetischen Biologie, zur Nanotechnologie, zur Robotik (s. Kap. II.B.2), zur Bionik oder gar zur Architektur. Zum anderen dient die formale Beschreibung und die tatsächliche Nachbildung adaptiver Techniken dem naturwissenschaftlichen Verständnis des Lebewesens – inklusive seiner kognitiven Fähigkeiten – selbst. Hier gibt es eine Abstufung von deskriptiven zu generativen Modellen (Rohde 2010).

Deskriptive Modelle halten sich nah ans biologische Vorbild und abstrahieren nur insofern als die Abstraktion der vereinfachten Beschreibung des Organismus nutzt und sein Verhalten in einer Reihe von Situationen vorhersagen kann. Dies entspricht dem gängigen Verständnis wissenschaftlicher Modellierung (s. Kap. II.E.2) und wird von manchen als die Hauptaufgabe solcher Modellierung gesehen (Webb 2009). Hier gibt es Schnittstellen z. B. zur Physiologie, zur Verhaltensforschung, zur kognitiven Linguistik (s. Kap. II.C.2), zur Psychologie (s. Kap. II.E), zur Neurowissenschaft (s. Kap. II.D) und zum Studium des Anbeginns des Lebens.

Andere sehen Modelle allerdings in einem etwas philosophischeren Licht und fordern, dass auch stark abstrahiertes Verhalten *in silico* erforscht werden sollte, wie im Spiel des Lebens (Gardner 1970) oder in einfachen simulierten Agenten (Beer 2008). Solche Modelle illustrieren Konzepte wie Selbstorganisation oder Problemlösung durch eine dynamische Interaktion mit der Umgebung. Hier besteht der Anspruch nicht darin, direkte Vorhersagen über ein Lebewesen abzuleiten, sondern Existenzbeweise zu produzieren und Arbeitshypothesen für die wissenschaftliche Arbeit zu liefern (Harvey et al. 2005; Rohde 2010).

In ihrer extremsten Form versuchen generative Modelle, die Natur im Selbstzweck zu variieren und zu überbieten, ohne dabei einen Erklärungsanspruch zu stellen (auch wenn dieser im Nachhinein erwachsen kann). Dieses Motto des ›Lebens wie es ist und wie es sein könnte‹ (Langton 1998) verbindet das Künstliche Leben mit der frühen Kybernetik und bildet auch eine Schnittstelle zur bildenden Kunst, die ähnlich spielerisch unsere Denkweisen herausfordert und sich manchmal dafür der Methoden organismischer Ansätze bedient. Oftmals überlappen verschiedene Ansprüche (ingenieurwissenschaftlich, naturwissenschaftlich oder philosophisch/konzeptuell) in der Arbeit an einem konkreten Problem adaptiver Intelligenz.

Ob generativ oder deskriptiv, das Studium einfacherer oder rein abstrakter Systeme wird oft als Modell für komplexere Prozesse in höheren Organismen angesehen. Jedoch gibt es auch Kritiker des Gebrauchs ressourcensparender Computersimulationen, die fürchten, dass die vereinfachte Beschreibung als mathematische Struktur der tatsächlichen Komplexität eines Systems nicht gerecht wird (z. B. Brooks 1992).

Literatur

Ashby, Ross (1956): *An Introduction to Cybernetics*. London. [dt.: *Einführung in die Kybernetik*. Frankfurt a. M. 1974].

Barabási, Albert-László/Albert, Réka (1999): Emergence of scaling in random networks. In: *Science* 286, 509–512.

Beer, Randall (2008): The dynamics of brain-body-environment systems. In: Paco Calvo/Antoni Gomila (Hg.): *Handbook of Cognitive Science*. Amsterdam, 99–120.

Braitenberg, Valentin (1984): *Vehicles*. Cambridge (Mass.). [dt.: *Vehikel*. Reinbek 1993].

Brooks, Rodney (1991): Intelligence without reason. In: John Myopoulos/Ray Reiter (Hg.): *Proceedings of the 12th International Joint Conference on Artificial Intelligence*. Burlington, 569–595.

Brooks, Rodney (1992): Artificial life and real robots. In: Francisco Varela/Paul Bourgine (Hg.): *Toward a Practice of Autonomous Systems*. Cambridge (Mass.), 3–10.

Di Paolo, Ezequiel (2003): Organismically-inspired robotics. In: Kazuyuki Murase/Toshiyuki Asakura (Hg): *Dynamical Systems Approach to Embodiment and Sociality*. Adelaide, 19–42.

Gardner, Martin (1970): The fantastic combinations of John Conway's new solitaire game ›life‹. In: *Scientific American* 223, 120–123.

Haken, Hermann (³1983): *Synergetics*. Berlin [1977]. [dt.: *Synergetik*. Berlin 1982].

Harvey, Inman/Di Paolo, Ezequiel/Wood, Rachel/Quinn, Matt/Tuci, Elio (2005): Evolutionary robotics. In: *Artificial Life* 11, 79–98.

Holland, John (1975): *Adaptation in Natural and Artificial Systems*. Ann Arbor.

Jaeger, Herbert/Haas, Harald (2004): Harnessing nonlinearity. In: *Science* 304, 78–80.

Langton, Christopher (1998): *Artificial Life*. Cambridge (Mass.).

Maturana, Humberto/Varela, Francisco (1987): *The Tree of Knowledge*. Boston. [dt.: *Der Baum der Erkenntnis*. München 1987].

Nolfi, Stefano/Floreano, Dario (2000): *Evolutionary Robotics*. Cambridge (Mass.).

Pfeifer, Rolf/Bongard, Josh (2007): *How the Body Shapes the Way We Think*. Cambridge (Mass.).

Reynolds, Craig (1987): Flocks, herds, and schools. In: *Computer Graphics* 21, 25–34.

Rohde, Marieke (2010): *Enaction, Embodiment, Evolutionary Robotics*. Amsterdam.

Sims, Karl (1994): Evolving 3D morphology and behavior by competition. In: Rodney Brooks/Pattie Maes (Hg.): *Artificial Life*. Cambridge (Mass.), 28–39.

Todd, John/Jack Todd, Nancy (1991): Biology as a principle for design. In: William Thompson (Hg.): *Gaia 2*. Hudson, 154–170.

Webb, Barbara (2009): Animals versus animats. In: *Adaptive Behaviour* 17, 269–286.

- *Marieke Rohde*

6. Situierte Kognition (*situated cognition*)

Dem ›klassischen‹ Computermodell des Geistes zufolge, wie es vom sog. Kognitivismus seit Mitte des 20. Jh.s propagiert wurde, lassen sich kognitive Leistungen als regelgeleitete und sequenzielle Rechenoperationen über symbolische mentale Repräsentationen verstehen (s. Kap. III.1). Der Konnektionismus modifizierte diese Vorstellung, gab sie letztendlich aber nicht völlig auf: Aktivierungsmuster in neuronalen Netzen folgen zwar keinen expliziten globalen Regeln, erfordern lokal aber immer noch regelgeleitete, parallel an den einzelnen Knoten stattfindende (numerische) Operationen, und sind insofern keine strukturiert-symbolischen, aber immer noch verteilte bzw. subsymbolische Repräsentationen (s. Kap. III.2). Dynamizistische Ansätze schließlich brachen mit dieser Denktradition und erachteten Berechnungsprozesse und Repräsentationen, egal ob global oder lokal, symbolisch oder subsymbolisch, im Hinblick auf kognitive Leistungen für nebensächlich, wenn nicht gar vollends irrelevant (s. Kap. III.4).

Kognitivismus und Konnektionismus waren sich neben ihrem computational/repräsentationalen Kern auch in einem anderen Punkt einig: Als Kognition galt beiden dasjenige, was in einer zentralen Verarbeitungseinheit wie dem Gehirn einen gegebenen Input in einen entsprechenden Output überführt. Wahrnehmung und Handlung hingegen wurden als voneinander unabhängige, periphere Phänomene angesehen, die lediglich den Input und Output bereitzustellen bzw. umzusetzen hatten, selbst aber nicht als kognitiv galten. Ganz ähnlich galten auch Körper und Umwelt nur als Medium, d.h. als Quelle und Schauplatz, des Inputs und Outputs, wurden selbst aber nicht als Teil der eigentlichen kognitiven Maschinerie verstanden. Diese Herabstufung von Körper und Umwelt und die damit einhergehende Trennung von Wahrnehmung und Handlung sowie ihre Abgrenzung von der ›eigentlichen‹ kognitiven Maschinerie rückte in etwa zeitgleich mit dem Aufkommen des Dynamizismus gegen Ende der 1980er Jahre in den Mittelpunkt des Interesses: Weder computationalistische noch dynamizistische Ansätze, so wurde in ganz verschiedenen Teilgebieten der Kognitionswissenschaft argumentiert, können der Natur kognitiver Prozesse gerecht werden, solange sie ausschließlich interne Prozesse in den Blick nehmen und damit ignorieren, dass Kognition in dem Sinne situiert (*situated*) ist, dass kognitive Prozesse wesentlich von unserem Körper sowie unserer Einbettung in und unserer Interaktion mit der natürlichen, technischen und sozialen Umwelt abhängen.

Situierte Ansätze bilden bis heute kein wohldefiniertes und einheitliches Forschungsprogramm, sondern einen mehr oder weniger losen Verbund von philosophischen Erwägungen, empirischen Studien, psychologischen Modellen und Beispielen aus der kognitionswissenschaftlichen Praxis. Im Kern geht es darum, dass kognitive Prozesse zu verstehen auch und gerade heißt, der Tatsache Rechnung zu tragen, dass sie möglicherweise

- verkörperlicht (*embodied*) sind – d.h. gebunden an unsere jeweilige körperliche Verfasstheit – und es daher unerlässlich ist, die konkrete physische Realisation eines Systems als integralen Bestandteil seiner kognitiven Architektur anzusehen (s. Kap. III.7);
- situativ eingebettet (*embedded*) sind – d.h. auf spezifische Weise abhängig von unserer Umwelt – und kognitive Systeme daher die Gegebenheiten der spezifischen Umgebungssituation ausnutzen können, um ihre Leistungsfähigkeit zu steigern (s. Kap. III.7);
- erweitert (*extended*) sind, d.h. sich über die Grenzen unseres Körpers in die technische bzw. soziale Umwelt hinaus erstrecken, weil die kognitive Leistungsfähigkeit eines Systems unter bestimmten Bedingungen nicht nur von internen Faktoren, sondern ebenso auch von systemexternen Faktoren konstituiert wird (s. Kap. III.8);
- *enacted* sind, d.h. überhaupt erst in der aktiven Interaktion eines autonomen Systems mit seiner Umwelt entstehen (s. Kap. III.9);
- verteilt (*distributed*) sind, d.h. sich über Komplexe aus interagierenden Akteuren und technischen Ressourcen erstrecken (s. Kap. III.10).

Terminologisch herrscht in der Debatte um situierte Kognition bislang allerdings weitgehend Uneinigkeit. Nicht nur bleibt oft unklar, was mit Schlagworten wie ›embodied‹ oder ›embedded‹ im Einzelnen gemeint ist oder wie sich z.B. die Ausdrücke ›extended‹ und ›enacted‹ im Detail zueinander verhalten, es gibt auch keinen etablierten Oberbegriff. Während z.B. Robbins/Aydede (2009) von situierter Kognition sprechen, verwenden andere den Ausdruck ›situated‹ synonym zu ›embedded‹ (z.B. Shapiro 2010) oder ›extended‹ (z.B. Wilson/Clark 2009) und stattdessen manchmal ›embodied‹ als Oberbegriff (z.B. Shapiro 2011). Der Sache nach jedoch eint diese Ansätze ein Ziel, das Wheeler (2005, 11) sehr prägnant wie folgt auf den Punkt gebracht hat: »cognitive science needs to put cognition back in the brain, the brain back in the body, and the body back in the world« (vgl. auch Clark 1997). Umstritten ist lediglich, wie dieser ganzheitliche Ansatz von Gehirn, Körper und Umwelt im Detail auszusehen hat (Walter 2013). Auf vier zentrale Überlegungen, die jeweils zumindest einige der o.g. situierten Ansätze beeinflusst und zu einer mal mehr, mal weniger starken Abkehr von klassischen Konzeptionen geführt haben, sei an dieser Stelle kurz hingewiesen.

Für situierte Ansätze ist Kognition erstens nicht (nur) das, was losgelöst von Körper und Umwelt, gewissermaßen ›offline‹, im Gehirn zwischen Wahrnehmung als perzeptuellem Input und Handlung als behavioralem Output passiert, sondern entsteht (auch) ›online‹ im Zuge der sich in kontinuierlichen Zyklen von Wahrnehmung und Handlung vollziehenden reziproken Interaktion zwischen einem verkörperlichten System und seiner Umwelt.

Entsprechend wenden sich situierte Ansätze zweitens oftmals ab von klassischen kognitiven Leistungen wie Lernen (s. Kap. IV.12), Schlussfolgern (s. Kap. IV.17) oder Sprachverstehen (s. Kap. IV.20) und erforschen stattdessen die Lösung von kognitiven Problemen in der aktiven Echtzeitinteraktion von verkörperlichten kognitiven Systemen mit ihrer Umwelt, also z. B. die Navigation in belebten und sich verändernden Umgebungen oder energieeffiziente und dezentral gesteuerte Fortbewegungsmethoden (s. Kap. III.7).

Drittens wird der Körper nicht mehr zum bloßen Outputvehikel degradiert, das im Zuge der Problemlösung durch eine zentrale Verarbeitungseinheit kontrolliert und koordiniert werden muss, sondern als eine Ressource angesehen, die durch die spezifischen Details ihrer materiellen Manifestation selbst zu energie- und berechnungseffizienten Lösungen beitragen kann.

Viertens betonen situierte Ansätze ganz analog oftmals, dass die Umwelt uns ebenfalls nicht nur vor Probleme stellt, sondern in vielen Fällen auch zu ihrer Lösung beiträgt, weil effiziente kognitive Systeme den internen« kognitiven Aufwand möglichst gering halten und stattdessen in der Welt selbst bereitgehaltene Ressourcen nutzen können.

Einige dieser Punkte, insbesondere die Tatsache, dass sich kognitive Prozesse in den Körper oder die Umwelt hinein erstrecken können, wurden bereits im Zusammenhang mit der Abkehr des Dynamismus vom Kognitivismus aufgeworfen (s. Kap. III.4), denn dynamische Systeme sind üblicherweise auf ähnliche Weise ›verteilte‹ und ganzheitliche Phänomene. Allerdings laufen die unter dem Schlagwort ›situierte Kognition‹ diskutierten Positionen insofern quer zu der Debatte zwischen Computationalisten und Dynamizisten, als viele situierte Ansätze sowohl computationalistisch als auch dynamizistisch motiviert werden können und vielfach auch wurden. Der Unterschied zwischen der ›computationalistisch *versus* dynamizistisch‹-Debatte einerseits und der ›situiert *versus* neurochauvinistisch‹-Debatte andererseits besteht darin, dass es in ersterer darum geht, wie kognitive Prozesse bzw. Systeme am besten zu beschreiben, d.h. theoretisch angemessen und explanatorisch optimal zu modellieren sind, während es in letzterer darum geht, wo in der Welt sich derart computationalistisch oder dynamizistisch beschriebene Prozesse bzw. Systeme finden lassen und in welchem Verhältnis der jeweilige ›kognitive Kern‹ (z. B. das Gehirn) zu seinen externen Ressourcen steht.

Literatur

Clark, Andy (1997): *Being There*. Cambridge (Mass.).

Robbins, Philip/Aydede, Murat (Hg.) (2009): *The Cambridge Handbook of Situated Cognition*. Cambridge.

Shapiro, Lawrence (2010): James Bond and the barking dog. In: *Philosophy of Science* 77, 400–418.

Shapiro, Lawrence (2011): *Embodied Cognition*. New York.

Walter, Sven (2013): *Kognition*. Stuttgart.

Wheeler, Michael (2005): *Reconstructing the Cognitive World*. Cambridge (Mass.).

Wilson, Robert/Clark, Andy (2009): How to situate cognition. In: Philip Robbins/Murat Aydede (Hg.): *The Cambridge Handbook of Situated Cognition*. Cambridge, 55–77.

Holger Lyre/Sven Walter

7. Verkörperlichung und situative Einbettung (*embodied/embedded cognition*)

Historisch findet die Idee der Verkörperlichung ihre Vorläufer in der phänomenologischen Tradition bei Edmund Husserl, Martin Heidegger, Maurice Merleau-Ponty und Hubert Dreyfus sowie in der entwicklungspsychologischen Tradition bei Lev Vygotski, Alexander Luria und Jean Piaget. Für Merleau-Ponty (1945) z. B. spielte der Leib als Bedingung der Möglichkeit von Welt- und Selbstwahrnehmung eine zentrale Rolle. Systematisch gewann diese Idee an Bedeutung, als in den1990er Jahren das Roboter-Fußballspiel (s. Kap. II.B.2) nach und nach den Turm von Hanoi als klassische Herausforderung an maschinelle Intelligenz abzulösen begann. Hierin drückt sich ein erheblicher Paradigmenwechsel aus, der sich während der letzten beiden Dekaden innerhalb der Künstliche-Intelligenz-Forschung (KI) vollzogen hat. In der klassischen KI (s. Kap. II.B.1) wurde Kognition im Wesentlichen als das regelgeleitete Abarbeiten von Symbollisten aufgefasst – und Problemstellungen wie der Turm von Hanoi (s. Kap. IV.11), das Schachspiel oder die Entwicklung von Expertensystemen waren gut verträglich mit dieser Doktrin (s. Kap. III.1). Demgegenüber stellt die Fähigkeit natürlicher kognitiver Systeme, aktiv ihre Umwelt zu explorieren und auf unerwartete Umweltbedingungen angemessen zu reagieren, eine große Herausforderung dar, die mittlerweile als entscheidend für ein vertieftes Verständnis von Kognition angesehen wird. ›Angemessen‹ bezieht sich dabei auf wenigstens dreierlei:

- *zeitliche Angemessenheit*: das System muss auf einer der Problemstellung angepassten Zeitskala reagieren;
- *energetische Angemessenheit*: der energetische Aufwand muss in einem angemessenen Verhältnis zur Problemstellung stehen;
- *computationale Angemessenheit*: der interne Informationsverarbeitungsaufwand muss in einem angemessenen Verhältnis zur Problemstellung stehen.

Vor allem im Hinblick auf den energetischen und computationalen Aufwand ergeben sich mit der Umorientierung zu aktiv ihre Umwelt explorierenden kognitiven Systemen Forderungen nach Schlankheit und Ressourcenschonung, die in der klassischen KI nicht in den Blick genommen wurden, denen durch die Ausnutzung der spezifischen körperlichen Verfasstheit kognitiver Systeme und ihrer spezifischen situativen Einbettung in die Umwelt aber gerade Rechnung getragen werden kann. Ein lehrreiches Beispiel bieten passiv-dynamische Laufmaschinen. Dabei handelt es sich um rein mechanische Konstruktionen, die ihre natürlichen Bewegungsfreiheitsgrade in selbststabilisierender Weise nutzen, um z. B. eine schiefe Ebene hinabzulaufen. Die Energie stammt dabei im Idealfall gänzlich aus der Gravitation oder aus kleinen, energieeffizienten Aktoren. Zwar können derartige Systeme bisher nur wenige einfache Bewegungen ausführen, ihre Energieeffizienz ist aber durchaus vergleichbar mit derjenigen von Lebewesen. Ein weiteres Beispiel sind Rodney Brooks' Arbeiten Anfang der 1990er Jahre, die u. a. provokante Titel wie ›Intelligence without representation‹ oder ›Intelligence without reason‹ tragen (vgl. Brooks 1999). Die von Brooks entworfene Subsumptionsarchitektur (*subsumption architecture*) gestattet die Konstruktion einfacher Roboter, die sich in dynamischen Umgebungen flexibel bewegen können, statt einer aufwendigen internen Repräsentation der Umgebung jedoch auf ein breites Angebot von Verhaltensroutinen zurückgreifen (s. Kap. IV.24), die je nach Sensorinput adäquat ausgewählt werden und für eine bestimmte Zeit die Steuerungsoberhand behalten, was eine computational schlanke und gleichzeitig flexible Navigation in Echtzeit erlaubt.

Konzepte von Verkörperlichung und situativer Einbettung erfreuen sich in der Robotik (s. Kap. II.B.2) mittlerweile eines hohen heuristischen Werts. Rolf Pfeifer z. B. listet Designprinzipien auf, denen die Entwicklung autonomer Roboter genügen sollte (Pfeifer/Bongard 2007; Pfeifer/Scheier 1999). An oberster Stelle steht für Pfeifer dabei zunächst das *Drei-Konstituenten-Prinzip*, ein Metaprinzip, das den Kontext bestimmt, in den das Roboterdesign eingebettet ist: Man benötigt demnach die Definition einer ökologischen Nische, der gewünschten Verhaltensweisen und Aufgabenstellung sowie das eigentliche Agentendesign. Zu den weiteren Prinzipien zählen das *Vollständige-Agenten-Prinzip* (Agentensysteme müssen autonom, verkörperlicht und situativ in ihre Umwelt eingebettet sein) und das *Prinzip des sparsamen Designs* (Agentensysteme sollten die physikalischen Randbedingungen der ökologischen Nische nutzen). Eines von zahlreichen Beispielen von Systemen, die diesen Prinzipien genügen, ist PUPPY, ein vierbeiniger Roboter, bei dem die äußere Konstruktion und Morphologie in besonders eleganter Weise auf die innere dynamizistische Antriebsmaschinerie und die Umwelt abgestimmt sind (Pfeifer/Bongard 2007). Anthropomimetische Systeme wie ECCEROBOT sind darauf angelegt, die menschliche Muskel-, Skelett- und Gelenkstruktur so nachzuahmen, dass sich die Materialeigenschaften biologieähnlicher Komponenten für die Motorik, Dynamik und Energetik des Roboters ausnutzen lassen (Holland/Knight 2006; s. Kap. III.5).

Andere Beispiele ergeben sich im Rahmen von Schwarmintelligenz, Simulationen und künstlichen Multiagentensystemen. Zu den Herausforderungen dabei zählt es, eine Kollektion von mit elementaren Verhaltensroutinen ausgestatteten Einzelsystemen zu neuartigem und komplexem Verhalten auf der Ebene der Gruppe zu bringen, ohne dabei auf zentrale Planungs- und Organisationseinheiten zurückzugreifen. Ein einfaches Beispiel bietet das System NERD HERD (Matarić 2007), dessen mit nur fünf elementaren Bewegungsroutinen (z. B. Folgen und Abstandhalten) ausgestatteten mobilen Roboter ein komplexes Schwarmverhalten ausbilden können. Eine weitere zentrale Fragestellung gehört in den Gegenstandsbereich der evolutionären Robotik (s. Kap. III.5). Dort geht es u. a. darum, die Morphologie und das Kontrollsystem von Robotern selbst zum Gegenstand einer dynamischen Entwicklung zu machen. Ambitioniertere Systeme dieser Art existieren allerdings bislang vornehmlich als Simulationen.

Mentale Repräsentationen

Nach traditioneller Auffassung kommt dem Konzept der Repräsentation für das Wesen von Kognition entscheidende Bedeutung zu (s. Kap. IV.16). Hurley (1998) nennt dies die Sandwich-Konzeption des Geistes: Kognitive Systeme agieren auf der einen Seite mit perzeptuellem Input und reagieren auf der anderen Seite mit motorischem Output, und zwischen beiden Seiten vermitteln *Repräsentationen*. Ansätze von Verkörperlichung und situativer Einbettung führen zu Abschwächungen dieser Konzeption. Die zentrale Frage dabei ist, ob kognitive Prozesse und Aktivitäten sowie die mit ihnen einhergehenden repräsentationalen Fähigkeiten eines kognitiven Akteurs rein intern sind oder bis zu welchem Grade sie durch externe Körper- oder Umgebungsbedingungen mit geprägt oder mit konstituiert werden. Es lassen sich verschiedene Formen von Verkörperlichung bzw. situativer Einbettung unterscheiden (s. u.):

- *Schwache Verkörperlichung*: Kognitive Systeme verfügen über interne Repräsentationen, deren Gehalt, Struktur und Datenformat durch körperliche bzw. situative Bedingungen geprägt sind.
- *Starke Verkörperlichung*: Kognitive Systeme verfügen über Repräsentationen, deren Gehalt, Struktur und Datenformat durch körperliche bzw. situative Bedingungen konstituiert sind.
- *Radikale Verkörperlichung*: Kognitive Systeme verfügen über keinerlei Repräsentationen. Fähigkeiten und Leistungen kognitiver Systeme beruhen sämtlich auf körperlichen bzw. situativen Gegebenheiten sowie Körper-Umgebungs-Interaktionen.

Von der Frage nach der Bedeutung des Konzepts von Repräsentationen für das Wesen von Kognition ist die Frage zu unterscheiden, wie mentale Repräsentationen ihren semantischen Gehalt erlangen, wie also der Schritt von einer rein syntaktischen Ebene zur Ebene der Symbolbedeutungen vollzogen werden kann (s. Kap. III.1). In diesem Zusammenhang wurde verschiedentlich die These vertreten, dass Verkörperlichung und situative Einbettung zur Lösung des *symbol grounding problem* (Harnad 1990) beitragen können. Die Grundidee ist, dass Repräsentationen über verkörperlichtes Verhalten und Handeln bzw. die situative Einbettung kognitiver Systeme direkt in der Welt verankert sind. Wie z. B. Steels (2010) behauptet, lässt sich die Entstehung rudimentärer grammatischer und semantischer Strukturen auf der Basis von Sprachspielen erklären, an denen Populationen von Robotern beteiligt sind, deren Verkörperlichung sich bereits auf einfache Sensoren und Aktoren beschränkt. Rowlands (2006) versucht zu zeigen, dass sich der normative Charakter repräsentationalen Gehalts dadurch begründen lässt, dass er im Rahmen verkörperlichter und situativ eingebetteter Systeme direkt in Handlungen verankert ist, denen genuine Normativität zugesprochen wird.

Schwache Verkörperlichung

Im Rahmen von schwacher Verkörperlichung bzw. schwacher situativer Einbettung geht man von der Vorstellung aus, dass Gehalt, Struktur und Datenformat mentaler Repräsentationen durch körperliche bzw. situative Bedingungen geprägt sind. Beispielsweise kann man sich ein Passwort oder eine Geheimnummer merken, indem man das entsprechende Eingabemuster auf der Tastatur lernt, also eine motorische anstelle einer propositionalen Repräsentation nutzt (s. Kap. IV.16). Diese Form von Verkörperlichung ist im Sinne von Ryles (1949) klassischer Unterscheidung typischerweise eine Form von Wissen-wie anstelle von Wissen-dass (s. Kap. IV.25).

Ein bedeutsamer Vorläufer der modernen Verkörperlichungsidee ist Gibsons (1979) ökologischer Ansatz in der Wahrnehmungspsychologie, wonach Aspekte der Umgebung Handlungsangebote (*affordances*) bieten und Wahrnehmungsrepräsentationen durch situative Handlungsmöglichkeiten bestimmt werden (s. Kap. IV.24). Clark (1997) spricht in diesem Zusammenhang von kontextabhängigen und handlungsbezogenen Repräsentationen (*action-oriented representations*). Die Handlungsbezogenheit verkörperlichter oder situativ eingebetteter Repräsentationen führt typischerweise dazu, dass mentale Repräsentationen Modelle des Körpers (oder von Teilen des Körpers) einbeziehen (s. u.). Auch Formen geteilter Intentionalität lassen sich als Beispiele handlungsbezogener und situierter Repräsentationen auffassen: Hierbei teilen verschiedene kognitive Akteure Handlungspläne und Handlungsziele, wobei jeder Akteur wechselseitig die Beiträge der Kooperationspartner zur Handlungsdurchführung sowie das gemeinsame Ziel repräsentiert (Tomasello et al. 2005). Die mentalen Zustände Anderer tragen in diesem Sinne zur situativen Einbettung bei.

Starke Verkörperlichung

Der starken These zufolge sind körperliche bzw. situative Bedingungen nicht nur mit prägend, sondern konstitutiv für Gehalt, Struktur und Datenformat mentaler Repräsentationen. Der Körper oder Teile des Körpers werden dabei typischerweise selbst zum Medium der Repräsentation. Thelen/Smith (1994) z.B. geben eine verkörperlichte Erklärung der Entwicklung des Laufverhaltens bei Babys, indem sie experimentell und theoretisch zeigen, dass eine wesentliche Kenngröße bei der Entwicklung des Laufreflexes das Gewicht der Beine, nicht aber die Modifikation interner Planungsroutinen ist.

Die Bedeutung aktiv-sensomotorischer Rückkoppelungsschleifen bei der Bewegungssteuerung, etwa einem Greifprozess, wurde schon früh durch das sog. Reafferenzprinzip hervorgehoben (von Holst/ Mittelstaedt 1950): Durch einen efferenten motorischen Reiz wird eine Körperbewegung ausgelöst, und die Steuerung des Greifprozesses besteht darin, die interne Reizspeicherung (die sog. Efferenzkopie) abzugleichen mit der reafferenten Rückmeldung,

also der sensorischen Information über die vom System selbst veranlasste aktive Motorik (im Falle des Greifens etwa die visuelle Kontrolle der Arm-, Hand- und Fingerbewegung). Dass es dabei wesentlich auf selbstgenerierte Bewegung ankommt, findet seine eindrucksvolle experimentelle Bestätigung in Zielbewegungsexperimenten mit Prismenbrillen: Eine effektive Adaptation an die durch das Prisma veränderten Wahrnehmungsinputs zeigen Probanden nur dann, wenn ihnen in der Trainingsphase die Möglichkeit zu aktiv durchgeführten Körpereigenbewegungen gegeben wird (Taylor 1963; für kritische Anmerkungen vgl. Klein 2007). Analog benötigt ein Musiker aktive Rückkoppelungen mit seinem Musikinstrument: Ein Tauber z.B. kann noch ein Tasteninstrument spielen, ein Mensch ohne Sensibilität in den Fingerspitzen jedoch sehr viel weniger. Die aktive Einbeziehung des Körpers v.a. in Form selbstgenerierter Eigenbewegungen machen diese Anwendungen des Reafferenzprinzips zu Fällen von starker Verkörperlichung.

Ein weiteres Beispiel aus der kognitiven Entwicklungspsychologie basiert auf dem durch Piaget bekannt gewordenen ›A-nicht-B‹-Fehler, dem Kinder im Alter von etwa sieben bis zwölf Monaten unterliegen: Man zeigt zwei Behältnisse A und B und versteckt vor den Augen des Babys ein Spielzeug oder eine Süßigkeit unter A. Das Baby greift nach A und wird fündig. Der Vorgang wird einige Male wiederholt, dann legt der Experimentator das Spielzeug oder die Süßigkeit unter B. Obwohl das Baby dies sehen konnte, greift es nach A, um dort zu suchen. Es liegt zunächst nahe, diesen Effekt als repräsentationale Fehlleistung, sei es bezüglich der Repräsentation des Außenraumes, des Objekts oder der Körper-Raum-Beziehung oder als Fehlleistung der Handlungsplanung zu interpretieren. Interessanterweise kann der Fehler durch die Variation eines Parameters, z.B. der Ausgangshaltung, aber verringert oder vermieden werden. Thelen und Kollegen bieten daher eine dynamizistische Analyse des ›A-nicht-B‹-Fehlers an (Thelen et al. 2001; Thelen/Smith 1994): Sie sehen das Verhalten des Babys als eine Folge des Ineinandergreifens mehrerer Komponenten der körperlichen Aktivität, wie Reproduktion des Bewegungsmusters, Körperstellung der Effektoren, Salienz des Reizes oder Reaktionszeiten. Das Baby vollführt seine Handlung also nicht unter Zuhilfenahme interner repräsentationaler Daten, sondern auf direkt motorisch-verkörperlichtem Wege. Der Körper bzw. körperliche Bewegungsmuster dienen mithin als direktes Medium der Repräsentation, so dass aufwendige explizite Repräsentationen der Außenwelt überflüssig sind.

Lyre (2008) diskutiert die Frage, ob und in welcher Form Bedeutungen existieren, die ausschließlich einem verkörperlichten System zugänglich sind. Indexikalische Bedeutungen sind naheliegende Kandidaten. Aus der nachrichtentechnischen Kommunikationstheorie ist speziell bekannt, dass sich der Unterschied von rechts und links (im starken, ›intrinsischen‹ Bedeutungssinne und nicht nur im Sinne einer bloß relationalen Unterscheidung) nicht über einen seriellen Nachrichtenkanal übertragen lässt. Dies stellt die wesentlich indexikalische Natur der Ausdrücke ›rechts‹ und ›links‹ unter Beweis, die ostensiv definiert sind und sich auf keinerlei deskriptive Definition reduzieren lassen. Daraus lässt sich folgern, dass nur ein kognitives System mit einem nicht spiegelsymmetrischen Körper über die Bedeutung von rechts und links (im starken Sinne) verfügen kann.

Radikale Verkörperlichung

Die radikalen Formen von Verkörperlichung und situativer Einbettung sind Formen eines Anti-Repräsentationalismus bzw. repräsentationalen Eliminativismus (s. Kap. IV.16). Ein einfaches Beispiel für radikale Verkörperlichung bieten die oben bereits erwähnten passiv-dynamischen Laufmaschinen. In diesen Fällen ist ersichtlich kein Repräsentationsmedium zur Erbringung der motorischen Fähigkeit vorhanden, nicht einmal eine simple Regelungsmechanik.

Ein Beispiel nächsthöherer Stufe bietet der Watt'sche Fliehkraftregler – eine mechanische Realisation eines Regelkreises mit negativer Rückkopplung, der auf elegante Weise eine Steuerungsaufgabe erfüllt: Dreht sich der Fliehkraftregler aufgrund des Dampfmaschinendrucks, werden zwei Gewichte gegen die Schwerkraft nach oben gehoben, wobei gleichzeitig über einen Hebelmechanismus die Dampfzufuhr der Maschine gedrosselt wird. Dies führt zu einer verminderten Drehung des Reglers und infolgedessen wieder zu einer erhöhten Dampfzufuhr, so dass die Maschine sich schließlich auf eine konstante Drehzahl einreguliert. Anstelle einer Steuerung, bei der zunächst alle relevanten Maschinenparameter durch Messfühler erfasst und danach in einem Programm verarbeitet werden, vollführt der Fliehkraftregler seine Steuerungsaufgabe ohne inneren computationalen Aufwand und in deutlichem Kontrast zu klassischen KI-Strategien, wie van Gelder (1995) hervorhebt.

Der Fliehkraftregler arbeitet zweifellos nichtcomputational. Aber arbeitet er auch nicht-repräsentational? Es ließe sich einwenden, dass sich die verschiedenen physikalischen Zustände des Reglergestänges durchaus als repräsentationale Zustände auffassen lassen; in ähnlicher Weise lassen sich die Zustandsbeschreibungen im Phasenraum eines dynamischen Systems repräsentational interpretieren (Schöner/Reimann 2008; s. Kap. III.4). Eine weitere problematische Frage ist, inwieweit sich ein radikaler Anti-Repräsentationalismus auch für höherstufige Formen von Kognition behaupten lässt (s. u.).

Obwohl Brooks sich in seinen Pionierarbeiten einer starken anti-repräsentationalistischen Rhetorik bediente und z. B. von der Welt als ›*its own best model*‹ sprach und interne Repräsentationen für überflüssig erklärte (vgl. Brooks 1999; verwandte Thesen finden sich auch bei Elman et al. 1996 oder Thelen/Smith 1994), war seine Subsumptionsarchitektur *de facto* nicht frei von internen Repräsentationen, sondern lediglich besonders sparsam. Faktisch stellen radikale Verkörperlichung und radikale situative Einbettung – v. a. in der Robotik – oftmals eher eine Art Forschungsheuristik dar. Clark (1997, 148) charakterisiert die radikale Position in diesem Sinne wie folgt: »Structured, symbolic, representational, and computational views of cognition are mistaken. *Embodied cognition is best studied using noncomputational and nonrepresentational ideas and explanatory schemes*, and especially the tools of dynamic systems theory« (Hervorhebung H.L.).

Vertreter radikal anti-repräsentationalistischer Positionen finden sich auch im Rahmen philosophischer Debatten (z. B. Chemero 2009; Garzón 2008; van Gelder 1995), die dortige Thematik überschneidet und vermischt sich aber häufig mit der bereits erwähnten Frage nach der Verankerung mentaler Repräsentationen in der Welt. Eine naheliegende Kritik an der radikalen Position besteht darin, dass Formen von Verkörperlichung und situativer Einbettung allenfalls zur Erklärung niedriger, vorzugsweise mit Motorik verbundener Formen von Kognition beitragen können, sich aber nicht sämtliche höherstufige kognitive Leistungen, z. B. die Fähigkeit, Mathematik zu treiben, Schach zu spielen oder eine natürliche Sprache zu sprechen, auf körper- oder handlungsbezogene, nicht-propositionale Repräsentationen reduzieren lassen (s. Kap. IV.16). Clark/Toribio (1994) sprechen in diesem Zusammenhang von *representation-hungry problems*, d. h. von Problemen, die v. a. Fälle des Nachdenkens über abstrakte und/oder kontrafaktische Entitäten beinhalten. Für diese Art von Problemen, so argumentieren sie, sei nicht zu erwarten, dass sie sich ohne Rückgriff auf den Repräsentationalismus der älteren KI bewältigen lassen.

Verkörperlichung und Bewusstsein

Ein Großteil der bisherigen Darstellung war auf Intentionalität bezogen. Verkörperlichung und situative Einbettung lassen sich aber auch auf Phänomenalität beziehen. Dabei geht es zum einen um die Bedeutung beider Motive für qualitatives Erleben (s. Kap. IV.4), zum anderen um das Verständnis von Selbstbewusstsein (s. Kap. IV.18). Wiederum lässt sich dabei zwischen schwachen und starken bis radikalen Thesen unterscheiden. Einer schwachen These zufolge ist qualitatives Erleben abhängig von der Verkörperlichung und situativen Einbettung, einer stärkeren These zufolge wird qualitatives Erleben wesentlich durch den direkten Kontakt mit perzeptuellen Stimuli konstituiert (s. Kap. IV.19, Kap. IV.24). Für letztere These besteht insofern eine gewisse *prima facie* Plausibilität, als rein interne Repräsentationen eines Stimulus phänomenal weniger reichhaltig und bei weitem undifferenzierter sind als das unmittelbare Erleben eines Stimulus (aus diesem Grund wirken Menschen mit fotografischem Gedächtnis auf uns so faszinierend). Eine radikale These, wonach Wahrnehmungserleben überhaupt nur auf der Basis bestimmter motorischer Interaktionen mit der Welt möglich ist, wird vom Enaktivismus (s. Kap III.9) vertreten (z. B. Hurley 1998; Noë 2009). Maiese (2011) ist der Meinung, dass Emotionen eine fundamentale Manifestation unserer Verkörperlichung sind, der insofern eine zentrale Rolle bei moralischen Bewertungen zukommt. Allerdings scheint keine der Thesen über die Verkörperlichung und situative Einbettung qualitativen Erlebens einen Anhaltspunkt dafür zu liefern, wie qualitatives Erleben als solches zustande kommt und wie somit das eigentliche sog. schwierige Problem des Bewusstseins zu lösen ist (s. Kap. IV.4), das darin besteht, eine adäquate physikalistische Erklärung von Qualia zu geben (s. Kap. II.F.1).

Auch Selbstbewusstsein scheint wesentlich an einen Körper und an ein Körperbewusstsein gebunden zu sein (Bermúdez et al. 1995). Die Vorstellung, dass sich Gehirn und Körper aufgrund einer chirurgischen Trennung an verschiedenen Orten befinden könnten, wirkt verstörend und untergräbt alle Intuitionen über das Selbst (Dennett 1978). Nach gängiger Auffassung ist zwischen dem Körper und einer internen Repräsentation des Körpers, dem Körpermodell, zu unterscheiden. Zahlreiche Fehlrepräsentationen und illusionäre Körperwahrnehmungen (bzw. Körperwahrnehmungsstörungen) zeigen, dass das Körpermodell ein mentales Konstrukt ist, dessen Grenzen nicht mit der Körpergrenze zusammenfallen müssen. Schon Merleau-Ponty (1945/1965, 182) z. B. wies darauf hin, dass der taktile Reiz eines Blinden nicht an der Haut beginnt, sondern am Ende des Blindenstockes: »[...] der Stock ist kein Gegenstand mehr, den der Blinde wahrnähme, sondern ein Instrument, *mit* dem er wahrnimmt. Er ist ein Anhang des Leibes, eine Erweiterung der Leibessynthese«. Ein bekanntes Beispiel des Auseinanderfallens von Körper und Körpermodell ist die sog. Gummihandillusion: Die synchrone, taktile Reizung einer verdeckten Hand und einer sichtbaren Gummihand führt zu der fehlerhaften Wahrnehmung der Gummihand als körperzugehörig. Drastischere Beispiele sind neuropsychologische Störungen wie die Apraxie (Störung der Ausführung von Willkürbewegungen; s. Kap. IV.15), der neurologische Neglect (kontraläsionaler Ausfall der Körper- und Umgebungswahrnehmung), Phantomglieder oder die *body integrity identity disorder* (z. B. der krankhafte Wunsch nach Veränderung des Körpers durch Amputation).

Anbindend an die phänomenologische Tradition greift Shaun Gallagher (2005) die ältere Unterscheidung von zwei Arten von Körpermodellen, das Körperbild (*body image*) einerseits und das Körperschema (*body schema*) andererseits, auf. Das Körperbild ist ein System von (typischerweise bewussten) Wahrnehmungen, emotionalen Einstellungen und Überzeugungen über den eigenen Körper. Das Körperschema ist demgegenüber ein unbewusstes, automatisches System von sensomotorischen Prozessen zur konstanten Regulierung von Körperhaltung und Körperbewegung. Es umfasst auch die präreflexive und propriozeptive Wahrnehmung des Körpers. Nach Gallagher wird diese Unterscheidung durch neurologische Dissoziationsphänomene bestätigt: Deafferenzierte Patienten, die keine taktilen oder propriozeptiven Reize empfangen, sind nur unter großer mentaler Anstrengung und höchster Konzentration in der Lage, koordinierte Körperbewegungen auszuführen. Bei ihnen ist das Körperschema geschädigt und muss durch die Leistungen des Körperbildes ersetzt werden. Umgekehrt zeigen Neglectpatienten Ausfallerscheinungen, die als Schädigung des Körperbildes zu verstehen sind (sie rasieren z. B. nur eine Gesichtshälfte).

Thomas Metzinger (2006) unterscheidet drei Arten von Verkörperlichung. Verkörperlichung erster Ordnung bezieht sich auf die Anwendung von Verkörperlichung im Rahmen der Robotik (s. Kap. II.B.2) zur Herausbildung kognitiver Systeme unter weitgehendem Verzicht auf interne Repräsentationen (s. Kap. IV.16). Verkörperlichung zweiter Ordnung betrifft die Herausbildung einer einheitlichen Körperrepräsentation, eines Körpermodells, als kohärentem internen Selbstmodell der eigenen Verkörperlichung. Nach Metzinger fallen einige hoch entwickelte Roboter und einfache Lebewesen oder auch Schlafwandler in diese Kategorie. Auf der dritten Stufe wird dieses Körpermodell auf die Ebene bewussten Erlebens gehoben, d.h. zur virtuellen kommt eine phänomenale Ebene hinzu (s. Kap. IV.4). Hierzu zählen Systeme, die wie wir bewusst erleben können, dass sie einen eigenen Körper, Gefühle und eigene kognitive Prozesse haben. Derartige Systeme besitzen ein phänomenales Selbstmodell (s. Kap. IV.18). Im Falle von Phantomgliedern, im Traum oder bei außerkörperlichen Erfahrungen kann sich dieses phänomenale Selbstmodell von der Verkörperlichung erster Ordnung abkoppeln und könnte daher im Prinzip auch einem ›Gehirn im Tank‹ zukommen (Metzinger 2009).

Kommunikation, Sprache, Lernen, Mathematik

Bei der Entwicklung virtueller Agentensysteme liegt es nahe, zum Zwecke der nichtverbalen Kommunikation Stilprinzipien von Verkörperlichung zu berücksichtigen, da nichtverbale Kommunikationskanäle wie Gestik, Mimik und Körperhaltung, aber auch Blickverfolgung und Mechanismen gemeinsamer Aufmerksamkeit und geteilter Intentionalität, offensichtlich eines verkörperlichten Akteurs bedürfen (vgl. Wachsmuth et al. 2008; s. Kap. IV.10). Hierbei spielen auch Fähigkeiten sozialer Kognition, etwa das sog. *mindreading* (s. Kap. IV.21), eine zentrale Rolle. Gallese (2005) etwa vertritt die Ansicht, dass mentale Simulation durch Spiegelneuronensysteme im (wenigstens schwachen) Sinne verkörperlicht ist, während Goldman/de Vignemont (2009) in Zweifel ziehen, dass höherstufige Formen des *mindreading* auf mentalen Repräsentationen beruhen, die durch Verkörperlichung strukturiert oder gar konstituiert sind.

Lawrence Barsalou (2008) weist in seinen Arbeiten auf die situative Einbettung von Kategorienlernen und begrifflichem Wissen hin. Begriffe sind demnach keine starren und passiven Eigenschaftskategorien, sondern situativ und kontextabhängig: Der Begriff ›Piano‹ z.B. wird im Kontext ›Umzug‹ stärker mit der Eigenschaft ›schwer‹ als mit der Eigenschaft ›klangvoll‹ assoziiert. Begriffe sind Barsalou zufolge in Situationen verankerte modalitätsspezifische und distribuierte Simulationen. Dies hat

entsprechend auch Implikationen für die situative Einbettung von Begriffslernen (s. Kap. IV.9) und Gedächtnis (Kap. IV.7).

In einer klassischen Arbeit zeigen Kirsh/Maglio (1994) die Situiertheit menschlichen Problemlösens auf der Basis sog. epistemischer Handlungen: Kognitive Akteure manipulieren beständig ihre Umgebung, um epistemische Zwecke effektiv zu erreichen. Einfache Beispiele dafür sind z.B. der Gebrauch von Notizzetteln oder Gedächtnisstützen. Sterelny (2003) eröffnet eine evolutionäre Perspektive auf dieses Phänomen, indem er dafür argumentiert, dass menschliche Kognition wesentlich geprägt und geformt ist durch die evolutionär vorteilhafte Konstruktion kognitiver Nischen (v.a. die Herstellung kognitiver Werkzeuge auf der Basis von Umgebungsangeboten; s. Kap. II.A.1).

Lakoff/Núñez (2000) versuchen, Ideen von Verkörperlichung für das Grundlagenverständnis der Mathematik fruchtbar zu machen: Mathematisches Denken beginnt in ihren Augen mit einem angeborenen Zahlensinn im Bereich kleiner Zahlen, der seine Verankerung in unserer Verkörperlichung, etwa dem Zählen mit Fingern, hat. Durch die Anwendung konzeptueller Metaphern kreiert unsere kognitive Maschinerie den Übergang von konkreten, in sensomotorischen Prozessen verankerten Vorstellungen zu abstrakten Begriffen wie etwa der in der Mathematik zentralen konzeptuellen Metapher der Unendlichkeit. Höhere Stufen mathematischer Begriffsbildung sollen dann durch Iteration entsprechender Metaphern erreicht werden.

Literatur

Barsalou, Lawrence (2008): Grounded cognition. In: *Annual Review of Psychology* 59, 617–645.

Bermúdez, Jose/Marcel, Anthony/Eilan, Naomi (1995): *The Body and the Self.* Cambridge (Mass.).

Brooks, Rodney (1999): *Cambrian Intelligence.* Cambridge (Mass.).

Chemero, Anthony (2009): *Radical Embodied Cognitive Science.* Cambridge (Mass.).

Clark, Andy (1997): *Being There.* Cambridge (Mass.).

Clark, Andy/Toribio, Josefa (1994): Doing without representing? In: *Synthese* 101, 401–431.

Dennett, Daniel (1978): Where am I? In: ders.: *Brainstorms.* Cambridge (Mass.), 310–323.

Elman, Jeffrey/Bates, Elizabeth/Johnson, Mark/Karmiloff-Smith, Annette/Parisi, Domenico/Plunkett, Kim (1996): *Rethinking Innateness.* Cambridge (Mass.).

Gallagher, Shaun (2005): *How the Body Shapes the Mind.* New York.

Gallese, Vittorio (2005): Embodied simulation. In: *Phenomenology and the Cognitive Sciences* 4, 23–48.

Garzón, Calvo (2008): Towards a general theory of antirepresentationalism. In: *British Journal for the Philosophy of Science* 59, 259–292.

Gibson, James (1979): *The Ecological Approach to Visual Perception.* Boston. [dt.: *Wahrnehmung und Umwelt.* München 1982].

Goldman, Alvin/de Vignemont, Frederique (2009): Is social cognition embodied? In: *Trends in Cognitive Sciences* 13, 154–159.

Harnad, Stevan (1990): The symbol grounding problem. In: *Physica* D 42, 335–346.

Holland, Owen/Knight, Rob (2006): The anthropomimetic principle. In: Jeremy Burn/Myra Wilson (Hg.): *Proceedings of the AISB06 Symposium on Biologically Inspired Robotics.* Bristol.

Hurley, Susan (1998): *Consciousness in Action.* Cambridge (Mass.).

Kirsh, David/Maglio, Paul (1994): On distinguishing epistemic from pragmatic action. In: *Cognitive Science* 18, 513–549.

Klein, Colin (2007): Kicking the Kohler habit. In: *Philosophical Psychology* 20, 609–619.

Lakoff, George/Núñez, Rafael (2000): *Where Mathematics Comes From.* New York.

Lyre, Holger (2008): Handedness, self-models and embodied cognitive content. In: *Phenomenology and the Cognitive Sciences* 7, 529–538.

Maiese, Michelle (2011): *Embodiment, Emotion and Cognition.* Hampshire.

Matarić, Maja (2007): *The Robotics Primer.* Cambridge (Mass.).

Merleau-Ponty, Maurice (1945): *Phénoménologie de la perception.* Paris. [dt.: *Die Phänomenologie der Wahrnehmung.* Berlin 1965].

Metzinger, Thomas (2006): Different conceptions of embodiment. In: *PSYCHE – An Interdisciplinary Journal of Research on Consciousness* 12. http://philpapers.org/archive/METRTG-2.1.pdf

Metzinger, Thomas (2009): *Der Ego-Tunnel.* Berlin.

Noë, Alva (2009): *Out of Our Heads.* New York. [dt.: *Du bist nicht Dein Gehirn.* München 2010].

Pfeifer, Rolf/Bongard, Josh (2007): *How the Body Shapes the Way We Think.* Cambridge (Mass.).

Pfeifer, Rolf/Scheier, Christian (1999): *Understanding Intelligence.* Cambridge (Mass.).

Rowlands, Mark (2006): *Body Language.* Cambridge (Mass.).

Ryle, Gilbert (1949): *The Concept of Mind.* Oxford. [dt.: *Der Begriff des Geistes.* Stuttgart 1986].

Schöner, Gregor/Reimann, Hendrik (2008): Understanding embodied cognition through dynamical systems thinking. In: Paco Calvo/John Symons (Hg.): *Routledge Companion to the Philosophy of Psychology.* London, 450–474.

Steels, Luc (2010): Modeling the formation of language. In: Stefan Nolfi/Marco Mirolli (Hg.): *Evolution of Communication and Language in Embodied Agents.* Berlin, 235–262.

Sterelny, Kim (2003): *Thought in a Hostile World.* Oxford.

Taylor, James (1963): *The Behavioral Basis of Perception.* New Haven.

Thelen, Esther/Schöner, Gregor/Scheier, Christian/Smith, Linda (2001): The dynamics of embodiment. In: *Behavioral and Brain Sciences* 24, 1–86.

Thelen, Esther/Smith, Linda (1994): *A Dynamic Systems Approach to the Development of Cognition and Action.* Cambridge (Mass.).

Tomasello, Michael/Carpenter, Malinda/Call, Josep/Behne, Tanya/Moll, Henrike (2005): Understanding and sharing intentions. In: *Behavioral and Brain Sciences* 28, 675–691.

van Gelder, Tim (1995): What might cognition be, if not computation? In: *Journal of Philosophy* 92, 345–381.

von Holst, Erich/Mittelstaedt, Horst (1950): Das Reafferenzprinzip. In: *Die Naturwissenschaften* 20, 464–476.

Wachsmuth, Ipke/Lenzen, Manuela/Knoblich, Günther (Hg.) (2008): *Embodied Communication in Humans and Machines.* Oxford.

Holger Lyre

8. Erweiterte Kognition (*extended cognition*)

Unter die Schlagwörter ›extended mind‹ bzw. ›extended cognition‹ fallen verschiedene Ansätze, die die folgende Erweiterungsthese eint (Walter 2013, Kap. 8): Kognition ist nicht nur eine Sache des Gehirns, sondern erstreckt sich auf noch zu spezifizierende Weise in die Umwelt hinein (bei künstlichen Systemen wäre statt des Gehirns die entsprechende zentrale Verarbeitungseinheit gemeint). Solche Ansätze firmieren unter ganz verschiedenen Bezeichnungen, darunter u.a. ›active externalism‹ (Clark/Chalmers 1998), ›vehicle externalism‹ (Hurley 2010), ›wide computationalism‹ (Wilson 1994), ›locational externalism‹ (Wilson 2004), ›environmentalism‹ (Rowlands 1999) oder ›integrationism‹ (Menary 2006). Zumindest vortheoretisch sind diese Ansätze jedoch durch dieselbe Überlegung motiviert: Wenn der Umwelt im Hinblick auf unsere kognitiven Leistungen tatsächlich die in der Debatte um situative Einbettung (s. Kap. III.7) thematisierte tragende Rolle zukommt, mit welchem Recht sehen wir das Gehirn dann als alleinigen Realisierer kognitiver Prozesse an, während wir die Umwelt zu einer (wenngleich wichtigen und womöglich unverzichtbaren) Ressource degradieren, die jedoch nicht im selben Sinne als materielles Substrat kognitiver Prozesse gilt wie das Gehirn? Clark/Chalmers (1998) illustrieren dies am Beispiel des Alzheimerpatienten Otto, der sich statt auf sein physiologisches Gedächtnis auf ein Notizbuch verlässt: Wenn die Notizbucheinträge im Leben von Otto und bei der Erklärung seines Verhaltens dieselbe Rolle spielen wie neuronal abgespeicherte Gedächtnisinhalte bei gewöhnlichen Erwachsenen, dann, so argumentieren sie, wäre es Willkür oder neuronaler Chauvinismus, würden wir die Notizbucheinträge nicht als genuinen Teil des materiellen Substrats von Ottos Erinnerungen, Überzeugungen usw. anerkennen.

Präzisierungen: Was besagt die Erweiterungsthese?

Die These, Kognition erstrecke sich unter gewissen Bedingungen in die Umwelt hinein, ist in mehreren Hinsichten präzisierungsbedürftig.

Kausale Abhängigkeit und Konstitution. Die Erweiterungsthese besagt nicht nur, dass unser kognitives Leben anders wäre, wäre die Umwelt anders. Dies ist verträglich mit schwächeren Ansätzen, die (z.B. unter dem Stichwort der situativen Einbettung; s. Kap. III.7) lediglich eine *kausale Abhängigkeit* zwischen Umwelt und Kognition betonen. Die Erweiterungsthese behauptet keine kausale Abhängigkeit, sondern eine *Konstitutionsbeziehung* dergestalt, dass kognitive Prozesse (bzw. Systeme; s.u.) durch hybride, sich über die Grenzen des Gehirns hinaus in die Umwelt erstreckende Prozesse realisiert sind. Strittig ist dabei, unter welchen Bedingungen dieser Übergang von Abhängigkeit zu Konstitution gerechtfertigt bzw. empirisch fruchtbar ist, und ob er vielmehr nicht generell unzulässig ist – Adams/Aizawa (2008) z.B. sehen darin einen sog. *coupling/constitution* Fehlschluss (s.u.). Unklar ist jedoch auch die viel grundlegendere Frage, ob sich diese Unterscheidung überhaupt durchgängig treffen lässt. Für beides, Kausalität und Konstitution, gibt es scheinbar eindeutige Beispiele: Prozessor und Arbeitsspeicher sind Konstituenten eines Computers, während die Stromproduktion im Elektrizitätswerk nur eine kausale Vorbedingung seines Funktionierens ist; gleichermaßen ist etwa die Retina allem Dafürhalten nach konstitutiv für visuelle Wahrnehmung, während geeignete Lichtverhältnisse offenbar eine kausale Vorbedingung, nicht aber Teil des Wahrnehmungsprozesses sind. In anderen Fällen hingegen sind die Intuitionen weniger klar: Ob eine externe Festplatte Konstituent eines Computers oder kausale Bedingung seines Funktionierens ist, mag in der Praxis ebenso wenig grundsätzlich entscheidbar sein wie die Frage, ob etwa Brillen, Hörgeräte, neuronale Prothesen oder Ottos Notizbuch Konstituenten entsprechender kognitiver Prozesse sind oder lediglich als externe Ressourcen kausal zu deren Funktionieren beitragen. Im Hinblick auf solche Grenzfälle scheint die für die Debatte um die Erweiterungsthese zentral gewordene Unterscheidung zwischen Abhängigkeit und Konstitution, so klar sie zunächst scheinen mag, für konkrete Fälle nur schwer theoretisch oder wissenschaftspraktisch zu motivieren zu sein. Ein entscheidendes Abgrenzungsmerkmal der Erweiterungsthese gegenüber angeblich schwächeren Ansätzen ginge damit verloren.

Gehalt und Vehikel. Die Erweiterungsthese stellt eine These über die Lokalisierung dessen auf, was als ›Realisierer‹, ›materielles Substrat‹, ›Implementierung‹ oder ›Vehikel‹ kognitiver Prozesse bzw. Systeme bezeichnet wird. Hurley (2010) charakterisiert sie daher völlig zu Recht als *Vehikelexternalismus*, der von einem *Gehaltsexternalismus* à la Tyler Burge oder

Hilary Putnam (z. B. Lau/Deutsch 2010; s. Kap. IV.9) verschieden und grundsätzlich unabhängig ist: Es geht nicht darum, dass der *Gehalt* mentaler Zustände mittels gehirnexterner Faktoren individuiert wird, sondern darum, dass die Träger dieses Gehalts, d. h. *die mentalen Zustände selbst*, zum Teil durch gehirnexterne Prozesse realisiert sind.

Systeme und Prozesse. Der vorherrschenden *systemischen* Lesart der Erweiterungsthese zufolge umfassen kognitive Systeme nicht nur das Gehirn, sondern erstrecken sich (unter gewissen Bedingungen) in die Umwelt hinein, so dass die Grenzen *kognitiver Systeme* je nach Gegebenheit enger oder weiter sein können (Clark 2008). Allerdings ist unklar, ob es einen empirisch fruchtbaren Systembegriff gibt, der die entsprechende Variation in dem, was als kognitives System angesehen wird, zulässt (Rupert 2009). Unter anderem deshalb scheint eine *prozessorale* Lesart mehr Beachtung zu verdienen, wonach die Körpergrenzen zwar die (recht stabilen) Grenzen kognitiver Systeme markieren, die Realisierer der zu diesen Systemen gehörenden *kognitiven Prozesse* sich jedoch jenseits der Grenzen des Körpers befinden können, kognitive Prozesse also die Körpergrenzen und die damit zusammenfallenden Grenzen kognitiver Systeme überschreiten.

Modaler Status. Da es weder begrifflich noch naturgesetzlich unmöglich ist, dass kognitive Prozesse oder Systeme gehirnextern realisiert sind, ist die Erweiterungsthese als bloße (metaphysische oder nomologische) Möglichkeitsbehauptung weitgehend uninteressant. Eine substanzielle These wird nur dann aufgestellt, wenn behauptet wird, dass zumindest einige kognitive Prozesse oder Systeme tatsächlich erweitert sind (Adams/Aizawa 2008, 47).

Kognition, Geist, Bewusstsein. Die Erweiterungsthese wird oft auf Kognition beschränkt und damit abgegrenzt von der Frage, ob auch der menschliche Geist (*mind*) erweitert ist, wobei diese Unterscheidung in der Regel darauf abzielt, dass kognitive Prozesse unbewusst, geistige Prozesse hingegen bewusst sind. Selbst dann jedoch, wenn vom Geist (s. Kap. II.F.1) die Rede ist, geht es in diesem Zusammenhang üblicherweise ausdrücklich nicht um das sog. phänomenale Bewusstsein (Clark 2009; s. Kap. IV.4): Die These, dass z. B. visuelles Erleben nicht ausschließlich Sache des Gehirns ist, sondern sich in Körper und Umwelt hinaus erstreckt (Noë 2004), wird stattdessen eher im Kontext des Enaktivismus (s. Kap. III.9), insbesondere im Kontext sensomoto-

rischer Wahrnehmungstheorien (s. Kap. IV.19, Kap. IV.24) erörtert.

Arten externer Ressourcen. Die situationsgebundene Integration von internen neuronalen Prozessen und externen Ressourcen, das sog. *coupling*, ist wie eingangs erwähnt für viele der Grund, überhaupt von einer kognitiven ›Erweiterung‹ zu sprechen. Diese Ressourcen können dabei verschiedener Art sein und laut Wilson/Clark (2009) z. B. (1) *natürliche* (z. B. Gesten oder Körperbewegungen im Allgemeinen), (2) *technische* (z. B. Taschenrechner oder Handys) oder (3) *soziale* Ressourcen (z. B. Mitmenschen oder Institutionen) umfassen. Obwohl jedoch gerade der Einfluss von Gesten auf unsere kognitiven Leistungen gerne zur Aufweichung der klassischen, gehirnzentrierten Auffassung von Kognition herangezogen wird (z. B. Clark 2008, Kap. 6.7), fällt (1) streng genommen unter das, was üblicherweise als ›*embodied cognition*‹ bezeichnet wird (s. Kap. III.7). Da (3) zudem eher in den Bereich von sog. sozialer oder verteilter Kognition (*social/distributed cognition*) fällt (s. Kap. III.10), bleiben für die Erweiterungsthese im eigentlichen Sinne nur die von (2) erfassten Fälle.

Dauer und Häufigkeit der Integration. Variieren können darüber hinaus auch die Dauer und die Häufigkeit der Integration. Laut Wilson/Clark (2009) reicht das Spektrum dabei von einmaligen und kurzfristigen Integrationen (z. B. spontan generierte und neuartige technologiegestützte Problemlösungen) über wiederholte und zeitlich ausgedehnte Integrationen (z. B. die Verwendung eines Smartphone zum Speichern von Terminen, Telefonnummern oder Einkaufslisten) bis hin zu einer nahezu permanenten Einbettung (z. B. implantierte technische Hilfsmittel).

Argumente *pro* und *contra*

Pro: Integration. In den Augen einiger Autoren reicht zum Nachweis der Erweiterungsthese die situationsgebundene Integration externer Ressourcen bereits aus – so z. B. Noë (2004, 221): »According to active externalism, the environment can drive and so partially constitute cognitive processes« oder Clark/Chalmers (1998, 8): »the human organism is linked with an external entity in a two-way interaction, creating a *coupled system* that can be seen as a cognitive system in its own right.« Allerdings haben Adams/Aizawa (2008) unter dem Stichwort ›coupling/

constitution fallacy‹ zu Recht darauf hingewiesen, dass dieser Schluss von einer kausalen Abhängigkeit auf die für die Erweiterungsthese charakteristische Konstitutionsthese nicht allgemein gültig ist. Deren Anhänger verweisen zu ihrer Verteidigung zwar darauf, dass externe und interne Faktoren unter bestimmten Bedingungen so intensiv interagieren, dass man statt von einer Integration nur noch von einem einzigen Prozess bzw. System sprechen sollte, es ist ihnen bislang jedoch nicht gelungen, die fraglichen Bedingungen zufriedenstellend zu explizieren.

Pro: Gedankenexperimente. Als intuitive Plausibilisierung der Erweiterungsthese sehr beliebt sind hypothetische Szenarien – etwa technisch derzeit noch nicht realisierbare Neuroprothesen, zukünftig zu entwickelnde *brain-computer-interfaces* (s. Kap. IV.3) oder der Alzheimerpatient Otto (sofern dieser ebenfalls Bedingungen erfüllen müsste, die kein gegenwärtig existierendes Wesen erfüllt). Gedankenexperimente dieser Art sind als Beleg für die Erweiterungsthese allerdings ungeeignet, wenn diese wie oben erwähnt nur dann philosophisch interessant ist, wenn damit die faktische Existenz und nicht bloß die Möglichkeit gehirnextern realisierter kognitiver Prozesse behauptet wird.

Pro: explanatorische Überlegenheit. Einige Autoren sehen einen, wenn nicht den, Beleg für die Erweiterungsthese in dem größeren explanatorischen Potenzial, das sie im Vergleich zu den relevanten Alternativen, insbesondere der Idee von situativ eingebetteter Kognition (s. Kap. III.7), für die Kognitionswissenschaft bereithält (z.B. Clark 2008; Hurley 2010). Unter anderem Sprevak (2010a) hat jedoch überzeugend eingewendet, dass die Erweiterungsthese und die relevanten Alternativen im Hinblick auf ihr explanatorisches Potenzial ununterscheidbar sind. Der Verweis auf die explanatorische Überlegenheit der Erweiterungsthese griffe insbesondere dann nicht, wenn sich die Unterscheidung zwischen kausaler Abhängigkeit und Konstitution, die sie von den relevanten Alternativen abgrenzen soll, in der Tat als rein philosophisch-metaphysische Unterscheidung ohne theoretische oder wissenschaftspraktische Konsequenzen erweise (s. o.).

Pro: empirische Beispiele. Man kann die Erweiterungsthese auch durch Verweis auf empirische Forschungsergebnisse zu motivieren versuchen. Chemero (2009) z. B. illustriert sie neben anderen Beispielen aus der Tradition der Theorie dynamischer Systeme (s. Kap. III.4) anhand von Beers (2003) si-

muliertem Roboter, der durch ein evolviertes künstliches neuronales Netz kontrolliert wird und in seiner künstlichen Umgebung kreisförmige von eckigen Objekten zu unterscheiden lernt. Allerdings bleibt, wenn sich die Unterscheidung zwischen kausaler Abhängigkeit und Konstitution tatsächlich als nur bedingt trennscharf erweist, jeder derartige Verweis auf empirische Arbeiten eine bloße Interpretation, die gleichermaßen pro wie contra ausfallen könnte.

Pro: Paritätsprinzip. Clark/Chalmers (1998) haben die Erweiterungsthese ursprünglich durch eine Überlegung motiviert, die inzwischen als ›Paritätsprinzip‹ bekannt ist und (grob gesprochen) besagt, dass externe Ressourcen dann Realisierer eines kognitiven Prozesses bzw. Systems sind, wenn wir nicht zögerten, ansonsten funktional ähnliche interne Prozesse als kognitiv anzuerkennen: »If, as we confront some task, a part of the world functions as a process which, *were it done in the head*, we would have no hesitation in recognizing as part of the cognitive process, then that part of the world is [...] part of the cognitive process« (ebd., 8). Der Status des Paritätsprinzips ist allerdings höchst umstritten: Während viele darin das einzig zwingende Argument für die Erweiterungsthese sehen, hat Clark (2008, 77) selbst dessen Rolle inzwischen relativiert und klargestellt, dass das Paritätsprinzip lediglich als ›Daumenregel‹ gedacht war, die uns vor einem übertriebenen Neurochauvinismus und einer grundsätzlichen Degradierung externer Ressourcen bewahren sollte; einige Kritiker hingegen bestreiten, dass sich aus dem Paritätsprinzip überhaupt eine tragfähige und nichtzirkuläre Motivation für die Erweiterungsthese ableiten lässt, weder in Form eines strikten Arguments noch im Sinne eines bloßen ›Gleichberechtigungsprinzips‹ neuronaler und externer Prozesse (Rupert 2009; Walter 2010).

Pro: Funktionalismus. Wenn externen Ressourcen in unserem kognitiven Leben dieselbe funktionale Rolle zukommt wie internen Prozessen, warum sollten erstere dann nicht ebenso als Realisierer kognitiver Prozesse bzw. Systeme gelten wie letztere? Die Erweiterungsthese wäre damit lediglich das Resultat einer konsequent zu Ende gedachten funktionalistischen Konzeption des Kognitiven (Sprevak 2010b), und die Einträge in Ottos Notizbuch erwiesen sich als weiteres Beispiel für die aus der Debatte um den Funktionalismus in der Philosophie des Geistes (s. Kap. II.F.1) bekannte multiple Realisierbarkeit (Wheeler 2010). Allerdings ist jene Ebene funktionalistischer Beschreibung, auf der interne und externe Prozesse funktional äquivalent sind, offenbar zu grobkörnig, während es auf feinkörnigeren Ebenen gravierende funktionale Unterschiede zu geben scheint (Adams/Aizawa 2008; Weiskopf 2008).

Pro: Kognitionsbegriff. Wenn wir wüssten, was die individuell notwendigen und zusammen hinreichenden Bedingungen dafür sind, dass ein Prozess bzw. System als kognitiv gilt, dann ließe sich die Debatte um die Erweiterungsthese ganz einfach dadurch entscheiden, dass wir schauen, ob hybride, Internes und Externes umfassende Prozesse bzw. Systeme diese Bedingungen erfüllen (Walter 2010). Einige ihrer Anhänger versuchen dementsprechend, einen hinreichend spezifischen Kognitionsbegriff, ein sog. *mark of the cognitive* (Adams/Aizawa 2008), zu formulieren, der impliziert, dass einige kognitive Prozesse bzw. Systeme tatsächlich erweitert sind (Rowlands 2009), während Kritiker wie z. B. Sprevak (2010b) einwenden, jeder derartige Kognitionsbegriff sei zu liberal und führe zu einer sog. kognitiven Inflation (s. u.). Andere Anhänger der Erweiterungsthese hingegen (Chemero 2009; Clark 2008) bestreiten, dass ihre Position nur durch Rekurs auf einen entsprechenden Kognitionsbegriff zu verteidigen ist, während Walter/Kästner (2012) dafür argumentieren, dass ein solcher ›kognitiver Agnostizismus‹ wenig aussichtsreich ist.

Contra: kognitive Inflation. Wer externe Ressourcen als Realisierer kognitiver Prozesse bzw. Systeme erlaubt, der muss eine sog. kognitive Inflation (*cognitive bloat*) vermeiden, d. h. verhindern, dass jeder an einer kognitiven Leistung beteiligte externe Faktor *eo ipso* zu einem konstitutiven Teil eines kognitiven Prozesses bzw. Systems wird. Gute Lichtverhältnisse z. B. tragen positiv zu visuellen Wahrnehmungsleistungen bei, sollten deshalb aber nicht automatisch als Konstituenten menschlichen Sehens gelten (s. o.). Die Bedingungen dafür, dass ein Prozess bzw. System als kognitiv gilt, müssen also einerseits so liberal sein, dass zumindest einige externe Faktoren sie tatsächlich erfüllen, andererseits aber auch so restriktiv, dass die Erweiterungsthese nicht *ad absurdum* geführt wird. Es ist alles andere als ausgemacht, dass diese Gratwanderung gelingen kann (Sprevak 2010b).

Contra: das motley-crew-Argument. Dem sog. *motley-crew*-Argument zufolge taugen aus der situationsgebundenen Integration externer Ressourcen entstehende hybride Prozesse nicht als Forschungsgegenstand der Kognitionswissenschaft, weil sie auf-

grund der Diversität dieser Ressourcen kausal viel zu heterogen sind (Adams/Aizawa 2010). Clark (2008, 96) hat dem entgegengehalten, hybride Prozesse könnten wissenschaftlich respektabel sein, weil sie ungeachtet ihrer niederstufigen Diversität höherstufige Gemeinsamkeiten aufweisen. Als höherstufiges Vereinheitlichungsmerkmal kommt dabei aber offenbar nur eine funktionale Charakterisierung in Frage (bei Clark (ebd.) konkret ein Common-Sense-Funktionalismus; s. Kap. II.F.1), was unmittelbar wieder zurück zu der Frage führt, ob eine entsprechend grobkörnige Individuation kognitiver Prozesse angemessen ist (s. o.).

Contra: ontologische Promiskuität. Ansätze, die lediglich eine substanzielle Abhängigkeit kognitiver Prozesse von externen Ressourcen betonen, ohne letztere gleich zu Konstituenten des Kognitiven aufzuwerten, scheinen ontologisch konservativer als die Erweiterungsthese und ihr damit *ceteris paribus* vorzuziehen zu sein. Diese ›ontologische Promiskuität‹ – das Postulieren von sich über das Gehirn hinaus in die Umwelt erstreckenden kognitiven Prozessen bzw. Systemen, die über die Zeit hinweg mit dem Grad der Integration variieren können – wäre allenfalls dann zu rechtfertigen, wenn die Erweiterungsthese Erklärungen oder Vorhersagen lieferte, die konservativeren Theorien vorenthalten bleiben (Rupert 2009). Gerade das scheint aber (*pace* Clark 2008, Kap. 6) nicht der Fall zu sein (s. o.).

Literatur

Adams, Fred/Aizawa, Kenneth (2008): *The Bounds of Cognition.* Malden (Mass.).

Adams, Fred/Aizawa, Kenneth (2010): Defending the bounds of cognition. In: Richard Menary (Hg.): *The Extended Mind.* Cambridge (Mass.), 67–80.

Beer, Randall (2003): The dynamics of active categorical perception in an evolved model agent. In: *Adaptive Behavior* 11, 209–243.

Chemero, Anthony (2009): *Radical Embodied Cognitive Science.* Cambridge (Mass.).

Clark, Andy (2008): *Supersizing the Mind.* Oxford.

Clark, Andy (2009): Spreading the joy. In: *Mind* 118, 963–993.

Clark, Andy/Chalmers, David (1998): The extended mind. In: *Analysis* 58, 7–19.

Hurley, Susan (2010): Varieties of externalism. In: Richard Menary (Hg.): *The Extended Mind.* Cambridge (Mass.), 101–154.

Lau, Joe/Deutsch, Max (2010): Externalism about mental content. In: Edward Zalta (Hg.): *The Stanford Encyclopedia of Philosophy* (Fall 2010). http://plato.stanford.edu/archives/fall2010/entries/content-externalism/

Menary, Richard (2006): Attacking the bounds of cognition. In: *Philosophical Psychology* 19, 329–344.

Noë, Alva (2004): *Action in Perception*. Cambridge (Mass.).

Rowlands, Mark (1999): *The Body in Mind*. Cambridge.

Rowlands, Mark (2009): Extended cognition and the mark of the cognitive. In: *Philosophical Psychology* 22, 1–19.

Rupert, Robert (2009): *Cognitive Systems and the Extended Mind*. Oxford.

Sprevak, Mark (2010a): Inference to the hypothesis of extended cognition. In: *Studies in History and Philosophy of Science* 41, 353–362.

Sprevak, Mark (2010b): Functionalism and extended cognition. In: *Journal of Philosophy* 106, 503–527.

Walter, Sven (2010): Cognitive extension: The parity argument, functionalism, and the mark of the cognitive. In: *Synthese* 177, 285–300.

Walter, Sven (2013): *Kognition*. Stuttgart.

Walter, Sven/Kästner, Lena (2012): The *where* and *what* of cognition. In: *Cognitive Systems Research* 13, 12–23.

Weiskopf, Dan (2008): Patrolling the mind's boundaries. In: *Erkenntnis* 68, 265–276.

Wheeler, Michael (2010): In defense of extended functionalism. In: Richard Menary (Hg.): *The Extended Mind*. Cambridge (Mass.), 245–270.

Wilson, Robert (1994): Wide computationalism. In: *Mind* 103, 351–372.

Wilson, Robert (2004): *Boundaries of the Mind*. Cambridge.

Wilson, Robert/Clark, Andy (2009): How to situate cognition. In: Philip Robbins/Murat Aydede (Hg.): *The Cambridge Handbook of Situated Cognition*. Cambridge, 55–77.

Sven Walter

9. Enaktivismus

Der Ausdruck ›Enaktivismus‹ (*enactivism*) bezeichnet einen Forschungsansatz innerhalb der Kognitionswissenschaft. Der Begriff ›enaktiv‹ wurde insbesondere durch das Buch *The Embodied Mind* geprägt (Varela et al. 1991, 9). Er leitet sich ab von ›*to enact*‹ (›etwas hervorbringen‹, ›eine Handlung ausführen‹) und reflektiert damit eine Grundannahme des Enaktivismus, wonach mentale Prozesse durch die verkörperliche Interaktion eines kognitiven Systems mit seiner Umwelt dynamisch hervorgebracht werden (s. Kap. III.6). Der Enaktivismus grenzt sich so kritisch ab vom kognitivistischen Paradigma, in dem Kognition als Manipulation von inneren Repräsentationen einer vom System unabhängigen Umwelt angesehen wurde (s. Kap. III.1). Für den Enaktivismus dient nicht der Computer als Kognitionsmodell, sondern der lebende Organismus (s. Kap. III.5), was durch die sog. Kontinuitätsthese von Leben und Geist (*life-mind continuity thesis*) begründet wird (Thompson 2007; Varela et al. 1991). Demnach lassen sich die höchsten kognitiven Eigenschaften nach Prinzipien charakterisieren, mit denen sich auch bereits das Verhalten von einfachsten Lebensformen, z. B. von Einzellern, beschreiben lässt (Jonas 1966). Die enaktive Sicht auf Kognition ist u. a. inspiriert von und verbunden mit der Theorie der Autopoiese der Biologen Humberto Maturana und Francisco Varela, der Lebensphilosophie von Hans Jonas, der Kybernetik, der Theorie dynamischer Systeme (s. Kap. III.4) sowie der Phänomenologie (s. Kap. II.F.3). Diese Ansätze werden durch neueste Entwicklungen in der *artificial-life*-Forschung und der Robotik ergänzt (s. Kap. III.5). Die Synthese der genannten Positionen findet ihren Ausdruck in der allgemeinen methodologischen und epistemologischen Grundüberzeugung, dass Kognition naturalistisch und nicht-reduktiv erklärt werden sollte (Di Paolo et al. 2010; Rohde 2010): naturalistisch, weil der Enaktivismus die Theorie des Kognitiven und die Erforschung seiner mechanistischen und organisatorischen Struktur aus der Sichtweise der dritten Person in der Biologie verankert, nicht-reduktiv, weil er die Dritte-Person-Perspektive notwendig mit der Erste-Person-Perspektive, der Ebene der Erfahrung und Subjektivität (s. Kap. II.F.3), verknüpft.

Mit dem Label ›enaktiv‹ sind drei Strömungen verbunden. Die erste Gruppe geht von der Sensomotor-Hypothese der Wahrnehmungserfahrung aus und charakterisiert mit dem Label ›enaktiv‹ Kognition am Beispiel visueller Wahrnehmung (s. Kap. IV. 24) als einen aktiven Prozess, der durch körperliche Bewegung bzw. Anwendung sensomotorischen Wissens hervorgebracht wird (z. B. O'Regan/Noë 2001; s. Kap. IV.19). Der sensomotorische Ansatz geht prinzipiell davon aus, dass dies nicht nur für die visuelle, sondern auch für andere Wahrnehmungsmodalitäten gilt (s. Kap. IV.19). So hat z. B. Krueger (2013) kürzlich einen sensomotorischen Ansatz auditiver Wahrnehmung vorgestellt.

Der Schwerpunkt der zweiten Gruppe liegt auf der Einbeziehung von Erkenntnissen und Methoden der Phänomenologie und kontemplativer Traditionen in die kognitionswissenschaftliche Forschung (s. Kap. II.F.3). Hier wird mit dem Label ›enaktiv‹ z. B. auf den dynamischen Charakter von Prozessen subjektiver Erfahrung referiert.

Um Verwirrung zu vermeiden, sollte der Ausdruck ›Enaktivismus‹ aber weder für den sensomotorischen noch für den kontemplativen Ansatz verwendet werden, da beide lediglich auf einen bestimmten Teil von Kognition begrenzt sind. Er sollte ausschließlich für eine dritte Gruppe reserviert sein, die den Begriff ›enaktiv‹ verwendet, um ein einheitliches, u. a. die beiden vorherigen Gruppen zum Teil umfassendes, Kognitionsmodell zu beschreiben. Dieses Kognitionsmodell wird durch fünf Schlüsselbegriffe charakterisiert, mit deren Hilfe sich enaktive Sichtweisen und Methoden theoretisch fundieren lassen: *Autonomie, sense-making, Erfahrung, Embodiment* und *Emergenz*.

Autonomie

Die wichtigste Annahme des enaktiven Kognitionsmodells lautet, dass kognitive Systeme *autonome Systeme* sind (Thompson 2007; Varela et al. 1991; s. Kap. IV.2). Diese Auffassung basiert auf einer Erweiterung der bereits erwähnten Autopoiesetheorie (Maturana/Varela 1980, 1987; Varela 1979), die die Struktur lebender Systeme als selbstorganisierte Netzwerke beschreibt. Lebende Systeme werden als ›autopoietisch‹ (d. h. selbsterschaffend) bezeichnet, weil sie aus Prozessen konstituiert sind, die so miteinander in Beziehung stehen, dass sie innerhalb eines bestimmten Milieus das jeweilige System als eine Einheit (Identität) hervorbringen und diese erhalten. Veränderungen in den Relationen zwischen den Prozessen, durch die das lebende System konstituiert ist, führen unter diesen Bedingungen immer zu weiteren Veränderungen zwischen diesen Prozessen. In autopoietischen Netzwerken gibt es darüber hinaus Prozesse, die nicht nur andere Prozesse im

Netzwerk konstituieren, sondern gleichzeitig auch selbst von anderen Prozessen innerhalb des Netzwerkes konstituiert werden. Diese doppelten Prozessrelationen müssen konstant gehalten werden, damit das System trotz struktureller Veränderungen als Einheit erhalten bleiben kann. Wenn die Invarianz der systemischen Identität (sowohl im Hinblick auf andere Prozessrelationen innerhalb des Systems als auch auf Interaktionen mit der Umwelt) allein durch sich solchermaßen ko-konstituierte systeminterne Prozesse gesichert wird, dann werden autopoietische Systeme als *operational geschlossen* bezeichnet. Durch seine operationale Geschlossenheit stellt ein autopoietisches System eine Grenze zwischen sich selbst und systemfremden Prozessen her, die dadurch zu seiner Umwelt werden. Autopoietische Systeme sind *autonom* (*auto* = selbst, *nomos* = Gesetz), weil sie nicht von außen determiniert werden, sondern ihren eigenen Gesetzen folgen. Diese Autonomie bedeutet nicht, dass sie völlig unabhängig von der Umwelt sind, denn um die Produktion und den Erhalt der systemischen Einheit zu gewährleisten, brauchen sie Ressourcen aus der Umwelt. Sie sind vielmehr *strukturell* mit der Umwelt *gekoppelt*: Interaktionen mit der Umwelt führen zu Veränderungen innerhalb des Systems, determinieren diese aber nicht, sondern stoßen sie lediglich an (Maturana/Varela 1987). Das klassische Beispiel eines autopoietischen Systems ist ein Einzeller: Innerhalb eines biochemischen Milieus produziert eine Zelle ihre systemische Einheit, indem zellinterne Prozesse, d. h. der Zellmetabolismus, eine materielle Membran hervorbringen, die eine systemische Grenze zu weiteren biochemischen Prozessen in der Umwelt der Zelle bildet.

Mit der Kontinuitätsthese von Leben und Geist geht der Enaktivismus davon aus, dass auch die Struktur höherer kognitiver Systeme nach den Prinzipien der Autopoiesetheorie als autonom organisiert beschrieben werden kann (Thompson 2007; Varela 1979). Die Kontinuität von Autonomie erstreckt sich von einfachsten Zellorganismen über soziolinguistische Identitäten bis hin zu superorganismischen Identitäten (Rohde 2010, 86). Im Gegensatz zu rein autopoietischen Systemen umfassen höherstufige autonome Systeme auch dynamische Prozesse, die nicht mehr nur materiell bzw. metabolisch bestimmt sind oder unmittelbar das Überleben des Systems betreffen, sondern auch zunehmend interaktiv und vermittelt sind (z. B. durch verkörperlichte Aktivität, soziale oder technikbasierte Interaktion) und hierdurch komplexere kognitive Leistungen ermöglichen.

Wichtig ist hierbei, dass der Enaktivismus nicht von einer evolutionären Kontinuität zwischen einfachen und höherstufigen Systemen spricht, sondern von der Kontinuität von biologischen und kognitiven *Eigenschaften*. Er geht dabei zunächst von denjenigen Eigenschaften aus, die alle Lebewesen gemeinsam haben und charakterisiert dann darauf aufbauend kognitive Eigenschaften, die von bestimmten Lebewesen (wie z. B. Menschen oder nichtmenschlichen Tieren) geteilt werden. Im Hinblick auf die im Folgenden diskutierten minimalen Merkmale kognitiver Systeme ist wichtig, dass damit erstens eine verhältnismäßig liberale Position bezüglich der Frage, was als kognitives System oder kognitiver Prozess zählt, einhergeht und dass daher zweitens eine anthropozentrische Auffassung kognitiver Eigenschaften ausgeschlossen wird. Die enaktiven Merkmale kognitiver Systeme sind minimale Eigenschaften, die zwar von allen kognitiven Systemen geteilt werden, aber dennoch speziesabhängige Qualität und Komplexität aufweisen können.

Kognitive Systeme sind in zweifacher Hinsicht autonom. Zum einen in Hinblick auf die Herstellung ihrer systemischen Identität (Identitätsautonomie), zum anderen aber auch in Bezug auf ihre Interaktionen mit der Umwelt (Interaktionsautonomie). Hier begründet sich ein weiterer Baustein des enaktiven Kognitionsmodells: das sog. *sense-making* (Thompson 2007; Weber/Varela 2002), durch das der kognitive Prozess als ein aktiver Prozess von Sinnstiftung charakterisiert wird.

Sense-making

Sinn ist dem Enaktivismus zufolge nicht immer schon in der Welt vorhanden und zu entdecken, sondern wird erst hervorgebracht, indem Aspekte der Umwelt in negative oder positive Beziehung zu dem wichtigsten Ziel des kognitiven Systems, seinem Selbsterhalt, gesetzt werden. Somit entsteht durch die Konstitution einer autonomen Identität eine Perspektivität (Varela 1997), aus welcher heraus Interaktionen mit der Umwelt einen normativen Status erhalten (Jonas 1966; Thompson/Stapleton 2009). Das enaktive Kognitionsmodell ist damit explizit teleologisch: Mit ihrem Streben danach, sich selbst zu erhalten (Autonomie) und Interaktionen mit der Umwelt so auszuwählen, dass sie diesem Ziel zuträglich sind (*sense-making*), verfolgen kognitive Systeme einen doppelten intrinsischen, d.h. in ihnen selbst begründeten, Zweck (Weber/Varela 2002).

Der Enaktivismus macht damit die Notwendigkeit einer Unterscheidung zwischen der Sichtweise eines externen Beobachters und der Perspektive des jeweils zu erklärenden Systems deutlich. Was für ein System als Umwelt zählt, kann etwas anderes sein, als das, was ein Beobachter als dessen physikalische Umgebung beschreibt (von Uexküll 1934). Dieser Punkt wird oft anhand eines Bakteriums illustriert, das einem Zuckergradienten folgt: Zucker ist nicht nur eine Bedingung der physikalisch-chemischen Umwelt (Thompson 2007, 153), sondern relevant für das Bakterium selbst, weil es nach seinem Selbsterhalt strebt und Zucker als Nahrung diesem Streben nach Selbsterhalt dienlich ist. Autonome Systeme reagieren demnach nicht passiv auf vorgegebene externe Stimuli, sondern generieren selbst Normen, nach denen spezifischen Faktoren der Umwelt Relevanz zugesprochen wird. Dass Interaktionen mit der Umwelt für das System selbst bedeutsam sind, macht für den Enaktivismus den Kern dessen aus, was es heißt, ein kognitives System zu sein. Nicht enthalten im ursprünglichen Begriff der Autopoiese ist die Notwendigkeit, dass kognitive Systeme ihre eigenen Zustände überwachen und regulieren sowie die Bedingungen zum Erhalt der eigenen Identität verändern können. Dies ist jedoch die Voraussetzung für genuines *sense-making*, das nicht nur eine Veränderung der internen Struktur als Reaktion auf Umwelteinflüsse, sondern auch eine gerichtete Interaktion mit der Umwelt erfordert. Ein kognitives System ist daher nicht nur autopoietisch, sondern auch adaptiv, weil es seine Interaktionen mit der Umwelt nicht allein basierend auf einer ›alles-oder-nichts‹ Norm, sondern auch graduell zu bewerten und in Hinblick auf ihren Selbsterhalt zu regulieren in der Lage ist (Di Paolo 2005; Thompson 2007). Dadurch generiert das autonome System weitere Normen und gibt so einen Maßstab vor, wie gut es die Autopoiese, also seine Selbsterzeugung und seinen Selbsterhalt, verwirklicht (Di Paolo 2005; Di Paolo et al. 2010).

Erfahrung

Für den Enaktivismus sind Kognition und Subjektivität nicht grundlegend voneinander zu trennen, sondern vielmehr zwei Seiten desselben Prozesses. Indem das kognitive System eine systemische Identität hervorbringt und zu erhalten sucht, entsteht nicht nur ein Zentrum von Aktivität, sondern auch eine ›Interiorität‹, eine spezifische Sichtweise auf die Welt, aus der heraus Interaktionen als für das System bedeutsam oder nicht evaluiert werden können. Für den Enaktivismus ist diese Perspektive als eine minimale Form von Subjektivität, als ein grundlegendes Empfindungsvermögen, zu verstehen, auch wenn sie nicht gleichzusetzen ist mit der Art von Bewusstsein (s. Kap. IV.4) oder Selbstbewusstsein (s. Kap. IV.18), die sich in Menschen findet. Die Rolle dieses Empfindungsvermögens bleibt in Erklärungen des Verhaltens und der Struktur kognitiver Systeme aus einer Dritte-Person-Perspektive unberücksichtigt und wird deshalb, so der Enaktivismus, von bisherigen empirischen Methoden nicht erfasst. Aus diesem Grund erachtet der Enaktivismus phänomenologische Ansätze als eine wichtige methodologische Ergänzung für die Kognitionsforschung. Phänomenologie und naturwissenschaftliche Methode stehen dabei nicht als Gegensätze, sondern als komplementäre Perspektiven miteinander in Beziehung, die sich ergänzen und gegenseitig beeinflussen sollen. Die Neurophänomenologie (s. Kap. II.F.3) ist dabei ein Ansatz, der die subjektive und empirische Beschreibungsebene innerhalb einer Methode zusammenführt. Ein weiterer Ansatz ist die sog. Zweite-Person-Methode, eine Interviewtechnik, die den Interviewer in die Lage versetzen soll, den Interviewten näher an seine Erfahrung zu bringen und so präzisere Beschreibungen seines subjektiven Erlebens zu erhalten (Petitmengin 2006).

Die klassische Erklärungslücke (*explanatory gap*) in der Philosophie des Geistes (s. Kap. IV.4) bzw. die Frage, wie sich das Mentale und Physikalische als zwei voneinander distinkte Prozesse zueinander verhalten (s. Kap. II.F.1), gibt es für den Enaktivismus in dieser Form nicht. Durch die Annahme, dass kognitive Systeme autonome Systeme sind und als solche ein Innenleben hervorbringen, wird den sonst als grundsätzlich verschieden erachteten ›subjektiven‹ und ›objektiven‹ Beschreibungsebenen ein gemeinsames Fundament gegeben. Die ›Lücke‹, die es zu erforschen gilt, bezieht sich nicht auf phänomenale Eigenschaften im Generellen, sondern darauf, wie es möglich ist, dass autonome kognitive Systeme in ihrem *sense-making* eine subjektive Perspektive haben können (Thompson 2007).

Embodiment

Die enaktive Sicht auf den Körper kann von zwei verbreiteten *embodiment*-Ansätzen abgegrenzt werden (s. Kap. III.7), vom funktionalistischen und vom sensomotorischen. Ein funktionalistischer Ansatz erachtet den Körper als kontingenten Teil eines komplexeren Informationsverarbeitungssystems, wobei es keine Rolle spielt, wie dieser strukturiert ist (z. B. Clark 2008, 200). Befürworter des sensomotorischen Ansatzes betonen hingegen, dass Kognition auf spezifischen Körperstrukturen basiert (O'Regan/Noë 2001; Varela et al. 1991) und heben die Rolle von aktiver Bewegung hervor (s. Kap. IV.19). Der Enaktivismus geht eine Art Mittelweg: Er erachtet kognitive Systeme als notwendigerweise verkörperlicht (Di Paolo et al. 2010), weil sie nur als Körper in der Welt existieren können und überhaupt befähigt werden, Interaktionen mit der Umwelt zu erfahren und zu evaluieren. Der Körper ist demnach kein Container des Geistes oder eine Puppe, die vom Gehirn kontrolliert wird, sondern selbst kognitiv und als eine Art Matrix, in die Bedeutung eingeschrieben ist, direkt mit der Identitätsautonomie und dem *sense-making* verbunden. Dennoch bezieht sich Verkörperlichung nicht nur auf sensomotorische und muskuläre Aktivitäten, sondern auch auf höhere kognitive Leistungen des gesamten lebenden Systems.

Die bereits erwähnte Komplementarität der Dritte- und Erste-Person-Perspektive wird auch in der Sicht auf den Körper deutlich, der einerseits mechanistisch und organisatorisch, als objektiver Körper, andererseits aber aus phänomenologischer Sicht auch als subjektiv erfahrener Leib beschrieben wird (Merleau-Ponty 1945; Weber/Varela 2002). Da für den Enaktivismus der Körper also notwendig mit Subjektivität verknüpft ist, wird das Leib-Seele-Problem (*mind-body problem*), das sich aus der Erklärungslücke im Verhältnis mentaler und physischer Eigenschaften ergibt (s. Kap. IV.4), im Enaktivismus zunächst zum Körper-Leib Problem (*body-body problem*): Wie kann der Leib (als lebender und gelebter Körper) eine Erfahrung als eine dynamische Bedingung des objektiven Körpers hervorbringen? Dieses Problem wird aufgelöst, indem der Leib als lebender und gelebter Körper als metaphysisch primär angesehen wird und subjektive körperliche Erfahrung und Körper als Objekt als zwei Aspekte im Leib integriert werden (Hanna/Thompson 2003). Methodologisch ergibt sich daraus für den Enaktivismus das Problem, dass nun eigentlich nicht mehr die Rede von einer Komplementarität subjektiver und objektiver Perspektive sein kann, sondern eine Perspektive erforderlich wird, die beide Sichtweisen integriert. Diese integrierte Sichtweise spiegelt sich zwar bereits grundsätzlich in der enaktivistischen Beschreibungsweise kognitiver Systeme wider, es wird jedoch eine Forschungsfrage sein müssen, wie eine integrierte enaktive Methodologie konkret und auf die jeweiligen Probleme anwendbar auszusehen hat.

Emergenz

Mit dem Begriff ›Emergenz‹ wird beschrieben, wie Kognition aus Sicht des Enaktivismus konstituiert ist: Kognitive Phänomene sollen nicht auf einer einzigen Ebene erklärt oder als Ergebnis eines einzelnen Prozesses angesehen werden, sondern als dynamisch entstandene Gesamtheiten, die ontologisch als relational bestimmt sind und aus diesem Grund im Gegensatz zu den Teilkomponenten des Mechanismus, der sie hervorbringt, auch nicht physikalisch lokalisiert werden können. Als Beispiel emergenter Phänomene dient die Beschreibung der Entstehung von sog. Bénard-Zellen (Thompson 2007). Wenn man Flüssigkeiten wie z. B. Öl erhitzt, kommt es zu einem Temperaturunterschied zwischen unteren und oberen Schichten der Flüssigkeit. Aus der kälteren Schicht steigt Flüssigkeit nach oben, und mit weiterhin steigender Temperatur ändert die Flüssigkeit als Gesamtes ihre Form und bildet sog. Konvektionsrollen: Das System Flüssigkeit hat eine Zustandsveränderung (Bifurkation) durchlaufen und zeigt Eigenschaften, die nicht allein in seiner biochemischen Zusammensetzung verstehbar werden, sondern von der (sich erhöhenden) Temperatur und dem gekoppelten Verhalten zweier unterschiedlich temperierter Flüssigkeitsebenen hervorgebracht werden. Wird weiterhin Hitze zugeführt, verändert das Öl ein weiteres Mal seine Form und bildet sog. Konvektionszellen. Beide Phänomene, Konvektionsrollen und Konvektionszellen, sind Eigenschaften des Öls, die es vorher nicht gab; sie wurden durch die Dynamik verschiedener Komponenten hervorgebracht. Für ein kognitives System bedeutet das, dass seine systemische Einheit sich weder als Summe seiner Teilkomponenten noch durch Rückführung auf spezielle einzelne Prozesse verstehen lässt. Sie gilt vielmehr als neue, emergente Eigenschaft eines dynamisch hervorgebrachten Netzwerkes dieser Prozesse, das wiederum das Verhalten der einzelnen Prozesse beeinflussen kann (s. Kap. III.4). Diese Relationalität gilt gleichermaßen für den kognitiven Prozess, d. h. für das *sense-making*: Bedeutung ist nicht einfach in der Welt, sondern wird erst hervorgebracht durch einen Interaktionsprozess mit der Umwelt, innerhalb dessen sich das System – stets in Hinblick auf seinen Selbsterhalt und weitere selbstproduzierte Ziele – aktiv auf die Umwelt bezieht.

Literatur

Clark, Andy (2008): *Supersizing the Mind*. Oxford.

Di Paolo, Ezequiel (2005): Autopoiesis, adaptivity, teleology, agency. In: *Phenomenology and the Cognitive Sciences* 4, 429–452.

Di Paolo, Ezequiel/Rohde, Marieke/De Jaegher, Hanneke (2010): Horizons for the enactive mind. In: John Stewart/Oliver Gapenne/Ezequiel Di Paolo (Hg.): *Enaction*. Cambridge (Mass.), 33–87.

Hanna, Robert/Thompson, Evan (2003): The mind-body-body problem. In: *Theorie et Historia Scientarum* 7, 24–44.

Jonas, Hans (1966): *The Phenomenon of Life*. Evanston.

Krueger, Joel (2013): Empathy, enaction, and shared musical experience. In: Tom Cochrane/Bernardino Fantini/Klaus Scherer (Hg.): *The Emotional Power of Music*. Oxford, 177–196.

Maturana, Humberto/Varela, Francisco (1980): *Autopoiesis and Cognition*. Dordrecht.

Maturana, Humberto/Varela, Francisco (1987): *The Tree of Knowledge*. Boston. [dt.: *Der Baum der Erkenntnis*. München 1987].

Merleau-Ponty, Maurice (1945): *Phénoménologie de la perception*. Paris. [dt.: *Die Phänomenologie der Wahrnehmung*. Berlin 1965].

O'Regan, Kevin/Noë, Alva (2001): A sensorimotor account of vision and visual consciousness. In: *Behavioral and Brain Sciences* 24, 939–960.

Petitmengin, Claire (2006): L'énaction comme expérience vécue. In: *Intellectica* 43, 85–92.

Rohde, Marieke (2010): *Enaction, Embodiment, Evolutionary Robotics*. Amsterdam.

Thompson, Evan (2007): *Mind in Life*. Cambridge (Mass.).

Thompson, Evan/Stapleton, Mog (2009): Making sense of sense-making. In: *Topoi* 28, 23–30.

Varela, Francisco (1979): *Principles of Biological Autonomy*. New York.

Varela, Francisco (1997): Patterns of life. In: *Brain and Cognition* 34, 72–87.

Varela, Francisco/Thompson, Evan/Rosch, Eleanor (1991): *The Embodied Mind*. Cambridge (Mass.). [dt.: *Der mittlere Weg der Erkenntnis*. München 1992].

von Uexküll, Jakob (1934): *Streifzüge durch die Umwelten von Tieren und Menschen*. Berlin.

Weber, Andreas/Varela, Francisco (2002): Life after Kant. In: *Phenomenology and the Cognitive Sciences* 1, 97–125.

Miriam Kyselo

10. Soziale und verteilte Kognition (*social/distributed cognition*)

Mit den Schlagwörtern ›soziale Kognition‹ (*social cognition*) und ›verteilte Kognition‹ (*distributed cognition*) werden zwei neuere kognitionswissenschaftliche Forschungsprogramme bezeichnet, die in ihrer Ablehnung der exklusiven Verortung von Kognition im isolierten Individuum übereinstimmen. Anders als in der Sozialpsychologie oder der philosophischen Debatte um die *theory of mind* (s. Kap. IV.21) ist im gegenwärtigen Zusammenhang mit ›sozialer Kognition‹ nicht die auf andere Personen gerichtete Kognition, sondern die auf mehrere Personen verteilte Kognition gemeint.

Die Untersuchungseinheit der Kognitionswissenschaft ist, so die gemeinsame Grundidee, nicht auf die individuelle Psyche oder ihr vermutetes physisches Substrat, d.h. das einzelne Gehirn bzw. den einzelnen Körper, zu begrenzen (s. Kap. III.7, Kap. III.8). Anders gesagt: Die Forschungsprogramme der sozialen und verteilten Kognition beziehen kognitive Prozesse und Mechanismen ein, die nicht vom Schädel oder der Haut eines Individuums umschlossen werden. Ihre Grundannahme besagt, dass komplexe soziale und verteilte Systeme kognitive Prozesse ermöglichen, deren Eigenschaften sich von denen individueller kognitiver Systeme deutlich unterscheiden. Die Hoffnung geht dahin, dass die kognitiven Eigenschaften der erweiterten Systeme in verschiedenen Hinsichten besser sein können als jene isoliert betrachteter individueller Systeme.

Die Erweiterung der kognitionswissenschaftlichen Analyseeinheit betrifft dabei erstens andere Personen als Mitglieder einer sozialen Gruppe, zweitens kognitive Artefakte sowie drittens hybride soziotechnische Systeme, die sich aus interagierenden Akteuren, Artefakten sowie internen und externen Repräsentationen zusammensetzen. Im einfachsten Fall besteht ein verteiltes kognitives System aus der Kopplung einer Person mit einem Artefakt (s. Kap. III.8); die meisten verteilten kognitiven Systeme beruhen freilich auf der Interaktion von mehreren Personen, sind also zugleich Beispiele für soziale Kognition.

Traditionen

Die Forschungsperspektiven der sozialen und verteilten Kognition knüpfen positiv und negativ an unterschiedliche Traditionen an. Das Forschungsprogramm der verteilten Kognition wurde von Edwin Hutchins und seinen Kollegen und Mitarbeitern an der *University of California at San Diego* seit Mitte der 1980er Jahre als neues Paradigma zur Untersuchung kognitiver Phänomene wie Erinnerung (s. Kap. IV.7), Lernen (s. Kap. IV.12), Denken (s. Kap. IV.11), Entscheiden (s. Kap. IV.6) und Problemlösen (Kap. IV.17) entwickelt (Hutchins 1995; Norman 1993, Kap. 6). Es sollte Beschränkungen der klassischen Kognitionspsychologie (s. Kap. II.E.1) überwinden und benutzt dafür neben im engeren Sinne kognitionswissenschaftlichen Methoden auch solche der kognitiven Anthropologie (s. Kap. II.A.2) und der Sozialwissenschaften, etwa ethnografische Methoden (Hutchins 1995), aber auch Computersimulationen (Hutchins 1991). Der als Anthropologe ausgebildete Hutchins war unzufrieden mit der Entwicklung der kognitiven Anthropologie, die sich mehrheitlich auf das intern repräsentierte und sprachlich artikulierbare Wissen konzentrierte. Die frühe Kognitionswissenschaft tendierte dazu, den Geist auf eine zentrale Logikmaschine zu reduzieren (s. Kap. III.1) und die Einflüsse von Kultur, Gesellschaft und Geschichte schon aus Gründen der Komplexitätsreduktion auszublenden. Hutchins optierte im Gegenzug für eine allseitige Untersuchung von Kognition in ihrer ursprünglichen natürlichen Umgebung (*naturally situated cognition*). Sein Hauptwerk trägt entsprechend den Titel *Cognition in the Wild* (Hutchins 1995). In detaillierten Feldstudien haben Hutchins und seine Kollegen und Mitarbeiter komplexe Tätigkeitssysteme (*activity systems*) wie die Navigation eines Schiffes, das Steuern eines Flugzeugs oder die Flugüberwachung untersucht. Die Navigation eines Schiffes der US Navy etwa war (zumindest vor dem GPS-Zeitalter) insofern ein verteilter kognitiver Prozess, als kein einzelner Akteur die komplexe kognitive Aufgabe der Navigation durchführen konnte. Die Aufgabe wurde vielmehr durch die arbeitsteilige Interaktion vieler, in einer streng geordneten Hierarchie zueinander stehenden Individuen gelöst, die ihrerseits von zahlreichen kognitiven Artefakten (insbesondere technischen Instrumenten) Gebrauch machten. Es gab dabei keinen zentralen Hauptnavigator, dem der Navigationsprozess zu jedem Zeitpunkt im vollen Umfang zuzuschreiben gewesen wäre. Der Vorgang der Schiffsnavigation war vielmehr nur auf der Ebene des komplexen Systems angemessen zu analysieren (ebd.). Als Einflüsse auf das Forschungsprogramm der verteilten Kognition nennt Hutchins die Tätigkeitspsychologie Lev Vygotskijs, die ökologische Wahrnehmungspsychologie James Gibsons (s. Kap. IV.24) sowie das Comeback des *parallel distributed processing*-Ansatzes (Rumelhart et al. 1986; s. Kap. III.2), für den die Annahme verteilter Repräsentationen ebenfalls kennzeichnend ist.

In der Philosophie hat sich parallel ein Forschungsprogramm namens ›Sozial-Epistemik‹ (Goldman 1978) bzw. ›soziale Erkenntnistheorie‹ entwickelt (Haddock et al. 2010; Goldman/Whitcomb 2011). Diese Tendenz zur ›Sozialisierung der Erkenntnistheorie‹ (Schmitt 1994) reagiert zum einen kritisch auf den vorherrschenden Individualismus in der traditionellen Erkenntnistheorie (vgl. dazu Coady 1992; Quinton 1971), durch den die sozialen Bedingungen von Kognition unbeachtet blieben. Zum anderen bildet sie einen Teil einer breiteren anti-individualistischen oder externalistischen Strömung, die sich zunächst in der Sprachphilosophie und der Philosophie des Geistes zeigte (s. Kap. IV.9) und schließlich auch die Erkenntnistheorie erfasste (Burge 1979; Putnam 1975; vgl. dazu Goldberg 2007; Schantz 2004). Eine so verstandene soziale Erkenntnistheorie untersucht die sozialen Bedingungen von wahren Überzeugungen, epistemischer Rechtfertigung, Wissen und anderen kognitiven Desideraten (Irrtumsvermeidung usw.) sowie von den Zielen und Normen alltäglicher Erkenntnissuche und wissenschaftlicher Forschung. Während die Wissenssoziologie die faktischen Wechselbeziehungen zwischen sozialen Faktoren (sozialer Standort, Interessen usw.) und kognitiven Inhalten jeder Art und Komplexität (Begriffe, Theorien, Wertvorstellungen, Ideologien usw.) mit soziologischen Methoden untersucht, wendet die soziale Erkenntnistheorie primär philosophische Methoden an und fokussiert auf die begrifflichen und normativen Aspekte der sozialen Erkenntnisbedingungen. Zu den Fragen, die im Rahmen einer sozialen Erkenntnistheorie zu untersuchen sind, gehören:

- Welchen sozialen Bedingungen unterliegen individuelle Rechtfertigung und individuelles Wissen?
- Gibt es neben den individuellen Erkenntnisquellen (Wahrnehmung, Introspektion, Erinnerung usw.) auch soziale Quellen der Rechtfertigung und des Wissens?
- Können neben Individuen auch Gruppen Träger von Überzeugungen, Rechtfertigung und Wissen sein?

- Wie sollte die kognitive Arbeit organisiert werden, damit optimale Ergebnisse erzielt werden?
- Gibt es Experten in einem objektiven Sinne? Wie kann ein Laie Experten erkennen?
- Wie sollten Informationen in einer Gesellschaft verbreitet werden?
- Welche Eigenschaften von Demokratien haben positive bzw. negative Auswirkungen auf bestimmte kognitive Desiderate?

Grundideen

Das Forschungsprogramm der verteilten Kognition lässt sich von zwei theoretischen Annahmen leiten: Erstens wird die Untersuchungseinheit nicht auf das begrenzt, was vom Schädel oder der Haut eines Individuums eingeschlossen wird. Zweitens geht mit der Erweiterung der Analyseeinheit ein umfassenderes Verständnis kognitiver Vorgänge einher: Es braucht sich dabei nicht mehr nur um die interne Bearbeitung von Repräsentationen oder um sich verändernde interne Aktivierungsmuster zu handeln, kognitive Prozesse können vielmehr in mehrfacher Hinsicht verteilt sein (Hutchins 2001); sie können

- verteilt sein auf die Mitglieder einer sozialen Gruppe (*soziale Verteilung*);
- in dem Sinne verteilt sein, dass zum Funktionieren eines kognitiven Systems die Koordination von internen und externen Strukturen gehört (*physisch-räumliche Verteilung*);
- insofern in der Zeit verteilt sein, als die Produkte früherer kognitiver Prozesse die Natur späterer kognitiver Vorgänge verändern (*zeitliche Verteilung*).

Dabei hält Hutchins grundsätzlich am begrifflichen Rahmen der klassischen Kognitionswissenschaft (Repräsentationen, kognitive Prozesse usw.; s. Kap. III.1) und ihren zentralen Annahmen fest: Kognition hat ihm zufolge wesentlich mit Rechenvorgängen und mit der Ausbreitung und Transformation von Repräsentationen zu tun. So macht Hutchins etwa auch Gebrauch von David Marrs (1982) einflussreicher Unterscheidung zwischen drei Ebenen der Analyse von kognitiven Systemen – der Berechnungsebene (*computational level*), der algorithmischen Ebene (*algorithmic level*) sowie der Implementierungsebene (*implementational level*). Freilich muss der kognitionswissenschaftliche Begriffsrahmen in seinen Augen dabei um Begriffe der Anthropologie und der Sozialwissenschaften erweitert werden; dazu gehören insbesondere: soziale Interaktion,

Koordination, Kommunikation, Organisation, Ko-operation (Thagard 1997) und Arbeitsteilung (Hutchins 1991; Kitcher 1990).

Kognitive Artefakte

Zu der kognitiv relevanten Umwelt, die der Ansatz der verteilten Kognition berücksichtigt, gehören wesentlich kognitive Artefakte (Hutchins 1999; Norman 1993). Darunter versteht man von Menschen gemachte Gegenstände, welche die Kognition unterstützen oder verbessern können. Wie Norman (1993, 3) betont, können sie uns freilich auch überfordern und dumm machen, indem sie den Bedürfnissen der Benutzer nicht angepasst sind oder sogar dazu beitragen, dass wir bestimmte kognitive Fähigkeiten wieder verlernen oder gar nicht erst erwerben. Zu kognitiven Artefakten in diesem Sinne gehören so einfache Dinge wie der berühmte Knoten im Taschentuch, Papier und Bleistift, eine Einkaufsliste oder ein Kalender, aber auch so hochentwickelte technische Artefakte wie Taschenrechner oder Mobiltelefone. Richtet man die Aufmerksamkeit auf die Produkte kognitiver Tätigkeiten, scheinen derlei kognitive Artefakte die menschlichen Fähigkeiten zu erweitern. In der Regel handelt es sich jedoch eher um die Reorganisation funktionaler Fertigkeiten (Cole/Griffin 1980). Besonders interessante Fälle stellen Computer dar, da sie menschliche kognitive Funktionen nicht nur reorganisieren, sondern bestimmte Aspekte menschlicher Kognition auch nachahmen (Hutchins 1999; Pea 1985).

Über den exakten Umfang des Begriffs ›kognitives Artefakt‹ besteht keine Einigkeit. So fasst Norman (1993, 4f., 47–53, 77ff.) nicht nur physische Artefakte darunter, sondern auch geistige Artefakte wie Sprachen, Arithmetik oder Logik, bei denen es nicht auf ihre physischen Eigenschaften ankomme, sondern auf die sie konstituierenden Regeln und Informationsstrukturen (Clark 1997). Hutchins (1999, 127) resümiert: »The cognitive artifact concept points not so much to a category of objects, as to a category of processes that produce cognitive effects by bringing functional skills into coordination with various kinds of structure.«

Transaktive Erinnerung und transaktive Gedächtnissysteme

Zu den kognitiven Leistungen, die der Ansatz der verteilten Kognition untersucht, gehört u. a. die Er-innerung (s. Kap. IV.7). Dass Menschen in Gruppen leben und arbeiten, kann ihre Gedächtnisleistungen nachhaltig beeinflussen. Jede einzelne Person braucht sich nicht an alles zu erinnern, was die Gruppe wissen muss; es genügt, dass jede Person im Gedächtnis behält, welches Mitglied der Gruppe wahrscheinlich in der Zukunft eine bestimmte Information abrufen kann. Wegner (1995) hat für solche transindividuellen Gedächtnisprozesse und ihre Träger die Termini ›transactive memory‹ und ›transactive memory system‹ eingeführt. Ein transaktives Gedächtnissystem besteht aus einer Struktur- und einer Prozesskomponente, d. h. einem strukturierten Informationsspeicher, der vollständig in den individuellen Gedächtnissystemen der Gruppenmitglieder realisiert ist, und wissensbezogenen transaktiven Prozessen, die zwischen den Gruppenmitgliedern stattfinden (ebd.; Wegner/Wegner 1995). Die Theorie der transaktiven Gedächtnissysteme unterscheidet sich von früheren Auffassungen einer Kollektivpsyche und eines kollektiven Gedächtnisses (Halbwachs 1925; 1950) durch zwei Merkmale: Erstens brauchen keine geistigen Zustände von Gruppen angenommen zu werden, und zweitens sind die transaktiven kognitiven Prozesse intersubjektiv beobachtbar.

Empirische Untersuchungen zeigen, dass die Erinnerung unter engen Freunden und Ehepaaren, aber auch in größeren Gruppen wie Forscherteams, Betrieben oder anderen Organisationen in hohem Grade arbeitsteilig organisiert wird (Wegner 1986). Zur Struktur des transaktiven Gedächtnisses gehören drei Arten von Informationen:
- spezifische Informationen erster Stufe (z. B. eine Telefonnummer, ein Kochrezept);
- Informationen höherer Ordnung in Form von Etiketten, unter die bestimmte Klassen von Informationen erster Stufe fallen können (z. B. Kontaktdaten, Kochen) und
- Lokalisierungsinformationen in Form eines Verzeichnisses, das die Etiketten höherer Ordnung mit Gruppenmitgliedern verknüpft, bei denen die spezifischen niedrigstufigen Informationen abgerufen werden können.

Die transaktive Struktur und die Interaktionen in der Gruppe beeinflussen die Qualität der Speicherung und des Abrufs von Informationen (ebd.; Wegner 1995).

Wissenschaftliche Forschung als soziale und verteilte Kognition

Wissenschaft ist ein Unternehmen, das kognitive Ziele verfolgt, und – zumindest für endliche Wesen, wie wir es sind – notwendig eine soziale Tätigkeit, da die dazu erforderliche hochspezialisierte Forschung auf wechselseitige Unterstützung und Kritik vieler intelligenter Akteure angewiesen ist. Wissenschaftler arbeiten in Teams und größeren Netzwerken zusammen; sie benutzen dabei zahlreiche kognitive Artefakte und bilden weitverzweigte transaktive Gedächtnissysteme. Es liegt deshalb nahe, den sozialen und verteilten Charakter der wissenschaftlichen Tätigkeit mit den Mitteln der sozialen Erkenntnistheorie und des Ansatzes verteilter Kognition zu analysieren. Ein Forscherteam etwa, das in einem Labor zusammenarbeitet, wird zum einen als eine soziale Gruppe, ein Denkkollektiv (Fleck 1935) oder eine *scientific community* (Kuhn 1962) betrachtet, in der ein hohes Maß an intra- und transdisziplinärer Arbeitsteilung realisiert ist (Kitcher 1990; 1993, Kap. 8; Thagard 1997), zum anderen aber auch als ein komplexes kognitives System, zu dem neben den kooperierenden Personen mit ihren internen Repräsentationen auch noch Versuchsapparaturen, Messgeräte, Computer usw. sowie externe Repräsentationen gehören (z. B. Giere 2002). Forschungslaboratorien können in theoretisch fruchtbarer Weise als sich in der Zeit entwickelnde verteilte kognitive Systeme beschrieben werden, in denen sich die kognitiven ›Partnerschaften‹ zwischen den Forschern und den technologischen Artefakten verändern (Nersessian et al. 2004). Wissenschaftliche Revolutionen beruhen nicht zuletzt auf der Erschaffung neuer verteilter kognitiver Systeme mit neuen Arten von Instrumenten wie etwa Fernrohr, Mikroskop usw. und neuen Arten von externen Repräsentationen wie etwa Cartesischen Koordinaten, Differential- und Integralkalkül, chemischen Strukturformeln usw. (vgl. Brown 2011; Giere 2002).

Eine informative Beschreibung wissenschaftlicher Forschung als verteilte kognitive Tätigkeit setzt freilich voraus, dass sich eine kognitive Aufgabe (nach klassischen Annahmen in Form einer Berechnungsaufgabe) spezifizieren lässt, die nur durch einen Prozess ausgeführt werden kann, der nicht von der Haut eines Individuums eingeschlossen wird. Daraus ergibt sich die folgende Herausforderung für die Analyse wissenschaftlicher Tätigkeiten als verteilter Kognition (Brown 2011; Magnus 2007): Gibt es eine wohldefinierte kognitive Aufgabe, welche die Wissenschaft als Ganze zu lösen versucht? Gibt es für jede einzelne Wissenschaft eine wohldefinierte kognitive Aufgabe, die diese Wissenschaft zu lösen versucht?

Argumente *pro* und *contra*

Da die Forschungsprogramme der sozialen und verteilten Kognition eng verwandt mit der Idee der erweiterten Kognition sind, sind die Argumente *pro* und *contra* der Erweiterungsthese (s. Kap. III.8) auch für die kritische Diskussion und Bewertung von sozialer und verteilter Kognition einschlägig. Die größte Herausforderung dürfte darin bestehen, dem Einwand einer drohenden Inflation kognitiver Prozesse und Systeme durch den Nachweis zu begegnen, dass die Hypothesen der sozialen und verteilten Kognition tatsächlich eine größere Erklärungskraft und ein größeres Potenzial zur Vereinheitlichung der Kognitionswissenschaften besitzen als die traditionellen kognitionswissenschaftlichen Annahmen. Die Diskussion über diese Frage ist längst nicht abgeschlossen.

Literatur

Brown, Matthew (2011): Science as socially distributed cognition. In: Karen François/Benedikt Löwe/Thomas Müller/Bart van Kerkhove (Hg.): *Foundations of the Formal Sciences VII*. London, 17–31.

Burge, Tyler (1979): Individualism and the mental. In: *Midwest Studies in Philosophy* 4, 73–121.

Clark, Andy (1997): *Being There*. Cambridge (Mass.).

Coady, C.A.J. (1992): *Testimony*. Oxford.

Cole, Michael/Griffin, Peg (1980): Cultural amplifiers reconsidered. In: David Olson (Hg.): *The Social Foundations of Language and Thought*. New York, 343–364.

Fleck, Ludwik (1935): *Entstehung und Entwicklung einer wissenschaftlichen Tatsache*. Basel.

Giere, Ronald (2002): Scientific cognition as distributed cognition. In: Peter Carruthers/Stephen Stich/Michael Siegal (Hg.): *The Cognitive Basis of Science*. Cambridge, 285–299.

Goldberg, Sanford (2007): *Anti-Individualism*. Cambridge.

Goldman, Alvin (1978): Epistemics. In: *Journal of Philosophy* 75, 509–523.

Goldman, Alvin/Whitcomb, Dennis (Hg.) (2011): *Social Epistemology*. Oxford.

Haddock, Adrian/Millar, Alan/Pritchard, Duncan (Hg.) (2010): *Social Epistemology*. Oxford.

Halbwachs, Maurice (1925): *Les cadres sociaux de la mémoire*. Paris.

Halbwachs, Maurice (1950): *La mémoire collective*. Paris.

Hutchins, Edwin (1991): The social organization of distributed cognition. In: Lauren Resnick/John Levine/Stephanie Teasley (Hg.): *Perspectives on Socially Shared Cognition*. Washington, 283–307.

Hutchins, Edwin (1995): *Cognition in the Wild*. Cambridge (Mass.).

Hutchins, Edwin (1999): Cognitive artifacts. In: Robert Wilson/Frank Keil (Hg.): *The MIT Encyclopedia of the Cognitive Sciences*. Cambridge (Mass.), 126–128.

Hutchins, Edwin (2001): Distributed cognition. In: Neil Smelser/Paul Baltes (Hg.): *The International Encyclopedia of the Social and Behavioral Sciences*. Amsterdam, 2068–2072.

Kitcher, Philip (1990): The division of cognitive labor. In: *Journal of Philosophy* 87, 5–22.

Kitcher, Philip (1993): *The Advancement of Science*. New York.

Kuhn, Thomas (1962): *The Structure of Scientific Revolutions*. Chicago.

Magnus, P.D. (2007): Distributed cognition and the task of science. In: *Social Studies of Science* 37, 297–310.

Marr, David (1982): *Vision*. San Francisco.

Nersessian, Nancy/Kurz-Milcke, Elke/Newstetter, Wendy/Davies, Jim (2004): Research laboratories as evolving distributed cognitive systems. In: Richard Alterman/David Kirsh (Hg.): *Proceedings of the 25th Annual Conference of the Cognitive Science Society*. Boston, 857–862.

Norman, Donald (1993): *Things That Make Us Smart*. Reading (Mass.).

Pea, Roy (1985): Beyond amplification. In: *Educational Psychologist* 20, 167–182.

Putnam, Hilary (1975): The meaning of ›meaning‹. In: Keith Gunderson (Hg.): *Language, Mind, and Knowledge*. Minneapolis, 131–193.

Quinton, Anthony (1971): Authority and autonomy in knowledge. In: *Proceedings of the Philosophy of Education Society of Great Britain* 5, 201–215.

Rumelhart, David/McClelland, James/PDP Research Group (Hg.) (1986): *Parallel Distributed Processing*, 2 Bde. Cambridge (Mass.).

Schantz, Richard (Hg.) (2004): *The Externalist Challenge*. Berlin.

Schmitt, Frederick (Hg.) (1994): *Socializing Epistemology*. Lanham.

Thagard, Paul (1997): Collaborative knowledge. In: *Nous* 31, 242–261.

Wegner, Daniel (1986): Transactive memory. In: Brian Mullen/George Goethals (Hg.): *Theories of Group Behavior*. New York, 185–208.

Wegner, Daniel (1995): A computer network model of human transactive memory. In: *Social Cognition* 13, 319–339.

Wegner, Toni/Wegner, Daniel (1995): Transactive memory. In: Antony Manstead/Miles Hewstone (Hg.): *The Blackwell Encyclopedia of Social Psychology*. Oxford, 654–656.

Oliver R. Scholz

11. Modelle menschlichen Entscheidens

Während die in den vorangegangenen Kapiteln vorgestellten Strukturmodelle kognitiver Systeme nahezu ausschließlich deren Mikrostruktur zu erfassen versuchen, um darauf Bezug nehmend ihre kognitiven Leistungen erläutern zu können, stellen uns die v. a. in den Wirtschaftswissenschaften entwickelten theoretischen Modelle menschlichen Entscheidens einen weiteren Zugang zur Erklärung und zum Verständnis von mehr oder weniger rational agierenden Lebewesen zur Verfügung. Über Jahre hinweg stand dabei der sog. *Homo oeconomicus* im Mittelpunkt des Interesses; mittlerweile wird der mikroökonomischen Theorie jedoch vorgeworfen, dass sie sich mit ihrem Festhalten am Konstrukt des *Homo oeconomicus* so weit von der wirtschaftlichen Realität entfernt hat, dass ihre Analysen und Empfehlungen kaum brauchbar sind. In der Tat ist zuzugeben, dass der *Homo oeconomicus*, dieses seelenlose Wesen, das in ›optimierender‹ Weise nur nach dem eigenen Vorteil strebt, in vielen Standardlehrbüchern allgegenwärtig ist. Das *zoon politikon* oder der *Homo sociologicus*, der gesellschaftliche Aspekte in seine Überlegungen miteinbezieht, da seine Entscheidungen Wirkungen auf andere Menschen haben und deren Entscheidungen wiederum Auswirkungen auf ihn selbst, kommt dort praktisch nicht vor.

Nun muss man dieser eingeschränkten Weltsicht zugutehalten, dass es genug Evidenz dafür gibt, dass Menschen in gewissen Situationen nur auf ihren eigenen Vorteil bedacht sind. Eine Vielzahl von Nachbarschaftskonflikten, aber auch das Verhalten zahlreicher Verkehrsteilnehmer sprechen Bände. Aber man muss bei einer Kritik am Konstrukt des *Homo oeconomicus* gar nicht so weit gehen, puren Egoismus oder gar Böswilligkeit zu unterstellen. *Per definitionem* verfügt dieser Akteur über die Fähigkeit zu uneingeschränkt rationalem Verhalten, das unter Hinzufügung der Annahme lückenloser Information über sämtliche Entscheidungsalternativen dazu führt, dass keine Fehler begangen werden. Menschen aber machen Fehler, weil sie zum einen von anderen Personen in ihrer näheren oder weiteren Umgebung und/oder von der Zukunft überrascht werden und zum anderen nicht über eine uneingeschränkte Rechenkapazität verfügen. Manche, vielleicht weniger wichtige, Entscheidungen werden nach Gutdünken oder aus dem hohlen Bauch heraus getätigt (s. Kap. IV.6), was sich später möglicherweise als unüberlegt oder gar falsch herausstellt

(Kahneman 2011). Auch gibt es bestimmte Normen und Konventionen, die im Einzelfall gewisse Nachteile mit sich bringen können, aber im gesellschaftlichen Miteinander allgemein akzeptiert sind. Reziprozität, ein Geben und Nehmen, eine gewisse Sorge um die Schwächeren in der Gemeinschaft, aber auch Sanktionen gegenüber ausgeprägtem Freifahrerverhalten spielen im gesellschaftlichen Zusammenleben eine wichtige Rolle.

Alle diese Aspekte sind in den letzten zwei bis drei Jahrzehnten in den Wirtschaftswissenschaften analysiert worden und sollen in den folgenden Ausführungen zur Sprache kommen, nachdem zuvor die fiktive Figur des voll rational handelnden Akteurs sowohl bei Sicherheit als auch in einer risikogeprägten Umgebung genauer dargestellt worden ist. Wie Sarah Rudorf und Bernd Weber in ihrem Beitrag zur Neuroökonomie schreiben (s. Kap. V.7), haben sich einerseits normative ökonomische Entscheidungsmodelle mit ihren präzise formulierten Annahmen als hilfreiches Konzept für die vielfältigen neurowissenschaftlichen Befunde erwiesen, andererseits hat die kognitive Neurowissenschaft (s. Kap. II.D.1) maßgeblich dazu beigetragen, dass die Sichtweise der Sozial- und Wirtschaftswissenschaften um biologische Faktoren bzw. die Erfassung und Bewertung neurophysiologischer Prozesse erweitert wurde.

Homo oeconomicus

Betrachten wir eine Person, die zwischen mehreren ihr vorgelegten Objekten zu wählen hat, wobei das Einzige, was sie an diesen Objekten interessiert, die Befriedigung oder Freude ist, die sie durch deren Besitz, Gebrauch oder Konsum erfahren kann. Die Person soll ihre Wahl autark treffen, d. h. bei ihrer Auswahlentscheidung nicht von anderen Individuen beeinflusst werden. Weiterhin werde angenommen, die zur Wahl vorgelegten Gegenstände seien die Objekte a, b, c, d und e, und die Person entscheide sich für Objekt d, könne den Gegenstand aber nicht mehr am selben Tag abholen. Am folgenden Tag wird ihr mitgeteilt, dass das Protokoll der gestrigen Auswahlentscheidung verloren gegangen ist, so dass sie ihre Wahl noch einmal wiederholen müsse, leider seien aber nur noch die Objekte a, b und d verfügbar. Die Person entscheidet sich abermals für d, nun natürlich bezogen auf eine kleinere Auswahlmenge. Mit ihrer Entscheidung erfüllt die Person ein Konsistenzaxiom bei Mengenverkleinerung.

Hat sich die Person in einer anderen Situation, in der die Objekte h, k, l, m und n zur Auswahl vorlie-

gen, für k und l in dem Sinne entschieden, dass beide Objekte gleich gut für sie, beide aber besser als alle anderen Objekte sind, und wird die Auswahlmenge nun um die Gegenstände o, p und q erweitert, dann fordert ein Konsistenzaxiom bei Mengenerweiterung, dass sich die Person entweder wieder für k und l als gleich gute und insgesamt beste Objekte entscheidet oder aber einem oder mehreren anderen Gegenständen den Vorzug gibt, auf jeden Fall jedoch nicht k oder l als Einziges auswählt oder aber k mit einem oder mehreren anderen Objekten oder l mit einem oder mehreren anderen Gegenständen zusammen als beste Objekte benennt.

Erfüllt jemand beide Konsistenzaxiome, dann werden die entsprechenden Auswahlentscheidungen von einer schwachen Ordnung der Präferenzen oder einer sog. Präferenzrelation erzeugt. Die mikroökonomische Entscheidungstheorie, die das einzelne Individuum als entscheidenden Agenten analysiert, geht von der Existenz einer solchen Präferenzrelation aus, d. h. einer Verknüpfungsbeziehung zwischen Objekten bzw. Optionen, die meist im Sinne von ›ist mindestens so gut wie‹ interpretiert wird, und von der im Allgemeinen angenommen wird, dass sie transitiv und vollständig (d. h. alle Objekte sind miteinander vergleichbar) ist. Diese Präferenzrelation ist für die individuelle Entscheidungstheorie zentral. Statt Präferenzrelationen zu betrachten, kann man unter bestimmten Stetigkeitsannahmen auch Nutzenfunktionen postulieren, die davon ausgehen, dass der Konsum bzw. Verbrauch von Gütern Nutzenquanten (*utils*) erzeugt. Solche Nutzenfunktionen sind (streng monoton) ansteigend und können unterschiedliche Verläufe aufweisen. Ein streng konkaver Verlauf der Nutzenfunktion ist gleichbedeutend damit, dass die Zuwächse an Nutzen stetig abnehmen; bei einem streng konvexen Verlauf der Funktion ist genau das Umgekehrte der Fall. Der *Homo oeconomicus* modernen Stils maximiert unter der Voraussetzung instrumentell rationalen Verhaltens eine Nutzenfunktion und entscheidet rein ergebnisbezogen oder konsequentialistisch, unterliegt dabei aber üblicherweise bestimmten Nebenbedingungen (z. B. Verfügbarkeitsbedingungen, Preisen von Objekten oder Gütern, einem bestimmten Einkommen usw.). Man kann unterscheiden zwischen dem *Homo oeconomicus* im engeren Sinne, der ausschließlich seine eigene Situation, also z. B. nur seine eigene Ausstattung mit Geld und Gütern betrachtet, und dem *Homo oeconomicus* im weiteren Sinne, der auch die Ausstattung anderer Personen mit Geld und Gütern in seine Überlegungen einbezieht. Beide *homines* gehen instrumentell rational vor. Historische, rechtliche oder prozedurale Gegebenheiten werden nicht explizit berücksichtigt, sind aber möglicherweise in den sog. Nebenbedingungen ›versteckt‹.

Bisher wurden Entscheidungen bei Sicherheit betrachtet, was bedeutet, dass die zur Auswahl stehenden Objekte nicht mit objektiven oder subjektiven Wahrscheinlichkeiten in Bezug auf ihre mögliche Verfügbarkeit verknüpft waren. In der Realität ist das Eintreten vieler, ja fast aller Ereignisse mit Wahrscheinlichkeiten verbunden, die größer als oder gleich null sind, aber definitiv unter eins liegen (die Wahrscheinlichkeit, z. B. im Laufe des kommenden Tages einen Liter Milch kaufen zu können, ist relativ hoch, die Wahrscheinlichkeit, kurz vor Weihnachten noch zwei Karten für das Neujahrskonzert in der Berliner Philharmonie erwerben zu können, hingegen relativ gering). Ökonomen sprechen von Lotterien oder Lotteriebilletts, wenn sie ein Konstrukt meinen, das jemandem z. B. mit der Wahrscheinlichkeit p einen Gewinn von 100 und mit der Wahrscheinlichkeit $(1-p)$ einen Verlust von 200 beschert, und postulieren, dass auch Lotterien durch eine Präferenzrelation geordnet werden können. Da sie aber einer Lotterie einen kardinalen Nutzenwert zuordnen möchten, fordern sie von der Präferenzrelation ganz bestimmte Eigenschaften, neben der Stetigkeit u. a. ein sog. Unabhängigkeitsaxiom, wonach gilt: Ein Lotteriebillett, bei dem ein Ereignis oder eine Alternative a mit der Wahrscheinlichkeit p und ein Ereignis c mit der Wahrscheinlichkeit $(1-p)$ verbunden ist, wird dann und nur dann für mindestens so gut erachtet wie ein Lotteriebillett, bei dem ein Ereignis b mit p und das Ereignis c mit $(1-p)$ verknüpft ist, wenn a für mindestens so gut gehalten wird wie b. Formal: a ist genau dann mindestens so gut wie b, wenn $[p \times a + (1-p) \times c]$ mindestens so gut ist wie $[p \times b + (1-p) \times c]$.

Unter welchen Anforderungen oder Bedingungen sich Lotteriebilletts über eine Nutzenfunktion bewerten lassen und wie die Struktur einer solchen Bewertung aussieht, ist ein nichttriviales Problem, für das John von Neumann und Oskar Morgenstern (1944) eine relativ einfache Antwort fanden: Wenn die Präferenzrelation bezüglich Lotterien eine Stetigkeitseigenschaft aufweist und die soeben eingeführte Unabhängigkeitsbedingung sowie einige weitere Axiome erfüllt, dann existiert eine Nutzenfunktion über Lotterien, die die Eigenschaft des sog. Erwartungsnutzens aufweist. Der Erwartungsnutzen eines Lotteriebilletts U, bei dem a mit der Wahrscheinlichkeit p und c mit der Wahrscheinlichkeit $(1-p)$ verbunden sind, ist nach von Neumann und Morgenstern ein additives Konstrukt, nämlich die Summe aus dem Nutzen von a gewichtet mit p und dem Nutzen von c gewichtet mit $(1-p)$. Formal: $U[p \times a + (1-p) \times c] = p \times U(a) + (1-p) \times U(c)$. Diese Nutzenstruktur erzeugt ein kardinales Maß, d. h. Nutzendifferenzen sind messbar und die Nutzendifferenzen bezüglich je zweier Objekte lassen sich bezüglich ihrer Größe miteinander vergleichen. Stellt im obigen Lotteriebillett a z. B. einen Geldpreis von 100 dar, der über eine Nutzenfunktion mit 100 bewertet wird, stellt b einen Geldverlust von 50 dar, der mit -50 bewertet wird, und ist $p = 0.75$, dann ergibt sich als Nutzenwert für dieses Lotteriebillett unter Verwendung der obigen linearen Nutzenfunktion:

$$U[p \times a + (1-p) \times b] = 0.75 \times U(a) + 0.25 \times U(b) = 0.75 \times 100 + 0.25 \times (-50) = 75 - 12.5 = 62.5$$

Der *Homo oeconomicus* verhält sich bei der Evaluation verschiedener Lotteriebilletts ebenso wie im Fall von Sicherheit: Er denkt rein konsequentialistisch und maximiert seinen Erwartungsnutzen, d. h. er entscheidet sich bei gegebenen Nebenbedingungen für das Lotteriebillett, das ihm den höchsten Erwartungsnutzen verspricht. Entscheidungen über Lotteriebilletts sind Entscheidungen unter Risiko, die im wahren Leben sehr häufig auftreten: Wie viel bin ich z. B. bereit, für eine Versicherungspolice gegen Einbruch zu zahlen, wenn ich ein bestimmtes Vermögen w habe, die Wahrscheinlichkeit für einen Einbruch in meiner Gegend statistisch gesehen p beträgt und ich den möglichen Schaden bei Einbruch in mein Haus mit $v < w$ beziffere? Die Antwort auf diese Frage hängt ganz wesentlich von der Gestalt meiner Nutzenfunktion ab: Bin ich ein risikoscheuer Mensch, habe ich eine (streng) konkave Nutzenfunktion, bin ich hingegen risikofreudig, habe ich eine (streng) konvexe Nutzenfunktion. Strenge Konkavität (Konvexität) einer Nutzenfunktion impliziert, dass ein sog. faires Spiel, bei dem der Erwartungswert des Vermögens null ist (mit einer Wahrscheinlichkeit von 0.5 gewinnt man z. B. 50 Euro, mit der komplementären Wahrscheinlichkeit von 0.5 verliert man 50 Euro) stets zurückgewiesen (angenommen) wird. Die Struktur meiner Nutzenfunktion hängt also von meiner psychischen Befindlichkeit gegenüber dem Phänomen des Risikos ab. Für den Ökonomen ist dies etwas Gegebenes, das er in seine Überlegungen ohne Wenn und Aber einzubeziehen hat, sofern es ihm bekannt ist.

Pro und contra *Homo oeconomicus*

Die Auffassung, dass wir *Homines oeconomici* sind, die sich stets ökonomisch effizient verhalten und unter der Voraussetzung instrumenteller Rationalität bei ihrer Entscheidungsfindung rein auf die Maximierung einer Nutzenfunktion abzielen, ist natürlich nicht unwidersprochen geblieben. In den folgenden Abschnitten soll anhand verschiedener Beispiele die Frage diskutiert werden, ob ein Abweichen vom Verhaltensmodell des *Homo oeconomicus* tatsächlich als Verirrung angesehen werden kann oder ob den offenbarten Entscheidungen nicht durchaus plausible Erklärungen zugrunde liegen.

Maurice Allais (1953) z. B. hat gezeigt, dass Menschen nicht in allen Situationen das Postulat der Maximierung des Erwartungsnutzens befolgen. Betrachten wir zwei Lotterien A und B, wobei man unter A eine hundertprozentige Chance hat, eine Million zu erhalten, und unter B mit 10 Prozent Wahrscheinlichkeit fünf Millionen, mit 89 Prozent Wahrscheinlichkeit eine Million und mit 1 Prozent Wahrscheinlichkeit nichts erhält. Vergleichen wir A und B mit den beiden Lotterien C und D, bei denen man bei C mit 11 Prozent Wahrscheinlichkeit eine Million und mit 89 Prozent Wahrscheinlichkeit nichts erhält, und bei D mit 10 Prozent Wahrscheinlichkeit fünf Millionen erhält, mit 90 Prozent Wahrscheinlichkeit aber leer ausgeht. Viele von Allais' Probanden zogen A B vor, aber D C, was nicht mit dem Postulat der Maximierung des Erwartungsnutzens vereinbar ist und das Unabhängigkeitsaxiom verletzt. Die Inkonsistenz eines solchen Entscheidungsverhaltens kann wie folgt gezeigt werden (der Status quo im Vermögen des Entscheidenden sei w_0): Da A B vorgezogen wird, gilt offenbar, dass $U(w_0+1) > 0.1 \times U(w_0+5) + 0.89 \times U(w_0+1) + 0.01 \times U(w_0)$, oder aber, dass $0.11 \times U(w_0+1) > 0.1 \times U(w_0+5) + 0.01 \times U(w_0)$. Dann gilt aber auch, dass $0.11 \times U(w_0+1) + 0.89 \times U(w_0) > 0.1 \times U(w_0+5) + 0.9 \times U(w_0)$. Dies aber bedeutet, dass C D vorgezogen werden müsste, obwohl die Mehrheit der Probanden D C vorzog.

Amos Tversky und Daniel Kahneman (1981) sehen darin allerdings kein grundsätzliches Problem für das Entscheidungsmodell des *Homo oeconomicus*, sondern lediglich den Nachweis eines sog. Sicherheitseffekts: Beim Übergang von A nach B gibt man in ihren Augen die Sicherheit einer Belohnung in Höhe von einer Million auf, während bei C und D die Wahrscheinlichkeit, einen Gewinn einzuheimsen, von vornherein relativ gering ist. Man kann dies auch mit einer Theorie des Bedauerns erklären:

Wenn man B statt A wählt und leer ausgeht, dann ist das Bedauern sehr groß, bei der Wahl zwischen C und D hingegen nicht, da die Gewinnaussichten von Anfang an recht klein sind. Natürlich kann die Entscheidung zwischen A und B anders ausfallen, wenn man sich viele Male zu entscheiden hat. Dann wird man im Sinne der Maximierung des Erwartungswerts des Nutzens sehr wahrscheinlich doch Lotterie B wählen, was dann mit der Entscheidung für Lotterie D kompatibel ist.

Frank (1997) beschreibt einen Fall, der unabhängig von irgendwelchen konkreten Risikoüberlegungen ist und ebenfalls zu zeigen scheint, dass wir uns nicht immer ökonomisch effizient verhalten: An seiner Universität gibt es die Möglichkeit, gegen eine Pauschale, die unabhängig von der tatsächlichen Nutzung ist, bis Anfang November draußen auf schön gelegenen Plätzen Tennis zu spielen; es gibt aber auch die Möglichkeit, in einer Halle Tennis zu spielen, wo neben einem Pauschalbetrag während der Wintersaison pro Stunde eine Gebühr von fünfzehn Dollar zu entrichten ist. Da die Nachfrage nach diesen Plätzen groß ist, muss man Tage im Voraus fest buchen und zahlen. Angenommen, eine Person hat für eine Stunde an einem Tag Ende Oktober einen Hallenplatz gebucht, und es ist herrlichstes Herbstwetter. Soll sie draußen oder drinnen spielen? Viele Nicht-Ökonomen sind zunächst verwundert, wenn ihnen gesagt wird, dass es bei diesem ›Dilemma‹ nur eine vernünftige Entscheidung gibt, nämlich draußen zu spielen und dabei den herrlichen Herbsttag zu genießen. Die fünfzehn Dollar für den Hallenplatz sind sog. versunkene Kosten, denn sie fallen unabhängig von der getroffenen Entscheidung an und sollten daher nicht ausschlaggebend dafür sein, wo gespielt wird. Das Modell rationaler Wahl sagt ganz eindeutig, dass im Sinne der Nutzenmaximierung (wenn man das Tennisspielen also so viel wie möglich genießen möchte) draußen gespielt werden sollte. Auch dann, wenn argumentiert wird, dass man für den Hallenplatz ja extra bezahlt habe, ergibt sich daraus kein Einwand gegen das oben diskutierte Entscheidungsmodell.

Eine andere Situation stammt von Tversky/ Kahneman (1981). Sie baten eine Gruppe von Probanden, sich vorzustellen, dass sie sich für einen Theaterbesuch im Voraus eine Karte für zehn Dollar gekauft, diese aber auf dem Weg zum Theater verloren haben. Eine zweite Gruppe sollte sich vorstellen, dass sie kurz bevor sie sich an der Theaterkasse eine Karte kaufen wollten, feststellen, dass sie auf dem Weg zum Theater zehn Dollar verloren haben. Das Modell rationaler Wahl sagt, dass beide Situationen das gleiche Ergebnis erzeugen sollten. Die Autoren haben die einzelnen Personen in beiden Gruppen gefragt, ob sie an ihrem geplanten Theaterbesuch festhalten wollten. Das Resultat der Befragung war, dass die meisten Personen in der ›Gruppe der verlorenen Eintrittskarte‹ sagten, dass sie vom Theaterbesuch Abstand nehmen würden, während 88 Prozent in der anderen Gruppe die ursprüngliche Absicht nicht aufgeben wollten. Liegt hier eine Verirrung unter den Personen der ersten Gruppe vor? Tversky und Kahneman erklären das unterschiedliche und zum Teil vom Modell abweichende Verhalten damit, dass Menschen offenbar separate mentale Konten (*mental accounts*) für Nahrung, Kleidung, Wohnung, Freizeit, allgemeine Ausgaben usw. führen. Diejenigen, die ihre Theaterkarte verloren haben, belasten ihr ›Freizeitkonto‹ mit zehn Dollar. Für sie würde der Kauf einer weiteren Karte zu einer Belastung des Freizeitkontos in Höhe von zwanzig Dollar führen, in der zweiten Gruppe würde dieses Konto nach wie vor mit zehn Dollar belastet werden. Nach einigem Nachdenken würden die meisten Personen dann doch zu dem Schluss kommen, dass beide Situationen gleich zu behandeln wären.

Einen anderen Aspekt, nämlich die unterschiedliche Bewertung von Gewinn und Verlust, verdeutlicht das folgende Beispiel: A sei das Ereignis, dass man ein unerwartetes Geschenk über 100 Dollar erhält, B das gleichzeitig eintretende Ereignis, dass man bei der Rückkehr aus dem Urlaub eine Rechnung über 80 Dollar von den Stadtwerken wegen eines zwischenzeitlich reparierten Wasseranschlusses vorfindet. Nach dem Modell rationaler Wahl sollte man sich über das Zusammentreffen beider Ereignisse freuen, da sich die finanzielle Situation netto um zwanzig Dollar verbessert hat. Kahneman und Tversky fanden heraus, dass ihre Probanden beide Ereignisse separat und dabei den Verlust stärker als den Gewinn bewerteten. Sie schlugen daher vor, statt der konventionellen Nutzenfunktion eine Bewertungsfunktion zu betrachten, die konkav in zunehmenden Gewinnen und konvex in kleiner werdenden Verlusten verläuft und im Verlustbereich einen steileren Anstieg als im Gewinnbereich aufweist. Falls also Gewinne und Verluste asymmetrisch bewertet werden, wobei Verlusten ein größeres Gewicht als Gewinnen zugeordnet wird und falls weiterhin die Ereignisse separat und nicht im Aggregat beurteilt werden, gelangt man zu dem empirisch belegten Resultat der Autoren, dass viele Probanden das Angebot, den beiden Ereignissen A und B gleichzeitig ausgesetzt zu sein, ablehnen.

Ist die Bewertungsfunktion streng konkav in zunehmenden Gewinnen, d. h. der sog. marginale Nutzen nimmt, wie von Tversky und Kahneman postuliert, mit anwachsenden Gewinnen fortwährend ab, dann kann auch die Aufteilung eines größeren Gewinns in einzelne Komponenten als vorteilhaft angesehen werden. Thaler (1985) hat dies unter dem griffigen Slogan ›Don't wrap all the Christmas presents in a single box‹ propagiert. Er befragte seine Probanden, welche von zwei Personen ihrer Meinung nach zufriedener sei: Person A, die zwei Lotteriebillets erhält, wobei das eine 50 Dollar, das andere 25 Dollar einbringt, oder Person B, die ein Lotteriebillet mit 75 Dollar bekommt. Nach dem Modell rationaler Wahl sollten beide Personen gleich zufrieden sein. Thaler fand bei seiner Befragung heraus, dass 64 Prozent A für zufriedener hielten, 18 Prozent B und nur 17 Prozent A und B für gleich zufrieden. Thaler fragte auch, welche von zwei Personen sich mehr ärgern würde, Person A, die beim Einparken einen Schaden von 200 Dollar verursacht, am selben Tag aber einen Lotteriegewinn von 25 Dollar einstreicht, oder Person B, die beim Einparken einen Schaden von 175 Dollar verursacht. 72 Prozent der Probanden fanden, dass B sich mehr ärgern würde, 22 Prozent wählten A und nur 6 Prozent glaubten, dass A und B gleich verärgert wären. Die Bewertungsfunktion von Kahneman und Tversky käme bei Berücksichtigung der separaten Bewertung von Gewinnen und Verlusten ebenfalls zu dem Ergebnis, dass B sich mehr ärgern müsste. Thaler (1985) nennt die bewusste Trennung eines kleinen Gewinns von einem größeren Verlust den ›*silverlining effect*‹ (ein Silberstreifen am Horizont) und erklärt damit die Tatsache, dass viele Händler beim Kauf ihrer Produkte einen Rabatt in bar gewähren, obwohl sie den Preis des Produkts auch direkt hätten absenken können.

Bei solchen Beispielen gerät man in die Nähe des Tatbestandes einer Manipulation. Kahneman und Tversky sprechen in diesem Zusammenhang unverfänglicher vom ›*framing effect*‹ und schildern folgendes Experiment: Sie baten eine Gruppe von Personen, zwischen verschiedenen Maßnahmen in Bezug auf eine seltene Krankheit zu wählen, die 600 Menschenleben fordert, falls nichts unternommen wird. Eine Gruppe wurde gebeten, sich entweder für Maßnahme A zu entscheiden, wodurch mit Sicherheit 200 Menschenleben gerettet würden, oder Maßnahme B zu wählen, wodurch 600 Menschenleben mit 33,33 Prozent Wahrscheinlichkeit gerettet würden, aber nicht ein einziges Menschenleben mit 66,66 Prozent Wahrscheinlichkeit. Eine zweite

Gruppe wurde gebeten, entweder Programm C zu wählen, bei dessen Anwendung genau 400 Menschen sterben würden, oder aber Programm D, bei dem mit 33,33 Prozent Wahrscheinlichkeit niemand sterben würde und mit 66,66 Prozent Wahrscheinlichkeit alle 600 Menschen sterben würden. Bei der ersten Gruppe entschieden sich 72 Prozent der Probanden für A, in der zweiten Gruppe 78 Prozent für D. Obwohl A und C sowie B und D genau dasselbe versprechen, liegen die Ergebnisse innerhalb der beiden Gruppen weit auseinander. Kahneman und Tversky erklären, dass die erste Gruppe gerettete Menschenleben als Gewinn interpretierte und dann bei der Wahl zwischen A und B risikoavers agierte, während die zweite Gruppe an der Krankheit Gestorbene als Verluste interpretierte und sich bei der Entscheidung zwischen C und D daher risikosuchend verhielt. Kahneman und Tversky fügen an, dass sich selbst erfahrene Ärzte inkonsistent verhalten haben, wenn ein und dasselbe Phänomen, wie soeben dargestellt, unterschiedlich beschrieben wurde.

Eine andere Art von *prima facie* Schwierigkeit für das Modell des *Homo oeconomicus* ergibt sich aus der Rolle von Normen und Konventionen für unser Entscheiden. Warum geben die meisten Gäste von Restaurants in England und den USA ein Trinkgeld, auch wenn sie die Restaurants mit großer Wahrscheinlichkeit nicht wieder betreten werden? Für den vollkommen auf Eigeninteresse bedachten Vertreter eines *Homo oeconomicus* im engeren Sinne wäre das Geben von Trinkgeld ein Fehler, weil es seine Einkommenssituation verschlechtert. Dennoch geben viele Menschen Trinkgelder. Handelt es sich dabei um den Ausdruck eines gewissen Altruismus gegenüber einer dem Geber bisher unbekannten Person? Ist es ein Gefühl einer von der Bedienung erwarteten Fairness oder ein Akt von Reziprozität, nachdem der Gast seine Leistung bereits empfangen hat? Oder vielleicht Ausdruck von Mitleid, da bekanntermaßen viele Restaurants das Bedienungspersonal schlecht bezahlen, wohl wissend, dass im Allgemeinen Trinkgelder gegeben werden? Oder ist es das Bestreben, nicht vor anderen Gästen im Restaurant als geizig oder undankbar aufzufallen? Offenbar hat sich eine Norm entwickelt, die aber nur dann optimierendes Verhalten widerspiegelt, wenn jener Typ des *Homo oeconomicus* im weiteren Sinne vorherrschend ist, der andere Personen in sein Kalkül mit einbezieht, da ein Abweichen von dieser Norm für den einzelnen Restaurantbesucher bezüglich seines eigenen Einkommens zunächst einmal von Vorteil wäre.

Betrachten wir zwei Beispiele, bei denen die Einhaltung internalisierter Normen zu einer Verletzung der beiden eingangs beschriebenen Konsistenzanforderungen führt. Das erste Beispiel stammt von Sen (1993). Angenommen, Sie sind zu einer Gartenparty eingeladen und die Gastgeberin kommt mit einem Teller auf Sie zu, auf dem drei Kuchenstücke a, b und c liegen, die der Größe nach geordnet sind, wobei a am kleinsten ist. Sie entscheiden sich für b. Weiterhin sei angenommen, Sie hätten sich, wenn nur a und b auf dem Teller gelegen hätten, für a entschieden. Offenbar wählen Sie in beiden Situationen nie das größte Kuchenstück. Vielleicht wollen Sie nicht als Vielfraß oder als unhöflich erscheinen und einen guten bzw. bescheidenen Eindruck machen. Oder Sie wollen sich selbst beweisen, dass Sie auf etwas verzichten können, trotz Ihres Faibles für Kuchen. Oder Sie möchten einem anderen Gast in Ihrer Nähe das größte bzw. größere Stück überlassen. Bei allen Motivationen ist offenbar das zweitgrößte Stück das am meisten präferierte: Sie wählen nie das größte Stück, möchten aber bei Ihrer Wahl ganz nah am größten Stück sein Sie wählen also a aus a und b und a aus a und c, aber b aus a, b und c. Damit haben Sie das Konsistenzaxiom bei Mengenverkleinerung verletzt, so dass Ihre Auswahlentscheidungen nicht durch eine herkömmliche Präferenzrelation erklärt werden können. Diese Verhaltensweise ist von Baigent/Gaertner (1996) und in etwas anderer Weise von Gaertner/Xu (1999a) axiomatisch charakterisiert worden. Ihr Auswahlverhalten verletzt auch eine Bedingung, die fordert, dass dann, wenn eine Alternative x aus einer Menge S und dieselbe Alternative aus einer Menge T gewählt wird, diese Alternative auch aus der Vereinigungsmenge von S und T gewählt wird.

Das zweite Beispiel betrifft die Auswahl eines mittleren Elements. Stellen Sie sich vor, dass Sie ein Geburtstagsgeschenk suchen, z. B. einen großen Blumenstrauß oder eine gute Flasche Rotwein. Fünf Objekte a, b, c, d und e sind nach ihrem Preis geordnet, wobei a am billigsten und e am teuersten ist. Sie entscheiden sich für c. Wären nur die Objekte a, b und e angeboten worden, hätten Sie sich für b entschieden. Offenbar ist ihnen ein mittleres Objekt am liebsten, etwas wohl Ausbalanciertes. Erneut verletzen Sie bei ihrem Auswahlverhalten das Konsistenzaxiom bei Mengenverkleinerung, und wiederum verstoßen Sie gegen das zweite oben diskutierte Axiom: Wählen Sie c aus $\{a,b,c,d,e\}$ und ebenfalls c aus $\{a,b,c,f,g\}$ müssten Sie ›eigentlich‹ c aus $\{a,b,c,d,e,f,g\}$ wählen, aber im Sinne des mittleren Elementes oder Medians wählen Sie d (eine axiomatische Charakterisierung dieser Verhaltensweise findet sich in Gaertner/Xu (1999b)).

Die Botschaft aus diesen beiden Beispielen lautet, dass Auswahlverhaltensweisen, die Standardbedingungen der Rationalität verletzen, keineswegs gleichbedeutend mit irrationalem Verhalten sind oder gar, wie wir zu Beginn dieses Abschnitts gefragt haben, Verirrungen darstellen. Ganz im Gegenteil: Sie erscheinen sehr vernünftig, wenn man den jeweils gegebenen ›externen Bezug‹ (*external reference*; Sen 1993) verstanden hat. Das Problem ist nur, dass der externe Bezug sehr vielfältig sein kann, so dass verschiedenartige Modellierungen für unterschiedliche Zusammenhänge erforderlich werden. Dies kann im Einzelfall sehr mühsam sein, erklärt aber auch, warum der ›recht einfach gestrickte‹ *Homo oeconomicus* unter Ökonomen nach wie vor eine recht große Popularität genießt. Während die meisten Beispiele in diesem Abschnitt einen eher eng gezogenen Kontext aufwiesen (wie z.B. eine vom Individuum internalisierte Norm der Höflichkeit oder Ausgewogenheit), werden in den folgenden Abschnitten Situationen dargestellt, in denen unterschiedliche Formen von zwischenmenschlichen Beziehungen im Vordergrund stehen. Auch hier werden Erklärungsmodelle vonnöten sein, die sich aufgrund des jeweils relevanten externen Bezugs recht stark voneinander unterscheiden.

Homo reciprocans

Sind Menschen nur dann aufrichtig, wenn es für sie im Sinne des *Homo oeconomicus* einen ökonomischen Anreiz gibt, tatsächlich ehrlich zu sein? Wie gut ist die Annahme, dass Menschen grundsätzlich die Antwort geben, die ihren persönlichen Gewinn möglichst groß werden lässt? Im Allgemeinen wohl nicht sehr gut. Stünde bei allen Fragen und Auskünften der Eigennutz im Vordergrund, käme es zu sehr hohen Transaktionskosten. Wir müssten uns ständig versichern, ob tatsächlich die Wahrheit gesagt wurde, und dafür Zeit und Geld aufwenden.

Eine Reihe von Ökonomen hat sich in der letzten Zeit mit einem alternativen Modell des wirtschaftenden Menschen befasst, dem *Homo reciprocans*, bei dem freundliche Aktionen erwidert (positive Reziprozität) und unfreundliche Handlungen bestraft werden (negative Reziprozität). Dohmen et al. (2009) haben positive und negative Reziprozität in Bezug auf den Arbeitsmarkt untersucht. Hierzu haben sie umfangreiche Befragungsergebnisse aus dem deutschen sozioökonomischen Panel (SOEP) verwendet,

bei dem z.B. Haushaltsvorstände nach ihrer persönlichen Einstellung gegenüber den folgenden Feststellungen befragt wurden (die jeweilige Einstellung war auf einer Sieben-Punkte-Skala festzuhalten): (1) ›Falls jemand mir einen Gefallen getan hat, bin ich bereit, Ähnliches zu tun‹; (2) ›Ich bin bereit, persönliche Kosten auf mich zu nehmen, um jemandem zu helfen, der mir vorher geholfen hat.‹; (3) ›Falls jemand mich beleidigt, werde ich ihn oder sie ebenfalls beleidigen.‹; (4) ›Falls mir in erheblichem Maße Unrecht getan wurde, werde ich sobald wie möglich Rache nehmen, ganz egal, wie hoch die Kosten sein werden.‹

Was positive Reziprozität angeht, ist die Zustimmung trotz erheblicher Heterogenität recht hoch, doch geht sie zurück, wenn die Kosten, die bei der Unterstützung anderer anfallen, ansteigen. Bei negativer Reziprozität ist die Zustimmung zu den obigen Feststellungen weniger stark ausgeprägt, andererseits scheinen Kosten, die bei einer Bestrafungsaktion auftreten, weniger stark ins Gewicht zu fallen. Statistische Analysen deuten darauf hin, dass positive und negative Reziprozität unterschiedliche Charakterzüge darstellen.

Was die Auswirkungen auf das Arbeitsverhalten und den Arbeitsmarkt insgesamt angeht, stellen Dohmen et al. (2009) fest, dass die Bereitschaft, Überstunden zu machen, positiv von positiver Reziprozität und negativ von negativer Reziprozität abhängt: Positive Reziprozität verringert die Anzahl der Tage, an denen ein Arbeitnehmer seinem Arbeitsplatz fern bleibt; negative Reziprozität bewirkt das Gegenteil. Positive Reziprozität hat unter den Beschäftigten, die ihren Lohn als fair ansehen, einen stark positiven Effekt auf die Bereitschaft, Überstunden zu machen, das Gegenteil ist bei negativer Reziprozität der Fall. Auch sind Reziprozität und Lohnhöhe eng miteinander verknüpft. Gächter/Falk (2002) haben gezeigt, dass Arbeitgeber schrittweise die Lohnzahlungen anheben, wenn Arbeitnehmer ihre Anstrengungen erhöhen. Negative Reziprozität hat keinen signifikanten Einfluss auf das Arbeitseinkommen, hier passiert etwas ganz anderes: Um möglichen Konflikten vorzubeugen, entscheidet sich der Arbeitgeber, die betreffenden Arbeitnehmer zu entlassen. Dohmen et al. (2009) zeigen, dass bei Arbeitnehmern mit positiver (negativer) Reziprozität die Wahrscheinlichkeit, arbeitslos zu sein, signifikant geringer (höher) ist. Bei positiver Reziprozität ergeben sich längerfristige Bindungen zwischen Arbeitgebern und Arbeitnehmern, die in beiderseitigem Interesse sind.

Abgesehen vom Arbeitsmarkt stellt sich die Frage, wie es dem *Homo reciprocans* im Leben ergeht. Dohmen et al. (2009, 607) schreiben, dass reziprokes Verhalten bessere, aber auch schlechtere Ergebnisse für die betroffene Person einfahren könnte. Einerseits kostet Reziprozität etwas, da Individuen Ressourcen verwenden (sowohl geldlicher als auch psychischer Art), um einen Gefallen oder eine Beleidigung zu erwidern, wo pures materielles Selbstinteresse eine solche Reaktion verbieten würde. Andererseits könnten längerfristig angelegte Vorteile solche Kosten überkompensieren; z.B. könnte ein reziprokes Verhalten helfen, menschliche Beziehungen aufzubauen und zu unterhalten, aber auch die Bereitschaft signalisieren, unfaires Verhalten zu bestrafen.

Als Maß für den Erfolg des *Homo reciprocans* haben die Autoren zwei Variablen gewählt, einmal die Zahl der engen Freunde als Indikator für den sozialen Erfolg, zum anderen die Lebenszufriedenheit, die auf einer Elf-Punkte-Skala einzuordnen ist. In Bezug auf die erste Variable zeigt die statistische Analyse, dass positive Reziprozität einen stark positiven Einfluss auf die Zahl der Freunde, negative Reziprozität einen relativ stark negativen Einfluss auf die Zahl der Freunde hat. Hier werden sicher auch die Effekte sichtbar, die sich weiter oben im Hinblick auf die Beschäftigungssituation ergeben haben. In Bezug auf die allgemeine Lebenszufriedenheit ist das Ergebnis sehr ähnlich. Sowohl positive als auch negative Reziprozität sind jeweils hoch signifikant bezüglich einer größeren bzw. geringeren Lebenszufriedenheit.

Homo puniens

Während im vorangegangenen Abschnitt asymmetrische oder hierarchische Beziehungen zwischen bestimmten Personen im Vordergrund standen (die Ökonomie spricht von *principal-agent*-Modellen), werden im Folgenden Beziehungen zwischen gleichberechtigten Partnern betrachtet. Angenommen, ein Haushalt i bildet mit mehreren anderen Haushalten eine Wohngemeinschaft. Ein Gemeinschaftsprojekt, das von allen Haushalten als prinzipiell sinnvoll angesehen wird, nämlich eine kleine Gartenanlage als ›Oase der Ruhe‹ zu schaffen, wird diskutiert. Natürlich wird die Durchführung dieses Projekts die Gemeinschaft etwas kosten. Angenommen, jeder Haushalt erhält als Unterstützung vom Staat in jeder Periode (z.B. pro Monat) einen gewissen Geldbetrag, sagen wir 100 Dollar (oder allgemeiner: ›Geldeinheiten‹), die sowohl für den Unterhalt des einzelnen Haushalts als auch für das Gemeinschaftsprojekt

verwendet werden können. Wie wird der einzelne Haushalt entscheiden? Welchen Geldbetrag wird er für das gemeinsame Projekt bereitstellen, wie viel wird er für sich behalten?

Bei dem Projekt handelt es sich um die Schaffung eines sog. öffentlichen Guts, das jede Partei gleichermaßen nutzen kann, ob sie nun etwas zur Finanzierung beiträgt oder nicht. Wenn wir das geschilderte Problem ein wenig technischer aufschreiben, können wir es z.B. in folgender Weise formulieren: Der Nettonutzen eines jeden Haushalts i aus dem privaten Nutzen und dem Vorteil aus dem Gemeinschaftsprojekt sei:

$$N_i = y_i - g_i + a \sum_{j=1}^{n} g_j$$

Hierbei bezeichne y_i die 100 Geldeinheiten pro Periode für Haushalt i, g_i sei der eigene Beitrag zum Gemeinschaftsprojekt und

$$a \sum_{j}^{n} g_j$$

der Nutzen aus dem Gemeinschaftsprojekt für alle Haushalte gleichermaßen, wobei gelte, dass $0 < a < 1 < n \times a$. Hierbei wird angenommen, dass es n Haushalte gibt; a ist ein Effizienzparameter. Schaut man sich die Auszahlung N_i für jeden Haushalt genauer an, sieht man, dass es, gegeben die Beiträge aller anderen Haushalte, für jede Partei i günstiger ist, keinen Beitrag zum gemeinsamen Projekt zu leisten, also $g_i = 0$ zu wählen. Da $g_i = 0$ für jeden potenziellen Teilnehmer gilt, beinhaltet die sog. nichtkooperative Nash-Lösung, dass das Gemeinschaftsprojekt nicht zustande kommt. Obwohl also die für alle Haushalte bestmögliche Lösung (im Sinne einer Maximierung von)

$$\sum_{i} N_i$$

darin bestünde, dass alle Parteien den jedem zustehenden Betrag in voller Höhe in das gemeinsame Projekt investieren, wird genau dies unter der Annahme individuell rationalen Verhaltens nicht passieren. Oder doch?

Wird ein Haushalt i einen großen Betrag für das gemeinsame Projekt zur Verfügung stellen und ein anderer Haushalt j gar nichts, wird sich i ärgern, da j das öffentliche Gut ja in gleicher Weise nutzen kann wie Haushalt i. Wenn dies über mehrere Perioden hinweg der Fall ist, wird i daher nicht mehr oder nur noch in geringerem Ausmaß bereit sein, sich für das Gemeinschaftsprojekt zu engagieren. Aus einem zunächst äußerst kooperationswilligen Partner wird unter Beobachtung der Kooperationsunwilligkeit der anderen Parteien ein nur noch bedingt Kooperationswilliger, dessen Bereitschaft zum Beitrag desto mehr abnimmt, je häufiger er andere Parteien als sog. Freifahrer identifiziert. Eine ursprünglich möglicherweise stark ausgeprägte Neigung (oder Präferenz) zur Kooperation wird sich daher unter der Einschätzung, dass sich andere nicht kooperativ verhalten, zunehmend abschwächen. Die Einschätzung, dass auch andere zur Kooperation bereit sind, wird aus diesem Grund schwächer werden, wenn die Beiträge der anderen sinken, und die freiwillige Kooperation ist damit »inhärent fragil, selbst wenn die meisten anderen keine Freifahrer, sondern bedingt Kooperierende sind« (Fischbacher/Gächter 2010, 554). Gibt es Auswege aus diesem Dilemma?

Eine Möglichkeit wäre, gut funktionierende institutionelle Regeln zu entwerfen. Diesen Weg hat die 2009 mit dem Nobelpreis für Wirtschaftswissenschaften ausgezeichnete amerikanische Ökonomin Elinor Ostrom (1990) vorgeschlagen. Wir wollen an dieser Stelle jedoch eine andere Möglichkeit ins Auge fassen, die erstmals anhand von Experimenten von Ernst Fehr und Simon Gächter aufgezeigt wurde und darauf beruht, dass den beteiligten Parteien die Option einer Bestrafung (*punitio*) offensteht. Fehr/Gächter (2000) haben sowohl Spielsequenzen betrachtet, in denen die Partner bestraft werden können, als auch Sequenzen, in denen keine Bestrafungsmöglichkeit gegeben ist. Sie haben außerdem Gruppen von jeweils vier Personen gebildet, die entweder von Periode zu Periode in der Zusammensetzung wechseln (*stranger treatment*) oder aber in bestimmter Zusammensetzung über den gesamten Spielverlauf hinweg gleich bleiben (*partner treatment*). Fehr und Gächter zeigen, dass in dem Fall, in dem keine Bestrafungen erfolgen können, sowohl in der *stranger treatment* als auch in der *partner treatment* Gruppe die Beiträge der einzelnen Akteure für das Gemeinschaftsprojekt gegen null konvergieren, je mehr das Spiel iteriert wird. Sind jedoch Bestrafungen erlaubt, bleibt der durchschnittliche Beitrag für das Projekt in der *stranger treatment* Gruppe auf einem recht hohen Niveau, und in der *partner treatment* Gruppe wird im Laufe der Wiederholungen fast der gesamte, jedem Akteur zur Verfügung stehende Betrag in das gemeinsame Projekt investiert. Fehr und Gächter zeigen nicht nur eine gegenläufige Entwicklung im Beitragsverhalten bei Bestrafung und Nichtbestrafung, sie zeigen auch beim Übergang von Bestrafung zu Nichtbestrafung (und umgekehrt) einen signifikanten Bruch im Hinblick auf die Beitragswilligkeit. Da eine Bestrafungsaktion

nicht nur dem zu Bestrafenden, sondern auch dem Bestrafenden Kosten verursacht, stellt sich die Frage, warum jemand in der *stranger treatment* Gruppe sich überhaupt für eine Bestrafung entscheiden sollte, denn er kann ja weder eine Reputation (als Strafender) bei den anderen erwerben noch anderen für zukünftige Perioden eine Lehre erteilen. Längerfristig allerdings führt eine Bestrafung zu einem starken Zurückdrängen des Freifahrerverhaltens und darüber hinaus zu bedeutenden Zuwächsen im Gesamtwohl der Gemeinschaft: »Um diese Gewinne zu erreichen, ist es jedoch erforderlich, die volle Glaubwürdigkeit einer Bedrohung durch Bestrafung herzustellen, und zwar durch *tatsächliche* Bestrafungen« (Fehr/Gächter 2000, 993). Interessant an den experimentellen Ergebnissen ist, dass Kooperationswillige bereit sind, selbst dann Freifahrer zu bestrafen, wenn dies für sie selbst mit Kosten verbunden ist, ohne dass sie durch ihre Bestrafungsaktion unmittelbare materielle Vorteile erwarten können. Ein nur auf Eigennutz bedachter *Homo oeconomicus* würde dies nicht tun.

Fairness und Gerechtigkeit – der *Homo (re)distribuens*

In diesem Abschnitt soll der externe Bezug noch einmal wesentlich erweitert werden. Es geht um distributive Gerechtigkeit, um die Frage nämlich, wie knappe Güter, die als wertvoll erachtet werden, angemessen oder fair verteilt werden sollen. Diese Frage hat die politische Philosophie seit Aristoteles sehr stark beschäftigt, in den letzten Jahrzehnten, v. a. seit Erscheinen der Gerechtigkeitstheorie von Rawls (1971), zunehmend aber auch die Ökonomie. Menahem Yaari und Maya Bar-Hillel (1984) legten in einer umfangreichen Befragungsstudie jungen Menschen, die sich um Aufnahme in die hebräische Universität von Jerusalem bewarben, in den Jahren 1978 bis 1980 folgende Situation zur Entscheidung vor:

(1) Eine Sendung, die zwölf Grapefruits und zwölf Avocados enthält, soll zwischen Jones und Smith aufgeteilt werden, wobei die folgenden medizinischen Hintergrundinformationen bekannt sind:
Der Körper von Jones erhält aus jeder verzehrten Grapefruit 100 Milligramm Vitamin F, aber gar kein Vitamin F aus dem Verzehr von Avocados.
Der Körper von Smith erhält aus jeder verzehrten Grapefruit und jeder verzehrten Avocado je 50 Milligramm Vitamin F.

Jones und Smith interessieren sich für den Konsum von Grapefruit und/oder Avocados nur insofern, als ihr Verzehr ihrem Körper Vitamin F zuführt, und je mehr, desto besser. Alle anderen Eigenschaften (Geschmack, Kalorien usw.) spielen keine Rolle.
Nachdem die Aufteilung stattgefunden hat, ist kein Tausch mehr möglich.
Wie sollten die Grapefruits und Avocados zwischen Jones und Smith gerecht aufgeteilt werden?

Da der Mensch seine Fähigkeit zur Umsetzung von Früchten in Vitamine nicht unmittelbar kontrollieren kann und Vitamine für den Erhalt der Gesundheit notwendig sind, handelt es sich hierbei um einen Fall unterschiedlicher Bedürftigkeit. Wird diese Bedürftigkeit anerkannt, stellt sich die Frage, ob und gegebenenfalls wie sich die Einstellung der Entscheidenden ändert, wenn z. B. bei Smith der Stoffwechselvorgang eine Verschlechterung erfährt. Yaari und Bar-Hillel legten ihren Probanden daher zusätzlich folgende Varianten vor:

(2) Das Szenario bleibt wie gehabt, nur erhält der Körper von Smith aus jeder verzehrten Grapefruit und Avocado jeweils nur 20 Milligramm Vitamin F.

(3) Das Szenario bleibt wie gehabt, nur erhält der Körper von Smith aus jeder verzehrten Grapefruit und Avocado jeweils nur 9,1 Milligramm Vitamin F.

Wie haben die Probanden die zwölf Avocados und zwölf Grapefruits zwischen Jones und Smith aufgeteilt? Ihnen wurden alternative Verteilungsvorschläge vorgelegt, die theoretischen Lösungen in der Entscheidungs- und Spieltheorie entsprechen. Beginnen wir mit der Ausgangssituation (1). Wie Tabelle 1 zeigt, haben sich die Probanden mit überwältigender Mehrheit für die Aufteilung (8,0;4,12) entschieden, die einen Ausgleich von Vitamin F bei Jones und Smith herbeiführt (800;800). Diese Lösung entspricht dem Maximin-Prinzip der Gerechtigkeitstheorie von John Rawls (1971), die fordert, dass der Schwächere möglichst gut gestellt wird. Auch für (2) folgten sie (unbewusst) diesem Postulat: Die überwältigende Mehrheit entschied sich für die Aufteilung (4,0;8,12), die wiederum zum Ausgleich der Vitaminmengen führt (400;400). Wie Tabelle 1 zeigt, entschied sich auch bei einer weiteren Verschlechterung des Stoffwechselprozesses bei Smith in (3) noch die Mehrheit für einen Ausgleich der Vitaminmengen, die damit verbundene sehr ungleiche Aufteilung der Früchte (2,0; 10,12) war allerdings nicht mehr unumstritten. Andere Verteilungen, die zu recht ungleichen Vitaminmengen führen,

z. B (6,0;6,12), erfuhren eine stärkere Unterstützung. Offenbar konkurriert der Aspekt der Bedürftigkeit mit einem Effektivitätsgesichtspunkt, der möglicherweise weiter an Bedeutung gewonnen hätte, wenn bei Smith eine abermalige Verschlechterung eingetreten wäre. Mit anderen Worten: Die Sorge um den Schwächeren ist nicht absolut, sondern offenbar an gewisse (Effizienz-)Bedingungen geknüpft.

Verteilung	(1) n=163 % der Befragten	(2) n=146 % der Befragten	(3) n=52 % der Befragten
J:6,6; S:6,6	8	4	17
J:2,0; S:10,12			38
J:4,0; S:8,12	0	82	
J:6,0; S:6,12		4	27
J:8,0; S:4,12	82	7	6
J:9,0; S:3,12	8		
J:12,0; S:0,12	2	3	12

Tabelle 1: Untersuchungen zur distributiven Gerechtigkeit von Yaari/Bar-Hillel (1984)

Ähnliche Ergebnisse hat Gaertner (1992, 2009) in seinen Befragungen von Studierenden erzielt, die seit Ende der 1980er Jahre an mehreren Universitäten durchgeführt wurden. Ihm ging es um die Frage, ob der Fokus auf den oder die Schwächeren in der Gesellschaft bedingungslos bestehen bleibt, wenn sich die Umstände verändern. In seinem Szenario sollte entweder einer behinderten Person ein bestimmter Geldbetrag zur Verfügung gestellt werden, damit diese ihre Lebenssituation etwas verbessern kann (z. B. durch fremde Hilfe), oder das Geld alternativ in die Ausbildung eines Kindes investiert werden, damit es Sprachen und naturwissenschaftliche Kenntnisse erlernen bzw. erlangen kann. Viele der Befragten entschieden sich zunächst für die Unterstützung des behinderten Menschen. Anschließend wurde die Ausgangssituation so modifiziert, dass zunächst zwei, dann drei und schließlich vier Kinder gleichzeitig aus dem vorhandenen Geldbetrag erfolgreich unterrichtet werden konnten. Die Frage war: Wann ›kippt‹ die Entscheidung? Ab welchem Punkt wird man seine Entscheidung, die Geldmittel der behinderten Person zukommen zu lassen, revidieren wollen? Es zeigte sich, dass bereits die Möglichkeit der Ausbildung eines zweiten Kindes bei einigen Probanden ein Umkehren der ursprünglichen

Entscheidung hervorrief und sich dieser Trend fortsetzte, als weitere Kinder hinzukamen. Aufschlussreich ist aber noch ein zweiter Punkt. Da die Untersuchungen über einen Zeitraum von etwa 15 Jahren gemacht wurden, lässt sich der Frage nachgehen, ob sich signifikante Einstellungsänderungen über die Zeit ergeben haben. Die Antwort ist eindeutig: Im Zeitraum zwischen 1989 und 2003 hat sich die Zahl derjenigen, die den Geldbetrag der behinderten Person uneingeschränkt über alle Modifikationen zur Verfügung stellen wollen, nahezu halbiert. Gleichzeitig hat sich die Zahl derer, die bereits bei der Möglichkeit der Ausbildung zweier Kinder ihre ursprüngliche Entscheidung revidieren, im betrachteten Zeitraum verdreifacht (Gaertner 2009, Kap. 9).

Homo neurooeconomicus

In diesem Abschnitt wollen wir diskutieren, ob und gegebenenfalls wie neuroökonomische Analysen der vorwiegend normativ orientierten ökonomischen Forschung Substanz oder zumindest eine empirisch, d.h. neurowissenschaftlich überprüfbare Grundlage zu geben vermögen. Für viele Entscheidungsprozesse ist es von großer Relevanz, das Verhalten der anderen Beteiligten angemessen berücksichtigen zu können: Wie wird der andere sich verhalten, welche Überlegungen wird er in Bezug auf sein eigenes Verhalten anstellen? Betrachten wir dazu das nichtkooperative Spiel zwischen einem ›Zeilenspieler‹ R (*row*) und einem ›Spaltenspieler‹ C (*column*). Dies ist ein Spiel in Normalform. Sowohl der Zeilenspieler R als auch der Spaltenspieler C hat jeweils zwei Strategien 1 und 2. Das gleichzeitige Aufeinandertreffen zweier Strategien führt zu unterschiedlichen Auszahlungen oder Belohnungen, wobei sich die erste Zahl jeweils auf den Spieler R bezieht:

R\C	1	2
1	10;4	1;5
2	9;9	0;3

Tabelle 2: Ein einfaches strategisches Spiel

Bei diesem Spiel handelt es sich um ein Spiel in Normalform, bei dem jeder Spieler zwei Strategien hat. Natürlich interessiert sich der analytisch denkende Mensch für eine(n) Lösung(spunkt) in diesem Spiel. Ökonomen suchen nach dem sog. Nash-Gleichgewicht in nichtkooperativen Spielen (Nash 1951), das in diesem Fall in der Kombination (R,1;C,2) mit den Auszahlungen 1 für R und 5 für C besteht. Im Folgenden soll es jedoch um die Frage gehen, was es heißt, sich in den anderen Spieler hineinzuversetzen: Wie wird der andere sich verhalten, welche Überlegungen wird er in Bezug auf sein eigenes Verhalten anstellen? Diese Frage zu beantworten, ist ein nichttriviales Problem, das schnell beliebig kompliziert werden kann. Spieltheoretiker haben den Begriff der *common knowledge of rationality* unterschiedlicher Ordnung geprägt. Im obigen Spiel z. B. spricht man in Bezug auf den Zeilenspieler R vom *common knowledge of rationality* nullter Ordnung, in Bezug auf den Spaltenspieler C vom *common knowledge of rationality* erster Ordnung. Diese Begriffe wollen wir anhand obiger Spielmatrix erklären. Hierbei basiert die folgende Begründung auf dem Konzept der instrumentellen Rationalität: Spieler interessieren sich bei ihrer Strategiewahl nur für die (eigene) Auszahlung und suchen die Strategie, die ihnen unter Berücksichtigung der Strategiewahl des Gegenspielers ein möglichst gutes (am besten maximales) Ergebnis garantiert. Für R ergibt sich im obigen Spiel, dass er keinerlei Annahmen über die Rationalität von C machen muss, denn seine Strategie 2 ist eine sog. dominierte Strategie (Dominanzargument): Ganz egal, was C machen wird, es ist für R stets besser, die erste Strategie zu verwenden. Seine Auszahlungen sind, wie aus obiger Matrix leicht zu ersehen ist, bei Anwendung von Strategie 1 stets höher als bei Verwendung der zweiten Strategie. Dieses ist ein Fall von *common knowledge of rationality* nullter Ordnung. C hingegen muss eine Annahme in Bezug auf das Verhalten von R machen, nämlich dass R dominierte Strategien eliminiert. Entsprechend haben wir es hier mit einer *common knowledge of rationality* erster Ordnung zu tun.

Wir wollen das Spiel durch das Hinzufügen je einer weiteren Strategie für R und C in der folgenden Weise erweitern:

R\C	1	2	3
1	10;4	1;5	98;4
2	9;9	0;3	99;8
3	1;98	0;100	100;98

Tabelle 3: Ein erweitertes strategisches Spiel

Auf der Grundlage des Konzepts instrumenteller Rationalität gelangen wir zu derselben Lösung wie im Ausgangsspiel, nämlich zu (R,1; C,2). Zum einen wird (C,3) durch das bereits beschriebene Dominanzkriterium eliminiert, zum anderen wird (R,3) aufgrund des *common knowledge of rationality* erster

Ordnung gestrichen (denn C kann annehmen, dass R nach Wegfall von (C,3) niemals (R,3) spielen wird), so dass in der Tat das erste Spiel wieder relevant wird. Bezüglich der gegenseitigen Einschätzungen haben wir es aber nun mit wesentlich komplizierteren gegenseitigen mentalen Vorgängen zu tun. Diese können für die beiden Spieler in der folgenden Weise verdeutlicht werden.

Falls C glaubt, dass R glaubt, dass C instrumentell rational ist, dann erwartet C nicht von R, dass dieser von ihm (C,3) erwartet, so dass er selbst nicht von R erwartet, dass er (R,3) spielt. Weiterhin muss R wissen, dass die Überlegungen von C von einem *common knowledge of rationality* zweiter Ordnung geleitet sind: R muss von C erwarten, dass dieser von R erwartet, dass er (R,1) wählt, bevor er sicher sein kann, dass C sich für (C,2) entscheiden wird.

Aus diesem Beispiel sollte deutlich werden, dass es in strategischen Interaktionen von Vorteil sein kann, sich in andere, also den oder die Gegenspieler, hineinzuversetzen. Je besser man dies kann, desto erfolgreicher wird man im Allgemeinen sein. Camerer et al. (2005) weisen jedoch darauf hin, dass sich in experimentellen Spielen gezeigt hat, dass Spieler diese Art des strategischen Denkens nicht über beliebig viele Stufen durchhalten können. Typisch seien für solche Überlegungen nur ein oder zwei Stufen (vgl. auch Camerer et al. 2004). Zudem wird oft von der Existenz eines speziellen *mind-reading*-Areals im Gehirn ausgegangen (möglicherweise das präfrontale Areal Brodmann 10), in dem Überlegungen über das, was andere glauben und tun könnten, stattfinden (s. Kap. IV.21). Autisten z. B. haben, so sagt die psychologische ebenso wie die neurowissenschaftliche Forschung, große Schwierigkeiten, sich in Situationen des täglichen Lebens in andere Menschen und deren Gedanken hineinzuversetzen. Hill/Sally (2003) haben diese Erkenntnis im Rahmen eines Experiments mit sog. Ultimatumspielen untersucht, dessen Teilnehmer gesunde und autistische Kinder und Erwachsene waren. In Ultimatumspielen bekommt eine Person einen bestimmten Geldbetrag zugewiesen, den sie mit einer zweiten Person zu teilen hat. Die erste Person macht der anderen einen Aufteilungsvorschlag, den diese annehmen oder ausschlagen kann: Schlägt sie das Angebot aus, erhält keine der beiden etwas. Es zeigte sich, dass in der ersten Runde des Ultimatumspiels etwa 60 Prozent der autistischen Teilnehmer, aber nur knapp etwa 30 Prozent der gesunden Teilnehmer die Hälfte des bereitgestellten Betrages an die zweite Person weitergeben wollten. Mehr als ein Viertel der autistischen Kinder und Erwachsenen wollten in der ersten Runde alles

für sich behalten. Dieser Unterschied zu den gesunden Teilnehmern verringerte sich aber in den folgenden Runden. Die Autoren gewannen den Eindruck, dass die Defizite, die autistische Personen im Hinblick auf ihre *mind-reading*-Fähigkeiten aufwiesen, durch eine Regel kompensiert wurden, die sie sich schnell erarbeiteten und dann in den weiteren Runden des Spiels anwendeten. Jedenfalls wurden die großen Schwierigkeiten, die Autisten in der tagtäglichen Interaktion mit der realen Welt haben, überraschenderweise nicht bestätigt. Auch wenn diesem Ergebnis weitere Untersuchungen folgen sollten, kann man doch wohl festhalten, dass das Verhalten von Autisten gegenüber der Außenwelt vielschichtiger zu sein scheint als bisher angenommen.

Die in Abschnitt 1 dargestellte Erwartungsnutzentheorie von von Neumann und Morgenstern ist eine Theorie der Handlungsanweisung bei Risiko. Camerer et al. (2005) weisen darauf hin, dass Menschen in zweifacher Weise auf Risiko reagieren. Zum einen versuchen sie, den Risikograd unterschiedlicher Handlungsalternativen in objektiver Weise zu ermitteln, zum anderen jedoch reagieren sie auf Risikosituationen auch emotional (s. Kap. IV.6). Emotionen können zu einer Überschätzung der Eintrittswahrscheinlichkeit für ein negatives Ereignis führen. Dies kann Angstzustände auslösen, die in keinem Verhältnis zum zugrunde liegenden Risiko stehen. Romer (2000) weist darauf hin, dass augenscheinlich anomales menschliches Verhalten besser verstanden werden kann, wenn Gefühlen eine ähnlich bedeutende Rolle bei Entscheidungen eingeräumt wird wie wohlüberlegten Reflexionen. Manche haben große Angst vorm Fliegen, obwohl das Flugzeug das sicherste Verkehrsmittel ist, und Deutsche sind im Vergleich zu anderen Westeuropäern extrem risikoscheu.

Zahlreichen Untersuchungen zufolge scheinen affektive Prozesse, die durch Furcht gegenüber Risikosituationen ausgelöst werden, mit einer Aktivierung der Amygdala einherzugehen (LeDoux 1996). Das Zusammenspiel von kognitiven und affektiven Prozessen bei der Evaluation von risikoreichen Entscheidungssituationen wird durch Verletzungen im präfrontalen Bereich des Gehirns gestört. Bechara et al. (1997) untersuchten das Entscheidungsverhalten von Patienten mit präfrontaler Schädigung sowie von gesunden Teilnehmern (s. Kap. IV.6). Zwei Kartenstapel wiesen mehrere Karten mit extremen Gewinnen und Verlusten auf, gekoppelt mit einem negativen Erwartungswert. Zwei andere Kartenstapel enthielten weniger extreme Gewinne und Verluste bei einem positiven Erwartungswert. Beide Teilnehmergruppen gerieten gleichermaßen gehörig ins

Schwitzen, welches über die Leitfähigkeit der Haut gemessen wurde, wenn sie Karten mit größeren Verlusten zogen. Die Teilnehmer mit präfrontalen Schädigungen konnten offenbar ihre leidvollen Erfahrungen aufgrund der erlittenen Verluste nicht in der gleichen Weise wie die gesunden Teilnehmer abspeichern, was einer höheren Vergessensrate zugeschrieben werden kann, da sich die Leitfähigkeit ihrer Haut viel weniger als die der Gesunden erhöhte, als sie erneut Karten aus den risikoreicheren Spielen zogen. Shiv et al. (2005) kamen zu ähnlichen Ergebnissen. In ihren Experimenten beendeten Gesunde das Spiel, wenn sie Verluste erlitten, während die Teilnehmer mit Schädigungen im präfrontalen Bereich bei eingefahrenen Verlusten keinen Anlass sahen, das Spiel zu beenden, und dadurch am Ende sogar finanziell erfolgreicher waren als die gesunden Spielteilnehmer, was überrascht und aus der Perspektive rationaler Entscheidungen eines *Homo oeconomicus* nur schwer zu akzeptieren ist.

Intertemporale Entscheidungen, d. h., Entscheidungen, die mehrere Zeitperioden betreffen wie z. B. der Entschluss, ein bestimmtes Studium zu absolvieren, bewegen sich häufig zwischen zwei Polen, dem Impuls und Affekt auf der einen Seite und langfristigen oder weitsichtigen (kognitiven) Überlegungen auf der anderen. Kinder (aber nicht nur diese) möchten lieber heute ein Eis essen als morgen, aber viele Erwachsene zahlen Monat für Monat in ein Bausparkonto ein, um zehn oder erst zwanzig Jahre später die Früchte ihres Sparens zu ernten. Ökonomen und Psychologen unterstellen Menschen, dass sie den Wert von in der Zukunft fällig werdenden Belohnungen diskontieren. Dieser Prozess wird traditionell mithilfe einer Exponentialfunktion abgebildet. Dieses Modell ist insoweit zeitkonsistent, als die Entscheidung zwischen 100 Dollar heute und 200 Dollar in einem Jahr in gleicher Weise ausfällt wie die Entscheidung zwischen 100 Dollar in sechs Jahren und 200 Dollar in sieben Jahren. Dass viele in der ersten Variante 100 Dollar heute vorziehen, in der zweiten Variante aber 200 Dollar ein Jahr später präferieren, widerspricht der Exponentialfunktion mit konstantem Diskontfaktor. Das Modell hyperbolischen Diskontierens versucht, diese Zeitinkonsistenz in den Griff zu bekommen: Die Diskontierung ist zunächst viel stärker als im traditionellen Modell, in der Zukunft verläuft die Kurve der hyperbolischen Diskontierung aber flacher als im Modell der Exponentialfunktion. Hierdurch kann die eben beschriebene Präferenzumkehrung erklärt werden.

Dass diese Überlegungen nicht rein hypothetischer Natur sind oder, anders ausgedrückt, dem Einfallsreichtum rein theoretisch arbeitender Ökonomen entspringen, sondern eine neurophysiologische Basis haben, soll in den folgenden Ausführungen erläutert werden. Beispielsweise zeigen Studien mittels funktioneller Magnetresonanztomografie (fMRT) beim Menschen, dass bei intertemporalen Entscheidungen Aktivitäten im medialen orbitofrontalen Kortex und im benachbarten medialen präfrontalen Kortex ausgelöst werden (McClure et al. 2007). Mithilfe von Studien bei Läsionen sind Sellitto et al. (2010) der Frage nachgegangen, ob der Bereich des medialen orbitofrontalen Kortex für intertemporale Entscheidungen notwendig ist. Sie untersuchten hierzu Patienten mit Läsionen im medialen orbitofrontalen Kortex, Kontrollpersonen mit Läsionen außerhalb des vorderen Hirnlappens und gesunde Individuen. Die Probanden hatten sich zwischen einer sofort fälligen und einer verzögerten Belohnung zu entscheiden, wobei die Belohnungen unterschiedlicher Art sein konnten, nämlich Geldzahlungen, Schokoladenriegel und Coupons, die eine verbilligte Teilnahme an einem Sportprogramm ermöglichten.

Zunächst einmal offenbarten die gewonnenen Daten, dass das Modell der hyperbolischen Diskontierung über alle Patientengruppen und über alle Belohnungsformen hinweg der exponentiellen Diskontierung überlegen war. Dies allein ist schon ein bemerkenswertes Ergebnis, zeigt es doch, dass neurophysiologische Untersuchungen den Ökonomen zumindest eine teilweise Untermauerung ihrer normativen Theorien an die Hand geben können. Sellitto et al. (2010) berichten, dass Patienten mit Läsionen im medialen orbitofrontalen Kortex zukünftige Belohnungen stärker als die beiden anderen Gruppen diskontierten. Weiterhin äußerte sich die Diskontierung bei diesen Patienten umso stärker, je ausgedehnter die Läsion war. Dieses Ergebnis war unabhängig von der Art der Belohnung: Eine Schädigung des medialen orbitofrontalen Kortex führte nicht zu einer Abkehr von der Neigung, unterschiedliche Arten von Belohnungen mit unterschiedlichen Sätzen zu diskontieren. Patienten mit Läsionen außerhalb des vorderen Hirnlappens wiesen gegenüber den gesunden Teilnehmern kein unterschiedliches Diskontierungsverhalten auf. Es bleibt festzuhalten, dass Personen mit Schädigungen im medialen orbitofrontalen Kortex zukünftige Belohnungen ungewöhnlich stark diskontieren. Dies kann darauf hindeuten, dass ein normales Funktionieren des medialen orbitofrontalen Kortex notwendig für ein angemessenes Abwägen zwischen sofortigen und in der Zukunft liegenden Ergebnissen bzw. Belohnungen ist. Neurologische Untersuchungen mithilfe von funktioneller Magnetresonanztomografie konnten auch die u.a. von Tversky/Kahneman (1981) behauptete unterschiedliche Gewichtung von monetären Gewinnen und Verlusten (Breiter et al. 2001) sowie die unterschiedliche Reaktion auf Belohnungen und Bestrafungen (Delgado et al. 2000) bestätigen.

Wir wollen diesen letzten Abschnitt nicht beenden, ohne darauf hinzuweisen, dass sich die ›wahre‹ Bedeutung neuroökonomischer Forschung für die wirtschaftswissenschaftliche Disziplin erst noch zeigen muss – der bisherige Zeitraum von etwa zwanzig Jahren ist einfach zu kurz. Was wo im Gehirn stattfindet, ist für den Ökonomen nicht von großer Wichtigkeit. Dass aber bestimmte Einstellungen mit den hieraus resultierenden Verhaltensweisen im menschlichen Organismus wieder zu finden und ganz wesentlich für eben dieses Verhalten sind, ist eine Erkenntnis, die, wie Rudorf und Weber in ihrem Beitrag zur Neuroökonomie schreiben (s. Kap. V.7), u.a. zu einem besseren Verständnis von systematischen Entscheidungsfehlern zu führen vermag. Damit erhöht sich natürlich auch die Möglichkeit der Beeinflussung von Entscheidungsprozessen, was einerseits als hilfreich, andererseits aber als Bedrohung individueller Autonomie angesehen werden kann.

Meinem Freund und Psychologen Rainer Kugler (Bonn und Bremen) *in memoriam.*

Literatur

Allais, Maurice (1953): Le comportement de l'homme rationnel devant le risque, critique des ostulats et axiomes de l'école Américaine. In: *Econometrica* 21, 503–546.

Baigent, Nick/Gaertner, Wulf (1996): Never choose the uniquely largest. In: *Economic Theory* 8, 239–249.

Bechara, Antoine/Damasio, Hanna/Tranel, Daniel/Damasio, Antonio (1997): Deciding advantageously before knowing the advantageous strategy. In: *Science* 275, 1293–1295.

Breiter, Hans/Aharon, Itzhak/Kahneman, Daniel/Dale, Anders/Shizgal, Peter (2001): Functional imaging of neural responses to expectancy and experience of monetary gains and losses. In: *Neuron* 30, 619–639.

Camerer, Colin/Ho, Teck-Hua/Chong, Juin-Kuang (2004): A cognitive hierarchy model of one-shot games. In: *Quarterly Journal of Economics* 119, 861–898.

Camerer, Colin/Loewenstein, George/Prelec, Drazen (2005): Neuroeconomics. In: *Journal of Economic Literature* 43, 9–64.

Delgado, Mauricio/Nystrom, Leigh/Fissell, C./Noll, Douglas/Fiez, Julie (2000): Tracking the hemodynamic responses to reward and punishment in the striatum. In: *Journal of Neurophysiology* 84, 3072–3077.

Dohmen, Thomas/Falk, Armin /Human, David/Sunde, Uwe (2009): Homo reciprocans. In: *Economic Journal* 119, 592–612.

Fehr, Ernst/Gächter, Simon (2000): Cooperation and punishment in public goods experiments. In: *American Economic Review* 90, 980–994.

Fischbacher, Urs/Gächter, Simon (2010): Social preferences, beliefs, and the dynamics of free riding in public goods experiments. In: *American Economic Review* 100, 541–556.

Frank, Robert ([3]1997): *Microeconomics and Behavior* [1991]. New York.

Gächter, Simon/Falk, Armin (2002): Reputation and reciprocity. In: *Scandinavian Journal of Economics* 104, 1–27.

Gaertner, Wulf (1992): Distributive judgments. In: Wulf Gaertner/Marlies Klemisch (Hg.): *Social Choice and Bargaining Perspectives on Distributive Justice.* Heidelberg, 17–59.

Gaertner, Wulf ([2]2009): *A Primer in Social Choice Theory.* Oxford [2006].

Gaertner, Wulf/Xu, Yongsheng (1999a): On the structure of choice under different external references. In: *Economic Theory* 14, 609–620.

Gaertner, Wulf/Xu, Yongsheng (1999b): On rationalizability of choice functions. In: *Social Choice and Welfare* 16, 629–638.

Hill, Elisabeth/Sally, David (2003): Dilemmas and bargains. http://faculty.som.yale.edu/keithchen/negot.%20papers/Autism%20and%20Bargaining03.pdf

Kahneman, Daniel (2011): *Thinking, Fast and Slow.* London. [dt.: *Schnelles Denken. langsames Denken.* München 2011].

LeDoux, Joseph (1996): *The Emotional Brain.* New York. [dt.: *Das Netz der Gefühle.* Frankfurt a. M. 2001].

McClure, Samuel/Ericson, Keith/Laibson, David/Loewenstein, George/Cohen, Jonathan (2007): Time discounting for primary rewards. In: *Journal of Neuroscience* 27, 5796–5804.

Nash, John (1951): Noncooperative games. In: *Annals of Mathematics* 54, 289–295.

Ostrom, Elinor (1990): *Governing the Commons.* Cambridge.

Rawls, John (1971): *A Theory of Justice.* Cambridge (Mass.). [dt.: *Eine Theorie der Gerechtigkeit.* Frankfurt a. M. 1979].

Romer, Paul (2000): Thinking and feeling. In: *American Economic Review* 90, 439–443.

Sellitto, Manuela/Ciaramelli, Elisa/di Pellegrino, Giuseppe (2010): Myopic discounting of future rewards after medical orbitofrontal damage in humans. In: *Journal of Neuroscience* 30, 16429–16436.

Sen, Amartya (1993): Internal consistency of choice. In: *Econometrica* 61, 495–521.

Shiv, Baba/Loewenstein, George/Bechara, Antoine/Damasio, Antonio/Damasio, Hanna (2005): Investment behavior and the dark side of emotion. In: *Psychological Science* 16, 435–439.

Thaler, Richard (1985): Mental accounting and consumer choice. In: *Marketing Science* 4, 199–214.

Tversky, Amos/Kahneman, Daniel (1981): The framing of decisions and the psychology of choice. In: *Science* 211, 453–458.

von Neumann, John/Morgenstern, Oskar (1944): *Theory of Games and Economic Behavior.* Princeton. [dt.: *Spieltheorie und wirtschaftliches Verhalten.* Würzburg 1961].

Yaari, Menahem/Bar-Hillel, Maya (1984): On dividing justly. In: *Social Choice and Welfare* 1, 1–24.

Wulf Gaertner

IV. Kognitive Leistungen

1. Aufmerksamkeit

Einleitung und Arbeitsdefinition

Entgegen der historischen Darstellung, nach der es sich bei Aufmerksamkeit um einen einzelnen Prozess handelt (James 1890), scheint ›Aufmerksamkeit‹ in den letzten Dekaden immer mehr zu einem Sammelbegriff für eine Vielzahl verschiedener Prozesse geworden zu sein, die die Informationsverarbeitung sowohl in natürlichen intelligenten Systemen (z. B. in menschlichen und nichtmenschlichen Primaten) als auch in künstlichen intelligenten Systemen (z. B. in autonomen Robotern; s. Kap. II.B.2) beeinflussen. Verschiedene Autoren untersuchten unterschiedliche Aspekte von Aufmerksamkeit, was zur Ausdifferenzierung in eine heterogene Klasse vieler verschiedener Informationsverarbeitungsprozesse führte (für einen Überblick vgl. Chun et al. 2011). Es gibt also nicht *die* Aufmerksamkeit (Allport 1993). Im Sinne einer minimalen Arbeitsdefinition verstehen wir unter Aufmerksamkeit eine Klasse von Prozessen, die Prioritäten in der Informationsverarbeitung setzen und so die Selektion bestimmter Informationen aus einer Menge verfügbarer Informationen ermöglichen (z. B. Duncan 2006). In unserem Alltag finden sich unzählige Beispiele für derartige Selektionsprozesse, darunter das in der Literatur häufig genannte Beispiel einer Gesprächssituation auf einer Party (s. Kap. IV.10): Obwohl sich dort viele Personen miteinander unterhalten, Musik gespielt wird und der Geräuschpegel insgesamt hoch sein mag, sind wir doch in der Lage, derjenigen Person, mit der wir uns unterhalten, zuzuhören und alle anderen Gespräche und Geräusche zu ignorieren (das sog. Cocktailparty-Problem; vgl. Cherry 1953).

Wie an diesem Beispiel deutlich wird, stehen unserem sensorischen System stets mehr Informationen zur Verfügung als Eingang in unser Bewusstsein erhalten (s. Kap. IV.4) und zur Steuerung unseres Verhaltens (s. Kap. IV.15) genutzt werden können. Historisch lassen sich die geteilte, die fokussierte und die Daueraufmerksamkeit unterscheiden (Broadbent 1958). Geteilte Aufmerksamkeit ist für die simultane Verarbeitung mehrerer Informationsströme (z. B. Sprachnachrichten) erforderlich, während fokussierte Aufmerksamkeit sich auf die Abschirmung des Aufmerksamkeitsfokus von ablenkenden Reizen bezieht. Unter Daueraufmerksamkeit versteht man das Aufrechterhalten des Aufmerksamkeitsfokus über einen bestimmten Zeitraum. Aktuelle Aufmerksamkeitstheorien konzentrieren sich zudem entweder auf perzeptuelle (z. B. Bundesen 1990), auf handlungsvermittelnde (z. B. Neumann 1987) oder auf beide Aspekte der Aufmerksamkeit (z. B. Schneider 1995). Das Kurzzeitgedächtnis, welches das kurzzeitige Präsenthalten sensorisch nicht mehr verfügbarer Informationen ermöglicht (s. Kap. IV.7), kann dabei als diejenige Verarbeitungsstufe betrachtet werden, auf der die Informationen Eingang ins Bewusstsein erhalten (Bundesen et al. 2011) – zumindest dann, wenn Bewusstsein als die berichtbare Verarbeitungsstufe definiert wird (im Sinne von *access consciousness*; für differenziertere Darstellungen verschiedener Formen des Bewusstseins vgl. Block 2011). Eine weitere Möglichkeit, Aufmerksamkeitsprozesse einzuteilen, besteht in der Klassifikation externer (z. B. Sinnesinformationen) und interner Informationskategorien (z. B. Gedächtnisinhalte), auf die Aufmerksamkeit gerichtet werden kann (Chun et al. 2011).

Perzeptuelle Aufmerksamkeit

Unter dem Begriff der perzeptuellen Aufmerksamkeit sollen im Folgenden die Selektionsmechanismen zusammengefasst werden, die aus den durch die Sinnessysteme bereitgestellten Informationen diejenigen auswählen, die für uns aktuell relevant sind (wobei sich die Darstellung auf die visuelle Modalität beschränkt). Zentrale Untersuchungsparadigmen und Theorien behandeln dabei räumliche, zeitliche oder beide Aspekte der Aufmerksamkeit.

Räumliche Aufmerksamkeit. Räumliche Aufmerksamkeit zeigt sich in der priorisierten Verarbeitung von Reizen, die sich an bestimmten Orten in der Umgebung befinden (z. B. Müller/Rabbitt 1989). Sie kann entweder verdeckt, d. h. ohne Augenbewegung (sozusagen ›aus dem Augenwinkel heraus‹), oder offen, also mit einer sakkadischen Augenbewegung, auf einen Ort gerichtet werden. Mithilfe sakkadischer Augenbewegungen kann der foveale Bereich des Auges auf interessierende Stimuli gerichtet werden, so dass diese mit höchster Sehschärfe gesehen werden. Die Orientierung der Aufmerksamkeit kann entweder kontrolliert, willentlich und aufgabengetrieben (*top-down*, endogen) oder reflexiv, mit kürzerer Latenz, eher automatisch und stimulusgetrieben (*bottom-up*, exogen) erfolgen (z. B. Posner 1980).

Ein experimentelles Paradigma, bei dem sich mehrere theoretische Konzepte begegnen, stellt die visuelle Suche dar, die die priorisierte Verarbeitung bestimmter Merkmale untersucht (die sog. merkmalsbasierte Aufmerksamkeit), jedoch auch Aufschlüsse darüber liefert, wie der Fokus der Aufmerksamkeit im Raum anders ausgerichtet werden könnte (z. B. Wolfe 1994). Probanden wird dabei üblicherweise ein visuelles Reizfeld dargeboten, das eine variable Anzahl von Distraktoren und (in 50 Prozent der Durchgänge) einen Zielstimulus enthält. Aufgabe der Probanden ist es, so schnell wie möglich durch Tastendruck anzugeben, ob der Zielstimulus an- oder abwesend ist, wobei die benötigten Reaktionszeiten erfasst werden.

Es lassen sich zwei Formen der visuellen Suche unterscheiden (vgl. Abb. 1): Die effiziente Merkmalssuche kann beobachtet werden, wenn der Zielstimulus sich in einer Dimension (z. B. in der Farbe) von den Distraktoren hinreichend unterscheidet. Der Zielstimulus scheint in diesem Fall aus dem Reizfeld herauszustechen (*pop-out*), und das Hinzu-

fügen weiterer Distraktoren zum Reizfeld hat keinen wesentlichen Einfluss auf die Reaktionszeiten (Treisman/Gelade 1980). Zur ineffizienten Konjunktionssuche kommt es, wenn sich Zielstimulus und Distraktoren in einer Kombination mehrerer Dimensionen unterscheiden, z. B. wenn der Zielstimulus in einem horizontal orientierten schwarzen Balken besteht und die Distraktoren in horizontal orientierten weißen Balken oder in vertikal orientierten schwarzen oder weißen Balken vorliegen. In einem solchen Fall wächst die Reaktionszeit mit der Zahl der zu durchsuchenden Elemente (der sog. *display size effect*).

Zur Erklärung dieser Befunde zur effizienten und ineffizienten Suche wurden von verschiedenen Autoren zwei Klassen von Aufmerksamkeitstheorien vorgeschlagen: serielle und parallele kapazitätsbegrenzte Theorien.

In seriellen Theorien werden die Stimuli im visuellen Feld hintereinander mit Aufmerksamkeit versehen, während in parallelen Theorien von der gleichzeitigen, aber kapazitätsbegrenzten Beachtung mehrerer Stimuli ausgegangen wird. Grundlegend für die Forschung im Rahmen serieller Theorien ist die frühe Merkmalsintegrationstheorie von Treisman/Gelade (1980). Sie geht davon aus, dass die effiziente Suche auf der parallelen, präattentiven und die ineffiziente Suche auf der seriellen, attentiven Verarbeitung von Stimuli basieren. Darauf aufbauende spätere serielle Theorien (z. B. Wolfe 1994) gehen davon aus, dass die serielle Zuwendung von Aufmerksamkeit sowohl von aufgabenabhängigen als auch von stimulusgetriebenen Faktoren gelenkt werden kann. Gleiches gilt für parallele kapazitätsbegrenzte Aufmerksamkeitsmodelle (Bundesen

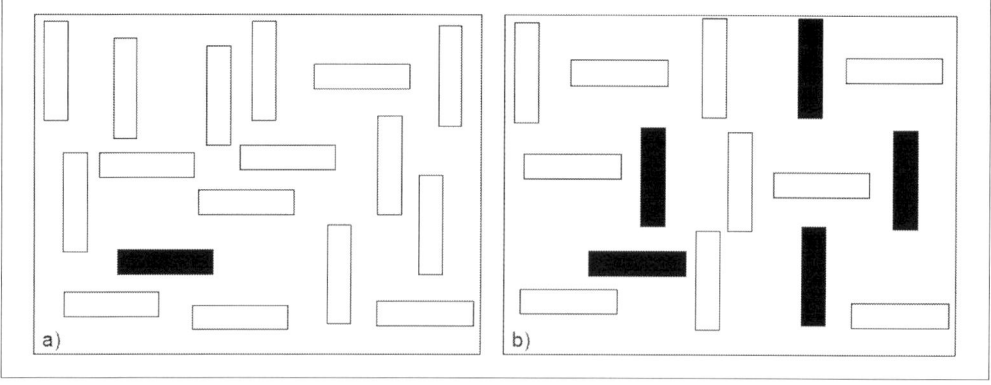

Abbildung 1: Reizfelder der effizienten (a) und ineffizienten (b) visuellen Suche. Bei Reizfeld (a) soll angegeben werden, ob ein schwarzer Balken anwesend ist. Bei Reizfeld (b) soll angegeben werden, ob ein schwarzer und horizontal orientierter Balken anwesend ist.

1990; Duncan/Humphreys 1989), die die Aufmerksamkeitszuwendung durch kapazitätsbegrenzte attentionale Gewichte beschreiben, die den Wettbewerb von Objekten und Merkmalen um den Zugang zum Kurzzeitgedächtnis regeln.

Zentral für diese beiden Arten von Modellen ist die räumliche Organisation von Aufmerksamkeit, die mittels sog. Prioritäts- bzw. Salienzkarten geschieht (für einen Überblick vgl. Fecteau/Munoz 2006). Eine solche Karte enthält in ortsbezogener Weise Informationen über die Priorität von Objekten und Ereignissen. In seriellen Modellen liefert die Prioritätskarte ein Signal, das zur bevorzugten Verarbeitung visueller Merkmale an einem einzigen Ort führt (Wolfe 1994). In parallelen kapazitätsbegrenzten Modellen liefert die Prioritätskarte mehrere solcher Signale, so dass visuelle Merkmale an mehreren Orten gleichzeitig und abhängig von den attentionalen Gewichten der Orte weiterverarbeitet werden (Bundesen et al. 2005). In die Prioritätskarte fließen sowohl *top-down*- als auch *bottom-up*-Faktoren zur ortsbezogenen Prioritätenberechnung ein.

Neben der priorisierten Verarbeitung bestimmter Orte in der Umgebung kann Aufmerksamkeit sich auch im Hinblick auf die priorisierte Verarbeitung bestimmter Objekte und ihrer Merkmale zeigen (Duncan 1984) und zwar auch dann, wenn sich die Objekte am selben Ort in der Umgebung befinden und ihre Orte somit nicht zur Prioritätensetzung herangezogen werden können (Valdes-Sosa et al. 1998).

Zeitliche Aufmerksamkeit. Ein seit Ende der 1980er Jahre vielbeforschter Effekt, der Rückschlüsse auf die zeitliche Organisation von Aufmerksamkeit liefert, ist der sog. *attentional blink* bzw. das Aufmerksamkeitsblinzeln (z. B. Raymond et al. 1992). In einem typischen Experiment (z. B. Chun/Potter 1995) wird Probanden ein Strom einzelner, schnell aufeinanderfolgender visueller Reize am gleichen Ort dargeboten, der zwei Zielstimuli (z. B. Buchstaben) und mehrere Distraktoren (z. B. Ziffern) enthält. Der *attentional blink* besteht in einem Defizit bezüglich des Berichts des zweiten Zielstimulus, wenn dieser dem ersten Zielstimulus in einem zeitlichen Abstand von 200 bis 500 Millisekunden folgt. In mehreren Theorien wird der *attentional blink* als eine Begrenzung der Verarbeitungskapazität auf einer eher späten Stufe der Verarbeitung interpretiert (für einen Überblick vgl. Dux/Marois 2009), die z. B. für die Konsolidierung bzw. Recodierung visueller Information im Kurzzeitgedächtnis und damit für die Überführung der Informationen in ein berichtbares Format zu-

ständig ist. Es wird angenommen, dass diese Verarbeitungsstufe beim *attentional blink* durch den ersten Zielstimulus belegt ist, so dass der zweite Zielstimulus nicht gleichzeitig bearbeitet werden kann und von nachfolgenden Distraktoren überschrieben wird (z. B. Chun/Potter 1995). Im Gegensatz zu dieser Annahme einer zentralen und festen Kapazitätsbegrenzung weisen neuere Untersuchungen jedoch darauf hin, dass der *attentional blink* auch durch die aktuelle Aufgabe beeinflusst werden kann und eher ein Ergebnis der *top-down* gesteuerten Zuweisung von Verarbeitungskapazität zum ersten Zielstimulus darstellt (für einen Überblick vgl. Martens/Wyble 2010). Obwohl die genauen Mechanismen, die dem *attentional blink* zugrunde liegen, immer noch Gegenstand von Debatten sind, verdeutlicht er doch die herausragende Rolle, die der Zeit beim Verständnis von Kapazitätsbegrenzungen in der visuellen Informationsverarbeitung zukommt.

Handlungsvermittelnde Aufmerksamkeit

Handlungsvermittelnde Aufmerksamkeitsprozesse bestehen im Lösen von Problemen, die beim sensomotorischen Handeln entstehen (sog. *selection-for-action*; z. B. Allport 1987; Schneider 1995). Eines dieser attentionalen Probleme zeigt sich darin, dass eine zielgerichtete Bewegung (Handlung) die Selektion des Bewegungsziels unter mehreren alternativen Objekten voraussetzt (das sog. *where-to-act-next?*-Problem). Man denke etwa an die Aufgabe, das eigene Bierglas unter anderen Objekten (z. B. den Gläsern der Tischnachbarn) zu greifen oder an die Selektion des nächsten Ziels für eine sakkadische Augenbewegung (das sog. *where-to-look-next?*-Problem).

Als Teilproblem handlungsvermittelnder Aufmerksamkeit kann man neben der obigen Frage der Selektion eines Bewegungsziels auch die Frage nach der Ursache von Leistungseinbußen bei der raschen Selektion zweier aufeinanderfolgender Handlungen einordnen – dieses Phänomen wird ›psychologische Refraktärperiode‹ genannt (z. B. Pashler 1994). Probanden sollen dabei so schnell wie möglich mit einer bestimmten Antwort auf einen ersten Stimulus und mit einer anderen Antwort so schnell wie möglich auf einen nachfolgenden zweiten Stimulus reagieren. Dabei kann beobachtet werden, dass die zweite Reaktion umso langsamer ist, je kürzer die Stimulus-Onset-Asynchronie, d. h. das Zeitintervall vom Onset des ersten zum Onset des zweiten Stimulus, ist. Als Erklärungen für die psychologische Refraktär-

periode werden verschiedene Mechanismen diskutiert, wobei entweder eine zentrale Flaschenhals-
struktur der Antwortauswahl angenommen (ebd.)
oder die psychologische Refraktärperiode als ein
optionaler, strategischer Effekt der Aufforderung,
nacheinander auf die beiden Stimuli zu reagieren,
interpretiert wird (Meyer/Kieras 1997).

Interaktionen zwischen perzeptueller und handlungsvermittelnder Aufmerksamkeit

Allport (1987) und Neumann (1987) kommt das
Verdienst zu, durch ihre Überlegungen die Erforschung handlungsvermittelnder Aufmerksamkeit
entscheidend vorangebracht zu haben. Allerdings
hat ihre Kritik an postulierten Kapazitätsbegrenzungen in Wahrnehmungsprozessen und ihr alleiniger
Fokus auf handlungsvermittelte Aufmerksamkeit die
Frage nach dem Zusammenhang von Selektion bei
der Handlungskontrolle (s. Kap. IV.15) und Selektion in der Wahrnehmung (s. Kap. IV.24) obsolet erscheinen lassen. Schneider (1995) hingegen schlug
im Rahmen des *visual attention model* vor, zwischen
zwei Klassen von Aufmerksamkeitsfunktionen zu
unterscheiden: *selection-for-action* und *selection-for-
perception*. Das *visual attention model* nimmt an,
dass es einen gemeinsamen Aufmerksamkeitsmechanismus für beide Selektionsfunktionen gibt, der
im primären visuellen Kortex die priorisierte Verarbeitung von Informationen des selegierten Objektes für Wahrnehmung (ventraler Pfad) und Handlung (dorsaler Pfad) realisiert (vgl. auch Schneider/
Deubel 2002).

Die sog. Prämotortheorie geht ebenfalls von einem solchen gemeinsamen Mechanismus aus, nimmt
jedoch an, dass dieser allein in der Vorbereitung motorischer Reaktionen liegt und dass daher die Quelle
aufmerksamkeitsbezogener Modulation perzeptueller Verarbeitung ausschließlich in prämotorischen
Hirnarealen liegt. Trotz ihrer Fruchtbarkeit wird die
Prämotortheorie heute vermehrt kritisiert, da einige
Befunde vorliegen, die nicht mit ihr vereinbar sind
(für einen Überblick vgl. Smith/Schenk 2012). Im
Gegensatz zur Prämotortheorie nimmt das *visual attention model* an, dass der Ursprung der Modulation
der Stimulusverarbeitung nicht in motorischen, sondern in denjenigen Mechanismen liegt, die die visuellen Merkmale der zu selegierenden Objekte codieren (Schneider/Deubel 2002).

Empirisch besonders deutlich wird der Zusammenhang zwischen perzeptueller und handlungs-
bzw. bewegungsvermittelnder Aufmerksamkeit bei

der Betrachtung von Augenbewegungen (z.B. Deu-
bel/Schneider 1996). Wie bereits erwähnt, ist räumliche Aufmerksamkeitsorientierung neben der offenen auch in verdeckter Weise, d.h. ohne Augenbewegungen, möglich. Umgekehrt scheint jedoch jeder
Sakkade an einen Ort im visuellen Feld eine verdeckte Verschiebung der Aufmerksamkeit an diesen
Ort vorauszugehen (ebd.). Ähnliche Effekte lassen
sich auch bei Zeige- und Greifbewegungen beobachten (z.B. Baldauf/Deubel 2010). Die Vorbereitung
einer zielgerichteten Bewegung (*selection-for-action*)
scheint die verdeckte perzeptuelle Aufmerksamkeit
(*selection-for-perception*) an den Bewegungszielort
zu binden (Schneider 1995).

Neben diesen Zusammenhängen zwischen verdeckter perzeptueller Aufmerksamkeit und der Bewegungssteuerung scheint das Potenzial von Objekten, zu einer intendierten Handlung genutzt werden
zu können, Auswirkungen auf deren Wahrnehmung
zu haben (Humphreys et al. 2010; s. Kap. IV.24). So
konnte gezeigt werden, dass läsionsbedingte Störungen des Beachtens zweier Objekte weniger stark ausgeprägt sind, wenn diese Objekte im Rahmen einer
Handlung interaktiv genutzt werden können (z.B.
Korkenzieher und Weinflasche) als wenn sie dies
nicht können. Derartige Effekte scheinen bei bereits
miteinander assoziierten Objekten ausgeprägter zu
sein, aber auch bei Objekten zu bestehen, die normalerweise nicht gemeinsam oder in Interaktion
verwendet werden, sofern die Möglichkeit dazu gegeben ist (ebd.).

Computationale Prioritätskartenmodelle und die Steuerung von Aufmerksamkeit in technischen Systemen

Aufbauend auf den bereits angesprochenen Prioritätskarten wurden in der letzten Dekade computationale Modelle entwickelt, mit deren Hilfe verdeckte und offene Aufmerksamkeitsverschiebungen
simuliert werden können (s. Kap. II.E.2). Besonders
bekannt geworden ist in diesem Zusammenhang das
Modell von Itti/Koch (2000), das annimmt, dass das
visuelle System beim Betrachten einer Szene grundlegende visuelle Merkmale (z.B. Farbe oder Orientierung) extrahiert und kompetitiv und *bottom-up*
in Form von Merkmalskarten codiert. Die Merkmale dieser Karten werden dann in einer Salienzkarte zusammengeführt, die die Orte von Objekten
der Szene repräsentiert, gewichtet nach der Auffälligkeit ihrer Merkmale im visuellen Feld. Der Fokus
der Aufmerksamkeit wandert stets zuerst zu dem

Ort, der in der Salienzkarte am auffälligsten ist. Kritisiert wird dieses Modell v. a. deshalb, weil es zur Abbildung aufgabengesteuerter Aufmerksamkeitsorientierung wenig geeignet zu sein scheint (z. B. Tatler et al. 2011). Modifikationen bzw. Alternativen beziehen nicht nur die *top-down* gesteuerte aufgabenabhängige Modulation visueller Selektion mit ein (z. B. Zelinsky 2008), sondern erlauben auch eine parallele und kapazitätsbegrenzte Regelung des attentionalen Wettbewerbs auf Basis sog. Proto-Objekte in Prioritätskarten (Wischnewski et al. 2010).

Die priorisierte Verarbeitung aufgabenrelevanter Informationen ist eine Leistung, die nicht nur Spezies jeglicher Couleur, sondern auch intelligente technische Systeme erbringen müssen. Ein Beispiel hierfür liefert das sog. autonome bzw. pilotierte Fahren, das zu einem zentralen Forschungsthema namhafter Automobilhersteller geworden ist. Automobile sollen künftig dazu in der Lage sein, sich ohne die Intervention eines menschlichen Fahrers selbstständig und sicher im Straßenverkehr zu bewegen. Die ›Gehirne‹ dieser Fahrzeuge müssen stets aufgabenrelevante Umweltinformation wie z. B. die Position und Geschwindigkeit anderer Fahrzeuge oder Fußgänger, Verkehrszeichen usw. bevorzugt verarbeiten, d. h. einer Repräsentationsebene zuführen, die handlungssteuernd wirkt (s. Kap. IV.15). Ähnlich wie bei biologischen Systemen werden nicht alle über Sensorik aufgenommenen Informationen zur Tätigkeitssteuerung herangezogen. Stattdessen sorgen selektive Aufmerksamkeitsprozesse dafür, dass es sich bei den verwendeten Informationen um zur Bewältigung der aktuellen Aufgabe (z. B. Überholen eines voranfahrenden Fahrzeuges) nützliche Informationen handelt. So existieren bereits autonome Autos, deren Steuerungssysteme statische und bewegte Hindernisse erkennen, unterscheiden und Kollisionen mit diesen vermeiden können und zudem über verschiedene Steuerungsmodi verfügen, die die zielgerichtete und aufgabenabhängige Planung von Bewegungen durch die Umwelt ermöglichen (z. B. Urmson et al. 2008). Varianten der oben erwähnten computationalen Prioritätskarten-Modelle sind häufig die Grundlage solcher technischer Aufmerksamkeitsmechanismen (z. B. Frintrop et al. 2010).

Insbesondere im Bereich der ›kapazitätsbegrenzten‹ Objekterkennung liegen bereits erste Implementierungen menschenähnlicher Aufmerksamkeitsprozesse vor, die technische Systeme zur Ausführung bestimmter Aufgaben nutzen können. Ausgangspunkt ist die Tatsache, dass sowohl artifizielle als auch natürliche intelligente Systeme nur einen kleinen Ausschnitt der gerade sensorisch aufgenommenen Information zuverlässig erkennen und klassifizieren können. Deshalb ist ein Aufmerksamkeitsmechanismus erforderlich, der die relevante Information im ›Bild‹ (dem aktuellen Sensorinput) findet und selektiv an die Objekterkennungsmechanismen weitergibt (vgl. auch Schneider 1995). Frintrop et al. (2010) führen als Beispiele von Erkennungsleistungen in technischen Systemen, die von selektiver Aufmerksamkeit profitieren, die Rekognition von handgeschriebenen Ziffern, von Gesichtern sowie von Straßenverkehrszeichen an. Die Selektion visueller Informationen erfolgt bei diesen Umsetzungen *bottom-up* und basiert ausschließlich auf Stimuluseigenschaften. Aus diesem Grund eignen sich diese Systeme eher für Aufgaben, bei denen die priorisiert zu verarbeitenden Objekte sich mit ihren Merkmalen von ihrer Umgebung abheben. Zur Bewältigung bestimmter Aufgaben mag eine solche rein salienzbasierte Selektion ausreichen, etwa für die Erkennung von Straßenschildern, die besonders gut sichtbar und salient konstruiert werden (ebd.). Aufgaben, bei denen eine flexiblere Bestimmung von zu selegierenden Zielobjekten erforderlich ist, können durch solche Systeme jedoch nicht bewältigt werden, z. B. wenn dasselbe Objekt je nach Aufgabenstellung ein Zielobjekt oder einen Distraktor darstellt. In diesen Fällen wird ein Aufmerksamkeitsmechanismus benötigt, der sich *top-down* im Sinne der Aufgabe beeinflussen lässt (z. B. Wischnewski et al. 2010). Derartige Problemstellungen werden verstärkt im Bereich der kognitiven Robotik (s. Kap. II.B.2) bearbeitet, z. B. um Robotern die durch visuelle Informationen gesteuerte Manipulation von Objekten zu ermöglichen (z. B. Schenck et al. 2011). Erste technische Umsetzungen finden sich in Robotern, die in der Lage sind, Zielobjekte zu greifen und zu manipulieren, auf die ein Mensch vorher gezeigt hat oder die auf andere Weise spezifiziert wurden (Frintrop et al. 2010). Für die Bewältigung komplexerer Aufgaben, die das integrierte Setzen visueller Verarbeitungsprioritäten durch Vorwissen, Motivations- und Emotionsprozesse erfordern, liegen nach Angabe dieser Autoren bislang jedoch noch keine technischen Umsetzungen von Aufmerksamkeitsmechanismen vor.

Grundlegende Mechanismen der Aufmerksamkeit: beeinflusster Wettbewerb

Nach der Darstellung perzeptueller und handlungsvermittelnder Aufmerksamkeit werden im Folgenden grundlegende Prinzipien erläutert, die mögliche

Antworten auf die Frage liefern, wie Gehirne menschlicher und nichtmenschlicher Primaten die Selektion sensorischer Informationen umsetzen. Diesen Prinzipien liegt die bereits erwähnte Annahme zugrunde, dass nicht alle sensorischen Reize, die zu einem Zeitpunkt durch unsere Sinne aufgenommen werden, bewusst werden bzw. zur Handlungssteuerung eingesetzt werden können (s. Kap. IV.4, Kap. IV.15). Zentral ist zudem auch der Gedanke, dass denjenigen Informationen Zugang zum Bewusstsein und der Handlungssteuerung ermöglicht wird, die momentan wichtig, d. h. aufgabenrelevant, sind. Alle zu einer Zeit in unserem sensorischen System eintreffenden Informationen stehen also im Wettbewerb um den Eingang in die bewusste Wahrnehmung und Handlungssteuerung. Da die aufgabenrelevanten Informationen ausgewählt werden, wird dieser Wettbewerb als ›beeinflusst‹ betrachtet (*biased competition*; Desimone/Duncan 1995).

Ein empirischer Beleg für den Wettbewerb auf Verhaltensebene findet sich in Teilberichtsexperimenten (z. B. Shibuya/Bundesen 1988; für Belege auf neuronaler Ebene vgl. Chelazzi et al. 1993). Probanden wird dabei kurzzeitig ein Reizfeld präsentiert, das zu berichtende Zielstimuli (z. B. weiße Buchstaben) und zu ignorierende Distraktoren (z. B. schwarze Buchstaben) enthält. Erfasst wird die Akkuratheit des Berichts. Beeinflusster Wettbewerb lässt sich beobachten, weil das Hinzufügen weiterer Zielstimuli die Wahrscheinlichkeit ihrer Identifikation senkt, während dieser Effekt beim Hinzufügen von unähnlichen Distraktoren deutlich geringer ausfällt. Ein Wettbewerb kann immer dann beobachtet werden, wenn mehrere Inputs gleichzeitig bemerkt oder erkannt werden müssen (Shibuya/Bundesen 1988). Duncan (1984) konnte zeigen, dass der Wettbewerb zwischen Inputs objektbezogen ist: Verschiedene Objekte konkurrieren miteinander, aber verschiedene Merkmale ein und desselben Objektes können ohne Interferenz simultan erkannt werden. Dieser Befund scheint zudem unabhängig vom Ort der Objekte im visuellen Feld zu sein.

Die Beeinflussung des Wettbewerbs erfordert eine hohe Flexibilität von Selektionsprozessen, da viele verschiedene Aspekte von Objekten (z. B. Position, ein bestimmtes visuelles Merkmal usw.) verhaltensrelevant sein können. Es stellt sich die Frage, wie Gehirne eine solche Flexibilität gewährleisten.

Desimone/Duncan (1995) entwickelten dazu ein physiologisches Rahmenmodell des beeinflussten Wettbewerbs, das drei zentrale Aussagen macht. Sie nehmen an, dass in vielen Gehirnsystemen eine kompetitive Informationsverarbeitung stattfindet,

die sich in der relativen Verstärkung der neuronalen Antwort auf aufgabenrelevante Objekte und in der relativen Unterdrückung der Antwort auf nicht relevante Objekte zeigt (Chelazzi et al. 1993). Dies wird erreicht, indem Signale, die den Aufgabenkontext anzeigen, aufrechterhalten werden, um den Wettbewerb zu beeinflussen. Der Wettbewerb wird zwischen mehreren Gehirnsystemen integriert, d. h. ein Objekt, das in einem System selegiert wird, wird auch in anderen Systemen des Netzwerks priorisiert verarbeitet. Wichtige Teilannahmen des Rahmenmodells sind dabei, dass dieselben Neurone je nach aktueller Aufgabe unterschiedlich auf die gleichen Stimuli reagieren können, dass der Wettbewerb und dessen Beeinflussung keine fokale neuronale Basis haben, sondern in vielen Teilen des Gehirns vorliegen und dass der Aufgabenkontext in unterschiedlichen Bereichen des Verarbeitungsnetzwerks zu einer Beeinflussung des gesamten Wettbewerbs führen kann (Duncan 2006).

Die flexible aufgabenbezogene Modulation neuronaler Aktivität bildet eine wichtige Basis für die Steuerung zielgerichteten und intelligenten Verhaltens. Einige frontale und parietale Regionen des Kortex scheinen an den unterschiedlichsten Aufgaben beteiligt zu sein, was Duncan (2010) zu der Schlussfolgerung veranlasste, dass diese Regionen in besonderer Weise Aufgabenrelevanz codieren und daher das höchste Ausmaß an beeinflusstem Wettbewerb zeigen. Möglicherweise sind diese Neurone besonders flexibel und können daher auf multiple Anforderungen reagieren.

Aktuelle tierexperimentelle Befunde deuten des Weiteren darauf hin, dass nicht nur die Neurone von Primaten in unterschiedlichen Situationen auf die gleichen Stimuli unterschiedlich reagieren können. Neben Primaten sind vielmehr z. B. auch Mäuse und Fruchtfliegen zu einer zustandsabhängigen Modulation neuronaler Reaktionen in der Lage, wenngleich diese Zustände weniger vielfältig und komplex sind als bei Primaten (Maimon 2011). Ein Ziel weiterer Untersuchungen könnte daher in der Beantwortung der Frage liegen, inwieweit sich das Rahmenmodell des beeinflussten Wettbewerbs neben dem Nervensystem von Primaten auch auf das anderer Vertebraten und Invertebraten übertragen lässt.

Bundesens (neuronale) Theorie der visuellen Aufmerksamkeit

Die (neuronale) Theorie der visuellen Aufmerksamkeit (Bundesen 1990; Bundesen et al. 2005, 2011) stellt eine mögliche Interpretation des Prinzips des beeinflussten Wettbewerbs für das Forschungsfeld der selektiven visuellen Wahrnehmung dar. Sie spezifiziert diejenigen Prozesse des beeinflussten Wettbewerbs, die die Encodierung visueller Objekte ins visuelle Kurzzeitgedächtnis regeln. Diese Encodierung wird dabei als Kategorisierung der Form ›Objekt x besitzt Merkmal i bzw. gehört zur Kategorie i‹ aufgefasst (s. Kap. IV.9). Das visuelle Kurzzeitgedächtnis besteht aus einem Feedbackmechanismus, der die anfängliche sensorische Stimulation, die von einem Objekt ausging, über dessen Anwesenheit hinaus aktiv hält. Die Kapazität des visuellen Kurzzeitgedächtnisses ist auf etwa vier Objekte begrenzt (Luck/Vogel 1997), weshalb die Objekte des visuellen Feldes um die Encodierung in das visuelle Kurzzeitgedächtnis konkurrieren (Bundesen et al. 2011). Zwei Prozesse bestimmen dabei gemeinsam, welche Objekte ins visuelle Kurzzeitgedächtnis gelangen. Einer davon dient der Selektion von Objekten (*filtering*), der andere der Selektion antwortbezogener Merkmale (*pigeonholing*). *Filtering* hängt von Aufmerksamkeitsgewichten ab, die mittels einer Prioritätskarte allen Objekten im visuellen Feld zugewiesen werden und umso höher sind, je stärker die sensorische Evidenz dafür ist, dass ein Objekt zu einer Kategorie gehört, und je relevanter diese Kategorie (bzw. dieses Merkmal) für die Aufgabe ist. *Pigeonholing* hingegen bestimmt die Kategorisierung der Objekte mithilfe eines Parameters zur Beeinflussung perzeptueller Entscheidungen (*perceptual decision bias parameter*), der die Wahrscheinlichkeit einer bestimmten Kategorisierungsentscheidung festlegt: Wenn auf eine bestimmte Kategorisierung reagiert werden soll, dann sollte deren Beeinflussungsparameter und somit deren Wahrscheinlichkeit hoch sein.

Auf neuronaler Ebene besteht der *filtering*-Prozess in einer Rekonfiguration der rezeptiven Felder von Neuronen. Dadurch variiert je nach Höhe der Aufmerksamkeitsgewichte eines Objektes die Anzahl der Neurone, die die Merkmale des Objektes codieren. Der *pigeonholing*-Prozess moduliert die Feuerrate der einzelnen Neurone, die jeweils ein bestimmtes Merkmal codieren (Bundesen et al. 2005). Gemeinsam bestimmen beide Prozesse die Geschwindigkeit, mit der die Objekte des visuellen Feldes bzw. ihre Merkmale das visuelle Kurzzeitgedächtnis erreichen und dadurch der weiteren Repräsentation, Analyse und der Verhaltenssteuerung zur Verfügung stehen.

Aufmerksamkeit und Arbeitsgedächtnis

Neben dem Konzept des Kurzzeitgedächtnisses, bei dem das Präsenthalten relevanter Informationen im Vordergrund steht, wird in der Literatur das des Arbeitsgedächtnisses verwendet, welches zusätzlich zum Präsenthalten auch die Manipulation von Informationen umfasst (z. B. Baddeley/Hitch 1974; s. Kap. IV.7). Aufgrund aktueller behavioraler und neurophysiologischer Befunde wird heute eine starke Überlappung von Aufmerksamkeits- und Arbeitsgedächtnisprozessen angenommen (für einen Überblick vgl. Gazzaley/Nobre 2012). So scheint durch den präfrontalen Kortex vermittelte Aufmerksamkeit eine kausale Rolle für die Encodierung von Informationen ins Arbeitsgedächtnis zu spielen, indem sie bereits frühe Stufen der kortikalen sensorischen Informationsverarbeitung moduliert. Auf diese Weise wird zum einen eine Interferenz durch irrelevante Stimuli reduziert, zum anderen werden relevante Stimuli priorisiert encodiert. Im Gegensatz zu früheren theoretischen Überlegungen endet das Wirken von Aufmerksamkeitsprozessen nicht mit der Encodierung von Informationen ins Arbeitsgedächtnis, sondern ist darüber hinaus während deren Aufrechterhaltung im Arbeitsgedächtnis zu beobachten und möglicherweise für die Aufrechterhaltung verantwortlich. Auch scheinen Aufmerksamkeitsprozesse das Setzen von Prioritäten innerhalb der im Arbeitsgedächtnis präsenten Informationen zu übernehmen. In Bezug auf den Abruf von Informationen aus dem Arbeitsgedächtnis liegen bislang keine eindeutigen Ergebnisse vor, es könnten aber Selektionsprozesse beteiligt sein, die eine hohe Ähnlichkeit zur Auswahl perzeptueller Informationen aufweisen.

Neben der Rolle der Aufmerksamkeit für das Arbeitsgedächtnis liegen auch Befunde vor, die nahelegen, dass die Verteilung von Aufmerksamkeit auf Objekte in der Umgebung durch Arbeitsgedächtnisrepräsentationen beeinflusst werden kann, was jedoch nicht bedeutet, dass dies unter allen Umständen auch passiert. Laut Olivers et al. (2011) tritt die Beeinflussung der Aufmerksamkeitsverteilung durch Inhalte des Arbeitsgedächtnisses dann auf, wenn diese als Aufmerksamkeitsschablonen fungieren, d. h. sich in einem aktivierten Zustand befinden, der über die bloße Präsenz im Arbeitsgedächtnis hinausgeht.

Zusammenfassend kann davon ausgegangen werden, dass Aufmerksamkeitsprozesse eine wichtige Basis von Funktionen des Arbeitsgedächtnisses darstellen, die sich auf die Encodierung, das Präsenthalten und möglicherweise auch den Abruf von Informationen beziehen. Umgekehrt können die Inhalte des Arbeitsgedächtnisses unter gewissen Voraussetzungen Prioritäten für neu eintreffende perzeptuelle Informationen setzen.

Neuronale Korrelate von Aufmerksamkeitsprozessen

Basierend auf Ergebnissen von Studien an Menschen und an Affen wird von einem Netzwerk von Strukturen auf verschiedenen Hirnebenen ausgegangen, deren Aktivität mit Aufmerksamkeitsprozessen assoziiert ist. Mehrere Studien deuten auf ein dorsales frontoparietales Aufmerksamkeitsnetzwerk hin, das vorwiegend an der endogenen, jedoch auch an der exogenen Aufmerksamkeitsorientierung beteiligt zu sein scheint und dem die Selektion relevanter Stimuli durch Modulation der Aktivität visueller kortikaler Areale und die Herstellung der Passung zwischen Antwortreaktionen und Stimulusbedingungen zugeschrieben wird. In beiden Hemisphären beinhaltet das dorsale frontoparietale Aufmerksamkeitsnetzwerk den ventralen und medialen intraparietalen Sulcus, der funktionell dem lateralen intraparietalen Areal nichtmenschlicher Primaten (z. B. Makaken) entspricht, weshalb diese zu dessen Untersuchung bevorzugte Versuchstiere darstellen. Der intraparietale Sulcus verfügt über eine retinotope Organisation, deren Ausmaß allerdings von okzipitalen hin zu parietalen Bereichen abnimmt, was im Einklang mit der Vermutung steht, dass diese Regionen neben räumlichen weitere Informationen, z. B. Aufgabenrelevanz, codieren könnten. Neben dem intraparietalen Sulcus umfasst das dorsale frontoparietale Aufmerksamkeitsnetzwerk in beiden Hemisphären den superioren parietalen Lobulus im parietalen Kortex sowie das frontale und das supplementäre Augenfeld im frontalen Kortex (für einen Überblick vgl. Sestieri et al. 2012).

Mit dem dorsalen frontoparietalen Aufmerksamkeitsnetzwerk interagierenden subkortikalen Regionen, etwa dem Nucleus pulvinaris des Thalamus (z. B. Saalmann/Kastner 2011) oder den superioren Colliculi des Mittelhirns (z. B. Krauzlis/Chukoskie 2009), wird ebenfalls eine grundlegende Beteiligung an Aufmerksamkeitsprozessen zugeschrieben. Da all diese Strukturen topografisch organisiert sind, kann ihre Funktionsweise mithilfe des bereits vorgestellten Konzepts der Prioritätskarte beschrieben werden. Das frontale Augenfeld codiert im Sinne einer Prioritätskarte die Zielpositionen volitionaler ver-

deckter und offener Aufmerksamkeitsverlagerungen und ist damit sowohl an sakkadischen als auch an Augenbewegungen beteiligt, die bewegten Stimuli folgen (Schall 2009). Das frontale Augenfeld steht mit den superioren Colliculi und mit dem Sakkadengenerator der Formatio reticularis in Verbindung. Die superioren Colliculi übernehmen darüber hinaus zentrale Funktionen für die offene und verdeckte Aufmerksamkeitsorientierung (Krauzlis/Chukoskie 2009) und scheinen maßgeblich an der Auswahl von Zielen von Sakkaden und von Augenfolgebewegungen beteiligt zu sein.

Ausblick

Die unter dem Begriff der Aufmerksamkeit zusammengefassten Selektionsprozesse scheinen insgesamt eine wesentliche Grundlage zielgerichteten und intelligenten Verhaltens darzustellen. Ein mögliches grundlegendes Prinzip der Implementierung von Aufmerksamkeitsprozessen auf neuronaler Ebene bietet das Rahmenmodell des beeinflussten Wettbewerbs. Die beiden Hauptcharakteristika dieses Modells, der Wettbewerb und die Beeinflussung, bieten zentrale Ansatzpunkte für die zukünftige Aufmerksamkeitsforschung. Ein bedeutendes Ziel könnte z. B. in einer genaueren Beschreibung des Wettbewerbs innerhalb einzelner Verarbeitungsprozesse und -stufen bestehen. Besonders die Fragen nach Möglichkeiten und Grenzen der aufgabenbasierten Beeinflussung des Wettbewerbs sowie nach den Prozessen, die der Beeinflussung zugrunde liegen, scheinen weitere Untersuchungen zu erfordern.

Literatur

Allport, Alan (1987): Selection for action. In: Herbert Heuer/Andries Sanders (Hg.): *Perspectives on Perception and Action*. Hillsdale, 395–419.

Allport, Alan (1993): Attention and control. In: David Meyer/Sylvan Kornblum (Hg.): *Attention and Performance XIV*. Cambridge (Mass.), 183–218.

Baddeley, Alan/Hitch, Graham (1974): Working memory. In: Gordon Bower (Hg.): *The Psychology of Learning and Motivation*. New York, 47–89.

Baldauf, Daniel/Deubel, Heiner (2010): Attentional landscapes in reaching and grasping. In: *Vision Research* 50, 999–1013.

Block, Ned (2011): Perceptual consciousness overflows cognitive access. In: *Trends in Cognitive Sciences* 15, 567–575.

Broadbent, Donald (1958): *Perception and Communication*. London.

Bundesen, Claus (1990): A theory of visual attention. In: *Psychological Review* 97, 523–547.

Bundesen, Claus/Habekost, Thomas/Kyllingsbæk, Søren (2005): A neural theory of visual attention. In: *Psychological Review* 112, 291–328.

Bundesen, Claus/Habekost, Thomas/Kyllingsbæk, Søren (2011): A neural theory of visual attention and short-term memory (NTVA). In: *Neuropsychologia* 49, 1446–1457.

Chelazzi, Leonardo/Miller, Earl/Duncan, John/Desimone, Robert (1993): A neural basis for visual search in inferior temporal cortex. In: *Nature* 363, 345–347.

Cherry, E. Colin (1953): Some experiments on the recognition of speech with one and two ears. In: *Journal of the Acoustical Society of America* 25, 975–979.

Chun, Marvin/Golomb, Julie/Turk-Browne, Nicholas (2011): A taxonomy of external and internal attention. In: *Annual Review of Psychology* 62, 73–101.

Chun, Marvin/Potter, Mary (1995): A two-stage model for multiple target detection in rapid serial visual presentation. In: *Journal of Experimental Psychology: Human Perception and Performance* 21, 109–127.

Desimone, Robert/Duncan, John (1995): Neural mechanisms of selective visual attention. In: *Annual Review of Neuroscience* 18, 193–222.

Deubel, Heiner/Schneider, Werner X. (1996): Saccade target selection and object recognition. In: *Vision Research* 36, 1827–1837.

Duncan, John (1984): Selective attention and the organization of visual information. In: *Journal of Experimental Psychology: General* 113, 501–517.

Duncan, John (2006): Brain mechanisms of attention. In: *Quarterly Journal of Experimental Psychology* 59, 2–27.

Duncan, John (2010): The multiple-demand (MD) system of the primate brain. In: *Trends in Cognitive Sciences* 14, 172–179.

Duncan, John/Humphreys, Glyn (1989): Visual search and stimulus similarity. In: *Psychological Review* 96, 433–458.

Dux, Paul/Marois, René (2009): The attentional blink. In: *Attention, Perception, and Psychophysics* 71, 1683–1700.

Fecteau, Jilian/Munoz, Douglas (2006): Salience, relevance, and firing. In: *Trends in Cognitive Sciences* 10, 382–390.

Frintrop, Simone/Rome, Erich/Christensen, Henrik (2010): Computational visual attention systems and their cognitive foundation. In: *ACM Transactions on Applied Perception* 7, 1–46.

Gazzaley, Anna/Nobre, Adam (2012): Top-down modulation. In: *Trends in Cognitive Sciences* 16, 129–135.

Humphreys, Glyn/Yoon, Eun Young/Kumar, Sanjay/Lestou, Vaia/Kitadono, Kaiko/Roberts, Katherine/Riddoch, M. Jane (2010): The interaction of attention and action. In: *British Journal of Psychology* 101, 185–206.

Itti, Laurent/Koch, Christof (2000): A saliency-based search mechanism for overt and covert shifts of visual attention. In: *Vision Research* 40, 1489–1506.

James, William (1890): *The Principles of Psychology*. New York.

Krauzlis, Richard/Chukoskie, Leanne (2009): Target selection for pursuit and saccades. In: Larry Squire (Hg.): *Encyclopedia of Neuroscience*, Bd. 9. Oxford, 863–868.

Luck, Stephen/Vogel, Edward (1997): The capacity of visual working memory for features and conjunctions. In: *Nature* 390, 279–281.

Maimon, Gaby (2011): Modulation of visual physiology by behavioral state in monkey, mice, and flies. In: *Current Opinion in Neurobiology* 21, 1–6.

Martens, Sander/Wyble, Brad (2010): The attentional blink. In: *Neuroscience and Biobehavioral Reviews* 34, 947–957.

Meyer, David/Kieras, David (1997): A computational theory of executive cognitive processes and multiple-task performance. In: *Psychological Review* 104, 749–791.

Müller, Hermann/Rabbitt, Patrick (1989): Reflexive and voluntary orienting of visual attention. In: *Journal of Experimental Psychology: Human Perception and Performance* 15, 315–330.

Neumann, Odmar (1987): Beyond capacity. In: Herbert Heuer/Andries Sanders (Hg.): *Perspectives on Perception and Action*. Hillsdale, 361–394.

Olivers, Christian/Peters, Judith/Houtkamp, Roos/Roelfsema, Pieter (2011): Different states in visual working memory. In: *Trends in Cognitive Sciences* 15, 327–334.

Pashler, Harold (1994): Dual-task interference in simple tasks. In: *Psychological Bulletin* 116, 220–244.

Posner, Michael (1980): Orienting of attention. In: *Quarterly Journal of Experimental Psychology* 32, 3–25.

Raymond, Jane/Shapiro, Kimron/Arnell, Karen (1992): Temporary suppression of visual processing in an RSVP task. In: *Journal of Experimental Psychology: Human Perception and Performance* 18, 849–860.

Saalmann, Yuri/Kastner, Sabine (2011): Cognitive and perceptual functions of the visual thalamus. In: *Neuron* 71, 209–223.

Schall, Jeffrey (2009): Frontal eye fields. In: Larry Squire (Hg.): *Encyclopedia of Neuroscience*, Bd. 4. Oxford, 367–374.

Schenck, Wolfram/Hoffmann, Heiko/Moeller, Ralf (2011): Grasping to extrafoveal targets. In: *New Ideas in Psychology* 29, 235–259.

Schneider, Werner X. (1995): VAM: A neuro-cognitive model for visual attention control of segmentation, object recognition and space-based motor action. In: *Visual Cognition* 2, 331–375.

Schneider, Werner X./Deubel, Heiner (2002): Selection-for-perception and selection-for-spatial-motor-action are coupled by visual attention. In: Wolfgang Prinz/Bernhard Hommel (Hg.): *Attention and Performance XIX*. Oxford, 609–627.

Sestieri, Carlo/Shulman, Gordon/Corbetta, Mauricio (2012): Orienting to the environment. In: George Mangun (Hg.): *Neuroscience of Attention*. Oxford, 100–130.

Shibuya, Hitomi/Bundesen, Claus (1988): Visual selection from multielement displays. In: *Journal of Experimental Psychology: Human Perception and Performance* 14, 591–600.

Smith, Daniel/Schenk, Thomas (2012): The premotor theory of attention. In: *Neuropsychologia* 50, 1104–1114.

Tatler, Benjamin/Hayhoe, Mary/Land, Michael/Ballard, Dana (2011): Eye guidance in natural vision. In: *Journal of Vision* 11, 5.

Treisman, Anne/Gelade, Garry (1980): A feature-integration theory of attention. In: *Cognitive Psychology* 12, 97–136.

Urmson, Chris/Anhalt, Joshua/Bagnell, Drew/Baker, Christopher/Bittner, Robert/Clark, M. N./Dolan, John/

Duggins, Dave/Galatali, Tugrul/Geyer, Chris/Gittleman, Michele/Harbaugh, Sam/Hebert, Martial/Howard, Thomas/Kolski, Sascha/Kelly, Alonzo/Likhachev, Maxim/McNaughton, Matt/Miller, Nick/Peterson, Kevin/Pilnick, Brian/Rajkumar, Raj/Rybski, Paul/Salesky, Bryan/Seo, Young-Woo/Singh, Sanjiv/Snider, Jarrod/Stentz, Anthony/Whittaker, William/Wolkowicki, Ziv/Ziglar, Jason/Bae, Hong/Brown, Thomas/Demitrish, Daniel/Litkouhi, Bakhtiar/Nickolaou, Jim/Sadekar, Varsha/Zhang, Wende/Struble, Joshua/Taylor, Michael/Darms, Michael/Ferguson, Dave (2008): Autonomous driving in urban environments. In: *Journal of Field Robotics* 25, 425–466.

Valdes-Sosa, Mitchell/Cobo, Ariadna/Pinilla, Tupac (1998): Transparent motion and object-based attention. In: *Cognition* 66, B13–B23.

Wischnewski, Marco/Belardinelli, Anna/Schneider, Werner X./Steil, Jochen (2010): Where to look next? In: *Cognitive Computation* 2, 326–343.

Wolfe, Jeremy (1994): Guided search 2.0. In: *Psychonomic Bulletin and Review* 1, 202–238.

Zelinsky, Gregory (2008): A theory of eye movements during target acquisition. In: *Psychological Review* 155, 787–835.

Christian H. Poth/Werner X. Schneider

2. Autonomie

Einleitung

Der Ausdruck ›Autonomie‹ (griech. *autonomía*, ›selbsttätige oder eigenständige Gesetzgebung‹) wird auf vielerlei Weisen gebraucht. Das Spektrum reicht von politischen, sozialen und ethischen Feldern über gesellschaftstheoretische und historische Diskurse bis hin zu methodologischen und naturwissenschaftlichen Perspektiven. Historisch gesehen ist dementsprechend der moderne Autonomiebegriff ein homonymer Ausdruck. Dies zeigt sich auch in der Behauptung einer Autonomie von Personen, Staaten und Institutionen, der autonomen Selbstorganisation von Lebewesen, der selbstreferenziellen Aktivität des Gehirns, der autonomen Entscheidung von Softwareagenten oder schließlich der Autonomie von Wissenschaft, Kunst und Denken.

Geistesgeschichtlich ist der Autonomiebegriff Resultat von Transformationen, die nach Ernst Cassirer von *substanziellen* hin zu modernen *funktional* konzipierten Freiheits- und Autonomiebegriffen führen (Cassirer 1910, 1916/1975, 1923–1929; für einen geistesgeschichtlichen Überblick über die Entwicklung des Autonomiebegriffs vgl. Pohlmann 1971). Mit Aufkommen der Aufklärung verbinde sich demnach z. B. nicht nur eine Zurückdrängung originär religiöser Motive, sondern auch die Etablierung einer Metaphysik, welche die eigenständige, an der Vernunft orientierte Entfaltung eines autonomen Personen- und Naturbegriffs erlaubte (dazu im Detail Sellars 1963). Als einschlägiger Autor der *Autonomie* und *Freiheit* werde hier Immanuel Kant besonders in Anlehnung an Gottfried Wilhelm Leibniz zentral (vgl. auch Cassirer 1966, 497 ff.):

> Die Souveränität der ›Seele‹ wird wesentlich und ursprünglich in der Form der Souveränität der ›Vernunft‹ behauptet. Es gibt keine Überlieferung und keine Autorität, keine Instanz in und über der Welt, die diesen unbedingten Anspruch einzuschränken vermöchte. Das Wort: ›*Sapere aude*‹, ›Habe Mut, dich deines eigenen Verstandes zu bedienen‹, das Kant als den eigentlichen Wahlspruch der ›Aufklärung‹ bezeichnet hat, ist hier zum ersten Mal zur vollen, uneingeschränkten Wahrheit geworden. Die echte Freiheit bedeutet das Heraustreten der Vernunft aus ihrer Unmündigkeit. (Cassirer 1916/1975, 28)

Mit dem Rekurs auf die besondere Funktion und Aufgabe der als autonom zu erweisenden Person treten zugleich die Grenzen dieser Beschreibung auf: Autonomie ergibt sich aus der begrifflichen Verschränkung von *Autonomie* einerseits und *Heterono-*

mie andererseits. Dass sich diese beiden (scheinbar kontradiktorisch ausschließenden) Aspekte nicht einfach widersprechen, sondern wechselseitig bedingen, zeigt Cassirer unter Rückgriff auf den für die Neuzeit leitenden wissenschaftlichen Naturbegriff:

> Die Natur bildet einen unaufhörlichen schöpferischen Prozeß, der, wie er niemals zu denselben Bedingungen zurückkehrt, sich auch niemals in demselben Produkt wiederholt. Und dennoch ist dieses ewig quellende Leben in innere Schranken gebannt, aus denen es nicht heraustreten kann. Jede Form ist, indem sie den ihr zugemessenen Kreis erfüllt und vollendet, zugleich frei und gebunden. Sie ist gebunden, weil alles, was aus ihr entsteht, in streng gesetzlicher Weise aus ihr hervorgeht; sie ist frei, weil es nur das Gesetz des eigenen Wesens ist, was sich in ihren Werken ausdrückt. Kein Zwang von außen treibt sie mehr; aber ihre unvergleichliche Eigenart selbst ist es, die ihr das eigene Tun als ein Notwendiges aufprägt und vorschreibt. (ebd., 39)

An Naturzusammenhängen lassen sich also sowohl autonome wie heteronome Aspekte ausmachen. Bezieht man die Unterscheidung von *Person* und *Natur* auf die von *Autonomie* und *Heteronomie*, so ergibt sich ein *Verhältnis zweier Verhältnisse*. Dieses wurde und wird intensiv hinsichtlich begrifflicher und historischer Konsequenzen untersucht und erweist sich noch in aktuellen Debatten um die ›Freiheit des Willens‹ als kontrovers (z. B. Chalmers 1996; Habermas 1981; Keil 1993, 2009; Nida-Rümelin 2001; s. Kap. IV.8, Kap. IV.23).

Auch in der Kognitionswissenschaft nimmt der Ausdruck ›Autonomie‹ eine zentrale Stellung ein. Da ›Kognitionswissenschaft‹ ein Sammelausdruck ist, der in Methode, Resultat und Konsequenz unterschiedliche (teilweise widerstreitende) Ansätze umfasst, wird das Autonomieproblem in der Regel im Zusammenhang mit dem Reduktionsproblem behandelt (s. Kap. II.F.1). Eine leitende Frage ist dabei, ob sich lebensweltlich-mentale Ausdrücke – wie z. B. ›wahrnehmen‹, ›erkennen‹, ›auffassen‹ oder ›verstehen‹ – auf neurobiologische, neuropsychologische oder evolutionsbiologische Theorien reduzieren lassen (z. B. Churchland 1986). Das Spektrum reicht hier von eindeutiger Identität über funktionalistische Korrelationen kybernetischer Beschreibungen bis hin zu rein modellierenden Darstellungen.

Im Folgenden sollen aber weniger diese Debatten rekonstruiert als vielmehr die begrifflichen und systematischen Grundlagen des Ausdrucks ›Autonomie‹ bestimmt werden. Daran lassen sich anschließend die Verhältnisse zwischen *Natur* und *Person* genauer ausdifferenzieren und spezifische Reduktionsstrategien aufzeigen, die auch in der Kognitionswissenschaft leitend sind.

Systematische Bestimmung

Versteht man den Ausdruck ›Autonomie‹ objektsprachlich, so wird wesentlich von etwas gesagt, es sei autonom. Trotz dieser anscheinend einstelligen Verwendung handelt es sich – bei genauer sprachlogischer Untersuchung des Prädikats ›autonom‹ – faktisch um eine mehrstellige Relation. Sie führt zu der Aussageform ›x ist autonom in Hinsicht auf K.‹, wobei ›K‹ ein noch näher zu bestimmendes Kriterium bezeichnet, bezüglich dessen die Prädikation gilt. Autonomie kann daher im eigentlichen Sinne nicht als Eigenschaft verstanden werden, die einer Sache unmittelbar zukommt; vielmehr qualifiziert sie wesentlich Verläufe, Vorgänge oder Tätigkeiten in jeweils ausgezeichneter Hinsicht. Die Aussagen ›x bewegt sich autonom.‹ oder ›x entscheidet (sich) autonom.‹ wären zwei denkbare Beispiele für diese Redeform.

Löst man die Einstelligkeit des Ausdrucks ›ist autonom‹ auf, dann ist der Bezug auf die jeweils zu bestimmenden Kriterien in Form von Regeln oder Gesetzmäßigkeiten hergestellt (hinsichtlich derer z. B. die Bewegung von x auf eine gewisse Weise ausgeführt wird). Dies erlaubt zwei zusammenhängende, dennoch aber klar zu differenzierende Darstellungen:

- *Schwache Form von Autonomie*: Verläuft der einem Sachverhalt S zugeschriebene Vorgang regel- oder gesetzmäßig, ohne dass S sinnvoll als *Initiator* oder *Autor* dieses Gesetzes anzusprechen wäre, so spricht man von ›schwacher Autonomie‹. So zieht etwa Saturn seine Bahnen, welche Regelmäßigkeiten und Gesetzmäßigkeiten bezüglich einer bestimmten Beschreibung aufweisen. Die Bewegungen vollziehen sich unabhängig von ihren Beschreibungen in dem Sinne, dass eine Änderung des deskriptiven Gehaltes an der Zuschreibung der Bewegung nichts ändern würde. Diese *schwache* Form von Autonomie – die durch das Epitheton *automatisch* zum Ausdruck gebracht werden kann – referiert lediglich deskriptiv auf die ›sich‹ bewegenden Gegenstände (vgl. Aristoteles, *Physik II*).

- *Starke Form von Autonomie*: Hängt die Gesetzmäßigkeit (griech.: *nomos*) von dem Träger selber ab (etwa in Form von Selbst- und Fremdzuschreibungen), so spricht man von ›starker Autonomie‹. Daraus ergibt sich eine auf den ersten Blick paradoxe Situation, indem der von S als autonom ausgeführte Modus durch S überhaupt erst auftritt, zugleich aber auch gesetzlich bestimmt ist. Diese als *stark* zu kennzeichnende Form von Autonomie ist ein Phänomen zweiter bzw. dritter Ordnung (Frankfurt 1971; Lorenzen/Schwemmer 1975), insofern das Gesetz, welchem S folgt, selber Gegenstand der Bestimmung durch S ist. So betrachtet ist S, indem es der Gesetzmäßigkeit folgt, nicht selbstbestimmt (*auto*-nom); zugleich aber tritt S als bestimmend für die Gesetzmäßigkeit auf, sodass S dadurch als selbstbestimmt (*auto*-*nom*) gelten kann.

Diese Unterscheidung zwischen *starker* und *schwacher Autonomie* ist auch in Hinsicht auf Bedingungsverhältnisse charakterisierbar. So lässt sich im Falle der schwachen Autonomie zeigen, dass die Gesetzmäßigkeit nicht einfach eine Eigenschaft der jeweiligen Gegenstände ist, sondern erst durch Beschreibungen der kontextuellen Vorkommnisse bestimmt wird (wie z. B. im Fall des sich zum Huhn entwickelnden Eies oder der sich in Farbalteration begebenden Belousov-Zhabotinsky-Reaktion). In Bezug auf starke Autonomie liegt eine andere Situation vor, die sich wesentlich mit dem Konzept der *Freiheit* identifizieren lässt (s. Kap. IV.8). Hier können zwei grundlegende Fälle unterschieden werden:

Negative Freiheit. Die negative Freiheit, welche einen zentralen Aspekt von starker Autonomie konstituiert, besteht wesentlich in der Freiheit *von* R, wobei ›R‹ einen Satz von Regeln oder Gesetzen bestimmt, der nicht in der Autorenschaft des Zuschreibungsgegenstandes liegt (Berlin 1995). Diese wäre mit Immanuel Kant (1785/1974, 75 ff., 84 ff.; 1781–1787/1986, 574 ff.) als Freiheit des Willens von Natur und Naturbestimmung aufzufassen. Versteht man darunter den Bezug auf naturgesetzliche und damit wesentlich kausal beschreibbare Zustände, so ergibt sich Freiheit als Restklasse des nicht kausal Erklärbaren. Frei wären also z. B. Entscheidungen dann, wenn sich – in einem ersten Fall – *noch* keine oder aber – in einem zweiten Fall – *prinzipiell* keine Kausalerklärungen ihres Zustandekommens finden lassen (vgl. Hartmann 1998). Kann wie im zweiten Fall *prinzipiell* keine Kausalerklärung ausgewiesen werden, ist an dieser Stelle bereits der Übertritt zur *positiven Freiheit* angezeigt.

Positive Freiheit. Der als ›positiv‹ anzusprechende Aspekt bezeichnet das Setzen der Zwecke *selber*. Die Realisierung dieser Zwecke kann aber durchaus als Zwang bestimmt werden. In der zugrunde liegenden ›Spontaneität der Vernunft‹ besteht für Kant (1781–1787/1986, 576 ff.) das Vermögen, eine Kausalreihe oder einen kausal bestimmten Zustand »von selbst anfangen« zu können. Dem positiven freien Wählen einer Alternative (ich will A und nicht B) widerspricht also nicht, dass mit dem Gewollten (hier A) Regeln für dessen Realisierung verbunden sind (will ich z. B. Kuchen anstelle von Plätzchen backen, so werde ich den Rezepten für das Kuchenbacken folgen müssen, um Kuchen zu erhalten; es folgt aber nicht, dass überhaupt zu backen sei).

Das Verhältnis von negativer und positiver Freiheit wäre jetzt als Bedingungsverhältnis aufzufassen, wobei die positive nur unter Bedingung der negativen zustande komme. Mit Kant lässt sich entsprechend Autonomie als ›Eigenschaft des Willens‹ einführen, dessen Funktion in der Selbst-Bestimmung des Bestimmenden besteht:

> Autonomie des Willens ist die Beschaffenheit des Willens, dadurch derselbe ihm selbst (unabhängig von aller Beschaffenheit der Gegenstände des Wollens) ein Gesetz ist. Das Prinzip der Autonomie ist also: nicht anders zu wählen, als so, daß die Maximen seiner Wahl in demselben Wollen zugleich als allgemeines Gesetz mit begriffen sein. (Kant 1785/1974, 74 f.)

In kritischer Absetzung der Anbindung von Autonomie an eine personale Strukturierung des Willensbegriffs nimmt Georg Wilhelm Friedrich Hegel eine Erweiterung des Freiheitsbegriffs vor, der sich an der von ihm entfalteten anerkennungstheoretischen Strukturierung des Individuumbegriffs orientiert (z. B. Hegel 1807/1985). Die Folgen einer solchen Einführung von Autonomie bestehen darin, dass die direkten Bezüge auf einzelne menschliche Individuen kontingent werden: Der einzelne Mensch hätte demnach den Status einer autonomen Person nicht mehr ›an sich‹, sondern durch Interaktionen mit Anderen (vermittelt durch präskriptive und normative Strukturierungen vergesellschafteter Individuen sowie deren Entwicklungsformen). Dies unterstreicht allerdings, dass der Begriff von Freiheit – und der daran explikativ angebundene Begriff der Autonomie – nicht mehr ohne seine Entfaltung in der geschichtlichen Entwicklung bestimmbar ist. Eine ›Geschichte der Freiheit‹ kann dann allerdings nicht mehr einfach als kontingentes Geschehen verstanden werden (Hegel 1820/1989, § 341 ff.; Honneth 1994). Für eine systematische Entfaltung des Personenbegriffs lassen sich in der Folge mindestens drei Ebenen von Autonomie differenzieren, die wir für unsere weiteren Überlegungen nutzen wollen:

Trieb als Form von Autonomie: Im ersten Schritt ließen sich Menschen als Tiere auffassen, welche wesentlich durch Bedürfnisse und Triebe (im lebensweltlichen Sinne) bestimmt und gelenkt werden.

Gleichwohl wäre hier schon ein höherstufiges Moment auszuzeichnen, insofern eine erste Differenz von Trieben im engeren und weiteren Sinne zu verorten wäre: Im Gegensatz zu Tieren erwarten wir nämlich von Menschen, dass sie nicht vollständig und ausschließlich von Trieben geleitet sind, sondern sich wählend auf diese beziehen können. Entsprechend wäre hier schon der Übergang zur zweiten Stufe angezeigt.

Willkür als Form von Autonomie: Im zweiten Schritt tritt die Frage auf, welche Triebe (unter welchen Situationen zu welchen Konstellationen) begründet zu wählen sind. Diese Form der Autonomie lässt sich mit dem Begriff der Willkür verbinden, der sich in der ›Freiheit der Wahl‹ ausdrückt (Hegel 1817/1983, § 473 ff.; 1820/1989, § 13 ff.). Auf dieser Stufe wären die Kriterien von Freiheit in der Entwicklung des Personenbegriffs bestimmbar (Hegel 1817/1983, § 487 ff.; vgl. auch Habermas 1981).

Sittlich-freiheitliche Form von Autonomie: Die nächste Stufe konzeptioneller Bestimmung von Autonomie ergibt sich, indem der kantische Personenbegriff selber wiederum als Verwirklichung von Freiheitskonzepten aufgefasst wird (Hegel 1820/1989, § 341 ff.). Hierbei wäre die Entfaltung der Sittlichkeit der Bezugspunkt für die Entwicklung der als autonom geltenden Person, welche nun nicht mehr in der Bestimmung als Exemplar zu verorten wäre. Pointiert reformuliert: Autonom kann man nicht für sich allein sein (ebd., § 431).

Zusammenfassend erweist sich Autonomie in dieser Darstellung als ein Ausdruck, der auf erster Ebene *objektsprachlich* fungiert, daraufhin *metasprachlich* gewendet wird, um dann sowohl als *entwicklungsbegriffliches* als auch *metatheoretisches* Konzept aufzutreten. Wird nun Autonomie (im starken Sinne) wesentlich an der zuletzt genannten Gebrauchsform orientiert, so lassen sich daran Nivellierungs- und Verkürzungsformen aufzeigen, welche entweder durch Vermischung verschiedener Verwendungsstufen oder aber durch Reduzierung auf niederstufige Gebrauchsebenen zustande kommen.

Reduktionsformen: Autonomie als Eigenschaft von Objekten

Wird das Prädikat ›autonom‹ einstellig verwendet, entsteht der Eindruck, es handelte sich um eine Eigenschaft von Objekten, die sich spezifisch ausweisen lässt: So besteht z. B. die Autonomie einer Polis darin, dass sie sich ihre eigenen Gesetze gibt, die Autonomie

des Nervensystems in der Tatsache, dass es gewisse Vorgänge im Körper höherer Vielzeller ›regelt‹ und die autonome Embryonalentwicklung eines Huhnes darin, dass sie sich selbstständig im Ei vollzieht.

Auch für den Bereich des Unbelebten lassen sich analoge Charakterisierungen anführen: so ziehen Planeten ihre Kreise ebenso, wie sich Flammen oder Bénard-Zellen selbst erhalten (s. Kap. III.9); die Freiheitsgrade eines technischen Gelenkes sind durch die Achsen seiner Bewegungen gleichermaßen bestimmbar, wie auch die Autonomiegrade eines Roboters, gemäß denen die jeweiligen Fähigkeiten des Konstruktes geleitet werden. In all diesen Fällen lassen sich den Objekten spezifische Formen von Autonomie zusprechen, welche in unterschiedlichen Ausmaßen vorliegen. Die einstellige Verwendung zeigt jedoch eine gewisse Auffälligkeit, indem sie sich regelmäßig auf Vorgänge und Bewegungen *an* diesen oder *mit* diesen Gegenständen bezieht, und zwar in reflexiver Form: so bewegt ›sich‹ Saturn um die Sonne oder erhält ›sich‹ die Flamme usw.

Exemplarisch kann dies an den Teilreaktionen der oben bereits erwähnten Belousov-Zhabotinsky-Reaktion verdeutlicht werden: Sie fungiert insofern als ausgezeichnetes Beispiel autonomer Vorgänge als sie jedenfalls ein Merkmal zeigt, das für die Bestimmung von Autonomie zentral ist. Die Teilreaktionen (und die damit verbundenen Farbwechsel) im Laufe einer Belousov-Zhabotinsky-Reaktion vollziehen sich nämlich wesentlich ohne zusätzlichen Eingriff (in Form etwa einer Steuerung) von außen (dazu unten mehr). Zugleich stellen sie sich aber als zwingend naturgesetzlich dar, insofern sie sich unter gleichen Bedingungen auf gleiche Weise selbstständig reproduzieren lassen und gerade dadurch das Gesetzmäßige autonomer Vorgänge sicherstellen.

Die sich hierbei andeutende Paradoxie zwischen dem internen *Selbst*-Vollzug einerseits und der externen Gleich- und Gesetzmäßigkeit andererseits kommt zur Auflösung, wenn auf die jeweilige Beschreibungsebene rekurriert wird. Die Beschreibung der Belousov-Zhabotinsky-Reaktion und ihrer Teilreaktionen erfolgt in einer logischen Grammatik, welche die genannten Vorgänge in einer Weise bestimmt, die wesentlich an menschlichen Handlungen orientiert ist: So wie ein menschlicher Akteur von sich aus einen Kuchen backt, so scheint sich die Belousov-Zhabotinsky-Reaktion selbst zu organisieren. Selbstverständlich muss aber zwischen der Beschreibungssprache bei Artefakten (d.h. durch menschliche Handlungen hervorgerufene Gegenstände) und Naturstücken unterschieden werden.

Heteronomie autonomer Artefakte. Artefakte erscheinen zunächst als Beispiel für schlicht heteronome Gegenstände, insofern sie durch die Zwecksetzung als spezifisch ausgewiesene Mittel determiniert sind. Dennoch lassen sich hier – bezogen auf die Struktur der Mittel – differenzierte Grade der Heteronomie ausmachen, die von der Beschreibung der Funktion der Artefakte bis hin zur Autonomie im starken Sinne zu reichen scheinen. Mit Gutmann et al. (2011) lassen sich fünf Stufen unterscheiden, welche freilich nicht eindeutig und phasenscharf trennbar sind (vgl. auch Nehmzow 2002, 7 f.):

- *Instrumentalisierung*: Hierbei liegt sowohl die Zwecksetzung als auch die Kontrolle der Verwendung vollständig beim Konstrukteur des Artefakts. Wie bei klassischen Maschinen (z. B. einer Dampfmaschine) werden Störungen des Betriebes ausschließlich unter Bezug auf die leitenden Zwecke bestimmt.
- *Maschinisierung*: Bei zunehmender Komplexität der Artefakte reduziert sich die Ausschließlichkeit der Kontrolle durch den Hersteller und Nutzer des Artefakts. Bleibt die Zwecksetzungsautonomie erhalten, kann sich aber die Kontrolle immer stärker bis zur bloßen Überwachung (Kontrolle zweiter Ordnung) reduzieren (etwa im Falle einer Fertigungsstraße). Entsprechend erfolgt die Störungsfeststellung nicht mehr ausschließlich durch den Nutzer.
- *Automatisierung*: Eine Automatisierung liegt vor, wenn durch die Artefakte Funktionen ausgeführt werden, ohne dass der Nutzer direkt in die Ausführung interveniert oder sie kontrolliert (z. B. bei einem Autopilot). Liegt die Bestimmung von Oberzwecken des Artefakts hier beim Konstrukteur oder Nutzer, gilt dies für die Mittelwahl nur noch eingeschränkt. Die Störung wird interaktiv unter Nutzung von Diagnosemitteln des Systems identifiziert.
- *Autonomisierung*: Artefakte auf dieser Stufe funktionieren in erheblichem Ausmaß kontextsensitiv und bestimmen zum Teil die Unterzwecke der Funktionserfüllung selbst (adaptive Systeme). Auch wenn sie noch weitgehend fiktiv sind, werden sie zusehends zum Gegenstand der Robotik bzw. (allgemeiner) von Technologieentwicklungen (Christaller et al. 2001). Die Unterscheidung von gestörtem und ungestörtem Artefakt erfolgt wesentlich graduell.
- *Bionomisierung*: Den Abschluss bilden schließlich technische (z. B. robotische) Systeme, zu deren Funktion die Selbsterstellung gehört; diese werden daher zunehmend in biomorphen Ausdrü-

cken beschrieben (z. B. im Rahmen der evolutionären Robotik oder des *organic computing*; Müller-Schloer et al. 2011; s. Kap. III.5). Es handelt sich damit nicht mehr nur um adaptive Systeme, sie sind vielmehr zugleich durch ›*self-x-capacities*‹ gekennzeichnet, z. B. durch die Fähigkeit zum *self-healing* oder zur *self-awareness*.

Technische Systeme bleiben also zusammenfassend als Mittel bestimmt, die zur Realisierung von Zwecken eingesetzt werden. Bezüglich der Kontroll- und Eingriffsmöglichkeit lässt sich jedoch eine ›Eskalationsreihe‹ angeben: ausgehend von dem nutzerseitig kontrollierten Einsatz von Mitteln (*Instrumentalisierung*), über zunehmende Konzentration auf die Zwecksetzungswillkür (*Maschinisierung* und *Automatisierung*) bis hin zur weitgehenden Aufgabe der Mittelauswahl selber (*Autonomisierung* und *Bionomisierung*). Auf der letzten Stufe ist der Einfluss des Nutzers nur noch auf die Oberzwecksetzung mit entsprechend beschränkten Resteingriffsmöglichkeiten reduziert.

In all diesen Fällen ist die Tätigkeit des Artefakts derivativ bezogen auf die logische Grammatik menschlicher Handlungs*zu*schreibungen (Askription) und Handlungs*be*schreibungen (Deskription). Die Autonomie, die hier klar zuzuerkennen wäre, bliebe allerdings immer gebunden an die *Zwecksetzungswillkür* des Menschen und deren gelingende *Zweckrealisierung* (Janich 1998). Genau hierin liegt auch die Gesetzmäßigkeit begründet, die vollends als Anzeichen der Heteronomie der Artefakte anzusehen ist: Die Gesetze, welche ihre Bewegungen regieren, sind wesentlich pragmatischer Natur und werden von außen durch den Konstrukteur herangetragen. Der Bewertungsausdruck ›autonom‹ muss also mehrstellig verstanden werden, so dass z. B. gilt: ›*x* ist autonom bezüglich Kriterium K nach Maßgabe einer Askription A durch B.‹ Die Askription erfolgt etwa durch einen Konstrukteur B, wobei dem Artefakt jeweils bestimmte Tatausdrücke zugeschrieben werden, die auf ein explizites technisches Know-how spezifischer Zweckrealisierungen verweisen (es lassen sich hier unschwer weitere Akteure einbeziehen, wie etwa der Halter, der Nutzer usw.; dies führt zwar zu einer erheblich komplexeren Struktur, was etwa die Verantwortungszuschreibung anbelangt, ändert aber mit Blick auf den abgeleiteten Charakter der Autonomie nichts).

Für die hier vorgestellte schwache Autonomie erweist sich die Konstrukteurs- oder Autorenbezüglichkeit von autonomen Systemen als trivial; für die Bewertung der technischen Realisierbarkeit und

Umsetzbarkeit von starker Autonomie im Rahmen von technischen Systemen ist dieser Zusammenhang allerdings zentral. Jetzt lässt sich nämlich das oben aufgeworfene scheinbare Paradox der Autonomie zwischen interner Selbst- und Eigeninitiative einerseits und der externen Gleich- und Gesetzmäßigkeit andererseits auflösen: Artefakte können sowohl durch Autonomie als auch durch Heteronomie *zugleich* charakterisiert werden. An dieser Stelle liegt kein (kontradiktorisch bestimmter) Widerspruch mehr vor: Artefakte sind heteronom, insofern sie als Mittel vom Konstrukteur zu einem bestimmten Zweck hergestellt werden; zugleich sind sie aber auch autonom, indem sie als Mittel selbstständig und kontextsensitiv (je nach Grad der Autonomie) einen bestimmten Zweck ohne externe Eingriffsstrukturen realisieren. In diesem Sinne bleiben ›autonome Systeme‹ genau das, was sie im Nutzungszusammenhang sind: nämlich Mittel (Gutmann et al. 2011).

Heteronomie natürlicher Systeme. Die Beschreibung von Naturstücken (seien es belebte oder unbelebte) erfolgt zunächst in derselben Redeform wie bei Artefakten: Saturn bewegt *sich* selbstständig um die Sonne und Konvektionswalzen organisieren *sich* ohne externen Eingriff. Es handelt sich zwar um grundsätzlich andere Vorgänge als bei Artefakten, gleichwohl orientiert sich die Redeform ebenfalls an Tätigkeitszuschreibungen, die uns lebensweltlich vertraut sind. Dennoch kann an dieser Stelle eine wichtige Asymmetrie ausgezeichnet werden, die die Beschreibung von Naturstücken hinsichtlich der Geltung der resultierenden Aussagen regiert:

- Man kann explizieren, was mit menschlichen Handlungen, Mitteln und Zwecken gemeint ist, ohne über relevantes Wissen über die vorgestellten Naturvorgänge zu verfügen.
- Das umgekehrte Verhältnis gilt allerdings nicht: Es ist nicht möglich, über Naturvorgänge *wissenschaftlich* zu sprechen, ohne sich – anfänglich – auf die unter dem vorhergehenden Punkt dargestellte Explikationsmöglichkeit zu beziehen. Dies beinhaltet ausdrücklich auch die Nutzung und Handhabung von Werkzeugen, Maschinen und weiteren Artefakten.

Die reflexive grammatische Struktur bei dem Ausdruck des ›sich bewegenden Saturn‹ ist dementsprechend zunächst als metaphorische Rede zu kennzeichnen, insofern sie anthropomorphisierende Züge enthält. Am Saturn-Beispiel zeigt sich nämlich ein notwendiger Bezug auf menschliche Mittel, der

sich nicht nur auf die sprachlichen Beschreibungsformen beschränkt, sondern auch die mathematischen Darstellungen der Planetenbewegung einbezieht, an denen die Reproduzierbarkeit und der Wahrheitsgehalt spezifischer Beschreibungen sichergestellt werden kann. Zudem sind es die Normierungen von Erfahrungen im Rahmen von Labortätigkeiten, welche explanatorische und prognostische Formen von Wissen über die genannten Bewegungen erzeugen. Zusammenfassend lässt sich also feststellen, dass aufgrund der Metaphorik bei z. B. der *Selbst*-Bewegung des Saturn in der Zuschreibung kein eigentlich reflexives, sondern nur ein grammatisches Verhältnis besteht. Entsprechend liegt es nahe, für solche Naturvorgänge ganz auf den Autonomiebegriff zu verzichten. Vielmehr ist dieser Begriff durch den Bezug auf Regel- und Gesetzmäßigkeiten von Naturvorgängen ersetzbar, die sich bei Einsatz bestimmter Sprachstücke (etwa rein physikalischer oder chemischer Bestimmungen) einstellen. Erneut ist ›Gesetzmäßigkeit‹ nicht unbezüglich, sondern nur mit Blick auf bestimmte Beschreibungs- und Strukturierungsformen von Vorgängen und Abläufen festzustellen.

Im Falle des Umganges mit belebten Naturstücken (z. B. mit Pflanzen oder Tieren) sind die methodologischen Verhältnisse allerdings komplexer. Soll nicht das Vorliegen von Naturzwecken behauptet werden, so kann die intentionale Form, in welcher Lebewesen als *autonom* erscheinen, anders verstanden werden: Die Aussage ›*x* lebt.‹ ist hierbei nicht einfach prädikativ (wie z. B. ›ist rot‹) und kann nicht als Konjunktion aus zwei Aussagen (›*x* existiert.‹ *und* ›*x* lebt.‹) dargestellt werden. Vielmehr ist das *Lebendig-Sein* von *x* die Art und Weise seiner Seinsform selber (Aristoteles, *Peri psyches* 415b; vgl. auch Gutmann 2012). Diese Bestimmung des Ausdrucks ›lebendig‹ verbleibt zwar in der logischen Grammatik einer Zuschreibung (ganz analog z. B. der Selbst-Bewegung von Planeten), sie ist jedoch gegenüber den zuvor behandelten natürlichen Systemen deutlich stärker. Im Unterschied etwa zu planetaren Bewegungsformen lassen sich lebendige Systeme z. B. als *selbsterzeugende*, *selbststabilisierende* und *selbsterhaltende* Systeme spezifizieren (Maturana 1998; Maturana/Varela 1987; s. Kap. III.9). Genau diese Aspekte werden im Rahmen von ›selbstorganisierenden‹ Systemen behandelt, deren methodologischer Status gerade in Bezug auf Autonomie zumeist unklar bleibt.

Heteronomie selbstorganisierender Systeme. Die Gruppe der selbstorganisierenden Systeme ist heterogen, da sie sowohl unbelebte als auch belebte Phänomene oder Verläufe umfasst. Beispiele wären etwa die Formbildungsvorgänge bei Kristallen, die o. g. Konvektionswalzen, die Formbildungen von Schwämmen oder die autopoietischen Strukturierungen des zerebralen Apparates höherer Tiere (z. B. Ebeling/Feistel 1986; Kaneko 2006; Kauffman 1993). Entsprechend ist der Ausdruck ›Selbstorganisation‹ vieldeutig, da er seine Anwendung auf chemische Reaktionssysteme ebenso findet wie auf selbsterstellende (autopoietische) Systeme (etwa Organismen) bis hin zu soziologischen, gesellschaftlichen oder historischen Systemen (z. B. Luhmann 1984). Schließlich lässt sich auch in kosmologischer Perspektive von Selbstorganisation sprechen, wobei hier allerdings der Verdacht einer begrifflichen Entleerung naheliegt (es sei denn, es wird eine explizit weltanschauliche Perspektive eingenommen). Die Unterschiede, welche zwischen den bisherigen Beschreibungen von Naturgegenständen und den hier nun vorzunehmenden Beschreibungen als selbstorganisierende Objekte bestehen, sollten allerdings nicht darüber hinwegtäuschen, dass sich eine wesentliche Gleichheit in der Struktur der Argumentation ergibt, die für die weitere Rekonstruktion entscheidend ist: Hier wie dort lassen sich lebensweltliche Anfänge ausmachen, bezüglich welcher wissenschaftliche Beschreibungen angefertigt werden. Lebensweltliche Anfänge sind dabei im Gegensatz zu den resultierenden wissenschaftlichen Beschreibungen von nur eingeschränkter Geltung, liefern aber den ›Sitz im Leben‹ der jeweiligen Wissenschaft (z. B. Janich 1996). Auch wenn z. B. in mikroskopischen Zusammenhängen, die bis hin zu quantenchemischen oder -physikalischen Strukturierungen reichen, die lebensweltlichen Bezüge verlassen werden, bleiben diese für die Auszeichnung der Bedeutung und Geltung wissenschaftlicher Konzepte relevant. Genau diese Struktur liegt auch im Falle ›autopoietischer‹ Systeme vor: Auch hier wird wesentlich etwas *als* selbstorganisierendes System beschrieben.

Die erste Gruppe von Selbstorganisationsvorgängen (in unbelebten Systemen) führen exemplarisch *dissipative Strukturen* vor Augen. Entscheidend für die weitere Rekonstruktion ist daher die Einsicht, dass der Ausdruck ›selbst‹ bei selbstorganisierenden Phänomenen in zwei Rollen auftritt, die häufig nicht unterschieden werden. Einerseits ist damit lediglich auf eine definierte Gleichheit angespielt, wobei es keinen großen Unterschied macht, ob damit Personen, Dinge oder Vorgänge bestimmt werden. Der Satz ›z war es *selbst*.‹ fungiert demnach tiefengrammatisch gleich wie ›z war *dieselbe* Sonne, die *y* ge-

tern sah.‹ oder ›z war *dasselbe* Huhn, welches vor zwei Tagen noch ungeschlüpft im Ei lag.‹. Das ›Selbst‹ hat also keine eigene Referenz und der Versuch, eine solche auszuzeichnen, endet in der Ontologisierung eines grammatischen Artefakts (s. Kap. IV.18).

Andererseits lässt sich eine stark askriptive Rede auszeichnen, die z. B. in Formulierungen wie ›*x* hat dies *selbst* unterzeichnet.‹ oder ›Sind Sie nicht *selbst* der Meinung, dass *y* der Fall ist?‹ auftritt. Hier bezeichnet ›selbst‹ nämlich die Übernahme einer performativen Rolle, bei welcher der Vollzug einer Tätigkeit hinsichtlich Zweckbestimmung, Wahl der Mittel und Orientierung an den Konsequenzen wesentlich dem Vollziehenden zugesprochen wird (z. B. Janich 1998). Die Frage, ob ›selbstorganisierende Systeme‹ in beiden Bedeutungen überhaupt ›selbstorganisierend‹ sind, ist daher der Probierstein für die Frage, ob und inwieweit solchen Naturvorgängen sinnvoll Autonomie zugesprochen werden sollte oder nicht.

Selbst-Organisieren: Um diese Frage zu klären, empfiehlt es sich, zunächst mit dem zweiten Teil des Kompositums zu beginnen: nämlich der Rede von Organisation. Unstrittig geht sie auf den Tatprädikator ›organisieren‹ zurück. Was es heißt, etwas zu organisieren, lässt sich erläutern, indem auf vergleichbare menschliche Tätigkeiten Bezug genommen wird. Beispiele hierfür wären etwa das Bereitstellen und die Regelung von Produktionsmitteln oder Transportkapazitäten sowie die Steuerung und Regelung des An- oder Abtransportes von Produkten. Organisation kann also z. B. im Rahmen der Herstellung eines Stoffes gebraucht werden. Die Mehrstelligkeit des Ausdrucks wird aber auch an der Einrichtung staatlicher Institutionen explizierbar, die bestimmten Zwecken dienen. In allen diesen Fällen wird wesentlich etwas von jemandem unter Nutzung bestimmter Mittel nach Maßgabe definierter Zwecke organisiert. Der Ausdruck ›organisieren‹ kann dann durch andere Ausdrücke ersetzt werden, die sich wesentlich auf die Beschreibung der Tätigkeiten beziehen, die organisiert werden sollen (wie z. B. der Herstellungsvorgang bei Artefakten). Kriterien der erfolgreichen Organisation wären etwa die Festlegung einer Reihenfolge von Handlungen oder die räumliche und zeitliche Koordination derselben. Überträgt man diese Klärung auf Naturstücke, dann besteht deren Organisation in ihrer funktionalen Beschreibung bzw. Strukturierung (Gutmann 2010). Da diese Strukturierung unter Nutzung von Modellen geschieht, ergeben sich die resultierenden Strukturen wesentlich aus den entsprechenden Zwecksetzungen der Modellbildungen (vgl. etwa die Strukturierung von Neuronen als elektrische Leiter, wie sie von Hodgkin/Huxley 1952 vorgelegt wurde).

Selbst-Organisieren: Obige sprachtheoretische Unterscheidungen lassen sich abermals an dem Beispiel der Belousov-Zhabotinsky-Reaktion verdeutlichen: Hier handelt es sich um eine Redoxreaktion mit einer Reihe von Zwischenprodukten, deren Verhältnisse zueinander den Ablauf der Reaktion bestimmen. Allerdings ist es zunächst und wesentlich der Experimentierende, welcher die Reaktionsbedingungen bereit- und sicherstellt. Es liegen also genau genommen zwei Beschreibungen vor: Zunächst die Beschreibung des Vorgangs als Stoffumsetzung, in deren Verlauf Redoxreaktionen eine zentrale Rolle spielen. Hier werden die (etwa als Farbwechsel) beobachtbaren Vorgänge chemisch strukturiert. Anschließend wird auf diese Beschreibung die Rede von der Selbstorganisation eben des Vorganges bezogen, der den Referenten der ersten Beschreibung bildete. Dies wäre hier die Darstellung der chemischen Reaktionen, welche zu Produkten führen, von welchen einige wiederum als Edukte dienen können (Ebeling/Feistel 1986; Kauffman 1993; Prigogine 1979; Prigogine/Stengers 1981). Das *Selbst* also (s. Kap. IV.18), das als Produkt (*Selbstorganisation*) seines eigenen Tuns (*Selbstorganisieren*) angesprochen wird, ist dies nur im Sinne einer *als-ob*-Beschreibung. Die Attribution der Tatprädikate bleibt dabei solange methodologisch unproblematisch, wie nicht zugleich die Natürlichkeit des Vorganges selber behauptet wird (denn dieser bleibt zunächst unbestreitbar ein Phänomen der menschlichen Tätigkeit im Labor). Nun ließe sich einwenden, dass doch gleichfalls von ›echten Naturvorgängen‹ als sich selbst-organisierenden Phänomenen die Rede sein könnte: diese wären dann faktisch spezifische Exemplare für eine organisierende Tätigkeit ›in der Natur‹. Als Beispiel könnten dazu Triebkräfte für die Plattentektonik in der Bildung von Konvektionswalzen genommen werden, die sich u. a. durch die Temperaturunterschiede zwischen Kern und Schalenbereichen des Erdballes ergeben. Wird von der Frage nach der faktischen Wahrheit dieser Vermutung abgesehen, so lässt sich die methodologische Struktur derselben aber gerade in der Weise verstehen, wie dies für die Erklärung der Planetenbahnen auch galt: Erst dadurch, dass *wir* im Labor in der Lage sind, Vorgänge auf eine bestimmte Weise (nämlich unter Ausweis der Personen- und Situationeninvarianz der resultierenden Beschreibungen, Erklärungen oder Prognosen) hervorzubringen, können wir die im Labor kontrollierbaren Bedingungen und Vor-

aussetzungen konstituieren, welche ein Modell für den natürlichen Vorgang liefern (z. B. Janich 1996). Die Autonomiebestimmung, welche hier für selbstorganisierende und autopoietische Systeme rekonstruiert wurde, lässt sich nun unschwer auch auf Teilsysteme lebendiger Körper oder deren Leistungen anwenden. Dies erfolgt insbesondere im Rahmen der Konzeption autopoietischer Systeme mit Blick auf *Kognition*, verstanden in einem möglichst umfassenden Sinne der Etablierung nicht-repräsentationaler Weltbezüge (Maturana 1998).

Heteronomie von Kognition. Es können zwei Bestimmungen des Ausdrucks ›Kognition‹ unterschieden werden, gemäß der Differenz von starker und schwacher Autonomie. Nur die schwache Form von Kognition ist noch im Sinne der Reduktion von Autonomie zu verstehen, während starke Kognition auf die oben entwickelte Vollform einer starken Autonomie verweist. Schwache Kognition wird zur Charakterisierung von Systemen verwendet, welche zwar nicht selber im eigentlichen Sinne als kognitiv auszuweisen wären, aber an kognitiven Prozessen kausal beteiligt sind. In dieser Charakterisierung wäre z. B. die Entwicklung neuronaler Prozesse analog zu Gehirnstrukturen als Ausprägung eines kognitiven Systems verstehbar (z. B. Churchland 1986; Shettleworth 2000; Wheeler 2005). Damit würden also wiederum Naturstücke so modelliert, dass gewisse Leistungen *als kognitiv* anzusprechen sind: z. B. ›Gehirn A sieht, dass *x* der Fall ist.‹ Diese Beschreibung erfolgt in der für die starke Autonomie typischen personalen Form. Zwar vollzieht sich die Leistung ›von selbst‹ – aber in einem kausal strukturierbaren Sinn, ohne dass die propositionale Form der Darstellung wörtlich genommen werden darf. Dass nämlich *x* der Fall ist, lässt sich gerade *nicht* sehen (König 1969), sondern zunächst nur sagen bzw. behaupten (diese trivial anmutende Bestimmung ist deswegen entscheidend, weil die Semantik des Ausdrucks ›*x* ist der Fall.‹ nur sprachlogisch zu klären ist und gerade nicht allein aus der neuronalen Struktur selber abgeleitet werden kann). Reduziert man nun die kognitiven Leistungen auf kausal relevante Strukturen wie etwa ›das Gehirn‹ oder ›das zentrale Nervensystem‹ so entsteht eine mereologische Verkürzung, die den grammatischen Eindruck der Autonomie genau dieser Struktur erzeugt (Bennett/Hacker 2003; s. Kap. II.F.2).

Technische Ausprägungen solcher kognitiven Organisationsvorgänge sind z. B. Modellierungen neuronaler Verschaltungen in unterschiedlichster Form und Leistungsfähigkeit, die von einfachen miteinander verschalteten Perzeptronen bis hin zu komplexen *self organizing maps* reichen (Kohonen 2001). Die technischen Realisierungen der Adaption, Variation und Übertragbarkeit liefern hierbei u. a. die Kriterien für die Leistungsbestimmung der jeweiligen Systembestandteile (z. B. Kaneko 2006, 37 ff.). Insofern diese Kriterien von den vom Konstrukteur vorgegebenen Zwecken abhängen und überhaupt aus dieser Perspektive erst modelliert und kontrolliert werden, sind auch diese kognitiv markierten Systeme aufgrund ihres Mittelcharakters wesentlich als ›heteronom‹ zu kennzeichnen.

Starke Kognition und Autonomie

Die Rekonstruktion der Verwendung von ›Autonomie‹ zur Charakterisierung sowohl von Artefakten als auch von Naturstücken ließ deutlich werden, dass es sich nicht lediglich um eine bloße Wortähnlichkeit im Sinne einer Homonymie handelt. Vielmehr konnte ein echter begrifflicher Zusammenhang der vorgeführten Verwendungen dadurch aufgezeigt werden, dass in allen Fällen der explikative Bezug auf die als ›stark‹ bestimmte Form von Autonomie hergestellt wurde. Dies gilt sowohl für die deskriptiven als auch für die askriptiven Redeweisen.

Vermeidet man daher die im vorhergehenden Abschnitt bestimmten Reduktionsformen, lässt sich ein starker Begriff von Kognition explizieren, der dadurch gekennzeichnet ist, dass Kognition hier selber zum Gegenstand und eigentlichem Zweck der Zuschreibung von Autonomie in einem starken Sinne wird. Kognitive Leistungen – zu denen neben dem Denken und Erkennen auch das Wahrnehmen in verschiedenen Sinnesmodalitäten gehört (s. Kap. IV.24) – sind solche, die von Systemen als Eigenleistung vollzogen werden. Dies geschieht – als Ausdruck *negativer Freiheit* – zunächst ohne ›Veranlassung‹. Hinzu kommt – als Ausdruck *positiver Freiheit* – die Auszeichnung der jeweiligen Form des Vollzuges der Leistung. *Sehen* bzw. *Wahrnehmen* wäre danach wesentlich ›etwas *als* etwas sehen‹ und damit nicht bloßes Widerfahrnis, sondern Eigenleistung. Hier wäre die propositionale Form als Element von Redehandlungen zu verstehen, wobei der Tätigkeitsausdruck (›Ich *nehme wahr*, dass *y*.‹ oder ›Ich *behaupte*, dass *z*.‹) gerade als Anzeige der Selbstbezüglichkeit auftritt, die in Interaktion mit Anderen die Besonderheit *starker Kognition* ausmacht.

Kognition kann also in dieser Perspektive nur unter Voraussetzung ihrer selbst begriffen werden. Als Modell könnte z. B. die oben an Hegel rekonstruierte reflexionstheoretische These dienen, dass die Entwicklung des Geistes nur bezüglich des Geistes selber verstanden werden könne. Insofern das Denken nur denkend identifizierbar und kontrollierbar sei, wäre entsprechend auch das *Denken des Denkens* eben genau dies: nämlich Denken (Hegel 1807/1985; vgl. auch Aristoteles, *Peri psyches*). Erst die Entwicklung dieses Verhältnisses ermöglicht die begrifflich umfassende Einführung von Autonomie.

Literatur

Bennett, Maxwell/Hacker, Peter (2003): *Philosophical Foundations of Neuroscience*. Oxford. [dt.: *Die philosophischen Grundlagen der Neurowissenschaften*. Darmstadt 2010].

Berlin, Isaiah (1995): *Freiheit*. Frankfurt a. M.

Cassirer, Ernst (1910): *Substanzbegriff und Funktionsbegriff*. Berlin.

Cassirer, Ernst (1916/1975): *Freiheit und Form*. Darmstadt.

Cassirer, Ernst (1923–1929): *Philosophie der symbolischen Formen*. Berlin.

Cassirer, Ernst (Hg.) (1966): *Hauptschriften zur Grundlegung der Philosophie*, Bd. 2. Hamburg.

Chalmers, David (1996): *The Conscious Mind*. Oxford.

Christaller, Thomas/Decker, Michael/Gilsbach, Joachim/Hirzinger, Gerhard/Lauterbach, Karl/Schweighofer, Erich/Schweitzer, Gerhard/Sturma, Dieter (2001): *Robotik*. Berlin.

Churchland, Patricia (1986): *Neurophilosophy*. Cambridge (Mass.).

Ebeling, Werner/Feistel, Rainer (1986): *Physik der Selbstorganisation*. Berlin.

Frankfurt, Harry (1971): Freedom of the will and the concept of a person. In: *Journal of Philosophy* 68, 5–20.

Gutmann, Mathias (2010): Autonome Systeme und der Mensch. In: Stefan Selke/Ullrich Dittler (Hg.): *Postmediale Wirklichkeiten aus interdisziplinärer Perspektive*. Hannover, 127–148.

Gutmann, Mathias (2012): Leben als Gegenstand der Philosophie? In: *Philosophisches Jahrbuch* 119, 375–393.

Gutmann, Mathias/Rathgeber, Benjamin/Syed, Tareq (2011): Autonome Systeme und evolutionäre Robotik. In: Matthias Maring (Hg.): *Fallstudien zur Ethik in Wissenschaft, Wirtschaft, Technik und Gesellschaft*. Karlsruhe, 185–197.

Habermas, Jürgen (1981): *Theorie des kommunikativen Handelns*, Bd. 1 & 2. Frankfurt a. M.

Hartmann, Dirk (1998): *Philosophische Grundlagen der Psychologie*. Darmstadt.

Hegel, Georg Wilhelm Friedrich (1807/1985): *Phänomenologie des Geistes*, hg. von Eva Moldenhauer/Karl Markus Michel. Frankfurt a. M.

Hegel, Georg Wilhelm Friedrich (1817/1983): *Enzyklopädie der philosophischen Wissenschaften*, Bd. 3, hg. von Eva Moldenhauer/Karl Markus Michel. Frankfurt a. M.

Hegel, Georg Wilhelm Friedrich (1820/1989): *Grundlinien der Philosophie des Rechts*. Hg. von Eva Moldenhauer/Karl Markus Michel. Frankfurt a. M.

Hodgkin, Alan/Huxley, Andrew (1952): A quantitative description of membrane current and its application to conduction and excitation in nerve. In: *Journal of Physiology* 117, 500–544.

Honneth, Axel (1994): *Kampf um Anerkennung*. Frankfurt a. M.

Janich, Peter (1996): Das Experiment in der Psychologie. In: ders.: *Konstruktivismus und Naturerkenntnis*. Frankfurt a. M., 275–289.

Janich, Peter (1998): Zwischen natürlicher Disposition und kultürlicher Lebensbewältigung. In: Peter Gold/Andreas Engel (Hg.): *Der Mensch in der Perspektive der Kognitionswissenschaften*. Frankfurt a. M., 373–394.

Kaneko, Kunihiko (2006): *Life*. Berlin.

Kant, Immanuel (1781–1787/1986): *Kritik der reinen Vernunft*. Hg. von Ingeborg Heidemann. Stuttgart.

Kant, Immanuel (1785/1974): *Grundlegung zur Metaphysik der Sitten*. Hg. von Wilhelm Weischedel. Frankfurt a. M.

Kauffman, Stuart (1993): *The Origins of Order*. Oxford.

Keil, Geert (1993): *Kritik des Naturalismus*. Berlin.

Keil, Geert (2009): *Willensfreiheit und Determinismus*. Stuttgart.

Kohonen, Teuvo (2001): *Self-Organizing Maps*. Berlin.

König, Josef (1969): *Sein und Denken*. Tübingen.

Lorenzen, Paul/Schwemmer, Oswald (1975): *Konstruktive Logik, Ethik und Wissenschaftstheorie*. Mannheim.

Luhmann, Niklas (1984): *Soziale Systeme*. Frankfurt a. M.

Maturana, Humberto (1998): *Biologie der Realität*. Frankfurt a. M.

Maturana, Humberto/Varela, Francisco (1987): *The Tree of Knowledge*. Boston. [dt.: *Der Baum der Erkenntnis*. Bern 1987].

Müller-Schloer, Christian/Schmeck, Hartmut/Ungerer, Theo (Hg.) (2011): *Organic Computing*. Basel.

Nehmzow, Ulrich (2002): *Mobile Robotik*. Berlin.

Nida-Rümelin, Julian (2001): *Strukturelle Rationalität*. Stuttgart.

Pohlmann, Rosemarie (1971): Autonomie. In: Joachim Ritter (Hg.): *Historisches Wörterbuch der Philosophie*, Bd. 1. Darmstadt, 701–719.

Prigogine, Ilya (1979): *Vom Sein zum Werden*. München.

Prigogine, Ilya/Stengers, Isabelle (1981): *Dialog mit der Natur*. München.

Sellars, Wilfrid (1963): *Science, Perception and Reality*. New York.

Shettleworth, Sara (2000): Modularity and the evolution of cognition. In: Celia Heyes/Ludwig Huber (Hg.): *The Evolution of Cognition*. Cambridge (Mass.), 43–60.

Wheeler, Michael (2005): *Reconstructing the Cognitive World*. Cambridge (Mass.).

Mathias Gutmann/Benjamin Rathgeber/Tareq Syed

3. *Brain-computer-interfaces* (BCI) zur Kommunikation und Umweltkontrolle

Einführung

Das Forschungsgebiet *brain-computer-interface* (BCI; im Deutschen ›Gehirn-Computer-Schnittstelle‹ genannt) hat sich in den letzten beiden Jahrzehnten als Ergebnis interdisziplinärer Arbeit zwischen Psychologie (s. Kap. II.E), Medizin, Informatik (s. Kap. II.B), Neurowissenschaft (s. Kap. II.D) und Kognitionswissenschaft etabliert. Gehirn-Computer-Schnittstellen benutzen elektrische, magnetische oder metabolische Hirnaktivität, um die Steuerung von Sprachprogrammen, motorischen Prothesen und anderen externen Maschinen zur Umweltkontrolle zu ermöglichen. Für Patienten, die aufgrund verschiedener neurologischer Erkrankungen ihre Mobilität und die Fähigkeit zur verbalen sowie nonverbalen Kommunikation teilweise oder komplett verloren haben, bietet die BCI-Technologie eine (und häufig die einzige) muskelunabhängige Alternative zur Kommunikation und Umweltsteuerung. Die BCI-Technologie und ihre neuen Anwendungen können wesentlich zur Erhaltung und Verbesserung der Lebensqualität sowie des Lebenswillens schwerstgelähmter Patienten beitragen. Schwer beeinträchtigte Patienten nennen neben ›Familie‹ und ›sozialen Kontakten‹ am häufigsten ›Kommunikation‹ als bestimmenden Aspekt ihrer Lebensqualität (Matuz 2009). Bemerkenswert ist, dass mit Fortschreiten der Erkrankung die Wichtigkeit der Kommunikation stark zunimmt. Im Rahmen einer effektiven Betreuung solcher Patienten müsste daher neben einer zufriedenstellenden medizinisch-pflegerischen Versorgung auch die Möglichkeit zur Erhaltung und Verbesserung der Kommunikation garantiert werden. Deshalb ist es unerlässlich, diesen Patienten alternative Kommunikationsmöglichkeiten zur Verfügung zu stellen. Dieses Kapitel widmet sich der Darstellung der wichtigsten BCI-Systeme, die zur Erhaltung oder Wiederherstellung von Kommunikationsfähigkeiten und Umweltkontrolle eingesetzt werden.

Grundlagen und Eingabesignale verschiedener BCI-Systeme

BCI-Systeme nutzen die Hirnaktivität des Nutzers als Steuersignal für Computerprogramme (z. B.

Sprachprogramme, Umfeldsteuerung) oder direkt für externe Geräte, wie z. B. Orthesen, Rollstühle oder künstliche Gliedmaßen. Ein BCI-System kann als eine Serie funktioneller Komponenten betrachtet werden, die sich in drei Kategorien unterteilen: Input-, Decodierungs- und Outputkomponente.

Zur *Inputkomponente* zählen die verschiedenen Verfahren zum Erfassen der Gehirnaktivität. Je nach Messmethode wird zwischen invasiven und nicht-invasiven BCI-Systemen unterschieden. Bei den nichtinvasiven BCI-Systemen handelt es sich um Techniken, die die Gehirnaktivität ohne Eingriff in das Gehirn erfassen, wie das Elektroenzephalo-gramm (EEG), das Magnetoenzephalogramm (MEG) oder die funktionelle Magnetresonanztomografie (fMRT). Invasive BCI-Systeme dagegen leiten die elektrische Aktivität des Gehirns direkt von der Kortexoberfläche (Elektrokortikogramm, ECoG), intrakortikal oder intrazellular ab. Die invasiven Methoden wurden bislang an menschlichen Nutzern nur in Einzelfällen implantiert und gehen mit erhöhten Risiken während und nach der Implantation einher (Hochberg et al. 2006; Murguialday et al. 2011). Die größte Motivation für eine invasive Methode ist die Verbesserung der abgeleiteten Signalqualität und damit der möglichen Kontrolle. Die invasiven Methoden zur Informationsgewinnung bedürfen einer Öffnung des Schädels und einer Implantation der Elektroden direkt in das Gewebe des motorischen Kortex oder anderer Hirnareale. Die Einsetzung von Langzeitimplantationen sowie auch von vorübergehenden Implantationen erfordert deshalb eine sorgfältige Nutzen-Risiko-Analyse. Dabei sind zum einen die medizinischen Risiken des Eingriffs, wie z. B. das Operations- und Infektionsrisiko, mögliche hirnorganische Schädigungen sowie bei Langzeit-applikationen die Frage der Verträglichkeit gegen die zu erwartende therapeutische Effekte abzuwägen (Clausen 2008).

Im vorliegenden Kapitel widmen wir uns v. a. nichtinvasiven BCI-Systemen, mit einem Fokus auf Systemen, die auf der Elektroenzephalografie, der am häufigsten untersuchten Methode, basieren. Bei dieser Methode werden die summierten elektrischen Potenziale bzw. ihre Spannungsschwankungen an der Kopfoberfläche aufgezeichnet, welche als Ergebnis eines anhaltenden intrakortikalen oder thalamo-kortikalen Einstroms in die kortikalen Schichten I und II sowie durch gruppierte und synchrone Depolarisation apikaler Dendriten der kortikalen Pyramidenzellen auftreten. Unter der Annahme, dass spezifische mentale Vorgänge und Gehirnreaktionen auf sensorische Stimulation mit zuverlässig auftreten-

den Änderungen der Gehirnaktivität einhergehen, benutzen etliche BCI-Systeme mathematische Methoden zur Mustererkennung unterschiedlicher Vorgänge des Gehirns. Diese Algorithmen stellen die *Decodierungskomponente* eines BCI-Systems dar und können meist erst dann nutzbringend verwendet werden, wenn Menschen gelernt haben, bestimmte Veränderungen der eigenen Hirnaktivität willentlich zu reproduzieren. Lernstrategien, die auf operanter Konditionierung beruhen (s. Kap. IV.12), werden eingesetzt, um zu einer Selbstregulation bestimmter Komponenten der elektrischen oder metabolischen Hirnaktivität zu gelangen. Zum einen kann z. B. über ein Feedbacktraining gelernt werden, die Amplituden des sog. sensomotorischen Rhythmus oder der langsamen kortikalen Potenziale willentlich zu verändern. Zum anderen können passive Lernvorgänge aktiviert werden, z. B. indem selektive Aufmerksamkeitsprozesse (s. Kap. IV.1) bestimmte Komponenten der ereigniskorrelierten Potenziale auslösen, die vom BCI-System identifiziert und z. B. zur Steuerung eines Schreibprogramms verwendet werden können.

Als *Outputkomponente* können alle Endgeräte oder elektrischen Anwendungen betrachtet werden. Unter diese fallen Sprachprogramme, aber auch andere Programme z. B. zum Malen oder der Nutzung des Internets. Auch externe motorische Prothesen oder Rollstühle zählen zu den Outputkomponenten.

Langsame kortikale Potenziale zur Steuerung von BCI-Systemen

Langsame kortikale Potenziale (LKP) werden meist als Indikatoren kortikaler Aktivierung vor und während komplexer Informationsverarbeitungsprozesse angesehen. Sie sind ein Teil der sog. ereigniskorrelierten Potenziale. d. h. Teil von Potenzialverschiebungen, die in direktem Zusammenhang zu einem Ereignis, im Frequenzbereich unterhalb von 1 bis 2 Hz, stehen. Langsame kortikale Potenziale spiegeln die Erregbarkeit kortikaler neuronaler Netzwerke wider und treten bei der Vorbereitung auf eine motorische oder kognitive Aufgabe bzw. ein Ereignis auf. Je nach elektrischer Ladung unterscheidet man dabei negative und positive Potenziale. Ihre zeitliche Ausdehnung reicht von mehreren hundert Millisekunden bis zu einigen Sekunden. Die Depolarisation kortikaler Neuronenverbände reduziert deren Erregungsschwelle, so dass die Entladung der Neuronen in Verbindung mit motorischen oder kognitiven Aufgaben erleichtert wird. Es wurde wiederholt nachgewiesen, dass negative Amplitudenverschiebungen der langsamen kortikalen Potenziale mit selektiver Aufmerksamkeit und kognitiver Vorbereitung zunehmen. Ende der 1970er haben Niels Birbaumer und seine Mitarbeiter (Lutzenberger et al. 1982) gezeigt, dass Aufgaben, die Aufmerksamkeit erfordern, besser bewältigt werden, wenn sie nach selbsterzeugter kortikaler Negativität dargeboten werden. Die positive Potenzialverschiebung hingegen stellt den ›Verbrauch‹ des negativen Potenzials und damit die Leistung selbst dar. Nach Birbaumer/ Schmidt (2010) handelt es sich um eine Balance zwischen Ressourcenbereitstellung und Negativierung einerseits und Ressourcenverbrauch und Positivierung der langsamen kortikalen Potenziale andererseits.

Die Selbstkontrolle der langsamen kortikalen Potenziale kann folgendermaßen erreicht werden: Der Benutzer bekommt in Form eines grafischen Signals oder mittels Tonsequenzen eine Rückmeldung über den Verlauf der Hirnpotenziale. Die Aufgabe besteht darin, die eigenen Potenziale zu verändern bzw. in die Richtung zu verschieben, die vom Computer während der Trainingsphase vorgegeben wird. Im Rahmen der visuellen Rückmeldung werden die Amplitudenänderungen der langsamen kortikalen Potenziale in Form eines sich kontinuierlich bewegenden Cursors auf einem Bildschirm präsentiert (siehe Abb. 1). Wird im Vergleich zur Baseline eine kortikale Negativierung erzeugt, bewegt sich der Cursor nach oben; ist die selbsterzeugte Potenzialverschiebung positiv, bewegt er sich nach unten. Zur Positivierung bzw. Negativierung setzen die Nutzer unterschiedliche Strategien ein (z.B. Entspannung *versus* Vorstellungen von Durchführungen bestimmter Aktivitäten). Die Gemeinsamkeit aller Kontrollstrategien besteht darin, das Gehirn in zwei unterschiedliche Zustände zu versetzen bzw. zwei unterschiedliche mentale Zustände zu erzeugen. Erzeugt der Nutzer die erwünschte Potenzialverschiebung, so wird er am Ende jedes (Übungs-)Durchgangs z.B. mit einem lächelnden Gesicht als Feedback auf dem Bildschirm belohnt (s. Abb. 1).

Die Trainingsperiode erstreckt sich maximal über mehrere Wochen. Erzielt der Benutzer eine durchschnittliche Genauigkeit von über 70 Prozent, wird er mit einem Sprachprogramm konfrontiert. Kommunikation folgt durch sukzessive Auswahl eines er-

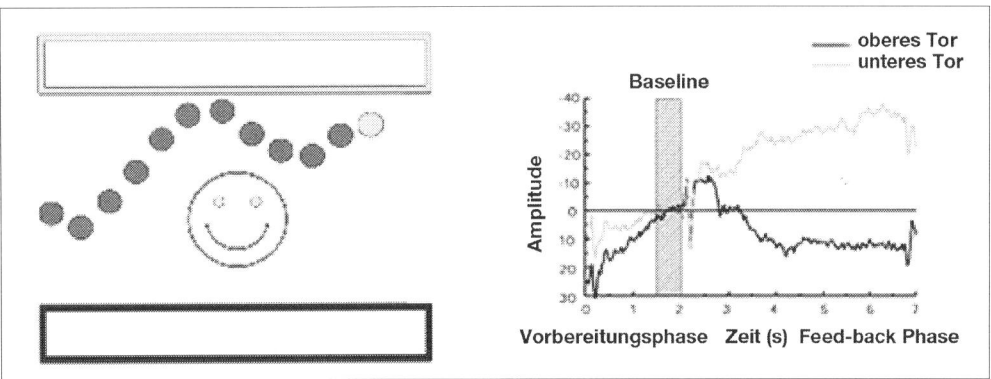

Abbildung 1: Links: Visuelles Feedback während des Trainings zur Selbstregulation langsamer kortikaler Potenziale. Der Cursor – der hellere Kreis ganz rechts – bewegt sich mit konstanter Geschwindigkeit von links nach rechts und repräsentiert die Amplitudenänderungen der langsamen kortikalen Potenziale. Die dunkleren Kreise zeigen einen hypothetischen Verlauf während eines Durchgangs. Der Cursor soll wie beim Training des sensomotorischen Rhythmus durch selbsterzeugte Amplitudenänderungen der langsamen kortikalen Potenziale in die obere bzw. in die untere Hälfte des Bildschirms gesteuert werden. Ist die erzeugte Amplitudenänderung im Vergleich zur Baseline negativ (kortikale Negativierung), bewegt sich der Cursor nach oben, ist sie positiv (kortikale Positivierung), bewegt er sich nach unten. Der Erfolg wird am Ende des Durchgangs mit einem lächelnden Gesicht belohnt. Rechts: Verlauf der Amplituden der langsamen kortikalen Potenziale, gemittelt über 350 Durchgänge. Negative Amplituden sind durch die graue, positive Amplitudenverschiebungen durch die schwarze Linie repräsentiert. Jeder Durchgang fängt mit einer Vorbereitungsphase an. In dieser Phase wird ein hoher Ton abgespielt, um dem Benutzer zu signalisieren, dass innerhalb von zwei Sekunden die Feedbackphase beginnen und eines der Tore am oberen oder unteren Rand des Bildschirms aufleuchten wird, um ihn über die aktuelle Aufgabe (d.h. die gewünschte Richtung der Amplitudenänderung) zu informieren. In den letzten 100 Millisekunden der Vorbereitungsphase wird eine Baseline aufgenommen, deren durchschnittliche Amplitude als Nullwert genommen wird. Die aktuelle Amplitude (Cursorposition) wird alle 62,5 Millisekunden über die vorhergegangen 500 Millisekunden zur Baseline bezogen berechnet.

wünschten Buchstabens aus Sequenzen von mehreren Buchstaben, die im oberen oder unteren Teil des Bildschirms durch selbst erzeugte Veränderung der langsamen kortikalen Potenziale dargestellt werden.

In den letzten Jahrzehnten wurde wiederholt gezeigt, dass schwerstgelähmte Patienten die Selbstregulation ihrer langsamen kortikalen Potenziale erlernen können und diese Fähigkeit zur Auswahl von Buchstaben – und damit zur Kommunikation – einsetzen können (Birbaumer et al. 1999; Kübler et al. 2001; Neumann/Birbaumer 2003). Durch langsame kortikale Potenziale gesteuerte BCI-Systeme sind die einzigen Systeme, die von Patienten mehrmals pro Woche auch ohne Anwesenheit eines Trainers zur Kommunikation in der eigenen Umgebung genutzt wurden (Kübler et al. 2001; Neumann/Birbaumer 2003). Aufgrund ihrer eher geringen Informationsübertragungsrate (zwei Buchstaben pro Minute) und der langen Trainingsphase wird dieses BCI-System jedoch seltener als andere zur Kommunikation genutzt.

Sensomotorischer Rhythmus zur BCI-Kontrolle

Der sensomotorische Rhythmus (SMR), auch ›Mu-Rhythmus‹ genannt, bezeichnet eine elektromagnetische Gehirnaktivität im oberen Alpha-Band (8 bis 13 Hz), die im Ruhezustand über dem motorischen und somatosensorischen Kortex messbar ist. Charakteristisch für den Mu-Rhythmus ist eine Amplitudenmodulation während der Ausführung oder Planung von Bewegungen. Dabei desynchronisiert der Mu-Rhythmus (d. h. seine Amplitude verringert sich) und synchronisiert wieder im Zustand der Regungslosigkeit (Pfurtscheller/da Silva 2005). Dass die Desynchronisation des Mu-Rhythmus auch ohne tatsächliche Bewegungsdurchführung während der Vorstellung von Bewegungen stattfindet, stellt einen wichtigsten Aspekt des SMR-Signals für die Anwendung bei schwerstgelähmten Patienten dar. Um die willentliche Kontrolle über den eigenen Mu-Rhythmus zu erlangen, wird mit den Nutzern ein Training durchgeführt, das dem oben beschrieben Feedbacktraining bei langsamen kortikalen Potenzialen ähnelt. In diesem Fall wird die Amplitudenänderung des sensomotorischen Rhythmus visuell, in Form einer horizontalen Cursorbewegung, oder auditiv, durch sich in ihrer Intensität ändernde Töne, dargestellt. Stellt man sich eine bestimmte Bewegung vor, so reduziert sich die Amplitude des gemessenen sensomotorischen Rhythmus und führt zu einer Cursorbewegung nach unten bzw. zum Erklingen von Tönen als Rückmeldung (der Verlauf eines Trainingsdurchgangs ist Abb. 2 zu entnehmen).

Die Art der Bewegungsvorstellung scheint die Genauigkeit der Selbstregulation des sensomotorischen Rhythmus stark zu beeinflussen. Es wurde ge-

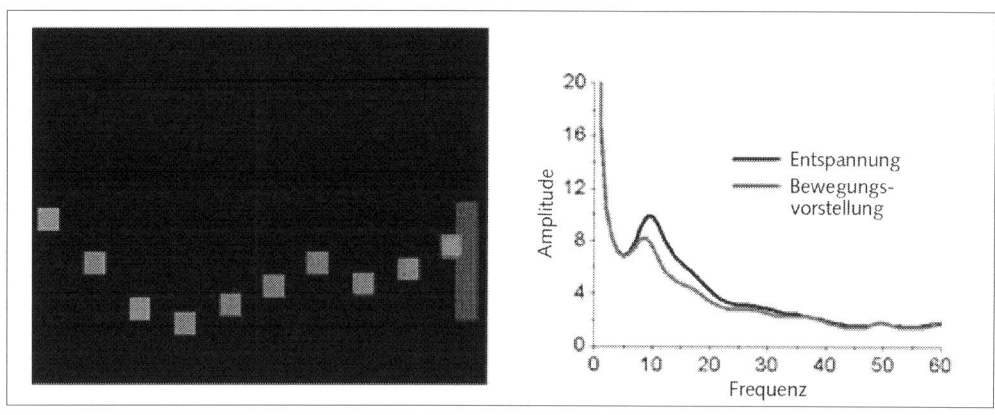

Abbildung 2: Links: Visuelles Feedback während des Trainings zur Selbstregulation des sensomotorischen Rhythmus. Der Cursor – hier als Quadrat dargestellt – bewegt sich mit konstanter Geschwindigkeit von links nach rechts und repräsentiert die Amplitudenänderungen des sensomotorischen Rhythmus. Die an Farbintensität verlierenden Quadrate deuten den Verlauf des Cursors während eines Durchgangs an. Die Aufgabe besteht darin, den Cursor in das am oberen oder am unteren rechten Bildschirmrand erscheinende Rechteck zu steuern. Um den Cursor nach oben zu steuern, soll sich der Proband bestimmte Bewegungen vorstellen, um ihn nach unten zu lenken, soll er sich entspannen. Rechts: Grafische Darstellung der mittels Elektroenzephalogramm gemessenen Aktivität für alle Frequenzbereiche während einer Trainingsaufgabe. Es wird ersichtlich, dass sich die Gehirnaktivität während der Bewegungsvorstellung bei etwa 10 Hz (die hellere Linie) desynchronisiert (d. h. ihre Amplitude verringert sich) und während der Entspannung wieder synchronisiert (d. h. die Amplitude steigt an).

zeigt, dass die Desynchronisation des sensomotorischen Rhythmus bei der visuellen Vorstellung einer Bewegung (also einer Vorstellung davon, wie die Bewegung aussieht) eher diffus und wesentlich schlechter klassifizierbar ist als bei einer kinästhetischen Bewegungsvorstellung (also einer Vorstellung davon, wie sich die Ausführung der Bewegung anfühlt; Neuper et al. 2005). Um eine gute Kontrolle über die Modulation des eigenen sensomotorischen Rhythmus zu erlangen, ist es notwendig, die optimale Elektrodenposition und Frequenz für das Feedback individuell für jeden Benutzer zu bestimmen. Dafür wird vor Beginn des Trainings eine sog. *screening*-Sitzung durchgeführt, in der der Benutzer aufgefordert wird, sich wiederholt unterschiedliche Bewegungen vorzustellen (z.B. die Bewegung der rechten Hand *versus* die Bewegung der linken Hand). Die Bewegungsvorstellung, die zur größten Änderung der Amplitude des sensomotorischen Rhythmus führt, sowie die entsprechende Elektrodenposition und das Frequenzband, werden danach im Feedbacktraining verwendet. In mehreren Studien wurde gezeigt, dass gesunde Probanden und Patienten mit unterschiedlichem Grad physischer Beeinträchtigung in einem solchen Training lernen können, ihre sensomotorischen Rhythmen zu regulieren (Blankertz et al. 2010a; Kübler et al. 2005; Neuper et al. 2005; Wolpaw/McFarland 2004) und diese Kontrolle zur Kommunikation einzusetzen (Kübler et al. 2005; Wolpaw/McFarland 1994).

P300-gesteuerte BCI-Systeme

Das derzeit am häufigsten zur Kommunikation eingesetzte BCI-System beruht auf der Anwendung evozierter Potenziale, besonders des sog. P300-Potenzials. Unter den ereigniskorrelierten Potenzialen (EKP) nimmt das P300 eine zentrale Stellung ein. Für gewöhnlich wird es dadurch ausgelöst, dass ein seltener Zielreiz in einer Reihe von Standardreizen präsentiert wird, z.B. bei auditorischer Stimulation ein abweichender Ton oder bei visueller Reizung ein abweichendes Bild. Um das Signal zu lokalisieren, ist die Mittelung mehrerer Reaktionen auf die (abweichenden) Zielreize erforderlich. Diese Vorgehensweise stellt das sog. *oddball*-Paradigma dar: Ein P300 tritt immer dann auf, wenn die Versuchsperson einen Reiz sieht oder hört, der sich durch seine Wichtigkeit oder Bedeutung aus der Masse der eintreffenden Reizinformationen abhebt. Dieses Prinzip legten Farwell/Donchin (1988) in ihrem Versuch zur Buchstabenauswahl zugrunde. Das heutige P300-BCI-System basiert auf diesem Prototyp, wurde jedoch wesentlich verbessert, erweitert und an Patienten geprüft.

Bei der P300-Buchstabenauswahl (P300-*speller*) sind die Buchstaben des Alphabets in einer Matrix mit sechs mal sechs Feldern angeordnet (s. Abb. 3).

Der Computer lässt in einer willkürlichen Reihenfolge die Zeilen und die Spalten der Buchstabenmatrix nacheinander einzeln kurz aufleuchten, und

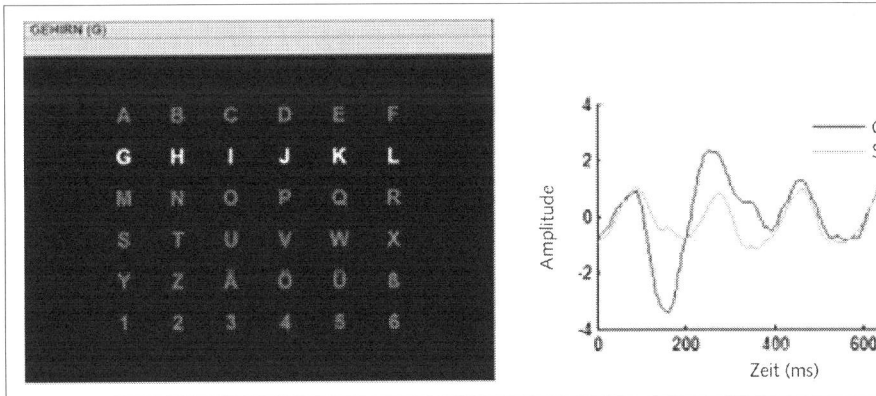

Abbildung 3: Links: Visuelle Buchstabenmatrix des P300-BCI-Systems. Die Zeilen und die Spalten leuchten in einer zufälligen Reihenfolge auf. Die Aufgabe besteht darin, sich auf einen gewünschten Buchstaben aus der Matrix zu konzentrieren. Jedes Mal, wenn die Zeile und Spalte aufleuchtet, in der sich dieser Buchstabe befindet, wird die P300-Komponente der ereigniskorrelierten Potenziale hervorgerufen. Rechts: Grafische Darstellung gemittelter EEG-Aktivität während einer P300-BCI-Aufgabe. Die hellere Linie stellt den gemittelten Verlauf des EEGs während der Präsentation von Standardtönen dar (d.h. die Zeile und Spalte, die nicht den gewünschten und beobachteten Buchstaben beinhalten). Die dunklere Linie repräsentiert die gemittelten Gehirnreaktionen auf die sog. *oddballs* (d.h. die aufleuchtete Zeile und Spalte, die den gewünschten und beobachteten Buchstaben beinhalten). Die höheren Amplituden der P300 bei den *oddballs* sind deutlich erkennbar.

der Benutzer konzentriert sich auf einen bestimmten Buchstaben. Das Aufleuchten der Spalte und der Zeile, in der sich dieser Buchstabe befindet, stellt im Vergleich mit dem Aufleuchten aller anderen Spalten und Zeilen ein seltenes Ereignis dar. Darüber hinaus wird bei jedem Aufleuchten der Spalte oder Reihe, in der sich der gewünschte Buchstabe befindet, eine P300-Reaktion bei der untersuchten Person gemessen. Das Computerprogramm vergleicht die Gehirnreaktion nach Aufblinken jeder Zeile und Spalte und bestimmt, an welcher Schnittstelle von Zeile und Spalte die Amplitude des erzeugten evozierten Potenzials am größten war, verglichen mit der Reaktion auf die übrigen Zeilen und Spalten. Der Kreuzungspunkt derjenigen Spalte und Zeile, in dem das System den größten Amplitudenunterschied festgestellt hat, entspricht dem Zielbuchstaben des Benutzers; dieser wird auf dem Bildschirm am Ende des Durchgangs angezeigt. Das visuelle P300-BCI-System wurde in den letzten Jahren durch unterschiedliche Forschergruppen etabliert, und es konnte mehrfach gezeigt werden, dass auch Patienten mit schwerer Beeinträchtigung das System über einen längeren Zeitraum zur Kommunikation anwenden konnten (Nijboer et al. 2008; Sellers/Donchin 2006; Sellers et al. 2010; Silvoni et al. 2009).

Die physische Beeinträchtigung kann sich bei verschiedenen neurologischen Erkrankungen nicht nur auf die Bewegung der Gliedmaßen, sondern auch auf Mimik, die Augenbewegungen und den Lidschlag ausdehnen (Palmowski et al. 1995a, 1995b; Szmidt-Salkowska/Rowinska-Marcinska 2005). Für solche Patienten stellt das visuelle P300-BCI-System keine verwendbare Alternative zur Kommunikation dar; stattdessen wurde für sie ein auditorisches *oddball*-Paradigma entwickelt, das ebenfalls zur Buchstabenauswahl genutzt werden kann (Furdea et al. 2009). Dabei werden die Reihen und die Spalten der visuellen Matrix durch gesprochene Zahlen codiert und in einer zufälligen Reihenfolge auditorisch präsentiert. Für eine Symbolauswahl muss der Benutzer seine Aufmerksamkeit auf die Zahl richten, die die Zeile bzw. die Spalte präsentiert, in der sich der gewünschte Buchstabe befindet. Erste Untersuchungen mit gesunden Probanden und gelähmten Patienten zeigen vielversprechende Ergebnisse (ebd.; Klobassa et al. 2009; Kübler et al. 2009).

Die Wiederherstellung motorischer Fähigkeiten mithilfe von BCI-Systemen

Mithilfe von BCI-Systemen können neben Kommunikationsprogrammen auch Neuroprothesen (Donoghue et al. 2007) und Unterhaltungsmedien (Blankertz et al. 2010b) gesteuert werden. Chronischer Schlaganfall, Querschnittslähmung und die daraus entstandenen motorischen Beeinträchtigungen stellen die Hauptursachen für langfristige Behinderung und Erwerbsunfähigkeit bei Erwachsenen dar und gehen mit schwerwiegenden sozialen, finanziellen und psychologischen Folgen für Patienten, Angehörige und Gesellschaft einher. Etwa ein Drittel aller Schlaganfallpatienten ist ein Jahr nach dem Schlaganfall nicht in der Lage, den gelähmten Arm und/oder die Hand für die Durchführung alltäglicher Tätigkeiten zu benutzen. Motorische Neuroprothesen sind technische Hilfsmittel, die verlorene motorische Fähigkeiten ersetzten können. In der Kombination mit einem BCI-System ist es möglich, die Steuerung künstlicher Gliedmaßen, z. B. eines Roboterarms oder einer Orthese, zu erlernen. Dabei wird nicht nur auf die Ersetzung verlorener motorischer Funktionen abgezielt (z. B. Greifbewegung), sondern auch auf die Förderung der Rehabilitation des verletzten Nervengewebes im Sinne einer Wiederherstellung von Bewegung. Aktuelle Forschungsarbeiten haben gezeigt, dass neben passivem und aktivem Üben von verbliebenen Funktionen allein die Vorstellung einer Bewegung das motorische System aktivieren kann. Diese Übungsstrategie kann die Aktivierung derjenigen sensomotorischen Netzwerke begünstigen, die durch Läsionen betroffen sind (Ramos-Murguialday et al. 2013). Motorische Neuroprothesen können daher als mögliche zukünftige Therapie für Patienten mit fehlender willkürlicher Aktivierung von Hand und Fingermuskulatur angesehen werden.

Weitere Anwendungen

Basierend auf langsamen kortikalen Potenzialen (Karim et al. 2006), sensomotorischem Rhythmus (Bensch et al. 2007) und P300 (Mugler et al. 2010) wurden verschiedene BCI-Systeme zur Steuerung von Internetbrowsern entwickelt, die die Möglichkeit zum freien Surfen im Internet bieten. Die Benutzer können verschiedene Hyperlinks einer Internetseite auswählen, Suchbegriffe eingeben oder E-Mails schreiben. Der P300-Browser funktioniert nach dem Prinzip der Buchstabenauswahl: den

Hyperlinks einer angezeigten Seite werden Buchstaben zugeordnet, die mithilfe des BCI-Systems nach dem P300-Prinzip ausgewählt werden können (Mugler et al. 2010).

Um den Benutzern zu ermöglichen, sich nicht nur sprachlich, sondern auch künstlerisch auszudrücken, wurde das P300-BCI-System erweitert und in Zusammenarbeit mit einem Künstler *brain-painting* entwickelt (Münßinger et al. 2011), das es ermöglicht, durch die Auswahl verschiedener Farben, Formen, Helligkeiten und Auflösungen am Computer Bilder zu erstellen.

Darüber hinaus wurde das P300-BCI-System mit einer drahtlosen Fernübertragungstechnologie verbunden, um die Fernsteuerung eines Roboters zu ermöglichen (Escolano et al. 2010). Diese Kombination zweier Technologien bietet für schwerstgelähmte Nutzer die Möglichkeit, außerhalb des eigenen Heims virtuell unterwegs zu sein.

Fazit und Ausblick

Ergebnisse aktueller Forschung zeigen, dass schwerstgelähmte Patienten in der Lage sind, mithilfe eines BCI-Systems zu kommunizieren und verschiedene Anwendungsprogramme zu steuern. Trotz bisheriger Erfolge steht die Forschung noch am Anfang, da bisher keines der vorgestellten BCI-Systeme von Patienten zur Kommunikation im Alltag oder einer anderen Anwendung genutzt wird. Dies liegt vor allem daran, dass, solange den Patienten noch andere Kommunikationskanäle über Restmotorik zur Verfügung stehen, diese durch Verwendung elektronischer Kommunikationshilfen (z. B. mittels *eye-tracking*, Joystick oder Sensoren) eine (im Vergleich zu BCI-Systemen) schnellere und zuverlässigere Kommunikation ermöglichen. Zusätzlich kann das Erlernen der Steuerung eines BCI-Systems sehr aufwendig sein. Auch nach Erlernen der Steuerung erfordert die Kommunikation mithilfe eines BCI-Systems meist eine hohe Konzentration. Des Weiteren wurde bei gesunden wie auch schwerstgelähmten BCI-Nutzern beobachtet, dass nicht alle Probanden in der Lage sind, signifikante BCI-Kontrolle zu erlernen. Es gibt bislang keine zufriedenstellende Erklärung für dieses Phänomen. Unter denjenigen, die keine signifikante BCI-Kontrolle erlernen können, befinden sich auch Patienten, die aufgrund vollständiger Lähmung nicht mehr in der Lage sind, mit ihrer Umwelt auf irgendeine Weise zu kommunizieren. Dieser Zustand wird als *completely locked-in state* bezeichnet. Innerhalb der letzten zehn Jahre

konnte gezeigt werden, dass schwerstgelähmte Patienten mit vorhandener Restmotorik ein BCI-System steuern können (Birbaumer et al. 1999; Kübler et al. 2001, 2005; Nijboer et al. 2008). Bei Patienten, die mit dem BCI-Training erst nach Eintritt der vollständigen Lähmung begonnen hatten, konnte jedoch keinerlei Kommunikation erzielt werden (Birbaumer/Cohen 2007; Birbaumer et al. 2008; Kübler/Birbaumer 2008). Daher liegt der Schwerpunkt der Forschung gegenwärtig auf der Entwicklung neuer Lernparadigmen, die der Erhaltung der Kommunikationsfähigkeit mithilfe von BCI-Systemen bei Patienten dienen, bei denen keine Restmotorik mehr vorhanden ist. Diese Paradigmen zielen auf Lernverfahren ab, für die weniger Aufmerksamkeit und kognitive Anstrengung auf Seiten des Benutzers nötig sind. Die Implementierung der klassischen Konditionierung (s. Kap. IV.12) als BCI-Paradigma soll helfen, das Problem der BCI-Steuerung und Kommunikation für komplett gelähmte Patienten zu lösen. Da die klassische Konditionierung auf assoziativem Lernen beruht und eine Abnahme der Aufmerksamkeit oder Aktivierung (*arousal*) diesen grundlegenden Lernprozess nicht negativ beeinflusst (Clark/Squire 1998), wird erwartet, dass die klassische Konditionierung die Probleme überwindet, die sich bei Nutzung von Paradigmen ergeben, die auf operantem Lernen und willentlicher Selbstregulation des Gehirns oder anhaltender Aufmerksamkeitsfokussierung basieren. Im ersten Teil des Paradigmas werden kortikal evozierte Reaktionen auf richtige und falsche Aussagen (z. B. ›Berlin ist die Hauptstadt von Deutschland.‹ und ›Paris ist die Hauptstadt von Deutschland.‹) mit zwei aversiven Tönen gepaart. Nach der Paarung folgte nur die Präsentation der generellen Aussagen und der persönlichen Aussagen (z. B. ›Der Name Ihres Mannes ist Helmut.‹). Konditionierte kortikale ›Ja‹- und ›Nein‹-Antworten können dann mithilfe von Klassifikationsalgorithmen identifiziert werden. Diese differenzielle Konditionierung von kortikalen ›Ja‹- und ›Nein‹-Antworten wurde vorläufig im BCI-Kontext an gesunden Probanden (Furdea et al. 2012) und wenigen vollständig gelähmten Patienten (De Massari et al. 2013) untersucht.

Literatur

Bensch, Michael/Karim, Ahmed/Mellinger, Jürgen/Hinterberger, Thilo/Tangermann, Michael/Bogdan, Martin/Rosenstiel, Wolfgang/Birbaumer, Niels (2007): Nessi: an EEG-controlled web browser for severely paralyzed patients. In: *Computational Intelligence and Neuroscience*, 1–5.

Birbaumer, Niels/Cohen, Leonardo (2007): Brain-computer interfaces. In: *Journal of Physiology* 579, 621–636.

Birbaumer, Niels/Ghanayim, Nimr/Hinterberger, Thilo/Iversen, Iver/Kotchoubey, Boris/Kübler, Andrea/Perelmouter, Jouri/Taub, Edward/Flor, Herta (1999): A spelling device for the paralysed. In: *Nature* 398, 297–298.

Birbaumer, Niels/Murguialday, Ander/Cohen, Leonardo (2008): Brain-computer interface in paralysis. In: *Current Opinion in Neurology* 21, 634–638.

Birbaumer, Niels/Schmidt, Robert (2010): *Biologische Psychologie*. Heidelberg.

Blankertz, Benjamin/Sannelli, Claudia/Halder, Sebastian/Hammer, Eva/Kübler, Andrea/Müller, Klaus-Robert/Curio, Gabriel/Dickhaus, Thorsten (2010a): Neurophysiological predictor of SMR-based BCI performance. In: *Neuroimage* 51, 1303–1309.

Blankertz, Benjamin/Tangermann, Michael/Vidaurre, Carmen/Fazli, Siamac/Sannelli, Claudia/Haufe, Stefan/Maeder, Cecilia/Ramsey, Lenny/Sturm, Irene/Curio, Gabriel/Müller, Klaus-Robert (2010b): The Berlin brain-computer interface. In: *Frontiers in Neuroscience* 4, 198, 1–17.

Clark, Robert/Squire, Larry (1998): Classical conditioning and brain systems. In: *Science* 280, 77–81.

Clausen, Jens (2008): Moving minds. In: *Biotechnology Journal* 3, 1493–1501.

De Massari, Daniele/Matuz, Tamara/Furdea, Adrian/Ruf, Carolin/Halder, Sebastian/Birbaumer, Niels (2013): Brain-computer interface and semantic classical conditioning of communication in paralysis. In: *Biological Psychology* 92, 267–274.

Donoghue, John/Hochberg, Leigh/Nurmikko, Arto/Black, Michael/Simeral, John/Friehs, Gerhard (2007): Neuromotor prosthesis development. In: *Medicine & Health Rhode Island* 90, 12–15.

Escolano, Carlos/Murguialday, Ander/Matuz, Tamara/Birbaumer, Niels/Minguez, Javier (2010): A telepresence robotic system operated with a P300-based brain-computer interface. In: *Conference Proceedings IEEE Engineering in Medicine and Biology Society* 1, 4476–4480.

Farwell, Larry/Donchin, Emanuel (1988): Talking off the top of your head. In: *Electroencephalography and Clinical Neurophysiology* 70, 510–523.

Furdea, Adrian/Halder, Sebastian/Krusienski, Dean/Bross, Donald/Nijboer, Femke/Birbaumer, Niels/Kübler, Andrea (2009): An auditory oddball (P300) spelling system for brain-computer interfaces. In: *Psychophysiology* 46, 617–625.

Furdea, Adrian/Ruf, Carolin/Halder, Sebastian/De Massari, Daniele/Bogdan, Martin/Rosenstiel, Wolfgang/Matuz, Tamara/Birbaumer, Niels (2012): A new (semantic) reflexive brain-computer interface. In: *Journal of Neuroscience Methods* 203, 233–240.

Hochberg, Leigh/Serruya, Mijail/Friehs, Gerhard/Mukand, Jon/Saleh, Maryam/Caplan, Abraham/Branner, Almut/Chen, David/Penn, Richard/Donoghue, John (2006): Neuronal ensemble control of prosthetic devices by a human with tetraplegia. In: *Nature* 442, 164–171.

Karim, Ahmed/Hinterberger, Thilo/Richter, John/Mellinger, Jürgen/Neumann, Nicola/Flor, Herta/Kübler, Andrea/Birbaumer, Niels (2006): Neural internet. In: *Neurorehabilitation and Neural Repair* 20, 508–515.

Klobassa, Daniela/Vaughan, Theresa/Brunner, Peter/

Schwartz, Neil/Wolpaw, Jonathan/Neuper, Christa/Sellers, Eric (2009): Toward a high-throughput auditory P300-based brain-computer interface. In: *Clinical Neurophysiology* 120, 1252–1261.

Kübler, Andrea/Birbaumer, Niels (2008): Brain-computer interfaces and communication in paralysis? In: *Clinical Neurophysiology* 119, 2658–2666.

Kübler, Andrea/Furdea, Adrian/Halder, Sebastian/Hammer, Eva-Maria/Nijboer, Femke/Kotchoubey, Boris (2009): A brain-computer interface controlled auditory event-related potential (p300) spelling system for locked-in patients. In: *Annals of the New York Academy of Sciences* 1157, 90–100.

Kübler, Andrea/Neumann, Nicola/Kaiser, Jochen/Kotchoubey, Boris/Hinterberger, Thilo/Birbaumer, Niels (2001): Brain-computer communication. In: *Archives of Physical Medicine and Rehabilitation* 82, 1533–1539.

Kübler, Andrea/Nijboer, Femke/Mellinger, Jürgen/Vaughan, Theresa/Pawelzik, Harald/Schalk, Gerwin/McFarland, Dennis/Birbaumer, Niels/Wolpaw, Jonathan (2005): Patients with ALS can use sensorimotor rhythms to operate a brain-computer interface. In: *Neurology* 64, 1775–1777.

Lutzenberger, Werner/Elbert, Thomas/Rockstroh, Brigitte/Birbaumer, Niels (1982): Biofeedback produced slow brain potentials and task performance. In: *Biological Psychology* 14, 99–111.

Matuz, Tamara (2009): *Betreuungsstrategien für schwerstgelähmte Patienten*. Dissertation zur Erlangung des Dr. rer. nat., Institut für Medizinische Psychologie, Eberhard Karls Universität Tübingen.

Mugler, Emily/Ruf, Carolin/Halder, Sebastian/Bensch, Michael/Kübler, Andrea (2010): Design and implementation of a P300-based brain-computer interface for controlling an internet browser. In: *IEEE Transactions on Neural Systems and Rehabilitation Engineering* 18, 599–609.

Murguialday, Ander/Hill, John/Bensch, Michael/Martens, Suzanna/Halder, Sebastian/Nijboer, Femke/Schoelkopf, Bernhard/Birbaumer Niels/Gharabaghi, Alireza (2011): Transition from the locked in to the completely locked-in state. In: *Clinical Neurophysiology* 122, 925–933.

Münßinger, Jana/Halder, Sebastian/Kleih, Sonja/Furdea, Adrian/Raco, Valerio/Hösle, Adi/Kübler, Andrea (2011): A brain painting. In: *Frontiers in Neuroscience* 4, 182, 1–11.

Neumann, Nicola/Birbaumer, Niels (2003): Predictors of successful self control during brain-computer communication. In: *Journal of Neurology, Neurosurgery and Psychiatry* 74, 1117–1121.

Neuper, Christa/Scherer, Reinhold/Reiner, Miriam/Pfurtscheller, Gert (2005): Imagery of motor actions. In: *Cognitive Brain Research* 25, 668–677.

Nijboer, Femke/Sellers, Eric/Mellinger, Jürgen/Jordan, Mary Ann/Matuz, Tamara/Furdea, Adrian/Halder, Sebastian/Mochty, Ursula/Krusienski, Dean/Vaughan, Theresa/Wolpaw, Jonathan/Birbaumer, Niels/Kübler, Andrea (2008): A P300-based brain-computer interface for people with amyotrophic lateral sclerosis. In: *Clinical Neurophysiology* 119, 1909–1916.

Palmowski, Anja/Jost, Wolfgang/Osterhage, Jörg/Prudlo, Johannes/Käsmann, Barbara/Schimrigk, Klaus/Ruprecht, Klaus (1995a): Disorders of eye movement in amyotrophic lateral sclerosis – report of 2 patients. In: *Klinische Monatsblätter für Augenheilkunde* 206, 170–172.

Palmowski, Anja/Jost, Wolfgang/Prudlo, Johannes/Osterhage, Jörg/Käsmann, Barbara/Schimrigk, Klaus/Ruprecht, Klaus (1995b): Eye movement in amyotrophic lateral sclerosis. In: *German Journal of Ophthalmology* 4, 355–362.

Pfurtscheller, Gert/da Silva, Fernando Lopes (2005): EEG event-related desynchronization (ERD) and event-related synchronization (ERS). In: Ernst Niedermeyer/Fernando Lopes da Silva (Hg.): *Electroencephalography*. Philadelphia, 1003–1016.

Ramos-Murguialday, Ander/Broetz, Doris/Rea, Massimiliano/Läer, Leonhard/Yilmaz, Özge/Brasil, Fabricio/Liberati, Giulia/Curado, Marco/Garcia-Cossio, Eliana/Vyziotis, Alexandros/Cho, Woosang/Agostini, Manuel/Soares, Ernesto/Soekadar, Surjo/Caria, Andrea/Cohen, Leonardo/Birbaumer, Niels (2013): Brain-machine-interface in chronic stroke rehabilitation. In: *Annals of Neurology*.

Sellers, Eric/Donchin, Emanuel (2006): A P300-based brain-computer interface. In: *Clinical Neurophysiology* 117, 538–548.

Sellers, Eric/Vaughan, Theresa/Wolpaw, Jonathan (2010): A brain-computer interface for long-term independent home use. In: *Amyotrophic Lateral Sclerosis* 11, 449–455.

Silvoni, Stefano/Volpato, Chiara/Cavinato, Marianna/Marchetti, Mauro/Priftis, Konstantinos/Merico, Antonio/Tonin, Paolo/Koutsikos, Konstantinos/Beverina, Fabrizio/Piccione, Francesco (2009): P300-based brain-computer interface communication. In: *Frontiers in Neuroscience* 3, 60, 1–12.

Szmidt-Salkowska, Elzbieta/Rowinska-Marcinska, Katarzyna (2005): Blink reflex in motor neuron disease. In: *Electromyography and Clinical Neurophysiology* 45, 313–317.

Wolpaw, Jonathan/McFarland, Dennis (1994): Multichannel EEG-based brain-computer communication. In: *Electroencephalography and Clinical Neurophysiology* 90, 444–449.

Wolpaw, Jonathan/McFarland, Dennis (2004): Control of a two-dimensional movement signal by a noninvasive brain-computer interface in humans. In: *Proceedings of the National Academy of Sciences of the USA* 101, 17849–17854.

Niels Birbaumer/Tamara Matuz

4.   Bewusstsein

Auch wenn das Interesse am Problem des Bewusstseins in den letzten Jahren stark zugenommen hat: Grundsätzlich neu ist dieses Interesse nicht. Erkennbar ist es in eiszeitlichen Höhlenmalereien bereits ebenso wie in der Bibel oder den platonischen Dialogen, aber auch in Zeugnissen vieler nicht-abendländischer Kulturen. Im Laufe der kulturellen Entwicklung hat die Vorstellung, worin genau das Problem besteht, allerdings einige fundamentale Veränderungen durchgemacht, die zum Teil auch aufschlussreich für die heutigen Auseinandersetzungen sind.

Im ersten Teil dieses Kapitels werden zunächst einige wichtige Stationen der historischen Entwicklung der Frage nach dem Bewusstsein verfolgt; dabei soll die Begriffsentwicklung eine besondere Rolle spielen. Im zweiten Teil werden theoretische Modelle und empirische Ansätze vorgestellt, die sich eine naturalistische Erklärung des Bewusstseins zum Ziel gesetzt haben. Schließlich widmet sich der dritte und letzte Teil epistemologischen Schwierigkeiten, also Problemen, die bei dem Versuch aufkommen, Erkenntnisse über das Bewusstsein zu erlangen.

Begriffliche Probleme und Entwicklungen

Innerhalb der Geschichte der Auseinandersetzung mit dem Problem des Bewusstseins lassen sich zwei wesentliche Veränderungen beobachten. Zum einen geht es – wie zu erwarten – darum, die Lösungsvorschläge für dieses Problem zu verbessern. Interessanter ist jedoch, dass sich zweitens auch die Vorstellungen davon ändern, was denn eigentlich das Problem ist bzw. wie man das Phänomen am besten beschreiben kann, das hier erklärt werden soll. So ist in den Zeugnissen vormoderner Kulturen anders als heute nicht etwa von einer *Eigenschaft* des Bewusstseins die Rede, sondern von einer *Substanz*, nämlich der Seele (Hasenfratz 1986; Hinterhuber 2001). Eine kulturpsychologische Untersuchung an siebzig vornehmlich außereuropäischen Kulturen konnte in fast allen Fällen seelenähnliche Vorstellungen nachweisen (Sheils 1978). Als Substanz ist die Seele eine Art von Ding, das man sich z. B. als einen Vogel vorstellt oder als eine besonders feine Substanz, einen Atem oder einen Lufthauch. Tatsächlich steckt hinter verschiedenen Bezeichnungen für die Seele, z. B. ›psyche‹, ›pneuma‹, ›anima‹, ›flatus‹, ›spiritus‹ und ›atman‹ im Indischen, die Vorstellung von einem

Lufthauch oder einem Atem. Dahinter verbirgt sich die Vorstellung, dass die Seele auch für die Belebtheit des menschlichen Körpers verantwortlich ist: Auch der Adam des Alten Testaments beginnt zu leben und sich zu bewegen, nachdem Gott ihm seinen Atem eingehaucht hat.

Vom klassischen Leib-Seele-Problem zum modernen Problem des Bewusstseins. Wenn die Seele als eigenständige Substanz aufgefasst wird, ganz gleich ob dies aus theologischen oder philosophischen Gründen geschieht, dann ergibt sich zwangsläufig ein Dualismus von Seele und Körper, da schließlich beide von vornherein als zwei unterschiedliche Dinge betrachtet werden. Aufgrund ihrer Unabhängigkeit vom Körper kann die Seele daher auch nach dem körperlichen Tod weiter existieren – wichtig für die in vielen Religionen vertretene Auffassung, dass das Leben einer Person nicht mit dem Tod ihres Körpers endet. Dies gilt insbesondere deshalb, weil die Seele in der Regel auf übernatürliche Instanzen zurückgeführt wird. So stammt sie z. B. in der Bibel – anders als der Körper – direkt aus dem Atem des göttlichen Schöpfers selbst, während dieser für den Körper einfach die Erde vom Acker nimmt. Der übernatürliche Charakter der Seele dient indessen nicht nur der Rechtfertigung der Hoffnung auf ein Leben nach dem Tode. Gleichzeitig kommt hierin wohl auch die Vorstellung zum Ausdruck, dass unsere geistigen Fähigkeiten nicht mit natürlichen Erklärungen zu erfassen sind – angesichts des bis weit ins 19. Jh. äußerst fragmentarischen Wissens über die Funktion des menschlichen Gehirns eine sehr gut nachvollziehbare Auffassung. Charakteristisch für die traditionellen Seelenvorstellungen ist schließlich, dass sie wesentlich umfassender sind als der heutige Bewusstseinsbegriff. Neben dem Bewusstsein im engeren Sinne schließen sie auch eine ganze Reihe anderer Funktionen ein, für die wir heute längst eigene Begriffe haben: Das Ich oder Selbstbewusstsein (s. Kap. IV.18), den Willen (s. Kap. IV.8), die Wahrnehmung (s. Kap. IV.24) und auch die basalen Funktionen des Lebens wurden auf die Seele zurückgeführt.

An die Stelle des Seelenbegriffs traten später der Begriff des Geistes und schließlich der des Bewusstseins, der in Deutschland zu Beginn des 18. Jh.s von Christian Wolff eingeführt wurde – wobei alle drei Begriffe bis heute in Gebrauch sind (s. Kap. II.F.1). Gekennzeichnet ist dieser historische Verlauf v. a. durch zwei Entwicklungen: Erstens wird der Substanzbegriff der Seele durch den Eigenschaftsbegriff des Bewusstseins ersetzt. Anders als der Substanzbegriff der Seele enthält der Eigenschaftsbegriff des Bewusstseins keine Vorentscheidung für einen Leib-Seele-Dualismus, da Bewusstsein im Prinzip auch als Eigenschaft neuronaler Prozesse verstanden werden kann. Ob dies faktisch zutrifft oder nicht, muss durch empirische Forschung entschieden werden, die Entscheidung wird nicht durch begriffliche Festlegungen vorweggenommen.

Arten von Bewusstsein. Zweitens kommt es im Verlauf dieser Entwicklung zu einer starken begrifflichen Ausdifferenzierung. Geistige Merkmale, die im Seelenbegriff noch zusammenfallen, werden später mit jeweils eigenständigen Begriffen bezeichnet. So wird für die vitalen Aspekte des alten Seelenbegriffs später der Begriff der Lebenskraft verwendet – bis sich gegen Ende des 19. Jh.s die Vorstellung durchsetzt, dass wir es dabei mit rein biologischen Funktionen zu tun haben. Andere Begriffe, die Teilaspekte des alten Seelenbegriffs erfassen, sind wie schon erwähnt die der Wahrnehmung (s. Kap. IV.24), des Willens (s. Kap. IV.8) und des Selbstbewusstseins (s. Kap. IV.18).

Auch wenn der moderne Begriff des Bewusstseins wesentlich enger ist als der der Seele, ist seine Bedeutung doch alles andere als klar. Eine Definition ist offensichtlich nicht möglich: Verstehen und kompetent gebrauchen kann den Begriff nur, wer Bewusstsein bereits aus eigener Erfahrung kennt. Umstritten ist zudem, ob es ein charakteristisches Merkmal des Bewusstseins gibt. Am aussichtsreichsten scheint der Verweis auf den privilegierten Zugang zu sein, den das Subjekt bewusster Zustände im Gegensatz zu allen anderen Personen hat: Ich erfahre meine eigenen bewussten Schmerzen auf eine Art und Weise, die jeder anderen Person verschlossen ist. Für neuronale Prozesse oder physische Vorgänge hingegen gibt es ein solches Privileg nicht, sie sind im Prinzip jeder Person auf die gleiche Weise zugänglich.

Selbst wenn man den privilegierten Zugang als Merkmal akzeptiert, wäre man von einem genaueren begrifflichen Verständnis von Bewusstsein noch weit entfernt. Immerhin hat sich der oben skizzierte begriffliche Ausdifferenzierungsprozess auch in jüngerer Zeit weiter fortgesetzt, so dass wir begrifflich mittlerweile noch genauer zwischen drei verschiedenen Ebenen bei der Beschreibung von Bewusstsein differenzieren können.

Erstens kann man auf der obersten Ebene zwischen Bewusstsein in einem transitiven (›Bewusstsein von …‹) und Bewusstsein in einem intransitiven Sinne (›bei Bewusstsein sein‹) unterscheiden (Dehaene et al. 2006). Bewusstsein im intransitiven

Sinne lässt sich auch als geistige Wachheit übersetzen: Von dieser Variante sprechen wir, wenn wir sagen, dass jemand das Bewusstsein verloren hat, weil
er sich in einem komatösen Zustand befindet. Beim
transitiven Bewusstsein, also dem Bewusstsein von
etwas, kann man zweitens eine kognitive und eine
phänomenale Variante unterscheiden. Kognitives
Bewusstsein liegt vor, wenn eine Person Bewusstsein
von bestimmten Überzeugungen, Absichten oder
Wünschen hat, deren Inhalt sich in einem dass-Satz
formulieren lässt. Gegenstand meines kognitiven
Bewusstseins könnte z.B. die Überzeugung sein,
dass Berlin eine interessante Stadt ist, oder mein
Wunsch, dass ich im nächsten Frühjahr nach Sizilien
fahren kann. Während solche kognitiven Bewusst-
seinsinhalte halbwegs problemlos sprachlich wiedergegeben werden können, ist das phänomenale
Bewusstsein verbal nur schwer zu erfassen: Ganz generell besteht phänomenales Bewusstsein in der Erfahrung, wie sich etwas anfühlt – wie wir also den
Geruch von Kaffee, die Wahrnehmung eines roten
Gegenstandes oder einen Furchtzustand aus der Perspektive der Ersten Person erleben. Häufig werden
diese qualitativen Bewusstseinszustände auch als
›Qualia‹ bezeichnet. Eine vergleichbare, wenn auch
keineswegs deckungsgleiche, Unterscheidung wie
die zwischen kognitivem und phänomenalem Bewusstsein macht Block (1995), der zwischen Zu-
griffsbewusstsein (*access consciousness*) und phänomenalem Bewusstsein (*phenomenal consciousness*)
unterscheidet: Dabei steht das phänomenale Bewusstsein wie üblich für den qualitativen oder Er-
fahrungsaspekt bewusster Zustände, das Zugriffsbe-
wusstsein dagegen für deren repräsentationale Seiten. Der Inhalt eines zugriffsbewussten Zustands
kann in anderen kognitiven Prozessen, bei der
Handlungssteuerung und auch in der Sprache berücksichtigt werden. Schließlich kann man drittens
zwischen Bewusstsein und Selbstbewusstsein unterscheiden. Selbstbewusstsein ist dabei das reflexive
Bewusstsein, das man von sich selbst als einer bestimmten Person, aber auch von seinen Überzeugungen, Gedanken und qualitativen Erfahrungen
hat (s. Kap. IV.18).

Wichtig ist, dass es hier um begriffliche Unterscheidungen zwischen Formen oder Aspekten von
Bewusstsein geht, die einander keineswegs ausschließen: Wenn ich kognitives Bewusstsein hinsichtlich der Überzeugung habe, dass Berlin eine interessante Stadt ist, dann heißt dies natürlich auch,
dass ich ›bei Bewusstsein‹, also ›wach‹ im Sinne der
ersten, intransitiven, Form von Bewusstsein bin.
Gleichzeitig könnte meine Überzeugung mit einer
bestimmten qualitativen Erfahrung verbunden sein,
so dass ich über Bewusstsein im dritten, phänomenalen, Sinne verfüge. Um diese Sätze schreiben zu
können, benötige ich schließlich viertens Selbstbewusstsein hinsichtlich der Tatsache, dass ich selbst es
bin, der diese Überzeugung und die damit verbundenen qualitativen Erfahrungen hat.

Viele Autoren sind zudem überzeugt davon, dass
Bewusstsein sich über seine Funktion charakterisieren lässt. Diese Annahme ist allerdings durchaus
umstritten (s.u.). Insbesondere das phänomenale
Bewusstsein entzieht sich nach Auffassung vieler
Philosophen einer funktionalen Charakterisierung.
Dennoch ist die Vorstellung weit verbreitet, dass Bewusstsein Zugang zu Informationen liefert, die bei
der Lösung wichtiger neuer Probleme helfen können. Während gut eingeübte Verhaltensweisen häufig unbewusst ablaufen, wird Bewusstsein wichtig,
wenn wir vor einem neuen Problem stehen: Um
schreiben zu lernen, benötigen wir Bewusstsein;
können wir einmal schreiben, läuft der eigentliche
Schreibvorgang unbewusst ab und wir können uns
auf die Inhalte konzentrieren.

Diese Beobachtung liefert gleichzeitig erste Hinweise darauf, warum Bewusstsein innerhalb der
Evolution entstanden sein könnte. Stimmen die gerade skizzierten Überlegungen, dann gewinnen wir
durch Bewusstsein die Fähigkeit, neue und flexible
Problemlösestrategien zu entwickeln (s. Kap. IV.11).
Es versteht sich von selbst, dass dies allenfalls der
Ansatz einer Erklärung sein kann – die bislang gängigen Annahmen über die Funktion von Bewusstsein sind viel zu ungenau, und möglicherweise sind
sie sogar falsch. Aber die Überlegungen zeigen auch,
dass das Problem im Prinzip lösbar sein sollte: Je genauer unsere Vorstellungen über die Funktion des
Bewusstseins sind, desto besser sind die Chancen
dafür, dass wir irgendwann einmal wirklich verstehen, warum sich Bewusstsein entwickelt hat.

Eng damit verbunden sind auch unsere Chancen,
eine genauere Antwort auf die Frage nach dem Bewusstsein von Tieren zu geben. Während René Descartes noch der Ansicht war, dass Tiere keine Seele
und somit auch kein Bewusstsein besitzen, bestreitet
heute kaum noch jemand, dass zumindest höhere
Tiere bewusst sind. Doch wo genau liegt die Grenze?
Wüssten wir mehr über die Funktionen von Bewusstsein, dann hätten wir es auch bei dieser Frage
leichter (Perler/Wild 2005). Ob eine genaue Analyse
der Funktionen von Bewusstsein jemals möglich
sein wird, ist jedoch umstritten. Wie weiter unten zu
zeigen sein wird, gibt es einige extrem plausible Argumente, die gegen diese Möglichkeit sprechen.

Theorien und Modelle des Bewusstseins

In der philosophischen Tradition hat sich das Interesse in der Regel auf das sog. Leib-Seele-Problem konzentriert (s. Kap. IV.F.1), d.h. auf die Frage, wie die Seele zum Leib oder besser das Bewusstsein zu biologischen Prozessen im menschlichen Gehirn steht. Ganz grundsätzlich gibt es hier zwei Alternativen: Monisten, die heute in der Regel Materialisten sind, behaupten, es gebe nur eine Art von Dingen auf unserer Welt, nämlich physische oder materielle Dinge: Wenn Bewusstseinsprozesse existieren, dann können sie nicht zusätzlich zu physischen Prozessen auftreten, sondern müssen selbst physische Prozesse sein. Furchtzustände sind dieser Vorstellung zufolge Aktivitäten im menschlichen Gehirn, man kann auch sagen, dass sie durch letztere ›realisiert‹ werden. Dualisten bestreiten dies: Sie sind der Ansicht, dass geistige Prozesse keine physischen Prozesse sind und daher auch nicht durch biologische Aktivitäten im Gehirn realisiert werden. Dualisten können Hirnaktivitäten zwar als wichtige Voraussetzung für die Entstehung geistiger Prozesse anerkennen, doch Bewusstsein tritt ihrer Meinung nach zusätzlich zu den Aktivitäten im Gehirn auf. Dies kann in Form einer unabhängigen Substanz geschehen, so wie es die traditionellen Seelenlehren annehmen; denkbar ist aber auch, dass Bewusstsein eine zusätzliche Eigenschaft von neuronalen Prozessen darstellt.

Diese traditionellen Auffassungen zeichnen allenfalls einen groben Rahmen der möglichen Antworten, die eine Theorie des Bewusstseins geben kann, aber auch der Probleme, die dabei auftreten mögen. Selbst wenn man sich z.B. für eine bestimmte Variante des Physikalismus entscheidet, bleibt noch ein großer Spielraum für die konkreten kognitiven und neuronalen Strukturen, die der Entstehung von Bewusstsein zugrunde liegen können. Aus diesem Grund ist in den letzten Jahren eine Reihe von Theorien und Modellen entwickelt worden, die über die Entscheidung zwischen Monismus und Dualismus hinaus genauere Angaben darüber machen, wie man sich die Entstehung von Bewusstsein erklären kann.

Higher-order-thought-Theorien. Eine dieser Theorien ist die z.B. von David Rosenthal (1986) vertretene *higher-order-thought*-Theorie. Rosenthal unterstellt, dass geistige Prozesse nicht schon an sich bewusst sind, sondern Bewusstsein vielmehr erst dadurch erlangen, dass sie Gegenstand eines Gedankens oder einer Repräsentation höherer Ordnung werden, d.h. einer Repräsentation, die eine andere Repräsentation zum Gegenstand hat (s. Kap. IV.16; für weitere Varianten von *higher-order theories of consciousness* vgl. Carruthers 2011). Diese Repräsentationen höherer Ordnung müssen selbst nicht bewusst sein; sie können dies jedoch werden, wenn sie ihrerseits zum Gegenstand einer Repräsentation noch höherer Ordnung werden, wie es z.B. passiert, wenn wir über unsere bewussten Empfindungen nachdenken.

Auf der einen Seite kann Rosenthals Theorie u.a. gut erklären, warum bestimmte mentale Zustände wie z.B. Schmerzen bewusst oder unbewusst auftreten können, ohne dabei ihren spezifischen Charakter als Schmerzen zu verlieren. Wichtig ist zudem, dass sie zumindest insofern Gegenstand empirischer Überprüfung ist, als laut Rosenthal auch die Gedanken höherer Ordnung neuronal realisiert sind.

Auf der anderen Seite ist jedoch unklar, warum eine Repräsentation einen anderen mentalen Zustand bewusst machen soll, sofern sie nicht schon selbst bewusst ist. Dass eine *bewusste* Repräsentation ihre Inhalte zu Bewusstsein bringen kann, ist nicht weiter verwunderlich – doch damit wäre die Erklärung nur verlagert. Geklärt werden müsste dann, wie die fragliche Repräsentation selbst Bewusstsein erlangt, und damit droht ein Regress. Setzt man bei dem Gedanken höherer Ordnung dagegen mit Rosenthal kein Bewusstsein voraus, dann entfällt zwar das genannte Problem. Allerdings ist nun nicht mehr klar, wie denn das Bewusstsein des ursprünglichen mentalen Zustands zustande kommt: Sicherlich muss es irgendwelche prinzipiellen Unterschiede zwischen bewussten und unbewussten mentalen Zuständen geben, doch mit welchem Recht man die als Gedanken, gar als Gedanken höherer Ordnung, bezeichnen kann, dürfte v.a. von den Resultaten der empirischen Forschung abhängen.

Die neuronalen Korrelate von Bewusstsein. Angesichts der skizzierten Schwierigkeiten ist gut nachvollziehbar, dass viele Autoren versucht haben, die Unterschiede zwischen bewussten und unbewussten Zuständen mithilfe empirischer Methoden zu bestimmen (Blanquet 2011; Kouider 2009). Auch dieses Unternehmen steht jedoch vor größeren Schwierigkeiten. So wird z.B. häufig behauptet, dass mit den gegenwärtigen Methoden allenfalls Korrelationen von psychischen und physischen Zuständen zu finden seien; weitergehende Aussagen über Kausalzusammenhänge oder gar die Identität psychischer und physischer Prozesse seien auf diese Weise aber nicht zu gewinnen.

Tatsächlich ist es jedoch bereits heute möglich, neuronale Prozesse z.B. mithilfe der Transkraniellen

Magnetstimulation (TMS) direkt und gezielt zu beeinflussen, um so kausale Hypothesen über neuronale Prozesse zu testen. Dennoch spielt die Suche nach den neuronalen Korrelaten des Bewusstseins (*neural correlates of consciousness*) in der empirischen Bewusstseinsforschung eine wichtige Rolle. Laut Koch (2004, 16) stellen die neuronalen Korrelate des Bewusstseins »den minimalen Satz neuronaler Mechanismen oder Ereignisse dar, die zusammen hinreichend sind für eine bewusste Erfahrung.«

Auch wenn einzelne Korrelationen nur einen begrenzten Aussagewert haben und in jedem Falle äußerst interpretationsbedürftig sind, liefern sie doch Informationen über psycho-physische Zusammenhänge, die zusammen mit weiteren Untersuchungen zu wichtigen Fortschritten im Verständnis des fraglichen Sachverhalts führen können. Im einfachsten Fall findet man z. B. sehr genaue und stabile Korrelationen zwischen Schmerzerfahrungen und einer bestimmten Hirnaktivität. Wenn diese Hirnaktivität dann noch als Ursache genau der Phänomene bestimmt werden kann, die wir üblicherweise als Wirkungen von Schmerzerfahrungen betrachten, und diese Befunde sich dauerhaft etablieren können, dann fiele es schwer zu behaupten, dass Schmerzen durch etwas ganz anderes als diese neuronale Aktivität realisiert werden. Selbstverständlich kann sich diese Auffassung als falsch erweisen – doch das gilt für jede empirisch gestützte These. Dennoch mag es unter bestimmten Bedingungen erdrückende Evidenz für diese Behauptung geben, so dass Zweifel wenig sinnvoll erscheinen müssten.

Aufschlussreich ist in diesem Zusammenhang eine Studie von John-Dylan Haynes und seiner Arbeitsgruppe (s. Kap. V.2). Haynes et al. (2007) konnten zeigen, dass Aktivitätsmuster im Gehirn, insbesondere im präfrontalen Kortex, die Entscheidung einer Versuchsperson zwischen einer Additions- und einer Subtraktionsaufgabe mit einer Wahrscheinlichkeit von mehr als 70 Prozent vorhersagen können. Dieses Resultat spricht nicht nur dafür, dass die untersuchte Hirnaktivität zumindest in einem engen Zusammenhang mit der neuronalen Basis der jeweiligen Intentionen (zu addieren oder zu subtrahieren) steht; der Befund von Haynes scheint auch zu zeigen, dass die Aktivität handlungswirksam ist – warum hätte sie sonst halbwegs zuverlässige Prognosen über diese mentale Handlung erlaubt?

Die Bedeutung empirischer Erkenntnisse für unser Verständnis von Bewusstsein lässt sich auch an einem zweiten Beispiel demonstrieren. Zumindest auf den ersten Blick ergibt sich ein Gegensatz zwischen der unübersehbaren Vielfalt neuronaler Aktivitäten, so wie wir sie aus der Perspektive der Dritten Person beobachten, und der einheitlichen und kohärenten Erfahrung unseres Bewusstseins aus der Perspektive der Ersten Person (s. Kap. II.F.3). Dualisten haben immer wieder argumentiert, dass das Problem nur zu lösen sei, wenn man einen immateriellen Geist annimmt, der die Einheitlichkeit der bewussten Erfahrung herstelle – auch wenn völlig unklar ist, *wie* ein immaterieller Geist dies vollbringen soll.

Mittlerweile gibt es jedoch konkrete Vorschläge von Neurobiologen, wie die Einheitlichkeit unserer bewussten Erfahrung zu erklären ist (z. B. Engel et al. 1999). Diese Vorschläge basieren auf der Annahme, dass Neuronenverbände, die gemeinsam z. B. die Farbe und die Form eines bestimmten Gegenstands repräsentieren, synchron miteinander feuern, während Neuronenverbände, die z. B. die Farben unterschiedlicher Objekte repräsentieren, auch in unterschiedlichen Rhythmen aktiv sind (s. Kap. III.2, Kap. IV.24). Die Synchronisation neuronaler Aktivität könnte also einen Schlüssel zur Lösung des sog. Bindungsproblems liefern. Es mag sein, dass sich diese Erklärung letztlich als falsch herausstellen wird, doch sie zeigt noch einmal, dass neurobiologische Erkenntnisse Erklärungsansätze liefern können, die weit über die bloße Feststellung von Korrelationen hinausreichen.

Empirische Bewusstseinstheorien. Es ist daher nicht weiter verwunderlich, dass sich die meisten derzeit vorliegenden empirischen Bewusstseinstheorien nicht auf Aussagen über bloße Korrelate von Bewusstseinsprozessen beschränken, sondern darüber hinaus auch mehr oder minder weitreichende Aussagen über die Funktion und die Realisierung von Bewusstseinsprozessen machen. Ausgangspunkt sind dabei häufig theoretische Modelle aus der Philosophie oder der Kognitionswissenschaft, wie sie oben bereits vorgestellt wurden. Sie werden durch empirische Untersuchungen über die neuronalen Korrelate ergänzt und konkretisiert.

Dies gilt insbesondere für die *neuronal-global-workspace*-Theorie von Stanislas Dehaene, die auf die *global-workspace*-Theorie von Bernhard Baars aus den 1990er Jahren zurückgeht (z. B. Baars 1996, 1997). Baars' entscheidende Annahme lautete, dass Bewusstsein eine Art ›globalen Arbeitsbereich‹ (*global workspace*) darstellt, der bestimmte Informationen für das gesamte kognitive System verfügbar macht und damit neue Problemlösungen ermöglicht. Dehaene unterstellt (Dehaene et al. 2006), dass dem Unterschied zwischen unbewusster und bewusster Verarbeitung ein Unterschied zwischen zwei Typen von Neuronen entspricht, die jeweils unterschiedliche Funktionen besitzen. Der erste Typus umfasst stark domänenspezifische Neurone in kortikalen und subkortikalen Regionen, die automatisch aktiviert werden, unbewusst operieren und ihre Informationen nicht an andere Netzwerke weiterleiten. Neurone des zweiten Typs befinden sich u. a. in präfrontalen, cingulären und parietalen Arealen. Sie sind mit weit entfernten Netzwerken verbunden und erlauben damit einen Informationsaustausch zwischen den domänenspezifischen Arealen des ersten Typs. Die Aktivität dieser ›globalen‹ Neurone des zweiten Typs dient nicht nur dem Erhalt und der Verbreitung der fraglichen Information innerhalb des kognitiven Systems, sie ist auch die Grundlage von Bewusstsein. Konkreter ist die Entstehung von Bewusstsein erstens daran gebunden, dass die fragliche Information in einem globalen Areal repräsentiert ist, und zweitens daran, dass sie global, d. h. auch für andere neuronale Netzwerke, verfügbar gemacht wird.

Die Vorstellung, dass Bewusstsein etwas mit der Weiterverarbeitung von Informationen aus eher spezifischen neuronalen Netzwerken zu tun hat, findet sich auch in anderen empirischen Bewusstseinstheorien, z. B. der *local-recurrence*-Theorie von Victor Lamme, die sich zudem ebenfalls v. a. auf das – besonders gut erforschte – visuelle System konzentriert. Lamme (2006) unterscheidet insgesamt drei Ebenen der neuronalen Aktivität. Auf der ersten Ebene findet eine lokal begrenzte Verarbeitung v. a. innerhalb der primären kortikalen Areale statt. Diese Verarbeitung ist unbewusst und erfasst insbesondere die Eingangssignale des Wahrnehmungsapparates. Auf der zweiten Ebene kommt es zu einer lokalen Rückkoppelung, in der höhere visuelle Areale die Information wieder an die primären Areale zurücksenden. Bei dieser Form der Verarbeitung tritt dann Bewusstsein hinsichtlich der visuellen Inhalte auf. Schließlich gibt es eine dritte Ebene der Verarbeitung, in der es eine globale Rückkoppelungsschleife gibt, die auch Aufmerksamkeit (s. Kap. IV.1), Sprache (s. Kap. IV.20) und die Ausführung von Handlungen (s. Kap. IV.8, Kap. IV.15) sowie die dafür zuständigen Areale des Gehirns umfasst.

Eine der Leistungen von Lammes Theorie besteht darin, dass sie sich bei der Erfassung von Bewusstsein nicht allein auf Verhaltensmerkmale stützt. Wenn man feststellen möchte, ob ein bestimmter mentaler Prozess einer Person bewusst ist oder nicht, sollte man sich nach Lamme nicht so sehr auf das verbale oder nichtverbale Verhalten der Person

verlassen, sondern vielmehr nach neurobiologischen Kriterien suchen. Entscheidend ist dabei, ob die entsprechenden Informationen aus den höheren Verarbeitungsstufen wieder an die primären Areale zurückgesandt werden, ob es also zu einer lokalen Rückkoppelung kommt. Dies würde bedeuten, dass man bei der Feststellung von Bewusstsein auf objektive Daten vertrauen kann.

Doch abgesehen davon, dass es schon intuitiv wenig plausibel ist, Bewusstsein an die Existenz solcher Rückkoppelungsschleifen zu binden, gibt es auch empirische Daten, die gegen diese Theorie sprechen. Dies gilt insbesondere für die Tatsache, dass lokale Rückkoppelungen im Gehirn offenbar auftreten, ohne dass dabei Bewusstsein entsteht (Macknik/Martinez-Conde 2009).

Auch David Milner und Melvyn Goodale konzentrieren sich in ihrer *duplex-vision*-Theorie des Bewusstseins auf das visuelle System (Goodale 2007). Innerhalb dieses Systems unterscheiden Milner und Goodale zwischen zwei Verarbeitungswegen, dem ventralen und dem dorsalen Weg. Zwar besteht zwischen den beiden keine Hierarchie, doch ihre Funktionen sind unterschiedlich, und nur die Verarbeitung auf einem dieser Wege, dem ventralen, ist mit Bewusstsein verbunden. Auf dem ventralen Weg findet nämlich eine sorgfältige Verarbeitung von Objektinformationen statt, die eine bewusste Repräsentation von Objekten liefert, die ihrerseits u. a. die Klassifikation dieser Objekte ermöglicht: Hier geht es also um die Verarbeitung visueller Information für die bewusste Wahrnehmung. Die Verarbeitung über den ventralen Weg ist auch für das Gedächtnis relevant und ermöglicht einen späteren Rückgriff auf diese Informationen. Im Gegensatz dazu ist die Verarbeitung innerhalb des dorsalen Wegs schneller, involviert kein Bewusstsein und dient v. a. der Handlungskontrolle (s. Kap. IV.15).

Belege für Lammes Theorie ergeben sich u. a. aus selektiven Ausfällen innerhalb des visuellen Systems: Patienten mit Läsionen innerhalb des dorsalen Wegs haben Schwierigkeiten im praktischen Umgang mit Objekten, die sie ansonsten gut beschreiben können. Im Gegensatz dazu führen Ausfälle innerhalb des ventralen Wegs dazu, dass die Patienten die Objekte nicht mehr als solche erkennen, obwohl sie in ihrem praktischen Umgang mit ihnen nicht eingeschränkt sind.

Die prinzipielle Unterscheidung zwischen den beiden Verarbeitungswegen scheint also gut nachvollziehbar; allerdings gibt es Belege für bewusste Wahrnehmung innerhalb des dorsalen und für unbewusste Wahrnehmung innerhalb des ventralen

Wegs – beides widerspricht der Theorie von Milner und Goodale.

Während die bislang vorgestellten Theorien Bewusstsein in der Regel auf die Aktivität in hierarchisch höheren Arealen des Gehirns zurückführen, sieht die Theorie von Semir Zeki insbesondere visuelles Bewusstsein als ein Phänomen, das schon auf den frühen Verarbeitungsstufen entsteht. Zeki geht davon aus, dass jeweils die einzelnen Aspekte der visuellen Erfahrung bewusst werden, dass diese Form des ›Mikrobewusstseins‹ auf der Aktivität einzelner Areale auf relativ frühen Verarbeitungsstufen basiert und dass mehrere solcher Mikrobewusstseinsprozesse nebeneinander existieren können – sofern die neuronale Aktivität in den entsprechenden Arealen stark genug ist (z. B. Zeki 2007, 2009; Zeki/Bartels 1999). Belege für die Existenz von voneinander unabhängigen Prozessen des Mikrobewusstseins sieht Zeki in Studien, die zeigen, dass einzelne Aspekte unserer visuellen Erfahrung durch unterschiedliche neuronale Areale realisiert werden, zeitlich unabhängig voneinander auftreten und auch unabhängig voneinander gestört sein können. So führen Läsionen in bestimmten Arealen zu einer Störung der Farbwahrnehmung, während Ausfälle in anderen Bereichen die bewusste Bewegungswahrnehmung beeinträchtigen.

Die Aktivitäten der verschiedenen Areale können jedoch miteinander verbunden werden, wodurch Zeki zufolge das sog. Makrobewusstsein entsteht. Das Makrobewusstsein umfasst vollständige Objekte mit all ihren Eigenschaften, basiert auf Aktivitäten von Arealen, die weiter oben in der Verarbeitungshierarchie zu finden sind, und tritt erst nach dem eigentlichen (Mikro-)Bewusstsein auf. Schließlich gibt es noch das alles übergreifende ›einheitliche Bewusstsein‹, das das Subjekt selbst als Ursprung des Empfindens, sowie Sprache (s. Kap. IV.20) und Kommunikation (s. Kap. IV.10) einschließt und in einem gewissen Sinne an den *global workspace* bei Baars und Dehaene erinnert.

Zekis Theorie steht jedoch vor einer Reihe von Schwierigkeiten, die sich v. a. daraus ergeben, dass Aktivitäten in einzelnen Arealen entgegen den Annahmen seiner Theorie häufig nicht mit Bewusstsein verbunden sind. Abgesehen davon kann man bezweifeln, dass das unabhängige Auftreten einzelner *Aspekte* bewusster Erfahrungen schon als Beleg für die Unabhängigkeit der Bewusstseinsprozesse insgesamt gewertet werden kann. Die – für sich genommen unstrittigen – Befunde Zekis könnten z. B. auch damit erklärt werden, dass die einzelnen Aspekte unabhängig voneinander in einem übergreifenden Bewusstseinsprozess auftreten – etwa indem sie Gegenstand eines Gedankens höherer Ordnung oder einer lokalen Rückkoppelung werden.

Epistemologische Fragen

Es ist jedoch unklar, ob empirische Theorien das eigentliche Problem des Bewusstseins wirklich lösen können. Viele Philosophen sind der Ansicht, dass es hier eine prinzipielle Grenze gibt: Selbst wenn Bewusstseinsprozesse physische Prozesse sind und der Physikalismus also zutrifft, werden wir in ihren Augen niemals verstehen, warum dies so ist. Während Erkenntnisse z. B. über H_2O-Moleküle uns selbstverständlich zu verstehen helfen, warum Wasser bei 0 °C gefriert und bei 100 °C kocht, scheinen Erkenntnisse über neuronale Prozesse wenig hilfreich zu sein, wenn wir zu verstehen versuchen, warum wir Schmerzen oder Emotionen (s. Kap. IV.5) so erfahren, wie wir es nun einmal tun. Daran änderte sich nach Auffassung dieser Philosophen auch dann nichts, wenn eine der oben skizzierten Theorien zuträfe: Die Erkenntnis, dass Bewusstsein durch Gedanken höherer Ordnung oder den von Lamme beschriebenen Rückkoppelungsprozess zustande kommt oder der Verbreitung von Informationen dient, würde an der Rätselhaftigkeit des Zusammenhangs zwischen der psychischen und der physischen Ebene offenbar nichts ändern. Offen bliebe dann das sog. Erklärungslückenproblem bzw. das ›schwierige Problem des Bewusstseins‹. Wichtig ist zunächst, dass es sich dabei um ein epistemisches Problem handelt: Es geht nicht um die metaphysische Frage, ob geistige Prozesse physische Prozesse sind, zur Diskussion steht vielmehr das Verhältnis unserer *Erkenntnisse über* neuronale Prozesse zu unseren *Erkenntnissen* oder *Fragen über* mentale Prozesse.

Das Erklärungslückenproblem. Vertreter des Erklärungslückenproblems glauben, dass der Erklärungskraft neurobiologischer Theorien eine prinzipielle Grenze gesetzt ist: Diese Theorien werden es niemals schaffen, eine zufriedenstellende Erklärung v. a. für den qualitativen Charakter von Bewusstseinsprozessen zu liefern, also dafür, dass Schmerzen oder Farbempfindungen sich so anfühlen, wie sie es nun einmal tun. Das liegt keinesfalls nur an den Unzulänglichkeiten der heutigen Neurowissenschaften, vielmehr soll es prinzipiell unmöglich sein, diese Erklärungslücke zu schließen – ganz gleich, wie weit unsere neurowissenschaftlichen Erkenntnisse irgendwann einmal reichen werden (Chalmers 1996;

Du Bois-Reymond 1872/1974; Levine 1983; Nagel 1974).

Das Erklärungslückenproblem betrifft insbesondere monistische Theorien: Wenn mentale Prozesse nichts anderes sind als physische oder biologische Prozesse im menschlichen Gehirn, dann sollte man erwarten, dass neurobiologische Theorien auch unsere Fragen über mentale Prozesse beantworten – schließlich sind diese ja identisch mit den Gegenständen der neurobiologischen Theorien: Würden Theorien über H_2O keine zufriedenstellenden Erklärungen für die Oberflächeneigenschaften von Wasser liefern, dann würde dies die Frage aufwerfen, ob Wasser nicht etwas mehr ist als nur H_2O. Ebenso leiten einige Philosophen aus dem Erklärungslückenproblem einen prinzipiellen Einwand gegen den Physikalismus ab (Chalmers 1996; Jackson 1982). Doch auch solche Autoren, die am Physikalismus festhalten, geben zu, dass dieser Ansatz angesichts der Erklärungslücke schwieriger zu verstehen ist (Levine 1983; Nagel 1974).

Zweifellos hat das Erklärungslückenargument eine hohe intuitive Plausibilität. Es fällt einfach schwer, sich vorzustellen, was Erkenntnisse über die Aktivität einfacher Neuronen zu unserem Verständnis des qualitativen Charakters von Schmerzen oder Farbempfindungen beitragen können. Selbst wenn es zwei Aspekte derselben Sache sind, so scheint es einfach keine Brücke zwischen diesen beiden Aspekten zu geben.

All dies ist zunächst allerdings nur eine intuitive Sichtweise. Aufgabe der philosophischen Diskussion ist es, die Berechtigung dieser Intuition zu untersuchen. Kann man die erforderliche Erklärung wirklich für alle Zeiten ausschließen? Was also ist der prinzipielle Unterschied zwischen Wasser, dessen Oberflächeneigenschaften auf die Eigenschaften von H_2O-Molekülen zurückführbar sind, und Schmerzen, die durch den Verweis auf neurophysiologische Eigenschaften scheinbar nicht erklärt werden? Die entscheidende Differenz scheint darin zu bestehen, dass sich die Oberflächeneigenschaften von Wasser, seine Flüssigkeit, Durchsichtigkeit, aber auch die Unterschiede zwischen gefrorenem und flüssigem Wasser, in einer objektiven, neutralen Beschreibung erfassen lassen, die auch auf das Verhalten von H_2O-Molekülen anwendbar ist und damit eine Brücke zwischen der Makro- und der Mikroebene bildet. Hierbei handelt es sich wieder um die bereits erwähnte funktionale Beschreibung, die einfach die charakteristischen Ursachen und Wirkungen z. B. von flüssigem oder gefrorenem Wasser erfasst. Da Ursachen und Wirkungen auf der Mikro- wie auf

der Makroebene erfasst werden können, gibt es zumindest keine prinzipiellen Schwierigkeiten, diese Beschreibungen auf beiden Ebenen anzuwenden und damit z. B. jene molekularen Prozesse zu identifizieren, die der Eisbildung von Wasser zugrunde liegen: Flüssiges Wasser passt sich z. B. den Gefäßen an, in denen es sich befindet, es setzt eindringenden Gegenständen praktisch keinen Widerstand entgegen und seine einzelnen Bestandteile sind sehr leicht gegeneinander zu bewegen. Für gefrorenes Wasser gilt all dies nicht. Wenn wir daher feststellen, dass sich unterhalb von 0 °C Verbindungen zwischen den Wasserstoff- und den Sauerstoffatomen unterschiedlicher H_2O-Moleküle bilden, so dass sich diese Moleküle kaum noch gegeneinander bewegen können, dann scheinen wir damit auf der Mikroperspektive genau dasjenige Phänomen identifiziert zu haben, das wir aus der Makroperspektive als ›Eisbildung‹ bezeichnen. Aus diesem Grund liefern uns die mikrophysikalischen Erklärungen für die Verbindungen zwischen den H_2O-Molekülen unterhalb von 0 °C gleichzeitig eine Erklärung für die Eisbildung von Wasser, denn in beiden Fällen haben wir es mit ein und demselben Phänomen zu tun. Weil wir damit die Oberflächeneigenschaften von Wasser auf die Elementareigenschaften von H_2O-Molekülen zurückführen, spricht man auch von einer ›reduktiven‹, d. h. einer ›zurückführenden‹ Erklärung. Oberflächeneigenschaften, die nicht reduktiv erklärbar sind, werden hingegen als ›emergente‹ Eigenschaften bezeichnet. Wichtig ist dabei erstens, dass – entgegen einem Missverständnis über die Bedeutung von ›Reduktion‹ in diesem Zusammenhang – reduktive Erklärungen die Existenz der erklärten Eigenschaften nicht in Frage stellen: Reduktion hat also nichts mit ›reduzieren‹ zu tun, gemeint ist vielmehr der ursprüngliche lateinische Wortsinn, nämlich eine Zurückführung. Zweitens können emergente Eigenschaften durchaus physische Eigenschaften sein; der entscheidende Punkt ist, dass sie nicht mithilfe allgemeiner Naturgesetze aus den mikrophysikalischen Elementareigenschaften abgeleitet werden können (Beckermann 2002; Broad 1925; Stephan 1999).

Die Vertreter des Erklärungslückenarguments glauben, dass phänomenale Bewusstseinseigenschaften nicht reduktiv erklärt werden können, dass es sich bei ihnen also in der Tat um ›emergente‹ Eigenschaften handelt. Das prinzipielle Problem, das einer reduktiven Erklärung im Wege steht, ist daher das Scheitern funktionaler Beschreibungen phänomenaler Eigenschaften: Ihr qualitativer Charakter scheint einfach völlig unabhängig von ihren funktio-

nalen Merkmalen zu sein. Illustriert wird dies üblicherweise mit einigen wohlbekannten Gedankenexperimenten, die auf unseren begrifflichen Intuitionen bezüglich phänomenaler Eigenschaften
aufbauen. So scheint z. B. das Zombie-Gedankenex-
periment zu zeigen, dass eine Person, die sowohl in
materieller Hinsicht wie auch in Hinblick auf ihr
Verhalten identisch ist mit einem normalen bewussten Subjekt, völlig ohne Bewusstsein existieren kann.

Natürlich behauptet niemand, dass es Zombies
tatsächlich gibt. Doch wir können sie uns widerspruchsfrei vorstellen, und genau darauf stützt sich
eine begriffliche Behauptung: Die Begriffe, die wir
verwenden, wenn wir von Bewusstsein, von Schmerzen oder Farbempfindungen sprechen, lassen es offenbar zu, dass sich die subjektive Erfahrung völlig
unabhängig von den objektiven Fakten ändert oder
ganz fehlt – so wie dies eben bei Zombies geschieht.
Weil dies so ist, sind diese subjektiven Eigenschaften
niemals in der objektiven Sprache von Ursachen und
Wirkungen, also in einer funktionalen Beschreibung, zu erfassen. Dieses begriffliche Problem wird
sich nicht ändern, nur weil Hirnforscher mehr über
die neuronalen Grundlagen von Schmerzempfin-
dungen in Erfahrung bringen. Offenbar haben wir es
hier also in der Tat mit einem prinzipiellen Problem
zu tun, das unabhängig vom wissenschaftlichen
Fortschritt erhalten bleiben wird. Wer der Ansicht
ist, dass schon die bloße Vorstellbarkeit einer Dissoziation von mentalen und physischen Eigenschaften die Identität dieser Eigenschaften ausschließt,
der kann aus diesen Gedankenexperimenten den
Schluss ziehen, dass mentale Eigenschaften keine
physischen Eigenschaften sind – der Dualismus
wäre also bestätigt (Chalmers 1996; Kripke 1971).

Erwiderungen auf das Erklärungslückenproblem. Kritiker dieser Argumentation haben zum einen auf die
Probleme des Schlusses von der Vorstellbarkeit auf
die metaphysische Möglichkeit verwiesen – immerhin bedeutete das, dass aus unseren begrifflichen Intuitionen Aussagen über die Welt abgeleitet werden
können. Wenn wir uns Zombies vorstellen, dann beweisen wir damit zunächst eine psychologische Fähigkeit. Hieraus kann man zwar Schlüsse über unser
Vorstellungsvermögen und unsere begrifflichen Intuitionen ziehen – ob sich aber Folgerungen über die
objektive Beschaffenheit der Welt ziehen lassen, ist
zumindest umstritten (Frankish 2007; Hill 1997).

Folgt man diesem Gedankengang, dann hätte
man das Erklärungslückenproblem nicht gelöst,
man könnte daraus aber nicht mehr ohne Weiteres
ein Argument für den Dualismus ableiten. Gegen

dualistische Konsequenzen spricht auch, dass man
das Ergebnis der Gedankenexperimente auf offensichtliche Unterschiede zwischen phänomenalen
Begriffen und Begriffen für neuronale Prozesse zurückführen kann – also ohne dabei noch eine metaphysische Differenz von Geist und Gehirn bemühen
zu müssen. Phänomenale Begriffe, mit denen wir
Schmerz- oder Farbempfindungen herausgreifen,
funktionieren offenbar ganz anders als die Begriffe,
mit denen wir uns auf neuronale Aktivitäten beziehen. Anders als bei Begriffen für neuronale Prozesse
scheint bei phänomenalen Begriffen die bezeichnete
Erfahrung selbst Bestandteil des Begriffs zu sein.
Wer noch nie Schmerzen erfahren hat, der kann mit
dem Begriff ›Schmerz‹ nur begrenzt etwas anfangen – ebenso wie ein Geburtsblinder, der nicht wirklich weiß, was die Ausdrücke ›rot‹ oder ›grün‹ bedeuten. Wenn es aber so große Unterschiede schon
auf der begrifflichen Ebene gibt, dann ist es nicht
schwer zu verstehen, warum wir uns Schmerzen
ohne die entsprechenden neuronalen Prozesse oder
die neuronalen Prozesse ohne Schmerzen vorstellen
können. Doch aus solchen begrifflichen Intuitionen,
die letztlich davon abhängen, wie wir uns die Welt
vorstellen, wird man nur schwer metaphysische
Konsequenzen darüber ableiten können, wie die
Welt tatsächlich beschaffen ist: Diese Argumente für
den Dualismus erscheinen daher nicht wirklich
überzeugend (Loar 1990/1997).

Einige Autoren sind allerdings der Auffassung,
dass sich das gesamte Problem von selbst auflöst,
wenn man erst einmal verstanden hat, was der Physikalismus eigentlich bedeutet. Wenn nämlich geistige Eigenschaften tatsächlich identisch mit physischen oder biologischen Eigenschaften sind, dann
gibt es anscheinend gar nichts mehr, was noch erklärt werden müsste: Nach einer Erklärung für die
Identitätsbeziehung zu fragen, scheint völlig verfehlt
zu sein, da Identitätsbeziehungen, wie v. a. Papineau
(1996) argumentiert hat, keiner Erklärung bedürfen.
In der Tat macht es keinen Sinn zu fragen, warum etwas identisch mit sich selbst ist. Fragen kann man allenfalls nach den Argumenten oder Tatsachen, die
für eine Identitätsbehauptung sprechen, also für die
Annahme, dass z. B. die Erinnerung einer Schmerz-
erfahrung und eine neurobiologische Untersuchung
sich auf ein und denselben Prozess beziehen. Außerdem sollte man erklären, warum wir überhaupt auf
die Idee kommen, dass hier eine Erklärungslücke besteht. Doch in der Antwort auf diese Fragen kann
man z. B. auf den bereits benannten Unterschied
zwischen phänomenalen und physikalischen Begriffen verweisen, der zu suggerieren scheint, dass phä-

nomenalen Zuständen die funktionalen Merkmale fehlen und physikalischen oder biologischen Zuständen die phänomenalen Eigenschaften abgehen, die wir aus der Perspektive der Ersten Person erfahren.

Schließlich kann man sich fragen, ob die Gedankenexperimente, auf die sich die Vertreter des Erklärungslückenarguments stützen, in der Tat so unanfechtbar sind, dass sie wirklich die ihnen zugedachte Last der Argumentation tragen können. Tatsächlich hat es schon früh den Verdacht gegeben, dass die ganze Idee von Zombies absurd oder sogar widersprüchlich ist (Dennett 1995; Searle 1992; Shoemaker 1975): Wenn sich ein Zombie wirklich nur in seinen phänomenalen Erfahrungen von seinem bewussten Pendant unterscheidet, ansonsten aber völlig identisch damit ist, dann müssten beide auch die gleichen Überzeugungen haben. Der Zombie müsste also nicht nur *behaupten*, er sei bei Bewusstsein, er müsste es auch *denken*. Das aber scheint absurd, zumal damit unsere eigene Sicherheit untergraben würde, dass wir selbst natürlich keine Zombies sind, denn dummerweise hätten wir genau diese Überzeugung auch dann, wenn wir faktisch Zombies wären. Zwar haben die Vertreter des Erklärungslückenarguments immer wieder zu zeigen versucht, dass diese Einwände auf ihre Gedankenexperimente nicht zutreffen (Chalmers 1996, 2003; Levine 2001), es ist aber unklar, ob ihre Verteidigungsversuche von Erfolg gekrönt waren: Die Vorbehalte gegenüber der Vorstellbarkeit von Zombies sowie gegenüber anderen Gedankenexperimenten, auf die sich die Erklärungslückentheoretiker stützen, haben sich jedenfalls gehalten (Pauen 2002, 2006, 2010; Tye 2006).

Für eine gewisse Skepsis gegenüber den Gedankenexperimenten und den ihnen zugrunde liegenden Intuitionen spricht auch, dass sich Intuitionen über die prinzipiellen Grenzen naturalistischer Erklärungen wie oben gezeigt in der Geschichte schon mehrfach fundamental verändert haben. Wir sollten daher davon ausgehen, dass dies auch für unsere heutigen Intuitionen gilt. Spätere Generationen, die wesentlich mehr über psychophysische Zusammenhänge wissen und über entsprechend veränderte phänomenale Begriffe verfügen, könnten physiologische Erklärungen phänomenaler Eigenschaften daher wesentlich plausibler finden.

Diese Bemerkung ist auch deshalb von Bedeutung, weil unsere Intuitionen in der Argumentation der Erklärungslückentheoretiker eine verhängnisvolle Doppelrolle spielen. Auf der einen Seite dienen sie wie oben gezeigt als Ausgangspunkt der philosophischen Argumentation, die der Prüfung dieser Ausgangsintuition dienen soll. Doch auf der anderen Seite beruht das positive Ergebnis dieser Prüfung auf Gedankenexperimenten wie dem über die Möglichkeit von Zombies, die selbst auf genau dieser Intuition einer möglichen Dissoziation von phänomenalen und funktionalen Eigenschaften basieren. Abgesehen von der Angreifbarkeit der Intuition selbst basiert die Argumentation also auf einem Zirkel, indem sie die Intuition zu ihrer eigenen Bestätigung heranzieht. Auch dies spricht gegen das Erklärungslückenargument – so plausibel es auf den ersten Blick auch erscheinen mag.

Fazit

Zusammengenommen zeigen die obigen Überlegungen und Befunde, dass Bewusstsein in der Tat ein wichtiger und fruchtbarer Gegenstand philosophischer und empirischer Untersuchungen ist. Es sollte aber auch deutlich geworden sein, dass die Forschung an vielen Stellen noch keinen festen Boden gewonnen hat. Umstritten sind nicht – wie in der Wissenschaft üblich – einzelne Detailfragen und -interpretationen; vielmehr betrifft der Dissens an vielen Stellen grundsätzliche Probleme bis hin zu der Frage, ob Bewusstsein überhaupt ein Gegenstand naturwissenschaftlicher Untersuchung und Erklärung ist. Die Frage wird nur von der zukünftigen Forschung entschieden werden können. Gerade weil dabei auf absehbare Zeit immer wieder grundsätzliche wissenschafts- und erkenntnistheoretische Probleme (s. Kap. II.F.1) aufgeworfen werden, muss die Forschung sich aber stets auch der philosophischen Auseinandersetzung stellen.

Literatur

Baars, Bernard (1996): Understanding subjectivity. In: *Journal of Consciousness Studies* 3/3, 211–216.

Baars, Bernard (1997): In the theatre of consciousness. In: *Journal of Consciousness Studies* 4/4, 292–309.

Beckermann, Ansgar (2002): Die reduktive Erklärbarkeit des phänomenalen Bewußtseins – C.D. Broad zur Erklärungslücke. In: Michael Pauen/Achim Stephan (Hg.): *Phänomenales Bewußtsein*. Paderborn, 122–147.

Blanquet, Pierre (2011): Advances in interdisciplinary researches to construct a theory of consciousness. In: *Journal of Behavioral and Brain Science* 1, 242–261.

Block, Ned (1995): On a confusion about a function of consciousness. In: *Behavioral and Brain Sciences* 18, 227–287.

Broad, Charles (1925): *The Mind and its Place in Nature*. London.

Carruthers, Peter (2011): Higher-order theories of consciousness. In: Edward Zalta (Hg.): *The Stanford Encyclo-*

pedia of Philosophy (Fall 2011). http://plato.stanford.edu/archives/fall2011/entries/consciousness-higher/

Chalmers, David (1996): The Conscious Mind. Oxford.

Chalmers, David (2003): The content and epistemology of phenomenal beliefs. In: Quentin Smith/Aleksandar Jokic (Hg.): Consciousness. Oxford, 220–272.

Dehaene, Stanislas/Changeux, Jean-Pierre/Naccache, Lionel/Sacku, Jérôme/Sergent, Claire (2006): Conscious, preconscious, and subliminal processing. In: Trends in Cognitive Sciences 10, 204–211.

Dennett, Daniel (1995): The unimagined preposterousness of zombies. In: Journal of Consciousness Studies 2/4, 322–326.

Du Bois-Reymond, Emil (1872/1974): Über die Grenzen des Naturerkennens. In: ders.: Vorträge über Philosophie und Gesellschaft, hg. von Siegfried Wollgast. Hamburg, 54–77.

Engel, Andreas/Fries, Pascal/König, Peter/Brecht, Michael/Singer, Wolf (1999): Temporal binding, binocular rivalry, and consciousness. In: Consciousness and Cognition 8, 128–151.

Frankish, Keith (2007): The anti-zombie argument. In: Philosophical Quarterly 57, 650–666.

Goodale, Melvyn (2007): Duplex vision. In: Max Velmans/Susan Schneider (Hg.): The Blackwell Companion to Consciousness. Oxford, 616–627.

Hasenfratz, Hans-Peter (1986): Die Seele. Zürich.

Haynes, John-Dylan/Sakai, Katsuyuki/Rees, Geraint/Gilbert, Sam/Frith, Chris/Passingham, Richard (2007): Reading hidden intentions in the human brain. In: Current Biology 17, 1–6.

Hill, Christopher (1997): Imaginability, conceivability, possibility, and the mind-body problem. In: Philosophical Studies 87, 61–85.

Hinterhuber, Hartmann (2001): Die Seele. Wien.

Jackson, Frank (1982): Epiphenomenal qualia. In: Philosophical Quarterly 32, 127–136.

Koch, Christof (2004): The Quest for Consciousness. Denver.

Kouider, Sid (2009): Neurobiological theories of consciousness. In: William Banks (Hg.): Encyclopedia of Consciousness. Amsterdam, 87–100.

Kripke, Saul (1971): Identity and necessity. In: Milton Munitz (Hg.): Identity and Individuation. New York, 135–164.

Lamme, Victor (2006): Towards a true neural stance on consciousness. In: Trends in Cognitive Sciences 10, 494–501.

Levine, Joseph (1983): Materialism and qualia. In: Pacific Philosophical Quarterly 64, 354–361.

Levine, Joseph (2001): Purple Haze. Oxford.

Loar, Brian (1990/1997): Phenomenal states. In: Ned Block/Owen Flanagan/Güven Güzeldere (Hg.): The Nature of Consciousness. Cambridge (Mass.), 597–616.

Macknik, Stephen/Martinez-Conde, Susana (2009): The role of feedback in visual attention and awareness. In: Michael Gazzaniga (Hg.): The Cognitive Neurosciences. Cambridge (Mass.), 1165–1180.

Nagel, Thomas (1974): What is it like to be a bat? In: Philosophical Review 83, 435–450.

Papineau, David (1996): Der antipathetische Fehlschluß und die Grenzen des Bewußtseins. In: Thomas Metzinger (Hg.): Bewußtsein. Paderborn, 305–319.

Pauen, Michael (2002): Invertierte Schmerzen. In: Michael Pauen/Achim Stephan (Hg.): Phänomenales Bewußtsein. Paderborn, 266–296.

Pauen, Michael (2006): Feeling causes. In: Journal of Consciousness Studies 13/1–2, 129–152.

Pauen, Michael (2010): How privileged is first person privileged access? In: American Philosophical Quarterly 47, 1–15.

Perler, Dominik/Wild, Markus (Hg.) (2005): Der Geist der Tiere. Frankfurt a. M.

Rosenthal, David (1986): Two concepts of consciousness. In: Philosophical Studies 94, 329–359.

Searle, John (1992): The Rediscovery of the Mind. Cambridge (Mass.). [dt.: Die Wiederentdeckung des Geistes. Frankfurt a. M. 1996].

Sheils, Dean (1978): A cross-cultural study of beliefs in out-of-the-body experiences, waking and sleeping. In: Journal of the Society of Psychical Research 49, 697–741.

Shoemaker, Sydney (1975): Functionalism and qualia. In: Philosophical Studies 27, 271–315.

Stephan, Achim (1999): Emergenz. Dresden.

Tye, Michael (2006): Absent qualia and the mind-body problem. In: Philosophical Review 115, 139–168.

Zeki, Semir (2007): A theory of micro-consciousness. In: Max Velmans/Susan Schneider (Hg.): The Blackwell Companion to Consciousness. Oxford, 580–588.

Zeki, Semir (2009): Microconsciousness. In: Tim Bayne/Axel Cleeremans/Patrick Wilken (Hg.): The Oxford Companion to Consciousness. Oxford, 442–443.

Zeki, Semir/Bartels, Andreas (1999): Toward a theory of visual consciousness. In: Consciousness and Cognition 8, 225–259.

Michael Pauen

5.   Emotionen

Zur Geschichte der Emotionsforschung

Emotionen waren bis vor wenigen Jahrzehnten ein vergleichsweise vernachlässigtes Thema der Kognitionswissenschaft. Zwar haben sich seit Aristoteles' *Rhetorik* (350 v. Chr.) viele bedeutsame Philosophen mit Emotionen beschäftigt, und auch zu Beginn der Psychologie als eigenständiger Disziplin im zweiten Drittel des 19. Jh.s (s. Kap. II.E) waren Emotionen ein wichtiges Forschungsthema (z. B. James 1890; Meinong 1894; Wundt 1896). Nach dem Aufkommen des Behaviorismus und der damit verbundenen vorübergehenden Neudefinition der Psychologie als ›Wissenschaft vom Verhalten‹ nahm das Interesse an Emotionen allerdings wieder deutlich ab, obwohl auch Behavioristen einige wichtige Beiträge zur Emotionsforschung geleistet haben (z. B. Forschungen zum Furchterwerb durch klassische Konditionierung; vgl. LeDoux 1996). Im Zuge der in den frühen 1960er Jahren erfolgten ›kognitiven Wende‹ (s. Kap. II.E.1) vom Behaviorismus zum Kognitivismus – einer modernen Form des Mentalismus, die sich am Modell der Informationsverarbeitung in Computern orientiert (s. Kap. III.1) – nahm die Emotionsforschung in der Psychologie und ungefähr zeitgleich auch in der Philosophie zunehmend wieder Fahrt auf, bis sie ab den 1990er Jahren einen regelrechten Boom erlebte, der auch die Nachbarwissenschaften der Psychologie erfasst hat. Heute sind Emotionen ein wichtiges Forschungsthema nicht nur in der Psychologie und Philosophie, sondern in praktisch jeder Wissenschaft, die sich mit dem Menschen beschäftigt, von der Biologie über die Neurowissenschaft (s. Kap. II.D), die Linguistik (s. Kap. II.C), die Wirtschaftswissenschaft (s. Kap. III.11) und die Soziologie bis hin zur Informatik (s. Kap. II.B) und Literaturwissenschaft. Einige sehen darin bereits ein neues interdisziplinäres Forschungsfeld analog zur Kognitionswissenschaft (im breiten Wortsinn): die *Emotions- oder Affektwissenschaft* (*affective science*), d. h. die interdisziplinäre Erforschung von Emotionen und verwandten Phänomenen (Sander/Scherer 2009; s. Kap. V.1).

Ein wichtiger Grund für den gegenwärtigen Boom der Emotionsforschung ist, dass in den letzten Jahrzehnten eine Neubewertung der *Adaptivität* von Emotionen stattgefunden hat. Traditionell herrschte in der Psychologie wie auch in anderen Wissenschaften die Ansicht vor, was den Menschen auszeichne, sei sein Verstand – seine Fähigkeit zum vernünftigen Urteilen und Entscheiden. Emotionen, so wurde behauptet, seien dabei nur störend: sie würden typischerweise das rationale Denken beeinträchtigen und als Folge davon zu Handlungen führen, die, den eigenen besten Interessen der Person zuwiderlaufen (s. Kap. IV.6). Seit den 1980er Jahren hat sich dagegen zunehmend eine alternative – wenn auch historisch nicht wirklich neue (z. B. McDougall 1908; Meinong 1894) – Sichtweise durchgesetzt: die Auffassung, dass Emotionen, auch wenn sie ohne Zweifel manchmal schädliche Effekte haben, insgesamt adaptiv sind (z. B. Barrett/Salovey 2002; Frijda 1994; vgl. auch Reisenzein/Horstmann 2006). Einige Autoren vertreten sogar die Ansicht, Emotionen seien unverzichtbar für adaptives Handeln (z. B. Damasio 1994). In jedem Fall aber wird heute in der Psychologie und der Philosophie sowie zunehmend auch in anderen Wissenschaften die alltagspsychologische Erkenntnis akzeptiert, dass Emotionen eine wichtige Rolle in der ›psychischen Maschinerie‹ spielen und man sie deshalb nicht vernachlässigen kann, wenn man verstehen will, wie Menschen funktionieren, d. h. weshalb sie so denken und handeln, wie sie es tun.

Die beschriebene Neubewertung der Adaptivität von Emotionen war auch ein zentrales Argument für die Initiierung eines neuen Forschungsgebietes innerhalb der Informatik, dem sog. *affective computing* (Calvo et al. 2013; Picard 1997), aus dem bisher die meisten konkreten Beiträge zur computationalen Modellierung von Emotionen und damit zur im engeren Sinne kognitionswissenschaftlichen Analyse von Emotionen stammen (s. u.).

Der Gegenstandsbereich der Emotionswissenschaft

Arbeitsdefinition versus präzise Definition. Was ist der Gegenstandsbereich der Emotionswissenschaft, d. h. was sind die Phänomene, mit denen sie sich beschäftigt – die Emotionen? Wer so fragt, der erwartet vielleicht eine präzise Definition von Emotionen in Form einer Auflistung ihrer einzeln notwendigen und zusammen hinreichenden Merkmale. Eine allgemein geteilte Emotionsdefinition dieser Art gibt es jedoch derzeit genauso wenig wie eine allgemein akzeptierte Emotionstheorie (vgl. Reisenzein 2007).

Eine präzise Emotionsdefinition ist jedoch nicht erforderlich, um Emotionsforschung zu betreiben (ebd.). Dazu genügt eine vorläufige Abgrenzung des Gegenstandsbereichs der Emotionswissenschaft – wenn man so will, eine *Arbeitsdefinition* von Emotionen. Für eine solche Arbeitsdefinition reicht schon eine Liste von typischen Beispielen aus, und über eine solche Liste besteht unter Emotionswissenschaftlern im Großen und Ganzen Einigkeit: Ungeachtet ihrer Meinungsverschiedenheiten im Hinblick auf die Natur bzw. die theoretische Definition von Emotionen sind sich die meisten Emotionswissenschaftler einig, dass die Objekte ihrer Untersuchung – jedenfalls zentral – bestimmte (episodische) Zustände von Personen sind, nämlich jene, die wir im Alltag mit Ausdrücken wie ›Freude‹, ›Traurigkeit‹, ›Furcht‹, ›Ärger‹, ›Mitleid‹, ›Mitfreude‹, ›Stolz‹ usw. bezeichnen.

Zur zusätzlichen Abgrenzung und Erläuterung des Gegenstandsbereichs der Emotionswissenschaft kann diese minimale Arbeitsdefinition um eine Reihe von typischen Merkmalen von Emotionen ergänzt werden, die weitgehend unkontrovers sind und daher keine Entscheidung für oder gegen eine bestimmte Emotionstheorie implizieren. Größtenteils unstrittig ist insbesondere, dass emotionale Zustände normalerweise Reaktionen auf die Wahrnehmung, die Vorstellung oder den Gedanken an bestimmte Dinge (typischerweise Ereignisse oder Sachverhalte) sind und sowohl charakteristische subjektive (nur dem Subjekt selbst unmittelbar zugängliche) als auch objektive (intersubjektiv beobachtbare) Aspekte haben. Subjektiv manifestieren sich Emotionen v. a. in charakteristischen Gefühlserlebnissen, die auf ihre Auslöseobjekte gerichtet zu sein scheinen: Man freut sich z. B. über die Ankunft eines Freundes oder ist überrascht über den Wahlsieg einer politischen Partei. Objektiv manifestieren sie sich zumindest gelegentlich in bestimmten Handlungen (z. B. Flucht oder Vermeidung im Fall von Furcht), mimischen und anderen Ausdruckserscheinungen (z. B. Lächeln bei Freude) sowie in physiologischen Reaktionen (z. B. Blutdruckanstieg bei Ärger).

Eine Anmerkung zur ›Syndromdefinition‹ von Emotionen. Die meisten klassischen ebenso wie viele zeitgenössische Emotionstheoretiker folgen der Alltagspsychologie darin, dass sie Emotionen als *mentale Zustände* betrachten. Einige Emotionsforscher, insbesondere in der Psychologie (z. B. Ekman 1992; Lazarus 1991), haben jedoch dafür argumentiert, dass Emotionen aus wissenschaftlicher Sicht umfassender definiert werden sollten, nämlich als *Reaktionsmuster* oder *Reaktionssyndrome*, die nicht nur psychische, sondern auch körperliche Komponenten haben (z. B. einen finsteren Gesichtsausdruck und Blutdruckanstieg bei Ärger). Nach dieser ›Syndromdefi-

nition‹ von Emotionen sind also die körperlichen Reaktionen, die in der Alltagspsychologie als Folgen oder Begleiterscheinungen von Emotionen betrachtet werden, *Bestandteile* der Emotionen.

Die Syndromdefinition wird von ihren Befürwortern gelegentlich als eine theoriefreie Beschreibung des Phänomens ›Emotion‹ dargestellt. In Wahrheit handelt es sich jedoch um eine theoretische Definition, da sie auf einer (umstrittenen) Theorie der Emotionen beruht, wonach Emotionen nicht nur bestimmte mentale Zustände wie Gefühle umfassen, sondern typischerweise oder sogar immer auch bestimmte, von Emotion zu Emotion mehr oder weniger unterschiedliche Muster von körperlichen Veränderungen (physiologische Reaktionen, Gesichtsausdrücke usw.). Empirische Untersuchungen legen jedoch nahe, dass die Zusammenhänge zwischen den psychischen und körperlichen Komponenten der angeblichen ›Emotionssyndrome‹ recht schwach sind (Barrett 2006; Reisenzein 2007; s. u.). Insbesondere scheinen emotionale Erlebnisse häufig ohne die für sie angeblich charakteristischen Ausdruckserscheinungen aufzutreten. Darüber hinaus werden Reaktionssyndrome von den meisten Syndromtheoretikern nur für eine kleine Anzahl von (angeblich ›grundlegenden‹) Emotionen in Anspruch genommen – was aber ist mit den übrigen Emotionen? Schließlich: Selbst wenn es eng zusammenhängende Reaktionsmuster für *alle* Emotionen gäbe, wären zusätzliche Argumente notwendig, um Emotionen mit diesen Reaktionssyndromen gleichzusetzen und nicht – wie in der Alltagspsychologie und in den klassischen Emotionstheorien – mit einer oder vielleicht auch mehreren der psychischen Komponenten der Syndrome. Eine Definition von Emotionen als Reaktionssyndrome würde nämlich eine starke Veränderung der alltagssprachlichen und der klassischen psychologischen und philosophischen Bedeutung des Begriffs ›Emotion‹ sowie der Bedeutung von spezifischen Emotionsbegriffen (›Freude‹, ›Furcht‹ usw.) implizieren. Eine derart weitreichende Bedeutungsänderung sollte man nur dann vornehmen, wenn es dafür gute Gründe gibt, und die sind die Vertreter der Syndromtheorien bisher schuldig geblieben.

Aus diesen Gründen wird im Folgenden – in Übereinstimmung mit der klassischen, ›mentalistischen‹ Tradition der Emotionspsychologie und mit der Alltagspsychologie – davon ausgegangen, dass Emotionen *psychische Zustände* sind, die mit einer gewissen Wahrscheinlichkeit bestimmte beobachtbare Verhaltensweisen verursachen oder mit diesen einhergehen. Zumindest normalerweise sind diese Zustände der Person auch bewusst bzw. sie werden subjektiv (als Gefühle von Freude, Leid, Furcht usw.) erlebt. Die Existenz von unbewussten emotionalen Zuständen soll damit jedoch nicht *a priori* ausgeschlossen werden.

Die Ziele der kognitionswissenschaftlichen Emotionsforschung

Aus kognitionswissenschaftlicher Sicht sind Menschen autonome kognitive Systeme, sog. intelligente Agenten, deren kognitive Architektur in den Grundzügen in der Evolution entstanden ist, jedoch durch individuelles und kulturelles Lernen bedeutsam elaboriert wird (s. Kap. II.E.6). Zur Erklärung von Verhalten und Erleben ist es daher notwendig, die Funktionsweise des kognitiven Systems ›Mensch‹ zu entschlüsseln (*reverse engineering*). Für die kognitionswissenschaftliche Emotionsforschung bedeutet dies, die Struktur und Funktion des menschlichen Emotionssystems, inklusive seiner Beziehungen zu anderen Subsystemen der Psyche, zu rekonstruieren (Reisenzein/Horstmann 2006), wozu auch die Identifizierung der ererbten *versus* der erworbenen Komponenten des Emotionssystems gehört. Um diese Forschungsziele zu erreichen, werden Theorien des Emotionssystems erstellt, die dann durch unterschiedliche Methoden auf ihre Konsistenz und faktische Korrektheit überprüft werden. Das Methodenarsenal der Emotionswissenschaft reicht dabei von Gedankenexperimenten und der Alltagsbeobachtung von Emotionen über Computersimulationen bis hin zu systematischen korrelationalen und experimentellen Untersuchungen des emotionalen Erlebens und Verhaltens sowie zunehmend auch der neurophysiologischen Basis von Emotionen (z. B. Coricelli et al. 2005; s. u.).

Die Aufgabe des *reverse engineering* des Emotionssystems kann sowohl ›horizontal‹ als auch ›vertikal‹ unterteilt werden: horizontal, indem man den zeitlichen und kausalen Fluss der Informationen von der Wahrnehmung oder Vorstellung eines auslösenden Ereignisses oder Objekts bis zur Emotion und von da weiter zu den Wirkungen auf nachfolgende kognitive Prozesse und das Verhalten verfolgt; vertikal, indem man das Emotionssystem auf verschiedenen Analyseebenen untersucht. Insbesondere kann man sich bei der Analyse der Psyche auf die intentionale Ebene oder (auch) auf die Designebene (die Ebene der Repräsentationen und Algorithmen) konzentrieren.

Die horizontale Unterteilung legt für die Emotionswissenschaft drei Hauptfragen nahe:

- Wie werden Emotionen generiert?
- Was sind die Effekte von Emotionen auf nachfolgende kognitive Prozesse und das Verhalten?
- Was ist die Emotion selbst (d. h. welche Art von mentalem und computationalem Zustand ist sie und aus welchen Komponenten besteht sie gegebenenfalls)?

Die vertikale Unterteilung (zwischen der intentionalen und der Designebene) unterscheidet

- theoretische Beschreibungen von Emotionsprozessen in Begrifflichkeiten, die letztlich alltagspsychologischer Natur sind bzw. auf alltagssprachlichen Konzepten beruhen (›Wahrnehmung‹, ›Glaube‹, ›Absicht‹, ›Handlung‹, ›Freude‹, ›Hoffnung‹, ›Furcht‹ usw.), von
- Theorien, die sich (auch) mit den mentalen Repräsentationen (z. B. Sätzen in einer ›Sprache des Geistes‹, subsymbolischen Signalen) und Berechnungen über diesen Repräsentationen befassen, die aus der Sicht der computationalen Theorie des Geistes (z. B. Fodor 1987) den intentionalen Phänomenen zugrunde liegen.

Die meisten Emotionstheorien in der Psychologie und Philosophie sind auf der intentionalen Beschreibungsebene formuliert, während computationale Modelle bislang hauptsächlich von Informatikern (überwiegend mit angewandter Zielsetzung) entwickelt wurden. Aus diesem Grund kommen im Folgenden zunächst ›intentionale‹ Theorien der Entstehung, Natur und Funktion von Emotionen zur Sprache und erst anschließend computationale Modelle von Emotionen und damit die im engeren Sinne kognitionswissenschaftlichen Ansätze in der Emotionswissenschaft.

Entstehung und Natur von Emotionen

Die dominierenden Theorien der Emotionsentstehung in Psychologie und Philosophie sind die *kognitiven Theorien der Emotion* – ›kognitiv‹ so weit verstanden, dass auch die später besprochenen *Wahrnehmungstheorien* der Emotion mit erfasst werden. Kognitive Emotionstheorien werden gewöhnlich auf Aristoteles zurückgeführt (obwohl Aristoteles' Emotionstheorie weitaus weniger ›radikal‹ kognitiv ist als einige moderne philosophische Emotionstheorien; Wilutzky et al. 2011, 285) und wurden in der einen oder anderen Form – zumindest für eine Teilgruppe der Emotionen – u. a. von Philosophen wie Thomas von Aquin, René Descartes, David Hume oder Baruch de Spinoza vertreten. Auch in der Anfangszeit der Psychologie hatten kognitive Emotionstheorien ihre Befürworter (z. B. Meinong 1894). Während der behavioristischen Phase der Psychologie gerieten sie allerdings in Vergessenheit, bis sie von Magda Arnold (1960) und Richard Lazarus (1966), den Pionieren der kognitiven Emotionstheorien in der nachbehavioristischen Psychologie, wiederentdeckt wurden. Arnold knüpfte explizit an die auf Aristoteles und Thomas von Aquin zurückgehende Tradition der kognitiven Emotionstheorie an und verband sie mit evolutionspsychologischen Annahmen sowie mit Hypothesen über die neurophysiologischen Korrelate von Emotionen (Reisenzein 2006). Lazarus formulierte Arnolds Emotionstheorie geringfügig um und machte diese reformulierte Theorie zur Grundlage eines empirischen Forschungsprogramms, das wesentlich zur Akzeptanz der kognitiven Emotionstheorie in der Psychologie beitrug (Reisenzein et al. 2003). Angeregt durch Arnold und Lazarus wurden in der Psychologie in der Folgezeit mehrere weitere kognitive Emotionstheorien formuliert. Trotz vieler Unterschiede im Detail teilen diese neueren Theorien zentrale Annahmen mit der Arnold-Lazarus Theorie der Emotion, insbesondere ihren Status als Bewertungs- oder Einschätzungstheorie (*appraisal theory*) (Übersichten in Ellsworth/Scherer 2003; Reisenzein et al. 2003). Entsprechendes gilt – sieht man von Unterschieden in der Terminologie und Schwerpunktsetzung ab – für die in der neueren Philosophie entwickelte sog. Urteilstheorie der Emotion (*judgment theory*; z. B. Nussbaum 2001; Solomon 1976; für eine Diskussion vgl. Green 1992; Roberts 2003, 2013).

Psychologie – die Bewertungstheorie der Emotion. Die Grundannahmen der psychologischen Bewertungstheorie können gut anhand von Arnolds Theorie veranschaulicht werden. Ausgangspunkt von Arnold (1960) ist die Beobachtung, dass sich Emotionen auf Objekte beziehen, in der Regel auf Sachverhalte (z. B. Zustände, Ereignisse oder Handlungen): Beispielsweise freut sich Anna über den Sachverhalt, *dass sie im Lotto gewonnen hat* oder ist traurig darüber, *dass sie die Prüfung nicht bestanden hat.* Solche objektbezogenen Gefühle treten nach Arnold auf, wenn die erlebende Person das Objekt der Emotion auf bestimmte Weise *einschätzt*, d. h. bestimmte Kognitionen darüber erwirbt. Das sind erstens *faktische* oder *nichtevaluative Kognitionen* (paradigmatisch: Tatsachenüberzeugungen wie z. B. die Überzeugung, dass ein bestimmtes Ereignis eingetreten ist) und zweitens *evaluative Kognitionen* oder *Bewertungen* (*appraisals* im engeren Sinn; paradigmatisch: Wertüberzeugungen wie z. B. die Überzeugung, dass ein Ereignis gut oder schlecht, gefährlich oder frustrierend ist). Man kann die Bewertungstheorie deshalb genauer als ›kognitiv-evaluative‹ Theorie der Emotion‹ bezeichnen. Beispielsweise freut sich Anna darüber, *dass sie im Lotto gewonnen hat* (= Sachverhalt *p*), wenn sie (etwas vereinfacht) erstens glaubt (oder genauer, zum Glauben gelangt), dass *p* besteht (oder wie Arnold sagt, ›anwesend ist‹) und zweitens *p* als gut für sich bewertet bzw. glaubt, dass *p* gut für sie ist. Analog gilt: Anna erlebt Leid oder Kummer über *p*, wenn sie glaubt, dass *p* besteht und *p* als schlecht für sich bewertet. Typischerweise kommt man zuerst zum Glauben, dass ein Sachverhalt *p* besteht, bewertet dann *p* als gut oder schlecht für sich und daraufhin tritt eine auf *p* bezogene Emotion auf (Arnold 1960; vgl. Reisenzein et al. 2003).

Eine analoge ›kognitiv-evaluative‹ Analyse ist nach Arnold auch für alle weiteren Emotionen möglich, zumindest für jene, die sich auf Sachverhalte beziehen. Ebenso wie Freude und Leid setzen auch diese Emotionen faktische und evaluative Kognitionen über ihre Objekte voraus, die jedoch von Emotion zu Emotion mehr oder weniger verschieden sind. Als angenehm erlebte Emotionen treten auf, wenn man einen Sachverhalt positiv bewertet; als unangenehm erlebte Emotionen treten auf, wenn man ihn negativ bewertet. Alle weiteren Differenzierungen von Emotionen hängen dagegen von bestimmten faktischen Kognitionen ab. Bedeutsam sind nach Arnold dabei v. a. die Einschätzungen von Sachverhalten entlang der Dimensionen *Anwesenheit-Abwesenheit* (sicher vorhanden und gegenwärtig *versus* unsicher und zukünftig) und einer Dimension, die man mit Lazarus (1966) als ›*Bewältigbarkeit*‹ bezeichnen kann. ›Bewältigbarkeit‹ heißt bei noch zukünftigen Sachverhalten, dass man sie herbeiführen oder verhindern zu können glaubt und bei schon eingetretenen Sachverhalten, dass man sie ungeschehen machen oder sich daran anpassen zu können glaubt. Beispielsweise erlebt man nach Arnold Freude genau genommen dann, wenn man glaubt, dass ein positiver Sachverhalt anwesend (d. h. sicher vorhanden) ist und auch leicht beibehalten werden kann. Hält man dagegen ein positives Ereignis für bloß möglich oder wahrscheinlich, aber mit Anstrengung erreichbar, dann erlebt man Hoffnung. Analog erlebt man Kummer, wenn man ein negatives Ereignis als sicher vorhanden und schwer bewältigbar einschätzt und Furcht, wenn man es für möglich, aber nicht sicher vermeidbar hält.

Was den Prozess der Bewertung eines Sachverhalts als gut oder schlecht betrifft, so scheint Arnold anzunehmen, dass dieser in einem Vergleich des Sachverhalts mit den eigenen Wünschen oder Zielen besteht: Der Sachverhalt *p* ist positiv, wenn er mit dem Inhalt der eigenen Wünsche übereinstimmt, und negativ, wenn er ihnen widerspricht (Reisenzein 2006). In expliziter Form findet sich diese Sicht des Bewertungsprozesses bei Lazarus (1966, 56–57) und sie wird auch von den meisten nachfolgenden psychologischen Bewertungstheoretikern geteilt. Dies impliziert aber, dass neben Überzeugungen bewertender und nichtbewertender Art (also informationalen Zuständen) auch Wünsche (also motivationale Zustände) zu den notwendigen Bedingungen von Emotionen gehören, wenn auch nur indirekt: Wünsche sind die Standards, mit denen Sachverhalte verglichen werden, um sie als gut oder schlecht zu bewerten (vgl. auch Ortony et al. 1988).

Die Emotion selbst ist nach Arnold eine als Gefühl erlebte, von den Einschätzungen verursachte Tendenz zur Annäherung an (bei positiven Emotionen) bzw. zur Meidung von (bei negativen Emotionen) als positiv bzw. negativ bewertete(n) Objekte(n). Außer der erlebten Handlungstendenz bzw. dem Gefühl rufen Einschätzungen (eventuell vermittelt durch die Handlungstendenz) laut Arnold zudem körperliche Aktivierung sowie manchmal auch verschiedene andere Ausdrucksreaktionen (z. B. einen bestimmten Gesichtsausdruck) hervor. Die kausalen Beziehungen zwischen den Einschätzungen und ihren unmittelbaren Effekten (Handlungstendenz, physiologische Aktivierung, Ausdruck) sind nach Arnold zum größten Teil evolutionär bedingt; die genannten Wirkungen von Emotionen sind biologisch adaptive Effekte.

Seit den 1960er Jahren ist die Bewertungstheorie der Emotion zum dominanten Erklärungsmodell der Emotionsentstehung in der Psychologie geworden. Im Laufe der Jahre wurden jedoch verschiedene Verbesserungen der ursprünglichen Theorie von Arnold und Lazarus vorgeschlagen (z. B. Frijda 1986; Ortony et al. 1988; Scherer 2001). Die neueren Bewertungstheorien teilen mit Arnold und Lazarus die Grundannahme, dass Emotionen das Produkt von faktischen und evaluativen Kognitionen sind, unterscheiden jedoch in der Regel zwischen unterschiedlichen Arten von Bewertungen (z. B. persönlich erwünscht/unerwünscht *versus* moralisch gut/ schlecht) und postulieren zusätzliche und zum Teil auch andere faktische Einschätzungsdimensionen (z. B. Wahrscheinlichkeit, Unerwartetheit oder Verantwortlichkeit). Eine der umfassendsten und zu-

gleich systematischsten neueren Bewertungstheorien stammt von Ortony et al. (1988). Die Autoren spezifizieren im Detail die Einschätzungsmuster für elf positive und elf negative Emotionen und argumentieren mit einiger Plausibilität dafür, dass alle weiteren Emotionen Unterarten dieser 22 Emotionen sind, die sich von ihren Stammformen hauptsächlich durch ihre spezielleren Gegenstände unterscheiden (vgl. Reisenzein et al. 2003).

Neben Unterschieden in den Annahmen zu den Details des Einschätzungsprozesses unterscheiden sich die psychologischen Bewertungstheorien insbesondere in ihren Annahmen über die Beziehung zwischen Einschätzung und Emotion und, damit zusammenhängend, über die Natur der Emotion. Hier lassen sich drei Hauptpositionen unterscheiden:

- Nach der *kausalen Theorie* sind Einschätzungen von Objekten typische oder sogar notwendige Ursachen von Emotionen, welche (dementsprechend) als von den Einschätzungen verschiedene Zustände betrachtet werden, z. B. als Handlungsimpulse (Arnold 1960; Frijda 1986) oder als Gefühle von Lust oder Unlust (Ortony et al. 1998).
- Nach der *Teil-Ganzes-Theorie* sind Einschätzungen zusammen mit einer oder mehreren anderen Komponenten (z. B. einem Handlungsimpuls oder körperlichen Erregungsempfindungen) Bestandteile der Emotion (einige der früher erwähnten Syndromtheorien der Emotion gehören ebenfalls zu dieser Theoriegruppe; z. B. Lazarus 1991). Eine verwandte Theorie besagt, dass Emotionen das Produkt einer Synthese von Einschätzungen und anderen psychischen Zuständen wie z. B. Erregungsempfindungen sind (z. B. Schachter 1964).
- Nach der *Identitätstheorie* sind Emotionen mit den Einschätzungen (speziell mit bewertenden Urteilen) identisch, sind also nichts anderes als eine spezielle Art von Kognition. Diese ›radikal‹ kognitive Theorie der Natur von Emotionen wird in der Psychologie kaum vertreten, hat jedoch prominente Befürworter unter den philosophischen Urteilstheoretikern (z. B. Solomon 1976) und findet sich zumindest implizit auch in einigen computationalen Emotionsmodellen (s. u.).

Philosophie – die Urteilstheorie der Emotion. Mit den psychologischen Bewertungstheorien eng verwandte Emotionstheorien wurden ab den späten 1950er Jahren auch in der Philosophie (erneut) propagiert. Eine der bekanntesten dieser sog. *Urteilstheorien* der Emotion stammt von Robert Solomon. In seinem Buch *The Passions* behauptet Solomon

(1976), dass Emotionen *Urteile* (*judgments*; insbesondere wertende Urteile) erfordern – genauer gesagt seien sie sogar eine Art von Urteilen (s. u.) – und dass unterschiedliche Emotionen durch unterschiedliche Muster von Urteilen auf einer begrenzten Menge von Urteilsdimensionen charakterisiert sind, die er detailliert beschreibt. Im philosophischen Diskurs wird unter einem Urteil normalerweise eine episodische (im Unterschied zu einer dispositionalen) Überzeugung verstanden: Während man eine Überzeugung lange Zeit haben kann, ohne an den Überzeugungsinhalt zu denken oder sich daran zu erinnern, ist ein Urteil ein psychisches Ereignis, das zu einer bestimmten Zeit stattfindet. Zusätzlich beinhaltet ein Urteil notwendigerweise eine Zustimmung zum Urteilsinhalt, eine Art von geistigem Bejahen des Urteilsinhalts. Solomons Urteile scheinen somit von derselben Art zu sein wie Arnolds Wert- und Tatsachenüberzeugungen. Tatsächlich sprach Arnold in der ersten Fassung ihrer Theorie (Arnold/Gasson 1954) statt von ›*appraisals*‹ noch von ›evaluativen Urteilen‹ (*evaluative judgments*). In ihrem Hauptwerk (Arnold 1960) argumentiert sie dann zwar, emotionswirksame Bewertungen bzw. *appraisals* seien eine *spezielle Form* der Bewertung (vgl. Reisenzein 2006), aber eine parallele Behauptung macht auch Solomon (1976).

Ein wichtiger Unterschied zwischen Solomon und Arnold – neben Unterschieden in den postulierten Einschätzungsdimensionen und den für die einzelnen Emotionen typischen Einschätzungsmustern – betrifft jedoch ihre Annahmen über die Natur von Emotionen. Während Arnold Emotionen wie erwähnt als von Einschätzungen verursachte Handlungstendenzen zur Annäherung bzw. Meidung auffasst, behauptet Solomon kühn, Emotionen *seien* die betreffenden evaluativen Urteile (interessanterweise hat auch Arnold diese Möglichkeit erwogen, sie jedoch als unplausibel verworfen; vgl. Reisenzein 2006). Beispielsweise besteht nach Solomon das Erlebnis von Furcht vor einer Spinne im Haben oder Tätigen des episodischen (und bewussten) Urteils, dass die Spinne gefährlich ist. Es ist allerdings nicht sicher, dass Solomon auf dem für Urteile konstitutiven Aspekt der Zustimmung zum Urteilsinhalt beharrt hätte; denn er äußerte einmal (Roberts 2003, 98), sein Begriff des emotionalen Urteils entspräche dem, was Roberts als ›*construal*‹ (übersetzbar als ›Eindruck‹ oder ›Deutung‹) bezeichnet und was das Element der Zustimmung nicht enthält (ebd., Kap. 2). Eindeutiger liegt der Fall bei Martha Nussbaum (2001). Nussbaum knüpft an die Emotionstheorie der griechischen Stoiker an, wonach Emotionen in einem zweistufigen psychischen Prozess entstehen: Zuerst hat man den Eindruck, dass eine Situation oder ein Ereignis in bestimmter Hinsicht relevant oder bedeutsam ist (z. B. den Eindruck, dass die Spinne vor einem eine Bedrohung darstellt oder dass eine soeben getätigte Handlung moralisch falsch ist); danach stimmt man diesem Eindruck zu. Die erste Stufe dieses Prozesses ist für sich genommen noch keine Emotion, sondern nur eine Vorbereitung oder ein ›erster Schritt‹ hin zur Emotion; die zweite Stufe macht den Eindruck jedoch zu einem Urteil, und dieses Urteil *ist* die Emotion.

Argumente für die kognitiv-evaluative Theorie der Emotion. Die Grundannahme der kognitiv-evaluativen Emotionstheorie, dass Emotionen von Einschätzungen (bestimmten faktischen und evaluativen Urteilen) zumindest kausal abhängig, wenn nicht durch diese (ko-)konstituiert sind, wird durch empirische Untersuchungen gestützt, wonach Personen, die eine bestimmte Emotion (z. B. Freude, Furcht oder Ärger) erleben, das auslösende Ereignis in der Tat typischerweise auf eine für diese Emotion charakteristische Weise einschätzen (Ellsworth/Scherer 2003; vgl. auch die unten berichteten Befunde zu Emotionen in experimentellen Spielen). Wichtiger als diese empirischen Befunde war für den Erfolg der Bewertungs- bzw. Urteilstheorie der Emotion in Psychologie bzw. Philosophie jedoch vermutlich ihre hohe Erklärungskraft (ebd.). Es ist schlicht schwer zu sehen, wie man ohne die Annahme vermittelnder kognitiver Prozesse von zumindest *ungefähr* der Art, wie sie in der Bewertungs- bzw. Urteilstheorie der Emotion postuliert werden, u. a. die folgenden Fakten erklären kann (ebd.):

- F1: Emotionen sind hoch differenziert (d. h. es gibt sehr viele verschiedene Emotionen).
- F2: Dasselbe objektive Ereignis (z. B. der Sieg einer Fußballmannschaft) kann bei verschiedenen Personen ganz unterschiedliche Emotionen auslösen (z. B. Freude *versus* Kummer).
- F3: Dieselbe Emotion kann durch ganz unterschiedliche Ereignisse ausgelöst werden, Freude z. B. durch ein Lob, einen Prüfungserfolg oder einen Lottogewinn.
- F4: Dieselbe Emotion kann durch Informationen hervorgerufen werden, die auf ganz unterschiedlichen Wegen erworben wurden: Beispielsweise kann man dieselbe Empörung über die unmoralische Tat eines anderen empfinden, wenn man die Tat selbst beobachtet oder bloß davon hört.
- F5: Ändern sich die emotionsrelevanten Überzeugungen einer Person, so ändern sich in den

meisten Fällen auch ihre Emotionen: Wer z. B. fürchtet, seinen Haustürschlüssel verloren zu haben, der verliert die Furcht in dem Augenblick, in dem er den Schlüssel in der Manteltasche findet.

Die Bewertungstheorien können diese emotionspsychologischen Fakten scheinbar mühelos erklären:
- E1: Menschen sind zu hoch differenzierten Einschätzungen von Ereignissen in der Lage.
- E2: Dasselbe Ereignis kann von verschiedenen Personen ganz unterschiedlich eingeschätzt werden.
- E3: Ganz unterschiedliche Ereignisse können auf dieselbe Weise eingeschätzt werden (z. B. als bedrohlich).
- E4: Ausschlaggebend für das Auftreten einer Emotion ist, dass bestimmte Tatsachen- und Wertüberzeugungen erworben werden; *wie* diese erworben werden, ist dagegen von untergeordneter Bedeutung.
- E5: Weil Emotionen bestimmte zeitgleich vorhandene Kognitionen notwendig voraussetzen, vergehen sie auch wieder, sobald diese Kognitionen nicht mehr vorhanden sind.

Darüber hinaus beanspruchen kognitive Emotionstheoretiker, auch eine Reihe weiterer Merkmale von Emotionen plausibel erklären zu können (z. B. Solomon 1976), insbesondere die Objektgerichtetheit von Emotionen, ihre rationale Bewertbarkeit (als angemessen *versus* unangemessen, rational *versus* irrational) und ihre motivationale Wirksamkeit (s. u.). Alternative Theorien der Emotionsentstehung müssen sich daran messen lassen, ob sie die genannten Phänomene ebenso gut erklären können wie die kognitiv-evaluative Theorie.

Kritik an der kognitiv-evaluativen Theorie der Emotion. Um 1980 war die kognitiv-evaluative Theorie in Psychologie und Philosophie zum zentralen Paradigma der Emotionsentstehung avanciert. Spätestens ab dieser Zeit wurden jedoch auch Einwände erhoben. Zwei der zentralen Kritikpunkte lauten, dass Kognitionen (Einschätzungen) erstens nicht notwendig und zweitens nicht hinreichend für Emotionen sind.

Sind Kognitionen notwendig für Emotionen? Bereits James (1890) argumentierte, dass Einschätzungen für Emotionen nicht unbedingt erforderlich seien. So setze Furcht nicht unbedingt den Glauben an eine Gefahr voraus, sondern könne auch direkt durch bestimmte Wahrnehmungen wie z. B. laute Geräusche oder den Anblick einer dunklen Gestalt

im Wald hervorgerufen werden. In der neueren Psychologie wurde ein analoger Einwand gegen die Bewertungstheorie u. a. von Zajonc (1980) vorgebracht, der argumentierte, Kognition und Emotion seien voneinander verschiedene und nur lose gekoppelte Teilsysteme der Psyche und Emotionen deshalb grundsätzlich unabhängig von Kognitionen. Diese Thesen lösten eine bis heute anhaltende Debatte über die Bedeutung von Kognitionen für Emotionen in der Psychologie aus (z. B. Ellsworth/Scherer 2003; Lazarus 1991). Teilweise dadurch angeregt, entwickelte sich auch in der Philosophie eine parallele Kognitions-Emotions-Debatte (z. B. Roberts 2003; Scarantino 2010; s. Kap. V.10).

Die Kognitions-Emotions-Debatten in Psychologie und Philosophie haben u. a. darunter gelitten, dass nicht ausreichend klar zwischen zwei Versionen der Hypothese von der ›nichtkognitiven‹ Emotionsentstehung unterschieden wurde. Nach der ersten Version setzen bestimmte Arten von affektiven Zuständen wie z. B. sensorische Lust- und Unlustgefühle (welche in den Bewertungstheorien zum Teil gar nicht berücksichtigt werden) keine Einschätzungen voraus. Nach der zweiten Version treten auch die (oder einige der) paradigmatischen Emotionen wie Freude, Leid oder Furcht gelegentlich oder sogar häufig ohne Einschätzungen auf (Reisenzein 2006).

Die erste Version der Hypothese von der ›nichtkognitiven‹ Emotionsentstehung ist intuitiv plausibel: Das angenehme Gefühl, das durch den Duft einer Rose ausgelöst wird, scheint z. B. keine Überzeugungen über die Existenz oder die Beschaffenheit der auslösenden Reize zu erfordern (vgl. bereits Meinong 1894), sondern direkt an die es verursachenden Sinnesempfindungen anzuknüpfen. Sofern dies richtig ist, kann die kognitiv-evaluative Theorie nicht alle Arten von Gefühlen erklären. Allerdings verbleibt damit für sie immer noch der Kernbereich der in der Alltagssprache unterschiedenen Emotionen.

Dagegen ist die zweite Version – die Hypothese von der Existenz und möglicherweise sogar großen Bedeutsamkeit eines ›nichtkognitiven‹ Weges der Emotionsentstehung für paradigmatische Emotionen wie Freude, Leid oder Furcht – umstritten. Ihre Befürworter verweisen u. a. auf die Alltagserfahrung und auf klinische Fälle: Beispielsweise hätten Phobiker Angst vor Höhen oder fürchteten sich vor Spinnen, obwohl sie fest davon überzeugt seien, dass ihnen von den Objekten ihrer Furcht keine Gefahr drohe. Auch käme es nicht selten vor, dass man wegen einer Tat Schuldgefühle habe, obwohl man überzeugt sei, nichts Unrechtes getan zu haben: Beispielsweise könne sich ein Sohn schuldig fühlen, weil er seine alte Mutter in ein Pflegeheim gegeben hat, obwohl er davon überzeugt ist, dass dies für die Mutter und alle anderen Beteiligten das Beste ist. So plausibel diese anekdotischen Beobachtungen auch erscheinen mögen, systematische empirische Untersuchungen zu den Kognitionen von Phobikern begründen Zweifel an ihrem Zutreffen. So fanden z. B. Menzies/Clarke (1995), dass höhenängstliche Personen die Wahrscheinlichkeit, von einer Leiter zu fallen, deutlich höher beurteilen als Nichtängstliche und auch die aus einem Sturz resultierenden Verletzungen schwerwiegender einschätzen (vgl. Reisenzein 2009 für weitere relevante empirische Befunde).

Ein weiterer oft zitierter angeblicher Beleg für die ›nichtkognitive‹ Entstehung von Emotionen sind Forschungsergebnisse zu den Wirkungen von emotionalen Reizen, die unterhalb der Wahrnehmungsschwelle dargeboten werden (für einen Überblick vgl. Storbeck/Clore 2007). Beispielsweise berichteten Öhman/Soares (1994), dass spinnen- und schlangenängstliche Personen auf Dias von ihren Furchtobjekten selbst dann mit einer Zunahme der Hautleitfähigkeit reagierten (was eine erhöhte Schweißdrüsenaktivität anzeigt), wenn die Bilder so kurz dargeboten wurden, dass sie (nach Ansicht der Autoren) nicht bewusst erkannt werden konnten. Diese Befunde sind jedoch aus mehreren Gründen nicht schlüssig. Erstens legen neuere Untersuchungen nahe, dass die beobachteten physiologischen Reaktionen von einer Teilgruppe der Versuchsteilnehmer stammen könnten, welche die angeblich unterschwelligen Furchtreize doch bewusst erkannt hat (z. B. Peira et al. 2012). Zweitens lösen unterschwellige Furchtreize zwar physiologische Reaktionen aus, aber offenbar keine Furchtgefühle; es fehlt also der nach der Alltagspsychologie zentrale Indikator für das Vorhandensein einer Emotion. Deshalb ist zumindest diskutierbar, ob in diesen Situationen überhaupt eine Emotion vorliegt (verteidigt wird diese Interpretation der Befunde jedoch von Scarantino 2010). Drittens ist selbst dann, wenn man akzeptiert, dass die subliminalen Reize eine Emotion ausgelöst haben, nicht sicher, ob es sich dabei um Furcht und nicht bloß um einen sensorischen Affekt gehandelt hat, für den Überzeugungen nach den oben angestellten Überlegungen nicht erforderlich sind (Reisenzein 2009). Viertens schließlich haben Bewertungstheoretiker argumentiert, dass sowohl die Wahrnehmung als auch die Bewertung von Objekten unbewusst stattfinden kann (Smith/Kirby 2000), z. B. aufgrund einer Automatisierung von Bewertungsprozessen.

Sind Kognitionen hinreichend für Emotionen? Ein zweiter Einwand gegen die kognitiv-evaluative Theorie lautet, dass Kognitionen (Wert- und Tatsachenüberzeugungen) nicht hinreichend für Emotionen sind. Dieser Einwand stützt sich auf Alltagsbeobachtungen: Beispielsweise ist einem die eigene Gesundheit meist viel wert, der Gedanke daran, dass man gesund ist (Tatsachenurteil) und dies gut sei (Werturteil), löst aber nur unter besonderen Bedingungen ein Gefühl der Freude aus – etwa wenn man erst kürzlich von einer Krankheit genesen ist. Einige Bewertungstheoretiker haben versucht, diesem Einwand durch die Annahme zu begegnen, die in ihren Theorien postulierten Bewertungen seien nicht als Wertüberzeugungen im üblichen Sinne zu verstehen (z. B. Arnold 1960; Solomon 1976). So betont z. B. Arnold, emotionswirksame Bewertungen seien im Unterschied zu den üblichen ›intellektuellen‹ Werturteilen, »direkt, unmittelbar, nichtreflexiv, nichtintellektuell, automatisch, ›instinktiv‹, ›intuitiv‹« (1960, 175). Allerdings wird aus Arnolds Ausführungen nicht wirklich verständlich, weshalb Emotionen zwar durch ›intuitive‹, nicht aber durch ›intellektuelle‹ Werturteile ausgelöst werden; denn bei den intuitiven Bewertungen handelt es sich nach Arnold offenbar um nichts anderes als um automatisierte intellektuelle Werturteile (Reisenzein 2006).

Alternative kognitive Emotionstheorien. Obwohl die beschriebenen Einwände gegen die kognitiv-evaluative Theorie nur partiell überzeugen und vielleicht sogar keiner davon wirklich zwingend ist, sind sowohl in der Psychologie als auch in der Philosophie Anstrengungen unternommen worden, den Einwänden (soweit sie akzeptiert wurden) durch die Entwicklung von Alternativen Rechnung zu tragen. Zwei dieser Alternativtheorien sind die kognitiv-motivationale Theorie der Emotion sowie die Wahrnehmungstheorie der Emotion.

Die kognitiv-motivationale Theorie der Emotion: Nach Arnolds (1960) kognitiv-evaluativer Theorie setzt Freude über *p* voraus: man glaubt, dass *p* besteht, und bewertet *p* als positiv. Darüber hinaus ist die Bewertung nach Ansicht der meisten psychologischen Bewertungstheoretiker das Resultat des Vergleichs von *p* mit den eigenen Wünschen; der Wunsch nach *p* ist also eine indirekte Ursache der Freude über *p* (wenn wir einmal die kausale Theorie der Kognitions-Emotions-Beziehung unterstellen). Im Unterschied dazu nimmt die *kognitiv-motivationale Theorie* oder *Glauben-Wunsch-Theorie* der Emotion an, dass die Freude über *p* direkt auf dem Glauben, dass *p* und dem Wunsch nach *p* beruht

(Castelfranchi/Miceli 2009; Green 1992; Reisenzein 2009). Obwohl diese Modifikation minimal erscheinen mag, hat sie eine tief greifende Implikation: Sie impliziert, dass diejenigen Kognitionen, die im Zentrum der Bewertungstheorie stehen und denen sie ihren Namen verdankt – die Bewertungen von Sachverhalten als gut oder schlecht – für Emotionen *nicht* erforderlich sind; benötigt werden nur Tatsachenüberzeugungen und Wünsche. Die Emotion selbst ist in der Glauben-Wunsch-Theorie entweder die Kombination von Wunsch und Glaube (z. B. Green 1992) oder ein von Wunsch und Glaube verursachter eigenständiger mentaler Zustand, speziell ein Gefühl der Lust oder Unlust (Reisenzein 2009).

Durch die Annahme, dass Emotionen Produkte von faktischen Überzeugungen und Wünschen sind, entgeht die Glauben-Wunsch-Theorie dem Einwand, dass Wertkognitionen (z. B. der Glaube, dass der Lotteriegewinn gut oder die Schlange vor uns gefährlich ist) für Emotionen nicht notwendig sind. Tatsächlich stimmt sie diesem Einwand zu und erklärt potenzielle empirische Gegenbeispiele (s. o.): Notwendig sind für Emotionen allein Tatsachenüberzeugungen und Wünsche. Ebenso trägt sie dem Einwand Rechnung, dass Werturteile (auch zusammen mit Tatsachenurteilen) nicht hinreichend für Emotionen sind: Nicht alles, was man positiv bewertet, wünscht man sich zum selben Zeitpunkt auch. Zwar nimmt auch die Glauben-Wunsch-Theorie an, dass Emotionen bestimmte *Tatsachenüberzeugungen* voraussetzen – Freude über *p* z. B. die Überzeugung, dass *p* besteht. Diese Annahme scheint jedoch unverzichtbar, um ›ernsthafte‹ Emotionen von Fantasieemotionen unterscheiden zu können (d. h. von Emotionen, die auftreten, wenn man sich bloß lebhaft vorstellt, dass *p* besteht).

Die Wahrnehmungstheorie der Emotion: Eine alternative Antwort auf die Einwände gegen die Bewertungs- bzw. Urteilstheorie der Emotion ist die sog. Wahrnehmungstheorie (*perceptual theory*) der Emotion. Diese Theorie (die ebenfalls in mehreren Varianten existiert) heißt so, weil sie Emotionen zu Sinneswahrnehmungen (genauer: zu Sinneseindrücken) analogisiert (Roberts 2013; vgl. auch Döring 2009). Beispielsweise wendet Roberts (2003) gegen die Urteilstheorie von Solomon (1976) ein, dass evaluative Kognitionen zwar für Emotionen erforderlich seien, jedoch keine Urteile sein müssten, da das für Urteile konstitutive Element der Zustimmung fehlen könne; ein *evaluatives Urteil* sei also für Emotionen nicht erforderlich, ein *evaluativer Eindruck* reiche aus. Roberts schlägt deshalb vor, dass Emotionen keine Urteile sind (oder enthalten), sondern

Eindrücke (Nussbaum 2001) oder, wie er sie nennt, *construals* – also eine Art von Wahrnehmung. Allerdings ist nicht jeder beliebige – auch nicht jeder beliebige evaluative – Eindruck von einem Ereignis oder einem Einzelding eine Emotion. Emotionen sind vielmehr nur solche Eindrücke bzw. *construals*, in welche die Wünsche oder Motive der Person (in einem weiten Sinne; Roberts spricht von ›Anliegen‹ (*concerns*)) eingehen, die also motiv-basierte Eindrücke (*concern-based construals*) sind. So ist der Eindruck der Spinne als gefährlich nur deshalb eine Emotion, weil einem die eigene Sicherheit wichtig ist und weil der Eindruck der Spinne als gefährlich dieses Anliegen um die eigene Sicherheit enthält. Sieht man die Spinne dagegen bloß in einer ›akademischen‹, unbeteiligten Art und Weise als gefährlich an, dann ist dieser evaluative Eindruck (weil nicht motiv-basiert) keine Furcht. Eine Emotion als motiv-basiertes *construal* ist ein *Wahrnehmungszustand* in dem Sinne, dass sie – analog zu Sinneswahrnehmungen – die in einer Situation unterschiedenen Elemente in ein sinnvolles Ganzes integriert und die Situation in ihrer Gesamtbedeutung präsentiert. Was man bei Emotionen ›sieht‹, ist die Situation, so wie sie im Lichte der eigenen Anliegen erscheint. Beispielsweise nimmt man beim Erleben von Freude über einen Sachverhalt *p* diesen Sachverhalt als eine Wunscherfüllung wahr (Roberts 2003, 279). Für eine rezente Darstellung von Roberts' Wahrnehmungstheorie inklusive ihrer Verteidigung gegen verschiedene Einwände vgl. Roberts (2013).

Obwohl die Glauben-Wunsch-Theorie und die Wahrnehmungstheorie der Emotion zwei unterschiedliche Versuche sind, den Einwänden gegen die Bewertungstheorie zu begegnen, sind sich die zwei Alternativtheorien zumindest in den Fällen, in denen Emotionen auf faktischen Überzeugungen beruhen, nicht unähnlich. So hat Reisenzein (2009) vorgeschlagen, dass z. B. im Fall von Freude der Wunsch nach *p* und der Glaube, dass *p* besteht, zusammengenommen ein Lustgefühl hervorrufen, welches anschließend mit der mentalen Repräsentation von *p* in einen ›affektiv getönten Gedanken‹ von *p* integriert wird. Dieser affektiv getönte Gedanke von *p* scheint Ähnlichkeiten zu Roberts' *concern-based construal* von *p* zu haben. Allerdings ist Roberts' Begriff des ›Anliegens‹ umfassender als der eines Wunsches (er beinhaltet auch Zuneigung und Fürsorglichkeit für andere) und der Inhalt eines *concern-based construal* (z. B ›*p* erfüllt einen Wunsch von mir‹ oder ›*p* ist gut für mich‹) ist – wie der von evaluativen Überzeugungen – begrifflicher Natur.

Funktionale Effekte von Emotionen

Ein Hauptgrund dafür, weshalb Emotionen sowohl Laien als auch Wissenschaftler interessieren, ist die Überzeugung, dass Emotionen starke Auswirkungen auf das Denken (s. Kap. IV.6) und Handeln (s. Kap. IV.14) haben können. Wie eingangs erwähnt, wurden traditionell hauptsächlich die negativen, maladaptiven Auswirkungen von Emotionen betont; seit den 1980er Jahren hat sich jedoch zunehmend die Auffassung durchgesetzt, dass Emotionen trotz ihrer gelegentlichen negativen Effekte insgesamt (d. h. über alle relevanten Situationen hinweg) adaptiv sind. Die adaptiven Effekte von Emotionen sind ihre (evolutionären) *Funktionen* – die Gründe, weshalb die emotionalen Mechanismen in der Evolution durch den Prozess der natürlichen Selektion entstanden sind (s. Kap. II.E.6).

Obwohl sich Emotionswissenschaftler heutzutage weitgehend einig darüber sind, dass Emotionen adaptiv sind, besteht bisher nur teilweise Konsens darüber, was genau die funktionalen Effekte von Emotionen sind (für eine Übersicht vgl. z. B. Frijda 1994). Für die drei im Folgenden beschriebenen postulierten Funktionen von Emotionen besteht jedoch zumindest partiell Einigkeit: die aufmerksamkeitssteuernde, die informationale und die motivationale Funktion von Emotionen. Diese drei Funktionen können als unterschiedliche Facetten einer einzigen übergreifenden Funktion betrachtet werden, die darin besteht, die Adaptivität von intentionalen Handlungen (zumindest in der evolutionären Umwelt des Menschen) zu optimieren.

Die aufmerksamkeitssteuernde Funktion von Emotionen. Nach dieser Hypothese besteht eine Hauptfunktion von Emotionen darin, den Fokus der Aufmerksamkeit (s. Kap. IV.1) auf die emotionsauslösenden Ereignisse zu lenken bzw. computational gesprochen: der Analyse dieser Ereignisse zentrale Verarbeitungsressourcen zuzuteilen oder ihnen Vorrang in der Informationsverarbeitung zu geben (z. B. Simon 1967; vgl. auch Reisenzein 2009).

Die informationale Funktion von Emotionen. Die informationale oder epistemische Funktion von Emotionen besteht darin, anderen kognitiven (Sub-)Systemen – einschließlich anderen Personen (über die nonverbale und verbale Kommunikation von Emotionen) – adaptiv nützliche Informationen zur Verfügung zu stellen, insbesondere Informationen über die Ergebnisse unbewusster Bewertungsprozesse (z. B. Schwarz/Clore 2007) oder über Änderungen

im Glauben-Wunsch-System (Reisenzein 2009) sowie, damit zusammenhängend, Informationen über den Wert von Objekten und Ereignissen, einschließlich Handlungen und Handlungskonsequenzen (z. B. Damasio 1994; Meinong 1894; Slovic et al. 2004). Beispielsweise informiert die Nervosität, die man bei einem Treffen mit einem Fremden erlebt, das Entscheidungssystem über die unbewusste Einschätzung der Begegnung als bedrohlich; ein angenehmes Gefühl, das beim Denken an eine mögliche Handlung erlebt wird, signalisiert dagegen die unbewusste Billigung der Handlung und markiert sie als eine, die zu wählen gut wäre. Analog könnte die verbale oder nonverbale Kommunikation von Emotionen an andere Personen dazu dienen, diesen Personen die genannten Informationen mitzuteilen (s. u.).

Die motivationale Funktion von Emotionen. Die motivationale Funktion von Emotionen besteht in ihren adaptiven Auswirkungen auf die Handlungsziele der Person (s. Kap. IV.14): Emotionen sollen sowohl eine Neupriorisierung von bestehenden Zielen oder Absichten bewirken als auch neue Ziele generieren können (z. B. Frijda 1986). In Bezug auf die Generierung von neuen Zielen wurden zwei hauptsächliche Mechanismen vorgeschlagen: Erstens wurde postuliert, dass Emotionen oder ihre Antizipation hedonistische Wünsche erzeugen, die dann das Handeln beeinflussen (z. B. Baumeister et al. 2007; Coricelli et al. 2005; Mellers 2000); zweitens wurde behauptet, dass zumindest einige Emotionen *direkt* bestimmte adaptive Handlungsimpulse hervorrufen (s. u.). Der erste Weg von der Emotion zur Motivation ist von zentraler Bedeutung in den auf Bentham (1789) zurückgehenden *hedonistischen Theorien der Motivation*, wonach ein Grundziel oder Grundmotiv des Menschen der Wunsch ist, ›Lust zu maximieren‹ und ›Unlust zu minimieren‹. Dieses hedonistische Motiv kann sowohl durch momentan erlebte als auch durch bloß antizipierte Emotionen aktiviert werden: Negative Gefühle erzeugen den Wunsch, sie zu reduzieren (wenn sie schon vorhanden sind) bzw. zu vermeiden (wenn sie antizipiert werden); positive Gefühle erzeugen den Wunsch, sie beizubehalten (wenn sie vorhanden sind) bzw. sie herbeizuführen (wenn eine günstige Gelegenheit auftritt). Meist wird angenommen, dass hedonistische Wünsche auch kognitive Prozesse (inklusive Einschätzungsprozesse) beeinflussen können: Beispielsweise kann das unangenehme Angstgefühl, das durch ein bedrohliches Ereignis ausgelöst wird, die Person dazu motivieren, das Denken an das Ereignis zu vermeiden oder zu versuchen, es positiv zu reinterpretieren (z. B. Lazarus 1991).

Hedonistische Theorien der Motivation spielen in der gegenwärtigen Psychologie eine bedeutsame Rolle. Inzwischen liegen auch umfangreiche empirische Forschungen dazu vor (z. B. Baumeister et al. 2007; Reisenzein/Horstmann 2006), wie im Folgenden anhand von Studien zur Rolle von Emotionen in experimentellen Entscheidungs- und Spielsituationen illustriert wird (s. Kap. IV.6). Diese Untersuchungen liefern nicht nur Belege für die hedonistischen Effekte von Emotionen, sondern stützen auch die kognitive Theorie der Emotionsentstehung. Zudem veranschaulichen sie die Vorteile der Verknüpfung von behavioralen und subjektiven mit neurophysiologischen und neuroanatomischen Daten in der Emotionsforschung.

Emotionen in experimentellen Spielen: Ausgangspunkt dieser Forschung sind zwei ursprünglich in der Wirtschaftswissenschaft (s. Kap. III.11) entwickelte Modifikationen der klassischen Entscheidungstheorie (der Theorie des erwarteten Nutzens; von Neumann/Morgenstern 1944): die Theorie der antizipierten Reue (*regret theory*) sowie die Theorie der antizipierten Enttäuschung (*disappointment theory*), die Mellers (2000) in der sog. *decision affect theory* integriert hat. In Übereinstimmung mit den kognitiven Emotionstheorien gehen diese beiden Theorien davon aus, dass Enttäuschung und Reue (oder Bedauern) nach Entscheidungen auf bestimmten kognitiven Einschätzungen des Handlungsergebnisses beruhen: Enttäuschung (*versus* das sog. Gefühl der ›Hochstimmung‹ (*elation*), das auch Erleichterung umfasst) tritt auf, wenn das Handlungsergebnis aus subjektiver Sicht schlechter (besser) ausfällt, als man erwartet hat; Reue (*versus* das Gefühl der Zufriedenheit (*rejoicing*) mit der getroffenen Wahl) tritt dagegen auf, wenn das Handlungsergebnis schlechter (besser) ausfällt, als dasjenige, welches eingetreten wäre, wenn man eine andere Wahl getroffen hätte. Darüber hinaus spielt für das Erleben von Reue auch die Wahrnehmung von persönlicher Verantwortlichkeit für das Handlungsergebnis eine wichtige Rolle, während eine solche für Enttäuschung nicht erforderlich ist. Die Theorie der antizipierten Reue und Enttäuschung nimmt an, dass man sich die möglichen Gefühlskonsequenzen der Handlungsalternativen bereits vor einer Entscheidung vor Augen hält und dann so entscheidet, dass – neben nichthedonistischen negativen bzw. positiven Handlungskonsequenzen – auch mögliche Gefühle von Reue und Enttäuschung minimiert sowie mögliche Gefühle von Hochstimmung und Zufriedenheit maximiert werden. Empirische Belege für die handlungssteuernde Rolle von antizipierter Reue liefern u. a. Studien, die

gesunde Personen mit Patienten mit Läsionen im orbitofrontalen Kortex verglichen (Camille et al. 2004). Die Versuchspersonen nahmen an einem experimentellen Spiel teil, bei dem sie in jedem Durchgang zwischen zwei Lotterien wählen mussten, in denen mit unterschiedlichen Wahrscheinlichkeiten Geld gewonnen oder verloren werden konnte. In einer experimentellen Bedingung wurde den Teilnehmern nach der Wahl das Ergebnis beider Lotterien mitgeteilt, so dass laut Theorie Reue auftreten sollte, wenn die nichtgewählte Lotterie das bessere Ergebnis hatte. Die gesunden Teilnehmer begannen nach einigen dieser ›Reue-Durchgänge‹ diejenigen Lotterien zu wählen, die mögliche Reue minimierten, während die Teilnehmer mit Läsionen im orbitofrontalen Kortex dies nicht taten. Selbstberichte der erlebten Gefühle wiesen darauf hin, dass diese Personen im Unterschied zu den Gesunden nach der Wahl einer ungünstigen Lotterie keine Reue erlebten. Sie hatten jedoch weiterhin ein normales Erleben von Enttäuschung und (wie ihr Verhalten in einem Ultimatumspiel nahelegte) auch von Ärger; die Läsion beeinträchtigte also offenbar selektiv die Fähigkeit zum Erleben von Reue. Nach Camille et al. (2004) sind Personen mit Läsionen im orbitofrontalen Kortex nicht mehr in der Lage, sich als verantwortliche Urheber der Folgen ihrer Handlungen wahrzunehmen, was für das Erleben von Reue erforderlich ist. In Übereinstimmung mit diesen Befunden fanden weitere Untersuchungen, dass sich die Gehirnaktivität von Gesunden beim Erleben von Reue von der bei Enttäuschung unterscheidet (z. B. Coricelli et al. 2005).

Coricelli et al. (2005) fanden außerdem, dass nach dem wiederholten Erleben von Reue dasselbe Hirnaktivitätsmuster, das während dem Erleben von Reue auftrat, auch unmittelbar *vor* der Wahl aufzutreten begann. Dies legt nahe, dass dem tatsächlichen Erleben von Reue und der Antizipation von Reue zumindest teilweise dieselben neuralen Schaltkreise zugrunde liegen. Die Antizipation von Reue besteht also (oft) nicht nur in einer ›kalten Kognition‹ – dem Glauben bzw. der Erwartung, dass man die Wahl einer bestimmten Handlung später bereuen könnte – sondern scheint tatsächlich eine ›Vorwegnahme‹ der Emotion, d. h. das Vorab-Erleben der Emotion (aufgrund eines erinnerten oder lebhaft vorgestellten negativen Handlungsergebnisses) zu umfassen.

Belege für hedonistische motivationale Effekte von Emotionen in experimentellen Spielsituationen gibt es auch für soziale Gefühle wie Neid oder Schadenfreude. In Entscheidungssituationen können diese Emotionen als soziale Analoga von Reue bzw.

Zufriedenheit betrachtet werden, weil sie das Produkt eines Vergleichs des eigenen Handlungsergebnisses mit dem der anderen Personen sind. Beispielsweise nahmen die Teilnehmer einer Untersuchung von Bault et al. (2008) in Paaren an einem Lotteriespiel teil und konnten sehen, welche Ergebnisse ihr Mitspieler erzielte. Wie erwartet (und von kognitiven Emotionstheorien vorhergesagt) riefen diejenigen Lotterieergebnisse, bei denen die Teilnehmer andere Wahlen getroffen hatten als ihr Mitspieler, Neid oder Schadenfreude hervor, abhängig davon, ob dieser ein besseres oder schlechteres Ergebnis erzielt hatte. Ferner wirkten sich Neid und Schadenfreude in ähnlicher Weise auf die nachfolgenden Wahlen aus wie Reue und Zufriedenheit: Die Teilnehmer wählten zunehmend häufiger solche Lotterien, die möglichen Neid minimierten und mögliche Schadenfreude maximierten.

Diese experimentellen Befunde stützen die Hypothese, dass Emotionen Handlungen (zumindest teilweise) über einen hedonistischen Regulationsmechanismus beeinflussen (für weitere Belege vgl. Baumeister et al. 2007; Reisenzein/Horstmann 2006). Der hedonistische Mechanismus spielt möglicherweise die Rolle eines ›Motivverstärkers‹, indem er Handlungsalternativen mit zusätzlicher – nämlich hedonischer – Valenz ausstattet (Reisenzein 2009). Die Folge davon ist z.B., dass man eine Handlung nicht nur deshalb unterlässt, weil sie unerwünschte nichthedonische Konsequenzen wie einen Geldverlust haben könnte, sondern auch deshalb, weil man im Fall des Eintretens dieser Konsequenzen unangenehme Gefühle wie Reue oder Enttäuschung erleben würde.

Es stellt sich die interessante Frage, ob hedonistisch (ko-)regulierte Handlungen auch rational und/oder evolutionär adaptiv sind (vgl. Reisenzein/Horstmann 2006). Aufschluss über diese Frage gibt ein formales Resultat der Literatur zum Lernen in experimentellen Spielen, in der Emotionen wie Reue ebenfalls eine wichtige Rolle spielen. Nach der Grundidee sog. Reue-basierter Lernmodelle (*regret-based learning*) besteht Lernen in einer Anpassung der Wahrscheinlichkeit der Wahl einer Handlung eines bestimmten Typs auf der Grundlage der Differenz zwischen dem Gesamtnutzen, den man durch die Wahl dieser Handlung bisher erlangt hat, und dem Nutzen, den man durch die Wahl einer Alternativhandlung hätte erlangen können (s. Kap. IV.12). Diese Differenz entspricht im negativen Fall der Intensität von Reue und im positiven Fall der Intensität von Zufriedenheit mit der getroffenen Wahl. Die Wahrscheinlichkeit der erneuten Wahl der gewähl-

ten Handlung wird nach jedem Lerndurchgang proportional zur Intensität der erlebten Reue oder Zufriedenheit erniedrigt bzw. erhöht. Foster/Vohra (1999) konnten nachweisen, dass Reue-basiertes Lernen im Fall eines einzelnen Spielers auf die Wahl derjenigen Handlung konvergiert, die den Erwartungsnutzen maximiert – also jene Handlung, die in dieser Situation nach der klassischen Theorie des rationalen Entscheidens optimal ist (vgl. auch Hart 2005). Ähnlich haben Hart/Mas-Colell (2000) für Spiele mit mehreren Spielern gezeigt, dass eine Reue-basierte Lernprozedur auf die für beide Spieler optimale Wahl (sog. korrelierte Gleichgewichte) konvergiert. Wenn Entscheider Reue minimieren, dann konvergieren ihre Wahlhäufigkeiten also sowohl im Fall eines einzelnen als auch im Fall von mehreren Spielern langfristig auf die ›rationale‹ Entscheidung bzw. die ›rationale‹ Lösung des Spiels. Dieses Resultat stützt die eingangs erwähnte Ansicht, dass Emotionen nicht notwendigerweise mit rationalem Entscheiden in Konflikt stehen, sondern es im Gegenteil unterstützen oder – im Fall des Reue-basierten Lernens – implementieren können. Nach Hart (2005) ist Reue-basiertes Lernen eine *adaptive Entscheidungsheuristik*: Eine einfache Entscheidungsstrategie, die in der Evolution entstanden ist, weil sie eine computational wenig anspruchsvolle Methode zur Approximation von optimalen, jedoch aufwendigen Entscheidungsstrategien darstellt.

Nichthedonistische motivationale Effekte von Emotionen: Eine Reihe von Emotions- und Motivationstheoretikern haben postuliert, dass Emotionen die Motivation nicht nur auf dem Wege der hedonistischen Regulation beeinflussen, sondern zumindest in manchen Fällen auch dadurch, dass sie *direkt* (d.h. ohne die Vermittlung durch hedonistische Wünsche) bestimmte adaptive Ziele oder Handlungsimpulse generieren (z.B. Frijda 1986; McDougall 1908; Weiner 1995; für eine Diskussion vgl. Reisenzein 1996): Angst etwa soll einen Wunsch zur Flucht oder zur Vermeidung einer wahrgenommenen Gefahr und Zorn einen Wunsch zur Aggression gegen den Normverletzer hervorrufen. Diese *nichthedonistische* Theorie der Beziehung zwischen Emotion und Handeln ist möglicherweise besser als die hedonistische Theorie geeignet, die motivationalen Effekte bestimmter Emotionen zu erklären, wie z.B. die Auswirkung von Mitleid auf Hilfsbereitschaft oder von Wut auf Aggression (Reisenzein/Horstmann 2006; Weiner 1995).

Der körperliche Ausdruck von Emotionen. Emotionen beeinflussen nicht nur das Handeln und Denken, sondern äußern sich auch mehr oder weniger regelmäßig (vgl. die früheren Ausführungen zur Syndromdefinition von Emotionen) im körperlichen Ausdruck. Einige der körperlichen Manifestationen von Emotionen sind höchstwahrscheinlich adaptiv (z. B. der Gesichtsausdruck oder die physiologische Aktivierung); andere sind dagegen wahrscheinlich nichtfunktionale Begleiterscheinungen von adaptiven Effekten (z. B. ist eine zitternde Stimme ein Nebenprodukt starker physiologischer Erregung). Der bei einigen Emotionen (insbesondere bei höherer Intensität) auftretenden physiologischen Aktivierung wird seit Cannon (1927) üblicherweise die Funktion zugeschrieben, den Organismus auf möglicherweise erforderliche, intensive muskuläre Aktivität (Flucht oder Kampf) vorzubereiten. Dagegen hat der Gesichtsausdruck von Emotionen nach weit verbreiteter (aber keineswegs unumstrittener: vgl. Reisenzein/Horstmann 2006) Auffassung primär eine kommunikative Funktion, d. h. er soll andere Personen über die Emotionen des Erlebenden informieren.

Zur Erklärung der Entstehung ebenso wie der spezifischen Form des körperlichen Ausdrucks von Emotionen sind verschiedene Theorien vorgeschlagen worden (ebd.). Die bekannteste davon ist die evolutionäre Theorie der diskreten Basisemotionen (z. B. Ekman 1992). Danach gibt es eine relativ kleine Anzahl von biologisch grundlegenden, ererbten Emotionsmechanismen oder biologischen ›Affektprogrammen‹, deren Aktivierung emotionsspezifische Muster psychischer und körperlicher Reaktionen erzeugt. Nach Ekman umfassen diese ›Basisemotionsmodule‹ (mindestens) Freude, Traurigkeit, Ärger, Ekel, Angst und Überraschung, und das von ihnen erzeugte Reaktionsmuster umfasst emotionsspezifische Gefühle, physiologische Reaktionen, Gefühle und Gesichtsausdrücke (ebd.).

Die relativ beste Evidenz für die Existenz dieser emotionalen Reaktionsmuster – und damit indirekt für die ihnen angeblich zugrunde liegenden Affektprogramme – ist der Befund, dass Fotos von prototypischen Gesichtsausdrücken der Basisemotionen mit hoher Urteilerübereinstimmung die ›richtigen‹ Emotionsnamen zugeordnet werden (Elfenbein/Ambady 2002). Diese Übereinstimmung nimmt allerdings mit zunehmender Distanz zur westlichen Kultur deutlich ab (Nelson/Russell 2013). Studien zum spontanen Gesichtsausdruck von Emotionen legen zudem nahe, dass nur in einer Minderheit der Fälle, in denen eine Basisemotion erlebt wird, auch der angeblich für sie typische Gesichtsausdruck auftritt (Reisenzein et al. 2013a). Der Zusammenhang zwischen dem Erleben von Basisemotionen und peripher-physiologischer Erregung ist sogar noch niedriger (z. B. Mauss/Robinson 2009). Schließlich hat auch die Suche nach neuronalen Modulen für die Basisemotionen bislang kein überzeugendes Ergebnis erbracht: Eine umfassende Metaanalyse von Untersuchungen der Gehirnaktivität bei Basisemotionen mithilfe bildgebender Verfahren kommt zu dem Schluss, dass es wenig Evidenz dafür gibt, dass Module für diese Emotionen in bestimmten Hirngebieten lokalisierbar sind (Lindquist et al. 2012). Angesichts dieser Befunde hat sich neuerdings LeDoux (2012), ein prominenter früherer Vertreter der Basisemotionstheorie, teilweise von dieser Theorie distanziert.

Die computationale Modellierung von Emotionen

Die Mehrheit der existierenden Emotionstheorien in der Psychologie und der Philosophie sind ausschließlich auf der intentionalen Beschreibungsebene formuliert; ausgearbeitete computationale Emotionsmodelle gibt es in der Psychologie kaum. Allerdings enthalten einige psychologische Emotionstheorien zumindest Skizzen der computationalen Prozesse, die den intentionalen Phänomenen zugrunde liegen könnten (z. B. Frijda 1986; Reisenzein 2009; Scherer 2001; Smith/Kirby 2000). Während ausschließlich auf der intentionalen Beschreibungsebene formulierte Emotionstheorien nur die Inputs und Outputs von (vermuteten) mentalen Berechnungsprozessen beschreiben, enthalten diese ›Prozessmodelle‹ auch Annahmen über die computationalen Prozesse, welche die Inputs in die Outputs transformieren, wie z. B. Annahmen zum Format der zugrunde liegenden Repräsentationen und zur Identität und Abfolge der beteiligten Subprozesse. Die Prozessmodelle der Emotion können daher zwischen Emotionstheorien der intentionalen Ebene und voll ausformulierten computationalen Emotionsmodellen vermitteln.

Unter der *computationalen Modellierung von Emotionen* versteht man Versuche, computationale Modelle (s. Kap. II.E.2) von Emotionsmechanismen zu entwickeln und zu validieren. Die computationale Modellierung von Emotionen ist ein interdisziplinäres Forschungsgebiet, an dem insbesondere die Psychologie und die Informatik beteiligt sind. Die Psychologie spielte dabei bislang primär die Rolle des Lieferanten von Emotionstheorien, welche Computerwissenschaftler in computationale Modelle zu übersetzen versuchten. Die Ziele dieser computationalen Modellierung entsprechen den zwei allgemeinen Zielen der Künstliche-Intelligenz-Forschung (KI), wenn diese auf den Bereich der Emotionen eingegrenzt werden (s. Kap. II.B.1): Erstens soll ein besseres theoretisches Verständnis von Emotionen in natürlichen (speziell menschlichen) und künstlichen Systemen bzw. intelligenten Agenten erreicht werden, indem computationale Modelle emotionaler Mechanismen entwickelt werden; zweitens soll die Architektur von künstlichen Agenten durch Emotionsmechanismen ähnlich denen des Menschen bereichert werden, um so die Agenten mit der Fähigkeit auszustatten, Emotionen zu ›haben‹. Damit wird allerdings nicht der Anspruch erhoben, künstliche Agenten (zumindest die derzeit existierenden) mit Emotionen im Sinne von qualitativen Gefühlserlebnissen zu versehen. Vielmehr (vgl. Reisenzein et al. 2013b) sollen künstliche Agenten mit computationalen Mechanismen ausgestattet werden, die sie zu inneren Zuständen befähigen, die den emotionalen Zuständen des Menschen funktional äquivalent oder wenigstens ähnlich sind, d. h. die in der Agentenarchitektur eine kausale Rolle spielen, die derjenigen von Emotionen beim Menschen entspricht oder zumindest ähnlich ist. Die kausalen Effekte von Emotionen, die in Agentenarchitekturen modelliert werden können, umfassen jedoch durchaus auch das Wissen von Agenten um die eigenen Emotionen, wenn sie auftreten (Picard 1997; realisiert z. B. im emotionalen BDI-Agenten Max von Becker-Asano/ Wachsmuth (2008)).

Modellierungsprojekte, die das Ziel eines besseren Verständnisses von Emotionen verfolgen, können als ›theoretisch‹ bezeichnet werden; jene, die das Ziel verfolgen, künstliche Agenten mit emotionalen Mechanismen auszustatten, als ›angewandt‹ (Broekens 2010). Psychologen sind typischerweise stärker an der theoretischen, Computerwissenschaftler stärker an der angewandten computationalen Modellierung von Emotionen interessiert. Allerdings verfolgen einige Forscher in beiden Disziplinen beide Ziele, die in der Tat eng miteinander verbunden sind: Künstliche Agenten mit menschenähnlichen Emotionsmechanismen auszustatten, setzt einigermaßen zutreffende computationale Modelle dieser Mechanismen voraus; umgekehrt besteht ein – nach Auffassung einiger Forscher sogar der beste – Weg, ein tiefes Verständnis von psychischen Prozessen inklusive Emotionen zu erlangen, im Versuch, diese Prozesse in künstlichen Agenten zu ›synthetisieren‹. Unter anderem aufgrund dieser engen Verflechtung zwischen der theoretischen und der angewandten computationalen Modellierung ist es in der Emo

tionsforschung in den letzten Jahren zu einer verstärkten Kooperation zwischen Psychologie und Informatik gekommen (vgl. Hudlicka 2008; Scherer et al. 2010). Weil Emotionen v. a. als nützlich für ressourcenbeschränkte autonome Agenten betrachtet werden, die in dynamischen und nur teilweise bekannten Umwelten agieren, hat die computationale Modellierung von Emotionen eine Rückbesinnung auf das ursprüngliche Ziel der KI erforderlich gemacht, ›vollständige‹ künstliche Agenten zu erschaffen, und zugleich auch zu einer Refokussierung auf das ursprüngliche Ziel der Kognitionswissenschaft geführt, eine einheitliche Theorie der Psyche zu entwerfen. Zwar dient die Mehrheit der bisher entwickelten computationalen Emotionsmodelle praktischen Zwecken; einige können jedoch beanspruchen, ernsthafte Kandidaten für computationale Theorien menschlicher Emotionen zu sein oder zumindest die psychologischen Theorien, auf denen sie beruhen, computational zu präzisieren und zu konkretisieren (Reisenzein et al. 2013b).

Das übergeordnete Ziel der angewandten computationalen Emotionsmodellierung besteht darin, künstliche Agenten durch die Ausstattung mit Emotionsmodulen intelligenter (oder besser angepasst, insbesondere an eine menschliche Umgebung), zumindest aber menschenähnlicher und (damit) glaubwürdiger (*believable*) zu machen. Menschenähnliche Agenten haben zahlreiche Anwendungen als Software- und Hardwareagenten, z. B. als persönliche Assistenten, elektronische Lehrer, Berater, Therapeuten, Betreuer oder Unterhalter oder als Software zur Animierung von Figuren in interaktiven Computerspielen. Für die Erschaffung glaubwürdiger emotionaler Agenten ist es übrigens möglicherweise nicht unbedingt erforderlich, sie mit einem Emotionsmodul auszustatten; es könnte ausreichen, sie mit einer Theorie der menschlichen Psyche (*theory of mind*; s. Kap. IV.21) zu versehen, die es ihnen erlaubt, die Emotionen von Menschen aus ihrem Verhalten und der Situation, in der es auftritt, zu erschließen und auf die wahrgenommenen Emotionen angemessen zu reagieren (Picard 1997). Künstliche Agenten mit diesen Fähigkeiten auszustatten, ist eines der Hauptziele des *affective computing* (ebd.). Computationale Emotionsmodelle können für diesen Zweck jedoch ebenfalls nützlich sein: Deklarative Versionen dieser Modelle (möglicherweise in vereinfachter Form) können als Komponenten des *theory-of-mind*-Moduls von Agenten verwendet werden; alternativ oder zusätzlich können Agenten darauf programmiert werden, ihre eigenen Emotionsmechanismen im ›Simulationsmodus‹ zu ver wenden, um die Emotionen anderer (aber auch die eigenen) vorherzusagen (realisiert z. B. in den PsychSim-Agenten von Pynadath/Marsella (2005)).

Computationale Emotionsmodelle – hauptsächlich von Computerwissenschaftlern entwickelt – gibt es inzwischen in beträchtlicher Anzahl (vgl. Hudlicka 2008; Marsella et al. 2010). Ein Teil davon baut auf vorhandenen kognitiven Architekturen (wie z. B. SOAR; Gratch/Marsella 2004; Marinier et al. 2009) oder Architekturen für autonome Agenten (insbesondere die BDI-Architekturen; z. B. Becker-Asano/Wachsmuth 2008) auf und bereichert diese um ›Emotionsmodule‹. Darüber hinaus sind inzwischen spezielle ›affektive Agentenarchitekturen‹ geschaffen worden (z. B. Hudlicka 2008), die es in Grenzen ermöglichen, unterschiedliche Emotionstheorien zu implementieren (vgl. auch Reisenzein et al. 2013b). Die allermeisten computationalen Emotionsmodelle unterstellen dem Agenten ein symbolisches internes Repräsentationssystem; es gibt jedoch auch interessante subsymbolische Ansätze (z. B. Bach 2009).

Bei der Entwicklung von ›Emotionsmodulen‹ versuchen computationale Modellierer entweder, eine bestimmte Emotionstheorie möglichst getreu zu implementieren oder Annahmen aus verschiedenen Emotionstheorien in ein einheitliches Modell zu integrieren. Als Vorlagen für die Modellierung des *Emotionsentstehungsprozesses* wurden bisher fast ausschließlich psychologische Bewertungstheorien herangezogen. Am häufigsten wurde die Theorie von Ortony et al. (1988) verwendet; einige andere Emotionstheorien (z. B. Lazarus 1991; Scherer 2001) sind jedoch ebenfalls computational implementiert worden (Gratch/Marsella 2004; Marinier et al. 2009). Zur Berechnung der Werte der Einschätzungsvariablen (wie Valenz, Wahrscheinlichkeit usw.) wird in diesen Modellen auf die in der kognitiven Grundarchitektur (z. B. SOAR) bereitgestellten Repräsentationen von Fakten, Zielen, Plänen usw. zurückgegriffen (z. B. Gratch/Marsella 2004). Die berechnete Einschätzung eines Sachverhalts wird entweder als Ursache der Emotion behandelt, welche z. B. als Mischung von Lust-Unlust und Erregung-Beruhigung konzeptualisiert wird (Becker-Asano/Wachsmuth 2008), oder implizit mit der Emotion identifiziert (z. B. Gratch/Marsella 2004). In einigen computationalen Modellen wird zudem zwischen objektgerichteten Emotionen (z. B. Freude über einen Sachverhalt) und einem generalisierten affektiven Zustand oder einer ›Stimmung‹ unterschieden, die den kumulativen Effekt aller vorhandenen Emotionsinstanzen repräsentiert (ebd.). Während einige computationale Emotionsmodelle nur die Qualität von Emotionen (z. B. Freude, Furcht oder Ärger) berücksichtigen, wird in anderen auch die Intensität von Emotionen modelliert (ebd.).

Für die praktische Anwendung von computationalen Emotionsmodellen in künstlichen Agenten sind die *Effekte* von Emotionen von zentraler Bedeutung, denn der Zweck der Implementierung von Emotionsmechanismen in künstlichen Agenten besteht wie gesagt darin, die Agenten intelligenter oder glaubhafter zu machen. Modelliert werden dabei sowohl die Effekte von Emotionen auf das Verhalten als auch auf kognitive Prozesse. In den meisten als Software- oder Hardwareagenten ›verkörperten‹ emotionalen Agenten wird der Effekt von Emotionen auf das Ausdrucksverhalten (z. B. den Gesichtsausdruck) modelliert. Beispielsweise werden in dem emotionalen BDI-Agenten Max von Becker-Asano/Wachsmuth (2008) bestimmte Bereiche eines Gefühlsraums, der u. a. durch die Dimensionen Lust-Unlust und Erregung-Beruhigung aufgespannt wird, in einen von sieben möglichen Gesichtsausdrücken abgebildet. Aber auch die Effekte von Emotionen auf das Handeln werden modelliert. Beispielsweise implementiert Ema (Gratch/Marsella 2004) einen hedonistischen Regulationsmechanismus: Negative Emotionen initiieren Bewältigungshandlungen, die darauf abzielen, die Umwelt so zu verändern, dass die negativen Emotionen reduziert oder abgeschwächt werden. Bestimmte Effekte von Emotionen auf nachfolgende Kognitionen (Einschätzungen) werden in Ema und einigen anderen emotionalen Agenten ebenfalls nachgebildet (z. B. Hudlicka 2008). Diese umfassen sowohl die Effekte von Emotionen auf den Inhalt von Gedanken (z. B. Wunschdenken und Resignation) als auch ihre Effekte auf die Form bzw. die Strategien der Informationsverarbeitung (z. B. die Tiefe der Zukunftsprojektion bei der Handlungsplanung).

Obwohl die computationale Modellierung von Emotionen in den letzten Jahren deutliche Fortschritte gemacht hat und zusammen mit dem umfassenderen Forschungsfeld des *affective computing* zu einem sehr aktiven Forschungsgebiet geworden ist (Calvo et al. 2013; Marsella et al. 2010), wurde diese Forschung in der Psychologie, der Philosophie und anderen Teildisziplinen der Emotionswissenschaft bislang erst wenig rezipiert. Vorschläge zur Verbesserung des interdisziplinären Austausches, aber auch der intradisziplinären Kooperation auf dem Gebiet der computationalen Emotionsmodellierung, machen Reisenzein et al. (2013b).

Literatur

Arnold, Magda (1960): *Emotion and Personality*, 2 Bde. New York.

Arnold, Magda/Gasson, John (1954): *The Human Person*. New York.

Bach, Joscha (2009): *Principles of Synthetic Intelligence*. Oxford.

Barrett, Lisa Feldman (2006): Are emotions natural kinds? In: *Perspectives on Psychological Science* 1, 28–58.

Barrett, Lisa Feldman/Salovey, Peter (Hg.) (2002): *The Wisdom in Feeling*. New York.

Bault, Nadège/Coricelli, Giorgio/Rustichini, Aldo (2008): Interdependent utilities. In: *PLoS ONE* 3:e3477.

Baumeister, Roy/Vohs, Kathleen/DeWall, C. Nathan/Zhang, Liqing (2007): How emotion shapes behavior. In: *Personality and Social Psychology Review* 11, 167–203.

Becker-Asano, Christian/Wachsmuth, Ipke (2008): Affect simulation with primary and secondary emotions. In: *Intelligent Virtual Agents* 8, 15–28.

Bentham, Jeremy (1789): *An Introduction to the Principles of Morals and Legislation*. London.

Broekens, Joost (2010): Modeling the experience of emotion. In: *International Journal of Synthetic Emotions* 1, 1–17.

Calvo, Rafael/D'Mello, Sidney/Gratch, Jonathan/Kappas, Arvid (Hg.) (2013): *Handbook of Affective Computing*. Oxford.

Camille, Nathalie/Coricelli, Giorgio/Sallet, Jerome/Pradat-Diehl, Pascale/Duhamel, Jean-René/Sirigu, Angela (2004): The involvement of the orbitofrontal cortex in the experience of regret. In: *Science* 304, 1167–1170.

Cannon, Walter (1927): The James-Lange theory of emotions. In: *American Journal of Psychology* 39, 106–124.

Castelfranchi, Cristiano/Miceli, Maria (2009): The cognitive-motivational compound of emotional experience. In: *Emotion Review* 1, 223–231.

Coricelli, Giorgio/Critchley, Hugo/Joffily, Mateus/O'Doherty, John/Sirigu, Angela/Dolan, Raymond (2005): Regret and its avoidance. In: *Nature Neuroscience* 8, 1255–1262.

Damasio, Antonio (1994): *Descartes' Error*. New York. [dt.: *Descartes' Irrtum*. München 1995].

Döring, Sabine (2009): The logic of emotional experience. In: *Emotion Review* 1, 240–247.

Ekman, Paul (1992): An argument for basic emotions. In: *Cognition and Emotion* 6, 169–200.

Elfenbein, Hilary/Ambady, Nalini (2002): On the universality and cultural specificity of emotion recognition. In: *Psychological Bulletin* 128, 203–235.

Ellsworth, Phoebe/Scherer, Klaus (2003): Appraisal processes in emotion. In: Richard Davidson/Klaus Scherer/H. Hill Goldsmith (Hg.): *Handbook of Affective Sciences*. Oxford, 572–595.

Fodor, Jerry (1987): *Psychosemantics*. Cambridge (Mass.).

Foster, Dean/Vohra, Rakesh (1999): Regret in the on-line decision problem. In: *Games and Economic Behavior* 29, 7–35.

Frijda, Nico (1986): *The Emotions*. Cambridge.

Frijda, Nico (1994): Emotions are functional, most of the time. In: Paul Ekman/Richard Davidson (Hg.): *The Nature of Emotion*. Oxford, 112–136.

Gratch, Jonathan/Marsella, Stacy (2004): A domain independent framework for modeling emotion. In: *Journal of Cognitive Systems Research* 5, 269–306.

Green, O. Harvey (1992): *The Emotions*. Dordrecht.

Hart, Sergiu (2005): Adaptive heuristics. In: *Econometrica* 73, 1401–1430.

Hart, Sergiu/Mas-Colell, Andreu (2000): A simple adaptive procedure leading to correlated equilibrium. In: *Econometrica* 68, 1127–1150.

Hudlicka, Eva (2008): Review of cognitive-affective architectures. In: Greg Zacharias/Jean McMillan/Susan van Hemel (Hg.): *Behavioral Modeling*. Washington.

James, William (1890): *Principles of Psychology*. New York.

Lazarus, Richard (1966): *Psychological Stress and the Coping Process*. New York.

Lazarus, Richard (1991): *Emotion and Adaptation*. Oxford.

LeDoux, Joseph (1996): *The Emotional Brain*. New York. [dt.: *Das Netz der Gefühle*. München 1998].

LeDoux, Joseph (2012): Rethinking the emotional brain. In: *Neuron* 73, 653–656.

Lindquist, Kristen/Wager, Tor/Kober, Hedy/Bliss-Moreau, Eliza/Barrett, Lisa Feldman (2012): The brain basis of emotion. In: *Behavioral and Brain Sciences* 35, 121–143.

Marinier, Robert/Laird, John/Lewis, Richard (2009): A computational unification of cognitive behavior and emotion. In: *Journal of Cognitive Systems Research* 10, 48–69.

Marsella, Stacy/Gratch, Jonathan/Petta, Paolo (2010): Computational models of emotion. In: Klaus Scherer/Tanja Bänziger/Etienne Roesch (Hg.): *Blueprint for Affective Computing*. Oxford, 21–46.

Mauss, Iris/Robinson, Michael (2009): Measures of emotion. In: *Cognition and Emotion* 23, 209–237.

McDougall, William (1908): *An Introduction to Social Psychology*. London.

Meinong, Alexius (1894): *Psychologisch-ethische Untersuchungen zur Werttheorie*. Graz.

Mellers, Barbara (2000): Choice and the relative pleasure of consequences. In: *Psychological Bulletin* 126, 910–924.

Menzies, Ross/Clarke, J. Christopher (1995): Danger expectancies and insight in acrophobia. In: *Behaviour Research and Therapy* 33, 795–803.

Nelson, Nicole/Russell, James (2013): Universality revisited. In: *Emotion Review* 5, 8–15.

Neumann, John von/Morgenstern, Oskar (1944): *Theory of Games and Economic Behavior*. Princeton. [dt.: *Spieltheorie und wirtschaftliches Verhalten*. Würzburg 1961].

Nussbaum, Martha (2001): *Upheavals of Thought*. Cambridge.

Öhman, Arne/Soares, Joaquim (1994): Unconscious anxiety. In: *Journal of Abnormal Psychology* 103, 231–240.

Ortony, Andrew/Clore, Gerald/Collins, Allan (1988): *The Cognitive Structure of Emotions*. Cambridge.

Peira, Nathalie/Golkar, Armita/Öhman, Arne/Anders, Silke/Wiens, Stefan (2012): Emotional responses in spider fear are closely related to picture awareness. In: *Cognition and Emotion* 26, 252–260.

Picard, Rosalind (1997): *Affective Computing*. Cambridge (Mass.).

Pynadath, David/Marsella, Stacy (2005): PsychSim: Modeling theory of mind with decision-theoretic agents. In: *International Joint Conference on Artificial Intelligence 2005*, 1181–1186.

Reisenzein, Rainer (1996): Emotional action generation. In: Wolfgang Battmann/Stephan Dutke (Hg.): *Processes of the Molar Regulation of Behavior*. Lengerich, 151–165.

Reisenzein, Rainer (2006): Arnold's theory of emotion in historical perspective. In: *Cognition and Emotion* 20, 920–951.

Reisenzein, Rainer (2007): What is a definition of emotion? In: *Social Science Information* 46, 424–428.

Reisenzein, Rainer (2009): Emotions as metarepresentational states of mind. In: *Cognitive Systems Research* 10, 6–20.

Reisenzein, Rainer/Horstmann, Gernot (³2006): Emotion. In: Hans Spada (Hg.): *Lehrbuch Allgemeine Psychologie*. Bern, 435–500.

Reisenzein, Rainer/Hudlicka, Eva/Dastani, Mehdi/Gratch, Jonathan/Lorini, Emiliano/Hindriks, Koen/Meyer, John-Jules (2013b): Computational modeling of emotion. In: *IEEE Transactions on Affective Computing*. Preprint, http://doi.ieeecomputersociety.org//10.1109/T-AFFC.2013.14

Reisenzein, Rainer/Meyer, Wulf-Uwe/Schützwohl, Achim (2003): *Einführung in die Emotionspsychologie*, Bd 3: *Kognitive Emotionstheorien*. Bern.

Reisenzein, Rainer/Studtmann, Markus/Horstmann, Gernot (2013a): Coherence between emotion and facial expression. In: *Emotion Review* 5, 16–23.

Roberts, Robert (2003): *Emotions*. Cambridge.

Roberts, Robert (2013): *Emotions in the Moral Life*. Cambridge.

Sander, David/Scherer, Klaus (Hg.) (2009): *Oxford Companion to Emotion and the Affective Sciences*. Oxford.

Scarantino, Andrea (2010): Insights and blind spots of the cognitivist theory of emotions. In: *British Journal for the Philosophy of Science* 60, 729–768.

Schachter, Stanley (1964): The interaction of cognitive and physiological determinants of emotional state. In: Leonard Berkowitz (Hg.): *Advances in Experimental Social Psychology*, Bd. 1. New York, 49–80.

Scherer, Klaus (2001): Appraisal considered as a process of multilevel sequential checking. In: Klaus Scherer/Angela Schorr/Tom Johnstone (Hg.): *Appraisal Processes in Emotion*. Oxford, 92–129.

Scherer, Klaus/Bänziger, Tanja/Roesch, Etienne (Hg.) (2010): *A Blueprint for Affective Computing*. Oxford.

Schwarz, Norbert/Clore, Gerald (²2007): Feelings and phenomenal experiences. In: E. Tory Higgins/Arie Kruglanski (Hg.): *Social Psychology*. New York, 385–407.

Simon, Herbert (1967): Motivational and emotional controls of cognition. In: *Psychological Review* 74, 29–39.

Slovic, Paul/Finucane, Melissa/Peters, Ellen/MacGregor, Donald (2004): Risk as analysis and risk as feelings. In: *Risk Analysis* 24, 311–322.

Smith, Craig/Kirby, Leslie (2000): Consequents require antecedents. In: Joseph Forgas (Hg.): *Feeling and Thinking*. Cambridge, 83–105.

Solomon, Robert (1976): *The Passions*. Garden City.

Storbeck, Justin/Clore, Gerald (2007): On the interdependence of cognition and emotion. In: *Cognition and Emotion* 21, 1212–1237.

Weiner, Bernard (1995): *Judgments of Responsibility*. New York.

Wilutzky, Wendy/Walter, Sven/Stephan, Achim (2011): Situierte Affektivität. In: Jan Slaby/Achim Stephan/Henrik Walter/Sven Walter (Hg.): *Affektive Intentionalität*. Paderborn, 283–320.

Wundt, Wilhelm (1896): *Grundriss der Psychologie*. Leipzig.

Zajonc, Robert (1980): Feeling and thinking. In: *American Psychologist* 35, 151–175.

Rainer Reisenzein/Robert C. Roberts/
Giorgio Coricelli/Mateus Joffily/Jonathan Gratch

6.   Entscheidungsfindung

Einleitung

Wir treffen jeden Tag unzählige Entscheidungen. Darunter sind viele kleine – ob wir die Treppe oder den Aufzug nehmen, auf welchen Stuhl wir uns setzen oder welche ungelesene E-Mail wir zuerst öffnen. Gelegentlich stehen aber auch große Entscheidungen an – ob wir Kinder haben wollen, welchen Beruf wir wählen oder ob wir umziehen wollen. Manche Entscheidungen fallen uns sehr leicht. Sie passieren schnell und unkompliziert, scheinbar automatisch. Ohne groß darüber nachzudenken, tun wir einfach das, was sich ›richtig anfühlt‹. Manchmal haben wir allerdings auch große Mühe, uns zu entscheiden. Wir denken dann stundenlang über ein Problem nach und schwanken zwischen den Entscheidungsmöglichkeiten hin und her, bis wir irgendwann zähneknirschend und mit großer Unsicherheit eine der Optionen wählen. Obwohl wir viel Zeit und Energie in Entscheidungen dieser Art investieren, kann es gerade bei ihnen passieren, dass wir sie hinterher bereuen.

Im Allgemeinen versteht man unter dem Begriff der Entscheidungsfindung den Prozess, durch den wir versuchen, aus einer Menge verschiedener Handlungsmöglichkeiten die für uns optimale Handlung zu identifizieren. Genauer lassen sich die folgenden Phasen unterscheiden (Rangel et al. 2008). Die Entscheidungsfindung beginnt mit dem Prozess der *Repräsentation* des Entscheidungsproblems (s. Kap. IV.16): Hier wird analysiert, welche Optionen überhaupt zur Auswahl stehen (abhängig von unseren Zielen und der aktuellen Situation). In der nächsten Phase kommt es zur *Bewertung* der einzelnen Alternativen: Dabei werden – im besten Fall – die kurzfristigen und langfristigen Konsequenzen mit einbezogen, die Eintrittswahrscheinlichkeiten der Konsequenzen berücksichtigt und die relativen Vor- und Nachteile gegeneinander abgewogen. All diese Faktoren fließen in eine ganzheitliche Bewertung für jede Option mit ein. In der Phase der *Entscheidung* wählen wir dann die Möglichkeit mit der besten Bewertung. Abschließend kommt es zur *Ergebnisevaluation*, bei der wir etwa beobachten, ob die erwarteten Folgen tatsächlich eingetreten sind oder etwas Unerwartetes passiert ist. Auf diese Weise können wir die Phasen der Repräsentation und Bewertung für zukünftige Entscheidungen verbessern.

Entscheidungsfindungen sind stark vernetzt mit anderen kognitiven Leistungen. So basieren z. B. die

Informationen, auf deren Grundlage wir Entscheidungen fällen, auf Wahrnehmungen der jeweils aktuellen Situation (s. Kap. IV.24), auf Erinnerungen an frühere Erfahrungen (s. Kap. IV.7) oder auf logischen Schlussfolgerungen (s. Kap. IV.17). Kognitive Leistungen wie diese sind gewissermaßen die ›Werkzeuge‹ der Entscheidungsfindung. Eine detaillierte Wahrnehmung, ein perfektes Gedächtnis und fehlerfreie logische Schlussfolgerungen an sich wären nutzlos, wenn wir diese kognitiven Leistungen nicht durch Bewertungsprozesse in gute Entscheidungen übersetzen könnten, die unser Verhalten optimieren.

In diesem Kapitel werden zunächst drei einflussreiche Entscheidungsmodelle vorgestellt. Danach wird der Unterschied zwischen ›logisch-analytischen‹ Entscheidungen einerseits und ›Bauchentscheidungen‹ andererseits diskutiert. Anschließend soll es um den allgemeinen Einfluss von Emotionen (Angst, Freude, Wut usw.) auf Entscheidungen sowie um die verbreitete Unterscheidung zwischen wertbasierter, sozialer und perzeptueller Entscheidungsfindung gehen. In den letzten beiden Abschnitten werden dann die Rolle der Entscheidungsfindung in der Künstliche-Intelligenz-Forschung sowie die neuronalen Grundlagen der Entscheidungsfindung behandelt.

Entscheidungsmodelle

Erwartungsnutzentheorie – das klassisch-ökonomische Entscheidungsmodell. Ein grundlegendes Ziel der Entscheidungsforschung besteht in der Entwicklung eines formalen Modells, welches das menschliche Entscheidungsverhalten beschreiben und vorhersagen kann. Das klassische Leitbild zur Entwicklung eines solchen Modells ist die Charakterisierung des Menschen als sog. *Homo oeconomicus* (›Wirtschaftsmensch‹). Diesem Bild liegt die Annahme zugrunde, dass wir im Prozess der Entscheidungsfindung über sämtliche Informationen zum Entscheidungsproblem verfügen, stets uneingeschränkt rational entscheiden und dabei egoistische Eigeninteressen verfolgen sowie versuchen, unseren persönlichen Nutzen gemäß unserer Präferenzen zu maximieren (s. Kap. III.11).

Eine einschlägige mathematische Formalisierung dieses Menschenbilds ist die Erwartungsnutzentheorie (*expected utility theory*; von Neumann/Morgenstern 1947), wonach man für jede Entscheidungsmöglichkeit einen Erwartungsnutzen berechnen kann, indem man den subjektiven Wert aller mit der Option verknüpften Konsequenzen summiert. Da die Folgen einer Entscheidung selten klar einschätzbar sind, wird jeder subjektive Wert einer Konsequenz noch mit der entsprechenden Eintrittswahrscheinlichkeit gewichtet. So erhält man für jede Alternative ein zusammenfassendes Maß, das repräsentiert, welchen Nutzen man von der Wahl der Entscheidungsmöglichkeit erwarten kann. Eine rationale Entscheidung ist dann definiert als die Wahl der Option mit dem höchsten Erwartungsnutzen. In der Erwartungsnutzentheorie werden noch einige andere Rationalitätskriterien festgelegt: Das Kriterium der Transitivität z. B. fordert, dass wir, wenn wir aus einer Menge *x*, *y*, *z* von Alternativen *x y* und *z x* vorziehen, auch *z y* vorziehen müssen.

Es hat sich allerdings gezeigt, dass die Idee des *Homo oeconomicus* und die Erwartungsnutzentheorie mit psychologischen Befunden nicht vereinbar sind. Obwohl die Erwartungsnutzentheorie durchaus Erfolge bei der Vorhersage menschlichen Entscheidungsverhaltens vorweisen kann, wird sie heutzutage von den meisten Forschern nur noch als normativ verstanden (wie Menschen sich rein unter Rationalitätsgesichtspunkten im Sinne der Nutzenmaximierung entscheiden sollten), aber nicht mehr als deskriptiv (wie Menschen sich tatsächlich entscheiden).

Warum ist der Mensch kein *Homo oeconomicus*, und warum kann die Erwartungsnutzentheorie menschliches Verhalten nicht erklären? Zunächst einmal ist die menschliche Rationalität begrenzt (*bounded rationality*; Simon 1957): Entscheidungen müssen in einem gewissen zeitlichen Rahmen stattfinden, wir haben meistens nur beschränkte Informationen zur Verfügung (oder sogar falsche Informationen) und auch unsere kognitive Kapazität ist begrenzt, so dass es oft schwierig ist, alle Faktoren eines komplexen Entscheidungsproblems gleichermaßen zu berücksichtigen. Wir finden wahrscheinlich nur selten *die* optimale Lösung und geben uns in der Regel mit einer Möglichkeit zufrieden, die lediglich ›gut genug‹ erscheint.

Eine mittlerweile unüberschaubar große Menge an psychologischen Studien zeigt, dass wir zahlreiche irrationale Entscheidungstendenzen haben (z. B. Ariely 2009). Unsere Entscheidungen sind etwa abhängig von der Form, in der uns Informationen präsentiert werden, und nicht nur vom reinen Inhalt (der sog. *framing-Effekt*; Tversky/Kahneman 1981). Ein Beispiel dafür ist eine Studie von McNeil et al. (1982), in der erfahrenen Ärzten der hypothetische Fall eines an Lungenkrebs erkrankten Patienten präsentiert wurde und sie angeben sollten, ob sie mit einer Strahlentherapie oder einer Operation behandeln würden. Die Strahlentherapie war in diesem Fall die sichere Option, allerdings war dabei auch das Risiko höher, dass der Lungenkrebs später wieder auftritt. Bei der Operation war die Chance auf eine vollständige Heilung höher, aber dafür war die Behandlung an sich gefährlicher. Alle Ärzte bekamen exakt die gleichen Statistiken zu sehen. Allerdings war das Risiko der Operation für eine Gruppe positiv (›Überlebensrate von 90 Prozent‹) und für die andere negativ (›Sterberate von 10 Prozent‹) formuliert. Obwohl es sich um genau die gleiche Information handelte und die Formulierung für eine rationale Entscheidungsfindung keinen Unterschied machen sollte, entschieden sich etwa doppelt so viele Ärzte in der Gruppe mit der positiven Formulierung für die Operation.

Ein anderes Beispiel für irrationale Entscheidungstendenzen ist die sog. Tendenz zum Status quo (Samuelson/Zeckhauser 1988), die darin besteht, dass wir lieber einen Zustand beibehalten als ihn zu ändern. In einer Studie von Johnson/Goldstein (2003) mussten Probanden entscheiden, ob sie als Organspender registriert werden wollten. Eine Gruppe von Probanden sollte sich vorstellen, dass sie gerade in einen neuen Staat gezogen sind, in dem jeder von Geburt an als Organspender registriert ist, und dann entscheiden, ob sie diesen Status quo ändern wollen. Eine andere Gruppe von Probanden hatte die gleiche Aufgabe, allerdings war hier der Normalfall, *kein* Organspender zu sein. Das Ergebnis war, dass der Status quo einen sehr großen Einfluss auf die Entscheidung der Probanden hatte: Wenn Organspende der Status quo war, entschieden sich im Vergleich zur anderen Gruppe ungefähr doppelt so viele Probanden für eine Organspende. In einer anschließenden Befragung berichteten die Probanden jedoch, dass sie nicht glaubten, dass der Status quo ihre Entscheidung beeinflusst hatte. Auch diese Ergebnisse widersprechen dem Bild eines rationalen Entscheiders.

Es gibt viele weitere Phänomene, welche die Irrationalität menschlicher Entscheidungsfindung verdeutlichen (Ariely 2009). Deswegen ist es mittlerweile weitestgehend Konsens, dass die Idee des *Homo oeconomicus* und die darauf aufbauende Erwartungsnutzentheorie zwar als normatives Modell nützlich, zur Erklärung menschlichen Entscheidungsverhaltens aber nicht geeignet sind.

Das Entscheidungsmodell der prospect-Theorie. Viele Entscheidungsforscher haben sich zum Ziel gesetzt, ein Entscheidungsmodell zu entwickeln, das unser

Entscheidungsverhalten besser erklären kann als die Erwartungsnutzentheorie. Ein berühmtes Beispiel ist die mit dem Nobelpreis gewürdigte *prospect-* bzw. *Neue Erwartungstheorie* von Amos Tversky und Daniel Kahneman (1981). Bei der Entwicklung dieses Entscheidungsmodells wurde versucht, die Erwartungsnutzentheorie so zu erweitern, dass Ergebnisse von psychologischen Studien explizit berücksichtigt werden. Ein Grundgedanke lautet, dass Menschen Entscheidungsmöglichkeiten nicht anhand eines absoluten Maßstabs bewerten, sondern als relative Veränderungen von einem Referenzpunkt, also als Gewinne oder Verluste. Außerdem definierten Tversky und Kahneman eine Nutzen- und eine Wahrscheinlichkeitsfunktion, die u. a. die folgenden psychologischen Befunde repräsentieren:

- Verluste werden innerhalb eines bestimmten Bereiches stärker bewertet als Gewinne (Verlustaversion). So wird z. B. der Verlust eines Geldbetrags fast doppelt so stark bewertet wie der Gewinn des gleichen Geldbetrags (Kahneman/ Tversky 1979). Verlustaversion ist auch eine mögliche Erklärung des Phänomens der Tendenz zum Status quo – wir behalten vielleicht deswegen gerne den Ist-Zustand bei, weil wir eine mögliche Verschlechterung der Situation auf jeden Fall vermeiden wollen, auch wenn es potenziell Verbesserungen geben könnte.

- Unterschiede zwischen niedrigen Bewertungen werden als stärker empfunden als Unterschiede zwischen hohen Bewertungen: Beispielsweise wird der Unterschied zwischen 0 und 100 oft als subjektiv größer empfunden als der Unterschied zwischen 1000 und 1100.

- Geringe Wahrscheinlichkeiten werden überschätzt und hohe Wahrscheinlichkeiten unterschätzt, was sich z. B. an der hohen Nachfrage nach Lottoscheinen trotz verschwindend geringer Erfolgswahrscheinlichkeiten zeigt.

Insgesamt ist die *prospect*-Theorie ein Schritt in die richtige Richtung, um klassische ökonomische Entscheidungsmodelle zu ›psychologisieren‹. Es gibt auch eine erweiterte Fassung der Theorie, die mit Entscheidungen unter Unsicherheit (d. h. Entscheidungen, für welche die Eintrittswahrscheinlichkeiten der Konsequenzen unbekannt sind) umgehen kann (Tversky/Kahneman 1992). Obwohl die *prospect*-Theorie einige psychologische Effekte (wie Verlustaversion) elegant erklären und in kontrollierten Laborsituationen häufig gute Vorhersagen machen kann, bekommt sie z. B. Probleme, wenn Entscheidungen im sozialen Kontext stattfinden oder durch Emotionen beeinflusst werden. Außerdem fehlt ihr eine Erklärung der zeitlichen Dimension (warum wir Entscheidungen manchmal schnell und manchmal langsam fällen).

Sequential-sampling-Entscheidungsmodelle. Neurowissenschaftler und Psychologen präferieren zurzeit eine andere Art von Entscheidungsmodellen, sog. *sequential-sampling*-Modelle (Usher/McClelland 2001), die nicht auf der Erwartungsnutzentheorie basieren. An dieser Stelle soll nur eines dieser Modelle, das *drift-diffusion*-Modell (Smith/Ratcliff 2004), kurz vorgestellt werden. Seine Grundlage ist eine Entscheidungsvariable, die die angesammelten Informationen repräsentiert, die für eine und gleichzeitig gegen eine alternative Option sprechen. Im Prozess der Entscheidungsfindung werden zunehmend Informationen gesammelt, die die Entscheidungsvariable entweder in Richtung der einen oder der anderen Alternative bewegen. Sobald die Entscheidungsvariable eine bestimmte Schwelle überschritten hat (die für jede Option vorher definiert werden muss), also ›genug‹ Informationen vorhanden sind, um eine der beiden Möglichkeiten zu bevorzugen, wird der Prozess beendet und eine Entscheidung getroffen. Nehmen wir als Beispiel die Entscheidung, ob man in Spanien oder Italien Urlaub machen will. Zunächst lässt man sich vielleicht von Freunden beraten und die Entscheidungsvariable spricht eher für Spanien. Liest man dann die Wettervorhersage für Spanien, kippt die Entscheidungsvariable in Richtung Italien. Nach einer zusätzlichen Beratung im Reisebüro sprechen die Informationen dann so stark für Italien, dass man eine Entscheidung trifft (die Entscheidungsschwelle für Italien wird also überschritten) – obwohl die Informationen nach weiterer Suche vielleicht doch wieder für Spanien gesprochen hätten.

Für das *drift-diffusion*-Modell muss vorher spezifiziert werden, wo genau die Schwellen für die Entscheidungsmöglichkeiten liegen (*decision threshold*) und wie schnell sich der Wert der Entscheidungsvariablen bei neuen Informationen ändert (*drift rate*). Wenn wir unter großem Zeitdruck stehen und Entscheidungen schnell getroffen werden müssen, kann das z. B. durch niedrige Schwellen und/oder eine schnelle Änderung des Werts der Entscheidungsvariablen modelliert werden. Entscheidungen werden dann schneller getroffen, aber auch auf schwächerer Informationsgrundlage. Wenn man die o. g. Parameter spezifiziert hat und das Entscheidungsmodell zunehmend mit Informationen ›füttert‹, kann man anhand des Modells Vorhersagen darüber machen, welche Entscheidung getroffen wird und wie lange der gesamte Prozess dauert. Umgekehrt kann man ebenso schätzen, welche Parameter ein bestimmtes Entscheidungsverhalten am besten erklären.

Für die Modellierung von grundlegenden Entscheidungen, die auf perzeptuellen Informationen basieren, hat sich das *drift-diffusion*-Modell bewährt (Gold/Shadlen 2007). In Primatenstudien wurde außerdem gezeigt, dass das Aktivitätsmuster von Nervenzellen im lateralen intraparietalen Kortex gut zur integrierten Information der Entscheidungsvariablen passt (Platt/Glimcher 1999). Im Vergleich zu Entscheidungsmodellen, die auf der Erwartungsnutzentheorie basieren, hat das *drift-diffusion*-Modell insbesondere den Vorteil, dass es auch den zeitlichen Ablauf der Entscheidungsfindung anhand von psychologisch plausiblen Parametern modellieren kann. Obwohl das Modell ursprünglich nur für Entscheidungsprobleme mit zwei Alternativen entwickelt wurde, existieren mittlerweile auch Erweiterungen für Probleme mit mehr als zwei Optionen (Krajbich/Rangel 2011).

Trotz dieser Vorteile sind das *drift-diffusion*-Modell und *sequential-sampling*-Modelle im Allgemeinen bisher nur für grundlegende perzeptuelle Entscheidungsaufgaben (z. B. die Entscheidung darüber, was in einer Menge sich bewegender Punkte die dominante Bewegungsrichtung ist) validiert worden. Es bleibt zu untersuchen, ob diese Modelle auch zur Erklärung komplexerer Entscheidungen geeignet sind, in denen z. B. soziale und emotionale Faktoren eine Rolle spielen.

Intuitive Entscheidungsfindung

Die Theorie der dualen Entscheidungssysteme. Es geht in der Entscheidungsforschung nicht nur um die Entwicklung eines formalen Entscheidungsmodells. Eine große Debatte dreht sich auch um die Postulierung von zwei unterschiedlichen Entscheidungssystemen (*dual process theories*), die dem Menschen zur Lösung von Entscheidungsproblemen zur Verfügung stehen sollen (Chaiken/Trope 1999). Dabei geht es insbesondere darum, dass wir auf unterschiedlichen Wegen zu Bewertungen von Entscheidungsmöglichkeiten gelangen können.

Das *analytische System* leistet das, was wohl die meisten Menschen mit dem Begriff der rationalen Entscheidungsfindung verbinden: Es arbeitet sequenziell, kontrolliert, ist relativ langsam und energieaufwändig, hat eine begrenzte Kapazität und die ablaufenden Prozesse sind uns bewusst. Auf der anderen Seite ist das *intuitive System* für Entscheidungen ›aus dem Bauch heraus‹ zuständig. Im Gegensatz zum analytischen System sind die Prozesse des intuitiven Systems parallel, autonom, relativ schnell und energieeffizient, unbewusst und haben eine scheinbar unbegrenzte Kapazität. Bewusst wird uns nur ihr Ergebnis: eine Intuition, ein positives oder negatives ›Bauchgefühl‹ zu einer Entscheidungsmöglichkeit, das uns signalisiert, wie wir uns entscheiden sollten.

Es wird vermutet, dass das intuitive System auf uns nicht bewusste Strukturen reagiert (perzeptuelle Strukturen in der Umgebung oder kognitive Strukturen von Denkprozessen), die wir in der Vergangenheit schon unbewusst verarbeitet haben (Kahneman 2011). Auf dieser Basis werden dann Intuitionen generiert, die angeben, wie wir mit der Struktur umgehen sollten. So kann z. B. ein erfahrener Tennisspieler das Bauchgefühl haben, dass sein Gegner den nächsten Ball auf die linke Seite spielen wird. Dieses Gefühl könnte etwa durch bestimmte Strukturen in der Bewegung oder dem Gesichtsausdruck des Gegners ausgelöst worden sein, ohne dass diese Strukturen dem Spieler bewusst sind.

Manchmal, wie im Beispiel des Tennisspielers, werden Entscheidungen rein intuitiv getroffen. Wir folgen dann unmittelbar unserem Bauchgefühl, ohne es zu hinterfragen. In anderen Situationen, in denen wir mehr Zeit haben, beziehen wir sowohl das analytische als auch das intuitive System mit ein. Wir wägen dann Argumente für die verschiedenen Entscheidungsmöglichkeiten ab und überprüfen mit unserem Bauchgefühl, welche Entscheidung sich ›richtig anfühlt‹. Rein analytische Entscheidungen, in denen Bauchgefühle gar keine Rolle spielen, kommen im Alltag – wenn überhaupt – eher selten vor.

Prozesse der Strukturerkennung spielen auch bei der Verhaltenssteuerung über Reflexe und Gewohnheiten eine Rolle. Doch der Unterschied zum intuitiven System besteht darin, dass bei Reflexen und Gewohnheiten die Strukturerkennung *unbewusst* ein bestimmtes Verhalten auslöst, während wir beim intuitiven System ein bewusstes Bauchgefühl erleben, das entweder unmittelbar oder durch die Interaktion mit analytischen Prozessen eine Entscheidung auslöst. Die Unterscheidung zwischen bewussten und unbewussten Ursachen ist also zentral, um die Entscheidungsfindung von anderen Arten der Verhaltenssteuerung abzugrenzen. Unsere Verhaltensteuerung scheint abhängig von unserer Erfahrung zu sein: Wenn wir ein völlig neues Entscheidungsproblem bewältigen müssen, mit dem wir noch keine vergleichbaren Erfahrungen gemacht haben, dann

ist hauptsächlich das analytische System gefragt. Doch je öfter wir anschließend ähnlichen Problemen begegnen, desto stärker wird das intuitive System benutzt, und es entwickeln sich Bauchgefühle. Im nächsten Schritt können sich dann Gewohnheiten entwickeln, so dass der Prozess der Entscheidungsfindung für Probleme dieser Art überflüssig wird.

In der Literatur wird das intuitive System auch als ›System 1‹ oder ›automatisches System‹ bezeichnet, das analytische System als ›System 2‹ oder ›kontrolliertes System‹. Facetten des intuitiven Systems werden auch unter dem Stichwort der ›Entscheidungsheuristiken‹ erforscht (Gigerenzer 2007). Es ist sehr schwierig, die Theorie der dualen Entscheidungssysteme empirisch zu validieren, da sie erstens in der Regel ziemlich vage und abstrakt formuliert ist und es zweitens viele unterschiedliche Versionen des Ansatzes gibt und man sich noch nicht auf eine eindeutige Konzeptualisierung geeinigt hat. Eine präzise Formalisierung, die konkrete Vorhersagen erlaubt, gibt es noch nicht. Einige Forscher äußern Kritik (z. B. Osman 2004). Beispielsweise ist noch unklar, ob man aufgrund der starken Interaktion nicht eigentlich von einem einzigen System sprechen sollte, oder ob man umgekehrt nicht doch noch andere kognitive Verarbeitungsprozesse als weitere Systeme zur Theorie hinzufügen sollte. Außerdem wird diskutiert, ob Eigenschaften wie Verarbeitungsgeschwindigkeit oder Energieaufwand wirklich zur Definition der Systeme benutzt werden sollten. So wird z. B. von manchen Autoren vermutet, dass der Gebrauch (analytisches System) oder Verzicht (intuitives System) auf Prozesse des Arbeitsgedächtnisses der wesentliche Unterschied der beiden Systeme ist und es sich bei den anderen Eigenschaften lediglich um häufige Nebeneffekte handelt (Evans/Stanovich im Druck). Trotz dieser offenen Fragen scheint die grobe Unterscheidung zwischen den beiden Systemen unter Entscheidungsforschern auf breite Zustimmung zu stoßen. Zum jetzigen Zeitpunkt lässt sich die Theorie der dualen Entscheidungssysteme am besten als ein vorläufiges Werkzeug verstehen, um über unterschiedliche Arten der Entscheidungsfindung nachzudenken.

Sollten wir analytisch oder intuitiv entscheiden? Führt das analytische oder das intuitive System zu besseren Entscheidungen? Lange war es die gängige Alltagsweisheit, dass Entscheidungen stets rational gefällt werden müssen und Bauchgefühle und Intuitionen dabei nur stören. Wir sehen uns gerne als rationale Wesen, und wir wollen uns nicht durch etwas so

Esoterisches wie Bauchgefühle steuern lassen. Doch wenn man Bauchgefühle als unbewusst verarbeitete Bewertungen auf Basis wiedererkannter Strukturen charakterisieren kann, dann gibt es gute Gründe, Bauchgefühlen zu folgen. Tatsächlich scheint es so, als ob im Alltag die meisten unserer Entscheidungen auf das intuitive System zurückzuführen seien, mit nur minimaler Beteiligung des analytischen Systems.

Ein klassisches Beispiel, das oft angeführt wird, um die generelle Wichtigkeit von Gefühlen für Entscheidungen zu betonen, ist der Unfall des Eisenbahnarbeiters Phineas Gage im Jahre 1848 (Damasio 1994). Bei einer Sprengung verursachte eine Eisenstange eine Läsion in Gages präfrontalem Kortex. Er überlebte den Unfall, und erstaunlicherweise stellten die Ärzte keine Beeinträchtigung seiner intellektuellen Fähigkeiten fest. Allerdings schien er nach dem Unfall eine Art Gefühlsstörung zu haben: Er wurde als impulsiv, kindisch und unzuverlässig beschrieben und schien eher kurzfristig orientierte Entscheidungen zu treffen, die ihm langfristig Probleme bereiteten, obwohl er vor dem Unfall als verantwortungsbewusst und ausgeglichen gegolten hatte. Nach der gängigen Interpretation ist das ein Beispiel dafür, dass eine Gefühlsstörung trotz intakter intellektueller Fähigkeiten die Entscheidungsfindung stark beeinträchtigt – gute Entscheidungen werden also anscheinend durch Gefühle geleitet. Allerdings ist diese Interpretation auf Basis der Fakten ziemlich spekulativ, denn es ist u.a. nicht eindeutig, ob man im Fall von Gage tatsächlich von dysfunktionaler Entscheidungsfindung sprechen kann oder etwa nur von einer Änderung seiner Ziele. Außerdem kann auch die Qualität der Berichte über ihn angezweifelt werden.

Stärkere Belege für die obige Interpretation liefern die Studien des Neurowissenschaftlers Antonio Damasio (z.B. Bechara/Damasio 2005). In seinen Studien sollten die Probanden den sog. *Iowa gambling task* durchführen (Bechara et al. 1996). In diesem Entscheidungsparadigma haben die Probanden die Wahl zwischen vier Kartendecks. Wenn sie sich für ein Kartendeck entschieden haben, wird eine Karte gezogen, und je nach Karte gewinnen oder verlieren die Probanden Geld. Es gibt zwei ›gute‹ und zwei ›schlechte‹ Kartendecks: Bei den guten Kartendecks gibt es häufig kleinere Gewinne und selten große Verluste, so dass man durch das Ziehen von diesen Kartendecks langfristig Geld gewinnt. Bei den schlechten Kartendecks gibt es zwar manchmal sehr hohe Gewinne (die einen hohen Anreiz darstellen), dafür aber auch häufig Verluste, so dass man durch

diese Kartendecks langfristig Geld verliert. Diese Eigenschaften der Kartendecks werden den Probanden allerdings vorher nicht verraten, sie müssen durch Ausprobieren herausfinden, mit welchen Kartendecks sie am meisten Geld verdienen können. Getestet wurden Patienten mit Läsionen im ventromedialen präfrontalen Kortex (von denen angenommen wurde, dass sie möglicherweise wie Gage eine eingeschränkte Fähigkeit zur Integration von Gefühlen hatten) und gesunde Probanden. Zusätzlich wurde die Hautleitfähigkeit der Probanden erhoben, welche als Maß für die Stärke von Gefühlen interpretiert wird (höhere Leitfähigkeit wird mit stärkeren Gefühlen assoziiert).

Es zeigte sich, dass die gesunden Probanden signifikant mehr Geld verdienten als die Läsionspatienten und im Prozess der Entscheidungsfindung eine signifikant höhere Hautleitfähigkeit hatten. Daraus wurde gefolgert, dass Gefühle für erfolgreiche Entscheidungsfindung notwendig sind. Damasio (1994) formulierte daraufhin die *Theorie der somatischen Marker*, die im Wesentlichen besagt, dass wir Bewertungen von Entscheidungsmöglichkeiten (und auch allgemein Bewertungen von Gedanken, Objekten oder Erinnerungen) als physiologische Zustände im Körper speichern. Diese physiologischen Zustände, ›somatische Marker‹ genannt, lösen Gefühle aus und leiten durch ihre Repräsentation von Bewertungen den Prozess der Entscheidungsfindung. Im Kern ist die Theorie kompatibel mit Theorien zu Bauchgefühlen.

Die Schlüsse, die Damasio aus den Experimenten gezogen hat, werden teilweise kritisch gesehen (z.B. Maia/McClelland 2004). Methodisch betrachtet ist es nämlich nicht eindeutig, was genau der *Iowa gambling task* misst. Da für das Paradigma u.a. auch Lernprozesse, Prozesse des Arbeitsgedächtnisses und Risikobereitschaft eine Rolle spielen, ist nicht klar ersichtlich, ob man die Ergebnisse als dysfunktionale Entscheidungsfindung *per se* bezeichnen kann. Außerdem ist fraglich, ob sich die Hautleitfähigkeit wirklich als Maß für die Stärke von Gefühlen interpretieren lässt. Trotz dieser Schwächen haben Damasios Studien die Idee gestärkt, dass effektive Entscheidungsfindung nicht nur auf analytischen Überlegungen basiert, sondern dass Gefühle dabei eine wichtige Rolle spielen. Welche Rolle ihnen allerdings genau zukommt, ist empirisch noch nicht geklärt.

Dijksterhuis/Nordgren (2006) gingen noch einen Schritt weiter. Sie vermuteten nicht nur, dass Bauchgefühle nützlich für die Entscheidungsfindung sind, sondern auch, dass das analytische Entscheidungssystem in der Regel nicht benutzt werden sollte. Wir sollten das analytische System nur für sehr einfache Entscheidungsprobleme nutzen, doch sobald das Problem etwas komplexer ist, ist die Kapazität des analytischen Systems in ihren Augen schnell überladen. In dem Fall sollten wir uns dann ganz auf unsere Bauchgefühle verlassen und das analytische Nachdenken explizit vermeiden.

In einer Studie präsentierten Dijksterhuis et al. (2006) ihren Probanden einige Merkmale von vier fiktiven Automarken. Danach durfte eine Gruppe der Probanden vier Minuten lang überlegen, für welche Automarke sie sich entscheiden wollen (sie sollten also das analytische System benutzen). Die andere Gruppe wurde in diesen vier Minuten durch ein Buchstabenrätsel abgelenkt und sollte anschließend einfach aus dem Bauch heraus entscheiden (also nur auf Basis des intuitiven Systems). Es zeigte sich, dass bei einfachen Entscheidungen mit nur vier Merkmalen das analytische System zu besseren Entscheidungen führte (›besser‹ hieß, dass die Probanden die Entscheidung zu einem späteren Zeitpunkt nicht bereuten). Wenn es allerdings zwölf Merkmale zu verarbeiten gab, dann schnitten die Abgelenkten, die rein intuitiv entschieden hatten, besser ab. Die Studie sorgte aufgrund ihrer Brisanz für unsere alltägliche Entscheidungsfindung und den starken Schlussfolgerungen (›bloß nicht Nachdenken‹) für großes Aufsehen. Allerdings gelang es in vielen Studien nicht, die Ergebnisse zu replizieren (Aczel et al. 2011; Nieuwenstein/van Rijn 2012). Mittlerweile scheint der Glaube an die Schlussfolgerungen von Dijksterhuis et al. (2006) deswegen weitestgehend getrübt zu sein.

Vom empirischen Standpunkt aus betrachtet sieht es so aus, als sei die Frage, ob wir analytisch oder intuitiv entscheiden sollten, noch nicht klar zu beantworten. Es scheint jedoch plausibel anzunehmen, dass keines der beiden Entscheidungssysteme prinzipiell besser ist als das andere und beide Systeme ihre speziellen Anwendungsgebiete haben. Bauchgefühle sind vermutlich besonders hilfreich für Entscheidungsprobleme aus Bereichen, in denen es erstens beobachtbare Regelmäßigkeiten gibt, wir zweitens konsistentes und verlässliches Feedback bekommen und drittens schon viele Erfahrungen sammeln konnten (Kahneman 2011). So bekommen z. B. Feuerwehrmänner und Schachspieler ein verlässliches, schnelles Feedback, das die Entwicklung von angemessenen Bauchgefühlen vermutlich begünstigt; bei Politikern und Managern ist das wahrscheinlich eher selten der Fall, weil das Feedback oft zeitverzögert und nicht eindeutig zu interpretieren ist. Auf der anderen Seite scheint analytische Ent-

scheidungsfindung notwendig, wenn wir Probleme bewältigen müssen, die neu für uns sind (Bargh et al. 1996).

Die Strategie, Bauchgefühlen blind zu vertrauen und Nachdenken ganz zu vermeiden, ist nach jetzigem Kenntnisstand nur dann ratsam, wenn Entscheidungen äußerst schnell getroffen werden müssen. Im Allgemeinen scheint eine Kombination der beiden Entscheidungssysteme die beste Lösung zu sein. Auf diese Weise können wir ein Problem analytisch so genau wie möglich ergründen und unsere Bauchgefühle in diesen Prozess mit einbeziehen. Falls die rationalen Argumente und unsere Intuition für unterschiedliche Optionen sprechen, dann sollten wir vielleicht überlegen, wo unsere Bauchgefühle herkommen könnten – möglicherweise haben wir ja noch einen Aspekt übersehen.

Der Einfluss von Emotionen auf Entscheidungen

Emotion versus Intuition. Neben Intuitionen haben auch Emotionen einen großen Einfluss auf Entscheidungen (s. Kap. IV.5). Obwohl beide Begriffe sich auf affektive Phänomene beziehen (s. Kap. V.1), lassen sich die folgenden wesentlichen Unterschiede feststellen (Baumeister et al. 2007):

- Intuitionen umfassen lediglich positive oder negative Bauchgefühle, die auf Entscheidungsmöglichkeiten (und auch allgemein auf Gedanken) gerichtet sind. Diese Bauchgefühle können zwar auch Teil einer Emotion sein, aber Emotionen umfassen zudem noch weitreichende Veränderungen des Organismus (Scherer 2005), z. B. Veränderungen der Herzrate, der Muskelspannung, der Pupillengröße, des Gesichtsausdrucks, des erlebten Gefühls (z. B. von Eifersucht oder Hass), der Körperhaltung oder der Aufmerksamkeit sowie Veränderungen von Verhaltens- und Bewertungstendenzen. Für unterschiedliche Emotionen gibt es dabei jeweils typische Veränderungsmuster: So ist etwa Angst assoziiert mit dem Ansteigen der Herzrate, einer Vergrößerung der Pupillen und vermeidenden Verhaltenstendenzen. Emotionen können auch eine Tendenz, bestimmte Bauchgefühle zu erleben, beinhalten (Loewenstein/Lerner 2003): So führen negative Emotionen in der Regel auch zu einer Tendenz, negative Bauchgefühle zu Entscheidungsmöglichkeiten zu entwickeln.
- Bei starken Emotionen kann es vorkommen, dass wir die Kontrolle verlieren (s. Kap. IV.23) und un-

reflektiert Entscheidungen treffen, die wir später bereuen (z. B. wenn wir wütend den Fernseher vom Tisch schmeißen). Bauchgefühle werden üblicherweise als schwächer wahrgenommen und führen – wenn überhaupt – nur selten zu einem Kontrollverlust.

- Sowohl Emotionen als auch Bauchgefühle können die Bewertung von Optionen beeinflussen. Emotionen können allerdings auch Auswirkungen auf die Repräsentation des Entscheidungsproblems haben (welche Alternativen wir überhaupt in Betracht ziehen). So ist z. B. Ekel mit einer verengten Aufmerksamkeit assoziiert (Gable/Harmon-Jones 2010), was dazu führen kann, dass wir uns auf einige wenige Entscheidungsmöglichkeiten konzentrieren und alternative Optionen nicht berücksichtigen. Darüber hinaus können Emotionen auch unsere Ziele ändern, und somit beeinflussen, welchen Entscheidungsproblemen wir überhaupt Beachtung schenken.

Obwohl Emotionen unser Leben maßgeblich beeinflussen, ist unser wissenschaftliches Verständnis des Zusammenhangs zwischen Emotionen und Entscheidungen überraschend unvollständig. In der Entscheidungsforschung zeigt sich zurzeit allerdings ein gewisser Trend, bei dem zunehmend versucht wird, diese Lücke zu schließen.

Antizipierte versus erlebte Emotionen. Es wird allgemein zwischen *antizipierten* und *erlebten* Emotionen unterschieden (Loewenstein/Lerner 2003). Antizipierte Emotionen beeinflussen die Entscheidungsfindung dadurch, dass wir von bestimmten Konsequenzen der Entscheidungsmöglichkeiten erwarten, dass sie in uns eine Emotion auslösen. Dadurch bewerten wir etwa Optionen, die zu Scham führen könnten, eher als negativ und Optionen, die zu Freude führen könnten, eher als positiv. Im Prozess der Entscheidungsfindung ist dieser Vorgang allerdings rein kognitiv und erst *nach* der Entscheidung kann eine Emotion potenziell ausgelöst werden.

Empirische Studien unterstützen die Hypothese, dass Menschen antizipierte Emotionen zur Entscheidungsfindung nutzen. Beispielsweise wurde in einer Studie von Lechner et al. (1997) untersucht, was Frauen, die zu einer zweiten Brustkrebs-Vorsorgeuntersuchung erschienen sind, von den Frauen unterscheidet, die den Termin absagen. Als ausschlaggebenden Faktor identifizierten die Autoren das Gefühl des Bedauerns, welches die Frauen bei einer möglichen Späterkennung von Brustkrebs erwarteten. Antizipiertes Bedauern scheint demnach

zur Vermeidung von riskanten Entscheidungen beizutragen. Allerdings konnten Bar-Hillel/Neter (1996) zeigen, dass antizipiertes Bedauern auch zu irrationalen Entscheidungen führen kann. In ihrem Experiment schenkten sie Probanden ein Lotterielos und machten ihnen anschließend das Angebot, dieses Los gegen ein anderes Los zu tauschen. Als zusätzlichen Anreiz bekamen die Probanden für diesen Tausch etwas Geld. Da die Gewinnchancen bei beiden Losen identisch waren, müsste man sich nach rationalen Kriterien für den Tausch entscheiden. Dennoch lehnten mehr als die Hälfte der Probanden den Tausch ab, vermutlich weil sie das potenzielle Gefühl des Bedauerns vermeiden wollten (für den Fall, dass sie ein Gewinnerlos, das bereits in ihrem Besitz war, aufgegeben hätten). Im Einklang mit dieser Interpretation entschieden sich über 90 Prozent der Probanden für einen Tausch, wenn es anstatt der Lotterielose um identische Kugelschreiber ging, wahrscheinlich weil in diesem Fall antizipiertes Bedauern keine Rolle spielt. Es scheint also tatsächlich so, als würden antizipierte Emotionen unsere Entscheidungen maßgeblich beeinflussen.

Erlebte Emotionen sind Emotionen, die bereits *während* der Entscheidungsfindung präsent sind. Hier haben also die Emotionen an sich einen unmittelbaren Einfluss auf Entscheidungen, nicht nur die Erwartung von Emotionen. Die Zusammenhänge zwischen bestimmten erlebten Emotionen und dem entsprechenden Entscheidungsverhalten wurden in vielen Studien untersucht. So zeigte sich z. B., dass Wut eher zu optimistischen und Angst eher zu pessimistischen Entscheidungen führt (Lerner/Keltner 2001): Wenn wir wütend sind, treffen wir oft riskante Entscheidungen, während wir unter Angst v. a. die möglichen negativen Konsequenzen im Auge haben und uns eher für die ›sicheren‹ Optionen entscheiden. Auch für die Emotion der Schuld konnten systematische Einflüsse auf das Entscheidungsverhalten nachgewiesen werden: Nelissen et al. (2007) zeigten in einem sozialen Paradigma, in dem Probanden Güter behalten oder mit einem anonymen Partner tauschen konnten, dass kooperative Entscheidungen verstärkt auftraten, wenn die Probanden sich vorher an eine persönliche Schulderfahrung erinnerten. Darüber hinaus wurde in Studien zu den Emotionen Freude und Trauer die Hypothese gestützt, dass glückliche Menschen sich leichter überzeugen lassen, während traurige Menschen meistens skeptischer sind (Brinol et al. 2007).

Es gibt zahlreiche weitere Beispiele für den Zusammenhang zwischen erlebten Emotionen und Entscheidungsverhalten. Allerdings haben die entsprechenden Erklärungen üblicherweise noch einen oberflächlichen Charakter, da die genauen Wirkungsmechanismen weitgehend ungeklärt sind. Erklärungen wie ›Wut verursacht riskante Entscheidungen.‹ lassen offen, auf welchen der verschiedenen körperlichen und kognitiven Veränderungen, die mit der Emotion einhergehen, der Effekt genau basiert. Man kann davon ausgehen, dass der Einfluss von Emotionen auf Entscheidungen eher indirekt und stark kontextabhängig ist. In der aktuellen Forschung wird versucht, die Erklärungsmuster an dieser Stelle zu präzisieren.

Inzidentelle versus integrierte Emotionen. Um den Einfluss erlebter Emotionen auf die Entscheidungsfindung zu beschreiben, hat sich eine weitere Unterscheidung zwischen *inzidentellen* und *integrierten* erlebten Emotionen durchgesetzt (Seo/Barrett 2007). Für beide Typen gilt zwar, dass die Emotion im Prozess der Entscheidungsfindung erlebt wird. Allerdings wurde eine inzidentelle Emotion durch eine *vorherige* Situation ausgelöst, die für das aktuelle Entscheidungsproblem nicht mehr relevant ist: Ein Vater mag sich z. B. wütend mit seinem Sohn streiten und anschließend dem Nachbarn seine Bohrmaschine nicht leihen wollen, obwohl der Nachbar nichts mit dem Streit zu tun hatte. Im Gegensatz dazu ist eine integrierte Emotion erst durch das aktuelle Problem entstanden und somit unmittelbar für die Entscheidungsfindung relevant. In dem vorherigen Beispiel mag sich der Vater z. B. während des Streits wütend dazu entscheiden, dem Sohn das Taschengeld zu kürzen.

Der Einfluss inzidenteller Emotionen auf unsere Entscheidungen wird nicht nur an alltäglichen Beispielen deutlich, sondern wurde auch empirisch nachgewiesen (z. B. Forgas 1995). Tatsächlich geht es bei den meisten Studien, die den Einfluss von erlebten Emotionen auf Entscheidungen untersuchen, um inzidentelle Emotionen. In vielen Paradigmen sehen Probanden z. B. eine Filmszene, die eine bestimmte Emotion auslöst, und sollen anschließend eine Entscheidungsaufgabe bewältigen. Die Emotion ist dann inzidentell, weil sie nicht durch die Entscheidungsaufgabe verursacht wurde. Integrierte Emotionen sind kaum empirisch untersucht, da es sehr schwierig ist, integrierte Emotionen in einem experimentellen Kontext effektiv zu induzieren.

Verbessern Emotionen Entscheidungen? Sollten wir den Einfluss von Emotionen auf Entscheidungen möglichst vermeiden oder sind Emotionen nützlich? Aus evolutionstheoretischer Sicht zumindest sollte

sich ein Nutzen von Emotionen ausmachen lassen, da sich sonst kaum erklären lässt, warum sie sich überhaupt entwickelt haben. Nach gängigen Theorien sind Emotionen stereotype Antworten des Organismus auf allgemeine Situationen oder Probleme, denen wir im Laufe der Evolution regelmäßig begegnet sind (z. B. Griffiths 1997), und emotionale Reaktionen sind wahrscheinlich auch für die Probleme in der modernen Gesellschaft noch angemessen. Durch die systematischen körperlichen Veränderungen, die mit Emotionen einhergehen, führen sie zu bestimmten automatisierten Entscheidungs- und Handlungstendenzen. Die Entscheidungsfindung wird dadurch weniger flexibel, aber dafür sparen wir Zeit und Energie. Prinzipiell auf die Flexibilität zu verzichten, wäre vermutlich nicht optimal, aber mit dem Wissen, dass wir gerade in einer bestimmten altbekannten Situation sind (welche die Emotion ausgelöst hat), scheint sich dieser Kompromiss zwischen Flexibilität und Zeit/Aufwand zu lohnen. Neben erlebten Emotionen leisten auch antizipierte Emotionen in der Regel einen hilfreichen Beitrag zur Entscheidungsfindung, da sie die Bewertung von Entscheidungsmöglichkeiten erleichtern.

Allerdings ist es ein Faktum, dass Emotionen uns manchmal zu voreiligen Entscheidungen verleiten, die wir später bereuen und über die wir im Nachhinein lieber genauer nachgedacht hätten. Außerdem sind die Einflüsse von inzidentellen Emotionen meistens ungünstig, da diese von Situationen ausgelöst wurden, die für das aktuelle Entscheidungsproblem irrelevant sind. Im Vergleich zu Bauchgefühlen sind Emotionen schwieriger zu kontrollieren, reagieren weniger dynamisch auf Veränderungen und ›hinken‹ manchmal hinterher. Es ist deswegen wahrscheinlich ratsam, seine Emotionen sorgfältig zu beobachten und bei Zweifeln zu versuchen, ihren Einfluss zu regulieren. Im Einklang damit deuten Studien aus dem Bereich der Emotionspsychologie darauf hin, dass Menschen, die ihren Gefühlszustand gut beschreiben und präzise zwischen erlebten Emotionen unterscheiden können (und somit auch mehr Spielraum für wirksame Emotionsregulation haben) meistens die besseren Entscheidungen treffen (Seo/Barrett 2007).

Wertbasierte, soziale und perzeptuelle Entscheidungsfindung

In der Literatur (insbesondere unter Neurowissenschaftlern) hat sich eine generelle Unterscheidung zwischen wertbasierter, sozialer und perzeptueller

Entscheidungsfindung durchgesetzt. Im Gegensatz zur Unterscheidung zwischen intuitiver und analytischer Entscheidungsfindung, bei der es um unterschiedliche Bewertungsprozesse geht, stehen hier allerdings eher verschiedene Arten von Informationen im Mittelpunkt, auf deren Grundlage Entscheidungen getroffen werden.

Wertbasierte Entscheidungsfindung (manchmal auch als ›zielgerichtet‹ bezeichnet) dreht sich ganz allgemein um Entscheidungen, die durch Bewertungen von Entscheidungsmöglichkeiten getroffen werden. Ein typisches Paradigma ist etwa die sog. *Becker-DeGroot-Marschak Auktion* (Becker et al. 1964). Die Probanden bekommen dabei ein bestimmtes Budget und sollen für verschiedene Produkte nacheinander angeben, wie viel Geld ihnen das jeweilige Produkt (z. B. ein Getränk) wert wäre. Anschließend wird durch den Computer eine Zufallszahl generiert (innerhalb des Budgets der Probanden). Ist die Zufallszahl kleiner als das Gebot des Probanden, bekommt der Proband das Produkt für seinen gebotenen Preis. Ist die Zufallszahl größer, behält der Proband sein Geld und bekommt das Produkt nicht. Je mehr Geld die Probanden also bieten, desto wahrscheinlicher ist es, dass sie das Produkt erhalten. Demnach bekommt man durch das Paradigma eine ziemlich genaue Schätzung davon, welchen subjektiven Wert die Produkte für die Probanden haben.

Unter sozialer Entscheidungsfindung versteht man generell Entscheidungen, die im sozialen Kontext stattfinden (z. B. die Entscheidung, ob wir jemanden zum Essen einladen wollen). Bei diesen Entscheidungen ist es v. a. wichtig, die Absichten, Erwartungen und Emotionen anderer Menschen einzuschätzen und in die Entscheidungsfindung mit einzubeziehen. In den Wirtschaftswissenschaften werden diese Entscheidungen unter dem Oberbegriff der Spieltheorie erforscht. Ein typisches empirisches Paradigma ist das Ultimatumspiel (Güth et al. 1982), bei dem ein Spieler A einen bestimmten Geldbetrag erhält, den er mit einem anderen Spieler B teilen soll. Spieler A kann selbst entscheiden, wie viel er an Spieler B abgeben möchte. Wenn Spieler B das Angebot annimmt, dann bekommen beide ihren Teil des Geldbetrags; lehnt Spieler B jedoch ab, so bekommt keiner der Spieler Geld. Spieler B würde daher am meisten Geld bekommen, wenn er einfach jeden Geldbetrag annähme. Diese Vorhersage steht auch im Einklang mit klassischen ökonomischen Modellen wie der Erwartungsnutzentheorie (s. Kap. III.11). Empirisch hat sich allerdings gezeigt, dass die Probanden sich nicht entsprechend dieser Vor-

hersage verhalten: Sie lehnen ungleich verteilte Angebote häufig ab, obwohl sie selbst dabei auch leer ausgehen. Dieser Effekt zeigt, dass Menschen nicht nur reine Nutzenmaximierer sind. Stattdessen spielen soziale Aspekte wie (in diesem Fall) die Bestrafung von Unfairness eine wesentliche Rolle.

Bei perzeptueller Entscheidungsfindung geht es um Entscheidungen zu mehrdeutigen sensorischen Informationen. Beispielsweise sehen in einem typischen Paradigma (dem sog. *random-dot motion discrimination task*; Newsome et al. 1989) die Probanden eine Menge von Punkten, die sich größtenteils in zufällige Richtungen bewegen. Eine Teilmenge dieser Punkte (z. B. 30 Prozent) bewegt sich allerdings in eine einheitliche Richtung. Die Probanden sollen angeben, was die dominante Bewegungsrichtung der Punkte ist. Je mehr Punkte sich in zufällige Richtungen bewegen, desto schwieriger ist die Aufgabe. Perzeptuelle Entscheidungsfindung wird insbesondere in der kognitiven Neurowissenschaft untersucht (s. Kap. II.D.1), um grundlegende neuronale Prozesse der Entscheidungsfindung zu verstehen. Im Unterschied zu den meisten alltäglichen Entscheidungen, bei denen viele verschiedene kognitive Leistungen eine Rolle spielen, basiert perzeptuelle Entscheidungsfindung nämlich nur auf Wahrnehmungen, weswegen die Ergebnisse einfacher zu interpretieren sind. Man könnte den Eindruck haben, dass es bei diesen Paradigmen gar nicht um normale Entscheidungsfindung geht, sondern eher um eine ›Einschätzung zur Außenwelt‹. Doch die wesentlichen Eigenschaften der Entscheidungsfindung werden in den Paradigmen abgebildet: Man hat verschiedene Möglichkeiten zur Auswahl, für die es unterschiedliche Informationen gibt, und man muss sich für eine dieser Möglichkeiten entscheiden. Aus diesem Grund erhofft man sich, dass die Ergebnisse aus dem Bereich der perzeptuellen Entscheidungsfindung auch auf alltägliche Entscheidungen generalisierbar sind.

Entscheidungsmodelle in der Künstliche-Intelligenz-Forschung

Die Untersuchung und Modellierung von Entscheidungsprozessen findet einen reichhaltigen Niederschlag in der Forschung im Bereich der Künstliche-Intelligenz-Forschung (KI). Weil die praktische und theoretische Untersuchung von Systemen und Verfahren, die aufgrund von Wissen und Umweltdaten geeignete Operationen auswählen, den Schwerpunkt der KI ausmacht, durchdringt das Thema Entscheidungsfindung die gesamte Disziplin und unterliegt dort einer beständigen Weiterentwicklung. Es lassen sich folgende, teils stark überlappende Forschungsfelder identifizieren:

- Entscheidungsfindung (u. a. Klassifikation (s. Kap. IV.9), Mustererkennung, *utility*-Bewertung)
- Planen (s. Kap. IV.17) und Ablaufsteuerung (s. Kap. II.15)
- sequenzielle Entscheidungsprozesse (insbesondere Markov-Entscheidungsprozesse)
- agentenorientierte Ansätze
- kognitive Modellierung (s. Kap. II.E.2)

Verfahren zur Entscheidungsfindung. Die Evaluation einer Situation mit dem Zweck, eine Entscheidung zwischen den verfügbaren Optionen zu treffen, steht – explizit oder implizit – im Mittelpunkt von Kontroll-, Kategorisierungs- (s. Kap. IV.9), Lern- (s. Kap. IV.12) und Planungsprozessen (s. Kap. IV.17). Innerhalb der KI wurden Impulse aus Kybernetik, Entscheidungstheorie, *operations research*, Bayes'scher Modellierung, Wahrscheinlichkeitstheorie und Informationstheorie weiterentwickelt. Zu den wichtigsten Werkzeugen gehören dabei Algorithmen zur *Klassifikation*, wie Entscheidungsbäume (z. B. *C4.5*; Quinlan 1993), *clustering*-Verfahren, die Situationen aufgrund von Ähnlichkeit gruppieren (z. B. *k-means*; Jain/Dubes 1988; s. Kap. IV.12), *Support Vektor Maschinen* (SVM), die die Topologie eines Merkmalsraums umformen, um die Situationsklassen linear separierbar zu machen (Vapnik 1995), Wahrscheinlichkeitsbäume (z. B. CART; Breiman et al. 1984) oder Bayes-basierte Klassifikatoren, um nur einige zu nennen. Zum Thema Entscheidungsfindung lassen sich ferner eine Vielzahl von neuronalen Netz-Modellen (s. Kap. III.2) und Methoden des *reinforcement*-Lernens (s. Kap. IV.12) rechnen, die ebenfalls eine Ausgangssituation mit einer Bewertung oder Aktion assoziieren.

Eng verbunden mit dem Problem, wie man Situationen und deren Merkmale bewertet, ist die Wahl der Repräsentation (s. Kap. IV.16). Dies kann z. B. in Form von Regelmengen geschehen (u. a. für Entscheidungsbäume) oder in grafischen Modellen wie etwa neuronalen Netzen, die Assoziationen zwischen Merkmalen durch Verknüpfungsstärken und Aktivierungen darstellen, mit Bayes'schen Netzen (Pearl 1985), die kausale Verknüpfungen abbilden, oder mit Faktor-Graphen (Frey et al. 1997), die neuronale Aktivierungsausbreitung durch die Übertragung von Nachrichten in einem Hyper-Graph-Formalismus verallgemeinern.

Planen und Ablaufsteuerung (planning and scheduling). Beim Planen geht es um die Identifikation geeigneter Sequenzen von Handlungsschritten, um direkt oder indirekt, z. B. durch Präferenzen oder Beschränkungen (*constraints*), vorgegebene Zielzustände zu erreichen (s. Kap. IV.17). Im Planungskontext steht *scheduling* für die zeitliche Anordnung dieser Handlungsschritte (Ghallab et al. 2004), die entweder apriorisch (*offline*) oder ganz oder teilweise parallel zur Handlungsausführung (*online*) geschehen kann.

Formale Sprachen (*action languages*) stellen Handlungsabläufe als ein System von bedingten Zustandsübergängen dar, meist durch sog. *fluents* (d. h. Bedingungen, die sich im Verlauf der Zeit ändern können). Als Urvater der meisten Planungssprachen darf STRIPS (*STanford Research Institute Problem Solver*; Fikes/Nilsson 1971) gelten. STRIPS beschreibt ein Planungsproblem durch einen Ausgangs- und einen Zielzustand, zur Verfügung stehende Operatoren und die Vor- und Nachbedingungen dieser Operatoren. Nunmehr geht es darum, eine Kette von Aktionen – zu einem Plan aufgereihte Operatoren – zu finden, die durch schrittweise Veränderung des Ausgangszustands den Zielzustand erreicht (s. Kap. IV.11).

Eine Möglichkeit, die Komplexität einer solchen Suche in den Griff zu bekommen, besteht in der hierarchischen Aufteilung des Problemraums in Aufgaben (*tasks*) und Unteraufgaben (*sub-tasks*), so dass ein *hierarchisches task-network* (HTN; Sacerdoti 1977) entsteht.

Der Umgang mit offenen Welten und teilweise unbekannten Bedingungen erfordert, dass auch Negationen und Disjunktionen ausgedrückt werden können, wie z. B. im STRIPS-Nachfolger ADL (*Action Description Language*; Pednault 1987). Aus der Zusammenführung von STRIPS und ADL entstand die Familie der *problem domain description languages* (PDDL; McDermott et al. 1998). *Problem domain description languages* verwenden eine standardisierte Logik erster Stufe zur Beschreibung der Wissensdomäne und des Problemraums. Spätere Weiterentwicklungen fügten den diskreten Zustandsbeschreibungen kontinuierliche Prozesse hinzu (PDDL+; Fox/Long 2002) oder ordneten einzelne Aktionen verschiedenen Agenten zu, so dass die Interaktion zwischen mehreren Agenten formalisiert werden kann (MAPL; Brenner 2003).

Markov-Entscheidungsprozesse. Klassische Planungs- und Entscheidungsverfahren suchen nach Aktionen oder Aktionsfolgen, die einen Ausgangszustand mit einem Zielzustand verbinden. Sie können z.B. an ihre Grenzen stoßen, wenn sie mit kontinuierlichen Prozessen ohne definierte Endzustände, widersprüchlichen Zielen oder mit Situationen konfrontiert sind, in denen die Existenz eines Lösungswegs nicht garantiert ist. Auch Unsicherheit über die Resultate von Aktionen oder unsicheres Wissen über die Problemdomäne selbst stellen die klassischen Ansätze oft vor Probleme. Markov-Entscheidungsprozesse (MDP) verallgemeinern die klassischen Planungsmodelle daher, indem sie die Welt als Menge von unterschiedlich präferierten Zuständen auffassen (Puterman 1994). Das handelnde System kann den schrittweisen Übergang zwischen diesen Zuständen durch seine Aktionen jeweils mit einer bestimmten Wahrscheinlichkeit herbeiführen und damit einen Nutzen erzielen. Dieses Verfahren sucht nicht nach einem einzelnen Plan, der Ausgangs- und Zielzustände verbindet, sondern allgemeiner nach einer Handlungsstrategie (*policy*), mit der sich der erreichbare Nutzen maximieren lässt. Handlungsstrategien sind dabei Funktionen, die für jeden Weltzustand angeben, welche Handlung gewählt werden soll.

Die Aufgabe der Bedingung, dass das System jederzeit genau erkennen kann, in welchem Zustand es sich befindet, führt zu sog. *partially observable Markov decision processes* (POMDP). Anstelle des jeweiligen Systemzustandes (der ja nicht immer bekannt ist) wird dabei zu jedem Zeitpunkt eine Wahrscheinlichkeitsverteilung über die möglichen Zustände verwendet (Sondik 1971). *Partially observable Markov decision processes* eignen sich für die Modellierung von Entscheidungsprozessen in vielen realweltlichen Zusammenhängen, z.B. in der Robotik, wo sensorische Daten nicht jederzeit vorliegen bzw. eindeutig interpretiert werden können (s. Kap. II.B.2).

Agentenorientierte Ansätze. Mit dem verstärkten Aufkommen agentenorientierter Ansätze gegen Ende der 1980er Jahre rückte die Betrachtung von persistenten Systemen in dynamischen Umgebungen in den Vordergrund. Die Beschreibung als Agent ist dabei weniger ein konkreter Formalismus als vielmehr eine Perspektive, die auf ein technisches, biologisches oder soziales System eingenommen wird, um es als Individuum in einer Umwelt zu betrachten. Je nach Kontext ist mit ›Agent‹ ein ganz oder teilweise autonomes System gemeint, das über einen längeren Zeitraum hinweg in einer Umgebung situiert ist (d.h. einen lokal eingeschränkten Zugriff darauf hat) und dessen Aktionen sich als zielgerich-

tet beschreiben lassen. Wo die Beschreibung als homogenes Gesamtsystem mit eindeutigen Zielen versagt, z.B. in komplexen Organisationen, in Märkten mit einer Vielzahl von Akteuren oder in technischen Zusammenhängen, bei denen die Teilsysteme jeweils nur unvollständige Informationen über die Zustände der anderen Teilsysteme besitzen, stellen Multiagentensysteme eine geeignete Perspektive dar. Dabei können auch Unterorganisationen als eigenständige Agenten aufgefasst werden, die teilweise widersprechende Ziele vertreten und dadurch die Gesamtdynamik der Organisation emergieren lassen.

Zahlreiche Agentenmodellierungen lassen sich auf den *belief-desire-intention*-Ansatz (Bratman 1987) zurückführen. *Belief-desire-intention*-Modelle beschreiben das Weltwissen des Agenten (*beliefs*), angestrebte Zustände (*desires*) und Absichten (*intentions*). *Desires* können u.a. als explizite Ziele, als Präferenzen oder als Nutzeffekte (*utility*) definiert werden. *Intentions* sind je nach Modell handlungsleitende Ziele, konkrete Pläne oder Kombinationen aus beidem. Der Entscheidungsprozess nutzt das Weltwissen eines Agenten, um aus den von ihm angestrebten Zuständen seine Absichten abzuleiten.

Agentenmodelle des Entscheidens erweitern die oben beschriebenen Verfahren durch einen Zusammenhang zu Wahrnehmung, Weltmodell, Teleologie und Umweltinteraktion. Sie haben jedoch in der Regel nicht das Ziel, menschliche Kognition abzubilden.

Kognitive Modellierung. Die Simulation von komplexem menschlichem Verhalten stellt Anforderungen, die über eine für technische Anwendungen geeignete Lösung für Informationserfassung, Repräsentation und Bewertung hinausgehen. Dazu gehören die Vielschichtigkeit und Dynamik des von Menschen repräsentierten expliziten und impliziten Wissens, die Mechanismen menschlicher Zielfindung, die Art, wie Ziele repräsentiert werden und auf die Entscheidungsprozesse Einfluss nehmen, und natürlich die Beschränkungen, Abläufe und Merkmale menschlicher Entscheidungsprozesse überhaupt. Der Bereich der kognitiven Modellierung (s. Kap. II.E.2) bildet daher eine Schnittstelle zwischen KI und Psychologie. Die Zusammenführung von Repräsentationsmechanismen, Problemlöseverfahren und Entscheidungsfindung/Handlungssteuerung zu einem integrierten Gesamtsystem bildet eine kognitive Architektur (Newell 1990).

Ursprünglich fassten kognitive Architekturen das Entscheiden v.a. als einen Problemlöseprozess mit

vorgegebenen Zielen auf (z. B. ACT: Anderson/
Lebiere 1998; SOAR: Laird et al. 1987). Mittlerweile
werden verstärkt computationale Modelle von Emotionen und Affekten (Tao/Tan 2005) integriert
(s. Kap. IV.5) und die Entstehung und Modifikation
von Handlungszielen durch ein motivationales System adressiert (Bach 2012; Oudeyer/Kaplan 2007).

Neuronale Grundlagen der Entscheidungs-
findung

Die Neurowissenschaft der Entscheidungsfindung
ist ein derzeit schnell wachsendes Forschungsgebiet
(z. B. Dolan/Sharot 2011). Die ersten Studien, die
Verbindungen zwischen neuronaler Aktivität und
Entscheidungsverhalten untersuchten, wurden in
den 1980er Jahren mit Einzelzellableitungen an Tieren durchgeführt. Seit den 1990er Jahren ist die
dominante Methode allerdings die funktionelle
Magnetresonanztomografie (fMRT), mit welcher die
neuronale Aktivität auch nichtinvasiv an Menschen
untersucht werden kann.

Ein einschlägiger Befund aus dem Bereich der
perzeptuellen Entscheidungsfindung ist z. B., dass
bei Rhesusaffen neuronale Aktivität im lateralen intraparietalen Kortex mit der Stärke der akkumulier-
ten sensorischen Information, die für eine Entscheidungsmöglichkeit und gegen eine entsprechende
Alternative spricht, korreliert (Shadlen/Newsome
2001). Diese akkumulierte Information bestimmt
dann letztendlich auch die Entscheidung, die später
getroffen wird. Es wird angenommen, dass der laterale intraparietale Kortex unterschiedliche sensorische Informationen aus verschiedenen Quellen integriert (aus verschiedenen sensorischen Arealen, die
an der grundlegenden Verarbeitung sensorischer Information beteiligt sind). Analog zu diesen Tierexperimenten wurde in Studien mittels funktioneller
Magnetresonanztomografie im Menschen eine Region mit solchen Eigenschaften im dorsolateralen
präfrontalen Kortex gefunden (Heekeren et al.
2004). Im Einklang damit konnte in einer Studie
mittels Transkranieller Magnetstimulation (TMS)
gezeigt werden, dass eine experimentell verursachte
Deaktivierung des dorsolateralen präfrontalen Kortex den Prozess der perzeptuellen Entscheidungsfindung verlangsamt (Philiastides et al. 2011).

In der Forschung zu den neuronalen Grundlagen
wertbasierter Entscheidungsfindung ist es ein stark
verbreiteter und oft replizierter Effekt, dass neuronale Aktivität im ventromedialen präfrontalen Kortex mit der Gesamtbewertung einer Entscheidungs-

möglichkeit korreliert: Bei der Beurteilung einer
Option ist die neuronale Aktivität im ventromedialen präfrontalen Kortex also umso höher, je besser
uns die Option gefällt. In Studien mittels funktioneller Magnetresonanztomografie wurde dieser Effekt
z. B. für Entscheidungen zu Nahrungsmitteln, Musik, Glücksspielen, Wein und Hilfsorganisationen
nachgewiesen, und in Experimenten mit invasiver
Einzelzellableitung konnte er auch bei Rhesusaffen
für Entscheidungen zu verschiedenen Säften gezeigt
werden (Fehr/Rangel 2011).

Im Bereich wertbasierter Entscheidungsfindung
ist eine der großen offenen Fragen, ob der ventromediale präfrontale Kortex wirklich ein allgemeines
›Bewertungszentrum‹ ist, in dem verschiedene Be-
wertungskriterien zu einer ganzheitlichen Bewertung integriert werden, oder ob die Region stattdessen nur eines von mehreren Arealen ist, in denen
Bewertungen repräsentiert werden (Rangel et al.
2008). Eigenschaften einer ›Bewertungsregion‹ wurden z. B. auch für das Striatum gefunden (Lau/Glim-
cher 2008). Außerdem wurde durch die o. g. Studien
aus dem Bereich der perzeptuellen Entscheidungsfindung, aber auch durch empirische Befunde aus
wertbasierten Entscheidungsexperimenten (Litt et
al. 2011), der dorsolaterale präfrontale Kortex als
Bewertungsregion ins Gespräch gebracht.

Manche Autoren vermuten allerdings, dass der
dorsolaterale präfrontale Kortex nur indirekt am Bewertungsprozess beteiligt ist. In einer Studie mittels
funktioneller Magnetresonanztomografie wurde
vermutet, dass der ventromediale präfrontale Kortex
allgemeine Bewertungen repräsentiert, und dass die
Rolle des dorsolateralen präfrontalen Kortex darin
besteht, den Wert von langfristigen Zielen in das allgemeine Bewertungssignal des ventromedialen präfrontalen Kortex zu integrieren (Hare et al. 2009).
Die Probanden sollten für Nahrungsmittel (z. B.
Äpfel oder Pralinen) einschätzen, wie gut sie den
Geschmack finden, wie gesund das Produkt für sie
ist und wie gerne sie das Nahrungsmittel essen würden. Manche Probanden machten ihre generelle Bewertung dabei sowohl vom Geschmack als auch von
der Gesundheit abhängig (›selbstkontrollierte Probanden‹), für andere war nur der Geschmack wichtig (›nicht selbstkontrollierte Probanden‹). Die neuronale Aktivität im ventromedialen präfrontalen
Kortex korrelierte mit der generellen Bewertung des
Nahrungsmittels, sowohl für selbstkontrollierte als
auch für nicht selbstkontrollierte Probanden. Bei
selbstkontrollierten Probanden spiegelte die Aktivität im ventromedialen präfrontalen Kortex die Bewertungen von Geschmack und Gesundheit wider,

bei nicht selbstkontrollierten Probanden hingegen nur den Geschmack. Selbstkontrollierte Probanden hatten außerdem stärkere Aktivität im dorsolateralen präfrontalen Kortex, was die Vermutung nahelegt, dass diese Hirnregion den Gesundheitsaspekt (als langfristiges Ziel) durch eine Modulation des ventromedialen präfrontalen Kortex integriert. Diese Hypothese wurde auch durch sog. Konnektivitätsanalysen unterstützt.

Die generelle Studienlage zu dieser Interpretation ist jedoch inkonsistent, und es ist noch eine offene Frage, ob es eine Hirnregion gibt, die Gesamtbewertungen repräsentiert, oder ob diese Funktion über verschiedene Hirnregionen verteilt ist. Forschung zu Bewertungsprozessen im Gehirn zieht auch die Marketingbranche an (Ariely/Berns 2010), in der man teilweise die Hoffnung hat, Bewertungen objektiv im Gehirn ›ablesen‹ zu können, um so in der Konsumentenforschung nicht mehr auf potenziell unzuverlässige Selbsteinschätzungen angewiesen zu sein.

Fazit

Entscheidungsfindung ist in mehrerer Hinsicht ein vielschichtiges Phänomen. Im Prozess des Entscheidens laufen viele verschiedene kognitive Leistungen zusammen (wie Gedächtnis, Wahrnehmung oder Schlussfolgern) und an der Forschung sind viele verschiedene wissenschaftliche Disziplinen beteiligt. In der Vergangenheit war die Forschung der einzelnen Disziplinen voneinander isoliert und eher ›problembezogen‹. So wollte man etwa in der Wirtschaftswissenschaft das Marktverhalten anhand formaler Entscheidungsmodelle vorhersagen und in der KI effizientere Algorithmen zur Problemlösung entwickeln. Allerdings gewinnt in der modernen Forschung interdisziplinäre Zusammenarbeit zunehmend an Bedeutung, was zur Definition von neuen Forschungsgebieten geführt hat. So hat sich z.B. die Neuroökonomie (s. Kap. V.7) explizit dem Ziel verschrieben, klassische ökonomische Entscheidungsmodelle und Paradigmen mit empirischen Befunden aus Hirnforschung und Psychologie zu integrieren, um Entscheidungsfindung aus verschiedenen Perspektiven zu verstehen. Zu den Kernfragen, welche die Forschung zurzeit disziplinenübergreifend prägen, zählt u.a. die Rolle von Emotionen und Bauchgefühlen für Entscheidungen. Die Entscheidungsforschung ist ein gutes Beispiel dafür, dass interdisziplinäre Forschung traditionelle Grenzen der Einzeldisziplinen aufbrechen kann, um ein ganzheitliches Verständnis kognitiver Leistungen zu fördern.

Literatur

Aczel, Balazs/Lukacs, Bence/Komlos, Judit/Aitken, Michael (2011): Unconscious intuition or conscious analysis? In: *Judgment and Decision Making* 6, 351–358.

Anderson, John/Lebiere, Christian (1998): *The Atomic Components of Thought*. Mahwah.

Ariely, Dan (2009): *Predictably Irrational*. New York. [dt.: *Denken hilft, nützt aber nichts*. München 2008].

Ariely, Dan/Berns, Gregory (2010): Neuromarketing. In: *Nature Reviews Neuroscience* 11, 284–292.

Bach, Joscha (2012): A framework for emergent emotions, based on motivation and cognitive modulators. In: *International Journal of Synthetic Emotions* 3, 43–63.

Bargh, John/Chen, Mark/Burrows, Lara (1996): Automaticity of social behavior. In: *Journal of Personality and Social Psychology* 71, 230–244.

Bar-Hillel, Maya/Neter, Efrat (1996): Why are people reluctant to exchange lottery tickets? In: *Journal of Personality and Social Psychology* 70, 17–27.

Baumeister, Roy/Vohs, Kathleen/DeWall, Nathan/Zhang, Liqing (2007): How emotion shapes behavior. In: *Personality and Social Psychology Review* 11, 167–203.

Bechara, Antoine/Damasio, Antonio (2005): The somatic marker hypothesis. In: *Games and Economic Behavior* 52, 336–372.

Bechara, Antoine/Tranel, Daniel/Damasio, Hanna/Damasio, Antonio (1996): Failure to respond autonomically to anticipated future outcomes following damage to prefrontal cortex. In: *Cerebral Cortex* 6, 215–225.

Becker, Gordon/DeGroot, Morris/Marschak, Jacob (1964): Measuring utility by a single-response sequential method. In: *Behavioral Science* 9, 226–232.

Bratman, Michael (1987): *Intentions, Plans, and Practical Reason*. Cambridge.

Breiman, Leo/Friedman, Jerome/Olshen, Richard/Stone, Charles (1984): *Classification and Regression Trees*. Pacific Grove.

Brenner, Michael (2003): Multiagent planning with partially ordered temporal plans. In: *International Joint Conference on Artificial Intelligence* 18, 1513–1514.

Brinol, Pablo/Petty, Richard/Barden, Jamie (2007): Happiness versus sadness as a determinant of thought confidence in persuasion. In: *Journal of Personality and Social Psychology* 93, 711–727.

Chaiken, Shelly/Trope, Yaacov (1999): *Dual-Process Theories in Social Psychology*. New York.

Damasio, Antonio (1994): *Descartes' Error*. New York. [dt.: *Descartes' Irrtum*. München 1995].

Dijksterhuis, Ap/Bos, Maarten/Nordgren, Loran/van Baaren, Rick (2006): On making the right choice. In: *Science* 311, 1005–1007.

Dijksterhuis, Ap/Nordgren, Loran (2006): A theory of unconscious thought. In: *Perspectives on Psychological Science* 1, 95–109.

Dolan, Raymond/Sharot, Tali (2011): *Neuroscience of Preference and Choice*. New York.

Evans, Jonathan/Stanovich, Keith (im Druck): Dual-process theories of higher cognition. In: *Perspectives on Psychological Science*.

Fehr, Ernst/Rangel, Antonio (2011): Neuroeconomic foundations of economic choice. In: *Journal of Economic Perspectives* 25, 3–30.

Fikes, Richard/Nilsson, Nils (1971): STRIPS: A new approach to the application of theorem proving to problem solving. In: *Artificial Intelligence* 2, 189–208.

Forgas, Joseph (1995): Mood and judgment. In: *Psychological Bulletin* 117, 39–66.

Fox, Maria/Long, Derek (2002): PDDL+: Modeling continuous time dependent effects. In: *Proceedings of the 3rd International NASA Workshop on Planning and Scheduling for Space*.

Frey, Brendan/Kschischang, Frank/Loeliger, Hans-Andrea/Wiberg, Niclas (1997): Factor graphs and algorithms. In: *Proceedings of the Annual Allerton Conference on Communication Control and Computing*, 666–680.

Gable, Philip/Harmon-Jones, Eddie (2010): The blues broaden, but the nasty narrows. In: *Psychological Science* 21, 211–215.

Ghallab, Malik/Nau, Dana/Traverso, Paolo (2004): *Automated Planning*. San Francicso.

Gigerenzer, Gerd (2007): *Gut Feelings*. New York. [dt.: *Bauchentscheidungen*. München 2007].

Gold, Joshua/Shadlen, Michael (2007): The neural basis of decision making. In: *Annual Review of Neuroscience* 30, 535–574.

Griffiths, Paul (1997): *What Emotions Really Are*. Chicago.

Güth, Werner/Schmittberger, Rolf/Schwarze, Bernd (1982): An experimental analysis of ultimatum bargaining. In: *Journal of Economic Behavior and Organization* 3, 367–388.

Hare, Todd/Camerer, Colin/Rangel, Antonio (2009): Self-control in decision-making involves modulation of the vmPFC valuation system. In: *Science* 324, 646–648.

Heekeren, Hauke/Marrett, Sean/Bandettini, Peter/Ungerleider, Leslie (2004): A general mechanism for perceptual decision-making in the human brain. In: *Nature* 431, 859– 862.

Jain, Anil/Dubes, Richard (1988): *Algorithms for Clustering Data*. Englewood Cliffs.

Johnson, Eric/Goldstein, Daniel (2003): Do defaults save lives? In: *Science* 302, 1338–1339.

Kahneman, Daniel (2011): *Thinking, Fast and Slow*. New York. [dt.: *Schnelles Denken, langsames Denken*. München 2011].

Kahneman, Daniel/Tversky, Amos (1979): Prospect theory. In: *Econometrica* 47, 263–291.

Krajbich, Ian/Rangel, Antonio (2011): Multialternative drift-diffusion model predicts the relationship between visual fixations and choice in value-based decisions. In: *Proceedings of the National Academy of Sciences of the USA* 108, 13852–13857.

Laird, John/Newell, Allen/Rosenbloom, Paul (1987): Soar: An architecture for general intelligence. In: *Artificial Intelligence* 33, 1–64.

Lau, Brian/Glimcher, Paul (2008): Value representations in the primate striatum during matching behavior. In: *Neuron* 58, 451–463.

Lechner, Lilian/de Vries, Hein/Offermans, Nicole (1997): Participation in a breast cancer screening program. In: *Preventive Medicine* 26, 473–482.

Lerner, Jennifer/Keltner, Dacher (2001): Fear, anger, and risk. In: *Journal of Personality and Social Psychology* 81, 146–159.

Litt, Ab/Plassmann, Hilke/Shiv, Baba/Rangel, Antonio (2011): Dissociating valuation and saliency signals during decision-making. In: *Cerebral Cortex* 21, 95–102.

Loewenstein, George/Lerner, Jennifer (2003): The role of affect in decision making. In: Richard Davidson/Hill Goldsmith/Klaus Scherer (Hg.): *Handbook of Affective Science*. New York, 619–642.

Maia, Tiago/McClelland, James (2004): A reexamination of the evidence for the somatic marker hypothesis. In: *Proceedings of the National Academy of Sciences of the USA* 101, 16075–16080.

McDermott, Drew/Ghallab, Malik/Howe, Adele/Knoblock, Craig/Ram, Ashwin/Veloso, Manuela/Weld, Daniel/Wilkins, David (1998): PDDL – The planning domain definition language (Yale Center for Computational Vision and Control, *Technical Report CVC TR98003/DCS TR1165*).

McNeil, Barbara/Pauker, Stephen/Sox, Harold/Tversky, Amos (1982): On the elicitation of preferences for alternative therapies. In: *New England Journal of Medicine* 306, 1259–1262.

Nelissen, Rob/Dijker, Anton/de Vries, Nanne (2007): How to turn a hawk into a dove and vice versa. In: *Journal of Experimental Social Psychology* 43, 280–286.

Neumann, John von/Morgenstern, Oskar (1947): *Theory of Games and Economic Behavior*. Princeton. [dt.: *Spieltheorie und wirtschaftliches Verhalten*. Würzburg 1961].

Newell, Allen (1990): *Unified Theories of Cognition*. Cambridge.

Newsome, William/Britten, Kenneth/Movshon, Anthony (1989): Neuronal correlates of a perceptual decision. In: *Nature* 341, 52–54.

Nieuwenstein, Mark/van Rijn, Hedderik (2012): The unconscious thought advantage. In: *Judgment and Decision Making* 7, 779–798.

Osman, Magda (2004): An evaluation of dual-process theories of reasoning. In: *Psychonomic Bulletin and Review* 11, 988–1010.

Oudeyer, Pierre-Yves/Kaplan, Frederic (2007): What is intrinsic motivation? In: *Frontiers in Neurorobotics* 1, 6, 1–14.

Pearl, Judea (1985): Bayesian networks. In: *Proceedings of the 7th Conference of the Cognitive Science Society*, 329–334.

Pednault, Edwin (1987): Formulating multi-agent dynamic-world problems in the classical planning framework. In: Michael Georgeff/Amy Lansky (Hg.): *Reasoning About Actions and Plans*. San Mateo, 47–82.

Philiastides, Marios/Auksztulewicz, Ryszard/Heekeren, Hauke/Blankenburg, Felix (2011): Causal role of dorsolateral prefrontal cortex in human perceptual decision making. In: *Current Biology* 21, 980–983.

Platt, Michael/Glimcher, Paul (1999): Neural correlates of decision variables in parietal cortex. In: *Nature* 400, 233–238.

Puterman, Martin (1994): *Markov Decision Processes*. New York.

Quinlan, John Ross (1993): *C4.5: Programs for Machine Learning*. San Francisco.

Rangel, Antonio/Camerer, Colin/Montague, Read (2008): A framework for studying the neurobiology of value-based decision making. In: *Nature Reviews Neuroscience* 9, 545–556.

Sacerdoti, Earl (1977): *A Structure for Plans and Behavior*. New York.

Samuelson, William/Zeckhauser, Richard (1988): Status quo bias in decision making. In: *Journal of Risk and Uncertainty* 1, 7–59.

Scherer, Klaus (2005): What are emotions? In: *Social Science Information* 44, 695–729.

Seo, Myeong-Gu/Barrett, Lisa (2007): Being emotional during decision-making – good or bad? In: *Academy of Management Journal* 50, 923–940.

Shadlen, Michael/Newsome, William (2001): Neural basis of a perceptual decision in the parietal cortex (area LIP) of the rhesus monkey. In: *Journal of Neurophysiology* 86, 1916–1936.

Simon, Herbert (1957): *Models of Man*. New York.

Smith, Philip/Ratcliff, Roger (2004): Psychology and neurobiology of simple decisions. In: *Trends in Neurosciences* 27, 161–168.

Sondik, Edward (1971): *The Optimal Control of Partially Observable Markov Processes*. Stanford.

Tao, Jianhua/Tan, Tieniu (2005): Affective computing. In: Jianhua Tao/Tieniu Tan/Rosalind Picard (Hg.): *Affective Computing and Intelligent Interaction*. Heidelberg, 981–995.

Tversky, Amos/Kahneman, Daniel (1981): The framing of decisions and the psychology of choice. In: *Science* 211, 453–458.

Tversky, Amos/Kahneman, Daniel (1992): Advances in prospect theory. In: *Journal of Risk and Uncertainty* 5, 297–323.

Usher, Marius/McClelland, James (2001): The time course of perceptual choice. In: *Psychological Review* 108, 550–592.

Vapnik, Vladimir (1995): *The Nature of Statistical Learning Theory*. New York.

Amadeus Magrabi/Joscha Bach

7. Gedächtnis und Erinnern

Der Begriff ›Gedächtnis‹ wird im Deutschen in verschiedenen Bedeutungen gebraucht: Im Sinne eines kulturellen Gedächtnisses, das die kodifizierten Erinnerungsbestände einer Gesellschaft bezeichnet, im Sinne von Gedenken (*memoria*) und im Sinne von (individueller) Erinnerung, also dem Aufnehmen, Abrufen und Ordnen von Informationen, Begebenheiten und Ereignissen aus der Vergangenheit. Letzteres hat primär eine Funktion für einzelne lebende Organismen und betrifft deren Fähigkeit, aus vergangenen Ereignissen Orientierung für ihr gegenwärtiges und künftiges Verhalten zu gewinnen – eine Fähigkeit, die auch vielen Lernprozessen zugrunde liegt (s. Kap. IV.12) und beim Menschen für die Herausbildung eines Selbst zentral ist (s. Kap. IV.18). Die beiden ersten Bedeutungen betreffen hingegen die kulturelle Identität von Gemeinschaften.

Gedächtnis im Sinne von Erinnerung hat die Psychologie als Wissenschaft seit ihrer Entstehung vor weit über 100 Jahren interessiert. Schon früh wurde mit experimentellen Methoden die menschliche Merkfähigkeit untersucht und dabei Speicher- und Vergessenseffekte entdeckt, die u. a. zur Unterscheidung zwischen dem Kurz- und dem Langzeitgedächtnis geführt haben und in der Forschung bis heute relevant sind: Beispielsweise werden von einer Anzahl Wörtern, die der Reihe nach präsentiert werden, die ersten und letzten besser erinnert. Diese sog. *primacy*- und *recency*-Effekte werden mit dem Kurz- bzw. Langzeitgedächtnis in Verbindung gebracht, weil die zuletzt dargebotenen Wörter noch im Kurzzeitgedächtnis ›nachhallen‹, während die zuerst wahrgenommenen schon ins Langzeitgedächtnis transferiert wurden. Aber auch die Differenzierung in ein Gedächtnis für Fakten und eines für Ereignisse geht bereits auf den Beginn der psychologischen Gedächtnisforschung, genauer auf James (1890), zurück.

Gedächtnissysteme und Formen des Erinnerns

Aus heutiger Sicht ist zunächst wichtig, dass Gedächtnis in der Psychologie und anderen wissenschaftlichen Disziplinen nicht monolithisch, sondern als aus unterschiedlichen Systemen bestehend verstanden wird. Dies verdankt sich in erster Linie den theoretischen Analysen von Endel Tulving, der das episodische Gedächtnis von anderen Formen des Erinnerns unterschied (z. B. Tulving 1972, 1983, 2005). Das episodische Gedächtnis – gegenwärtig als ›episodisch-autobiografisches‹ Gedächtnis bezeichnet (vgl. Abb. 1) – gehört zum sog. deklarativen Gedächtnis, das Fakten oder Ereignisse speichert, die entweder, wie im Falle des episodisch-autobiografischen Gedächtnisses, zur eigenen Biografie gehören oder das sog. Weltwissen eines Menschen ausmachen, wie Kenntnisse zur Geschichte, zur Berufsausübung usw. Diese Form des Gedächtnisses wurde von Tulving als ›semantisches Gedächtnis‹ bezeich-

net. Das prozedurale Gedächtnis beinhaltet hingegen Fertigkeiten, die wie beim Autofahren automatisch ausgeführt werden: Im Grunde zählen zum prozeduralen Gedächtnis alle Fertigkeiten, die man von früher Kindheit an bis ins Erwachsenenleben erwirbt (z. B. Klavier spielen, Ski fahren, Schach spielen). Zusammen mit dem *priming*-Gedächtnis (vgl. Abb. 1) stellt das prozedurale Gedächtnis die ursprünglichste Form der Informationsverarbeitung dar, da beide unbewusst ablaufen. Am längsten etabliert ist die bereits einleitend erwähnte Differenzierung in ein Kurzzeit- und ein Langzeitgedächtnis,

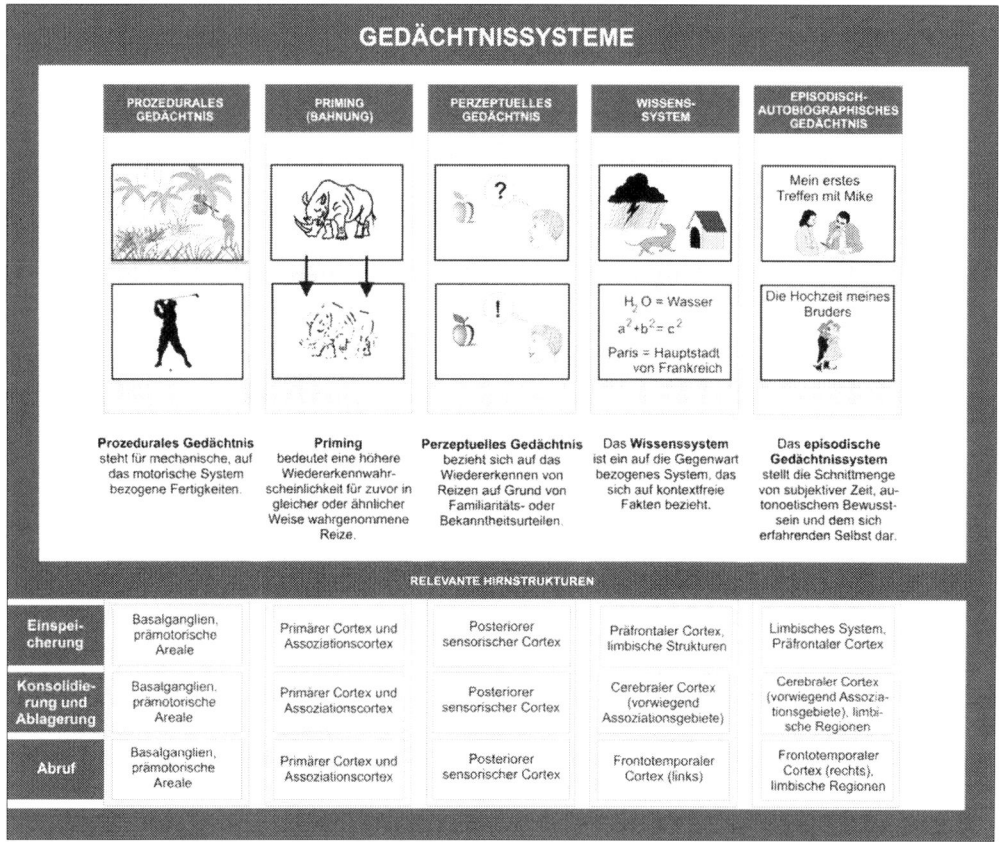

Abbildung 1: Piktogramm der fünf Langzeitgedächtnissysteme. Das prozedurale Gedächtnis steht für Fertigkeiten wie Fahrrad- oder Autofahren oder beim Klavierspielen, die in der Regel unbewusst (›automatisch‹ bzw. ›anoetisch‹) ablaufen. Das *priming*-Gedächtnis ist ebenfalls unbewusst und bezieht sich darauf, dass man kursorisch wahrgenommene Reize oder solche, die man nicht beachtete, später, wenn sie wieder auftauchen, leichter identifiziert und dann auch tiefer einspeichert als wenn sie einem nicht gar nicht begegnet sind. Das perzeptuelle Gedächtnis steht auf einer bewussten (›noetischen‹) Stufe und bezieht sich auf Bekanntheits- oder Familiaritätsurteile – also z. B. auf die Fähigkeit, einen Apfel unabhängig von seinem konkreten Aussehen als solchen zu identifizieren und von Birnen oder Pfirsichen zu unterscheiden. Noch eine Stufe höher angesiedelt, aber ebenfalls noetisch, ist das Wissenssystem, das unser Schul-, Welt- und Allgemeinwissen enthält. Das komplexeste und sich am spätesten in der Kindheit entwickelnde System ist das episodisch-autobiografische Gedächtnis, dessen Entstehung auf der parallel-interaktiven Entstehung von Sprache, Selbst und einem autonoetischen Bewusstsein basiert (Markowitsch/Staniloiu 2011b).

die auf die Forschungen von Ebbinghaus (1885) zurückgeht. Hierbei hat die Psychologie allerdings eine andere Vorstellung von Umfang und Dauer des Kurzzeitgedächtnisses als sie der alltägliche Sprachgebrauch zeigt. Während dort durchaus ein Zeitraum von Stunden gemeint sein kann, sind es in der Psychologie lediglich Sekunden bis wenige Minuten bzw. vier bis sieben Informationseinheiten (Cowan 2000; Miller 1956). Beim Langzeitgedächtnis hingegen geht es komplementär um Information, die länger als mehrere Minuten gespeichert ist. Um der Komplexität verschiedener Aspekte des Kurzzeitgedächtnisses besser gerecht werden zu können (Markowitsch/Staniloiu 2012), hat Alan Baddeley vor Jahrzehnten zusätzlich den Ausdruck ›Arbeitsgedächtnis‹ eingeführt (vgl. Baddeley 1981), der den des Kurzzeitgedächtnisses umfasst, aber nicht nur das ›Online-Halten‹ von Information während des Einspeicherns meint, sondern auch das portionsweise Abrufen von schon langfristig eingespeicherten Informationen. Darüber hinaus ist das Arbeitsgedächtnis laut Baddeley aus mehreren Untersystemen zusammengesetzt. Waren diese Untersysteme in Baddeleys früheren Fassungen rein sensorischer Natur (visuell-räumlich, auditiv), sind sie gegenwärtig um den episodischen Puffer, der kurzfristig Ereignisse speichert, erweitert.

In der philosophischen Literatur hat sich zur Einteilung des Gedächtnisses in verschiedene Formen eine etwas andere Begrifflichkeit entwickelt. In der Regel wird dort zwischen habituellem, propositionalem und episodischem Gedächtnis unterschieden. Das habituelle Gedächtnis, also das implizite Wissen, wie man etwas macht, umfasst automatisierte Bewegungsabläufe (*knowing how*; s. Kap. IV.25) und nicht weiter reflektierte Gewohnheiten. Der Begriff des habituellen Gedächtnisses überlappt weitgehend mit dem des prozeduralen Gedächtnisses in der Psychologie. Das propositionale Gedächtnis, welches das Lernen von Fakten einschließt, die ohne Rekurs auf die Lernsituation wiedergegeben werden können (*knowing that*; s. Kap. IV.25), wird mitunter auch als ›Faktengedächtnis‹ und in der Psychologie zudem auch als ›semantisches Gedächtnis‹ bezeichnet. Die beiden etablierten Bezeichnungen ›propositionales‹ bzw. ›semantisches‹ Gedächtnis sind allerdings unglücklich gewählt, denn da auch Tiere und vorsprachliche Kinder über Faktenwissen verfügen, ist davon auszugehen, dass dieses nicht zwingend propositional verfasst sein muss. Das episodische (oder auch personale bzw. autobiografische Gedächtnis) deckt v. a. biografische Erinnerungen ab. Die Frage, ob das episodische Gedächtnis eine Form einer Ei-

generzählung darstellt und deswegen untrennbar mit Sprache verbunden ist, ist umstritten. Klar ist jedoch, dass es beim Faktengedächtnis und beim episodisch-autobiografischen Gedächtnis jeweils darum geht, sich zu erinnern, *dass etwas der Fall war*. Für philosophische Erörterungen sind meist diese beiden Gedächtnisformen, die auch unter dem Begriff des deklarativen Gedächtnisses zusammengefasst werden, von Interesse, weil sie etwas aus der vergangenen Welt repräsentieren und damit zumindest prinzipiell auch wahr oder falsch sein können (Markowitsch/Welzer 2005, 81–83; Sutton 2010).

Die Frage, ob den aus psychologischer oder auch philosophischer Perspektive differenzierten Gedächtnissystemen ebenso unterscheidbare (und eventuell auch lokalisierbare) neuronale Areale oder Funktionskreise entsprechen, ist insbesondere für die neuropsychologische Forschung (s. Kap. II.E.3) von großem Interesse. Zwar gibt es schon seit mehr als 100 Jahren eine Vielzahl von Erkenntnissen darüber, dass mehrere Hirnregionen für Lern- und Gedächtnisvorgänge zentral sind, doch ist es erst die funktionelle Hirnbildgebung (Positronenemissionstomografie (PET), funktionelle Magnetresonanztomografie (fMRT)) gewesen, die die Aufmerksamkeit auf Orts- und Funktionszusammenhänge lenkte und damit wieder weg von einer engen lokalisatorischen Betrachtungsweise führte. Auch hat sich durch die Verfügbarkeit der (nichtinvasiven) funktionellen Hirnbildgebung (s. Kap. V.2) der Fokus wieder auf die Untersuchung des menschlichen Gehirns verlagert. Eine Vielzahl etablierter Erkenntnisse zum Gedächtnis hat ihren Ursprung allerdings in der Tierforschung: Da die Arbeitsweise und die Funktionsprinzipien des menschlichen Gehirns in wesentlichen Bereichen gleichen Prinzipien wie im restlichen Tierreich folgen, lassen sich einige der an vergleichsweise einfachen Lebewesen gewonnenen Einsichten in basale Prinzipien neuronaler Prozesse auch auf den Menschen übertragen (s. u.).

Was Orts- und Funktionszusammenhänge anbelangt, ist die Hippocampusformation, die für eine Übertragung bewusst verarbeiteter Informationen vom Kurzzeit- ins Langzeitgedächtnis unerlässlich ist (vgl. Abb. 1), nur eine unter einer Reihe sog. Flaschenhalsstrukturen, in denen Information aus vielen anderen Hirnbereichen konvergiert und anschließend auch wieder divergent in eine Reihe weiterer Hirnbereiche zurück gesendet wird (Brand/Markowitsch 2003). Dennoch hat der Hippocampus als Zentrum der aus Hippocampus proper, Gyrus dentatus und Subiculum bestehenden Hippocampusformation aus mindestens drei Gründen eine einzigartige Stellung: Erstens ist er anatomisch eine sowohl distinkte wie morphologisch-architektonisch einzigartige Kortexstruktur. Zweitens ist er bei Tier und Mensch anatomisch-physiologisch und auch hinsichtlich seiner Funktionen am besten untersucht. Drittens wurde er durch Forschungsergebnisse an einem Patienten (H.M.) als ›Gedächtnisstruktur‹ bekannt. H.M. litt unter Epilepsie und musste sich schon 1953 einer beidhemisphärischen Schläfenlappenresektion unterziehen, die den Hippocampus einschloss. Da H.M. aufgrund dieser Hirnschädigung die Fähigkeit zur Neugedächtnisbildung verlor, wurde er über mehr als ein halbes Jahrhundert – bis zu seinem Tode 2008 – zu einem Forschungspatienten der neuropsychologischen Gedächtnisforschung. Die Wissenschaftler konzentrier-

ten sich dabei, trotz der wesentlich umfassenderen Hirnschäden, primär auf die Hippocampusformation, wodurch diese Region in den Mittelpunkt der neurologisch-neuropathologischen Gedächtnisforschung rückte. Gleichwohl muss betont werden, dass weder eine einzelne Hirnregion wie der Hippocampus allein für die Gedächtnisverarbeitung relevant sein kann, noch eine Region allein exklusiv ›Fähigkeiten‹ des Gehirns verkörpert. Man kennt eine Reihe von Hirnregionen, die ähnlich zentral für bestimmte Teilbereiche der Gedächtnisverarbeitung sind, und eine Reihe weiterer, die wesentlich bestimmte Funktionen episodisch-autobiografischer Informationsverarbeitung unterstützen.

Geht man von den für die Informationsverarbeitung zentralen Strukturen weg und hin zu funktio-

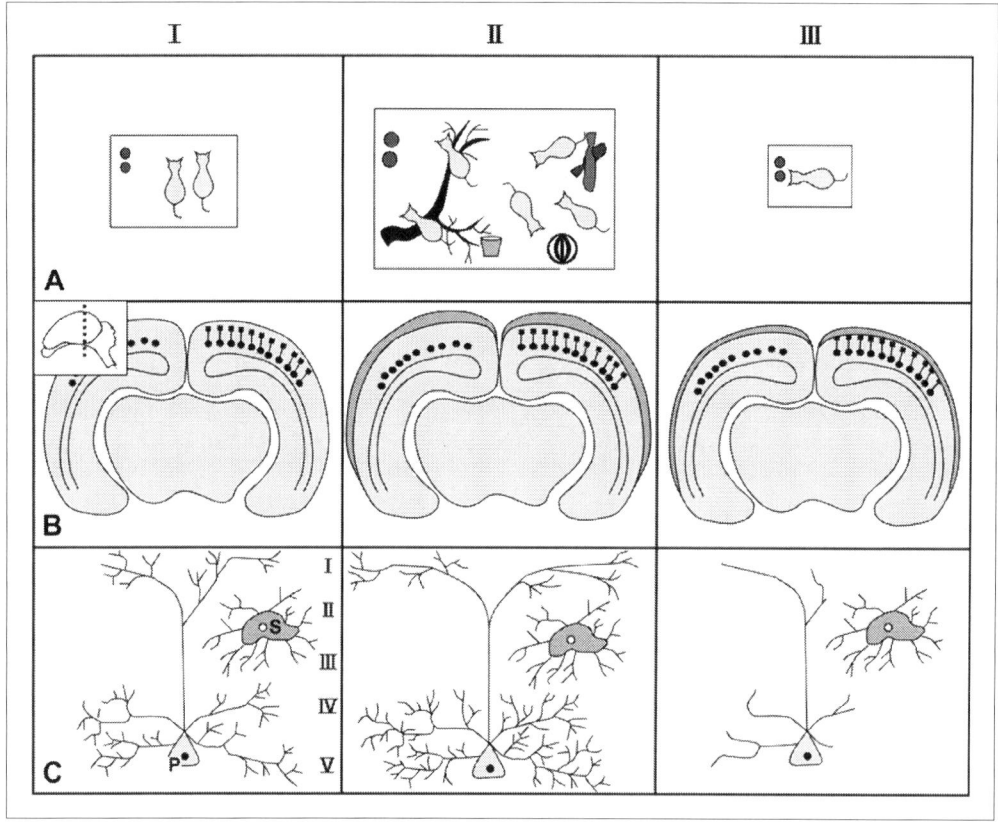

Abbildung 2: Darstellung umweltabhängiger Veränderungen auf Hirnebene im Kortex der Ratte.
Ein Nervenzelltyp, die Pyramidenzelle (P), ändert ihre Verästelungen, mit denen sie Signale von anderen Neuronen empfängt (Dendriten) oder an andere abgibt (Axon), je nachdem, ob die Tiere in Standardkäfigen (I), in angereicherter Umgebung (II) oder isoliert in einem kleinen Einzelkäfig (III) gehalten wurden. Ein anderer Zelltyp, die Sternzelle (S), bleibt unbeeinflusst. Die römischen Ziffern im Bildteil unten links beziehen sich auf die zytoarchitektonischen Kortexschichten und zeigen somit, dass die Pyramidenzellen ihre Zellkörper in der V. Schicht haben. Bildteile A zeigen die Haltungsvarianten, Bildteile B die Lage der Nervenzellen in Hirnquerschnitten und Bildteile C die beiden Nervenzelltypen P und S.

nellen Einheiten auf zellulärer Ebene, so haben wie erwähnt insbesondere Tierversuche zu Erkenntnissen über die grundlegenderen Prinzipien von Lern- und Gedächtnisleistungen beigetragen: Der Nobelpreisträger Eric Kandel etwa hat ausführlich die Meeresschnecke Aplysia erforscht (z. B. Kandel 2009), an der er die hirnphysiologischen (und teilweise auch die genetischen) Grundlagen einfacher Lernvorgänge aufdecken konnte. Dabei konnte Kandel zeigen, dass Habituation, Adaptation, Sensitivierung und klassische Konditionierungsvorgänge mit Änderungen in den Verbindungen von Neuronen, Synapsen und synaptischen Aufschaltstellen (Dornen) einhergehen, wobei zugleich die Ausschüttung von Transmittern (Überträgerstoffen) nachhaltig beeinflusst wird. Insgesamt wird in der Zelle eine Vielfalt biochemischer Vorgänge angestoßen, und es kann zur Expression von Genen kommen, die zukünftige Lernvorgänge erleichtern. Das aus der psychologischen Gedächtnisforschung kommende Motto ›Use it or lose it!‹ findet auf Neuronenebene eine direkte Entsprechung: Wie Abbildung 2 zeigt, verändert sich das Neuropil (d. h. die dendritischen und axonalen Verzweigungen sowie die Aufschaltmöglichkeiten) in Abhängigkeit von der Benutzung oder Nichtbenutzung von Verbindungen: Werden Ratten in einer angereicherten Umgebung gehalten (anstatt unter Standardbedingungen mit zwei Tieren in einem Käfig ohne zusätzliches Interieur), so vergrößert sich das Neuropil; im umgekehrten Falle der isolierten Einzelhaltung in kleinem Käfig verringern sich die Verbindungsmöglichkeiten drastisch. Eine wichtige Erkenntnis war, dass Lernvorgänge u. a. über sog. Hebb-Synapsen erfolgen, d. h. dass die gemeinsame Aktivierung zweier miteinander verbundener Neurone deren Verbindung stärkt und dadurch die Ursache für die gemeinsame Aktivierung gespeichert wird (s. Kap. III.2). Andere Mechanismen für Ein- (und nachfolgend) Abspeichermechanismen liegen in der sog. Langzeitpotenzierung und Langzeithemmung, d. h. in einer (meist) durch Wiederholung von Reizpaarungen ausgelösten anhaltenden Erregung oder Hemmung von Nervenzellen.

Die Entdeckung dieser neuronalen Mechanismen hat auch die Künstliche-Intelligenz-Forschung (KI) beeinflusst, die sich schon seit den 1950er Jahren damit beschäftigt, künstliche Agenten zu entwickeln, die sich intelligent verhalten (s. Kap. II.B.1). Da intelligentes Verhalten allem Dafürhalten nach die Fähigkeit erfordert, aus vergangenen Erfahrungen zu lernen (s. Kap. IV.12), sind künstliche Gedächtnisformen daher unabdingbar. Aus diesem Grund entstand eine Vielzahl von Ansätzen, die verschiedene Aspekte natürlicher Gedächtnissysteme aufgreifen und modellieren. Mit der Verfügbarkeit leistungsfähiger Robotikplattformen, die künstliche Agenten in eine reale Umwelt einbetten (s. Kap. II.B.2), haben sich die Anforderungen an solche künstlichen Gedächtnissysteme stetig erhöht: Sensoren wie z. B. Kameras, Mikrofone oder Laser-Rangefinder liefern kontinuierlich eine sehr große Menge an Daten, die verarbeitet und gespeichert werden müssen.

Die neuronalen Mechanismen der Gedächtnisbildung können in der KI nicht eins-zu-eins übernommen werden, da sich die dort maßgebliche Hardware substanziell von biologischen Strukturen unterscheidet. Im Vergleich zu ihren natürlichen Pendants muss bei künstlichen Gedächtnissystemen daher eine hohe Abstraktionsstufe eingenommen werden. Während das zentrale Nervensystem aus ca. 2×10^{10} massiv verschalteten und parallel arbeitenden Nervenzellen unterschiedlichen Typs aufgebaut ist, können künstliche Agenten meist nur auf wenige parallel arbeitende Prozessorkerne mit einem gemeinsamen Arbeitsspeicher zurückgreifen. Eine direkte Übertragung von Erkenntnissen über biologische Strukturen ist mithin nicht möglich. Des Weiteren steht die starke Verschaltung der Nervenzellen und die Verteilung kognitiver Funktionen über verschiedene Hirnareale, die auch an anderen kognitiven Funktionen beteiligt sind (Poldrack 2006), im Widerspruch zu gängigen Prinzipien der Softwareentwicklung (Larman 2005), die z. B. fordern, dass die Abhängigkeit verschiedener Softwarekomponenten untereinander möglichst gering ist (lose Kopplung) und die Funktionen, die eine einzelne Komponente erfüllt, eng miteinander verwandt sind (hohe Kohäsion).

Simulation einzelner Aspekte natürlicher Gedächtnissysteme

Um Gedächtnissysteme zu simulieren, müssen Daten gespeichert werden, gezielt abrufbar sein und verknüpft werden können. Eine gängige Lösung für diese Probleme stellen Datenbanken dar, auf die insbesondere bei großen Datenmengen zugegriffen wird. Abhängig vom Typ der verwendeten Datenbank erfolgt die Repräsentation der Daten auf verschiedene Art und Weise, z. B. in Form von Tabellen (relationale Datenbanken) oder von in XML (*Extensible Markup Language*) codierten Dokumenten. In Datenbanken sind dabei standardmäßig nur einfache Datentypen vordefiniert (ganze Zahl, rationale Zahl,

Zeichenkette, Wahrheitswert, Datum usw.). Komplexe Daten, wie etwa Bilder, Videos oder DNS-Sequenzen, können zwar gespeichert, aber nicht direkt durchsucht werden (etwa nach Personenbildern). Vielmehr erfolgt eine indirekte Abfrage anhand von Metainformationen, die u. a. durch manuelle Annotation oder interaktive Prozesse gewonnen werden.

Das *active-memory* (Wachsmuth et al. 2007) und die *sensory ego-sphere* (Peters et al. 2001) sind zwei häufig verwendete datenbankbasierte künstliche Gedächtniskomponenten. Das *active-memory* wird dabei als ein Ansatz zur Systemintegration verstanden: Verschiedene Softwarekomponenten (etwa Objekt-Tracking und Spracherkennung) werden mithilfe eines zentralen Datenspeichers entkoppelt und können so auch leicht auf verschiedene Computer verteilt werden. Die eigentliche Speicherung erfolgt dabei in einer XML-Datenbank, wodurch die Art und die Struktur der gespeicherten Daten sehr flexibel ist. Neben Sensordaten lassen sich auch semantische und temporale Informationen speichern. Anhand von Informationen über zeitliche Abläufe ist dann etwa eine Zuordnung von Daten zu spezifischen Ereignissen in der Vergangenheit möglich. Die *sensory ego-sphere* stellt eine Methode zur Realisierung eines Kurzzeitgedächtnisses für räumlich und zeitlich lokalisierte Ereignisse und Objekte dar. Sie besteht aus einer relationalen Datenbank, die so strukturiert ist, dass sie eine Kugel definiert, in deren Mittelpunkt sich der jeweilige Agent befindet. Objekte, multimodale Ereignisse und Interaktionspartner können anhand ihrer relativen Position zum Agenten in die Datenbank aufgenommen und anschließend mittels ihrer sphärischen Koordinaten referenziert werden. Dadurch wird auch eine Integration von Informationen verschiedener Modalitäten erreicht.

Unter Nutzung von Techniken des *data mining* (Han/Kamber 2006) können aus den gespeicherten Daten zusätzlich relevante Informationen extrahiert und sowohl redundante als auch irrelevante Informationen reduziert werden. Beispiele hierfür sind Leistungen wie Kategorisierung bzw. Begriffsbildung (s. Kap. IV.9), Klassifikation, Lernen von Assoziationen (s. Kap. IV.12), Funktionsapproximation (Regressionsanalyse) und Merkmalsreduktion. Die dabei verwendeten Verfahren liefern Modelle, die selbst als Gedächtniskomponenten betrachtet werden können und auch unabhängig von Datenbanksystemen einsetzbar sind. Im Folgenden werden einige Beispiele für solche Ansätze vorgestellt.

Mithilfe des *working memory toolkit* (Phillips/Noelle 2005) können Funktionen des Arbeitsgedächt-nisses simuliert werden. Das Arbeitsgedächtnis umfasst hierbei eine beschränkte Menge an Elementen (*chunks*), die beliebige Daten enthalten können, wie etwa saliente Objekte, mögliche Aktionen oder Ziele. In jeder Situation, in der sich der Agent befindet, werden *chunk*-Kandidaten generiert, von denen aber nur eine Auswahl in das Arbeitsgedächtnis gelangt. Die entsprechenden Auswahlkriterien werden dabei durch ein mithilfe einfacher neuronaler Netze (s. Kap. III.2) implementiertes *reinforcement*-Lernverfahren (*temporal difference learning*) erlernt (s. Kap. IV.12).

Amor et al. (2007) haben ein auf inkrementellen neuronalen Netzen basierendes Verfahren zum Bewegungslernen vorgestellt, bei dem mithilfe eines Konsolidierungsprozesses nichtsymbolische motorische Daten von einem neuronalen Netz, das als Kurzzeitgedächtnis fungiert, in ein weiteres neuronales Netz, das das Langzeitgedächtnis repräsentiert, überführt werden. Die bereits im Langzeitgedächtnis enthaltenen Informationen werden mittels eines Rehearsalalgorithmus gefestigt, um nicht durch die Überführung neuer Informationen aus dem Kurzzeitgedächtnis verloren zu gehen.

Bei der Entwicklung von Gedächtnissystemen für künstliche Agenten ist es wichtig, geeignete Repräsentationsformen zu finden (s. Kap. IV.16). Im Hinblick auf Langzeitgedächtnissysteme ist hierbei insbesondere das Prinzip der kognitiven Ökonomie von Bedeutung (Goldstone/Kersten 2003), wonach die Datenmenge auf die wesentlichen Informationen reduziert werden soll, bevor eine Speicherung erfolgt, da andernfalls die anfallende Datenmenge schnell den zur Verfügung stehenden Speicher vollständig ausfüllen könnte. Eine Möglichkeit, dieses Problem zu vermeiden, ist die Kategorisierung von Daten (s. Kap. IV.9). Ein entsprechender Ansatz wurde z. B. von Chartier et al. (2009) vorgestellt: Mittels der Kombination eines bidirektionalen Heteroassoziativspeichers mit einem topologieerhaltenden Clusterverfahren (*self-organizing feature maps*) werden dabei Prototypen für Kategorien gebildet. Außerdem ermöglicht dieses neuronale Netz aufgrund seiner rekurrenten Struktur die schrittweise Rekonstruktion von unvollständigen und gestörten Eingabedaten.

Komplexe künstliche Gedächtnissysteme

Sun et al. (2009) stellten die Clarion-Architektur vor, die prozedurale und semantische Gedächtniskomponenten umfasst. Beide Komponenten besitzen eine duale Struktur, die symbolische und nichtsymbolische Repräsentationen beinhaltet (s. Kap. III.3). Das jeweilige symbolische Wissen (z. B. Regeln) wird als ›explizites Wissen‹ (s. Kap. IV.25) bezeichnet, da diese Repräsentationsform leicht interpretierbar ist. Im Gegensatz dazu wird nichtsymbolisches Wissen, das in neuronalen Netzwerken enthalten ist, als implizit betrachtet, da die entsprechenden Informationen verteilt gespeichert werden und damit nicht direkt zugänglich sind. Die verwendeten mehrschichtigen neuronalen Netze dienen zum einen als Basis für *reinforcement*-Lernen und zum anderen als Assoziativspeicher (s. Kap. III.2). Die CLARION-Architektur wurde erfolgreich eingesetzt, um die Ergebnisse psychologischer Studien mit menschlichen Versuchspersonen zu simulieren.

Das Gedächtnis des humanoiden Roboters ISAC (Kawamura et al. 2008) orientiert sich stark an der Struktur des biologischen Vorbilds. Es umfasst ein Kurzzeit-, ein Arbeits- und ein Langzeitgedächtnis, das sich entsprechend Abbildung 1 weiter in unterschiedliche Systeme untergliedert. Das prozedurale Gedächtnis enthält indizierte Beispiele spezifischer Bewegungen. Im Gegensatz dazu umfasst das semantische Gedächtnis Fakten, die vom perzeptuellen System ISACs generiert wurden, etwa Eigenschaften bekannter Objekte. Dabei sind verschiedene Formen der Repräsentation möglich (s. Kap. IV.16): Neben geeigneten Deskriptoren können auch komplexere Modelle wie Bild-Klassifikatoren genutzt werden. Im episodischen Gedächtnis werden Informationen über vergangene Ereignisse gespeichert. Eine einzelne Episode umfasst dabei eine Beschreibung der Situation, das Ziel des Roboters, eine interne Bewertung der Situation, ausgeführte Aktionen und deren Resultate. Unter Verwendung von Methoden zur Reduktion redundanter Informationen (Hauptkomponentenanalyse) und Kategorisierung (Clusterverfahren), wird von einzelnen Episoden abstrahiert und eine hierarchische Struktur geschaffen. Die verschiedenen Gedächtnissysteme sind mittels eines virtuellen Agenten verbunden, der Komponenten für die Repräsentation von Zielen und Intentionen des Roboters (s. Kap. IV.8), für Aufmerksamkeit (s. Kap. IV.1) sowie für internes Rehearsal umfasst.

Die Vielfältigkeit der zur Simulation natürlicher Gedächtnissysteme eingesetzten Methoden spiegelt die unterschiedlichen Aspekte, unter denen das Gedächtnis betrachtet werden kann, wider. Die Herausforderung für die KI besteht hierbei darin, diese Methoden so zu adaptieren und kombinieren, dass sie einander gut ergänzen und dadurch die Leistungsfähigkeit künstlicher Gedächtnissysteme erhöhen.

Emotionen und Gedächtnis

Die Leistungsfähigkeit natürlicher Gedächtnissysteme hängt davon ab, wie das, was erinnert wird, erfahren wurde: Ereignisse, die stark emotional erlebt wurden, werden z. B. besonders gut erinnert. Beim Menschen kommt hinzu, dass menschliche Lebensverläufe durch soziale und kulturelle Handlungsmuster (Einschulung, Schulabschluss, Berufsqualifikation, Heirat, Elternschaft usw.) sowie durch individuelle Wünsche und Pläne (einmal den Mont Blanc besteigen, die Wagner-Festspiele besuchen oder eine Wohnung in Venedig kaufen) geprägt sind (s. Kap. II.E.5). Beides, sowohl kulturelle Handlungsmuster als auch individuelle Pläne und Wünsche, stellen gewissermaßen Eckpunkte des Erinnerns dar. Sie prägen die Erwartungshaltungen und sorgen so dafür, dass die damit verbundenen Ereignisse, wenn sie eintreten, später auch erinnert werden. Diese kulturellen, sozialen und individuellen Handlungs- und Erwartungsmuster werden durch das Sprechen über sie und das Denken an sie bereits wichtig, ehe sie erlebt werden, und erlangen so besondere Bedeutung und werden in Folge auch einfacher erinnert (s. Kap. IV.5).

Das autobiografische Gedächtnis stellt somit eine enge Synchronisation zwischen Affekt und Kognition her (s. Kap. IV.5, V.10), d. h. der emotionale Zustand des Individuums bedingt die Tiefe der Informationseinspeicherung. Semon (1904) und im Anschluss an ihn Tulving (1983) haben dafür den Begriff eines zustandsabhängigen (biografischen) Gedächtnisses geprägt. Hiermit ist gemeint, dass wir entsprechend unserer psychischen Befindlichkeit auf bestimmte Reize besonders achten, andere dagegen eher ignorieren. Ist man beim Einspeichern eines Ereignisses z. B. in einem euphorischen Zustand und befindet sich dabei im Urlaub, so ist es für einen erfolgreichen Abruf des gespeicherten Ereignisses ideal, wenn man sich wieder im Urlaub und in einem euphorischen Zustand befindet. Tulving bezeichnet dieses Phänomen der emotionalen und situativen Ähnlichkeit als ›Encodierungsspezifizitätsprinzip‹: Das Erinnerungsvermögen ist demnach dann besonders gut ausgeprägt, wenn dieselben Begleitumstände sowohl beim Einspeichern als auch beim Abrufen vorhanden sind. Neben solchen Begleitumständen spielt auch die physiologische Ausstattung eine entscheidende Rolle dafür, was als erinnerungsrelevant eingeordnet wird und was nicht. Ein Beispiel für eine gedächtnismodulierende Struktur ist der Mandelkern (Amygdala), der – überspitzt ausgedrückt (s. Kap. II.E.2) – ›entscheidet‹, welche Information als biologisch und sozial relevant erkannt und einer langfristigen Abspeicherung zugeführt wird; dabei sind auch andere Regionen des limbischen Systems beteiligt (Markowitsch 1999). Patienten mit einer beidseitigen Schädigung der Amygdala, wie sie z. B. durch Verkalkung bei einer genetisch bedingten neurologischen Krankheit verursacht wird, sind in ihrer Fähigkeit, Umweltreize adäquat zu bewerten, und somit auch hinsichtlich ihres episodisch-autobiografischen Gedächtnisses eingeschränkt (Cahill et al. 1995; Markowitsch/Staniloiu 2011a).

Obwohl beide Strukturen, Hippocampus und Amygdala, für die Einspeicherung und Übertragung von Informationen ins Langzeitgedächtnis relevant sind, geschieht die Ablagerung nicht in diesen subkortikalen, sondern in kortikalen Netzwerken, v. a. in den sog. Assoziationsarealen im Schläfenlappen und den weiteren Kortexlappen. Der Abruf wiederum scheint von Hirnrindengebieten im Stirnhirn und vorderen Schläfenlappenbereich ausgelöst (›getriggert‹) zu werden, die die Ablagerungsnetzwerke weiter hinten auf der Hirnrinde reaktivieren (Fink et al. 1996; Kroll et al. 1997). Schäden in den Triggerstrukturen der linken Hirnhälfte führen zu einer Unfähigkeit, allgemeines Wissen zu generieren, während Schädigungen in jenen der rechten Hirnhälfte zu einer Abrufblockade hinsichtlich der autobiografischen Vergangenheit führen (Markowitsch 2009; Markowitsch/Staniloiu 2011b).

In diesem Zusammenhang sind Forschungsergebnisse an Patienten mit dissoziativen Amnesien von Belang. Dissoziative Amnesien entstehen aufgrund von Stress- und Traumaereignissen, die als massiv erlebt werden und vor dem Hintergrund einer erhöhten Anfälligkeit (Prädisposition) für Stress und einem Mangel an adäquaten Verarbeitungsstrategien auftreten. Eine Folge davon ist in der Regel eine auf die eigene Biografie zentrierte Amnesie, die entweder die gesamte Vergangenheit oder bestimmte Zeitepochen daraus umfassen kann. Im Einzelfall kann es statt zu einer retrograden auch zu einer anterograden Amnesie kommen, d. h. zu einer Unfähigkeit, neue Materialien bleibend einzuspeichern (ähnlich wie dies nach einer Schädigung von Flaschenhalsstrukturen im Gehirn passiert). Verursacht durch adverse Umweltbedingungen können somit nicht nur anhaltende dissoziative Amnesien auftreten, sondern auch anhaltende Veränderungen auf Hirnebene entstehen (Brand et al. 2009; Reinhold et al. 2006), die sowohl einen verminderten Hirnstoffwechsel als auch einen Abbau der die kortikalen Netzwerke verbindenden Axone betreffen (Tramoni et al. 2009).

Wahrheitsgehalt von Erinnerungen

Wie kommt es aber überhaupt, dass wir sagen können, ein Mensch könne sich nicht oder nicht richtig an bestimmte Ereignisse in seinem Leben erinnern? Prinzipiell kann der Wahrheits- oder Falschheitsgehalt von Erinnerungen nämlich nicht mehr im direkten Vergleich mit Ereignissen und Erfahrungen aus der Vergangenheit überprüft werden. Wie auch bei anderen Formen mentaler Repräsentationen (s. Kap. IV.16) stellt sich bei Erinnerungen also die Frage, wie diese Repräsentationen eigentlich einen Gehalt haben können und wie sie Ereignisse oder Erfahrungen aus der Vergangenheit richtig oder falsch darstellen können (Sutton 2010). Da die Vergangenheit kein fernes Land ist, das man einfach nach Belieben aufsuchen könnte, um nachzuschauen, ob man sich geirrt hat oder nicht, lassen sie sich lediglich im Abgleich mit den Erinnerungen anderer oder mittels materialisierter Überreste aus der Vergangenheit prüfen (Lawlor 2009, 664).

Als weitere Schwierigkeit für die Ermittlung des Wahrheitsgehalts von Erinnerungen kommt hinzu, dass jede Erinnerung in einem neuen Kontext abgerufen und bei jedem Abruf erneut eingespeichert wird. Dadurch kommt es über die Zeit hinweg möglicherweise zu weitgehenden Veränderungen oder Verzerrungen der Erinnerungen, bis hin zur Entstehung neuer, ursprünglich so nicht eingespeicherter ›Erinnerungen‹, die als ›Fehlerinnerungen‹ bezeichnet werden (*false memory syndrome*). Dieses Symptom tritt bei bestimmten neurologischen und psychiatrischen Erkrankungen zusammen mit einer Tendenz zum Konfabulieren auf (Borsutzky et al. 2010) und lässt sich auch experimentell nachweisen (Kühnel et al. 2008).

Im Zusammenhang mit der Frage, ob Erinnerungen wahr oder authentisch repräsentiert sind, wird auch das Konzept sog. Gedächtnisspuren (*memory traces*) diskutiert. Diese Gedächtnisspuren sollen in einer raumzeitlichen Verbindung mit den erinnerten Ereignissen stehen und so von der Repräsentation eines vergangenen Ereignisses, das man sich aktiv ins Bewusstsein ruft, verschieden sein. Es ist jedoch fraglich, welchen explanatorischen Mehrwert das Konzept der Gedächtnisspur hinsichtlich der Authentizitäts- oder Wahrheitsfrage von Erinnerungen haben könnte und ob es einen solchen nicht lediglich für die Diskussion der Frage hat, wie Erinnern funktioniert. Um Erinnerungen als tatsächliche und nicht eingebildete ausweisen zu können, müssten sich solche Erinnerungsspuren (Engramme) im Gehirn oder im Gesamtorganismus nachweisen lassen, was aber nicht der Fall ist. Hinweise auf die Authentizität einer Erinnerung scheinen in organischer Hinsicht lediglich die unterschiedlichen Hirnregionen zu geben, die während eines Erinnerungsvorgangs bzw. während einer fiktional erlebten Episode aktiviert sind. Zahlreiche Forscher sind sich jedenfalls darin einig, dass Erinnerung nicht in der Aktivierung eines Engramms, also einer physiologischen Gedächtnisspur, besteht, sondern darauf angewiesen ist, dass sich in der Gegenwart noch Informationen über die Vergangenheit finden lassen oder sich andere Zeitgenossen in ähnlicher Weise erinnern wie man selbst, so dass Erinnerungen verglichen werden können und eine Rekonstruktion von Gewesenem möglich wird. Auf solche Rekonstruktionen sind letztlich auch Positionen angewiesen, die von einem konnektionistischen Modell von Erinnerung ausgehen (s. Kap. II.2), wonach einfache Einheiten, die an der Repräsentation einer Episode beteiligt sind, so verknüpft werden, dass es möglich wird, sich in verschiedenen Zusammenhängen an diese Episode zu erinnern. Die Frage, ob wir es bei Erinnerungen mit mentalen Repräsentationen, Gedächtnisspuren und diesbezüglich mit konnektionistischen Modellen oder anderen zu tun haben, ist daher vornehmlich eine der Mechanismen des Erinnerns und nur am Rande auch eine der Authentizität oder des Wahrheitsgehaltes von Erinnerungen.

Modifikation des Gedächtnisses über die Lebensspanne

Welche Mechanismen erforderlich sind, damit wir uns erinnern können, ist eine andere Frage als die, wie wir feststellen können, ob wir uns richtig erinnern. Die Frage nach den kognitiven Voraussetzungen für Erinnern ist wiederum eine andere. Nach neuerer entwicklungspsychologischer Forschung (s. Kap. II.E.4) könnte die Fähigkeit, in kausalen und zeitlichen Zusammenhängen zu denken, eine Voraussetzung für episodisch-autobiografisches Erinnerungsvermögen sein (Hoerl/McCormack 2001; Lawlor 2009, 665). Letzteres geht damit einher, dass man Abläufe zeitlich einordnen oder Pläne schmieden kann und Erwartungshaltungen aufbaut. Was das Langzeitgedächtnis betrifft, hat Tulving fünf Systeme unterschieden, die phylogenetisch wie ontogenetisch aufeinander aufbauen und auf Hirnebene in unterschiedlichen Netzwerken repräsentiert sind (vgl. Abb. 1). Das episodisch-autobiografische Gedächtnis entwickelt sich dabei erst im Laufe der ersten Kindheitsjahre, weshalb man sich als Erwachse-

ner nicht bewusst an seine frühe Kindheit erinnert (die sog. infantile Amnesie). Da zu Anfang des Lebens noch überhaupt keine assoziativen Netze im Gehirn geknüpft sind und es im Hinblick auf Begriffe und Termini keine Assoziationsmöglichkeit gibt, ist das aus neuropsychologischer Perspektive (s. Kap. II.E.3) sehr einleuchtend, auch wenn Psychoanalytiker häufig behaupten, man könne sich bis ins Babyalter zurückerinnern. Darüber hinaus fehlen dem Kleinkind Konzepte von Zeit und Raum, es hat kein auf sein Ich (s. Kap. IV.18) bezogenes Bewusstsein (fühlt sich im Gegenteil als eins mit der Mutter) und ist nicht in der Lage, sich in andere hineinzuversetzen (s. Kap. IV.21). Gleichartige Einschränkungen finden sich bei altersbedingten Demenzzuständen am Ende der Lebenszeit.

Ähnlich wie für die Psychologie sind aus Sicht der Neurowissenschaft (s. Kap. II.D) die Dynamik des Nervensystems und die dynamischen Wechselwirkungen zwischen Umwelt und Gehirn wichtig. Diese Dynamik bewirkt, dass Hirnregionen sich umweltabhängig und lerndynamisch bis ins hohe Alter hin verändern und es z. B. möglich ist, durch gezieltes Training auch bestimmte Funktionsbereiche zu verbessern. Exemplarisch konnte das am Hippocampus gezeigt werden, der nicht nur für die Übertragung von Information ins Langzeitgedächtnis, sondern auch für räumliches Gedächtnis und räumliches Vorstellungsvermögen von Bedeutung ist: Bei Personen mit Einschränkungen in der räumlichen Verarbeitung (aufgrund eines abgestorbenen Gleichgewichtsnervs) sind Teile des Hippocampus entsprechend im Volumen verkleinert (Hüfner et al. 2007), während umgekehrt Personen, die sich in diesem Funktionsbereich intensiv betätigen (z. B. Seil- oder Balletttänzer) eine Volumenausweitung zeigen (Hüfner et al. 2011). Aus neurowissenschaftlicher Sicht hängen die Funktionen von Lernen und Gedächtnis also von der Wechselwirkung zwischen Umwelt und Körper ab (s. Kap. III.7).

In Untersuchungen zur Ontogenese des menschlichen Gedächtnisses sind Perspektiven und Methoden aus verschiedenen Wissenschaftskulturen zusammengeführt worden; eine *social neuroscience* beginnt sich gegenwärtig zu etablieren. Der zentrale Befund, dass alle hirnorganisch angelegten Entwicklungsschritte der humanspezifischen Formen des Gedächtnisses unter sozialen und kulturellen Formatierungen stattfinden, hat zu einer Fülle interdisziplinärer Forschungsprojekte geführt, deren Implikationen in den Sozialwissenschaften seltener aufgegriffen zu werden scheinen als in der Kognitionswissenschaft.

Wie z. B. Nelson (1998) argumentiert hat, ist auch die Fähigkeit, sich autonoetisch zu erinnern, etwas Erlerntes, das über sich wiederholende Abläufe und Routinen und später mittels sog. *memory talk* als eine Form sozialer Praxis vermittelt und angeeignet wird. Wang (2006) hat in vergleichenden Untersuchungen gezeigt, dass die Autobiografisierung in verschiedenen Kulturen zu unterschiedlichen Lebensaltern einsetzt, in den traditionell weniger individualistisch orientierten asiatischen Kulturen u. a. später als in den westlichen. In historischer Perspektive ist anzunehmen, dass unter anderen Gesellschaftsformationen mit geringerem Individualisierungsgrad, z. B. im Mittelalter oder in der frühen Neuzeit, andere autobiografische Regime vorgelegen haben als heute. In Gesellschaften, in denen jede Bedingung fehlt, den eigenen Lebenslauf zu gestalten, liegt vermutlich eine Autobiografisierung im modernen Sinne gar nicht vor. All das verdeutlicht, in welch ausgeprägtem Maße soziokulturelle Formationen auf die Gedächtniskonstitution einwirken und welche Gegenstandsbereiche sich hier den Sozialwissenschaften erschließen können. Eine weitere Schnittfläche zwischen kognitions- und sozialwissenschaftlicher Gedächtnisforschung findet sich im Bereich der altersspezifischen Gedächtnisforschung (Habermas 2005) und hier insbesondere im Zusammenhang mit Demenzerkrankungen (Schröder/Brecht 2009).

Bewusstsein und Gedächtnis

Für denjenigen, der meint, ein eigenes Leben führen zu können, werden persönliche Erinnerungen besonders wichtig (s. Kap. II.E.5). Darüber hinaus hat die Frage nach der Wahrheit persönlicher Erinnerungen in säkularisierten Gesellschaften aber noch eine spezielle Bedeutung. Sie so zu formulieren, dass damit das Gedächtnis zu einem Wissensgegenstand wird, führt nach Hacking (1995, 5) zu dem, was man früher ›Seele‹ genannt hat (s. Kap. IV.4) und heute häufig auch als ›Selbst‹ oder ›Bewusstsein‹ bezeichnet (s. Kap. IV.18). Das verdeutlicht, warum uns Fragen über das Gedächtnis so nachhaltig interessieren. Das Gedächtnis hat eine eminente Rolle für unsere Autobiografie und damit für das, was man unser ›Selbst‹ nennt. Dieses Selbst ist ebenso wie das episodisch-autobiografische Gedächtnis mit Bewusstsein verbunden, denn zwischen dem episodisch-autobiografischen Gedächtnis und der Fähigkeit, Erinnerungen wieder ins Bewusstsein zu bringen, gibt es ebenso einen engen Zusammenhang wie zwischen

dem episodisch-autobiografischen Gedächtnis und dem, was ›die Person‹ oder ›das Ich‹ genannt wird, denn episodisch-autobiografische Erinnerungen sind zumeist das, was eine Person oder ein Ich erfahren hat, und diese Erfahrung muss in einem Erinnerungsprozess wieder hervorgerufen werden. Das bedeutet jedoch nicht, dass episodisches Gedächtnis und autobiografisches Gedächtnis immer zusammen fallen. Vielmehr scheinen bestimmte Formen des episodischen Gedächtnisses eine Voraussetzung dafür zu sein, dass sich autobiografisches Gedächtnis überhaupt entwickeln kann, weil man sich dafür an vergangene Episoden seines Lebens erinnern können muss.

Um Erinnerungen an Erfahrungen und Ereignisse in einen zeitlichen Bezugsrahmen einordnen zu können, ist zudem die Etablierung eines kontinuierlichen Selbstkonzeptes eine zentrale Voraussetzung (s. Kap. IV.18). Nur so ist es möglich, Erinnerungen zeitlich derart sicher zu verorten, wie es für ein autobiografisches Gedächtnis erforderlich ist. Da ein Bewusstsein für ein kontinuierlich existierendes Selbst umfangreichere Gedächtnisleistungen und höhere kognitive Fähigkeiten für Zeitbestimmungen erfordert als andere Formen des Bewusstseins (s. Kap. IV.4), vertreten Gedächtnisforscher wie Tulving die Auffassung, dass nur Menschen ein solch ausgeprägtes episodisches Gedächtnis haben können, wie es das autobiografische ist (vgl. Abb. 1).

Ein voll ausgeprägtes episodisch-autobiografisches Gedächtnis setzt also auch eine Form des Selbstbewusstseins voraus, die es ermöglicht, sich zu sich selbst in Beziehung zu setzen und einen Begriff von sich bzw. von einem Ich zu haben (Lawlor 2009, 669). Dadurch wird noch deutlicher, wie eng das Entstehen eines Ich und des dazugehörigen Selbstbewusstseins von der Entwicklung der Gedächtnisleistungen abhängt (Goldie 2012, 26–55).

Von dieser Entwicklung hängt auch das Entstehen des Zeitbewusstseins wesentlich ab. Unter dem Stichwort der Phänomenologie des Zeitbewusstseins firmieren an Edmund Husserl anschließende Überlegungen zur zeitlichen Strukturiertheit des Bewusstseins und bewusster Wahrnehmungen. Eine Melodie wird z. B. nicht ausschließlich im Jetzt wahrgenommen; wenn wir sie hören, ist ein Teil bereits verklungen, einer gegenwärtig und einer muss noch gespielt werden. Husserl (1913/1992, 163) betont, dass der bereits verklungene Teil nicht erinnert wird, also keine Re-Präsentation vorhanden ist, sondern eine Präsentation oder Retention ist: Das Bewusstsein behält den Klang der ersten Note und ruft sie nicht erst wieder auf, während es die zweite gerade hört, insofern fällt die Retention nicht in den Aufgabenbereich des episodisch-autobiografischen Gedächtnisses, das eine Form der Repräsentation bzw. des Abrufens ist (Gallagher/Zahavi 2008, 77), sondern eher in die des Kurzzeit- und Arbeitsgedächtnisses.

Sprache und Gedächtnis

Man muss keine Sprache haben (s. Kap. IV.20), um sich an Fakten erinnern zu können. Dennoch hat Sprache einen Einfluss darauf, wie Fakten erinnert werden. So ist denkbar, dass es erst Sprache gestattet, Faktenwissen von allen möglichen Gegebenheiten zu haben, während sich das Faktenwissen bei Tieren nur auf einige begrenzte Fälle wie Essbarkeit, Schlafstättentopografie und potenzielle Gefahren bezieht.

Es herrscht weitgehend Einigkeit darüber, dass Formen des episodisch-autobiografischen Gedächtnisses selbst beim Menschen erst auftreten, wenn er anfängt zu sprechen. Da Sprache als eine Weise der Repräsentation keine Übersetzung innerer Erfahrungen in ein kommunizierbares Medium ist, sondern mit einer eigenen Struktur einhergeht, ist die Frage, was die Sprachstruktur für das episodisch-autobiografische Gedächtnis bewirkt (Markowitsch/Welzer 2005, 185). Es ist denkbar, dass erst die Struktur der Sprache es dem Menschen ermöglicht, sich über einen längeren Zeitraum hin auf Nicht-Gegenwärtiges zu beziehen (Hurford 2007, 78). Es mag aber auch an dem bereits erörterten Verständnis vom eigenen Selbst liegen (s. Kap. IV.18), das für episodisch-autobiografisches Gedächtnis erforderlich ist und mit Sprache einhergeht (Hurford 2007, 68).

Episoden-ähnliches Gedächtnis bei Tieren

Ein dem episodischen Gedächtnis ähnliches Gedächtnis lässt sich ansatzweise auch bei einigen Tierarten nachweisen, wie in den vergangenen Jahren insbesondere an Buschhähern, die zur Familie der Rabenvögel gehören, nachgewiesen wurde. So können diese nicht nur erinnern, wo sie welche Art der Nahrung versteckt haben, sondern sind auch zu zeitlichen Verallgemeinerungen hinsichtlich der Verderblichkeit der versteckten Nahrung in der Lage. Buschhäher bilden also integrierte Erinnerungen zu Ort, Inhalt und der Zeit des Fangs von Nahrungsmitteln (Clayton et al. 2001, 1483). Insofern die Buschhäher in der Lage sind, sich an die zeitliche Ordnung mehrerer vergangener Ereignisse zu erin-

nern, handelt es sich nach Tulvings Kriterien für episodisches Gedächtnis in diesen Fällen zumindest um episoden-ähnliche Formen des Gedächtnisses. Von ›episoden-ähnlichem‹ Gedächtnis wird gesprochen, weil sich nur nachweisen lässt, dass Buschhäher erinnern, dass und wo sie die Beute versteckt haben, nicht aber, dass sie tatsächlich die (bewusst wahrgenommene) Erfahrung erinnern, die sie gemacht haben, als sie sie versteckten.

Im Vergleich dazu verfügt das Gedächtnis des hirngesunden erwachsenen Menschen über im Tierreich einzigartige Möglichkeiten der sozialen und biologischen Integration von Information und der kulturellen Einbettung oder Überformung, wie sie sich auch im kollektiven Gedächtnis zeigt (Markowitsch 2008, 2009).

Kollektives Gedächtnis

Es ist plausibel anzunehmen, dass genuine episodisch-autobiografische Erinnerungen tatsächlich raumzeitlich mit den erinnerten Erfahrungen verbunden sein müssen, um als genuine Erinnerungen zu gelten: So spricht man etwa nicht von einer genuinen episodisch-autobiografischen Erinnerung, wenn wir uns an ein Ereignis zu erinnern meinen, weil Eltern, Großeltern und Tanten oft davon erzählt haben, wir selbst aber zu der Zeit des Ereignisses zu jung waren, um uns heute selbst daran erinnern zu können. Um eine genuine Erinnerung zu haben, müssen wir uns selbst an die Episode erinnern, andernfalls handelt es sich in einem allgemeinen Sinne um Familienerinnerungen oder Familiengeschichten. Aber heißt das, dass wir auch selbst in einer raumzeitlichen Verbindung mit der Episode stehen müssen, um uns an das Ereignis als solches erinnern zu können? Diese Frage ist Gegenstand laufender Diskussionen. Einerseits wird die Auffassung vertreten, dass die gemachten Erfahrungen, um authentisch sein zu können, eine andauernde Wirkung haben müssen (z. B. Bernecker 2008). Andererseits jedoch weisen Kritiker dieser Auffassung darauf hin, dass der Vorgang des Erinnerns unabhängig von solchen Erinnerungsspuren ist und die Frage der Authentizität mittels Überbleibseln aus der Vergangenheit sowie mittels der Erinnerungen anderer Zeugen zu überprüfen ist (Christensen/Kornblith 1997).

Weil das Verständnis der Funktionsweise des menschlichen Gedächtnisses noch sehr stark der traditionellen Annahme verhaftet ist, beim Erinnern handele es sich um den Abruf von Erfahrungen, die die jeweilige Person selbst gemacht hat und welche nach dem Erleben abgespeichert wurden, um unter bestimmten Bedingungen wieder abgerufen zu werden, sind Erinnerungs- und Gedächtnisphänomene in der sozialwissenschaftlichen Forschungslandschaft noch etwas vernachlässigt. Obwohl einige grundlegende Ansätze der Erinnerungs- und Gedächtnisforschung soziologischer Provenienz sind, etwa die Untersuchung religiöser Rituale bei Durkheim (1912) oder die soziale Gedächtnistheorie von Halbwachs (1925), spielt die Erinnerungs- und Gedächtnisforschung im sozialwissenschaftlichen Mainstream weiterhin eine untergeordnete Rolle. Da ein menschliches Gedächtnis als ein distributives System organisiert ist, das sowohl die Grenzen zwischen Individuen als auch die Grenzen zwischen Individuen und technischen Speichermedien jederzeit überschreitet (s. Kap. III.10), ist es entgegen der traditionellen Annahme naheliegender, dass ein sich erinnerndes Individuum wie ein Interface operiert, das je nach der gegebenen Anforderungssituation ganz unterschiedliche Segmente und Lesarten von verfügbaren Erinnerungseinheiten neu organisiert und nach Gebrauch wieder abspeichert (Donald 2001). Mit diesem einfachen Modell lässt sich einerseits alles integrieren, was seit Sigmund Freuds Fehlerinnerungen über Elisabeth Loftus' *false memories* bis hin zu den allfälligen Überschreibungsvorgängen von Erinnerungen im Gebrauch gut belegt ist, und andererseits ein transsubjektives Konzept des menschlichen Gedächtnisses entwerfen, das viel eher Kommunikations- als Speichermodellen entspricht (s. Kap. IV.10). Damit wäre auch eine Basis für eine sozialwissenschaftliche Gedächtnisforschung gegeben. Weitere theoretische Arbeit in diese Richtung würde die Erinnerungs- und Gedächtnisforschung nicht nur über den Scheinwiderspruch hinwegführen, dass nur individuelle Gedächtnisse ein organisches Substrat haben, kollektive aber nicht (s. Kap. III.10). Sie würde sie überdies aus ihrer Vergangenheitsfixierung lösen, die auf die Annahme zurückgeht, dass jene Teile des Gedächtnisses, die humanspezifisch sind, auf materielle Wirklichkeiten rekurrieren. Diese Annahme übersieht, dass die Wirklichkeiten, innerhalb derer menschliche Überlebensgemeinschaften operieren, v. a. sozialer und eben keineswegs nur materieller Natur sind.

Explizit soziologische Arbeiten zum Gedächtnisthema sind gegenwärtig immer noch eine Seltenheit. Die wenigen Studien, die es gibt, reichen von der systemtheoretischen Untersuchung der gesellschaftlichen Gedächtnisevolution (Esposito 2007) über die Untersuchung transnationaler Erinnerungsformationen (Levy/Sznaider 2001) und von Ansätzen zur Erforschung von erinnerungskulturellen Angeboten (Georgi 2003; Gudehus 2006) bis hin zur sozialwissenschaftlichen Tradierungsforschung (Welzer et al. 2002; Welzer 2007). Dieser schmale Ausschnitt erweitert sich aber erheblich, wenn man die Erinnerungs- und Gedächtnisforschung, die sich mit sozialen Phänomenen beschäftigt, über die Grenzen der Soziologie hinaus betrachtet. Dann nämlich zeigt sie sich als ungewöhnlich interdisziplinäres Forschungsgebiet, in das Ansätze aus der Geschichtswissenschaft (hier insbesondere aus der Alltagsgeschichte und der sog. *oral history*), der narrativen Psychologie, der Entwicklungspsychologie (s. Kap. II.E.4), der Sozialpsychologie, der Ethnologie (s. Kap. II. A.2), der Literaturwissenschaft und der Altertumswissenschaft (s. Kap. V.3) eingegangen sind. Hinzu kommen politikwissenschaftliche Ansätze zur Untersuchung von Erinnerungskulturen sowie medien-, kommunikations- und kulturwissenschaftliche Zugänge zu Erinnerungs- und Gedächtnisphänomenen. Da das individuelle Gedächtnis in vielerlei Hinsicht nicht als ein Speicherorgan, sondern als ein Interface von Erinnerungen aufzufassen ist, wäre es wünschenswert, wenn sich auch die Sozialwissenschaften künftig intensiver mit Erinnerungs- und Gedächtnisphänomenen wie z. B. distributiven Gedächtnisformen beschäftigten. Ein eklatant vernachlässigter Aspekt von Erinnerung und Gedächtnis ist deren prospektive Seite, insofern der epistemische Bezugspunkt allen Erinnerns die Zukunft ist und eine evolutionäre Funktion des Gedächtnisses die Überlebenssicherung von Organismen in sich verändernden Umwelten ist.

Kulturelles und kommunikatives Gedächtnis

Der auch international einflussreichste Ansatz der im weitesten Sinne sozialwissenschaftlichen Gedächtnisforschung stammt von der Literaturwissenschaftlerin Aleida Assmann und dem Ägyptologen Jan Assmann, welche die Überlegungen von Halbwachs (1925) zum sog. kollektiven Gedächtnis (s. Kap. III.10) zu einer sozialen Gedächtnistheorie ausdifferenziert haben, die v. a. ein kulturelles und ein kommunikatives Gedächtnis unterscheidet. Das kulturelle Gedächtnis umfasst dieser Systematik zufolge »alles Wissen, das im spezifischen Interaktionsrahmen einer Gesellschaft Handeln und Erleben steuert und von Generation zu Generation zur wiederholten Einübung und Einweisung ansteht« (Assmann 1988, 9). Der Sammelbegriff eines kulturellen Gedächtnisses setzt sich einerseits ab vom kommunikativen Gedächtnis und andererseits von Wissenschaft als einer hoch spezialisierten Form von Gedächtnisbildung. Das kommunikative Gedächtnis ist gekennzeichnet »durch ein hohes Maß an Unspezialisiertheit, Rollenreziprozität, thematische Unfestgelegtheit und Unorganisiertheit« (ebd., 10) – es lebt in der interaktiven Praxis der Vergegenwärtigung von Vergangenem durch Individuen und Gruppen. Analog der geläufigen Unterscheidung in der Kognitionswissenschaft könnte man das kommunikative Gedächtnis als das Kurzzeitgedächtnis einer Gesellschaft und das kulturelle als ihr Langzeitgedächtnis bezeichnen (Welzer 2005, 14). Das kommunikative Gedächtnis ist an die Existenz der lebendigen Träger und Kommunikatoren von Erfahrung gebunden und umfasst etwa die Spanne von drei bis vier Generationen, also maximal 100 Jahre. Da es im Wesentlichen in kommunikativen Praktiken aller Art existiert (s. Kap. IV.10), ist es eine fluide und flexible soziale Gedächtnisform. Das kulturelle Gedächtnis besteht ganz im Gegensatz dazu in statischen Texten, Riten, Denkmälern, Gedenktagen usw. Im Zusammenspiel mit dem Gebrauch dieser kulturell geformten und genormten Gedächtnisbestände durch das kommunikative Gedächtnis ist auch das kulturelle Gedächtnis nicht starr: »Es ist zwar fixiert auf unverrückbare Erinnerungsfiguren und Wissensbestände, aber jede Gegenwart setzt sich dazu in aneignende, auseinandersetzende, bewahrende und verändernde Beziehung« (Assmann 1988, 16). Das Konzept des kommunikativen Gedächtnisses ist in Anlehnung an Assmann von Welzer (2005) ausgearbeitet und zur Neurowissenschaft hin anschlussfähig gemacht worden.

Analog zu dieser Differenzierung lassen sich die Teilbereiche sozialwissenschaftlicher Erinnerungs- und Gedächtnisforschung zuordnen: Während sich die soziologischen, sozialpsychologischen, kommunikations- und politikwissenschaftlichen sowie volkskundlichen Studien und die der *oral history* überwiegend auf die Praktiken des kommunikativen Gedächtnisses beziehen, wenden sich die historischen und literaturwissenschaftlichen Disziplinen hauptsächlich dem kulturellen Gedächtnis zu.

Erinnerungskulturen

Was Studien zu erinnerungskulturellen Fragestellungen angeht, dominieren noch immer Arbeiten das Feld, die sich mit der Bearbeitung und Repräsentation sog. negativer Geschichte (Koselleck 2002) beschäftigen. Gemeint sind von kollektiver Gewalt

geprägte Vergangenheiten wie etwa der Holocaust, die oft tiefe Spuren in Kollektiven und Individuen hinterlassen haben – Friedländer (2007) spricht in diesem Zusammenhang von ›*deep memory*‹. Herausgebildet am noch immer paradigmatischen Fall Deutschlands hat sich dieses Feld inzwischen regional und hinsichtlich der Fragestellungen und Ansätze breit aufgefächert. Auch in der internationalen Traumaforschung finden sich sozialwissenschaftliche Ansätze (Alexander et al. 2004).

Die Anzahl der Studien zur Erinnerungspolitik, zur juristischen Aufarbeitung, zur Übersetzung in Bildung, zur kulturellen Repräsentation auf verschiedensten Ebenen (Kunst, Medien, Wissenschaft) sind weltweit kaum noch zu überblicken. So haben sich zwischenzeitlich Spezialdisziplinen wie die *transitional-justice*-Forschung herausgebildet; auch hier gibt es Überschneidungen zur sozialwissenschaftlichen Erinnerungsforschung (Levy/Sznaider 2010). Zunehmend finden sich Studien, die mit gleichen Konzepten und Methoden erinnerungskulturelle Praktiken in unterschiedlichen Ländern untersuchen (Fogu et al. 2006; Welzer 2007).

Besonders deutlich wird das Defizit an sozialwissenschaftlichen Beiträgen am Fehlen empirischer Arbeiten zur Rezeption der verschiedenen medial und kommunikativ angebotenen Deutungsweisen von Vergangenheit (Ausnahmen bilden Brown/Schulze 1990; Machado-Borges 2006).

Im Deutschen wird also nicht nur der Begriff des Gedächtnisses im Sinne eines kollektiven kulturellen Gedächtnisses sowie im Sinne des Aufnehmens, Abrufens und Ordnens von Informationen aus der Vergangenheit verwendet, sondern auch der des Erinnerns. Darin wird nicht zuletzt deutlich, welche Bedeutung Erinnern für das Werden und Bestehen eines Selbst und eines kulturellen Kollektivs hat.

Literatur

Alexander, Jeffrey/Eyerman, Ron/Giesen, Bernhard/Smelser, Neil/Sztompka, Piotr (2004): *Cultural Trauma and Collective Identity*. Berkeley.

Amor, Heni/Ikemoto, Shuhei/Minato, Takashi/Jung, Bernhard/Ishiguro, Hiroshi (2007): A neural framework for robot motor learning based on memory consolidation. In: Bartlomiej Beliczynski/Andrzej Dzielinski/Marcin Iwanowski/Bernadete Ribeiro (Hg.): *Adaptive and Natural Computing Algorithms*. Heidelberg, 641–648.

Assmann, Jan (1988): Kollektives Gedächtnis und kulturelle Identität. In: Jan Assmann/Tonio Hölscher (Hg.): *Kultur und Gedächtnis*. Frankfurt a. M., 9–19.

Baddeley, Alan (1981): The concept of working memory. In: *Cognition* 10, 17–23.

Bernecker, Sven (2008): *The Metaphysics of Memory*. Berlin.

Borsutzky, Sabine/Fujiwara, Esther/Brand, Matthias/Markowitsch, Hans (2010): Susceptibility to false memories in patients with ACoA aneurysm. In: *Neuropsychologia* 48, 2811–2823.

Brand, Matthias/Eggers, Carsten/Reinhold, Nadine/Fujiwara, Esther/Kessler, Josef/Heiss, Wolf-Dieter/Markowitsch, Hans (2009): Functional brain imaging in fourteen patients with dissociative amnesia reveals right inferolateral prefrontal hypometabolism. In: *Psychiatry Research: Neuroimaging Section* 174, 32–39.

Brand, Matthias/Markowitsch, Hans (2003): The principle of bottleneck structures. In: Rainer Kluwe/Gerd Lüer/Frank Rösler (Hg.): *Principles of Learning and Memory*. Basel, 171–184.

Brown, Jane/Schulze, Laurie (1990): The effects of race, gender, and fandom on audience interpretations of Madonna's music videos. In: *Journal of Communication* 49, 88–102.

Cahill, Larry/Babinsky, Ralf/Markowitsch, Hans/McGaugh, James (1995): Involvement of the amygdaloid complex in emotional memory. In: *Nature* 377, 295–296.

Chartier, Sylvain/Giguère, Gyslain/Langlois, Dominic (2009): A new bidirectional heteroassociative memory encompassing correlational, competitive and topological properties. In: *Neural Networks* 22, 568–578.

Christensen, David/Kornblith, Hilary (1997): Testimony, memory and the limits of the a priori. In: *Philosophical Studies* 86, 4–20.

Clayton, Nicola/Griffiths, Daniel/Emery, Nathan/Dickinson, Anthony (2001): Elements of episodic-like memory in animals. In: *Philosophical Transactions of the Royal Society of London* B356, 1483–1491.

Cowan, Nelson (2000): The magical number 4 in short-term memory. In: *Behavioral and Brain Sciences* 24, 87–185.

Donald, Merlin (2001): *A Mind so Rare*. New York. [dt.: *Triumph des Bewusstseins*. Stuttgart 2008].

Durkheim, Émile (1912): *Les formes élémentaires de la vie religieuse*. Paris. [dt.: *Die elementaren Formen des religiösen Lebens*. Frankfurt a. M. 2007].

Ebbinghaus, Hermann (1885): *Über das Gedächtnis*. Leipzig.

Esposito, Elena (2007): *Soziales Vergessen*. Frankfurt a. M.

Fink, Gereon/Markowitsch, Hans/Reinkemeier, Mechthild/Bruckbauer, Thomas/Kessler, Josef/Heiss, Wolf-Dieter (1996): Cerebral representation of one's own past. In: *Journal of Neuroscience* 16, 4275–4282.

Fogu, Claudio/Kansteiner, Wulf/Lebow, Richard Ned (Hg.) (2006): *The Politics of Memory in Postwar Europe*. Durham.

Friedländer, Saul (2007): *Den Holocaust beschreiben*. Göttingen.

Gallagher, Shaun/Zahavi, Dan (2008): *The Phenomenological Mind*. London.

Georgi, Viola (2003): *Entliehene Erinnerung*. Hamburg.

Goldie, Peter (2012): *The Mess Inside*. Oxford.

Goldstone, Robert/Kersten, Alan (2003): Concepts and categorization. In: Alice Healy/Robert Proctor (Hg.): *Comprehensive Handbook of Psychology*, Bd. 4. Hoboken, 599–621.

Gudehus, Christian (2006): *Dem Gedächtnis zuhören*. Essen.

Gudehus, Christian/Eichenberg, Ariane/Welzer, Harald (Hg.) (2010): *Gedächtnis und Erinnerung. Ein interdisziplinäres Handbuch*. Stuttgart/Weimar.

Habermas, Tilmann (2005): Autobiographisches Erinnern. In: Sigrun-Heide Filipp/Ursula Staudinger (Hg.): *Entwicklungspsychologie des mittleren und höheren Erwachsenenalters*. Göttingen, 683–713.

Hacking, Ian (1995): *Rewriting the Soul*. Princeton. [dt.: *Multiple Persönlichkeit*. München 1996].

Halbwachs, Maurice (1925): *Les cadres sociaux de la mémoire*. Paris. [dt.: *Das Gedächtnis und seine sozialen Bedingungen*. Frankfurt a. M. 1985].

Han, Jiawei/Kamber, Micheline (²2006): *Data Mining – Concepts and Techniques*. Waltham [2001].

Hoerl, Christoph/McCormack, Teresa (Hg.) (2001): *Time and Memory*. Oxford.

Hüfner, Katharina/Binetti, Carolina/Hamilton, Derek/Stephan, Thomas/Flanagin, Virginia/Linn, Jennifer/Labudda, Kirsten/Markowitsch, Hans/Glasauer, Stefan/Jahn, Klaus/Strupp, Michael/Brandt, Thomas (2011): Structural and functional plasticity of the hippocampal formation in professional dancers and slackliners. In: *Hippocampus* 21, 855–865.

Hüfner, Katharina/Hamilton, Derek/Kalla, Roger/Stephan, Thomas/Glasauer, Stefan/Ma, Jun/Brüning, Roland/Markowitsch, Hans/Labudda, Kirsten/Schichor, Christian/Strupp, Michael/Brandt, Thomas (2007): Spatial memory and hippocampal volume in humans with unilateral vestibular deafferentation. In: *Hippocampus* 17, 471–485.

Hurford, James (2007): *The Origins of Meaning*. Oxford.

Husserl, Edmund (1913/1992): *Ideen zu einer reinen Phänomenologie*. Hamburg.

James, William (1890): *The Principles of Psychology*. New York.

Kandel, Eric (2009): The biology of memory. In: *Journal of Neuroscience* 29, 12748–12756.

Kawamura, Kazuhiko/Gordon, Stephen/Ratanaswasd, Palis/Erdemir, Erdem/Hall, Joseph (2008): Implementation of cognitive control for a humanoid robot. In: *International Journal of Humanoid Robotics* 5, 547–586.

Koselleck, Reinhart (2002): Formen und Traditionen des negativen Gedächtnisses. In: Volkhard Knigge/Norbert Frei (Hg.): *Verbrechen erinnern*. München, 21–32.

Kroll, Neal/Markowitsch, Hans/Knight, Robert/von Cramon, Detlef (1997): Retrieval of old memories. In: *Brain* 120, 1377–1399.

Kühnel, Sina/Woermann, Friedrich/Mertens, Markus/Markowitsch, Hans (2008): Involvement of the orbitofrontal cortex during correct and false recognitions of visual stimuli. In: *Brain Imaging and Behavior* 2, 163–176.

Larman, Craig (2005): *UML 2 und Patterns angewendet*. Heidelberg.

Lawlor, Krista (2009): Memory. In: Brian McLaughlin/Ansgar Beckermann/Sven Walter (Hg.): *The Oxford Handbook of Philosophy of Mind*. Oxford, 663–677.

Levy, Daniel/Sznaider, Natan (2001): *Erinnerung im globalen Zeitalter*. Frankfurt a. M.

Levy, Daniel/Sznaider, Natan (2010): *Human Rights and Memory*. Philadelphia.

Machado-Borges, Thaïs (2006): Going with the flow. In: *Particp@tions* 3. http://www.participations.org/volume%203/issue%202%20-%20special/3_02_machado-borges.htm

Markowitsch, Hans (1999): Limbic system. In: Robert Wilson/Frank Keil (Hg.): *The MIT Encyclopedia of the Cognitive Sciences*. Cambridge (Mass.), 472–475.

Markowitsch, Hans (2008): Cultural memory and the neurosciences. In: Astrid Erll/Ansgar Nünning (Hg.): *Cultural Memory Studies*. Berlin, 275–283.

Markowitsch, Hans (2009): *Das Gedächtnis*. München.

Markowitsch, Hans/Staniloiu, Angelica (2011a): Amygdala in action. In: *Neuropsychologia* 49, 718–733.

Markowitsch, Hans/Staniloiu, Angelica (2011b): Memory, autonoetic consciousness, and the self. In: *Consciousness and Cognition* 20, 16–39.

Markowitsch, Hans/Staniloiu, Angelica (2012): Amnesic disorders. In: *Lancet* 380, 1429–1440.

Markowitsch, Hans/Welzer, Harald (2005): *Das autobiographische Gedächtnis*. Stuttgart.

Miller, George (1956): The magical number seven plus minus two. In: *Psychological Reviews* 63, 244–257.

Nelson, Katherine (1998): *Language in Cognitive Development*. Cambridge.

Peters, Richard/Hambuchen, Kimberly/Kawamura, Kazuhiko/Wilkes, Mitchell (2001): The sensory ego-sphere as a short-term memory for humanoids. In: *Proceedings of the IEEE-RAS International Conference on Humanoid Robots*, 451–459.

Phillips, Joshua/Noelle, David (2005): A biologically inspired working memory framework for robots. In: Bruno Bara/Lawrence Barsalou/Monica Bucciarelli (Hg.): *Proceedings of the Annual Meeting of the Cognitive Science Society*, 1750–1755.

Poldrack, Russell (2006): Can cognitive processes be inferred from neuroimaging data? In: *Trends in Cognitive Sciences* 10, 59–63.

Reinhold, Nadine/Kühnel, Sina/Brand, Matthias/Markowitsch, Hans (2006): Functional neuroimaging in memory and memory disturbances. In: *Current Medical Imaging Reviews* 2, 35–57.

Schröder, Johannes/Brecht, Franz (2009): *Das autobiographische Gedächtnis*. Heidelberg.

Semon, Richard (1904): *Die Mneme als erhaltendes Prinzip im Wechsel des organischen Geschehens*. Leipzig.

Sun, Ron/Zhang, Xi/Mathews, Robert (2009): Capturing human data in a letter counting task. In: *Neural Networks* 22, 15–29.

Sutton, John (2010): Memory. In: Edward Zalta (Hg.): *The Stanford Encyclopedia of Philosophy* (Winter 2010 Edition). http://plato.stanford.edu/entries/memory/

Tramoni, Eve/Aubert-Khalfa, Stéphanie/Guye, Maxime/Ranjeva, Jean/Felician, Olivier/Ceccaldi, Mathieu (2009): Hypo-retrieval and hyper-suppression mechanisms in functional amnesia. In: *Neuropsychologia* 47, 611–624.

Tulving, Endel (1972): Episodic and semantic memory. In: Endel Tulving/Wayne Donaldson (Hg.): *Organization of Memory*. New York, 381–403.

Tulving, Endel (1983): *Elements of Episodic Memory*. Oxford.

Tulving, Endel (2005): Episodic memory and autonoesis. In: Herbert Terrace/Janet Metcalfe (Hg.): *The Missing Link in Cognition*. New York, 3–56.

Wachsmuth, Sven/Wrede, Sebastian/Hanheide, Marc (2007): Coordinating interactive vision behaviors for cognitive assistance. In: *Computer Vision and Image Understanding* 108, 135–149.

Wang, Qi (2006): Earliest recollections of self and others in European American Taiwanese young adults. In: *Psychological Science* 17, 708–714.

Welzer, Harald (2005): *Das kommunikative Gedächtnis*. München.

Welzer, Harald (Hg.) (2007): *Der Krieg der Erinnerung*. Frankfurt a. M.

Welzer, Harald/Moller, Sabine/Tschuggnall, Karoline (2002): *Opa war kein Nazi!* Frankfurt a. M.

Hans Markowitsch/Eva-Maria Engelen/
Marko Tscherepanow/Harald Welzer

8. Handlung, Urheberschaft und Willensfreiheit

Die Begriffe der Handlung und der Urheberschaft hängen erkennbar miteinander zusammen: Anders als beliebige Naturereignisse brauchen Handlungen einen Urheber, ein Handlungssubjekt. Der Zusammenhang mit dem Begriff der Willensfreiheit ist weniger deutlich. In philosophischen Auseinandersetzungen mit den Fragen, was Handlungen sind und wie sie sich erklären lassen, spielt die Freiheitsfrage keine prominente Rolle. Ob der menschliche Wille frei sei, ist ebenso umstritten wie die Frage, was das bedeuten könnte. Diejenigen Autoren, die Verwendung für den Begriff der Willensfreiheit haben, sind mehrheitlich der Auffassung, dass nicht alle, sondern nur einige Handlungen aufgrund eines frei gebildeten Willens ausgeführt werden.

Der Zusammenhang von Handlung, Urheberschaft und Willensfreiheit ist vornehmlich Gegenstand der Philosophie (s. Kap. II.F). Dies erklärt sich daraus, dass auf diesen Feldern begriffliche Fragen im Vordergrund stehen. Die empirischen Disziplinen der Kognitionswissenschaft befassen sich kaum mit der Klärung der fraglichen Begriffe. In kognitionswissenschaftlichen Enzyklopädien und Wörterbüchern existieren Einträge zum spezifischeren handlungs- und volitionstheoretischen Vokabular (s. Kap. IV.23), nicht hingegen zum Handlungs- oder Urheberschaftsbegriff. Da empirische und theoretische Forschungsfragen erst dann erfolgversprechend angegangen werden können, wenn die schlimmsten Begriffsverwirrungen beseitigt sind, ist interdisziplinäre Zusammenarbeit geboten.

Querverbindungen bestehen zur Kognitionspsychologie (s. Kap. II.E.1), die sich empirisch mit der willentlichen Handlungssteuerung und -kontrolle beschäftigt (s. Kap. IV.15, Kap. IV.23), sowie zu den Themen Autonomie (s. Kap. IV.2), Entscheidung, (s. Kap. IV.6) und Motivation (s. Kap. IV.14).

Handlung

Die analytische Handlungstheorie hat sich in der zweiten Hälfte des 20. Jh.s als eigenständige philosophische Disziplin etabliert und in stetem Austausch mit der Philosophie des Geistes (s. Kap. II.F.1) entwickelt. Sie ist zum einen mit der begrifflichen Frage befasst, was Handlungen sind, also mit der *Definition* des Handlungsbegriffs, zum anderen mit der Frage, wie Handlungen sich *erklären* lassen. Eine Theorie der Handlungserklärung erörtert und systematisiert verschiedene mögliche Antworten auf die Frage, warum jemand etwas Bestimmtes getan hat.

Hinsichtlich des Erklärungsproblems war um 1960 eine Reihe von durch Ludwig Wittgenstein geprägten Philosophen tonangebend. Sie vertraten die Auffassung, dass menschliche Handlungen auf grundsätzlich andere Weise erklärt werden müssen als andere Naturereignisse, nämlich durch Angabe der mehr oder weniger vernünftigen *Gründe* des Handelnden. Durch *Ursachen* ließe sich nur das Stattfinden von Körperbewegungen erklären, wodurch deren Handlungscharakter gerade verfehlt werde (Gründe-Ursachen-Debatte). Die von Carl Gustav Hempel und Paul Churchland vertretene Gegenposition besagte, dass Handlungen auf dieselbe Art erklärt werden wie gewöhnliche Naturereignisse, nämlich durch Kausalgesetze und Anfangsbedingungen. Mehrheitsfähig wurden solche kausalistischen Positionen durch einen bahnbrechenden Aufsatz von Donald Davidson (1963/1980; zur Gründe-Ursachen-Debatte vgl. Beckermann 1977; Keil 2000, 13–20).

Das Definitionsproblem nimmt in der Regel die Form der Frage an, was Handlungen von Körperbewegungen unterscheidet, die keine Handlungen sind. Als *genus proximum* (nächsthöhere Art) der Handlungsdefinition fungiert also ›Körperbewegung‹; gesucht ist die *differentia specifica*, der für Handlungen spezifische Unterschied. Bei Wittgenstein (1953/1960, § 621) lautet die Frage: »Was ist das, was übrigbleibt, wenn ich von der Tatsache, daß ich meinen Arm hebe, die abziehe, daß mein Arm sich hebt?« Immer wenn ich meinen Arm hebe, hebt sich mein Arm, aber das Umgekehrte gilt nicht.

Ein naheliegender Kandidat für die gesuchte Differenz ist die Urheberschaftsbedingung: Wenn jemand anders meinen Arm anhebt, dann bin ich nicht Urheber der Bewegung und habe insofern nicht gehandelt. Da aber die Urheberschaftsbedingung schwierig zu präzisieren ist (s. u.), sind in der analytischen Handlungstheorie vornehmlich andere Merkmale erwogen worden, um Handlungen von bloßen Körperbewegungen zu unterscheiden. Die wichtigsten sind die folgenden: Handlungen sind *absichtlich* ausgeführte Körperbewegungen, Handlungen werden *aus Gründen* vollzogen, Handlungen beruhen auf *Wünschen und Überzeugungen* und Handlungen sind von einer charakteristischen *phänomenalen Qualität des Selbsttuns* begleitet.

Das dritte dieser Merkmale wird häufig als eine Analyse der ersten beiden präsentiert. Die Auffassungen, dass Handlungen absichtlich oder aus Gründen vollzogen werden, können als voranalytische Varianten der sog. *kausalen Handlungstheorie* gelten. Nach dieser maßgeblich von Davidson entwickelten Theorie sind Handlungen durch Paare von Wünschen und Überzeugungen verursachte Körperbewegungen. Ein Akteur hat einen Wunsch, ein bestimmtes Ziel zu erreichen, sowie eine instrumentelle Überzeugung über das notwendige Mittel. Beide Komponenten gehen als Prämissen in einen praktischen Schluss ein, dessen Konklusion ein handlungsanweisendes Urteil ist. Zur kausalen Verbindung muss nach Davidson eine rationale hinzukommen: Das Paar aus Wunsch und Überzeugung muss die Körperbewegung zugleich verursachen und rationalisieren, also im Lichte der Einstellungen des Akteurs als vernünftig erscheinen lassen. Insofern stellt Davidsons kausale Handlungstheorie schon eine Vermittlungsposition in der Gründe-Ursachen-Debatte dar. Seit den 1970er Jahren adaptiert eine große Zahl von Autoren die kausale Theorie. Die Notwendigkeit einer geeigneten kausalen Verbindung zwischen vorausgehenden mentalen Ereignissen und der entsprechenden Körperbewegung wird in der analytischen Handlungstheorie kaum noch bestritten. Kontrovers diskutiert werden Art und genaue Rolle der mentalen Ursachen. Gegen dieses sog. *belief-desire*-Modell wird eingewandt, dass es sich um eine rationalistische Idealisierung handle, die zu einer psychologisch unplausiblen Überbevölkerung des Geistes mit mentalen Zuständen führe und daher insbesondere routinierte und habituelle Handlungen nicht erklären könne. Um die kausale Handlungstheorie kognitions- und neurowissenschaftlich anschlussfähig zu machen, muss ferner versucht werden, die angenommenen mentalen Ursachen auch physiologisch zu spezifizieren.

Das Programm, die *differentia specifica* der als Handlungen zählenden Körperbewegungen zu ermitteln, beruht auf der Annahme, dass der zu analysierende Alltagsbegriff des Handelns anspruchsvoll und implikationsreich ist. In vielen Disziplinen der Informations- und Kognitionswissenschaft hat sich ein weniger anspruchsvoller Handlungsbegriff durchgesetzt. War Aristoteles der Auffassung, dass unter den Lebewesen allein der Mensch Handlungsvermögen besitzt, so werden in der Kognitionswissenschaft Systeme als ›agents‹ angesehen, auch als ›intelligent agents‹ und ›autonomous agents‹, die nicht einmal Lebewesen sind, geschweige denn vernunftbegabte. Hier gibt es eine Parallele zum Begriff des Wissens (s. Kap. IV.25), der in der philosophischen Erkenntnistheorie durchgängig anspruchsvoller verwendet wird als in vielen Bereichen der Informations-, Kognitions- und Neurowissenschaft.

Liberale Wissens- und Handlungszuschreibungen sind nur ein Spezialfall der Praxis, die Funktionsweise von technischen Systemen, Softwarekomponenten und subpersonalen Instanzen wie dem Gehirn mit Kognitionsverben zu beschreiben (s. Kap. II.F.2). Wenn Artefakte und subpersonale Instanzen schon Regeln befolgen, Informationen verarbeiten, entscheiden, planen und kontrollieren können, dann spricht wenig dagegen, ihnen auch Handlungsfähigkeiten zuzuschreiben. Fraglos werden durch die großzügige Einnahme des ›intentionalen Standpunkts‹, also durch die Zuschreibung von Wünschen, Überzeugungen und anderen intentionalen Einstellungen zum Zweck der Erklärung eines Systemverhaltens, Unterschiede eingeebnet, die für die philosophische Handlungstheorie und die Philosophie des Geistes zentral sind. In welchen Kontexten sich diese Einebnungen nachteilig auswirken und in welchen es sich um harmlose *façons de parler* handelt, die heuristisch fruchtbar sein mögen, ist notorisch umstritten. Nach Dennetts (1987) einflussreicher Theorie intentionaler Systeme ist die Einnahme des intentionalen Standpunkts nur dann gerechtfertigt, wenn sich das fragliche Systemverhalten *allein* durch die Zuschreibung intentionaler Einstellungen erklären lässt.

Urheberschaft

Urheberschaft spielt an mindestens drei Orten des hier behandelten Begriffskomplexes eine Rolle. Erstens ist Urheberschaft ein begriffliches Charakteristikum von Handlungen, zweitens scheint mit der Erfahrung der Handlungsurheberschaft eine besondere Phänomenologie des Selbsttuns verbunden zu sein und drittens spielt ein emphatischer Begriff der Urheberschaft eine Rolle in der Willensfreiheitsdebatte.

Um die Urheberschaftsbedingung für Handlungen zu präzisieren, bieten sich entweder kausale oder intentionale Bestimmungen an. In einer kausalen Bestimmung ist zu klären, wie sich Urheber von gewöhnlichen Ursachen unterscheiden und welche Rolle genau eine Person in der zu ihrer Körperbewegung führenden Kausalkette spielen muss, damit sie als Urheber einer Handlung zählt. Ein seit Aristoteles verfolgter Weg ist die Innen-außen-Unterscheidung: »The basic notion of action is the idea of a movement whose causal source comes from within the agent« (McGinn 1982, 85; vgl. auch Dretske 1988, Kap. 1). Gegen das Kriterium der inwendigen Verursachung lässt sich einwenden, dass es auch von physiologischen Prozessen erfüllt wird, die intuitiv nicht als Handlungen zählen: Nasenbluten und Händezittern mögen inwendig verursacht sein, doch nur in einem kruden physiologischen Sinn, der nicht zur Erläuterung eines interessanten Begriffs von Urheberschaft beiträgt. Eine weitere Erläuterungsmöglichkeit ist die Unterscheidung transitiver und intransitiver Verwendungen des Verbs ›to move‹ (Hornsby 1980, 2 ff.), die sich auch im Deutschen findet: Wenn ich meinen Arm bewege, ist Urheberschaft impliziert, wenn mein Arm sich bewegt, nicht. Wieder andere Theoretiker sprechen von ›event-ownership‹ (Thomson 1977, 148 ff.) oder von ›Autorschaft‹, doch diese Reden sind metaphorisch und wenig erhellend. Letztlich stehen alle kausalen Bestimmungen von Urheberschaft vor dem Problem, dass Kausalketten plausiblerweise weder in Organismen beginnen noch dort enden, sondern blind durch sie hindurchlaufen.

Angesichts dieser Schwierigkeit führen einige Philosophen eine zusätzliche Kausalitätsart ein, die für die Beziehungen zwischen Akteuren und ihren Handlungen reserviert ist. Die Eigenart dieser sog. Akteurskausalität (*agent causality*) gegenüber der gewöhnlichen Ereigniskausalität besteht darin, dass als erstes Relatum der Kausalrelation nicht ein Ereignis fungiert, sondern eine Person. Wenn eine Person eine Kausalkette in Gang setzt, dann ist nicht *etwas in ihr* die Ursache für ihre Körperbewegung, sondern sie selbst verursacht ihre Handlung, ohne dass es dafür weitere Ursachen gibt (Chisholm 1964/1982). Die größte theoretische Schwierigkeit der Akteurskausalität besteht im *Datiertheitsproblem*: Handlungen kommen zu einem bestimmten Zeitpunkt vor; die Nennung der Ursache für eine Handlung sollte also erklären, warum die Wirkung zu diesem bestimmten Zeitpunkt eintritt und nicht früher oder später. Der bloße Verweis auf die Person kann dies aber nicht erklären, denn die Person war schon vorher vorhanden und existiert fort; sie ist eine beharrende Substanz, die den Veränderungen, die an oder in ihr stattfinden, zugrunde liegt und sie überdauert. Deshalb können Personen im alltagssprachlichen Sinn Urheber, nicht aber im Wortsinne Ursachen von etwas sein.

Wenn die Möglichkeiten, die Urheberschaftsbedingung in kausalen Begriffen zu explizieren, erschöpft sind, wird man auf intentionale Bestimmungen zurückgreifen müssen, z. B. darauf, nur *absichtlich* ausgeführte Körperbewegungen auf einen Urheber zurückzuführen. Der unvermeidliche Preis dafür ist, dass Systeme, denen man nicht im Wortsinne Wünsche, Absichten und Überzeugungen zu-

schreiben bereit ist, keine Urheber von Handlungen sein können.

Ein junges Forschungsfeld ist die Phänomenalität des Selbsttuns. Handlungen scheinen von einer bestimmten Erlebnisqualität begleitet zu sein, in der viele Theoretiker ein zusätzliches Unterscheidungsmerkmal zu denjenigen Körperbewegungen sehen, die der Person bloß widerfahren (Horgan et al. 2003; Wong 2010). Die meisten Theorien sind hybrider Natur: Sie fassen die Handlungsphänomenalität als einen mentalen Mischzustand aus phänomenalen und intentionalen Komponenten auf (s. Kap. IV.4). Als phänomenale Komponenten werden das Erleben von Urheberschaft, Kontrolle und Anstrengung diskutiert.

Willensfreiheit

In der philosophischen Debatte über Willensfreiheit ist so gut wie alles umstritten: was vernünftigerweise unter ›Willensfreiheit‹ zu verstehen ist, ob oder in welchem Umfang Menschen Willensfreiheit besitzen, ob sie für die Zurechnung von Handlungen und die Zuschreibung von Verantwortung erforderlich ist und ob sie mit dem Determinismus vereinbar ist, also mit der Auffassung, dass Handlungen und Entscheidungen durch Anfangsbedingungen und Naturgesetze alternativlos festgelegt werden.

Die drei wichtigsten in der philosophischen Debatte vertretenen Positionen sind der Libertarismus, der Kompatibilismus und die Freiheitsskepsis. Freiheitsskepsis und Libertarismus sind inkompatibilistische Positionen, denen zufolge Freiheit und naturgesetzliche Determiniertheit des Weltlaufs unvereinbar sind. Nach libertarischer Auffassung ist der Wille frei und der Determinismus falsch, nach freiheitsskeptischer Auffassung ist der Wille unfrei, nach Auffassung einiger Freiheitsskeptiker sogar unabhängig davon, ob wir in einer deterministischen Welt leben oder nicht. Im Zentrum des libertarischen Freiheitsbegriffs steht das So-oder-Anders-können unter gegebenen Bedingungen. Dafür ist die Existenz alternativer Möglichkeiten erforderlich, also der Indeterminismus. Kompatibilisten hingegen legen ihrer Vereinbarkeitsbehauptung einen weniger anspruchsvolleren Freiheitsbegriff zugrunde. Für Aristoteles und David Hume genügt es, dass eine Entscheidung ohne äußeren Zwang zustande gekommen ist. John Locke fordert zusätzlich das Vermögen, vor einer Handlungsentscheidung seine bestehenden Wünsche zu suspendieren und vernünftig zu prüfen (Locke 1690/1975, II.21). In der jüngeren

Debatte haben verschiedene Autoren die Bedingung in den Mittelpunkt gestellt, dass die Person in Übereinstimmung mit ihren Wünschen oder Präferenzen entscheidet: Wichtig sei nicht, dass sie auch anders hätte entscheiden können, sondern dass sie die Fähigkeit hat, ihren Willen in Übereinstimmung mit ihren reflektierten Wünschen zu bilden (Frankfurt 2001).

Freiheitsskeptische und libertarische Positionen werden in der Gegenwartsphilosophie weithin abgelehnt. Beiden Positionen wird von kompatibilistischer Seite entgegengehalten, dass der in Anschlag gebrachte starke Freiheitsbegriff sowohl wissenschaftlich als auch für die Verantwortungszuschreibung irrelevant sei. Insbesondere wird eine von einigen Libertariern vertretene emphatische Spielart der Urheberschaftsbedingung abgelehnt, nämlich das Erstbewegermodell des Handelns. Immanuel Kant zufolge haben Menschen das Vermögen, »mitten im Laufe der Welt verschiedene Reihen, der Kausalität nach, von selbst anfangen zu lassen« (*Kritik der reinen Vernunft*, B 478/A 450). Nach Chisholm (1964/ 1982, 32) gilt: »Each of us, when we act, is a prime mover unmoved«. Wörtlich genommen und kausalitätstheoretisch interpretiert, verletzt das Erstbewegermodell physikalische Erhaltungssätze. Wer an der vortheoretischen Rede festhalten möchte, dass Menschen Urheber ihrer Handlungen sind, muss sie anders interpretieren als im Sinne des kausal gedeuteten Erstbewegermodells.

Kognitionswissenschaftlich anschlussfähig scheinen vornehmlich Auffassungen zu sein, denen zufolge der traditionelle Begriff der Willensfreiheit eine nicht ganz glücklich gewählte Bezeichnung für einen bestimmten Komplex mentaler Fähigkeiten ist. Einschlägig scheinen Fähigkeiten der vernünftigen Präferenz- und Willensbildung, Handlungssteuerung und Affektkontrolle zu sein, die nicht durch äußere Hindernisse, wohl aber durch psychische Störungen beeinträchtigt werden können. Die freiheitskonstitutiven Fähigkeiten lassen sich frei nach Aristoteles in dem Doppelvermögen zusammenfassen, praktische Überlegungen anzustellen und deren Ergebnisse handlungswirksam werden zu lassen (Keil 2013; Tugendhat 1987).

Außerphilosophische Aufmerksamkeit hat das Problem der Willensfreiheit durch kognitionspsychologische und neurowissenschaftliche Experimente zur willentlichen Handlungssteuerung und durch deren freiheitsskeptische Interpretationen erfahren. Zu den Befunden, die in diesem Zusammenhang angeführt werden, zählen zum einen die sog. Libet-Experimente und variierte Nachfolgestudien (Libet 2004; Haggard/Eimer 1999; Soon et al. 2008), zum anderen kognitionspsychologische Befunde zu Kontrollillusionen und Primingeffekten: Versuchspersonen neigen z. B. unter gewissen Bedingungen zu fehlerhaften Kausalattributionen, nämlich zu dem Urteil, bestimmte fremdinduzierte Umweltveränderungen – zum Teil auch eigene Körperbewegungen – selbst herbeigeführt zu haben. Illusionstheorien, die den (freien, bewussten) Willen für eine philosophische Fiktion halten, berufen sich auf diese kognitionspsychologischen Befunde (Wegner 2002).

Ob kognitions- und neurowissenschaftliche Befunde wirklich geeignet sind, handlungs- und freiheitstheoretische Auffassungen des Common Sense herauszufordern oder sogar empirisch zu widerlegen, ist Gegenstand intensiver Diskussion (für einen Überblick vgl. Mele 2009). Die argumentativ oft unterkomplexe kognitionswissenschaftliche Freiheitskritik ist fraglos geeignet, bestimmte insbesondere cartesianische Annahmen über mentale Verursachung und untrügliche Introspektion als irrig zu erweisen. Diese Annahmen werden allerdings in der Philosophie des Geistes kaum noch vertreten. Insbesondere ist nicht zu sehen, warum eine fähigkeitsbasierte Freiheitsauffassung infallible Kausalurteile und einen untrüglichen epistemischen Zugang zu den eigenen handlungsvorbereitenden Zuständen erfordern sollte. Eine ernsthafte Bedrohung für fähigkeitsbasierte Freiheitsauffassungen wäre allein der Nachweis, dass die Existenz der fraglichen Fähigkeiten mit Tatsachen über den Aufbau und die Arbeitsweise des menschlichen Gehirns unvereinbar wäre.

Literatur

Beckermann, Ansgar (Hg.) (1977): *Analytische Handlungstheorie*, Bd. 2. Frankfurt a. M.
Chisholm, Roderick (1964/1982): Human freedom and the self. In: Gary Watson (Hg.): *Free Will*. Oxford, 24–35.
Davidson, Donald (1963/1980): Actions, reasons and causes. In: ders.: *Essays on Actions and Events*. Oxford, 3–19.
Dennett, Daniel (1987): *The Intentional Stance*. Cambridge (Mass.).
Dretske, Fred (1988): *Explaining Behavior*. Cambridge (Mass.).
Frankfurt, Harry (2001): *Freiheit und Selbstbestimmung*, hg. von Monika Betzler/Barbara Guckes. Berlin.
Haggard, Patrick/Eimer, Martin (1999): On the relation between brain potentials and the awareness of voluntary movements. In: *Experimental Brain Research* 126, 128–133.
Horgan, Terence/Tienson, John/Graham, George (2003): The phenomenology of first-person agency. In: Sven Walter/Heinz-Dieter Heckmann (Hg.): *Physicalism and Mental Causation*. Charlottesville, 323–340.

Hornsby, Jennifer (1980): *Actions*. London.

Keil, Geert (2000): *Handeln und Verursachen*. Frankfurt a. M.

Keil, Geert ([2]2013): *Willensfreiheit*. Berlin [2007].

Libet, Benjamin (2004): *Mind Time*. Cambridge (Mass.). [dt.: *Mind Time: Wie das Gehirn Bewusstsein produziert*. München 2007].

Locke, John (1690/1975): *An Essay Concerning Human Understanding*. Hg. von Paul Nidditch. Oxford. [dt.: *Versuch über den menschlichen Verstand*. Hamburg 2000].

McGinn, Colin (1982): *The Character of Mind*. Oxford.

Mele, Alfred (2009): *Effective Intentions*. Oxford.

Soon, Chun Siong/Brass, Marcel/Heinze, Hans-Jochen/ Haynes, John-Dylan (2008): Unconscious determinants of free decisions in the human brain. In: *Nature Neuroscience* 11, 543–545.

Thomson, Judith Jarvis (1977): *Acts and Other Events*. Ithaca.

Tugendhat, Ernst (1987): Der Begriff der Willensfreiheit. In: Konrad Cramer/Hans Fulda/Rolf-Peter Horstmann (Hg.): *Theorie der Subjektivität*. Frankfurt a. M., 373–393.

Wegner, Daniel (2002): *The Illusion of Conscious Will*. Cambridge (Mass.).

Wittgenstein, Ludwig (1953/1960): *Philosophische Untersuchungen*. Frankfurt a. M.

Wong, Hong Yu (2010): Bodily awareness and bodily agency. In: Timothy O'Connor/Constantine Sandis (Hg.): *A Companion to the Philosophy of Action*. London, 227–235.

Geert Keil

9. Kategorisierung und Begriffe

Warum Kategorisierung?

Wenn wir die Augen aufmachen und um uns blicken, dann haben wir nicht nur die Farb- und Helligkeitseindrücke, die die Lichtstrahlen, die auf unsere Netzhaut treffen, hervorrufen. Wir sehen Objekte, und wir sehen diese Objekte als zu einer Kategorie gehörend: Wir sehen einen Tisch, einen Stuhl, ein Buch, einen Baum, einen Apfel. Wir sehen eine Art von Ding. Wir kategorisieren die Objekte. Die Welt erschiene uns chaotisch und unverständlich, wenn wir das nicht täten. Der Apfel, der vor uns auf dem Tisch liegt, würde nicht als Apfel erkannt. Stattdessen wäre da nur der reine Sinneseindruck von seiner Form, seiner Farbe und seinem Geruch. Wir wüssten nicht, dass man den Apfel essen kann. Wir könnten uns auch nicht vorstellen, wie er wohl schmecken wird, und wir wüssten nicht, wie man daraus Apfelmus herstellt. Jede Erfahrung mit einem Apfel wäre eine neue Erfahrung. Indem wir alle Äpfel zu der Kategorie Apfel zusammenfassen, bringen wir Ordnung in unsere Sinneserfahrungen. Die Fähigkeit zu kategorisieren erlaubt uns, unsere Erfahrung und unser Wissen zu organisieren und anzuwenden. Sie erlaubt uns auch, effizient mit anderen Menschen zu kommunizieren (s. Kap. IV.10): Man stelle sich nur vor, jeder Apfel bräuchte einen eigenen Namen, damit man über ihn sprechen kann, und man könnte nicht über Äpfel im Allgemeinen reden.

Kategorisierung wird deshalb weithin als ein grundlegender kognitiver Prozess angesehen, der viele höhere kognitive Fähigkeiten erst ermöglicht. Der Prozess der Kategorisierung ist die Grundlage für jegliche Begriffsbildung und die Organisation von konzeptuellem Wissen (s. Kap. IV.25). Ein sehr gutes Beispiel dafür ist das Wissen über die Tier- und Pflanzenwelt (Atran/Medin 2008): Welche Pflanzen gibt es, welche sind miteinander verwandt, welche sind essbar, welche Tiere fressen davon usw.? Dieses Wissen über Tiere und Pflanzen ist um Kategorien herum organisiert. Da Kategorisierung so zentral für die Organisation von Wissen ist, beschäftigen sich neben der Psychologie u. a. auch weite Teile der Künstliche-Intelligenz-Forschung (s. Kap. II.B.1) und des maschinellen Lernens (s. Kap. IV.12) mit der Frage, wie man Kategorien lernt und repräsentiert (s. Kap. III.2). Uns Menschen fällt es meist extrem leicht, Kategorisierungen für Objekte des täglichen Lebens vorzunehmen. Wie kompliziert diese Aufgabe tatsächlich ist, merkt man, wie so oft in der Kognitionswissenschaft, erst, wenn man versucht, diese Fähigkeit einem Computer beizubringen. Wie kommt man von den sensorischen Signalen (z. B. Pixeln im Bild) zu einer symbolischen Repräsentation der Kategorie? Trotz mehrerer Jahrzehnte Forschung und beeindruckender Erfolge gelingt es modernen Bilderkennungssystemen immer noch nicht, verlässlich einen nie zuvor gesehenen Stuhl auf einem Bild als solchen zu kategorisieren.

Ein besseres Verständnis von Kategorisierungsprozessen wäre nicht nur für die Kognitionswissenschaft und für technische Anwendungen ein wesentlicher Fortschritt, sondern hätte vermutlich auch Auswirkungen auf unser alltägliches und institutionelles Kategorisierungsverhalten (Bowker/Star 1999). Es gibt eine Fülle von angewandten Kategorisierungsproblemen: Handelt es sich bei dem Schatten auf dem Röntgenbild um Krebs oder nicht? Wie kategorisiert ein Psychiater einen Patienten als depressiv? Wenn man besser verstünde, wie Kategorisierungen gelernt und genutzt werden, könnte man z. B. die Ausbildung von Ärzten optimieren: Wie sind die offiziellen Richtlinien zur Kategorisierung von Patienten formuliert? Behandeln die Richtlinien Krankheiten als reale Kategorien oder als Begriffe, die eventuell rein kulturell geprägt sind und nicht unbedingt reale Kategorien repräsentieren? Welche kognitiven und sozialen Mechanismen führen dazu, dass wir auf eine bestimmte Art und Weise kategorisieren? Kategorisierungen sind wirkungsmächtig: Es macht einen Unterschied in der Gesellschaft, ob z. B. Homosexualität als Krankheit oder eine befruchtete Eizelle als Mensch kategorisiert wird. Weitere Beispiele für die Wirkungsmächtigkeit von Begriffen finden sich leicht in allen Formen von Vorurteilen (z. B. rassistische, geschlechtsspezifische oder altersspezifische), bei denen Menschen aufgrund ihrer Gruppenzugehörigkeit bestimmte Eigenschaften zugeschrieben werden. Solche Vorurteile beruhen zumindest teilweise auf denselben kognitiven Prozessen wie anderes Kategorisierungsverhalten (Schneider 2004). Wenn wir diese Prozesse verstünden, könnten wir vielleicht bewusster mit unseren alltäglichen Kategorisierungen umgehen.

Der klassische Forschungsansatz der Kognitionswissenschaft

In der kognitionswissenschaftlichen Literatur wird häufig nicht klar zwischen Kategorien (*categories*) und Begriffen (*concepts*) unterschieden, aber es ist

nützlich, hier eine Unterscheidung zu treffen. Wir folgen dabei zunächst Murphy (2002, 5), der Begriffe als mentale Repräsentationen von Klassen von Dingen und Kategorien als diese Klassen selbst auffasst. Außerdem dürfen Begriffe nicht mit Wörtern verwechselt werden. In der zweiten Hälfte dieses Kapitels werden wir Begriffe vor dem Hintergrund philosophischer Überlegungen wesentlich weiter fassen, als es Murphys Definition tut. Es ist aber hilfreich, mit dieser engeren Definition zu beginnen. Im Wesentlichen läuft sie auf die folgenden drei Intuitionen hinaus:

- Die Unterscheidung zwischen Äpfeln und nicht-Äpfeln ist real. Es ist möglich festzustellen, ob ein Objekt eine Instanz der Kategorie Apfel ist oder nicht. Wir wissen vielleicht selber nicht, wie dies feststellbar ist, aber Biologen oder Genforscher können das schon oder werden irgendwann wissen, was den Apfel zum Apfel macht. Kategorien sind nicht im Kopf, sondern in der Welt.

- Begriffe sind Repräsentationen dieser Kategorien im Kopf. Idealerweise sollte mein Begriff ›Apfel‹ exakt der biologischen Kategorie Apfel entsprechen. Tatsächlich wird der mentale Begriff ›Apfel‹ weder korrekt alle Äpfel herausgreifen noch muss er die wesentlichen Kriterien, die den Apfel zum Apfel machen, abbilden. Die mentale Repräsentation wird sich durch Lernen ändern, und zwar so, dass durch das Lernen Äpfel besser kategorisiert werden können. In jedem Fall gibt es eine enge Beziehung zwischen Begriffen und den zugehörigen Kategorien, und es ist diese Beziehung zwischen der Welt und der mentalen Repräsentation, die Begriffe nützlich macht.

- In vielen Fällen gibt es auch eine direkte Beziehung zwischen Wörtern und Begriffen. Das Wort ›Apfel‹ bezieht sich auf den Begriff des Apfels. Leider ist es nicht so, dass die Beziehung zwischen Wörtern und Begriffen immer so einfach ist. Manche Wörter können mehrere Begriffe bezeichnen (Bank zum Sitzen und Bank als Geldspeicher) und für manche Begriffe kennt man (noch) kein Wort (z. B. wenn Naturforscher eine Pflanzenart entdecken, aber noch keinen Namen dafür haben).

Man kann diese drei Intuitionen folgendermaßen zusammenfassen: Wörter bezeichnen Begriffe, die mentale Repräsentationen von real existierenden Kategorien sind. Alle drei Intuitionen sind aus philosophischer Sicht äußerst problematisch (auf die erste und zweite wird im Folgenden eingegangen; zur dritten s. Kap. IV.20). Insbesondere die Frage, was es bedeutet, dass eine Kategorie in der Welt existiert, gehört zu den klassischen Problemen der Metaphysik. Da wir Kategorien nur durch die Begriffe, die wir uns von ihnen machen, fassen können, ist es auch nicht klar, wie man sich die Beziehung zwischen Kategorien und den sie repräsentierenden Begriffen genau denken soll. Ein beträchtlicher Teil der kognitionswissenschaftlichen Forschung beschränkt sich aber bewusst auf Kategorisierungsprobleme, für die diese drei Intuitionen relativ überzeugend scheinen, also etwa biologische Kategorien (z.B. Apfel) oder Artefakte (z.B. Auto), die in der Umgangssprache mit einfachen Nomen bezeichnet werden (Atran/Medin 2008). Auch wenn damit nur ein kleiner Teil der Begriffe und Kategorisierungen abgedeckt wird, die man gerne erklären möchte, war es für die Kognitionswissenschaft bisher eine äußerst fruchtbare Forschungsstrategie, sich auf solche konkreten und relativ einfachen Begriffe zu konzentrieren. Deshalb beschränken wir uns in diesem Kapitel überwiegend auf diese Fälle, über die die Kognitionswissenschaft weit mehr zu sagen hat als über abstrakte Begriffe wie etwa Freiheit oder Primzahl (vgl. aber z.B. Carey 2009 für einen interessanten Ansatz).

Klassische Befunde

Wenn jemand von einem Vogel erzählt, dann vermutet man, dass das Tier fliegen kann, und wenn wir einen Apfel essen, dann vermuten wir, dass ein anderer Äpfel ähnlich schmecken wird usw. Schlussfolgerungen dieser Art akzeptieren wir, auch wenn wir wissen, dass es Ausnahmen gibt, weil wir glauben, dass die Kategorien Vogel und Apfel real und für die inferierten Eigenschaften verantwortlich sind. Diese Intuition, d.h. die oben als erste genannte Intuition, dass Kategorien real sind, wird durch das folgende entwicklungspsychologische Experiment illustriert (Keil 1986): Kindergartenkindern wurde ein Bild von einem Waschbären gezeigt. Anschließend wurde ihnen erzählt, dass Ärzte den Waschbären rasiert und ihm sein Fell so eingefärbt haben, dass er jetzt genauso aussieht wie ein Stinktier. Dazu wurde den Kindern ein Bild von einem Stinktier gezeigt. Außerdem wurde ihnen erzählt, dass dem Waschbären eine Stinkdrüse anoperiert wurde, so dass er jetzt genauso rieche wie ein Stinktier. Auf die Frage, ob es sich bei dem Tier nach der Operation um einen Waschbären oder um ein Stinktier handele, antworteten Kindergartenkinder überwiegend, dass es ein Stinktier sei, weil es so aussehe und so rieche wie ein

Stinktier. Viertklässler hingegen antworteten fast ausschließlich, dass es sich, auch wenn es wie ein Stinktier aussehe, doch um einen Waschbären handele. Für ihre Antworten war z.B. ausschlaggebend, dass die Eltern Waschbären waren und die Kinder des Waschbären wieder Waschbären sind, oder dass der Waschbär ›innen drin‹ immer noch ein Waschbär ist – ein sehr untypisch aussehender Waschbär, aber immer noch ein Waschbär. Die Schlussfolgerung aus diesem und vielen ähnlichen Experimenten (Gelman 2003) lautet, dass Kinder schon im Grundschulalter bei einigen Kategorien (wie z.B. Tieren oder Pflanzen) davon ausgehen, dass es eine nicht unbedingt direkt wahrnehmbare Essenz gibt, die ein Wesen oder ein Objekt zu dem macht, was es ist: eine Instanz einer Kategorie. Die Entwicklung der Idee der Essenz ist ein wichtiger Schritt in der Begriffsentwicklung des Kindes, die es ihm erlaubt, sich von rein oberflächlichen Merkmalen zu lösen. Es ist die Essenz, die uns den induktiven Schluss erlaubt, dass der Waschbär, der wie ein Stinktier aussieht, sich wahrscheinlich wie ein Waschbär verhalten wird und auch sonst viele andere Eigenschaften von Waschbären besitzt. Die Essenz ist für die Eigenschaften, die Wesen und Objekte normalerweise haben, verantwortlich. Auch wenn wir nicht sagen können, was genau den Waschbären zum Waschbären macht, operieren wir doch scheinbar unter der Annahme, dass es die Kategorie der Waschbären gibt. Menschen handeln also, als ob es Essenzen gäbe, unabhängig davon ob es sie wirklich gibt. Dieses Phänomen nennt man ›psychologischen Essenzialismus‹.

Trotz der wichtigen Rolle, die Kategorisierung im täglichen Leben spielt, und der weit verbreiteten Überzeugung, dass Kategorien real sind, sind selbst scheinbar einfache Kategorien und Begriffe wie Mann und Frau allgemein schlecht verstanden. Das Verhältnis zwischen Kategorien und Begriffen (die zweite der o.g. Intuitionen) ist selbst in scheinbar klaren Fällen kompliziert. Das illustriert lebhaft der Fall der Goldmedaillen-Gewinnerin Caster Semenya, nach deren Sieg im 800-Meter-Lauf bei der Weltmeisterschaft 2009 in Berlin angezweifelt wurde, dass sie eine Frau sei. Dieser Fall führte dazu, dass in mehreren Zeitungen Hintergrundartikel erschienen, die erklärten, dass eine wissenschaftliche Definition von Mann und Frau alles andere als einfach sei, da es verschiedene Formen der Intersexualität gibt. Das große Interesse an diesem Fall lässt sich teilweise sicher darauf zurückführen, dass wir selten an unseren alltäglichen Kategorisierungen zweifeln. Dabei gibt es durchaus weit weniger dramatische

Beispiele, die uns über alltägliche Kategorien nachdenken lassen. Sind Tomaten Obst? Ist Rhabarber ein Gemüse? Sind Pinguine Vögel? Sind Delfine Säugetiere? Auch wenn es in diesen Beispielen eine Antwort gibt, die wissenschaftlich als korrekt gilt, so handelt es sich bei den jeweiligen Objekten doch um relativ untypische Instanzen ihrer Kategorien. Die Tatsache, dass Pinguine nicht fliegen, macht sie zu untypischen Vögeln, da Vögel normalerweise fliegen. Rhabarber hingegen ist aus botanischer Sicht kein Obst, hat aber viele geschmackliche Eigenschaften, die man sonst eher bei Früchten findet, und deshalb macht man daraus Kompott, Marmelade und Kuchen. Instanzen können untypische Beispiele für ihre Kategorien sein, weil ihnen typische Eigenschaften fehlen (wie etwa beim Pinguin), oder weil sie viele typische Eigenschaften anderer Kategorien besitzen (wie etwa beim Rhabarber). Das Rotkehlchen, das fliegt, singt und Nester baut, ist ein besseres Beispiel für einen Vogel als ein Pinguin. Instanzen, die besonders viele Eigenschaften anderer Instanzen derselben Kategorie besitzen und gleichzeitig wenige Eigenschaften anderer Kategorien, nennt man ›prototypisch‹. In vielen psychologischen Experimenten hat sich gezeigt, dass sich Versuchspersonen sehr einig darüber sind, welche Instanzen für eine Kategorie oder einen Begriff typisch sind und welche untypisch. Wenn Versuchspersonen gebeten werden, Vögel zu nennen, werden prototypische Beispiele häufiger und zuerst genannt. Prototypische Beispiele werden auch schneller und zuverlässiger kategorisiert als untypische Beispiele. Ob ein Objekt unter einen Begriff fällt, ist also aus psychologischer Sicht eine Frage des Grades, und es gibt bessere und schlechtere Beispiele für einen Begriff (Rosch 1978).

Auch wenn eine Kategorisierung an den Rändern einer Kategorie manchmal schwer fällt und Begriffe unscharf sind, kann man glauben, dass es trotzdem eine richtige Kategorisierung gibt. Wenn jemand eine Tomate als Gemüse kategorisiert, macht er vielleicht schlicht einen Fehler oder hat einen botanisch falschen Begriff von Gemüse und Obst. Vielleicht hat aber auch die botanische Definition von Obst (Frucht aus der Blüte) nur wenig mit dem (aus botanischer Sicht) vorwissenschaftlichen Begriff zu tun, der im Alltag benutzt wird und nützlich ist (Tomaten gehören nicht in einen Obstsalat). Das Phänomen des psychologischen Essenzialismus besteht nicht darin, dass Menschen die Essenz kennen, sondern nur darin, dass sie annehmen, dass es eine gibt. Ob es die Kategorien Gemüse und Obst wirklich gibt und was ihre Essenzen sind, oder ob sie lediglich von Menschen erschaffene Konstrukte sind, sind Fragen

für Biologen und Philosophen. Der Frage, was es bedeutet, dass eine Kategorie real ist, wird unten nachgegangen. Für empirisch arbeitende Kognitionswissenschaftler stellt sich aber unabhängig von dieser metaphysischen Frage die Frage, wie die vom Menschen gebrauchten Begriffe als mentale Repräsentationen (s. Kap. IV.16) strukturiert sind und wie diese gelernt wurden.

Es gibt eine lange philosophische Tradition, die Begriffe als Definitionen versteht, und viele der frühen kognitionswissenschaftlichen Arbeiten zur Kategorisierung setzten genau da an (z. B. Bruner et al. 1956). So kann man z. B. versuchen, alltägliche Begriffe zu definieren, in der Hoffnung, dass diese Definition den Gebrauch des Begriffs widerspiegelt. Was etwa führt dazu, dass wir einen Stuhl als ›Stuhl‹ bezeichnen? Vielleicht die Tatsache, dass man darauf sitzen kann? Man findet schnell Gegenbeispiele zu dieser Definition: Man kann z. B. auch auf einem Stein sitzen. Ein Stuhl ist dann vielleicht ein Objekt, das zum Daraufsitzen angefertigt wurde. Hocker und Sofas sind das allerdings auch. Vielleicht braucht man noch zusätzliche Bedingungen? Man braucht vielleicht zusätzlich vier Stuhlbeine und eine Lehne? Was ist aber mit Bürostühlen? Gegenbeispiele für eine Definition finden sich fast immer und wenn es überhaupt möglich sein sollte, eine Definition des Begriffs ›Stuhl‹ zu geben, wird diese Definition sehr lang und unübersichtlich sein.

Die Beobachtung, dass es für viele Alltagsbegriffe unglaublich schwierig ist, notwendige und hinreichende Kriterien anzugeben, hat den Philosophen Ludwig Wittgenstein dazu bewogen, Begriffe stattdessen durch sog. Familienähnlichkeiten zu charakterisieren (Wittgenstein 1953, §§ 66 & 67). Bei Familienähnlichkeiten kann ein Stuhl A ähnlich sein zu dem nächsten Stuhl B, und man findet viele Eigenschaften, die diese gemein haben – beide können z. B. aus Holz bestehen und ein Sitzpolster haben. Stuhl C hat diese Eigenschaften nicht, ist aber trotzdem ähnlich zu Stuhl B und die Eigenschaften, die beide teilen, hat Stuhl A nicht. So können vielleicht C und B beide eine Armlehne haben und höhenverstellbar sein, aber A nicht. Man kann sich leicht vorstellen, dass es viele Eigenschaften gibt, die viele Stühle gemein haben, aber außer der nicht hinreichenden Eigenschaft, dass man darauf sitzen kann, keine Eigenschaft, die alle Stühle besitzen. Diese Idee der Familienähnlichkeit, die einen Begriff ausmacht, hat über die Arbeiten von Eleanor Rosch einen sehr großen Einfluss auf die Kognitionswissenschaft gehabt. Wenn man viele Versuchspersonen Eigenschaften von alltäglichen Objekten aufzählen und sammeln lässt, findet man tatsächlich, dass Begriffe wie ›Obst‹, ›Gemüse‹, ›Möbel‹, ›Kleidung‹ oder ›Fahrzeug‹ eine solche Familienähnlichkeitsstruktur besitzen (Rosch/Mervis 1975). Dass prototypische Beispiele für Obst (z. B. Apfel oder Orange im Gegensatz zu Tomate oder Olive) in der Wahrnehmung von Versuchspersonen viele Eigenschaften besitzen, die andere Obstsorten auch haben, lässt sich so auch empirisch belegen. Des Weiteren zeigt sich in den entsprechenden Daten, dass manche Begriffe eine höhere Familienähnlichkeit aufweisen als andere. Ein Begriff, bei dem alle Beispiele untereinander sehr ähnlich sind und viele der Eigenschaften, die Versuchspersonen auflisten, von vielen Instanzen geteilt werden, ist kohärenter als ein Begriff, bei dem manche Beispiele vielleicht gar keine Ähnlichkeit zueinander aufweisen. Zum Beispiel ist der Begriff ›Gitarre‹ kohärenter als der Begriff ›Musikinstrument‹: Westerngitarren, E-Gitarren und Konzertgitarren teilen sich viele Eigenschaften und sind sich untereinander sehr ähnlich. Gitarren, Posaunen und Pauken haben, außer dass man damit Musik machen kann, keine großen Ähnlichkeiten.

Es ist wenig überraschend, dass die Kohärenz eines Begriffs umso größer ist, je spezieller er ist. Westerngitarren sind sich untereinander ähnlicher als Gitarren, und Gitarren sind sich untereinander ähnlicher als Musikinstrumente im Allgemeinen. Rosch und ihre Kollegen entdeckten aber, dass es, wenn man die Begriffshierarchie hinuntergeht, eine Schwelle gibt, an der die Kohärenz sprunghaft ansteigt. Die Kohärenz für Musikinstrumente ist sehr gering, für Gitarren sehr hoch und für Westerngitarren nicht sehr viel höher. Ähnliches gilt für andere Begriffshierarchien: Möbel-Stuhl-Bürostuhl, Fahrzeug-Auto-Sportwagen, Obst-Apfel-Braeburn usw. Die mittlere Ebene, an der die Kohärenz sprunghaft ansteigt, nennt man ›Basislevel‹ (*basic level*). Der Informationsgehalt über ein Objekt ist auf dem Basislevel am vorteilhaftesten. Wenn ich von einem Objekt weiß, dass es ein Musikinstrument ist, dann weiß ich weitaus weniger darüber, als wenn ich weiß, dass es eine Gitarre ist. Eine Gitarre wird nur in den Situationen als ›Westerngitarre‹ bezeichnet, in denen die relativ feinen Unterschiede zwischen Gitarren relevant sind, sei es beim Gitarrenkauf oder im Aufnahmestudio. In Experimenten, in denen Probanden Bilder von Objekten gezeigt werden, die sie benennen müssen, zeigt sich sehr deutlich, dass das Basislevel die bevorzugte Ebene zur Benennung von Objekten ist. So lernen auch Kinder zuerst die Begriffe auf dem Basislevel. Darüber hinaus ist Kategorisierung auf dem Basislevel wesentlich schneller und zuverlässiger als auf der Ebene darüber oder darunter (Rosch et al. 1976).

Mathematische Modelle für Kategorisierungsverhalten auf dem Basislevel sind vergleichsweise gut entwickelt (Pothos/Wills 2011). Die Grundidee der meisten Modelle besteht darin, dass Repräsentationen von Beispielen für einen Begriff im Langzeitgedächtnis gespeichert werden (s. Kap. IV.7). Wenn ein neues Beispiel zum ersten Mal gesehen wird, wird die Ähnlichkeit zu den im Gedächtnis gespeicherten Beispielen berechnet und die Kategorisierungsentscheidung aufgrund der Ähnlichkeit getroffen. Grob gesagt wird ein Objekt als Apfel kategorisiert, weil es sehr ähnlich zu den gespeicherten Beispielen von Äpfeln ist. Diese Idee erlaubt es, sowohl Prototypeneffekte als auch die Familienähnlichkeitsstruktur von Begriffen zu modellieren. So sind besonders typische Beispiele solche, die den im Gedächtnis gespeicherten Beispielen sehr ähnlich sind. Eine große Debatte innerhalb der Literatur dreht sich darum, welche Beispiele genau im Gedächtnis gespeichert werden. Auf der einen Seite gibt es sog. Exemplarmodelle, die einfach alle Beispiele speichern, und auf der anderen Seite gibt es Prototypenmodelle, die aus den gesehenen Beispielen ein besonders prototypisches Beispiel konstruieren, das Merkmale aller wirklich gesehenen Beispiele vereint. Neuere Modelle speichern mehrere für den Begriff besonders informative Beispiele. Diese Modelle sind modernen Methoden, die in technischen Systemen zur Kategorisierung (z. B. Bilderkennungssystemen) zum Einsatz kommen, sehr ähnlich (Jäkel et al. 2009).

Trotzdem sind alle verfügbaren Modelle noch weit davon entfernt, alltägliches Kategorisierungsverhalten quantitativ modellieren zu können. Ein wesentlicher Aspekt, der allen Modellen fehlt, ist die Einbettung einzelner Begriffe in eine Wissensbasis. Wie stehen einzelne Begriffe in Beziehung zueinander und wie genau ist das Verhältnis zwischen Wissen und Begriffen? Die oben erwähnten Modelle decken bisher nur den perzeptuellen Teil der Kategorisierung ab. Äpfel und Birnen sind in Aussehen und Geschmack unterschiedlich genug, dass man sich vorstellen kann, dass die unterschiedlichen Begriffe durch diese Unterschiede zustande gekommen sind. Man sollte aber die Rolle, die Wissen in der Begriffsbildung spielt, nicht unterschätzen: Wie oben gesehen, kategorisieren schon Schulkinder einen Waschbären, der nur wie ein Stinktier aussieht, weil er so angemalt wurde, trotzdem als Waschbären. Das Wissen über biologische Arten übertrumpft in diesem Fall die Ähnlichkeit im Aussehen. Die Untersuchung des Einflusses von Hintergrundwissen auf Kategorisierung und Begriffsbildung ist ein aktives Forschungsfeld in der Kognitionswissenschaft (Murphy 2002).

Es wurde bereits darauf hingewiesen, dass die zentralen Intuitionen, die einem großen Teil der psychologisch-kognitionswissenschaftlichen Forschung mehr oder weniger implizit zugrunde liegen, unter philosophischen Gesichtspunkten nicht ganz unproblematisch sind. Im Weiteren soll auf einige Probleme näher eingegangen werden – nicht nur aus rein philosophischen Motiven heraus, sondern auch, weil die philosophischen Überlegungen in engen Zusammenhängen mit weiteren Forschungsansätzen stehen. In diesen Ansätzen werden oft Begriffe von *Begriff* vorausgesetzt, die sich von dem in den letzten Abschnitten vorausgesetzten in manchen Hinsichten unterscheiden.

Sind Begriffe im Kopf? Die Rolle der natürlichen und der sozialen Umgebung

Beginnen wir mit der zweiten der o. g. Intuitionen: Begriffe sind Repräsentationen im Kopf. Auch innerhalb der Philosophie ist das spätestens seit René Descartes und John Locke über lange Zeit eine wohl etablierte, wenn nicht gar die dominierende Auffassung von Begriffen (oder ›Ideen‹) gewesen, auch wenn man Ideen weniger ›im Kopf‹ als ›im Geist‹ ansiedelte: Begriffe finden sich nach diesen Auffassung jedenfalls im jeweiligen Individuum. Etwa seit den 1970er Jahren hat sich das jedoch gründlich geändert. Maßgeblich waren hier die Überlegungen von Kripke (1980), Putnam (1975) und Burge (1979/1991). In Hilary Putnams *Die Bedeutung von ›Bedeutung‹* findet sich ganz ausdrücklich die Schlussfolgerung: »Man kann's drehen und wenden wie man will, Bedeutungen sind einfach nicht im *Kopf*« (Putnam 1975/1979, 37) – was, wenn man Begriffe im Sinne der dritten oben angeführten Intuition als Bedeutungen von generellen Termen auffasst, unmittelbar darauf hinausläuft, dass Begriffe nicht im Kopf sind. Diese Position wird als ›Externalismus‹ (hinsichtlich gewisser Begriffe und Bedeutungen) bezeichnet und vom Internalismus unterschieden, der die Begriffe eben *im* Kopf verortet. Putnam beginnt seine Überlegungen mit dem berühmten Gedankenexperiment der Zwillingserde (ebd., 31 ff.; s. Kap. IV.16). Wir wollen hier aber nicht von diesem Gedankenexperiment ausgehen, sondern von einem oben schon referierten Befund, der sich zumindest einigermaßen zwanglos mit Putnams Schlussfolgerungen in Einklang bringen lässt, wenn er sie auch nicht nachgerade erzwingt.

Kinder gehen offenbar schon ab dem Grundschulalter davon aus, dass z. B. die Frage, ob ein Tier zu einer bestimmten Kategorie gehört (ob es etwa ein Waschbär ist), nicht unbedingt von Eigenschaften abhängt, die sie selbst unmittelbar wahrnehmen können. Tatsächlich dürften wir alle im Hinblick auf Kategorien in einem noch stärkeren Sinne ›Essenzialisten‹ sein: Die meisten von uns sind wohl überzeugt, dass die Frage, ob etwas in die Kategorie Molybdän gehört, von Kriterien abhängt, die wir nicht einmal kennen – geschweige denn aufgrund einfacher Wahrnehmung anwenden könnten.

Man kann das, wie oben geschehen, zunächst einmal als Beleg dafür ansehen, dass wir der Ansicht sind, in der Welt existierten ›reale Kategorien‹ (im Sinne der ersten der genannten Intuitionen). Man kann aber auch dafür argumentieren, dass der essenzialistische Befund in einer ganz bestimmten Hinsicht die These unterminiert, Begriffe befänden sich als ›mentale Repräsentationen‹ im Kopf (s. Kap. IV.16). Denn dass ein Begriff im Kopf oder im Geist eines Individuums ist, kann man so verstehen, dass die Frage, worauf der Begriff korrekt angewendet wird, allein in der Kompetenz des betrachteten Individuums liegt: Es selbst bestimmt über die Kriterien, nach denen es etwas als ein Soundso klassifiziert. Im Hinblick auf sehr viele Begriffe – insbesondere im Hinblick auf solche, die die sog. natürlichen Arten wie Naturphänomene, Lebewesen, Elemente usw. repräsentieren – scheinen Individuen aber geneigt zu sein, gerade diese Kompetenz abzutreten: Molybdän und Wolfram haben offenbar einigermaßen ähnliche Oberflächeneigenschaften, insbesondere sehen sie in etwa gleich aus; haben wir etwas nach unserem *besten Wissen* als Molybdän klassifiziert, so wären wir daher trotzdem bereit, uns durch jemanden, der wirklich etwas davon versteht, belehren zu lassen, dass es sich in Wirklichkeit um Wolfram handelt.

Putnam betont mit seiner These, Begriffe seien nicht im Kopf, gerade den Aspekt, dass unsere Begriffe, d. h. die Weisen, wie wir letztlich klassifizieren würden, eben nicht nur von unseren persönlichen Kriterien abhängen, sondern von zwei externen Umständen: Erstens davon, wie die Dinge in der Welt wirklich beschaffen sind, und zweitens von den Auskünften, die uns wissenschaftliche Experten (im Rahmen einer ›sprachlichen Arbeitsteilung‹) darüber geben können. Natürlich spielen unsere persönlichen Kriterien immer noch eine Rolle, aber sie erschöpfen nicht den gesamten Begriff.

In *Die Bedeutung von ›Bedeutung‹* stellt Putnam sich die Sache etwa folgendermaßen vor: Die natürliche Welt ist schon aus sich heraus in verschiedene Arten (Lebewesen wie Tiger, Stoffe wie Wasser und Molybdän, natürliche Phänomene wie Blitze oder Kräfte usw.) gegliedert – in der oben verwendeten Terminologie in verschiedene objektive Kategorien. (Das wird in *Die Bedeutung von ›Bedeutung‹* weniger explizit gesagt als an einer Reihe von Stellen *de facto* vorausgesetzt – auch gemäß Putnams späterer Selbstinterpretation.) Unsere Begriffe entsprechen diesen Kategorien auch dann, wenn wir noch keine genauen Vorstellungen davon haben, was hinreichende und notwendige Bedingungen für die Zugehörigkeit zu einer solchen Kategorie sind. Eine bestimmte Form von Kontakt zu diesen Kategorien (Putnam spricht von ›natürlichen Arten‹) reicht in der Regel aus, um unsere Begriffe zu Repräsentationen von ihnen zu machen. In seinem sprachphilosophisch orientierten Ansatz spricht Putnam davon, dass Bedeutungen von Termen für natürliche Arten (und damit natürliche Begriffe) nicht durch ein Bündel bekannter Kriterien, sondern durch »ostensive Definitionen« festgelegt werden (ebd., 43 ff.): »Diese Flüssigkeit hier und alles, was ihr in relevanter Hinsicht ähnlich ist, ist Wasser« – wobei die relevante Hinsicht, von der hier die Rede ist, noch nicht bekannt sein muss. Natürlich verwenden wir *de facto* gewisse Kriterien, um im Alltag Wasser von anderen Substanzen zu unterscheiden: Wasser ist eine klare, (eventuell nach Aufbereitung) trinkbare, relativ geschmacksneutrale Flüssigkeit, die typischerweise in Flüssen und Seen vorkommt usw. Solche Kriterienmengen, die Putnam als »Stereotyp« bezeichnet (ebd., 67), reichen oft aus, um die betreffenden Stoffe usw. unter normalen Umständen mit einiger Zuverlässigkeit zu identifizieren, aber es handelt sich keineswegs um notwendige und hinreichende Bedingungen: Wasser kommt sicherlich nicht *notwendigerweise* in Flüssen vor – dort könnte auch eine andere Flüssigkeit fließen. Es ist auch zumindest vorstellbar, dass eine andere Flüssigkeit all die Eigenschaften haben könnte, die zum Wasser-Stereotyp gehören, ohne deshalb Wasser zu sein. Zum Teil sind die Stereotypen so arm, dass sie nicht einmal unter normalen Umständen hinreichen, um den betreffenden Stoff als solchen zu identifizieren – das Molybdän-Stereotyp enthält womöglich nur die Eigenschaft, ein Metall zu sein (ebd., 41).

Aus dieser Perspektive können wir mit der Klassifizierung von etwas als Wasser auch dann vollkommen falsch liegen, wenn wir das Wasser-Stereotyp gewissenhaft und fehlerfrei angewendet haben – wenn wir nämlich eine Substanz XYZ als Wasser klassifizieren, die zwar oberflächlich Wasser gleicht, aber eben keines ist. Und das heißt dann, dass unser Wasser-Begriff sich nicht auf unsere individuellen ›Bordmittel‹ beschränkt und insofern nicht allein ›im Kopf‹ ist. Die faktische natürliche Umgebung spielt daher eine zentrale Rolle (zum Wasser-Beispiel vgl. das Gedankenexperiment der Zwillingserde; ebd., 31 ff.).)

Der zweite externe Faktor ist ein sozialer. Putnam vertritt die folgende Hypothese: »Jede Sprachgemeinschaft weist [eine] Art von sprachlicher Arbeitsteilung auf, das heißt, sie verwendet wenigstens einige Ausdrücke, für die gilt: Die mit diesen Ausdrücken verknüpften Kriterien kennt jeweils nur eine Teilmenge der Menge aller Sprecher, die diesen Ausdruck beherrschen, und ihre Verwendung durch andere Sprecher beruht auf einer spezifischen Kooperation zwischen diesen und den Sprechern aus den jeweiligen Teilmengen« (ebd., 39).

Das ist wiederum sprachphilosophisch formuliert, lässt sich aber leicht auch begriffstheoretisch fassen: Hinsichtlich der Frage, welche *unserer* Klassifikationen richtig wären, beharren wir nicht immer auf der Geltung unserer eigenen (stereotypen Bordmittel-)Kriterien, sondern wir akzeptieren das Urteil der jeweiligen Fachleute. Dieser Punkt lässt sich vielleicht am besten in Anknüpfung an ein berühmtes Beispiel von Tyler Burge (1979/1991, 538 ff.) illustrieren, der die soziale Komponente mindestens so stark wie Putnam betont: Oskar leidet seit Jahren unter Arthritis in seinen Hand-, Fuß- und Fingergelenken und hat eine ganze Reihe richtiger Überzeugungen darüber: Er ist z. B. der Meinung, dass seine Arthritis in den Fingern schlimmer ist als in den Fußknöcheln usw. Eines Tages bekommt er Schmerzen im Oberschenkel, die denen gleichen, die er in den Gelenken spürt. Beim Arzt erklärt er, nun auch im Oberschenkel Arthritis zu haben – woraufhin der Arzt ihm erklärt, dass das keine Arthritis sein kann, weil Arthritis eine Entzündung der Gelenke ist. Oskar käme nicht auf die Idee, sein Urteil mit der Begründung aufrechtzuerhalten, gemessen an *seinem* ›privaten‹ Arthritis-Begriff sei es nun einmal wahr, dass er Arthritis im Oberschenkel habe. Vielmehr akzeptiert er die wissenschaftlichen Kriterien des Spezialisten als ausschlaggebend dafür, wie auch sein Arthritis-Begriff die ganze Zeit schon beschaffen gewesen ist, auch wenn er die ausschlaggebenden wissenschaftlichen Kriterien bisher nicht kannte. Sein Urteil war schon falsch, bevor er das wissen *konnte*.

Natürlich ist die philosophische Diskussion über solche externalistischen Thesen nach wie vor voll im Gange, und die Dinge sind sicherlich wesentlich komplizierter, als die ersten einschlägigen Theorieentwürfe es vermuten ließen (für einen Überblick über die Diskussion über Terme für natürliche Arten vgl. z. B. Bird/Tobin 2012). Wenn aber an all dem, vorsichtig gesagt, etwas Wahres ist, wofür allerhand spricht, dann greift die These von den Repräsentationen im Kopf zumindest zu kurz. Das heißt freilich nicht, dass die psychologischen Experimente, Befunde und Theorien, die unter ihrem Eindruck stehen, entwertet würden. Zum einen sind nicht alle Begriffe Begriffe für natürliche Arten, und es ist nicht klar, auf welche Konzepte jenseits natürlicher Arten sich der Externalismus sonst noch erstreckt. Es ist also gut möglich, dass es Begriffe gibt, die sich ganz ›im Kopf‹ befinden. Zum anderen bestreitet selbst der entschiedenste Externalist nicht, dass auch Begriffe für natürliche Arten Anteile haben, die sich in gewisser Hinsicht unter der Kontrolle der Individuen befinden – bei Putnam sind das eben die Stereotypen. Die fraglichen psychologischen Ansätze würden sich dann tendenziell auf die Beschaffenheit dieser Teile beziehen.

Es ist aber auch zu konstatieren, dass es neben den eher individualistischen Ansätzen der Kognitionspsychologie weitere kognitionswissenschaftlich wichtige Forschungsperspektiven gibt. Für ein genaueres Verständnis der Begriffe von Molybdän bis Waschbär wäre z. B. eine gründliche Untersuchung der sozialen Beziehungen erforderlich, die in der sprachlich-arbeitsteiligen Gesellschaft zwischen den Institutionen der Wissenschaft und den jeweiligen Nichtexperten bestehen. Ansätze dazu finden sich etwa auf dem in jüngerer Zeit gedeihenden Gebiet der kognitiven Soziolinguistik. So entwickelt z. B. Geeraerts (2008) eine ›Semantik der Autorität‹ zur Analyse des Putnam'schen Begriffs der sprachlichen Arbeitsteilung, die neben der ›Semantik der Kooperation‹ und der ›Semantik des Konflikts‹ eine zentrale Dimension der Sprache (und damit sprachlich verfasster Begriffe) ausmacht. In diese verschiedenen Dimensionen werden dann auch Putnams Konzept des Stereotyps und Roschs Begriff des Prototyps eingeordnet.

Wie real sind Kategorien?

Bei anderen Autoren spielt das Soziale noch eine deutlich bedeutsamere Rolle als beim frühen Putnam zur Zeit von *Die Bedeutung von ›Bedeutung‹*. Ihre Thesen richten sich insbesondere auch gegen eine uneingeschränkte und unmodifizierte Geltung der ersten der oben erwähnten intuitiven Grundannahmen: dass ›Kategorien‹ nämlich ›real‹ existieren,

dass also die natürliche Welt sich gleichsam von selbst in bestimmte Arten zerlegt, die uns bei der Formung unserer Begriffe als Maßstäbe vorgegeben sind. Auf eine Schwierigkeit dieser Annahme wurde oben schon hingewiesen: Die Realität ist uns gar nicht unabhängig von unseren Begriffen zugänglich, und aus diesem Grund ist schwer zu sehen, wie wir unser Begriffssystem jemals am Maßstab realer Kategorien messen könnten. Wir können nicht aus unserem Begriffssystem aussteigen und es von einem neutralen Standpunkt aus mit der Wirklichkeit vergleichen. Eines der vielen prominenten und einflussreichen Werke, die den Zweifel an einer begriffsunabhängigen Realität nachdrücklich artikuliert haben, war Thomas Kuhns (1996) *The Structure of Scientific Revolutions*. Kuhn untersucht dort v. a. die Geschichte der wissenschaftlichen Begriffsbildung in Astronomie, Physik und Chemie und kommt u. a. zu dem Ergebnis, dass die Begrifflichkeiten hier vor und nach grundlegenden wissenschaftlichen Umstürzen oder Revolutionen so unterschiedlich sind, dass sie sich praktisch nicht mehr miteinander vergleichen oder ineinander übersetzen lassen: Sie sind ›inkommensurabel‹ (ebd., 149). Wenn aber die Begriffssysteme derart verschieden sind, dann sind es auch die Welten der Wissenschaftler, die diese Systeme voraussetzen. So erzwang die Entwicklung der Sauerstoffchemie durch Lavoisier eine sehr grundlegende Revision der vorher vorausgesetzten Begrifflichkeit, und entsprechend gilt: »At the very least, as a result of discovering oxygen, Lavoisier saw nature differently. And in the absence of some recourse to that hypothetical fixed nature that he ›saw differently‹, the principle of economy will urge us to say that after discovering oxygen Lavoisier worked in a different world« (ebd., 118). Zugleich leistet Kuhn Pionierarbeit auf dem Gebiet der Analyse der soziologischen und psychologischen Bedingungen, unter denen die revolutionären, aber auch die normalen Phasen der Wissenschaft und die Phasen vor der Etablierung eines anerkannten wissenschaftlichen Paradigmas ablaufen: Er untersucht etwa den Einfluss, den die Machtmechanismen wissenschaftlicher Schulen, das Verfassen von Lehrbüchern oder die Gründung von Fachgesellschaften ausüben (ebd., 19 ff.). Insofern kann man bei Kuhn insgesamt davon sprechen, dass es ihm u. a. um die soziale Konstruktion von Begrifflichkeiten und *damit* von Realität selbst geht.

Der massive Antirealismus, den man bei Kuhn zumindest aus einer Reihe von Stellen herauslesen kann, hat natürlich zu deutlich kritischen Reaktionen geführt: Putnams *Die Bedeutung von ›Bedeu-*

tung‹ mit seinem Festhalten an ›realen Kategorien‹ ist eine davon. Mit diesem Konzept wollte Putnam ursprünglich gegen die These der Inkommensurabilität von Begriffen aus unterschiedlichen wissenschaftlichen Epochen argumentieren: Die Begriffe sind bei aller Unterschiedlichkeit kommensurabel, weil sie durch den unmittelbaren Kontakt mit den realen Arten selbst bestimmt sind. Putnam hat sich allerdings später wieder von der Vorstellung einer sich selbst in Kategorien zerlegenden Natur distanziert. In *Vernunft, Wahrheit und Geschichte* hält er an der These der Kommensurabilität fest, begründet sie nun aber im Rahmen seines ›internen Realismus‹ anders: Das Festhalten an Kommensurabilität ist eine »transzendentale« (Putnam 1981/1990, 162) Bedingung dafür, dass wir den Äußerungen von Wissenschaftlern anderer Epochen oder Kulturen überhaupt einen Sinn geben können (ebd., 154 ff.).

Bei aller Kritik wird aber doch anerkannt, dass die Analyse sozialer Faktoren für die Begriffsbildung von erheblicher Bedeutung ist und die scheinbare Objektivität von Begriffen massiv erschüttern kann. In der Kognitionswissenschaft wird diese Betrachtungsweise etwa in dem reflexiven Projekt einer ›kritischen Neurowissenschaft‹ aufgegriffen (Choudhury/Slaby 2012, insb. Kap. 1; s. Kap. V.5). Angeknüpft wird hier u. a. auch an die einschlägigen Überlegungen Michel Foucaults, die dieser etwa zum Begriff des Wahnsinns angestellt hat (z. B. Foucault 1961). Foucaults Ansätze sind denen Kuhns in mancher Hinsicht strukturell sehr ähnlich. An dieser Stelle geht die Untersuchung von Begriffen in Begriffskritik über.

Begriffe und embodiment

Relativistische und soziale (oder zumindest interaktionistische) Annahmen bezüglich der Begriffsbildung werden auch noch im Rahmen ganz andersartiger kognitionswissenschaftlicher Forschungsparadigmen gemacht, insbesondere im Kontext der Rede von Verkörperung (*embodiment*). Generell besagt die Verkörperlichungsthese, dass die kognitiven Fähigkeiten eines Individuums maßgeblich von dessen körperlicher Beschaffenheit abhängen (s. Kap. III.7). Diese Annahme wird dann auch auf die Fähigkeit zur Begriffsbildung übertragen. Exemplarisch können hier die Arbeiten von Lakoff/Johnson (1980, 1999) genannt werden. Sie vertreten die These, dass ein großer Teil auch noch unserer abstraktesten Begriffe auf einer mehr oder minder metaphorischen Ausdehnung solcher Konzepte basiert, die unmittel-

bar unseren Körper und seine Interaktionen mit der Umwelt betreffen (s. Kap. II.C.2). Wesentlich seien hier insbesondere elementare räumliche Begriffe wie ›vor‹ oder ›neben‹. Ein gutes Beispiel dafür könnte etwa die Rede von der metaphorischen *Ausdehnung* im vorletzten Satz sein. Die grundlegenden räumlichen Begriffe sind aber abhängig von (bzw. relativ zu) der körperlichen Struktur der jeweiligen Individuen. Ein Wesen mit einem sphärischen, homogenen Körper ohne klare Vorderseite könnte womöglich keinen Begriff von ›vorne‹ haben; und da abstraktere Begriffe sich wesentlich durch die grundlegenderen bestimmen, könnte sich sein ganzes Begriffssystem erheblich von unserem unterscheiden. Ein guter kritischer Überblick über derartige Positionen findet sich in Shapiro (2011).

In das *embodiment*-Paradigma gehören auch die einschlägigen Forschungen von Luc Steels, der dem Ansatz einen ›sozialen‹ oder zumindest interaktionistischen Einschlag gibt. Es geht ihm um die Frage, wie Roboter in einer gemeinsamen Umwelt geteilte Begriffe und Ausdrücke prägen können. Nachdem es sich bei den berühmten *talking heads* zunächst um stationäre Roboterköpfe mit einem gemeinsamen Blick auf bestimmte Gegenstände handelte, geht es mittlerweile darum, den Ansatz auf Roboter zu übertragen, die sich in einer gemeinsamen Umwelt bewegen und darüber zu kommunizieren lernen (Steels 2012; s. Kap. IV.10).

Der Fokus auf ›soziale Interaktion‹ und Kommunikation läuft hier natürlich auf etwas vollkommen anderes hinaus als in den Ansätzen Putnams, Kuhns, Foucaults usw. Bei diesen *embodiment*- und roboterorientierten Forschungen geht es um Modelle für die allerelementarsten Mechanismen der Begriffsbildung und der sprachlichen Kodierung; das trifft im Übrigen auch auf die neueren Untersuchungen zur ›experimentellen Semiotik‹ zu, deren experimentelles Setting im Grunde dem von Steels gleicht – nur dass die Versuche dort nicht mit Roboterköpfen, sondern mit Menschen durchgeführt werden (Galantucci/Garrod 2011). Dagegen setzen die Überlegungen Putnams, Kuhns oder Foucaults die reale, historisch gewachsene und hoch differenzierte menschliche Gesellschaft voraus. Es ist klar, dass aus diesen verschiedenen Perspektiven ganz unterschiedliche Phänomene in den Blick kommen. Eine interessante Frage wäre dabei, wie die in vielen Hinsichten sehr begrenzten Robotersprachen so erweitert werden müssten, dass bestimmte sozial-begriffliche Fähigkeiten entstehen könnten. Zu vermuten wäre z. B., dass mit dem bisher vorausgesetzten streng objektsprachlichen Vokabular kein Begriffsessenzialismus und damit auch keine sprachliche Arbeitsteilung in Putnams Sinne entstehen könnte. Dazu müssen den Sprechern vermutlich metasprachliche Mittel zur Verfügung stehen, mithilfe derer sie sich explizit über die Bedeutungen ihrer Ausdrücke verständigen könnten. Denn – und das impliziert abschließend eine Kritik an der dritten oben eingeführten These über Begriffe und Sprache – es spricht einiges dafür, dass die natürliche Sprache nicht nur dazu da ist, Begriffe durch Wörter zum Ausdruck zu bringen. Vielmehr kann man mit ihrer Hilfe im metasprachlichen Diskurs über die Bedeutung von Wörtern auch Begriffe *formen*.

Literatur

Atran, Scott/Medin, Douglas (2008): *The Native Mind and the Cultural Construction of Nature.* Cambridge.

Bird, Alexander/Tobin, Emma (2012): Natural kinds. In: Edward Zalta (Hg.): *The Stanford Encyclopedia of Philosophy* (Winter 2012). http://plato.stanford.edu/archives/win2012/entries/natural-kinds.

Bowker, Geoffrey/Star, Susan (1999): *Sorting Things Out.* Cambridge (Mass.).

Bruner, Jerome/Goodnow, Jacqueline/Austin, George (1956): *A Study of Thinking.* New York.

Burge, Tyler (1979/1991): Individualism and the mental. In: David Rosenthal (Hg.): *The Nature of Mind.* Oxford, 536–567.

Carey, Susan (2009): *The Origin of Concepts.* Oxford.

Choudhury, Suparna/Slaby, Jan (Hg.) (2012): *Critical Neuroscience.* Chichester.

Foucault, Michel (1961): *Histoire de la folie.* Paris. [dt.: *Wahnsinn und Gesellschaft.* Frankfurt a. M. 1996].

Galantucci, Bruno/Garrod, Simon (2011): Experimental semiotics. In: *Frontiers in Human Neuroscience* 5, 11, 1–15.

Geeraerts, Dirk (2008): Prototypes, stereotypes, and semantic norms. In: Gitte Kristiansen/René Dirven (Hg.): *Cognitive Sociolinguistics.* Berlin, 21–44.

Gelman, Susan (2003): *The Essential Child.* Oxford:

Jäkel, Frank/Schölkopf, Bernhard/Wichmann, Felix (2009): Does cognitive science need kernels? In: *Trends in Cognitive Sciences* 13, 381–388.

Keil, Frank (1986): The acquisition of natural kind and artifact terms. In: William Demopoulos/Ausonio Marras (Hg.): *Language Learning and Concept Acquisition.* New York, 133–153.

Kripke, Saul (1980): *Naming and Necessity.* Cambridge (Mass.). [dt.: *Name und Notwendigkeit.* Frankfurt a. M. 1981].

Kuhn, Thomas (³1996): *The Structure of Scientific Revolutions.* Chicago [1962]. [dt. *Die Struktur wissenschaftlicher Revolutionen.* Frankfurt a. M. 1967].

Lakoff, George/Johnson, Mark (1980): *Metaphors We Live By.* Chicago. [dt.: *Leben in Metaphern.* Heidelberg 1997].

Lakoff, George/Johnson, Mark (1999): *Philosophy in the Flesh.* New York.

Murphy, Gregory (2002): *The Big Book of Concepts.* Cambridge (Mass.).

Pothos, Emmanuel/Wills, Andy (Hg.) (2011): *Formal Approaches in Categorization.* Cambridge.

Putnam, Hilary (1975): The meaning of ›meaning‹. In: *Minnesota Studies in the Philosophy of Science* 7, 131–193. [dt.: *Die Bedeutung von ›Bedeutung‹.* Frankfurt a. M. 1979].

Putnam, Hilary (1981): *Reason, Truth, and History.* Cambridge. [dt.: *Vernunft, Wahrheit und Geschichte.* Frankfurt a. M. 1990].

Rosch, Eleanor (1978): Principles of categorization. In: Eleanor Rosch/Barbara Lloyd (Hg.): *Cognition and Categorization.* New York, 27–48.

Rosch, Eleanor/Mervis, Carolyn (1975): Family resemblances. In: *Cognitive Psychology* 7, 573–605.

Rosch, Eleanor/Mervis, Carolyn/Gray, Wayne/Johnson, David/Boyes-Braem, Penny (1976): Basic objects in natural categories. In: *Cognitive Psychology* 8, 382–439.

Schneider, David (2004): *The Psychology of Stereotyping.* New York.

Shapiro, Lawrence (2011): *Embodied Cognition.* London.

Steels, Luc (2012): Grounding language through evolutionary language games. In: Luc Steels/Manfred Hild (Hg.): *Language Grounding in Robots.* New York, 1–22.

Wittgenstein, Ludwig (1953): *Philosophical Investigations.* London. [dt.: *Philosophische Untersuchungen.* Frankfurt a. M. 1977].

Frank Jäkel/Uwe Meyer

10. Kommunikation

Auf einer Party unterhalten sich zwei Menschen über ihren letzten Urlaub. Sie sprechen abwechselnd, meist ohne sich ins Wort zu fallen, nicken einander zu, gestikulieren, malen mit den Händen Szenen in die Luft, lachen, runzeln die Stirn, mimen Entsetzen, Langeweile oder Begeisterung, und wenn man genau hinschaut, bemerkt man auch, dass sie im selben Rhythmus sprechen, ähnliche Körperhaltungen einnehmen und sich im selben Takt bewegen – und das alles, obwohl es auf der Party so laut ist, dass die Kommunikationspartner kaum in der Lage sein können, jedes Wort des anderen zu verstehen. Schließlich verständigen sie sich durch einen Blick und ein Schwenken des Kopfes darauf, noch einmal beim Buffet vorbeizuschauen.

Kommunikation ist eine zentrale Fähigkeit des Menschen, vielleicht von Lebewesen überhaupt. Ihre vielfältigen Formen reichen von der chemischen Kommunikation von Einzellern über elektrische, olfaktorische, optische und akustische Kommunikationsformen im Tierreich bis hin zur verbalen Kommunikation des Menschen, die sich kulturell vermittelter Symbole, d. h. der Wörter der menschlichen Sprachen, bedient. Kommunikation kann zwischen zwei Partnern stattfinden, aber auch größere Gruppen von Individuen, sog. kommunikative Netzwerke, umfassen. In beiden Fällen können sich entweder alle an der Kommunikation beteiligen oder viele dem zuhören, was wenige oder nur einer kommunizieren. Kommunikation kann absichtlich (intentional) erfolgen, z. B. wenn jemand einem anderen etwas willentlich mitteilt, sie kann aber auch unabsichtlich erfolgen, z. B. wenn jemand dem Verhalten des anderen Informationen entnimmt, die jener gar nicht kommunizieren wollte: Wer etwa ständig mit den Fingern auf den Tisch trommelt, signalisiert dem anderen seine Nervosität oder Ungeduld, meist ohne dies zu wollen. Dieses Phänomen gibt es auch im Tierreich, etwa wenn ein Vogel aufhört zu singen und ein Reh dies als Gefahrensignal wahrnimmt. Ohne Kommunikation ist ein Leben in Sozialverbänden nicht denkbar: Kommunikation dient der Orientierung in der Welt und dem Finden von Artgenossen, sie fördert den Zusammenhalt sozialer Gruppen, ermöglicht komplexe Formen von Kooperation und dient der Manipulation des anderen zur Durchsetzung der eigenen Interessen. Obwohl Kommunikation in den meisten Fällen mühelos und wie von selbst gelingt (Garrod/Pickering 2004), sind die dafür erforderlichen und nur zum Teil bewusst zu

beeinflussenden kognitiven Prozesse ausgesprochen komplex.

Zu Beginn der Kommunikationsforschung in der Kognitionswissenschaft wurde Kommunikation als Prozess der Informationsübertragung verstanden: Der eine Kommunikationspartner lässt dem anderen eine verbale Botschaft zukommen, die dieser entschlüsselt und mit einer neuen Botschaft beantwortet. Seither ist allerdings deutlich geworden, dass dies eine stark verkürzte Sicht eines sehr viel komplexeren Geschehens ist. Kommunikation ist mehr als der Austausch verbaler Informationen, es ist ein dynamischer, mehrere Ebenen der kognitiven Verarbeitung umfassender, multimodaler Interaktionsprozess (Wachsmuth et al. 2008). Aus diesem Grund ist die Kommunikationsforschung heutzutage viel umfassender und beschäftigt sich mit

- einem komplexen sozialen Geschehen, in dem verbale Äußerungen zwar von zentraler Bedeutung sind, die Körper der Kommunikationspartner aber ebenso eine Rolle spielen wie ihre physische, soziale und kulturelle Umwelt (s. Kap. III.7),
- der Kommunikation zwischen Menschen ebenso wie mit der Kommunikation zwischen und mit künstlichen intelligenten Systemen (s. Kap. IV.13) sowie
- dem Kommunikationsverhalten in der Tierwelt, was das Verständnis für die Eigenheiten von Kommunikation schärft und Hinweise auf die Entstehung der kommunikativen Fähigkeiten des Menschen gibt.

Da kommunikative Fähigkeiten eng mit anderen kognitiven Fähigkeiten verknüpft sind, ist die Erforschung der Kommunikation auch immer ein Beitrag zur Erforschung von Kognition insgesamt. Die Geschichte der Kommunikationsforschung in der Kognitionswissenschaft ist dementsprechend die Geschichte einer Erweiterung des Forschungsgegenstandes, dessen Komplexität im Laufe der letzten Jahrzehnte immer deutlicher wurde! Und mit der Komplexität des Forschungsgegenstandes wuchs auch das Methodenrepertoire. Kommunikationsforschung ist, wie die Kognitionswissenschaft insgesamt, ein interdisziplinäres Unterfangen, das ebenso in der Computerwissenschaft (s. Kap. II.B) und der Linguistik (s. Kap. II.C) angesiedelt ist wie in der Philosophie (s. Kap. II.F), der Psychologie (s. Kap. II.E), den Neurowissenschaften (s. Kap. II.D), der Anthropologie und der Evolutionsforschung (s. Kap. II.A).

Das Kommunikationsmodell von Shannon und Weaver

Für die frühe Kommunikationsforschung spielt die aus der Informationstechnik stammende Metapher der Signalübertragung eine zentrale Rolle. Auf sie gründeten die US-amerikanischen Mathematiker und Begründer der Informationstheorie Claude Shannon und Warren Weaver ihr Kommunikationsmodell. Shannon formulierte in den 1940er Jahren eine mathematische Theorie der Zeichenübertragung, die im Kontext der technischen Realisierung von Nachrichtenübermittlungen stand (Shannon 1948). Demnach produziert eine Nachrichtenquelle eine Nachricht, die von einem Sender in ein Signal umgewandelt und über einen Kanal, zu dem sowohl Sender als auch Empfänger Zugang haben, an den Empfänger übermittelt wird. Der Empfänger nimmt die Nachricht entgegen und verwandelt sie in ihre ursprüngliche Form zurück (vgl. Abb. 1).

Technisch gesehen, ist Shannon zufolge der Kommunikationsprozess damit abgeschlossen: Kommunikation ist lediglich das Entgegennehmen einer Nachricht eines Senders, der den gleichen Zeichensatz zur Informationsübertragung benutzt wie der Empfänger, eine eventuelle Antwort des Empfängers an den Sender ist ein neuer Kommunikationsprozess. Shannon befasste sich nicht mit dem Inhalt der im Kommunikationsprozess übermittelten Nachricht: Er behandelte Information als rein technische Größe ohne semantischen Gehalt, die sich durch Methoden der Wahrscheinlichkeitstheorie und Statistik untersuchen lässt, genauer gesagt als binäre Größe, die der Wahl zwischen genau zwei Möglichkeiten entspricht und daher in Form von sog. Bits (*binary units*) quantifiziert und unabhängig vom semantischen Gehalt und vom Medium repräsentiert werden kann.

Während Shannon sich mehr für die technische Seite der Informationsübertragung in der Kommunikation interessierte, war Weaver für die philoso-phischen Implikationen ihres berühmten gemeinsamen Aufsatzes zuständig, der als Grundstein der Informationstechnik gilt (Shannon/Weaver 1949). Weaver zeigte, dass ihr Kommunikationsmodell nicht nur die technische Signalübertragung (z. B. *via* Telefon) abbilden kann, sondern Kommunikationsprozesse im Allgemeinen. Er legte außerdem den Grundstein für die maschinelle Übersetzung (s. Kap. II.C.4), indem er dafür argumentierte, dass Computer in Übersetzungen eine zentrale Rolle spielen könnten, sofern unterschiedliche Sprachen auf eine gemeinsame basale Ebene zurückgeführt werden können, von der die maschinelle Übersetzung ihren Ausgang nehmen kann (Weaver 1949/1955). Bei der Kommunikation zwischen Menschen ist der Mensch zugleich Nachrichtenquelle und Sender der Nachricht.

Das Shannon-Weaver-Modell entspricht in seiner Struktur Annahmen, die aus der klassischen philosophischen Literatur, etwa von Aristoteles oder John Locke bekannt sind (s. Kap. IV.20), wonach ein Sprecher einen Gedanken in Worte fasst, diese dem Empfänger mitteilt, der die Worte wieder in Gedanken zurückübersetzt. Die frühe Kommunikationsforschung hat sich an diesem äußerst einflussreichen Modell orientiert, sich damit aber auf den Austausch verbaler Informationen beschränkt.

Zahlreiche für die menschliche Interaktion interessante Aspekte der Kommunikation spielen im Shannon-Weaver-Modell keine Rolle. Dazu gehört wie gesehen die Semantik, also die Bedeutung des in der Kommunikation Übermittelten, außerdem der Prozess des Decodierens und Encodierens, also die von den Kommunikationspartnern geteilten Regeln der Phonologie und der Syntax, aber auch die Situation, in der der Kommunikationsprozess stattfindet, die Absichten des Sprechers und die Reaktionen des Hörers, die unter dem Begriff ›Pragmatik‹ zusammengefasst werden. Zudem fehlen die vielen anderen ›Kanäle‹, über die ebenfalls Informationen ausgetauscht werden, wenn sich zwei Menschen von

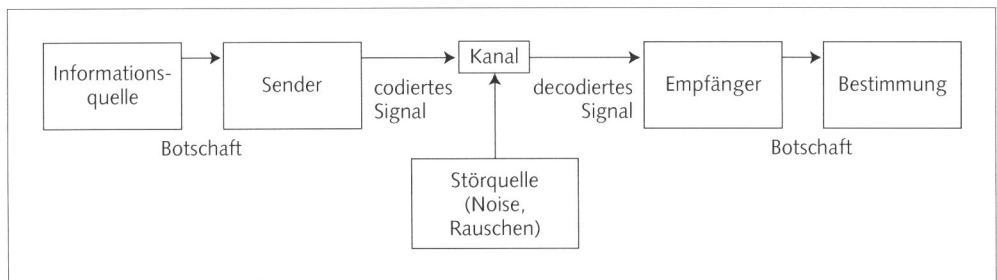

Abbildung 1: Das Kommunikationsmodell von Shannon/Weaver (1949)

Angesicht zu Angesicht gegenüberstehen und miteinander sprechen: Kanäle wie Gestik, Mimik, Körperhaltung oder Sprachrhythmus (Nobe 2000).

Weitere Kommunikationsmodelle

Im Anschluss an Shannon und Weaver wurden zahlreiche weitere Kommunikationsmodelle entwickelt, die die von ihnen nicht berücksichtigten Faktoren einzubeziehen und zu systematisieren versuchten. Dabei griff man insbesondere Überlegungen auf, die Karl Bühler bereits in den 1930er Jahren entwickelt hatte. Bühler begriff Sprache in der Tradition Platons als ein Werkzeug, mit dem man in der Welt etwas bewirkt (Bühler 1934). Er unterschied in seinem Organon-Modell drei Funktionen: die Ausdrucksfunktion, die Appellfunktion und die Darstellungsfunktion. Im Zentrum von Bühlers Modell steht das Organon, das sinnlich wahrnehmbare kommunizierte *Zeichen*. Das Organon steht in Beziehung zum *Sprecher*, der es benutzt, zum *Empfänger*, der es wahrnimmt, und zu dem *Gegenstand* oder Sachverhalt, für den es steht. Der Sprecher benutzt das sprachliche Zeichen, um damit etwas zum Ausdruck zu bringen. Dieser Ausdruck will den Adressaten, Empfänger oder Zuhörer zu etwas bewegen, sei es zu einer aktiven Reaktion oder lediglich zum Zuhören. Das Organon-Modell ist nicht auf sprachliche Ausdrücke beschränkt, sondern kann kommunikative Zeichen aller Art beschreiben. Roman Jakobson (1960) erweiterte das Organon-Modell auf sechs Faktoren: den *Kontext*, in dem eine Äußerung steht und der sie erst verständlich macht, die *Botschaft*, die der Sprecher vermitteln will, den *Sender*, dessen Meinung über einen Sachverhalt in der Botschaft ausgedrückt wird, den *Empfänger*, der die Botschaft entgegennimmt, den *Kontakt*, d.h. den physischen Kanal, über den die Botschaft vermittelt wird (z.B. eine Telefonleitung), und den geteilten *Code* der Kommunikationspartner (z.B. die gemeinsame Sprache). Harold Lasswell (1948) hingegen unterschied fünf Aspekte der Kommunikation, die in der bekannten Lasswell-Formel zusammengefasst werden: Wer sagt was zu wem über welchen Kanal mit welchem Erfolg?

Unter den zahlreichen Kommunikationsmodellen hat sich in der Sprachwissenschaft v.a. das sog. Drei-Ebenen-Modell durchgesetzt (Krämer 2006), das die Ebene der Ausdrucksbedeutung, die Ebene der Äußerungsbedeutung und die Ebene des kommunikativen Sinns unterscheidet. Auf der Ebene der Ausdrucksbedeutung geht es um den geäußerten

Satz, nur für sich genommen: Die Ausdrucksbedeutung des Satzes ›Das Fenster steht noch offen.‹ z.B. ist eben, dass das Fenster noch offen steht. Mit der kontextfreien Analyse von Ausdrucksbedeutungen ist eine Kommunikationssituation, in der dieser Satz fällt, jedoch noch nicht hinreichend beschrieben. Auf der Ebene der Äußerungsbedeutung wird er deshalb in seinem Kontext betrachtet; seine Äußerungsbedeutung ist also, dass dieses konkrete durch die Situation von Sprecher und Adressaten definierte Fenster immer noch offen steht. Aber auch das sagt noch nicht alles: Erst auf der Ebene des kommunikativen Sinns zeigt sich, welchen Zweck eine Äußerung erfüllen soll und welche sprachliche Handlung der Sprecher mit ihr vollzieht (ob er mit ihr etwa den Adressaten grüßt, erschreckt, bedroht, tröstet, informiert usw.). Auf dieser Ebene könnte der Beispielsatz etwa eine leicht genervte Aufforderung enthalten und z.B. bedeuten: ›Es ist viel zu kalt hier! Könnte mal endlich jemand das Fenster schließen?‹ Die Analyse der Ausdrucksbedeutung und des kommunikativen Sinns ist Sache der Semantik, die Analyse der Äußerungsbedeutung ist Sache der Pragmatik.

Semantik

Die Semantik untersucht die Bedeutung von kommunikativen Zeichen. Häufig wird sie auch definiert als die Bestimmung der Beziehung von kommunikativen Zeichen zur Welt. Dem liegt jedoch ein nicht allgemein geteiltes Verständnis von Bedeutung zugrunde. Der Begriff der Bedeutung wird in der Sprachphilosophie sowie der Linguistik intensiv diskutiert (s. Kap. IV.20), so dass es eine allgemein akzeptierte Antwort auf die Frage, was Bedeutung ist, nicht gibt. Auf den ersten Blick ist sprachliche Bedeutung ein paradoxes Phänomen: Einerseits wissen Sprecher in der Regel sehr genau über die Bedeutung der von ihnen verwendeten Ausdrücke Bescheid und sind sehr gut in der Lage, sie kompetent zu verwenden und nichtkompetente Verwendungen sofort zu erkennen. Andererseits erweist es sich als ausgesprochen schwierig, die genaue Bedeutung selbst von ganz gewöhnlichen Wörtern wie z.B. ›Stuhl‹ anzugeben (s. Kap. IV.9). Die Bedeutung von Wörtern erschöpft sich nicht einfach darin, dass sie für etwas in der Welt stehen. Die Ausdrücke ›Morgenstern‹ und ›Abendstern‹ z.B. stehen bekanntlich für denselben Gegenstand (die Venus), haben aber nicht dieselbe Bedeutung (bzw. Extension; s. Kap. IV.16). Zudem gibt es Ausdrücke wie ›Pegasus‹ oder ›Ein-

horn‹, denen nichts entspricht, die streng genommen also für gar nichts stehen, aber dennoch nicht
bedeutungslos oder unsinnig sind. Zudem ändert
sich die Bedeutung von Ausdrücken über die Zeit
und je nach dem Kontext, der Gruppe, die sie verwendet, und der Art, wie sie verwendet werden: Man
kann Ausdrücke z. B. in übertragenem Sinne gebrauchen, sie können vage oder doppeldeutig sein, unterschiedliche Sprecher können mit denselben Ausdrücken aufgrund ihrer unterschiedlichen Lebenserfah-
rung unterschiedliche Dinge assoziieren usw. Viele
Ausdrücke bekommen erst im Kontext von Konventionen ihre Bedeutung: So wird z. B. die an eine Person gerichtete Äußerung ›Tag!‹ erst im Kontext einer
Begrüßung verständlich. In Fällen wie diesem verwischt die Grenze von Semantik und Pragmatik.
Diese Flexibilität im Umgang mit sprachlichen Zeichen macht es einerseits zwar schwierig, die Phänomene Bedeutung und Kommunikation insgesamt zu
erfassen, ermöglicht andererseits aber zugleich die
Anpassung der Kommunikation an neue Situationen, Gegenstände und Konstellationen, die die
menschliche Kommunikation zu einem so universell
einsetzbaren Instrument macht.

Sprachphilosophen haben unterschiedliche Versuche unternommen, die Bedeutung von Begriffen
und ganzen Sätzen zu definieren: als Ergebnis der
Bestimmung von Wahrheitswerten, aus der Stellung
eines Ausdrucks im Kontext anderer Ausdrücke,
durch Wortfeldanalysen oder über kognitive Kategorien (s. Kap. IV.9).

Die Semantik der Wahrheitsbedingungen wurde
ausgangs des 19. Jh.s von Gottlob Frege begründet:
Um einen Satz zu verstehen, muss man laut Frege
(1962) angeben können, unter welchen Bedingungen er wahr oder falsch ist. Dies ist allerdings nur bei
Aussagesätzen möglich, die nur einen kleinen Teil
der Kommunikation ausmachen. Alfred Tarski
(1935–1936) entwickelte eine Semantik formaler
Sprachen, die als ›formale Semantik‹ oder ›Mögli-
che-Welten-Semantik‹ bezeichnet wird und die
darauf beruht, dass es in einer formalen Sprache
möglich sein sollte, jedem Ausdruck eindeutig einen
Gegenstand, eine Eigenschaft oder eine Beziehung
zuzuweisen und damit den Wahrheitswert jedes Satzes in dieser Sprache zu bestimmen. Allerdings lässt
sich ein solches Verfahren nur für formale Sprachen,
in denen jeder Ausdruck eindeutig definiert ist,
durchführen. Bei der Anwendung auf natürliche
Sprachen müssen deren Ausdrücke zuerst in eine
formale Sprache übersetzt werden, damit der Wahrheitswert ihrer Ausdrücke festgestellt werden kann
(s. Kap. II.F.4).

Für die Kognitionsforschung relevanter ist die
Semantik natürlicher Sprachen, die zwischen der
Wort- und der Satzsemantik unterscheidet. Das auf
Frege (1923) zurückgehende Prinzip der Kompositionalität besagt, dass sich die Bedeutung zusam-
mengesetzter Ausdrücke aus der Bedeutung seiner
Teile, also der Wörter, und der Regeln ihres Zusammenspiels ergibt. Im Gegensatz zu einem solchen
atomistischen Ansatz gehen holistische Ansätze davon aus, dass die Bedeutung einzelner Ausdrücke
sich v. a. aus ihrer Position in einer Gesamtheit anderer Ausdrücke erklärt. Der Strukturalismus als Extremform des Holismus verzichtet ganz auf die Referenz, d. h. die Beziehung zu Gegenständen in der
Welt, und befasst sich ausschließlich mit der Beziehung der sprachlichen Zeichen untereinander.

Zentral für die Semantik natürlicher Sprachen ist
Tarskis Unterscheidung von Objektsprache und Metasprache: Die Objektsprache ist die Sprache, in der
die Menschen über die Welt sprechen, die Metasprache ist die Sprache, in der über die Objektsprache gesprochen wird. Diese Unterscheidung verhindert
Widersprüche, wie sie etwa in der seit der Antike
diskutierten Lügnerparadoxie entstehen: Wenn ein
Kreter sagt, dass alle Kreter lügen, sagt der dann die
Wahrheit oder lügt er? Nur wenn seine Äußerung
eine metasprachliche Äußerung ist, verschwindet
die Paradoxie: Der in der Metasprache geäußerte
Satz ›Alle Kreter lügen.‹ wird dann als Äußerung
über das Sprachverhalten der Kreter gewertet, nicht
selbst als Sprachverhalten eines Kreters.

In der kognitiven Semantik geht es darum, die
Bedeutung sprachlicher Ausdrücke über die ihnen
zugrunde liegenden kognitiven Kategorien zu bestimmen. Die wichtigste Ausprägung dieses Zweigs
der Semantik ist die Prototypensemantik (Rosch
1973), die sich auf Erkenntnisse über die menschliche Fähigkeit, Begriffe, Gegenstände und Sachverhalte zu kategorisieren, stützt (s. Kap. IV.9) und die
Bedeutung von Ausdrücken nicht über eine Menge
anzugebender Eigenschaften bestimmt, sondern
durch die ihnen zugrunde liegenden kognitiven Kategorien. Im Zentrum einer solchen kognitiven Kategorie steht ein Prototyp, etwa eine besonders typische Ausprägung eines Stuhls. Um diesen herum
sind in immer weiterem Abstand vom Zentrum die
immer weniger diesem Prototyp entsprechenden
Entitäten angesiedelt. Zwischen den zu einer Kategorie gehörenden Dingen besteht demnach zwar
eine gewisse Familienähnlichkeit, aber es gibt keine
Liste gemeinsamer Eigenschaften. Zudem können
Entitäten mehr oder weniger zu einer Kategorie gehören, diese Zugehörigkeit ist also graduell be-

stimmt: Ein Küchenstuhl z. B. ist ein typischerer Vertreter der Kategorie ›Stuhl‹ als ein Melkschemel oder ein aufklappbarer Wanderstab, auf den man sich für eine Rast stützen kann; der Küchenstuhl wäre also in der Nähe des Zentrums der Kategorie ›Stuhl‹ anzusiedeln, Melkschemel und Wanderstab weiter am Rand. Was ein Begriff umfasst, kann im Rahmen der kognitiven Semantik nur durch empirische Untersuchungen des Kategorisierungsverhaltens konkreter Personen festgemacht werden, die traditionelle Unterscheidung von Semantik und Pragmatik hingegen spielt keine große Rolle oder wird explizit als künstlich abgelehnt.

Pragmatik

In der Kommunikation geht es selten nur um die kontextfreie wörtliche Bedeutung des Gesagten: Wer kommuniziert, der tut etwas, auch, aber nicht nur, mit den Worten, die er äußert. Diesem Aspekt widmet sich die Pragmatik, die sich mit den Handlungs- und Kontextaspekten von Äußerungen befasst. In der Pragmatik geht es darum, wer der Sprecher ist, in welchem Zusammenhang die Äußerung steht, welche Absichten der Sprecher mit ihr verbindet, wen er mit dem Gesagten erreichen will usw., also um geteiltes Hintergrundwissen, um Institutionen, Gewohnheiten und Gebräuche, die im Zusammenhang mit einer Äußerung eine Rolle spielen, kurz: um das, was man wissen muss, um eine Äußerung verstehen zu können. Dies haben besonders prominent John Austin und sein Schüler John Searle gezeigt. Auf Austin (1962) geht die Theorie der Sprechakte zurück, die von Searle (1969) weiterentwickelt wurde. Indem man etwas sagt, tut man zugleich etwas, das über das bloße Äußern hinausgeht: Man kann jemanden mit Worten begrüßen, ihm drohen, ihn provozieren, ihn trösten, ihn langweilen, ihn zu etwas auffordern und vieles mehr. Explizit kommt der Zusammenhang von Sprechen und Tun in Formulierungen wie ›Hiermit taufe ich dich auf den Namen …‹ zum Ausdruck, meist wird er aber lediglich durch den Kontext deutlich. Ein solches Handeln durch Sprechen ist ein Sprechakt. Austin unterscheidet zwischen dem lokutionären Akt des Hervorbringens einer Äußerung, dem illokutionären Akt, d. h. dem, was man tut, indem man diese Äußerung von sich gibt, und dem perlokutionären Akt, d. h. der Wirkung, die durch eine Äußerung hervorgebracht wird (z. B. Überzeugen oder Verärgern). Damit wird die Sprechakttheorie der Tatsache gerecht, dass längst nicht alles, was Menschen von sich geben, Behauptungen sind, die dazu dienen, einen anderen über Tatsachen zu informieren, wie sie in Lehrbüchern meist als Standardbeispiele verwendet werden.

Paul Grice hat sich mit dem Phänomen befasst, dass Kommunikationspartner oft mehr meinen als sie explizit formulieren, die Kommunikation dadurch aber nicht weiter behindert wird. Grice führt dies darauf zurück, dass es zwischen Kommunikationspartnern eine Art unausgesprochene Verabredung zur Zusammenarbeit gibt, ein Kooperationsprinzip, wonach sich Kommunikationspartner an Maximen halten, die z. B. fordern, sich auf das Relevante zu beschränken, nichts zu sagen, was man für falsch hält, und die Äußerung angemessen informativ zu gestalten. Ironie, Metaphern und Ähnliches spielen laut Grice (1975) mit der gezielten Verletzung dieser Maximen. Dan Sperber und Deirdre Wilson (1986) reduzieren in ihrer Relevanztheorie die Anzahl dieser Maximen auf eine einzige, ›Be relevant!‹, auf die sich in ihren Augen alle anderen Maximen zurückführen lassen. Ein Adressat prüft demnach die an ihn gerichtete Botschaft v. a. auf die Relevanz im gegebenen Kontext und entscheidet sich für diejenige Interpretation, die die Nachricht bei geringstem Interpretationsaufwand zur relevantesten macht. Angenommen, jemand sagt auf einer Party zu seinem Nachbarn: ›Der Mann mit dem Martini ist Philosoph.‹ In der Nähe steht zwar ein Mann mit einem Martiniglas, aber in seinem Glas ist Wasser und er ist auch kein Philosoph, während im Garten, außer Sichtweite, ein Philosoph steht, der Martini aus seinem Martiniglas trinkt. In dieser Situation ist es einfacher, anzunehmen, der Sprecher habe die falsche Meinung, der Mann in der Nähe habe Martini in seinem Martiniglas, und wolle also auf diesen hinweisen, als darüber nachzugrübeln, wen er sonst hätte meinen können (Grandy 1973).

Andere Ansätze, z. B. die Diskurs-, Gesprächs- und Konversationsanalyse, befassen sich mit dem Ablauf von Gesprächen, etwa dem Abwechseln der Redebeiträge. Diese Ansätze verschmelzen mit Ansätzen der Ethnologie und können auch zu kulturvergleichenden Studien herangezogen werden (s. Kap. II. A.2), denn die pragmatische Seite von Kommunikation ist in hohem Maße kulturell beeinflusst und hängt z. B. davon ab, was als eine angemessene Art zu kommunizieren gilt, welches Hintergrundwissen vorausgesetzt werden kann, welche Gesten verstanden werden und welche als höflich oder beleidigend empfunden werden.

Verstehen

Die Konversationsmaximen von Grice sowie Sperber und Wilson verweisen auf einen zentralen, aber in Theorien der Kommunikation selten explizit thematisierten Aspekt: das Verstehen. Gelingende Kommunikation hängt ganz entscheidend davon ab, dass das Kommunizierte auch verstanden, d.h. die Kommunikationsabsicht des Sprechers erkannt wird. Dazu gehören Bemühungen auf Seiten des Sprechers wie des Adressaten. Verschiedene Autoren haben Prinzipien und Maximen formuliert, die Menschen angeblich befolgen müssen, um andere zu verstehen oder selbst verstanden werden zu können.

Willard Van Orman Quine (1960) verdeutlichte dies mit einem Gedankenexperiment: Angenommen, ein Ethnologe kommt zu einem Stamm, dessen Sprache er nicht beherrscht, und er hört die Menschen immer dann, wenn ein Kaninchen auftaucht, ›Gavagai‹ sagen. Daraus allein, so Quine, kann der Ethnologe nicht schließen, ob ein bestimmtes Kaninchen, Kaninchen allgemein, eine bestimmte Verhaltensweise des Kaninchens oder vielleicht sogar nur Teile des Kaninchens gemeint sind. Erst durch weitere Erfahrungen, durch Annahmen, die widerlegt oder bestätigt werden, kann diese Unklarheit beseitigt werden. Je abstrakter ein Satz ist, je weniger sich also das Gesagte durch die Erfahrung bestätigen lässt, desto unsicherer ist die Übersetzung. Kommt bei einer Übersetzung Unsinn heraus, so Quine, sollte man generell eher von einem Übersetzungsfehler ausgehen als davon, dass der andere Unfug erzählt oder unlogisch denkt (das sog. *principle of charity*).

Ein zweites, besonders prominentes Prinzip, das Verstehen ermöglichen soll, ist die sog. Rationalitätsannahme (z.B. Davidson 1973; Scholz 2001), wonach Menschen aus der im Prinzip unendlich großen Anzahl möglicher Erklärungen für eine Handlung oder eine Äußerung jene auswählen, die zu tun oder zu meinen aus der Perspektive des zu Verstehenden am vernünftigsten wäre. Dies tun sie diesem Ansatz zufolge nicht deshalb, weil sie selbst so vernünftig wären oder Rationalität für einen großen Wert hielten, sondern weil man Menschen, die in ihrem Verhalten oder ihren Äußerungen zu wenig Rationalität zeigen, gar nicht verstehen kann: Man kann z.B. niemandem glauben, er sei zugleich der Ansicht, es regne und es regne (am selben Ort und zur selben Zeit) nicht. Und je weniger das, was jemand sagt, zu dem passt, was er tut, desto weniger glaubt man ihm, dass er tatsächlich die Absichten und Ansichten hegt, die er kundtut. Diese Theorie

der Rationalisierungserklärung wurde häufig als unrealistisch kritisiert (z.B. Stich 1984): Natürlich lassen sich zahlreiche Beispiele für unvernünftiges und schwer zu verstehendes Verhalten finden, es ist aber auch nicht schwierig, Beispiele für das Gegenteil zu finden, d.h. für Handlungen, die unvernünftig und doch nur allzu verständlich sind. Menschen entscheiden und schlussfolgern zumeist unter Bedingungen unvollständiger Information oder unter Zeitdruck (s. Kap. IV.6, Kap. IV.17), und obwohl sie regelmäßig hinter den Standards der Logiklehrbücher zurückbleiben (s. Kap. II.F.4), sind ihr Verhalten und ihre Äußerungen in aller Regel nicht unverständlich. Infolge dieser Kritik wurde die Annahme, jemand müsse rational sein, damit er verstanden werden könne, mehr und mehr abgeschwächt und letztendlich durch die Ähnlichkeitsannahme ersetzt, wonach man den anderen als mit sich selbst hinreichend ähnlich ansehen müsse: Man schreibt ihm also nicht unbedingt diejenigen Äußerungen zu, die sein Verhalten als rational erscheinen lassen, sondern diejenigen, die man selbst in der fraglichen Situation äußern würde (s. Kap. IV.21).

Ebenso wie bei der Rationalitätsannahme stellt sich bei der Ähnlichkeitsannahme allerdings die Frage, wie ähnlich der andere einem selbst sein muss, um verstanden werden zu können. Wenn es beim Verstehen der sprachlichen Äußerungen des anderen Probleme gibt, dann empfiehlt es sich in jedem Fall, nach weiteren kommunikativen Signalen Ausschau zu halten – die nicht unbedingt sprachlicher Art sein müssen.

Gestik, Mimik und verkörperlichte Kommunikation

Schon der antiken Rhetorik war geläufig, dass die Körpersprache des Redners eine Rolle spielt, wenn es darum geht, andere zu überzeugen. In der Schauspielkunst ist der ausdrucksvolle Körper ein zentrales Darstellungsmittel. Und auch die Zeichensprachen gehörloser Menschen und ihre Parallelen zur gesprochenen Sprache haben früh das Interesse von Sprachforschern gefunden. Doch obwohl 90 Prozent der gesprochenen Sprache in einem Dialog von Angesicht zu Angesicht von Gesten begleitet werden, interessieren sich Forscher erst seit Kurzem vermehrt für die Bedeutung des Köpers im Kommunikationsgeschehen.

Unter ›verkörperlichter Kommunikation‹ (*embodied communication*; s. Kap. III.7) versteht man einen Ansatz, der auf der Einsicht beruht, dass jeder

Informationsaustausch unter den Mitgliedern einer sozialen Gruppe auf einem ausdrucksvollen Körper und dessen Beziehung zu anderen ausdrucksvollen Körpern sowie zu Objekten beruht (z. B. Argyle 1988; Ekman/Friesen 1969; Wachsmuth et al. 2008). Verkörperlichte Kommunikation ist eine interaktive Beziehung zwischen den Kommunikationspartnern, die auf verschiedenen Ebenen parallel realisiert wird: von basalen neuronalen Reaktionen auf die Präsenz des anderen, was oft mit dem System der Spiegelneuronen assoziiert wird (z. B. Kohler et al. 2002), bis hin zu symbolischer Kommunikation in kulturellen Kontexten. Es geht also nicht nur um gesprochene Sprache, sondern ebenso darum, wie Lebewesen ihren Körper in der Kommunikation einsetzen und wie sie Gesten, Mimik, Körperhaltung und -bewegung produzieren und verstehen.

Das auffälligste verkörperlichte Merkmal zwischenmenschlicher Kommunikation sind Gesten. Lange war man der Meinung, die Gesten, von denen verbale Kommunikation begleitet wird, seien für die Inhalte des Gesagten belanglos oder lediglich für die Vermittlung der Emotionen des Sprechers zuständig, also ein Mittel, um soziale Beziehungen aufzubauen. Heute ist klar, dass sich die Rolle von Gesten nicht darin erschöpft, das Gesagte zu illustrieren: vielmehr helfen sie dem Denken und der Kommunikation, sind ihr integraler Bestandteil (Duncan 2008; Kita 2000; McNeill 1992):

- Gesten können Informationen ergänzen, zusammenfassen, betonen, aber auch konterkarieren;
- sie sind wichtig für die Konsistenz des Gesagten und verdeutlichen häufig die räumliche Beziehung der Handelnden in einer Erzählung;
- sie sind wichtig für die Flüssigkeit der Rede: Menschen sprechen in einem bestimmten Takt und sorgen unbewusst dafür, dass ihre Worte, ihre Gesten und ihre gesamte Körpersprache synchron verlaufen;
- sie passen zu den gesprochenen Silben und geben den Takt des Redeflusses an, einen Rhythmus, den die Zuhörer nach einer kurzen Phase oft übernehmen;
- sie erfolgen dabei nicht unmittelbar im selben Takt wie das Sprechen, sondern gehen ihm ein klein wenig voraus und treiben das Sprechen voran;
- der von Gesten gegebene Rhythmus spielt eine Rolle bei der Koordination der multimodalen Äußerungen einer Person (Wachsmuth 2000);
- prosodische Signale sind zentral, um ein flüssiges *turn-taking* (die Abwechslung beim Sprechen und Zuhören) zu ermöglichen – der von den Kommu-

nikationspartnern übernommene gemeinsame Rhythmus zeigt, wann man sprechen kann, ohne dem anderen ins Wort zu fallen (de Ruiter 2000);
- Gesten sind so eng mit dem Sprechen verbunden, dass Menschen z. B. auch am Telefon gestikulieren;
- eine Situation zu beschreiben und dabei auf den Händen zu sitzen, also nicht dabei gestikulieren zu können, ist für Menschen schwierig und unangenehm (Duncan 2008);
- vielfältige Gestik ist die Vorstufe zu einem großen Wortschatz (Rowe/Goldin-Meadow 2009);
- Hirnschädigungen, die zu Aphasien führen, also zu Störungen beim Sprechen und Sprachverstehen (s. Kap. II.C.3), beeinträchtigen auch die Fähigkeit zu Gestikulieren;
- Parkinson-Patienten führen wenig bis keine Gesten aus, zugleich ist ihr Wortschatz verarmt und ihr Sprechen oft inkonsistent;
- Patienten mit anderen Sprachstörungen können Gesten benutzen, um ihr Problem zu kompensieren;
- das Gehirn reagiert auf Gesten, die nicht zum Gesagten passen, wie auf Wörter, die nicht in einen Satz passen (z. B. ›Er aß mit Messer und Socken.‹; Kelley et al. 2004).

Wer zu einem anderen spricht, der produziert demnach nicht Sprache und garniert diese zusätzlich mit Gesten, er produziert Sprache und Gesten in einem Prozess. Und ebenso gilt: Wer einem anderen zuhört, der interpretiert Wortbedeutungen und Gesten in einem Prozess. Laut McNeill (1992) bilden Gesten und Sprache eine Einheit, der ein gemeinsamer kognitiver Prozess zugrunde liegt, den er den ›growthpoint‹ nennt.

Die zahlreichen von Menschen benutzten Gesten werden in verschiedene Klassen eingeteilt:
- Deiktische Gesten sind zeigende Gesten, die oft Wörter wie ›hier‹ oder ›dies‹ begleiten;
- ikonische Gesten spielen eine zentrale Rolle in der Organisation von bildlichen Informationen bei der Beschreibung komplexer Szenen, sie ›malen‹ ein Bild (z. B. wenn jemand mit beiden Händen die Regenrinne darstellt, die Tweety auf der Flucht vor Sylvester hinabsaust; Duncan 2008);
- metaphorische Gesten stellen abstrakte Bilder dar: eine sprachlich ausgeführte Idee wird mit den entsprechenden Gesten gehalten, untermauert, umfasst oder beiseite geschoben (wie ikonische Gesten sind metaphorische Gesten oft lexikalisiert, d. h. sie haben nur in einem bestimmten Kulturkreis eine bestimmte Bedeutung, ähnlich wie die Wörter einer Sprache);

- ähnlich wie bei Wörtern gibt es auch bei Gesten solche, die zum Allgemeingut einer Kultur gehören (jemanden heranwinken, ›einen Vogel zeigen‹, der hoch gestreckte Daumen usw.), und andere, die nur in bestimmten Fachkontexten eine Rolle spielen (etwa bei der Verständigung von Tauchern oder Feuerwehrleuten);
- McNeill (1992) ergänzt diese Klassifikation schließlich noch um die sog. *beats*, d. h. um Bewegungen, in der Regel Handbewegungen, die den Rhythmus der Kommunikation angeben.

Ebenso wie es Wörterbücher der gesprochenen Sprache gibt, gibt es verschiedene Versuche, Gestenlexika zusammenzustellen, z. B. das *Berliner Gestenlexikon* (Müller/Posner 1999; Posner et al. 1999). Dazu wurden mit der Hand ausgeführte Gesten (und parallel dazu die begleitenden Äußerungen) mithilfe eines Datenhandschuhs aufgezeichnet. Die Aufzeichnungen der Gesten wurden dann Versuchspersonen vorgespielt, die angeben sollten, was die Gesten bedeuten. Zugleich versuchten die Forscher die Geschichte der Gesten aus alten Aufzeichnungen bis zurück zu antiken Vasenmalereien zu verfolgen, der These entsprechend, dass sich Gesten aus formverwandten Gebrauchsbewegungen entwickelt haben. Die gesammelten Gesten wurden in bislang etwa 150 Familien (z. B. ›Drohgesten‹) eingeteilt und in einer multimedialen Datenbank gesammelt. Unklar ist noch, wie stark die kulturelle Varianz unterschiedlicher Gesten ausfällt und ob Gestenlexika dementsprechend national ausgerichtet sein müssen oder ob es international verständliche Teile gibt.

Viele Gesten, v. a. die lexikalisierten, werden mit der Hand ausgeführt, zu den Gesten wird aber oft auch die gesamte Körpersprache gerechnet, einschließlich vor dem Körper verschränkter Arme, des leicht zur Seite geneigten Kopfes, aufgerissener Augen oder hochgezogener Schultern. Vor allem die Mimik, für deren filigrane Ausprägung dem Menschen über 40 Gesichtsmuskeln insbesondere um Augen und Mund zur Verfügung stehen, ist für die Kommunikation zentral: Ein Rümpfen der Nase oder Verdrehen der Augen z. B. verkehrt die Bedeutung des Gesagten leicht in ihr Gegenteil. Forscher versuchen, neben Gestenlexika auch Blick- und Berührungslexika zusammenzutragen (Poggi 2001). Sie konnten auch zeigen, dass sich im Zuge der Kommunikation der gesamte Körper auf eine bestimmte Weise bewegt (Sebanz et al. 2006) und Menschen durchaus in der Lage sind, diese Bewegungen als Hinweise auf ehrliche oder weniger ehrliche Sprecherabsichten zu interpretieren (Oberzaucher/

Grammer 2008), denn anders als sprachliche Ausdrücke gelten Gesten, Mimik und Körperbewegungen als größtenteils unbewusst ausgeführte und daher verlässliche Signale, die oft mehr über die Haltung des Sprechers verraten als seine Worte: Mit dem Körper zu lügen, erfordert Training und großes Geschick.

Gesten sind in der Kommunikationsforschung nicht nur für ihren Beitrag zur zwischenmenschlichen Kommunikation, sondern auch für die Ontogenese und Phylogenese der Sprache von Interesse. Bislang gibt es auf die schon lange intensiv diskutierte Frage nach der Evolution von Sprache keine eindeutige Antwort. Auf genetischer Ebene spielen anscheinend Mutationen im Gen FOXP2 eine Rolle, die nicht weiter als 350.000 Jahre zurückliegen (Enard et al. 2002). Einer Theorie zufolge entstanden die ersten Worte aus Lauten, die verwendet wurden, um etwa Tierlaute nachzuahmen oder sich bei der gemeinsamen Jagd zu verständigen, eine andere besagt, es habe sich um Laute gehandelt, die Emotionen zum Ausdruck brachten, und wiederum eine andere spricht Gesten ein zentrale Rolle zu: Da Menschen schon komplizierte Werkzeuge hergestellt und benutzt haben, bevor sie sprechen konnten, könnte die Kommunikation über Gesten der sprachlichen Kommunikation vorausgegangen sein. Laute, die einst Gesten begleiteten, könnten sich zu den ersten Wörtern entwickelt haben, die nach und nach auch unabhängig von den sie begleitenden Bewegungen verstanden wurden (McNeill 1992). Dafür spricht auch die Sprachentwicklung bei Kindern (s. Kap. IV.12): Sprechen und Gestikulieren entwickeln sich gemeinsam, aber die Geste geht dem gesprochenen Wort immer ein wenig voran. Vor allem die Zeigegeste dient dazu, etwas zu verlangen, auf etwas hinzuweisen oder Erwachsene dazu zu bringen, Gegenstände zu benennen – und fördert so die sprachliche Entwicklung. Für eine Koevolution von Sprache und Gestik spricht ebenso, dass Händigkeit, Sprache und Zeichensprache häufig in der linken Hirnhälfte lokalisiert werden.

Auch nichtmenschliche Primaten kennen kommunikative Signale, z. B. das in die Hände Klatschen, um Aufmerksamkeit zu erregen, das Ausstrecken der Hand, um etwas zu erbitten, oder das der Mutter an die Seite Tippen, um hochgehoben und getragen zu werden. Manche Affen erlernten in menschlicher Obhut auch die Zeigegeste, die nicht zu ihrem natürlichen Repertoire gehört, und nutzten sie, um Nahrung oder andere Gegenstände einzufordern.

Gesten sind also keine minderwertige Form der Informationsübermittlung, eine Art Notanker, des-

sen sich bedient, wer sich verbal nicht klar ausdrücken kann, und keine bloße Begleitung oder Illustration, sondern ein wichtiger Kanal bei der Übermitt-
lung und beim Verstehen von kommunikativen
Signalen.

Kommunikation mit Maschinen

Mehr und mehr umgeben wir uns mit Maschinen,
die flexibel auf unterschiedliche Bedürfnisse reagieren können. Solche Maschinen müssen mit den
Menschen, die sie benutzen wollen, kommunizieren
und kooperieren können. Kommunikationsfähige
Maschinen spielen in der Kommunikationsforschung in mehreren Hinsichten eine Rolle.

Erstens geht es darum, anhand der in der Kommunikationsforschung gewonnenen Einsichten in
den Kommunikationsprozess die Kommunikation
an der Mensch-Maschine-Schnittstelle zu verbessern, d.h. darum, Maschinen zu bauen, mit denen
Menschen auf einfache, intuitive und dennoch effiziente und zuverlässige Weise kommunizieren können (s. Kap. IV.13). Diese Kommunikation mag über
eine Tastatur erfolgen, über Touchscreen, Gesten-
steuerung, Symbole oder über die Sprache, die aus
einem Lautsprecher am Computer tönen, von einem
auf dem Bildschirm zu sehenden Avatar oder einem
Roboter mit humanoidem Antlitz gesprochen werden mag. Künstliche kommunizierende Systeme
werden nicht als vertrauenswürdig und schon gar
nicht als angenehm empfunden, wenn zentrale Elemente menschlicher Kommunikation wie Gesten,
Mimik, Intonation oder Körpersprache nicht berücksichtigt werden (Pelachaud 2009; Poggi/Pelachaud
2008). Dies stellt hohe Anforderungen sowohl an die
technische Realisierung der kommunizierenden
Maschinen als auch an das konzeptuelle Verständnis
menschlicher Kommunikation.

Zweitens geht es darum, menschliche Kommunikation besser zu verstehen, indem man versucht, sie
in künstlichen kommunizierenden Systemen nach-
zubauen. Zu diesem Zweck werden Maschinen,
Avatare und Roboter mit sprachverarbeitenden und
-generierenden Systemen ausgestattet und immer
wieder mit menschlichen Sprechern konfrontiert.
Deren Reaktionen vermitteln Aufschlüsse darüber,
was noch fehlt, um die Kommunikation fließend
und angenehm zu gestalten, sowie darüber, welche
Annahmen sich als hilfreich oder hinderlich erweisen. Erst im Prozess des Baus künstlicher kommunizierender Systeme, die so für die Kommunikationsforschung als verkörperte Hypothesen fungieren,

fällt oft auf, welche Aspekte der menschlichen Kommunikation bislang noch gar nicht oder nur unzureichend verstanden oder berücksichtigt wurden.
Ein Beispiel ist die Analyse von *turn-taking*-Signa-
len, d.h. derjenigen verbalen und nichtverbalen Signale, die dem Kommunikationspartner signalisieren, wann er sprechen kann, ohne dem anderen ins
Wort zu fallen; ein anderes Beispiel ist die Analyse
von Kopfbewegungen und Gesichtsausdrücken, die
das gesprochene Wort begleiten. Auch das *Berliner
Lexikon der Alltagsgesten* (Posner et al. 1999) sammelt und klassifiziert nicht nur Gesten, es produziert
zugleich Vorlagen dafür, wie Maschinen gestikulieren müssten, um von Menschen akzeptiert und verstanden zu werden. Solche Studien der Mensch-Maschine-Kommunikation können aber auch zeigen,
welche Aspekte eines Kommunikationsmodells vereinfacht oder weggelassen werden können, ohne
dass die Kommunikation darunter leidet.

Drittens schließlich ist die Kommunikation natürlicher Systeme eine erstrangige Quelle von Inspi-
rationen für den Bau kommunizierender Maschinen. So verfügen Menschen über Methoden, eine
große Menge an Informationen zu kommunizieren,
ohne auch nur ein Wort sprechen zu müssen, etwa
die Fähigkeit, durch Gesichtsausdrücke, Körperhaltung und Bewegungsart einen Einblick in den Zustand des Gesamtsystems zu geben. Auf solche Fähigkeiten möchten Robotiker umso weniger verzichten, je komplexer ihre Maschinen werden.
Idealerweise könnten künstliche Agenten auch als
Plattform dienen, um die Forschungsergebnisse, die
unterschiedliche Bereiche der Kommunikation betreffen, zusammenzubringen, wie es etwa bei der
europäischen Roboterplattform iCub geschieht.

Eine vierte Möglichkeit, die die Arbeit mit künstlichen sprechenden Systemen bietet, ist die Simulation der Entstehung von Proto-Zeichensystemen
oder Proto-Sprachen. Bekannt wurden in diesem
Zusammenhang v.a. die *talking heads* von Luc Steels.
Die grundlegende Idee besteht darin (Steels 2000),
ein künstliches kommunizierendes System nicht
mit einem fertig vorgegebenen Kommunikations-
system auszustatten (*top-down*-Ansatz), sondern es
selbst ein solches entwickeln zu lassen (*bottom-up*-
Ansatz). Gelänge es einem solchen System, Begriffe
und Kategorien zu bilden, die seinen eigenen Bedürfnissen und Fähigkeiten entsprechen, so die
Idee, finge es vielleicht auch an zu verstehen, was es
sagt.

Steels und seine Gruppe untersuchten die Entstehung eines geteilten Wörterbuchs in einer Popula-
tion von verkörperten Agenten. Wörter, so ihre

These, haben keine feststehende Bedeutung, und das Wissen um Bedeutungen ist auch nicht angeboren. Vielmehr werden Wörter und ihre Bedeutungen in einer Art Sprachspiel in der Interaktion mit anderen in der realen Welt ausgehandelt. Um diese These zu testen, spielten immer zwei künstliche Agenten ein Ratespiel, bei dem sie mit Kameras auf eine Tafel blickten, auf der verschiedene Objekte angeordnet waren, und darüber sprachen, was sie sahen. Der Sprecher suchte sich ein Objekt aus und gab ihm eine selbst generierte Bezeichnung, die er dem Hörer nannte. Anschließend musste der Hörer raten, welches der Objekte der Sprecher im Sinn hatte. So konnte etwa ›Malewina‹ bedeuten: das Rote ganz oben in der linken Ecke. Hatte der Hörer das Gemeinte erraten, war das Ratespiel erfolgreich beendet und beide Seiten bekamen Punkte, erriet er es nicht, bekam niemand einen Punkt, doch der Sprecher gab dem Hörer ein Zeichen, welches Objekt er gemeint hatte und das Ratespiel konnte von Neuem beginnen. Im Zuge einer Reihe solcher Interaktionen bildeten die Agenten ein geteiltes Wörterbuch aus.

Eine ähnliche Studie wurde mit Aibo-Roboterhunden durchgeführt, die sich darüber verständigen sollten, wohin ein Ball rollte. Sie brauchten etwa 5.000 Durchgänge, bis sie ein stabiles geteiltes Vokabular für einfache Sachverhalte wie ›der Ball rollt nach links‹ entwickelt hatten. In einem ähnlichen Experiment sollten sich zwei Menschen über die Lage von Gegenständen in Räumen verständigen, ohne sich dabei absprechen oder bekannter Begriffe bedienen zu können (Galantucci/Steels 2008). Wie im *talking-heads*-Experiment gab es erfolgreiche und nicht erfolgreiche Versuche, Paare, die sich schneller auf ein gemeinsames Kommunikationsverfahren einigen konnten und solche, denen dies gar nicht gelang. Diese Studien zeigen, dass es durchaus möglich ist, durch bloßes Raten und Bestätigen in einer geteilten Umwelt ein einfaches Bezeichnungssystem zu entwickeln.

Auf ähnlichen Überlegungen beruhen auch Ansätze in der Künstliche-Intelligenz-Forschung (s. Kap. II.B.1), für die die Begriffe ›verkörperlichte‹ (*embodied*), ›situierte‹ (*situated*) und ›eingebettete‹ (*embedded*) KI stehen (s. Kap. III.6, Kap. III.7). Alle diese Ansätze gehen davon aus, dass das Denken nicht nur im Kopf stattfindet, sondern in der Interaktion mit der realen Welt entsteht. Die Rolle des Körpers findet also nicht nur in der Kommunikationsforschung verstärkt Interesse, vielmehr ist die verkörperlichte Kommunikation Teil einer verstärkten Körper- und Weltorientierung der Kognitions-

forschung insgesamt (Brooks 1991; Pfeifer/Bongard 2007).

Bis heute übertrifft der Mensch in seinen kommunikativen Fähigkeiten Maschinen bei Weitem. Doch Maschinen profitieren im Allgemeinen stark von der Fähigkeit und der Bereitschaft des Menschen, sie als Kommunikationspartner zu akzeptieren und sich auf sie einzulassen. Menschen haben eine starke Neigung zum Anthropomorphismus, d. h. sie betrachten auch Tiere und Dinge gern so, als hätten sie wie Menschen Meinungen, Wünsche und Absichten. Diese Neigung zur Überinterpretation zeigt sich besonders deutlich in der Interaktion mit relativ einfach strukturierten Maschinen. Das berühmteste Beispiel aus der Frühzeit der KI-Forschung ist Weizenbaums (1966) Dialogsystem ELIZA, das vorgab, ein Psychiater zu sein und u. a. Dialoge wie den folgenden führte:

> Probandin: Mein Freund wollte, dass ich herkomme.
> Eliza: Ihr Freund wollte, dass Sie herkommen.
> Probandin: Er sagt, ich sei fast immer deprimiert.
> Eliza: Es tut mir leid, dass sie fast immer deprimiert sind.
> Probandin: Ich brauche Hilfe, das ist jedenfalls klar.
> Eliza: Was würde es für Sie bedeuten, wenn Sie Hilfe bekämen?

Obwohl das System nur auf einfache Signalwörter reagierte, baten einige der menschlichen Probanden, sich mit ELIZA unter vier Augen unterhalten zu dürfen, weil sie sich von ihr so gut verstanden fühlten. Ein anderes Dialogsystem, PARRY (Colby 1975), gab sich als schizophren aus, was dazu führte, dass Merkwürdigkeiten in den Äußerungen PARRYs der Krankheit, nicht dem System zugeschrieben wurden. Trafen PARRY und ELIZA aufeinander, glich die Kommunikation einer Satire:

> Parry: Ich verstehe Ihre Motive nicht.
> Eliza: Warum verstehen Sie meine Motive nicht?
> Parry: Sollte ich das nicht?
> Eliza: Warum sagen Sie das jetzt?
> Parry: So ist es nun mal.
> Eliza: Nehmen Sie an, so wäre es nicht.
> Parry: So?
> Eliza: Ich bin nicht sicher, ob ich Sie ganz verstehe.
> Parry: Sie reiten zu viel auf derselben Frage herum.
> Eliza: Was bedeutet das für Sie?

Seither hat die Maschinenkommunikation große Fortschritte gemacht. Der Avatar MAX aus dem Bielefelder Labor für Künstliche Intelligenz arbeitet im Paderborner Nixdorf-Museum als Museumsführer. Man kann ihm Fragen zur Ausstellung stellen oder mit ihm ›Tiere raten‹ oder ›Skip Bo‹ spielen (Kopp et al. 2005). Ein anderer Avatar, SAM, wird in der Sprachtherapie eingesetzt (Bickmore/Cassell 2005;

Ryokai et al. 2003) und versucht dort, autistische Kinder wieder und wieder dazu zu bringen, eine Geschichte über ein Puppentheaterstück, das sie gemeinsam angesehen haben, weiter zu erzählen.

Die Entwicklungsrobotik (*developmental robotics*) geht davon aus, dass es auch für einen Roboter nur einen Weg zu intelligentem Verhalten gibt: den durch eine Kindheit. Sie versucht daher, die Interaktion der Eltern mit einem Säugling oder einem Kleinkind möglichst genau zu erfassen und sie dem Roboter gegenüber zu wiederholen. ›Schule der Aufmerksamkeit‹ nennen z. B. Nomikou/Rohlfing (2011) die erste Lektion, die Babys bei der spielerischen Interaktion auf dem Wickeltisch lernen: Wenn Eltern ihren Kindern ein Wort vorsagen, lenken sie deren Aufmerksamkeit zugleich auf den bezeichneten Gegenstand, indem sie auf ihn zeigen oder ihn herumbewegen. Schon bei zwei Monate alten Babys ließ sich nachweisen, dass sie sich den Zusammenhang von Wörtern und Gegenständen besser merken konnten, wenn ein Wort synchron zur Bewegung des bezeichneten Objekts genannt wurde. Diese Synchronizität zwischen Bewegung und Bezeichnung hilft aber nicht nur, Wörter zu lernen, indem sie die Aufmerksamkeit lenkt. Umgekehrt helfen Wörter dabei, im stetigen Strom der Bewegungen, der vor den Augen des Kindes vorüberzieht, Gegenstände überhaupt erst zu erkennen. Gegenstände, so scheint es, heben sich erst dadurch von ihrer Umgebung ab, dass wir sie anfassen, bewegen und bezeichnen. Damit lösen Babys, geleitet vom Geplapper ihrer Bezugsperson, auf dem Wickeltisch ganz nebenbei ein Problem, das KI-Forscher und Philosophen seit Langem umtreibt: Wie kommt man in die Welt der Sprache überhaupt hinein? Wie kann man sicher sein, was ein Wort bezeichnet?

Auf der Basis dieser Erkenntnisse statteten Forscher den Roboter ɪCuʙ mit einem *tutor-finder*-Modul aus, das ihn dazu brachte, nach einem menschlichen Gegenüber zu suchen, seinen Bewegungen mit den Augen zu folgen und von seinen Erklärungen zu lernen. Dies erwies sich nicht nur für den Roboter, sondern auch für seine menschlichen Tutoren als hilfreich: Erst das Gefühl, dass der andere zuhört (im Falle von ɪCuʙ verstärkt durch das kindliche Aussehen des Roboters) aktiviert im Menschen den ›Ich erkläre dir die Welt‹-Modus, der es dem Lernenden leichter macht, das Gesagte zu verstehen. Reagierte der Roboter nicht auf die Versuche des Tutors, begann dieser in langen komplizierten Sätzen zu sprechen und gab dem Roboter kaum eine Chance, etwas zu lernen. Die Interaktionen gelangen nicht immer gleich gut, doch in der erfolgreichsten

konnte ɪCuʙ nach vier Minuten drei Wörter sprechen: ›red‹, ›green‹ und ›cross‹ (Lyon et al. 2012). Auch hier zeigt sich, dass Kommunikation keine Einbahnstraße ist, sondern eine komplexe Interaktion, an der beide Kommunikationspartner aktiv beteiligt sind.

Ein Ansatz, um die Kommunikation mit Robotern so einfach wie möglich zu machen, besteht darin, sie so menschenähnlich wie möglich zu gestalten. Je menschenähnlicher ein Roboter ist, so der Hintergedanke, desto eher werden Menschen ihn als Kommunikationspartner akzeptieren und mit ihm sprechen wie mit einem Menschen. Diese Vermutung scheint sich zumindest in Ansätzen zu bestätigen: Ogawa et al. (2011) haben festgestellt, dass Versuchspersonen sich gegenüber menschenähnlichen Robotern verhalten wie gegenüber Mitmenschen: Wenn sie z. B. aufgefordert werden, sie zu belügen, oder wenn sie die Antwort auf eine Frage nicht wissen, schauen sie verschämt zur Seite. Offenbar akzeptieren Menschen also auch Roboter, die sie bewusst als solche erkennen, auf einer unbewussten Ebene als Interaktionspartner. Es gibt jedoch auch Argumente gegen diesen sog. *mimicry*-Ansatz. Zum einen gibt es das Phänomen des *uncanny valley*: Je menschenähnlicher ein Roboter wird, desto attraktiver wird er – bis zu einem gewissen Grad; ein fast perfekt menschlich daherkommender Roboter, der aber dennoch als solcher zu erkennen ist, wird als unheimlich oder abstoßend empfunden. Zum anderen schränkt die ausschließliche Orientierung am Menschen die Ausdrucksformen der kommunizierenden Maschinen unnötig auf die menschlichen ein. Ein Roboter muss nicht unbedingt reden wie ein Mensch, um z. B. in einer (kommunikativen) Lernsituation von Menschen akzeptiert zu werden. Er darf ein Original sein. Menschen sind in der Lage, schon in sehr stark vereinfachten Gesichtern Emotionsausdrücke zuverlässig zu erkennen, so wie bei ᴇMuu, einer Gestalt von der Form eines Wassertropfens, mit einem einzigen großen Auge in der Mitte, einer beweglichen Augenbraue darüber und einem Strichmund darunter. Roboter könnten sich ebenso bunter Lichter, Farben, besonderer Körperteile oder -formen bedienen oder bei Tieren abkupfern: Sie könnten die Ohren aufstellen, wenn sie aufmerksam sind, mit dem Schwanz wedeln, wenn sie gut funktionieren, oder die Haare zu Berge stehen lassen, wenn sie falschen Input bekommen. Mit dem *mimicry*-Ansatz, so die Kritik, vergibt sich die Robotik der Möglichkeiten eindeutigerer und effizienterer Kommunikationsformen, nur weil sie beim Menschen kein Vorbild haben.

Informatiker der Universität Freiburg arbeiten an roboterspezifischen Kommunikationsformen, die von Menschen ebenso leicht und intuitiv verstanden werden sollen wie menschliche Gesichtsausdrücke, bei denen die Grenze zwischen Mensch und Maschine aber nicht verwischt wird. DARYL etwa, ein typischer Roboter mit Antennen an den Ohren, kombiniert menschliche Bewegungselemente wie Kopfnicken oder ein Neigen des Oberkörpers mit aus Darwin (1872) entlehnten Ohrbewegungen und bunten Lichtsignalen. Versuchspersonen konnten alle von DARYL präsentierten Emotionen erkennen, am besten schnitt die Neugier ab. Abstrakte roboterspezifische soziale Signale sind in der Kommunikation demnach mindestens ebenso erfolgreich wie solche, die auf dem Nachahmen von Menschen beruhen (Embgen et al. 2012).

Kommunikation im Tierreich

Die kommunikativen Fähigkeiten von Tieren sind für die Kognitionsforschung wegen ihrer Vielfalt als Ideengeber für mögliche Ausstattungen kommunikativer Maschinen interessant, v.a. aber auch, weil man sich von ihnen Hinweise auf die Evolutionswege menschlicher Kommunikation verspricht.

Die menschliche Sprache ist die einzige, die symbolische Kommunikation realisiert, also Kommunikation mithilfe kulturell vermittelter arbiträrer Zeichen. Manche Forscher beklagen, dass der Fokus bei der Analyse tierischer Kommunikationsformen zu oft darauf liege, sie mit der menschlichen zu vergleichen und festzustellen, was Tiere nicht können bzw. nicht lernen können, statt sich darauf zu konzentrieren, welche Fähigkeiten sie in der Kommunikation mit Artgenossen aufbringen (Rendall et al. 2009). Andere betonen, dass erst durch diesen Vergleich die Eigenheiten der menschlichen Kommunikation sichtbar werden (Fischer 2011). Zugleich lenkt der Blick auf die Kommunikation im Tierreich die Aufmerksamkeit auf sonst gern übersehene Details, etwa darauf, dass Kommunikation durchaus nicht nur zwischen Artgenossen stattfinden kann: So ist bekannt, dass so unterschiedliche Fische wie der Zackenbarsch und die Riesenmuräne mitunter gemeinsam jagen. Zackenbarsche kennen besondere Zeichen, mit denen sie die gewöhnlich nachts jagenden Muränen dazu bringen, mit ihnen tagsüber auf Beutezug zu gehen. Zudem signalisieren sie der Muräne, wo die gemeinsame Beute zu finden ist (Stephan et al. 2008). Auch scheint es eine unzulässige Vereinfachung zu sein, den Blick nur auf zwei Kommunikationspartner zu richten, statt auf ein kommunikatives Netzwerk aus mehreren Mitgliedern, selbst wenn diese lediglich Zeugen einer zwischen zwei Individuen ablaufenden Kommunikation sind. Dies gilt v.a. dann, wenn die verschiedenen Individuen unterschiedliche Interessen haben (Fischer 2011). Auch in der Menschenwelt ist es keine ungewöhnliche Beobachtung, dass das Kommunikationsgeschehen von der Gegenwart von ›Mithörern‹ beeinflusst wird.

Gerade nichtmenschlichen Primaten, die für die Frage nach der Evolution menschlicher Kommunikation die naheliegendsten Adressaten sind, fehlt die Fähigkeit, sprachlich zu kommunizieren. Die Erforschung ihrer kommunikativen Fähigkeiten durchlief bislang unterschiedliche Phasen. In den 1930er Jahren ging man davon aus, dass Schimpansen sprechen lernen könnten, wenn sie unter Menschen aufwüchsen. Als sich diese Vermutung nicht bestätigte, verlegten sich die Forscher darauf, Menschenaffen in Zeichensprache zu unterrichten. Die Schimpansin Washoe z.B. lernte in vier Jahren Training, 160 Wörter der US-amerikanischen Zeichensprache für Taubstumme zu verwenden. Auch andere Schimpansen, Bonobos, Gorillas und Orang-Utans lernten, mit einer größeren Anzahl von Symbolen umzugehen. Dennoch erreichte niemand von ihnen die menschliche Flexibilität und Systematik im Umgang mit Symbolen; sie blieben bei einem Wortschatz von etwa 500 Wörtern stehen und entwickelten auch keine Grammatik. Insbesondere betonen Forscher immer wieder, dass sich die kommunikativen Absichten der Schimpansen weitgehend auf das Fordern von Nahrungsmitteln beschränken. Ob die Tiere darüber hinaus versuchen, mit den erworbenen Fähigkeiten kreativ umzugehen oder sie anderen beizubringen, ist umstritten.

Anders als zunächst vermutet, ist es zumindest nicht allein der Bau des Stimmapparats, der Menschenaffen das Erlernen der menschlichen Sprache unmöglich macht. Wichtiger für ihre Unfähigkeit, die Laute der menschlichen Sprache zu produzieren oder auch Laute anderer Tiere nachzuahmen, ist vielmehr die fehlende neuronale Verbindung zwischen Kortex und Kehlkopf. Dies führt dazu, dass Affen ihre Laute zwar willkürlich einsetzen können, aber auf bestimmte Rufe festgelegt sind und ihre Artikulation nicht wie Menschen, Vögel und Delfine kontrollieren und trainieren können (Fischer 2012).

Auch wenn nichtmenschliche Primaten keine Sprache entwickeln wie Menschen, kommunizieren sie doch effizient über Lautäußerungen. Grüne

Meerkatzen etwa kennen verschiedene Warnrufe, mit denen sie einander vor unterschiedlichen Bedrohungen warnen, die unterschiedliche Reaktionen erfordern – vor Raubvögeln aus der Luft, vor Leoparden, die auch auf Bäume klettern können, und vor Schlangen, die sich am Boden aufhalten. Bei diesen Alarmrufen handelt es sich allerdings nicht um Worte: Die Rufe sind den Tieren angeboren, sie lernen lediglich, sie in der richtigen Situation anzuwenden, können sie, wie eben erwähnt, aber nicht variieren und die Alarmrufe anderer Arten auch nicht imitieren.

Dennoch orientieren sich die Meerkatzen nicht ausschließlich an den Alarmrufen der eigenen Spezies, sondern reagieren auch auf die Rufe anderer Arten, selbst auf das Fehlen von Rufen, und achten zudem darauf, ob ein zuverlässiges Individuum ruft, d. h. eines, das nicht schon häufiger dadurch aufgefallen ist, dass es andere mit einem Warnruf verschreckte, um anschließend eine Beute allein verspeisen zu können. Eine Studie zeigte darüber hinaus, dass Schimpansen ihre Warnrufe dem Kenntnisstand ihrer Artgenossen anpassen und nur diejenigen warnen, die die Bedrohung noch nicht mitbekommen haben: Sind alle über die Bedrohung im Bilde, verhalten sie sich ruhig, kommen neue Artgenossen hinzu, werden diese gewarnt (Crockford et al. 2012). In anderen Studien zeigte sich hingegen, dass Makaken nicht einmal ihre Kinder davor warnen, nach Futter zu greifen, in dessen Nähe die Forscher eine künstliche Schlange platziert hatten (Cheney/Seyfarth 1990). Es ist also nicht klar, ob Affen ihre Alarmrufe wirklich mit der Absicht ausstoßen, andere zu warnen (Fischer 2012). Die Beschränkungen der Kommunikation nichtmenschlicher Primaten liegen daher eher beim Sender, die Empfänger reagieren sehr empfindlich auf Signale in ihrer Umwelt und versuchen, diese zu deuten (Fischer 2011).

Tomasello (2009) unterscheidet zwischen Kommunikation zum Zwecke der Kooperation und Kommunikation in Konkurrenzsituationen. Demnach können Menschenaffen, solange es um Konkurrenz geht – d. h. darum, dem anderen das Futter wegzuschnappen –, andere als intentionale Akteure verstehen und ihnen Absichten, Meinungen und Wünsche zuschreiben (s. Kap. IV.21). An kooperativen Situationen sind sie hingegen nicht interessiert. Für Menschen wird in kooperativen Situationen die Zeigegeste zu einem wichtigen Kommunikationsmittel: Sie lenkt die Aufmerksamkeit der anderen auf ein gemeinsames Ziel und ermöglicht schon vorsprachlichen Kindern, mit anderen über Objekte

zu kommunizieren. Wild lebende nichtmenschliche Primaten benutzen die Zeigegeste nicht (ebd.).

Ein prominentes Ergebnis der Erforschung der kommunikativen Fähigkeiten von nichtmenschlichen Tieren ist die Theorie des *honest signaling*, die statt der Verständigung die manipulative Seite der Kommunikation in den Vordergrund stellt. Wenn sich die Interessen von Individuen unterscheiden (das Jungtier z. B. von seinen Eltern so viel Nahrung wie möglich erbetteln will, die Eltern jedoch nicht mehr als nötig bereitstellen wollen), dann wäre auf den ersten Blick für einen der Beteiligten eine erfolgreiche unehrliche Kommunikation von Vorteil (etwa wenn es dem Jungtiere gelänge, den Eltern vorzuspielen, es sei noch immer sehr hungrig, um mehr Nahrung zu bekommen). Wie also erkennt man, ob ein Signal ehrlich oder unehrlich ist? Ein ehrliches Signal, so die Idee des *honest signaling* (z. B. Zahavi 1997), erkennt man daran, dass es den Signalgeber etwas kostet: Das prächtige Geweih, das der Hirschkuh eindrücklich die Gesundheit und Stärke des Bewerbers präsentiert, kostet diesen Ressourcen und hindert ihn an schneller Flucht, und wer Warnrufe ausstößt, der macht zugleich den Fressfeind auf die eigene Position aufmerksam. Kommunikation bewegt sich demnach stets zwischen der Fähigkeit, den Anderen zu verstehen, und der Fähigkeit, diesen aufgrund dieses Verständnisses im eigenen Interesse zu manipulieren. Kommunikation erscheint aus dieser Perspektive als eine Art Wettrüsten zwischen dem misstrauischen Empfänger und dem manipulierenden Sender eines Signals.

Die Neurowissenschaft der Kommunikation

Wenn Menschen kommunizieren, dann müssen ihre Gehirne eine große Menge an Informationen unterschiedlicher Modalitäten, verbale und nichtverbale, verarbeiten und integrieren. Die Neurowissenschaft der Kommunikation befasst sich damit, die neuronalen Vorgänge, die diesen Informationsverarbeitungsprozessen zugrunde liegen, zu verstehen und die für Kommunikation relevanten Hirnbereiche, ihre Funktionsweise und ihre Verknüpfung zu identifizieren. Messungen der Hirnaktivität können z. B. Aufschluss darüber geben, welche Mechanismen des Gehirns an spezifischen Aufgaben beteiligt sind und bei welchen es sich um einheitliche oder ganz unterschiedliche Prozesse handelt. Der Blick auf die neuronalen Aktivitäten kann zu einer ganz anderen Einteilung der involvierten Funktionen führen als psychologische Methoden oder die Introspektion es ermöglichten.

Die Beobachtung der neuronalen Aktivität erlaubt zudem, Voraussagen über das Geschehen im Gehirn zu testen:

- Wie funktioniert Multitasking oder die Synthese von Informationen?
- Was fesselt Aufmerksamkeit und wie wird sie gelenkt (s. Kap. IV.1)?
- Woran wird zuverlässige von unzuverlässiger Information unterschieden?

In diesem Zusammenhang setzt man v. a. auf Methoden der *computational neuroscience* (s. Kap. II.D.2), insbesondere die statistische Analyse und die Modellierung von Hirnfunktionen in Computersimulationen (s. Kap. II.E.2). Neurowissenschaftliche Methoden machen es z. B. möglich, Entscheidungen vorauszusagen, die ein Proband im Experiment treffen wird (s. Kap. V.2).

Je weiter die Kommunikationsforschung über den Bereich des bloßen Produzierens und Hörens sprachlicher Äußerungen hinausgeht und Mimik, Gestik und Körpersprache einbezieht, desto umfangreicher wird naturgemäß auch die Aufgabe der Neurowissenschaft der Kommunikation. Dies gilt insbesondere dann, wenn es um Fragen nach der Kommunikation in Menschengruppen geht, d. h. um die Verbreitung von Meinungen und Einstellungen, den Einfluss von Botschaften auf Verhalten, die Grundlagen von Überzeugung bzw. der Änderung von Überzeugungen oder der Beeinflussbarkeit durch die verschiedenen sozialen Medien und Massenmedien, um politische Kommunikation, um interkulturelle Kommunikation, um Reaktionen gegenüber gesellschaftlichen Außenseitern oder um die Effekte von Gewalt in den Medien. Neurowissenschaftler versuchen, dem sozialen Aspekt der Kommunikation in einem ersten Ansatz dadurch gerecht zu werden, dass sie die Gehirne zweier Interaktionspartner zugleich betrachten. Anders et al. (2011) konnten die Aktivierung der für die Verarbeitung von Affekten zuständigen Bereiche im Gehirn dessen, der den Ausdruck eines Affekts wahrnimmt, zuverlässig aus der Aktivierung der gleichen Bereiche bei demjenigen, der diese Affekte zum Ausdruck bringt, voraussagen. Zudem fanden sie, dass die Zeitverzögerung in der Reaktion des Gehirns des Wahrnehmenden abnahm, was sie als eine Art des Einstellens auf den Anderen interpretieren.

Kommunikation ist eine der komplexesten kognitiven Leistungen des Menschen. Entsprechend ist kaum eine Region des Gehirns nicht in irgendeiner Form beteiligt, wenn Menschen kommunizieren. Besonders wichtig für das Verstehen von Kommuni

kation sind dabei die neuronalen Systeme, die mit der Verarbeitung von Emotionen (s. Kap. IV.5), mit Aufmerksamkeit (s. Kap. IV.1), mit der Bildung und dem Abrufen von Erinnerungen (s. Kap. IV.7), mit der Repräsentation von Bildern (s. Kap. IV.16), mit der Bildung von Kategorien (s. Kap. IV.9), mit sozialer Kognition (s. Kap. IV.21), mit Perspektivenübernahme und der Bildung und Unterscheidung des Selbst von anderen (s. Kap. IV.18) sowie mit Worterkennung, Syntax, Semantik und mentalem Lexikon (s. Kap. IV.20) befasst sind. Die neuronalen Grundlagen verbaler Kommunikation sind nach wie vor ein Hauptthema der Neurowissenschaft der Kommunikation.

Neben verschiedenen bildgebenden und anderen Verfahren zur Messung neuronaler Vorgänge haben bei der neurowissenschaftlichen Erforschung von Kommunikation nach wie vor traditionellere Verfahren ihre Berechtigung, z. B. verhaltensbasierte Tests mit Stift und Papier, bei denen die geschriebenen oder gezeichneten Antworten der Probanden ausgewertet werden, Wortassoziationstests oder das *priming*. Auch Funktionsstörungen des Gehirns, die auf Verletzungen oder Erkrankungen zurückgehen, geben Neurowissenschaftlern Hinweise auf Funktionsprinzipien des Gehirns (s. Kap. II.E.3). Für die Erforschung von Kommunikation spielen in diesem Zusammenhang v. a. verschiedene Aphasien, d. h. erworbene Störungen bei der Sprachverarbeitung und der Sprachproduktion, eine Rolle (s. Kap. II.C.3).

Schon im 17. Jh. führten Beobachtungen von Aphasien zu ersten Vermutungen darüber, dass die Sprachfähigkeit in der linken Hälfte des Gehirns angesiedelt sein könnte. Seit den 1980er Jahren erklärt das Wernicke-Geschwind-Model die Broca-Region im Frontallappen zum Sitz der Sprachproduktion, in der Begriffe und Regeln in Wörter und Sätze umgewandelt werden, und die Wernicke-Region im Temporallappen zum Sitz der Wahrnehmung und des Verstehens gesprochener und geschriebener Sprache (Mildner 2007). Für diese Unterteilung spricht etwa, dass Läsionen in der Broca-Region die Sprachproduktion beeinträchtigen, die Fähigkeit zum Sprachverstehen aber weitgehend bestehen lassen. Läsionen in der Wernicke-Region hingegen beeinträchtigen die Fähigkeit des Sprachverstehens. Bis heute gilt, dass bei gesunden Menschen (sowohl bei Rechtshändern als auch bei der Mehrzahl der Linkshänder) die linke Hirnhälfte in der Sprachverarbeitung und der Sprachproduktion dominiert. Allerdings zeigt sich z. B. bei sog. *split-brain*-Patienten, bei denen die Verbindung zwischen den beiden Hirnhälften durchtrennt ist, dass auch in der rechten

Hirnhälfte sprachliche Fähigkeiten vorhanden sind, die gewöhnlich aber von der dominanten linken Hirnhälfte überlagert werden. Neue Methoden der Untersuchung des Gehirns haben inzwischen gezeigt, dass die Regionen, die mit der Produktion und dem Verstehen von Sprache befasst sind, viel weiter über das Gehirn verteilt sind als bislang angenommen wurde. Patienten mit Störungen in der rechten Hirnhälfte konnten z. B. Geschichten zwar wörtlich wiedergeben, waren aber nicht in der Lage, ihren Sinn auszumachen. Ebenso ist Sprachverarbeitung und Sprachproduktion nicht ohne die subkortikalen und peripheren Strukturen des Gehirns möglich. Unter anderem aus diesen Gründen kann Sprache nicht mehr als eine einheitliche Funktion angesehen werden, die an einer Stelle zu lokalisieren ist, sondern entsteht aus der kombinierten Aktivität vieler Hirnbereiche auf unterschiedlichen Ebenen der neuronalen Architektur (Duncan 2008).

Auch zwischen rezipierenden und produzierenden Prozessen kann nicht mehr so deutlich unterschieden werden, wie es in den Lehrbüchern lange vertreten wurde. Es scheint vielmehr einen gemeinsamen Mechanismus zu geben, der der Rezeption und Produktion von Sprache zugrunde liegt, so dass diejenigen motorischen Signale, die benötigt werden, um einen Laut zu formen, auch genutzt werden können, um ihn zu verstehen.

Dieser Zusammenhang über die Grenzen von rezipierenden und produzierenden Systemen hinweg gilt nicht nur für die Sprache: Pulvermüller (2005) fand eine schnelle Koaktivierung von Regionen, die mit der Ausführung einer Handlung befasst sind, z. B. auch beim Hören der entsprechenden Handlungsverben, Barrós-Loscertales et al. (2012) stellten fest, dass das Lesen eines Wortes wie ›Salz‹ die Geschmackszentren aktiviert und Gallese/Lakoff (2005) betrachten Begriffe nicht als relativ stabile Symbole, sondern gehen davon aus, dass selbst abstrakte Begriffe in sensomotorischen Strukturen realisiert werden (s. Kap. II.C.2). Diese Forschungen haben dazu beigetragen, die engen Beziehungen zwischen Sprache, Gesten und Handlungen besser zu verstehen.

Durch Mechanismen wie *mimicry*, *imitation* oder *priming* haben die Handlungen anderer auch Einfluss auf die eigenen Handlungen. Eine Handlung zu beobachten, verstärkt z. B. die Tendenz, diese auch selbst auszuführen (Brass et al. 1999; Prinz 1997). Untersuchungen mit funktioneller Magnetresonanztomografie (fMRT) haben gezeigt, dass sich in Regionen wie dem posterioren parietalen Kortex, dem prämotorischen Kortex und dem Cerebellum

sowohl bei der Beobachtung von Handlungen als auch bei der Ausführung dieser Handlungen Aktivität nachweisen lässt: Das prämotorische System ist also ebenso aktiv, wenn Werkzeuge benutzt werden, wie wenn Handlungsverben verwendet werden, die die entsprechenden Aktivitäten bezeichnen. Dies ist ein Hinweis darauf, dass wahrgenommene Handlungen über das neuronale Spiegelsystem auf das eigene Handlungsrepertoire gespiegelt werden (Kopp et al. 2008; Rizzolatti/Craighero 2004). In der Kommunikation gilt dies etwa für die gehörte Sprache, aber auch für sprachbegleitende Gesten und Körperhaltungen. Die Folgen der eigenen Handlungen werden dabei in sog. Feedforwardmodellen vorweggenommen und mit den tatsächlich eingehenden Signalen aus den Körperteilen verglichen. Pickering/Garrod (2006) haben vorgeschlagen, Sprechen als Handlung und Verstehen als Wahrnehmung zu betrachten: Wie bei Handlungen bilden wir demnach auch bei Äußerungen eine Art Kontrollkopie des Ausführungsbefehls, auf dessen Basis das Gehirn eine Voraussage erstellt, welche Wahrnehmung es zu erwarten hat. Bestätigt sich die Voraussage, war die Äußerung in Ordnung, wenn nicht, folgen Korrekturen. Diese Prozedur könnte dazu dienen, die Folgen der Handlungen anderer ebenso vorwegzunehmen wie ihre Äußerungen, wodurch die Koordination von Handlungen und Äußerungen erleichtert und die Leichtigkeit und Flüssigkeit von Dialogen erklärt würde.

In der kommunikativen Schleife

Stellt man unterschiedlich tickende Metronome auf ein Brett und legt das Brett über zwei runde Stäbe, schlagen bald alle Metronome im selben Takt. Wenn Menschen miteinander kommunizieren, geschieht etwas Ähnliches: Sie stellen sich wie oben erwähnt unbewusst in Sprachrhythmus, Wortwahl, Satzbau, in Körperhaltung, Gesten und vielen anderen Details aufeinander ein. Gespräche, in denen sich die Partner stark aufeinander ausrichten (das sog. *alignment*), werden von Beobachtern als besser bewertet, und die Gesprächspartner wirken sympathischer, näher und kompetenter.

Alignment lässt die Kommunikationspartner zusammenarbeiten, um ein gemeinsames Verständnis von dem zu entwickeln, wovon sie sprechen. Es geht dabei v. a. um ihr Situationsmodell, d. h. um eine multidimensionale Repräsentation, die Informationen über Raum, Zeit, Kausalität und die Intentionen der in der Situation relevanten Individuen enthält.

Der Erfolg einer Kommunikationssituation hängt v.a. davon ab, ob es den Kommunikationspartnern gelingt, in ihrem Situationsmodell dieselben Elemente zu repräsentieren. Das gilt auch für Gesprächspartner, die nicht derselben Meinung sind, denn auch wer sich streitet, braucht ein geteiltes Verständnis davon, worüber gestritten wird.

Die Ausrichtung in der Kommunikation ist inzwischen zu einem zentralen Bereich der Kommunikationsforschung geworden. Das zentrale Desiderat der aktuellen Kommunikationsforschung ist die Integration der ganz unterschiedlichen Prozesse auf den verschiedenen Ebenen der kognitiven Architektur. Das *alignment* könnte derjenige Mechanismus sein, der einer umfassenden Theorie der Kommunikation zugrunde liegt, die möglichst viele Aspekte umfasst, Voraussagen ermöglicht (und so widerlegbar wird) sowie in künstliche kommunizierende Systeme implementiert werden kann. Zu den Flaschenhälsen, durch die eine solche Theorie hindurch muss, gehören der Umgang mit geteiltem Wissen (s. Kap. III.10) und die Zuordnung von Gemeintem und Gesagtem. Das Phänomen *alignment* könnte helfen, die immer noch offene Frage zu beantworten, wie es Menschen trotz der schier unendlichen Möglichkeiten, einander misszuverstehen, tagtäglich gelingt, ohne allzu große Umstände erfolgreich zu kommunizieren, denn die wichtigste Aufgabe der Ausrichtung auf den anderen scheint darin zu bestehen, es den Kommunikationspartnern leichter zu machen, zwischen den vielen Möglichkeiten, was der andere gemeint haben könnte, eine plausible zu wählen.

So verstanden umfasst Kommunikation nicht nur den Austausch verbaler Informationen, sondern ist ein komplexes multidimensionales Geschehen, das unterschiedliche Input- und Outputwege umfasst, entscheidend von der Gegenwart eines ausdrucksfähigen Körpers abhängt, die Kommunikationspartner in ein dynamisches Interaktionssystem einbindet und so zwischen ihnen eine geteilte mentale Welt entstehen lässt.

Literatur

Anders, Silke/Heinzle, Jakob/Weiskopf, Nikolaus/Ethofer, Thomas/Haynes, John-Dylan (2011): Flow of affective information between communicating brains. In: *Neuro Image* 54, 439–446.

Argyle, Michael (²1988): *Bodily Communication*. New York [1975]. [dt.: *Körpersprache und Kommunikation*. Paderborn 2013].

Austin, John (1962): *How to Do Things With Words*, hg. von James Urmson. Oxford. [dt.: *Zur Theorie der Sprechakte*. Stuttgart 1986].

Barrós-Loscertales, Alfonso/González, Julio/Pulvermüller, Friedemann/Ventura-Campos, Noelia/Bustamante, Juan/Costumero, Víctor/Parcet, María Antonia/César Ávila (2012): Reading ›salt‹ activates gustatory brain regions. In: *Cerebral Cortex* 22, 2554–2263.

Bickmore, Timothy/Cassell, Justine (2005): Social dialogue with embodied conversational agents. In: Jan van Kuppevelt/Laila Dybkjaer/Niels Bernsen (Hg.): *Advances in Natural Multimodal Dialogue Systems*. New York, 23–54.

Brass, Marcel/Bekkering, Harold/Prinz, Wolfgang (1999): Movement observation affects movement execution in a simple response task. In: *Acta Psychologica* 106, 3–22.

Brooks, Rodney (1991): New approaches to robotics. In: *Science* 253, 1227–1232.

Bühler, Karl (1934): *Sprachtheorie*. Jena.

Cheney, Dorothy/Seyfarth, Robert (1990): Attending to behavior versus attending to knowledge. In: *Animal Behavior* 40, 742–753.

Colby, Kenneth (1975): *Artificial Paranoia*. New York.

Crockford, Catherine/Wittig, Roman/Mundry, Roger/Zuberbühler, Klaus (2012): Wild chimpanzees inform ignorant group members of danger. In: *Current Biology* 22, 142–146.

Darwin, Charles (1872): *The Expression of the Emotions in Man and Animals*. London. [dt.: *Der Ausdruck der Gemüthsbewegungen bei dem Menschen und den Thieren*. Stuttgart 1872].

Davidson, Donald (1973): On the very idea of a conceptual scheme. In: *Proceedings and Addresses of the American Philosophical Association* 47, 5–20.

de Ruiter, Jan (2000): The production of gesture and speech. In: David McNeill (Hg.): *Language and Gesture*. Cambridge, 248–311.

Duncan, Susan (2008): Gestural imagery and cohesion in normal and impaired discourse. In: Ipke Wachsmuth/Manuela Lenzen/Günther Knoblich (Hg.): *Embodied Communication in Humans and Machines*. Oxford, 305–328.

Ekman, Paul/Friesen, Wallace (1969): The repertoire of nonverbal behaviour. In: *Semiotica* 1, 49–98.

Embgen, Stephanie/Luber, Matthias/Becker-Asano, Christian/Ragni, Marco/Evers, Vanessa/Arras, Kai (2012): Robot-specific social cues in emotional body language. *IEEE International Symposium on Robot and Human Interactive Communication*. http://srl.informatik.unifreiburg.de/publicationsdir/embgenROMAN12.pdf

Enard, Wolfgang/Przeworski, Molly/Fisher, Simon/Lai, Celia/Wiebe, Victor/Kitano, Takashi/Monaco, Anthony/Pääbo, Svante (2002): Molecular evolution of FOXP2, a gene involved in speech and language. In: *Nature* 418, 869–872.

Fischer, Julia (2011): Where is the information in animal communication? In: Randolf Menzel/Julia Fischer (Hg.): *Animal Thinking*. Cambridge, 151–161.

Fischer, Julia (2012): *Affengesellschaft*. Berlin.

Frege, Gottlob (1923): Gedankengefüge. In: *Beiträge zur Philosophie des deutschen Idealismus* 3, 36–51.

Frege, Gottlob (1962): *Funktion, Begriff, Bedeutung*, hg. von Günther Patzig. Göttingen.

Galantucci, Bruno/Steels, Luc (2008): The emergence of embodied communication in artificial agents. In: Ipke Wachsmuth/Manuela Lenzen/Günther Knoblich (Hg.): *Embodied Communication in Humans and Machines*. Oxford, 229–256.

Gallese, Vittorio/Lakoff, George (2005): The brain's concepts. In: *Cognitive Neuropsychology* 21, 455–479.

Garrod, Simon/Pickering, Martin (2004): Why is conversation so easy? In: *Trends in Cognitive Sciences* 8, 8–11.

Grandy, Richard (1973): Reference, meaning, and belief. In: *Journal of Philosophy* 70, 439–452.

Grice, Paul (1975): Logic and conversation. In: Peter Cole/Jerry Morgan (Hg.): *Speech Acts*. New York, 41–58.

Jakobson, Roman (1960): Linguistics and poetics. In: Thomas Sebeok (Hg.): *Style in Language*. Cambridge (Mass.), 350–377.

Kelley, Spencer/Kravitz, Corinne/Hopkins, Michael (2004): Neural correlates of bimodal speech and gesture comprehension. In: *Brain and Language* 89, 253–260.

Kita, Sotaro (2000): How representation gestures help speaking. In: David McNeill (Hg.): *Language and Gesture*. Cambridge, 162–185.

Kohler, Evelyne/Keysers, Christian/Umiltà, Alessandra/Fogassi, Leonardo/Gallese, Vittorio/Rizzolatti, Giacomo (2002): Hearing sounds, understanding actions. In: *Science* 297, 846–848.

Kopp, Stefan/Gesellensetter, Lars/Krämer, Nicole/Wachsmuth, Ipke (2005): A conversational agent as a museum guide – design and evaluation of a real-world application. In: Themis Panayiotopoulos/Jonathan Gratch/Ruth Aylett/Daniel Ballin/Patrick Olivier/Thomas Rist (Hg): *Intelligent Virtual Agents*. Berlin, 329–343.

Kopp, Stefan/Wachsmuth, Ipke/Bonaiuto, James/Arbib, Michael (2008): Imitation in embodied communication – from monkey like mirror neurons to artificial humans. In: Ipke Wachsmuth/Manuela Lenzen/Günther Knoblich (Hg.): *Embodied Communication in Humans and Machines*. Oxford, 357–390.

Krämer, Sybille (2006): *Sprache, Sprechakt, Kommunikation*. Frankfurt a. M.

Lasswell, Harold (1948): The structure and function of communication in society. In: Lyman Bryson (Hg.): *The Communication of Ideas*. New York, 32–51.

Lyon, Caroline/Nehaniv, Chrystopher/Saunders, Joe (2012): Interactive language learning by robots. In: *PLoS ONE* 7, e38236.

McNeill, David (1992): *Hand and Mind*. Chicago.

Mildner, Vesna (2007): *The Cognitive Neuroscience of Human Communication*. New York.

Müller, Cornelia/Posner, Roland (Hg.) (1999): *The Semantics and Pragmatics of Everyday Gestures*. Berlin.

Nobe, Shuichi (2000): Where do most spontaneous representational gestures actually occur with respect to speech? In: David McNeill (Hg.): *Language and Gesture*. Cambridge, 186–198.

Nomikou, Iris/Rohlfing, Katharina (2011): Language does something. In: *IEEE Transactions on Autonomous Mental Development* 3, 113–128.

Oberzaucher, Elisabeth/Grammer, Karl (2008): Everything is movement. In: Ipke Wachsmuth/Manuela Lenzen/Günther Knoblich (Hg.): *Embodied Communication in Humans and Machines*. Oxford, 151–178.

Ogawa, Kohei/Nishio, Shuichi/Koda, Kensuke/Balistreri, Giuseppe/Watanabe, Tetsuya/Ishiguro, Hiroshi (2011): Exploring the natural reaction of young and aged person with telenoid in a real world. In: *Journal of Advanced Computational Intelligence and Intelligent Informatics* 15, 592–597.

Pelachaud, Catherine (2009): Modelling multimodal expression of emotion in a virtual agent. In: *Philosophical Transactions of the Royal Society* B364, 3539–3548.

Pfeifer, Rolf/Bongard, Josh (2007): *How the Body Shapes the Way We Think*. Cambridge (Mass.).

Pickering, Martin/Garrod, Simon (2006): Alignment as the basis for successful communication. In: *Research on Language and Computation* 4, 203–228.

Poggi, Isabella (2001): The lexicon and the alphabet of gesture, gaze, and touch. In: Angélica de Antonio/Ruth Aylett/Daniel Ballin (Hg.): *Intelligent Virtual Agents*. Berlin, 235–236.

Poggi, Isabella/Pelachaud, Catherine (2008): Persuasion and expressivity of gestures in humans and machines. In: Ipke Wachsmuth/Manuela Lenzen/Günther Knoblich (Hg.): *Embodied Communication in Humans and Machines*. Oxford, 391–424.

Posner, Roland/Krüger, Reinhard/Noll, Thomas/Serenari, Massimo (1999): *Berliner Lexikon der Alltagsgesten*. Berlin.

Prinz, Wolfgang (1997): Perception and action planning. In: *European Journal of Cognitive Psychology* 9, 129–154.

Pulvermüller, Friedemann (2005): Brain mechanisms linking language and action. In: *Nature Reviews Neuroscience* 6, 576–582.

Quine, Willard Van Orman (1960): *Word and Object*. Cambridge (Mass.). [dt.: *Wort und Gegenstand*. Stuttgart 1980].

Rendall, Drew/Owren, Michael/Ryan, Michael (2009): What do animal signals mean? In: *Animal Behaviour* 78, 233–240.

Rizzolatti, Giaccomo/Craighero, Laila (2004): The mirror neuron system. In: *Annual Review of Neuroscience* 27, 169–192.

Rosch, Eleanor (1973): Natural categories. In: *Cognitive Psychology* 4, 328–350.

Rowe, Meredith/Goldin-Meadow, Susan (2009): Early gesture selectivity predicts later language learning. In: *Developmental Science* 12, 182–187.

Ryokai, Kimiko/Vaucelle, Catherine/Cassell, Justine (2003): Virtual peers as partners in storytelling and literacy learning. In: *Journal of Computer Assisted Learning* 19, 195–208.

Scholz, Oliver (2001): *Verstehen und Rationalität*. Frankfurt a. M.

Searle, John (1969): *Speech Acts*. London. [dt.: *Sprechakte*. Frankfurt a. M. 1982].

Sebanz, Natalie/Bekkering, Harold/Knoblich, Günther (2006): Joint action. In: *Trends in Cognitive Sciences* 10, 70–76.

Shannon, Claude (1948): A mathematical theory of communication. In: *Bell Systems Technical Journal* 27, 379–423, 623–656.

Shannon, Claude/Weaver, Warren (1949): *The Mathematical Theory of Communication*. Chicago. [dt.: *Mathematische Grundlagen in der Informationstheorie*. München 1976].

Sperber, Dan/Wilson, Deirdre (1986): *Relevance*. Oxford.

Steels, Luc (2000): The puzzle of language evolution. In: *Kognitionswissenschaft* 8, 143–150.

Stephan, Achim/Lenzen, Manuela/Call, Josep/Uhl, Matthias (2008): Communication and cooperation in living beings and artificial agents. In: Ipke Wachsmuth/Manuela Lenzen/Günther Knoblich (Hg.): *Embodied*

Communication in Humans and Machines. Oxford, 179–200.

Stich, Stephen (1984): Relativism, rationality, and the limits of intentional description. In: *Pacific Philosophical Quarterly* 65, 211–235.

Tarski, Alfred (1935–1936): Der Wahrheitsbegriff in den formalisierten Sprachen. In: *Studia Philosophica* 1, 261–405.

Tomasello, Michael (2009): *Why We Cooperate.* Cambridge (Mass.). [dt.: *Warum wir kooperieren.* Frankfurt a. M. 2010].

Wachsmuth, Ipke (2000): Kommunikative Rhythmen in Gestik und Sprache. In: *Kognitionswissenschaft* 8, 151–159.

Wachsmuth, Ipke/Lenzen, Manuela/Knoblich, Günther (Hg.) (2008): *Embodied Communication in Humans and Machines.* Oxford.

Weaver, Warren (1949/1955): Translation. In: William Locke/Donald Booth (Hg.): *Machine Translation of Languages.* Cambridge (Mass.), 15–23.

Weizenbaum, Joseph (1966): ELIZA – A computer program for the study of natural language communication between man and machine. In: *Communications of the Association for Computing Machinery* 9, 36–45.

Zahavi, Amotz (1997): *The Handicap Principle.* Oxford. [dt.: *Signale der Verständigung.* Frankfurt a. M. 1998].

Manuela Lenzen

11. Kreativität und Problemlösen

Unter Problemlösen versteht man den Prozess der Ausführung einer, häufig komplexen, Folge von Handlungen zur Erreichung bestimmter Ziele, die nicht durch den Einsatz von Routineverfahren erreicht werden können (Funke 2003; Newell/Simon 1972). Bei menschlichen Problemlösern können solche Handlungen konkret in der Welt oder mental ausgeführt werden. In der Künstliche-Intelligenz-Forschung (KI) können Problemlösealgorithmen mit Systemen mit Aktorik (insbesondere Robotern; s. Kap. II.B.2) kombiniert werden oder auf (symbolischen) Repräsentationen von realen Situationen ausgeführt werden (s. Kap. III.1).

Sowohl in der Psychologie (s. Kap. II.E) als auch in der KI (s. Kap. II.B.1) ist im Standardfall für Problemlösen die Ausgangssituation klar definiert, die Menge der möglichen Handlungen vorgegeben und das Problemlöseziel eindeutig beschreibbar (s. Kap. IV.17). Ist eine dieser Voraussetzungen nicht gegeben, befindet man sich im Bereich des kreativen Problemlösens. Kreativität ist allgemein dadurch charakterisiert, dass Gegebenes derart kombiniert wird, dass Neues entsteht (Boden 2004; Sternberg/Lubart 1999). Beispiele sind die Bildung von Metaphern, die Entdeckung mathematischer Konzepte, die Konstruktion von Artefakten in der Kunst sowie die Entwicklung innovativer Produkte.

Problemlösen

Problemlösen war eines der zentralen Themen zu Beginn der KI in den 1950er und 1960er Jahren. Konzepte, die in dieser Zeit entwickelt wurden, bilden bis heute die methodische Grundlage für verschiedene Bereiche der KI. Insbesondere Ansätze zur heuristischen Suche finden sich in vielen verschiedenen Anwendungen – vom automatischen Theorembeweiser bis hin zur Roboternavigation (s. Kap. II.B.2). Die frühen Forschungsarbeiten sind insbesondere durch den Problemraumansatz von Allen Newell und Herbert Simon geprägt, deren Vorschlag eines *general problem solver* in ihrer Monografie *Human Problem Solving* (Newell/Simon 1972) detailliert dargestellt ist. Die Arbeiten von Newell und Simon sind ein frühes Beispiel für kognitionswissenschaftliche Forschung, da ihr erklärtes Ziel darin bestand, Computermodelle zu entwickeln, die menschliches Problemlösen simulieren.

Klassifikation von Problemen. Die wesentlichen Bestandteile eines Problems sind erstens eine Ausgangssituation (Anfangszustand), zweitens ein oder mehrere Problemlöseziele sowie drittens Operatoren, die auf die Ausgangssituation und folgende Zwischenzustände angewendet werden können, um Problemlöseziele zu erfüllen. Kann in einer gegebenen Situation ein gewünschtes Ziel durch Anwendung eines einzigen Operators oder durch Instanziierung eines Handlungsschemas realisiert werden, so handelt es sich nicht mehr um ein Problem, sondern um eine Aufgabe. Ob etwas eine Aufgabe oder ein Problem ist, hängt u. a. von dem Wissen und den Fertigkeiten ab, über die ein System verfügt. Beispielsweise kann das Umformen eines mathematischen Ausdrucks für einen Schüler ein Problem darstellen, für einen ausgebildeten Mathematiker aber eine Aufgabe. Nach Greeno (1978) können drei Arten von Problemen unterschieden werden:

- Bei *Transformationsproblemen* sind der Anfangszustand und die zulässigen Handlungen bekannt, und die Zielerreichung kann eindeutig festgestellt werden. Das Problem besteht darin, eine zulässige Folge von Operatoranwendungen zu finden, mit denen der Anfangszustand in den Zielzustand transformiert werden kann. Beispiele sind der Turm von Hanoi (s. u.), Wasserumschüttaufgaben (Schmid et al. 2003) oder das Missionare-und-Kannibalen-Problem (Greeno 1974).
- Bei *Neuordnungsproblemen* sind eine Menge von Elementen, zulässige Operatoren und eine Zielbeschreibung gegeben. Beispiele sind Anagramme, d. h. die Neuordnung von Buchstaben in einem Wort so, dass wieder ein zulässiges Wort entsteht, krypto-arithmetische Aufgaben, bei denen in einer Rechenaufgabe Buchstaben so durch Ziffern ersetzt werden müssen, dass die Aufgabe arithmetisch korrekt ist, oder Sudoku-Probleme.
- *Induktionsprobleme* verlangen die Entdeckung einer Gesetzmäßigkeit. Gegeben sind Daten, aus denen eine Regel extrahiert werden soll. Beispiele sind das Fortsetzen von Zahlenreihen oder geometrische Matrix-Probleme, wie sie etwa im Raven-Matrix-Test vorkommen (Carpenter et al. 1990).

Diese Problemarten werden auch als ›geschlossene Probleme‹ bezeichnet (McCarthy 1968). Im Gegensatz dazu stehen *offene Probleme,* die sich nach Dörner (1989) folgendermaßen charakterisieren lassen:

- *Intransparenz*: Es liegen nicht alle zur Problemlösung benötigten Informationen vor, teilweise müssen sie erst noch aktiv beschafft werden;

wann die durchzuführende Informationssuche abgebrochen werden kann (z. B. unter Verwendung einer Stopp-Regel), bleibt vielfach unklar.
- *Dynamik*: Anders als bei statischen Problemen ändert sich der Problemraum während der Bearbeitung häufig und man muss sich auf veränderte Bedingungen einstellen bzw. diese antizipieren; gerade biologische, physikalische oder chemische Abläufe (schnell: Explosionen; langsam: Wachstumsprozesse) können unvorhersehbare Entwicklungen nehmen.
- *Komplexität und Vernetztheit* spielen im Alltag eine ebenfalls wichtige Rolle und beziehen sich auf die Anzahl der beteiligten Variablen und deren Verbindung untereinander: Die isolierte Beeinflussung einer einzelnen Größe gelingt infolge der Vernetztheit nur selten und hat die (oftmals unbeabsichtigte) gleichzeitige Veränderung anderer Größen zur Folge. Komplexität bringt es zudem mit sich, dass die problemlösende Person möglicherweise wichtige Aspekte einer Problemsituation übersieht und damit eine fehlerhafte Komplexitätsreduktion betreibt.
- *Vielzieligkeit*: In alltäglichen Problemsituationen sind multiple Zielkonstellationen typisch, bei denen die gleichzeitige Optimierung bzw. Maximierung von Zielgrößen vorzunehmen ist. Dies kann zu Konflikten führen und ist oft nur durch wertebasierte Priorisierung auflösbar.

Solche offenen Probleme können nicht mit Standardstrategien, etwa durch heuristische Suche, gelöst werden (s. Kap. IV.17), sondern erfordern kreative Problemlöseprozesse. Offene Probleme werden v. a. im Bereich des komplexen Problemlösens (Funke 2010) betrachtet. Eine spezielle Klasse offener Probleme sind Einsichtsprobleme (s. u.), wie sie bereits in der Gestaltpsychologie beschrieben wurden.

Problemlösen als Suche im Problemraum. Die Arbeiten von Newell und Simon haben den in der KI bis heute zentralen Ansatz von Problemlösen als Suche im Problemraum geprägt. Eine Problemlösung ist eine Folge von Operatoranwendungen, die den Anfangszustand in einen Zustand transformiert, in dem die Problemlöseziele erfüllt sind. Problemlöseoperatoren haben üblicherweise Anwendungsbedingungen und können in Form von Wenn-Dann-Regeln (Produktionen) dargestellt werden.

Ein typisches und viel diskutiertes Problem ist das Turm-von-Hanoi-Problem (Kotovsky et al. 1985), bei dem mehrere Scheiben verschiedenen Durchmessers in möglichst wenigen Schritten von einem

Ausgangsstab auf einen Zielstab zu bewegen sind (vgl. Abb. 1). Die Anwendungsbedingungen sind: Es darf erstens immer nur eine Scheibe bewegt werden, und es darf zweitens nie eine größere auf eine kleinere Scheibe gelegt werden.

Für das Turm-von-Hanoi-Problem ist der Anfangszustand, dass ein Turm aus drei der Größe nach geordneten Scheiben auf Stab A steht. Problemlöseziel ist, dass der geordnete Turm auf Stab C steht. Ein Problemlöseoperator ist z.B., dass im Anfangszustand die oberste Scheibe von Stab A nach Stab B versetzt wird. Durch die Operatoranwendung auf den aktuellen Zustand wird dieser in einen neuen, einen sog. Folgezustand, transformiert.

Die Menge aller möglichen Zustände, die ein Problem annehmen kann, definiert zusammen mit den Problemlöseoperatoren den Problemraum. Ein Problemraum ist ein Graph, in dem jeder Knoten einen Zustand repräsentiert. Kann ein Zustand durch die Anwendung eines Problemlöseoperators direkt in einen anderen überführt werden, werden die beiden Zustände durch eine Kante verbunden. Der Problemraum für das Turm-von-Hanoi-Problem mit drei Scheiben ist in Abbildung 1 dargestellt: Beispielsweise kann im Anfangszustand (oberster Knoten) die kleinste Scheibe entweder auf Stab B oder auf Stab C gesetzt werden (zweite Ebene von Knoten). Da die Scheibe wieder zurück auf Stab A gesetzt werden kann, ist die Kante bidirektional. Bei Zustandsübergängen, die nur in eine Richtung gehen, wird die Kante mit einem Pfeil markiert. Auch wenn Newell und Simon festgelegt haben, dass ein Problemlöser den Problemraum mental repräsentiert, scheint dies aufgrund der beschränkten Kapazität des menschlichen Arbeitsgedächtnisses keine plausible psychologische Annahme zu sein. Alternativ kann man davon ausgehen, dass menschliche Problemlöser immer nur einen kleinen Teil des Problemraums, nämlich jene Zustände, die gerade exploriert werden, im Gedächtnis halten.

Bei vielen Problemen wächst die Menge der möglichen Zustände mit der Anzahl der Grundelemente

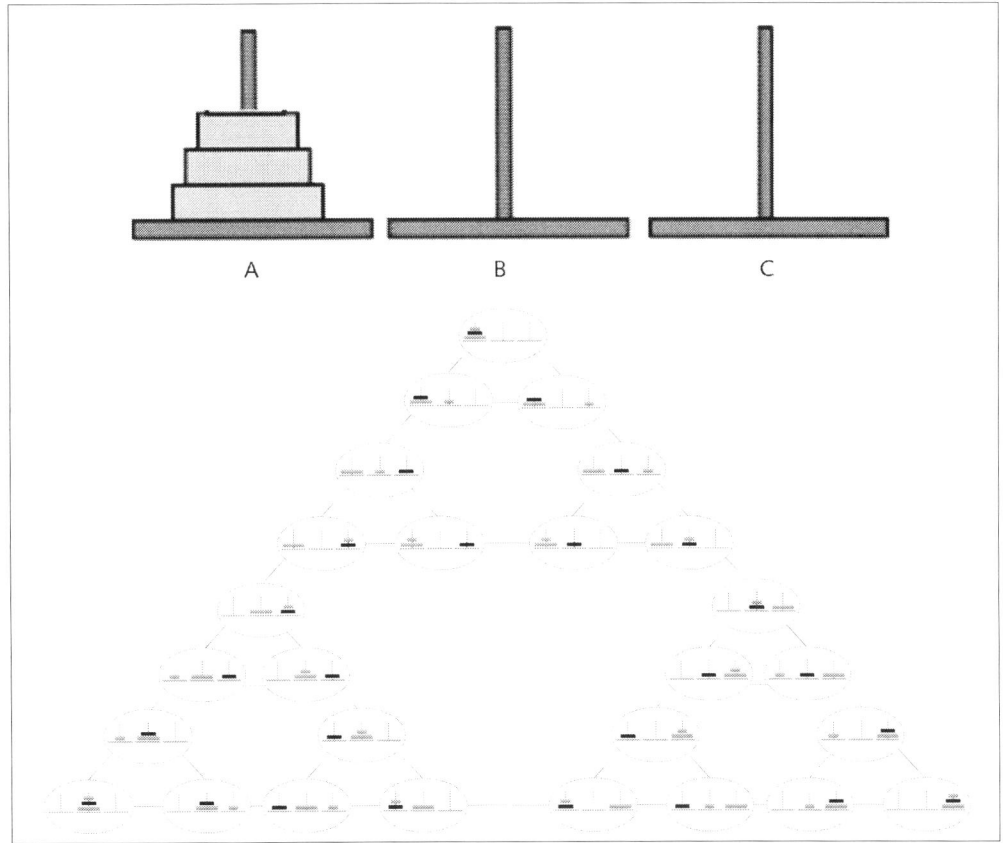

Abbildung 1: Drei-Scheiben-Variante des Turms von Hanoi (oben) mitsamt Problemraum (unten)

exponentiell. Beim Turm-von-Hanoi-Problem gilt allgemein, dass es für n Scheiben 3^n Zustände gibt. Daher können drei Scheiben der Größe nach geordnet nach dem wahrscheinlichkeitstheoretischen Gesetz der Variation auf 27 Arten auf drei Stäben positioniert werden. Bei zehn Scheiben sind es bereits 59.049 mögliche Zustände! Für Probleme, bei denen der Zustandsraum exponentiell wächst, gibt es keine effizienten Algorithmen zur Ermittlung von korrekten und vollständigen Lösungen. Menschliche Problemlöser schränken hier den Suchraum häufig mit Heuristiken ein. Auch Problemlösealgorithmen in der KI nutzen solche Heuristiken zur Beschränkung des Suchraums. Ebenso können Entscheidungen von Heuristiken gesteuert werden (Gigerenzer/Todd 1999; s. Kap. IV.6). Während ein Problemraum aus einer Struktur von Problemzuständen und möglichen Übergängen besteht, werden in einem Entscheidungsbaum alle möglichen Alternativen (eventuell auch Konsequenzen sowie Wahrscheinlichkeiten von Ausgängen) abgebildet. Auch hier ist die Menge an Optionen häufig sehr groß oder sogar unendlich. Heuristiken dienen in diesem Fall dazu, aufgrund weniger relevanter Aspekte schnell zu einer Entscheidung zu kommen. Simon (1959) hat in diesem Zusammenhang den Begriff der *bounded rationality* eingeführt. Newell und Simons Definition von Problemlösen als schrittweiser Transformation von Zuständen durch Anwendung von Operatoren bildete die Grundlage für die Entwicklung der ersten kognitiven Architekturen (s. Kap. III.1, Kap. IV.17).

Mittel-Ziel-Analyse und heuristische Suche. Um eine Folge von Problemlöseoperatoren zu finden, die den Anfangszustand in einen Zielzustand überführen, muss der Problemraum (teilweise) durchsucht werden. Je nach verwendeter Suchstrategie und vorhandenem Wissen über das Problem kann die Suche mehr oder weniger effizient sein und der gefundene Lösungsweg kürzer oder länger. Der kürzeste Lösungsweg für den Turm von Hanoi mit drei Scheiben benötigt sieben Schritte (die äußerste rechte Folge von Kanten in Abb. 1). Basierend auf empirischen Studien mit menschlichen Problemlösern haben Newell/Simon (1972) die Mittel-Ziel-Analyse als heuristische Problemlösestrategie vorgeschlagen. Die Mittel-Ziel-Analyse besteht aus drei rekursiv anwendbaren Regeln: Transformiere den aktuellen Zustand in den Zielzustand, reduziere den Unterschied zwischen dem aktuellen Zustand und dem Ziel und wende einen Problemlöseoperator auf den aktuellen Zustand an.

Beispielsweise möchte man den Anfangszustand des Turms von Hanoi in einen Zustand transformieren, in dem die größte Scheibe auf dem Zielstab C liegt. Also muss der Unterschied zwischen ›größte Scheibe auf A‹ und ›größte Scheibe auf C‹ reduziert werden. Dies kann dadurch gelöst werden, dass man den Problemlöseoperator anwendet, der die größte Scheibe von A nach C versetzt. Allerdings kann dieser Problemlöseoperator im aktuellen (Anfangs-) Zustand nicht angewendet werden, da die Scheibe nicht frei ist. Also möchte man den Unterschied zwischen dem aktuellen Zustand und einem Zustand, in dem die größte Scheibe frei ist, reduzieren. Um dies zu erreichen, wählt man einen Problemlöseoperator aus, der die mittlere Scheibe versetzt. Auch dieser Operator kann nicht direkt angewendet werden. Im nächsten Schritt kann allerdings die kleinste Scheibe versetzt werden. Dadurch ist das Teilziel, die mittlere Scheibe frei zu bekommen, erreicht. Diese kann nun im nächsten Schritt versetzt werden, so dass dann die größte Scheibe frei ist und das ursprüngliche Vorhaben, die größte Scheibe auf den Zielstab zu setzen, nach einem weiteren Zwischenschritt ausgeführt werden kann.

Die Mittel-Ziel-Analyse benötigt einen Speicher (*goal stack*) für Zwischenziele. Ähnlich wie die Idee der mentalen Repräsentation gesamter Problemräume erscheint dies heute wenig plausibel: Dass menschliche Problemlöser beim Lösen des Turms von Hanoi keine vollständige Repräsentation aller offenen Teilziele gespeichert haben, wurde z. B. von Altmann/Trafton (2002) empirisch nachgewiesen. Allerdings bleibt die grundlegende Idee der Mittel-Ziel-Analyse, dass Menschen Probleme häufig so angehen, dass sie diejenige Handlung auszuführen versuchen, die sie auf direktem Weg näher an das Problemlöseziel bringt, bestehen. Dass Menschen sich schwer damit tun, Lösungsschritte zu wählen, die scheinbar vom Ziel wegführen, wurde von Greeno (1974) empirisch für das Missionare-und-Kannibalen-Problem gezeigt.

Zentral für automatisiertes Problemlösen ist die Nutzung eines Verfahrens zur Suche nach einer Folge von Operatoren, die vom Anfangszustand zu einem Zielzustand führen. Diese Suche kann man sich als Bewegung im Problemraum veranschaulichen. Da Problemräume häufig sehr groß sind, ist es weder für Mensch noch für Maschine möglich, systematisch alle möglichen Wege auszuprobieren. Stattdessen werden sog. heuristische Suchverfahren eingesetzt. Eine Heuristik ist eine Daumenregel, die hilft abzuschätzen, ob ein bestimmter Schritt im Problemraum eher zum Erfolg führen wird als alternative Möglichkeiten (z. B. eine Autobahnverbindung einer kürzeren Landstraßenverbindung vorzuziehen, wenn es um zeitnahes Erreichen des Ziels geht). Bei der Mittel-Ziel-Analyse wird heuristisch derjenige Problemlöseoperator ausgewählt, von dem angenommen wird, dass er die Distanz zwischen dem aktuellen Zustand und dem Zielzustand am stärksten verringert. Im Allgemeinen sind Heuristiken in der Problemlösung Schätzungen für die anfallenden Restwegkosten, d. h. man bevorzugt denjenigen Folgezustand, von dem man annehmen kann, dass die Anzahl der Schritte (oder bei unterschiedlich ›teuren‹ Operatoren die restlichen Kosten) am geringsten sind.

Das bekannteste heuristische Suchverfahren ist der A*-Algorithmus, der effizienteste Algorithmus zum Finden einer optimalen Lösung. Hier wird in jedem Schritt für den bisher am besten bewerteten partiellen Lösungsweg die Menge aller möglichen Folgezustände erzeugt. Die neu generierten Pfade werden bezüglich der tatsächlichen Kosten vom Anfangszustand zum letzterzeugten Zustand sowie bezüglich der geschätzten Kosten von diesem Zustand bis zur Zielerreichung bewertet. Eine ausführliche Einführung in den A*-Algorithmus sowie allgemein in die KI-Methoden des Problemlösens gibt z. B. Schmid (2006).

Bezug zur KI-Planung. Etwa zeitgleich zur kognitiv motivierten Mittel-Ziel-Analyse wurde als eines der ersten KI-Planungssysteme der STRIPS-Planer (S*Tanford Research Institute Problem Solver*) entwickelt (Fikes/Nilsson 1971; s. Kap. III.1). Wie die Mittel-Ziel-Analyse arbeitet auch der STRIPS-Planungsalgorithmus vom Ziel ausgehend. Beide Verfahren sind sog. lineare Ansätze, d. h. Teilziele werden unabhängig voneinander und nacheinander behandelt. Lineare Ansätze sind unvollständig, so dass in manchen Fällen keine Lösung für ein Problem gefunden wird, obwohl eine Lösung existiert. Dies wurde bereits 1975 am Beispiel der sog. Sussman-Anomalie demonstriert, die die Schwächen dieser nicht-verschränkten Planung aufzeigt. Das Verfolgen einer linearen Strategie kann als Modell menschlicher Problemlösung durchaus angemessen sein, für ein KI-Planungssystem ist Unvollständigkeit jedoch unerwünscht. Moderne Planungsverfahren (Ghallab et al. 2004) sind daher vollständig (Schmid 2006).

Allerdings ist die für STRIPS entwickelte Repräsentationssprache bis heute grundlegend für sog. zustandsbasierte Planer, für die anstelle konkreter Problemlöseoperatoren Operatorschemata definiert

werden (s. Kap. III.1). Beispielsweise können die Problemlöseoperatoren für das Turm-von-Hanoi-Problem in einem einzigen Operatorschema angegeben werden:

bewege(scheibe, von, nach)
Vorbedingung: *frei*(scheibe), *auf*(scheibe, von),
frei(nach), *kleiner*(scheibe, nach)
Effekt: *frei*(von), *auf*(scheibe, nach),
nicht auf(scheibe, von), *nicht frei*(nach)

Dabei sind ›scheibe‹, ›von‹ und ›nach‹ Variablen, die für einen konkreten Zustand mit konkreten Werten belegt werden können. Zustände werden als Mengen von Fakten angegeben. Der Anfangszustand für den Turm von Hanoi kann beschrieben werden durch: *auf*(s1, s2), *auf*(s2, s3), *auf*(s3, A), *frei*(s1). Zudem gilt in allen Zuständen: *kleiner*(s1, s2), *kleiner*(s2, s3), *kleiner*(s1, s3) sowie *kleiner*(s1, A), *kleiner*(s1, B), *kleiner*(s1, C), *kleiner*(s2, A), …, *kleiner*(s3, C), d. h. jede Scheibe ist kleiner als der leere Stab.

Die Anwendungsbedingungen für den *bewege*-Operator sind im Anfangszustand erfüllt, wenn man s*cheibe* mit s1, *von* mit s2 und *nach* mit B belegt. Im Effekt wird beschrieben, welche Fakten im Folgezustand gelten und welche Fakten nicht mehr gelten, d. h. *auf*(s1, s2) und *frei*(B) werden in der Zustandsbeschreibung gelöscht und *frei*(s2) und *auf*(s1, B) werden hinzugefügt. Diese elegante Art, Zustandsübergänge zu berechnen, basiert auf der sog. *closed world assumption*, die annimmt, dass alle Fakten, die in einer Zustandsbeschreibung nicht explizit genannt sind, in dem entsprechenden Zustand auch nicht gelten.

Neuordnungsprobleme wie Sudoku werden üblicherweise mithilfe von Algorithmen für sog. Bedingungserfüllungsprobleme (*constraint-satisfaction*-Probleme) bearbeitet. Solche Algorithmen identifizieren Teillösungen, die den *constraints* genügen, und versuchen, diese Teillösungen zu einer zulässigen Gesamtlösung zu kombinieren (Hofstedt/Wolf 2007).

Planungsalgorithmen werden häufig für Probleme definiert, denen endliche Problemräume mit diskreten Zuständen zugrunde liegen, bei denen alle relevanten Aspekte eines Problemzustands beobachtbar sind, jede Operatoranwendung zu einem deterministischen Effekt führt und Zustandsänderungen nur durch die Operatoranwendungen und nicht durch externe Einflüsse oder die inhärente Dynamik eines Systems herbeigeführt werden können (Ghallab et al. 2004). Ist mindestens eines dieser Kriterien verletzt, spricht man von ›komplexen Problemen‹.

Lernen und Expertise. Üblicherweise arbeiten Problemlöseverfahren und Planungssysteme ohne Langzeitgedächtnis, d.h. maschinelle Problemlöser sind nicht in der Lage, aus früheren Problemlöseerfahrungen zu profitieren. Dagegen zeichnen sich menschliche Problemlöser durch die Fähigkeit aus, aus Erfahrung zu lernen. In der KI-Forschung wurde der Ansatz des *reinforcement learning* entwickelt, der diese Art des Lernens explizit adressiert (s. Kap. IV.12). Auch im Bereich der KI-Planung wird in den letzten Jahren versucht, neue Probleme durch Nutzung von Vorerfahrung effizienter lösbar zu machen. In der kognitiven Architektur ACT-R wird Lernen hauptsächlich als Änderung von Bevorzugungswahrscheinlichkeiten für bestimmte Produktionsregeln modelliert. Einen Ansatz, mit dem neue Produktionen aus beispielhaften Problemlösungen erzeugt werden können, schlagen Schmid/Kitzelmann (2011) vor.

In hoch spezialisierten Bereichen, z.B. in der medizinischen Diagnostik oder beim Schachspielen, reichen allgemeine Problemlösestrategien meist nicht aus, um Probleme erfolgreich zu bearbeiten. Hier entwickeln Menschen aufgrund von langjähriger Erfahrung vielmehr eine Expertise. In der KI-Forschung wurden insbesondere in den 1980er Jahren Expertensysteme entwickelt, bei denen versucht wurde, inhaltliches und strategisches Wissen von Experten in Computersystemen umzusetzen (Chi et al. 1988). Es zeigte sich, dass es nahezu unmöglich ist, durch direkte Befragung von Experten und die nachfolgende Modellierung des Wissens alle relevanten Wissensbausteine zu erfassen. Expertenwissen ist häufig implizit und hoch automatisiert und damit keiner direkten Inspektion zugänglich. Eine Alternative zu dieser direkten Art der Wissenserhebung ist die Nutzung von Methoden des maschinellen Lernens (s. Kap. IV.12), mit denen versucht wird, aus Expertenurteilen und Expertenverhalten auf die Wissensstrukturen zu schließen, die diesem Verhalten zugrunde liegen.

Kreatives Problemlösen

Kreatives Problemlösen adressiert die Bearbeitung offener komplexer Probleme. Sowohl in der experimentell psychologischen Forschung als auch im Bereich der kognitiven Modellierung (s. Kap. II.E.2) werden meist weniger komplexe Probleme von der Art des Turms von Hanoi untersucht. Um psychologisch zu untersuchen, wie Menschen komplexe Probleme lösen (Funke 2010; Knauff/Wolf 2010), werden häufig computersimulierte Szenarien eingesetzt (Brehmer/Dörner 1993).

Eine spezielle Klasse offener Probleme sind sog. Einsichtsprobleme (Kaplan/Simon 1990; Knoblich et al. 1999). Einsichtsprobleme zeichnen sich dadurch aus, dass eine Lösung nur dann gefunden werden kann, wenn das Problem auf eine häufig nicht unmittelbar ersichtliche Art repräsentiert wird. Eine kreative Re-Repräsentation von Problemen wird durch die funktionale Gebundenheit verhindert: Aus Erfahrung erworbenes Wissen über die übliche Verwendung von oder den üblichen Umgang mit Dingen verhindert das Generieren von Alternativen. Ist z.B. eine Streichholzlegeaufgabe der Form III + I = VI gegeben, so können Probanden das Problem, durch Umlegen eines Hölzchens zu einer korrekten Aussage (in diesem Fall III + II = V) zu gelangen, meist schnell und erfolgreich bearbeiten. Muss aber nicht eine Zahl manipuliert werden, sondern ein Operator oder das Gleichheitszeichen, wird die Lösung häufig nur langsam oder gar nicht gefunden, wie z.B. bei der Umformung von III − II = IV zu II + II = IV (Knoblich et al. 1999). Selbst bei Transformationsproblemen wie Wasserumschüttaufgaben zeigen Probanden eine sog. funktionale Gebundenheit: Hat mehrfach eine bestimmte Abfolge von Umschüttoperationen zum Erfolg geführt, so wird diese auch auf ein Folgeproblem angewendet, das mit weniger Operationen lösbar ist (Luchins/Luchins 1950). Diese funktionale Gebundenheit kann jedoch durch gezielte Hinweise, z.B. durch die Vorgabe eines analogen Problems, durchbrochen werden (s. u.).

Eine Alternative zur Problemlösung durch Suche im Problemraum ist es, den Lösungsweg eines bereits gelösten ähnlichen Problems auf das neue Problem zu übertragen. Dieser Ansatz wird als ›fallbasiertes Schließen‹ bezeichnet. Dadurch können auch Probleme lösbar werden, die für die Lösung durch Suchverfahren zu komplex sind. Die Herausforderung bei Ansätzen des fallbasierten Schließens besteht darin, ein tatsächlich passendes, bekanntes Problem aus dem Gedächtnis abzurufen.

Der in der KI entwickelte Ansatz des fallbasierten Schließens hat viele Gemeinsamkeiten mit den in der Kognitionswissenschaft entstandenen Ansätzen des analogen Schließens und Problemlösens (s. Kap. IV.17). Bei Analogiemodellen wird häufig von einer strukturierten Repräsentation ausgegangen und nicht der Abruf eines geeigneten Problems, sondern das Mapping zwischen zwei Problemstrukturen als zentraler Prozess betrachtet (Falkenhainer et al. 1989). Der Übertrag von Wissen von einem Problem zu einem unbekannten Problem wird häufig auch als Schlüssel zum kreativen Problemlösen betrachtet: Beispielsweise wurde der Physiker Ernest Rutherford zu seinem Orbitalmodell angeregt, indem er Wissen über die bekannte Struktur des Sonnensystems auf das Wasserstoffatom übertrug. Auch das ursprünglich vom Gestaltpsychologen Karl Duncker untersuchte Bestrahlungsproblem ist ein Beispiel für analoges Problemlösen: Personen, die zunächst eine Geschichte über die erfolgreiche Eroberung einer Burg hörten, in dem sich die Soldaten auf alle Eingänge der Burg verteilten, kommen eher darauf, dass Tumorgewebe durch im Kreis angeordnete Strahlen zerstört werden kann, ohne dass gesundes Gewebe mitbeschädigt wird, als andere Personen (Gick/ Holyoak 1983).

Kreative Problemlösungen sind seltene Ereignisse. Man kann zwar KI-Programme schreiben, die verschiedene Wissensstrukturen aufeinander übertragen (Langley et al. 1987); die meisten analogen Schlüsse solcher Programme werden jedoch unsinnig sein. Die Herausforderung ist, die wenigen analogen Schlüsse in dieser Menge zu identifizieren, die tatsächlich innovative Problemlösungen darstellen.

Kreativität

Aspekte von Kreativität. Der schöpferische Prozess des Hervorbringens neuer Ideen hat viele Forscher beschäftigt. Allerdings erweist sich trotz dieser vielfältigen Bemühungen der Kenntnisstand als eher beschränkt, was vermutlich mit dem Phänomen und seiner Unberechenbarkeit zu tun hat. Kreativität lässt sich in vier verschiedene Aspekte differenzieren: eine kreative *Person* produziert ein kreatives *Produkt* in einer kreativen *Umgebung* durch einen kreativen *Prozess*.

Die kreative Person ist durch Offenheit und Neugier, aber auch durch Ambiguitätstoleranz (das Aushalten-Können unklarer und uneindeutiger Situationen) gekennzeichnet. Unangepasstheit und Bereitschaft zum Regelverstoß sind ebenfalls charakteristisch und machen den Umgang mit Kreativen manchmal schwierig.

Das kreative Produkt wird durch die Kriterien der Neuigkeit und Nützlichkeit beschrieben. Das erste Kriterium der Neuigkeit wird dabei zunächst aus der Perspektive des Schaffenden definiert, in zweiter Linie aber auch sozial: Selbst auf die Gravitationstheorie gekommen zu sein, mag eine Person zu Recht mit Stolz erfüllen – allerdings ist diese Entdeckung aus gesellschaftlicher Sicht nicht neu. Das zweite Krite-

rium der Nützlichkeit soll dafür sorgen, dass nicht alles Neue auch als kreativ bezeichnet werden muss: Die Passung zu einem zuvor definierten Problem ist hierbei wichtig.

Die kreative Umgebung spielt ebenfalls eine wichtige Rolle für das Hervorbringen einer neuen Idee. Allerdings zeigen sich hier widersprüchliche Befunde: Zum einen scheinen Herausforderungen (gesellschaftliche Herausforderungen wie z. B. Kriegsbedingungen, aber auch personale wie z. B. Kränkungen) hilfreich zu sein, zum anderen sind entspannende Bedingungen (z. B. Ruhe, schöne Dinge, Natur in freundlicher Dosis) sowie gute Ausstattung ebenfalls hilfreich. Bei aller Widersprüchlichkeit gilt es als sicher, dass heterogene Umgebungen mit hoher Diversität anregender sind als homogene und monotone Umgebungen.

Der kreative Prozess wird typischerweise in mehrere (meist fünf) Phasen zergliedert:

- *Vorbereitung*: Zumindest Produkte von hoher Qualität entstehen nur durch entsprechende Vorbereitung. Wissenschaftliche Entdeckungen oder musikalische Kompositionen von Bedeutung kommen nicht aus dem Nichts, sondern setzen viele Stunden Beschäftigung mit dem Gegenstand voraus. Expertiseforscher (z. B. Ericsson 2003) sprechen von mindestens 10.000 Stunden Vorbereitung.

- *Inkubation*: Eine Phase der Ablenkung nach einer gedanklichen ›Infektion‹ scheint hilfreich. Auch wenn nicht völlig klar ist, warum die fehlende Beschäftigung mit einem Problem dessen Lösung begünstigt, spielt die Ablenkung in der Inkubationsphase eine wichtige Rolle. Eventuell konsolidieren und ordnen sich hier Hirnprozesse in neuer Form.

- *Einsicht*: ›Heureka!‹ (›Ich hab's gefunden!‹) soll Archimedes gerufen haben, als er in seiner Badewanne das Prinzip der Verdrängung entdeckt hatte. Dieser Moment der Einsicht (von den Gestaltpsychologen zu Anfang des 20. Jh.s auch als ›Aha-Erfahrung‹ bezeichnet) kennzeichnet den Schöpfungsakt in zeitlicher Hinsicht, stellt für die kreative Person aber zugleich auch einen Moment des schöpferischen Hochgefühls dar, der in Biografien von Erfindern immer wieder angesprochen wird.

- *Bewertung*: Nach dem Rausch der Einsicht kann es zum Kater der Bewertung kommen – nicht alle kreativen Produkte halten einem kritischen Blick stand, der in dieser Phase auf das Ergebnis schöpferischer Tätigkeit geworfen wird. *Peer reviewing* ist nicht nur in den Wissenschaften, sondern auch in Kunst und Literatur ein hilfreicher Kontrollprozess, um Produkte noch besser werden zu lassen.

- *Ausarbeitung*: Hier geht es darum, aus der kreativen Idee ein kreatives Produkt werden zu lassen. Erst dann wird aus Kreativität Innovation. Dass der Weg von der Idee zum Produkt anstrengend sein kann, macht die angeblich von Thomas Edison gemachte Aussage deutlich, wonach Genie ein Prozent Inspiration und 99 Prozent Transpiration bedeute.

Eine wichtige Unterscheidung ist diejenige zwischen großer und kleiner Kreativität. Mit *großer Kreativität* sind diejenigen Schöpfungen gemeint, die die Menschheit als Ganzes betreffen. Dazu zählen wissenschaftliche Entdeckungen ebenso wie literarische oder künstlerische Meisterwerke, um ein paar Beispiele zu nennen. *Kleine Kreativität* ist dagegen unspektakulär und findet alltäglich statt. Ist z.B. ein Reißverschluss defekt und verwendet man ersatzweise eine Büroklammer, um den Schieber zu bewegen, handelt es sich dabei um eine kreative Problemlösung. Zu kleiner Kreativität ist fast jeder Mensch in der Lage – große Kreativität findet seltener statt.

Trainings zur Steigerung kreativer Produktivität (z.B. Brainstorming; vgl. die Übersicht in Funke 2008) haben nur wenig Wirksamkeitsnachweise liefern können. Zu den förderlichen Randbedingungen werden u.a. Entscheidungsfreiheit, unerwartete Bekräftigungen, positives Innovationsklima oder ein stimulierendes Milieu gezählt, als hinderlich angesehen werden dagegen Druck durch Kollegen, Supervision oder erwartete Evaluation (Hennessey/Amabile 2010).

Computermodelle der Kreativität. Ein frühes KI-System, das kreative Prozesse zu simulieren versuchte, ist AUTOMATED MATHEMATICIAN (Lenat 1982), das über eine Wissensbasis (s. Kap. IV.25) von grundlegenden mathematischen Gesetzen verfügt und durch die Anwendung mathematischer Operationen aus der Wissensbasis, Generalisierung und Spezialisierung neue Konzepte generiert und mit einem Interessantheitsmaß bewertet. AUTOMATED MATHEMATICIAN konnte durchaus einige mathematische Konzepte, z.B. das Konzept von Primzahlen, neu entdecken.

Die Bildung von Metaphern kann auf Grundlage algebraischer Modelle des analogen Schließens modelliert werden (Holland et al. 1986; Indurkhya 1992): Bei einer proportionalen Analogie der Form $a : b$ wie $c : d$ wird eine Relation zwischen zwei Strukturen a und b hergestellt. Durch eine (homomorphe) Abbildung von a auf c kann dann die Relation auf c angewendet werden, um d zu erzeugen. Beispielsweise kann so die Analogie Tag : Abend wie Leben : Alter dargestellt werden. Dabei stammen *Tag* und *Abend* aus einem ersten Gegenstandsbereich, *Leben* und *Alter* aus einem zweiten. Die Metapher *Lebensabend* kann konstruiert werden, indem beim zweiten Element der Relation ein Wechsel des Gegenstandsbereichs durchgeführt wird.

Naturwissenschaftliche Entdeckungen oder Erkenntnisse werden ebenfalls häufig auf Basis von Analogiemodellen erklärt (vgl. das Rutherford'sche Orbitalmodell, s.o.). Auch die Erschaffung künstlerischer Artefakte wird häufig durch Rekombination von vorhandenen Strukturen modelliert. Beispielsweise werden bei der automatischen Komposition von Musikstücken genetische Algorithmen auf der Basis von grammatikalischen Beschreibungen von Melodien und Rhythmen verwendet (z.B. Ortega et al. 2002).

Boden (2004) unterscheidet zwischen kombinatorischer und explorativ-transformationaler Kreativität. Explorativ-transformationale Kreativität meint Prozesse, die innerhalb eines konzeptuellen Raumes bleiben, wie dies z.B. bei der Lösung von Einsichtsproblemen (s.o.) häufig der Fall ist. Kombinatorische Kreativität hingegen basiert auf der ›ungewöhnlichen‹ Kombination von bekannten Konzepten, wie dies häufig bei Metaphern oder auch bei naturwissenschaftlichen Entdeckungen der Fall ist. Kombinatorische Kreativität wird häufig auch als ›conceptual blending‹ bezeichnet (Guhe et al. 2011; Turner/Fauconnier 2002). Wie beim kreativen Problemlösen gilt auch bei der Schöpfung von Metaphern, bei der Erschaffung von Kunstwerken, bei der Einführung neuer Konzepte in die Mathematik, bei der Entwicklung neuer Modelle in der Naturwissenschaft und bei der Entwicklung innovativer Produkte, dass produktive Kreativität ein seltenes Ereignis ist. Welche kreativen Schöpfungen sich tatsächlich bewähren, zeigt sich häufig erst nach einer längeren Zeitspanne. Entsprechend schwierig ist es, für Modelle der *computational creativity* ein Interessantheitsmaß zu definieren, das zu validen Prognosen führt.

Literatur

Altmann, Erik/Trafton, Gregory (2002): Memory for goals. In: *Cognitive Science* 26, 39–83.

Boden, Margaret (^{2}2004): *The Creative Mind*. London [1990].

Brehmer, Berndt/Dörner, Dietrich (1993): Experiments with computer-simulated microworlds. In: *Computers in Human Behavior* 9, 171–184.

Carpenter, Patricia/Just, Marcel/Shell, Peter (1990): What one intelligence test measures. In: *Psychological Review* 97, 404–431.

Chi, Michelene/Glaser, Robert/Farr, Marshall (1988): *The Nature of Expertise*. Hillsdale.

Dörner, Dietrich (1989): *Die Logik des Mißlingens*. Hamburg.

Ericsson, Anders (2003): The acquisition of expert performance as problem solving. In: Janet Davidson/Robert Sternberg (Hg.): *The Psychology of Problem Solving*. Cambridge (Mass.), 31–85.

Falkenhainer, Brian/Forbus, Kenneth/Gentner, Dedre (1989): The structure mapping engine. In: *Artificial Intelligence* 41, 1–63.

Fikes, Richard/Nilsson, Nils (1971): STRIPS: A new approach to the application of theorem proving to problem solving. In: *Artificial Intelligence* 2, 189–208.

Funke, Joachim (2003): *Problemlösendes Denken*. Stuttgart.

Funke, Joachim (2008): Kreativitätstechniken. In: Vera Nünning (Hg.): *Schlüsselkompetenzen: Qualifikationen für Studium und Beruf*. Stuttgart, 207–219.

Funke, Joachim (2010): Complex problem solving. In: *Cognitive Processing* 11, 133–142.

Ghallab, Malik/Nau, Dana/Traverso, Paolo (2004): *Automated Planning*. Amsterdam.

Gick, Mary/Holyoak, Keith (1983): Schema induction and analogical transfer. In: *Cognitive Psychology* 15, 1–38.

Gigerenzer, Gerd/Todd, Peter/ABC Research Group (Hg.) (1999): *Simple Heuristics that Make us Smart*. New York.

Greeno, James (1974): Hobbits and orcs. In: *Cognitive Psychology* 6, 270–292.

Greeno, James (1978): Natures of problem-solving abilities. In: William Estes (Hg.): *Handbook of Learning and Cognitive Processes*. Hillsdale, 239–270.

Guhe, Markus/Pease, Alison/Smaill, Alan/Martinez, Maricarmen/Schmidt, Martin/Gust, Helmar/Kühnberger, Kai-Uwe/Krumnack, Ulf (2011): A computational account of conceptual blending in basic mathematics. In: *Cognitive Systems Research* 12, 249–265.

Hennessey, Beth/Amabile, Teresa (2010): Creativity. In: *Annual Review of Psychology* 61, 569–598.

Hofstedt, Petra/Wolf, Armin (2007): *Einführung in die Constraint-Programmierung*. Heidelberg.

Holland, John/Holyoak, Keith/Nisbett, Robert/Thagard, Paul (1986): *Induction*. Cambridge (Mass.).

Indurkhya, Bipin (1992): *Metaphor and Cognition*. Dordrecht.

Kaplan, Craig/Simon, Herbert (1990): In search of insight. In: *Cognitive Psychology* 22, 374–419.

Knauff, Markus/Wolf, Ann (2010): Complex cognition. In: *Cognitive Processing* 11, 99–102.

Knoblich, Günther/Ohlsson, Stellan/Haider, Hilde/Rhenius, Detlef (1999): Constraint relaxation and chunk decomposition in insight problem solving. In: *Journal of Experimental Psychology* 25, 1534–1556.

Kotovsky, Kenneth/Hayes, John/Simon, Herbert (1985): Why are some problems hard? In: *Cognitive Psychology* 17, 248–294.

Langley, Patrick/Simon, Herbert/Bradshaw, Gary/Zytkow, Jan (1987): *Scientific Discovery*. Cambridge (Mass.).

Lenat, Douglas (1982): AM: Discovery in mathematics as heuristic search. In: Randall Davis/Douglas Lenat (Hg.): *Knowledge-Based Systems in Artificial Intelligence*. New York, 1–225.

Luchins, Abraham/Luchins, Edith (1950): New experimental attempts at preventing mechanization in problem solving. In: *Journal of General Psychology* 42, 279–297.

McCarthy, John (1968): Programs with common sense. In: Marvin Minsky (Hg.): *Semantic Information Processing*. Cambridge (Mass.), 403–418.

Newell, Allen/Simon, Herbert (1972): *Human Problem Solving*. Englewood Cliffs.

Ortega, Alfonso/Alfonso, Rafael/Alfonseca, Manuel (2002): Automatic composition of music by means of grammatical evolution. In: *Proceedings of the 2002 International Conference on APL*, 148–155.

Schmid, Ute (2006): Computermodelle des Denkens und Problemlösens. In: Joachim Funke (Hg.): *Enzyklopädie der Psychologie, Denken und Problemlösen*. Göttingen, 483–547.

Schmid, Ute/Kitzelmann, Emanuel (2011): Inductive rule learning on the knowledge level. In: *Cognitive Systems Research* 12, 237–248.

Schmid, Ute/Wirth, Joachim/Polkehn, Knut (2003): A closer look at structural similarity in analogical transfer. In: *Cognitive Science Quarterly* 3, 57–89.

Simon, Herbert (1959): Theories of decision making in economics and behavioural science. In: *American Economic Review* 49, 253–283.

Sternberg, Robert/Lubart, Todd (1999): The concept of creativity. In: Robert Sternberg (Hg.): *Handbook of Creativity*. New York, 3–15.

Turner, Mark/Fauconnier, Gilles (2002): *The Way We Think*. New York.

Ute Schmid/Joachim Funke

12. Lernen

Lernen: Grundfähigkeit des täglichen (Über-)Lebens

Der Mensch zeichnet sich durch eine bemerkenswerte Anpassungsfähigkeit an Gegebenheiten des Lebens und seiner Lebenswelt aus: Konfrontiert mit neuen Umständen und Sachverhalten, ist es ihm nahezu während seiner gesamten Lebensspanne möglich, in kurzer Zeit sein Verhalten so anzupassen, dass er in sinnvolle Interaktion mit seiner Umwelt treten, ja diese oftmals sogar geplant nach Maßgabe seiner Absichten und Interessen verändern kann. Grundvoraussetzung für diesen Adaptionsprozess ist die Fähigkeit zu lernen, d. h. die Befähigung zum Erwerb neuen (oder zur Modifikation bereits bestehenden) Wissens und Verhaltens sowie zur Ausbildung neuer Präferenzen, Werte und Fertigkeiten. Der Prozess des Lernens kann hierbei individueller oder kollektiver Natur sein (s. Kap. III.10), erstreckt sich über die geistige, körperliche oder soziale Domäne und ist keineswegs auf den Menschen als Agens beschränkt, sondern manifestiert sich auch in Tieren und verschiedenen technischen Systemen.

Als Thema wissenschaftlicher Studien werden Formen des Lernens von sehr verschiedenen Disziplinen adressiert, die von der Biologie, den Neurowissenschaften (s. Kap. II.D) und der Kognitionswissenschaft über die Neuroinformatik (s. Kap. II.B.3) und die Künstliche-Intelligenz-Forschung (s. Kap. II.B.1) bis hin zur Psychologie (s. Kap. II.E), Pädagogik (s. Kap. V.9), Ethnologie (s. Kap. II.A.2) und Verhaltensforschung (s. Kap. II.A.1) reichen. Der Zugang zum Phänomen Lernen findet hierbei auf sehr unterschiedlichen Ebenen statt: Beschäftigen sich die biologienahen Disziplinen häufig mehr mit den physiologischen Grundlagen und dem tatsächlichen, verorteten Ablauf von Lernprozessen in Lebewesen, konzentrieren sich die Neuroinformatik und die Künstliche-Intelligenz-Forschung mehr auf die Übertragung abstrakter Prinzipien von Lernvorgängen auf technische Systeme als Plattform für Simulationen und Anwendungsimplementierungen. Die Lernpsychologie, Pädagogik und Didaktik schließlich wählen häufig einen höheren, auf Prozessebene ansetzenden Zugang und beschäftigen sich u. a. mit Modellen des Lernprozesses, verschiedenen Formen des Lernens und der Situiertheit des Lernens in seiner Umgebung sowie mit den daraus erwachsenden Einflüssen.

Menschliches Lernen findet in den verschiedensten Kontexten statt: Lernprozesse können ein aktiver und bewusster Teil des Erziehungs- und Ausbildungsprozesses sein, wobei meistens Zielorientierung und eine klare motivationale Begünstigung gegeben sind, sie können aber auch einen weitgehend unbewussten Teil der persönlichen Entwicklung ausmachen. Lernvorgänge treten als Folge von Spielverhalten oder (gezielten) Unterrichtsszenarien auf, sind aber auch mögliches Ergebnis von Habituation oder klassischer Konditionierung. Menschen sind fast während ihrer gesamten Lebensspanne fähig zu lernen – einige Studienergebnisse weisen sogar darauf hin, dass Verhaltenslernen beim Menschen bereits vor der Geburt stattfindet (Sandman et al. 1997).

Auf Grundlage der Arbeiten des amerikanischen Erziehungspsychologen Benjamin Bloom (Bloom 1956; Krathwohl et al. 1964) kann auf relativ hoher Prozessebene eine (nicht unkontroverse) Klassifizierung von Lernprozessen vorgenommen werden, die auf der Art des jeweiligen Lernziels basiert und Lernprozesse einer oder mehreren von drei Domänen zuordnet: Die *kognitive Domäne* betrifft intellektuelle, wissensartige Befähigungen, die *psychomotorische Domäne* umfasst manuelle sowie körperliche Fähigkeiten und zur *affektiven Domäne* gehören Emotionen (s. Kap. IV.5), Einstellungen und Verhaltensweisen. Eine weitere Klassifizierung von Lernprozessen kann auf Grundlage der Komplexität des gelernten Verhaltens entwickelt werden. Diese Kategorisierung umfasst Sensitivierung und Habituation als einfachste Lernformen, gefolgt von assoziativen Lernverfahren (z. B. klassische und operante Konditionierung oder Generalisierungs- und Diskriminationslernen) bis hin zu komplexen Lernvorgängen wie z. B. einsichtsbasierten Prozessen oder strukturellem Lernen.

Habituation, Sensitivierung und Konditionierung

Bei der Habituation und der konzeptuell diametral entgegengesetzten Sensitivierung handelt es sich um einfache Formen des Lernens, welche in der Regel nicht bewusst ablaufen. ›Habituation‹ bezeichnet eine Art Vorgang, bei dem der Lerner wiederholt einem Reiz ausgesetzt ist, welcher sich nachfolgend als unbedeutend herausstellt. Mit steigender Wiederholungszahl des Stimulus nimmt die Stärke der Reaktion auf selbigen zunehmend ab und bleibt schlussendlich oftmals gänzlich aus. Habituation ist nicht auf den Menschen beschränkt, sondern auch bei zahlreichen Tierarten gezeigt worden. Habituationsvorgänge lassen sich anhand einiger spezifischer Charakteristika von anderen Formen des nichtassoziativen Lernens unterscheiden (Rankin et al. 2009): Typisch ist etwa, dass eine Steigerung der Präsentationsfrequenz des entsprechenden Stimulus zu schnellerer Habituation führt, also eine höhere Abnahmerate der Reaktionsstärke hervorruft. Außerdem kann trotz Reizspezifität eine begrenzte Stimulusgeneralisierung stattfinden (d.h. die Habituation zu einem speziellen Originalreiz kann auch zu einer Habituation zu artverwandten, ähnlichen Reizen führen) und spontane Dishabituation tritt im Zeitverlauf auf (d.h. eine eigentlich habituierte Reaktion auf einen Reiz nimmt nach Ablauf einer gewissen Zeitspanne seit der letzten Stimuluspräsentation wieder an Intensität zu). Bei der Abgrenzung von Habituation zu anderen, häufig als ähnlich wahrgenommenen Formen der Abschwächung der Reaktion auf wiederholte Reizstimulation ist wichtig, dass es sich bei der Habituation im Gegensatz z. B. zur peripher verursachten Adaption als Reaktionsabnahme aufgrund einer Anpassung der entsprechenden Sinnesorgane tatsächlich um eine zentralnervös bedingte Reaktionsabnahme handelt.

Das konzeptuelle Gegenteil zur Habituation ist die Sensitivierung, d.h. ein Prozess, in dessen Verlauf eine wiederholte Darbietung eines Stimulus eine Zunahme der Reaktionsstärke auf diesen Stimulus nach sich zieht. Die Sensitivierung weist als typische Kriterien eine in der Regel kurze zeitliche Dauer des Sensitivierungseffekts sowie einen hohen Grad an Reiz- und Reaktionsunspezifität auf. Es wird heute davon ausgegangen, dass Sensitivierung die Basis sowohl von adaptivem als auch von maladaptivem Lernen in Organismen bildet, indem zelluläre Rezeptoren im Rahmen von Sensitivierungsprozessen mit zunehmender Wahrscheinlichkeit (d.h. effektiver) auf Stimuli reagieren.

Eine Komplexitätsebene über den soeben angesprochenen nichtassoziativen Lernverfahren werden in der Regel die klassische und die operante sowie die instrumentelle Konditionierung angesiedelt. Die klassische Konditionierung, als behavioristische Lerntheorie von Ivan Pavlov (1927) begründet, baut hierbei auf das Prinzip, dass einem natürlichen, bereits vorhandenen unbedingten Reflex durch Lernen ein neuer, bedingter Reflex hinzugefügt werden kann. Beim unbedingten Reflex handelt es sich um eine Reaktion, die durch einen unbedingten Stimulus (in der Regel ein biologisch motivierter Reiz wie etwa Schmerz oder Nahrung) ausgelöst wird. Wird nun gemeinsam mit dem unbedingten Stimulus wiederholt ein bis dato neutraler Stimulus präsentiert, kommt es zu einer Kopplung und der neutrale wird zum bedingten Reiz, der ebenfalls eine (bedingte) Reflexreaktion auslöst (die häufig große Ähnlichkeit mit dem unbedingten Reflex aufweist). Klassische Konditionierung kann exzitatorisch oder inhibitorisch stattfinden: Bei der exzitatorischen Konditionierung wird ein vormals neutraler Reiz an einen Reiz gekoppelt, der wiederum ein bereits vorhandenes (häufig angeborenes) Verhaltensmuster als Reaktion auslöst – wobei es sich durchaus auch um eine Verminderung oder Hemmung von Verhalten handeln kann. Bei der inhibitorischen Konditionierung hingegen lernt das Individuum eine Kopplung des bedingten Reizes an das Ausbleiben eines exzitatorischen unbedingten Reizes. Ein klassisches Beispiel für exzitatorische klassische Konditionierung sind Pavlovs Hundeversuche, in welchen die Gabe von Futter an den Hund in der Lernphase immer mit dem Ertönen eines Glockensignals verbunden war: Während in der vorhergehenden Kontrollphase das Futter als unbedingter Reiz zu Speichelfluss als unbedingtem Reflex führte, war der Glockenton ein neutraler Stimulus, der keine spezifische Reaktion hervorrief; nach Ablauf der Lernphase hingegen löste der Glockenton (als nun bedingter Stimulus) eine Speichelabsonderung als bedingte Reaktion aus.

Im Gegensatz zum Paradigma der klassischen Konditionierung als Lernen auf Basis von ausgelöstem Verhalten, d.h. ausgehend von Reiz-Reaktions-Mustern, welche sich der direkten Kontrolle des lernenden Individuums zu einem hohen Grad entziehen, stehen die instrumentelle oder die operante Konditionierung als weitere behavioristische Lerntheorien. Diese Formen der Konditionierung beschäftigen sich mit der Beeinflussung und Veränderung von willentlichem oder operantem Verhalten. Hierbei wird die Häufigkeit, Art oder Intensität eines Verhaltensmusters auf Grundlage seiner angenehmen (›appetitiven‹) oder unangenehmen (›aversiven‹) Konsequenzen nachhaltig verändert. Der Unterschied zwischen instrumenteller und operanter Konditionierung wiederum beruht auf der Art des betroffenen Verhaltens: Operante Konditionierung adressiert beliebiges spontanes Verhalten (d.h. auch unbeabsichtigtes oder zufällig gezeigtes Verhalten, das nicht unbedingt an weitere Bedingungen gebunden ist), wohingegen instrumentelle Konditionierung die Modifikation von instrumentellem (d.h. von zweckgebundenem und zielorientiertem) Verhalten betrifft. Führt eine Reaktion, gegeben eine gewisse Menge an Stimuli, zu einer Antwort mit appetitiven Konsequenzen, so kann davon ausgegangen werden, dass es in Zukunft (bei gleicher Reizsituation) wahrscheinlicher wird, dass die gleiche Reaktion erneut hervorgerufen wird, die Reaktion (gegeben die Stimuli) also verstärkt wurde. Umgekehrt kann bei aversiven Konsequenzen von einer Verminderung der Auftretenshäufigkeit dieser speziellen Reaktion ausgegangen werden (die Reaktion wurde ›bestraft‹). Im Rahmen operanter und instrumenteller Konditionierung können vier Hauptformen der Intervention identifiziert werden:

- *Positive Verstärkung* resultiert in einer Erhöhung der Auftretenswahrscheinlichkeit eines Verhaltens, wenn das Verhalten appetitive Wirkung hervorgebracht hat;
- *negative Verstärkung* resultiert in einer Erhöhung der Auftretenswahrscheinlichkeit, wenn ein Verhalten einen aversiven Reiz verhindert oder beendet hat;
- *positive Bestrafung* resultiert in einer Verringerung der Auftretenswahrscheinlichkeit eines Verhaltens, wenn das Verhalten aversive Konsequenzen nach sich zog, und
- *negative Bestrafung* resultiert in einer Verringerung der Auftretenswahrscheinlichkeit, wenn das Verhalten einen appetitiven Reiz verhindert oder beendet.

Sowohl die klassische als auch die operante und instrumentelle Konditionierung sind nicht zuletzt von klinischer und therapeutischer Relevanz. Während verschiedene verhaltenstherapeutische Ansätze auf klassischer Konditionierung beruhen (etwa die Aversionstherapie, die systematische Desensibilisierung oder auch das sog. *flooding*), ist die negative Verstärkung im Kontext von operanter und instrumenteller Konditionierung ein wesentlicher Faktor in der Aufrechterhaltung von pathologischem Vermeidungsverhalten (z.B. bei phobischen Störungen und Zwangsstörungen; s. Kap. II.D.3): Da es so irgend möglich vermieden wird, sich einer als aversiv empfundenen Situation auszusetzen, wird nie die (potenziell heilsame) Erfahrung gemacht, die Situation doch meistern zu können.

Neuronen, Algorithmen, Kognition

Im vorausgehenden Abschnitt haben wir uns in Verhaltensexperimenten beobachtbare, einfache Formen des Lernens in biologischen Akteuren gewidmet. Im Wesentlichen geht es bei diesen wie auch bei allen anderen Formen des Lernens darum, aus Erfahrungen neue Informationen zu extrahieren, die

z.B. in verbessertem Verhalten resultieren können. Bei Erfahrungen handelt es sich im Allgemeinen um sensorische Eingabemuster (s. Kap. IV.24), die Lernimpulse wie Belohnung oder Bestrafung umfassen können. Aus kognitionswissenschaftlicher Sicht ist die Frage interessant, wie das Gehirn auf kognitiver Ebene solche Lernprobleme löst. Dieses aktuelle Forschungsthema kann auf vielen verschiedenen Ebenen (computational, algorithmisch, neuronal; s. Kap. II.E.2) betrachtet werden. Für einen ersten Blick auf die algorithmische Ebene bietet sich das aktive Forschungsgebiet des maschinellen Lernens (Bishop 2006) an, das sich damit beschäftigt, Wissen automatisiert aus einem vorhandenen Datensatz zu extrahieren. Das maschinelle Lernen gliedert sich hauptsächlich in drei unterschiedliche Arten des Lernens: das überwachte Lernen (*supervised learning*), das unüberwachte Lernen (*unsupervised learning*) und das bestärkende Lernen (*reinforcement learning*). Beim überwachten Lernen geht es darum, zu verstehen, wie ein bekannter Eingabedatensatz mit einem bekannten Ausgabedatensatz zusammenhängt: Es ist bekannt, welche Eingabe zu welcher Ausgabe gehört, aber nicht, wie die Berechnungsvorschrift lautet, mit der die Ausgabe aus der Eingabe gewonnen werden kann. Ziel ist es, diese Berechnungsvorschrift zu finden, die es dann erlaubt, für unbekannte Eingabemuster, die den vorher gelernten Eingabemustern hinreichend ähnlich sind, das korrespondierende Ausgabemuster zu generieren. Beim unüberwachten Lernen hingegen wird versucht, innerhalb eines Eingabemusters Strukturen bzw. Kategorien zu erkennen, die dieses hinreichend beschreiben, obwohl nicht bekannt ist, welcher Art diese Strukturen sind. Ziel ist es, Vorhersagen für neue Eingabemuster zu treffen und diese gefundenen Kategorien zuzuordnen. Beim bestärkenden Lernen schließlich geht es darum, eine Verhaltensvorschrift zu entwickeln, die ein externes Belohnungssignal maximiert. Dieses Belohnungssignal stellt eine Rückmeldung auf das Verhalten des lernenden Agenten dar und liegt in den meisten Fällen als numerischer Wert vor. Konzeptuell ist bestärkendes Lernen dadurch zwischen unüberwachtem und überwachtem Lernen anzusiedeln: Der lernende Agent erhält zwar Informationen über die Güte seines Verhaltens, aber es ist nicht klar, wie aus diesem Feedback das optimale Verhalten abzuleiten ist. Das bestärkende Lernen scheint häufig eine Analogie zum biologischen Lernen darzustellen, da biologische Akteure oftmals zusätzliche Rückmeldungen über den Erfolg ihres Verhaltens durch die Umwelt erhalten. So kann bestärkendes Lernen etwa als Modell für die o. g. operante und instrumentelle Konditionierung dienen.

Vor allem im unüberwachten und im bestärkenden Lernen finden sich Modelle, die uns Einsichten in die neuronalen Lernprozessen zugrunde liegenden Mechanismen gewähren können. Vereinfacht ausgedrückt ist das Gehirn eines Neugeborenen mit der komplexen Aufgabe konfrontiert, der unheimlichen Fülle von sensorischen Eingabemustern einen Sinn zu geben. In gewisser Weise involviert dies Kategorisierungen (s. Kap. IV.9): Ein Apfel z. B. ist verknüpft mit vielen sensorischen Eindrücken wie etwa Farbe, Form, Geruch oder Textur. Gleichzeitig können all diese Eigenschaften eine enorme Spannweite durchlaufen: Ein stinkender, brauner, verrunzelter und fauliger Apfel hat wenig mit einem roten, saftigen, duftenden und wohlgeformten Apfel gemein, aber dennoch ist es für uns ein Leichtes zu erkennen, dass beide der gleichen Kategorie zuzuordnen sind. Ein einfaches Modell für eine derartige Kategorisierung ist in den sog. Clusteringalgorithmen zu finden, die innerhalb eines Eingabedatensatzes Cluster erkennen können. Diese Cluster entsprechen im Idealfall den unterschiedlichen Kategorien, die den Datensatz erzeugten.

Zum besseren Verständnis von Clusteringverfahren soll der Bayes'sche Wahrscheinlichkeitsbegriff eingeführt werden. Dieser betrachtet Wahrscheinlichkeiten nicht als relative Häufigkeiten eines Zufallsexperimentes (mehrmaliges Werfen eines sechsseitigen Würfels etwa führt zu einer Wahrscheinlichkeit von 1/6 für jede Zahl), sondern als den Grad einer persönlichen Überzeugung. Diese Sichtweise kann man sich zunutze machen, wenn man unüberwacht Informationen aus einem Datensatz extrahieren will. Nehmen wir an, wir wissen, dass unsere Daten $D = \{x_1, …, x_N\}$ von einem Modell mit Parameter θ erzeugt werden, und dass wir eben diesen Parameter anhand der vorhandenen Daten abschätzen möchten. Zudem haben wir Vorwissen über den Parameter θ. Wenn wir z. B. eine Münze werfen, dann können wir aufgrund unseres Vorwissens entweder annehmen, dass es wahrscheinlicher ist, eine faire Münze zu haben, oder aber, wenn wir z. B. mit einem Gauner spielen, dass es wahrscheinlicher ist, dass es sich um eine gezinkte Münze handelt. Dieses Vorwissen können wir in die sog. a priori Wahrscheinlichkeit $P(\theta)$ über den Modellparameter einfließen lassen. Die Wahrscheinlichkeit, dass die Daten von unserem Modell mit Parameter θ generiert werden, berechnet sich zu:

$$P(D|\theta) = \prod_{j=1}^{N} P(x_j|\theta)$$

Die bedingte Wahrscheinlichkeit des Datensatzes ist also gleich dem Produkt aus den Wahrscheinlichkeiten, dass jeder Datenpunkt x_j des Datensatzes vom Modell mit Parameter θ erzeugt wird. Mit den Regeln der Wahrscheinlichkeitstheorie (Bayes' Theorem) können wir daraus nun die sog. a posteriori Wahrscheinlichkeit berechnen, welche angibt, wie wahrscheinlich θ unter dem gegeben Datensatz D ist:

$$P(\theta|D) = \frac{P(D|\theta) \cdot P(\theta)}{P(D)}$$

Maximiert man diesen Ausdruck bezüglich des Parameters θ, findet man ein Modell, welches den Datensatz bestmöglich beschreibt. Dieser probabilistische Lernansatz ist aus zwei Gründen interessant: Zum einen gibt es experimentelle Evidenz, die belegt, dass Neurone in ihrer Feuerrate Wahrscheinlichkeitsverteilungen von Stimuli repräsentieren (Yang/Shadlen 2007). Zum anderen erlaubt es der Ansatz über eine a priori Wahrscheinlichkeit, bereits erarbeitetes Wissen in die Einschätzung neuen Wissens einfließen zu lassen.

Kommen wir zurück zu den Clusteringalgorithmen. Mit bloßem Auge ist zu erkennen, dass der Datensatz in Abbildung 1 aus vier unterschiedlichen Clustern besteht:

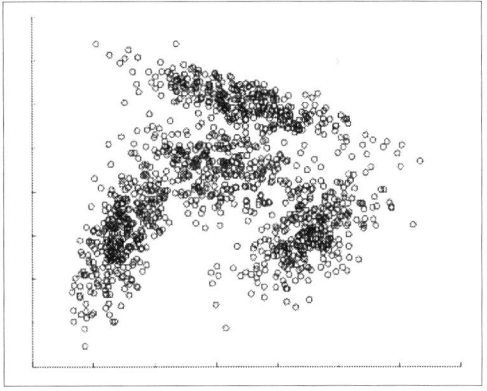

Abbildung 1: Beispieldatensatz vor Anwendung des Clusteralgorithmus

Um bei dem Apfelbeispiel zu bleiben, könnten z. B. die Messwerte Größe und Gewicht für vier unterschiedliche Apfelsorten zu sehen sein, wobei jedes Cluster von einer anderen Sorte erzeugt wird. Jeden Messpunkt x_j können wir als den Wert einer Zufallsvariable betrachten. Zudem wissen wir, dass jeder Datenpunkt zu einem der M (hier vier) möglichen Cluster gehört. Demnach existieren M latente oder verborgene Variablen s_i, welche dieses (unbekannte) Cluster für jeden Datenpunkt x_j repräsentiert. Somit können wir nun eine *a priori* Wahrscheinlichkeitsverteilung (das Vorwissen) für alle s_i festlegen: $P(s_i = m) = \pi_m$. Weiterhin wissen wir, dass alle Datenpunkte von Cluster $m \in \{x_1, ..., M\}$ einer weiteren Wahrscheinlichkeitsverteilung (z. B. einer Gaußverteilung) folgen:

$$P(x_j | s_i = m) = P_m(x_j)$$

Daraus lässt sich die *a posteriori* Wahrscheinlichkeit berechnen, welche angibt, mit welcher Wahrscheinlichkeit Datenpunkt x_j zu Cluster m gehört:

$$P(s_i = m \,|\, x_j) = \frac{P_m(x_j) \cdot \pi_m}{\sum\limits_{m=1}^{M} P_m(x_j) \cdot \pi_m}$$

Es existieren Verfahren, mit denen wir die Parameter der Verteilungen $P_m(x_j)$ so bestimmen können, dass die Wahrscheinlichkeit, dass der Datensatz von diesen Verteilungen erzeugt wurde, maximiert wird. Ein einfacher, aber berühmter Vertreter eines Clusteringverfahrens ist der sog. *k-means*-Algorithmus (Jain et al. 1999). Dabei handelt es sich um ein iteratives Verfahren, das einen Datensatz in k Cluster unterteilt. In unserem Beispiel können wir aufgrund des Aussehens der vier Cluster davon ausgehen, dass jedes mittels einer mehrdimensionalen Gaußverteilung beschrieben werden kann. Der Erwartungswert und die Varianz für jede Gaußverteilung kann aus dem Datensatz berechnet werden. Im Fall des *k-means*-Verfahrens initialisieren wir dazu den Algorithmus mit k (im Beispiel vier) zufälligen Initialisierungspunkten und weisen jeden Datenpunkt x_j dem Cluster zu, dessen Initialisierungspunkt dem Datenpunkt am nächsten liegt, wobei als Ähnlichkeitsmaß meist die euklidische Distanz verwendet wird. Nach diesem Zuweisungsschritt wird für jedes Cluster ein neuer

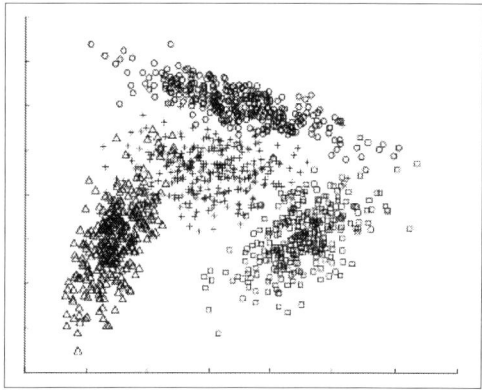

Abbildung 2: Beispieldatensatz nach dem Clustern

Erwartungswert berechnet. Mit diesen neuen Erwartungswerten erfolgt der nächste Zuweisungsschritt, der jeden Datenpunkt dem Cluster mit dem nächsten Erwartungswert (wie bei der Initialisierung) zuweist. Das Verfahren endet, wenn sich an den Clusterzuweisungen nichts mehr verändert. Abbildung 2 zeigt, welche Cluster ein solcher Algorithmus, ausgehend von dem Beispieldatensatz, finden könnte.

Neben dem Bilden von Kategorien, um unsere Sinneswahrnehmungen strukturieren zu können, ist es zudem auch wichtig, aus unseren Fehlern und Erfolgen zu lernen. Durch unsere Interaktion mit der Umwelt erhalten wir eine Vielzahl von Rückmeldungen auf unsere Handlungen, die dazu genutzt werden können, unser Verhalten zu verbessern. Als Beispiel kann jede Form des motorischen Lernens dienen (s. Kap. IV.15): Lernen wir z. B. Laufen, wird unser Gehirn mit einer Vielzahl an sensomotorischen Daten, u. a. über Gelenkpositionen, Körperbalance und Muskellängen und -kräfte, versorgt. Neben diesem Zustandsvektor steht am Ende eines Laufversuches immer auch die Information über Erfolg oder Misserfolg zur Verfügung. Modellieren können wir diese Art von Lernprozessen mittels des bestärkenden Lernens (Sutton/Barto 1998). Bestärkendes Lernen zielt darauf ab, die Aktionen des Lernenden zu optimieren, indem ein vorhandenes Belohnungssignal maximiert wird. Formal lassen sich diese Verfahren am einfachsten anhand sog. *gridworld*-Probleme erläutern, bei denen ein lernender Agent durch ein Labyrinth navigieren muss (vgl. Abb. 3). Die aktuelle Position des Agenten im Labyrinth wird als ›Zustand‹ bezeichnet. In jedem Zustand führt der Agent eine Aktion a aus, die im Beispiel aus einem Zug in eine der vier Richtungen Norden, Süden, Osten oder Westen besteht. Jede Aktion, die nicht im Ziel endet, resultiert in einer negativen numerischen Belohnung von −1. Maximiert der Agent die Belohnung, wählt er automatisch den kürzesten Weg. Allerdings wird hier bereits klar, dass die Form der Belohnungsfunktion das Verhalten des Agenten massiv beeinflusst. Ziel des Agenten ist es, aus den gewählten Aktionen und dem resultierenden Belohnungssignal das optimale Verhalten (die sog. *policy*) abzuleiten.

Eine mögliche Lösung dieses Problems liefert z. B. der sog. SARSA-Algorithmus, der für jeden Zustand s die Güte der möglichen Aktionen a berechnet. Dieser Wert wird formal oft als ›Q-Wert‹ ($Q(s,a)$) bezeichnet. Zur Berechnung aller Q-Werte (auch ›Q-Funktion‹ genannt) wendet SARSA ein Iterationsverfahren an. Der Agent startet dazu an der Startposition und arbeitet sich durch das Labyrinth

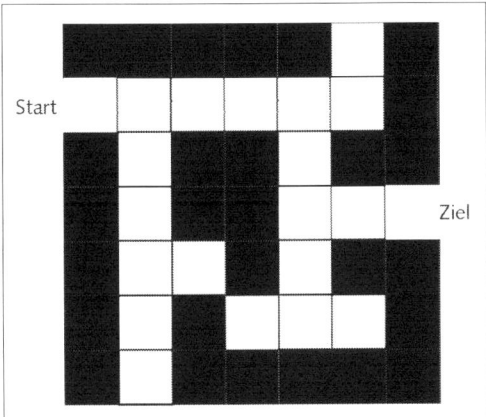

Abbildung 3: Das Labyrinth, das der Agent
durchlaufen muss

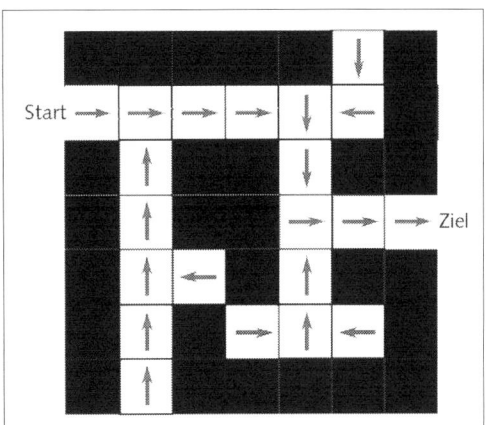

Abbildung 4: Das Labyrinth mit den optimalen
Aktionen, nach Anwendung des SARSA-Algorithmus

bis zur Zielposition (indem er z. B. eine der vier Aktionen randomisiert wählt oder die aktuelle Q-Funktion ausbeutet und immer die Aktion mit dem besten Q-Wert wählt). In jedem Zustand s_t führt der Agent also eine Aktion a_t aus und erhält die Belohnung r_t. Die Aktion a_t bringt ihn dabei in einen neuen Zustand s_{t+1}, in dem er die neue Aktion a_{t+1} ausführt. Diese Abfolge aus Zustand, Aktion, Belohnung, Zustand und Aktion gibt dem Algorithmus seinen Namen SARSA (*State*, *Action*, *Reward*, *State*, *Action*). Zudem werden diese Informationen verwendet, um die Q-Funktion nach der folgenden Vorschrift zu aktualisieren (wobei es sich bei α und γ um Lernraten handelt):

$$Q(s_t,a_t) \leftarrow Q(s_t,a_t) + \alpha[r_t + \gamma \cdot Q(s_{t+1},a_{t+1}) - Q(s_t,a_t)]$$

Intuitiv macht sich der SARSA-Algorithmus die Tatsache zunutze, dass der tatsächliche Q-Wert eines Zustands-Aktions-Paares iterativ durch die beobachtete Belohnung r_t und den geschätzten Wert $Q(s_{t+1},a_{t+1})$ des nachfolgenden Zustands-Aktions-Paares angenähert werden kann. Damit die Q-Funktion konvergiert, muss der Agent das Labyrinth viele Male durchlaufen und das SARSA-Update ausführen. Ist danach die tatsächliche Q-Funktion ermittelt, kann der Agent das Labyrinth auf optimalem Weg durchqueren, indem er in jedem Zustand die zugehörige Aktion mit dem höchsten $Q(s,a)$ Wert wählt. Das aus dem Lernprozess resultierende optimale Verhalten ist in Abbildung 4 gezeigt.

Wir haben gesehen, wie Methoden des maschinellen Lernens genutzt werden können, um kognitive Lernprozesse zu modellieren und dadurch zu verstehen. Da kognitive Prozesse aber immer auch an die zugrunde liegende neuronale Architektur ge-

koppelt sind, stellt sich die Frage, welche neuronalen Mechanismen für das Lernen im Gehirn verantwortlich sind. Neurone oder Nervenzellen sind elektrisch erregbare Zellen, die über elektrische Impulse mit anderen Nervenzellen kommunizieren. Diese Impulse (sog. Aktionspotenziale) werden über das Axon ausgesandt und über synaptische Verbindungen an die nachfolgenden Neurone weitergeleitet. Diese Verbindungen (sog. Synapsen) können ihre Verbindungsstärke abhängig von der Reihenfolge, in der die einzelnen Zellen feuern (d. h. Aktionspotenziale aussenden), verändern (Bi/Poo 1998). Dieses Verhalten ist als *Spike-Timing-Dependent-Plasticity* (STDP) bekannt und Inhalt zahlreicher Studien. Die Vermutung, dass das Aktivierungsmuster von Neuronen die Verbindungsstärke von Synapsen beeinflusst, stellte erstmals 1949 der kanadische Psychologe Donald Hebb auf. Um die neuronalen Vorgänge des assoziativen Lernens zu erklären, mutmaßte Hebb, dass die Verbindungsstärke zwischen einem Neuron A und einem Neuron B verstärkt wird, wenn A immer wieder daran beteiligt ist, B zum Feuern zu bringen. Diese Theorie ist als ›Hebb'sche Lernregel‹ bekannt. Um diese Lernregel zu formalisieren, betrachten wir zwei synaptisch miteinander verbundene Neurone i und j, deren Verbindungsstärke w_{ij} oft auch als ›Gewicht‹ (*weight*) bezeichnet wird. Die Feuerrate (d. h. die Anzahl der Aktionspotenziale pro Sekunde) von i und j sei v_i und v_j. Die Veränderung des Gewichts Δw_{ij} kann abhängig von diesen Feuerraten ausgedrückt werden (wobei η die Lernrate darstellt):

$$\Delta w_{ij} = \eta \cdot v_i v_j$$
$$w_{ij} = w_{ij} + \Delta w_{ij}$$

Diese Regel verändert das Gewicht zwischen beiden Neuronen immer dann, wenn beide in einem zeitlich engen Fenster aktiv sind. Da diese Regel nur Informationen verwendet, die lokal an der Nervenzelle vorhanden sind und kein externes Lernsignal benötigt, gehört sie zum unüberwachten Lernen. In einer leicht veränderten Form kann die Hebb'sche Lernregel in vereinfachten Modellen erklären, wie sich bestimmte kortikale Strukturen bilden. Dazu zählen z. B. die okularen Dominanzsäulen des visuellen Kortex. Dieser Teil des Kortex ist von einer regelmäßigen Organisationsstruktur durchlaufen, die sich dadurch auszeichnet, dass sich Felder von Neuronen, die hauptsächlich auf das linke Auge reagieren, mit Feldern von Neuronen, die hauptsächlich auf das rechte Auge reagieren, abwechseln. Diese Eigenschaft ist allerdings nicht genetisch verankert, sondern Produkt eines Lernprozesses während der Gehirnentwicklung, und die Hebb'sche Lernregel ist ein Modell, das diesen Entwicklungsprozess erklären kann (Dayan/Abbott 2005). Um herauszufinden, wie bestärkendes Lernen auf neuronaler Ebene abläuft, geht es in der aktuellen Forschung zudem darum, wie neuronale Lernregeln mit einem Belohnungssignal kombiniert werden können (Izhikevich 2007).

Sprache als Objekt und Medium des Lernens

Nach dem detaillierten Blick auf Modelle der zugrundeliegenden Mechanismen und die physiologischen Grundlagen des Lernens wenden wir uns nun einer der beeindruckendsten erlernten Fähigkeiten des Menschen zu, welche zugleich wiederum mächtiges Werkzeug des Lernens ist: der Sprache (s. Kap. IV.20). Spracherwerb und Sprachenlernen gehören zur kognitiven Domäne des Lernens, wobei der Gebrauch sprachlichen Wissens in Kommunikationssituationen natürlich auch den Erwerb psychomotorischer Fertigkeiten (Bewegung des Artikulationsapparats, Gebärden usw.) voraussetzt (s. Kap. IV.10). Bezogen auf die Komplexität der zugrunde liegenden Lernvorgänge ist eine eindeutige Klassifikation schwieriger. Assoziative Lernverfahren und strukturelles Lernen, aber auch Habituation (z. B. im Sinne der Abschwächung von Reaktionen auf sprachliche Reize, die als in der zu lernenden Sprache bedeutungslos erkannt wurden) spielen sicher eine Rolle, wobei in der Spracherwerbsforschung kein Konsens über ihre relative Gewichtung herrscht. Das hat nicht nur mit der Schwierigkeit zu tun, z. B. die Begriffe des assoziativen oder strukturellen Lernens genau zu bestimmen, sondern v. a. auch mit theorie-

abhängigen Auffassungen darüber, wie die Aufgabe eines Sprachlerners in verschiedenen Spracherwerbssituationen genau beschaffen ist.

Während das Ziel des Lernens in diesem Zusammenhang immer in der (im Idealfall perfekten) Beherrschung einer bestimmten Einzelsprache liegt, scheint ein Kleinkind beim Erstspracherwerb doch vor eine qualitativ andere Lernaufgabe gestellt zu sein als ein Erwachsener beim Lernen einer Fremdsprache. Diese zunächst recht grobe Einteilung von Situationen mit vielen Unterschieden, die sowohl die Voraussetzungen auf der Seite der Lernenden als auch das ihnen zur Verfügung stehende Sprachangebot betreffen, hat sich in der terminologischen Unterscheidung zwischen Sprach*erwerb* (für das Aneignen der Erstsprache) und Sprach*lernen* (für den Fremdsprachenunterricht) niedergeschlagen. Obwohl es eine Reihe von Sprachlernsituationen gibt, die sowohl Eigenschaften des ungesteuerten Spracherwerbs als auch des Sprachlernens im Sprachunterricht aufweisen, ist es hilfreich, sich zunächst grundlegende Eigenschaften der Extremfälle vor Augen zu führen. Der Erstspracherwerb basiert auf einer weitgehend unbewussten Lernleistung, die von individuellen Lernereigenschaften wie etwa der Motivation (s. Kap. IV.14) nicht beeinflusst wird und deren Verlauf einer späteren Erinnerung nicht zugänglich ist. Demgegenüber umfasst das Sprachlernen je nach Ausprägung eine mehr oder weniger bewusste Auseinandersetzung mit Eigenschaften der zu lernenden Sprache. Das gewonnene Sprachwissen umfasst hier typischerweise nicht nur implizites Wissen (s. Kap. IV.25), sondern auch Metainformationen über relevante Sprachstrukturen und im lexikalischen Bereich oft eine Verbindung neu gelernter Wörter zum mentalen Lexikon der Erstsprache. Abgesehen von Extremfällen wie dem Lernen alter Sprachen (Altgriechisch, Latein usw.) haben sprachliche Lernprozesse aber auch bedeutende Gemeinsamkeiten, so dass die Bezeichnungen ›Erwerben‹ und ›Lernen‹ im Folgenden unterschiedslos verwendet werden.

In allen Fällen besteht die Lernaufgabe in der möglichst originalgetreuen Rekonstruktion eines sprachlichen Wissens*systems* (*langue*; vgl. de Saussure 1916) auf Grundlage der in der Lernumgebung verfügbaren Sprach*gebrauch*sdaten (*parole*). Das gilt für Laut- und Gebärdensprachen gleichermaßen, und auch das im Folgenden anhand gesprochener Sprachen Ausgeführte kann prinzipiell auf die Eigenschaften von Gebärdensprachen übertragen werden. Das zu erwerbende Sprachwissen umfasst Wissensbestände auf verschiedenen Ebenen, die in der Linguistik voneinander unterschieden werden (s. Kap. II.C.1), bei der Untersuchung von Sprachverarbeitung (etwa in der Psycho- oder Neurolinguistik; s. Kap. II.C.3) aber oft nicht sinnvoll voneinander getrennt betrachtet werden können.

Erworben werden müssen alle Eigenschaften, in denen sich natürliche Sprachen voneinander unterscheiden können. Sprachlerner müssen z. B. erkennen, welche Laute in der zu lernenden Sprache bedeutungsunterscheidend (Phoneme) und welche Lautkombinationen bedeutungstragend sind (Morpheme, Wörter). Zum Lernen elementarer Bausteine der Sprache kommt der Erwerb der für die Einzelsprache geltenden abstrakten Kombinationsregeln für diese Elemente hinzu: Hier werden phonotaktische Regeln auf der Lautebene, morphologische Regeln auf der Wortebene und syntaktische Regeln auf der Satzebene unterschieden, und natürlich kommt auch der regelhaften Ableitung von Bedeutungen komplexer Ausdrücke (Satzsemantik), die nicht einfach der Summe der Bedeutungen einzelner Elemente entsprechen, eine entscheidende Rolle zu.

Im Erfolgsfall erlaubt das erworbene Wissenssystem den Lernern die Produktion und das Verstehen wohlgeformter sprachlicher Ausdrücke und zwar auch solcher, die sie zuvor nie in der Umgebungssprache angetroffen haben. Spracherwerb kann also nicht allein auf Imitation beruhen (s. Kap. II.C.1). Ein wichtiges Indiz dafür, dass Sprachlerner aktiv mit der Rekonstruktion abstrakter Wissensbestände beschäftigt sind, sind überindividuell beobachtbare Lernreihenfolgen, in deren Verlauf sog. Lernersprachen (*interlanguages*; Selinker 1972) ausgebildet werden, die in der Umgebung so nicht vorkommen. In manchen Fällen lassen sich Eigenschaften abstrakter Regeln, die Lerner durch die Verarbeitung des zur Verfügung stehenden sprachlichen Inputs generiert haben, an der Sprachproduktion ablesen. Besonders prominent sind sog. U-förmige Lernverläufe, die in allen erwähnten Sprachlernsituationen beobachtet wurden und bei denen Lerner Bestandteile des Inputs zunächst holistisch imitieren, z. B. die Partizipformen starker Verben (wie ›gegangen‹), bevor sie aufgrund frequenter Evidenz an schwachen Verben ein regelmäßiges Bildungsmuster erkennen (wie ›gekauft‹). Dass Lerner Regeln aus dem Input abgeleitet haben, erkennt man daran, dass sich solche Muster über die Grenzen der lexikalischen Einheiten hinweg ausbreiten, auf die sie in der ersten Phase des Auftretens beschränkt waren (vgl. die sog. Verbinseln; Tomasello 1992), und sodann auch produktiv (z. B. mit vielen verschiedenen Verbstämmen) genutzt werden. Aufschlussreich ist in diesem

Zusammenhang besonders das Auftreten von Übergeneralisierungen (›gegeht‹), die nicht aus dem Input übernommen sein können. U-förmig sind solche Verläufe deshalb, weil nach einer (imitativen) Phase der oberflächlich korrekten Produktion (›gegangen‹) eine Phase der oberflächlich abweichenden Produktion (›gegeht‹) durchlaufen wird, die gleichwohl einen entscheidenden Lernfortschritt dokumentiert, bevor Ausnahmen von der neu gebildeten Regel erkannt und wieder zielsprachenkonforme Formen (›gegangen‹) produziert werden.

Lernreihenfolgen sind zum Teil von der kognitiven Entwicklung der Lerner abhängig (so etwa die übereinzelsprachlich gültige Entwicklung von Einwort- zu Mehrwortäußerungen im Erstspracherwerb), zum Teil aber auch von einzelsprachlichen Eigenschaften, die nur beim Erwerb bestimmter Sprachen eine Rolle spielen (vgl. etwa die sog. Wurzelinfinitive (*root infinitives*), die beim Erst- und Zweitspracherwerb des Deutschen und anderer westgermanischer Sprachen ein wichtiges Stadium des Grammatikerwerbs prägen; Lasser 2002).

Ein sukzessiver Aufbau von Lernersprachen mit eigenen Regeln findet in allen bisher besprochenen Sprachlernsituationen statt. Dabei verläuft der Spracherwerb nicht immer linear und auch nicht rein additiv: Vorhandenes Wissen wird nicht einfach um neues Wissen ergänzt, sondern der Erwerb neuen Wissens führt oft dazu, dass das vorhandene Wissen zumindest teilweise umorganisiert werden muss, weil etwa neu erworbene sprachliche Mittel zur Markierung von Subjekt und Objekt (z. B. die Kasusflexion) die in der Lernersprache bis dahin zur Unterscheidung verwendeten Mittel (z. B. die Wortstellung) für andere Funktionen ›freigeben‹.

Offen und in der Spracherwerbsforschung entsprechend umstritten ist auch die theoretisch weitreichende Frage, ob es Eigenschaften gibt, in denen sich natürliche Sprachen nicht voneinander unterscheiden *können* und die folgerichtig nicht von jedem Individuum neu gelernt werden müssen. Diese Annahme wird von Vertretern der generativen Sprachwissenschaft (Chomsky 1959) befürwortet, die mit der Universalgrammatik von einem angeborenen sprachspezifischen Wissen ausgehen, ohne das nicht erklärt werden könne, warum der Erstspracherwerb bei gesunden Kindern praktisch unter allen Umständen erfolgreich ist und warum bestimmte Fehler im Verlauf des Erstspracherwerbs nie auftreten (s. Kap. II.C.1). Kinder werden durch den Erstspracherwerb selbst wieder zu ›Muttersprachlern‹, während das für ältere Lerner beim ungesteuerten Zweitspracherwerb oder im Fremdsprachenunterricht die Ausnahme darstellt (Singleton/ Ryan 2004). Die Annahme, dass das Erreichen eines muttersprachlichen Niveaus die Verfügbarkeit angeborenen sprachlichen Wissens voraussetzt, während sich weniger erfolgreiche Lerner mit domänenunspezifischen kognitiven Mitteln behelfen müssen, ist also durchaus nicht unplausibel. Allerdings wirft sie mindestens zwei grundlegende Fragen auf.

Erstens ist klar, dass nur übereinzelsprachlich gültiges Sprachwissen angeboren sein kann, denn jedes Kind kann Muttersprachler jeder Sprache werden. Zur Debatte steht hier, ob die Schnittmenge groß genug ist, um die – bisher auch durch neurolinguistische Untersuchungen nicht belegbare – Zusatzannahme angeborenen Sprachwissens zu rechtfertigen (Klein 2005). Die Frage, wie viel Wissen für eine Universalgrammatik überhaupt in Frage kommt, weil es einerseits sprachspezifisch, andererseits aber nicht *einzels*prachspezifisch ist, wird von Vertretern konkurrierender sprachwissenschaftlicher Theorien unterschiedlich beantwortet. Der zweite problematische Punkt betrifft den Verbleib des potenziell angeborenen Sprachwissens nach seiner Nutzung für den erfolgreichen Erstspracherwerb: Warum steht dieses Wissen älteren Lernern nicht mehr zur Verfügung? Geht der Zugriff auf sprachspezifisches Wissen mit dem biologischen Alter abrupt oder sukzessive verloren (die sog. Hypothese der kritischen Periode für den Spracherwerb; vgl. Lenneberg 1967)? Oder ermöglicht die Universalgrammatik den perfekten Erwerb der Erstsprache, geht dabei aber in dem erworbenen einzelsprachlichen Wissen auf und ist in ihrer vom Input unbeeinflussten Ausgangsform nicht mehr zugänglich (Schwartz/Sprouse 1996)?

Angesichts dieser Probleme drängt sich die Frage auf, ob sich die beobachteten Unterschiede, die im Übrigen nicht nur den typischen Endstand, sondern auch die auf dem Weg dorthin durchlaufenen Lernstadien betreffen, auch durch andere Faktoren erklären lassen. Funktionale Spracherwerbstheorien (z. B. Klein/Perdue 1997) leiten Eigenschaften von Lernersprachen aus den kommunikativen und diskursiven Funktionen sprachlicher Einheiten ab und schreiben somit nicht dem angeborenen abstrakten Sprachwissen, sondern dem erfahrungsbasierten ›Kommunikationswissen‹ einen strukturierenden Einfluss beim Sprachenlernen zu. Gebrauchsbasierte Spracherwerbstheorien (z. B. der sog. *emergentism*; O'Grady 2010) räumen dagegen dem assoziativen, statistischen Lernen aus dem umgebenden Sprachangebot die wichtigste Rolle ein. Statistische Regelmäßigkeiten, z. B. die Wahrscheinlichkeit, mit der sprachliche Einheiten im Input gemeinsam vorkom-

men, werden dabei vom Lerner induktiv erfasst und verallgemeinert. Offen ist, welche Form das so erworbene Sprachwissen hat, d. h. ob es sich um lokale Assoziationen, abstraktere Schemata (*constructions*; Goldberg 1999) oder Verarbeitungsroutinen handelt (O'Grady 2010).

Der Zusammenhang von Inputeigenschaften, diskursiven Funktionen und Spracherwerb kann durch kontrollierten Input und feinkörnige Messungen des Erwerbsverlaufs in verschiedenen sprachlichen Bereichen untersucht werden. Dimroth et al. (2013) vergleichen Lerner verschiedenen Alters und verschiedener Ausgangssprachen und gehen davon aus, dass auch Unterschiede in der Verarbeitungskapazität (z. B. Kinder *versus* Erwachsene) und bereits vorhandenes Sprachwissen bestimmen, welche Inputeigenschaften wahrgenommen, extrahiert und gegebenenfalls in die Lernersprache integriert werden können.

Neben Input, Verarbeitungskapazität und Vorwissen ist der Spracherwerb auch von dem Ziel geprägt, mit dem Lerner eine Sprache lernen. Dieser Punkt wird von funktionalen Ansätzen unterstrichen, die darauf verweisen, dass das jeweils erreichte Sprachwissen sowohl kommunikativen als auch sozialen Funktionen genügen muss. Besonders außerhalb des Fremdsprachenunterrichts lernen Lerner selten um des Lernens willen. Während der Erstspracherwerb davon geprägt ist, dass junge Kinder kommunikative und soziale Funktionen von Sprache kaum voneinander trennen können, ist eine solche Trennung beim Zweitspracherwerb erwachsener Lerner durchaus beobachtbar. Diese Lerner bringen Wissen um die Funktionen von Sprache mit und suchen gezielt nach Mitteln, kommunikativen Bedürfnissen in einer neuen Sprache Ausdruck zu verleihen. Dabei bleibt die Entwicklung nach dem Erreichen sehr einfacher Lernersprachen (*basic variety*; vgl. Klein/Perdue 1997) unter Umständen stehen, die formal weit von den jeweiligen Zielsprachen abweichen, aber für alltägliche kommunikative Zwecke durchaus ausreichen. Der sozialen Funktion von Sprache, nämlich die Zugehörigkeit zur Gruppe ihrer Sprecher zu signalisieren, kann eine solche Sprache nicht gerecht werden. Bei Kindern im Erst- oder Zweitspracherwerb sind solche stark vereinfachten Varietäten nicht beobachtet worden. Besonders etwas ältere Kinder sind effiziente Sprachlerner. Es kann angenommen werden, dass sie sich an einem Schnittpunkt befinden, an dem viele der Einflussfaktoren eine für den Spracherwerb günstige Ausprägung haben: Die Verarbeitungsroutinen für die Erstsprache sind noch nicht sehr stark eingeschliffen, das Streben nach sozialer Integration wird noch kaum hinterfragt, die Gedächtnisleistungen sind besser als bei Kleinkindern und Erfahrung mit der komplexen Aufgabe des Spracherwerbs liegt bereits vor (Dimroth/Haberzettl 2012). Wegen der Vielzahl und der graduellen Veränderung der Einflussfaktoren ist die Abgrenzung zwischen kindlichem Zweitspracherwerb und doppeltem Erstspracherwerb oft schwierig und die Vorschläge sind vom untersuchten Teilgebiet abhängig.

Psychologie des Lernens – Kognition versus Konstruktion

Wie bereits zu Anfang ausgeführt, suchen verschiedene Wissenschaften in ihren Studien verschiedene Zugänge zum Thema Lernen. Nach den mehr deskriptiv-modellierenden Ausführungen im Hinblick auf Mechanismen und Grundlagen von aktuellen Lernprozessen sowie den Beobachtungen aus der Spracherwerbs- und Sprachlernforschung wenden wir uns einer eher normativ-instrumentellen Sichtweise zu. Aus der beobachtenden Frage ›Wie funktioniert Lernen?‹ wird die Frage ›Wie funktioniert Lernen effizient?‹ – neben dem Lernen tritt somit automatisch auch das Lehren in den Fokus des Interesses (s. Kap. V.9).

Aus einer pädagogisch-psychologischen Sichtweise, bei welcher der Begriff des Lernens den Aufbau neuer oder die Veränderung bestehender Wissensstrukturen bezeichnet, können zwei wesentliche theoretische Strömungen unterschieden werden: kognitivistische und konstruktivistische Ansätze des Lernens und Lehrens.

Kognitivistische Ansätze beschreiben Lernen v. a. als individuellen Prozess und vor dem Hintergrund kognitionspsychologischer Annahmen zur menschlichen Informationsverarbeitung und zur Funktionsweise des Gedächtnisses (s. Kap. II.E.1). Dabei wird davon ausgegangen, dass Wissen dann erworben wurde, wenn im Gedächtnis (s. Kap. IV.7) ein möglichst exaktes Abbild der verarbeiteten Information (also eine mentale Repräsentation; s. Kap. IV.16) konstruiert wurde. Elaborative Prozesse (z. B. Schlussfolgerungen oder Selbsterklärungen) können zur Generierung zusätzlicher Wissenselemente genutzt werden, indem bereits bestehendes Vorwissen auf die neu verarbeitete Information angewendet und mit dieser verknüpft wird (Kintsch 1998). Beispielsweise kann aus den Sätzen ›Die Kinder bauten einen Schneemann.‹ und ›Am nächsten Tag war der Schneemann geschmolzen.‹ geschlossen werden,

dass es über Nacht zu einem Anstieg der Temperatur kam (s. Kap. IV.17). Diese Inferenz bildet dann ebenso einen Bestandteil der Wissensrepräsentation wie die aus dem Text entnommene, erlernte Information. Eine weitere wesentliche Annahme kognitivistischer Ansätze besagt, dass Wissen abstrakt, d. h. losgelöst vom Erwerbskontext, repräsentiert wird (z. B. in Form kognitiver Schemata oder Produktionsregeln) und dementsprechend auch unabhängig von diesem Kontext genutzt werden kann (Anderson/Lebiere 1998). Demnach sollte es unerheblich sein, ob ein Kind die mathematische Operation der Addition durch das Spielen mit Murmeln oder beim Einkaufen von Obst mit der Mutter erlernt hat; es sollte also seine im Murmelspiel erworbenen Additionsfähigkeiten beim Obsteinkauf ebenso anwenden können wie beim Umgang mit Bauklötzen oder abstrakten Elementen.

Konstruktivistische Ansätze beschreiben Lernen dagegen als sozio-konstruktiven Prozess, der problemorientiert ist und in situiertem Wissen resultiert (Resnick 1987). Anders als kognitivistische Ansätze nehmen sie an, dass Wissen nicht nur das Ergebnis eines individuellen Verarbeitungsprozesses ist, sondern im Austausch mit anderen Personen konstruiert wird. Nach Auffassung konstruktivistischer Ansätze sorgen also sowohl individuelle Konstruktionsprozesse als auch soziale Aushandlungsprozesse dafür, dass Wissen mehr ist als ein Abbild der Informationen aus der Außenwelt. Insbesondere wird angenommen, dass die Richtigkeit von Wissen nicht in Bezug auf einen absoluten Standard (›Wahrheit‹) beurteilt werden kann, sondern sich Wissensbestände zwischen Personen in Abhängigkeit der ausgeführten Konstruktions- und Aushandlungsprozesse unterscheiden können, ohne dass damit eine normative Wertung einhergeht (s. Kap. IV.25). Radikal-konstruktivistische Ansätze lehnen aus diesem Grund die Verwendung standardisierter Wissenstests als Möglichkeit zur Überprüfung der relativen Wirksamkeit unterschiedlicher Lehr-Lern-Methoden ab, da diese der Individualität des Wissens nicht gerecht werden. Darüber hinaus gehen konstruktivistische Ansätze davon aus, dass Wissen aus der Lösung von möglichst komplexen und realistischen (d. h. aus der Erfahrungswelt des Lernenden stammenden) Problemen resultiert bzw. nur dann langfristig verfügbar und nutzbar ist (Savery/Duffy 1995). Die abstrakte Wissensvermittlung z. B. in Form von Erläuterungen allgemeiner Prinzipien und Fakten stellt aus Sicht dieser Ansätze eine ungeeignete Lehr-Lern-Methode dar, die im Aufbau passiven Wissens mündet, welches später nicht aus dem

Gedächtnis abgerufen werden kann (*inert know-ledge*). Schließlich unterscheiden sich konstruktivistische von kognitivistischen Ansätzen darin, dass sie von einer Situiertheit des Wissens ausgehen: Sie nehmen also an, dass Wissen nicht abstrakt mental repräsentiert ist, sondern zusammen mit dem Kontext, in dem es erworben wurde, abgespeichert wird. Dies bedeutet auch, dass Wissen, welches in einem Kontext erworben wurde, nicht notwendigerweise in einem anderen Kontext verfügbar sein muss. Entsprechend konnten z. B. Carraher et al. (1985) zeigen, dass brasilianische Straßenkinder zwar die Preise für die von ihnen verkauften Früchte berechnen, die gleichen Berechnungen aber nicht abstrakt ausführen konnten. Ein spontaner Wissenstransfer über verschiedene Anwendungskontexte hinweg ist nach Auffassung konstruktivistischer Ansätze nur selten zu beobachten.

Aus diesen Grundannahmen ergeben sich auch unterschiedliche Positionen für die Gestaltung von Lehr-Lern-Szenarien.

Klassische kognitivistisch geprägte Ansätze vertreten das Primat der Instruktion, indem sie die Notwendigkeit betonen, Lehrmaterialien und -szenarien so zu gestalten, dass die zu erlernende Information (d. h. die Instruktion) durch den Lernenden möglichst optimal verarbeitet werden kann. Sie werden daher auch oftmals als ›Ansätze des Instruktionsdesigns‹ bezeichnet. Eine gute Instruktion zeichnet sich dadurch aus, dass sie angepasst an das Lernziel (vgl. Lernzielklassifikationen; Krathwohl et al. 1964) und an die Zielgruppe eine Sequenzierung von Lerninhalten und -methoden beinhaltet, die den Eigenheiten des zu vermittelnden Inhaltsbereichs gerecht wird. Beispielsweise sollten einfache vor komplexen Inhalten dargeboten werden und Teilfertigkeiten (z. B. die Grundrechenarten) vermittelt werden, bevor darauf aufbauende Fertigkeiten im Unterricht adressiert werden (z. B. die Lösung von Gleichungssystemen). Außerdem sollte zunächst ein Überblick über die wesentlichen Aspekte der zu lernenden Inhalte gegeben werden, bevor einzelne Aspekte vertieft werden, die zudem ihrerseits immer wieder in den Gesamtkontext gestellt werden sollten, so dass der Lernende den Überblick behält (vgl. z. B. die Elaborationstheorie; Reigeluth/Stein 1983). Die konkrete Gestaltung der Unterrichtsmaterialien (*instructional message design*) sollte die zur Verfügung stehenden kognitiven Verarbeitungsressourcen (z. B. Aufmerksamkeit, Gedächtniskapazität usw.) berücksichtigen, so dass unnötige kognitive Belastung vermieden wird und Lernende ihre Ressourcen auf lernförderliche Verarbeitungsprozesse konzentrie-

ren können. Hierzu wurden im Rahmen der sog. *cognitive load theory* (Sweller 1999) und der *cognitive theory of multimedia learning* (Mayer 2009) in den letzten Jahren diverse Gestaltungsprinzipien formuliert, die beschreiben, wie sich ungünstige kognitive Belastung, die aus einer schlechten Gestaltung des Instruktionsmaterials resultiert, verhindern lässt: Beispielsweise sollten zusammengehörige Informationselemente (etwa ein Text mit korrespondierender Grafik) räumlich nah beieinander (integriert) präsentiert werden, um eine unnötige Teilung der Aufmerksamkeit zu verhindern. Kognitivistische Ansätze des Lehrens und Lernens betonen in den letzten Jahren zunehmend, dass Lernmaterialien nicht nur kognitiv entlastend gestaltet sein sollen, sondern auch eine tiefer gehende kognitive Verarbeitung (wie z. B. die Ausführung von Selbsterklärungen) anregen sollen. Auch hierfür liegen diverse Gestaltungsprinzipien vor.

Klassische konstruktivistische Ansätze des Lernens und Lehrens betonen dagegen das Primat der Konstruktion, wonach nicht vorgegebene Informationen und deren möglichst gut ›verdauliche‹ Aufbereitung im Vordergrund steht, sondern die aktive Konstruktion des Wissens – und damit der Prozess des Lernens selbst. Vor dem Hintergrund sozialer Lerntheorien (vgl. z. B. Bandura 1986) zeichnen sich erfolgreiche Lehr-Lern-Methoden dadurch aus, dass ein Modell zur Verfügung steht, an dem Lernende Fertigkeiten beobachten können, über die sie selbst noch nicht verfügen, deren Erwerb aber möglich ist, wenn sie entsprechende Unterstützung erfahren (*zone of proximal development*). Ausgangspunkt des Lernens bildet hier nicht eine vorgefertigte Instruktion, sondern ein konkretes Problem, das komplex und realistisch ist, dem Lernenden später zur Verankerung seines Wissens dienen (*anchored instruction*; vgl. CTGV 1993) und durch ihn (mit Unterstützung) gelöst werden soll. Erfolgreiches Lernen findet dabei dann statt, wenn Lernende sich mit anderen über Gemeinsamkeiten und Unterschiede ihrer Problemlöseversuche austauschen und sich gegenseitig Hilfestellungen geben können. Um einer zu starken Situiertheit des Wissens vorzubeugen, empfehlen konstruktivistische Lehr-Lern-Ansätze die Verwendung von Problemen aus multiplen Kontexten, um Lernende anzuregen, ihr Wissen von einem auf den anderen Kontext zu transferieren.

Die hier vorgenommene Kontrastierung kognitiver und konstruktivistischer Ansätze dient v. a. der Illustrierung ihrer Gegensätze. Insbesondere in den 1980er und 1990er Jahren gab es heftige Diskussionen zwischen Vertretern beider Positionen, die nicht selten dadurch begleitet wurden, dass dem jeweiligen Gegner Extrempositionen zugeschrieben wurden oder argumentative Strohmänner aufgebaut wurden, um sich besser von der Gegenseite abgrenzen zu können. Empirisch zeigt sich (soweit die hier skizzierten Grundannahmen überhaupt einer empirischen Prüfung zugänglich sind), dass keiner der beiden Ansätze in seiner Extremform aufrecht zu erhalten ist. Entsprechend ist, insbesondere wenn es um die Ableitung von Konsequenzen für die Gestaltung von Lehr-Lern-Szenarien geht, an vielen Stellen eine Annäherung bzw. Vermischung beider Ansätze beobachtbar. Beispielsweise wird in der Zwischenzeit auch in kognitivistischen Lehr-Lern-Ansätzen dafür plädiert, Problemlöseaktivitäten mit in die Instruktionssequenz einzubauen, wobei mit stark vorstrukturierter Instruktion begonnen werden soll, die dann zunehmend durch Problemlöseaktivitäten zu ersetzen ist. Neben der Problemorientierung werden in instruktionspsychologischen Modellen wie dem 4C-ID-Modell (van Merriënboer et al. 2002) auch Aspekte des sozialen Lernens aufgegriffen, indem auch dort die Vorteilhaftigkeit einer kognitiven Modellierung von Fertigkeiten hervorgehoben wird. Umgekehrt beschäftigen sich sozio-konstruktivistische Ansätze zunehmend mit der Frage, wie Lernende bei der eigenständigen Konstruktion ihres Wissens durch gezielte Instruktionen unterstützt werden können. Ein solcher Trend zeichnet sich z. B. beim entdeckenden Lernen (*discovery learning*) ab, in dem zunehmend Hilfestellungen propagiert werden, die Lernende bei der gezielten und systematischen (d. h. hypothesenprüfenden) Exploration komplexer Zusammenhänge unterstützen sollen (*guided discovery learning*; De Jong/van Joolingen 1998).

Lernen, Lehren und die Neurowissenschaft

Ähnlich wie in zahlreichen anderen Forschungsdisziplinen innerhalb und außerhalb der Psychologie hielten seit den 1990er Jahren bildgebende Verfahren der kognitiven Neurowissenschaft (s. Kap. II.D.1), etwa die Magnetresonanztomografie (MRT), auch in der Lernforschung Einzug und trugen unzweifelhaft zur Gewinnung einer Vielzahl neuer relevanter Erkenntnisse über Struktur und Funktion des menschlichen Gehirns bei (s. Kap. V.2). Als einer der bahnbrechendsten Befunde dieser Forschung kann noch immer die hohe Plastizität des Gehirns für Lernerfahrungen gelten, die noch vor ein paar Jahrzehnten als undenkbar oder äußerst unwahrscheinlich be-

trachtet wurde (s. Kap. II.E.1). In der Forschung an Menschen wurde diese Plastizität zum einen in Studien an Experten beobachtet, deren Gehirne nach langjähriger Lernerfahrung nicht nur anders zu funktionieren scheinen als jene von Nichtexperten, sondern auch strukturelle Auffälligkeiten aufweisen. Zum einen zeigte sich, dass Schachexperten ihr Gehirn zur Lösung von Schachaufgaben anders einsetzen als Nichtexperten (Grabner et al. 2006), und dass in erfahrenen Londoner Taxifahrern eine Gehirnregion, die räumliche Fähigkeiten unterstützt, stärker ausgeprägt ist als bei Kontrollpersonen (Maguire et al. 2000). Zum anderen häufen sich Befunde, wonach bereits relativ kurzzeitige Lernerfahrungen messbare Veränderungen in der Gehirnfunktion und der Gehirnstruktur hinterlassen. In diesem Zusammenhang wurde z. B. nachgewiesen, dass schon nach knapp 30 Minuten Lernen von Multiplikationsergebnissen (wie z. B. $3 \times 12 = 36$) Veränderungen in den Gehirnaktivierungsmustern festgestellt werden können (Ischebeck et al. 2007).

Die bemerkenswerten Möglichkeiten der kognitiv-neurowissenschaftlichen Verfahren sowie die vielversprechenden Einsichten in die Plastizität des Gehirns legten den Grundstein für die Entwicklung eines neuen interdisziplinären Forschungsfelds, das im angloamerikanischen Raum ›*educational neuroscience*‹ oder ›*mind, brain and education*‹ genannt wird und mit ›kognitiv-neurowissenschaftliche Lehr- und Lernforschung‹ etwas sperrig übersetzt werden kann (Ansari/Coch 2006). Ziel dieses Forschungsfelds ist es, durch den Einsatz von kognitiv-neurowissenschaftlichen Verfahren zusätzlich zu Verhaltensmessungen neue Erkenntnisse über jene kognitiven und neuronalen Prozesse zu gewinnen, die für schulisches Lernen relevant sind (s. Kap. V.9). Dabei wird besonderes Augenmerk auf die Zusammenarbeit von Vertretern all jener Disziplinen gelegt, die sich mit schulischem Lehren und Lernen beschäftigen, insbesondere aus Psychologie, Pädagogik, Fachdidaktik sowie dem Lehrberuf.

Obwohl das Potenzial dieser Form der Lehr- und Lernforschung für die Verbesserung von schulischem Lernen in Wissenschaft und Gesellschaft nach wie vor kontrovers diskutiert wird (z. B. Fischer et al. 2007), besteht mittlerweile breiter Konsens darüber, dass die ergänzende Nutzung von kognitiv-neurowissenschaftlichen Methoden zu einem besseren Verständnis der Mechanismen erfolgreichen Lernens beitragen kann. Der Mehrwert drückt sich v. a. in der Eröffnung einer neuen Analyseebene aus, die nicht nur darüber Auskunft geben kann, welche Gehirnregionen welche kognitiven Prozesse unterstützen, sondern auch Einsichten in kognitive Prozesse erlaubt, die mit Verhaltensmessungen kaum oder nicht gewonnen werden können. Tatsächlich bewegen sich kognitiv-neurowissenschaftliche und verhaltenswissenschaftliche Methoden in der Regel auf verschiedenen (gleichwertigen) Analyseebenen, die man sich sehr gut als unterschiedliche Zoomlevels (bzw. Auflösungsgrade) einer digitalen Landkarte vorstellen kann (Stern/Schneider 2010): Wenn man z. B. wissen möchte, mit welchem Instruktionsmaterial Lernende in ihrer konzeptuellen Entwicklung am besten von A nach B gebracht werden können (etwa von einem naiven Fehlkonzept über ein physikalisches Phänomen zu einem wissenschaftlichen Begriffsverständnis), dann dürfte eine detaillierte Beschreibung der unzähligen Gehirnaktivierungsmuster, die diesen längerfristigen Lernprozess begleiten, nicht besonders aufschlussreich sein. Falls jedoch der Fragestellung nachgegangen wird, ob die Lernenden am Ende des Lernprozesses noch immer ein naives Fehlkonzept haben und dieses unterdrücken müssen oder ob das Fehlkonzept bereits durch das wissenschaftliche Konzept ersetzt wurde, dann kann es sich durchaus lohnen, ›hineinzuzoomen‹ und Aktivierungsmuster in Regionen zu betrachten, die kognitive Inhibitionsprozesse unterstützen (Shtulman/Valcarcel 2012).

Die aktuelle kognitiv-neurowissenschaftliche Lehr- und Lernforschung enthält zahlreiche illustrative Beispiele dafür, dass das Hineinzoomen auf die neuronale Ebene wertvolle neue Einsichten in schulbezogene Lernprozesse erbringen kann. Beispielsweise hat sich gezeigt, dass Förderprogramme für Kinder mit Leseschwäche nicht nur zu einer Normalisierung ihrer Gehirnaktivierungsmuster führen, sondern auch zu einer zusätzlichen Aktivierung in anderen Gehirnregionen (Temple et al. 2003), die darauf schließen lassen, dass zusätzliche (kompensatorische) Prozesse stattfinden. Gleichermaßen kann der Blick auf die Gehirnaktivierung zur Prüfung von verschiedenen Annahmen über die involvierten kognitiven Prozesse eingesetzt werden. Neuronale Daten deuteten z. B. darauf hin, dass schlechtere Leistungen bei abweichender Anwendungs- und Instruktionssprache im bilingualen Mathematikunterricht nicht (nur) aus dem Prozess der Übersetzung des Wissens in die Anwendungssprache resultieren, sondern (auch) auf zusätzliche aufgabenspezifische Prozesse zurückzuführen sind (Grabner et al. 2012). Neuronale Daten können auch dazu genutzt werden, die Güte von Verhaltensmessungen zu prüfen (Strategieselbstberichte, deren Aussagekraft in der Vergangenheit häufig kritisiert wurde, können z. B. sehr eng mit den Aktivierungsmustern beim Problemlö-

sen zusammenhängen; Grabner/De Smedt 2011). Schließlich sei noch auf den großen Wert der neuronalen Analyseebene in der (Früh-)Diagnose von Lernstörungen verwiesen, bevor diese im Verhalten sichtbar werden (können). Eine vielzitierte Studie zeigte, dass mithilfe der elektrophysiologischen Aktivierungsmuster von Neugeborenen auf verschiedene (Sprach-)Laute mit einer bemerkenswerten Genauigkeit jene Kinder identifiziert werden konnten, die später im Alter von acht Jahren eine Leseschwäche aufwiesen, schlechte oder normale Leser waren (Molfese 2000).

Diese Beispiele illustrieren den ›kognitiven Mehrwert‹, der durch den Einbezug der neuronalen Analyseebene in der Lehr- und Lernforschung erzielt werden kann. Fehlt dieser, liegt meist zumindest ein ›neuronaler Mehrwert‹ vor, der auch zu einem besseren Verständnis menschlicher Lernprozesse beitragen kann. Wenn etwa neuronale Daten vorhandene Annahmen über kognitive Prozesse ›lediglich‹ bestätigen und weitere Einsichten in die Funktionsweise des menschlichen Gehirns liefern, ist im Sinne einer breiteren empirischen Fundierung durch methodische Triangulation viel gewonnen (De Smedt et al. 2010).

Dem Potenzial der kognitiv-neurowissenschaftlichen Lehr- und Lernforschung stehen jedoch auch Einschränkungen in den Forschungsmöglichkeiten und neue Herausforderungen in der Kommunikation von Befunden aus diesem Forschungsfeld gegenüber (Ansari et al. 2012). In Bezug auf den ersten Punkt sei hervorgehoben, dass der zusätzliche Einsatz bildgebender Verfahren nur bei passender Fragestellung und adäquatem methodischen Vorgehen zielführend ist: Es reicht keinesfalls aus, dem Gehirn lediglich beim Lernen zuzusehen. Vielmehr müssen auf Basis des aktuellen Kenntnisstandes fokussierte Fragestellungen und Hypothesen generiert werden, die – z. B. bei Fragen zur Gehirnfunktion – mithilfe spezifischer Untersuchungsaufgaben geprüft werden. Da der Messfehler von neurowissenschaftlichen Daten in der Regel relativ hoch ist, ist es überdies erforderlich, Aufgaben eines Typs, die einen bestimmten kognitiven Prozess hervorrufen sollen, mindestens 20 bis 30 Mal vorzugeben. Dies schränkt die Komplexität realisierbarer Aufgaben und die Übertragbarkeit in die schulische Praxis ein. Überdies erfordert das Untersuchungssetting häufig deutliche Einschränkungen im Bearbeitungsmodus von Aufgaben. In Studien mit funktioneller Magnetresonanztomografie (fMRT) ist es z. B. entscheidend, dass der Kopf während der Messung nicht bewegt wird, weswegen die Beantwortung meist über das Drücken von Tasten erfolgt.

Neben diesen methodischen Einschränkungen ist die neurowissenschaftliche Lehr- und Lernforschung mit außergewöhnlichen kommunikativen Herausforderungen konfrontiert. Die Möglichkeit, Lernprozesse direkt am Substrat menschlichen Lernens naturwissenschaftlich messen zu können, scheint zu einer sehr hohen Glaubwürdigkeit und manchmal unreflektierten Rezeption der gewonnen Ergebnisse beigetragen zu haben. Hinzu kommen hohe und unrealistische Erwartungen an dieses Forschungsfeld. Insbesondere scheinen viele Hoffnungen auf eine signifikante Verbesserung des Schulunterrichts ausschließlich an die Ergebnisse aus kognitiv-neurowissenschaftlichen Studien geknüpft zu werden, obwohl die ›traditionelle‹ Lehr- und Lernforschung gegenwärtig ungleich mehr aussagekräftige Erkenntnisse beizutragen hat. Populärwissenschaftliche Publikationen, die mit Begriffen wie ›Neuropädagogik‹ oder ›Neurodidaktik‹ vermeintlich neue Einsichten in menschliche Lernprozesse liefern, die in der Verhaltensforschung bereits vor Jahrzehnten bekannt waren, tragen nicht gerade zur Entwicklung realistischer Erwartungen bei (s. Kap. V.9). Im Gegenteil: Es besteht sogar die Gefahr eines Rückschritts in der Umsetzung des aktuellen empirischen Forschungsstands in die Praxis, wenn vieles, was man heute über menschliche Lernprozesse weiß, zugunsten von vereinfachenden, manchmal trivialen, Empfehlungen (wie z. B. dem Rat, dass man mit positiven Emotionen besser lernt) aus dem Blick gerät.

Zum Verhältnis von Lernen und Lehren

Sowohl die pädagogisch-psychologische als auch die kognitiv-neurowissenschaftliche Lernforschung werden in der modernen Erziehungswissenschaft rezipiert.

Dabei ist der Stellenwert des Lernbegriffs in der zeitgenössischen Erziehungswissenschaft im engeren Sinne ungeklärt (Menck 1999). Einerseits wird der Lernbegriff im pädagogischen Kontext gern in Kombination mit anderen Begriffen programmatisch eingesetzt – etwa wenn es um ›lebenslanges Lernen‹, ›neue Lernkulturen‹, ›frühkindliches Lernen‹ oder die Idee einer Neubestimmung der Erziehungswissenschaft als ›Lernwissenschaft‹ (vgl. OECD 2007) geht. Andererseits widmen einige Einführungen in das Fach Erziehungswissenschaft dem Lernbegriff kein eigenes Kapitel, sondern thematisieren ihn im Kontext von Lehre oder Unterricht.

Die gemeinsame Thematisierung der Begriffe ›Lernen‹ und ›Lehren‹ wird mit Blick auf die pädagogische Ideengeschichte verständlich: Dort wurden Lernen und Lehren, wenngleich mit unterschiedlichen Akzentsetzungen, so doch traditionell als sich wechselseitig bedingende Prozesse betrachtet und gemeinsam erörtert (Künzli 2004, 620 ff.). Dass sich Lernen auch in Abwesenheit von Lehre vollziehen kann, war dabei stets unbestritten. Thematisiert wurde deshalb v. a. jenes Lernen, das sich nicht von selbst ereignete, sondern der Unterstützung durch Lehre – in welcher Form auch immer – bedurfte.

Unabhängig davon, ob der Lernbegriff in der Systematik des Faches als eigenständiger Grundbegriff geführt wird oder nicht, gilt, dass die Fähigkeit zu lernen die Grundlage für Erziehungs- und Bildungsprozesse bildet. Ohne diese Fähigkeit wären sämtliche pädagogischen Bemühungen zum Scheitern verurteilt. Der Lernbegriff stellt für sich genommen deshalb zwar nicht den Dreh- und Angelpunkt der erziehungswissenschaftlichen Forschung dar, doch die Phänomene, mit denen sich die Erziehungswissenschaft befasst, sind ohne Lernen als grundlegende Fähigkeit nicht vorstellbar.

Die Fähigkeit zu lernen ist nichts spezifisch Menschliches, aber während sich viele Formen des Lernens auch im Tierreich beobachten lassen, besitzen nach Tomasello (2000) nur Menschen die Fähigkeit zu ›kulturellem Lernen‹, weil sie ihre Lernfähigkeit auf eine Art und Weise einsetzen und bündeln können, die anderen Lebewesen fehlt. Damit ist gemeint, dass einmal erreichte Einsichten und vollzogene Erfindungen bei Menschen von Generation zu Generation weitergegeben und in der Folge erweitert und verbessert werden können (s. Kap. II. A.1). Das Besondere am kulturellen Lernen besteht darin, dass es »durch eine einzige besondere Form sozialer Kognition ermöglicht [wird], nämlich durch die Fähigkeit einzelner Organismen, ihre Artgenossen als ihnen ähnliche Wesen zu verstehen, die ein intentionales und geistiges Leben haben wie sie selbst« (ebd., 17). Zwar können auch andere Primaten durch Imitation und Zusammenarbeit lernen und zeigen Ansätze zum problemlösenden Handeln, sie haben aber keine Möglichkeit einer kulturellen Tradierung entsprechender Lernergebnisse bzw. Problemlösungen, weil ihnen sowohl die Sprache als auch die damit verbundene Fähigkeit zur Einsicht (bzw. ein Problembewusstsein) fehlen (s. Kap. IV.10).

Anders als Tierjunge wachsen Menschenkinder in einer Umwelt auf, die zum einen das gesamte Wissen der Menschheit über ihre Kulturgeschichte bereitstellt und sich zum anderen durch sozialen Wandel und technischen Fortschritt auszeichnet. Durch die Fähigkeit zu kulturellem Lernen, das durch die Identifikation mit anderen Menschen und ihren Ideen ein Nachvollziehen der vorhergegangenen Entwicklung ermöglicht, können Kinder an den Wissensbeständen und ethischen Grundlagen einer Gesellschaft teilhaben. Anders ausgedrückt: Kulturelles Lernen ermöglicht es Menschen, nicht immer wieder ›bei null‹ anfangen zu müssen – Entdeckungen, Erfindungen, Errungenschaften, die einmal gemacht wurden, werden kulturell tradiert und durch Erziehung und Sozialisation weitergegeben.

Das Lernen durch Unterricht stellt einen besonderen Typ kulturellen Lernens dar. Wenn es um die gezielte, d. h. intentionale und systematische, Vermittlung bestimmter Wissensbestände und Werte geht, erfüllt die Schule eine wichtige Funktion: Sie hat die Aufgabe, aus den vielen kulturellen Entwicklungen und den daran geknüpften Wissensbeständen diejenigen auszuwählen, deren Weitergabe zum jeweiligen Zeitpunkt und im jeweiligen Kontext besonders wichtig erscheint.

Vor diesem Hintergrund liegt es nahe, dass die Geschichte der Pädagogik nicht nur durch die Frage nach dem ›Wie‹ des Lernens geprägt ist (wie es für weite Teile der psychologischen Lernforschung charakteristisch ist), sondern sich stets auch der Frage nach dem ›Was‹ des Lernens gewidmet hat. Lernfähigkeit wird dabei als anthropologische Konstante vorausgesetzt, und das spezifische Problem, auf das die praktische Pädagogik im Allgemeinen und die Didaktik im Besonderen reagiert, besteht in der Auswahl von Inhalten und ihrer entsprechenden Aufbereitung bzw. Darbietung.

Die Erziehungswissenschaft setzt sich deshalb sowohl mit den Ergebnissen und Methoden der experimentalpsychologischen Lernforschung als auch mit philosophischen Zugängen zum Lernbegriff intensiv auseinander. Experimentelle Zugänge finden insbesondere im Bereich der Unterrichts- und Lehr-Lern-Forschung Anwendung. Hier wird – ausgehend von der Tradition der experimentellen psychologischen Lernforschung – nach Gesetzmäßigkeiten des Lernens unter spezifischen Umweltbedingungen (hier insbesondere bestimmten didaktisch-methodischen Arrangements) gesucht, die dann im nächsten Schritt für die Entwicklung entsprechender Konzeptionen genutzt werden können (Terhart 2002).

Philosophische Deutungen des Lernens stehen hingegen innerhalb der Erziehungswissenschaft in kritischer Distanz zu experimentellen Zugängen. Philosophisch meint hier, dass eine geisteswissenschaftliche, d. h. hermeneutische, Zugangsweise zum Phänomen des Lernens gewählt wird, weil diese für aussagekräftiger und aus erziehungswissenschaftlicher Perspektive angemessener gehalten wird als eine psychologische Betrachtungsweise. Im Rahmen psychologischer Lerntheorien, so die Kritik, werde nicht verständlich, »was mit dem Lernenden auf seinem Weg der Veränderung seines Verhaltens oder Erkennens geschieht« (Meyer-Drawe 1996, 85) und genau dies möchte eine hermeneutische Zugangsweise in den Blick nehmen.

Hervorzuheben sind in diesem Zusammenhang v. a. phänomenologische Zugänge, die unter Rückgriff auf philosophische Schriften, insbesondere auf die Überlegungen der Phänomenologen Edmund Husserl und Maurice Merleau-Ponty (s. Kap. II.F.3), ein Verständnis von Lernen entfalten, das eng an den Begriff der Erfahrung gebunden ist. In Anlehnung an Meyer-Drawe (ebd., 85 f.) lassen sich die Unterschiede zwischen einem empirischen und einem phänomenologischem Zugang zum Lernen wie folgt darstellen (Tabelle 1).

Konstitutiv für einen phänomenologischen Zugang zum Lernen ist die Betonung der ›konflikthaften Momente‹ im Lernprozess und des Lernens im Sinne eines ›Umlernens‹. Dabei spielt der Unterschied zwischen lebensweltlichem und wissenschaftlichem Wissen eine zentrale Rolle: Lernen beginnt nicht bei einem Nullpunkt. Noch »bevor das Kind beginnt, zwischen sich und seiner Welt zu unterscheiden, hat es bereits zahlreiche Erfahrungen inkorpiert, die der gemeinsamen Welt entstammen«

Empirischer Zugang	Phänomenologischer Zugang
Lernen wird vom *Resultat* her verstanden	*Vollzug* des Lernens steht im Mittelpunkt
Lernender verändert sein *Verhalten*, erwirbt *Wissen* über Gegenstände	Lernender macht *Erfahrungen über sich* als Wissenden
Lehrer-Schüler-Interaktion als Verhältnis, in dem *Wissenstransfer* stattfindet und ›kulturelles Kapital‹ *weitergegeben* wird	Lehrer-Schüler-Interaktion als gemeinsame ›sinn-bildende‹ *Erfahrung*, in der sich *beide verändern*

Tabelle 1: Vergleichende Charakterisierung des empirischen und des phänomenologischen Zugangs zum Lernen

(ebd., 94). Aufgrund dieser Erfahrungen entwickeln Menschen lebensweltliche, vorwissenschaftliche Meinungen und Theorien und kommen so lange damit zurecht, bis sich diese in einer bestimmten Situation, z. B. in Konfrontation mit wissenschaftlichen Theorien in der Schule, als untauglich erweisen.

Weitere wichtige Aspekte in zeitgenössischen phänomenologischen Lerntheorien sind die *Anfänge* des Lernens und die Bedeutung der *Intersubjektivität* beim Lernen. Anfänge des Lernens lassen sich in zweierlei Hinsicht beschreiben: Man kann sich erstens im Sinne eines Willensaktes dazu entschließen, mit dem Lernen von etwas anzufangen. Ein Anfangen kann sich zweitens ereignen, ohne dass wir es als bewussten Entschluss wahrnehmen. Im ersten Sinne nimmt man sich etwas vor (z. B. ›Von morgen an bereite ich mich auf die Prüfung vor.‹), organisiert sich entsprechendes Material und setzt sich damit auseinander. Im zweiten Sinne kann ein Lernanfang zu einem späteren Zeitpunkt nicht präzise rekonstruiert werden, und zwar u. a. deshalb, weil man vergisst, wie man war, bevor man etwas bzw. ›es‹ gelernt hat (z. B. Sprechen, Laufen oder Radfahren). Ein »Vergessen breitet sich über die Sache und uns aus, darüber, wie sie und wir waren, bevor wir lernten« (Meyer-Drawe 2005, 25). Nach Meyer-Drawe (1996, 87) ergibt sich hieraus eine didaktische Herausforderung, denn Lehrende müssen in gewissem Umfang antizipieren, dass (und wie) Lernende Erfahrungen machen, die sie selbst längst vergessen haben. Das wird als Problem formuliert, jedoch nicht weiter bearbeitet.

Hinsichtlich der praktischen Reichweite dürften die philosophischen Zugänge hinter den Erkenntnissen der modernen Lehr-Lern-Forschung zurückbleiben, die durch ihre Konzentration auf Lernen als Wissenserwerb zwar eine erhebliche Engführung des Lernbegriffs vornimmt, durch eben jene Einschränkungen jedoch zu praktischen Empfehlungen – wenngleich meistens recht allgemeiner Art – gelangen kann.

Literatur

Anderson, John/Lebiere, Christian (1998): *The Atomic Components of Thought*. Hillsdale.

Ansari, Daniel/Coch, Donna (2006): Bridges over troubled waters. In: *Trends in Cognitive Sciences* 10, 146–151.

Ansari, Daniel/De Smedt, Bert/Grabner, Roland (2012): Neuroeducation – A critical overview of an emerging field. In: *Neuroethics* 5, 105–117.

Bandura, Albert (1986): *Social Foundations of Thought and Action*. Englewood Cliffs.

Bi, Guo-Qiang/Poo, Mu-Ming (1998): Synaptic modifications in cultured hippocampal neurons. In: *Journal of Neuroscience* 18, 10464–10472.

Bishop, Christopher (2006): *Pattern Recognition and Machine Learning*. New York.

Bloom, Benjamin (1956): *Taxonomy of Educational Objectives*. New York.

Carraher, Terezinha/Carraher, David/Schliemann, Analúcia (1985): Mathematics in the streets and in schools. In: *British Journal of Developmental Psychology* 3, 21–29.

Chomsky, Noam (1959): A review of B.F. Skinner's *Verbal Behavior*. In: *Language* 35, 26–58.

CTGV (1993): Anchored instruction and situated cognition revisted. In: *Educational Technology* 33, 52–70.

Dayan, Peter/Abbott, Laurence (2005): *Theoretical Neuroscience*. Cambridge (Mass.).

De Jong, Ton/van Joolingen, Wouter (1998): Scientific discovery learning with computer simulations of conceptual domains. In: *Review of Educational Research* 68, 179–201.

De Smedt, Bert/Ansari, Daniel/Grabner, Roland/Hannula, Minna/Schneider, Michael/Verschaffel, Lieven (2010): Cognitive neuroscience meets mathematics education. In: *Educational Research Review* 5, 97–105.

Dimroth, Christine/Haberzettl, Stefanie (2012): The older the better, or more is more. In: Marzena Watorek/Sandra Benazzo/Maya Hickmann (Hg.): *Comparative Perspectives on Language Acquisition*. Clevedon, 324–350.

Dimroth, Christine/Rast, Rebekah/Starren, Marianne/Watorek, Marzena (2013): Methods for studying the learning of a new language under controlled input conditions. In: *Eurosla Yearbook* 13, 109–138.

Fischer, Kurt/Daniel, David/Immordino-Yang, Mary/Stern, Elsbeth/Battro, Antonio/Koizumi, Hideaki (2007): Why mind, brain, and education? Why now? In: *Mind, Brain, and Education* 1, 1–2.

Goldberg, Adele (1999): The emergence of the semantics of argument structure constructions. In: Brian MacWhinney (Hg.): *The Emergence of Language*. Mahwah, 197–212.

Grabner, Roland/De Smedt, Bert (2011): Neurophysiological evidence for the validity of verbal strategy reports in mental arithmetic. In: *Biological Psychology* 87, 128–136.

Grabner, Roland/Neubauer, Aljoscha/Stern, Elsbeth (2006): Superior performance and neural efficiency. In: *Brain Research Bulletin* 69, 422–439.

Grabner, Roland/Saalbach, Henrik/Eckstein, Doris (2012): Language switching costs in bilingual mathematics learning. In: *Mind, Brain, and Education* 6, 147–155.

Ischebeck, Anja/Zamarian, Laura/Egger, Karl/Schocke, Michael/Delazer, Margarete (2007): Imaging early practice effects in arithmetic. In: *NeuroImage* 36, 993–1003.

Izhikevich, Eugene (2007): Solving the distal reward problem through linkage of STDP and dopamine signaling. In: *Cerebral Cortex* 17, 2443–2452.

Jain, Anil/Murty, Narasimha/Flynn, Patrick (1999): Data clustering. In: *ACM Computing Surveys* 31, 264–323.

Kintsch, Walter (1998): *Comprehension*. Cambridge.

Klein, Wolfgang (2005): Vom Sprachvermögen zum Sprachlichen System. In: *Zeitschrift für Literaturwissenschaft und Linguistik* 140, 8–39.

Klein, Wolfgang/Perdue, Clive (1997): The basic variety (or: Couldn't natural languages be much simpler?). In: *Second Language Research* 13, 301–347.

Krathwohl, David/Bloom, Benjamin/Masia, Bertram (1964): *Taxonomy of Educational Objectives, the Classification of Educational Goals.* New York.

Künzli, Rudolf (2004): Lernen. In: Dietrich Benner/Jürgen Oelkers (Hg.): *Historisches Wörterbuch der Pädagogik.* Weinheim, 620–637.

Lasser, Ingeborg (2002): The roots of root infinitives. In: *Linguistics* 40, 767–796.

Lenneberg, Eric (1967): *Biological Foundations of Language.* New York.

Maguire, Eleanor/Gadian, D./Johnsrude, Ingrid/Good, Catriona/Ashburner, John/Frackowiak, Richard/Frith, Christopher (2000): Navigation-related structural change in the hippocampi of taxi drivers. In: *Proceedings of the National Academy of Sciences of the USA* 97, 4398–4403.

Mayer, Richard (²2009): *Multimedia Learning.* New York [2001].

Menck, Peter (1999): Lernen – Ein Grundbegriff der Erziehungswissenschaft? In: Thomas Fuhr/Klaudia Schultheis (Hg.): *Zur Sache der Pädagogik.* Bad Heilbrunn, 147–155.

Meyer-Drawe, Käte (1996): Vom anderen lernen. In: Michele Borreli/Jörg Ruhloff (Hg.): *Deutsche Gegenwartspädagogik,* Bd. 2. Baltmannsweiler, 85–98.

Meyer-Drawe, Käte (2005): Anfänge des Lernens. In: Dietrich Benner (Hg.): *Erziehung – Bildung – Negativität. 49. Beiheft der Zeitschrift für Pädagogik,* 24–37.

Molfese, Dennis (2000): Predicting dyslexia at 8 years of age using neonatal brain responses. In: *Brain and Language* 72, 238–245.

OECD (Hg.) (2007): *Understanding the Brain.* Paris.

O'Grady, William (2010): Emergentism. In: Patrick Hogan (Hg.): *The Cambridge Encyclopedia of the Language Sciences.* Cambridge, 274–276.

Pavlov, Ivan (1927): *Conditioned Reflexes.* London.

Rankin, Catharine/Abrams, Thomas/Barry, Robert/Bhatnagar, Seema/Clayton, David/Colombo, John/Coppola, Gianluca/Geyer, Mark/Glanzmann, David/Marsland, Stephen/McSweeney, Frances/Wilson, Donald/Wu, Chun-Fang/Thompson, Richard (2009): Habituation revisited. In: *Neurobiology of Learning and Memory* 92, 135–138.

Reigeluth, Charles/Stein, Faith (1983): The elaboration theory of instruction. In: Charles Reigeluth (Hg.): *Instructional Design Theories and Models.* Hillsdale, 335–382.

Resnick, Lauren (1987): Learning in school and out. In: *Educational Researcher* 16, 13–54.

Sandman, Curt/Wadhwa, Pathik/Hetrick, William/Porto, Manuel/Peeke, Harmon (1997): Human fetal heart rate dishabituation between thirty and thirty-two weeks gestation. In: *Child Development* 68, 1031–1040.

Saussure, Ferdinand de (1916): *Cours de linguistique générale.* Paris.

Savery, John/Duffy, Thomas (1995): Problem based learning. In: *Educational Technology* 35, 31–31.

Schwartz, Bonnie/Sprouse, Rex (1996): L2 cognitive states and The Full Transfer/Full Access model. In: *Second Language Research* 12, 40–72.

Selinker, Larry (1972): Interlanguage. In: *International Review of Applied Linguistics in Language Teaching* 10, 209–231.

Shtulman, Andrew/Valcarcel, Joshua (2012): Scientific knowledge suppresses but does not supplant earlier intuitions. In: *Cognition* 124, 209–215.

Singleton, David/Ryan, Lisa (2004): *Language Acquisition: The Age Factor.* Clevedon.

Stern, Elsbeth/Schneider, Michael (2010): A digital road map analogy of the relationship between neuroscience and educational research. In: *ZDM. The International Journal on Mathematics Education* 42, 511–514.

Sutton, Richard/Barto, Andrew (1998): *Reinforcement Learning.* Cambridge (Mass.).

Sweller, John (1999): *Instructional Design in Technical Areas.* Melbourne.

Temple, Elise/Deutsch, Gayle/Poldrack, Russell/Miller, Steven/Tallal, Paula/Merzenich, Michael/Gabrieli, John (2003): Neural deficits in children with dyslexia ameliorated by behavioral remediation. In: *Proceedings of the National Academy of Sciences of the USA* 100, 2860–2865.

Terhart, Ewald (2002): Fremde Schwestern. In: *Zeitschrift für Pädagogische Psychologie* 16, 77–86.

Tomasello, Michael (1992): *First Verbs.* Cambridge.

Tomasello, Michael (2000): *The Cultural Origins of Human Cognition.* Cambridge. [dt.: *Die kulturelle Entwicklung des menschlichen Denkens.* Frankfurt a. M. 2006].

van Merriënboer, Jeroen/Clark, Richard/de Croock, Marcel (2002): Blueprints for complex learning. In: *Educational Technology, Research and Development* 50, 39–64.

Yang, Tianming/Shadlen, Michael (2007): Probabilistic reasoning by neurons. In: *Nature* 447, 1075–1080.

*Tarek R. Besold/Nicole Becker/Christine Dimroth/
Roland Grabner/Katharina Scheiter/Kristin Völk*

13. Mensch-Maschine-Interaktion

Das Interesse im Bereich Mensch-Maschine-Interaktion (MMI) richtet sich auf die Entwicklung von Methoden und konkreten Technologien, die dem Menschen die Nutzung technischer Systeme und die Steuerung komplexer Anwendungen erleichtern. Zentrale Fragestellungen gelten der Benutzungsfreundlichkeit von Software und technischen Systemen ebenso wie dem verlässlichen Zusammenwirken von Menschen und Maschinen. Techniken und Ansätze zur Mensch-Maschine-Interaktion betreffen einen weiten Bereich von Anwendungen, die von der Benutzung computergestützter Werkzeuge bis zu Formen der ›sozialen‹ Interaktion mit technischen Artefakten reichen.

Als engeres Teilgebiet der Mensch-Maschine-Interaktion befasst sich die Mensch-Computer-Interaktion (*human-computer-interaction*) mit der benutzergerechten Gestaltung von interaktiven Systemen und Mensch-Maschine-Schnittstellen sowie mit der Gebrauchstauglichkeit der eingesetzten Soft- und Hardware. Der vornehmlich auf Computersoftware und interaktive Medien wie z. B. das Internet bezogene Begriff der Benutzerschnittstelle (*user interface*) umfasst nach ISO 9241 »alle Bestandteile eines interaktiven Systems, die Informationen und Steuerelemente zur Verfügung stellen, die für den Benutzer notwendig sind, um eine bestimmte Arbeitsaufgabe mit dem interaktiven System zu erledigen« (*Handbuch Usability*). Die Gebrauchstauglichkeit von Benutzerschnittstellen wird danach bewertet, wie genau und vollständig Benutzer ein bestimmtes Ziel erreichen können (Effektivität), welchen Aufwand Benutzer im Verhältnis zur Genauigkeit und Vollständigkeit des erzielten Effekts erbringen müssen (Effizienz) und wie positiv ihre Einstellung gegenüber der Nutzung und wie frei diese von Beeinträchtigungen ist (Zufriedenheit).

Eine weitergehende Frage der Mensch-Maschine-Interaktion zielt auf die Übertragbarkeit von Aspekten der natürlichen Interaktion zwischen Menschen auf Maschinen ab (Mensch-Maschine-Kommunikation). Bezugspunkte sind hier kognitive Leistungen wie das Verstehen und Produzieren von Sprache (s. Kap. IV.20), Gestik oder Mimik in dialogischer Interaktion (s. Kap. IV.10) bis hin zur Mensch-Technik-Kooperation und ihrer Realisierung durch künstliche Gesprächspartner sowie ›soziale‹ Roboter (s. Kap. II.B.2). Die Mensch-Maschine-Interaktion betrifft somit ein interdisziplinäres Gebiet, für das neben der Informatik (s. Kap. II.B) und der Künstliche-Intelligenz-Forschung (s. Kap. II.B.1) auch Erkenntnisse aus der Medienpsychologie und dem Design, aus der Arbeitswissenschaft, der Softwareergonomie, der Kognitionswissenschaft und der Techniksoziologie relevant sind.

Direkte Manipulation versus indirektes Management

Die Entwicklung von Benutzerschnittstellen für interaktive Systeme begann in der Ära der Mehrbenutzersysteme in den 1960er und 1970er Jahren, in der die Interaktion mittels Kommandozeileneingaben und alphanumerischer Bildschirme erfolgte, und führte in den 1980er Jahren zunächst zum Menüorientierten Arbeitsplatzrechner. Das Vorhaben, leistungsfähigere und zugleich einfachere Schnittstellen zu entwickeln, resultierte wenig später in der bis heute dominanten grafischen Benutzerschnittstelle (*graphical user interface*). Basierend auf Fenstern, Ikonen, Menüs und Maus-unterstützter Interaktion ist der Leitgedanke dabei die Handhabung von sichtbaren Objekten auf einer Bildschirm-Schreibtischoberfläche. Diese sog. WIMP-Schnittstellen (*Windows Icons Menus Pointing Device*) werden heute – eingeschlossen neuere Entwicklungen wie *multi-touch* – unter der von Shneiderman (2002) geprägten Interaktionsmetapher der *direkten Manipulation* geführt.

Die Interaktionsform der direkten Manipulation ermöglicht zwar eine vordergründig komfortable Bedienung, verlagert jedoch sämtliche Aktionen wie Initialisierung, Durchführung und Beobachtung von Aufgaben auf die Seite des Benutzers. Eine weitere Beschränkung ist das unveränderte Verhalten gegenüber wiederkehrenden Aufgaben. Je mehr Leistungsmerkmale eine Anwendung bietet, desto komplizierter gestalten sich klassische WIMP-Schnittstellen. Als Herausforderung sah man deshalb die Schaffung intuitiv nutzbarer Schnittstellen, die Menschen von technischen Details entlasten. Dies führte zu der Entwicklung von natürlichsprachlichen oder auch gestischen bis hin zu multimodalen Schnittstellen (Hedicke 2002), bei denen etwa nebenläufige Sprach- und Gesteneingaben auf getrennten Kanälen registriert und für die Steuerung von Anwendungen integriert und interpretiert werden.

Parallel dazu entstand seit Mitte der 1980er Jahre – überschrieben mit dem Schlagwort ›*virtual* *reality‹ – eine neue Form interaktiver Mensch-Maschine-Schnittstellen. *Virtual reality* zielt auf eine möglichst unmittelbare Verbindung der sensorischen und aktorischen Fähigkeiten des Menschen mit der synthetischen Welt des Computers – generiert mithilfe der modernen Grafiktechnik als dreidimensionale virtuelle Umgebung (das sog. interaktive *walkthrough*) – oder vermittelt Informationen aus entfernten Räumen mithilfe von Stereo-Videokameras bzw. -Sensoren (die sog. Telepräsenz). Im Vordergrund steht dabei die Echtzeitinteraktion mit rechnergenerierten Modellen oder Simulationsergebnissen, aber auch mit Ereignissen und Personen an anderen Orten und zu anderen Zeiten, zuweilen überlagert mit realen Darstellungen (*augmented* oder *mixed reality*).

Einer anderen Strömung gehören Unterstützungssysteme an, die mithilfe intelligenter Techniken Mittler- und Assistenzaufgaben in der Mensch-Maschine-Interaktion übernehmen (Sullivan/Tyler 1991). Der Grundgedanke besteht darin, die Systemschnittstelle selbst intelligenter zu machen, d. h. sie in die Lage zu versetzen, zwischen Benutzer und technischem System zu vermitteln, indem sie Anteile der Lösungsfindung eigenständig erbringt. Für diese Interaktionsform wurde von Kay (1990) die Metapher des *indirekten Management* geprägt. Hierbei handelt es sich um einen kooperativen, komplementär zum Menschen ausgerichteten Ansatz (*human complementary approach*, Terveen 1995), der sowohl das künstliche System als auch den Menschen als einzigartiges System mit besonderen Fähigkeiten und Stärken ansieht. Dies führt zu einer Asymmetrie, bei welcher dem künstlichen System und dem Menschen unterschiedliche Rollen übertragen werden, in denen die Verantwortlichkeiten derart aufgeteilt werden, dass ihre jeweiligen Stärken möglichst gut ausgeschöpft werden.

Interface-Agenten

Eine besondere Ausprägung des indirekten Management sind ›Interface-Agenten‹ (Laurel 1990; Shneiderman/Maes 1997), die auf der Technik der ›Software-Agenten‹ basieren, d. h. Computerprogrammen, die als autonome Einheiten agieren und Aktivitäten in ihrer Umgebung beobachten und initiieren können. Schnittstellen werden dabei als digitale Assistenten realisiert, denen Aufträge so übertragen werden wie menschlichen Bearbeitern. Die möglichen Anwendungen reichen vom automatischen Bildschirmlayout über intelligente Filtersysteme für E-Mail bis hin zur Informationsbeschaffung im Internet. Als weiterer Schritt wird die Simulation von Schreibtischoberflächen durch animierte Umgebungen abgelöst, in denen Agenten als anthropomorphe Figuren in virtuellen Räumen agieren und delegierte Aufträge ausführen.

Interface-Agenten vereinfachen die Handhabung komplexer Anwendungen insofern, als an die Stelle der direkten Bedienung über eine Kommandoschnittstelle oder Maus und Menüs die Kommunikation mit dem Anwendungssystem tritt, wobei Anteile seiner Funktion unabhängig von der direkten Steuerung durch Benutzer erbracht werden. Dem Interface-Agenten wird ein Auftrag des Benutzers etwa durch textuelle oder sprachliche Eingabe mitgeteilt, und er nutzt Wissen über die Anwendungsdomäne, um den Auftrag eigenständig auszuführen oder dem Benutzer Lösungsvorschläge zu präsentieren. Hinzu können auch Techniken des maschinellen Lernens kommen (s. Kap. IV.12), z. B. zur automatischen Anpassung an den individuellen Benutzer.

Mit der Idee von Interface-Agenten, die ihren Benutzer in einen kooperativen Prozess einführen, in dem sowohl der Mensch als auch der Agent Kommunikation initialisieren (s. Kap. IV.10), Aufgaben ausführen und Aktivitäten beobachten können, wird ein komplementärer Interaktionsstil möglich. Als wesentliche Anforderungen an die Gestaltung von Interface-Agenten nennt Maes (1994) Kompetenz und Vertrauen. Kompetenz betrifft das Wissen, das erforderlich ist, um zu entscheiden, wann und wie Benutzer bei bestimmten Aufgaben unterstützt werden. Vertrauen bezieht sich auf die Bereitschaft des Benutzers, die Ausführung von Aufgaben an einen Agenten zu delegieren.

Künstliche Gesprächspartner und soziale Roboter

Die mit Interface-Agenten aufgekommene Idee eines kommunikativen Umgangs mit technischen Artefakten setzt sich fort in dem Ansatz künstlicher Gesprächspartner in Form synthetischer, computeranimierter Figuren (sog. virtueller Agenten), in breitem Umfang populär gemacht durch sog. verkörperte konversationale Agenten (*embodied conversational agents*; Cassell et al. 2000). Dabei handelt es sich um technische Systeme, die in Erscheinung und Verhalten menschenähnlich konzipiert sind und durch ein komplexes Zusammenspiel sensorischer, kognitiver und aktorischer Fähigkeiten eine dialogische, multimodale Kommunikation mit der Maschine realisieren. Um autonomes und flexibles Interaktionsverhalten zu erzielen (s. Kap. IV.2), werden modellbasierte Techniken eingesetzt, die wesentliche Anteile des Verhaltens – etwa sprachsynchrone Gestik, Mimik oder Lippenbewegungen – automatisch erzeugen (z. B. Kopp/Wachsmuth 2004).

Zusätzlich können solche Agenten über ›mentale‹ Eigenschaften verfügen, die mit Begriffen wie ›Wissen‹, ›Überzeugung‹, ›Motivation‹, ›Wunsch‹, ›Intention‹ oder ›Verpflichtung‹ charakterisiert werden können. Ein Beispiel ist die *belief-desire-intention*-Architektur (Rao/Georgeff 1991), die es Agenten ermöglicht, durch kognitive Verarbeitung – z. B. durch Bewertung der Situation oder durch planvolle Zielverfolgung – Entscheidungen über die Auswahl von Aktionen zu treffen (s. Kap. IV.6). Ein weitergehendes Ziel ist eine kognitive Ausstattung künstlicher Agenten derart, dass eine Mensch-Maschine-Kooperation ähnlich wie die Kooperation zwischen Menschen durch gemeinsames Wissen über Ziele und gemeinsames Verfolgen von Plänen realisiert wird (*human emulation approach*; Terveen 1995).

Für die glaubwürdige Verhaltensausstattung verkörperter Agenten in der Interaktion mit Menschen spielt darüber hinaus die Modellierung von Persönlichkeit (s. Kap. II.E.5) sowie die Integration von Emotionsmodellen (s. Kap. IV.5) eine wichtige Rolle. Kontrovers diskutiert wird die Frage, ob es für einen positiven Eindruck auf menschliche Interaktanten tatsächlich notwendig ist, interne Emotionszustände zu simulieren, oder ob dafür der situationsbezogene Einsatz vorberechneter Emotionsausdrücke, etwa eines synthetischen Gesichts, ausreichend ist.

Während *embodied conversational agents* (ECA) als synthetische Charaktere Bestandteil einer simulierten, computergrafischen Umgebung sind, sind autonome Roboter typischerweise reale, in der physikalischen Welt befindliche Agenten (s. Kap. II.B.2). Von Belang für die Mensch-Maschine-Interaktion sind speziell Ansätze zu kooperativen oder ›sozialen‹ Robotern, d. h. zu autonomen Robotern, die zielgerichtet mit Menschen interagieren und etwa selbst erkennen können, wann und wie Hilfe anzubieten ist. Solche Roboter weisen eine humanoide äußere Erscheinung auf, imitieren die Erscheinung von Tieren (z. B. Hund, Katze, Dinosaurier, Seehund) oder haben eine cartoonhafte Erscheinung (Fong et al. 2003). Um dem menschlichen Interaktanten glaubwürdiges, gewolltes Verhalten zu suggerieren, verfügen sie über annähernd lebensechtes expressives Verhalten, bis hin zur koordinierten Ein- und Ausgabe von Sprache (s. Kap. IV.20) und nichtverbalen Signalen, etwa Gesten und Emotionsausdrücke des Gesichts sowie Kopfbewegungen und Blickrichtung, mit denen z. B. ein Aufmerksamkeitsfokus (s. Kap. IV.1) übermittelt werden kann (s. Kap. IV.10). Die Forschung zu kommunikationsfähigen Robotern ähnelt in ihrer Zielsetzung in vielerlei Hinsicht der zu künstlichen Gesprächspartnern in Form von *embodied conversational agents*, speziell was die Kombination verbaler und nichtverbaler Kommunikation angeht, so dass beide Ansätze wechselseitig voneinander profitieren können (Wachsmuth/Knoblich 2008).

Abschließende Bemerkungen

Bereits mit dem Aufkommen der Idee von Interface-Agenten – und mehr noch mit der des künstlichen Gesprächspartners oder sozialen Roboters – verändert sich die Sicht des maschinellen Systems als computergestütztes Werkzeug für die Interaktion, d. h. als *Kommunikationsmedium*, zu einer Sicht, die den künstlichen Agenten als *Teilnehmer* im Kommunikationsprozess betrachtet (s. Kap. IV.10). In der Techniksoziologie hat die Verwendung des Begriffs der Interaktion für technische Artefakte zu einer kontroversen Diskussion über die Handlungsträgerschaft interaktiver Technologien geführt (Krummheuer 2008): So wird in den klassischen Techniktheorien der Terminus ›Interaktion‹ zunächst für natürliche Personen reserviert und Technik jeweils als Werkzeug, als Objekt menschlichen Handelns gesehen. In den Bezügen zwischen Menschen und künstlichen Agenten lassen sich jedoch Verhalten feststellen, die eine Orientierung an sozialen Mustern zwischenmenschlicher Interaktionen aufweisen, indem der künstliche Agent behandelt wird *als ob* er eine Person, eine Art soziales Gegenüber sei.

Wenngleich der Charakter interaktiver Technologien nicht völlig der Interaktion zwischen Menschen gleichkommt, gibt es Evidenzen dafür, dass technische Artefakte zunehmend als soziale Akteure wahrgenommen werden. So wurde beobachtet, dass Menschen die Interaktion mit solchen Systemen vorziehen, die eine erkennbare Persönlichkeit aufweisen und in der Lage sind, ihren kommunikativen Stil an den Benutzer anzupassen (Reeves/Nass 1996). Untersuchungen im Bereich des *affective computing* haben gezeigt, dass maschinelle Systeme – selbst bei rein textlicher Kommunikation – effektiver mit dem Menschen kommunizieren, wenn sie Emotionen wahrnehmen und zum Ausdruck bringen (Picard 1997). Dies ist insbesondere für verkörperte Agenten mit konversationalem oder kooperativem Verhalten der Fall, die nichtverbale Signale in den sozialen Dialog einbeziehen (Bickmore/Cassell 2005).

Damit verschiebt sich die Sicht, dass Menschen ›Benutzer‹ einer Anwendung sind, zu der einer Sicht von ›Partnerschaft‹ mit künstlichen Agenten. Voraussetzung dafür ist jedoch, dass diese künstlichen Agenten als fähig betrachtet werden können, in Mensch-Technik-Kooperationen wie autonom handelnde Entitäten die Initiative zu ergreifen (Negrotti 2005). Zwar wird in der Programmatik zukünftiger Mensch-Technik-Kooperation »*technischen Artefakten an keiner Stelle der Status von handelnden Subjekten mit eigenem Bewusstsein zugeschrieben*; es wird lediglich konstatiert, dass Artefakte zunehmend Funktionen übernehmen, die zuvor nur dem Menschen zugemessen wurden und daher immer menschenähnlicher zu werden *scheinen*« (Cuhls et al. 2009, 15). Inwieweit durch Fortschritte in der Künstliche-Intelligenz-Forschung künstlichen Agenten in der Mensch-Maschine-Interaktion ein Status von handelnden Subjekten (auch rechtlich) zugemessen werden kann, wie es in Science-Fiction-Szenarien vielfach diskutiert wird, wird jedoch die Zukunft zeigen.

Literatur

Bickmore, Timothy/Cassell, Justine (2005): Social dialogue with embodied conversational agents. In: Jan van Kuppevelt/Laila Dybkjaer/Niels Ole Bernsen (Hg.): *Advances in Natural, Multimodal Dialogue Systems.* New York, 23–54.

Cassell, Justine/Sullivan, Joseph/Prevost, Scott/Churchill, Elizabeth (Hg.) (2000): *Embodied Conversational Agents.* Cambridge (Mass.).

Cuhls, Kerstin/Ganz, Walter/Warnke, Philine (Hg.) (2009): *Foresight-Prozess im Auftrag des BMBF, Zukunftsfelder neuen Zuschnitts.* Karlsruhe. http://www.bmbf.de/pub RD/Foresight-Prozess_BMBF_Zukunftsfelder_neuen_Zuschnitts.pdf

Fong, Terrence/Nourbakhsh, Illah/Dautenhahn, Kerstin (2003): A survey of socially interactive robots. In: *Robotics and Autonomous Systems* 42, 143–166.

Handbuch Usability: ISO 9241. http://www.handbuch-usability.de/iso-9241.html

Hedicke, Volkmar (²2002): Multimodalität in Mensch-Maschine-Schnittstellen. In: Klaus-Peter Timpe/Thomas Jürgensohn/Harald Kolrep (Hg.): *Mensch-Maschine-Systemtechnik.* Düsseldorf [2000], 203–230.

Kay, Alan (1990): User interface. In: Brenda Laurel (Hg.): *The Art of Human-Computer Interface Design.* Reading, 191–207.

Kopp, Stefan/Wachsmuth, Ipke (2004): Synthesizing multimodal utterances for conversational agents. In: *Computer Animation and Virtual Worlds* 15, 39–52.

Krummheuer, Antonia (2008): Die Herausforderung künstlicher Handlungsträgerschaft. In: Hajo Greif/Oana Mitrea/Matthias Werner (Hg.): *Information und Gesellschaft.* Wiesbaden, 73–95.

Laurel, Brenda (1990): Interface agents. In: Brenda Laurel (Hg.): *The Art of Human-Computer Interface Design.* Reading, 155–165.

Maes, Pattie (1994): Agents that reduce work and information overload. In: *Communications of the ACM* 37, 31–40.

Negrotti, Massimo (2005): Humans and naturoids. In: Massimo Negrotti (Hg.): *Yearbook of the Artificial*, Bd. 3. Bern, 9–15.

Picard, Rosalind (1997): *Affective Computing.* Cambridge (Mass.).

Rao, Anand/Georgeff, Michael (1991): Modeling rational agents within a BDI-Architecture. In: *Proceedings of the 2nd International Conference on Principles of Knowledge Representation and Reasoning.* San Fransisco, 473–484.

Reeves, Byron/Nass, Clifford (1996): *The Media Equation.* New York.

Shneiderman, Ben (³2002): *User Interface Design – Effektive Interaktion zwischen Mensch und Maschine* [*Designing the User Interface – Strategies for Effective Human-Computer Interaction*, 1987]. Bonn [2001].

Shneiderman, Ben/Maes, Pattie (1997): Direct manipulation vs. interface agents. In: *Interactions* 4, 42–61.

Sullivan, Joseph/Tyler, Sherman (Hg.) (1991): *Intelligent User Interfaces.* New York.

Terveen, Lauren (1995): Overview of human-computer collaboration. In: *Knowledge-Based Systems* 8, 67–81.

Wachsmuth, Ipke/Knoblich, Günther (Hg.) (2008): *Modeling Communication with Robots and Virtual Humans.* Berlin.

Ipke Wachsmuth

14. Motivation

Umgangssprachlich wird oft davon gesprochen, dass jemand in einer bestimmten Situation bestimmte Motive hatte oder hoch motiviert war. Eine hoch motivierte Person ist engagiert und konzentriert bei der Sache und handelt aus einem Motiv heraus, während unmotiviertes Verhalten ein Verhalten ohne Lust und scheinbar ohne Ziel ist. Motivation hat also insofern unabdingbar etwas mit dem Verhalten von Lebewesen zu tun, als Verhalten meist auf die eine oder andere Art, implizit oder explizit, motiviert zu sein scheint. Auch wenn nicht jedes System, das motiviert erscheint, Motivationen explizit repräsentieren mag, so scheint ein Verständnis für verschiedene Arten von Motivationen und deren möglichen Einfluss auf das Verhalten für eine Erklärung des Verhaltens von Lebewesen, uns Menschen eingeschlossen, doch essenziell zu sein.

Dieses Kapitel beschäftigt sich damit, was Motivationen ausmacht, welche Verhaltens- und Wahrnehmungseffekte Motivationen haben können, wie Motivationen neuronal realisiert werden und welche Aufschlüsse technische Systeme darüber geben können, wie Motivationen funktionieren. Ein Ausblick zu den Implikationen der aktuell vorhandenen Einblicke schließt das Kapitel ab.

Überblick

Historisch gesehen durchlief der Begriff der Motivation eine progressive Entwicklung. Zu Beginn der Psychologie sprach James (1890) über den Willen und die Erwartung von positiven und negativen Effekten als Motivation für Verhalten, hob aber bereits hervor, dass der erwartete Wert – oder die Valenz – eines solchen Effektes wohl kaum das einzige sein könne, was willentliches Verhalten hervorruft. Bedingt durch die bald darauf einsetzende Dominanz des Behaviorismus wurden Tiere und auch der Mensch häufig auf ein reizgetriebenes, re-agierendes System reduziert: Da nur ein Reiz-Reaktions-getriebenes Verhalten beobachtbar und somit interpretierbar schien, wurde die Zuschreibung von Motivationen auf das Erhalten von Belohnungs- bzw. Bestrafungssignalen reduziert. Dies führte zur klassischen und auch zur operanten Konditionierung: In der klassischen Konditionierung wird reflexartiges Verhalten von Lebewesen durch Belohnung implizit prädiktiv aktiviert, während in der operanten Konditionierung Verhaltensweisen, die zu bestimmten

Erfolgen geführt haben, im Kontext bevorzugt aktiviert und auch optimiert werden (s. Kap. IV.12). Vom Behaviorismus auf das Konditionierungsprinzip reduziert, reagiert ein Lebewesen sozusagen motivationslos – also ohne die Notwendigkeit, explizit repräsentierte interne Zustände von Motivationen zu besitzen.

Allerdings tauchte selbst bei stark behavioristisch orientierten Forschergruppen die Motivation als Trieb auf, der zu stillen war und der durch das Stillen das erwähnte Belohnungssignal aktiviert. Hulls (1943) Triebtheorie spielte dabei eine entscheidende Rolle. Lebewesen wird darin eine angeborene Anzahl von Trieben zugeschrieben (z. B. Hunger, Durst, der Sexualtrieb oder auch der Trieb, die interne Körpertemperatur aufrechtzuerhalten), die immer wieder gesättigt werden müssen, so dass das Lebewesen versucht, den internen Triebzustand hinreichend gesättigt zu halten: Je mehr der aktuelle Zustand vom Sättigungszustand abweicht, desto stärker wird der Drang, diesen Zustand wieder zu erreichen, und desto stärker wird somit die Tendenz, Verhalten auszuführen, das typischerweise zur erfolgreichen Sättigung des Triebes führt.

Die Triebvorstellung ist sicherlich sehr vereinfacht, war aber besonders gegen Ende der ersten Hälfte des 20. Jh.s ein sehr zielführendes Konzept, das kognitive Theorien vorantrieb. Andere Forscher schlugen aber durchaus auch schon früher vor, dass biologische Systeme grundsätzlich nach einem inneren Gleichgewicht streben. Ursprünglich als *milieu intérieur* bezeichnet (Bernard 1865), griff Cannon (1963) diesen Gedanken wieder auf und bezeichnete das Streben nach einem inneren Gleichgewicht als das Streben nach Homöostasis. Dabei strebt das Lebewesen nach interner Balance, indem es aktiv beidseitige Extremzustände von verschiedenen, messbaren körperlichen Zuständen (also sowohl zu wenig als auch zu viel von einer bestimmten Sache, wie z. B. Nahrung) meidet (s. Kap. III.9).

Neben diesem triebartigen Streben nach Homöostasis entstanden in der Mitte des 20. Jh.s aber auch Forschungsbefunde und biologische Beobachtungen, die nur durch weitere Arten von Motivationen erklärbar waren. Tolman (1932) untersuchte die Lernfähigkeit von Ratten und identifizierte eine Art ›latentes Lernen‹ – also Lernen, das selbst ohne direkte Belohnung oder Bestrafung aktiv ist: So prägten sich Ratten in einer Versuchsreihe Labyrinthe z. B. besser ein, wenn sie zunächst nicht belohnt wurden: Zunächst nicht belohnte Tiere liefen später nach einer Belohnung sehr viel zielstrebiger wieder zu dem Ort der Belohnung als Ratten, die von Anfang an belohnt wurden. Colwill/Rescorla (1985) zeigten, dass Ratten nach operanter Konditionierung durchaus nicht nur Belohnung *per se* erwarten, sondern differenzieren können, welche Belohnungsart zu erwarten ist, und so z. B. selektiv dasjenige Verhalten ausführen, das zum Erlangen einer bestimmten Art von Futter führt. Beide Befunde deuten darauf hin, dass Tiere Verhalten nicht nur allgemein mit Belohnungswerten assoziieren, sondern mit bestimmten Verhaltensresultaten wie dem Erreichen von Orten in Labyrinthen oder dem Erhalten von bestimmten Futterarten. Getrieben von selektiven Motivationen können diese Verhaltensmuster später wieder aktiviert und somit die positiven Erfahrungen erneut angestrebt werden. Indirekt und selektiv wird dadurch dann das Verhalten ausgelöst, das in der Vergangenheit typischerweise das gewünschte Resultat herbeigeführt hatte.

Aus den Beobachtungen des Behaviorismus verknüpft mit der Erkenntnis, dass Verhalten meist antizipativ, zielorientiert ist, entstand so über die letzten Jahrzehnte ein Bild, das zwei motivationsbedingte Verhaltensweisen umfasst. Zum einen wird von ›extrinsischen Motivationen‹ gesprochen, wenn die Motivation auf das Stillen von Bedürfnissen gerichtet ist, wenn also Bedürfnisse wie Hunger, Durst, Wärme, sexuelle Befriedigung oder auch soziale Interaktion das aktuelle Verhalten motivieren. Beim Menschen können solche extrinsischen Motivationen Kognition und das resultierende Verhalten auch auf einer sehr abstrakten Ebene und sehr antizipativ beeinflussen – so macht man z. B. eine bestimmte Ausbildung der ›Karriere‹ wegen, oder weil man eine soziale Stellung, finanzielle Sicherheit oder Ähnliches anstrebt. Zum anderen wird von ›intrinsischen Motivationen‹ gesprochen (Deci/Ryan 1985), wenn die Motivation eher auf den Informationsgewinn an sich aus ist, wenn es also um das Kennenlernen einer Umgebung, um den Erklärungsversuch eines Ereignisses oder um das Erlernen der eigenen oder der Verhaltensfähigkeiten eines sozialen Partners geht. Lernen selbst ist allerdings zumeist sowohl intrinsisch als auch extrinsisch motiviert (z. B. durch ein Interesse an der Sache selbst und durch eine in Aussicht gestellte Belohnung).

Die Unterscheidung dieser zwei Arten von Motivationen, die Verhalten zugrunde liegen können, wird dabei allerdings von den verschiedenen kognitionswissenschaftlichen Disziplinen unterschiedlich adressiert bzw. berücksichtigt. In der kognitionspsychologischen Verhaltensforschung (s. Kap. II.E.1) wird appetitives und auch aversives Verhalten mit neugierigem Verhalten kontrastiert. In den verhaltensbasierten Neurowissenschaften (s. Kap. II.D.1) geht es meist um Belohnungsausschüttungen und nur in jüngster Zeit auch um informationstheoretische Überlegungen bezüglich Motivationen. In der Künstliche-Intelligenz-Forschung (s. Kap. II.B.1) sowie im Rahmen von Ansätzen im Bereich kognitiver Systeme wird mittlerweile sehr bewusst unterschieden, welche Motivation ein Verhalten determiniert und wie verschiedene Motivationen interagieren. Die Kombination der Erkenntnisse aus den unterschiedlichen Fachdisziplinen und insbesondere auch die Modellierung der Interaktion von sowohl extrinsischen als auch intrinsischen Motivationen versprechen in der nahen Zukunft noch sehr viel detailliertere Aufschlüsse über die motivationalen Systeme von Mensch und Tier zu geben.

Verhaltenseinflüsse

Motivationen können Verhalten auf vielfältige Weise beeinflussen. Im vielleicht einfachsten Fall bestimmen interne hormonelle Zustände Verhaltensbereitschaften und Reflexe. So zeigt sich z. B. bei Ratten, dass weibliche Tiere vor der ersten Schwangerschaft typischerweise Rattenbabys meiden. Sobald sie aber ihre erste Schwangerschaft durchlaufen, verändert sich das Verhalten radikal: Zunächst wird ein Nest gebaut; nach der Geburt werden die Neugeborenen gesäubert und dann in das vorbereitete Nest gebracht, dort gewärmt und gesäugt; selbst andere verlassene Rattenbabys werden nun fast bedingungslos angenommen (Fleming 1986). Die hormonelle Umstellung durch die Schwangerschaft erzeugt also ganz neue Motivationen, die zum Nestbau und nach der Geburt zum Schutz und zur Aufzucht der Jungen führen. Interessanterweise wird selbst bei Menschen vom Nesttrieb gesprochen, also dem Trieb, z. B. die Wohnung oder das Zimmer für das erwartete Kind vorzubereiten. Auch wenn in diesem Fall komplexere Verhaltensweisen und abstraktere Zielvorstellungen aktiviert werden, die auch kulturell und sozial stark beeinflusst sind, geht es im Grunde doch um das Gleiche, nämlich um die Vorbereitung eines sicheren Ortes für das erwartete Neugeborene.

Während das erwähnte Verhalten von Ratten typischerweise als eher reaktives Instinktverhalten gedeutet wird, das durch hormonelle Veränderungen bedingt ist, ist das Verhalten beim Menschen eher als zielorientiert anzusehen: In der Erwartung einer großen Veränderung und insbesondere auch in der Erwartung einer neuen Verantwortung als Mutter oder Vater werden ganz neue Ziele scheinbar unbewusst aktiviert und angestrebt. Ob dieses Instinktverhalten wirklich reaktiv ist oder auch als in dem Sinne antizipativ gelten kann, dass z. B. die Ratte eine Umgebung herstellen möchte, die der selbst erlebten Umgebung in den ersten Lebenswochen ähnelt, sei dahingestellt. Klar ist, dass interne hormonelle und andere homöostatische Zustände Verhalten beeinflussen, indem angeborene reflexartige Verhaltensbereitschaften, noch komplexere Verhaltensweisen oder noch abstraktere Zielvorstellungen aktiviert werden.

Insbesondere Zielvorstellungen sind ein sehr effektives Mittel, flexibel Verhalten hervorzurufen. Da eine Zielvorstellung – also das Erstreben eines bestimmten Zielzustandes – kein bestimmtes Verhalten erzwingt, kann das Verhalten jeweils an die aktuelle Umgebung angepasst werden: So gestaltet sich z. B. die Suche nach einem geeigneten Abendessen jeweils anders, wenn man zu Hause, im Hotel oder im Büro ist. Aufgrund dieser Flexibilität wird meist davon ausgegangen, dass Motivationen den Organismus dazu bringen, bestimmte Zielzustände zu erstreben. Um diese Zielzustände zu erreichen, aktiviert das Gehirn nicht notwendigerweise direkt Verhalten, sondern wenn nötig zunächst interne kognitive Planungsprozesse (s. Kap. IV.11) oder die *top-down*-Ausrichtung der Aufmerksamkeit (s. Kap. IV.1), um Möglichkeiten der Zielerreichung zu elaborieren (s. Kap. IV.17).

Der Einfluss von Motivationen erstreckt sich also nicht nur auf direktes körperliches Verhalten, sondern auch auf die Aufmerksamkeit bis hin zum Bewusstsein (s. Kap. IV.4). Der Aufmerksamkeitseinfluss drückt sich z. B. dadurch aus, dass wir aktuelle Szenen aktiv observieren und nach bestimmten zielrelevanten Dingen absuchen. Seit den 1990er Jahren haben verschiedenste Untersuchungen gezeigt, dass Aufmerksamkeit stark antizipativ verhaltensorientiert ausgerichtet ist: So antizipieren die Augen z. B. den nächsten Verhaltensschritt, während ein Brötchen aufgeschnitten wird – motivational getrieben von dem Ziel, das dann belegte Brötchen zu essen (Hayhoe et al. 2003).

Nicht zuletzt hängt auch komplexeres Planungsverhalten (s. Kap. IV.17) und volitionales Verhalten (s. Kap. IV.23) ultimativ von den eigenen aktuellen Motivationen ab. Im Hinblick auf die Planung kann man selbst bei Ratten sehr deutlich deduzieren, welche Motivation ein Tier im jeweiligen Moment antreibt. Ist eine Ratte gesättigt, wird ein Labyrinth tendenziell exploriert oder ein geschützter Ort als Versteck gesucht; ist sie hingegen hungrig, wird das Labyrinth aktiv nach Futter abgesucht oder die

schon bekannten Futterstellen werden angestrebt (Tolman 1932). Auf viel komplexerer Ebene geschieht Ähnliches auch bei uns Menschen: Der interne Zustand, der auch abstraktes Wissen (z. B. die finanzielle Situation) und antizipative Zustandsvorstellungen (z. B. am nächsten Morgen keinen Kaffee aufbrühen zu können, weil keine Bohnen mehr da sind) mit einschließen kann, detektiert oder antizipiert unerwünschte, nicht ausbalancierte Zustände. Diese unausgewogenen Zustände aktivieren somit die Motivation, das unerwünschte, möglicherweise antizipierte Ungleichgewicht wettzumachen. Als Resultat davon gehen wir u. a. arbeiten, um Geld zu verdienen, oder nehmen noch den Umweg zur Kaffeerösterei in Kauf, um den antizipierten Kaffeedurst am nächsten Morgen löschen zu können.

Wahrnehmungseinflüsse

Neben direkten Verhaltenseinflüssen oder gar der Aktivierung komplexer Verhaltensweisen können Motivationen aber auch die Wahrnehmung (s. Kap. IV.24) beeinflussen. Ein durch Aufmerksamkeit vermittelter Einfluss auf die Wahrnehmung mag trivial sein, daneben gibt es jedoch auch direktere Wahrnehmungseinflüsse, die mit der affektiven Wahrnehmung zu tun haben. So können bestimmte Umweltreize, die sonst kaum Beachtung erhalten, plötzlich ins Auge springen: Ein Briefkasten etwa blinkt förmlich auf, wenn man einen Brief versenden möchte, und die Bäckerei um die Ecke erlangt einen ganz anderen Stellenwert, wenn es Zeit für das mittägliche Sandwich wird.

Die Wahrnehmung verändert sich somit zum Teil radikal in Abhängigkeit von den jeweiligen aktuellen internen Motivationen und Bedürfnissen. Seit James Gibsons Arbeiten zur sog. ökologischen Theorie der Wahrnehmung (Gibson 1979) wird immer mehr davon ausgegangen, dass alle möglichen Motivationen und Verhaltensfähigkeiten eines Organismus die visuelle Wahrnehmung der Welt sehr stark bedingen. Gibson schlug insbesondere vor, dass etwa Objekte nicht einfach mittels interner Repräsentationen wahrgenommen werden, sondern v. a. auch repräsentationsfrei als Affordanzen, also als die Summe der Möglichkeiten, mit einem Objekt effektiv zu interagieren (s. Kap. IV.24). Affordanzen reflektieren also die Erfahrungen, die man durch erfolgreiche Interaktionen mit bestimmten Objekten gesammelt hat, und drücken die motivationale Relevanz des Objekts für das jeweilige Lebewesen aus. Je nach aktuellem motivationalen Zustand eines Lebewesens können Objekte daher anders wahrgenommen werden: Objekte, die zu den aktuell aktiveren Motivationen passen, werden z. B. hervorgehoben wahrgenommen. Gleichzeitig kann sich die visuelle Suche sehr viel effizienter auf solche Objekte ausrichten, die typischerweise genutzt werden können, um eine Motivation zu stillen: Ein gefällter großer Baumstamm etwa kann während einer langen Wanderung perfekt als Sitzgelegenheit für die Rast dienen, obwohl er sonst typischerweise einfach als Holz, als beeindruckender Stamm oder Ähnliches wahrgenommen wird.

Neben dem Einfluss auf die verhaltensorientierte Wahrnehmung besitzen Stimuli aber auch noch eine affektiv-motivationale Komponente. Der interne körperliche Zustand inklusive der hormonellen Situation kann Verhalten selektiv aktivieren oder inhibieren; er kann gleichzeitig aber auch das subjektiv wahrgenommene Resultat eines Verhaltens beeinflussen. Insbesondere die Stärke einer wahrgenommenen Belohnung kann stark vom aktuellen Zustand des Lebewesens abhängen. Dies kann sogar so weit gehen, dass Angenehmes unangenehm wird oder umgekehrt. So zeigte z. B. schon Cabanac (1971), dass unsere qualitative Geschmackswahrnehmung sehr stark vom aktuellen Blutzuckerspiegel und dem aktuellen Hungergefühl abhängt: Je nach intern bedingter Motivation kann eine sehr hungrige Person auch typischerweise verschmähte Nahrung als köstlich wahrnehmen oder im gesättigten Zustand selbst das Leibgericht als tendenziell abstoßend erleben. Entsprechend haben Belohnung oder auch Bestrafung niemals einen absoluten Wert, sondern sind subjektiv und hängen insbesondere von dem internen motivationalen Zustand eines Lebewesens ab.

Neurologische Grundlagen von Motivationen

In den Neurowissenschaften werden Motivationen typischerweise mittels hormoneller Regulierungen und Homöostasis beschrieben. Häufig wird diese Gleichgewichtsregulierung auch als allgemeines Prinzip von Leben an sich herangezogen (s. Kap. III.9) – angefangen von Gleich- und Ungleichgewichten in einzelnen Zellen, die das Verhalten und den Stoffaustausch durch Zellmembranen regeln, bis hin zum angestrebten kognitiven Ausgleich einer bestimmten Unzufriedenheit (Damasio 2010). Diese hormonell basierte Regulierung löst v. a. extrinsisch motiviertes Verhalten aus. In neuester Zeit werden aber auch intrinsisch motiviertem Verhalten und

Lernen immer höhere Stellenwerte zugeschrieben. Das sehr allgemein gefasste, aber mathematisch fundierte *free-energy principle* von Friston (2010) beschreibt das Ungleichgewicht als freie Energie, die zu körperlichem Verhalten (also zu motivational getriebenem Verhalten) oder auch zu Lernverhalten (also zu neuronalen Anpassungen) führt. Durch seine Allgemeinheit ist dieses Prinzip in sehr vielen Fällen grundsätzlich anwendbar. Allerdings ist klar, dass die körperlichen homöostatischen Zustände und die daraus resultierenden motivationalen Interaktionen sehr stark durch genetische Prädispositionen vorprogrammiert sind. Detaillierte neurowissenschaftliche Erkenntnisse gibt es v. a. bezüglich extrinsischer Motivationen: So ist die körperliche Basis für die meisten dieser Motivationen klar identifizierbar und auch der grundsätzliche neuronale Pfad bis zur verhaltensbeeinflussenden Motivationsaktivierung zu einem hohen Grad verstanden.

Bear et al. (2006, Kap. 16) beschreiben sehr anschaulich, wie körperliche Ungleichgewichte neuronale Signale aktivieren, die wiederum körperliche und motivationale Veränderungen induzieren. So wird z. B. die eigene Körpertemperatur mithilfe des Hypothalamus reguliert. Dort detektieren bestimmte Neuronen Unterkühlung oder Überhitzung. Die neuronale Aktivität führt dann zur Ausschüttung oder Inhibierung von bestimmten (pituitären) Hormonen, zur Regulierung von Sympathikus und Parasympathikus, die den Blutkreislauf und Stoffwechsel kontrollieren, sowie zur Aktivierung von somatosensorischen Neuronen, die das aktuelle Ungleichgewicht anderen neuronalen Zentren wie etwa dem Neokortex melden. Auf diese Weise führt z. B. eine Unterkühlung einerseits zum Zittern und zu blauen Lippen, da das Blut im Körperzentrum konzentriert wird, um die Funktion der überlebenswichtigen Organe und insbesondere des Herzens zu sichern, andererseits wird von dieser somatischen Motivation getrieben aber auch nach Wärmequellen gesucht (oder bei allgemeiner Energielosigkeit etwa nach Nahrungsquellen).

Als weiteres Beispiel kann die Regulation der Nahrungsaufnahme betrachtet werden. Während der Verdauung ist der Körper in einem prandialen Zustand, in dem das Blut reich an Nährstoffen ist. Die enthaltene Energie wird im Körper verteilt und je nach Bedürfnis und Metabolismus als Glykogen (also als eine Art Zucker in Muskelgruppen und der Leber) oder als Triglyceride (in Fettzellen) gespeichert. Sobald die Verdauung größtenteils abgeschlossen ist, geht der Körper in einen post-absorbierenden Zustand über. Die gespeicherte Energie wird dann mit einem grundsätzlich reversierenden Mechanismus wieder freigegeben, so dass genügend Energie im Blut vorhanden bleibt und so die Kontinuität der körperlichen Zellmetabolismen aufrechterhalten wird. Wird kontinuierlich zu viel Energie aufgenommen, kommt es zur Fettleibigkeit, wird kontinuierlich zu wenig aufgenommen, verhungert man ultimativ. Um die Energiezufuhr zu regulieren, werden zwei grundsätzliche Mechanismen unterschieden: Während der eine Mechanismus sicherstellt, dass langfristig genügend Fettreserven vorhanden sind, reguliert der andere die Nahrungsaufnahmefrequenz und -menge kurzfristiger in Abhängigkeit vom Zustand des Magens (ebd.).

Um längerfristig eine ausgewogene Fettbalance im Körper zu halten, schütten Fettzellen das Hormon Leptin aus, das Detektorneurone im Hypothalamus aktiviert bzw. deaktiviert. Zu wenig Leptin im Blut signalisiert, dass nicht genügend Fettreserven vorhanden sind, was wiederum zu Hungergefühl und Nahrungsaufnahme führt, aber auch zur Tendenz inaktiv zu sein, um den Energieverlust zu drosseln. Während diese Mechanismen bei gesunden Lebewesen äußerst überlebensfördernd sind, können krankhafte Defizite an Leptin das Leben sehr negativ beeinflussen, da der resultierende, schier unaufhörliche Hunger quasi unabdingbar zur Fettleibigkeit führt (s. Kap. II.D.3). Einen neuronalen Schritt weiter können beidseitige Läsionen des lateralen Hypothalamus aber auch Anorexien verursachen, da die Notwendigkeit der Nahrungsaufnahme nicht mehr an neokortikale Areale weitergeleitet wird. Während das Regulierungssystem noch um einiges komplexer ist als hier skizziert (Bear et al. 2006), reicht es im gegenwärtigen Zusammenhang aus festzuhalten, dass körperliche, hormonell basierte Signale neuronale, insbesondere hypothalamische, Zellen selektiv anregen oder inhibieren und damit das grundsätzliche Appetitgefühl regulieren.

Die Regulierung dieses eher längerfristigen Appetits, die grundsätzlich von den Fettzellen des Körpers abhängt, wird durch kurzfristigere Gefühle von Hunger und Sättigung komplementiert. Diese Gefühle werden v.a. durch den aktuellen Zustand des Verdauungstraktes reguliert. Das Peptid Ghrelin wird durch einen leeren Magen produziert und geht in den Blutkreislauf über. Dieses Peptid generiert das typische, wohlbekannte Hungergefühl, das wiederum über den Hypothalamus dem Neokortex mitgeteilt wird. Sobald die Nahrungsaufnahme beginnt, nimmt die Ghrelinkonzentration schnell ab und verschiedene Sättigungssignalstoffe werden progressiv ausgeschüttet, etwa das Hormon Insulin. Insulin

scheint neben anderen Aufgaben wiederum dieselben Kerne des Hypothalamus zu beeinflussen, die auch durch Leptin beeinflusst werden – in diesem Fall aber mit gegenteiliger Wirkung.

Bleibt noch zu klären, wie man lernt, dann zu essen, wenn das Hungergefühl stark ist. Introspektiv ist klar, dass Essen eine gewisse Befriedigung mit sich bringt. Essen bereitet also eine Art von hedonistischem Lustgefühl, das mit einer gewissen Zufriedenheit einhergeht. Gleichzeitig scheint aber auch hypothalamische Aktivität den Wunsch nach der Nahrungsaufnahme zu nähren, also den direkten Wunsch, das Hungergefühl zu stillen. Dopamin gilt als Mediator des Wunsches und des resultierenden Lustgefühls. Darüber hinaus wird Dopamin auch als das entscheidende Lernsignal angesehen, das Verhaltensweisen, die zur Befriedigung einer bestimmten Motivation führen, mit der Befriedigung dieser Motivation assoziiert. Im direktesten Fall können z.B. Ratten dazu gebracht werden, bis zur völligen Erschöpfung oder gar zum Tod einen Hebel zu drücken, der an eine elektrische neuronale Stimulation gekoppelt ist, die zu einer Dopaminausschüttung führt (ebd.). Studien haben aber auch gezeigt, dass Ratten, deren Dopaminaxone im Hypothalamus zerstört wurden, zwar noch Gefallen an der Nahrungsaufnahme zeigen, aber selbst nicht mehr aktiv Nahrung suchen (Berridge 1996). Dies suggeriert, dass die Nahrungsaufnahme weiterhin eine Dopaminausschüttung veranlasst, die Notwendigkeit der Nahrungsaufnahme aufgrund der Zerstörung der Dopaminaxone vom Hypothalamus aber nicht signalisiert wird. Diese Schlussfolgerung wird auch durch weitere Befunde gestützt, die zeigen, dass Ratten, bei denen eben diese Dopaminaxone künstlich stimuliert werden, verstärktes Nahrungssuchverhalten zeigen, wobei der Grad des hedonistischen Belohnungsgefühls nicht beeinflusst zu sein scheint (ebd.; Bear et al. 2006). Somit kann einerseits das Stillen einer Motivation zu einem hedonistischen Belohnungsgefühl führen, andererseits kann der Drang nach Dopamin, ausgelöst durch Signale des Hypothalamus, die aktive Nahrungssuche und Nahrungsaufnahme bewirken.

Motivationen können durch viele weitere Hormone beeinflusst werden. Trinkverhalten, Körpertemperaturregulierung oder auch der Drang, die Blase zu entleeren, funktionieren auf grundsätzlich sehr ähnliche Weise. Ein weiteres sehr wichtiges Hormon ist das Serotonin, das u.a. direkt mitverantwortlich für das Sättigungsgefühl ist. Der Serotoninspiegel im Hypothalamus korreliert stark mit der Sättigung und ist auch mitverantwortlich für die Regulierung der Stimmung einer Person: Der Konsum von Schokolade bewirkt z. B. einen direkten Anstieg des Serotoninlevels im Gehirn und kann die Stimmung einer Person stark heben, während Depression stark mit einem niedrigen Serotoninspiegel korreliert (ebd.; Svenningsson et al. 2006). Serotonin dient somit zu einem gewissen Grad als motivationaler Verstärker und reguliert die subjektive Intensität von Erfahrungen. Vereinfacht gesprochen leiden depressive Patienten aufgrund der stark abgeschwächt erlebten Motivationen und deren Befriedigungen an einer allgemeinen Antriebslosigkeit.

Körperliche Missstände können also extrinsische Motivationen aktivieren, die wiederum im Gehirn Triebe auslösen, die z. B. zur Futtersuche und Nahrungsaufnahme führen. Homöostatische Mechanismen bewirken dabei, dass wir nicht zu viel und nicht zu wenig aufnehmen, um die einzelnen relevanten körperlichen Aspekte sinnvoll zu regulieren. Dieses neurowissenschaftliche Bild von Motivationen entspricht also dem Prinzip der Homöostasis bzw. dem ›milieu intérieur‹ (Bernard 1865): Der Körper strebt danach, eine innere Balance aufrechtzuerhalten. Jedoch reduziert diese Perspektive das Verhalten von Tieren und Menschen auf etwas, das nur von körperlichen Motivationen getrieben ist, die durch den Hormonhaushalt reguliert werden.

Sicherlich wird aber niemand akzeptieren wollen, dass wir nur durch unsere körperlichen Bedürfnisse gesteuert werden. Der menschliche Geist ist dazu fähig, sehr abstrakte Motivationen zu generieren, die weit entfernt von rein körperlichen Bedürfnissen sind: Beispielsweise gehen wir arbeiten, um Geld zu verdienen, oder machen eine Ausbildung, um später mehr Geld zu verdienen. Des Weiteren besitzt der Mensch – aber sicher auch viele Tierarten – intrinsische Motivationen, wie etwa die Neugier oder den Spieltrieb. Diese Motivationen interagieren mit den extrinsischen Motivationen auf komplexe Weise im Neokortex. Fristons (2010) free-energy principle ist auf alle Arten von Motivationen anwendbar: Neuronale Aktivitäten ›wollen‹ grundsätzlich gestillt werden. Im extrinsischen Fall wird dafür Verhalten ausgelöst, das interne körperliche Zustände verändern kann, im intrinsischen Fall wird Verhalten ausgelöst, das nach Informationen sucht, um später ähnliche Ereignisse antizipieren bzw. antizipativ handeln zu können.

Wie diese vielen verschiedenen intrinsischen und extrinsischen Motivationen interagieren, und wie sie dabei immer wieder Ziele generieren und somit das Verhalten steuern, ist eine hoch komplexe Frage, die im Detail nicht beantwortet werden kann. Relativ klar ist jedoch, dass präfrontale kortikale Areale für die Entscheidungsfindung (s. Kap. IV.6) zuständig sind und dabei der aktuelle motivationale Zustand des kognitiven Systems eine große Rolle spielt. Diese Areale lösen aber meist nicht direkt Verhalten aus, sondern können weitere neuronale Prozesse anstoßen, die Aufmerksamkeit lenken, Planungsmechanismen aktivieren und das Verhalten dann ultimativ bedingen und steuern.

Künstliche motivationsgetriebene Systeme

Die psychologischen und neurowissenschaftlichen Erkenntnisse im Hinblick auf Motivationen sind mittlerweile sehr fundiert und elaboriert. Nicht allzu überraschend arbeiten auch Forschergruppen in der Künstliche-Intelligenz-Forschung und der kognitiven Robotik (s. Kap. II.B.2) immer häufiger an Systemen, die motivationsgetrieben autonom agieren sollen (s. Kap. IV.2). Mitte des 20. Jh.s entwickelte sich die Kybernetik (Wiener 1948), die Roboter und andere künstliche Systeme als rückgekoppelte Regelkreise betrachtet, die ebenfalls (völlig implizit) nach einem ›inneren‹ Gleichgewicht streben. Am prägnantesten hat sich diese Entwicklung vielleicht in Braitenberg (1984) manifestiert, der zeigt, wie progressiv komplexere Schaltkreise ein einfaches Fahrzeug sehr motiviert und intelligent erscheinen lassen können: Gekoppelt mit internen Messzuständen wie etwa dem Energiezustand der Batterie kann ein solches Fahrzeug z. B. ›selbstmotiviert‹ eine Ladestation ansteuern. In den 2000er Jahren wurden solche Mechanismen auch in kompliziertere Roboterarchitekturen eingebaut. Das MIT Media Lab z. B. konstruierte mehrere motivationsgetriebene Roboterarme, in denen interne Motivationsreservoire die Aktivität des Arms steuern. So kann der Arm im Normalzustand auf gesprochene Anweisungen reagieren und hebt z. B. auf entsprechende Instruktionen hin Gegenstände auf, die er dem Sprecher reicht. Ein Motivationsreservoir misst aber etwa auch die Temperatur der Motoren: Ist ein bestimmter Hitzelevel erreicht, wird eine Motivation aktiviert, die den Arm in eine ›Ruheposition‹ drängt, um abzukühlen (Hsiao/Roy 2005). Ganz ähnliche Mechanismen finden sich gegenwärtig in kommerziell vertriebenen kleinen Staubsaugerrobotern.

Neben diesen noch recht direkten, behavioristisch anmutenden Kopplungen von Reizen mit Reaktionen oder Verhaltensweisen existieren aber auch Architekturen, die Belohnungssignale nutzen, um zu lernen und so das Verhalten an Umweltgegebenheiten zu adaptieren. Sehr frühe Arbeiten zur Entwicklung motivationsgetriebener kognitiver Systeme finden sich bei John Holland (z.B. Holland/Reitman 1978). Holland schlug etwa ein ›kognitives‹ Regellernsystem vor, das danach strebt, seine Hunger- und Durstmotivation zu stillen. Belohnungssignale wurden dabei sehr differenziert über die entstehenden Regeln verteilt – ein Mechanismus, der inzwischen als *reinforcement learning* bekannt ist. Eben dieses *reinforcement learning* wurde in den darauffolgenden Jahrzehnten systematisiert und analysiert (Sutton/Barto 1998). Das heute wohl bekannteste *reinforcement-learning*-Verfahren ist das *Q-learning* (Watkins/Dayan 1992), das eine Belohnungserwartungsverteilung über einen Zustandsraum aufbaut und basierend auf neuen, verhaltensabhängigen Belohnungsinformationen kontinuierlich aktualisiert (s. Kap. IV.12).

Neben diesen rein belohnungsorientieren Lernverfahren spielte aber auch immer wieder das Modelllernen eine entscheidende Rolle. Eine Ratte z.B. lernt eben wie erwähnt nicht nur, dass Belohnung folgt, sondern auch, genau welche Art von Belohnung welchem Reiz folgt: Sie lernt also tendenziell z.B. eher nicht, dass eine bestimmte Kette von Bewegungen durch ein Labyrinth zu einer Belohnung führt, sondern genau wo diese Belohnung zu finden ist und wie das Labyrinth aufgebaut ist. Dieses Kartenwissen und Aktion-Effekt-Lernen kann mittels *reinforcement-learning*-Verfahren sehr gut mit motiviertem Verhalten verknüpft werden – nämlich über den Mechanismus der Zielvorstellung: Motivationen aktivieren nicht direkt Verhalten, sondern Zustandsvorstellungen – also etwa das Erreichen eines bestimmten Ortes in einem Labyrinth oder das Erlangen einer bestimmten Futterart. Mittels *reinforcement learning* kann diese Zielaktivität in ein Belohnungssignal umgerechnet werden, das auf den bekannten verhaltensbedingten Pfaden zum Ziel verteilt werden kann. Dadurch kann eine modellbasierte Suche mittels *reinforcement-learning*-Mechanismen angestoßen werden, die, wenn parallel gearbeitet wird, hoch effizient ist. Der Mechanismus entspricht grundsätzlich aber auch einer zielgerichteten Planung (s. Kap. IV.11), wobei Kosten und Nutzen auf antizipierten Belohnungen und möglicherweise Bestrafungen beim Zielerreichen und auf dem Weg dorthin basieren.

Cañamero (1997) schlug eines der ersten Modelle vor, in dem Motivationen auf internen Zuständen und homöostatischen Prinzipien basierten, die bei progressiv stärkeren Abweichungen zu entsprechenden Verhaltensaktivierungen führen. Konidaris/Barto (2006) stellten eine motivationsgetriebene kognitive Roboterarchitektur vor, in der verschiedene Triebe modelliert wurden, die zur Aktivierung von erwarteten Belohnungssignalen führen, die interaktiv das Verhalten des Roboters determinieren. In diesen Arbeiten stand u.a. auch immer wieder die Herausforderung im Vordergrund, verschiedene Triebe zu koordinieren und effizient zu selektieren. Maximalwert-basierte Ansätze stehen dabei in Konkurrenz zu gewichteten oder auch zyklischen Ansätzen, bei denen sich die Wichtigkeiten der einzelnen Motivationen zyklisch verändern, wodurch z.B. ein Tag- und Nachtrhythmus nachgebildet werden kann. In Anlehnung an das Wissen über kognitive Karten im Hippocampus von Ratten und der Tatsache, dass diese Karten genutzt werden, um bestimmte Zielorte zu erreichen (Hok et al. 2007), wurde auch gezeigt, dass positive und negative Belohnungserwartungen interaktiv verrechnet werden sollten, um optimales Verhalten zu generieren (Butz et al. 2010). Dabei spielt auch die Interaktion von intrinsischen und extrinsischen Motivationen eine Rolle – ein Problem, das häufig als ›explorations-exploitations-Dilemma‹ bezeichnet wird: Wann sollte das System nach neuem Wissen streben? Wann eher danach, eine extrinsische Motivation zu stillen? Um diese Fragen zu beantworten, muss ein System grundsätzlich (implizit oder explizit) abschätzen können, wie dringend es im Moment ist, extrinsische Motivationen zu befriedigen. Nur dann kann es entscheiden, zunächst seine Neugier zu befriedigen, dem Spieltrieb weiter nachzugehen oder ähnlichen intrinsischen Motivationen zu frönen.

Technische Ansätze zu intrinsischen Motivationen wurden erstmals in den frühen 1990er Jahren vorgeschlagen (Schmidhuber 1991). In diesen Ansätzen geht es meist darum, Lernen effizienter zu machen. Einfache heuristische Ansätze können z.B. die Motivation aktivieren, länger nicht mehr besuchte Orte wieder attraktiver werden zu lassen. Informationstheoretisch gesehen geht es dabei aber um das Abschätzen von Informationsunsicherheit bzw. noch rigoroser um das Abschätzen von Informationsgewinn: Ist Zeit für Neugier, so sollte der Akteur jene Orte oder Interaktionen anstreben, die den größten Informationsgewinn, also den größten Wissenszuwachs, erwarten lassen (ebd.; Oudeyer et al. 2007). In Interaktion mit anderen extrinsischen Motivationen kann sich dann z.B. ein gesättigtes System neugierig verhalten; sobald aber wieder eine extrinsische Motivation steigt, wird die nächste Futterquelle angesteuert (Butz et al. 2010).

Die Fortschritte in der Entwicklung von kognitiven Systemen zeigen, dass es eine große Herausforderung darstellt, autonome, selbstmotivierte Systeme effektiv zu konstruieren. Insbesondere ist das Herstellen einer Balance zwischen den verschiedenen Motivationen mitnichten trivial und sehr stark system- bzw. aufgabenabhängig. Darüber hinaus müssen die jeweiligen motivationalen Aktivitäten in ausbalancierte Signale übersetzt werden, die dann das Verhalten lenken. Wie genau dies unser Gehirn bewerkstelligt, und wie es insbesondere immer wieder relativ effektiv eine Balance zwischen den einzelnen Motivationskomponenten und Motivationsarten herstellt, bleibt weiter zu untersuchen.

Des Weiteren machen kognitive Systeme immer wieder deutlich, dass flexibleres Verhalten möglich wird, wenn Motivationen nicht direkt Verhalten determinieren, sondern zunächst Zielvorstellungen aktiviert werden, die dann optional in Verhalten übersetzt und möglicherweise in Koordination mit anderen Zielvorstellungen und zugrundeliegenden Motivationen umgesetzt werden können. Um eine solche Koordination bewerkstelligen zu können, müssen allerdings zunächst nützliche Zielvorstellungen erlernt werden. Außerdem muss diese Lernaktivität und die dafür notwendige Neugier wiederum mit der Befriedigung der aktuell dringendsten Motivationen koordiniert werden, was zu dem erwähnten ›explorations-exploitations-Dilemma‹ führt. Auch wenn also die Verknüpfung von Motivationen mit Zielvorstellungen sicher flexiblere Systeme hervorbringen kann, ist für die Umsetzung in kognitiven Systemen sowie für das Verständnis, wie das Gehirn eben dies umsetzt, weitere Forschung unabdingbar. Es bleibt zu hoffen, dass die Lehren, die aus der Konstruktion und der Funktionalität von kognitiven Systemen gezogen werden können, auch die zukünftigen kognitionspsychologischen Untersuchungen (s. Kap. II.E.1) und Untersuchungen in den kognitiven Neurowissenschaften (s. Kap. II.D.1) mit leiten werden.

Schluss

Zusammenfassend bleibt festzuhalten, dass es viele verschiedene Arten von Motivationen gibt. Extrinsische Motivationen sind Motivationen, die den Organismus danach streben lassen, ein inneres, körperliches Gleichgewicht aufrechtzuerhalten. Intrinsische Motivationen sind solche, die den Organismus nach Erkenntnis streben lassen. Dieser intrinsische Drang nach Erkenntnis wurde in allen Disziplinen charakterisiert und insbesondere in neuerer Zeit immer

stärker betont. Nur diese Arten von Motivationen erlauben es zu erklären, warum der Mensch auch nach sehr viel abstrakteren Zielen strebt als nur nach denen, die direkt durch seine körperlichen Bedürfnisse erklärbar sind. Dafür ist natürlich aber auch ein entsprechender kognitiver Apparat notwendig, der es ermöglicht, sehr abstrakte Konzepte vorstellbar und somit erstrebbar zu machen.

Kann also das menschliche Streben nach Erkenntnis motivational erklärt werden? Hoffmann (1993) beschreibt, wie antizipatives Verhalten und antizipatives Lernen die Grundlage für menschliche Erkenntnis bilden können. Darüber hinaus deutet viel darauf hin, dass zumindest der Mensch eine bestimmte Art von intrinsischer Motivation besitzt, die als grundsätzlicher antizipativer Antrieb verstanden werden kann, um Zusammenhänge und die Ursachen für Ereignisse zu verstehen (Butz 2008). Dieser antizipative Antrieb bedingt neugieriges Verhalten und somit die Suche nach Erkenntnis. Gekoppelt mit der genetisch bedingten Entwicklung und anderen Motivationskomponenten – z. B. sozialen oder kommunikativen Motivationen oder auch der Motivation, Kontrolle auszuüben (s. Kap. IV.23) – könnte dieser antizipative Antrieb dann zu den hohen Abstraktionsfähigkeiten des Menschen und somit auch zu seinem Streben nach allgemeiner, abstrakter Erkenntnis führen. Noch einen Schritt weiter gedacht, formt dieser antizipative Antrieb sicherlich auch die entstehenden Selbstrepräsentationen (s. Kap. IV.18) und somit das jeweilige individuelle Selbstverständnis eines jeden von uns.

Motivationen sollten mithin nicht nur als der Ursprung von zielgerichtetem Verhalten oder gar nur als der Ursprung von belohnungsorientiertem Verhalten verstanden werden. Zumindest komplexere, intrinsische und informationsorientierte Motivationen stellen eine weitere wichtige Komponente dar, um auch sehr abstrakte, höchst komplexe kognitive Fähigkeiten entwickeln zu können, wie wir sie von uns Menschen kennen. Die Modellierung der Entwicklung solcher abstrakter kognitiver Prozesse – angefangen mit einem intelligenten Körper und einem lernbereiten Geist – ist ein Ziel, das höchst interessante kognitionswissenschaftliche Erkenntnisse verspricht. Die Modellierung eines ausbalancierten motivationalen Systems, das diese Entwicklung leitet, scheint für ein solches Projekt oder auch nur kleinere Teilprojekte dieser Art essenziell zu sein.

Literatur

Bear, Mark/Connors, Barry/Paradiso, Michael ([3]2006): *Neuroscience.* Baltimore [1996]. [dt.: *Neurowissenschaften.* Heidelberg 2008].

Bernard, Claude (1865): *Introduction à l'étude de la médecine expérimentale.* Paris. [engl.: *An Introduction to the Study of Experimental Medicine.* New York 1957].

Berridge, Kent (1996): Food reward. In: *Neuroscience and Biobehavioral Reviews* 20, 1–25.

Braitenberg, Valentino (1984): *Vehicles.* Cambridge (Mass.). [dt.: *Vehikel.* Reinbek 1993].

Butz, Martin V. (2008): How and why the brain lays the foundations for a conscious self. In: *Constructivist Foundations* 4, 1–42.

Butz, Martin V./Shirinov, Elshat/Reif, Kevin (2010): Self-organizing sensorimotor maps plus internal motivations yield animal-like behavior. In: *Adaptive Behavior* 18, 315–337.

Cabanac, Michel (1971): Physiological role of pleasure. In: *Science* 173, 1103–1107.

Cañamero, Dolores (1997): Modeling motivations and emotions as a basis for intelligent behavior. In: W. Lewis Johnson/Barbara Hayes-Roth (Hg.): *Proceedings of the First International Symposium on Autonomous Agents.* New York, 148–155.

Cannon, Walter (1963): *The Wisdom of the Body.* New York.

Colwill, Ruth/Rescorla, Robert (1985): Instrumental responding remains sensitive to reinforcer devaluation after extensive training. In: *Journal of Experimental Psychology: Animal Behavior Processes* 11, 520–536.

Damasio, Antonio (2010): *Self Comes to Mind.* New York. [dt.: *Selbst ist der Mensch.* München 2011].

Deci, Edward/Ryan, Richard (1985): *Intrinsic Motivation and Self-Determination in Human Behavior.* Berlin.

Fleming, Alison (1986): Psychobiology of rat maternal behavior. In: *Annals of the New York Academy of Sciences* 474, 234–251.

Friston, Karl (2010): The free-energy principle. In: *Nature Reviews Neuroscience* 11, 127– 138.

Gibson, James (1979): *The Ecological Approach to Visual Perception.* Mahwah. [dt.: *Wahrnehmung und Umwelt.* München 1982].

Hayhoe, Mary/Shrivastava, Anurag/Mruczek, Ryan/Pelz, Jeff (2003): Visual memory and motor planning in a natural task. In: *Journal of Vision* 3, 49–63.

Hoffmann, Joachim (1993): *Vorhersage und Erkenntnis.* Göttingen.

Hok, Vincent/Lenck-Santini, Pierre-Pascal/Roux, Sébastien/Save, Etienne/Muller, Robert/Poucet, Bruno (2007): Goal-related activity in hippocampal place cells. In: *Journal of Neuroscience* 27, 472–482.

Holland, John/Reitman, Judith (1978): Cognitive systems based on adaptive algorithms. In: Donald Waterman/Frederick Hayes-Roth (Hg.): *Pattern Directed Inference Systems.* New York, 313–329.

Hsiao, Kai-Yuh/Roy, Deb (2005): A habit system for an interactive robot. In: Cristiano Castelfranchi/Christian Balkenius/Martin Butz/Andrew Ortony (Hg.): *From Reactive to Anticipatory Cognitive Embodied Systems.* Menlo Park, 83–90.

Hull, Clark (1943): *Principles of Behaviour.* New York.

James, William (1890): *The Principles of Psychology.* New York.

Konidaris, George/Barto, Andrew (2006): An adaptive robot motivational system. In: Stefano Nolfi/Gianluca Baldassarre/Raffaele Calabretta/John Hallam/Davide Marocco/Jean-Arcady Meyer/Orazio Miglino/Domenico Parisi (Hg.): *From Animals to Animats 9.* Heidelberg, 346–356.

Oudeyer, Pierre-Yves/Kaplan, Frédéric/Hafner, Verena V. (2007): Intrinsic motivation systems for autonomous mental development. In: *IEEE Transactions on Evolutionary Computation* 11, 265–286.

Schmidhuber, Jürgen (1991): A possibility for implementing curiosity and boredom in model-building neural controllers. In: Jean-Arcady Meyer/Stewart W. Wilson (Hg.): *From Animals to Animats.* Cambridge (Mass.), 222–227.

Sutton, Richard/Barto, Andrew (1998): *Reinforcement Learning.* Cambridge (Mass.).

Svenningsson, Per/Chergui, Karima/Rachleff, Ilan/Flajolet, Marc/Zhang, Xiaoqun/Yacoubi, Malika El/Vaugeois, Jean-Marie/Nomikos, George G./Greengard, Paul (2006): Alterations in 5-HT1B receptor function by p11 in depression-like states. In: *Science* 311, 77–80.

Tolman, Edward (1932): *Purposive Behavior in Animals and Men.* New York.

Watkins, Christopher/Dayan, Peter (1992): Q-learning. In: *Machine Learning* 8, 279–292.

Wiener, Norbert (1948): *Cybernetics.* New York. [dt.: *Kybernetik.* Reinbek 1968].

Martin V. Butz

15. Motorik und Handlungssteuerung

Einleitung

Die Bedeutung der Motorik für Organismen wird gerne anekdotenhaft anhand der wirbellosen Manteltiere (*Tunicata*) veranschaulicht. Diese Meerestiere besitzen zu Anfang ihrer Entwicklung im Larvenstadium ein rudimentäres Nervensystem, mit dessen Hilfe sie sich fortbewegen, um einen günstigen Ort zu finden, an dem sie dann sesshaft werden. Sobald dieser Prozess abgeschlossen ist und sie sich nicht mehr fortbewegen, verdauen sie ihr Nervensystem. Hier wird ein direkter Zusammenhang hergestellt zwischen der Notwendigkeit eines Organismus, seine Handlungen zu steuern und ein Nervensystem zu besitzen. So werden kognitive adaptive Systeme häufig konzeptualisiert, indem man sie in einen Wahrnehmungs- und Handlungs-Kreislauf einbettet: Sensorische Information aus der Umwelt wird dabei von den verschiedenen sensorischen Systemen, etwa dem visuellen, auditorischen oder olfaktorischen System, aufgenommen und in interne Signale umgewandelt, die dann mittels ebenfalls interner Computationen so weiterverarbeitet werden, dass geeignete Handlungen ausgewählt und schließlich durch das Motorsystem ausgeführt werden können. Daraufhin beginnt der Kreislauf mit einer Aufnahme sensorischer Daten von Neuem.

Da in der Kognitionswissenschaft traditionell letztendlich immer Verhaltensgrößen (wie z. B. die Reaktionszeit, etwa beim Drücken eines Knopfes) gemessen werden, ist die Motorik beim Verständnis interner Computationen von essenzieller Bedeutung, beschäftigt sie sich doch gerade mit der Frage, welche Eigenschaften die Planung sowie die Ausführung von Handlungen in biologischen Systemen haben. Der Handlungsbegriff kann dabei sehr weit gefasst sein: Von fundamentaler Bedeutung sind die Navigation und manuelle Handlungen wie etwa das Zeigen, Greifen oder die Manipulation von Objekten; das Generieren von Handzeichen und die Steuerung von Mimik gelten aber ebenso als Handlung wie Sprachäußerungen. Schließlich kommt den Augenbewegungen eine besondere Rolle zu: An ihnen wird sichtbar, dass nicht nur die Wahrnehmung Handlungen beeinflusst, sondern die Ausführung einer Handlung auch direkt die sinnliche Wahrnehmung bedingt, da die Blickrichtung mit bestimmt, welche Stimuli als nächstes aufgenommen werden können. Diese gegenseitige Interaktion verdeutlicht,

dass Wahrnehmen und Handeln als zwei sukzessive, hintereinander ablaufende Stadien der Informationsverarbeitung nur unzureichend beschrieben sind, weil sie auf komplexe Art und Weise miteinander verzahnt sind und in gegenseitiger Abhängigkeit stehen.

Ungeachtet dessen hat die stark von Vorstellungen außerhalb der empirischen Wissenschaften motivierte Unterscheidung zwischen Wahrnehmen und Handeln bei der Untersuchung kognitiver Systeme traditionell die Grenzziehung bestimmt. Auf diese Weise hat sich eine Aufteilung ergeben, die in biologischen Systemen entweder sensorische Prozesse oder die Motorik und Handlungsgenerierung studiert. Allerdings haben sowohl empirische Studien aus der experimentellen Psychologie und Kognitionswissenschaft als auch theoretische Analysen aus den Bereichen der optimalen Steuerung, der Künstliche-Intelligenz-Forschung (s. Kap. II.B.1), dem maschinellen Lernen, insbesondere dem sog. *reinforcement learning* (s. Kap. IV.12), sowie der Robotik (s. Kap. II.B.2) dazu geführt, dass die Aufspaltung in rein sensorische und rein motorische Systeme nicht aufrechtzuerhalten ist. Aus empirischer Sicht sind hier z. B. die Forschungsergebnisse des *active-vision*-Ansatzes einschlägig (Ballard 1991; Findlay/Gilchrist 2003), die verdeutlichen, dass Wahrnehmen und Handeln in natürlichen Aufgaben untrennbar miteinander verwoben sind. Aus theoretischer Sicht kann leicht gezeigt werden, dass die Trennung von Wahrnehmen und Handeln zu exzessiven Fehlern bei der Handlungssteuerung führt, sobald Unsicherheiten über den Zustand der Welt mitberücksichtigt werden: Die vielfältigen Unsicherheiten, die sowohl mit sensorischen Signalen als auch mit den Auswirkungen von Handlungen verbunden sind, müssen dann nämlich notwendigerweise in die Planung und Ausführung von Handlungen miteinbezogen werden, um die Handlung erfolgreich zum Ziel zu bringen.

Psychophysik und Handlungssteuerung

Die Psychophysik, also die Wissenschaft vom Zusammenhang zwischen physikalischen Größen und dem daraus resultierenden psychisch Erlebten, hat das Motorsystem implizit immer schon studiert, da das experimentelle Subjekt traditionell eine Handlung ausführen muss, um seine Wahrnehmung zu quantifizieren. In den klassischen Paradigmen z. B. muss ein Proband mittels einer Handlung angeben, ob er einen Stimulus wahrgenommen hat, also eine angenommene Wahrnehmungsschwelle überschritten wurde. Ebenso setzt die Reizunterscheidung und Reizerkennung eine Methode voraus, mit der der Proband diese dem Experimentator mitteilt. Dabei wird angenommen, dass die beobachtete Handlung letztlich das Ergebnis einer Vielzahl individueller, nicht direkt beobachtbarer Informationsverarbeitungsschritte ist. Schon im Rahmen solcher Untersuchungen wurde eine Vielzahl an systematischen Regelmäßigkeiten in der Handlungssteuerung beobachtet.

Ein grundlegendes, aus dem täglichen Erleben bekanntes Phänomen ist dabei die gegenseitige Abstimmung von Geschwindigkeit und Präzision in Handlungen: Eine Handlung, die mit einem Höchstmaß an Kontrolle ausgeführt werden muss (z.B. das Einfädeln eines Fadens oder das Einführen eines Schlüssels in ein Schloss), führen wir schon unbewusst langsamer aus, um die Präzision zu erhöhen. Die Bewegungen werden dabei so ausgeführt, wie die spezielle Aufgabe es verlangt, d.h. entsprechend langsamer, wenn der erfolgreiche Abschluss einer Aufgabe eine höhere Präzision verlangt (*speed-accuracy-tradeoff*). Dieser Zusammenhang zwischen Geschwindigkeit und Präzision ist eine fundamentale Eigenschaft der Handlungssteuerung, die bei sehr vielen unterschiedlichen Bewegungen (Meyer et al. 1990) – u.a. auch bei vielen anderen Spezies, bis hin zu Insekten (Chittka et al. 2003) – beobachtet wurde. Bei manuellen Handlungen ergibt sich der Spezialfall, bei dem die Zeit zum Erreichen eines Ziels eine Funktion der Entfernung und der Größe des Ziels ist – ein Zusammenhang, der durch das sog. Fitts'sche Gesetz beschrieben wird (Fitts 1954).

Zu den weiteren Eigenschaften der Motorik, die psychophysisch beobachtet werden können, gehören die kinematischen Eigenschaften von Bewegungen: Beispielsweise hat die Geschwindigkeit vieler Bewegungen einen stetigen und symmetrischen Verlauf über die Bewegungsdauer (Kelso et al. 1979), d.h. die Geschwindigkeit steigt an, erreicht einen maximalen Wert und nimmt dann wieder ab, um am Ende der Bewegung auszuklingen. Dieses glockenförmige Geschwindigkeitsprofil findet sich sowohl bei Hand- und Bein- als auch bei Augenbewegungen.

Zu den weiteren immer wieder beobachteten Phänomenen der Handlungssteuerung gehört das sog. 2/3-Potenzgesetz (Lacquaniti et al. 1983): Man konnte zeigen, dass die Geschwindigkeit, mit der die Hand beim Zeichnen kurvenförmiger Linien bewegt wird, abnimmt, je größer die Krümmung der ausgeführten Linie ist, und der Zusammenhang zwischen der Handgeschwindigkeit und der Krümmung ihrer Trajektorie dabei einem Potenzgesetz mit dem Exponenten 2/3 folgt. Solche invarianten empirischen Phänomene sind besonders wichtig, da sie die zugrundeliegenden Mechanismen der Handlungssteuerung einzugrenzen helfen und es damit erlauben, theoretische Modelle der Motorik dahingehend zu überprüfen, ob diese ein entsprechendes Verhalten vorhersagen.

Zeitlich und räumlich ausgedehnteres motorisches Verhalten ist ebenfalls auf seine Regelmäßigkeit untersucht worden. Der Navigation kam dabei besondere Bedeutung zu. So wurde z.B. gezeigt, dass die Trajektorien, die Menschen beim Ausweichen von Hindernissen und dem Ansteuern von Zielen durchschnittlich wählen, als dynamisches System beschrieben werden können (s. Kap. III.4). Die entsprechenden Differenzialgleichungen orientieren sich an physikalischen Modellen von Kraftfeldern und beschreiben somit die Bewegungen von Probanden als unter dem Einfluss anziehender und abstoßender Kräfte stehend. Mittels dieser mathematischen Modelle können die über viele Probanden gemittelten Trajektorien selbst für neue räumliche Arrangements von einigen Zielen und einigen Hindernissen vorhergesagt werden (Fajen/Warren 2003).

Eine fundamentale Schwierigkeit bei der rein psychophysischen Betrachtung von Handlungen bleibt, aus den beobachtbaren Eigenschaften von Verhalten auf die internen kognitiven Prozesse zurückzuschließen. Dieses Problem des ›reverse engineering‹ (Pinker 1997), also des Inferierens der zugrundeliegenden Maschinerie aus dem beobachteten Verhalten, gehört zu den fundamental schwierigen inversen Problemen (*inverse problems*), da bei den meisten Modellen, die biologische Systeme beschreiben, potenziell unendlich viele unbeobachtete interne Prozesse zu denselben Beobachtungen führen könnten. Aus diesem Grund ist es wichtig, die möglichen internen kognitiven Prozesse durch andere Ansätze, etwa durch neurophysiologische oder computationale Studien, einzukreisen.

Motorik in der Neurowissenschaft

In der Neurowissenschaft wurde die Motorik traditionell separat von Wahrnehmung und Kognition betrachtet: Abgesehen davon, dass es experimentell wesentlich aufwendiger und komplexer ist, von Wahrnehmungs- und Handlungsregionen im Kortex gleichzeitig Daten aufzunehmen, ging man im Sinne einer *feedforward* Informationsverarbeitung häufig davon aus, dass Wahrnehmungsvorgänge abgeschlossen sein müssen, um darauf aufbauend eine Motorhandlung auszuführen, dass also z. B. die visuelle Wahrnehmung ein Objekt identifizieren und dessen Position und Lage im Raum feststellen muss, bevor eine Greifhandlung geplant und ausgeführt werden kann. Im Bereich der visuellen Wahrnehmung etwa wurde die Separierung der Wahrnehmung von der Handlungssteuerung lange Zeit durch eine Interpretation gestützt, wonach sich der visuelle Pfad der Informationsverarbeitung nach den ersten visuellen kortikalen Regionen in zwei unterschiedliche und separate Verarbeitungsströme aufteilt: Ein Teil der Information wird zur Objekterkennung weiterverarbeitet (*ventral stream*), ein anderer Teil soll weitergeleitet werden, um handlungsrelevant Position und räumliche Aspekte der wahrgenommenen Objekte zu bestimmen (*dorsal stream*). Die traditionelle Aufteilung des Gehirns in sensorische Systeme einerseits und Motorsysteme andererseits hat dazu geführt, dass innerhalb der Motorik lange Zeit ein bestimmter Kanon an Fragen verfolgt wurde. Eine der ersten Fragen war dabei die der Lokalisation motorischer Fähigkeiten in biologischen Systemen: Welche Hirnareale sind für die Ausführung von Bewegungen verantwortlich und welcher Zusammenhang besteht zwischen neuronalen Repräsentationen und den ausgeführten Handlungen (s. Kap. IV.16)?

Grundsätzlich ist die Bewegungskontrolle im Nervensystem hierarchisch und parallel aufgebaut, d. h. die Motorik wird gleichzeitig von einer Vielzahl an unterschiedlichen Regionen mit bedingt, wobei unterschiedliche neuronale Strukturen unterschiedliche Signale verarbeiten und auf jeweils unterschiedliche Weise die Motorik gemeinsam beeinflussen: So können Nerven des Rückenmarks, die direkt Muskeln als Ziel haben, Reflexe wie das Ausweichen vor schädlichen Reizen oder rhythmische Kratzbewegungen der Gliedmaßen steuern. Im Hirnstamm werden Steuersignale generiert, die z. B. weit ausgreifende Bewegungen der Arme sowie das Krabbeln bei Kleinkindern beeinflussen. Es werden hier auch willentlich nicht beeinflussbare Bewegungen des Kopfes sowie verschiedene reflexive Augenbewegungen gesteuert, die Bewegungen des Rumpfes und des Kopfes so kompensieren, dass die Blickrichtung beibehalten werden kann. Des Weiteren kommt dem Hirnstamm die wichtige Aufgabe zu, die Kontrolle des Gleichgewichts mittels vielfältiger Signale, inklusive der propriozeptiven und vestibulären, aufrechtzuerhalten.

Bei Wirbeltieren ist das Kleinhirn (Cerebellum) von Bedeutung, dem eine entscheidende Rolle bei der Koordination, der Feinabstimmung und der mitlaufenden Überwachung von Bewegungen zukommt. Beim Menschen liegt nahezu die Hälfte aller zentralnervösen Neurone im Kleinhirn, die hier dichter gepackt sind als z. B. in der Großhirnrinde. Im Kleinhirn werden Signale aus zahlreichen Regionen des Nervensystems empfangen, die in die Planung und Ausführung von Handlungen involviert sind oder die aktuelle Lage und Konfiguration des gesamten Körpers anzeigen. Diese Signale werden so verarbeitet, z. B. durch den kontinuierlichen Vergleich der gesendeten Signale zur Generierung von Bewegungen und der augenblicklichen Lage des Körpers, dass jene Signale, die das Kleinhirn verlassen und vielfältige kortikale und subkortikale Regionen zum Ziel haben, die tatsächlich ausgeführten Bewegungen fein abstimmen und korrigieren.

In der Hierarchie der Handlungssteuerung spielen die Basalganglien für Handlungsauswahl und Handlungslernen eine zentrale Rolle, auch wenn die genauen funktionalen und computationalen Zusammenhänge bislang unklar bleiben. Die Basalganglien bestehen aus vier subkortikalen Kernen, die um den Thalamus angeordnet sind. Es bestehen zahlreiche rückgekoppelte parallele Verbindungen zwischen der Großhirnrinde, den Basalganglien, dem Thalamus und zurück zum Großhirn, und diese Schleifen scheinen an der Selektion und Kontrolle von Handlungs- und Bewegungsmustern beteiligt zu sein (Graybiel 2005; Haber 2003). Dabei werden Handlungsalternativen durch inhibitorische Verbindungen unterdrückt, während andere Handlungsmuster durch disinhibitorische Verbindungen aktiviert werden. Ein zentraler Aspekt, der besonders im experimentellen Paradigma des verstärkenden Lernens (*reinforcement learning*) zutage tritt (s. Kap. II.D.1, Kap. IV.12), ist, dass Handlungen in Abhängigkeit von ihrer jeweiligen Wertigkeit repräsentiert werden, wobei die Wertigkeit für die Probanden in der Regel ›experimentelle Belohnungen‹ wie etwa Nahrung oder Geldwerte umfasst.

Die willkürliche Steuerung von Bewegungen wurde traditionell mit dem Motorkortex assoziiert, der hintersten (posterioren) Region des Frontallappens, an den sich direkt der Parietallappen anschließt. Hitzig/Fritsch (1870) demonstrierten als erste, dass in Hunden die elektrische Stimulation von Neuronen entlang des *Sulcus centralis*, der den Frontallappen vom Parietallappen trennt, zu Muskelkontraktionen auf der gegenüberliegenden Körperseite führt. Die Lage dieser Region wurde häufig hervorgehoben, da sie die Signale von unterschiedlichen Informationsverarbeitungsschritten direkt zu integrieren scheint: An den Motorkortex schließen sich strategisch einerseits die Informationsflüsse von den als sensorisch aufgefassten Arealen (z.B. dem okzipitalen und temporalen Kortex) an, andererseits die Informationsflüsse von den Arealen, die mit kognitiven Funktionen wie der Entscheidungsfindung (s. Kap. IV.6) oder Planung (s. Kap. IV.17) assoziiert werden (z.B. dem präfrontalen Kortex). Die Auffassung, dass visuelle Information handlungsspezifisch im dorsalen parietalen Pfad verarbeitet wird, führt zu der zentralen Frage, wie auf der Grundlage zweidimensionaler Projektionen der dreidimensionalen Welt auf die beiden Retinae eine Bewegung des Körpers im dreidimensionalen Raum ausgeführt werden kann. Fraglich ist in diesem Zusammenhang z.B., in welchen Koordinatensystemen motorische Handlungen repräsentiert sind, ob also die Position visuell wahrgenommener Objekte in einem Augen-, Kopf- oder Hand-zentrierten Koordinatensystem oder vielmehr in einem körperunabhängigen Koordinatensystem repräsentiert ist (s. Kap. IV.16). Empirische Evidenz gibt es für alle diese Bezugssysteme.

Die kortikale Region, die all dies leistet, wurde dementsprechend als ›Motorkortex‹ bezeichnet, und Neurone in diesem Areal sind direkt mit den Ausgabeneuronen im Rückenmark verbunden. Dieselbe Region wurde von Ferrier (1874) in Affen kartografiert, und es zeigte sich, dass sie topografisch organisiert ist, wobei in der Regel im Körper nahe gelegene Muskeln durch elektrische Stimulation nahe gelegener neuronaler Areale angesteuert werden können. Insofern z.B. Zunge, Lippen und Hand größere neuronale Ressourcen zugeteilt sind als etwa dem Rücken, spricht man hier vom ›motorischen Homunkulus‹. Detaillierte Karten des Homunkulus wurden zuerst von Penfield (vgl. Penfield/Boldrey 1937) erstellt, der diese im Vorfeld von Operationen durch die elektrische Stimulation des Motorkortex von Patienten gewann. Seine Untersuchungen zeigten weiterhin, dass zeitlich ausgedehnte Stimulationen zu koordinierten Bewegungen führen können.

Neuronen des Motorkortex projizieren mittels ihrer Axone auf Interneurone im Rückenmark, von wo aus Axone direkt an die Muskulatur gehen. Dabei werden nicht einzelne Muskeln angesteuert, die Aktivität einzelner Neurone hat vielmehr Kontraktionen in mehreren benachbarten Muskelgruppen zur Folge (Meier et al. 2008). Diese gleichzeitigen Koaktivierungen (*motor synergies*) ermöglichen es, häufig auftretende komplexe Bewegungen mit nur wenigen neuronalen Signalen zu steuern, statt jeden an einer Bewegung beteiligten Muskel einzeln anzusteuern. Des Weiteren konnte mittels Stimulationen über Zeitskalen von Sekunden gezeigt werden, dass komplexe Bewegungsmuster, die in ausgedehntem natürlichem Verhalten vorkommen, durch einzelne Stimulationen ausgelöst werden. Graziano et al. (2002) etwa konnten in solchen Stimulationsexperimenten in Primaten Handlungssequenzen auslösen (z.B. das Greifen einer Hand, gefolgt vom Heranführen der Hand an den Mund sowie das Öffnen des Mundes).

Eine weitere zentrale Frage in der Neurowissenschaft der Motorik ist die nach der Bedeutung der Feuerrate. Welche Auswirkungen hat eine stärkere oder schwächere Aktivität der Neurone im Motorkortex? Eine Hypothese lautete, dass die Feuerrate die Stärke der ausgeführten Muskelkontraktionen steuert. Spätere Untersuchungen hingegen deuteten darauf hin, dass Gruppen von Neuronen die Bewegungen in verschiedene Richtungen codieren. In einem solchen Populationscode, bei dem eine Vielzahl einzelner Neurone gemeinschaftlich ein Signal repräsentiert, kommt die endgültige Richtung der ausgeführten Bewegung durch das Zusammenspiel der einzelne Richtungen codierenden Neurone zustande. Weitere Untersuchungen zeigten allerdings, dass Aktivitäten von Neuronen im Motorkortex mit vielen Parametern der ausgeführten Bewegungen korreliert sind, z.B. mit Geschwindigkeit, Drehmoment oder Gelenkwinkeln. Insofern ist die Frage, wie Bewegungen in Motorkortex repräsentiert sind, immer noch offen und Gegenstand aktueller Forschung (Scott 2003; Shenoy et al. 2013).

Neurowissenschaftliche Studien haben bei der Erforschung der neuronalen Repräsentationen der Motorik weitere Areale identifiziert, die direkt an der Planung und Ausführung von Handlungen beteiligt sind, z.B. der supplementär-motorische und der prämotorische Kortex, die sich topografisch direkt an den Motorkortex anschließen. Klassische Ablationsstudien durch Fulton/Kennard (1932) haben gezeigt, dass der prämotorische Kortex und der Motorkortex bei der Generierung von Bewegungen nach einiger Zeit die Aufgaben der jeweils anderen Region übernehmen können, dass aber das Fehlen beider Regionen zu irreversiblen Defiziten führt. Im Vergleich zum Motorkortex sind die Repräsentationen und Computationen im prämotorischen Kortex wenig verstanden. Verschiedene Studien haben räumlich getrennte Subpopulationen gefunden, die in unterschiedlichem Maß in bestimmte, häufig in natürlichen Handlungen vorkommende Handlungsmuster involviert sind. So sind z.B. Gruppen von Neuronen in einem Bereich des dorsalen prämotorischen Kortex am Lernen neuer Handlungsmuster in Reaktion auf einfache sensorische Stimuli beteiligt, während Neuronengruppen im ventralen prämotorischen Kortex in Sequenzen von Handbewegungen involviert sind, die die Manipulation von Objekten betreffen, die nahe am eigenen Körper sind oder ihn zu berühren drohen, etwa in Abwehrbewegungen gegenüber Objekten auf Kollisionskurs. Ebenso finden sich hier Neurone, die verschiedene Ausformungen von Handbewegungen beim Greifen sowie bei Handbewegungen zum Mund hin repräsentieren.

Der prämotorische Kortex ist auch jene Region, in der erstmals sog. Spiegelneurone gefunden wurden (Rizzolatti/Sinigaglia 2010): Bestimmte Neurone sind nicht nur bei der Ausführung von Handbewegungen beim Greifen eines Objekts durch ein Tier selbst aktiv, sondern auch dann, wenn das Tier beobachtet, wie jemand anderes dieses Objekt ergreift. Dieses Resultat relativiert die Vorstellung, dass die Aktivität der Neurone im prämotorischen Kortex allein der Ausgabesteuerung von Bewegungen dient. Im weiteren Verlauf der Forschung wurde vorgeschlagen, dass Spiegelneurone die Grundlage eines weitreichenden Repertoires an kognitiven Leistungen bilden, die von der Inferenz der Handlungen anderer (s. Kap. IV.21) bis hin zu Empathie und Sprachfähigkeit (s. Kap. IV.20) reichen. Bislang jedoch haben viele dieser Hypothesen keine wissenschaftliche Überprüfung erfahren.

Die neuronalen Repräsentationen und Computationen im supplementär-motorischen Kortex sind noch weniger einheitlich zu beschreiben als jene im prämotorischen Kortex. Eine Vielzahl heterogener Versuchsergebnisse und deren Interpretationen ergeben kein klares Bild. Gesichert ist, dass Neurone in dieser Region gleichzeitig auf eine noch größere Anzahl verschiedener Muskelgruppen und zum Teil in verschiedenen Körperteilen wirken, wobei die Steuerung beide Körperhälften gleichzeitig aktivieren kann, und nicht – wie etwa im primären Motorkortex – nur kontralateral erfolgt. Darüber hinaus sind im supplementär-motorischen Kortex die Projektionen der Axone direkt auf Motorneurone statt auf Interneurone im Rückenmark ausgebildet. Die angenommenen Funktionen umfassen dabei die Planung wichtiger Handlungssequenzen in natürlichem Verhalten (z. B. Greifbewegungen) sowie die Koordination von Bewegungen in experimentellen und natürlichen Aufgaben, die beide Körperseiten benötigen (z. B. das Öffnen einer Weinflasche).

Kognitive Ansätze zu Motorik und Handlungssteuerung

Die Kognitionswissenschaft betrachtet die Motorik meistens im Kontext von komplexem Verhalten wie z. B. der Ausführung von Handlungen im Zusammenhang mit sensorischen Stimuli, Entscheidungsvorgängen, explizit sequenziellen Aufgaben oder Lernvorgängen, und greift dabei häufig auf eine reichhaltige Literatur aus der experimentellen Psychologie zurück. Im Zentrum der Untersuchungen stehen dabei meistens nicht die implementationalen Mechanismen der Steuerung, sondern die Frage, wie die Steuerung von Handlungen in deren Planung, Selektion und Koordination mit anderen mentalen Prozessen in Verbindung steht. Dabei sind die Fragestellungen und experimentellen Paradigmen häufig von Vorstellungen darüber geleitet, wie Handlungen konzeptualisiert werden können und welcher Zusammenhang zwischen Wahrnehmung und Handlung besteht. Einer der prominentesten traditionellen Ansätze geht auch hier davon aus, dass Wahrnehmung und Handlung sequenziell ablaufen, d. h. dass zuerst eine Wahrnehmung gemacht und dann auf Grundlage dieser Wahrnehmung eine Handlung ausgeführt wird.

Vor dem Hintergrund dieser traditionellen Separierung von Wahrnehmung und Handlung ist das wohl einfachste experimentelle Paradigma das auf den Behaviorismus zurückgehende *stimulus-response-mapping*, bei dem individuelle Stimuli mit ihnen assoziierte Handlungen auslösen. Entsprechend wurde in behavioristischen Experimenten die Stärke von Aktionen als Antwort auf Stimuli in Abhängigkeit von Belohnungen oder Bestrafungen quantifiziert, ohne Fragen nach internen Repräsentationen und Computationen zu stellen (Skinner 1953). Nichtsdestoweniger waren es zum Teil gerade solche Experimente, die aufzeigten, dass z. B. das Verhalten von Ratten bei der Navigation nicht ohne interne räumliche Repräsentationen erklärt werden kann (Tolman 1948; s. Kap. I.1). In der weiteren Folge sind vielfältige Phänomene experimentell dokumentiert worden, bei denen das Verhalten von Probanden bei der Ausführung von motorischen Handlungen als Antwort auf experimentelle Stimuli in Laborsituationen nur erklärt werden kann, wenn man interne kognitive Vorgänge annimmt.

So stellt sich z. B. die Frage, welche kognitiven Prozesse die Reaktionszeit bestimmen, die zwischen der Präsentation eines Stimulus und der Antwort des Probanden vergeht. Dieser Vorgang wurde früh als eine Abfolge diskreter Verarbeitungsschritte vorgestellt, wobei zuerst der Stimulus wahrgenommen wird, anschließend eine Entscheidung gefällt und schließlich eine Handlung ausgeführt werden muss, um diese Entscheidung mitzuteilen. Frühe Experimente von Donders (1868) versuchten, zuerst die Reaktionszeit auf Stimuli ohne Entscheidungsvorgang zu messen und diese Zeit von der Reaktionszeit bei einem Entscheidungsvorgang abzuziehen. Die Differenz, so glaubte man, spiegelt die Zeit wider, die der Entscheidungsvorgang benötigt. Obwohl sich gezeigt hat, dass dieser Ansatz in dieser Form nicht aufrechtzuerhalten ist, wird das Paradigma noch immer weiter verfeinert, um die an den Entscheidungsprozessen beteiligten Verarbeitungsschritte zu isolieren. Dabei kann durch exakte Manipulationen im Versuchsverlauf (z.B. durch eine während der ursprünglichen Aufgabenerfüllung erfolgende Anweisung zur Modifikation der Handlung) die von den einzelnen Prozessen benötigte Zeit quantifiziert werden (Resulaj et al. 2009; Stanford et al. 2010).

Bei der Untersuchung der Handlungssteuerung im Kontext von Entscheidungsvorgängen ist das verwendete experimentelle Paradigma entscheidend. Um unterschiedliche Experimente zu konzeptualisieren, kann man diese nach der Quelle der Unsicherheit einteilen, also danach, welche Unsicherheit während des Experiments reduziert werden muss, um zu einer Entscheidung zu kommen. So kann z.B. perzeptuelle Unsicherheit reduziert werden, wenn die Identität oder ein spezifisches Merkmal des Stimulus unsicher ist. Ein klassisches Paradigma ist in diesem Zusammenhang etwa die Identifikation der Bewegungsrichtung in verrauschten Bewegungsfeldern. Dazu werden visuelle Stimuli erzeugt, bei denen sich eine große Anzahl von Punkten auf einem Bildschirm in unterschiedliche Richtungen bewegt; der Proband hat die Aufgabe, die dominante Bewegungsrichtung zu bestimmen. Durch Veränderung des Verhältnisses von Punkten, die sich in die dominante Richtung bzw. in zufällige Richtungen bewegen, kann die Unsicherheit über die zu erkennende Bewegungsrichtung manipuliert und so die Identifikation der Bewegungsrichtung perzeptuell leichter oder schwieriger gemacht werden. Dabei konnte in Primaten gezeigt werden (Shadlen/Newsome 2001), dass Evidenz für die Bewegungsrichtungen der Punkte über die Dauer des Versuchs nahezu optimal von Neuronen im posterioren parietalen Kortex akkumuliert wurde und auf dieser Grundlage die Wahl des Primaten vorhergesagt werden konnte.

Eine andere Form der Unsicherheit kann das Ergebnis von Handlungen betreffen. Hier werden die Gewinne und Verluste, die ein Proband als Konse-

quenz seiner Handlungen erfährt, experimentell manipuliert. Der klassischen Interpretation der einschlägigen Literatur aus der experimentellen Psychologie, der Kognitionswissenschaft und den Wirtschaftswissenschaften (s. Kap. V.7) zufolge wählen sowohl Menschen als auch Tiere im weiten Umfang systematisch suboptimale Handlungen aus (s. Kap. IV.6), also Handlungen, die aus Sicht des Experimentators, der den genauen Zusammenhang der im Versuch zum Erfolg führenden Variablen kennt, nicht die zu erwartenden Gewinne maximieren (Kahneman et al. 1982). Allerdings ist dies ein weiterhin aktives Gebiet der Forschung, in dem sich zunehmend die Hinweise darauf mehren, dass das beobachtete Verhalten doch als optimal angesehen werden kann, wenn die in jedem Versuch vorhandenen intrinsischen Unsicherheiten mitberücksichtigt werden (s. Kap. III.11).

Der entscheidende Faktor in diesem Zusammenhang ist das Lernen von Handlungen und somit das Lernen jener Parameter, die beim Ausführen von Handlungen über Erfolg und Misserfolg entscheiden, wobei der Erfolg durch Gewinne und Verluste quantifiziert werden kann. In Experimenten mit zwei Wahlalternativen, bei denen jede Alternative eine konstante Wahrscheinlichkeit eines fixen Gewinns besitzt (*two armed bandit*), lernen sowohl Menschen als auch Tiere üblicherweise zu langsam, die bessere Alternative zu wählen: Statt nach einer Zeit des Explorierens, in der die Gewinnwahrscheinlichkeiten der beiden Alternativen gelernt werden können, nur noch diejenige Alternative auszuwählen, die den höheren Gewinn verspricht, haben viele Versuche gezeigt, dass die beiden Alternativen im Verhältnis ihrer Gewinnwahrscheinlichkeiten ausgewählt werden. Dieses als suboptimal deklarierte Verhalten wurde kürzlich darauf zurückgeführt, die Probanden versuchten, die Hypothese zu entkräften, die Gewinnwahrscheinlichkeiten der beiden Alternativen seien gekoppelt, denn das zur Entkräftung dieser Hypothese erforderliche Verhalten entspricht genau dem tatsächlich beobachteten Verhalten (Acuna/Schrater 2010). Zusätzlich konnte gezeigt werden, dass sich durch die gezielte Manipulation der visuellen Repräsentation der beiden Entscheidungsalternativen die Vermutung der Probanden über die Stärke dieser Kopplung beeinflussen lässt (Green et al. 2010).

Eine der fundamentalen offenen Fragen ist nach wie vor, wie die Beobachtungen zu Motorik und Handlungssteuerung aus Laborexperimenten übertragbar sind auf Verhalten, das der Mensch täglich in seiner natürlichen Umgebung ausführt. Dieses Problem der Übertragung vom Labor auf den Alltag betrifft alle experimentellen Studien. Üblicherweise werden in Laborsituationen die Stimuli, die möglichen Aktionen sowie deren Kopplung und die Kostenfunktionen so manipuliert, dass nur wenige Variablen gemessen werden müssen, damit über deren Zusammenhang eine Aussage getroffen werden kann. Eines der besonderen Merkmale von sog. natürlichen Aufgaben ist, dass sie sequenziell und zeitlich ausgedehnt sind, z.B. das Bereiten von Tee (Land et al. 1999) oder eines Sandwichs (Hayhoe et al. 2003) oder das Fangen von sich bewegenden Objekten im Sport (Land/McLeod 2000). Bisherige Studien haben gezeigt, dass hier eine ausgefeilte Koordination von Sehen und Handeln je auf die spezifische Aufgabe abgestimmt ist (Johansson et al. 2001). Es kann also davon ausgegangen werden, dass abhängig vom Ziel des Handelns eine koordinierte Lösung gefunden wird, die nicht nur eine Aneinanderreihung elementarer Handlungen ist, sondern die bei der spezifischen Aufgabe koordiniert zum Erfolg führt.

Computationale Ansätze der Motorik und Handlungssteuerung

Die Entscheidungstheorie ist ein klassisches Feld der Statistik (s. Kap. IV.17) und beschreibt, wie eine Entscheidung für eine einzelne Handlung unter Berücksichtigung der involvierten Unsicherheiten, Kosten und Nutzen gefällt werden sollte (s. Kap. III.11). Grundsätzlich muss dabei unterschieden werden, auf welcher Beschreibungsebene (Marr 1982; s. Kap. II.E.2) die jeweiligen Modelle angesiedelt werden. Computationale Modelle und Theorien auf der obersten Beschreibungsebene führen zu allgemeinen Erkenntnissen, die sowohl auf biologische als auch auf technische Systeme zutreffen. Hierzu gehören sog. normative Modelle, die danach fragen, welches Problem das betrachtete System zu lösen hat. Hier sind in den letzten Jahrzehnten im Bereich der Künstliche-Intelligenz-Forschung (KI) und dem maschinellen Lernen (s. Kap. IV.12) zahlreiche Fortschritte gemacht worden. Aus den entsprechenden Ansätzen, die häufig die beteiligten Unsicherheiten explizit modellieren, sind viele algorithmische Lösungen von Steuerungsproblemen entwickelt worden, etwa das sog. *optimal feedback control* (s. u.).

Dies heißt im Umkehrschluss allerdings nicht, dass algorithmische Lösungen auf der zweiten von David Marrs Beschreibungsebenen (s. Kap. II.D.1, Kap. II.E.2), die in technischen Systemen gefunden werden, unmittelbar auf biologische Systeme über

tragbar sind: So ist z. B. das Rad eine gute Lösung für Navigation auf ebenen Untergründen, aber damit nicht notwendigerweise auch eine gute Lösung für biologische Systeme. In diesem Zusammenhang kommt der Robotik (s. Kap. II.B.2) eine besondere Bedeutung zu, da hier auf allen drei Marr'schen Beschreibungsebenen ähnliche Handlungsprobleme gelöst werden müssen: Erstens muss klar modelliert werden, was eigentlich die Aufgabe eines robotischen Systems ist; daraus können zweitens spezifische Repräsentationen entwickelt werden, die ihrerseits spezifische Algorithmen nach sich ziehen; und am Ende muss drittens die Lösung auf einem konkreten Hardwaresystem funktionstüchtig sein. Dabei können die gefundenen Lösungen von den entsprechenden Lösungen in biologischen Systemen sehr stark abweichen, da ja die konkreten Ziele in beiden Systemen unterschiedlich sind, die Repräsentationen und Algorithmen verschieden sein können und die implementationale Ebene ganz gewiss verschieden ist, da Kameras nicht Augen sind und sich die Aktuatoren in Robotern stark vom biologischen Bewegungsapparat unterscheiden.

Im einfachsten Fall fragt man nach der Konsequenz einer einzelnen Handlung, nicht einer Handlungssequenz. Hierbei wird der Zustand der Welt als gegeben angenommen, aber das Ergebnis der Handlung als unsicher modelliert. Dadurch gibt es eine probabilistische Verteilung von möglichen Handlungskonsequenzen, und eine zusätzlich gegebene Kostenfunktion erfasst, wie stark eine Abweichung von gewünschtem und tatsächlichem Handlungsergebnis bewertet werden muss. Dies entspricht der klassischen optimalen Entscheidungstheorie aus der Statistik. Studien, in denen Probanden kurze ballistische Zeigebewegungen auf einem Bildschirm ausführen und dabei bestimmte Regionen treffen, andere hingegen vermeiden sollen, haben gezeigt, dass die Probanden die Unsicherheiten ihres eigenen Bewegungsapparats bei der Ausführung der Handlung so mitberücksichtigen, dass die Ziele ihrer Bewegungen im Durchschnitt den höchsten Ertrag sichern.

Das generelle Problem der Steuerung einzelner Handlungen ist in technischen Systemen allgegenwärtig: Wie soll ein Fahrzeug beschleunigen und später abbremsen, um eine möglichst weite Strecke zurückzulegen? Es könnte z.B. maximal oder graduell beschleunigt werden, und es könnte sehr abrupt beim Erreichen des Ziels abgebremst werden oder schon viel früher nach einem bestimmten Plan. Solche Probleme werden im Allgemeinen von der optimalen Kontrollsteuerung behandelt, die fragt, wie in

Abhängigkeit des spezifischen Systems und Problems ein bestimmtes Kriterium maximiert werden kann. Die wesentlichen Bestandteile einer solchen Problembeschreibung sind die Dynamik des Systems und die Kostenfunktion. Die Dynamik beschreibt, wie sich die für die Aufgabe relevanten Zustände der Welt und des Handlungssystems verändern, d.h. wie eine Aktion des Systems die Welt verändert, aber auch, wie die Welt selbst sich verändert (s. Kap. III.1). Die Kostenfunktion hingegen macht die externen und internen Kosten explizit, d.h. sie erfasst die zu lösende Aufgabe durch die Kosten, die entstehen, und die Nutzen, die durch die Handlungen erzielt werden sollen. Im obigen Beispiel eines Fahrzeugs etwa beschreibt die Dynamik, wie das Fahrzeug auf die eigene Beschleunigung sowie auf äußere Störungen wie z.B. Wind reagiert; die Kostenfunktion hingegen quantifiziert den Verbrauch der Energie bei der Beschleunigung, berücksichtigt aber auch, ob es z.B. von Nutzen ist, das Ziel schnell oder mit einer bestimmten Endgeschwindigkeit zu erreichen.

Was sind die Dynamiken und die Kostenfunktionen menschlicher Motorik? Die Frage nach den Dynamiken wird häufig als eines der zentralen Probleme der Motorik angesehen, da die betrachteten biologischen Systeme über eine sehr große Zahl von Freiheitsgraden verfügen. Das bedeutet, dass prinzipiell unendlich viele Bewegungsmuster aus dem Zusammenspiel aller Teile des Bewegungsapparats dazu führen könnten, etwa einen Finger an die eigene Nase zu führen, dass aber nur sehr wenige dieser möglichen Bewegungsmuster auch tatsächlich ausgeführt werden. Die Dynamiken des Bewegungsapparats sind Gegenstand der Forschung in der Sportwissenschaft und Kinesiologie. Hier wird gezielt gefragt, wie auf das Skelett wirkende Kräfte Bewegungen hervorrufen oder wie die Verschiedenartigkeit von Gelenken Bewegungen beeinflusst. Wesentliche Schwierigkeiten in der Beschreibung des Systems liegen dabei in der Nichtlinearität des Systems und den vielen adaptiven Prozessen, die gleichzeitig im System ablaufen. So kann ein Organismus z.B. die Steifigkeit seiner Muskeln in Abhängigkeit von der zu lösenden Aufgabe verändern: Wenn wir etwa mit einem Beil ein Holzscheit spalten wollen, dann können wir die Armmuskulatur beim Anheben des Beils versteifen, aber beim Aufprall des Beils auf das Holzscheit sollte die Steifigkeit reduziert werden, um starke Vibrationen zu vermeiden. Darüber hinaus ist das Zusammenspiel vieler einzelner mechanischer Komponenten in biologischen Systemen unter Umständen sehr komplex, muss aber für das Zusammenspiel der beteiligten Komponenten optimiert werden. Dies wird z.B. am sog. *passive walker* deutlich (Collins et al. 2001), einem robotischen System, das ohne Motor und somit ohne externe Energiezufuhr auf zwei Beinen aufrecht auf einer leicht geneigten schiefen Ebene laufen kann. Dies wird dadurch erreicht, dass die mechanischen Komponenten – insbesondere die Länge der Beinsegmente, die Verteilung der Masse und die Fußform – so aufeinander abgestimmt sind, dass die Dynamik des Systems die Fortbewegung hervorbringt.

Darüber hinaus gibt es Studien, die versuchen, die im Verhalten sichtbar werdenden impliziten Kostenfunktionen, z.B. Präferenzen für bestimmte Bewegungsabläufe, zu ermitteln. Auf der rein motorischen Ebene hat es hierbei eine Vielzahl an Untersuchungen gegeben, die spezifische kinematische Eigenschaften sowie psychophysisch zu beobachtende Eigenschaften von Bewegungen zum Anlass genommen haben, ein Optimalitätskriterium vorzuschlagen, das zu ähnlichen Bewegungen führen könnte. Die oben beschriebenen glockenförmigen Geschwindigkeitsprofile vieler Bewegungen sind z.B. durch eine Reihe verschiedener Kriterien zu erzielen. So ist eine Armbewegung zu einem Ziel so auszuführen, dass die Hand am Ende der Bewegung am vorgesehenen Zielort ist, wobei sich die Frage stellt, wie aus der Vielzahl an möglichen Trajektorien, die durch die vielen Freiheitsgrade, die schon bei der Betrachtung des Arms auftreten, eine bestimmte Trajektorie ausgewählt wird. Sowohl die Minimierung der bei der Bewegung auftretenden Drehmomente (Uno et al. 1989) als auch die Minimierung der Veränderung von Beschleunigungen (Hogan 1984) führen zu Lösungen, die den beobachteten Bewegungen sehr ähnlich sind. Es geht hier u.a. darum, dass man in den formalen Modellen bestimmte Parameter optimiert und dann überprüft, ob die sich daraus ergebenden Resultate auch tatsächlich beobachtet werden.

Es gibt aber auch Untersuchungen, die versucht haben, die möglichen Kostenfunktionen bei der Ausführung direkt aus dem Verhalten zu inferieren. Ein ähnliches Ansinnen verfolgen Untersuchungen aus den Wirtschaftswissenschaften, die aus dem beobachteten Verhalten die impliziten Präferenzen zu ermitteln versuchen (s. Kap. III.11). Diesen Untersuchungen liegt die Vorstellung zugrunde, dass die Kontrolle menschlicher Bewegungen auf einer Kostenfunktion für die Planung und Generierung von Bewegungen beruht, die interne Kosten reflektiert. Mathematisch besonders attraktiv ist dabei die Verwendung einer quadratischen Kostenfunktion, d.h.

eine Kostenfunktion, wonach die Abweichung zwischen Istzustand und Sollzustand mit dem Quadrat dieser Abweichung bestraft wird. So wurde bei bestimmten Handbewegungen im Labor gezeigt (Körding/Wolpert 2004a), dass Menschen eine Kostenfunktion benutzen, die für kleine Abweichungen quadratisch ist, aber bei größeren Abweichungen geringere Kosten benutzt als ein quadratischer Anstieg vorhersagt. Für natürliche Handlungen, z. B. die Navigation, gibt es bisher nur wenige Untersuchungen darüber, wie die impliziten Kosten und Nutzen quantifiziert werden können. Im Bereich der Navigation entlang eines Pfades bei gleichzeitiger Ansteuerung von Zielen und gleichzeitigem Ausweichen vor Hindernissen wurde z. B. gezeigt, dass klassische menschliche Navigationsmuster, die als dynamische Systeme (s. Kap. III.4) beschrieben wurden (Fajen/Warren 2003), als das Ergebnis von optimaler Steuerung verstanden werden können. Dabei werden die beobachteten Trajektorien als Manifestation optimaler Kontrolle gesehen und die impliziten Kosten und Nutzen von Verhalten inferiert.

Die obigen Modelle gehen davon aus, dass der Zustand der für die Steuerungsaufgabe notwendigen Variablen bekannt ist. Konkret nehmen sie an, dass keine Unsicherheit in der Beobachtung liegt, d. h. der Stimulus eindeutig erkannt wird und eindeutig mit der Handlung verknüpft werden kann. Bei der manuellen Manipulation eines Objekts z. B. würde dies bedeuten, dass es keine Unsicherheit hinsichtlich seiner Position, Ausrichtung und Geschwindigkeit gibt. Für viele, besonders alltägliche Situationen ist dies eine vereinfachende Annahme, da dort vielfältige perzeptuelle Unsicherheiten bestehen, die das Problem der optimalen Kontrolle aus theoretischen Gründen zu einem computational besonders schwierigen Problem machen. In diesem Fall handelt es sich um die Planung einer Sequenz von Handlungen mit Unsicherheiten in den Beobachtungen, den Ergebnissen von Handlungen und den entstehenden Kosten. Solche Probleme sind im Rahmen der Komplexitätstheorie als NP-schwer klassifiziert worden, so dass algorithmische Lösungen in der KI, dem maschinellen Lernen und der Robotik Approximationen benutzen müssen, um Näherungen zu optimalen Lösungen zu finden. Eine fundamentale Frage für die Zukunft lautet, welche approximativen Verfahren biologische Systeme bei ähnlichen Aufgaben verwenden.

Wie kann eine Handlung unter Verwendung von sinnlicher Wahrnehmung (s. Kap. IV.24) gesteuert werden, wenn sie Unsicherheiten mitberücksichtigt? Klassischerweise gibt es in der Kontrolltheorie in diesem Zusammenhang unterschiedliche Ansätze, die auch auf biologische Systeme angewendet wurden. Im sog. *open-loop*-Ansatz wird die sinnliche Wahrnehmung auf die Planung der Handlung beschränkt und steht während der Ausführung selbst nicht mehr zur Verfügung. Dies führt zu ballistischen Bewegungen, die bei Störungen während ihrer Ausführung nicht mehr korrigiert werden können. Diese Form der *feedforward* Verarbeitung wird gemeinhin als ›Steuerung‹ bezeichnet und damit von der *closed-loop*-Kontrolle (oder auch *feedback control*) unterschieden, die im deutschen Sprachgebrauch als ›Regelung‹ bezeichnet wird. Bei der *closed-loop*-Kontrolle wird die durch sinnliche Prozesse gewonnene Information auf vielfältige Weise genutzt, um die Steuerung der Handlung auch während der Handlungsausführung zu beeinflussen, z. B. um auf Veränderungen in der äußeren Welt oder auf Veränderungen des eigenen biomechanischen Zustands adäquat zu reagieren, um so den Erfolg der Handlungssequenz zu sichern.

Auf der algorithmischen Ebene ist aus der Theorie optimaler Steuerung eine Vielzahl von unterschiedlichen Modellen der *closed-loop*-Kontrolle bekannt, die bestimmte Aufgaben durch unterschiedliche Verwertung der sinnlich gewonnenen Informationen lösen. Viele dieser Modelle sind dabei direkt von Beobachtungen aus der Neurowissenschaft beeinflusst, die unterschiedliche Hirnregionen identifiziert hat, die im Zusammenhang mit der Handlungssteuerung bestimmte Computationen ausführen könnten (s. Kap. II.D.2). Als Beispiel seien hier konkret die sog. internen *forward models* herausgegriffen. Wenn es Unsicherheit darüber gibt, wie weit ein zu ergreifendes Objekt von der Ausgangsposition der Hand entfernt ist, dann kann das visuelle System benutzt werden, um während der Ausführung der Handbewegung neue visuelle Information zu sammeln und so die jeweils aktuelle Entfernung zu schätzen. Dabei könnte zwar die Entfernung des zu ergreifenden Objekts immer wieder neu geschätzt werden, eine alternative Strategie greift jedoch auf intern generierte Informationen zurück: Bei der Ausführung der Greifhandlung generiert das zentrale Nervensystem Signale zur Handlungssteuerung, die dann benutzt werden können, um die aktuelle Position der Hand abzuschätzen. Noch besser ist es, sowohl visuelle als auch interne Informationen der Handlungssteuerung so zu kombinieren, dass die Unsicherheit über die Entfernung zwischen Hand und Objekt minimiert wird. Dies wird erreicht, indem ein internes Modell vorausberechnet, welchen Effekt die ausgeführten Kontrollsignale auf die visuellen Beobachtungen und die aktuelle Entfernung zum Objekt haben. In der Tat sind die Beobachtungen aus vielen neurophysiologischen Experimenten verträglich mit der Annahme solcher interner Modelle (Kawato 1999; Wolpert et al. 1998) und erklären viele Phänomene, darunter z. B. die Tatsache, dass man sich nicht selbst kitzeln kann (Bays et al. 2005).

Eine spezielle Variante der rückgekoppelten Steuerung (oder *feedback control*) berücksichtigt explizit biologisch plausible Modelle der Variabilität. Die Aufgabe besteht hierbei darin, eine optimale Steuerung zu erzielen und dabei die spezifischen Signaleigenschaften des Nervensystems zu berücksichtigen. In erster Näherung ist die Variabilität neuronaler Feuerraten proportional zu deren Amplitude, da diese nahe Poisson-verteilt sind, was bedeutet, dass ein neuronales Signal, das mit doppelter Amplitude zu einem Muskel gesendet wird, auch doppelt so viel Variabilität zeigt. Dies hat Auswirkungen auf die Bewegung des kontrollierten Körperteils, insofern die Streuung z. B. der Endpunkte einer Fingerbewegung umso größer ist, je größer die Amplitude des neuronalen Signals ist. Eine große Bandbreite an Phänomenen kann erklärt werden, wenn Modelle optimaler Steuerung diese spezielle Form der Variabilität mitberücksichtigen (Harris/Wolpert 1998), darunter z. B. Geschwindigkeitsprofile beim Greifen von Objekten, kinematische Eigenschaften von Sakkaden, Fitts' Gesetz oder das empirische 2/3-Potenzgesetz. Die Idee des *optimal feedback control* (Scott 2004; Todorov/Jordan 2002) besteht darin, dass die konkrete Aufgabe der Handlung möglichst genau spezifiziert werden muss, um zu berechnen, wie diese erfolgreich abzuschließen ist, was den möglichen Variabilitätsspielraum festlegt. Während manche Aufgaben verlangen, dass Bewegungen schnell ausgeführt werden, verlangen andere eine größere Präzision, und die Präzision einer Bewegung kann stark von der Aufgabe abhängen: Wenn z. B. ein scharfes Messer gegriffen werden soll, ist Variabilität in der Richtung, in der man sich an der scharfen Klinge verletzen kann, unerwünscht, Variabilität in anderen Dimensionen ist hingegen weniger relevant. *Optimal feedback control* modelliert demnach also, wie Information während der Ausführung der Handlung am besten genutzt werden kann, um unter Berücksichtigung der internen und externen Unsicherheitsquellen den Fehler für die jeweilige Handlungsaufgabe zu minimieren.

Schließlich bleibt die Frage zu beantworten, wie neue Handlungen gelernt werden können. Auch in diesem Bereich gibt es von theoretischer Seite aus eine Vielzahl unterschiedlicher Ansätze. Ein Unterscheidungskriterium ist, welche Größen dem System, das die Steuerung ausführen muss, bekannt sind. Einerseits kann das System die internen und externen Kosten und Nutzen kennen, während die Dynamiken unbekannt sein können und gelernt werden müssen. Andererseits können auch die Kostenfunktionen unbekannt sein, d. h. das System muss erst lernen, welche Zustände mit welcher Belohnung verknüpft sind. Aufgaben, in denen Tiere Nahrung in einem Labyrinth finden müssen, können z. B. auf diese Weise formalisiert werden. Im Allgemeinen beschäftigt sich das sog. *reinforcement learning* mit der Lösung optimaler Steuerungsprobleme auf Grundlage von Lernprozessen (s. Kap. IV.12). Dabei können Modelle aus dem *reinforcement learning* nicht nur das Verhalten von Probanden in experimentellen Paradigmen vorhersagen, einzelne Parameter dieser Modelle, wie z. B. die Differenz zwischen erwartetem und beobachtetem Belohnungswert, sind auch in der Aktivität neuronaler Populationen in den Basalganglien wiederzufinden (Daw/Doya 2006; Schultz et al. 1997).

Experimentell kann die natürliche Dynamik z. B. des Arms eines Probanden dadurch manipuliert werden, dass man ihn einem Kraftfeld aussetzt, das z. B. durch einen Roboter vermittelt wird. Führt der Proband Bewegungen aus, so wird von dem Roboter eine Kraft auf den Arm ausgeübt, so dass der Proband neue Dynamiken lernen muss, um eine Zielbewegung ausführen zu können (Shadmehr/Mussa-Ivaldi 1994). Solche Versuche haben wiederholt gezeigt, dass Probanden in der Lage sind, neue Dynamiken zu lernen, wobei bestimmte Eigenschaften der Bewegungen – z. B. ihre Geschwindigkeitsprofile, nahezu lineare Translationen der Hand oder kontinuierliche Trajektorien – erhalten bleiben. Solche Versuche haben auch gezeigt, dass die experimentellen Ergebnisse im Einklang stehen mit den Vorhersagen der Handlungssteuerung auf Grundlage interner prädiktiver und inverser Modelle. Dabei helfen die prädiktiven Modelle vorherzusagen, was propriozeptiv gemessen werden sollte, wenn eine Bewegung ausgeführt wird, während inverse Modelle helfen, aus den gemessenen propriozeptiven Signalen den Zustand des Bewegungsapparats zu schätzen, da alle Messungen sowie die Ausführungen der Handlungen immer von Unsicherheiten und Rauschen beeinträchtigt sind.

Schließlich ist theoretisch gesehen das generelle Problem des Lernens neuer Handlungen, wenn Unsicherheit im Hinblick auf die Kosten und Nutzen, die Dynamiken der Umgebung und die Beobachtungen bestehen, ein computational sehr schwieriges Problem, das aktiv in den Bereichen des maschinellen Lernens und der KI verfolgt wird. Umso erstaunlicher bleibt, mit welcher Gewandtheit und Mühelosigkeit biologische Systeme Handlungen dieser Art täglich ausführen. Zu den zukünftigen Forschungsfragen gehört, welche Approximationen und computationalen Annahmen diese Systeme verwenden, um ihr Verhalten zielführend adaptiv zu verändern.

Konzeptualisierung von Handlung

Von zentraler Bedeutung bei der Erforschung von Motorik und Handlungssteuerung bleibt die Frage, wie eine Handlung im Gesamtbild des Organismus in seiner Umwelt konzeptualisiert wird, da unsere Grundannahmen in dieser Hinsicht spezifische experimentelle Paradigmen und Fragestellungen nach sich ziehen: In welcher Beziehung stehen Wahrnehmen und Handeln zueinander (s. Kap. IV.24)? Können sie überhaupt als getrennte Prozesse angesehen werden (s. Kap. III.7)? Die traditionelle Unterscheidung zwischen Wahrnehmung und Handlung ist inzwischen nur noch schwer aufrechtzuerhalten. Am klarsten gegen eine strikte Separierung sprechen theoretische Resultate, wonach keine Handlungssteuerung nur aufgrund des wahrscheinlichsten Zustandes der Welt, den die sinnliche Wahrnehmung (vermeintlich sicher) liefert, erfolgen darf, sondern alle Unsicherheiten bezüglich möglicher Weltzustände mitberücksichtig werden müssen. Evidenz dafür, dass Menschen in ihren Handlungen diese Unsicherheiten einbeziehen, kommt z. B. aus Studien von Körding/Wolpert (2004b).

Sogenannte Ideomotortheorien der Handlung betonen, dass auch interne Repräsentationen von einer starken Verknüpfung von Wahrnehmung und Handlung Gebrauch machen (s. Kap. IV.16), so dass perzeptuelle Stimuli zusammen mit den sie hervorrufenden Handlungen repräsentiert sind. Beispielsweise können für den Handelnden selbst nicht sichtbare Handbewegungen die Wahrnehmung mehrdeutiger visueller Stimuli systematisch beeinflussen. In den einschlägigen Versuchen (z. B. Wohlschläger 2000) wird typischerweise ein mehrdeutiger visueller Stimulus, z. B. aus einer festen, kreisförmig angeordneten Anzahl von Punkten auf einem Bildschirm, generiert: Dazu wird nacheinander immer nur einer der Punkte sichtbar gemacht, so dass Probanden einen sich kreisförmig links oder rechts herum bewegenden Punkt wahrnehmen. Die Wahrnehmung, ob sich der Punkt im Uhrzeigersinn oder

im Gegenuhrzeigersinn den Kreis entlang bewegt, hängt dabei davon ab, wie groß der Abstand der nacheinander gezeigten Punkte entlang des Kreises ist. Je kleiner dieser Abstand ist, desto höher ist die Wahrscheinlichkeit, dass die Bewegung in Richtung dieser Abfolge wahrgenommen wird, aber ab einem bestimmten Abstand zwischen diesen Punkten kann ebenso gut eine Bewegung in umgekehrter Richtung wahrgenommen werden. In diesem Bereich ist die Wahrnehmung bistabil, so dass ein Punkt manchmal als sich im Uhrzeigersinn und manchmal als sich im Gegenuhrzeigersinn drehend wahrgenommen wird. Werden die Probanden jedoch instruiert, gleichzeitig unter dem Tisch eine für sie unsichtbare Handrotation auszuführen, so kann diese Bewegung ihre visuelle Wahrnehmung disambiguieren und dazu führen, dass eine Rotation in Richtung der Handbewegung wahrgenommen wird.

Die Vorstellung von der Trennung kognitiver Vorgänge und der dazugehörigen sensomotorischen Zustände hat sich in ähnlicher Weise zunehmend relativiert (s. Kap. III.7). In sog. Theorien der Verkörperlichung (*embodiment*) sind Computationen nicht mehr nur Transformationen von Symbolen wie in der klassischen KI (s. Kap. III.1), sondern auch an jene Repräsentationen gebunden, die den Körper und die Umwelt betreffen (s. Kap. IV.16). So konnte z. B. experimentell gezeigt werden, dass alleine das Lesen von Worten wie ›Zimt‹ oder ›Knoblauch‹ zu Aktivierungsmustern in sensorischen Arealen des Kortex führt (Gonzalez et al. 2006). Ebenso haben Experimente gezeigt, dass gezielte Veränderungen der Gesichtsmuskulatur bei Probanden diejenigen Emotionen fördern, die auch bei ihrem natürlichen Ausdruck zu dieser Mimik führen (Niedenthal 2007). Schließlich werden in Kategorisierungsaufgaben Handbewegungen zum Körper hin schneller initiiert als Bewegungen vom Körper weg, wenn das zu kategorisierende Objekt positiv besetz ist; bei negativ besetzten Objekten hingegen ist das Muster entgegengesetzt, d. h. die Reaktionszeit ist bei Bewegungen vom Körper weg geringer als bei Bewegungen zum Körper hin (Chen/Bargh 1999). Dies wird als Evidenz dafür gewertet, dass selbst einfache manuelle Handlungen in psychophysischen *stimulus-response*-Experimenten messbar von kognitiven Prozessen beeinflusst werden, die mit den Gedächtnisrepräsentationen der Handlungen verknüpft sind.

Literatur

Acuna, Daniel/Schrater, Paul (2010): Structure learning in human sequential decision-making. In: *PLOS Computational Biology* 6(12): e1001003.

Ballard, Dana (1991): Animate vision. In: *Artificial Intelligence* 48, 57–86.

Bays, Paul/Wolpert, Daniel/Flanagan, Randall (2005): Perception of the consequences of self-action is temporally tuned and event-driven. In: *Current Biology* 15, 1125–1128.

Chen, Mark/Bargh, John (1999): Consequences of automatic evaluation. In: *Personality and Social Psychology Bulletin* 25, 215–224.

Chittka, Lars/Dyer, Adrian/Bock, Fiola/Dornhaus, Anna (2003): Psychophysics: Bees trade off foraging speed for accuracy. In: *Nature* 424, 388.

Collins, Steven/Wisse, Martijn/Ruina, Andy (2001): A three-dimensional passive dynamic walking robot with two legs and knees. In: *International Journal of Robotics Research* 20, 607–615.

Daw, Nathaniel/Doya, Kenji (2006): The computational neurobiology of learning and reward. In: *Current Opinion in Neurobiology* 16, 199–204.

Donders, Franciscus (1868): Die Schnelligkeit psychischer Prozesse. In: *Archiv für Anatomie und Physiologie und wissenschaftliche Medizin*, 657–681.

Fajen, Brett/Warren, William (2003): Behavioral dynamics of steering, obstacle avoidance, and route selection. In: *Journal of Experimental Psychology: Human Perception and Performance* 29, 343–362.

Ferrier, David (1874): Experiments on the brain of monkeys – No. 1. In: *Proceedings of the Royal Society of London* 23, 409–430.

Findlay, John/Gilchrist, Iain (2003): *Active Vision*. Oxford.

Fitts, Paul (1954): The information capacity of the human motor system in controlling the amplitude of movements. In: *Journal of Experimental Psychology* 47, 381–391.

Fulton, John/Kennard, Margaret (1932): A study of flaccid and spastic paralysis produced by lesions of the cerebral cortex in primates. In: *Research Publications: Association for Research in Nervous and Mental Disease* 13, 158–210.

Gonzalez, Julio/Barros-Loscertales, Alfonso/Pulvermüller, Friedemann/Meseguer, Vanessa/Sanjuan, Ana/Belloch, Vicente/Avila, Cesar (2006): Reading ›cinnamon‹ activates olfactory brain regions. In: *Neuroimage* 32, 906–912.

Graybiel, Ann (2005): The basal ganglia. In: *Current Opinion in Neurobiology* 15, 638–644.

Graziano, Michael/Taylor, Charlotte/Moore, Tirin (2002): Complex movements evoked by microstimulation of precentral cortex. In: *Neuron* 34, 841–851.

Green, C. Shawn/Benson, Charles/Kersten, Daniel/Schrater, Paul (2010): Alterations in choice behavior by manipulations of world-model. In: *Proceedings of the National Academy of Sciences of the USA* 107, 16401–16406.

Haber, Suzanne (2003): The primate basal ganglia. In: *Journal of Chemical Neuroanatomy* 26, 317–330.

Harris, Christopher/Wolpert, Daniel (1998): Signal-dependent noise determines motor planning. In: *Nature* 394, 780–784.

Hayhoe, Mary/Shrivastava, Anurag/Mruczek, Ryan/Pelz, Jeff (2003): Visual memory and motor planning in a natural task. In: *Journal of Vision* 3, 49–63.

Hitzig, Eduard/Fritsch, Gustav (1870): Ueber die elektrische Erregbarkeit des Grosshirns. In: *Archiv für Anatomie, Physiologie und wissenschaftliche Medicin*, 300–332.

Hogan, Neville (1984): An organizing principle for a class of voluntary movements. In: *Journal of Neuroscience* 4, 2745–2754.

Johansson, Roland/Westling, Göran/Bäckström, Anders/Flanagan, J. Randall (2001): Eye-hand coordination in object manipulation. In: *Journal of Neuroscience* 21, 6917–6932.

Kahneman, Daniel/Slovic, Paul/Tversky, Amos (1982): *Judgment Under Uncertainty*. Cambridge.

Kawato, Mitsuo (1999): Internal models for motor control and trajectory planning. In: *Current Opinion in Neurobiology* 9, 718–727.

Kelso, Scott/Southard, Dan/Goodman, David (1979): On the nature of human interlimb coordination. In: *Science* 203, 1029–1031.

Körding, Konrad/Wolpert, Daniel (2004a): The loss function of sensorimotor learning. In: *Proceedings of the National Academy of Sciences of the USA* 101, 9839–9842.

Körding, Konrad/Wolpert, Daniel (2004b): Bayesian integration in sensorimotor learning. In: *Nature* 427, 244–247.

Lacquaniti, Francesco/Terzuolo, Carlo/Viviani, Paolo (1983): The law relating kinematic and figural aspects of drawing movements. In: *Acta Psychologica* 54, 115–130.

Land, Michael/McLeod, Peter (2000): From eye movements to actions. In: *Nature Neuroscience* 3, 1340–1345.

Land, Michael/Mennie, Neil/Rusted, Jennifer (1999): The roles of vision and eye movements in the control of activities of daily living. In: *Perception* 28, 1311–1328.

Marr, David (1982): *Vision*. San Francisco.

Meier, Jeffrey/Aflalo, Tyson/Kastner, Sabine/Graziano, Michael (2008): Complex organization of human primary motor cortex. In: *Journal of Neurophysiology* 100, 1800–1812.

Meyer, David/Keith-Smith, J./Kornblum, Sylvan/Abrams, Richard/Wright, Charles (1990): Speed-accuracy trade-offs in aimed movements. In: Marc Jeannerod (Hg.): *Attention and Performance*. Hillsdale, 173–226.

Niedenthal, Paula (2007): Embodying emotion. In: *Science* 316, 1002–1005.

Penfield, Wilder/Boldrey, Edwin (1937): Somatic motor and sensory representation in the cerebral cortex of man as studied by electrical stimulation. In: *Brain* 60, 389–443.

Pinker, Stephen (1997): *How the Mind Works*. New York. [dt.: *Wie das Denken im Kopf entsteht*. München 1998].

Resulaj, Arbora/Kiani, Roozbeh/Wolpert, Daniel/Shadlen, Michael (2009): Changes of mind in decision-making. In: *Nature* 461, 263–266.

Rizzolatti, Giacomo/Sinigaglia, Corrado (2010): The functional role of the parieto-frontal mirror circuit. In: *Nature Reviews Neuroscience* 11, 264–274.

Schultz, Wolfram/Dayan, Peter/Montague, Read (1997): A neural substrate of prediction and reward. In: *Science* 275, 1593–1599.

Scott, Stephen (2003): The role of primary motor cortex in goal-directed movements. In: *Current Opinion in Neurobiology* 13, 671–677.

Scott, Stephen (2004): Optimal feedback control and the neural basis of volitional motor control. In: *Nature Reviews Neuroscience* 5, 532–546.

Shadlen, Michael/Newsome, William (2001): Neural basis of a perceptual decision in the parietal cortex (area LIP) of the rhesus monkey. In: *Journal of Neurophysiology* 86, 1916–1936.

Shadmehr, Reza/Mussa-Ivaldi, Fernando (1994): Adaptive representation of dynamics during learning of a motor task. In: *Journal of Neuroscience* 14, 3208–3224.

Shenoy, Krishna/Sahani, Manesh/Churchland, Mark (2013): Cortical control of arm movements. In: *Annual Review of Neuroscience* 36, 337–359.

Skinner, Burrhus (1953): *Science and Human Behavior.* New York. [dt.: *Wissenschaft und menschliches Verhalten.* Stuttgart 1973].

Stanford, Terrence/Shankar, Swetha/Massoglia, Dino/Costello, Gabriela/Salinas, Emilio (2010): Perceptual decision making in less than 30 milliseconds. In: *Nature Neuroscience* 13, 379–385.

Todorov, Emanuel/Jordan, Michael (2002): Optimal feedback control as a theory of motor coordination. In: *Nature Neuroscience* 5, 1226–1235.

Tolman, Edward (1948): Cognitive maps in rats and men. In: *Psychological Review* 55, 189—208.

Uno, Yoji/Kawato, Mitsuo/Suzuki, Ryoji (1989): Formation and control of optimal trajectories in human multijoint arm movements. In: *Biological Cybernetics* 61, 89–101.

Wohlschläger, Andreas (2000): Visual motion priming by invisible actions. In: *Vision Research* 40, 925–930.

Wolpert, Daniel/Miall, Chris/Kawato, Mitsuo (1998): Internal models in the cerebellum. In: *Trends in Cognitive Sciences* 2, 338–347.

Constantin A. Rothkopf

16. Repräsentation

Einleitung

Wir gehen täglich mit Texten, gesprochener Sprache, Stadtplänen und Landkarten, Diagrammen, Bildern, Filmen, Piktogrammen und Ähnlichem um. Bei jedem davon handelt es sich um eine Repräsentation, die für etwas anderes steht – ein Aussagesatz etwa steht für einen Sachverhalt, ein Stadtplan für die räumliche Struktur einer Stadt usw. Repräsentationen sind Träger semantischer Eigenschaften, d.h. sie haben Bedeutung (s. Kap. IV.20). Es gibt verschiedene Arten von Repräsentationen: Aussagen sowie generell sprachliche Ausdrücke sind sprachliche Repräsentationen, Verkehrszeichen, Piktogramme usw. sind konventionelle Repräsentationen und Fotografien sowie die Anzeige der Tankuhr im Auto sind ebenfalls Repräsentationen, wenn auch keine sprachlichen oder konventionellen. Repräsentationen wie diese sind *externe* Repräsentationen, die prinzipiell vielen Individuen zugänglich sind. In der Kognitionswissenschaft hingegen spielen v. a. *interne* oder ›mentale‹ Repräsentationen eine zentrale Rolle, d.h. Repräsentationen, die wir (in erster Annäherung und ganz grob gesagt) ›im Kopf‹ haben (s. Kap. IV.9), die sich aber dennoch ebenso wie externe Repräsentationen durch ihre semantischen Eigenschaften auszeichnen, also z.B. etwas bedeuten. Beispiele interner Repräsentationen wären etwa Gedanken, Vorstellungen, Wahrnehmungen oder Wünsche, aber auch unbewusst vorliegende Repräsentationen von Bewegungsmustern oder vom Aufbau des eigenen Körpers. Verstehen wir den Begriff der Repräsentation so, dann ist die Kognitionswissenschaft in gewisser Weise die Wissenschaft interner Repräsentationen. Während manche es vorziehen, aufgrund der Vielschichtigkeit des Phänomens verschiedene Repräsentationsbegriffe zu unterscheiden, werden wir im Folgenden versuchen, die grundlegende Gemeinsamkeit aller Verwendungsweisen herauszuarbeiten, um auf diese Weise ein Grundverständnis des Begriffs der Repräsentation zu präsentieren, das den verschiedenen Disziplinen der Kognitionswissenschaft zugrunde gelegt werden kann, wobei es naturgemäß im Wesentlichen um interne Repräsentationen gehen wird.

Zunächst soll geklärt werden, warum wir überhaupt von internen Repräsentationen sprechen: Warum schreiben wir kognitiven Systemen mentale Repräsentationen zu? Die Beantwortung dieser Frage führt zu einem Grundverständnis der zentralen Idee von Repräsentation, das es ermöglicht, verschiedene Eigenschaften von Repräsentationen zu diskutieren. Diese genauere Charakterisierung von Repräsentationen bildet die Grundlage für die Diskussion der Frage, ob Repräsentationen für eine Theorie des Geistes oder der Kognition überhaupt notwendig sind. Anschließend wird das Verhältnis von Repräsentationen zum Körper und der Umwelt eines kognitiven Systems erörtert und auf zwei zentrale Fragenkomplexe eingegangen: (1) Wie werden mentale Repräsentationen individuiert, d. h. wie wird festgelegt, ob es sich bei zwei verschiedenen Vorkommnissen um Vorkommnisse ein und derselben Repräsentation oder um Vorkommnisse zweier verschiedener Repräsentationen handelt? (2) Wie können verschiedene Arten von Repräsentationen unterschieden werden und welche Arten von Repräsentationen sollten sinnvollerweise unterschieden werden? Abschließend wird auf den gegenwärtigen und zukünftigen Stellenwert von Repräsentationen innerhalb der Kognitionswissenschaft eingegangen.

Warum sprechen wir von mentalen Repräsentationen?

Warum wir in der Kognitionswissenschaft von Repräsentationen sprechen und welche zentrale Rolle diesem Begriff zukommt, lässt sich am besten an einem der ersten Experimente verdeutlichen, die die ›Geburt‹ der Kognitionswissenschaft einläuteten. In der ersten Hälfte des 20. Jh.s war in der Psychologie v. a. in den USA der sog. Behaviorismus die dominierende Strömung, demzufolge alle Verhaltensweisen idealerweise durch Konditionierung, also durch den Aufbau starrer Reiz-Reaktions-Verknüpfungen, zu erklären seien. Als Edward Tolman mit seinen Mitarbeitern jedoch eine ganze Reihe von Experimenten durchführte, in denen Ratten darauf trainiert wurden, in einem Labyrinth Futter zu finden, zeigten diese Verhaltensweisen, die nicht im Sinne des Behaviorismus zu erklären waren, sondern die Postulierung interner Repräsentationen erforderten. In einem der klassischen Experimente (Tolman 1948) lernten Ratten, in einem Labyrinth den kürzesten von drei unterschiedlich langen Wegen zum Ziel (dem Futter) zu benutzen. Nach der Trainingsphase wurde dieser Weg kurz vor dem Ziel so blockiert, dass gleichzeitig auch der mittellange Weg blockiert war. Die Ratten rannten bis zur Blockade, kehrten dann zum Start zurück und entschieden sich sofort für die (einzig mögliche) lange Variante, ohne den mittellangen Weg auch nur auszuprobieren. Dieses Verhalten lässt sich durch die einfachen und starren Reiz-Reaktions-Schemata des Behaviorismus nicht erklären. Die Ratten schienen vielmehr eine interne Repräsentation des Labyrinths aufgebaut zu haben, die es ihnen erlaubte, sofort zu bemerken, dass aufgrund der Anordnung der beiden Wege auch der mittellange Weg blockiert war. Sie hatten, wie Tolman es nannte, eine ›mentale Karte‹ (*mental map*), also eine interne Repräsentation des Labyrinths, erworben.

Die Grundidee hinter der Einführung von Repräsentationen lässt sich durch ein anderes Beispiel weiter verdeutlichen: Bestimmte Wüstenameisen sind in der Lage, nach einer unsystematischen Suche nach Futter auf einer geraden Linie zu ihrem Nest zurückzukehren (Wehner 1999), auch wenn sie zu diesem Zeitpunkt keinerlei Sinnesinformationen über seinen Ort erhalten, es also weder riechen noch sehen können. Offenbar muss es etwas in ihnen geben, das es ihnen erlaubt, einen Ort zu finden, den sie momentan nicht direkt wahrnehmen können: Sie müssen über eine interne Repräsentation des Ortes des Nestes verfügen. Die Ameisen sind also in der Lage, von jedem beliebigen Punkt ihres Suchpfades direkt zu ihrem Nest zurückzukehren, weil sie während ihrer Suche permanent über eine Repräsentation des Ortes ihres Nestes verfügen, so dass sie zu jedem Zeitpunkt ihrer Reise wissen, in welche Richtung und wie viele Schritte sie laufen müssen, um ihr Nest zu erreichen. Diese Repräsentation kann falsch sein: Wenn z. B. ein Wissenschaftler eine Ameise nach ihrer Nahrungssuche einen Meter nach Osten versetzt, dann wird sie ›glauben‹, ihr Nest sei einen Meter weiter östlich und dorthin laufen.

Während die Repräsentation der Ameise auch dann als interner Stellvertreter für den Ort ihres Nestes fungieren kann, wenn er ihr aktuell nicht sinnlich zugänglich ist, umkreisen Motten eine Lichtquelle nur solange sie angeschaltet ist; schaltet man sie ab, beenden die Motten ihren Kreisflug. Anders als bei den Ameisen muss zur Erklärung des Verhaltens der Motten keine interne Repräsentation der Lichtquelle postuliert werden, und anders als die Ameisen können sich die Motten aus diesem Grund auch niemals über den Ort der Lichtquelle täuschen: Sie verfügen überhaupt nicht über eine interne Repräsentation, die stellvertretend für die Lichtquelle steht und es ihnen erlaubte, sie auch dann weiter anzusteuern, wenn sie nicht mehr sichtbar ist – genau das wäre aber die Voraussetzung dafür, dass sie den Ort der Lichtquelle überhaupt falsch repräsentieren, d. h. sich irren könnten.

In Beispielen wie diesen zeigt sich ein ›liberales‹ Bild von Repräsentationen, wonach Repräsentationen jene (internen) Stellvertreter von Gegebenheiten in der Welt sind, die zur Erklärung flexiblen, intelligenten Verhaltens herangezogen werden müssen, das nicht (wie beim Kreisflug der Motte) in starren Verhaltensmustern besteht, sondern (wie bei der räumlichen Orientierung der Ameise) flexible Reaktionen auf einen Stimulus erlaubt bzw. sich auf ein nicht wahrgenommenes Objekt richtet (natürlich sagt die bloße Postulierung interner Repräsentationen noch nichts darüber aus, wie genau diese aussehen und funktionieren – um das herauszufinden, müssen v. a. empirische Fragen gestellt werden, mit denen sich die Kognitionswissenschaft beschäftigt und die mit zunehmender Komplexität des jeweiligen Verhaltens zunehmend schwieriger zu beantworten sind). Legt man ein solches liberales Verständnis von Repräsentation zugrunde, dann besagt die These des *Repräsentationalismus* lediglich, dass flexibles Verhalten u. a. auf dem Vorliegen interner Zustände beruht, die eine Stellvertreterfunktion für andere Dinge übernehmen.

Aufbauend auf Experimenten wie denen von Tolman entwickelte sich der Begriff der Repräsentation zu einem der zentralen Begriffe der Kognitionswissenschaft, weil er letztendlich das entscheidende Element in der Erklärung von flexiblem Verhalten darstellte. Das ist bis heute so geblieben, auch wenn der Repräsentationsbegriff in unterschiedlichen Disziplinen inzwischen unterschiedlich gebraucht wird. So spricht man etwa in den Verhaltenswissenschaften immer dann von mentalen Repräsentationen, wenn eine Information intern ›gespeichert‹ wird, um Verhalten auch unabhängig von der Wahrnehmung der betreffenden Eigenschaft zu steuern. In den Neurowissenschaften (s. Kap. II.D) steht der Repräsentationsbegriff für bestimmte Aktivitätsmuster im Gehirn, die sich bei Ausübung ganz bestimmter kognitiver Leistungen zeigen. In der Robotik (s. Kap. II.B.2) bezeichnet er vorwiegend Darstellungen für unterschiedlichste, aus Sicht eines Roboters externe und interne Entitäten (Objekte, Zustände, Wissen) und Relationen zwischen ihnen. Und in der Philosophie schließlich (s. Kap. II.F) wird der Repräsentationsbegriff häufig gebraucht, um auf komplexe Gedanken zu verweisen, die nicht für ein einzelnes Objekt, sondern einen ganzen Sachverhalt stehen.

In der Geschichte der Kognitionswissenschaft wurden und werden bis heute jedoch auch viel stärkere Repräsentationsbegriffe eingeführt, die von einer Repräsentation sehr viel mehr verlangen als die soeben skizzierte Grundidee (z. B. eine propositionale Struktur; s. u.). Allerdings werden diese stärkeren Begriffe in der Kognitionswissenschaft meist von sog. Anti-Repräsentationalisten verwendet, die dann zu zeigen versuchen, dass der Repräsentationalismus unhaltbar ist, weil es nichts gibt, was diese stärkeren Anforderungen erfüllt. Dabei geht jedoch die zentrale Idee der Kognitionswissenschaft verloren, dass flexibles Verhalten durch Rekurs auf interne Zustände des jeweiligen Akteurs zu erklären ist, so dass ein zu starker, und insofern inhaltsleerer Repräsentationsbegriff letztlich das Kind mit dem Bade ausschüttet. Der liberale Begriff, der auf die Wurzeln der Kognitionswissenschaft zurückgeht und im Folgenden verteidigt werden soll, kommt der wissenschaftlichen Praxis in der Kognitionswissenschaft hingegen viel näher und bewahrt ihre fruchtbaren Grundsätze, mit denen z. B. eine Abgrenzung zum Behaviorismus gelingt.

Wie können mentale Repräsentationen charakterisiert werden?

Eine der gängigsten Charakterisierungen mentaler Repräsentationen besteht darin, sie als ›intentionale‹ Zustände zu beschreiben. Die Verwendung des Begriffs ›Intentionalität‹ in der modernen Debatte geht auf Franz Brentano (1874) zurück, der unter Intentionalität die Eigenschaft von (bewussten) mentalen Zuständen verstand, sich auf etwas in der Welt beziehen zu können, auf etwas ›gerichtet‹ zu sein. Die verschiedenen Beschreibungen Brentanos wurden auf unterschiedliche Weise interpretiert; hier sollen nur zwei gängige Interpretationen skizziert werden:

- Mentale Repräsentationen haben eine Stellvertreterfunktion, d. h. sie können stellvertretend für Gegenstände (oder Eigenschaften oder Sachverhalte) benutzt werden. Statt also den kürzesten Weg zur nächsten Bushaltestelle zu suchen, kann ich auch meine ›mentale Karte‹ benutzen, um mir vorher den günstigsten Weg zu überlegen.
- Mentale Repräsentationen stehen für Sachverhalte, und diese sind entweder der Fall oder nicht. Mentale Repräsentationen sind also genau dann wahr, wenn der durch sie repräsentierte Sachverhalt tatsächlich besteht, in allen anderen Fällen sind sie falsch. Diese Lesart ist allerdings beschränkt auf Überzeugungen und Wahrnehmungen und daher v. a. in der philosophischen Debatte relevant. (Oft werden die Ausdrücke ›wahr‹ und ›falsch‹ vermieden und durch Ausdrücke wie ›veridisch‹ und ›Fehlrepräsentation‹ ersetzt.)

Viele Autoren gehen davon aus, dass diese beiden Interpretationen eng miteinander verknüpft sind; dass das aber nicht so sein muss, wird später noch deutlich werden, wenn es um funktionale Kriterien der Individuierung von Repräsentationen geht. Wie genau Intentionalität zu verstehen ist und ob dieser Begriff geeignet ist, mentale Repräsentationen zu charakterisieren, ist weiterhin Gegenstand philosophischer Debatten.

Um genauer über die verschiedenen Eigenschaften von Repräsentationen sprechen zu können, müssen einige grundlegende Unterscheidungen getroffen werden.

Zunächst einmal haben Repräsentationen immer eine materielle Realisierung – im Fall von Wörtern z. B. sind dies Schallwellen oder Druckerschwärze, im Fall von mentalen Repräsentationen Gehirnzustände oder -prozesse. Diese materielle Seite von Repräsentationen bezeichnet man als ihre ›Vehikel‹. Die Vehikel sind die Träger des *Inhaltes*. Mit ›Inhalt‹ (oder auch ›Gehalt‹) ist jene Eigenschaft von Repräsentationen gemeint, die festlegt, welcher Gegenstand vertreten wird. Im Hinblick auf das folgende Vorkommnis des Wortes ›Tisch‹ z. B. ist die zwischen den beiden Anführungszeichen befindliche Druckerschwärze in ihrer spezifischen Verteilung das Vehikel, während der Inhalt dasjenige ist, das bestimmt, welche Art von Gegenstand dieses Wort bezeichnet. Eine Repräsentation ist demnach etwas, das physische Eigenschaften (ein Vehikel) und semantische Eigenschaften (einen Inhalt) hat.

Verdeutlichen lässt sich das Verhältnis von Repräsentation, Vehikel und Inhalt anhand eines Geldstücks: Ein Geldstück ist eine Münze (physische Eigenschaften), die einen gewissen monetären Wert (vergleichbar mit dem Inhalt) hat. Als physischer Gegenstand ist die Münze zwar Träger des monetären Wertes, aber für sich genommen noch kein Geldstück – zu einem Geldstück wird sie erst durch die Zuweisung eines monetären Wertes. Ganz analog ist bei mentalen Repräsentationen das Vehikel (etwa ein Gehirnzustand) zwar der Träger des Inhalts (der bestimmt, was repräsentiert wird), selbst aber noch keine Repräsentation – zu einer Repräsentation wird das Vehikel erst durch die Zuweisung eines Inhalts.

Diese beiden Aspekte von Repräsentationen spielen in den unterschiedlichen Disziplinen eine mehr oder weniger prominente Rolle: Während z. B. die Neurowissenschaften (s. Kap. II.D) stark auf die Vehikel fokussiert sind und in der Kognitionspsychologie (s. Kap. II.E.1) die Inhalte von Repräsentationen die zentrale Rolle spielen, wird in der Metaphysik des Geistes (s. Kap. II.F.1) gerade das Verhältnis zwischen Vehikeln und Inhalten analysiert. Diese Art

der Arbeitsteilung ist in einem echten interdisziplinären Projekt wie der Kognitionswissenschaft allerdings nicht unbedingt wünschenswert, da beide Aspekte von Repräsentationen, Vehikel und Inhalt, notwendigerweise gemeinsam auftreten und somit auch gemeinsam untersucht werden sollten.

Eine weitere Unterscheidung, die in diesem Zusammenhang von großer Bedeutung ist, ist die Unterscheidung zwischen *Inhalt* (Intension) und *Repräsentiertem* (Extension). Der Begriff ›Extension‹ bezieht sich auf die von einer Repräsentation herausgegriffenen Gegenstände, also das Repräsentierte: Die Extension des Ausdrucks ›Tisch‹ z. B. besteht schlicht aus der Menge aller Tische. Wird ein Einzelding repräsentiert, spricht man statt von ›Extension‹ häufig auch vom ›Referenten‹. Die Extension ist zu trennen von der Intension einer Repräsentation, d. h. von ihrem Inhalt, der festlegt, welche Gegenstände bezeichnet werden: Da tatsächlich alle Lebewesen, die ein Herz haben, auch eine Niere haben und umgekehrt, haben z. B. die Begriffe ›Lebewesen mit Niere‹ und ›Lebewesen mit Herz‹ dieselbe Extension; ihre Intension ist allerdings verschieden, denn wir beziehen uns auf diese Lebewesen in unterschiedlicher Weise: Um etwa herauszufinden, ob etwas unter den jeweiligen Begriff fällt oder nicht, wenden wir unterschiedliche Methoden an, und jemand, der den tatsächlichen Zusammenhang zwischen Nieren und Herzen nicht kennt, könnte glauben, dass die Extension verschieden sei, ohne dass er deswegen ein defizitäres Verständnis der beiden Begriffe hätte. Während der Inhalt ein Aspekt der Repräsentation selbst ist, ist das Repräsentierte etwas Externes. Dennoch besteht zwischen beidem eine enge Verbindung: Die Intension bestimmt die Extension (s. u.).

Die Unterscheidung zwischen Repräsentiertem und Inhalt ist deswegen wichtig, weil von der Tatsache, *dass* etwas repräsentiert wird, nicht darauf geschlossen werden kann, *wie* es repräsentiert wird (was also der Inhalt der entsprechenden Repräsentation ist). Eine Ameise und eine Wissenschaftlerin können z. B. gleichzeitig dasselbe Ameisennest repräsentieren, so dass ihre jeweiligen Repräsentationen dieselbe Extension haben. Daraus folgt aber nicht, dass beide auch die gleiche Art von Repräsentation haben, dass sie das Nest auf dieselbe Art und Weise repräsentieren, also in beiden Fällen derselbe Inhalt vorliegt: Die Ameise repräsentiert die Richtung und Entfernung ihres Nestes im Verhältnis zu ihrem derzeitigen Standort, d. h. wie weit und in welche Richtung sie gehen muss, um zum Nest zurückzukommen: Sie benutzt eine egozentrische Repräsentation (Meilinger/Vosgerau 2010). Die Wissenschaftlerin dagegen repräsentiert die Lage des Nestes möglicherweise innerhalb eines Feldes, dessen Ecken sie mit Pfosten markiert hat, um den Weg der Ameise genau bestimmen zu können: Sie repräsentiert das Nest nicht relativ zu sich selbst (egozentrisch), sondern allozentrisch, d.h. relativ zu anderen Dingen in der Welt (z.B. dem Feld bzw. den Eckpfosten des Feldes). Obwohl beide ein und dasselbe repräsentieren, nämlich das Ameisennest, unterscheiden sich die Inhalte der jeweiligen Repräsentationen deutlich.

Was beide Fälle verbindet, ist die *Möglichkeit der Fehlrepräsentation*: Sowohl die Ameise als auch die Wissenschaftlerin können den Ort des Nestes falsch repräsentieren. Diese zentrale Eigenschaft von Repräsentationen stellt eine begriffliche Notwendigkeit dar: Etwas, das nicht falsch sein kann, kann keine Repräsentation sein – weshalb wir den Motten ja keine interne Repräsentation der Lichtquelle zusprechen wollten. Fred Dretske (1981) führt für solche Fälle den Begriff der *Information* ein, der so definiert wird, dass gerade keine Fehler auftauchen können – die Motten können über den Ort einer Lichtquelle in Dretskes Sinne nicht ›fehlinformiert‹ sein. Seiner Meinung nach können Repräsentationen zwar selbst keine Information tragen, aber die Funktion haben, Information zu tragen, und da diese Funktion nicht immer erfüllt wird, entsteht die Möglichkeit der Fehlrepräsentation. Ein optischer Feuermelder hat z.B. die Funktion, Feuer anzuzeigen, d.h. Information über die Anwesenheit von Feuer zu tragen. Zu diesem Zweck enthält er eine Lichtquelle und einen Fotowiderstand, der Alarm auslöst, wenn kein Licht mehr auf ihn fällt: Dringt Rauch zwischen Lichtquelle und Fotowiderstand, wird aufgrund der Verdunkelung der Alarm ausgelöst. Da eine Verdunkelung aber auf unterschiedliche Weise ausgelöst werden kann, trägt der Alarm des Feuermelders in Dretskes Sinne keine Information über das Feuer: Er ist eine Repräsentation, die Dretske zufolge zwar die Funktion hat, Information zu tragen, dies aber, weil sie falsch sein kann, tatsächlich nicht tut.

Ganz unabhängig von den spezifischen Details von Dretskes Informationsbegriff ist an dieser Stelle entscheidend, dass ganz allgemein nicht alles, was Information trägt, eine Repräsentation ist, weil der Begriff der Repräsentation in gewisser Hinsicht anspruchsvoller ist als der der Information. Alkoholkonsum z.B. führt zu bestimmten Veränderungen im Gehirn, die damit Information über den Alkoholkonsum tragen; trotzdem repräsentieren die aus diesen Veränderungen resultierenden neuronalen Zustände nicht den Alkoholkonsum. Ähnlich trägt z.B. die Temperatur eines Prozessors Information über die Anzahl der von ihm verarbeiteten Befehle, repräsentiert sie aber nicht. Auch in kognitiven Systemen darf also Information nicht mit Repräsentation gleichgesetzt werden. Ein Zeichen trägt Information über etwas anderes sozusagen einfach ›von sich aus‹, weshalb Information zu tragen eine zweistellige Relation zwischen dem Signal, das die Information trägt, und demjenigen, worüber es Information trägt, ist. Die Relation zwischen einer mentalen Repräsentation und dem Repräsentierten hingegen ist nicht zweistellig, denn Repräsentationen sind immer abhängig von ihrer Verwendung. Mentale Repräsentationen können immer nur von dem jeweiligen kognitiven System benutzt werden, dessen Repräsentationen sie sind. Da die Kognitionswissenschaft mentale Repräsentationen, wie oben gesehen, gerade zur Erklärung flexiblen Verhaltens einführt, werden die Zustände eines Systems erst dann zu repräsentationalen Zuständen, wenn sie handlungsrelevant werden können, d.h. wenn unterschiedliche repräsentationale Zustände auch zu unterschiedlichem Verhalten führen können. In die Repräsentationsrelation muss aus diesem Grund auch das System aufgenommen werden, das über den repräsentationalen Mechanismus oder die entstehenden repräsentationalen Zustände verfügt. Mentale Repräsentationen sind daher nur Repräsentationen in Bezug auf dieses eine System, das sie verwendet oder über sie verfügt. Bei mentalen Repräsentationen haben wir es also mit einer dreistelligen Relation zwischen Repräsentation, Repräsentiertem und kognitivem System zu tun.

Zusammenfassend können mentale Repräsentationen grob charakterisiert werden als interne Zustände eines Systems, die für etwas anderes stehen, fehlerhaft sein können und keine Information in Dretskes Sinne über das tragen, was sie repräsentieren. Der Inhalt einer Repräsentation, d.h. ihre Intension, die festlegt, was repräsentiert wird, muss einerseits von dem Repräsentierten, d.h. ihrer Extension, unterschieden werden, andererseits von ihrem Vehikel, das diesen Inhalt trägt. Das Repräsentierte ist verschieden von der Repräsentation, Inhalt und Vehikel sind zwei ihrer Aspekte. Diese Charakterisierung erlaubt es, einen genaueren Blick auf die Rolle von Repräsentationen in einer Theorie des Geistes zu werfen.

Welche Rolle spielen Repräsentationen in einer Theorie des Geistes?

Unter der sog. Repräsentationalen Theorie des Geistes versteht man die These, dass Kognition im Wesentlichen in der Verarbeitung von Repräsentationen besteht. Dabei geht man im Allgemeinen davon aus, dass Repräsentationen durch Wahrnehmungs- oder kognitive Prozesse aufgebaut, dann durch (weitere) kognitive Prozesse verändert und schließlich verhaltenswirksam werden (s. Kap. III.1). Repräsentationen spielen demnach nicht nur eine zentrale Rolle in der Erklärung von flexiblem Verhalten, sondern bilden auch das unverzichtbare Substrat kognitiver Prozesse. Gerade im Bereich der Künstliche-Intelligenz-Forschung (KI) sind die Debatten um eine Repräsentationale Theorie des Geistes besonders plastisch nachzuvollziehen, da dort die verschiedenen Ansätze von sehr unterschiedlichen Auffassungen zum Thema Repräsentation geprägt sind. Historisch gesehen wurzeln die Techniken der Informatik zu Wissensrepräsentation (s. Kap. IV.25), Navigation (s. Kap. II.B.2), Problemlösung (s. Kap. IV.11) und Planung (s. Kap. IV.17) in der klassischen KI (s. Kap. II.B.1, Kap. III.1) und waren in dem Sinne kognitivistisch, dass sie sich an einem rationalen, logisch formalisierbaren Intelligenzbegriff ausrichteten, der ganz ohne den Körper auskam (s. Kap. III.6). Damit gelang es bereits, Roboter zu konstruieren, die mithilfe komplexer Repräsentationen in der Lage waren, in sehr einfachen, statischen Welten zu navigieren, und einfache Aufgaben wie etwa von A nach B zu fahren meistern konnten. Eine solche rein repräsentationsorientierte Theorie körperloser Intelligenzentwicklung stößt jedoch schnell an Grenzen, wenn sie zur Beherrschung eines sich in einer dynamischen Welt real bewegenden Roboters implementiert werden soll, weil der Aufbau und die Verarbeitung einer komplexen Repräsentation u. a. zu viel Zeit beansprucht, so dass der Roboter oftmals nur über bereits ›veraltete‹ Repräsentationen verfügen würde.

Eine zentrale Kritik an der Repräsentationalen Theorie des Geistes beruht daher auf der Zurückweisung der Auffassung, dass mentale Repräsentationen integrierte und detailreiche Modelle der Welt sind, die die ganze Welt in unserem Geist ›abbilden‹, so dass sich unser Verhalten statt nach der Welt selbst nach diesem unserem Bild der Welt richten kann. Unsere Repräsentationen erweisen sich in vielen Fällen als sehr viel bruchstückhafter und aspektorientierter als diese klassische Auffassung nahelegt. Die Wüstenameise z. B. repräsentiert ihr Nest nicht mit allen seinen Aspekten, sondern lediglich seinen Ort, und selbst diesen nur in Hinblick auf sehr wenige räumliche Eigenschaften, etwa nur in Hinblick auf die Bewegung, die sie ausführen muss, um das Nest zu erreichen. Darüber hinaus stellte sich gerade auch in der Robotik heraus, dass sich einige Probleme in der Bewegungssteuerung einfacher lösen lassen, wenn statt integrierter Repräsentationen aller Faktoren nur sehr spärliche interne Repräsentationen benutzt werden und das Verhalten stattdessen direkt über Faktoren der Umwelt gesteuert wird. Am radikalsten formulierte diesen Punkt Rodney Brooks (1991, 140): »Representation is the wrong unit of abstraction in building the bulkiest parts of intelligent systems.« Erstes Ziel einer ›neuen KI‹ müsse es vielmehr sein, rein verhaltensgesteuerte Artefakte zu bauen, die sich selbstständig an veränderte Umwelten anpassen oder sich eine neue Umgebung suchen können. Wenn dies erreicht sei, so Brooks, dann werde ›der Rest‹ menschlicher Kognitions- und Intelligenzleistungen wie Kategorisierung (s. Kap. IV.9), Sprache (s. Kap. IV.20), Planung (s. Kap. IV.17), abstraktes Problemlösen (s. Kap. IV.11) usw. ganz einfach zu implementieren sein. Brooks (1990, 5) prägte für diesen Ansatz den Slogan »the world is its own best model«. Die von ihm entwickelte Subsumptionsarchitektur (s. Kap. III.7) verzichtet z. B. darauf, einen mobilen Roboter mit einer exakten Karte seiner Umwelt auszustatten, und arbeitet stattdessen mit einem einfachen Algorithmus, der auf der Basis direkter Umwelterfassung Hindernisse erkennt und die Route des Roboters beeinflusst.

Eine weitere Eigenschaft, die mentalen Repräsentationen traditionell nachgesagt wird, ist ihre Symbolhaftigkeit (diese Lesart geht v. a. auf Jerry Fodor zurück, der den Terminus ›Repräsentationale Theorie des Geistes‹ geprägt hat). Damit ist gemeint, dass jede Bedeutungseinheit durch eine Vehikeleinheit, also quasi atomar, repräsentiert wird. Eine Ameise, die ihr Nest repräsentiert, verfügt demnach über eine komplexe Repräsentation, die aus verschiedenen einfachen Symbolen (etwa aus einem Symbol für das Nest, einem Symbol für den Ort des Nestes, einem Symbol für den eigenen Ort usw.) aufgebaut ist. Allerdings ist auch an der Symbolhaftigkeit von Repräsentationen berechtigterweise Kritik geübt worden: Neuronale Netze (s. Kap. III.2) scheinen nicht symbolisch zu arbeiten, d. h. in ihnen werden semantische Einheiten nicht jeweils durch eine Einheit repräsentiert (also etwa durch ein einziges Neuron), sondern bestenfalls durch ein charakteristisches Aktivitätsmuster vieler verschiedener Neurone, wobei einzelne Neurone nicht nur an der Repräsentation einer semantischen

Einheit, sondern an einer Vielzahl solcher Einheiten beteiligt sind. Es deutet also alles darauf hin, dass in neuronalen Netzen bzw. dem Gehirn keine atomaren symbolischen Einheiten zu finden sind, die semantische Einheiten repräsentieren (oder codieren); semantische Einheiten werden dort vielmehr ›subsymbolisch‹ repräsentiert.

Eine weitaus fundamentalere Kritik an der Repräsentationalen Theorie des Geistes übt eine Richtung der Kognitionswissenschaft, die auf der mathematischen Theorie dynamischer Systeme beruht (s. Kap. III.4). Die Theorie dynamischer Systeme beschreibt mithilfe einer Menge von Differenzialgleichungen, wie sich Systeme über die Zeit hinweg verändern. Ein Beispiel für ein dynamisches System ist ein vereinfachter Raumheizungsthermostat, der mithilfe eines Thermometers die Raumtemperatur misst und die Heizleistung an die gemessene Temperatur koppelt (fällt die Raumtemperatur, erhöht der Thermostat die Heizleistung, wodurch die Raumtemperatur steigt; steigt die Raumtemperatur, verringert er die Heizleistung, wodurch die Raumtemperatur sinkt usw.). Das Verhalten der beteiligten Systemparameter (Raumtemperatur, gemessene Temperatur, Wärmeentwicklung der Heizung) unter verschiedensten Bedingungen (Außentemperatur, Raumisolierung, Genauigkeit des Thermometers) und Störeinflüssen (plötzliches Öffnen des Fensters) lässt sich sehr elegant mithilfe von Differenzialgleichungen beschreiben. Je nach Wert der Parameter kann sich das System stabil verhalten, also immer auf eine konstante Raumtemperatur zustreben, zyklisch schwanken oder sich völlig chaotisch verhalten (s. Kap. III.4). Die Grundidee der Anwendung der Theorie dynamischer Systeme auf kognitive Systeme besteht darin, dass diese nicht mehr in Isolation beschrieben, sondern ihre Umwelt sowie ihre Interaktion mit dieser Umwelt in die Beschreibung miteinbezogen werden (z. B. Thelen 1995). Das führt dazu, dass kognitive Systeme wesentlich größere Einheiten darstellen als es in der klassischen Kognitionswissenschaft üblicherweise der Fall war. Da in den zu ihrer Beschreibung verwendeten Gleichungen interne nicht mehr von externen Zuständen unterschieden werden, kann auch nicht mehr sinnvoll von Repräsentationen die Rede sein: Es gibt zunächst keinen Grund, warum ein externer Faktor in einer Gleichung in Gestalt seiner Repräsentation nochmals als interner Faktor zu wiederholen wäre. Allerdings gilt das nicht für alle Systeme: Die gemessene Temperatur kann z. B. sehr wohl als Repräsentation der Raumtemperatur aufgefasst werden, da sie eine Stellvertreterfunktion übernimmt – die Heizleistung

hängt nicht unmittelbar von der Raumtemperatur ab, sondern nur mittelbar über die gemessene Temperatur, so dass eine gewisse ›Doppelung‹ des Faktors Raumtemperatur (als tatsächliche und gemessene Raumtemperatur) in den Gleichungen durchaus sinnvoll sein kann. Für andere Parameter, etwa die Heizleistung, trifft das nicht zu, sie repräsentieren keine andere Systemkomponente. Allerdings scheinen völlig repräsentationsfreie dynamische Systeme, in denen kein Systemparameter einen anderen Systembestandteil repräsentiert, nicht auszureichen, um z. B. höhere kognitive Leistungen zu erklären: Da diese Systeme immer nur eine konkrete Interaktion mit der Umwelt abbilden können, sind kognitive Vorgänge, die keine direkte Interaktion beinhalten (und dazu gehören gerade die ›klassischen‹ kognitiven Aufgaben wie Schlussfolgern, Planen, Abwägen, Erinnern usw.), scheinbar nicht ohne Weiteres im Sinne dynamischer Systeme beschreibbar (Eliasmith 1997; van Gelder/Port 1995). Solche kognitiven Leistungen sind im Sinne von Clark/Toribio (1994) ›repräsentationshungrig‹ (*representation-hungry*; s. Kap. III.7). Außerdem ersetzen rein dynamizistische Ansätze das ursprüngliche *Explanandum* der Kognitionswissenschaft, d. h. das flexible Verhalten von kognitiven Systemen, durch ein anderes, nämlich durch das dynamische Verhalten von gekoppelten Systemen (d. h. kognitiven Systemen plus ihrer Umwelt). Anti-repräsentationalistische dynamizistische Theorien können Kognition im traditionellen Sinne also nicht befriedigend erklären. Zwar weisen sie zu Recht darauf hin, dass viele relevante Faktoren nicht explizit intern repräsentiert werden müssen, und ihre Forderungen nach ›Verkörperlichung‹ (*embodiment*) sowie Umwelt- und Situationsbezug (*situatedness*) sind in der kognitiven Robotik (s. Kap. II.B.2) inzwischen als wesentliche Konstituenten intelligenter Artefakte anerkannt (s. Kap. III.7), so dass zunehmend ein Übergang von einem repräsentations- zu einem handlungszentrierten Ansatz stattgefunden hat, dessen Verfolgung die Konstruktion von leiblichen Artefakten zwingend voraussetzt: Kognition wird damit zu einem aktiven Prozess der Weltgestaltung (s. u.). Daraus folgt jedoch nicht, dass wir in unserer Beschreibung kognitiver Systeme auf Repräsentationen vollständig verzichten können (eine sehr ausführliche Diskussion der Standpunkte derjenigen, die den Repräsentationsbegriff ablehnen und anderen, die ihn in unterschiedlicher Ausprägung anerkennen, findet sich in van Gelder (1998)).

Viele sog. Anti-Repräsentationalisten wenden sich wie gesehen gegen eine oder mehrere der ›klassischen‹ Eigenschaften von Repräsentationen (vollständig, detailreich, symbolisch). Denkt man allerdings zurück an den ursprünglichen Zweck der Einführung von Repräsentationen, so ist dort von diesen Eigenschaften gar nicht die Rede: Das ursprüngliche liberale Bild von Repräsentationen ließ vielmehr völlig offen, ob Repräsentationen symbolisch, vollständig und detailreich oder integrierte Modelle von komplexen Sachverhalten sind. Die Debatte um den Repräsentationsbegriff betrifft daher in erster Linie nicht die Existenz von Repräsentationen, sondern sagt allenfalls etwas darüber aus, welche Eigenschaften Repräsentationen nicht haben bzw. nicht unbedingt haben müssen. Um den Begriff der Repräsentation weiterhin fruchtbar in der Kognitionswissenschaft verwenden zu können, muss ein relativ liberales Verständnis von Repräsentationen vorausgesetzt werden, das Raum für ganz unterschiedliche Arten von mentalen Repräsentationen bietet. Mentalen Repräsentationen kommt in kognitionswissenschaftlichen Theorien also nach wie vor eine zentrale Rolle zu, auch wenn weniger Repräsentationen angenommen werden müssen als lange gedacht, und auch wenn viele Repräsentationen nicht alle Eigenschaften haben, die ihnen im Laufe der Entwicklung der Kognitionswissenschaft zugeschrieben wurden. Die Repräsentationale Theorie des Geistes hat klarerweise Grenzen, aber sie muss nicht einem radikalen Anti-Repräsentationalismus weichen.

Eine weitere derartige Grenze betrifft die Erklärung von phänomenalem Erleben, also dem ›wie es ist‹ (*what it is like*), sich in einem bestimmten (bewussten) Zustand zu befinden (Nagel 1974; s. Kap. IV.4). Nach der liberalen Auffassung können mentale Repräsentationen prinzipiell bewusst *oder* unbewusst vorliegen. Sie erklären das Verhalten von kognitiven Systemen unabhängig davon, ob das kognitive System dabei ein phänomenales Erleben hat oder nicht (es ist z. B. völlig irrelevant, ob die Ameise etwas erlebt oder nicht). Der Inhalt einer Repräsentation legt fest, mit welchen Gegenständen interagiert wird (z. B. mit dem Nest). Einige Kognitionswissenschaftler sind davon überzeugt, dass phänomenales Erleben durch einen bestimmten ›phänomenalen Inhalt‹ oder ›Gehalt‹ erklärt werden kann. Das allerdings widerspricht der Grundidee, mit der Repräsentationen eingeführt wurden: Wir verhalten uns nicht zu unserem phänomenalen Erleben (wir interagieren nicht mit ihm), und daher kann dieses phänomenale Erleben auch nicht über den Inhalt von Repräsentationen erklärt werden (Vosgerau et al. 2008). Im Gegenteil: Jeder Inhalt

kann prinzipiell bewusst oder unbewusst vorliegen, in beiden Fällen wird damit ein Verhalten zu bestimmten Objekten erklärt. Das bedeutet natürlich nicht, dass Bewusstsein nicht zu Unterschieden im Verhalten führt, sondern nur, dass diese Unterschiede im Verhalten durch die Art der Verarbeitung der Repräsentationen erklärt werden müssen, nicht durch deren Inhalt, also einen ›phänomenalen Gehalt‹. Ein entsprechendes Erklärungsmodell ist z. B. das *global workspace model* (Dehaene/Naccache 2001; s. Kap. IV.4), das Bewusstsein von Repräsentationen auf ihre globale Verfügbarkeit im Gehirn zurückführt, was auf einer funktionalen Beschreibungsebene bedeutet, dass sie für verschiedenste kognitive Subsysteme (Schlussfolgern (s. Kap. IV.17), Gedächtnis (s. Kap. IV.7), Aufmerksamkeit (s. Kap. IV.1), Lernen (s. Kap. IV.12), Sprache (s. Kap. IV.20) usw.) verfügbar sind.

Wie hängen Repräsentationen von Umwelt und Körper ab?

Im vorangegangenen Abschnitt wurde bereits deutlich, dass verschiedene Kritiken am Repräsentationsbegriff dazu geführt haben, dass sich der Fokus der Debatte auf Aspekte verschoben hat, die einerseits außerhalb kognitiver Systeme liegen und andererseits deren körperliche Verfassung betreffen (s. Kap. III.7). Was genau ist das Verhältnis von Repräsentationen und Umwelt bzw. Körper?

In den letzten Jahren ist die Frage aufgekommen, ob die Vehikel unserer mentalen Repräsentationen nur in unseren Gehirnen oder Körpern zu finden sind (wie in der Kognitionswissenschaft traditionell angenommen wurde) oder ob sie über die Körpergrenzen hinaus reichen. Unter dem Slogan ›extended cognition‹ (s. Kap. III.8) wird dabei argumentiert, dass die Vehikel unserer mentalen Repräsentationen nicht nur interne Zustände (im Sinne der Grenzen des zentralen Nervensystems oder der Haut als Grenze), sondern auch externe Zustände umfassen. Die grundlegende Idee ist, dass manche externen ›Geräte‹, z. B. ein Schreibblock oder das Internet, die gleiche Funktion erfüllen können wie Gedanken, die wir uns machen, oder Dinge, die wir uns merken. Sie erfüllen also, so die Argumentation, dieselbe Rolle wie klarerweise mentale Zustände und sollten daher selbst auch als mental gelten. Im Gegensatz dazu geht der traditionelle Internalismus davon aus, dass die Vehikel mentaler Repräsentationen lediglich im Inneren des repräsentierenden Systems vorkommen, wenngleich meist völlig unklar bleibt, wie dieses Innere genau zu definieren ist. Was in dieser Debatte gefordert wird, ist letztlich also eine Definition des Mentalen. Unabhängig davon, was eine solche Definition leisten soll und kann, besteht eine gewisse Spannung zwischen der ursprünglichen Idee einerseits, die von der Erklärung flexiblen Verhaltens ausgeht und mit einem liberalen Verständnis von Repräsentationen einhergeht, und der Idee von *extended cognition* andererseits: Wenn externe Objekte mit in die Erklärung von Verhalten einbezogen werden, dann erklären wir nicht mehr das flexible Verhalten des Systems, das dieses Verhalten zeigt (z. B. rechne *ich*, auch wenn ich Zettel und Stift dazu brauche, und die Ameise läuft zum Nest, auch wenn sie dabei den Sonnenstand berücksichtigt), sondern das ›Verhalten‹ des größeren Systems, das sich aus diesem System und dem externen Objekt zusammensetzt (was auch immer das komplexe System *Ich+Zettel+Stift* tut, es rechnet ebenso wenig, wie das komplexe System *Ameise+Sonne* zum Nest läuft). Anhängern von *extended cognition* kann es aus diesem Grund nicht mehr darum gehen, mein Rechenverhalten oder die räumliche Orientierung der Ameise zu erklären. Auch wenn die Debatte zu Recht darauf hinweist, dass externe Objekte eine wichtigere Rolle für die Erklärung kognitiver Leistungen spielen könnten als bisher angenommen wurde, verändern auch sie, ähnlich wie die Theorie dynamischer Systeme, das ursprüngliche *Explanandum* der Kognitionswissenschaft.

In neueren Entwicklungen in der KI ist dementsprechend eine erhebliche Ausdifferenzierung bei der Konstruktion experimenteller Systeme festzustellen: Man konzentriert sich mehr und mehr darauf, Repräsentationen über mehrere Systeme zu verteilen, und darauf, dass sich Systeme gegenseitig über die eigenen direkten sensorischen Erfassungsmöglichkeiten hinaus *via* Internet mit Informationen versorgen, so dass, sofern vorab ein geeignetes Kommunikationsformat vereinbart wurde, zwischen den Systemen sowohl historische als auch aktuelle Messwerte, Erfahrungen und abgeleitetes Wissen ausgetauscht werden können. In gewisser Weise entstehen so virtuelle Repräsentationen eines gemeinsamen Raumes, die verschiedene Abstraktionsgrade aufweisen können (vgl. z. B. das Projekt *RoboEarth*: http://www.roboearth.org/).

Weiterhin muss geklärt werden, wie das Verhältnis von Vehikeln (die physische Entitäten und damit körperlich sind) und Inhalten (die nicht physisch sind) beschrieben werden kann. Die entsprechende Debatte ist vielschichtig, da verschiedene Aspekte ins Spiel kommen. Zum einen gibt es die metaphysi-

sche Debatte darum, wie das Verhältnis von Vehikeln und Inhalten generell zu charakterisieren ist: Hierbei geht es hauptsächlich um das sog. Leib-Seele-Problem, also um die Frage, wie mentale Eigenschaften mit den physikalischen Eigenschaften der Vehikel zusammenhängen (s. Kap. II.F.1, Kap. IV.4). Zum anderen geht es um die Frage, ob und inwiefern der Inhalt einer Repräsentation vom Vehikel abhängig ist: Die klassische Position der Kognitionswissenschaft besagt hierbei gemäß der sog. *physical symbol system hypothesis* (Newell/Simon 1976), dass die Inhalte von der jeweiligen Realisierung (also den Vehikeln) vollkommen unabhängig sind. Mentale Repräsentationen sind demnach als Symbole zu charakterisieren, die auf ganz unterschiedliche Art und Weise implementiert sein können, ohne dass die Implementierung etwas an deren Inhalt und deren (algorithmischer) Verarbeitung änderte (s. Kap. III.1).

Diese Idee wurde von verschiedensten Seiten, insbesondere auch aus Sicht der kognitiven Robotik (s. Kap. II.B.2) kritisiert. In der kognitiven Robotik als einem Teilbereich der KI versteht man unter Repräsentationen allgemein Darstellungen für unterschiedlichste, aus Sicht eines Rechner- oder Robotersystems externe und interne Entitäten und Relationen, etwa Zustände und deren Dynamik, Modelle von und für Umwelt und Raum, situative Wahrnehmungen, aber auch Muster für situierte Handlungen sowie physikalische, sprachliche oder visuelle Interaktionen. Deren Darstellungen, also die Repräsentationen, finden sich auf verschiedenen, dezentralen Verarbeitungsebenen eines informationsverarbeitenden Robotersystems und dienen bei seiner Steuerung dazu, externe und interne Stimuli in zielgerichtete Aktionen (Handlungsmuster) umzusetzen. Das zentrale Problem bei der Einführung eines solchen Konzepts von Repräsentationen als ›Vermittler‹ besteht in ihrer Entstehungsmodalität: Bislang werden Repräsentationen auf allen Ebenen der Steuerung – von der Struktur von Karten der Umgebung über Reiz-Reaktions-Schemata bis hin zu multimodalen Schnittstellen – praktisch immer von einem ›allwissenden‹ menschlichen Konstrukteur vorgegeben; neben der menschlichen Vorgabe werden höchstens noch Parameter adaptiert. Ein solcher Ansatz schließt jedoch nicht nur die Entwicklung struktureller Innovation in Verhaltensmustern aus, sondern funktioniert auch nur für ›vorgedachte‹ Eingabe-Ausgabe-Relationen. Aus diesem Grund ist es für die Entwicklung von ›intelligenten‹ Artefakten von entscheidender Bedeutung, dass Repräsentationen im Handlungs- und Umweltkontext bezogen auf die je spezifische Umwelt, Sensorik, Morphologie und Dynamik des Robotersystems laufend neu entstehen können. Diese Herangehensweise spiegelt sich v. a. im Paradigma des Enaktivismus wider (Maturana/Varela 1980), wonach Kognition in kontinuierlicher plastischer Koppelung eines intelligenten Wesens an seine Umwelt erfolgt und eine ständige Wechselwirkung zwischen (ganzem) Körper und Repräsentationssystem sowie zwischen Wesen und Umwelt existiert (s. Kap. III.9). Allerdings ist die systematische Untersuchung von kognitiven Architekturen für Robotersysteme, die die Entstehung von völlig neuen Repräsentationen ermöglichen, in der Robotik bislang nicht mit großem Nachdruck angegangen worden. Gelänge deren Konstruktion, dann hätte man nicht nur eine neue Grundlage für die Entwicklung intelligenten Verhaltens in Robotern auf Ebenen, die nicht von vornherein ›einprogrammiert‹ sind; dieser Erfolg hätte auch für die handlungszentrierte Kognitionstheorie erhebliche Konsequenzen, da ihre Postulate zumindest für bestimmte Domänen experimentell simuliert und validiert werden könnten.

Ein spezielleres Beispiel für eine enaktivistische Theorie stellt die Theorie visueller Wahrnehmung von O'Regan/Noë (2001) dar (s. Kap. IV.24), wonach unsere Fähigkeit zur Wahrnehmung darin besteht, die systematischen Veränderungen des Retinabildes in Abhängigkeit von den eigenen Bewegungen zu kennen und ›vorhersagen‹ zu können. Wenn wir z. B. einen geraden Strich fokussieren, bildet dieser sich auf der Retina als gerader Strich ab. Wenn wir allerdings neben den Strich schauen, dann bildet sich derselbe Strich aufgrund der Wölbung des Augapfels nicht mehr als Strich, sondern als Kurve ab. Etwas als gerade zu sehen heißt demnach zu ›wissen‹, dass sich das zugehörige Retinaabbild mit den eigenen Bewegungen auf eine bestimmte Art und Weise ändert (s. Kap. IV.19).

Für die kognitive Robotik bedeutet dies, dass die Gestaltung der Umwelt, die körperliche Verfassung des Lebewesens und dessen Entwicklung einen verschränkten Prozess darstellen und nicht separiert werden können (s. Kap. III.7). Tatsächlich allerdings haben sowohl die ›herkömmlichen‹ kognitivistischen als auch konnektionistischen (also auf ›sybsymbolischer‹ Repräsentation basierenden) Ansätze für technische Lösungen arbeitsfähiger Artefakte bereits zu teilweise beeindruckenden Systemlösungen (z. B. in Form von humanoiden Robotern verschiedenster Ausprägung) geführt, während der Nachweis, dass die konsequente technische Umsetzung enaktivistischer Ansätze zu qualitativ ›intelligenteren‹ Robotersystemen führt als kognitivistische oder konnektionistische Ansätze, nach wie vor aussteht.

Zur stärkeren Einbeziehung des Körpers in die Betrachtung von Kognition gehört auch die weitere Entwicklung im Hinblick auf den Körper von Robotern, also den mechanischen Aufbau der Systeme selbst. Obwohl eine geeignete ›Verkörperlichung‹ als Voraussetzung für den Aufbau adäquater Repräsentationen weitgehend akzeptiert ist, sind Roboter bis heute in praktisch allen Fällen starre, elektromotorisch angetriebene Konstruktionen – also weit entfernt vom biologischen Vorbild. Damit ist es jedoch nicht möglich, Materialeigenschaften wie Nachgiebigkeit, dynamisches Verhalten usw. auszunutzen, um Verhaltensweisen möglichst treu nachzubilden (s. Kap. III.5). Genau das allerdings kann nicht nur für den Aufbau von Repräsentationen und Verhaltenskategorien entscheidend sein, sondern führt vielfach auch zu einer erheblichen Vereinfachung der Komplexität von Steuerungen. In Paul (2006) wird in diesem Zusammenhang der Begriff der ›*morphological computation*‹ eingeführt: Phänomene, die sich aus der direkten Interaktion zwischen Körper(-material) und Umwelt ergeben, müssen nicht ingenieurtechnisch modelliert, für eine Recheneinheit repräsentiert und dann über eine aktive (Motor-)Einheit in die Umwelt abgebildet werden. Unter Umständen führt dies zu ganz erheblichen Einsparungen: Die Abwärtsbewegung eines Beins muss z. B. nicht vom Roboter gesteuert werden, sondern kann einfach der Schwerkraft überlassen werden. Ein Beispiel für ein ganzes Robotersystem, welches diesem Prinzip folgt, ist der Roboter CRONOS aus dem Projekt ECCEROBOT (http://eccerobot.org/), der aus Gummizügen und Kunststoff aufgebaut ist und unter Ausnutzung seiner Materialeigenschaften in seinem Bewegungsverhalten dem Torso eines Menschen sehr nahe kommt, ohne dass dazu spezielle Berechnungen oder Repräsentationen nötig wären (s. Kap. III.7).

Wie können Repräsentationen individuiert werden?

Wenden wir uns nun der zentralen Frage zu, wann zwei Vorkommnisse als Vorkommnisse einer Repräsentation (eines Typs von Repräsentation) gewertet werden, d. h. der Frage, wie Repräsentationen individuiert werden. Was die Individuierung von Inhalten angeht, können die Debatten teilweise bis in die Antike zurückverfolgt werden. Es geht dabei um die Frage, was den Inhalt einer Repräsentation festlegt und damit ein Vehikel überhaupt zu einer Repräsentation eines bestimmten Inhaltstyps macht. Zunächst können zwei generelle Thesen unterschieden werden: der *semantische Internalismus* und der *semantische Externalismus* (s. Kap. IV.9). Der semantische Internalismus behauptet, dass alle Faktoren, die den Inhalt einer mentalen Repräsentation bestimmen, innerhalb des repräsentierenden Systems zu finden sind, während der semantische Externalismus dafür argumentiert, dass der Inhalt mancher Repräsentationen auch von äußeren Faktoren (z. B. der Beschaffenheit der Welt oder der Sprachgemeinschaft) mitbestimmt wird. Das klassische Argument zugunsten des semantischen Externalismus beruht auf einem Gedankenexperiment zu sprachlichen Ausdrücken von Hilary Putnam und wurde von Tyler Burge (1979) auf mentale Repräsentationen übertragen. Die Grundidee ist, dass der Inhalt einer Wasser-Repräsentation (genauer: des Begriffs ›Wasser‹, der in unseren Gedanken vorkommt) auf die essenzielle Eigenschaft von Wasser referiert, nämlich auf die Eigenschaft, H_2O zu sein. Diese für das Wort ›Wasser‹ plausible Annahme wird von Burge unkritisch auf den Inhalt der mentalen Repräsentation übertragen: Stellen wir uns eine Welt vor, in der die Flüssigkeit in den Seen und Flüssen nicht H_2O, sondern XYZ ist, dann hätten die Bewohner dieser Welt folglich einen anderen Wasser-Begriff, d. h. andere Wasser-Repräsentationen, deren Inhalt nicht H_2O sondern XYZ herausgreift. Das gilt z. B. auch für einen Zwilling von mir in der XYZ-Welt, der dieselben internen Zustände hat wie ich und dasselbe Verhalten zeigt wie ich. Ob also mein interner Zustand (meine Repräsentation) tatsächlich diesen oder jenen Inhalt hat, so das Argument, hängt davon ab, wie die Welt beschaffen ist, in der wir leben (ob es in ihr H_2O oder XYZ gibt). Eine andere (ebenfalls von Burge vertretene) Version des semantischen Externalismus geht davon aus, dass der Inhalt mentaler Zustände wesentlich von der Sprache abhängt, die wir sprechen, so dass die Inhalte in Abhängigkeit davon variieren, welcher Sprachgemeinschaft wir angehören. Beide Argumente setzen aber letztendlich mehr oder weniger explizit voraus, dass der Inhalt mentaler Repräsentationen stark an den sprachlichen Ausdruck gekoppelt ist, was eine sehr starke und umstrittene Annahme ist (Newen/Vosgerau 2007).

Spezifischere Theorien der Repräsentation versuchen, die Relation zu beschreiben, die zwischen einer Repräsentation und dem Repräsentierten besteht und den Inhalt der Repräsentation festlegt. Es lassen sich grob fünf Familien von Theorien unterscheiden:

Konventionalistische Theorien. Konventionalistische Theorien gehen davon aus, dass die Verbindung zwischen Repräsentation und Repräsentiertem lediglich durch Konventionen festgelegt wird, wie es bei den meisten sprachlichen Ausdrücken der Fall zu sein scheint: dass etwa ›Tisch‹ und ›table‹ für Tische stehen, ist pure Konvention. Für mentale Repräsentationen ist dieser Ansatz allerdings wenig erfolgversprechend, da in einem einzelnen Subjekt bzw. kognitiven System keine Konventionen ›vereinbart‹ werden können.

Kausale Theorien. Kausale Theorien behaupten, dass (mentale) Repräsentationen für etwas Bestimmtes stehen, weil sie davon verursacht wurden. Das Hauptproblem dieser Theorien ist das sog. Disjunktionsproblem: Wenn nur die Verursachung den Inhalt festlegte, dann dürften ausschließlich Pferde Pferd-Repräsentationen verursachen. Da es Fehlwahrnehmungen gibt, kann das aber nicht sein: In der Dämmerung kann ich z. B. eine Kuh für ein Pferd halten, so dass eine Kuh die Pferd-Repräsentation verursacht. Diese Verursachung müsste kausalen Theorien zufolge genauso relevant sein für die Inhaltsfestlegung, so dass der Inhalt des Begriffs ›Pferd‹ als ›Pferd oder Kuh‹, also als Disjunktion, angegeben werden müsste. Das ist aber, wie Fodor (1994, 60) es ausdrückte, »to put the case mildly, not satisfactory«, da es systematisch zu disjunktiven Inhalten führen würde, die dann keine Erklärungskraft mehr hätten.

In den Neurowissenschaften spielen kausale Theorien für den Repräsentationsbegriff allerdings eine große Rolle. Folgt man einem zweistelligen kausal-korrelativen Repräsentationsbegriff, so gelten neuronale Zustände eines kognitiven Systems dann als repräsentational, wenn sie in kausaler Weise Informationen (d. h. Information im Sinne Dretskes; s. o.) über externe Zustände oder Ereignisse enthalten, oder, anders ausgedrückt, wenn jene (die neuronalen Zustände) durch diese (die externen Zustände) erzeugt wurden. Neuronale Zustände lassen sich mit elektrophysiologischen Mitteln etwa als die Feuerrate von einzelnen Neuronen oder Nervenzellen oder mittels sog. funktionell hirnbildgebender Verfahren (wie der funktionellen Magnetresonanztomografie (fMRT)) als bestimmte Aktivitätsverteilungen größerer Nervenzellpopulationen bestimmen. Diese Messergebnisse können mit externen Ereignissen korreliert werden, die dann als ihre Ursache gedeutet werden. In einem neurowissenschaftlichen Kontext kann unter einer Repräsentation daher eine neuronale Abbildung eines externen Ereignisses verstanden werden, d.h. ein bestimmter physikalischer Zustand im raumzeitlich definierten System des Gehirns. Derartige neuronale Zustände repräsentieren demzufolge externe Ereignisse, Prozesse oder Gegenstände, weil sie in einer ersten Näherung mit ihnen korrelieren (also systematisch gleichzeitig auftreten): Immer, wenn ich z.B. einen Hund sehe, wird in meinem Gehirn ein ähnlicher (Teil-)Zustand auftreten, der dann als Repräsentation des Hundes verstanden wird.

Diese Redeweise sieht sich jedoch erheblichen Schwierigkeiten gegenüber, weil die Rede von repräsentationalen Zuständen lediglich auf ihre kausale Verursachung Bezug nimmt: Von einer kausalen Repräsentation ließe sich nur dann sinnvoll sprechen, wenn empirisch erforscht wäre, welche bestimmten Eigenschaften externer Ereignisse oder Gegenstände spezifisch die entsprechenden neuronalen Zustände verursachen können, was besonders deutlich wird, wenn wir es mit einer ganzen Kette von möglichen Ursachen für einen Gehirnzustand zu tun haben. Hinzu kommt das Problem, dass die neuronale Aktivität nicht immer nur auf externe Ereignisse oder Gegenstände fokussiert ist. Die Vielzahl von neuronalen Prozessen ist vielmehr der internen Verarbeitung geschuldet, so dass ein einfacher kausal-korrelativer Repräsentationsbegriff nicht alle neuronalen Prozesse sinnvoll beschreiben kann. Darüber hinaus gibt es eine Vielzahl von Gehirnzuständen, die durch externe Ereignisse verursacht werden, diese aber nicht repräsentieren (die durch Nikotinkonsum hervorgerufenen Veränderungen im Gehirn sind z.B. keine Repräsentation des Nikotinkonsums).

Ähnlichkeitsbasierte Theorien. Der historisch gesehen wichtigste Ansatz wird durch ähnlichkeitsbasierte Theorien vertreten, die eine bestimmte Ähnlichkeit zwischen Repräsentation und Repräsentiertem für entscheidend halten. Dabei werden ganz unterschiedliche Ähnlichkeiten ins Feld geführt: Angelehnt an bildliche Ähnlichkeit ist die Idee, dass Repräsentationen die Form des Repräsentierten annehmen (z.B. bei Aristoteles). Ludwig Wittgenstein spricht von ›logischen Bildern‹, bei denen in der Repräsentation lediglich die logischen Eigenschaften des Repräsentierten abgebildet werden. In der Kognitionswissenschaft hat sich v.a. die Idee der strukturellen Ähnlichkeit durchgesetzt (Bartels 2005). Dabei werden Strukturen im mathematischen Sinne als Mengen verstanden, über die Relationen (und/ oder Funktionen) definiert sind. Strukturelle Ähnlichkeit kann dann im mathematischen Sinne als Isomorphie oder Homomorphie definiert werden.

Die Idee, dass strukturerhaltende Abbildungen den Kern von Repräsentation ausmachen, spielt wiederum v.a. auch in den Neurowissenschaften eine große Rolle: Der visuelle Kortex ist weitgehend topologisch organisiert, d.h. ähnliche Eigenschaften (z.B. ähnliche Farbtöne) werden durch nahe beieinanderliegende Neuronen angezeigt, so dass die Struktur der Wirklichkeit in der Struktur des Gehirns abgebildet zu sein scheint (s. Kap. IV.24). Das Hauptproblem von ähnlichkeitsbasierten Theorien besteht darin, dass sie zwar vielleicht ein notwendiges, aber kein hinreichendes Kriterium angeben können, da Ähnlichkeitsbeziehungen normalerweise symmetrisch sind, die Repräsentationsbeziehung typischerweise aber asymmetrisch ist: Eine mentale Repräsentation steht für etwas, aber dieses etwas steht nicht für die mentale Repräsentation.

Teleosemantische Theorien. Unter der Bezeichnung ›teleosemantische Theorien‹ können Ansätze zusammengefasst werden, die einen bestimmten Zweck der Repräsentation als ausschlaggebend für ihren Inhalt ansehen. Dieser Zweck wird meist evolutionär begründet: Ein bestimmter Gehirnzustand z.B. repräsentiert Gefahr, weil er sich evolutionär als nützlich erwiesen hat, um Gefahren gezielt auszuweichen. Dabei können grob zwei Strategien unterschieden werden: Entweder wird der Zweck einer Repräsentation direkt an evolutionäre ›Ziele‹ wie Überleben und Fortpflanzung geknüpft (z.B. Millikan 1984) oder er wird etwas abstrakter als die Funktion, Information zu tragen, gefasst (z.B. Dretske 1981). Dem zweiten Ansatz liegt, wie oben erwähnt, die folgende Idee zugrunde: Obwohl Repräsentationen keine Information über das Repräsentierte tragen, werden sie so behandelt, als ob sie es täten – sie haben also die Funktion, Information zu tragen, auch wenn sie es nicht tun, genauso wie ein Dosenöffner die Funktion hat, Dosen zu öffnen, auch wenn er es nicht tut. Allerdings stellt sich die Frage, inwieweit diese Funktion tatsächlich evolutionär begründet werden kann oder ob sie nicht letztlich mit der Funktion im Sinne des ersten Ansatzes zusammenfällt. Der erste Ansatz hingegen hat die Schwierigkeit, die enorme Vielzahl und Differenzierung von Inhalten mit den relativ wenigen evolutionären Zielen von Organismen zu erklären – warum und wie sollte z.B. meine Repräsentation der Jupitermonde zur Sicherung meines Überlebens beitragen?

Funktionalistische Theorien. Die ›klassischen‹ kognitionswissenschaftlichen Theorien von Repräsentation sind funktionalistische Theorien, die auf die mathematische Automatentheorie zurückgehen. Eine bestimmte Klasse solcher Automaten, die sog. endlichen Automaten, können durch eine Übergangsfunktion beschrieben werden, die Paare von Eingaben und Ist-Zuständen auf Paare von Ausgaben und Folgezuständen abbildet und häufig in sog. Maschinentafeln tabellarisch dargestellt wird (vgl. Abb. 1).

Ist-Zu-stand	Eingabe	Ausgabe	Folge-zustand
1	50 Cent	nichts	2
1	1 Euro	Cola	1
2	50 Cent	Cola	1
2	1 Euro	Cola, 50 Cent	1

Abbildung 1: Maschinentafel eines Getränke-automaten

Der Grundgedanke dieses Ansatzes besteht darin, dass die (internen) Zustände eines Automaten vollständig durch seine charakteristische Abbildung (Funktion) beschrieben werden können. Beispielsweise ›bedeutet‹ Zustand 2 in der Maschinentafel des Getränkeautomaten in Abbildung 1, dass bereits 50 Cent eingeworfen wurden. Dieser ›Inhalt‹ des internen Zustands ergibt sich direkt aus der Tabelle und muss nicht zusätzlich durch eine Eigenschaft des Zustands selbst festgelegt werden. Wenn kognitive Systeme auf diese Weise im Sinne der Automatentheorie beschrieben werden können, dann können auch alle ihre internen Zustände als Repräsentationen in diesem funktionalistischen Sinne gedeutet werden. Schmerzen zu haben, wäre dann etwa derjenige Zustand, der durch eine Verletzung entsteht, ein bestimmtes Verhalten (Schreien, zum Arzt gehen usw.) zur Folge hat usw.

In dieser einfachen Form hat der Ansatz v. a. das Problem, dass es unmöglich erscheint, die Eingabe und Ausgabe eines kognitiven Systems genau und in einer endlichen Tabelle zu erfassen. Aber auch etwas differenziertere Ansätze stehen vor dem Problem, die Feinkörnigkeit der Inhalte und der Verhaltensweisen (Ausgaben) zu spezifizieren: Wenn die Funktionen so feinkörnig bestimmt werden, dass alle Umstände miteinbezogen werden, dann muss letztendlich für jeden Einzelfall eine eigene Funktion eingeführt werden. Damit involvierte aber jede einzelne Episode unseres Verhaltens spezifische Repräsentationen mit ganz individuellem Inhalt, und das Ziel der Verhaltenserklärung könnte nicht mehr er-

reicht werden, da jede Episode auch eine individuelle, nicht auf andere Episoden übertragbare Erklärung erhielte. Die (ungelöste) Frage lautet also, auf welcher Abstraktionsstufe wir Inhalte individuieren und wie sich die Wahl einer bestimmten Abstraktionsstufe rechtfertigen lässt.

Einige aktuelle Ansätze fügen der funktionalistischen Grundidee andere, z. B. kausale, Elemente hinzu. So gehen manche Autoren (z. B. Grush 2004) von einem kausal-korrelativ definierten Begriff der *Präsentation* aus, der die sensorischen Eingangssignale bezeichnet, die über unsere Sinnessysteme vermittelt werden und unser Gehirn erreichen. Eine Präsentation vermittelt also Information über ein externes Ereignis in der Umwelt und ist kausal mit diesem verbunden. Demgegenüber ist die *Re*präsentation als ein Modell (eine Emulation) der Umwelt zu verstehen, das gerade keine direkte kausale Verbindung zu dem jeweiligen Umweltzustand aufweist. Diese Überlegung führt unmittelbar zu einem dreistelligen Repräsentationsbegriff, der die Funktion der Repräsentation für das System miteinbezieht. Unter der Annahme eines solchen dreistelligen Begriffs beruhen die Kerneigenschaften von Repräsentationen auf der kausalen Korrelation zwischen dem repräsentierten Gegenstand, dem repräsentierenden Prozess und dem Gebrauch, den das kognitive System von repräsentationalen Zuständen macht (bzw. der Funktion, die die Repräsentation für das kognitive System erfüllt). Damit hat jede Repräsentation auch eine bestimmte Funktion, nämlich diejenige Funktion, die sie dadurch zugewiesen bekommt, dass sie für ein kognitives System handlungsrelevant werden kann (wodurch aber nicht notwendigerweise ein ›höherstufiges‹ Subjekt impliziert wird, das diese Funktionen aufruft). Der repräsentationale Gehalt eines neuronalen Zustands ist demnach nicht identisch mit externen Ereignissen oder Gegenständen, sondern vielmehr ein informativer und potenziell handlungsrelevanter Beitrag für das System. Man spricht oft auch davon, dass Repräsentationen ›funktionale Rollen‹ für ein kognitives System ausüben.

Für die Neurowissenschaften bedeutet dies, dass erst ein solcher dreistelliger Repräsentationsbegriff auch einen heuristischen Wert bekommt, weil er helfen kann, die Frage zu beantworten, wann zwei Vorkommnisse von neuronalen Zuständen zum selben Typ gehören. In den meisten Fällen der forschungspraktischen Anwendung wird der Ausdruck ›Repräsentation‹ verwendet, ohne dass zwischen der Bedeutung von Repräsentationen als einer Klasse (d. h. eines Typs) neuronaler Zustände oder Prozesse, die durch eine funktionale Rolle oder einen repräsentationalen Gehalt bestimmt ist, und den Zuständen oder Prozessen selbst als Elementen dieser Klasse (d.h. den Vorkommnissen des Typs) klar unterschieden würde. Dahinter verbirgt sich auch ein konkretes methodisches Problem der neurowissenschaftlichen Forschungspraxis: Unter welchen Umständen ist es gerechtfertigt, räumlich oder zeitlich komplexe Muster neuronaler Aktivität als Vorkommnisse derselben Repräsentation anzusehen? Man könnte auch sagen, dass damit die Frage angeschnitten wird, wie neuronale Phänomene eigentlich als Einzelphänomene abgegrenzt werden können.

Mit einem solchen dreistelligen Repräsentationsbegriff steht auch ein Begriffsinstrument zur Verfügung, das es erlaubt, so etwas wie die funktionale Rolle für ein System konzeptuell zu erfassen. Solange nur Merkmale der neuronalen Zustände selbst (Lokalisation, Feuerrate usw.) verwendet werden können, ist konzeptuell nichts erreicht, da neuronale Zustände lediglich in Bezug auf ihre Eigenschaften zu sich selbst in Beziehung gesetzt werden können. Durch die Einführung einer funktionalen Rolle gelingt es jedoch, nach externen Kriterien zu beurteilen, ob etwa ein Unterschied in der räumlichen Verteilung eines neuronalen Aktivitätsmusters für den Status als (Vorkommnis einer bestimmten) Repräsentation relevant ist oder nicht.

Andere Ansätze verbinden die funktionalistische Grundidee mit Anleihen aus ähnlichkeitsbasierten Theorien. Ein Beispiel ist die bereits oben angesprochene Theorie struktularer Repräsentationen (Bartels 2005), die eine funktionalistische Grundidee mit dem Isomorphieansatz kombiniert. Dabei wird eine strukturelle Ähnlichkeit zwischen Repräsentation und Repräsentiertem als integraler Bestandteil der Funktion der Repräsentation gedeutet, um so die spezifischen Probleme beider Ansätze zu vermeiden.

Eine andere Art der Verbindung unterschiedlicher Elemente stellen sog. Stufentheorien bereit. Deren Grundgedanke lautet, dass es verschiedene Arten von Repräsentationen gibt, die sich in ihrer Struktur und eventuell auch in den Bedingungen ihrer Inhaltsindividuierung unterscheiden. Gleichzeitig sollen diese Arten hierarchisch geordnet sein, so dass sie in einer onto- wie phylogenetischen Entwicklung aufeinander aufbauen. Typischerweise lassen sich die unteren Stufen als nichtbegriffliche Arten von Repräsentationen ausweisen, auf deren Grundlage dann höhere, ›begriffliche‹ Stufen von Repräsentationen entstehen können (s. Kap. IV.4, Kap. IV.9). Auf den verschiedenen Stufen können unterschiedliche Theorien eine Rolle spielen: Bei-

spielsweise können sensorische Repräsentationen im Sinne der kausalen Theorien erfasst werden (s. Kap. IV.24), während begriffliche Repräsentationen am besten durch den Isomorphismusgedanken eingefangen werden können (z. B. Vosgerau 2009). Stufentheorien verbinden also die Frage nach der Individuierung von Repräsentationen mit der Frage, welche Arten von Repräsentationen wie unterschieden werden müssen.

Welche Arten von Repräsentationen gibt es?

Eine wichtige Debatte auf philosophischer Seite beschäftigt sich mit der Frage, ob man grundsätzlich zwei verschiedene Arten von Repräsentationen unterscheiden muss: *begriffliche* und *nichtbegriffliche* (s. Kap. IV.24). Begriffliche Repräsentationen werden meist dadurch charakterisiert, dass das Vorliegen einer solchen Repräsentation voraussetzt, dass man über die Begriffe, mithilfe derer man den Inhalt wiedergibt, selbst verfügen muss. Wenn ich mich z. B. über einen Strafzettel ärgere, dann muss ich über den Begriff des Strafzettels verfügen, d.h. ich muss wissen, was Strafzettel sind. Allerdings kann ein kleines Kind den Strafzettel sehen, ohne über den entsprechenden Begriff zu verfügen. Es hat dann, so wird argumentiert, eine nichtbegriffliche Repräsentation des Strafzettels in Form einer Wahrnehmung. Die Frage, wie genau nichtbegriffliche Repräsentationen zu bestimmen sind, wird nach wie vor intensiv diskutiert, ebenso wie die Frage, was überhaupt Begriffe sind und wie sie bestimmbar sind (s. Kap. IV.9).

In der Psychologie steht man vor dem Problem, anderen kognitiven Systemen auf der Grundlage von Beobachtungen Inhalte und Repräsentationen zuzuschreiben (s. Kap. II.E.1). Im Prinzip kann niemals sicher aus dem Verhalten innerhalb einer (experimentellen) Situation auf die zugrunde liegende(n) Repräsentation(en) geschlossen werden (Anderson 1978). Jedes Verhalten ist immer auch mit alternativen (Arten von) Repräsentationen und darauf operierenden Prozessen erklärbar. Dieses Problem lässt sich anhand der sog. *imagery debate* illustrieren (z. B. Tye 1991). In dieser Debatte ging es um die Frage, ob Menschen nur über propositionale (also satzähnliche) Repräsentationen verfügen oder zusätzlich auch noch auf Repräsentationen in anschaulichem Format zurückgreifen können. Propositionen sind satzähnlich zusammengesetzt aus Begriffen, so dass sie wahr oder falsch sein können, je nachdem, ob der durch die Proposition bezeichnete Sachverhalt besteht oder nicht. Dabei werden Propositionen selbst nicht als sprachliche Entitäten aufgefasst, sondern als etwas, das von einer natürlichen Sprache unabhängig ist. Eine anschauliche Repräsentation hingegen lässt sich am einfachsten als mentales Bild verstehen, z. B. als der visuelle Eindruck eines Baumes. Anschauliche Repräsentationen sind dem Repräsentierten in gewissen Aspekten ähnlich, und Teile von anschaulichen Repräsentationen, z. B. das Bild der Baumkrone, sind wiederum anschauliche Repräsentationen, die mit entsprechenden Teilen des repräsentierten Objektes korrespondieren.

Verschiedene empirische Ergebnisse wurden als Hinweise darauf gedeutet, dass wir (auch) anschauliche Repräsentationen zur Lösung bestimmter Probleme benutzen. Die Zeit, die Versuchspersonen brauchen, um ein vorgestelltes Bild abzusuchen, korrespondiert u. a. mit der Entfernung im repräsentierten Bild, wobei das repräsentierte Bild auch von einer Beschreibung gelernt werden kann (z. B. Kosslyn et al. 1978), und die mentale Rotation von Objekten dauert umso länger, je stärker diese rotiert werden (Shepard/Metzler 1971). Die Gegenposition wurde hauptsächlich von Zenon Pylyshyn (1973) verteidigt, der dafür argumentierte, dass diese und andere Phänomene auch mit rein propositionalen Repräsentationen erklärt werden können und die zugrunde liegenden mentalen Prozesse nicht notwendigerweise (wie bei anschaulichen Repräsentationen) kontinuierlich sein müssen. Die Versuchsergebnisse können in Pylyshyns Augen auch dadurch erklärt werden, dass schrittweise neue Perspektiven berechnet werden: Eine solche schrittweise Verarbeitung diskreter, propositionaler Repräsentationen würde ebenfalls zu einer erhöhten Reaktionszeit für längere Distanzen oder Rotationswinkel führen. Aus den Daten allein kann also nicht entschieden werden, ob wir bei der Vorstellung von Bildern oder der mentalen Rotation kontinuierliche, anschauliche oder vielmehr diskrete, propositionale Repräsentationen verwenden. Letztendlich kann die Frage nach dem Repräsentationsformat (anschaulich oder propositional) nur in der Zusammenschau verschiedenster Einzelbefunde aus unterschiedlichen Bereichen zufriedenstellend beantwortet werden. Als Kriterium kann dabei wohl lediglich die über alle Befunde hinweg einfachere Erklärung dienen – bei der allerdings immer Repräsentationen und die auf ihnen operierenden Prozesse gemeinsam betrachtet werden müssen. Selbstverständlich gilt das nicht nur für das angeführte Beispiel der *imagery debate*, sondern in der Kognitionspsychologie im Allgemeinen (s. Kap. II.E.1).

Trotz der erwähnten Probleme bei der empirischen Bestimmung von repräsentationalen Formaten hat sich bezüglich bestimmter Klassen von Repräsentationen ein gewisser Konsens herausgebildet – auch wenn Details dieser Unterscheidungen durchaus umstritten sind. Die grundlegendste Unterscheidung bezieht sich hierbei auf die zeitliche Stabilität der Repräsentation: Man unterscheidet z. B. sensorische Register, Kurzzeit- bzw. Arbeitsgedächtnis und Langzeitgedächtnis (s. Kap. IV.7). Im sensorischen Register werden Sensoreindrücke über die reine Reizdarbietung hinaus aufrechterhalten, wobei sich die Dauer im Bereich von Millisekunden bis Sekunden bewegt. Der Inhalt der Repräsentationen ist weitgehend an den jeweiligen Sensor gebunden, so dass visuelle, auditorische, haptische usw. Register unterschieden werden. Im Arbeitsgedächtnis hingegen verbleiben Repräsentationen über eine Dauer von Sekunden bis Minuten. Neben Repräsentationen, die v. a. der Kontrolle und Verarbeitung dienen, nimmt man auch spezielle Untersysteme an, in denen phonologische, visuelle, räumliche und episodische Inhalte getrennt voneinander repräsentiert werden. Inhalte des Langzeitgedächtnisses schließlich sind nicht prinzipiell zeitlich limitiert, können aber vergessen werden, wobei auf der Basis des Inhaltes u. a. zwischen autobiografischen Erlebnissen, Faktenwissen und motorischen Fertigkeiten unterschieden wird (s. Kap. IV.7).

Der Stellenwert von Repräsentationen in der Kognitionswissenschaft

Die Diskussionen um das richtige Verständnis von Repräsentationen werden mit Sicherheit noch lange andauern. Dabei werden sowohl die Grenzen repräsentationaler Erklärungen als auch die verschiedenen Formate von Repräsentationen eine entscheidende Rolle spielen. Anstatt sich allerdings in einzelnen Detaildebatten zu verzetteln, sollten in Zukunft wieder größere Zusammenhänge diskutiert werden, z. B. die Rolle von Repräsentationen in Erklärungen und Beschreibungen oder das Verhältnis sowie die gegenseitige Beeinflussung oder Abhängigkeit von Repräsentationen, kognitiven Prozessen, körperlichen Zuständen und der Umwelt.

Gerade in dieser Hinsicht kann die Robotik innerhalb der Kognitionswissenschaft sehr viel leisten, da sie neue Ideen aus den verschiedenen Disziplinen in Form kompletter Architekturen von kognitiven Systemen umsetzen und empirisch testen kann. Auf dem Weg zu einer umfassenden Theorie der Repräsentationen und des ganzheitlichen Designs von kognitiven Robotersystemen sind zwar bislang nur erste Schritte unternommen worden, es ergeben sich jedoch deutliche Fragestellungen, die schon jetzt (und umso mehr in Zukunft) relevant sind:

- *Das Verhältnis von Körper und Repräsentation* (s. Kap. III.7): Unter welchen Hardwarevoraussetzungen und -beschränkungen kann die Entwicklung welcher Repräsentationen und kognitiven Leistungen überhaupt erwartet werden?
- *Die Rolle von Repräsentationen für Verhaltenserklärung*: Wie kann eine kognitive Architektur aussehen, die als Rechnerprogramm darstellbar ist und es erlaubt, handlungszentrierte Kognition auf einem Roboter zu implementieren?
- *Das Verhältnis von Umwelt und internen Repräsentationen*: Wie müssen reale Umwelten mit realen Objekten und Robotern aufgebaut werden, in welchen man die Entwicklung von kognitiven Fähigkeiten über der Zeit beobachten kann, während die Roboter mit dieser Umwelt und möglicherweise auch miteinander agieren?

Bei der Beantwortung dieser Fragen wird es auch weiterhin von zentraler Bedeutung sein, im Sinne der Kognitionswissenschaft die Ergebnisse aus unterschiedlichen Disziplinen in interdisziplinärer Zusammenarbeit zusammenzutragen und zu kombinieren. So werden für die Entwicklung zukünftiger Robotersysteme z. B. nicht nur Daten aus der Verhaltensforschung, sondern auch Erkenntnisse aus der kognitiven Neurowissenschaft (s. Kap. II.D.1) wichtig sein. Die empirischen Disziplinen insgesamt werden von der philosophischen Arbeit der Begriffsklärung und Theoriebildung profitieren, die ihrerseits wiederum fruchtbare Anstöße durch die empirische Forschung erfahren wird.

Der Begriff der Repräsentation hat in der Kognitionswissenschaft von Anfang an eine zentrale Rolle eingenommen. Trotz heftiger Kritik und vielen Auseinandersetzungen, die teilweise bis heute andauern, hat er nichts von seiner zentralen Bedeutung für die Erklärung geistiger Fähigkeiten eingebüßt – selbstverständlich hat er sich aber enorm gewandelt: von einem zunächst sehr allgemeinen Begriff zu einem engen, sehr theoriebeladenen Begriff, und von da aus wieder zurück zu einem weiten, liberalen Begriff. Dabei sind die Diskussionen in den einzelnen Disziplinen nicht immer miteinander verzahnt gewesen, so dass auch mit einiger Berechtigung davon gesprochen werden kann, dass es nicht *einen* Repräsentationsbegriff der Kognitionswissenschaft gibt, sondern verschiedene. Wenn allerdings die Kogniti-

onswissenschaft auch weiterhin als interdisziplinäres Forschungsprojekt bestehen will, dann muss wieder (und kontinuierlich) an einem gemeinsamen Grundverständnis des Repräsentationsbegriffs gearbeitet werden. In diesem Beitrag haben wir vorgeschlagen, einen liberalen Begriff von Repräsentation zur gemeinsamen Grundlage der verschiedenen Disziplinen zu machen, wonach Repräsentationen diejenigen internen Zustände sind, die wir annehmen müssen, um viele verschiedene Arten flexiblen Verhaltens zu erklären.

Literatur

Anderson, John (1978): Arguments concerning representations for mental imagery. In: *Psychological Review* 85, 249–277.

Bartels, Andreas (2005): *Strukturale Repräsentation*. Paderborn.

Brentano, Franz (1874): *Psychologie vom empirischen Standpunkt*. Leipzig.

Brooks, Rodney (1990): Elephants don't play chess. In: *Robotics and Autonomous Systems* 6, 3–15.

Brooks, Rodney (1991): Intelligence without representation. In: *Artificial Intelligence* 47, 139–159.

Burge, Tyler (1979): Individualism and the mental. In: *Midwest Studies in Philosophy* 4, 73–122.

Clark, Andy/Toribio, Josefa (1994): Doing without representing? In: *Synthese* 101, 401–431.

Dehaene, Stanislas/Naccache, Lionel (2001): Towards a cognitive neuroscience of consciousness. In: *Cogniton* 79, 1–73.

Dretske, Fred (1981): *Knowledge and the Flow of Information*. Oxford.

Eliasmith, Chris (1997): Computation and dynamical models of mind. In: *Minds and Machines* 7, 531–541.

Fodor, Jerry (1994): *A Theory of Content and Other Essays*. Cambridge (Mass.).

Grush, Rick (2004): The emulation theory of representation. In: *Behavioral and Brain Sciences* 27, 377–442.

Kosslyn, Stephen/Ball, Thomas/Reiser, Brian (1978): Visual images preserve metric spatial information. In: *Journal of Experimental Psychology* 4, 47–60.

Maturana, Humberto/Varela, Francisco (1980): *Autopoiesis and Cognition*. Dordrecht.

Meilinger, Tobias/Vosgerau, Gottfried (2010): Putting egocentric and allocentric into perspective. In: Christoph Hölscher/Thomas Shipley/Marta Olivetti Belardinelli/John Bateman/Nora Newcombe (Hg.): *Spatial Cognition VII*, LNAI 6222. Heidelberg, 207–221.

Millikan, Ruth (1984): *Language, Thought, and Other Biological Categories*. Cambridge (Mass.).

Nagel, Thomas (1974): What is it like to be a bat? In: *Philosophical Review* 83, 435–450.

Newell, Allen/Simon, Herbert (1976): Computer science as empirical inquiry. In: *Communications of the ACM* 19, 113–126.

Newen, Albert/Vosgerau, Gottfried (2007): A representational account of self-knowledge. In: *Erkenntnis* 67, 337–353.

O'Regan, Kevin/Noë, Alva (2001): A sensorimotor account

of vision and visual consciousness. In: *Behavioral and Brain Sciences* 22, 939–973.

Paul, Chandana (2006): Morphological computation. In: *Robotics and Autonomous Systems* 54, 619–630.

Pylyshyn, Zenon (1973): What the mind's eye tells the mind's brain. In: *Psychological Bulletin* 80, 1–24.

Shepard, Roger/Metzler, Jacqueline (1971): Mental rotation of three-dimensional objects. In: *Science* 171, 701–703.

Thelen, Esther (1995): Motor development. In: *American Psychologist* 50, 79–95.

Tolman, Edward (1948): Cognitive maps in rats and men. In: *Psychological Review* 55, 189–208.

Tye, Michael (1991): *The Imagery Debate*. Cambridge (Mass.).

van Gelder, Tim (1998): The dynamical hypothesis in cognitive science. In: *Behavioral and Brain Sciences* 21, 615–665.

van Gelder, Tim/Port, Robert (1995): It's about time. In: Robert Port/Tim van Gelder (Hg.): *Mind as Motion.* Cambridge (Mass.), 1–43.

Vosgerau, Gottfried (2009): *Mental Representation and Self-Consciousness*. Paderborn.

Vosgerau, Gottfried/Schlicht, Tobias/Newen, Albert (2008): Orthogonality of phenomenality and content. In: *American Philosophical Quarterly* 45, 309–328.

Wehner, Rüdiger (1999): Large-scale navigation. In: Christian Freksa/David Mark (Hg.): *Spatial Information Theory*. Berlin, 1–20.

Gottfried Vosgerau/Alois Knoll/
Tobias Meilinger/Kai Vogeley

17. Schlussfolgern, Planen und Problemlösen

Die Gebiete des Schlussfolgerns, Planens und Problemlösens betreffen essenziell das, was generell als ›höhere kognitive Fähigkeiten‹ bezeichnet wird. Die Aufgabe beim Problemlösen besteht im Allgemeinen darin, in einer Situation so zu handeln, dass ein gewisses festgelegtes Ziel erreicht wird. Allerdings würden wir eine Situation, in der es nur eine und zudem offensichtliche Möglichkeit gibt, das gewünschte Ziel zu erreichen, nicht als ein *Problem* ansehen. Zum Lösen eines Problems müssen also mehrere Alternativen zur Wahl stehen und folglich Entscheidungen getroffen werden. Damit solche Entscheidungen nachvollziehbar werden, müssen sie begründet sein: Es muss gezeigt werden, dass sie zur Lösung des Problems beitragen. Oft möchte man auch *optimale* Lösungen haben; solche liegen dann vor, wenn alle anderen Alternativen entweder das Problem nicht lösen oder zu Lösungen führen, deren Kosten (in einem sehr allgemeinen Sinne) mindestens so groß oder größer sind als die der gewählten Lösung. Um mögliche Problemlösungsalternativen zu erschließen und zwischen diesen begründet zu entscheiden, sind Schlussfolgerungsmethoden notwendig. Dies stellt die Beziehung zwischen zwei Hauptbegriffen dieses Beitrags her: *Schlussfolgern* und *Problemlösen*. *Planen*, der dritte Begriff, bezieht sich auf die Situation eines Agenten, der, um ein Ziel zu erreichen, auf Grundlage seines Handlungsinventars Folgen von Handlungen planen muss, die, falls sie in der korrekten Reihenfolge ausgeführt werden, das Erreichen des Ziels garantieren sollen.

Ein weiterer Begriff, der mit dieser Sichtweise eng verbunden ist, ist der Begriff der Rationalität. Insbesondere in den Wirtschaftswissenschaften wird häufig rationales Verhalten der verschiedenen Marktteilnehmer unterstellt (*Homo oeconomicus*) und so verstanden, dass jeder Marktteilnehmer so handelt, dass er seinen eigenen Nutzen optimiert (Franz 2004; s. Kap. III.11, Kap. V.7). Basis einer solchen Optimierung ist eine rationale (d.h. transitive und vollständige) Präferenzordnung (Mas-Colell et al. 1995). Daraus ergibt sich eine Auffassung von rationalem Handeln als (auf ein Ziel bezogen) optimalem Handeln, was wiederum bedeutet, dass ein entsprechender Optimalitätsbegriff bestimmt werden muss. Interessanterweise gibt es sehr unterschiedliche Optimalitätsbegriffe, anhand derer sich unterschiedliche Handlungsoptionen als jeweils ›optimal‹ herausstellen können:

- *MiniMax Prinzip*: Jeder maximiert seinen Nutzen unter der Annahme, dass alle anderen dies auch tun.
- *Pareto-Optimalität*: Jeder wählt seine Handlungen so, dass es bei keiner alternativen Wahl der Handlungen möglich ist, den Nutzen einiger zu erhöhen, ohne den Nutzen anderer zu vermindern.
- *Nash-Gleichgewicht*: Jeder maximiert seinen Nutzen unter der Annahme, dass die anderen ihre Handlungswahl nicht ändern.

In realen Situationen müssen in Entscheidungsprozessen allerdings vielfältige Randbedingungen berücksichtigt werden, z.B. mehrere Nutzenfunktionen, die nicht vergleichbar sein müssen, so dass keine rationale Präferenzordnung vorliegt, begrenzte Ressourcen wie kognitive Kapazität, Wissen, Zeit usw. oder der Umstand, dass Entscheidungsprozesse ihrerseits Kosten verursachen und damit die Kosten-Nutzen-Bilanz beeinflussen (Simon 1955). Man spricht in diesem Kontext von ›bounded rationality‹. Ziel ist dabei die (unter Umständen sehr grobe) Approximation eines optimalen Nutzens durch Entscheidungsprozesse, die die Kosten dieser Entscheidungsprozesse mittels Heuristiken niedrig halten (Gigerenzer/Selten 2002). Da in den üblichen Modellen das Handeln von Zielen und Überzeugungen determiniert wird, liegt es nahe, den Rationalitätsbegriff auch auf Glaubens- und Wissenszustände zu übertragen: Rationale Überzeugungen (oder Einstellungen) sind dann solche, die aus den Prämissen (d.h. allgemein als wahr akzeptierten Sachverhalten) und beobachteten Sachverhalten gemäß zulässiger Schlüsse folgen (s. Kap. II.F.4). Damit besteht wiederum ein enger Zusammenhang zum Begriff des Schlussfolgerns.

Die Frage, inwieweit Menschen tatsächlich rational handeln, ist auch Gegenstand der Kognitionspsychologie (s. Kap. II.E.1). Experimente auf dem Gebiet des Problemlösens zeigen, dass Menschen in gewissen Situationen (vermeintlich) nicht rational handeln. Ein klassisches Beispiel ist der sog. *Wason selection task* (Wason/Shapiro 1971), bei dem es darum geht, eine Regel zu verifizieren: Dazu liegen auf einem Tisch vier Karten mit jeweils einem Buchstaben auf der einen und einer Ziffer auf der anderen Seite. Die aufgedeckten Seiten der vier Karten zeigen z.B. A, K, 4 und 7, und die zu verifizierende Regel lautet: ›Wenn auf der einen Seite einer Karte ein Vokal ist, dann ist auf der anderen Seite eine gerade Zahl.‹ Die Aufgabe besteht darin, die minimale Anzahl von Karten zu markieren, die aufgedeckt werden müssen, um über die Gültigkeit der Regel entscheiden zu können. Die meisten Versuchspersonen, ungefähr 50 Prozent, markieren in diesem Fall A und 4, nur weniger als 10 Prozent markieren A und 7. Letzteres ist jedoch die vom logischen Standpunkt aus gesehen korrekte Wahl, da die Karten K und 4 nichts über die Gültigkeit der Regel besagen können, da jeweils beide Möglichkeiten (gerade oder ungerade Zahl bei K und Vokal oder Konsonant bei 4) mit der Regel kompatibel sind. Das Verhalten der Versuchspersonen wurde oft als Hinweis darauf gewertet, dass sich Menschen häufig nicht rational verhalten, da sie die offensichtliche logische Konsequenz der als Implikation interpretierten Regel nicht beachten.

Das Aufdecken von Karte 4 bietet allerdings die Möglichkeit, Evidenz für die Gültigkeit der Regel zu finden, falls auf der Gegenseite ein Vokal gefunden wird. In einem Kontext, in dem die Sinnhaftigkeit der Regel angezweifelt werden kann, ist es durchaus sinnvoll, positive Fälle zu suchen, die die Regel belegen, und erst dann, wenn die Sinnhaftigkeit einer Regelhypothese klar ist, ihre generelle Gültigkeit zu überprüfen. Zumal eine Regel, die viele Fälle abdeckt und nur wenige Ausnahmen hat, durch diese wenigen Ausnahmen im Allgemeinen nicht einfach falsifiziert wird: Entweder wird sie zu einer *default*-Regel oder die Ausnahmen werden als Hinweis auf eine notwendige Spezialisierung der Regel gedeutet. Wenn im Beispiel etwa auf der verdeckten Seite der Karte 4 ein O und auf der verdeckten Seite der Karte 7 ein I ist, dann liegt eine Spezialisierung der folgenden Art nahe: Wenn auf der einen Seite einer Karte ein *dunkler* Vokal ist, dann ist auf der anderen Seite eine gerade Zahl.

In Kontexten, in denen der Status der Regel klar ist, z.B. als Norm oder Gesetz, verhalten sich Versuchspersonen anders (s. Kap. II.E.6). Wenn die Karten z.B. für Personen stehen und die Seiten ihr Alter (gerade/ungerade Zahl entspricht älter als 18 Jahre/jünger als 18 Jahre) sowie ihr Lieblingsgetränk (Vokal/Konsonant entspricht trinkt Bier/trinkt Saft) beschreiben, dann kann bei der Regel ›Wer Alkohol trinkt, muss über 18 sein.‹ nur durch Aufdecken von A oder 7 ein Verstoß gegen die Norm erkannt werden, und bei einer solchen Aufgabenstellung wählt die überwiegende Mehrheit der Versuchspersonen in der Tat die korrekten Karten. Eine ausgiebige Diskussion und logische Modellierung dieser Aspekte findet sich in Stenning/van Lambalgen (2004).

Selbst bei einem vermeintlich einfachen Problem wie dem *Wason selection task* kann die Analyse des Problemlöseverhaltens also vergleichsweise schwierig sein. Die Situation wird u.a. dann unklar, wenn nicht formal präzise festgelegt werden kann, was genau das Ziel sein soll und wie genau die Handlungsoptionen aussehen. Daher wird in den folgenden Abschnitten dargestellt, in welchen formalen Rahmen solche Aufgaben behandelt werden können.

Problemlösen

Informell ist Problemlösen zunächst die Überführung einer problematischen Situation (d.h. eines Weltzustands, in dem ein ›Problem‹ existiert) in eine gewünschte Situation (d.h. einen Weltzustand, in dem das ›Problem‹ nicht mehr existiert, eben gelöst ist), und zwar durch planvolles, aktives Handeln. Häufig sind bereits die Erfassung des Ist-Zustands und die Formulierung des Problems aufwendig. Unterschieden wird dabei zwischen wohl strukturierten bzw. wohl gestellten Problemen, die eindeutige und wohl definierte Lösungen haben, und schlecht strukturierten bzw. schlecht gestellten Problemen, die mehrere Lösungen haben können und bei denen der Raum möglicher Lösungen unter Umständen gar nicht festgelegt ist. Häufig müssen bei schlecht strukturierten Problemen zusätzliche Annahmen gemacht werden, um überhaupt adäquate Lösungen zu finden.

Im Golf von Mexiko z.B. kenterte 2010 eine Ölplattform, und aus dem Bohrloch traten große Mengen Erdöl in die Umwelt aus. Im Hinblick auf dieses Problem ist jeder Weltzustand, in dem kein Öl mehr aus dem Bohrloch in die Umwelt austritt, ein anzustrebender Zielzustand. Darunter können Situationen sein, in denen das Bohrloch sicher und dauerhaft verschlossen ist, oder Situationen, in denen das gesamte Öl aufgefangen und abgepumpt werden kann. Um solche Lösungsalternativen bewerten zu können, musste zunächst die Situation am Bohrloch erkundet werden, das sich in ca. 1.500 Metern Meerestiefe befand. Die Problemlösung bestand dann aus einem Handlungsgeflecht, bei dem die Ausführung der erforderlichen Handlungen (in einem definierten zeitlichen Rahmen und einer definierten zeitlichen Abfolge) das Erreichen eines der Zielzustände garantierte. Im Golf von Mexiko musste zunächst neues Equipment an den Ort gebracht und dann ein sog. *blow-out-preventer* montiert werden, während parallel dazu eine Entlastungsbohrung niedergebracht wurde, um schließlich das Bohrloch dauerhaft und sicher zu schließen, nachdem diverse Versuche, das Öl aufzufangen, gescheitert waren. Bei diesem Problem handelte es sich offenbar um ein schlecht strukturiertes Problem, denn was adäquate Lösungen bzw. Handlungen waren, war nicht eindeu-

tig festgelegt. Der Einsatz einer Atombombe z.B. wurde (natürlich) nicht in Erwägung gezogen, auch wenn er vielleicht das Problem des Ölaustritts hätte lösen können: Eine der impliziten Annahmen war sicherlich, dass die Handlungsoptionen keine neuen, vielleicht sogar größeren, Probleme bewirken durften.

Als Problemlösungsprozess kann erstens das oben beschriebene Handlungsgeflecht interpretiert werden, verstanden als Prozess zur Erreichung des Zielzustands ausgehend von dem aktuellen oder gegebenen Zustand, und zweitens der Prozess der Erschließung dieses Handlungsgeflechts, das dann garantiert, dass ein Zielzustand erreicht wird.

Innerhalb der Kognitionswissenschaft werden die Grundlagen des Problemlösens insbesondere von der Künstliche-Intelligenz-Forschung (KI) und der Denkpsychologie erforscht. Auf Wheatley (1984) geht die etwas ironische Definition von Problemlösen als dem zurück, was man tut, wenn man nicht weiß, was man tun soll (›What you do, when you don't know what to do.‹). Um zu spezifizieren, was formal unter einem *Problem* verstanden werden soll, wird ein System S betrachtet, dass sich zu jedem Zeitpunkt t in einem eindeutigen Zustand z_t befindet. Des Weiteren wird S durch eine Reihe möglicher Handlungen (Operatoren) O_S spezifiziert (z.B. Handlungsoptionen eines Agenten), die einen gegebenen Zustand z_1 des Systems in einen neuen Zustand z_2 überführen können, falls sie in z_1 anwendbar sind. Die Elemente von O_S sind also (im Allgemeinen partielle) Funktionen vom Raum aller möglichen Zustände Z_S wieder nach Z_S. In Z_S ist eine Teilmenge G festgelegt, deren Elemente als mögliche Zielzustände interpretiert werden. S ist also gegeben durch ein Paar S = (Z_S, O_S), und ein Problem P ist gegeben durch ein Tripel P = (S, z, G), wobei $z \in Z_S$ der aktuelle (oder Ausgangs-)Zustand ist. Die Lösung eines auf diese Weise gegebenen Problems besteht in einer Folge von Operationen ($o_1, \ldots, o_n$), die den Ausgangszustand z sukzessive in einen Zielzustand $z' \in G$ überführen:

$$z = z_0 \xrightarrow{o_1} z_1 \xrightarrow{o_2} z_2 \ldots \xrightarrow{o_n} z_n = z'.$$

Diese Sichtweise liefert eine abstrakte formale Methode, Probleme zu beschreiben und Lösungsstrategien zu entwickeln.

Der Fall, dass ein Zielzustand mit einer einzigen Handlung (einer Operation o) erreicht werden kann, wird häufig ausgeschlossen und nicht als ein echtes Problem behandelt, da die Lösungsstrategie trivial ist: Wähle eine der Handlungen, die z in einen Zielzustand z' überführt. Dieser Fall wird häufig als ›Aufgabe‹ (*task*) bezeichnet. Nur wenn keine triviale

Lösung zur Verfügung steht und für die Erreichung eines Zielzustands eine mehr oder weniger lange Sequenz von Handlungen erforderlich ist, die vorab nicht bekannt ist, wird von einem ›Problem‹ gesprochen. In diesem Fall sind Problemlösungsstrategien notwendig, um eine geeignete Sequenz von Handlungen zu konstruieren und, da es oft mehrere Optionen gibt, zwischen diesen zu entscheiden. Beim Problemlösen ergeben sich drei wesentliche Schritte:

- *Repräsentation*: Erfassung des Ist-Zustands und Beschreibung des Problems.
- *Suche/Planung*: Entwicklung des Lösungswegs.
- *Ausführung*: Umsetzung der Lösungsstrategie zum Erreichen eines Zielzustands.

Die Güte der Repräsentation kann die nachfolgenden Schritte der Suche oder Planung bzw. Ausführung dramatisch beeinflussen. Eine wesentliche intellektuelle Leistung sowohl beim menschlichen als auch beim automatischen Problemlösen ist also im ersten Schritt zu sehen. Unvollständigkeiten oder Fehler in der Repräsentation führen oft zu Problemen bei der Ausführung im dritten Schritt. Daher muss der Ausführungsprozess überwacht und gegebenenfalls der gesamte Problemlösungsprozess neu initialisiert werden, falls sich bei der Ausführung Schwierigkeiten ergeben.

Im Bereich der Denkpsychologie werden menschliche Problemlösungsstrategien untersucht. Dabei spielen neben der systematischen Exploration bekannter Handlungsoptionen insbesondere die Konzeptualisierung des Problems sowie die kreative Erschließung der möglichen Handlungsoptionen eine zentrale Rolle (*kreatives Problemlösen*; s. Kap. IV.11). Im Gegensatz hierzu wird im Bereich der KI im Allgemeinen davon ausgegangen, dass die Menge der Handlungsoptionen O_S sowie die Konzeptualisierung des Problems (in Form des Zustandsraums Z_S) gegeben ist (d. h. vom Programmierer geleistet werden muss). Im Folgenden geht es daher hauptsächlich um den zweiten Schritt, für dessen Automatisierung es elaborierte Methoden gibt.

Problemlösungsstrategien und Planen. Die systematische Exploration des Zustandsraums durch die Verkettung von Handlungsoptionen wird als ›Problemlösungsstrategie‹ (manchmal auch als ›Problemlösungsprozess‹) bezeichnet. In der KI beschäftigt sich das Teilgebiet *Planen* mit der Aufgabe, zu einer gegebenen Situation und der Beschreibung einer Menge möglicher Zielzustände eine Folge von Handlungen zu bestimmen, die die Ausgangssituation in einen der möglichen Zielzustände transformiert. Oft wer-

den bei der Modellierung der Domäne abstrahierende Annahmen gemacht:

- *Endlichkeit*: Es gibt nur endlich viele Zustände und Aktionen.
- *Vollständige Information*: Der aktuelle Zustand ist vollständig bekannt.
- *Determiniertheit*: Aktionen haben eindeutig festgelegte Effekte.
- *Instantanität*: Die Durchführung von Aktionen braucht keine Zeit.
- *Inertialität*: Ohne Aktion keine Änderung des Zustands.

Nahezu alle modernen Planungssysteme basieren auf den Grundideen von STRIPS, dem *STanford Research Institute Problem Solver* (Fikes/Nilsson 1971; s. Kap. III.1, Kap. IV.11). Zustände sind in diesem Ansatz Mengen von Propositionen, wobei enthaltene Propositionen als wahr, nicht enthaltene als falsch gelten. Die Handlungsoptionen werden durch zwei Eigenschaften charakterisiert: erstens durch die Vorbedingungen, die in einer Situation erfüllt sein müssen, damit die entsprechende Handlung überhaupt durchgeführt werden kann, und zweitens durch die Effekte, die beschreiben, wie sich die Situation durch die Ausführung der Handlung verändert. Sowohl die Vorbedingungen als auch die Effekte sind bei STRIPS wiederum durch Mengen von positiven oder negativen Propositionen gegeben. Positive Vorbedingungen müssen im aktuellen Zustand enthalten sein (d. h. wahr sein), negative Vorbedingungen dürfen im aktuellen Zustand nicht enthalten sein (d. h. sie müssen falsch sein), damit eine Handlung ausführbar ist. Entsprechend sind positive Effekte im Folgezustand enthalten (d. h. sie werden wahr) und negative Effekte im Folgezustand nicht mehr enthalten (d. h. sie werden falsch). Alle anderen Elemente eines Zustands bleiben im Folgezustand erhalten. Dieses Vorgehen löst die drei zentralen Probleme von Planungsmethoden (s. Kap. III.1):

- Das *Rahmenproblem* (*frame problem*): Was ändert sich bei der Durchführung einer Handlung nicht?
- Das *Qualifikationsproblem*: Unter welchen Bedingungen kann die Durchführbarkeit einer Handlung garantiert werden?
- Das *Ramifikationsproblem*: Was sind die (auch impliziten) Konsequenzen einer Handlung?

Handlungen, deren Vorbedingungen und Effekte nicht gegenseitig voneinander abhängen, können in beliebiger Reihenfolge oder auch parallel ausgeführt werden, weshalb Pläne häufig als partiell geordnete Mengen von Handlungen aufgefasst werden.

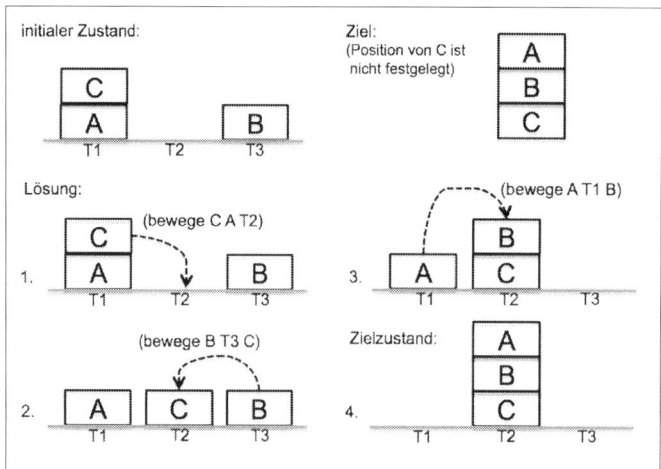

Abbildung 1:
Ein einfaches Planungsproblem

Die Planning Domain Definition Language. Die *Planning Domain Definition Language* (PDDL) ist eine formale Sprache zur Beschreibung von Planungsdomänen und Planungsproblemen. Ihre Syntax ist an die Programmiersprache LISP angelehnt. Sie selbst und ihre Erweiterungen sind der gegenwärtige Standard in der Formulierung von Planungsproblemen. Im Folgenden wird ein einfaches Planungsproblem in dieser Sprache formuliert: Auf einem Tisch befinden sich drei Klötzchen A, B und C; ein Klötzchen kann nur bewegt werden, wenn es selbst frei ist (d. h. nichts darauf steht) und wenn die Position, auf die es bewegt werden soll, frei ist; die Aufgabe lautet, die drei Klötzchen so übereinander zu stapeln, dass A auf B und B auf C liegt (vgl. Abb. 1).

Mithilfe der *planning domain definition language* lassen sich die Domäne und das Problem wie folgt beschreiben:

Bei diesem Beispiel handelt es sich um ein einfaches Planungsproblem, das allerdings zeigt, dass das Erreichen komplexer Ziele (A auf B und B auf C) nicht immer einfach durch das sequenzielle Lösen der Teilprobleme, also z. B. erst A auf B und dann B auf C, erreicht werden kann (die sog. Sussman-Anomalie): Wenn erst A auf B gestellt wird, kann B nicht mehr bewegt werden, und wenn erst B auf C gestellt wird, gibt es auch keine Lösung. Nur wenn erst C auf den Tisch gestellt wird, ist eine Lösung möglich – diese Konstellation taucht aber in der Zielvorgabe nicht auf.

Erweiterungen der hier vorgestellten Planungsmethode erlauben es, für häufig auftretende (Teil-) Probleme vordefinierte Teilpläne (sog. Makros) zu verwenden, so dass in den Plänen eine hierarchische Struktur entsteht: Die Teilpläne haben wie die elementaren Handlungen Vorbedingungen und Effekte; sie werden als komplexe Operatoren aufgefasst

Domänenbeschreibung

```
(define (domain simple-blocks-in-pddl)        ;; Domänen-Name
  (:requirements :strips)                      ;; STRIPS artige Aktionen
  (:predicates (auf ?x ?y) (frei ?x))
  (:constants T1 T2 T2)                        ;; Tischpositionen
  (:action bewege :parameters (?x ?y ?z)       ;; Aktionsdefinition
    :precondition (and (auf ?x ?y) (frei ?x) (frei ?z))
    :effect (and (auf ?x ?z) (frei ?y)
                     (not (auf ?x ?y)) (not (frei ?z))
) )            )
```

Problembeschreibung

```
(define (problem sussman-anomaly)          ;; Problem-Name
   (:domain simple-blocks-in-pddl)          ;; Domäne
   (:objects A B C)                         ;; beteiligte Objekte
   (:init (auf C A) (auf A T1) (auf B T3)   ;; initialer Zustand
          (frei C) (frei B) (frei T2))
   (:goal (and (auf A B) (auf B C)))        ;; Ziel
) )
```

und zur Erzeugung des endgültigen Plans in Ihre Teile expandiert. Es entstehen sog. *hierarchical task networks* (Ghallab et al. 2004).

Heuristiken. Wenn der Zustandsraum einer Problembeschreibung groß ist und in jedem Zustand eine Reihe von Handlungsoptionen zur Verfügung steht, dann ist ein erschöpfendes Durchsuchen aller Möglichkeiten aus Komplexitätsgründen im Allgemeinen nicht möglich (exponentielle Komplexität). Es sind dann *Heuristiken* notwendig, um den Suchraum möglichst so zu strukturieren, dass vielversprechende Lösungsansätze zuerst (d. h. vor den weniger guten Alternativen) versucht werden. Im Kontext von Problemlösen sind Heuristiken Methoden, mit denen Handlungsalternativen bewertet und ausgewählt werden, um damit in Situationen mit unvollständiger Information oder mit beschränkten Ressourcen Entscheidungen zu treffen, die in vielen Fällen gute Resultate liefern.

Eine einfache Heuristik ist z. B. Versuch und Irrtum (*trial and error*): Wähle in einem Zustand z per Zufall eine der dort möglichen Handlungsoptionen, berechne den Folgezustand z' und, falls z' kein Zielzustand ist, iteriere das Verfahren mit dem Zustand z'; im Falle einer Sackgasse, starte entweder von vorne oder gehe eine Ebene zurück und wähle (per Zufall) eine Alternative. Dieses Verfahren exploriert den Suchraum in einem sog. *random walk*. Allein macht dieses Verfahren zwar meist keinen Sinn, es kann aber mit anderen Verfahren kombiniert werden, die z. B. eine Wahrscheinlichkeitsverteilung über den Handlungsalternativen zur Verfügung stellen oder die Folgezustände bewerten können.

Komplexere Heuristiken greifen in der Regel auf Hintergrundwissen über die Problemstellung und die Zielzustände zurück, um die Handlungsalternativen in einem Zustand z zu bewerten. Diese zusätz-liche Information drückt sich meist in einer Strukturierung des Zustandsraums aus: Zwischen den Zuständen gibt es ein Abstandsmaß (oder dual dazu ein Ähnlichkeitsmaß). Die heuristische Strategie wählt dann in einem Zustand z diejenige Handlungsoption aus, die zu einem Folgezustand z' führt, dessen Abstand zum nächstmöglichen Zielzustand (über alle möglichen Handlungsoptionen) minimal ist (Newell et al. 1959). Ziel dieser *means-ends*-Analyse ist es, den Unterschied zwischen dem aktuell betrachteten Zustand und dem avisierten Zielzustand durch den Problemlösungsprozess stetig zu verkleinern. Die *means-ends*-Analyse wird als psychologisch begründet angesehen, d. h. es wird davon ausgegangen, dass auch Menschen sie beim Problemlösen benutzen. Ein anderer Typ von Strategien (sog. *constraint*-basierte Methoden) versucht, möglichst schnell jene Handlungsoptionen auszusortieren, die sicherlich nicht zu einer erfolgreichen Problemlösung führen, um so den Raum von Alternativen, die exploriert werden müssen, zu verkleinern.

Für die Optimierung einer Problemlösungsstrategie können verschiedene Lernverfahren (s. Kap. III.12) verwendet werden. Handlungsketten, die in bestimmten Situationen für die Lösung eines Problems erfolgreich waren, können als komplexe Handlung aufgefasst, zum Handlungsinventar hinzugenommen und zukünftig in ähnlichen Situationen (d. h. in Situationen mit ähnlichem Ist-Zustand und ähnlichem Zielzustand) *en bloc* angewendet werden (*skill*-Lernen). Beim *reinforcement*-Lernen wird der Beitrag, den eine Handlungsoption in einem Zustand z zur Gesamtlösung des Problems geleistet hat, abgeschätzt und damit der mögliche Nutzen, den diese Handlungsoption für ein zukünftiges ähnliches Problem in einem ähnlichen Zustand z' haben könnte, neu bewertet. *Erklärungsbasiertes Lernen* (Lernen durch Einsicht) versucht, Erklärungen (Begründungen) für die Lösung bekannter Probleme auf neue Probleme zu übertragen. Dieses Verfahren ähnelt dem *fallbasierten Schließen*, bei dem versucht wird, Erfahrungen bei der Lösung eines Falles auf ähnliche Fälle zu übertragen, und dem *analogen Schließen*, bei dem der Transfer zwischen unterschiedlichen Domänen erfolgt (s. u.). Die Übertragung solcher Erfahrungen auf neue, aber ähnliche, Probleme kann ein komplexer Schritt sein, bei dem die memorierten Lösungsstrategien an die neue Situation (die zwar ähnlich, aber im Allgemeinen nicht gleich ist) angepasst werden müssen.

Schlussfolgern

Beim Schlussfolgern oder Schließen geht es darum, auf der Basis gegebenen explizit verfügbaren Wissens (den Prämissen) einen weiteren Sachverhalt, d. h. eine weitere Aussage (die Konklusion), zu erschließen. Die Konklusion, die vorher meist nicht zum explizit verfügbaren Wissen gehörte, wird aufgrund dieses Schlusses als gegeben angesehen und gegebenenfalls dem explizit verfügbaren Wissen hinzugefügt. Ein solcher Schluss wird als Bestätigung, als Argument oder auch als Erklärung für seine Konklusion betrachtet. In der KI, der Informatik und der Statistik wird die Schlussfolgerung häufig auch als ›Inferenz‹ bezeichnet.

Es gibt vier grundlegende Arten des Schließens:

- *Deduktion*: Der Schluss von den Bedingungen auf die Konsequenzen.
- *Abduktion*: Der Schluss von (beobachteten) Sachverhalten auf deren Ursachen.
- *Induktion*: Der Schluss von beobachteten Regularitäten auf ein erklärendes Gesetz.
- *Analogie*: Der Schluss von einem Sachverhalt in einer Domäne auf einen ähnlichen Sachverhalt in einer anderen Domäne.

Nehmen wir an, es gibt in einem Zoogehege, das wir beobachten, nur Raben und Schwäne. Beispiele für die vier genannten Arten des Schließens wären dann die folgenden Schlüsse:

- *Deduktion*: Wenn wir wissen, dass alle Raben schwarz sind und wir einen Raben beobachten, dann wissen wir, dass er schwarz ist. Dieser Schluss ist sicher.
- *Abduktion*: Wenn wir wissen, dass alle Raben schwarz sind und wir etwas Schwarzes beobachten, dann vermuten wir, dass es ein Rabe ist. Wir könnten falsch liegen, wenn es auch schwarze Schwäne gibt.

- *Induktion*: Wenn wir eine Anzahl von *n* Tieren (*n* möglichst groß) beobachten, die alle weiß und Schwäne sind, und wenn wir kein Tier beobachten, dass schwarz und ein Schwan ist, dann können wir die Hypothese aufstellen, dass alle Schwäne weiß sind. Wir könnten falsch liegen, wenn es nur wenige schwarze Schwäne gibt und wir nicht lange genug beobachtet haben.
- *Analogie*: Wenn weiße Raben weiß sind, weil sie einen Gendefekt haben, dann ist die Hypothese naheliegend, dass schwarze Schwäne schwarz sind, weil sie auch einen Gendefekt haben.

Nur der erste Schluss ist sicher bzw. (unter allen denkbaren Situationen) korrekt. Die anderen drei Schlussarten sind jedoch essenziell, um in unbekannten Umgebungen Hypothesen über die wesentlichen Merkmale und Faktoren zu entwickeln, die ein adäquates Handeln (und damit Überleben) erlauben und damit Lernen in einem nicht trivialen Sinn (s. Kap. IV.12) ermöglichen.

Deduktives Schließen. Die Logik gilt als Theorie des korrekten Schließens oder Schlussfolgerns (s. Kap. II.F.4). Sie untersucht, unter welchen Bedingungen auf der Basis der Korrektheit der Prämissen die Korrektheit der Konklusion garantiert werden kann, wobei Korrektheit in der Logik als Wahrheit formalisiert wird. Deduktive Schlüsse werden durch Anwenden von Schlussregeln eines gegeben Systems solcher Regeln durchgeführt. Ein solches System von Schlussregeln bezeichnet man als ›Kalkül‹. Diese Regeln haben die allgemeine Form ›Wenn A wahr ist, dann ist auch B wahr.‹ oder kurz: ›Wenn A, dann B.‹. A und B sind dabei möglicherweise komplexe Beschreibungen von Sachverhalten, ausgedrückt in einer formalen logischen Sprache. Schlussregeln werden in der Logik häufig in Form eines Bruches geschrieben: Über dem Strich steht ein Bedingungsschema und unter dem Strich das Ergebnis des Schlusses (die Schlussfolgerung). Ein bekanntes einfaches Beispiel für eine Schlussregel ist der sog. Modus Ponens: Wenn A und A → B wahr sind, dann ist auch B wahr.

$$\textit{Modus Ponens}: \frac{A, A \rightarrow B}{B}$$

Falls eine Instanziierung des Bedingungsschemas wahr ist, dann darf die Schlussfolgerung ebenfalls als wahr angesehen werden. Kann dies unter allen Bedingungen (d. h. bei allen möglichen Belegungen der Aussagenvariablen A und B) garantiert werden, so nennt man die Schlussregel ›korrekt‹. Sind alle

Schlussregeln eines Kalküls korrekt, nennt man den Kalkül ›korrekt‹. Es gibt unterschiedliche Arten von Kalkülen. Sog. Hilbert-Kalküle kommen mit einem Minimum an Schlussregeln aus, benötigen dafür aber umfangreiche Axiomenschemata. Die Axiomenschemata eines Hilbert-Kalküls besagen z. B., dass für beliebige logische Aussagen, die für F, G und H eingesetzt werden, die folgenden Ausdrücke Axiome sind (wobei t ein beliebiger Term ist, der aber keine Variablen enthalten darf, die durch die Einsetzung gebunden werden):

$$F \rightarrow (G \rightarrow F)$$
$$(F \rightarrow (G \rightarrow H)) \rightarrow ((F \rightarrow G) \rightarrow (F \rightarrow H))$$
$$(F \rightarrow G) \rightarrow (\neg G \rightarrow \neg F)$$
$$F \rightarrow (\neg F \rightarrow G)$$
$$(\neg F \rightarrow F) \rightarrow F$$
$$\forall x : A(x) \rightarrow A|_{x=t}$$

Die Kalkülregeln eines Hilbert-Kalküls sind der Modus Ponens sowie eine Regel, die als ›Generalisierung‹ bezeichnet wird (wobei $A(u)$ nicht abhängig von einer Aussage ist, in der u vorkommt):

$$\textit{Modus Ponens:} \ \frac{A, A \rightarrow B}{B}$$

$$\textit{Generalisierung:} \ \frac{A(u)}{\forall x : A(x)}$$

Solche Kalküle führen zu relativ langen Beweisen, die nicht immer einfach nachzuvollziehen sind. Eine Alternative sind sog. Gentzen-Kalküle, die viele Regeln, dafür aber keine zusätzlichen Axiomenschemata haben und auch als ›Kalküle des natürlichen Schließens‹ bezeichnet werden, da die mit ihnen konstruierten Beweise eher dem Vorgehen von Mathematikern entsprechen.

Im Folgenden sind die Kalkülregeln eines Gentzen-Kalküls dargestellt, wobei es für jeden logischen Konstruktor eine Einführungs- und eine Beseitigungsregel gibt und $A \vdash B$ bedeutet, dass B aus A ableitbar (beweisbar) ist:

$$\wedge : \frac{A, B}{A \wedge B} \quad \frac{A, B}{B \wedge A} \quad \frac{A, B}{A} \quad \frac{A, B}{B}$$

$$\vee : \frac{A}{A \vee B} \quad \frac{A}{B \vee A} \quad \frac{A \vee B, A \vdash C, B \vdash C}{C}$$

$$\rightarrow : \frac{A \vdash B}{A \rightarrow B} \quad \frac{A, A \rightarrow B}{B}$$

$$\neg : \frac{A \vdash B \wedge \neg B}{\neg A} \quad \frac{\neg \neg A}{A}$$

$$\forall : \frac{A(u)}{\forall x : A(x)} \quad \frac{\forall x : A(x)}{A(t)}$$

$$\exists : \frac{A(t)}{\exists x : A(x)} \quad \frac{\exists x : A(x), A(u) \vdash B}{B}$$

Bei der Einführungsregel von $\forall$ darf $A(u)$ dabei nicht abhängig von einer Aussage sein, in der u vorkommt; bei der Beseitigungsregel von $\forall$ ist t ein beliebiger Term, der keine Variablen enthalten darf, die durch die Einsetzung gebunden werden, und bei der Beseitigungsregel von $\exists$ darf u weder in B noch in irgendeiner Aussage vorkommen, von der B abhängig ist, ausgenommen die Parametrisierung $A(u)$.

Formalisierung von Schlussfolgerungsprozessen. Im Rahmen der betrachteten logischen Systeme können auf der Basis entsprechender Kalküle generelle Verfahren zur Ableitung von Schlussfolgerungen beschrieben werden: Kalküle dienen dazu, Beweise zu konstruieren. Ein Beweis einer Aussage T (mittels eines Kalküls K) ist eine Folge von Aussagen $A_1, \ldots, A_n$ = T, so dass die Aussagen A_i entweder *a priori* als wahr gelten (also Axiome sind) oder aber vermittels einer Kalkülregel R (aus K) aus den Aussagen $A_1, \ldots, A_{i-1}$ ableitbar sind. Dies bedeutet, dass die Instanziierung des Bedingungsschemas von R nur Aussagen aus $A_1, \ldots, A_{i-1}$ enthalten darf und A_i die Instanziierung des Ergebnisses des Schlusses ist. Ist dann A_n = T, nennt man die Folge $A_1, \ldots, A_n$ einen Beweis für T. Ein sehr einfacher Kalkül ist der folgende:

$$\textit{Modus Ponens:} \ \frac{A, A \rightarrow B}{B}$$

$$\textit{Spezialisierung:} \ \frac{\forall x : A(x)}{A|_{x=t}}$$

A steht dabei für eine beliebige Formel, t für einen beliebigen Term, und die untere Zeile bezeichnet die Formel, die aus A entsteht, wenn jedes Vorkommen von x in A simultan durch t ersetzt wird. Mit diesem Kalkül können wir das bekannte Sokrates-Beispiel – ›Sokrates ist ein Mensch. Alle Menschen sind sterblich. Also ist Sokrates sterblich.‹ – formalisieren:

Der Beweis sieht (in der üblichen Sprache der Logik erster Stufe) so aus:

(1) *Mensch(Sokrates)*	Axiom	
(2) $\forall x : \textit{Mensch}(x) \rightarrow \textit{sterblich}(x)$	Axiom	
(3) *Mensch(Sokrates)* → *sterblich(Sokrates)*	Spezialisierung von (2) mit t = Sokrates	
(4) *sterblich(Sokrates)*	Modus Ponens (1), (3)	

Automatisches Beweisen / Theorembeweisen. Da die Konstruktion von Beweisen zunächst eine rein syntaktische Operation ist (gegeben die Menge der Axiome und der Kalküle), können Beweise auch automatisch generiert werden. Eine Schwierigkeit stellen dabei die unter Umständen vielen alternativen Möglichkeiten dar, eine der Kalkülregeln für die Einführung der nächsten Aussagenzeile im Beweis zu nutzen. Dies wird offensichtlich, wenn wir obiges Beispiel etwas erweitern und eine Funktion *Mutter* einführen, die jedem Menschen seine Mutter zuordnet, zusammen mit dem neuen Axiom $\forall x$: *Mensch*(x) $\rightarrow$ *Mensch*(*Mutter*(x)). Da mit jedem Term t, der in dieser logischen Sprache gebildet werden kann, auch der Term *Mutter*(t) gebildet werden kann und mit *Sokrates* mindestens ein solcher Term existiert, gibt es in dieser logischen Sprache gleich unendlich viele unterschiedliche Terme: *Sokrates*, *Mutter*(*Sokrates*), *Mutter*(*Mutter*(*Sokrates*)), …. Da t ein beliebiger Term sein darf, hat dies zur Folge, dass es unendlich viele Varianten der Anwendung der Spezialisierungsregel gibt, und daraus wiederum folgt, dass es sehr unwahrscheinlich ist, dass die blinde kombinatorische Anwendung der Kalkülregeln zu obigem Beweis für die Sterblichkeit von Sokrates führt, denn in Schritt (2) gibt es nun unendlich viele andere Möglichkeiten der Spezialisierung.

Beweisen kann als ein Spezialfall von Problemlösen aufgefasst werden: Die Menge der Zustände Z ist die Menge aller endlichen Sequenzen von Aussagen, der initiale Zustand z ist die leere Sequenz, die Menge der Zielzustände G ist die Menge der Sequenzen, bei denen T in der letzten Position steht und die Menge der Operatoren O ist durch die Kalkülregeln gegeben. Der entscheidende Schritt besteht in der Entwicklung geeigneter Heuristiken, die garantieren, dass Beweise möglichst schnell gefunden werden.

Widerlegungsbeweise (Refutation). Neben dem direkten Beweis eines Theorems, bei dem das Theorem durch eine deduktive Schlusskette aus den Prämissen abgeleitet wird, kann ein Theorem bewiesen werden, indem seine Negation widerlegt wird, da aus der Falschheit von ¬T auf die Wahrheit von T geschlossen werden darf. Die meisten modernen Beweisverfahren beruhen auf diesem Widerlegungsprinzip. Insbesondere das Resolutionsverfahren (Robinson 1965), auf dem die meisten Widerlegungsverfahren beruhen, brachte einen entscheidenden Durchbruch für das automatische Beweisen. Hierbei wird die Negation des Theorems den Axiomen hinzugefügt (d. h. wir nehmen an, die Negation

des Theorems sei wahr). Um mit einem möglichst einfachen Kalkül (d. h. mit einfachen Beweisregeln) auszukommen, wird die entstehende Formelmenge in eine äquivalente, aber möglichst einfache Form gebracht, z. B. in die sog. konjunktive Normalform. Die konjunktive Normalform einer Formel (oder einer Menge von Formeln) der Prädikatenlogik erster Stufe besteht aus einer Konjunktion von Disjunktionen von Literalen, d. h. negierten (negativen) oder nicht negierten (positiven) atomaren Formeln. Man kann zeigen, dass beliebig komplexe Aussagen der Prädikatenlogik erster Stufe in konjunktive Normalform gebracht werden können. Dann kann mit dem Resolutionskalkül (bestehend aus der Resolutions- und der Spezialisierungsregel) überprüft werden, ob ein Widerspruch ableitbar ist.

$$\text{Resolution: } \frac{A \vee B, \neg A \vee C}{B \vee C}$$

$$\text{Spezialisierung: } \frac{\forall x : A(x)}{A|_{x=t}}$$

Eine ›leere Disjunktion‹ wird dabei als spezifische Repräsentation eines logischen Widerspruchs interpretiert, denn fehlen in der obigen Regel B und C, so erhalten wir als Spezialfall (wobei □ die ›leere Disjunktion‹ und damit eine inherent falsche Aussage repräsentiert):

$$\frac{A, \neg A}{\square}$$

Der Resolutionskalkül ist also ein sog. negativer Kalkül: Gelingt die Ableitung der leeren Disjunktion, so ist das ursprüngliche Theorem bewiesen, da sich die Annahme, dass das Theorem falsch sei, als falsch erwiesen hat.

Die Resolutions- und die Spezialisierungsregel können dabei zu einer Regel verschmolzen werden, bei der Spezialisierungen bei Bedarf berechnet werden. Alle freien Variablen werden dann als allquantifiziert interpretiert, so dass eine explizite Darstellung der Quantoren nicht notwendig ist. Als Beispiel hier das erweiterte Sokrates-Beispiel in konjunktiver Normalform (alle Axiome gelten als implizit mit *und* verknüpft):

(A1) *Mensch*(*Sokrates*)
(A2) ¬*Mensch*(x) ∨ *sterblich*(x)
(A3) ¬*Mensch*(x) ∨ *Mensch*(*Mutter*(x))
(Q) ¬*sterblich*(*Mutter*(x))

Q ist dabei das negierte zu beweisende Theorem, d. h. ›Es gibt jemanden, dessen Mutter sterblich ist.‹ also $\exists x$: *sterblich*(*Mutter*(x)). Die Negation ¬$\exists x$:

sterblich(*Mutter*(*x*)) ist äquivalent zu $\forall x : \neg$*sterblich*(*Mutter*(*x*)).

Diese Beispielformelmenge hat die Eigenschaft, dass in jeder Disjunktion höchstens ein positives Literal vorkommt. Das durch diese Eigenschaft bestimmte Fragment der Prädikatenlogik heißt ›Hornlogik‹ und spielt eine wichtige Rolle bei deduktiven Datenbanken und im logischen Programmieren. Im Falle des Hornfragments kann eine Spezialisierung des Resolutionsverfahrens (die sog. SLD-Resolution, eine lineare Resolution mit einer Auswahlfunktion für definite Klauseln) auf sehr effiziente Art sogar konstruktive Beweise führen, indem für ein existenzquantifiziertes Theorem Belegungen der Variablen berechnet werden, für die das Theorem gilt. Dies ist die theoretische Fundierung für die logische Programmiersprache PROLOG. Alle prädikatenlogischen Formeln lassen sich äquivalent in ihre konjunktive Normalform überführen, aber nicht notwendigerweise in Hornformeln. Die Hornlogik ist eine echte Untermenge der Prädikatenlogik.

Hier ein Beispiel eines Beweises:

(Q) $\neg$*sterblich*(*Mutter*(*x*))
(1) $\neg$*Mensch*(*Mutter*(*x*))   mit Axiom A2
(2) $\neg$*Mensch*(*x*)   mit Axiom A3
(3) $\square$ mit Axiom A1 und
    x = *Sokrates*

Die Antwort ist also *sterblich*(*Mutter*(*Sokrates*)).

Vollständigkeit/Entscheidbarkeit. Eine wichtige Eigenschaft von Kalkülen ist die Vollständigkeit. Ein Kalkül heißt vollständig, wenn garantiert werden kann, dass zu jedem Theorem T einer durch endlich viele Axiome A gegebenen Theorie (d. h. zu jedem T, das semantisch aus A folgt) auch effektiv ein Beweis konstruiert werden kann. Für die Prädikatenlogik erster Stufe wurde 1928 von Kurt Gödel die Vollständigkeit (d. h. die Existenz eines vollständigen Kalküls) bewiesen (der sog. Gödel'sche Vollständigkeitssatz). Allerdings ist die Prädikatenlogik erster Stufe nicht (oder nur semi-) entscheidbar, d. h. für eine beliebige Aussage F kann nicht garantiert werden, dass entweder für F oder für $\neg$F effektiv (d. h. in endlich vielen Schritten) ein Beweis konstruiert bzw. gezeigt werden kann, dass beide nicht beweisbar sind (es kann ja sein, dass weder F noch $\neg$F ein Theorem der zu A gehörenden Theorie ist). Alan Turing und Alonzo Church haben 1936 gezeigt, dass dieses sog. Entscheidbarkeitsproblem für die Prädikatenlogik erster Stufe unlösbar ist (s. Kap. II.F.4). Automatischen Beweisern für die volle Prädikatenlogik erster Stufe sind hierdurch gewisse Grenzen gesetzt.

Trotzdem spielen automatische Beweisverfahren in der Kognitionswissenschaft und insbesondere in der KI eine wichtige Rolle, z. B. bei logischen Programmiersprachen. Teilweise werden die Konsequenzen der Unentscheidbarkeit dabei in Kauf genommen (beim Logischen Programmieren, z. B. in der Programmiersprache PROLOG), teilweise wird aber auch versucht, sich auf entscheidbare Fragmente der Prädikatenlogik erster Stufe zu beschränken (z. B. bei Deskriptionslogiken).

Nicht-klassisches Schließen. Nicht nur korrekte Kalküle sind sinnvoll. Im täglichen Leben benötigen wir häufig Schlussregeln, deren Korrektheit nicht in allen Situationen garantiert werden kann, die aber in häufig auftretenden (Standard-)Situationen korrekte Ergebnisse auch auf der Basis unvollständiger Information oder unter Verwendung nur begrenzter Ressourcen abzuleiten erlauben. So gehen wir im Allgemeinen davon aus, dass Vögel fliegen können und akzeptieren damit die generelle Regel ›Wenn *x* ein Vogel ist, dann kann *x* fliegen.‹, obwohl wir wissen, dass es flugunfähige Vogelarten gibt. Fliegen zu können gehört zu den charakteristischen Eigenschaften eines Vogels, und wenn eine Vogelart oder ein konkreter Vogel nicht fliegen kann, dann ist das erklärungsbedürftig.

Kalküle und Schlussverfahren, die solche Situationen modellieren wollen, sind im Gegensatz zur klassischen Logik in der Regel nicht monoton. Monotonie bedeutet in diesem Zusammenhang, dass das Hinzufügen von Axiomen eine Theorie (d. h. die Menge der ableitbaren Aussagen) nur vergrößern und nicht verkleinern kann. In der klassischen Logik etwa kann eine ableitbare Aussage durch Hinzufügen von Axiomen nicht falsch werden. Auf alle folgenden Schlussverfahren trifft dies nicht zu: Hier können Aussagen, die zunächst ableitbar sind, durch hinzufügen neuen Wissens (neuer Axiome) ihre Ableitbarkeit verlieren oder gar falsch werden. Solche *nichtmonotonen Logiken* können als Modellierungen von Wissenszuständen interpretiert werden (s. Kap. IV.25). Wenn wir erzählt bekommen, dass Fritz ein Rabe ist, dann sind wir berechtigt zu schließen, das Fritz auch fliegen kann, denn Raben sind Vögel und Vögel können fliegen. Wenn wir dann erfahren, dass Fritz einen stark verkrüppelten Flügel hat, würden wir schließen, dass er doch nicht fliegen kann, obwohl er ein Rabe und damit ein Vogel ist. Erfahren wir schließlich, dass Fritz trotz seines stark verkrüppelten Flügels ein guter Flieger ist, sind wir vielleicht erstaunt, würden das aber nicht für einen logischen Widerspruch halten.

Abduktives Schließen. Ein Beispiel für eine nicht notwendigerweise korrekte Schlussfigur ist der Schluss auf die Ursachen eines Sachverhaltes: Nehmen wir an, dass $A_1 \rightarrow C, ..., A_n \rightarrow C$ zu den Axiomen zählen und dass dies die einzigen Möglichkeiten sind, C abzuleiten. Wenn wir nun C (als wahr) beobachten, kann es gemäß den Axiomen nur diese *n* Möglichkeiten als Ursache dafür geben, dass C gilt, nämlich einen der Sachverhalte $A_1, ..., A_n$. Dies begründet die folgende Schlussregel:

$$\text{Abduktion:} \quad \frac{A_1 \rightarrow C, ..., A_n \rightarrow C, C}{A_1 \vee ... \vee A_n}$$

Die Anwendung einer solchen Regel bezeichnet man als ›abduktiven Schluss‹. Offensichtlich ist die Schlussregel nicht korrekt: Falls alle $A_1, ..., A_n$ falsch sind und C wahr ist (was in der klassischen Logik trotz Gültigkeit der Implikationen nicht ausgeschlossen werden kann), dann sind alle Bedingungen der Schlussregel wahr, die Konklusion aber ist falsch. Trotzdem ist diese Art des Schließens neben dem induktiven Schließen die Basis nahezu aller empirischen Wissenschaften. Sie enthält eine Metabedingung, die in der formalen Schlussregel nicht explizit auftritt. Sie besagt, dass $A_1 \rightarrow C, ..., A_n \rightarrow C$ die einzigen Möglichkeiten darstellen, (deduktiv) auf C zu schließen. Es handelt sich hierbei um einen nichtmonotonen Kalkül, denn das Hinzufügen eines neuen Axioms $A_{n+1} \rightarrow C$ blockiert die Ableitung von $A_1 \vee ... \vee A_n$. Nehmen wir z. B. an, dass es nach unserem besten Wissen genau zwei Möglichkeiten gibt, dass ein Rabe weiß sein kann: Er kann einen Gendefekt haben oder jemand hat ihn mit weißer Farbe angestrichen. Wenn wir in dieser Situation im Zoo einen weißen Raben beobachten, dann können wir schließen, dass er entweder einen Gendefekt hat oder von jemandem weiß angestrichen wurde. Lernen wir später, dass es auf irgendeiner Südseeinsel eine Subspezies von Raben gibt, die weiß sind, wird dieser Schluss falsch, denn nun gibt es eine weitere, viel naheliegendere Erklärung für den beobachteten Sachverhalt: Es handelt sich bei dem Raben im Zoo um ein Exemplar eben dieser Spezies.

Im Kontext logischer Programme wird diese Metabedingung als ›Clark-Vervollständigung‹ bezeichnet: Sind $C \leftarrow A_1, ..., C \leftarrow A_n$ die einzigen Klauseln für C, so wird die Implikation $C \rightarrow A_1 \vee ... \vee A_n$ als impliziter Bestandteil des Programms aufgefasst, so dass sich zusammen die Äquivalenz $C \leftrightarrow A_1 \vee ... \vee A_n$ ergibt.

Induktives Schließen. Eine weitere inkorrekte, aber wichtige, Schlussregel ist die Induktion: Wenn es genügend positive Fälle für ein Prädikat F gibt und ein negativer Fall nicht beweisbar (in der Formalisierung: $\nvdash$) ist, dann gilt die generelle Regel: F ist wahr für alle *x*:

$$\text{Induktion:} \quad \frac{F(t_1), ..., F(t_n), \; \nvdash \exists x : \neg Fx}{\forall x : Fx}$$

Auch hier sind metalogische Bedingungen vorhanden, deren Erfüllung sich mit dem Einführen neuer Axiome ändern kann. So würde eine Beobachtung von $\neg F(t)$ für ein *t* reichen, um das Ergebnis der Schlussregel zu falsifizieren. Da F jedoch meist eine Implikation ist, ist zu beachten, dass z. B. bei $F(x) \equiv Schwan(x) \rightarrow weiß(x)$ alle Individuen, die keine Schwäne sind (also z. B. alle Raben) positive Evidenz für die Induktion liefern würden, was offensichtlich kontraintuitiv ist.

Default-Logik. Ein Beispiel für ein dezidiert für nichtmonotones Schließen entwickeltes System ist Raymond Reiters (1980) *default*-Logik. Eine *default*-Theorie besteht aus einem Paar ⟨D,W⟩ mit einer Menge logischer Formeln W (Axiome, Hintergrundtheorie) und einer Menge D von *default*-Regeln der Form:

$$\frac{P : J_1, ..., J_n}{C}$$

P ist dabei die Vorbedingung, $J_1, ..., J_n$ werden als ›Rechtfertigungen‹ bezeichnet und C ist die Konklusion. Die Regel kann angewendet werden, wenn P gilt und $J_1, ..., J_n$ (mit der aktuellen Interpretation) konsistent sind, d. h. ihre Negation nicht ableitbar ist. Reiter drückte dies explizit durch einen Möglichkeitsoperator M vor den J_i aus, der in modernen Formalisierungen weggelassen wird. Das klassische Beispiel in diesem Zusammenhang ist der Pinguin Tweety, der nicht fliegen kann, obwohl er ein Vogel ist und alle Vögel fliegen können. Die entsprechende *Default*-Theorie lautet:

W = { *Pinguin*(*Tweety*), *Adler*(*Sam*),
   $\forall$x : *Pinguin*(*x*) → *Vogel*(*x*),
   $\forall$x : *Adler*(*x*) → *Vogel*(*x*),
   $\forall$x : *Pinguin*(*x*) → ¬*kann_fliegen*(*x*),
   $\forall$x : *Vogel*(*x*) → *kann_fliegen*(*x*) }
D = {*Vogel*(*x*) : *kann_fliegen*(*x*) /
   kann_fliegen(*x*) }

Hieraus ist ableitbar, dass Sam fliegen kann, Tweety aber nicht. Dass eine nichtmonotone Logik vorliegt, sieht man leicht, wenn man $\forall x : Pinguin(x) \rightarrow \neg kann\_fliegen(x)$ aus den Axiomen entfernt: In dieser Theorie ist *kann_fliegen*(*Tweety*) ableitbar, diese

Ableitung wird aber blockiert, wenn man das Axiom wieder hinzufügt. *Default*-Regeln können daher als Regeln mit Ausnahmen aufgefasst werden. Ein weiteres klassisches Beispiel, das demonstriert, dass Interpretationen von *default*-Theorien nicht eindeutig sein müssen, ist der sog. Nixon-Diamant (der Name spielt auf die Rautenform der Schlussfigur an, vgl. Abb. 2):

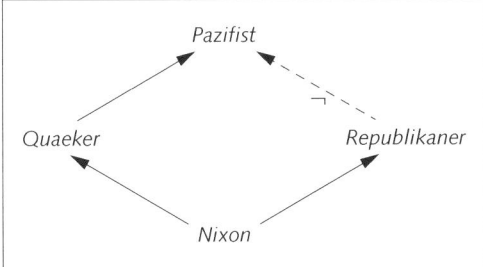

Abbildung 2: Der Nixon-Diamant

W = { *Quäker(Nixon)*, *Republikaner(Nixon)* }
D = { *Quäker(x):Pazifist(x)/Pazifist(x)*,
$\quad$ *Republikaner(x):¬Pazifist(x)/¬Pazifist(x)* }

Hieraus lässt sich je nach Reihenfolge der Anwendung der *default*-Regeln entweder ableiten, dass Nixon Pazifist ist oder dass Nixon kein Pazifist ist. Diese *default*-Theorie hat also zwei Modelle.

$$\frac{P : C}{C}$$

bezeichnet man als ›normal‹. Alle *defaults* in den Beispielen sind normal.

Antwortmengen-Programmierung (answer set programming). Die Antwortmengen-Programmierung versucht, Abweichungen der deklarativen Bedeutung eines logischen Programms von seiner prozeduralen Ausführung zu beseitigen. Sie vereint Techniken aus der logischen Programmierung mit Methoden aus den Gebieten der Wissensrepräsentation, der deduktiven Datenbanken und des nichtmonotonen Schließens (Anger et al. 2005). Regeln der Form $L_0 \leftarrow L_1, \ldots, L_m, not L_{m+1}, \ldots, not L_n$ mit atomaren Aussagen L_k für $0 \leq k \leq n$ werden hier jeweils als Randbedingungen (*constraints*) an Antwortmengen aufgefasst. Die Interpretation einer solchen Regel lautet: Wenn für eine Antwortmenge A gilt: $L_i \in A$ für $1 \leq i \leq m$ und $L_j \notin A$ für $m < j \leq n$, dann ist auch $L_0 \in A$. Logische Programme im Sinne der Antwortmengen-Programmierung bestehen aus einer Menge solcher Regeln. Ihre Semantik ist gegeben durch die

möglichen Antwortmengen, die formal durch Fixpunkte nichtmonotoner Ableitungsoperatoren beschrieben werden. Angenommen, *r* steht für ›es regnet‹ und *s* steht für ›die Sonne scheint‹. Dann hat das Programm { $r \leftarrow r$, $s \leftarrow not\ r$ } eine einzige Antwortmenge, nämlich {*s*}. Denn allein mittels der zirkulären ersten Regel kann *r* nicht zur Antwortmenge gehören, und nach der zweiten Regel gehört *s* zur Antwortmenge, falls *r* nicht dazugehört. Das Programm { $r \leftarrow not\ s$, $s \leftarrow not\ r$ } besitzt zwei Antwortmengen {*r*} und {*s*}. Integritätsbedingungen können durch ›kopflose‹ Regeln (d. h. ohne L_0) formuliert werden. Fügen wir als weiteres Axiom hinzu { $r \leftarrow not\ s$, $s \leftarrow not\ r$, $\leftarrow not\ r$ }, dann bleibt nur die Antwortmenge {*r*} übrig: Da die Integritätsbedingung verletzt wird, wenn *r* nicht zur Antwortmenge gehört, wird die Antwortmenge {*s*} eliminiert. Dies zeigt auch den nichtmonotonen Charakter solcher Programme: Das Hinzufügen von Axiomen kann dazu führen, dass Aussagen, die vorher in der Antwortmenge sein konnten, ausgeschlossen werden. Neben dem *not*-Operator, dessen Semantik durch ›nicht beweisbar‹ = ›nicht in der Antwortmenge‹ gegeben ist, kann auch eine logische Negation ¬ eingeführt werden, ohne dadurch die Komplexität dramatisch zu erhöhen. Während *not p* für eine Aussage *p* bedeutet, dass *p* nicht in der Antwortmenge ist, bedeutet ¬*p*, dass die Negation von *p* in der Antwortmenge enthalten ist. Die Antwortmengen-Programmierung funktioniert zunächst nur für die propositionale Logik. Über endlichen Gegenstandsbereichen kann man aus prädikatenlogischen Theorien propositionale Theorien durch alle möglichen Instanziierungen der Axiome erzeugen. Auf diese Weise lässt sich die Antwortmengen-Programmierung in begrenztem Maße auch auf in der Prädikatenlogik repräsentierte Probleme anwenden (s. Kap. II.F.4).

Wahrscheinlichkeitsbasiertes Schließen. Das Ziel wahrscheinlichkeitsbasierter Logik ist die Modellierung von unsicherem Wissen. Insbesondere abduktive und induktive Schlüsse legen es nahe, die klassische Logik um Wahrscheinlichkeitskonzepte zu erweitern: Wenn von 100 beobachteten Schwänen 97 weiß und drei schwarz sind, dann ist die Regel ›Alle Schwäne sind weiß.‹ zwar falsch, trotzdem ist der Schluss ›Wenn *x* ein Schwan ist, dann ist *x* mit großer Wahrscheinlichkeit weiß.‹ nützlich und richtig. Die Grundidee hinter wahrscheinlichkeitsbasiertem Schließen besteht darin, die klassische zweiwertige Logik, bei der Aussagen entweder wahr oder falsch sind, beizubehalten, das Wissen um Sachverhalte aber um Wahrscheinlichkeiten zu ergänzen. Dies ist von Vagheitskonzepten wie z. B. der Fuzzy Logik zu unterscheiden, die davon ausgehen, dass Aussagen wie ›Hans ist groß.‹ mehr oder weniger wahr sein können (abhängig davon, wie groß Hans tatsächlich ist).

Die medizinische Diagnostik ist ein Gebiet, bei dem die Nützlichkeit wahrscheinlichkeitsbasierter Schlüsse offensichtlich wird. Die Schwierigkeit auf diesem Gebiet liegt darin, von Symptomen und Testergebnissen auf das Vorliegen von Krankheiten (als Ursachen) zu schließen. Es handelt sich also um eine abduktive Schlussfigur: Wir wissen, dass dann, wenn eine Krankheit H (H für ›Hypothese‹) vorliegt, bestimmte Symptome auftreten und/oder gewisse Tests positiv sind. Treten die Symptome auf und/oder sind die Tests positiv (dies sind die gegebenen Daten D), dann schließen wir (abduktiv) auf das Vorliegen der Krankheit H. Das Problem liegt darin, dass Symptome nicht immer auftreten und nicht immer eindeutig sein müssen und Tests falsche Ergebnisse liefern können. Aus Beobachtungen und Experimenten können wir Wahrscheinlichkeiten für das Auftreten von Symptomen und die Ergebnisse von Tests bestimmen. Die Fragestellung lautet: Mit welcher Wahrscheinlichkeit kann beim Vorliegen der Symptome und/oder gewisser Testergebnisse D auf das Vorliegen der Krankheit H geschlossen werden? Die Grundlage solcher Schlüsse ist das Theorem von Bayes, das bedingte Wahrscheinlichkeiten in Beziehung setzt. Es lautet:

$$\text{Bayes' Theorem}: P(H|D) = \frac{P(D|H) \times P(H)}{P(D)}$$

Hierbei steht P(X) für die Wahrscheinlichkeit des Auftretens des Ereignisses X, P(X|Y) für die Wahrscheinlichkeit des Auftretens des Ereignisses X unter der Bedingung, dass Ereignis Y beobachtet wurde, H für die Hypothese (d. h. das Vorliegen der Krankheit), D für die Daten (d. h. die Symptome bzw. Testergebnisse). Bayes' Theorem besagt also, dass die Wahrscheinlichkeit der Hypothese H, gegeben die Daten D, berechnet werden kann aus der Wahrscheinlichkeit von D, gegeben H (also die Wahrscheinlichkeit der Symptome und Testergebnisse unter den tatsächlich Erkrankten), multipliziert mit der Wahrscheinlichkeit von H (also der Häufigkeit der Krankheit) und dividiert durch die Wahrscheinlichkeit, mit der D in der betrachteten Gesamtheit auftritt.

Das folgende Zahlenbeispiel zeigt, dass die so berechnete Wahrscheinlichkeit von naiven abduktiven Schlüssen erheblich abweichen kann (Gigerenzer et al. 2007): Nehmen wir an, dass es einen Krebstest gibt, der eine Zuverlässigkeit von 90 Prozent hat, d. h. bei tatsächlich Erkrankten liefert er in neun von zehn Fällen positive Ergebnisse (d. h. P(Test+|Krebs+) = 0.9) und unter Gesunden liefert er in einem von zehn Fällen ein falsches positives Ergebnis (d. h. P(Test+|Krebs−) = 0.1). Falls bei einem Patienten ein positiver Test vorliegt, so ist die Frage, welche der beiden Möglichkeiten (Hypothesen wahrscheinlicher ist: (1) Er ist an Krebs erkrankt (P(Krebs+|Test+)) oder (2) nicht an Krebs erkrankt (P(Krebs−|Test+))? Der naive abduktive Schluss würde (unter der Voraussetzung, dass keine weiteren Informationen über die Beziehung zwischen Krankheiten und Test vorliegen) zur Hypothese (1) führen.

Wenden wir stattdessen Bayes' Theorem an, so erhalten wir für (1):

$$P(\text{Krebs} + |\text{Test} +) =$$
$$\frac{P(\text{Test} + |\text{Krebs} +) \times P(\text{Krebs} +)}{P(\text{Test} +)}$$

Nehmen wir weiter an, Krebs sei relativ selten und nur einer von 100 Patienten habe die Art von Krebs, für den der Test konzipiert ist (d. h. P(Krebs+) = 0.01). Dann ergibt sich

$$P(\text{Krebs} + |\text{Test} +) = \frac{0.9 \times 0.01}{P(\text{Test} +)} = \frac{0.009}{P(\text{Test} +)}$$

$$P(\text{Krebs} - |\text{Test} +) =$$
$$\frac{P(\text{Test} + |\text{Krebs} -) \times P(\text{Krebs} -)}{P(\text{Test} +)} =$$
$$\frac{0.1 \times 0.99}{P(\text{Test} +)} = \frac{0.099}{P(\text{Test} +)}$$

Damit ist die Wahrscheinlichkeit, bei einem positiven Test tatsächlich an Krebs erkrankt zu sein, in diesem Fall etwa zehnmal geringer als nicht an Krebs erkrankt zu sein, und zwar unabhängig von der absoluten Wahrscheinlichkeit eines positiven Tests P(Test+). Mit der Gleichung

$$P(\text{Krebs}+|\text{Test}+) + P(\text{Krebs}-|\text{Test}+) = 1$$

können wir P(Test+) = 0.108 bestimmen und erhalten damit P(Krebs+|Test+) = 0.083 und P(Krebs−|Test+) = 0.917.

Bayes' Theorem erlaubt es, komplexe Geflechte von abhängigen Ereignissen zu modellieren (sog. Bayes'sche Netze) und auf diese Weise komplexe wahrscheinlichkeitsbasierte Schlüsse durchzuführen. Dies ist zur Zeit eines der aktivsten Forschungsgebiete in diesem Bereich.

Vagheit. Unter Vagheit versteht man die Tatsache, dass Extensionen von Prädikaten unscharf oder nicht wohl definiert sein können. In der klassischen Logik ist die Extension (oder die Interpretation) eines Prädikats F die Teilmenge von Individuen, für die F wahr ist. Die Interpretation einer Aussage F(*a*) ist wahr, falls ›*a*‹ auf ein Element der Extension von F verweist bzw. falsch, wenn ›*a*‹ auf ein Element des Komplements der Extension von F verweist. Es gibt jedoch Prädikate (zumindest in der Semantik natürlicher Sprachen), deren Extension inhärent vage ist. Ein klassisches Beispiel ist das Prädikat *großer_Mensch*, während im Gegensatz dazu etwa *schwanger_sein* ein Prädikat ist, das keine Vagheit zulässt. Ob z. B. Hans groß ist, kann, abhängig von seiner tatsächlichen Größe, mehr oder weniger wahr sein: So würde man etwa die Folgerung *Größe(Hans)* = 1,90 *m → großer_Mensch(Hans)* ohne Einschränkungen akzeptieren können, die Folgerung *Größe(Hans)* = 1,60 *m → großer_Mensch(Hans)* aber eher zurückweisen und die Folgerung *Größe(Hans)* = 1,80 *m → großer_Mensch(Hans)* mehr oder weniger akzeptieren. Dieses Problem hat allerdings nichts mit Unsicherheit zu tun, denn die Größe von Hans ist ja exakt festgelegt.

Es wurden unterschiedliche Ansätze vorgeschlagen, um solche Vagheitsaspekte zu modellieren. So kann eine dreiwertige Logik benutzt werden, die neben den klassischen Wahrheitswerten *wahr* und *falsch* einen dritten Wahrheitswert *unbestimmt* hat. Für Urteile wie etwa im obigen Beispiel über die Größe von Hans, die von kontinuierlichen Parametern abhängen, hat sich hingegen die Fuzzy Logik durchgesetzt, die Prädikate mit unscharfen Extensionen erlaubt. Im obigen Beispiel kann etwa geschlossen werden, dass Hans mit einem Wert zwischen 0 und 1 zur Extension des Prädikats *großer_Mensch* gehört, wobei der Fuzzy-Wahrheitswert der Aussage *großer_Mensch(Hans)* von der tatsächlichen Größe von Hans abhängt und für Werte >1,90 m nahe 1, für Werte <1,60 m nahe 0 und für Größen dazwischen kontinuierliche Werte zwischen 0 und 1 annimmt. In der Fuzzy Logik steht daher das ge-

samte reelle Intervall zwischen 0 und 1 als Menge der Wahrheitswerte zur Verfügung (Zadeh 1965). Dabei ist zu beachten, dass Fuzzy-Wahrheitswerte trotz dieses Wertebereichs keine Wahrscheinlichkeiten sind und daher den grundlegenden Regeln der Wahrscheinlichkeitsrechnung in der Regel nicht gehorchen.

Geeignete arithmetische Operationen werden in der Fuzzy Logik benutzt, um die Semantik der logischen Konnektoren zu spezifizieren. Ein Beispiel ist folgende Interpretation der Konnektoren (wobei I angewendet auf eine atomare Aussage einen Wert zwischen 0 und 1 liefert):

$$I(\neg A) = 1 - I(A)$$
$$I(A \wedge B) = min(I(A), I(B))$$
$$I(A \vee B) = max(I(A), I(B))$$
$$I(A \rightarrow B) = min(1, 1 + I(B) - I(A))$$

Prädikate werden als Funktionen ihres Argumentbereichs in die Wahrheitswerte (d. h. in das Intervall [0,1]) interpretiert, z. B.

$$I(gross(x)) = Rampe(Größe(x);1.70,1.90),$$

wobei hier einfache Rampen- und Trapez-Funktionen wie in Abbildung 3 verwendet werden.

Als Beispiel für vages Schließen mit Fuzzy Regeln betrachten wir den Zusammenhang zwischen Cholesterinwerten, Rauchen und Herzinfarktrisiko (ohne dass dabei die konkreten Zahlen Anspruch auf Korrektheit erheben): Ein hoher LDL-Cholesterinwert führt zu einem hohen Herzinfarktrisiko (HIR), während ein hoher HDL-Cholesterinwert zu einem niedrigen Herzinfarktrisiko führt; starkes Rauchen im Zusammenhang mit einem erhöhten LDL-Wert führt darüber hinaus zu einer starken Erhöhung des Herzinfarktrisikos. Diese umgangssprachliche Formulierung lässt sich durch die folgenden drei Regeln ausdrücken:

LDL_hoch → HIR_hoch
HDL_hoch → HIR_niedrig
LDL_erhöht ∧ starker_Raucher →
HIR_stark_erhöht

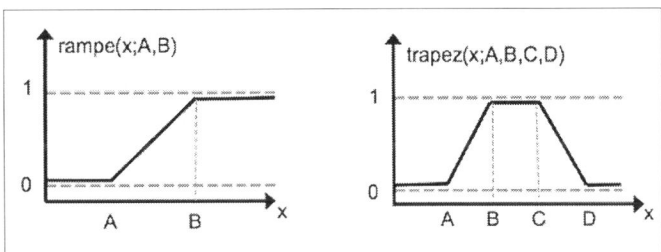

Abbildung 3:
Rampen- und Trapezfunktionen

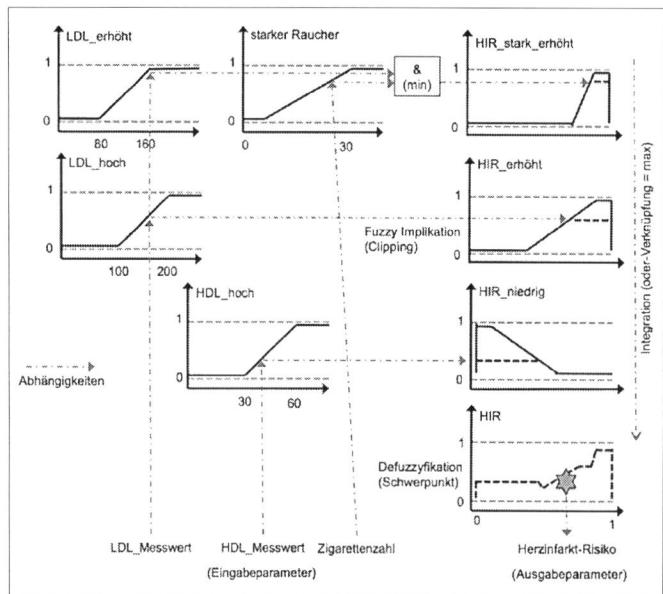

Abbildung 4:
Beispiel für eine Fuzzy Inferenz

Den sog. linguistischen Variablen wie ›hoher LDL-Wert‹ oder ›niedriges Herzinfarktrisiko‹ usw. können wir z. B. folgende Interpretation zuordnen:

$LDL\_hoch(x)$ $= Rampe(x;100,200)$
$LDL\_erhöht(x)$ $= Rampe(x;80,160)$
$HDL\_hoch(x)$ $= Rampe(x;20,50)$
$starker\_Raucher(x)$ $= Rampe(x;5,30)$
$HIR\_hoch(x)$ $= Trapez(x;0.5,0.9,1.0,1.0)$
$HIR\_niedrig(x)$ $= Trapez(x;0.0,0.0,0.1,0.5)$
$HIR\_stark\_erhöht(x) = Trapez(x;0.8,0.9,1.0,1.0)$

Bei gegebenen Cholesterinwerten und der Zigarettenanzahl kann für jede Regel eine Funktion über der HIR-Dimension bestimmt werden, die dann über die oder-Verknüpfung (denn die Regeln sind Alternativen) kombiniert werden und schließlich durch eine Defuzzyfizierungsmethode (z. B. Schwerpunktbildung) einen Risikowert bestimmen (vgl. Abb. 4).

Parakonsistentes Schließen. Unter parakonsistenten Logiken versteht man logische Systeme, in denen der Grundsatz der klassischen Logik ›*ex contradictione sequitur quodlibet*‹ (lat.: ›aus einem Widerspruch folgt Beliebiges‹) nicht gilt, in denen es also nicht möglich ist, aus zwei widersprüchlichen Axiomen A und ¬A oder aus einem elementaren Widerspruch A ∧ ¬A jede beliebige Aussage B herzuleiten (Priest/Tanaka 2009), und die daher tolerant gegenüber Widersprüchen sind. Parakonsistente Kalküle dürfen z. B. folgenden Beweis nicht erlauben:

1. A ∧ ¬A   Annahme
2. A   Elimination der Konjunktion in 1
3. A ∨ B   Abschwächung
4. ¬A   Elimination der Konjunktion in 1
5. B   disjunktiver Syllogismus (Resolution) 3 und 4

Andernfalls können wir aus den Axiomen ›Nixon ist Republikaner.‹, ›Nixon ist Quäker.‹, ›Quäker sind Pazifisten.‹ und ›Republikaner sind keine Pazifisten.‹ sowohl schließen, dass Nixon Pazifist ist, als auch folgern, dass Nixon kein Pazifist ist, also einen Widerspruch ableiten. Anschließend können wir mit obigem Beweis auf eine beliebige Aussage B, z. B. ›Der Mond ist viereckig.‹, schließen.

In parakonsistenten Logiken werden unterschiedliche Ansätze diskutiert, u. a.:

- *Nicht-adjunktive Systeme*: Hier wird die Regel A, B ⊢ A ∧ B eingeschränkt, d. h. der Widerspruch ist nicht ableitbar.

- *Nicht-wahrheitsfunktionale Systeme*: Die Interpretation ist eine Relation, keine Funktion, d. h. Ausdrücke können mehrere Wahrheitswerte haben: ›Nixon ist Pazifist.‹ erhält zwei Wahrheitswerte, wodurch weitere Ableitungen blockiert werden.

- *Mehrwertige parakonsistente Logiken*: ›Nixon ist Pazifist.‹ erhält einen neuen Wahrheitswert *widersprüchlich*, wodurch weitere Ableitungen blockiert werden.

- *Relevanzlogiken*: Die Ableitung von B wird blo-

ckiert, weil A und B keine gemeinsamen Sub-
ausdrücke haben.

Neuronal basierte Ansätze zum Schließen. Die Frage,
in welcher Beziehung inhärent symbolisch-logische
Ansätze des Schließens zu einer neuronalen Basis
stehen, stellt sich seit den Anfängen des Konnektionismus (s. Kap. III.2). Es gibt zumindest drei grundsätzlich unterschiedliche Ansätze:

- Logische Operationen können direkt in neuronale Funktionen übersetzt werden. Bei diesem
  Ansatz werden lokalistische neuronale Netze benutzt, bei denen einzelne Neurone oder Neuronengruppen spezifische logische Operationen realisieren. So können alle propositionalen logischen Konnektoren durch einzelne Neurone oder
  kleine Neuronengruppen realisiert werden. Im
  Falle prädikatenlogischer Theorien wird es
  schwieriger, da Variablen und ihre Bindungen
  nicht so einfach in neuronale Strukturen übersetzbar sind. Aber es gibt auch hier Ansätze (z. B.
  Shastri 2007), die etwa Bindungen durch zeitsyn-
  chrone Aktivitäten repräsentieren.
- Auf der funktionalen Ebene können neuronale
  Systeme und symbolische Systeme als sich wechselseitig simulierend angesehen werden. Auf der
  einen Seite kann ein Netzwerk trainiert werden,
  eine logische Funktion zu approximieren (Hornik
  et al. 1989). Auf der anderen Seite können per in-
  duktivem Verfahren für ein gegebenes Netzwerk
  Regeln (bzw. logische Theorien) gelernt werden,
  die das Netzwerkverhalten beschreiben (Jacobsson 2005).
- Schlussfolgerungsoperatoren lassen sich durch
  neuronale Systeme approximieren (Bader et al.
  2007), wobei nicht einzelne logische Funktionen
  abgebildet werden, sondern der globale Inferenz-
  mechanismus durch ein neuronales Netz realisiert wird.

Analoges Schließen. Analogie ist eine Schlussfigur,
bei der konkrete Sachverhalte in zwei (meist unterschiedlichen) Domänen nach folgendem Muster ge-
genübergestellt werden: B ist ähnlich zu A, A hat die
Eigenschaft C, also hat auch B die Eigenschaft C. A
und B können dabei Wesen, Dinge oder Phänomene sein. Die Ähnlichkeit kann durch die Zuordnung anderer Eigenschaften, Relationen, Funktionen, Symptome oder Strukturen fundiert sein. In einer Domäne (der Quelle A) liegt meist eine
elaborierte Konzeptualisierung vor, die sich im
Idealfall auf konkret erfahrbare Sachverhalte stützt,
während in der zweiten Domäne (dem Ziel B) meist

(noch) keine solche Konzeptualisierung vorhanden
ist. Das Ergebnis eines Analogieschlusses ist der
Transfer von Wissen über die Quelldomäne in Hypothesen über die Zieldomäne. Ein klassisches Beispiel eines solchen Analogieschlusses findet sich in
der Faraday-Vorlesung von Hermann von Helmholtz 1881, in der er die atomistische Natur der
Elektrizität auf der Basis einer Korrespondenz zwischen Masse und Ladung in der Elektrolyse postulierte, die Michael Faraday ca. fünfzig Jahre vorher
gefunden hatte:

> Wenn wir die Hypothese akzeptieren, dass elementare
> Stoffe [die Elemente] aus Atomen bestehen, können
> wir uns nicht der Schlussfolgerung verweigern, dass
> auch die Elektrizität, die positive wie negative, in
> elementare Portionen unterteilt ist, die sich wie Atome
> der Elektrizität verhalten. (Williams 1965, 256)

Analogieschlüsse sind eine sehr produktive Methode für die Hypothesenbildung in unterschiedlichsten Bereichen wie Problemlösen oder Entscheidungsfindung (s. Kap. IV.6), aber auch bei Wahrnehmung (s. Kap. IV.24) und Gedächtnis (s. Kap.
IV.7) sowie bei Kreativität (s. Kap. IV.11), Erklärungen und Kommunikation (s. Kap. IV.10). Aus diesem Grund wird die Analogiebildung von vielen
zum Kernbereich höherer kognitiver Fähigkeiten
gezählt (Hofstadter 2001; Gust et al. 2008; Polya
1957).

Folgende Teilaspekte eines Analogieschlusses
werden unterschieden (Kokinov/French 2003):

- Repräsentation
- Konstruktion der Quelldomäne (*retrieval, recog-
  nition*)
- Zuordnung (*mapping*)
- Evaluation
- Transfer
- Konsolidierung (*concluding*, *learning*)

Analogieschlüsse schließen also nicht wie deduktive
Schlussweisen von generellen Regeln oder Gesetzen
auf spezielle Situationen oder wie die Induktion von
spezifischen Sachverhalten auf generelle Regeln oder
Gesetze, sondern von spezifischen Situationen auf
andere spezifische Situationen. Inwieweit dabei notwendigerweise eine gewisse Abstraktion geleistet
werden muss, ist umstritten und kann vom Kontext
abhängen.

Dedre Gentner hat die folgende Kategorisierung
analogieartiger Beziehungen zwischen Domänen
vorgeschlagen (Gentner 1983; Gentner/Markman
1997):

	Attribute	Relationen	Beispiele
oberflächliche Ähnlichkeit	viele	wenige	Eine Sonnenblume sieht aus wie die Sonne.
direkte Entsprechung	viele	viele	Das K5 Sonnensystem im Computerspiel EVE ist wie unser Sonnensystem.
Analogie	wenige	viele	Das Atom ist wie das Sonnensystem.
Abstraktion	wenige	viele	Das Atom ist ein Zentral-kraft-System.
Anomalie	wenige	wenige	Die Kaffeetasse ist wie die Sonne (in einem geeigneten Kontext).
Metapher	wenige	einige	Sie ist die Sonne meines Lebens;
	einige	wenige	Sonnenkönig.

Tabelle 1: Kategorisierung analogieartiger Beziehungen zwischen Domänen nach Gentner

Analogien erlauben eine erste Konzeptualisierung unbekannter oder unserer Erfahrung nur schwer zugänglicher Domänen. Ein klassisches Beispiel ist etwa eine Analogie wie ›Ein Stromkreis ist wie eine Wasserleitung.‹:

Zuordnungen (mapping):
Wassermenge	Ladung
Fließgeschwindigkeit	elektrischer Strom
Druck	Spannung
Pumpe	Batterie
Ventil	Schalter
Engstelle	Widerstand

Transfer:
Simulation von Schaltkreiskonfigurationen

Ein weiteres klassisches Beispiel einer Analogie ist Ernest Rutherfords Atommodell: Auf der Basis der Streuexperimente von Rutherford musste eine neue Konzeptualisierung der Struktur von Atomen gefunden werden, da ihre Ergebnisse nur dadurch erklärt werden konnten, dass die negativen Elektronen weit entfernt vom positiv geladenen Kern waren:

Zuordnungen (mapping):
Atomkern	Sonne
Elektron	Planet
Schwerkraft	Coulomb-Kraft

Transfer:
Elektronen kreisen um den Atomkern

Simulationen und Modelle basieren meist auf expliziten Analogien, wie z. B. mechanische Planetenmodelle, mit denen sich gewisse Konstellationen vorhersagen lassen.

Eine besondere Rolle spielen proportionale Analogien innerhalb einer Domäne. Typische Beispiele sind Aufgaben aus Intelligenztest wie z. B.

5 verhält sich zu 7 wie 9 zu ?

oder die Vervollständigung von Folgen wie

2, 4, 8, 16, …

In diesen Fällen ist allerdings die Ableitung einer generellen Regel essenzieller Teil der Problemlösung.

Analogien in der sprachlichen Kommunikation. In natürlichsprachlicher Kommunikation sind Analogien und Metaphern ein effizientes Mittel, um komplexe Sachverhalte zu vermitteln. Sprachliche Wendungen wie › …, das ist wie … ‹ verweisen meist auf explizite Analogien und werden häufig benutzt. Neue Begriffe in (technischen) Domänen – etwa ›Computermaus‹, ›Desktop‹, ›Flugzeugnase‹, ›Immobilienhai‹ oder ›Heuschrecken‹ (als Bezeichnung für *private-equity*-Gesellschaften) – beruhen oft auf Analogiebildungen bzw. Metaphern. Es gibt eine ganze Reihe sprachlicher Figuren, die neben expliziten Analogien oder Metaphern auf ähnlichen Prinzipien basieren, wie z. B. Exemplifizierungen, Vergleiche, Similis, Allegorien, Fabeln und Parabeln.

Schlussfolgern, Planen und Problemlösen sind die klassischen höheren kognitiven Fähigkeiten, über die Menschen verfügen. Es gibt eine Reihe von Modellen, die es erlauben, Aspekte dieser Fähigkeiten zu formalisieren und damit einer systematischen Analyse zugänglich zu machen. Moderne Schachprogramme oder auch der von IBM entwickelte

WATSON, d.h. Systeme, gegen die Menschen in den jeweiligen Spezialdomänen (Schachspielen bzw. in der Quiz-Show *Jeopardy*) keine Chance mehr haben, zeigen die großen Erfolge, die bei der Automatisierung dieser Fähigkeiten in den letzten Jahren erzielt wurden. Trotzdem bleibt der Mensch als ›universeller Problemlöser‹ mit seiner Fähigkeit, gerade in unklaren Situationen mit nicht festgelegten Mitteln schwammig definierte Ziele zu erreichen, unerreicht. Wie schwierig es ist, menschliches Problemlöseverhalten zu analysieren, zeigt auch die Rationalitätsdebatte, die in der Interpretation der Ergebnisse des *Wason selection task* ihren Ausgang nahm.

Literatur

Anger, Christian/Konczak, Kathrin/Linke, Thomas/Schaub, Torsten (2005): A glimpse of answer set programming. In: *Künstliche Intelligenz* 19, 12.

Bader, Sebastian/Hitzler, Pascal/Hölldobler, Steffen/Witzel, Andreas (2007): The core method. In: Barbara Hammer/Pascal Hitzler (Hg.): *Perspectives of Neural-Symbolic Integration*. Berlin, 205–232.

Fikes, Richard/Nilsson, Nils (1971): STRIPS: A new approach to the application of theorem proving to problem solving. In: *Artificial Intelligence* 2, 189–208.

Franz, Stephan (2004): *Grundlagen des ökonomischen Ansatzes* (International economics working paper Universität Potsdam, 2004–02).

Gentner, Dedre (1983): Structure-mapping. In: *Cognitive Science* 7, 155–170.

Gentner, Dedre/Markman, Arthur (1997): Structure mapping in analogy and similarity. In: *American Psychologist* 52, 45–56.

Ghallab, Malik/Nau, Dana/Traverso, Paolo (2004): *Automated Planning*. San Francisco.

Gigerenzer, Gerd/Gaissmaier, Wolfgang/Kurz-Milcke, Elke/Schwartz, Lisa/Woloshin, Stephen (2007): Helping doctors and patients to make sense of health statistics. In: *Psychological Science in the Public Interest* 8, 53–96.

Gigerenzer, Gerd/Selten, Reinhard (2002): *Bounded Rationality*. Cambridge (Mass.).

Gust, Helmar/Krumnack, Ulf/Kühnberger, Kai-Uwe/Schwering, Angela (2008): Analogical reasoning. In: *Künstliche Intelligenz* 1, 8–12.

Hofstadter, Douglas (2001): Analogy as the core of cognition. In: Dedre Gentner/Keith Holyoak/Boicho Kokinov (Hg.): *The Analogical Mind*. Cambridge (Mass.), 499–538.

Hornik, Kurt/Stinchcombe, Maxwell/White, Halber (1989): Multilayer feedforward networks are universal approximators. In: *Neural Networks* 2, 359–366.

Jacobsson, Henrik (2005): Rule extraction from recurrent neural networks. In: *Neural Computation* 17, 1223–1263.

Kokinov, Boicho/French, Robert (2003): Computational models of analogy-making. In: Lynn Nadel (Hg.): *Encyclopedia of Cognitive Science*, Bd. 1. London, 113–118.

Mas-Colell, Andreu/Whinston, Michael/Green, Jerry (1995): *Microeconomic Theory*. Oxford.

Newell, Allen/Shaw, J. Cliff/Simon, Herbert (1959): Report on a general problem-solving program. In: *Proceedings of the International Conference on Information Processing*. Paris, 256–264.

Polya, George (²1957): *How to Solve it*. Cambridge (Mass.) [1945]. [dt.: *Die Schule des Denkens*. Tübingen ⁴1995].

Priest, Graham/Tanaka, Koji (2009): Paraconsistent logic. In: Edward Zalta (Hg.): *The Stanford Encyclopedia of Philosophy* (Fall 2010). http://plato.stanford.edu/entries/logic-paraconsistent/

Reiter, Raymond (1980): A logic for default reasoning. In: *Artificial Intelligence* 13, 81–132.

Robinson, J. Alan (1965): A machine-oriented logic based on the resolution principle. In: *Journal of the ACM* 12, 23–41.

Shastri, Lokendra (2007): SHRUTI: A neurally motivated architecture for rapid, scalable inference. In: Barbara Hammer/Pascal Hitzler (Hg.): *Perspectives of Neural-Symbolic Integration*. Berlin, 183–203.

Simon, Herbert (1955): A behavioral model of rational choice. In: *Quarterly Journal of Economics* 69, 99–118.

Stenning, Keith/van Lambalgen, Michiel (2004): A little logic goes a long way. In: *Cognitive Science* 28, 481–529.

Wason, Peter/Shapiro, Diana (1971): Natural and contrived experience in a reasoning problem. In: *Quarterly Journal of Experimental Psychology* 23, 63–71.

Wheatley, Grayson (1984): *Problem solving in school mathematics* (MEPS Technical Report 84.01, School Mathematics and Science Center, Purdue University, West Lafayette).

Williams, L. Pearce (1965): *Michael Faraday*. London.

Zadeh, Lotfi (1965): Fuzzy sets. In: *Information and Control* 8, 338–353.

Helmar Gust

18. Selbst, Selbstmodell und Subjekt

›Das‹ Selbst in der Alltagspsychologie und das theoretische Problem des Selbstbewusstseins

Die aktuelle kognitionswissenschaftliche Erforschung des Selbstbewusstseins hat ihre historischen Wurzeln sowohl in einer unreflektierten, aber weit verbreiteten alltagspsychologischen Sprechweise als auch in einer sich über viele Jahrhunderte erstreckenden philosophisch-theologischen Debatte darüber, was der innerste Kern oder das eigentliche ›Wesen‹ einer Person ist. Gibt es so etwas wie eine *Essenz* des Menschen? Was sind die Identitätskriterien für kognitive Systeme im Allgemeinen, was macht ein solches System z. B. über die Zeit hinweg zu dem *selben* System?

Sowohl die Alltagspsychologie als auch die traditionellen metaphysischen Modelle des Selbst haben ihre historischen Ursprünge in archaisch-mythischen Selbstbildern des Menschen und in der Frage nach der Unsterblichkeit der Seele (Barresi/Martin 2011; Oeing-Hanoff et al. 1974; s. Kap. II.F.1, Kap. IV.4). Unser alltagspsychologisches Sprachspiel ist allerdings in mehreren Hinsichten begrifflich verwirrt.

- Es gibt weder auf empirischer Ebene noch in begrifflicher Hinsicht überzeugende Hinweise darauf, dass ein die Zeit überdauerndes Einzelding oder eine im ontologischen Sinne autonome Substanz existiert, die ›das‹ Selbst sein könnte (Metzinger 2011). Menschliche Wesen sind dynamische, sozial situierte *Systeme*; Selbstbewusstsein ist kein Ding, sondern ein diskontinuierlicher Vorgang, der zeitweise bestimmte Fähigkeiten erzeugt, die begrifflich am besten als globale Systemeigenschaften beschrieben werden, weil sie klarerweise eine biologisch fundierte Funktion für das System als Ganzes besitzen. Das bedeutet z. B., dass der Besitz von phänomenalem Selbstbewusstsein (s. Kap. IV.4) eine Eigenschaft der Person als Ganzer ist und nicht eine Eigenschaft ihres Gehirns (s. Kap. II.F.2).
- ›Ich‹ – das Personalpronomen der ersten Person Singular – bezeichnet immer den Sprecher, der es aktuell verwendet. Seine logische Funktion ist nicht die eines Gattungsbegriffs, sondern die der Selbstlokalisation eines Sprechers in einem Äußerungskontext. In grammatischer und semantischer Hinsicht ist ›Ich‹ also ein singulärer Term, der an einen bestimmten Äußerungskontext gebunden ist: Dieser Kontext besteht darin, dass der aktuelle Sprecher mit einem sprachlichen Werkzeug auf sich selbst zeigt.
- Trotzdem verwenden wir bei der sprachlichen Selbstbezugnahme den indexikalischen Ausdruck ›Ich‹ sehr häufig so, als ob es sich dabei um einen Namen für ein inneres Ding oder eine Form von Objektreferenz, von Bezugnahme auf einen Gegenstand handelt (Beckermann 2010; Bennett/ Hacker 2003/2010, Kap. 12.4). Es gibt aber keine spezielle Gattung von Dingen (›Iche‹ oder ›Selbste‹), die man wie ein Herz in sich tragen oder wie ein Fahrrad oder einen Fußball besitzen könnte.
- Das in lebensweltlichen Kontexten allgegenwärtige Reden von unserem oder ›meinem‹ Selbst ist in sich widersprüchlich, weil es dann ja schon jemanden geben müsste, der dieses Selbst ›hat‹, also ein Selbst hinter dem Selbst, das zu diesem in einer Besitzrelation steht. Das Selbst kann auch nichts ›in mir‹ sein, weil dann ja das, mit dem ich identisch bin, nur ein konstituierender Teil von mir wäre.

Vor ähnlichen Problemen stehen die klassischen Reflexionsmodelle des Selbstbewusstseins, wie sie z. B. von den Philosophen des deutschen Idealismus entwickelt wurden: Wenn Selbstbewusstsein sich durch eine mysteriöse Form der inneren Selbstbeobachtung konstituiert, in der ›das Bewusstsein‹ Subjekt und Objekt zugleich ist oder in der ›das Ich‹ sich selbst zum Gegenstand der eigenen Anschauung und des eigenen Denkens macht, oder wenn es in einer inneren Handlung ›sein Sein setzt‹, dann wird das, was eigentlich zu erklären ist, immer schon vorausgesetzt (Frank 1991, 1994; Henrich 1966). Eine neuere Formulierung der philosophischen Grundproblematik finden wir in dem Begriff des Homunkulus-Fehlschlusses (*homunculus fallacy*). Diesen Fehlschluss begeht man immer dann, wenn man innerhalb eines kognitiven Systems ein kleines Männchen postuliert, das etwa Operationen auf mentalen Repräsentationen durchführt, sie betrachtet oder interpretiert. Man schreibt dann globale Eigenschaften – die nur die Person oder das System als Ganzes besitzt – subpersonalen Aspekten der Informationsverarbeitung zu (s. Kap. II.F.2). Der Homunkulus-Fehlschluss ist meistens eine Variante des sog. mereologischen Fehlschlusses, bei dem Eigenschaften des Ganzen mit Eigenschaften von Teilen verwechselt werden. Man kann diesen Fehlschluss auch nicht umgehen, indem man aus Verlegenheit einfach Anführungszeichen verwendet und augenzwinkernd über das ›Ich‹ oder das ›Selbst‹ schreibt. In den Worten von Bennett/Hacker (2003/2010, 449 f.): »Die Anführung ist der stille Tribut, den die falsche Grammatik der richtigen zollt.«

Manche Neurowissenschaftler versuchen, dieses Problem der Reifikation rein stilistisch durch literarische Neuschöpfungen zu entschärfen, indem sie nicht mehr von ›dem Selbst‹ sprechen, sondern schlicht und feierlich von ›Selbst‹ (analog zu Martin Heideggers Rede von ›Welt‹ oder des ›Geschehens von Welt‹). Prominente Beispiele sind ›neuroscientific studies of self‹ (Vogeley/Gallagher 2011, 129), Wendungen wie ›how is self operationalized?‹ (Gillihan/Farah 2005, 77) oder etwa Buchtitel wie Damasios (2010) Self Comes to Mind. Die Homunkulus-Variante dagegen findet man z. B. besonders häufig in Formulierungen wie ›Zellen in dieser Region des visuellen Kortex sehen primär Kanten.‹ oder ›Der präfrontale Kortex plant die Handlung, während der prämotorische Kortex Fremdbewegungen analysiert und über die Bewegungsinitiierung sowie die Organisation der Bewegungssequenzen entscheidet.‹ Sehen und Entscheiden sind aber immer Leistungen des jeweiligen Systems als einer verkörperlichten und situierten Ganzheit (s. Kap. III.7). Begrifflich gesehen sind sie globale Eigenschaften – z. B. die einer bewussten, menschlichen Person. Es gibt also jeweils eine globale Funktion (Sehen, Handlungskontrolle usw.), wobei die einzelnen Teilfunktionen, durch die diese konstituiert wird, jeweils durch einzelne Teile des Systems oder dynamische Interaktionen mit einer Umwelt realisiert sein können. In diesem Sinne sind auch Selbstbewusstsein, Selbstwissen und mentale Selbstrepräsentation aus kognitionswissenschaftlicher Sicht spezifische und funktional analysierbare Fähigkeiten, die ein informationsverarbeitendes System zu einem gegebenen Zeitpunkt besitzen kann oder auch nicht.

Problematisch für die kognitionswissenschaftliche Forschung ist der begrifflich unklare Hintergrund z. B. deshalb, weil viele Neurowissenschaftler die logisch inkonsistente alltagspsychologische Sprechweise direkt in ihre Theorien übernehmen oder bei der Formulierung von Hypothesen verwenden. Ein Ausdruck wie ›self-processing‹ (z. B. Blanke/Arzy 2005; Kircher et al. 2000) ist problematisch, weil er voraussetzt, dass ein System ein mysteriöses, konkretes Ding wie ›das‹ Selbst oder sogar einfach ›sich selbst‹ verarbeitet, ähnlich wie eine Wurstmaschine Fleischbrocken zu Würsten verarbeitet. Richtig wäre hier zu sagen, dass ein System bestimmte

kognitionswissenschaftlich zu erklärende Fähigkeiten (z. B. die Wiedererkennung des eigenen Gesichts) oder ein spezifisches phänomenologisches Profil (z. B. eine außerkörperliche Erfahrung) dadurch erwirbt, dass es bestimmte Eigenschaften mithilfe eines integrierten Selbstmodells als globale Eigenschaften seiner selbst darstellt (s. u.). Im Fall von systematischen Selbsttäuschungen (von Hippel/Trivers 2011), der Gummihandillusion (Botvinick/Cohen 1998) oder von Ganzkörperillusionen (Blanke/Metzinger 2009; Lenggenhager et al. 2007) könnten dies durchaus auch Eigenschaften sein, die das System aus der Außenperspektive überhaupt nicht besitzt. Fehlrepräsentationen (s. Kap. IV.16) können funktional adäquat sein, und dies gilt auch für den Sonderfall der Selbstrepräsentation. In den meisten Fällen wird das Selbstmodell aber Informationen über tatsächlich vorhandene globale Eigenschaften intern darstellen. Damit wird dann typischerweise eine bestimmte Klasse von Tatsachen für die Handlungskontrolle verfügbar (s. Kap. IV.15) – z. B. Tatsachen, die die physische Realisierung des Systems betreffen (etwa der Sauerstoffgehalt des Blutes, die Geschwindigkeit und Stellung der Effektoren im Raum oder die Zustände der Sensoren). Globale Selbstrepräsentation ist also ein Vorgang der funktionalen Aneignung von Fakten. Ein wichtiger Aspekt der Autonomie eines Systems (s. Kap. IV.2) liegt in genau der Information, die jeweils zur rationalen Selbstkontrolle zur Verfügung steht. Dazu gehören dann auch abstraktere Tatsachen wie individuelle Präferenzen oder die aktuelle soziale Situiertheit des Systems (etwa Hungergefühle und Zielzustände innerhalb des emotionalen Selbstmodells, das Selbstwertgefühl oder die Stellung in einer Dominanzhierarchie), aber auch das explizite Wissen um die eigene Rationalität, die ethische Bewertbarkeit des eigenen Handelns oder selbstgerichtete Überzeugungen wie die, dass man selbst ein rationales Subjekt ist, welches den Status einer Person besitzt.

Auf der anderen Seite ist auch richtig, dass die klassische sprachanalytische Auflösung des Problems allein oberflächlich bleibt. Wenn man Selbstwissen, Selbstbewusstsein und Subjektivität lediglich über eine Untersuchung der logischen Funktion des indexikalischen Ausdrucks ›Ich‹ und eine beschreibende Analyse der semantischen Besonderheiten des sprachlichen Selbstbezugs mithilfe des Pronomens der ersten Person Singular zu verstehen versucht (s. Kap. IV.20), dann blendet man nicht nur die historisch-evolutionäre Tiefendimension und die neurobiologische Fundierung seines Erkenntnisgegenstandes aus, sondern auch die Ebene des bewussten Erlebens (s. Kap. IV.4). Der klassische Ansatz der analytischen Philosophie sagt uns nichts über die konstituierenden Bedingungen erfolgreicher Selbstbezugnahme und ignoriert z. B. die Phänomenologie der Substantialität. Er ist deshalb unbefriedigend, weil er drei für die Kognitionswissenschaft zentrale Erkenntnisziele ignoriert:

- die *phänomenologische Tiefenstruktur* des menschlichen Selbstbewusstseins, in der die Intuitionen verwurzelt sind, aus denen die Widersprüchlichkeiten der Alltagspsychologie überhaupt erst entstehen;
- die *repräsentationale Architektur* der mentalen Selbstrepräsentation, die nicht nur bei verschiedenen Typen von Sprechern, sondern bei bestimmten Klassen von kognitiven Systemen sehr unterschiedlich sein kann (z. B. bei autonomen Robotern (s. Kap. II.B.2), nichtmenschlichen Tieren, Säuglingen, träumenden Personen (s. Kap. IV.22) oder psychiatrischen Patienten);
- die *feinkörnigen funktionalen Eigenschaften*, durch die ein bestimmter Typ von Selbstmodell die *Fähigkeiten* konstituiert, die es in empirischer Hinsicht zu erklären gilt.

Ein wichtiger begrifflicher Unterschied ist hier der zwischen Selbstwissen und Selbstbewusstsein. Ein kognitives System könnte durchaus ein reiches und parallel in verschiedenen Formaten dargestelltes Wissen (s. Kap. IV.25) über seine eigenen Fähigkeiten und Eigenschaften besitzen, ohne dass es diese Tatsache auch subjektiv erlebt, also ohne dass in ihm global integrierte phänomenale Zustände auftreten, ohne raumzeitliche Selbstlokalisierung und ohne die Entstehung einer introspektiven Innenperspektive. Auf der anderen Seite könnte ein träumendes oder halluzinierendes System (s. Kap. IV.22) sehr intensive subjektive Erlebnisse durchlaufen und trotzdem fast ausschließlich falsche Überzeugungen über sich selbst besitzen (Metzinger 2013; Windt 2014).

Worum es kognitionswissenschaftlich geht, ist also primär eine sehr spezielle Liste von *Fähigkeiten*:

- Genau welche Mechanismen erlauben es einem Sprecher, das Erste-Person-Pronomen ›Ich‹ korrekt zu verwenden?
- Das *acquisition constraint*: Wie erwirbt ein System *graduell* die Fähigkeit, sprachlich auf sich selbst Bezug zu nehmen (Bermúdez 1998)?
- Welche funktionale Rolle spielt bei dieser Fähigkeit die *kognitive* Selbstbezugnahme, welche die *phänomenale* Selbstrepräsentation (Metzinger 2003)?
- *Embodiment* (s. Kap. III.7): Auf welche Weise ist

die abstrakte geistige Selbstbezugnahme (etwa die Fähigkeit, Begriffe wie ›Person‹ oder ›rationales Subjekt‹ intern auf sich selbst anzuwenden) in funktional basaleren Fähigkeiten verankert, also in nichtbegrifflichen Formen der Selbstrepräsentation, etwa Emotionen (s. Kap. IV.5) oder motorischen Simulationen (s. Kap. IV.15) (Knoblich et al. 2003; Tsakiris 2011)?

- Was ist bei biologischen Systemen die *evolutionäre Geschichte* dieser Fähigkeiten gewesen (Taylor Parker et al. 1994)?
- Wann ist es generell für ein System *adaptiv*, sich selbst als eine Ganzheit zu repräsentieren und globale Eigenschaften seiner selbst intern zu repräsentieren (z. B. Gallup 1997; Gallup et al. 2011)?
- Bei welchen Formen von Selbstrepräsentation handelt es sich um eine Form von *Wissen* (s. Kap. IV.25), wann waren bestimmte Formen der Selbsttäuschung funktional adäquat (Trivers 2011)?
- Was ist das computationale Ziel des Selbstbewusstseins, worin liegen seine Vorteile? In genau welchen Fällen erfolgt die Verarbeitung selbstbezogener Informationen auf der bewussten Ebene, gibt es spezielle Vorteile der *phänomenalen Selbstrepräsentation*?

Was auf philosophischer Ebene benötigt wird, ist ein plausibler Nachfolgebegriff, der an die Stelle der unklaren Metaphysik und Alltagspsychologie des ›Ich‹ oder ›Selbst‹ tritt. Ein solches begriffliches Werkzeug müsste eine minimale Menge von Kriterien erfüllen: Es müsste logisch widerspruchsfrei sein, in empirischen Daten verankert sein und es müsste in seiner Semantik ständig durch neue Erkenntnisse angereichert und dabei natürlich auch revidiert werden können. Für die Kognitionswissenschaft sind allerdings mindestens zwei zusätzliche Eigenschaften von zentraler Bedeutung: Der Nachfolgebegriff muss einerseits so angelegt sein, dass er in einzelnen Disziplinen (etwa der kognitiven Neuropsychiatrie (s. Kap. II.E.3) oder der Computerlinguistik (s. Kap. II.C.4)) feinkörnige Analysen und die Formulierung sehr spezifischer Hypothesen möglich macht; andererseits muss er eine hinreichende Generalität besitzen, um als Brücke für die interdisziplinäre Zusammenarbeit funktionieren zu können. Ein möglicher Kandidat ist der Begriff eines ›Selbstmodells‹.

Selbstmodell

Weisberg (2005) hat den Begriff der *method of interdisciplinary constraint satisfaction* geprägt (Metzinger 2004a). Diese Methode besteht darin, gleichzeitig auf einer Vielzahl verschiedener Beschreibungsebenen sowohl empirische als auch begriffliche Auflagen zu erfüllen, z. B. für eine umfassende Theorie des Selbstbewusstseins. Das Ziel besteht darin, ein komplexes Erkenntnisziel gewissermaßen zu ›triangulieren‹, indem man verschiedene Methoden und Informationsquellen gleichzeitig nutzt, um ein heuristisch fruchtbares Arbeitskonzept zu konstruieren. Dabei ist es eine zentrale Aufgabe der Philosophie der Kognitionswissenschaft, aus metatheoretischer Perspektive begriffliche Instrumente zu entwickeln, welche eine *Integration* über die verschiedenen Ebenen der Analyse hinweg ermöglichen und im Idealfall einen formalen Rahmen bereitstellen, der dann verschiedene Datensätze und unterschiedliche theoretische Herangehensweisen zusammenführen kann. Die sog. Selbstmodell-Theorie der Subjektivität ist ein Beispiel für einen solchen Versuch (Metzinger 2004a, 2006, 2008, 2009, 2011).

Die Selbstmodell-Theorie der Subjektivität formuliert auf der phänomenologischen, der repräsentationalistischen, der funktionalen und der neurobiologischen Beschreibungsebene gleichzeitig sowohl begriffliche als auch empirische Auflagen. Dabei handelt es sich um einschränkende Bedingungen, die den Raum denkbarer Lösungen immer weiter einengen und uns dann innerhalb eines bestimmten Gegenstandsbereichs dabei helfen sollen zu klären, was es für die betreffende Klasse von Systemen bedeutet, Selbstbewusstsein zu besitzen (Gallagher 2011).

Zunächst ist es wichtig, die ontologische Generalthese der Selbstmodell-Theorie der Subjektivität zu verstehen: Einzeldinge oder Substanzen wie ›Selbste‹ existieren in der Welt nicht (Metzinger 2011). Deshalb kann man den Begriff des ›Selbst‹ als einer theoretischen Entität für alle wissenschaftlichen und philosophischen Zwecke problemlos eliminieren. Was wir in der Vergangenheit, und insbesondere alltagspsychologisch, ›das‹ *Selbst* genannt haben, ist keine ontologische Substanz, keine kontextunabhängige und unwandelbare Essenz und auch keine besondere Art von Ding (d. h. kein Individuum im Sinne der philosophischen Metaphysik), sondern ein dynamischer Vorgang, nämlich die Selbstorganisation einer sehr speziellen Art von repräsentationalem Inhalt in einer sehr speziellen Art von informationsverarbeitendem System. Es ist der Inhalt eines Selbstmodells, das von dem System, das es benutzt, introspektiv nicht *als* Modell erlebt werden kann. Der dynamische Inhalt des phänomenalen Selbst-

modells ist somit der Inhalt dessen, was wir in der Vergangenheit als ›das‹ bewusste Selbst bezeichnet haben: Meine aktuellen Körperempfindungen, mein gegenwärtiger emotionaler Zustand und alle Inhalte meiner phänomenal erlebten Kognition (s. Kap. IV.4). Diese bilden den repräsentationalen Inhalt (s. Kap. IV.16) meines phänomenalen Selbstmodells. Auf der funktionalen Beschreibungsebene bilden genau jene Eigenschaften des Selbstmodells, auf die ich in diesem Moment prinzipiell meine Aufmerksamkeit richten kann, den Inhalt meines aktuellen phänomenalen Selbstmodells. Dieses phänomenale Selbstmodell ist kein Ding, sondern ein integrierter Vorgang, der episodisch in meinem Gehirn abläuft, und kann so gleichzeitig auf der repräsentationalistischen, der funktionalistischen und – bei Biosystemen – auf der neurowissenschaftlichen Beschreibungsebene näher untersucht werden. Auch künstliche Systeme mit unbewussten Selbstmodellen existieren bereits (Bongard et al. 2006).

Intuitiv – und in einem gewissen metaphorischen Sinn – besteht für manche an dieser Stelle vielleicht die Versuchung zu sagen, dass ich als bewusstes Selbst der Inhalt meines phänomenalen Selbstmodells *bin*. Das wäre jedoch wieder der am Anfang erwähnte mereologische Fehlschluss. In Wirklichkeit bin ich natürlich das System als Ganzes: Ich bin das dynamisch an innere und äußere Umwelten gekoppelte und auch sozial situierte System (s. Kap. III.7), inklusive des jetzt gerade in seinem Gehirn aktiven Selbstmodells. Allerdings kann ich den Unterschied zwischen dem System und dem Teil des Systems, der als sein bewusstes Modell funktioniert, durch die introspektive Lenkung von Aufmerksamkeit nicht entdecken. Ich kann die Tatsache, dass das Selbstmodell eine *Repräsentation* ist, auf den meisten Inhaltsebenen nicht subjektiv erleben. Das liegt daran, dass die meisten Partitionen des phänomenalen Selbstmodells des Menschen transparent sind, etwa das Modell des eigenen Körpers (dies ist die vielleicht wichtigste begriffliche Auflage der repräsentationalistischen Beschreibungsebene; vgl. dazu Metzinger 2003, 2006). Eine häufig übersehene phänomenologische Auflage für Theorien des Selbstbewusstseins ist aber auch die phänomenale Opazität des kognitiven Selbstmodells: Als Denker von Gedanken erlebe ich mich selbst eben gerade als ein Subjekt, das mentale *Repräsentationen* erzeugt, strukturiert und in einander transformiert. Die Phänomenologie der Kognition zeichnet sich interessanterweise dadurch aus, dass die *Repräsentationalität* der fraglichen inneren Zustände mir auch auf der Ebene des bewussten Erlebens verfügbar ist.

›Phänomenal transparent‹ ist eine Repräsentation dann, wenn das kognitive System, in dem sie auftaucht, sie introspektiv nicht mehr *als* eine Repräsentation erkennen kann und sich deshalb als direkt mit ihrem Inhalt in Kontakt erlebt (s. Kap. IV.16). Beispielsweise erleben Sie das Buch, das sie gerade in ihren Händen halten, nicht mehr als den Inhalt einer Repräsentation in ihrem Gehirn, weil die visuelle und taktile Repräsentation des Buchs in Ihren Händen so schnell und zuverlässig aufgebaut wird, dass Sie sie subjektiv nicht mehr als den Inhalt eines inneren Zustands erleben können. Ein Hauptargument der Selbstmodell-Theorie besagt, dass ein bewusst erlebtes Selbst genau dann entsteht, wenn dasselbe auch für das Selbstmodell gilt: Wir sind Wesen, die ihr eigenes inneres Modell von sich selbst nicht mehr *als* ein Modell erleben können und die deshalb naive Realisten auch bezüglich ihrer eigenen Existenz sind. Wir erleben uns notwendigerweise als in direktem und unmittelbarem Kontakt mit uns selbst. Was eine phänomenale Repräsentation transparent macht, ist also die funktionale Tatsache, dass frühere Verarbeitungsstufen im Gehirn für die nichtbegriffliche Introspektion und für die innere Aufmerksamkeit (s. Kap. IV.1) nicht verfügbar sind: Die Mittel der Repräsentation können selbst nicht *als solche* repräsentiert werden. Deshalb ist das System, das die Erfahrungen macht, hinsichtlich der entsprechenden Inhalte und mit begrifflicher Notwendigkeit in einem naiven Realismus gefangen: In Standardkonfigurationen haben die meisten Inhalte des phänomenalen Erlebens einen unhintergehbar realistischen Charakter. Die Selbstmodell-Theorie der Subjektivität wendet also die Transparenzbedingung auf das phänomenale Selbstmodell an.

Zumindest für alle uns bekannten bewussten Wesen gilt, dass sie weder ein Selbst *haben*, noch ein Selbst *sind*. Was sie haben, ist ein Selbst*modell* – und dies ist letztlich ein komplexer Gehirnzustand. Es gibt zwar biologische Organismen, aber ein Organismus ist natürlich noch lange kein Selbst. Manche Organismen besitzen bewusste Selbstmodelle, aber solche Selbstmodelle sind mit Sicherheit keine *Selbste*, sondern lediglich komplexe Gehirnzustände. Wenn ein Organismus auf der Basis eines transparenten Selbstmodells operiert, dann besitzt er ein *phänomenales* Selbst. Die phänomenale Eigenschaft des ›Ich-Gefühls‹ oder der ›Selbstheit‹ als solche ist also ein repräsentationales Konstrukt, eine interne, dynamische Repräsentation des Organismus als Ganzem, die in ein virtuelles Gegenwartsfenster eingebettet wurde und die Transparenzbedingung erfüllt. Sie ist tatsächlich eine *phänomenale* Eigen-

schaft in dem Sinne, dass sie nur eine Erscheinung ist.

Man könnte den zentralen Gedanken auch dadurch auszudrücken versuchen, dass man sagt, wir seien Systeme, die sich unentwegt selbst mit dem Inhalt ihres phänomenalen Selbstmodells *verwechseln*. Aber auch diese Metapher der ›Ich-Illusion‹ enthält natürlich bei näherem Hinsehen einen logischen Fehler: Täuschung und Wissen im Sinne propositionaler Inhalte gibt es auf der fraglichen Ebene überhaupt noch nicht, denn es gibt niemand, der *sich* täuschen könnte (dies wäre wieder der eingangs erwähnte Homunkulus-Fehlschluss). Im Gegenteil: Die phänomenologische Grundstruktur, um die es hier geht, ist ja genau die Struktur, die die Entstehung eines echten epistemischen Subjekts überhaupt erst ermöglicht. Eines der relevantesten Erkenntnisziele für die Kognitionswissenschaft sind die subpersonalen Bedingungen der Möglichkeit von Personalität (s. Kap. II.E.5), eine präzise Beschreibung des Übergangs vom Körpermodell zum Personenmodell. Der Besitz eines phänomenalen Selbstmodells ist die zentrale, notwendige Bedingung der Möglichkeit komplexerer Formen von Wissen und Erkenntnis. Es gibt keine überzeugenden Argumente gegen die logische Möglichkeit, dass künstliche Systeme diese Eigenschaft nicht ebenfalls instanziieren könnten.

Die Selbstmodell-Theorie der Subjektivität und der hypothetische Begriff eines Selbstmodells haben ihre heuristische Fruchtbarkeit schon in vielen Bereichen unter Beweis gestellt: Viele neurologische und psychiatrische Störungsbilder kann man als Störungen des menschlichen Selbstmodells genauer analysieren (Metzinger 2004a, 2004b). Beispielsweise kann man Somatoparaphrenien oder bestimmte Positivsymptome der Schizophrenie wie die Gedankeneingebung als funktionale Konfigurationen analysieren, in denen das System existierende Repräsentationen von Körperteilen oder der eigenen kognitiven Vorgänge nicht mehr in das phänomenale Selbstmodell integrieren kann. Die psychosomatischen Erkrankungen zugrunde liegenden psychophysischen Korrelationen und die ätiologischen Kausalrelationen lassen sich so wesentlich genauer als Wechselwirkungen zwischen den bewussten und den unbewussten Schichten des Selbstmodells beschreiben. Der Unterschied zwischen Traum und Wachzustand, die spezifischen kognitiven Defizite im REM-Schlaf, aber auch der Übergang vom Traum in den luziden Traum können als Verschiebungen im funktionalen Profil des Selbstmodells besser verstanden werden (Windt 2010, 2014; Windt/Metzinger 2007; s. Kap. IV.22). Lokale Körperillusionen wie die bereits erwähnte Gummihandillusion (Botvinick/Cohen 1998), manche Störungen der Willkürmotorik (s. Kap. IV.15), aber auch das Phänomen der halluzinierten Agentivität (Wegner/Wheatley 1999; s. Kap. IV.8) erscheinen als Fehlrepräsentationen, in denen bereits im Gehirn aktive repräsentationale Inhalte in das Selbstmodell eingebettet werden und dadurch automatisch mit der phänomenalen Eigenschaft der ›Meinigkeit‹ versehen werden: Was immer vom Gehirn funktional in das gegenwärtig aktive phänomenale Selbstmodell eingebettet wird, wird von der betreffenden Person unhintergehbar als *eigener* Zustand erlebt. Spontan auftretende Phänomene wie *out-of-body experiences*, nichtvisuelle Ganzkörperillusionen wie das pathologische Gefühl einer Anwesenheit oder *feeling of a presence*, neurologische Störungen wie die Heautoskopie oder die Autoskopie lassen sich unter der Selbstmodell-Theorie der Subjektivität taxonomisch genauer klassifizieren (Blanke/Metzinger 2009). Es ist auch bereits gelungen, aus der Theorie heraus im Labor neue Formen von Ganzkörperillusionen zu erzeugen (Lenggenhager et al. 2007), also einzelne Dimensionen des körperlichen Selbstbewusstseins, etwa die Selbstlokalisation in einem räumlichen Bezugsrahmen, die subjektive Identifikation mit dem Inhalt eines Körperbilds oder den Ursprung einer visuellen Perspektive, funktional voneinander zu dissoziieren.

Ein wichtiges theoretisches Ziel besteht in der Entwicklung eines *Minimalmodells* für das phänomenale Selbst: Was ist die minimal hinreichende Menge von Eigenschaften, die beim Menschen die einfachste Form des Selbstbewusstseins entstehen lässt? Die einfachste Form eines Selbstmodells genauer zu beschreiben, wäre deshalb wichtig, weil es in vielen Fällen die funktionale Plattform sein wird, auf deren Grundlage höhere kognitive Fähigkeiten entstehen können.

Der Besitz eines integrierten Selbstmodells bringt erstmals die Möglichkeit mit sich, dass ein kognitives System ganz bestimmte funktionale oder repräsentationale *Fähigkeiten* entwickelt:

- Die korrekte Verwendung des Erste-Person-Pronomens ›Ich‹ setzt eine *nichtbegriffliche* Form des Selbstbewusstseins voraus (Bermúdez 1998). Weil mentale Modelle (Johnson-Laird 1983; Knauff 2009) ein wesentlicher Bestandteil des Sprachverstehens sind (s. Kap. IV.20), ist das Selbstmodell auch notwendiger Bestandteil der Fähigkeit, sprachlich auf sich selbst Bezug zu nehmen.
- Die *kognitive* Selbstbezugnahme setzt eine Interaktion zwischen opaken und transparenten Schich-

ten des menschlichen Selbstmodells voraus (Metzinger 2003).

- *Embodiment* als eine Eigenschaft kognitiver Systeme (s. Kap. III.7) entsteht auf mehreren funktionalen und repräsentationalen Ebenen gleichzeitig, wobei das unbewusste und das bewusste Körpermodell sich beim Menschen sehr deutlich als zentraler, fundierender Aspekt des Selbstmodells gezeigt haben (Metzinger 2014).
- Es ist klar erkennbar, dass es bei biologischen Systemen eine *evolutionäre Geschichte* der internen Selbstmodellierung gab. Beispielsweise scheint das Körpermodell eine entscheidende Rolle bei der Evolution des Werkzeuggebrauchs (s. Kap. II. A.1) gespielt zu haben (Maravita/Iriki 2004; Metzinger 2009).
- Sich selbst als eine Ganzheit zu repräsentieren und globale Eigenschaften seiner selbst intern zu repräsentieren, ist insbesondere in den Bereichen sozialer Kognition (s. Kap. IV.21) und Selbsttäuschung (Trivers 2011; von Hippel/Trivers 2011), Raumkognition und bei der globalen Motorkontrolle (s. Kap. IV.15) *adaptiv* und funktional adäquat.

Subjekt

Welche Art von Selbstmodell müsste ein kognitives System besitzen, um durch den Aufbau wechselseitiger Anerkennungsbeziehungen in einem sozialen Kontext seinen Status als *Person* zu etablieren? Was genau wäre, auf der repräsentationalistischen und funktionalistischen Beschreibungsebene, der Schritt vom Selbstmodell zum *Subjektmodell*, zum Modell eines rationalen epistemischen Agenten, der auch die ethische Dimension seiner eigenen Handlungen erfassen kann? In der interdisziplinären Erforschung des phänomenalen Bewusstseins zeigt sich, dass phänomenales Erleben nicht ein einziges Problem ist, sondern dass wir es hier mit einem ganzen Bündel von epistemischen Zielen zu tun haben (s. Kap. IV.4): Manche sind metatheoretischer Natur, andere rein empirisch; bei manchen handelt es sich eher um begriffliche und philosophische Fragestellungen, bei anderen eher um die Isolierung minimal hinreichender physischer Korrelate durch die kognitive Neurowissenschaft oder um die mathematische Modellierung der funktionalen Feinstruktur solcher Korrelate (Metzinger 1995, 2000). Es gibt jedoch so etwas wie ein *Kernproblem* – eine einzelne theoretische Problematik, welche die Problemlandschaft integriert: die Subjektivität mentaler Zustände. Was genau könnte es bedeuten, dass ein kognitives System eine Erste-Person-Perspektive entwickelt? Welche kognitiven Leistungen können ohne eine Erste-Person-Perspektive *nicht* erbracht werden?

Dieses Kernproblem ist etwas, das wir in der Physik, der Chemie und der Biologie nicht finden. Wenn man Bewusstsein als ein Erkenntnisziel der naturwissenschaftlichen Forschung betrachtet, dann zeigt sich, dass die Zustände des phänomenalen Bewusstseins sich von physikalischen, chemischen oder biologischen Zuständen dadurch unterscheiden, dass sie fast immer an eine individuelle Erste-Person-Perspektive gebunden sind (s. Kap. IV.4). In der Vergangenheit waren es fast ausschließlich Philosophen, die sich mit dem Problem der Subjektivität beschäftigt haben. Die Selbstmodell-Theorie besagt z. B., dass eine Erste-Person-Perspektive genau dann entsteht, wenn ein System sich als *epistemischer Agent* modelliert, wenn es also in phänomenaler Echtzeit die repräsentationalen und agentivischen *Subjekt-Objekt-Beziehungen*, in denen es zur Welt steht, noch einmal ko-repräsentiert und dadurch ein internes Modell der Intentionalitätsbeziehung erzeugt. Wenn es tatsächlich gelänge, Subjektivität und die Erste-Person-Perspektive zu ›naturalisieren‹ – wenn also sozusagen die Subjektivität des Mentalen selbst in ihrem vollen Gehalt mit den empirischen Methoden der Kognitionswissenschaft traktabel würde (s. Kap. II.F.3), wenn die Evolution und Ontogenese bewusster kognitiver Zustände *in ihrer Subjektivität* zum Gegenstand erfolgreicher reduktiver Erklärungen würde –, dann wäre dies ein großer Fortschritt. Dazu müssten jedoch die Phänomenologie, die Erkenntnistheorie und die Ontologie der Erste-Person-Perspektive begrifflich wesentlich genauer differenziert werden als in der Vergangenheit. Dieses Erkenntnisziel würde es jedoch auch erforderlich machen, die Philosophie des Geistes (s. Kap. II.F.1) noch stärker und auf einem völlig neuen Niveau inhaltlicher Komplexität mit der empirischen Arbeit in den vielen verschiedenen Disziplinen der Kognitionswissenschaft zu integrieren.

Literatur

Barresi, John/Martin, Raymond (2011): History as prologue – Western theories of the self. In: Shaun Gallagher (Hg.): *The Oxford Handbook of the Self*. Oxford, 33–56.

Beckermann, Ansgar (2010): Die Rede vom Ich und vom Selbst – Sprachwidrig und philosophisch höchst problematisch. In: Katja Crone/Robert Schnepf/Jürgen Stolzenberg (Hg.): *Über die Seele*. Frankfurt a. M., 458–473.

Bennett, Maxwell/Hacker, Peter (2003): *Philosophical Foundations of Neuroscience*. Oxford. [dt.: *Die philosophischen Grundlagen der Neurowissenschaften*. Darmstadt 2010].

Bermúdez, Jose (1998): *The Paradox of Self-Consciousness*. Cambridge (Mass.).

Blanke, Olaf/Arzy, Shahar (2005): The out-of-body experience. In: *Neuroscientist* 11, 16–24.

Blanke, Olaf/Metzinger, Thomas (2009): Full-body illusions and minimal phenomenal selfhood. In: *Trends in Cognitive Sciences* 13, 7–13.

Bongard, Josh/Zykov, Victor/Lipson, Hod (2006): Resilient machines through continuous self-modeling. In: *Science* 314, 1118.

Botvinick, Matthew/Cohen, Jonathan (1998): Rubber hand ›feels‹ touch that eyes see. In: *Nature* 391, 756.

Damasio, Antonio (2010): *Self Comes to Mind*. New York. [dt.: *Selbst ist der Mensch*. München 2011].

Frank, Manfred (Hg.) (1991): *Selbstbewußtseinstheorien von Fichte bis Sartre*. Frankfurt a. M.

Frank, Manfred (Hg.) (1994): *Analytische Theorien des Selbstbewußtseins*. Frankfurt a. M.

Gallagher, Shaun (Hg.) (2011): *The Oxford Handbook of the Self*. Oxford.

Gallup, Gordon (1997): On the rise and fall of self-conception in primates. In: Joan Gay Snodgrass/Robert Thompson (Hg.): *The Self Across Psychology*. New York, 4–17.

Gallup, Gordon/Anderson, James/Platek, Steven (2011): Self-recognition. In: Shaun Gallagher (Hg.): *The Oxford Handbook of the Self*. Oxford, 80–110.

Gillihan, Seth/Farah, Martha (2005): Is self special? In: *Psychological Bulletin* 131, 76–97.

Henrich, Dieter (1966): *Fichtes ursprüngliche Einsicht*. Frankfurt a. M.

Hippel, William von/Trivers, Robert (2011): The evolution and psychology of self-deception. In: *Behavioral and Brain Sciences* 34, 1–56.

Johnson-Laird, Philip (1983): *Mental Models*. Cambridge.

Kircher, Tilo/Senior, Carl/Phillips, Mary/Benson, Philip/Bullmore, Edward/Brammer, Mick/Simmons, Andrew/Williams, Steven/Bartels, Mathias/David, Anthony (2000): Towards a functional neuroanatomy of self processing. In: *Cognitive Brain Research* 10, 133–144.

Knauff, Markus (2009): A neuro-cognitive theory of deductive relational reasoning with mental models and visual images. In: *Spatial Cognition & Computation* 9, 109–137.

Knoblich, Günther/Elsner, Birgitt/von Aschersleben, Gisa/Metzinger, Thomas (Hg.) (2003): *Consciousness and Cognition* (Themenheft) 12, 487–786.

Lenggenhager, Bigna/Tadi, Tej/Metzinger, Thomas/Blanke, Olaf (2007): Video ergo sum. In: *Science* 317, 1096–1099.

Maravita, Angelo/Iriki, Atsushi (2004): Tools for the body (schema). In: *Trends in Cognitive Sciences* 8, 79–86.

Metzinger, Thomas (Hg.) (1995): *Bewußtsein*. Paderborn.

Metzinger, Thomas (Hg.) (2000): *Neural Correlates of Consciousness*. Cambridge (Mass.).

Metzinger, Thomas (2003): Phänomenale Transparenz und kognitive Selbstbezugnahme. In: Ulrike Haas-Spohn (Hg.): *Intentionalität zwischen Subjektivität und Weltbezug*. Paderborn, 411–459.

Metzinger, Thomas (²2004a): *Being No One*. Cambridge (Mass.) [2003].

Metzinger, Thomas (2004b): Why are identity-disorders interesting for philosophers? In: Thomas Schramme/Johannes Thome (Hg.): *Philosophy and Psychiatry*. Berlin, 311–325.

Metzinger, Thomas (2006): *Being No One* – Eine sehr kurze deutsche Zusammenfassung. In: Thomas Metzinger (Hg.): *Grundkurs Philosophie des Geistes*, Bd. 1. Paderborn, 424–475.

Metzinger, Thomas (2008): Empirical perspectives from the self-model theory of subjectivity. In: *Progress in Brain Research* 168, 215–246.

Metzinger, Thomas (2009): *Der Ego Tunnel*. Berlin.

Metzinger, Thomas (2011): The no-self-alternative. In: Shaun Gallagher (Hg.): *The Oxford Handbook of the Self*. Oxford, 279–296.

Metzinger, Thomas (2013): Why are dreams interesting for philosophers? The example of minimal phenomenal selfhood, plus an agenda for future research. In: *Frontiers in Consciousness Research*.

Metzinger, Thomas (2014): First-order embodiment, second-order embodiment, third-order embodiment: From spatiotemporal self-location to minimal phenomenal selfhood. In: Lawrence Shapiro (Hg.): *The Routledge Handbook of Embodied Cognition*. London.

Oeing-Hanoff, Ludger/Verbeke, Gérard/Schrott, Balthasar/Nobis, Herbert/Marquard, Odo/Rothe, Klaus (1974): Geist. In: Joachim Ritter/Karlfried Gründer (Hg.): *Historisches Wörterbuch der Philosophie*, Bd. 3. Basel, 154–204.

Taylor Parker, Sue/Mitchell, Robert/Boccia, Maria (Hg.) (1994): *Self-Awareness in Animals and Humans*. Cambridge.

Trivers, Robert (2011): *The Folly of Fools*. New York. [dt.: *Betrug und Selbstbetrug*. Berlin 2013].

Tsakiris, Manos (2011): The sense of body ownership. In: Shaun Gallagher (Hg.): *The Oxford Handbook of the Self*. Oxford, 180–203.

Vogeley, Kai/Gallagher, Shaun (2011): Self in the brain. In: Shaun Gallagher (Hg.): *The Oxford Handbook of the Self*. Oxford, 111–136.

Wegner, Daniel/Wheatley, Thalia (1999): Apparent mental causation. In: *American Psychologist* 54, 480–492.

Weisberg, Josh (2005): Consciousness constrained. In: *PSYCHE – An Interdisciplinary Journal of Research on Consciousness* 11. http://www.theassc.org/files/assc/2612.pdf

Windt, Jennifer (2010): The immersive spatiotemporal hallucination model of dreaming. In: *Phenomenology and the Cognitive Sciences* 9, 295–316.

Windt, Jennifer (2014): *Dreaming*. Cambridge (Mass.).

Windt, Jennifer/Metzinger, Thomas (2007): The philosophy of dreaming and self-consciousness. In: Deirdre Barrett/Patrick McNamara (Hg.): *The New Science of Dreaming*, Bd. 3. London, 193–247.

Thomas Metzinger

19. Sensorische Substitution

Fragen und theoretischer Hintergrund

Die neurowissenschaftliche Forschung der letzten Jahrzehnte hat schrittweise ein zentrales Phänomen des Nervensystems erkundet: die Fähigkeit des Gehirns, sich über die gesamte Lebensspanne den äußeren und inneren Bedingungen anzupassen und zu lernen. Jeder Reiz aus der Außenwelt löst komplexe dynamische Prozesse aus, durch die das Gehirn sich fortwährend reorganisiert und neue Funktionen entwickelt. Durch diese Anpassungsprozesse verändert sich das Gehirn auch strukturell. Dieses Phänomen, das sich auf molekularer, synaptischer und kortikaler Ebene zeigt (Buonomano/Merzenich 1998; Jäncke 2009; Pascual-Leone et al. 2005), wird als ›(neuronale) Plastizität‹ bezeichnet (s. Kap. II.E.1). Die Plastizität des Gehirns ist Motivation und Ausgangspunkt für eine Reihe von faszinierenden Experimenten in den Neurowissenschaften (s. Kap. II.D), die untersuchen, wie das plastische Potenzial des Gehirns genutzt werden kann, um die Leistungen, zu denen es fähig ist, zu modifizieren, zu steigern oder bei Beeinträchtigungen wiederherzustellen: Was kann man einem Menschen beibringen? Wie lassen sich gestörte Prozesse heilen? Wie kann man fehlende Funktionen kompensieren? Was ist notwendig, um plastische Prozesse anzustoßen und gezielt zu nutzen? Ist es möglich, dem Gehirn über einen Sinneskanal Informationen zu vermitteln, die natürlicherweise über einen anderen Kanal eingehen? Kann eine Sinnesmodalität die Aufgaben anderer Sinnessysteme übernehmen?

Sollte z. B. eine Sinnesmodalität die Aufgaben anderer Sinnessysteme übernehmen können, könnte man Menschen, die einen Sinn verloren haben, oder bei denen ein Sinnessystem gestört ist, die Informationen auf anderem Wege zukommen lassen. Ein Blinder etwa könnte lernen, die visuelle Information über die Außenwelt über einen anderen Sinneskanal zu bekommen: Er könnte lernen, über andere Sinne zu ›sehen‹. Welche Voraussetzungen wären hierfür nötig? Und wie ist zu erklären, wenn es ihm gelänge?

Es gibt auf diese Fragen bereits erste Antworten. Wenn ein Sinnessystem gestört ist, werden z. B. andere Systeme genutzt, um die Information zu erhalten (s. Kap. II.E.3). Bei Blinden etwa wird der okzipitale Kortex, d. h. der Bereich, der bei Gesunden visuelle Reize verarbeitet, für das Lesen der Brailleschrift, also den taktilen Sinn, genutzt (Amedi et al. 2005; Sadato et al. 1996). Um zu verstehen, wie dies möglich ist, ist eine Überlegung hilfreich, die eine enge Verbindung von Kognition und dem Handeln in der Welt betont und zu einem neuen Erklärungsmodell in der Kognitionswissenschaft geführt hat (Thompson 2007; Varela et al. 1991), indem sie auf das folgende alte Problem eine neue Antwort bereithält: Sobald äußere Ereignisse durch die peripheren Wahrnehmungsorgane wie z. B. Netzhaut, Innenohr oder Tastkörperchen zu neuronaler Aktivität umgewandelt werden, scheint die Information über die Qualität der peripheren Ereignisse verloren zu gehen: Warum aber sollte neuronale Aktivität in den unterschiedlichen Hirnarealen zu qualitativ unterschiedlichen Wahrnehmungen führen? Warum sollte rot sich anders anfühlen als blau? Warum fühlt sich das Schwingen einer Geigenseite auf der Fingerkuppe anders an als der Ton, der erzeugt wird? Diese Fragen sind schwer zu beantworten, wenn man – wie im traditionellen Repräsentationalismus üblich (s. Kap. IV.16) – davon ausgeht, dass bestimmte Zellen oder ganze Areale im Gehirn die Repräsentation für die jeweils zugehörigen Wahrnehmungen leisten und nur genau darauf spezialisiert sind. Man sieht den Nervenzellen und den Aktivierungsmustern nicht an, ob sie für ›rot‹, ›blau‹, ›vibrierend‹ oder ›eingestrichenes c‹ stehen. Das oben angesprochene alternative Erklärungsmodell geht dagegen davon aus, dass Wahrnehmung nicht primär durch die Aktivierung spezifischer Gehirnstrukturen erzeugt wird, sondern vielmehr durch eine regelhafte Verbindung zwischen sensorischer Informationsaufnahme und der entsprechenden motorischen Tätigkeit (O'Regan/Noë 2001; s. Kap. IV.24). Die komplexen Zusammenhänge zwischen dem eigenen Handeln in der Welt und der jeweils entsprechenden sensorischen Verarbeitung führen demnach zu den für die Situation spezifischen Wahrnehmungen, die durch statische Repräsentationen schwer zu erklären wären. Die enorme Plastizität und damit Lernfähigkeit des Gehirns erlaubt es, diese Abhängigkeiten zu extrahieren und daher zu verstehen, welche Handlung regelhaft zu welcher Wahrnehmung führt. Es ist hierbei nicht zentral, auf welchem Weg die fraglichen Informationen ins Gehirn gelangen. Ebenso wenig ist allein entscheidend, wo im Gehirn sie ankommen. Für den Erwerb von Wahrnehmungsmodalitäten ist vielmehr zentral, wie die charakteristischen Eigenschaften von Stimulationen und deren Veränderung durch Handlungen gelernt werden; dieser gelernte Zusammenhang von Stimulationen und Handlungen (die sog. *sensorimotor contingencies*) liegt somit vermutlich jeglicher Wahrnehmung zugrunde. Der Slogan: ›Du siehst nicht mit Deinen

Augen, sondern mit Deinem Gehirn.‹, muss deshalb erweitert werden: ›Du siehst durch ein komplexes Zusammenspiel von Sinnesorganen, Gehirn und Körper in der Umwelt.‹ Wahrnehmung ist demnach nicht als rein interner, vom Gehirn erzeugter Abbildungsprozess zu verstehen. Das in einen lebendigen Organismus eingebettete Gehirn ist Teil eines Gesamtsystems, zu dem auch die Umwelt gehört, in der eine Person agiert und wahrnimmt (Fuchs 2008; s. Kap. III.6). Wenn sich Wege finden lassen, Wahrnehmung erfahrbar und lernbar zu gestalten, sollte es daher möglich sein, dass ein Sinnessystem die Aufgaben eines anderen übernimmt. Sensorische Substitution versucht, genau das zu erreichen.

Die Grundidee der sensorischen Substitution

Sensorische Substitution macht eine Form sensorischer Information (z. B. visuelle) durch eine andere Sinnesmodalität (z. B. taktile) verfügbar, als sie dem Sinnessystem natürlicherweise zur Verfügung steht. Das Gerät, das hierfür eingesetzt wird, vermittelt sensorische Informationen über eines der natürlich bestehenden Sinnessysteme durch einen künstlichen Rezeptor. Dessen Signale werden verarbeitet und einer anderen Modalität zur Verfügung gestellt. Jedes System, das sensorische Substitution leisten soll, besteht aus drei Teilen:

- einem Sensor, der die Informationen aus der Umwelt aufnimmt,
- einem Übertragungssystem, das die Charakteristika der aufgenommenen Sinnesinformation transformiert,
- und einem Stimulator, der die umgewandelten Sinnesinformationen über ein anderes Sinnessystem zugänglich macht.

Dieser Ansatz eröffnet theoretisch eine Vielzahl von Möglichkeiten, Sinnessysteme in verschiedenen Kombinationen zu verbinden (für einen Überblick vgl. Kaczmarek 2000; Lenay et al. 2003). In den meisten Anwendungen wird visuelle Information von einer Kamera aufgenommen und einer anderen Modalität zugestellt. Die Realisierung ist oft technisch komplex und erfordert ein gutes Verständnis von Wahrnehmungs- (s. Kap. IV.24) und Aufmerksamkeitsprozessen (s. Kap. IV.1), um einen erfolgreichen Lernprozess zu gewährleisten.

Geräte und Experimente zur Erforschung sensorischer Substitution

Der Pionier der Forschung zu sensorischer Substitution war der Mediziner und Neurophysiologe Paul Bach-y-Rita. Er erforschte neuroplastische Prozesse und fand Wege, über Technologien zur sensorischen Substitution die Plastizität des Gehirns so zu nutzen, dass Patienten mit neurologischen Störungen davon profitierten. In den 1960er Jahren entwickelte Bach-y-Rita ein Gerät, das optische Information durch eine Kamera, die die Versuchsperson an der Stirn (z. B. an einer Brille) trägt, aufnimmt und diese Information als taktilen Stimulus auf der Haut auf dem Rücken der Versuchsperson darbietet (Bach-y-Rita et al. 1969). Der Träger dieses *tactile vision substitution system* kann damit ein ›gefühltes‹ Bild andauernd verändern, indem er mittels Kamera die Umwelt erkundet und lernt, wie sich seine Verhaltensweisen in entsprechenden Veränderungen der taktilen Stimulation widerspiegeln. Die taktile Stimulation, die ursprünglich auf dem Rücken getestet wurde, kann noch besser auf die Zunge oder auf die Fingerkuppen übertragen werden, wo die Sensibilität deutlich größer ist. Durch Training mit dem Gerät entwickelt sich aus dem anfangs deduktiven Folgern eine Art visueller Wahrnehmung. Die blinden Versuchspersonen, die diese sensorische Vorrichtung nutzen, sind in der Lage, die visuellen Informationen zweckmäßig und zielgerichtet zu verwenden und z. B. einem in ihre Richtung geworfenen Ball auszuweichen. Die subjektive Qualität dieser künstlichen visuellen Wahrnehmung war anders als alles, was die blinden Versuchspersonen vorher erfahren hatten. Außerdem wurden Gegenstände wie in normalen Sehvorgängen als im externen Raum befindlich wahrgenommen und nicht als lediglich über die Haut vermittelte ›Sinnesdaten‹ (Bach-y-Rita/Kercel 2003). Jedoch trat eine solche Änderung in der Wahrnehmung nur dann ein, wenn die Versuchspersonen die Kamera aktiv nutzen und damit ihre Umgebung in einer natürlichen Weise erkunden konnten (Bach-y-Rita 2004). Diese Ergebnisse unterstützen die Idee, dass eine sensorische Modalität eine bestimmte Art ist, die Umgebung aktiv zu erforschen, und nicht notwendigerweise an einen bestimmten sensorischen Apparat gebunden ist.

Andere Systeme: Sehen durch Hören, Gleichgewicht Halten durch Spüren

Während beim *tactile vision substitution system* die visuelle Information in taktile Stimulation umgewandelt wird, erhält der Träger eines *auditory vision substitution system* auditorische Stimulation. Der Aufbau entspricht weitgehend dem eines *tactile vision substitution system*: Eine Kamera nimmt visuelle Informationen auf, die dann in auditorische Informationen umgewandelt werden. Es gibt eine Reihe verfügbarer *auditory vision substitution systems*, die sich v. a. in der technischen Umsetzung der Transformation von optischen auf auditorische Reize unterscheiden (z. B.: www.seeingwithsound.com; Hanneton et al. 2010; Ward/Meijer 2010). Die Träger dieser Geräte können lernen, Orientierungen und einfache Objekte zu erkennen, und sie erleben über das *auditory vision substitution system* visuelle Illusionen, so dass sie z. B. in der sog. Ponzo-Illusion über die Länge einer Linie ›visuell‹ getäuscht werden. Bildgebende Verfahren erlauben – im Einklang mit der Plastizitätsforschung – die Aussage, dass an der Verarbeitung der *auditory vision substitution system*-Stimulation nicht nur auditorische, sondern auch visuelle Areale beteiligt sind (Poirier et al. 2007).

Eine weitere Spielart sensorischer Substitution wird bei Patienten mit Erkrankungen des Innenohres, die zu Gleichgewichtsstörungen, starkem Schwankschwindel und Stand- und Gangunsicherheiten führen, eingesetzt. *Electrotactile vestibular substitution systems*, die dem Träger durch elektrotaktile Stimulation der Zunge Informationen über die Kopfposition vermitteln, können bei einer solchen Vestibulopathie zu erheblich verbessertem Gleichgewicht führen. Diese Geräte messen die Kopfposition in anteriorer/posteriorer und medialer/lateraler Richtung. Durch Berechnung in einem zwischengeschalteten Computer werden die Informationen über die Lage des Kopfes im Raum an ein Elektrodenfeld geleitet, das dem Träger auf der Zunge liegt. Der Träger kann so Position und Bewegung als taktile Information fühlen, diese lernen und dann so verarbeiten, dass eine posturale Korrektur stattfinden kann (z. B. Danilov et al. 2007).

Voraussetzungen, Konsequenzen und offene Fragen

In allen Substitutionssystemen gibt es einen an den Stimulus gekoppelten Input, dessen Bedeutung erlernt werden muss. Ohne intensive Lernprozesse, in denen verinnerlicht werden muss, wie sich die Wahrnehmung als Folge einer Handlung regelhaft verändert, kann das Substitutionssystem nicht wirksam werden. Die systematische Veränderung von Sinnesreizen durch das eigene Handeln muss durch wiederholtes Handeln erfahren werden, um die gewünschte Wahrnehmung zu erlangen. Das Erlernen des Umgangs mit Geräten zur sensorischen Substitution erfordert eine Reihe von Schritten, die fließende Übergänge haben: Am Anfang ist eine Gewöhnungsphase notwendig, in der der Träger lernt, wie man mithilfe des Geräts die Umgebung erkundet. Er muss verstehen, dass die auditorische oder taktile Stimulation für Objekte im Raum steht und lernen, wie sich die Stimulation verändert, wenn er sich im Raum bewegt: Er muss verinnerlichen, welche Veränderungen einer Handlung welche Veränderungen in der Wahrnehmung zur Folge haben. Je mehr dies gelernt und Teil des natürlichen Wahrnehmungsprozesses wird, umso weniger wird die auditorische bzw. taktile Information an sich wahrgenommen, und umso besser kann die Information über visuell Wahrnehmbares integriert werden.

Sensorische Substitution ist ein bedeutendes Feld für die Neurowissenschaften, da sich damit neue Erkenntnisse über Funktionsweisen neuronaler Verarbeitung und insbesondere über Lernprozesse gewinnen lassen. Über die Grundlagenforschung hinaus ergeben sich Möglichkeiten für klinische Anwendungen. Ein nicht mehr oder nur noch unvollständig funktionierender Sinn schränkt die Lebensqualität der Betroffenen oft massiv ein. Die technischen Maßnahmen, die sensorische Substitution erlauben, können diesen in Rehabilitation und Alltagsleben große Dienste erweisen, indem sie helfen, (wieder) mehr von der Umwelt wahrzunehmen. In der Neurorehabilitation spielen Maßnahmen, die die plastischen Eigenschaften des Gehirns nutzen, eine zunehmend wichtigere Rolle. Man versucht, durch die Entwicklung neuer und die Verbesserung existierender Therapien den Patienten zur richtigen Zeit mit passenden Methoden so zu fördern, dass er seine Möglichkeiten bestmöglich nutzen kann (z. B. Nudo 2006). Auch Neuroprothesen wie z. B. Cochlea- oder Retinaimplantate bedienen sich des gleichen Prinzips, um neue sensomotorische Kontingenzen zu erlernen; sie können ausgefallene oder stark gestörte Nervenfunktionen ersetzen, ohne dass dabei die ursprüngliche Sinnesmodalität durch eine andere substituiert werden muss. Die aktuellen Ansätze könnten in Zukunft möglicherweise durch nichtinvasive Anwendungen weiterentwickelt werden, in denen mit den Prinzipien der sensorischen Substitution gearbeitet wird.

Darüber hinaus erlaubt diese Forschung auch Überlegungen zur Bedeutung der Interaktion von Körper, Gehirn und Umgebung (z. B. Fuchs 2008; Thompson/Varela 2001; s. Kap. III.7). Perzeptuelle Wahrnehmung ist nicht unabhängig vom sensorimotorischen und interpersonellen Kontext der Person zu verstehen (s. Kap. IV.24): Nicht das Gehirn als isoliertes Organ nimmt statisch etwas wahr, sondern eine Person mit einem Gehirn, die mit ihrem Körper in der Umwelt agiert. Wahrnehmungsprozesse sind demnach nicht auf das Gehirn beschränkt, sondern schließen das Nervensystem, den Körper und die Umgebung mit ein. Die sensorimotorische Koppelung und die bedeutungsvolle Interaktion mit der Umwelt sind mithin zentrale Aspekte für Wahrnehmungsprozesse (s. Kap. IV.24).

Der nächste Schritt: von sensorischer Substitution zu sensorischer Erweiterung

Eine Weiterentwicklung des Ansatzes zur sensorischen Substitution ist die sensorische Erweiterung, bei der es nicht darum geht, einen Sinn zu ›ersetzen‹, sondern eine neue Sinneswahrnehmung zu vermitteln. Hier gibt es einige wenige explorative Versuche, mittels Technologien, die die Fähigkeiten des Gehirns nutzen, Erweiterungen von Sinnes- und Kognitionsleistungen zu erreichen. Das *e-sense*-Projekt in Großbritannien (http://www.esenseproject.org) hat eine Reihe von Prototypen zur sensorischen Erweiterung entwickelt, mit denen z. B. über vibrotaktiles Feedback Violinspielbewegungen trainiert werden oder Kameras so am Körper installiert werden, dass sie dem Träger Rückmeldungen über die Umwelt geben, die er normalerweise nicht hat. Am *MIT Media Lab* werden Technologien entwickelt, mit denen man über Gesten mit digitaler Information interagieren kann, so dass der Nutzer z. B. durch intuitive Handbewegungen Fotos machen kann, über eine digitale Oberfläche Informationen über Objekte erhält und vieles mehr. (http://www.pranavmistry.com/projects/sixthsense/#PUBLICATIONS).

Am Institut für Kognitionswissenschaft in Osnabrück wird seit einigen Jahren ein Gerät entwickelt und erprobt, mit dem untersucht wird, inwiefern Menschen qualitativ neue Sinneserfahrungen erlernen können. Studien mit diesem Gerät, dem *feelSpace* Gürtel, erforschen, ob der Mensch lernen kann, eine neue Art von Raumwahrnehmung in sein Sinnessystem zu integrieren. Wenn der entscheidende Aspekt für die Qualität einer Wahrnehmung darin besteht, wie sie durch Handeln in der Welt entsteht, so kann es möglich sein, auch andere Arten der Information über die Außenwelt zu verarbeiten, wenn man Wege findet, diese handlungsrelevant und lernbar zu gestalten. Diese Hypothese wird empirisch getestet: Erwachsene Versuchspersonen erhalten mittels vibrotaktiler Stimulation rings um die Taille Informationen über ihre Orientierung und Lage im Raum, welche mithilfe eines Kompasses gemessen wird. Der Sensor ist in diesem Fall also ein elektronischer Kompass, während der Schnittstellensinn der Tastsinn ist, an welchen die in mechanische Energie umgewandelte Richtungsinformation weitergeleitet wird. Der Träger des Gürtels wird so kontinuierlich über seine Orientierung relativ zu einem externen magnetischen Feld informiert. Über mehrere Wochen wird trainiert, um die Erfahrung der neuen Sinnesinformation als möglichst selbstverständlich in das natürliche Sinnessystem zu integrieren. Erste Tests weisen darauf hin, dass eine Integration der Information, die das Gerät bereitstellt, erlernt, genutzt und erfahren werden kann (Nagel et al. 2005). Folgestudien untersuchen, wie dieser Prozess vonstattengeht, welche Bedingungen für das erfolgreiche Lernen und Integrieren bestehen und wie man diese Erkenntnisse weiter ausbauen und z. B. für blinde oder sehbehinderte Menschen nutzbar machen kann (Kärcher et al. 2012).

Im Tierexperiment ist es gelungen, Ratten über ein invasives Gerät zur sensorischen Erweiterung, das mit Elektroden den somatosensorischen Kortex stimuliert, Infrarotlicht über den Tastsinn wahrnehmen zu lassen und damit die Grenzen des ›natürlichen‹ Sinnessystems zu überschreiten (Thomson et al. 2013).

Im Kontext dieser Forschungslinien ist vieles vorstellbar. Das Gehirn ist plastisch. Bis heute sind keine Grenzen dessen definierbar, was von Menschen wahrnehmbar ist, wenn auch davon auszugehen ist, dass das gesunde Gehirn weitgehend optimal an seine Umwelt angepasst ist. Was über sensorische Substitution und sensorische Erweiterung erreicht werden kann, ist eine empirische Frage. Was angestrebt werden sollte, ist auch – und ganz entscheidend – eine soziale und normative Frage (s. Kap. V.8).

Literatur

Amedi, Amir/Merabet, Lofti/Bermpohl, Felix/Pascual-Leone, Alvaro (2005): The occipital cortex in the blind. In: *Current Directions in Psychological Science* 14, 306–311.

Bach-y-Rita, Paul (2004): Tactile sensory substitution studies. In: *Annals of the New York Academy of Sciences* 1013, 83–91.

Bach-y-Rita, Paul/Collins, Carter/Sauders, Frank/White, Benjamin/Scadden, Lawrence (1969): Vision substitution by tactile image projection. In: *Nature* 221, 963–964.

Bach-y-Rita, Paul/Kercel, Stephen (2003): Sensory substitution and the human-machine interface. In: *Trends in Cognitive Sciences* 7, 285–295.

Buonomano, Dean/Merzenich, Michael (1998): Cortical plasticity. In: *Annual Review of Neuroscience* 21, 149–186.

Danilov, Yuri/Tyler, Mitchell/Skinner, Kim/Hogle, Richard/Bach-y-Rita, Paul (2007): Efficacy of electrotactile vestibular substitution in patients with peripheral and central vestibular loss. In: *Journal of Vestibular Research* 17, 119–130.

Fuchs, Thomas (2008): *Das Gehirn – ein Beziehungsorgan.* Stuttgart.

Hanneton, Sylvain/Auvray, Malika/Durette, Barthélemy (2010): The Vibe. In: *Applied Bionics and Biomechanics* 7, 269–276.

Jäncke, Lutz (2009): The plastic human brain. In: *Restorative Neurology and Neuroscience* 27, 521–538.

Kaczmarek, Kurt (²2000): Sensory augmentation and substitution. In: Joseph Bronzino (Hg.): *The Biomedical Engineering Handbook.* Boca Raton [1995], 143.

Kärcher, Silke/Fentzlaff, Sandra/Hartmann, Daniela/Nagel, Saskia/König, Peter (2012): Sensory augmentation for the blind. In: *Frontiers in Human Neuroscience* 6, 37, 1–15.

Lenay, Charles/Gapenne, Olivier/Hanneton, Sylvain/Marque, Catherine/Genouëlle, Christelle (2003): Sensory substitution. In: Yvette Hatwell/Arlette Streri/Edouard Gentaz (Hg.): *Touching for Knowing.* Amsterdam, 275–292.

Nagel, Saskia/Carl, Christine/Kringe, Tobias/Märtin, Robert/König, Peter (2005): Beyond sensory substitution. In: *Journal of Neural Engineering* 2, 13–26.

Nudo, Randolph (2006): Plasticity. In: *NeuroRx* 3, 420–427.

O'Regan, Kevin/Noë, Alva (2001): A sensorimotor account of vision and visual consciousness. In: *Behavioral and Brain Sciences* 24, 939–973.

Pascual-Leone, Alvaro/Amedi, Amir/Fregni, Felipe/Merabet, Lofti (2005): The plastic human brain cortex. In: *Annual Review of Neuroscience* 28, 377–401.

Poirier, Colline/De Volder, Anne/Scheiber, Christian (2007): What neuroimaging tells us about sensory substitution. In: *Neuroscience and Behavioral Reviews* 31, 1064–1070.

Sadato, Norihiro/Pascual-Leone, Alvaro/Grafman, Jordan/Ibanez, Vicente/Deiber, Marie-Pierre/Dold, George/Hallett, Mark (1996): Activation of the primary visual cortex by Braille reading in blind subjects. In: *Nature* 380, 526–528.

Thompson, Evan (2007): *Mind in Life.* Cambridge (Mass.).

Thompson, Evan/Varela, Francisco (2001): Radical embodiment. In: *Trends in Cognitive Sciences* 5, 418–425.

Thomson, Eric/Carra, Rafael/Nicolelis, Miguel (2013): Perceiving invisible light through a somatosensory cortical prosthesis. In: *Nature Communications* 4, 1482.

Varela, Francisco/Thompson, Evan/Rosch, Eleanor (1991): *The Embodied Mind.* Cambridge (Mass.). [dt.: *Der mittlere Weg der Erkenntnis.* München 1992].

Ward, Jamie/Meijer, Peter (2010): Visual experiences in the blind induced by an auditory sensory substitution device. In: *Consciousness and Cognition* 19, 492–500.

Saskia K. Nagel

20. Sprache, sprachliche Bedeutung, Sprachverstehen und Kontext

Einleitung

Sprache kann auf ganz verschiedene Weise zum Untersuchungsgegenstand werden, je nachdem, auf welche Aspekte von Sprache man sein Augenmerk richtet, welche ihrer Funktionen man in den Vordergrund der Betrachtung stellen möchte und was man für erklärungsbedürftig hält.

Im Folgenden werden zunächst verschiedene Untersuchungsbereiche gegeneinander abgegrenzt und zwei wirkmächtige Auffassungen von Sprache skizziert; es geht hierbei nur um die natürliche Sprache, nicht um künstliche Sprachen. Allgemein wird der Hauptfokus in diesem Kapitel auf das Sprachverstehen gerichtet sein. Ein integraler Bestandteil einer Theorie des Sprachverstehens ist eine Theorie sprachlicher Bedeutung, die erklärt, wie die Ausdrücke einer Sprache Bedeutung erhalten und welche sie jeweils haben (s. Kap. II.C.1); deshalb werden einige Ansätze zu einer Bedeutungstheorie kurz erläutert.

Eine Theorie des Sprachverstehens muss aber auch der Kontextabhängigkeit sprachlicher Interpretation Rechnung tragen. Diese soll daher auch betrachtet werden; im Mittelpunkt steht dabei zunächst das Zusammenwirken von Bedeutung und Kontext, d.h. von semantisch gegebener und im Kontext pragmatisch erschlossener Information. Daran anknüpfend greifen wir auf Untersuchungen zum Spracherwerb und damit zu den Anfängen und Anfangsbedingungen des Sprachverstehens zurück. Besonderes Augenmerk richten wir dabei erstens auf die Rolle der von Sprecher und Hörer in einer Sprechsituation etablierten gemeinsamen Aufmerksamkeit, zweitens auf den Rückgriff auf verfügbare Hintergrundinformation, insbesondere das kontextuelle Zusammenspiel von alter und neuer Information, und drittens auf die sozial-kognitiven Grundlagen des Spracherwerbs, z.B. die Fähigkeit zum Erkennen der Absichten anderer (s. Kap. IV.21) oder zum Ausbilden gemeinsamer Ziele.

Zwei Auffassungen von Sprache

Die Ausdrücke einer natürlichen Sprache wie des Englischen oder Deutschen sind (sprachliche) Zeichen. Sie haben eine Form und einen Inhalt. Charles Morris (1938/1971, 21–22) unterschied in »Founda-

tions of the theory of signs« innerhalb einer Wissenschaft vom Zeichen, der *Semiotik*, drei Aspekte des Zeichengebrauchs: die Syntax, die Semantik und die Pragmatik.

Die Syntax beschäftigt sich nach Morris mit den formalen Beziehungen der Zeichen zueinander. Für natürliche Sprachen ist sie die Lehre vom Satzbau. Darüber darf nicht vergessen werden, dass es noch andere grammatische Aspekte von Sprache gibt, deren Untersuchung nicht minder wichtig ist, und die Gegenstand etwa der Phonetik, der Phonologie oder der Morphologie sind. Genauer gesagt kennt die Grammatik mindestens drei Untersuchungsebenen: diejenige des Lautes (Phonetik/Phonologie), diejenige des Wortes (Morphologie) und diejenige des Satzes (Syntax). In der Textgrammatik nimmt man auch noch die Ebene des ganzen Textes in den Blick. Traditionellerweise nennt man die kleinste bedeutungsunterscheidende Einheit ›Phonem‹ (›Bein‹ *versus* ›Pein‹). Die kleinste bedeutungstragende Einheit wird ›Morphem‹ genannt und weiter unterschieden in lexikalische und grammatische Morpheme; letztere haben eine grammatische Funktion (›Tisch‹ – ein Morphem; ›Tisch-e‹ – zwei Morpheme).

Die Semantik soll sich mit der Beziehung zwischen Zeichen und den Dingen, auf welche die Zeichen anwendbar sind, beschäftigen. Gemeinhin wird die Semantik als Theorie der Bedeutung verstanden, die untersucht, wie sprachliche Ausdrücke Bedeutung erhalten und welche Bedeutung sie haben. Im Hintergrund steht offensichtlich die Annahme, dass die Beziehung zwischen Zeichen und den Dingen, auf welche die Zeichen zutreffen oder für die sie stehen, bedeutungsrelevant ist (s. Kap. IV.16).

Die Pragmatik schließlich soll sich mit der Beziehung von Zeichen zu ihren Interpreten beschäftigen. Sie fokussiert auf den Zeichengebrauch, d.h. die tatsächlichen Verwendungsweisen sprachlicher Zeichen in konkreten Kommunikationssituationen.

Diese Unterscheidung zwischen Syntax, Semantik und Pragmatik wurde von verschiedenen Seiten aufgegriffen, gelegentlich etwas modifiziert und erfreut sich auch heute noch großer Beliebtheit. Verschiedene sprachtheoretische Untersuchungen kann man entsprechend dahingehend unterscheiden, mit welcher Dimension von Sprache sie sich vornehmlich beschäftigen. In diesem Kapitel werden hauptsächlich Überlegungen zur Semantik und Pragmatik angestellt. Sprachtheoretische Untersuchungen lassen sich aber auch dahingehend unterscheiden, welche Auffassung von Sprache sie zugrunde legen.

In seinem vielbeachteten Artikel »Languages and language« stellt David Lewis (1975) die Frage: ›What is a language?‹. Seine beiden Antworten illustrieren zwei besonders wirkmächtige Auffassungen von Sprache. Der *einen Antwort* zufolge ist Sprache ein gesellschaftliches Phänomen, ein Teil der Menschheitsgeschichte, ein Bereich menschlicher Tätigkeit. Der Handlungscharakter und die soziale Verfasstheit von Sprache rücken dabei in den Vordergrund. Man könnte dem britischen Empiristen John Locke beipflichten wollen, wenn er im dritten Buch seines *Essay Concerning Human Understanding* behauptet, die Sprache sei das »hauptsächliche Werkzeug und gemeinsame Band der Gesellschaft« (Locke 1690/ 1975, III.I.1). Der *anderen Antwort* zufolge ist Sprache eine formale Funktion (eine Abbildung im mathematischen Sinn), die Zeichenketten Bedeutungen zuordnet. Sprache wird demnach zu einem abstrakten Gegenstand. Die Frage, welche dieser abstrakten Zuordnungsfunktionen diejenige Sprache ist, die eine Sprechergemeinschaft tatsächlich verwendet, bleibt erst einmal außen vor; in den Vordergrund rücken die formal handhabbaren Eigenschaften von Sprache, ihre Systematizität und ihre Regelhaftigkeit.

Diese beiden Auffassungen von Sprache unterscheiden sich nicht nur darin, welche Aspekte von Sprache sie mit besonderer Aufmerksamkeit bedenken, sondern auch darin, welche Funktionen von Sprache sie für zentral und was sie für erklärungsbedürftig erachten.

Favorisiert man die *erste* Antwort (Sprache als gesellschaftliches Phänomen), so sucht man eine Theorie der Sprache, die für den Sprachbenutzer immer schon einen Platz vorgesehen hat. Man sucht eine Theorie des Sprachgebrauchs, die Sprache als eine zielorientierte, zweckgerichtete menschliche Tätigkeit, als ein Werkzeug der sozialen Interaktion und Kommunikation betrachtet (das Organonmodell der Sprache); man richtet den Fokus also auf die kommunikative und soziale Funktion der Sprache (s. Kap. IV.10).

Einige Autoren wollten allerdings noch weiter gehen und der Sprache darüber hinaus eine welterschließende Funktion zuschreiben. Sie betrachten Sprache nicht nur als Werkzeug der Interaktion, sondern als Organisations- und Konstruktionsprinzip menschlicher Erfahrung. Ernst Cassirer (1932/1985, 139) etwa betont in seiner *Philosophie der symbolischen Formen* die bildende Kraft der Sprache, die ihm als Mittel zur ›geistigen Aneignung der Welt‹ gilt. Cassirer formuliert diese Idee – in deutlicher Nähe zu Immanuel Kant – auf folgende Weise:

Mögen wir daher auch jetzt fortfahren, in der Erkenntnis, in der Kunst, in der Sprache bloße *Spiegelungen* der Welt zu sehen – so müssen wir uns doch hierbei immer bewußt bleiben, daß das *Bild*, das jeder dieser Spiegel erzeugt, nicht von der Natur des gespiegelten Objekts allein, sondern von unserer eigenen Natur abhängig ist, daß es nicht bloß eine im Gegenstand bereits gegebene Vorzeichnung *wiederholt*, sondern daß es einen ursprünglichen Akt des Vorzeichnens in sich schließt. Es ist daher niemals bloße Kopie, sondern der Ausdruck einer original-bildenden Kraft. (ebd., 122)

Schon in den anthropologisch-sprachtheoretischen Debatten des späten 18. und frühen 19. Jh.s waren dergleichen Thesen *en vogue*. Wilhelm von Humboldt etwa hatte behauptet, die Verschiedenheit der Sprache sei auch eine Verschiedenheit der Weltansichten, und die Muttersprache helfe nicht nur, die Wahrheit darzustellen, sondern sie erst zu entdecken. In den 1930er Jahren wurden solche Ideen von Edward Sapir und seinem Schüler Benjamin Lee Whorf – angeregt durch ihr Studium verschiedener indigener Sprachen Amerikas und beeinflusst von Arbeiten des Anthropologen Franz Boas – zur These der sprachlichen Relativität verdichtet. In einer starken Lesart besagt die These der sprachlichen Relativität, dass die Art, wie wir sprechen, unser Denken determiniert. Einer berühmten, in der Zwischenzeit widerlegten, These von Whorf zufolge hätten die Hopi-Indianer kein Zeitkonzept, weil in ihrer Sprache Zeitformen nicht grammatisch ausgedrückt würden (Malotki 1983). In einer schwächeren Lesart besagt die These der sprachlichen Relativität, dass es Unterschiede zwischen verschiedenen Sprachen gibt und diese die Art und Weise beeinflussen, wie wir die Welt wahrnehmen und konzeptualisieren.

In der neueren sprachwissenschaftlichen Debatte wird die starke These kaum mehr vertreten. Zwar gibt es unleugbar Unterschiede zwischen verschiedenen Sprachen, aber dennoch wenig Grund zu der Annahme, dass manche Gedanken in manchen Sprachen prinzipiell nicht ausdrückbar sind (Humboldt z. B. hatte dergleichen auch nie behauptet). Im Französischen etwa gibt es kein Wort für Schadenfreude, aber natürlich kennt auch der Franzose Schadenfreude und kann ihr Ausdruck geben. Zur Not behelfen wir uns mit Umschreibungen oder entlehnen einen Ausdruck einer anderen Sprache. Wir können Begriffe verstehen, für die wir (noch) kein Wort haben. Richtig scheint allerdings, dass Sprachen sich durch das unterscheiden, was sie vermitteln *müssen* – nicht durch das, was sie vermitteln *können* –, wie der Linguist Roman Jakobson hervorhob. Manche Informationen müssen in einer Sprache codiert werden. Während man im Englischen

davon erzählen kann, dass gestern Abend ›a neigh-
bour‹ zu Besuch war, muss man im Deutschen durch
›eine Nachbarin‹ bzw. ›ein Nachbar‹ das Geschlecht
preisgeben. Auch gibt es Befunde aus der psycholinguistischen Forschung (s. Kap. II.C.3), die zeigen,
dass Sprecher verschiedener Sprachen, in denen Nomina ein Genus, d. h. ein grammatisches Geschlecht,
haben (*der* Tisch, *die* Brücke usw.), verschiedene Assoziationen zu den ›gleichen‹ Konzepten haben,
wenn die entsprechenden Ausdrücke in ihrer Sprache mit unterschiedlichem Genus versehen sind
(z. B. Sera et al. 1994). Diese Befunde stützen wohl
kaum eine starke Relativismusthese. Über die schwache These wird aber wieder diskutiert.

Welche Konzeptionen sprachlicher Bedeutung
sind mit dieser ersten Auffassung von Sprache vereinbar? Locke selbst überlegt folgendermaßen weiter:

> Da nun aber die Annehmlichkeiten und Vorteile der
> Gemeinschaft ohne eine Mitteilung der Gedanken nicht
> zu erreichen sind, so mußte der Mensch notwendig
> gewisse äußere, sinnlich wahrnehmbare Zeichen
> finden, mit deren Hilfe jene unsichtbaren Ideen, die
> seine Gedankenwelt ausmachen, anderen mitgeteilt
> werden könnten. (Locke 1690/1975 III.II.1)

Da kamen ihm die Wörter gelegen: ihr Zweck besteht eben darin, sinnlich wahrnehmbare Kennzeichen der Ideen im Geiste eines Sprechers zu sein.
Die Idee im Geiste eines Sprechers, für die er einen
sprachlichen Ausdruck stehen lässt, macht demnach
dessen Bedeutung aus. Diese individualistisch-men-
talistische Bedeutungskonzeption benennt eine klare
Bedingung für kommunikativen Erfolg: Man versteht einander genau dann, wenn man weiß, welche
Idee der andere mit den Ausdrücken der Sprache
verbindet.

In der neueren Debatte spielt allerdings eine andere mentalistische Konzeption eine prominentere
Rolle. Paul Grice (1989) zufolge ergibt sich die Bedeutung eines Ausdrucks aus dem, was Sprecher mit
diesem Ausdruck meinen. Die kommunikativen Absichten der Sprecher sind bedeutungskonstitutiv.
Auch hier lässt sich die Bedingung für kommunikativen Erfolg und Sprachverstehen leicht angeben:
Kommunikation ist genau dann erfolgreich, wenn
man die kommunikative Absicht des Gegenübers erkennt (s. Kap. IV.10). Ein Sprecher wird sich, da er
verstanden werden will, entsprechend Mühe geben,
seine kommunikative Absicht deutlich zu machen.
Grice betrachtet ein Gespräch folglich als ein (gewöhnlich) zielgerichtetes und kooperatives Unterfangen, das mit gewissen Kooperationserwartungen
einhergeht.

Aber können Sprecherabsichten (oder Ideen) allein einem Ausdruck Bedeutung geben? Man kann
sicherlich nicht Beliebiges mit einem Ausdruck meinen wollen, wenn man verstanden werden möchte.
Hier wird ein Spannungsverhältnis sichtbar, das
viele bedeutungstheoretische Ansätze plagt: Einerseits muss die Bedeutung eines Ausdrucks eine mentale Entität sein, soll Sprache Verständnis und Erkenntnis ermöglichen. Andererseits muss sie gemeinsames Eigentum aller kompetenten Sprecher
der Sprache sein, soll Kommunikation gelingen.
Vielleicht gibt es sogar, wie Putnam (1975) behauptet, eine sprachliche Arbeitsteilung, so dass zumindest einige Ausdrücke eine soziale Bedeutung haben,
die sich nur im Kollektiv der Sprechergemeinschaft
findet (s. Kap. IV.9). Individualistisch-mentalisti-
sche Bedeutungstheorien müssen sich vorwerfen
lassen, sie unterschätzten die Rolle der Sprechergemeinschaft und des geteilten Sprachgebrauchs bei
der Bedeutungskonstitution.

Möchte man diesem Vorwurf entgehen, könnte
man mit Ludwig Wittgensteins *Philosophischen Untersuchungen* behaupten, dass in vielen Fällen gilt:
»Die Bedeutung eines Wortes ist sein Gebrauch in
der Sprache« (1953/1971, § 43). Das Verwenden
sprachlicher Ausdrücke ist nach Wittgenstein eine
Art Spiel – ein Sprachspiel. Genauer gesagt sind in
einem Sprachspiel Sprechen und andere Tätigkeiten
miteinander ›verwoben‹, insofern sie einer gewissen
Regelmäßigkeit folgend miteinander zusammenhängen. Der Gebrauch eines Ausdrucks ist die
Menge der Sprachspiele, in denen er vorkommt;
Sprachverstehen wäre über die Teilnahme an demselben Sprachspiel gewährleistet. Aber auch eine solche Konzeption sprachlicher Bedeutung wirft Fragen auf: Sind alle Verwendungen eines Ausdrucks
durch einen Sprecher bedeutungskonstitutiv oder
nur bestimmte – schließlich kann man einen Ausdruck doch falsch gebrauchen? Die falschen Verwendungsweisen einzelner Sprecher sollten wohl
nicht bedeutungskonstitutiv sein (s. Kap. II.C.1),
sonst wäre es kein falscher Gebrauch mehr – ja es
gäbe dann überhaupt keinen falschen Gebrauch
mehr.

Auch wenn man diesen bedeutungstheoretischen
Ansätzen, die den Sprachbenutzer und -gebrauch in
den Vordergrund stellen, eine gewisse Attraktivität
nicht absprechen mag, so wird man doch zugeben
müssen, dass es noch ein weiter Weg von hier bis zu
einer systematischen Theorie von Sprache und
sprachlicher Bedeutung ist. Das mag auch erklären,
weshalb im Laufe des 20. Jh.s eine andere Auffassung
von Sprache und sprachlicher Bedeutung immer

mehr Aufmerksamkeit erhielt und die sprachtheoretische Debatte bis heute dominiert.

Theoretiker, die in diesem *zweiten* Paradigma (Sprache als Zuordnungsfunktion) arbeiten, suchen nach einer Prozedur, die es erlaubt, beliebigen Sätzen einer Sprache auf systematische Weise (und in endlich vielen Schritten) ihre Bedeutung in dieser Sprache zuzuweisen (s. Kap. II.C.1). Die in diesem Paradigma entwickelten Bedeutungstheorien stellen die Beziehung zwischen Sprache und Welt – nicht diejenige zwischen Sprache und Sprachbenutzer – in den Vordergrund. Entsprechend wird eine zentrale Funktion der Sprache darin gesehen, die Welt zu beschreiben, sie möglichst getreu abzubilden. Insbesondere die Regelhaftigkeit, die Systematizität der Sprache, und damit zusammenhängend ihre Produktivität, wird für erklärungsbedürftig erachtet. Sprache ist insofern produktiv, als Sprecher imstande sind, Sätze zu verstehen und zu produzieren, die sie nie zuvor gehört bzw. geäußert haben. Das lässt sich unter der Annahme der Kompositionalität sprachlicher Bedeutung erklären (Portner 2005): Sprachliche Bedeutung gehorcht einer Art Baukastenprinzip, da sich die Bedeutung komplexer Ausdrücke aus derjenigen ihrer Teilausdrücke und deren Anordnung zusammensetzt. Hört man einen zuvor noch nie gehörten Satz, so kann man ihn deshalb verstehen, weil man ihn in seine Bestandteile zerlegen und seine Bedeutung aus der Bedeutung der Teile, die einem als kompetenten Sprecher bekannt sind, aufbauen kann.

Wenngleich auch dieser Theorieansatz prinzipiell mit verschiedenen Konzeptionen sprachlicher Bedeutung verträglich ist, so hat sich doch eine davon als besonders wirkmächtig erwiesen. Den Ausgangspunkt bildet die oben schon erwähnte Annahme, dass sprachliche Ausdrücke dazu da sind, etwas in der Welt zu bezeichnen. Das, was ein Ausdruck bezeichnet, worauf er zutrifft, nennt man auch seine *Extension* (s. Kap. IV.16). Ein singulärer Ausdruck wie z. B. die Kennzeichnung ›die erste Mathematikprofessorin Deutschlands‹ bezeichnet eine bestimmte Person, seine Extension. Ein allgemeiner Ausdruck wie ›rot‹ oder ›Pferd‹ dagegen trifft auf mehrere Dinge gleichermaßen zu; seine Extension ist die Menge der Dinge, auf die er zutrifft.

Während einige Bedeutungstheoretiker bei dieser Einsicht stehenbleiben und die Bedeutung eines Ausdrucks mit dem, was er bezeichnet, gleichsetzen wollten, sahen andere, u. a. Gottlob Frege, hier Probleme. Eines davon lässt sich veranschaulichen, indem man die folgenden beiden Sätze vergleicht:

(1) Der Morgenstern ist der Morgenstern.
(2) Der Morgenstern ist der Abendstern.

Während (1) eine unspektakuläre Wahrheit ausdrückt, lässt sich mit (2) eine aufregende astronomische Entdeckung formulieren. Wie, so wunderte sich Frege, lässt sich dieser Unterschied im Erkenntniswert der beiden Sätze erklären, wenn doch gelten soll, dass die Bedeutung eines Ausdrucks das bezeichnete Objekt ist? Denn die Ausdrücke ›der Morgenstern‹ und ›der Abendstern‹ bezeichnen dasselbe, nämlich die Venus. Folglich sollten doch beide Sätze genau dasselbe besagen, nämlich dass die Venus selbstidentisch ist. Frege (1892) schlug vor, zwischen dem, was ein Ausdruck *bezeichnet*, und dem, was er *bedeutet*, zu unterscheiden. Die Bedeutung eines Ausdrucks (Frege wählt eine andere Terminologie – er spricht von ›Sinn‹) legt fest, was er bezeichnet (wenn es dergleichen gibt; ein Ausdruck kann bedeutungsvoll sein und doch nichts bezeichnen).

Freges Unterscheidung wurde u. a. von Rudolf Carnap aufgegriffen. Damit war der Grundstein für die Entwicklung der sog. intensionalen Semantik gelegt (die wiederum grundlegend einerseits für die Montague-Grammatik und andererseits für die sog. zwei-dimensionale Semantik war). Deren Grundidee besteht darin, ähnlich wie bei Frege die Bedeutung (Freges Sinn) eines Ausdrucks gerade nicht mit dem Bezeichneten gleichzusetzen. Vielmehr soll die Bedeutung etwas sein, wodurch die Extension des Ausdrucks – in allen möglichen Umständen – festgelegt wird. Genauer gesagt denkt man sich in der intensionalen Semantik mit jedem Ausdruck eine Funktion (die abstrakt bleibt – eine konkrete Funktion lässt sich kaum angeben) verbunden, die ihm für jede mögliche Welt seine Extension zuweist. Diese Funktionen nennt man ›Intensionen‹. Die Intension eines Ausdrucks entspricht wohl eher dem, was man die ›Bedeutung‹ eines Ausdrucks nennt, als dessen Extension.

Dieser Ansatz verspricht neben geradezu mathematischer Strenge eine systematische, eindeutige Zuordnung von Bedeutung zu logischer Form. Er weist die Systematizität auf, die vielen anderen Bedeutungstheorien abgeht. Aber die Systematizität hat ihren Preis: Ihr liegt eine stark idealisierte Konzeption sprachlicher Bedeutung und Interpretation zugrunde, die der Komplexität und Kreativität der tatsächlichen Sprachverwendung nur schwer gerecht zu werden scheint.

Insgesamt gilt: Beide Auffassungen von Sprache haben eine gewisse Anziehungskraft. In der ersten (Sprache als gesellschaftliches Phänomen) rückt der pragmatische Aspekt von Sprache in den Vordergrund, in der zweiten (Sprache als Zuordnungsfunktion) werden syntaktisch-semantische Aspekte fokussiert. In der mathematischen Strenge des zweiten Ansatzes liegt seine Stärke, denn so erlaubt er die präzise Lokalisierung kontextueller Bedeutungsbestandteile und – wie im nächsten Abschnitt illustriert wird – ihre Integration in eine allgemeine Bedeutungstheorie. Der erste Ansatz kann, indem er eine solche Bedeutungstheorie in eine umfassendere Theorie der sozialen Interaktion einzubetten erlaubt, dagegen erklären, welche kontextuellen Faktoren bei der Interpretation eine Rolle spielen und wieso dem so ist. Will man eine Theorie des *Sprachverstehens* gewinnen, scheint es demnach vielversprechend, die verschiedenen Theorieansätze zusammenzuführen, um so erklären zu können, wie semantische und pragmatische Faktoren auf systematische Weise bei der Verwendung und Interpretation sprachlicher Ausdrücke zusammenspielen. Denn dass beiderlei Faktoren dabei beteiligt sein müssen, dürfte augenfällig sein. Im Folgenden wird dieses Zusammenspiel etwas genauer beschrieben. Schon eine diachrone Betrachtung der Sprache und ihres Wandels zeigt, wie sich pragmatische Regularitäten zum früheren Zeitpunkt in syntaktische und semantische Regeln zum späteren Zeitpunkt verfestigen. Noch deutlicher tritt der Zusammenhang aber zutage, wenn man die Kontextabhängigkeit sprachlicher Interpretation betrachtet, denn diese (wie auch der Spracherwerb als deren erster Schritt) vollzieht sich immer im Kontext: Wir interpretieren die Äußerungen anderer mit Rückgriff auf erworbenes semantisches Wissen, gleichzeitig aber auch im Lichte kontextueller Interessen und Ziele und vor dem Hintergrund gewisser (geteilter) Annahmen und Erwartungen. Entsprechend kommt eine Schlüsselrolle in diesen Betrachtungen dem Begriff des Kontexts (Hintergrunds) zu. Soll der Kontext als Interpretationshilfe dienen, muss er Sprecher und Hörer relevante Informationen verfügbar machen. Er muss erstens als ›physischer‹ Kontext Informationen über die unmittelbar wahrnehmbaren Gesprächsumstände, zweitens als diskursiver Kontext Informationen über das vorangegangene Gespräch (oder den vorangegangenen Text) und drittens als kultureller Kontext Informationen aus dem weiteren soziokulturellen Hintergrund bereitstellen.

Kontext und Bedeutung

In diesem Abschnitt soll in einigen Beispielen gezeigt werden, wie der Kontext die Bedeutung von Äußerungen mitbestimmt. Der vielleicht bekannteste Fall sind die *indexikalischen Pronomina* wie ›ich‹, ›hier‹, oder ›jetzt‹. Der konkrete Inhalt eines Satzes wie ›Ich bin jetzt in Paderborn.‹ erschließt sich erst, wenn Sprecher (*ich*) und Sprechzeitpunkt (*jetzt*) bekannt sind. Kaplan (1977/1989) demonstriert, wie diese Abhängigkeit einzelner Wörter vom Äußerungskontext formal erfasst werden kann. Der Sprecher der Äußerung und seine Intentionen beeinflussen aber noch weit mehr als nur die Bedeutung von Pronomina. Zur Illustration eignen sich Gradadjektive, die relativ zu Vergleichsstandards definierte Eigenschaften benennen.

(3) Simba, der Elefant, ist groß.

Der Sprecher, der (3) äußert, kann meinen, dass Simba ein großes Tier ist, etwa verglichen mit einem Hasen. Er könnte auch meinen, dass Simba groß ist, wenn man ihn mit anderen Elefanten vergleicht. Welchen Standard der Sprecher adressiert, wird erst aus der Äußerungssituation ersichtlich. Der Standard kann auch versprachlicht werden, was uns weitere Indizien darüber liefert, wie die Semantik von Basiseigenschaft und Kontext funktioniert:

(4) Simba ist groß für einen dreijährigen indischen Elefanten.

Die Untersuchung unseres Sprachverhaltens legt nahe, dass das Messen, Vergleichen und die Anordnung von Objekten auf Skalen wesentliche kognitive Leistungen des Menschen sind (Kennedy 2001; Kennedy/McNally 2005; Tribushinina 2009). Offen ist bislang, warum die Komparation in allen Sprachen der Welt systematisch komplexer ist als die Grundform (z. B. in der Steigerungsmorphologie *groß – größ-er*), obwohl bereits die Zuschreibung der einfachen Eigenschaft ohne vorheriges Vergleichen nicht definierbar wäre. Diese Beobachtung wirft interessante Fragen für den Spracherwerb sowie die Sprachgenese auf.

Dass sich über Geschmack nicht streiten lässt, ist ein Gemeinplatz. *Geschmacksprädikate* sind in besonderer Weise zusätzlich kontextabhängig, denn ob sie jeweils zutreffen, hängt oft von der urteilenden Person ab.

(5) Diese Suppe ist **lecker**.
    (für mich/für Peter/für die Allgemeinheit)

(6) A: Na, wie fand Peter Dein Essen?
B: Der Reis war **lecker**,
aber die Suppe war **zu scharf**.
(meint: zu scharf für Peter,
nicht zu scharf für B, die sie gekocht hat)

Das Ziel semantischer Analysen ist es, Kernbedeutung und urteilendes Subjekt so zu integrieren, dass Fälle echten Widerspruchs mit der erkennbar subjektiven Natur der Urteile zu vereinen sind. Neben Adjektiven können natürlich auch Ausdrücke anderer grammatischer Natur subjektiv in diesem Sinn sein, z. B. Verben (›Die Suppe *schmeckt*.‹) oder Nomina (›Petra ist *ein Genie*.‹). Lasersohn (2005) schlägt einen indexikalischen Parameter *judge* vor, der kontextuell spezifiziert wird. Zwar sind *judge* und Sprecher oft identisch, aber wie unsere Beispiele zeigen, ist das nicht zwangsläufig der Fall.

Ein letzter, ganz anders gelagerter Fall, in dem der Kontext zur Präzisierung der Grundbedeutung herangezogen wird, sind quantifizierende Ausdrücke. Quantifizierende Sätze enthalten Wörter wie ›alle‹, ›die meisten‹, ›viele‹ oder auch ›jedes Mal‹, wie in den folgenden Beispielen:

(7) a. **Alle** Menschen werden Brüder.
b. **Alle** Kinder sollen aufstehen.

In (7.b) ist klar, dass sich die Aufforderung nur an die *anwesenden* Kinder richten kann, und in (7.a) darf gestritten werden, ob der Autor mit ›alle Menschen‹ beschränkt an *alle Menschen männlichen Geschlechts* gedacht hat. In vielen Fällen von Alltagskommunikation spielen diese intendierten Domänen beim Verständnis der Mitteilung eine wichtige Rolle: Was ist gemeint, wenn man ›alles gründlich putzen‹ soll? Die richtige Präzisierung muss aus dem Kontext erschlossen werden. Der Bedeutungsbeitrag von ›alle Kinder‹ in (7.b) ergibt sich z. B. aus erstens der Bedeutung des Wortes ›Kinder‹, zweitens der in der Sprechsituation vernünftigen Einschränkung dieser Bedeutung z. B. auf *Kinder-im-Raum* und drittens der Bedeutung von ›alle‹: eine Anweisung, das Folgende auf jeden derjenigen zu beziehen, die man in erstens und zweitens errechnet hat.

Auch die Intonation kann signalisieren, welche kontextuelle Sichtweise der Sprecher einnehmen will. Das ist an den folgenden Beispielen zu sehen (Wörter in Großbuchstaben sind hier und im Folgenden betont zu lesen):

(8) a. Alle Teenager machen samstags PARTY.
(Die Samstagsbeschäftigung ist Party. Eventuell gibt es aber auch Sonntags-, Freitags- oder Dienstags-Partys.)
b. Alle Teenager machen SAMSTAGS Party.
(Für die Teenies gibt es nur am Samstag Party. An anderen Tagen wird nicht gefeiert.)

Diese Beispiele leiten auf eine andere Facette des Kontexts hin, nämlich auf den Kontext als aktuellen Wissensstand, als die gerade verarbeitete Information (*information structure*). Die Betonung und Nichtbetonung von Wörtern des Satzes wird wesentlich davon gesteuert, wie der Sprecher seine zu übermittelnde Botschaft portioniert und damit für den Hörer leichter verarbeitbar macht (Beaver/Clark 2008).

Der Kontext bestimmt nicht nur Sprecher, Hörer, Ort und Zeit der Äußerung, sondern definiert auch das momentan aktivierte Wissen, sowie die momentan adressierte Fragestellung (*discourse topic*). Einfache Frage-Antwort-Paare illustrieren, dass die Betonung der Antwort relativ zur Frage kohärent oder inkohärent (#) sein kann:

(9) Was hat Simba gegessen?
– Simba hat BANANEN gegessen.
– # SIMBA hat Bananen gegessen.

Die Betonungsmuster in Sprachen wie dem Deutschen helfen dem Hörer, eine Äußerung in bekannte Information und neue Information vorzustrukturieren. Damit wird die Verarbeitung erleichtert und eine Integration mit vorherigen Informationen gesteuert.

Wenn man nur einzelne Sätze betrachtet, könnte man zu der Annahme gelangen, dass Fokussierung eine weitere Spielart der Sprecherintentionen sei und dass es der Sprecher allein in der Hand habe, den Fokus eines Satzes zu bestimmen. Erst in jüngster Zeit konnte gezeigt werden, dass der Vordiskurs wesentlich mitbestimmt, wo der Fokus des Satzes liegen kann (ebd.; Büring 2007). Mit der Fokussierung wird die fokussierte Konstituente zu *Alternativen, die stattdessen stehen könnten*, in Bezug gesetzt, wobei der Kontext bestimmt, welche Alternativen im Moment zur Debatte stehen:

(10) a. Was isst Simba?
– Simba isst nur reife BANANEN.
b. Was für Bananen isst Simba?
– Simba isst nur REIFE Bananen.

Die Eingangsfrage legt jeweils fest, was im Moment das Thema ist (*question under debate*; ebd.; Roberts

1996). Der Akzent in der Antwort kongruiert jeweils mit der gestellten Frage (wie bereits in (9) illustriert). Der Bedeutungsbeitrag des kleinen Wortes ›nur‹ fasst schließlich alle diese Bestandteile zusammen und drückt in beiden Fällen einen Ausschluss aus: In (10.a) wird ausgeschlossen, dass Simba irgendetwas anderes isst. In (10.b) hingegen wird nur ausgeschlossen, dass Simba andere Bananen isst; er kann dagegen durchaus noch Melonen und Heu verspeisen, was in (10.a) ausgeschlossen wäre. An dieser Stelle sollte man sich nochmals klarmachen, dass die Antworten in (10.a) und (10.b) aus exakt denselben Wörtern in exakt derselben Weise aufgebaut sind! Alle Bedeutungsunterschiede kommen also ausschließlich durch den Kontext zustande und werden prosodisch, d.h. durch Betonung und Intonation, signalisiert. Aus Beobachtungen wie diesen hat sich in den letzten Jahrzehnten die *Fokussemantik* als Forschungszweig innerhalb der Pragmatik/Semantik etabliert.

Die Informationsstruktur ist kognitionswissenschaftlich von besonderem Interesse, da die Aufteilung von Satzinhalten in alt/neu, Fokus/Hintergrund unabhängig vom wörtlichen Inhalt des Satzes getroffen wird. Damit wird suggeriert, dass man zur reinen Informationsübermittlung auf diese Strukturierung an sich verzichten könnte. Dennoch ist die Trennung in alt/neu in der Grammatik vieler Sprachen verankert, zum Teil in äußerst komplizierten Regelsystemen. Beispielsweise rührt die Unübersichtlichkeit der deutschen Wortstellung zum großen Teil daher, dass die Wortstellung in vielfältiger Weise zur Markierung von alt/neu herangezogen wird. Man darf annehmen, dass die Informationsstruktur die Verständigung mit Sprache deutlich verbessert, wenn sich derart komplexe Regelsysteme dafür etablieren.

›Informationsstruktur‹ hat sich als Begriff in der Grammatik erst in den letzten Jahrzehnten etabliert. Jedoch ist traditionell bekannt, dass der Vordiskurs einer Äußerung ihre Bedeutung mitbestimmt, indem er für referenzielle Querverweise zur Verfügung steht. Anaphorische Bezüge erfordern grundsätzlich, dass eine Person/Objekt nicht nur bekannt, sondern auch vorerwähnt ist. Ein Satz wie ›Er war deprimiert.‹ erfordert, dass wir einen Referenten für ›Er‹ aus dem Vortext erschließen. Die Auflösung von Anaphern ist in der Regel kein deterministischer Prozess. Wie aber bestimmen Hörer, welche von mehreren vorerwähnten Personen mit einem anaphorischen Ausdruck aufgenommen werden soll? In der *centering theory* wird erforscht, wie die Anaphernresolution von Wortwahl, grammatischer Rolle

des Antezedens, globaler Textstruktur und anderen Faktoren gesteuert wird. Ein einfaches Beispiel dafür, wie grammatische Rolle und Pronominalwahl zusammenhängen, ist (11):

> (11) Tom sprach mit Tim. Er war deprimiert.
> (er = Tom, Subjekt des ersten Satzes)
> Tom sprach mit Tim. Dieser war deprimiert.
> (dieser = Tim, Objekt im ersten Satz)

Intuitiv werden die ›kürzeren‹ Pronomina (›er‹, ›sie‹, ›es‹) für die besonders aktivierten (salienten) Protagonisten verwendet, während die ›komplexeren‹ Deiktika (›dieser‹, ›jener‹, ›der‹) für die eher im Hintergrund positionierten Protagonisten des Textes herangezogen werden. Psycholinguistische Untersuchungen (s. Kap. II.C.3) versuchen zu definieren, wie sich Aktiviertheit und Nicht-Aktiviertheit von Figuren im Text operationalisieren lassen und ob ihnen allgemeine kognitive Zustände zugeordnet werden können. Auch die relative Wichtigkeit verschiedener Faktoren, die eine Figur salient oder nicht-salient machen, wird psycholinguistisch untersucht. So wird z.B. beobachtet, dass der Referent des Subjekts im Satz nach dem Lesen des Satzes eher aktiviert ist als der Referent des Objekts. Jedoch sind menschliche Protagonisten eher aktiviert als nichtbelebte. In Sätzen wie (12) arbeiten diese beiden Faktoren gegeneinander:

> (12) Der Blumentopf fiel Tom genau auf den Zeh.

Bezöge der Leser ein nun folgendes Pronomen *er* eher auf den Subjektreferenten (= den Topf) oder das belebte Objekt (= Tom)? Ist dafür wesentlich, ob Tom auch Diskurstopik war oder nicht? Psycholinguistische Studien zur *centering*-Forschung haben das Ziel, diese Faktoren und ihre Interaktion empirisch zu bestimmen.

Ein Teilgebiet der Anaphernforschung untersucht schließlich, wie *Zeitpunkte und Ereignisse* anaphorisch, d.h. durch Rückbezüge im Text, adressiert werden. Dies kann durch Verwendung von Pronomina wie in (13) geschehen:

> (13) (Ereignis e:) Peter öffnete die Tür.
> Er tat *es* (= e) vorsichtig.

Viel eleganter nutzen jedoch viele Sprachen Aspekt und Tempus, um implizit die bereits beschriebenen Ereignisse und Zeiten anaphorisch aufzunehmen und das Ereignis, von dem der aktuelle Satz berichtet, relativ dazu einzuordnen. Einschlägige Beispiele liefert z.B. das Englische.

(14) Tom came home. Sue *was preparing* dinner.
(Aspekt: *progressive*)
Tom came home. Sue *prepared* dinner.
(Aspekt: *simple*)

Der Aspekt im zweiten Satz (*progressive versus simple*) zeigt an, wie das Ereignis *prepare dinner* zeitlich relativ zum vorerwähnten *come home* verortet ist. Aspektsysteme sind gewissermaßen Markierungssysteme für anaphorische Bezüge zwischen vorerwähnten und aktuellen Ereignissen in der Narration. Sie erlauben nicht nur die sichere Wiedergabe von Handlungssequenzen, ihre virtuose Nutzung erzeugt auch vielfältige ästhetische Effekte in literarischen Texten. Die Untersuchung der kognitiven Grundlagen dieser Effekte ist ein aktuelles Forschungsprogramm, das im Moment an Bedeutung gewinnt.

Exkurs: Kontext und maschinelle Sprachverarbeitung

Auch in der Computerlinguistik (s. Kap. II.C.4) wird der Kontext zunehmend als Faktor wahrgenommen, der für zuverlässige Spracherkennung in die Implementierung Eingang finden muss. Dabei spielen unterschiedlich komplexe Kontextmodelle eine Rolle.

In der Auswertung von Korpora sind Kontexte im einfachsten Sinn die Wörter und Sätze, die vor und nach einem Zielwort stehen. Die statistische Auswertung des Kontexts kann etwa herangezogen werden, wenn das Zielwort ambig ist und die plausibelste Lesart bestimmt werden soll. Die Methoden der statistischen Auswertung sind jedoch verfeinert worden und können nun ganze *Kollokationsprofile* erfassen. Damit können z.B. polaritätssensitive Wörter (aus der grammatischen Klasse wie die englischen Ausdrücke ›any‹ oder ›ever‹) automatisch aus Korpora extrahiert, aber auch der Bedeutungswandel von Wörtern anhand sich wandelnder semantischer Kookurrenzprofile nachgewiesen werden.

Auch Kontexte im Sinn der Semantik/Pragmatik, wie sie in diesem Kapitel im Vordergrund stehen, finden vermehrt Eingang in computerlinguistische Modelle. Die automatische Anaphernresolution erlaubt es, verschiedene konkurrierende Strategien zur Bestimmung des Antezedens eines Pronomens in großen Textmengen zu testen. Ein automatisches Anaphernresolutionssystem BART (*multilingual anaphora resolution system*, entwickelt von Olga Uryupina und Massimo Poesio) ist zum Download und Selbstversuch für Lehr- und Forschungszwecke

verfügbar. Für Implementierungszwecke ist die *head driven phrase structure grammar* die Entwicklungsplattform, auf der Kontextmodelle integriert werden. Es liegt eine Implementierung der *discourse representation theory* von Patrick Blackburn vor.

Spracherwerb

Im Spracherwerb (s. Kap. IV.12) gilt es zu lernen, auch Äußerungen von Sätzen wie die im vorvorigen Abschnitt diskutierten zu produzieren und zu verstehen, d.h. es gilt zu lernen, Sätze im Kontext zu verstehen. Welche Fähigkeiten müssen dazu im Spracherwerb erworben werden?

Der im ersten Abschnitt gegebene knappe Überblick zeigt, dass es unterschiedliche Auffassungen von Sprache gibt. Theorien von Sprache und von Spracherwerb sind miteinander verwoben. Dies liegt u.a. darin begründet, dass verschiedene Theorien von Sprache (zumindest implizit) verschiedene Ansichten darüber beinhalten, was im Verlauf der Sprachentwicklung gelernt werden muss.

Auf der einen Seite stehen nativistische Spracherwerbstheorien, nach denen Bedeutungsfunktionen und Regeln zur Bildung von Sätzen nicht beobachtbar sind. Folglich gelten die grundlegenden semantischen und syntaktischen Regeln als *a priori* gegeben (angeboren) und brauchen ›nur‹ in ihrer sprachspezifischen Ausprägung ›entdeckt‹ zu werden. Chomsky begründet die Annahme angeborenen Sprachwissens wie folgt (s. Kap. II.C.1):

> Betrachtet man den Charakter der zu erlernenden Grammatik, den geringen Umfang und die schlechte Beschaffenheit der zugänglichen Erfahrungsdaten, die überraschende Gleichförmigkeit der resultierenden Grammatik und ihre Unabhängigkeit von Intelligenz, Motivation […] so bleibt wenig Hoffnung, daß von der Struktur der Sprache viel erlernt werden könnte durch einen Organismus, der keine Anfangsinformation über ihren allgemeinen Charakter besitzt. (1965/1970, 81)

Ein analoges Argument mit einer angeblichen ›Reizarmut‹ (*poverty of the stimulus*) lässt sich auch für den Bedeutungserwerb anführen, denn die Menge der angetroffenen Verwendungssituationen eines Ausdrucks ist mit verschiedenen induktiven Verallgemeinerungen darüber, was die Bedeutung des Ausdrucks umfasst, vereinbar. Die Bedeutung zu erfassen scheint Spezifischeres zu erfordern; der Schritt vom einzelnen Exemplar hin zur Kategorie (zum Begriff) setzt zumindest die Fähigkeit zur Extrapolation voraus.

Die kommunikative Funktion von Sprache wird in diesen Sprach- und Spracherwerbstheorien als nicht zentral erachtet. Anders in gebrauchsbasierten Sprach- und Spracherwerbstheorien in Wittgenstein'scher Tradition. Wie bereits erwähnt spricht Wittgenstein nicht von Wortbedeutung, sondern von der Rolle eines Wortes im Sprachspiel. Mit dem Begriff des Sprachspiels wird betont, »dass das Sprechen der Sprache ein Teil ist einer Tätigkeit, oder einer Lebensform« (Wittgenstein 1953/1971, § 23). Sprachspiele sind ebenso Teil der Naturgeschichte des Menschen wie kochen, spazieren gehen, essen usw.

In Anlehnung an diese Überlegungen plädierte der Entwicklungspsychologe Jerome Bruner dafür, den Ursprung der Sprachkompetenz in sog. interaktiven ›Formaten‹ zu suchen, die das Kleinkind routinemäßig mit seiner Bezugsperson teilt, wie z. B. baden, anziehen, auf den Spielplatz gehen usw. Die Wiederholung und Vorhersagbarkeit der Abläufe in diesen Formaten strukturiert die gemeinsame Aufmerksamkeit von Kind und Erwachsenem. Die handlungsbegleitenden Äußerungen des Erwachsenen wiederholen sich in Einklang mit den Aktivitäten und dem Aufmerksamkeitsfokus und können auf diese Weise leicht erworben werden. An diese Tradition anknüpfend argumentiert Tomasello (2003), dass sprachliche Formen und ihre Bedeutungen über ihre Verwendung in der kommunikativen Interaktion bestimmt und eingeübt werden. Allgemeine kognitive Fähigkeiten, z. B. Mustererkennung, das Wiedererkennen von Äußerungen und Äußerungsteilen oder das Einschleifen erworbener Ausdrücke aufgrund hoher Frequenz und Analogiebildung, spielen beim Spracherwerb ebenso eine Rolle, wie die sozial-kognitiven Fähigkeiten, die kommunikativen Absichten und den Aufmerksamkeitsfokus anderer Personen bestimmen zu können (s. Kap. IV.10). Diesen gebrauchsbasierten Spracherwerbstheorien zufolge bildet das schon präverbal entwickelte Erkennen schematischer Abläufe und fremder Absichten sowie das Ausbilden gemeinsamer Ziele die Grundlage für den Erwerb sprachlicher Symbole. In einer Reihe einschlägiger Studien konnte gezeigt werden, dass Kinder schon vor der eigenen Sprachproduktion gerichtetes Aufmerken und absichtliches Handeln (im Unterschied zu bloßem Verhalten) bei anderen Personen wahrnehmen können. Diese Fähigkeiten spielen auch später bei der Interpretation der Äußerungen anderer eine Rolle, denn wie eine Äußerung zu verstehen ist, hängt – wie die obigen Beispiele zeigen – auch davon ab, welche Ziele und Zwecke der Sprecher bzw. die Gesprächsteilnehmer verfolgen, worum es im Gespräch geht und dergleichen mehr (ebd.).

Wie erwähnt müssen Kinder all die oben diskutierten sprachlichen Formen und ihre kontextabhängige Interpretation Schritt für Schritt lernen. Eines der oben diskutierten Beispiele ist die Bezugsbestimmung anaphorischer Ausdrücke. Kinder beginnen solche Ausdrücke im Alter von zwei bis drei Jahren zu verwenden – z. B. beim Beantworten von Fragen zu Bildergeschichten:

(15) Was macht der Igel? – **Der** wäscht die Ente.
(16) Schau ein Clown. Was passiert nun? –
      Er hüpft.

In ihren frühesten Mehrwortäußerungen lassen Kinder anaphorische Ausdrücke jedoch zumeist weg; sie produzieren Ellipsen wie z. B. ›die Ente waschen‹ in (15) oder ›hüpfen‹ in (16). Auch kontrastive Betonung – illustriert durch (9) und (10) – beginnen Kinder schon im Alter von zwei Jahren zu verstehen und zu verwenden, wenngleich in komplexeren Situationen manchmal selbst noch Schulkinder Schwierigkeiten haben, die Kontrastdomäne zu bestimmen (MacWhinney/Bates 1978). Ähnliches gilt auch für die Verwendung von Quantoren wie in (8). Im Alter von zwei Jahren beginnen Kinder, Quantoren zu gebrauchen; allerdings scheinen kleine Kinder Quantoren anders zu interpretieren als Erwachsene. So halten sie z. B. die Verwendung des Wortes ›alle‹ in Situationen wie der folgenden für unangemessen. Angenommen, es liegen vier blaue Kreise, zwei blaue Quadrate und drei rote Quadrate auf dem Tisch.

Frage: Sind alle Kreise blau?
kindliche Antwort: Nein, da sind zwei blaue Quadrate. (Die richtige Antwort wäre ›ja‹, denn die Quadrate sind nicht relevant für die Frage.)

Es scheint also, dass Kinder Sätze der Art ›Alle Kreise sind blau.‹ so interpretieren, als träfe auch die Umkehrung ›Alle blauen Figuren sind Kreise.‹ zu. Dieser Fehler könnte dadurch zustande kommen, dass das Kind die falsche Menge als Grundmenge annimmt. Die kontextuelle Salienz einer Menge nimmt starken Einfluss darauf, wie Kinder Quantoren interpretieren.

Generell gilt: Um die Funktion und Bedeutung einzelner sprachlicher Ausdrücke zu lernen, müssen diese in konkreten Verwendungssituationen aufgefasst werden. Was ein Sprecher sagen will und v. a., wie er es sagt, ist wie dargestellt hochgradig kontextabhängig. Hörer (wie das sprachlernende Kind) können Äußerungen entsprechend nur im Lichte eines zwischen Sprecher und Hörer geteilten Kontexts oder Hintergrunds verstehen. Eingangs wurde schon erwähnt, dass drei Varianten des Kontextes einer Äußerung unterschieden werden können: erstens der durch die physische und somit perzeptuelle Kopräsenz der Gesprächspartner erzeugte Kontext, zweitens der diskursive Kontext sowie drittens der kulturelle Hintergrund, der sich durch die Zugehörigkeit zu einer Gemeinschaft ergibt.

Aus entwicklungspsychologischer Perspektive (s. Kap. II.E.4) stellt sich die Frage, wann Kinder die verschiedenen Kontextinformationen zu nutzen anfangen, um aus ihnen die Bedeutung sprachlicher Äußerungen zu schöpfen. Dabei scheinen die verschiedenen Kontexttypen dem Kind ontogenetisch in der Reihenfolge zugänglich zu werden, in der sie oben angegeben wurden. Der Grundstein für den Spracherwerb wird durch gemeinsame Aufmerksamkeits- und Handlungsbezüge von Kind und Erwachsenem im Hier und Jetzt gelegt. Die sprachlichen Ausdrücke sind Begleiter oder Teilhandlungen gemeinsamer Aktivitäten und werden in diesen gelernt. Schon bald nachdem Kinder ihre ersten Wörter sprechen (mit circa zwölf Monaten), vermögen sie auch bereits zwischen diskursiv gegebener und neuer Information zu differenzieren und lernen, die entsprechenden sprachlichen Konventionen zu produzieren (Grassmann et al. 2010). Zuletzt lernen Kinder, was sie auch bei Personen, mit denen sie möglicherweise noch nie interagiert haben, allein aufgrund ihrer gemeinsamen Zugehörigkeit zur Gemeinschaft als bekannt voraussetzen können.

Im Folgenden wird die frühe ontogenetische Entwicklung nachgezeichnet, in der sich Klein- und Vorschulkinder unterschiedliche Kontextinformation erschließen und im Spracherwerb zunutze machen. Mit dieser bewussten Erweiterung des Blickfeldes wird der Tatsache Rechnung getragen, dass die Sprachentwicklung als Teil der Ausbildung genereller sozial-kognitiver Fähigkeiten zu verstehen ist und nicht isoliert von ihr untersucht werden kann.

Eine primäre Funktion von Sprache ist das *gegenseitige Lenken der Aufmerksamkeit* der Kommunikationspartner (s. Kap. IV.10). Im präsentischen Raum können dies Zeige- und andere Gesten ebenso leisten wie sprachliche Äußerungen, wenngleich sich Sprache besonders eignet, um das aus der Umgebung herausgelöste Objekt oder Ereignis unter einer bestimmten Perspektive zu fassen. Das Verstehen und der Gebrauch der Zeigegeste geht dem Erwerb sprachlicher Mittel zum Lenken von Aufmerksamkeit ontogenetisch voraus (Carpenter et al. 1998). Darüber hinaus nutzen Kinder ihr Verständnis der Zeigegeste, um sprachliche Ausdrücke, in erster Linie Objektbezeichnungen, zu lernen – wahrschein-

lich aufgrund der Annahme, dass ein Sprecher in einer Äußerung eine kohärente kommunikative Absicht ausdrückt (s. Kap. IV.10): Wenn der Sprecher auf einen bestimmten Gegenstand zeigt, richten bereits zwölf Monate alte Kinder ihre visuelle Aufmerksamkeit auf diesen Gegenstand. Wenn der Sprecher dazu ein Wort verwendet (z. B. ›Auto‹), lernen Kinder, dass sie dieses Wort verwenden können, um die Aufmerksamkeit auf Gegenstände dieser Art zu lenken. Im Laufe des zweiten Lebensjahres lernen sie, dass auch die Blickrichtung eines Sprechers Aufschluss über seine referenzielle Absicht gibt. Interessanterweise fällt Kindern der Erwerb neuer Worte besonders leicht, wenn der intendierte Referent einer Äußerung bereits im Fokus der gemeinsamen Aufmerksamkeit von Kind und erwachsenem Sprecher liegt. Lenkt der Erwachsene dagegen die Aufmerksamkeit des Kindes auf einen Gegenstand jenseits der gemeinsamen Beschäftigung, ist das Wortlernen erschwert. Floor/Akhtar (2006) zeigten allerdings, dass Kinder schon im Alter von einenhalb bis zwei Jahren Wörter aus Gesprächen zwischen Dritten ›aufschnappen‹ – selbst dann, wenn sie zu dem Zeitpunkt eine andere Tätigkeit ausüben. Zumindest in diesem Alter scheint eine gemeinsame, simultane Beschäftigung mit dem Referenten nicht notwendig zu sein.

Bereits sehr früh in ihrer Sprachentwicklung nutzen Kleinkinder nicht nur aktuelle, sondern auch *vergangene* gemeinsame Tätigkeiten und Aufmerksamkeitsbezüge, um die referenzielle Absicht ihres Kommunikationspartners zu bestimmen. Sprachliche Äußerungen werden vor dem Hintergrund vorangegangener gemeinsamer Erfahrungen verstanden. In einer Reihe experimenteller Studien identifizierten 14 Monate alte Kinder z. B. denjenigen Gegenstand als Referenten einer freudig-überraschten Äußerung (wie ›Oh, das da!‹ oder unbekannte Wörter wie ›Da, die Nohle!‹), mit welchem sie und der Erwachsene als einzigem vorher nicht zusammen gespielt hatten (Akhtar et al. 1996) oder mit welchem sie gemeinsam mit dem Versuchsleiter zuvor auf besondere Weise interagiert hatten (Moll et al. 2008). Interessanterweise können Kinder in diesem Alter auch schon genau unterscheiden, mit welcher konkreten Person sie welche Erfahrung gemacht haben und folglich einen bestimmten Kontext teilen. Ebenso zeigen Kinder bereits in den ersten Lebensjahren ein Verständnis dafür, was Teil des *Diskurs*hintergrundes ist und was nicht – mit anderen Worten wissen sie, was bereits ›im Gespräch‹ war und deswegen als wechselseitig bekannt vorausgesetzt werden kann. Als ein deutlicher Hinweis auf diese Kapazität ist die angemessene Verwendung von Pronomina zu werten.

Auch wenn eineinhalb- bis zweijährige Kinder die Unterscheidung zwischen neuer und gegebener Information verlässlich treffen, fällt es ihnen vergleichsweise schwer einzuschätzen, ob ihr Gegenüber einen bestimmten Gegenstand sehen kann oder nicht. Im Allgemeinen überschätzen Zweijährige den gemeinsamen perzeptiven Raum, wenn ein interpersoneller Kontakt mit dem Gesprächspartner besteht. Sprechen Kleinkinder z. B. mit einer Person am Telefon, verhalten sie sich häufig so als könne der Gesprächspartner sie nicht nur hören, sondern auch sehen – sie verwenden z. B. demonstrative Ausdrücke wie ›Guck mal das da!‹ oder visuelle Gesten, die einen gemeinsamen visuellen Raum voraussetzen. Im Einklang mit diesen Beobachtungen stehen Untersuchungen, die Kindern unter zwei bis drei Jahren eine schlechte räumlich-visuelle Perspektivenübernahme attestieren, die nicht immer verstehen, dass eine andere anwesende Person nicht sehen kann, was sie selber sehen, sondern von einem geteilten Anschauungsraum auszugehen scheinen (s. Kap. IV.21).

Die bisher vorgestellten Formen kontextueller Information (gemeinsame Beschäftigung, vorangegangener Diskurs und gemeinsame Wahrnehmung) können nur von den Gesprächspartnern selbst in direkter Interaktion erzeugt und müssen von ihnen stetig aktualisiert werden. Kulturell verankerte Hintergründe kommen ohne einen etablierten interpersonellen Kontakt aus – sie verbinden ganz allgemein die Teilnehmer einer Gemeinschaft. In Anbetracht des hohen Abstraktionsniveaus dieses Wissens ist es wenig verwunderlich, dass Kinder kulturelle Hintergründe in den allerersten Lebensjahren noch kaum zur Interpretation von Äußerungen nutzen.

Allerdings zählt auch die Konventionalität linguistischer Ausdrücke zum kulturellen Wissen einer Gemeinschaft. So verwenden die Teilnehmer einer Sprachgemeinschaft nicht nur dieselben Ausdrücke, sie erwarten auch wechselseitig, dass man sich an die konventionellen Formen hält. Clark (1993, 64) etwa geht davon aus, dass Sprecher einer Sprache wesentlich zwei Prinzipien folgen:

Conventionality: For certain meanings there is a form that speakers expect to be used in the language community.
Contrast: Speakers take every difference in form to mark a difference in meaning.

Schon Kinder verstehen, dass sprachliche Ausdrücke konventionelle Bedeutungen haben und dass einem Formunterschied meist auch ein Unterschied in der Wortbedeutung entspricht. Das erlaubt es Kindern (und Erwachsenen), das Bezugsobjekt unbekannter (nicht erwarteter) Ausdrücke per Ausschlussverfahren zu ermitteln. Wenn z. B. ein Auto und ein unbekannter Gegenstand vorliegen, und der Erwachsene äußert ›Lass uns mit der Nohle spielen!‹, so können Kinder aufgrund der Erwartung, dass der Sprecher gemäß der Konvention das Wort ›Auto‹ verwendete, wenn er das Auto meinte, schließen, dass das unbekannte Objekt eine Nohle sein muss. Auch als Erwachsene nutzen wir Prinzipien wie dieses, wenn wir z. B. erfundene Verben, wie etwa in der Wendung ›nach London hubschrauben‹ als in ihrer Bedeutung oder Konnotation von ähnlichen Verben (z. B. ›fliegen‹) verschieden verstehen.

Es muss als eine offene Frage gelten, ob die gemeinsame Aufmerksamkeit im Sinne einer gemeinsamen Beschäftigung mit Gegenständen notwendig oder allenfalls hilfreich ist, um im Spracherwerb ›einen Fuß auf den Boden‹ zu bekommen. Einerseits behaupten die Vertreter der Theorie einer ›natürlichen Pädagogik‹, dass Kleinkinder ausschließlich im Rahmen ostensiver Kommunikation semantisches, generalisierbares Wissen erwerben. Augenkontakt und das beim Namen Gerufenwerden sind nach dieser Theorie notwendige Marker, die dem Kind signalisieren, dass es jetzt etwas Allgemeines zu lernen gibt. Andererseits sind didaktische Interaktionen eher die Ausnahme als die Regel, und kleine Kinder können sich nicht darauf verlassen, dass man sich ihnen mit der Absicht zuwendet, ihnen etwas beizubringen. Ethnografische Berichte von Kulturen, in denen der Spracherwerb gewährleistet ist, ohne dass sich Eltern den Kindern sprachlich zuwenden, bevor diese selbst zu sprechen beginnen, scheinen dieser kritischen Position *prima facie* Recht zu geben (Lieven 1994).

Mentales Lexikon und Aphasien

Das im Spracherwerb erworbene Wissen über Bedeutung und Verwendung sprachlicher Ausdrücke ist im Gedächtnis gespeichert. In der Psycholinguistik (s. Kap. II.C.3) gibt es verschiedene Modelle darüber, wie sprachliches Wissen repräsentiert ist und wie darauf zugegriffen wird. Solche Modelle beruhen zum Teil auf der Erforschung von Sprachstörungen, ›Aphasien‹ genannt, die aufgrund von Schädigungen (z. B. durch Schlaganfall oder Unfall) in sprachverarbeitenden Hirnarealen auftreten. Sowohl die Aphasieforschung als auch Ergebnisse aus Studien, die Verfahren wie ereigniskorrelierte Potenziale und Magnetresonanztomografie (MRT) nutzen, zeigen, dass

Sprache in verschiedenen Hirnarealen verarbeitet wird. Sprachliches Wissen bezüglich Syntax und Semantik wird bei den meisten Menschen in der linken Hemisphäre verarbeitet (in den Broca- und Wernicke-Arealen); pragmatisches Wissen hingegen wird auch in der rechten Hemisphäre verarbeitet.

Uneinigkeit besteht hingegen über die genaue zeitliche Struktur von Sprachverarbeitungsprozessen. Eine interessante Frage ist, ob die semantische (und morpho-syntaktische) Verarbeitung einer Äußerung beim Sprachverstehen abgeschlossen ist, bevor diese Information in den lokalen Satzkontext, den weiteren Diskurs und das Weltwissen integriert wird (für einen aktuellen Überblick vgl. Frisch et al. 2008). Um diese und ähnliche Fragen zu beantworten, wird in neurolinguistischen Studien oft untersucht, wie sich die Verarbeitung von Äußerungen mit kontrollierten linguistischen Anomalien (semantischer, syntaktischer oder pragmatischer Art) von der Verarbeitung von korrekten Äußerungen unterscheidet (s. Kap. II.C.3).

Das sich in dieser Forschung abzeichnende Bild ist, dass Sprachverarbeitung in verschiedenen Phasen abläuft. Interessant ist, dass lokale semantische Inkonsistenzen in ereigniskorrelierten Potenzialen die gleiche Komponente induzieren wie Diskursanomalien und Verletzungen von Weltwissen und Erwartungen über Sprecher. Darüber hinaus kann Kontextinformation den Effekt einer lokalen semantischen Inkonsistenz überschreiben (Nieuwland/van Berkum 2006).

Fazit

Sprachverstehen und Sprachproduktion vollziehen sich im Kontext. Überlegungen zur Kontextabhängigkeit sprachlicher Interpretation zeigen, dass es zum Sprachverstehen nicht genügt, die konventionale, ›stehende‹ Bedeutung eines Ausdrucks zu kennen; man muss vielmehr erfassen, was der Ausdruck in der konkreten Äußerungssituation bedeutet. Diese Kontextabhängigkeit sprachlicher Interpretation ist ein ubiquitäres Merkmal der natürlichen Sprache. Sie ermöglicht es uns, mithilfe eines endlichen Vokabulars über eine im Prinzip unendliche Menge von Situationen zu sprechen; Sprache ist in diesem Sinne effizient. Allerdings birgt die Kontextabhängigkeit auch Unwägbarkeiten, gerade weil der kommunikative Erfolg davon abhängt, dass Sprecher und Hörer einen Kontext ›teilen‹ (s. Kap. IV.10).

Die Bedeutungen unserer sprachlichen Ausdrücke sind das Ergebnis unserer Interaktion mit der Welt, unserer Ziele, Interessen, Belange usw. In einer Gesprächssituation wird anhand der bereitgestellten semantischen (syntaktischen, morphologischen, phonetischen) Information und unter Rückgriff auf die –Annahmen, Interessen und Belange der Gesprächspartner in einer Art Schluss auf die beste Interpretation die Bedeutung pragmatisch erschlossen. Einige kognitive Linguisten betrachten Überlegungen wie die eben angestellten sogar als Hinweis darauf, dass die Bedeutungen sprachlicher Ausdrücke keine fertigen Entitäten seien, sondern im Kontext erst konstruiert, verhandelt werden müssten (z. B. Croft/Cruse 2004, 97 ff.).

Entsprechend muss man im Spracherwerb auch etwas über menschliche Absichten lernen und gemeinsame Ziele, Interessen usw. entwickeln. Die oben skizzierten Überlegungen zum Spracherwerb scheinen dies zu bestätigen. Sie stellen den sozialen Charakter von Sprache in den Vordergrund: Sprachentwicklung lässt sich nur als Teil der Ausbildung genereller sozio-kognitiver Fähigkeiten verstehen – Fähigkeiten, die für ein Gelingen des Zusammenlebens von Personen, Kooperation und Kommunikation allgemein von Bedeutung sind. Eine Theorie des Sprachverstehens muss demnach in eine umfassende anthropologische Theorie eingegliedert werden.

Literatur

Akhtar, Nameera/Carpenter, Malinda/Tomasello, Michael (1996): The role of discourse novelty in early word learning. In: *Child Development* 67, 635–645.

Beaver, David/Clark, Brady (2008): *Sense and Sensitivity.* Oxford.

Büring, Daniel (2007): Intonation, semantics, and information structure. In: Gillian Ramchand/Charles Reiss (Hg.): *The Oxford Handbook of Linguistic Interfaces.* Oxford, 445–473.

Carpenter, Malinda/Nagell, Katherine/Tomasello, Michael (1998): Social cognition, joint attention, and communicative competence from 9 to 15 months of age. In: *Monographs of the Society for Research in Child Development* 63, 1–143.

Cassirer, Ernst (1932/1985): Die Sprache und der Aufbau der Gegenstandswelt. In: ders.: *Symbol, Technik, Sprache,* hg. von Ernst Orth/John Krois. Hamburg, 121–152.

Chomsky, Noam (1965): *Aspects of the Theory of Syntax.* Cambridge (Mass.). [dt.: *Aspekte der Syntax Theorie.* Frankfurt a. M. 1970].

Clark, Eve (1993): *The Lexicon in Acquisition.* Cambridge.

Croft, William/Cruse, Alan (2004): *Cognitive Linguistics.* Cambridge.

Floor, Penelope/Akhtar, Nameera (2006): Can 18-month-old infants learn words by listening in on conversations? In: *Infancy* 9, 327–339.

Frege, Gottlob (1892): Über Sinn und Bedeutung. In: *Zeitschrift für Philosophie und philosophische Kritik* 100, 25–50.

Frisch, Stefan/Kotz, Sonja/Friederici, Angela (2008): Neural correlates of normal and pathological language processing. In: Marti Ball/Michael Perkins/Nicole Müller/Sara Howard (Hg.): *The Handbook of Clinical Linguistics*. Malden, 245–260.

Grassmann, Susanne/Stracke, Marén/Tomasello, Michael (2010): Two-year-olds exclude novel objects as potential referents of novel words based on pragmatics. In: *Cognition* 112, 488–493.

Grice, Paul (1989): *Studies in the Way of Words*. Cambridge (Mass.).

Kaplan, David (1977/1989): Demonstratives. In: Joseph Almog/John Perry/Howard Wettstein (Hg.): *Themes from Kaplan*. Oxford, 481–563.

Kennedy, Christopher (2001): Polar opposition and the ontology of ›degrees‹. In: *Linguistics and Philosophy* 24, 33–70.

Kennedy, Christopher/McNally, Louise (2005): Scale structure and the typology of gradable adjectives. In: *Language* 81, 345–381.

Lasersohn, Peter (2005): Context dependence, disagreement, and predicates of personal taste. In: *Linguistics and Philosophy* 28, 643–686.

Lewis, David (1975): Languages and language. In: *Minnesota Studies in the Philosophy of Science* 7, 3–35.

Lieven, Elena (1994): Crosslinguistic and crosscultural aspects of language addressed to children. In: Clare Gallaway/Brian Richards (Hg.): *Input and Interaction in Language Acquisition*. Cambridge, 56–73.

Locke, John (1690/1975): *An Essay Concerning Human Understanding*, hg. von Paul Nidditch. Oxford. [dt.: *Versuch über den menschlichen Verstand*. Hamburg 2000].

MacWhinney, Brian/Bates, Elisabeth (1978): Sentential devices for conveying givenness and newness. In: *Journal of Verbal Learning and Verbal Behaviour* 17, 539–558.

Malotki, Ekkehart (1983): *Hopi Time*. Berlin.

Moll, Henrike/Richter, Nadja/Carpenter, Malinda/Tomasello, Michael (2008): Fourteen-month-olds know what ›we‹ have shared in a special way. In: *Infancy* 13, 90–101.

Morris, Charles (1938/1971): Foundations of the theory of signs. In: ders.: *Writings on the General Theory of Signs*. Paris, 17–71.

Nieuwland, Mante/van Berkum, Jos (2006): When peanuts fall in love. In: *Journal of Cognitive Neuroscience* 18, 1098–1111.

Portner, Paul (2005): *What Is Meaning?* Malden.

Putnam, Hilary (1975): The meaning of ›meaning‹. In: *Minnesota Studies in the Philosophy of Science* 7, 131–193.

Roberts, Craige (1996): Information structure in discourse. In: Jae-Hak Yoon/Andreas Kathol (Hg.): *Working Papers in Linguistics*, Bd. 49. Columbus, 91–136.

Sera, Maria/Berge, Christian/del Castillo Pintado, Javier (1994): Grammatical and conceptual forces in the attribution of gender by English and Spanish speakers. In: *Cognitive Development* 9, 261–292.

Tomasello, Michael (2003): *Constructing a Language*. Cambridge (Mass.).

Tribushinina, Elena (2009): Reference points in linguistic construal. In: *Studia Linguistica* 63, 233–260.

Wittgenstein, Ludwig (1953/1971): *Philosophische Untersuchungen*. Frankfurt a. M.

Nikola Kompa/Henrike Moll/Regine Eckardt/
Susanne Grassmann

21. *Theory of mind*

Unter einer *theory of mind* wird in der Kognitionswissenschaft die Fähigkeit verstanden, anderen und sich selbst mentale Zustände zuzuschreiben (angefangen bei Empfindungen wie etwa Schmerzen bis hin zu hochstufigen Überzeugungen wie ›S glaubt, dass A hofft, dass B wünscht, dass *p*.‹) und damit Handlungen vorherzusagen und zu erklären. Mittels solcher *theory-of-mind*-Fähigkeiten verstehen wir uns und andere als psychische bzw. geistbegabte Lebewesen.

Der Ausdruck ›*theory of mind*‹ hat seine philosophischen Wurzeln in Erörterungen des Geistbegriffs, die unsere Zuschreibungen mentaler Einstellungen als auf einer theorieartigen (Sellars 1956/1963) Alltagspsychologie basierend ansehen. In die kognitionswissenschaftliche Forschung wurde er eingeführt durch David Premack und Guy Woodruff (1978), die mit der Frage ›Does the chimpanzee have a theory of mind?‹ das Feld der *theory-of-mind*-Forschung eröffneten, das heute eines der lebhaftesten interdisziplinären Unterfangen in der Kognitionswissenschaft ist, in dem philosophische Perspektiven (›Wie sind mentale Ausdrücke zu analysieren?‹) mit psychologischen (›Welche kognitiven Prozesse liegen *theory-of-mind*-Fähigkeiten zugrunde?‹, ›Wie entwickeln diese sich ontogenetisch?‹), evolutionären (›Wie haben sich *theory-of-mind*-Fähigkeiten evolutionär entwickelt?‹) und neurowissenschaftlichen Perspektiven (›Wie sind *theory-of-mind*-Fähigkeiten neuronal realisiert?‹) verbunden werden.

Rahmentheorien

Die Ausdrücke ›*theory of mind*‹ bzw. ›Theorie des Geistes‹ werden in der aktuellen Literatur meist synonym mit den Ausdrücken ›*mindreading*‹ und ›Alltagspsychologie‹ benutzt und bezeichnen unsere Fähigkeit, uns wechselseitig geistige Einstellungen zuzuschreiben. Obwohl es der Ausdruck nahelegt, impliziert er in seiner weiten Verwendung nicht, dass diese Fähigkeit theorieartig strukturiert ist, da sich die gegenwärtige Diskussion gerade darum dreht, ob das Verstehen geistiger Vorgänge eine Theoriestruktur besitzt oder ohne Theorieelemente auskommt.

Die Theorie-Theorie. Vertreter der sog. Theorie-Theorie argumentieren dafür, dass unsere alltagspsychologischen Kompetenzen eine Theoriestruktur besitzen, d.h. theorieartig strukturiert sind. Unterschieden wird dabei zwischen empirischen und normativen Theorieannahmen.

Empirische Theorieannahmen (z.B. Churchland 1991; Gopnik/Wellman 1992) nehmen naturwissenschaftliche Theorien zum Vorbild und charakterisieren unsere Alltagspsychologie als Menge gesetzesartiger Verallgemeinerungen, die auf deskriptiv spezifizierbaren Zusammenhängen beruhen und im Laufe der Theorieentwicklung mit theoretischen Termen angereichert werden. Alltagspsychologische Generalisierungen, wie sie diesem Ansatz vorschweben, haben typischerweise die Form von Konditionalsätzen wie etwa: ›Wenn S sich so und so verhält [deskriptiv spezifizierbar], dann wird S *ceteris paribus Schmerzen* haben [nicht deskriptiv spezifizierbar].‹ Eine höherstufige Verallgemeinerung, in der auch der erste Teil des Konditionals nicht mehr deskriptiv zu spezifizieren ist, wäre z.B.: ›Wenn S *glaubt*, dass p, dann wird S *ceteris paribus hoffen*, dass y.‹

Der normative Theorieansatz unterscheidet sich von der empirischen Variante dadurch, dass seine Vertreter nicht davon ausgehen, dass unsere Alltagspsychologie eine *empirische*, d.h. auf Beobachtungszusammenhängen beruhende, Theorie ist; in ihren Augen handelt es sich bei unseren alltagspsychologischen Kompetenzen vielmehr um normative Interpretationszusammenhänge, die wesentlich an Rationalitätszuschreibungen gebunden sind und nur in einer sozialen Sprachgemeinschaft wie der unseren ausgebildet werden können. Während nicht sprachbegabte Lebewesen gemäß der empirischen Theorieannahme durchaus einfache theorieartige Verallgemeinerungen ausbilden können (d.h. deskriptive Verallgemeinerungen wie ›Immer dann, wenn S in Richtung *a* blickt, tut S anschließend dies und das.‹), sind sie der normativen Theorieannahme zufolge ebenso wie vorsprachliche Kleinkinder und Menschen, die nie mit anderen in sprachlichen Kontakt traten, grundsätzlich aus dem Kreis derer, die *theory-of-mind*-Fähigkeiten ausbilden, ausgeschlossen, da für die normative Theorieannahme die Zuschreibung mentaler Prädikate an voll ausgebildete sprachliche Fähigkeiten gebunden ist. Wer z.B. nicht über den sprachlichen Ausdruck der Wahrnehmung verfügt, der kann sich selbst und anderen demnach auch keine Wahrnehmungen zuschreiben, da es sich bei mentalen Prädikaten um theoretische Terme handelt, die nicht aus Beobachtungszusammenhängen gewonnen werden können, sondern als sprachliche Ausdrücke in eine Sprechergemeinschaft eingeführt werden müssen.

Der normative Theorieansatz hat seine Wurzeln in der Sprachphilosophie und Philosophie des Geistes (Sellars 1956/1963) und ist dort ein gut ausgearbeiteter ›klassischer‹ Ansatz (z.B. Brandom 1994; Davidson 1993a, 1993b; vgl. zu beiden Theoriensätzen auch Scholz 1999). In den kognitionswissenschaftlichen Diskussionen hingegen wird er erstaunlich wenig berücksichtigt.

Modularitätstheorien. Vertreter von Modularitätstheorien postulieren zur Erklärung unserer alltagspsychologischen Kompetenzen genetisch fixierte neuronale Module, mit deren Hilfe eine Theorie des Geistes schrittweise erworben wird. So nimmt etwa Simon Baron-Cohen an, dass die Zuschreibung mentaler Einstellungen auf der ontogenetischen Ausbildung verschiedener, aufeinander aufbauender Detektionsmechanismen für bestimmte Wahrnehmungssituationen beruht, die einem genetisch festgelegten Code folgt. Es geht dabei nicht darum, dass es sich bei unseren alltagspsychologischen Fähigkeiten um angeborene kognitive Kompetenzen handelt, sondern darum, dass diese Fähigkeiten auf sensorischen Detektionsmechanismen aufbauen, ohne die wir sie nicht entwickeln würden. Im Alter von neun Monaten bilden Kinder Baron-Cohen zufolge einen *eye-direction-detector* aus, der es ihnen ermöglicht, Blickrichtungen zu folgen, oder einen *intentionality-detector*, mittels dessen sie zielgerichtete und absichtliche Bewegungen zu erkennen lernen. Auf diesen grundlegenden Detektionsmechanismen bauen dann weitere Module auf, die schließlich zu voll entwickelten *theory-of-mind*-Fähigkeiten führen (Baron-Cohen 1995; vgl. auch Fodor 1987; Leslie 1994).

Modularitätstheorien beziehen ihre Plausibilität u.a. aus Untersuchungen zu Fehlfunktionen in der Entwicklung von *theory-of-mind*-Fähigkeiten. So entwickeln z.B. autistische Kinder in ihrer frühen Kindheit keine *joint-attention*-Fähigkeiten (d.h. sie kommunizieren nicht mit anderen mittels Blickbewegungen) und bilden in ihrer weiteren Entwicklung *theory-of-mind*-Fähigkeiten in vielen Fällen nur rudimentär oder erst in einem weit späteren Alter aus als nicht autistische Kinder. In diesem Zusammenhang wird spekuliert, dass Autisten möglicherweise ein basaler Wahrnehmungsmechanismus zur Detektion von Augenbewegungen fehlt, wodurch die Entwicklung höherstufiger *theory-of-mind*-Fähigkeiten gestört wird (z.B. Frith/Frith 2006).

Der Simulationsansatz. Der Simulationsansatz bildete bis vor einigen Jahren das ›*new game in town*‹, das den Theorieansatz grundsätzlich in Frage stellt. Die Anhänger dieser Position bestreiten nicht, dass sich Menschen in ihrer ontogenetischen Entwicklung eine alltagspsychologische Theorie aneignen. Ihnen zufolge mündet die Fähigkeit des Verstehens geistiger bzw. psychischer Vorgänge jedoch lediglich in einer solchen Theorie, während die Fähigkeit selbst nicht theorieartig strukturiert ist. Sie sehen in unseren alltagspsychologischen Kompetenzen keine theoriegeleiteten Fähigkeiten, sondern sinnliche Wahrnehmungsleistungen, über die schon Neugeborene verfügen und die wir im Laufe unseres Lebens lediglich weiterentwickeln. Fragt man, was mit ›Simulation‹ genau gemeint ist, stößt man in der Literatur häufig auf die metaphorische Beschreibung des ›sich in die Lage eines anderen versetzen‹ bzw. ›die Zustände des anderen unmittelbar wahrnehmen und darauf reagieren‹ (Lenzen 2005, 61). Die Auslegung dieser Metaphorik hat mittlerweile zu verschiedenen Untertheorien geführt, die sich grob in zwei Gruppen einteilen lassen:

Die *Analogieauffassung* charakterisiert den Simulationsprozess als Übertragung (Analogisierung) der mentalen Erfahrungen des Simulierenden auf das simulierte Subjekt: »From your perceptual situation, I infer that you have certain perceptual experiences or beliefs, the same ones I would have in your situation. I may also assume that you have the same basic likings that I have: for food, love, warmth, and so on« (Goldman 1989, 170). Ich versuche also, den anderen aus *meiner* Perspektive, d. h. introspektiv, zu verstehen, indem ich mich (d. h. mein psychologisches, epistemisches, emotionales Profil) an die Stelle des Anderen setze und mich frage, was ich in der Situation, in der er sich befindet, täte, was ich fühlen, wünschen, wahrnehmen, erwarten usw. würde.

Die *Empathieauffassung*, die auch als ›*radical simulation*‹ bzw. ›*egocentric shift simulation*‹ bezeichnet wird (Gordon 1986, 1996), hebt sich von der Analogieauffassung dadurch ab, dass sie ohne Introspektion auskommt. Es ist nicht so, dass ich zunächst meine eigenen mentalen Zustände introspektiv wahrnehme und dann die der anderen in Analogie zu meinen eigenen verstehe. Vielmehr heißt andere zu verstehen, *Situation*en zu simulieren, wie sie sich anderen darstellen, nicht ihre inneren Zustände selbst. Bei dieser Simulation verwenden wir unsere rationalen Fähigkeiten des theoretischen und praktischen Folgerns sozusagen im Offline-Modus: Wir stellen uns vor, wie sich eine bestimmte Situation einer Person darstellt (was ist in dieser Situation der Fall, was für die Person wünschenswert usw.) und verwenden unsere eigenen Entscheidungsfähigkeiten, um darauf aufbauend entsprechende Handlungen der Person vorherzusagen.

Die Entwicklung komplexerer Formen einer Theorie des Geistes in der Ontogenese wird dieser Position zufolge dadurch bedingt, dass in immer komplexerer Weise Situationen simuliert werden können, die von der gegenwärtigen eigenen Situation in verschiedenster Weise abweichen können.

Interaktionismus. Die in der aktuellen Diskussion jüngste Gruppe von Anwärtern für die Erklärung von *theory-of-mind*-Fähigkeiten bildet der sog. Interaktionismus, der seine Position aus einer Kritik an den zuvor geschilderten Varianten des Simulationsansatzes bezieht. Seine Vertreter (z. B. Gallagher 2008; Zahavi 2011) werfen der Simulationstheorie vor, dass es bei den ontogenetisch frühen Formen einer Theorie des Geistes, also bei den noch nicht an sprachliche Fähigkeiten gebundenen *theory-of-mind*-Fähigkeiten, für die sich Simulationstheoretiker interessieren, noch nicht um *Einfühlungsfähigkeiten* in andere Lebewesen geht, da es bei diesen frühen Formen noch keine Unterscheidung zwischen einer Erste- und einer Dritte-Person-Perspektive gebe. Um die Innenperspektive eines anderen simulieren zu können, so diese Kritik, sollte ein Lebewesen in irgendeiner Weise von unterschiedlichen Innenperspektiven Kenntnis haben, da sich der Simulationsgedanke ansonsten entleere. Interaktionisten betonen, wie schon ihr Name sagt, die große Wichtigkeit von Interaktionen mit anderen Artgenossen für die Entwicklung von *theory-of-mind*-Fähigkeiten: Ontogenetisch frühe Formen von Interaktionen wie etwa Imitation, emotionaler Austausch oder *joint-attention*-Aktivitäten verkörpern in ihren Augen unseren grundlegenden Zugang des Verstehens anderer als mentale Subjekte. Ohne triadische Interaktionen (d. h. wechselseitige Interaktionen mit einer anderen Person sowie einem beiden Personen gemeinsamen Referenzgegenstand, z. B. einem Spielzeug), wie sie *joint-attention*-Verhaltensweisen bilden, kommt es Interaktionisten zufolge nicht zur Ausbildung von *theory-of-mind*-Fähigkeiten. Sie werfen Theorie- und Simulationsanhängern vor, die soziale Dimension der Konstitution von *theory-of-mind*-Fähigkeiten gegenüber der individuellen Perspektive des Einzelnen auszublenden und somit falsch zu bestimmen (der sog. Vorwurf des methodologischen Individualismus; vgl. Gallagher 2008).

Für und Wider der Positionen. Befragte man seine Mitmenschen nach ihrer *Theorie* für Psychisches bzw. Geistiges, fänden die meisten eine solche Frage höchst seltsam. Dem Theorieansatz mangelt es also in beiden seiner vorgestellten Varianten insbesondere für die Erste-Person-Perspektive an *Common-Sense*-Plausibilität. Ein naheliegender Einwand gegen ihn lautet: Ist es entgegen der Theorieannahme nicht vielmehr so, dass wir unsere eigenen mentalen Zustände nicht theoretisch erschließen, sondern einen unmittelbaren (d. h. nichtinferentiellen) Zugang zu ihnen besitzen? Dieser Einwand wird in der Sprachphilosophie und der Philosophie des Geistes allerdings unter dem Schlagwort des ›Mythos des Gegebenen‹ in Frage gestellt (vgl. Sellars 1956/1963 sowie zur Verteidigung des privilegierten erstpersonalen Zugangs bei gleichzeitiger Kompatibilität mit der Theorieannahme Shoemaker 1994).

Ein weiterer wichtiger Einwand gegen den Theorieansatz lautet: Wie anspruchsvoll darf eine alltagspsychologische Theorie sein? Legt man einen zu anspruchsvollen Begriff von ›Theorie‹ zugrunde, wird die Annahme, dass alle Menschen ab einem bestimmten Alter über sie verfügen, unplausibel; weitet man den Theoriebegriff allerdings so weit aus, dass jede Art von wahrnehmungsgeleiteter Abstraktion als ›theoriegeleitet‹ gilt, verliert er seine Bedeutungskonturen. Die empirische Spielart des Theorieansatzes muss darüber hinaus erklären, wie sie sich die Einführung theoretischer Terme zur Bezeichnung mentaler Einstellungen als ›beobachtungsbasiert‹ vorstellt: Während z. B. Wahrnehmungen (s. Kap. IV.24), Empfindungen (etwa Schmerzen; s. Kap. IV.4) oder Emotionen (etwa Furcht oder Zorn; s. Kap. IV.5) eine Beobachtungskomponente besitzen, da sie mit bestimmten Körperbewegungen oder Mimiken usw. einhergehen, ist dies für Überzeugungen, Hoffnungen, Wünsche usw. nicht der Fall. Es ist nicht klar, wie sich die empirische von der normativen Variante des Theorieansatzes bezüglich der Einführung theoretischer Terme, die mentale Einstellungen bezeichnen, unterscheidet.

Modularitätstheorien haben u. a. das Problem zu erklären, wie genau perzeptuelle Detektionsmechanismen, wie etwa das Erkennen von zielgerichteten Bewegungen, mit *theory-of-mind*-Fähigkeiten zusammenhängen. Wenn etwa autistische Kinder auf einer affektiven Ebene Schwierigkeiten mit dem Verfolgen von Augenbewegungen haben, dann ist dies noch keine hinreichende Erklärung für ihre Schwierigkeiten bei der Zuschreibung mentaler Einstellungen. Dieser Schwierigkeit liegt ein ›missing link‹ in der Erklärung von *theory-of-mind*-Fähigkeiten zugrunde, der die gesamte gegenwärtige Debatte betrifft: Worin genau besteht der Zusammenhang bzw. das Zusammenspiel affektiver und kognitiver Leistungen in der Entwicklung von *theory-of-mind*-Fähigkeiten? Eine weitere Schwierigkeit der Modu-

laritätstheorien besteht darin, kulturelle und soziale Unterschiede in der Entwicklung von *theory-of-mind*-Fähigkeiten zu erklären, z. B. die Tatsache, dass sich gehörlose Kinder in ihrer Entwicklung solcher Fähigkeiten in Abhängigkeit davon unterscheiden, ob ihre Eltern native oder nicht native Sprecher der Gebärdensprache sind (Peterson/Siegal 1999).

Der Simulationsansatz greift die am Ende des 19. Jh.s geführte und bis heute nicht abgeschlossene Verstehen-*versus*-Erklären-Debatte wieder auf. Die philosophische Ausarbeitung der These, dass sich psychisches Verhalten nicht mit denselben Mitteln erklären lässt wie unbeseelte Naturzusammenhänge, sondern die Fähigkeit des innerlichen Nacherlebens erfordert, ist untrennbar mit der philosophischen Schule der Hermeneutik verbunden (z. B. Dilthey 1910). Zwar werden diese historischen Bezüge in der gegenwärtigen kognitionswissenschaftlichen Debatte selten erwähnt, doch beziehen die Basisbegriffe des Simulationsansatzes ihre Bedeutung aus dieser Tradition. Eine allgemeine Schwierigkeit mit dem Vokabular des Simulationsansatzes besteht darin, dass Ausdrücke wie ›Nacherleben‹, ›Einfühlung‹ und ›Empathie‹ zwar eine hohe *Common-Sense*-Plausibilität besitzen, es allerdings unklar ist, worin genau der Erklärungsanspruch besteht, den Simulationstheoretiker mit diesen Ausdrücken verbinden. Eine weitere Schwierigkeit entsteht daraus, dass Simulationstheoretiker der Analogievariante annehmen, dass die Fähigkeit der Selbstzuschreibung mentaler Zustände zeitlich vor der Fähigkeit zur Fremdzuschreibung auftritt; die Fähigkeit, die eigenen mentalen Zustände introspektiv zu erfassen, ist hier Bedingung dafür, anderen solche Zustände zuzuschreiben; wie diese Selbstzuschreibungen möglich sind, wird allerdings nicht thematisiert.

Eine Hauptschwierigkeit des Interaktionismus betrifft den Erklärungsanspruch frühkindlicher Interaktionen für die Entwicklung von *theory-of-mind*-Fähigkeiten: Handelt es sich dabei um notwendige Vorstufen für deren Entwicklung? Hunde z. B. besitzen auf angeborener Grundlage rudimentäre *joint-attention*-Fähigkeiten, aber es darf als fraglich gelten, ob sie deshalb auch über rudimentäre *theory-of-mind*-Fähigkeiten verfügen.

Empirische Befunde und Kontroversen

Entwicklungspsychologie. Das Themenfeld *theory of mind* ist in der Psychologie in den letzten Jahrzehnten v. a. unter ontogenetischen Gesichtspunkten intensiv untersucht worden (s. Kap. II.E.4). Diese Forschung zeigt, dass die Fähigkeit, sich und anderen intentionale Zustände zuzuschreiben, in ihren Grundzügen bereits in den ersten Lebensjahren entwickelt wird. Ein zentraler Entwicklungsschritt findet sich dabei im Alter von etwa vier Jahren: Kinder beginnen dann, anderen und sich explizit kognitive Zustände zuzuschreiben, deren Gehalt von der Wirklichkeit abweichen kann, insbesondere beginnen sie ab diesem Alter

- falsche Überzeugungen zu verstehen (Wellman et al. 2001; Wimmer/Perner 1983),
- ein Verständnis davon zu entwickeln, dass Gegenstände aus verschiedenen Perspektiven unterschiedlich aussehen können (ein sog. Ebene-2-Perspektivwechsel; z. B. Flavell 1992), sowie
- andere absichtlich durch Lügen in die Irre zu führen (Sodian 1991).

Was diesen Fähigkeiten, die sich simultan und zusammenhängend entwickeln, zugrunde liegt, ist die Fähigkeit, Personen mentale Zustände zuzuschreiben, die die Welt aus einer subjektiven Perspektive repräsentieren und sie damit potenziell fehlrepräsentieren können (Perner 1991). Bei der Entwicklung dieser Fähigkeiten spielen u. a. der Erwerb entsprechender sprachlicher Fähigkeiten und die Entwicklung allgemeiner kognitiver Faktoren wie exekutive Funktionen eine zentrale Rolle (z. B. Astington/Baird 2005). Spezifische Pathologien der Entwicklung einer Theorie des Geistes finden sich z. B. beim Störungsbild des Autismus sowie bei gehörlosen Kindern, die ohne Gebärdensprache aufwachsen und starke sprachliche Verzögerungen aufweisen (Peterson/Siegal 1999).

Einfachere Formen der Zuschreibung mentaler Zustände finden sich aber bereits früher in der Ontogenese: Ab etwa einem Jahr entwickeln sich in Heranwachsenden z. B. die Fähigkeiten zu verstehen, welche Gegenstände eine Person gesehen hat und welche nicht (ein sog. Ebene-1-Perspektivwechsel), und sie beginnen, zwischen absichtlichen Handlungen und bloßem Verhalten zu unterscheiden.

Viele theoretische Vorschläge zur Interpretation dieser Befunde gehen davon aus, dass die kindliche Theorie des Geistes in den ersten Lebensjahren verschiedene Stufen durchläuft. Zunächst entwickeln Kinder vorsprachliche Kategorien (s. Kap. IV.9) für realitätskongruente kognitive Zustände (v. a. Wahrnehmung; s. Kap. IV.24) sowie für einfache konative Zustände (v. a. Absichten; s. Kap. IV.8) und können auf deren Basis Handlungen erklären und vorhersagen. Erst mit vier Jahren entwickeln sich auf der nächsten Stufe Begriffe (s. Kap. IV.9) für subjektive

repräsentationale Zustände: Überzeugungen auf der kognitiven Seite sowie subjektive Wünsche auf der konativen Seite. Auf dieser Stufe werden also die Grundzüge unserer *belief-desire*-Alltagspsychologie erworben (Flavell 1988; Perner 1991; Wellman 1990).

Neuere Befunde mit impliziten Maßen (z. B. Blickzeitstudien) zeigen, dass eventuell bereits Säuglinge in manchen Kontexten Sensitivität für die subjektiven Zustände, v. a. Überzeugungen, anderer an den Tag legen (z. B. Baillargeon et al. 2010). Ob diese Befunde wirklich eine frühe konzeptuelle Kompetenz auf impliziter Ebene belegen oder einfacher zu interpretieren sind (etwa im Sinne einer Zwei-Systeme-Theorie; s. u.), ist derzeit stark umstritten (z. B. Apperly/Butterfill 2009).

Eine weitere zentrale Debatte in der Entwicklungspsychologie betrifft die Frage nach Ursprung und Entwicklung der begrifflichen *theory-of-mind*-Kompetenzen. Nativistische Ansätze gehen von angeborenen Fähigkeiten und Begriffen aus, die sich aufgrund von Performanzproblemen erst später in expliziten Aufgaben nachweisen lassen (z. B. Leslie et al. 2005), während nicht-nativistische Theorien davon ausgehen, dass begriffliche Fähigkeiten nicht angeboren sein müssen, sondern sich durch Erfahrung, insbesondere durch sprachliche Erfahrung, entwickeln können (z. B. Gopnik/Meltzoff 1997; Perner 1991). Eine weitere umstrittene Frage hängt hiermit eng zusammen: Ist eine Theorie des Geistes eine bereichsspezifische, modulare Fähigkeit (eine These, die meist mit nativistischen Positionen einhergeht; z. B. Leslie et al. 2005) oder reflektieren *theory-of-mind*-Fähigkeiten bereichsübergreifende kognitive Fähigkeiten, etwa zur Manipulation und Integration verschiedener Perspektiven, die nicht nur im Bereich der Zuschreibung mentaler Zustände Anwendung finden (z. B. Perner et al. 2003)?

Vergleichende Psychologie. Seit Premack und Woodruffs (1978) Arbeit mit dem Titel ›Does the chimpanzee have a theory of mind?‹ ist die Frage, ob bzw. in welcher Art andere Tiere neben dem Menschen über *theory-of-mind*-Kompetenzen verfügen, eine zentrale Frage der vergleichenden Psychologie.

Lange Zeit legten die empirischen Befunde dabei nahe, dass jegliche Form von Intentionalität höherer Ordnung dem Menschen vorbehalten sei: Psychologische Experimente v. a. mit Menschenaffen förderten keinerlei Hinweis darauf zutage, dass sie einander intentionale Zustände zuschreiben (z. B. Tomasello 1999). Neuere Befunde zeichnen jedoch ein differenzierteres Bild: Schimpansen und andere

Menschenaffen scheinen zumindest zur Zuschreibung einfacher mentaler Zustände in der Lage zu sein, obwohl sie nicht die vollen *theory-of-mind*-Fähigkeiten an den Tag legen, die Kinder mit vier Jahren entwickeln. So unterscheiden sie ähnlich wie einjährige Kinder, wer welche Gegenstände sehen kann (Ebene-1-Perspektivwechsel), und zwischen absichtlichen Handlungen und bloßem Verhalten (z. B. Call/Tomasello 2008).

Eine zentrale Debatte in der vergleichenden Psychologie betrifft die Frage, wie diese neueren Befunde zu interpretieren sind: Eine skeptische Position geht davon aus, dass jeder Befund für sich genommen so interpretiert werden kann, dass Tiere lediglich in komplexer Weise das Verhalten anderer erklären und vorhersagen können und somit in ihrem Fall keinerlei *theory-of-mind*-Fähigkeiten postuliert werden müssen (Povinelli/Vonk 2003). Andere Positionen argumentieren, dass konvergierende Evidenz aus verschiedenen Studien eine solche sparsame Interpretation kaum plausibel erscheinen lässt (z. B. Tomasello et al. 2003).

Eine andere zentrale Frage ist, wie rudimentäre *theory-of-mind*-Fähigkeiten evolutionär entstanden sind und wie weit sie im Tierreich verbreitet sind. Neuere Studien etwa lassen die Möglichkeit offen, dass manche Vogelarten über ähnliche sozial-kognitive Kompetenzen wie Menschenaffen verfügen könnten (z. B. Clayton et al. 2007) – was dafür spräche, dass diese Fähigkeiten unabhängig voneinander in konvergenter Evolution in verschiedenen Stammeslinien entstanden sind.

Eine letzte Frage schließlich betrifft den Status einer Theorie des Geistes im größeren Kontext der Suche nach Gemeinsamkeiten und Unterschieden zwischen Menschen und anderen Tieren. Manche Ansätze gehen davon aus, dass die Tatsache, dass nur Menschen komplexe *theory-of-mind*-Fähigkeiten ausbilden, Ausdruck tiefgreifender kognitiver Unterschiede zwischen Menschen und anderen Spezies ist – dergestalt etwa, dass nur Menschen über rekursive (d. h. selbstbezügliche) repräsentationale Strukturen (etwa ›Er glaubt, dass sie hofft, dass *p*.‹) verfügen (Hauser et al. 2002) bzw. dass nur Menschen über ein systematisches und kompositionales Repräsentationssystem verfügen (Penn et al. 2008). Andere Ansätze hingegen sehen die kognitiven Unterschiede zwischen Menschen und anderen Tieren in sozial-kognitiven Unterschieden verwurzelt: Die für den Menschen charakteristischen komplexeren *theory-of-mind*-Kompetenzen ermöglichen demnach den Erwerb von Sprache (s. Kap. IV.20) und die Entwicklung von Kultur, und diese wiederum bewerkstelligen eine radikale Umstrukturierung menschlicher Kognition (Tomasello 1999).

Kognitionspsychologie. Während die vergleichende und die Entwicklungspsychologie sich seit geraumer Zeit mit der Frage der (ontogenetischen und phylogenetischen) Entstehung der grundsätzlichen Fähigkeit, anderen und sich selbst mentale Zustände zuzuschreiben, beschäftigen, beginnt die Kognitionspsychologie (s. Kap. II.E.1) erst seit kurzem, *theory-of-mind*-Performanzen, d. h. die Prozesse der konkreten Zuschreibung in einer bestimmten Situation, zu beleuchten und die entsprechenden subpersonalen kognitiven Prozesse zu beschreiben (Apperly 2011).

Eine zentrale Forschungsfrage in diesem Bereich lautet, ob *theory-of-mind*-Prozesse spontan und automatisch ablaufen oder kontrolliert und nur bei Bedarf. Manche Daten deuten darauf hin, dass selbst Erwachsene trotz prinzipieller Kompetenz in ihrer spontanen Performanz, etwa bei Kommunikationsaufgaben, erstaunlich egozentrisch sind und die Perspektive anderer auch dann nicht berücksichtigen, wenn es zur Lösung der Aufgabe von zentraler Relevanz wäre (Keysar et al. 2003). Andere Daten wiederum deuten darauf hin, dass Erwachsene (und selbst Säuglinge) unwillkürlich und spontan die Perspektiven anderer mit repräsentieren, selbst wenn dies nicht gefordert und für die Aufgabe vollkommen irrelevant ist (z. B. Kovács et al. 2010). Wie diese scheinbar widersprüchlichen Befunde miteinander in Einklang zu bringen sind, ist gegenwärtig unklar. Zwei-Systeme-Modelle gehen davon aus, dass zwischen einem einfacheren, evolutionär und ontogenetisch älteren, spontan und automatisch arbeitenden System (System 1) und einem komplexeren, evolutionär und ontogenetisch jüngeren, kontrollierten, begrifflich strukturierten System (System 2) zu unterscheiden ist (z. B. Apperly/Butterfill 2009).

Eine weitere Forschungsfrage betrifft den Zusammenhang von Sprache (s. Kap. IV.20) und *theory-of-mind*-Fähigkeiten: Spielt Sprache nicht nur in ontogenetischer Hinsicht eine Rolle für die Entwicklung dieser Fähigkeiten, sondern als Medium aktuell ablaufender Denkprozesse auch für die *theory-of-mind*-Performanz bei Erwachsenen? Neuere Untersuchungen hierzu zeigen z. B., dass erwachsene Versuchspersonen in ihrer Performanz auf das Niveau von Kindern im Vorschulalter zurückfallen können, wenn sie gleichzeitig eine verbale Doppelaufgabe lösen sollen, die sie daran hindert, ›inneres Sprechen‹ zu verwenden (Newton/de Villiers 2007).

Kognitive Neurowissenschaften. Eine Vielzahl von Arbeiten der letzten Jahre mit bildgebenden Verfahren und Läsionsstudien belegt, dass *theory-of-mind*-Fähigkeiten typischerweise bestimmte neuronale Substrate zugrunde liegen (z. B. Frith/Frith 2006). So finden sich bei Aufgaben, in denen es um die explizite Zuschreibung komplexer intentionaler Zustände geht, selektive Aktivitätsmuster in einer Reihe von neuronalen Arealen (u. a. dem medialen präfrontalen Kortex und der temporo-parietalen Schnittstelle), die bisweilen als ›*theory-of-mind*-Netzwerk‹ bezeichnet werden.

Eine kontroverse Forschungsfrage der kognitiven Neurowissenschaft (s. Kap. II.D.1) ist dabei, ob diese Areale bereichsspezifische Funktionen haben (und damit also der Name ›*theory-of-mind*-Netzwerk‹ gerechtfertigt ist) oder ob sie (teilweise) bereichsübergreifendere Aufgaben erfüllen, für die *theory-of-mind*-Fähigkeiten nur ein Beispiel sind (z. B. Perner et al. 2006).

Ein viel diskutierter Forschungszweig beschäftigt sich mit der Rolle sog. Spiegelneurone für soziale Kognitions- und insbesondere für *theory-of-mind*-Fähigkeiten. Visuomotorische Neuronen (Spiegelneuronen), die sowohl bei der eigenen Ausführung als auch bei der Beobachtung einer durch andere ausgeführten Handlung aktiv werden, wurden vor einiger Zeit in Einzelzellableitungen bei Affen entdeckt (di Pellegrino et al. 1992). Bei Menschen findet sich ein größeres neuronales System (das sog. Spiegelneuronensystem), das ein ähnliches Aktivitätsmuster (sowohl bei der Ausführung als auch bei der Beobachtung von Handlungen) aufweist (Rizzolatti/Craighero 2004). Eine sehr umstrittene Frage dabei lautet, welche Rolle genau dem Spiegelneuronensystem bei der Generierung von *theory-of-mind*-Fähigkeiten zukommt, und ob, wie von mancher Seite behauptet wird (z. B. Gallese/Goldman 1998), dieses System als das neuronale Substrat von Simulationsprozessen angesehen werden kann (z. B. Jacob 2008).

Metakognition

Mit dem Ausdruck ›Metakognition‹ wird ausschließlich die Selbstzuschreibung mentaler Einstellungen bezeichnet. Zwei Bedeutungen dieses Ausdrucks sind zu unterscheiden: In der Philosophie bezeichnet er üblicherweise die deklarative, sprachlich vermittelte Selbstzuschreibung geistiger Zustände der Form ›Ich glaube, dass *p*.‹ usw. und wird damit synonym mit den Ausdrücken ›Metarepräsentation‹ und ›epistemisches Selbstbewusstsein‹ (Carruthers

2008; Rosenthal 1990, 1993) sowie mit voll ausgebildeten, sprachlich strukturierten *theory-of-mind*-Fähigkeiten (in der Selbstzuschreibungsvariante) verwendet, über die Kinder ab dem vierten bis fünften Lebensjahr verfügen. In der experimentellen Psychologie dagegen bezeichnet der Ausdruck ›Metakognition‹ bisweilen die Fähigkeit, die eigenen kognitiven Einstellungen der sog. ersten Stufe (d. h. mentale Einstellungen ohne Reflexionskomponente) kontrollieren und beobachten zu können (etwa: die eigenen Gedächtnis- oder Lernfähigkeiten zu beobachten bzw. zu kontrollieren). Metakognition in dieser Bedeutung hat einen weiteren Umfang und wird häufig mit der These verbunden, dass nicht alle metakognitiven Fähigkeiten deklarativ strukturiert sind, sondern dass es auch Metakognition gibt, die auf Gefühlen und Empfindungen beruht.

Nichtbegrifflich verfasste Formen von Metakognition werden auch als ›epistemische Gefühle‹ (*epistemic feelings*) bezeichnet, wie etwa das Gefühl, etwas zu wissen (*feeling of knowing*) oder das Gefühl der Unsicherheit (*feeling of uncertainty*). Ein prominentes Beispiel für solch ein epistemisches Gefühl ist das vertraute Gefühl, dass uns ein Ausdruck oder Name auf der Zunge liegt: Wir wissen (mittels eines *Gefühls*), dass wir den Namen der Person, der wir gerade gegenüber stehen, im Gedächtnis haben, aber wir können ihn jetzt in dieser Sekunde nicht erinnern, nicht abrufen.

Diese zweite postulierte Form von Metakognition wird auch als *prozedurale* Metakognition bezeichnet (Flavell/Wellman 1977; Koriat 1997, 2000; Proust 2006, 2007). Philosophisch interessante, bisher unbeantwortete Fragen, die derzeit diskutiert werden, sind in diesem Zusammenhang etwa:

- Handelt es sich bei Gefühlen wie dem *feeling of knowing* tatsächlich um *metakognitive* Leistungen?
- In welcher Relation stehen diese Gefühle zu begrifflich strukturierten metakognitiven Urteilen wie ›Ich weiß, dass *p*.‹?
- Begleiten diese Gefühle lediglich begrifflich strukturierte metakognitive Einstellungen oder können sie auch für sich alleine stehen?
- In welcher Relation steht Metakognition in der zweiten Lesart zu *theory-of-mind*-Fähigkeiten?
- Gibt es Hinweise auf ein Primat der Selbstzuschreibung mentaler Einstellungen (in der Lesart des Ausdrucks von ›Metakognition‹) vor der Fremdzuschreibung dieser Einstellungen?

Großes Interesse erfahren Theorien zu prozeduralen Formen von Metakognition gegenwärtig durch Experimente aus der Primatologie, die die Annahme nahelegen, dass auch nichtmenschliche Primaten zu dieser Form von Metakognition fähig sind (Kornell et al. 2007; vgl. kritisch hierzu Perner 2012).

Literatur

Apperly, Ian (2011): *Mindreaders*. East Sussex.

Apperly, Ian/Butterfill, Stephen (2009): Do humans have two systems to track beliefs and belief-like states? In: *Psychological Review* 116, 953–970.

Astington, Janet/Baird, Jodie (Hg.) (2005): *Why Language Matters for Theory of Mind*. Oxford.

Baillargeon, Renée/Scott, Rose/He, Zijing (2010): False-belief understanding in infants. In: *Trends in Cognitive Sciences* 14, 110–118.

Baron-Cohen, Simon (1995): *Mindblindness*. Cambridge (Mass.).

Brandom, Robert (1994): *Making it Explicit*. Cambridge (Mass.). [dt.: *Expressive Vernunft*. Frankfurt a. M. 2000].

Call, Josep/Tomasello, Michael (2008): Does the chimpanzee have a theory of mind? In: *Trends in Cognitive Sciences* 12, 187–192.

Carruthers, Peter (2008): Metacognition in animals. In: *Mind and Language* 23, 58–89.

Churchland, Paul (1991): Folk psychology and the explanation of human behavior. In: John Greenwood (Hg.): *The Future of Folk Psychology*. Cambridge (Mass.), 51–69.

Clayton, Nicola/Emery, Nathan/Dally, Joanna (2007): Social cognition by food-caching corvids. In: *Philosophical Transactions of the Royal Society* B362, 507–522.

Davidson, Donald (1993a): *Der Mythos des Subjektiven*. Stuttgart.

Davidson, Donald (1993b): Die Emergenz des Denkens. In: ders.: *Subjektiv, intersubjektiv, objektiv*. Franfurt a. M., 211–229.

Dilthey, Wilhelm (1910): *Der Aufbau der geschichtlichen Welt in den Geisteswissenschaften*. Berlin.

di Pellegrino, Giuseppe/Fadiga, Luciano/Fogassi, Leonardo/Gallese, Vittorio/Rizolatti, Giacomo (1992): Understanding motor events. In: *Experimental Brain Research* 91, 176–180.

Flavell, John (1988): The development of children's knowledge about the mind. In: Janet Astington/Paul Harris/David Olson (Hg.): *Developing Theories of Mind*. Cambridge (Mass.), 244–267.

Flavell, John (1992): Perspectives on perspective taking. In: Harry Beilin/Peter Pufall (Hg.): *Piaget's Theory*. Hillsdale, 107–139.

Flavell, John/Wellman, Henry (1977): Metamemory. In: Robert Kail/John Hagen (Hg.): *Perspectives on the Development of Memory and Cognition*. New York, 3–33.

Fodor, Jerry (1987): *Psychosemantics*. Cambridge (Mass.).

Frith, Christopher/Frith, Uta (2006): The neural basis of mentalizing. In: *Neuron* 50, 531–534.

Gallagher, Shaun (2008): Inference or interaction? In: *Philosophical Explorations* 11, 163–174.

Gallese, Vittorio/Goldman, Alvin (1998): Mirror neurons and the simulation theory of mind-reading. In: *Trends in Cognitive Science* 3, 493–501.

Goldman, Alvin (1989): Interpretation psychologized. In: *Mind and Language* 4, 161–185.

Gopnik, Alison/Meltzoff, Andrew (1997): *Words, Thoughts, and Theories*. Cambridge (Mass.).

Gopnik, Alison/Wellman, Henry (1992): Why the child's theory of mind really is a theory. In: *Mind and Language* 7, 145–171.

Gordon, Robert (1986): Folk psychology as simulation. In: *Mind and Language* 1, 158–171.

Gordon, Robert (1996): ›Radical‹ simulation. In: Peter Carruthers/Peter Smith (Hg.): *Theories of Theories of Mind*. Cambridge (Mass.), 11–21.

Hauser, Marc/Chomsky, Noam/Fitch, Tecumseh (2002): The faculty of language. In: *Science* 298, 1569–1579.

Jacob, Pierre (2008): What do mirror neurons contribute to human social cognition? In: *Mind and Language* 23, 190–223.

Keysar, Boaz/Lin, Shuhong/Barr, Dale (2003): Limits on theory of mind use in adults. In: *Cognition* 89, 25–41.

Koriat, Asher (1997): Monitoring one's own knowledge during study. In: *Journal of Experimental Psychology: General* 126, 349–370.

Koriat, Asher (2000): The feeling of knowing. In: *Consciousness and Cognition* 9, 149–171.

Kornell, Nate/Son, Lisa/Terrace, Herbert (2007): Transfer of metacognitive skills and hint seeking in monkeys. In: *Psychological Science* 18, 64–71.

Kovács, Ágnes/Téglás, Ernő/Endress, Ansgar (2010): The social sense. In: *Science* 330, 1830–1834.

Lenzen, Manuela (2005): *In den Schuhen des anderen*. Paderborn.

Leslie, Alan (1994): Pretending and believing. In: *Cognition* 50, 211–238.

Leslie, Alan/German, Tim/Polizzi, Pamela (2005): Belief-desire reasoning as a process of selection. In: *Cognitive Psychology* 50, 45–85.

Newton, Ashley/de Villiers, Jill (2007): Thinking while talking. In: *Psychological Science* 18, 574–579.

Penn, Derek/Holyoak, Keith/Daniel, Povinelli (2008): Darwin's mistake. In: *Behavioral and Brain Sciences* 31, 109–130.

Perner, Josef (1991): *Understanding the Representational Mind*. Cambridge (Mass.).

Perner, Josef (2012): MiniMeta. In: Michael Beran/Johannes Brandl/Josef Perner/Joëlle Proust (Hg.): *Foundations of Metacognition*. Oxford, 94–116.

Perner, Josef/Aichhorn, Markus/Kronbichler, Martin/Staffen, Wolfgang/Ladurner, Gunther (2006): Thinking of mental and other representations. In: *Social Neuroscience* 1, 245–258.

Perner, Josef/Brandl, Johannes/Garnham, Alan (2003): What is a perspective problem? In: *Facta Philosophica* 5, 355–378.

Peterson, Candida/Siegal, Michael (1999): Representing inner worlds. In: *Psychological Science* 10, 126–129.

Povinelli, Daniel/Vonk, Jennifer (2003): Chimpanzee minds. In: *Trends in Cognitive Sciences* 7, 157–160.

Premack, David/Woodruff, Guy (1978): Does the chimpanzee have a theory of mind? In: *Behavioral and Brain Sciences* 4, 515–526.

Proust, Joëlle (2006): Rationality and metacognition in non-human animals. In: Susan Hurley/Matthew Nudds (Hg.): *Rational Animals*. Cambridge (Mass.), 247–274.

Proust, Joëlle (2007): Metacognition and metarepresentation. In: *Synthese* 159, 271–295.

Rizzolatti, Giacomo/Craighero, Laila (2004): The mirror-neuron system. In: *Annual Review of Neuroscience* 27, 169–192.

Rosenthal, David (1990): A theory of consciousness. In: Ned Block/Owen Flanagan/Güven Güzeldere (Hg.): *Consciousness*. Cambridge (Mass.), 729–753.

Rosenthal, David (1993): Thinking that one thinks. In: Alex Burri (Hg.): *Sprache und Denken*. Berlin, 259–287.

Scholz, Oliver (1999): Wie versteht man eine Person? In: *Analyse & Kritik* 21, 75–96.

Sellars, Wilfrid (1956/1963): Empiricism and the philosophy of mind. In: ders.: *Science, Perception and Reality*. London, 127–196.

Shoemaker, Sydney (1994): The first-person perspective. In: *Proceedings and Addresses of the American Philosophical Association* 68, 7–22.

Sodian, Beate (1991): The development of deception in young children. In: *British Journal of Developmental Psychology* 9, 173–188.

Tomasello, Michael (1999): *The Cultural Origins of Human Cognition*. Cambridge (Mass.). [dt.: *Die kulturelle Entwicklung des menschlichen Denkens*. Frankfurt a.M. 2002].

Tomasello, Michael/Call, Josep/Hare, Brian (2003): Chimpanzees understand psychological states – the question is which ones and to what extent. In: *Trends in Cognitive Sciences* 7, 153–156.

Wellman, Henry (1990): *The Child's Theory of Mind*. Cambridge (Mass.).

Wellman, Henry/Cross, David/Watson, Julanne (2001): Meta-analysis of theory-of-mind development. In: *Child Development* 72, 655–684.

Wimmer, Heinz/Perner, Josef (1983): Beliefs about beliefs. In: *Cognition* 13, 103–128.

Zahavi, Dan (2011): Empathy and direct social perception. In: *Review of Philosophy and Psychology* 2, 541–558.

Frank Esken/Hannes Rakoczy

22. Träumen

Das erste Problem einer Beschäftigung mit Träumen besteht in der Eingrenzung des Zielphänomens. Der Ausdruck ›Traum‹ wird in der Umgangssprache vielfältig verwendet, und auch in der Traumforschung gibt es bislang keine einheitliche Definition (Pagel et al. 2001). Während manche Forscher den Traum ganz allgemein als jedwede psychische Aktivität während des Schlafs definieren, bezeichnen andere nur bestimmte Formen halluzinatorischer, bizarrer, durch kognitive Defizite (wie z.B. eingeschränkte Fähigkeit zum kritischen Denken) und starke Emotionen geprägte Erlebnisse während des Schlafs als ›Träume‹. In der philosophischen Debatte ist insbesondere die Frage relevant, ob Träume bewusste bzw. phänomenale Erlebnisse (s. Kap. IV.4) sind – ob es sich also *irgendwie anfühlt*, zu träumen – oder ob es sich vielmehr nur irgendwie anfühlt, sich an Träume zu erinnern. Weil Erinnerungen an Träume nach dem Erwachen und die daraus entstehenden Traumberichte den wichtigsten Zugang zu Träumen darstellen, stellt sich die Frage, inwiefern sich Träume nicht nur begrifflich von Traumberichten unterscheiden lassen, sondern ob das Verhältnis zwischen Traum und Traumbericht auch experimentell untersucht werden kann. Hierzu ist es sinnvoll, sich zunächst mit der Neurobiologie von Schlaf und Traum zu beschäftigen.

Der erste Abschnitt dieses Kapitels bietet einen Überblick über die wichtigsten Forschungsergebnisse zu den neurobiologischen Grundlagen von Schlaf und Traum. Daraus ergeben sich einige wichtige Konsequenzen für die philosophische Beschäftigung mit Träumen, die anschließend diskutiert werden. Im letzten Abschnitt stellen wir schließlich die Methode der Trauminhaltsanalyse und verschiedene Theorien zu den Funktionen des Träumens vor.

Die Neurobiologie von Schlaf und Traum

Der Beginn der wissenschaftlichen Erforschung des Traums fällt mit den Anfängen der Schlafforschung zusammen. In den 1950er Jahren entdeckten Forscher, dass der Schlaf kein uniformer Ruhezustand ist, sondern vielmehr aus unterschiedlichen Schlafphasen besteht, wobei Träume besonders häufig nach gezielten Weckungen aus dem REM (*Rapid-Eye-Movement*)-Schlaf berichtet werden (Aserinsky/Kleitman 1953). Diese Schlafphase zeichnet sich durch schnelle Augenbewegungen, hohe Gehirnaktivität, die anhand des Elektroenzephalogramms (EEG) nicht von der im Wachzustand unterschieden werden kann, und die REM-Schlaflähmung (oder die fast vollständige Abwesenheit des Muskeltonus) aus. Der REM-Schlaf wird von den Phasen des NREM-(oder non-REM-)Schlafs unterschieden, der sich durch langsame Augenbewegungen, verminderte Gehirnaktivität und eine im Vergleich zum Wachzustand geringe, jedoch nicht völlig abwesende Muskelspannung auszeichnet.

Dabei ist zu beachten, dass die Fähigkeit, sich morgens an Träume zu erinnern, stark variiert: Während manche Personen sagen, dass sie nie träumen, können sich andere fast jeden Morgen an ausführliche Träume erinnern. Dennoch können auch Menschen, die sich selten an ihre Träume erinnern, im Schlaflabor häufig Träume berichten. 90 Prozent aller Weckungen aus dem REM-Schlaf führen zu Traumberichten, und im Schlaflabor können durchschnittlich vier bis fünf Traumberichte pro Nacht gesammelt werden. Daher wird allgemein davon ausgegangen, dass Traumberichte, die in Schlaflaborstudien gesammelt werden, ein besserer Indikator für die Häufigkeit des Träumens sind als die spontane Traumerinnerung.

Während frühe Forscher Traum und REM-Schlaf gleichsetzten, wurde in späteren Studien deutlich, dass Träume, wenn auch seltener, auch nach Weckungen aus dem NREM-Schlaf berichtet werden (Nielsen 2000). Da auch REM-Schlaf-Weckungen nicht immer und nicht bei allen Versuchspersonen zu Traumberichten führen (Solms 1997), geht man heute davon aus, dass REM-Schlaf weder notwendig noch hinreichend für das Vorkommen von Träumen ist und dass Träume in allen Schlafphasen auftreten können. Da die Gehirnaktivität im REM- und NREM-Schlaf sehr unterschiedlich ist, bedeutet dies aber auch, dass der Zusammenhang zwischen bewusstem Erleben im Schlaf und Gehirnzuständen weiterhin offen bleibt.

Insbesondere seitens der philosophischen Debatte wurde immer wieder in Frage gestellt, ob man auf der Basis von Traumberichten überhaupt auf das Vorkommen von bewusstem Erleben im Schlaf schließen kann. Könnte es nicht sein, dass Träume sich in einem einzigen Moment im Augenblick des Erwachens abspielen (Dennett 1976; Malcolm 1959)? Demnach unterlägen wir in Bezug auf unsere Träume einer systematischen Täuschung: Traumerinnerungen wären falsche Erinnerungen, denen kein zeitlich ausgedehntes Erleben im Schlaf vorausgegangen ist. Man könnte dieses skeptische Argument zwar auch auf Erinnerungen im Wachzustand

ausweiten, Träume scheinen das Problem von retrospektiven Erste-Person-Berichten jedoch auf besonders dramatische Weise zu illustrieren. Weil insbesondere im REM-Schlaf die äußeren Anzeichen für Bewusstsein – wie z. B. komplexes Verhalten und Reaktionen auf äußere Reize – fast vollständig fehlen, fiel es vielen frühen Forschern schwer zu akzeptieren, dass dieser Zustand, der von außen betrachtet einem Zustand der Bewusstlosigkeit gleicht, von komplexem und emotional intensivem Traumerleben begleitet wird. Aus diesem Grund sind Traumerinnerungen und -berichte besonders anfällig für skeptische Argumente.

Die empirische Forschung liefert jedoch einige Belege gegen die skeptische These, dass Träume lediglich im Moment des Erwachens generiert werden. Zum einen werden externe Reize gelegentlich in Träume integriert. Insbesondere körperliche Stimulation während des Schlafs, etwa durch eine Blutdruckmanschette am Bein (Nielsen et al. 1993), führt häufig zu Träumen z. B. von Schmerzen im Bein. Die Übereinstimmung von äußerem Reiz und Körperempfindung im Traum bestärkt zumindest intuitiv die Annahme, dass äußere Reize dynamisch in das sich gleichzeitig entfaltende Traumgeschehen integriert werden können. Zum anderen liefern Klarträume (auch als ›luzide Träume‹ bezeichnet) einen Beleg für den Erlebnischarakter von Träumen. Klarträume sind dadurch definiert, dass der Träumende sich dessen bewusst wird, gerade zu träumen. Geübte Klarträumer sind zudem häufig in der Lage, ihre Träume willentlich zu steuern (LaBerge 2007). Sie können im Traum bestimmte Muster von Augenbewegungen ausführen, die im Schlaflabor aufgezeichnet werden, und dadurch während sie träumen nach außen signalisieren, dass sie gerade träumen. Mitunter können sie sogar während des Klartraums auf externe Reize, z. B. auf Lichtblitze, reagieren. All dies spricht gegen die These, dass Träume auf Traumerinnerungen nach dem Erwachen reduziert werden können.

Obwohl hinsichtlich der Beziehung zwischen Träumen und Schlafphasen viele Fragen offen bleiben, ist aufgrund der häufigen (wenn auch nicht ausschließlichen) Korrelation von Traum und REM-Schlaf eine Annäherung an eine Beschreibung der zugrunde liegenden neurophysiologischen Prozesse möglich. Das dreidimensionale *AIM-Modell* in Abbildung 1 beschreibt den Wechsel zwischen Wachzustand, REM- und NREM-Schlaf anhand von drei Faktoren: Aktivierung (A), Input-Output-Regulierung (I) und Modulation (M):

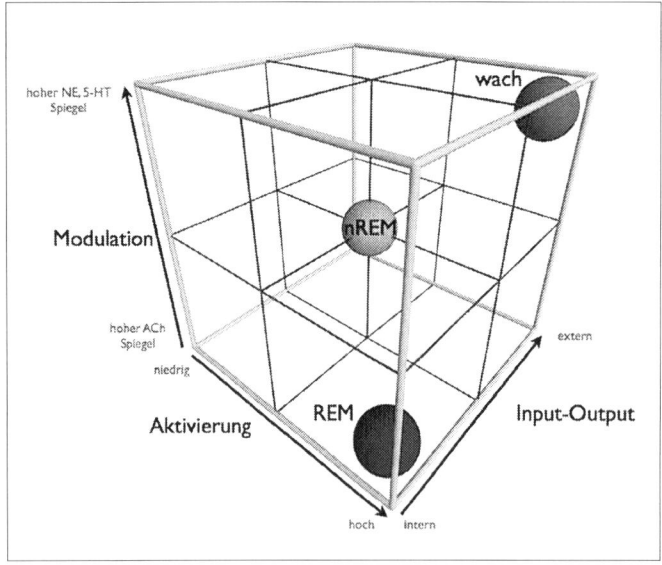

Abbildung 1: Das AIM-Modell für
Wachzustand, NREM-Schlaf und
REM-Schlaf (Abbildung von David
Baßler in Anlehnung an Hobson
et al. 2000 und Hobson 2009)

Aktivierung (A): Viele Gehirnregionen, die im Wachzustand aktiv und im NREM-Schlaf inaktiv sind, werden während des REM-Schlafs reaktiviert. Während das EEG die verschiedenen Grade der Gehirnaktivität im REM- und NREM-Schlaf nur oberflächlich abbildet, zeichnen bildgebende Verfahren ein differenziertes Bild. Im REM-Schlaf sind bestimmte Gehirnregionen sogar noch stärker aktiviert als im Wachzustand, etwa der temporo-okzipitale Kortex, das pontine Tegmentum, die Amygdala und bestimmte Teile des Thalamus (Dang-Vu et al. 2007). Diese Befunde erklären, warum intensive Träume häufiger im REM-Schlaf als im NREM-Schlaf erlebt werden und warum sie oft durch intern generierte sensorische (v.a. visuelle) Erlebnisse und starke Emotionen (s. Kap. IV.5) geprägt sind. Gleichzeitig sind Teile des präfrontalen Kortex deaktiviert, was die weitgehende Abwesenheit von kritischem Denken und Selbstreflektion im Traum erklären könnte.

Input-Output-Regulierung (I): Im REM-Schlaf wird das Gehirn in einen ›Offline-Modus‹ versetzt, bei dem die interne Aktivierung des Gehirns (Faktor A) mit einer aktiven Unterdrückung externen sensorischen Inputs und motorischen Outputs assoziiert ist (Hobson et al. 2000). Die Input-Output-Regulierung wird wie Faktor A durch den Hirnstamm kontrolliert. Gleichzeitig verursacht die Inhibition der motorischen Neurone im Rückenmark während des REM-Schlafs einen Lähmungszustand. Träume, in denen man vor einem Feind zu fliehen versucht und das Gefühl hat, die Kontrolle über seine Beine verlo-

ren zu haben, spiegeln diese Lähmung des schlafenden Körpers wider (Schönhammer 2004). Besonders deutlich wird das Verhältnis zwischen traumartigem Erleben und REM-Schlaflähmung bei der Schlafparalyse, bei der man subjektiv wach ist (oder auch träumt, aufgewacht zu sein), aber unfähig ist, sich zu bewegen (Cheyne 2003). Dies kann als Fortdauern der REM-Schlaflähmung nach dem Erwachen oder auch als Integration der REM-Schlaflähmung in den Traum erklärt werden. Bei Patienten mit *REM-sleep-behavior disorder* setzt die Schlafparalyse während des REM-Schlafs nicht ein. Sie führen daher während des REM-Schlafs komplexe und scheinbar zielgerichtete Handlungen aus, die gut zu den nachher berichteten Träumen passen (Schenck 2005). Dies zeigt, in welchem Maße im Traum ein interner Verhaltensraum simuliert wird.

Ein wichtiges Merkmal des REM-Schlafs sind sog. phasische Aktivierungssignale. Diese Signale sind sowohl bei Katzen als auch Menschen im pontinen Hirnstamm (P), im Corpus geniculatum laterale des Thalamus (G) und im okzipitalen Kortex (O) gemessen worden und werden daher wegen ihres charakteristischen Elektroenzephalografiemusters als ›PGO-Wellen‹ bezeichnet. Obwohl PGO-Wellen im visuellen System besonders ausgeprägt sind, kommen sie auch im sensomotorischen System des Vorderhirns vor. Sie scheinen somit intern generierte Signale zu sein, die nicht nur externen sensorischen Input unterdrücken, sondern auch das Vorkommen von Sinnes- und Bewegungsempfindungen im Traum ermöglichen. Die Erklärung der subjektiven

Erlebnisqualität von Träumen könnte darin bestehen, dass das Gehirn im REM-Schlaf diese intern generierten Stimuli so behandelt, als seien sie wie im Wachzustand extern verursacht worden. Deshalb glauben wir im Traum fälschlicherweise, wach zu sein.

Modulation (M): Der Übergang von der Verarbeitung externer sensorischer Inputs im Wachzustand zu vorwiegend internen Inputs im REM-Schlaf kann durch die veränderte Aktivität von zwei neuromodulatorischen Zellpopulationen im Hirnstamm erklärt werden, nämlich der sog. REM-an- und REM-aus-Zellen. Im Wachzustand sind alle modulatorischen Hirnstammneuronen aktiviert, während ihre Aktivität im NREM-Schlaf verlangsamt ist. Dopamin und Acetylcholin freisetzende Neurone (das sog. cholinerge System) sind auch im REM-Schlaf aktiv, aber die Freisetzung von Noradrenalin, Serotonin und Histamin (das sog. aminerge System) wird im REM-Schlaf vollständig eingestellt. Aufgrund der Inaktivität der REM-aus-Zellen ist die Gehirnaktivität im REM-Schlaf durch eine starke Dominanz des cholinergen Systems gekennzeichnet (Hobson et al. 2000). Diese Veränderung des neurochemischen Gleichgewichts im REM-Schlaf ist entscheidend, um den veränderten Modus der Informationsverarbeitung und den Wechsel von extern zu intern generierten Inputs in REM-Schlaf-Träumen zu verstehen.

Während Elektroenzephalografiestudien und bildgebende Verfahren die Möglichkeit bieten, die neuronalen Korrelate von Träumen allgemein zu untersuchen, gibt es einige spannende neue Entwicklungen im Bereich der Klartraumforschung, die möglicherweise dazu beitragen können, die neuronalen Korrelate bestimmter Trauminhalte zu bestimmen. Da erfahrene Klarträumer wie oben erwähnt im Schlaflabor signalisieren können, dass sie gerade im Traum bestimmte Handlungen ausführen, können Forscher diese Gelegenheit nutzen, um die diesen Traumhandlungen zugrunde liegende Hirnaktivität zu untersuchen. Geträumte Handbewegungen können so z. B. zu der Gehirnaktivität des Motorkortex in Beziehung gesetzt werden (Dresler et al. 2011; Erlacher et al. 2003), und möglicherweise könnten auch andere Trauminhalte auf diese Weise erforscht werden.

Konsequenzen für die Philosophie des Geistes und die Erkenntnistheorie

Weil Träume unter anderen physiologischen und verhaltensmäßigen Bedingungen zustande kommen

als Wachbewusstsein, stellen sie eine wichtige Kontrastbedingung für allgemeine Bewusstseinstheorien dar (s. Kap. IV.4). Allerdings ist unklar, welche Rolle Träume innerhalb einer allgemeinen Bewusstseinstheorie spielen sollen. Eine Möglichkeit, die schon Immanuel Kant und Arthur Schopenhauer diskutierten, wäre, dass Träume *eine Form von psychotischem Erleben im Schlaf* darstellen. Eine andere Möglichkeit wäre, dass Träume *Bewusstsein in seiner Reinform* darstellen (Revonsuo 2006). Der einzige Unterschied zwischen Traum- und Wachbewusstsein bestünde demnach darin, dass im Traum bewusstes Erleben unabhängig von Wahrnehmungsinput und Verhaltensoutput stattfindet und der stabilisierende Input der Außenwelt fehlt. Doch welche dieser Theorien ist die richtige? Dem AIM-Model zufolge (vgl. Abb. 1), das Charakteristika von REM-Träumen wie visuelle Halluzinationen oder die weitgehende Abwesenheit von Selbstreflexion durch die Veränderung des neurochemischen Gleichgewichts erklärt, liegt im Traum nicht einfach Bewusstsein in seiner Reinform vor; vielmehr muss bei der Erklärung des Traumbewusstseins zusätzlich Faktor M berücksichtigt werden. Da gegenwärtig die Möglichkeit diskutiert wird, dass Dopamin auch bei psychotischen Wachzuständen und Schizophrenie eine Rolle spielt, liegt die Annahme nahe, dass diejenigen Merkmale des Traums, die Wachpsychosen ähneln, auf dieselben neuronalen Prozesse zurückgeführt werden können. Ob Träume deshalb als Modell für Wachpsychosen betrachtet werden können (Hobson 1999), ist jedoch umstritten (Windt/Noreika 2011).

Eine andere Frage ist, ob Träume sich subjektiv wirklich genauso anfühlen wie Wahrnehmung im Wachzustand oder ob sie eher mit Tagträumen verglichen werden sollten (Ichikawa 2009; McGinn 2004). Im ersten Fall wären Träume als Halluzinationen zu beschreiben, weil das, was im Traum subjektiv als Wahrnehmung erlebt wird, nicht der tatsächlichen Umgebung des Träumers entspricht. Im zweiten Fall wären Träume vielmehr der Vorstellungskraft zuzuordnen. Der hohe Aktivierungsgrad der Seh- und Bewegungszentren im REM-Schlaf scheint dabei die Annahme zu stützen, dass Träume hinsichtlich ihres subjektiven Erlebnischarakters eher Wachwahrnehmungen gleichen und als Halluzinationen zu beschreiben sind. Dies erklärt auch besser die weit verbreitete Annahme, dass wir im Traum fälschlicherweise annehmen, gerade wach zu sein. Demgegenüber müssen Vertreter der Imaginationstheorie der Träume entweder erklären, warum wir uns im Traum darüber täuschen, dass wir gerade träumen, obwohl träumen sich tatsächlich sehr anders anfühlt als wach sein, oder warum wir nach dem Erwachen den Eindruck haben, von unseren Träumen getäuscht worden zu sein, obwohl dies im Traum selbst nicht der Fall war.

Auch für die Erkenntnistheorie ist die vermeintliche Ähnlichkeit zwischen Traum und Wachbewusstsein interessant. Das erkenntnistheoretische Problem des Traumskeptizismus (s. Kap. IV.24), das René Descartes 1641 in den *Meditationen* besonders eindrücklich formulierte, basiert auf der Annahme, dass die Struktur und die Qualität des Erlebens im Traum genau dieselben sind wie im Wachzustand. Ihr gegenwärtiges Erleben, gerade an Ihrem Schreibtisch zu sitzen und dieses Buch zu betrachten, könnte demnach genauso auch im Traum vorkommen und es gäbe keine sicheren Kennzeichen, um Traum und Wachzustand zu unterscheiden. Folglich könnten wir niemals ausschließen, dass wir jetzt gerade träumen, und unser gesamtes vermeintliches Wissen über die Außenwelt sowie über uns selbst könnte nur geträumt sein. Durch die Analyse von Traumberichten aus der empirischen Traumforschung entsteht jedoch eine differenziertere Sichtweise auf dieses alte philosophische Problem. So verdeutlicht das Beispiel von Klarträumen, dass die Traumtäuschung nicht unumgänglich ist und dass Descartes' Szenario des Täuschungstraums auf bestimmte Arten von nichtluziden Träumen beschränkt werden kann. An dieser Stelle könnte ein beharrlicher Skeptiker freilich bezweifeln, dass Klarträumer wirklich wissen, dass sie gerade träumen, anstatt auch dies nur zu träumen. Sollte letzteres der Fall sein, müsste Descartes' Szenario der Traumtäuschung ebenfalls erweitert werden: Nun würden Klarträumer sich darüber täuschen, dass sie gerade richtig erkannt hätten, zu träumen. Auch in diesem Fall hätte sich also die Untersuchung echter Traumberichte aus philosophischer Perspektive gelohnt.

Bei dem Versuch, den Zusammenhang zwischen Traum und Wachbewusstsein, pathologischen Wachzuständen wie Psychosen und Tagträumen zu klären, spielt schließlich die Frage nach dem *Traumselbst* eine wichtige Rolle. In der Mehrzahl der Träume ist das Traumselbst aktiv am Traumgeschehen beteiligt, manchmal jedoch ist es auch ein passiver Beobachter, und in einigen Träumen kommt es überhaupt nicht vor. Manche Träumer berichten z. B., dass sie in ihrem Traum entweder überhaupt nicht oder nur als körperlose Entität anwesend waren. Dies legt nahe, dass die Selbst-Repräsentation (s. Kap. IV.18) im Traum stark variiert (Occhionero et al. 2005). Welche Rolle spielt also das phänome-

nale Selbst für das Erleben im Traum (Metzinger 2003; Windt/Metzinger 2007)? Erstens ist die Integration mit dem autobiografischen Wachselbst gering: Wir können uns nicht nur schlecht an Träume erinnern, sondern vergessen auch während des Traumzustands wichtige Fakten über unser Wachleben. Zweitens ist im Traum die Fähigkeit zur willentlichen Kontrolle (s. Kap. IV.23) eingeschränkt: Das Traumselbst reagiert oft unreflektiert und spontan auf Traumgeschehnisse, anstatt das eigene Verhalten aktiv zu steuern, und auch der Fokus der Aufmerksamkeit (s. Kap. IV.1) lässt sich in den meisten Träumen nur schwer kontrollieren. Dies bedeutet, dass wir uns im Traum nur selten als Urheber unserer Handlungen erleben (s. Kap. IV.8). Wie oben angedeutet, fehlt in vielen Träumen auch ein denkendes und insbesondere ein epistemisches Selbst, und insofern das Traumselbst überhaupt über seine gegenwärtigen Erlebnisse nachdenkt, tut es dies häufig auf irrationale Weise. Auch die Traumtäuschung ist in diesem Zusammenhang interessant: Der Grund, weshalb wir meist nicht bemerken, dass wir träumen, ist der, dass dem Traumselbst eine stabile Erste-Person-Perspektive fehlt, die es ihm ermöglichte, über seine Relation zur Traumwelt nachzudenken. Demnach hätte die Erkenntnis, gerade zu träumen, in Klarträumen viel mit dem Zustandekommen einer stabilen Erste-Person-Perspektive und eines Traumselbst zu tun, das sich als Urheber seiner Handlungen und Gedanken erlebt. In diesen Fällen liegt gängigen Interpretationen zufolge sogar ein epistemisches Subjekt vor, das nicht nur denkt und Überzeugungen hat, sondern auch weiß, dass es gerade träumt. Drittens stellt sich die Frage nach dem Verhältnis zwischen körperlichem Erleben im Traum und dem schlafenden Körper. Obwohl Bewegungsempfindungen im Traum häufig sind, sind Tast-, Schmerz-, Hitze- und Kälteempfindungen extrem selten (Hobson et al. 2000). Mit anderen Worten liegt ein körperliches Selbst in Träumen in einem viel schwächeren Sinne vor als im Wachzustand (Windt 2010). Die Tatsache, dass wichtige Aspekte des Körpererlebens im Traum unterrepräsentiert sind, kann dabei möglicherweise durch die Input- und Output-Blockade im REM-Schlaf erklärt werden. Träume sind aus Sicht der Philosophie des Geistes u. a. deshalb so interessant, weil sie zeigen, dass ein phänomenales Selbst im Traum vorliegt, obwohl verschiedene wichtige Aspekte des Selbstbewusstseins, die den Wachzustand charakterisieren, fehlen. Deshalb bieten sie interessante Einblicke in die Minimalbedingungen der Entstehung von Selbstbewusstsein (s. Kap. IV.18).

Die Trauminhaltsanalyse und die Funktionen des Traums

In der Psychologie stehen nicht die Struktur und die Qualität des phänomenalen Erlebens im Traum und dessen neuronale Korrelate im Vordergrund, sondern die Frage, warum verschiedene Menschen von verschiedenen Themen träumen. Anders als Sigmund Freuds Traumtheorie, wonach Träume eine verdeckte Wunscherfüllung sind und Traumberichte als versteckte Botschaften entschlüsselt werden müssen, versucht die moderne Trauminhaltsanalyse, qualitative Merkmale wie Bizarrheit oder das Vorkommen von Aggressionen in Zahlen zu fassen. Gütemaße wie die sog. Interrater-Reliabilität geben an, wie hoch die Übereinstimmung zwischen zwei Beurteilern ist, die unabhängig voneinander dieselben Skalen auf das gleiche Traummaterial anwenden, und ermöglichen so eine wissenschaftliche Erforschung von Trauminhalten. Auf diese Weise können Traumberichte, wenn auch nicht die Träume selbst, mess- und vergleichbar gemacht werden.

Um die Frage klären zu können, warum wir von bestimmten Themen träumen oder warum wir überhaupt träumen, muss zunächst geklärt werden, von welchen Themen wir träumen. Die Kontinuitätshypothese besagt, dass Trauminhalte mit Wacherlebnissen sowie mit Themen, die den Träumer im Wachzustand beschäftigen, in einem engen Zusammenhang stehen. Dieser Zusammenhang kann mithilfe verschiedener Methoden untersucht werden.

- Bei der *Rückdatierung* wird die Person gefragt, ob und wann ein bestimmtes Traumelement, z. B. eine bekannte Person, das letzte Mal im Wachleben aufgetreten ist. Diese Methode birgt jedoch das Problem, dass unklar ist, wie gut eine Person sich an alles erinnern kann, was sie in den letzten Tagen oder Wochen gedacht und erlebt hat.

- Die *experimentelle Manipulation* umgeht dieses Problem, indem Versuchspersonen z. B. abends ein Film gezeigt wird, um zu sehen, ob sie vermehrt von den Filminhalten träumen. Allerdings zeigte die bisherige Forschung (Schredl 2008), dass Filme oft nur sehr wenig direkte Wirkung auf die Trauminhalte haben.

- Daher bevorzugen viele Forscher *Feldstudien*. Breger et al. (1971) konnten z. B. bei Patienten vor einer Operation einen klaren Zusammenhang zwischen Stress im Wachzustand und Trauminhalten nachweisen.

- Neben der Untersuchung der Auswirkung von Lebensereignissen auf den Traum (*intraindividuelle Fluktuationen*) besteht auch die Möglichkeit, *interindividuelle* Unterschiede im Wachleben zu entsprechenden Traumunterschieden in Bezug zu setzen. So ist die Zeit, die mit Autofahren im Wachleben verbracht wird, direkt korreliert mit der Häufigkeit des Autofahrens im Traum (Schredl/Hofmann 2003).

Insgesamt belegen die Studien aus diesem Bereich (Schredl 2008; Strauch/Meier 2004), dass sich Wachelemente relativ direkt im Traum wiederfinden und stützen somit die Kontinuitätshypothese. Einige Studien deuten sogar darauf hin, dass die Themen, von denen man träumt, über Jahre hinweg weitgehend stabil bleiben können (Domhoff 2002). Obwohl deshalb die Vermutung naheliegt, dass Persönlichkeitsmerkmale eine wichtige Rolle für Trauminhalte spielen, ist dieser Zusammenhang bislang nur unzureichend erforscht worden und Faktoren wie häufiges nächtliches Erwachen, Kreativität (s. Kap. IV.11) und Persönlichkeitsdimensionen (s. Kap. II.E.5) wie Offenheit für Erfahrungen können nur einen kleinen Teil der interindividuellen Unterschiede erklären (Schredl et al. 2003).

Schredl (2003) formulierte deshalb weitere Faktoren, die die Kontinuität zwischen Traum- und Wachzustand beeinflussen. Erstens belegen Studien zum Zeitbezug von Traumelementen, dass Erlebnisse, die weiter zurückliegen, eine geringere Chance haben, in den Traum aufgenommen zu werden. Dies scheint zunächst die These Sigmund Freuds zu stärken, dass Träume aus Tagesresten bestehen, also Ereignisse vom Vortag aufgreifen. Jedoch haben neuere Studien gezeigt, dass auch Ereignisse, die fünf bis sieben Tage vorher erlebt wurden, besonders häufig in Träume integriert werden, Ereignisse, die zwei bis vier Tage vorher erlebt wurden, jedoch deutlich seltener (Blagrove et al. 2011). Ebenfalls einleuchtend ist der Effekt der emotionalen Beteiligung, wonach wir häufiger von Erlebnissen träumen, die für uns eine starke emotionale Bedeutung haben. Im Extremfall eines erlebten Traumas kann dieses selbst nach Jahrzehnten im Traum wiederkehren. Drittens zeigen Schlaflaborstudien, dass Träume zu Beginn der Nacht eher auf den Vortag zurückgreifen als Träume aus der zweiten Nachthälfte, die neue Eindrücke mit alten Erinnerungen vermischen (Schredl 2003). Die Trauminhaltsanalyse erfordert somit ein komplexes Zusammenspiel unterschiedlicher Methoden sowie die Berücksichtigung verschiedener Faktoren wie Persönlichkeitsmerkmale, Wacherlebnisse und die zeitliche Positionierung der Träume im Schlaf.

Das Verständnis der Trauminhalte ist nicht nur wichtig, um individuelle Unterschiede in Trauminhalten zu verstehen und die persönliche Bedeutung von Träumen zu ergründen, sondern auch, um die Funktionen des Träumens zu erforschen. Ein hochaktuelles Gebiet der Schlafforschung ist die Gedächtniskonsolidierung (s. Kap. IV.7), die im Schlaf in vielen Fällen effektiver ist als in vergleichbar langen Wachphasen (Diekelmann et al. 2009). Bisher ist jedoch ungeklärt, ob das bewusste Erleben im Traum einen Beitrag zu der schlafbezogenen Gedächtniskonsolidierung leistet (Schredl/Erlacher 2010). Es ist möglich, dass der Schlaf zwar eine Reihe von Funktionen erfüllt, Träume aber eine Art Epiphänomen oder eine zufällige Begleiterscheinung der Gehirnaktivität im Schlaf darstellen (Flanagan 2000).

Sollten demgegenüber die Träume selbst eine Funktion erfüllen, spielte die Trauminhaltsanalyse auch für das Verständnis der Funktionen des Schlafs eine wichtige Rolle. Es gibt derzeit verschiedene Theorien über die Funktionen des Traums, die von Gedächtniskonsolidierung (s. Kap. IV.7), Problemlösung (s. Kap. IV.11, Kap. IV.17) und emotionaler Verarbeitung (s. Kap. IV.5) bis hin zur Simulation bedrohlicher Situationen reichen (Valli/Revonsuo 2007). Vielleicht ist die Fähigkeit zu träumen aber auch untrennbar mit der Entstehung von Bewusstsein selbst verknüpft (s. Kap. IV.4). Die sog. Protobewusstseinstheorie von Träumen und REM-Schlaf (Hobson 2009) besagt, dass die Gehirnaktivität im REM-Schlaf schon vor der Geburt einen wichtigen Beitrag zur Entwicklung von bewusstem Erleben leistet. Diese These wird u.a. dadurch gestützt, dass der Anteil des REM-Schlafs insbesondere in den frühen Entwicklungsstadien vor der Geburt sowie während der Kindheit besonders hoch ist und daher eine wichtige Rolle bei der Entwicklung kognitiver Fähigkeiten zu spielen scheint. Die Annahme, dass der REM-Schlaf nicht nur einen Beitrag zur Thermoregulation, sondern auch zur Ausbildung kognitiver Fähigkeiten leistet, wird auch durch die Tatsache nahegelegt, dass der REM-Schlaf bei allen Säugetieren sowie bei Vögeln auftritt, also bei Tieren, die kognitive Fähigkeiten wie Problemlösestrategien (s. Kap. IV.11, Kap. IV.17) und Kommunikation (s. Kap. IV.10) aufweisen.

Ausblick und offene Fragen

Ein wichtiges Ziel für die künftige Forschung besteht darin zu untersuchen, wie sich die Ergebnisse der Trauminhaltsanalyse zu neurowissenschaftlichen Theorien des Traums in Bezug setzen lassen. Welche Aspekte des Traums können durch die veränderte Hirnaktivität im Schlaf erklärt werden, und welche

erfordern eine Bezugnahme auf die Persönlichkeit und die Wacherlebnisse des Träumers? Wie stark sind Träume Zufallsprodukte der Gehirnaktivität im Schlaf, und inwiefern sind sie vielmehr geordnete Phänomene, wie dies die Kontinuitätshypothese und Theorien über die Funktionen des Traums nahelegen? Wie lassen sich die veränderten neurophysiologischen und neurochemischen Prozesse, die dem Traum zugrunde liegen, mit Kontinuität auf der Ebene von Trauminhalten vereinen (Hobson/Schredl 2011)? Wie lässt sich das phänomenale Erleben im Traum begrifflich beschreiben und zu Wahrnehmung, Halluzination und Tagtraum in Bezug setzen (s. Kap. IV.24)? Erst eine umfassende Theorie über Träume, die die Perspektiven verschiedener Disziplinen integriert und verschiedene Beschreibungsebenen zueinander in Bezug setzt, wird diese Fragen beantworten und deren Konsequenzen für die Bewusstseinsforschung endgültig klären können.

Literatur

Aserinsky, Eugene/Kleitman, Nathaniel (1953): Regularly occurring periods of eye motility and concurrent phenomena during sleep. In: *Sleep Medicine Review* 118, 273–274.

Blagrove, Mark/Fouquet, Nathalie/Henley-Einion, Josephine/Pace-Schott, Edward/Davies, Anna/Neuschaffer, Jennifer/Turnbull, Oliver (2011): Assessing the dreamlag effect for REM and NREM stage 2 dreams. In: *PLoS ONE* 6, e26708.

Breger, Louis/Hunter, Ian/Lane, Ron (1971): *The Effect of Stress on Dreams*. New York.

Cheyne, J. Allen (2003): Sleep paralysis and the structure of waking-nightmare hallucinations. In: *Dreaming* 13, 163–179.

Dang-Vu, Thien Thanh/Schabus, Manuel/Desseilles, Martin/Schwartz, Sophie/Maquet, Pierre (2007): Neuroimaging of REM sleep and dreaming. In: Deidre Barrett/Patrick McNamara (Hg.): *The New Science of Dreaming*, Bd. 1. Westport, 77–82.

Dennett, Daniel (1976): Are dreams experiences? In: *Philosophical Review* 73, 151–171.

Diekelmann, Susanne/Wilhelm, Ines/Born, Jan (2009): The whats and whens of sleep-dependent memory consolidation. In: *Sleep Medicine Reviews* 13, 309–321.

Domhoff, William (2002): *The Scientific Study of Dreams*. Washington.

Dresler, Martin/Koch, Stefan/Wehrle, Renate/Spoormaker, Victor/Holsboer, Florian/Steiger, Axel/Sämann, Philipp/Obrig, Hellmuth/Czisch, Michael (2011): Dreamed movement elicits activation in the sensorimotor cortex. In: *Current Biology* 21, 1833–1837.

Erlacher, Daniel/Schredl, Michael/LaBerge, Stephen (2003): Motor area activation during dreamed hand clenching. In: *Sleep and Hypnosis* 5, 182–187.

Flanagan, Owen (2000): *Dreaming Souls*. Oxford.

Hobson, J. Allan (1999): *Dreaming as Delirium*. Cambridge (Mass.).

Hobson, J. Allan (2009): REM sleep and dreaming. In: *Nature Reviews Neuroscience* 10, 803–813.

Hobson, J. Allan/Pace-Schott, Edward/Stickgold, Robert (2000): Dreaming and the brain. In: *Behavioral and Brain Sciences* 23, 793–842.

Hobson, J. Allan/Schredl, Michael (2011): The continuity and discontinuity between waking and dreaming. In: *International Journal of Dream Research* 4, 3–7.

Ichikawa, Jonathan (2009): Dreaming and imagination. In: *Mind & Language* 24, 103–121.

LaBerge, Stephen (2007): Lucid dreaming. In: Deidre Barrett/Patrick McNamara (Hg.): *The New Science of Dreaming*, Bd. 1. Westport, 307–328.

Malcolm, Norman (1959): *Dreaming*. New York.

McGinn, Colin (2004): *Mindsight*. Cambridge (Mass.). [dt.: *Das geistige Auge*. Darmstadt 2007].

Metzinger, Thomas (2003): *Being No One*. Cambridge (Mass.).

Nielsen, Tore (2000): Covert REM sleep effects on REM mentation. In: *Behavioral and Brain Sciences* 23, 1040–1057.

Nielsen, Tore/McGregor, Diane/Zadra, Antonio/Ilnicki, Diann/Ouellet, Lucie (1993): Pain in dreams. In: *Sleep* 16, 490–498.

Occhionero, Miranda/Cicogna, PierCarla/Natale, Vincenzo/Esposito, Maria/Bosinelli, Marino (2005): Representation of self in SWS and REM dreams. In: *Sleep and Hypnosis* 7, 77–83.

Pagel, James/Blagrove, Mark/Levin, Ross/States, Bert/Stickgold, Robert/White, S. (2001): Definitions of dream. In: *Dreaming* 11, 195–202.

Revonsuo, Antti (2006): *Inner Presence*. Cambridge (Mass.).

Schenck, Carlos (2005): *Paradox Lost*. Minneapolis.

Schönhammer, Rainer (2004): *Fliegen, Fallen, Flüchten*. Tübingen.

Schredl, Michael (2003): Continuity between waking and dreaming. In: *Sleep and Hypnosis* 5, 38–52.

Schredl, Michael (2008): *Traum*. München.

Schredl, Michael/Erlacher, Daniel (2010): Is sleep-dependent memory consolidation of a visuo-motor task related to dream content? In: *International Journal of Dream Research* 3, 74–79.

Schredl, Michael/Hofmann, Friedrich (2003): Continuity between waking activities and dream activities. In: *Consciousness and Cognition* 12, 298–308.

Schredl, Michael/Wittmann, Lutz/Ciric, Petra/Götz, Simon (2003): Factors of home dream recall. In: *Journal of Sleep Research* 12, 133–141.

Solms, Mark (1997): *The Neuropsychology of Dreams*. Mahwah.

Strauch, Inge/Meier, Barbara (²2004): *Dem Träumen auf der Spur*. Bern [1992].

Valli, Katja/Revonsuo, Antti (2007): Evolutionary psychological approaches to dream content. In: Deidre Barrett/Patrick McNamara (Hg.): *The New Science of Dreaming*, Bd. 3. Westport, 95–116.

Windt, Jennifer (2010): The immersive spatiotemporal hallucination model of dreaming. In: *Phenomenology and the Cognitive Sciences* 9, 295–316.

Windt, Jennifer/Metzinger, Thomas (2007): The philosophy of dreaming and self-consciousness. In: Deidre Barrett/Patrick McNamara (Hg.): *The New Science of Dreaming*, Bd. 3. Westport, 193–247.

Windt, Jennifer/Noreika, Valdas (2011): How to integrate dreaming into a general theory of consciousness. In: *Consciousness and Cognition* 20, 1091–1107.

Jennifer M. Windt/Michael Schredl/J. Allan Hobson

23. Volition und Selbstkontrolle

Der Volitionsbegriff wird in der Psychologie (s. Kap. II.E) und in der kognitiven Neurowissenschaft (s. Kap. II.D.1) zur Bezeichnung eines Bündels kognitiver Fähigkeiten verwendet, die der Verfolgung von Zielen, der Umsetzung von Absichten und der Kontrolle intentionaler Handlungen zugrunde liegen und die insofern Beziehungen zu alltagspsychologischen Konzepten wie Wille, Willensstärke oder Selbstbeherrschung aufweisen. Nachdem der Willensbegriff häufig als wissenschaftlich fragwürdig angesehen wurde, ist die Volitionsforschung in den letzten zwei Jahrzehnten zu einem zentralen Forschungsthema von Psychologie und Neurowissenschaft geworden, wenn auch häufig unter anderen Etiketten wie ›exekutive Funktionen‹, ›kognitive Kontrolle‹ oder ›intentionale Handlungssteuerung‹ (für einen integrativen Überblick vgl. Goschke 2007). Durch die Verbindung zum Problem der Willensfreiheit (s. Kap. IV.8) hat die Volitionsforschung zudem beachtliches Interesse auch in der nichtwissenschaftlichen Öffentlichkeit auf sich gezogen und ist auch von klinischer und forensischer Bedeutung, etwa bei der Frage nach den Ursachen, der Veränderbarkeit und der juristischen Relevanz von Beeinträchtigungen der Selbststeuerungsfähigkeit bei psychischen Störungen.

Abgrenzung zum philosophischen Problem der Willensfreiheit

Der Kern des philosophischen Problems der Willensfreiheit besteht in der Frage, ob die Annahme eines ›freien Willens‹ mit einem allgemeinen Determinismus vereinbar (kompatibel) oder unvereinbar (inkompatibel) ist (s. Kap. IV.8). Die These des Determinismus besagt dabei in allgemeinster Form, dass alle Ereignisse (einschließlich unserer Entscheidungen und Handlungen) durch vorangehende Ereignisse (Randbedingungen) und die Naturgesetze eindeutig festgelegt sind, d. h. dass es für jedes Ereignis Bedingungen gibt, bei deren Vorliegen das Ereignis nicht anders hätte geschehen können als es tatsächlich geschah. Die Frage der Vereinbarkeit von Determinismus und Willensfreiheit ist auch von moralphilosophischer Bedeutung, da Willensfreiheit in der Regel als Voraussetzung moralischer Verantwortlichkeit gilt. Dabei lassen sich vier Grundpositionen unterscheiden. Während der sog. Libertar(ian)ismus davon ausgeht, dass es unbedingte Willensfreiheit (und damit moralische Verantwortlichkeit) gibt und daher der Determinismus nicht wahr sein kann, vertritt der sog. harte Determinismus die Auffassung, dass es Willensfreiheit nicht gibt, da der Determinismus wahr sei. Beide Positionen sind also im obigen Sinne inkompatibilistisch. Demgegenüber gehen kompatibilistische Ansätze davon aus, dass Willensfreiheit – wenn man sie nur richtig konzipiert – mit einem deterministischen Universum vereinbar ist. Nach der vierten Position, die mitunter als ›Impossibilismus‹ bezeichnet wird, kann es Willensfreiheit weder in einem deterministischen noch in einem indeterministischen Universum geben.

Ohne hier auf Einzelheiten eingehen zu können (für einen Überblick vgl. Kane 2011, Walter 2001), sind zwei Punkte festzuhalten: Erstens spielt die Neurowissenschaft – entgegen einer populären Meinung – für die Frage, ob ein *allgemeiner* Determinismus wahr ist oder nicht, keine Rolle, da diese Frage nicht einfach empirisch, und schon gar nicht in der Neurowissenschaft, entschieden werden kann, sondern wissenschaftlich ein Problem der theoretischen Physik ist (Roskies 2010). Zweitens hängt die Überzeugungskraft von Argumenten für oder gegen die Willensfreiheit davon ab, welcher Begriff von Freiheit oder Wille zugrunde gelegt wird. Im Konsequenzargument für den Inkompatibilismus etwa spielen die Vorstellung eines Anderskönnens unter identischen Umständen und die Idee einer Letzturheberschaft entscheidende begriffliche Rollen. Das Konsequenzargument besagt, dass in einem deterministischen Universum jedes Ereignis eine notwendige Konsequenz aus in der Vergangenheit liegenden Ursachen in Kombination mit den Naturgesetzen ist. Da wir weder die Vergangenheit noch die Naturgesetze beeinflussen können, haben wir auch keinen Einfluss auf deren Konsequenzen, einschließlich unserer Entscheidungen und Handlungen, d. h. wir haben nie die Möglichkeit, *anders handeln zu können* als wir es faktisch tun. Der Inkompatibilismus geht hingegen davon aus, dass wir Letzturheber sind, indem echte Willensfreiheit seiner Meinung nach die Fähigkeit umfasst, Kausalketten neu beginnen zu können (Immanuel Kant), also ein ›unbewegter Beweger‹ (Roderick Chisholm) zu sein.

Im Gegensatz dazu gehen Kompatibilisten davon aus, dass sich ein vernünftiger Begriff der Selbstbestimmung (und damit der Willensfreiheit) nur unter Annahme eines deterministischen Universums formulieren lässt. So besagt das Intelligibilitätsargument, dass der Indeterminismus uns gerade *nicht* zu freien selbstbestimmten Personen machen würde,

da indeterminierte Handlungen lediglich Zufallsereignisse und damit nicht intelligibel wären. Freie und verantwortliche Entscheidungen seien aber gerade dadurch gekennzeichnet, dass sie durch die Abwägungen, Motive, Absichten und Präferenzen der Person bestimmt werden. Insofern sei Determination durch *Gründe* das zentrale Element von Willensfreiheit.

Ohne hier auf die komplexe Diskussion für und wider den Kompatibilismus eingehen zu können (Goschke 2004; Walter 2004), ist festzuhalten, dass die empirische Volitionsforschung ein kompatibilistisches Konzept des Willens voraussetzt, bei dem graduelle Abstufungen von Volitionsfähigkeiten angenommen werden. Tatsächlich wäre es sinnlos, nach den kausalen Determinanten und neurokognitiven Mechanismen von Willenshandlungen zu forschen, wenn man annehmen würde, dass Willenshandlungen indeterminiert sind. Selbst wenn es fundamental zufällige Prozesse in der Welt geben sollte (wofür mitunter mit Verweis auf bestimmte quantenphysikalische Phänomene argumentiert wird) und selbst wenn diese Zufallsprozesse Auswirkungen auf das Verhalten von Lebewesen hätten, wären diese bestenfalls als unerklärte Varianz und nicht als Voraussetzung von Willenshandlungen anzusehen. Diese Überlegung steht nicht im Widerspruch zu der Annahme, dass Zufallsprozesse im Sinne von Rauschen bei Entscheidungen eine Rolle spielen können, wie es z. B. in sog. Diffusions- oder *random-walk*-Modellen angenommen wird. Allerdings wird diese Rolle auch durch ›deterministisches‹ Rauschen erfüllt, das sich aus der Komplexität nichtlinearer (inhibitorischer und exzitatorischer) Interaktionen in neuronalen Systemen ergibt, ohne dass dazu genuin indeterministische Prozesse angenommen werden müssten.

Facetten des Volitionsbegriffs

Wie eingangs bemerkt, wird ›Volition‹ in der Psychologie als Sammelbegriff für kognitive Mechanismen verwendet, die der Fähigkeit zugrunde liegen, Intentionen zu verwirklichen und intentionale Handlungen auch gegen Widerstände zu initiieren und auszuführen. Verschiedene Forschungsfelder fokussieren allerdings auf jeweils andere Facetten des Volitionsbegriffs, so dass der Begriff teilweise uneinheitlich gebraucht wird (Roskies 2010).

- *Volition als intentionale Verursachung*: Einige Ansätze betonen, dass willentliche Handlungen im Gegensatz zu automatischen oder reflexhaften

Reaktionen durch (bewusste) Intentionen kontrolliert bzw. moduliert werden und insofern nicht vollständig durch die unmittelbare Reizsituation determiniert sind.

- *Volition als Selbststeuerung*: Eng damit zusammenhängende Ansätze legen den Schwerpunkt darauf, dass willentliche Handlungen durch die Ziele und Absichten der Person und nicht durch ›externe‹ oder der Person ›fremde‹ innere Faktoren (wie z. B. bei einer Suchtproblematik) kontrolliert werden (das Pendant zur ›Urheberschaft‹; s. Kap. IV.8).
- *Volition als Auswahl und Entscheidung*: Eine weitere Auffassung betrachtet Volition in einem sehr weiten Sinne als die Fähigkeit, aus einer Menge möglicher Handlungsoptionen zu wählen.
- *Volition als kognitive Kontrolle und Selbstkontrolle* (›*Willensstärke*‹): Im Gegensatz zur zuletzt genannten Auffassung fokussieren Volitionstheorien im engen Sinne auf die Fähigkeit, willentliche Handlungen, die auf langfristige Ziele gerichtet sind, auch gegen innere oder äußere Widerstände durchzusetzen. Volition wird hier als weitgehend synonym mit kognitiver Kontrolle, Selbstkontrolle bzw. ›Willensstärke‹ betrachtet und *volitionale* Prozesse, die die *Verwirklichung* von Zielen unterstützen, werden unterschieden von *motivationalen* Prozessen, die der *Auswahl* von Zielen zugrunde liegen.
- *Volition als subjektives Gefühl oder Urteil*: Schließlich sind Ansätze zu nennen, die primär das subjektive Willenserleben oder bewusste Urteile über die eigene willentliche Kontrolle betonen. Diese Ansätze fragen danach, welche Mechanismen dem bewussten Eindruck zugrunde liegen, ein autonomer Akteur (*agent*) zu sein, der die eigenen Handlungen kontrolliert, deren Urheber (*author*) er ist.

Im Folgenden werden wir anhand von vier Leitfragen einen selektiven Überblick über die Forschung zu Volition und kognitiver Kontrolle geben.

Was sind die kognitiven Grundlagen willentlicher Handlungen?

Willenshandlungen beruhen auf einer Reihe bemerkenswerter kognitiver Fähigkeiten, von denen die wichtigsten hier kurz beschrieben seien (für ausführlichere Darstellungen vgl. Goschke 2007, 2013).

Handlungs-Effekt-Antizipation. Willentliche Handlungen werden nicht vollständig durch die aktuelle Reizsituation festgelegt, sondern durch Zielrepräsentationen und Intentionen moduliert. Dies setzt die Fähigkeit voraus, die zu erwartenden zukünftigen Effekte des eigenen Verhaltens vorhersehen zu können (*Effektantizipation*). Ziele – also angestrebte Handlungseffekte – beziehen sich dabei zumeist nicht auf *proximale* Bewegungseffekte (z. B. darauf, wie sich das Drücken eines Lichtschalters anfühlt), sondern auf *distale* sensorische Effekte (also etwa darauf, dass das Licht angeht) (Hommel et al. 2001). Willentliche Handlungen beruhen demnach darauf, dass Repräsentationen angestrebter Ziele solche Handlungen aktivieren, von denen gelernt wurde, dass sie den gewünschten Effekt bewirken.

Zukunftsgerichtetheit, mentale Simulation und episodisches zukunftsbezogenes Denken. Die Fähigkeit zur Effektantizipation ist im Verlauf der Gehirnevolution massiv expandiert, was sich darin zeigt, dass Menschen nicht nur unmittelbare sensorische Effekte antizipieren können, sondern Erwartungen über weit in der Zukunft liegende Folgen ihres Handelns bilden können. Damit verfügen wir über die einzigartige Fähigkeit, ›mentale Zeitreisen‹ zu unternehmen, d. h. Handlungspläne mental zu simulieren, uns mögliche Welten vorzustellen und kontrafaktische Szenarien durchzuspielen, was zu einer genuin zukunftsorientierten Form der Handlungsauswahl beiträgt.

Sprachliche Repräsentation von Zielen und Absichten. Die Fähigkeit, eine praktisch unbegrenzte Anzahl von Zielen, Instruktionen, Aufgabenregeln und Intentionen sprachlich zu repräsentieren, trägt entscheidend zur Flexibilität intentionaler Handlungen bei und befähigt uns, Verhaltensdispositionen ohne langwierige Lernprozesse von einem Moment zum anderen in nahezu beliebiger Weise aufgrund von sprachlichen (Selbst-)Instruktionen neu zu konfigurieren.

Bedürfnisantizipation und Selbstkontrolle. Menschen sind in der Lage, nicht nur Handlungseffekte, sondern auch zukünftige Veränderungen der eigenen Motivations- und Bedürfnislage zu antizipieren, was eine Voraussetzung für das bildet, was wir im Alltag als ›Willensstärke‹ bezeichnen: So ist die Antizipation, dass wir uns nach einer sportlichen Betätigung wohl fühlen werden, eine notwendige (wenngleich keine hinreichende) Voraussetzung dafür, den ›inneren Schweinehund‹ überwinden zu können, der uns im gemütlichen Sessel bei Wein und Buch festhalten möchte.

Welche kausale Rolle spielen bewusste Intentionen bei der Initiierung von Willenshandlungen?

Aus der Perspektive des subjektiven Selbsterlebens erscheint zweifelsfrei, dass willentliche Handlungen durch bewusste Intentionen verursacht werden. Allerdings wird dies durch neuere Befunde in Frage gestellt, die zu zeigen scheinen, dass zumindest einfache Willkürbewegungen durch unbewusste Gehirnprozesse ausgelöst werden, was als Beleg dafür interpretiert worden ist, dass das bewusste Willenserleben eine Illusion sei (Wegner 2002).

Die Libet-Experimente. In klassischen Experimenten von Benjamin Libet und seinen Mitarbeitern sollten Probanden einfache Willkürbewegungen ausführen (z. B. einen Finger bewegen), wann immer sie den spontanen Impuls (*urge to move*) dazu verspürten und dabei einen schnell rotierenden ›Uhrzeiger‹ beobachten (z. B. Libet et al. 1983). Nach jeder Bewegung sollten die Probanden den frühesten Zeitpunkt angeben, zu dem sie den Bewegungsimpuls verspürt hatten. Während der berichtete Zeitpunkt des Bewegungsimpulses etwa 200 Millisekunden vor dem Bewegungsbeginn lag, zeigte sich, dass das sog. Bereitschaftspotenzial (eine negative Potenzialverschiebung im Elektroenzephalogramm (EEG), die vor einer Willkürbewegung auftritt) bereits 350 Millisekunden vor dem bewussten Bewegungsimpuls begann. In einer Folgeuntersuchung (Haggard/Eimer 1999) sollten Probanden zusätzlich entscheiden, ob sie jeweils den linken oder rechten Finger bewegen wollten. Dies ermöglicht es, sog. *lateralisierte Bereitschaftspotenziale* zu bestimmen, die den Umstand widerspiegeln, dass in späten Phasen der Handlungsvorbereitung das Bereitschaftspotenzial über derjenigen Hirnhemisphäre stärker ausgeprägt ist, die kontralateral zur ausführenden Hand liegt. Auch das lateralisierte Bereitschaftspotential, das ein direktes Korrelat der Vorbereitung einer *spezifischen* Reaktion darstellt, begann einige hundert Millisekunden bevor die Probanden sich des Handlungsimpulses bewusst wurden.

Diese Befunde sind häufig als Beleg dafür interpretiert worden, dass bewusste Intentionen keine kausale Rolle spielen können, da sie erst auftreten, *nachdem* die Handlung unbewusst bereits in Gang gesetzt wurde. Gegen diese Schlussfolgerung wurden allerdings methodische und theoretische Einwände vorgebracht. Unter anderem wurde darauf hingewiesen, dass es aufgrund der unvermeidlichen Mittelung des Elektroenzephalografiesignals über viele Durchgänge zu verzerrten Schätzungen der Latenz des Bereitschaftspotenzials kommen kann. Zweitens ist angezweifelt worden, dass die Probanden in der Lage sind, den Zeitpunkt des bewussten Handlungsimpulses hinreichend genau einzuschätzen. Drittens konnte gezeigt werden, dass Ereignisse *nach* der Handlungsausführung die Zeitschätzungen der Probanden systematisch beeinflussen können, was nahelegt, dass diese nicht auf einer direkten Selbstbeobachtung von Handlungsimpulsen beruhen, sondern zum Teil nachträgliche Rekonstruktionen darstellen (zur aktuellen Diskussion der Libet-Experimente vgl. die Beiträge in Sinnott-Armstrong/Nadel 2011).

Eine alternative Interpretation – bewusste Intentionen als strukturierende Ursachen und ›innere Randbedingungen‹. Unabhängig von der methodischen Kritik ist aus theoretischer Sicht zu fragen, welche Rolle bewussten Intentionen in Libet-artigen Experimenten überhaupt zukommt und ob die ›Handlungsimpulse‹, deren Zeitpunkt die Probanden einschätzen sollen, überhaupt als *Intentionen* zu interpretieren sind (Goschke 2004; Walter 2001). Was Libets Befunde – wenn man sie für valide hält – zeigen, ist zunächst einmal nur, dass bewusste Intentionen nicht die *proximalen* Auslöser willentlicher Handlungen sind. Daraus folgt allerdings nicht, dass Intentionen keinerlei kausale Rolle spielen, sondern bestenfalls, dass ihre Rolle lediglich eine indirektere ist. So hingen die Bewegungen der Probanden unzweifelhaft von der zu Beginn des Experiments gefassten *distalen* Intention ab, der Versuchsinstruktion Folge zu leisten. Es ist anzunehmen, dass als Folge dieser Intention spontan auftretende Bewegungsimpulse (die andernfalls unterdrückt worden wären) mit höherer Wahrscheinlichkeit Fingerbewegungen auslösten, ohne dass vor jeder Bewegung erneut eine bewusste Intention hätte gebildet werden müssen. Insofern lösen Intentionen nicht einzelne motorische Reaktionen aus, sondern versetzen bestimmte Reaktionsdispositionen in erhöhte ›Bereitschaft‹ (Goschke 2007, 2013; Neumann/Prinz 1987). Ein Vorläufer dieser Sicht findet sich bereits in der älteren Willenspsychologie bei Ach (1910), der Absichten als ›determinierende Tendenzen‹ beschrieb, die die Reaktionsauswahl modulieren, ohne dass die Intention bewusst erinnert werden müsste. Eine moderne Variante dieser Annahme findet sich bei Hommel (2000), der intentionale Handlungen als ›vorbereitete Reflexe‹ bezeichnet, die automatisch durch Reize ausgelöst werden können, wenn durch eine Intention temporär die entsprechenden Reiz-Reaktions-Verbindungen etabliert wurden (vgl. auch das unten diskutierte Konzept der Implementierungsintentionen).

Dass Willenshandlungen, die von vorauslaufenden Intentionen abhängen, direkt durch Reize ausgelöst werden können, wissen wir alle aus der Alltagserfahrung: Wenn wir uns vornehmen, einen Blumenstrauß als Gastgeschenk zu überreichen, so machen wir das automatisch, wenn der Gastgeber die Tür öffnet, ohne dass wir uns die ursprüngliche Intention erneut bewusst machen müssten. Im Einklang damit wurde in zahlreichen Experimenten gezeigt, dass willentliche Reaktionen sogar durch unterschwellige und bewusst nicht wahrgenommene Reize aktiviert werden können, sofern diese Reize den in der Instruktion bzw. Intention spezifizierten Auslösebedingungen für die Handlung entsprechen.

Aus einer allgemeineren theoretischen Perspektive lässt sich festhalten, dass Intentionen – in Anlehnung an eine Unterscheidung von Dretske (1988) – keine auslösenden Ursachen (*triggering causes*), sondern strukturierende Ursachen (*structuring causes*) sind, die erklären, warum ein Reiz eine bestimmte Reaktion (und nicht eine andere) auslöst. Intentionen können insofern als innere Randbedingungen (*constraints*) betrachtet werden (Goschke 2013), die modulieren, welche von mehreren konkurrierenden Reaktionen in einer aktuellen Reizsituation dominant wird. Diese Konzeption von Intentionen steht im Einklang mit neurocomputationalen Theorien, in denen ebenfalls angenommen wird, dass Aufgaben- oder Zielrepräsentationen nicht direkt Handlungen auslösen, sondern modulierende Randbedingungen der Reaktionsselektion darstellen (Miller/Cohen 2001).

Die neuronale Realisierung von Intentionen. In den letzten Jahren hat eine wachsende Zahl von Studien die neuronalen Korrelate von Intentionen untersucht. Dabei ist es hilfreich, Intentionen zunächst anhand einer Reihe von Aspekten zu unterscheiden (Pacherie/Haggard 2011). Erstens können Intentionen in Bezug auf ihre *Abstraktheit* unterschieden werden, d. h. sie reichen von konkreten Bewegungsabsichten (*motor intentions*; z. B. die Absicht, den Lichtschalter zu drücken) bis hin zu abstrakten und weitgespannten Absichten (z. B. die Absicht, ein berühmter Tänzer zu werden). In Bezug auf die *Temporalität* kann zwischen der Bildung von Absichten, die sich auf ein zukünftiges Ziel beziehen (*prior intentions*, *future-directed intentions*) und dem Wirksamwerden einer Absicht während der Handlungsausführung (*intention in action*) unterschieden werden. Der *phänomenologische* Aspekt schließlich bezieht sich auf das bewusste Erleben beim Fassen bzw. Ausführen einer Absicht.

Experimentell werden Absichten beim Menschen in der Regel untersucht, indem diese zunächst instruiert und dann die mit der Intentionsbildung oder -realisierung einhergehenden kognitiven und neuronalen Prozesse erfasst bzw. manipuliert werden. So kann man Probanden etwa instruieren, nach Belieben eine Fingerbewegung auszuführen (wie in den oben beschriebenen Libet-Experimenten), oder man kann sie eine von zwei Absichten fassen lassen (z. B. multiplizieren oder dividieren) und untersuchen, inwieweit man vor der Handlung oder sogar bereits vor dem bewussten Entschluss aus Aktivitätsmustern in bestimmten Gehirnregionen ›decodieren‹ kann, welche Absicht gebildet wurde (Soon et al. 2008). Schließlich kann man die Prozesse untersuchen, die der intentionalen ›Umkonfigurierung‹ von Verhaltensdispositionen zugrunde liegen, indem man Probanden instruiert, zwischen verschiedenen Aufgaben zu wechseln (*task switching*).

Für einfache Bewegungsabsichten hat Patrick Haggard (2008) ein sequenzielles neurokognitives Modell entworfen: Zunächst werde die Absicht gefasst, sich überhaupt zu bewegen. Dann werde entschieden, welches Ziel verfolgt bzw. welche Bewegung ausgeführt werden soll. Läsions- und Stimulationsstudien sprechen dafür, dass an der Zielselektion der Frontalkortex, insbesondere das medial gelegene supplementär-motorische Areal, beteiligt ist, während bei der Bewegungsselektion darüber hinaus auch der Parietalkortex eine Rolle spielt. Beim Menschen ist ferner der frontopolare Kortex beteiligt, der für die Repräsentation von Verzweigungen in Handlungssequenzen wichtig ist und erhöhte Aktivierung zeigt, wenn alternative Handlungsrouten aktiv gehalten werden müssen oder bei der Verfolgung eines Oberziels zunächst Unterziele gebildet und abgearbeitet werden müssen. Schließlich kommt es nach Haggard kurz vor der Ausführung zu einem finalen Check, d. h. eine gewählte Bewegung kann noch vor der Initiierung gestoppt werden (Veto). Studien, in denen mittels funktioneller Magnetresonanztomografie (fMRT) Korrelate der Hirnaktivität gemessen wurden, sprechen dafür, dass an dieser Intentionsinhibition v. a. der anteriore Frontomediankortex, aber auch der ventrolaterale Frontalkortex beteiligt sind (Brass/Haggard 2007).

Ein verwandtes Modell der Realisierung von Bewegungsintentionen (Desmurget/Sirigu 2009) bezieht auch die Phänomenologie selbstverursachter Bewegungen mit ein und unterscheidet dabei erstens den bewussten Drang, sich zu bewegen (*motor intention*), zweitens das subjektive Gefühl der Bewegung und drittens das objektive Wissen darum, sich zu bewegen. Stimulationsstudien, bei denen im Rahmen von neurochirurgischen Operationen bei wachen Epilepsiepatienten bestimmte Hirnregionen elektrisch gereizt wurden (Fried et al. 1991), zeigen, dass eine Stimulation im supplementär-motorischen Areal zu dem Drang führt, eine spezifische Bewegung auszuführen und bei höherer Intensität tatsächliche Bewegungen auslösen kann. Demgegenüber führten Stimulationen des rechten posterioren Parietalkortex zu einem ähnlichen, aber weniger spezifischen Bewegungsdrang. Desmurget/Sirigu (2009) haben daraus sowie aus Libet-Experimenten bei Patienten mit Parietalläsionen geschlossen, dass die mit dem posterioren Parietalkortex assoziierten Intentionen eher mit Bewegungsvorhersage und -selektion zusammenhängen, während vermutlich im supplementär-motorischen Areal repräsentierte Intentionen eher mit der Bewegungsvorbereitung assoziiert sind. Das subjektive Gefühl der Bewegung komme dadurch zustande, dass die im posterioren Parietalkortex generierten Bewegungsintentionen Vorhersagen der erwarteten sensorischen Effekte auslösen, die mit den tatsächlichen sensorischen Bewegungseffekten verglichen werden.

Im Gegensatz zu einfachen motorischen Intentionen ist über die neuronalen Korrelate abstrakterer Intentionen weniger bekannt. Am ehesten sind hier Untersuchungen zum Absichtsgedächtnis (*prospective memory*) relevant (s. Kap. IV.7), in denen sich Probanden, während sie eine Aufgabe bearbeiten, merken müssen, zu einem späteren Zeitpunkt oder beim Erscheinen eines bestimmten Auslösereizes noch eine weitere Aufgabe auszuführen. Am Absichtsgedächtnis sind zahlreiche Hirnregionen beteiligt, wobei die Überwachung (*monitoring*) von Auslösereizen einer prospektiven Intention insbesondere eine Sache des frontopolaren Kortex zu sein scheint.

In neueren Studien wurde untersucht, ob man mittels multivariater Musteranalysemethoden die Intentionen, die eine Person gerade verfolgt, aus den mit der funktionellen Magnetresonanztomografie ermittelten Aktivitätsmustern in bestimmten Hirnregionen ›decodieren‹ kann (s. Kap. V.2). Dabei zeigte sich, dass aus Aktivitätsmustern im frontomedianen Kortex überzufällig korrekt vorhergesagt werden konnte, ob eine Versuchsperson die Absicht hatte, zwei Zahlen zu addieren oder zu subtrahieren (Haynes et al. 2007). Weitere Ergebnisse sprechen dafür, dass Subregionen des anterioren Präfrontalkortex an der Encodierung des Inhalts (›was‹) und

des Ausführungszeitpunkts (›wann‹) von Intentionen beteiligt sind.

Wie entsteht das Gefühl willentlicher Kontrolle und Urheberschaft?

Willentliche Handlungen sind meist mit dem subjektiven Eindruck verbunden, dass wir aktiv handelnde Akteure und Urheber unserer Handlungen sind und diese durch unsere bewussten Absichten ausgelöst werden. Während dieser Eindruck intuitiv so unvermittelt erscheint, dass man vermuten könnte, dass er auf einer direkten Wahrnehmung intentionaler Verursachung beruht, sprechen empirische Studien dafür, dass das Willenserleben vielmehr das Ergebnis von – teilweise unbewusst ablaufenden – Vergleichs- und Inferenzprozessen ist.

Eine Erklärung für das Gefühl der Urheberschaft bietet das sog. Komparatormodell (für eine kritische Diskussion vgl. Synofzik et al. 2008), wonach unser Gehirn kontinuierlich Vorhersagen über die sensorischen Effekte von Handlungen generiert und Handlungseffekte dann als selbstverursacht erlebt werden, wenn sie korrekt antizipiert wurden (Blakemore et al. 1998). Belege dafür stammen aus Experimenten, in denen die Kongruenz zwischen antizipierten und tatsächlichen Handlungseffekten manipuliert wurde. In einem Experiment von Sato/Yasuda (2005) z. B. lernten die Probanden, dass auf bestimmte Handlungen bestimmte Töne folgten. Sollten sie anschließend einschätzen, ob Töne durch ihre eigenen Handlungen oder die einer anderen Person ausgelöst wurden, so schätzten sie Töne in höherem Maß als selbstverursacht ein, wenn diese mit den jeweils erwarteten Tönen übereinstimmten. Darüber hinaus konnten Linser/Goschke (2007) zeigen, dass der Eindruck der Urheberschaft über Handlungseffekte sogar durch *unbewusst* induzierte Effektantizipationen beeinflusst werden kann: Probanden hatten in höherem Maß den Eindruck, Reize, die in Wirklichkeit völlig zufällig erschienen, durch eigene Handlungen verursacht zu haben, wenn die gleichen Reize bereits kurz vor der Handlung unterschwellig dargeboten wurden. Die Induktion einer unbewussten Effektantizipation verstärkte also den Eindruck der Urheberschaft über in Wirklichkeit unkontrollierbare Ereignisse. Eine mögliche Erklärung dafür wird durch Befunde nahegelegt, die zeigen, dass die neuronale Repräsentation von korrekt antizipierten selbstgenerierten sensorischen Reizen abgeschwächt wird: Diese sensorische Abschwächung könnte ein Signal dafür sein, dass ein Ereignis selbstverursacht ist (Blakemore et al. 1998; Gentsch/Schutz-Bosbach 2011).

Die wohl pointierteste Kritik an der Vorstellung, dass das Willenserleben auf einer direkten Beobachtung intentionaler Kausalität beruht, hat Daniel Wegner (2002) in seiner *Theorie der scheinbaren mentalen Verursachung* formuliert. Wegner knüpft an David Humes Überlegung an, dass wir Ursache-Wirkungs-Beziehungen nie direkt wahrnehmen, sondern aus Korrelationen zwischen Ereignissen erschließen müssen. Wegner zufolge erleben wir eine Handlung dann als selbstverursacht, wenn wir unmittelbar vor der Handlung einen Gedanken oder eine Absicht erleben (*Priorität*), diese Absicht zum Effekt der Handlung passt (*Konsistenz*) und es keine alternativen plausiblen Ursachen für die Handlung bzw. ihre Effekte gibt (*Exklusivität*). Im Einklang mit diesen Annahmen haben Experimente aus Wegners Arbeitsgruppe gezeigt, dass der Eindruck, Urheber eines Ereignisses zu sein, das in Wirklichkeit eine andere Ursache hatte, verstärkt wurde, wenn kurz vor seinem Eintreten ein Gedanke an das Ereignis induziert wurde.

Wegner zufolge zeigen solche Befunde, dass unser subjektives Willenserleben eine Illusion ist, wohingegen die wirklichen Ursachen unseres Verhaltens in unbewussten neuronalen Prozessen liegen, zu denen wir keinen introspektiven Zugang haben. Tatsächlich liefern die hier diskutierten Ergebnisse starke Belege dafür, dass das bewusste Erleben von Urheberschaft und willentlicher Kontrolle nicht auf einer direkten Wahrnehmung intentionaler Verursachung beruht, sondern das Ergebnis teilweise unbewusster Antizipations-, Vergleichs- und Inferenzprozesse ist. Die Befunde zeigen außerdem, dass sich Kontrollillusionen induzieren lassen, bei denen Probanden sich als Urheber von Ereignissen erleben, die sich faktisch ihrer Kontrolle entziehen. Allerdings folgt daraus nicht, dass das Gefühl der Urheberschaft stets falsch ist. Im Gegenteil stellen die beschriebenen Prozesse (insbesondere der Abgleich antizipierter und tatsächlicher sensorischer Handlungseffekte) höchst adaptive Mechanismen dar, die in der Regel valide Indikatoren dafür liefern, ob Handlungseffekte selbstgeneriert waren oder nicht.

Welche neurokognitiven Mechanismen liegen Volition und Selbstkontrolle zugrunde?

Konflikt, volitionale Strategien und kognitive Kontrolle. Viele intentionale Handlungen werden weitgehend automatisch initiiert und ausgeführt. Dies gilt insbesondere dann, wenn eine Intention durch geübte Handlungsroutinen realisiert werden kann und keine weiteren Entscheidungs- oder Planungsprozesse erforderlich sind, um festzulegen, mit welchen Handlungen ein Ziel zu erreichen ist. Erfordert eine Absicht dagegen die Ausführung neuer oder ungeübter Handlungen oder steht eine Absicht in Konflikt mit starken Gewohnheiten, konkurrierenden Motivationstendenzen oder widerstreitenden Emotionen, so sind kognitive Kontrollprozesse erforderlich, um die Absicht trotz der Widerstände zu realisieren. Von besonderer Bedeutung sind dabei im Alltag Situationen, in denen eine Absicht, die auf ein langfristiges Ziel oder die Befriedigung eines antizipierten *zukünftigen* Bedürfnisses gerichtet ist (z. B. auch in zwanzig Jahren noch schlank zu sein), in Widerspruch zu *aktuellen* Bedürfnissen oder Motivationstendenzen steht (z. B. dem Verlangen nach einem kalorienreichen Dessert). In solchen Situationen erfordert die Verfolgung langfristiger Ziele Selbstkontrolle, d. h. die Fähigkeit, Belohnungen aufzuschieben und momentane motivationale Impulse unterdrücken zu können. Beeinträchtigungen der Selbstkontrolle können das Risiko dysfunktionalen oder selbstschädigenden Verhaltens erhöhen, z. B. bei Substanzmissbrauch oder pathologischem Spielen (Bühringer et al. 2008).

Die Mechanismen, die der Selbstkontrolle zugrunde liegen, sind in den letzten zwei Jahrzehnten zum einen in volitionspsychologischen Ansätzen der Motivations- und Sozialpsychologie, zum anderen in der kognitiven Neurowissenschaft (zumeist unter der Bezeichnung ›kognitive Kontrolle‹ oder ›exekutive Funktionen‹) intensiv untersucht worden (für eine Übersicht vgl. Goschke 2007). Psychologische Volitionstheorien grenzen dabei *volitionale* Kontrollprozesse, die die Realisierung von Absichten unterstützen, gegen *motivationale* Prozesse, die der Auswahl von Zielen und der Intentionsbildung zugrunde liegen, ab. Julius Kuhl hat in den 1980er Jahren als einer der ersten in seiner Handlungskontrolltheorie eine Reihe von *Handlungskontrollstrategien* beschrieben, die die Umsetzung von Absichten gegen Widerstände fördern sollen (z. B. Kuhl 1985; Kuhl/Goschke 1994). Diese können laut Kuhl z. B. darin bestehen,

- dass man Bedingungen in der Umwelt so arrangiert, dass es weniger wahrscheinlich wird, in einer späteren Situation einer Versuchung nachzugeben (z. B. keine Süßigkeiten im Haus lagern);
- dass die Aufmerksamkeit auf Informationen gerichtet wird, die förderlich für die Realisierung einer Absicht sind, während man versucht, ablenkende Reize zu ignorieren; oder

- dass man versucht, die eigenen Emotionen so zu regulieren, dass die Ausführung einer schwierigen Absicht leichter fällt.

Neuere Untersuchungen zeigen, dass solche Selbstregulationsstrategien eng mit sog. exekutiven Funktionen bzw. kognitiven Kontrollprozessen (z. B. Reaktionsinhibition, Aufmerksamkeitskontrolle, Emotionsregulation) zusammenhängen und in der Tat den Einfluss automatischer Reaktionen oder kurzfristiger Versuchungen auf das Verhalten (z. B. den Süßigkeitskonsum) reduzieren können (Hofmann et al. 2012). Kuhl (2000) selbst hat seine Theorie in den letzten Jahren zu einer integrativen Theorie der Persönlichkeit und Motivation weiterentwickelt (s. Kap. II.E.5).

Ein weiterer einflussreicher Ansatz der Volitionsforschung ist das sog. Rubikonmodell (Achtziger/Gollwitzer 2010), in dem ebenfalls angenommen wird, dass Schwierigkeiten oder Konflikte bei der Zielverfolgung zur Mobilisierung volitionaler Kontrollprozesse führen. Während das Abwägen alternativer Ziele durch eine *realitätsorientierte Bewusstseinslage* charakterisiert sei, in der Informationen über die Wünschbarkeit und Realisierbarkeit alternativer Ziele möglichst umfassend und unparteiisch verarbeitet werden, dominiere nach der Festlegung auf eine verbindliche Absicht und der anschließenden Zielverfolgung eine *realisierungsorientierte* Bewusstseinslage. Letztere ist dadurch charakterisiert, dass die Aufmerksamkeit auf die Realisierung des Ziels fokussiert ist, irrelevante Reize oder störende Gedanken ausgeblendet werden und die Erreichbarkeit des gewählten Ziels eher optimistisch eingeschätzt wird. Darüber hinaus wurde vielfach gezeigt, dass die Verwirklichung von Absichten insbesondere durch die Bildung sog. Implementierungsintentionen (Vorsätze) gefördert wird. Im Unterschied zu Zielintentionen, die sich auf einen angestrebten Zustand oder ein Handlungsergebnis beziehen, z. B. schlank zu sein, spezifizieren Implementierungsintentionen, unter welchen Bedingungen welche konkreten Handlungen ausgeführt werden sollen, z. B. in Form des Vorsatzes ›Wenn ich am Mittwoch mit der Arbeit fertig bin, dann fahre ich ins Fitnessstudio.‹ (für eine Übersicht über empirische Belege zum Rubikonmodell und zur Wirkung von Vorsätzen vgl. ebd.).

Neuronale Korrelate kognitiver Kontrolle. In der kognitiven Neurowissenschaft (s. Kap. II.D.1) werden die Prozesse, die die Umsetzung von Absichten trotz Widerständen unterstützen, gemeinhin unter den Begriff der kognitiven Kontrolle subsumiert. Kognitive Kontrollprozesse haben die Funktion, sensorische, attentionale, affektive und motorische Prozesse im Sinne übergeordneter Ziele so zu ›konfigurieren‹, dass starke, aber inadäquate Reaktionen unterdrückt werden und eigentlich ›schwächere‹, aber intentionskongruente Reaktionen dominant werden (Miller/Cohen 2001). Beispiele für kognitive Kontrollfunktionen sind

- die aktive Aufrechterhaltung und Abschirmung von Zielen und aufgabenrelevanten Informationen,
- die Hemmung (*inhibition*) unerwünschter gewohnheitsmäßiger (habitueller) oder automatisierter Reaktionen,
- die Koordination multipler Ziele,
- die Planung neuer Handlungssequenzen,
- die flexible Anpassung von Verhaltensdispositionen an wechselnde Ziele oder Anforderungen,
- die Regulation eigener Emotionen sowie
- die Überwachung der Handlungsausführung (*performance monitoring*).

Der Begriff der kognitiven Kontrolle weist insofern große Überschneidungen mit verwandten Konzepten wie dem der exekutiven Funktionen (Hofmann et al. 2012), der Selbstkontrolle (Cohen/Lieberman 2009) oder der Handlungskontrolle (Kuhl/Goschke 1994) auf.

Im letzten Jahrzehnt wurde eine nahezu unübersehbare Zahl von funktionellen Bildgebungsstudien zu den neuronalen Systemen durchgeführt, die der kognitiven Kontrolle zugrunde liegen (Cohen/Lieberman 2009). Dabei hat sich gezeigt, dass Regionen des präfrontalen und parietalen Kortex von herausragender Bedeutung für kognitive Kontrollprozesse sind. Der als ›Präfrontalkortex‹ bezeichnete vordere Teil des Stirnhirns zeichnet sich durch zahlreiche, zumeist reziproke Verbindungen zu den meisten anderen Regionen des Neokortex sowie zu subkortikalen Regionen (z. B. Basalganglien, Cerebellum, Amygdala, Hippocampus, Stammhirnkernen) aus, die an Lern- und Gedächtnisfunktionen (s. Kap. IV.7), Emotionen (s. Kap. IV.5), Belohnungsprozessen, Anreizmotivation (s. Kap. IV.14) und motorischer Steuerung (s. Kap. IV.15) beteiligt sind. Der Präfrontalkortex befindet sich damit in einer anatomischen Position, die es ermöglicht, Informationen über äußere und innere Reize zu integrieren und Verarbeitungsprozesse in zahlreichen anderen Hirnregionen zu modulieren. Aus neuropsychologischen Untersuchungen hirngeschädigter Patienten weiß man seit Langem, dass es nach Schädigungen des

Präfrontalkortex zu Beeinträchtigungen der flexiblen Anpassung des Verhaltens an wechselnde Anforderungen, einer erhöhten Reizabhängigkeit des Verhaltens, mangelhafter Abschirmung von Zielen, verminderter Inhibition automatisierter Reaktionen sowie Störungen beim Planen von Handlungssequenzen und der Koordination multipler Ziele kommen kann (s. Kap. IV.6).

Während lange Zeit die Vorstellung weit verbreitet war, der Präfrontalkortex sei so etwas wie eine oberste Steuerinstanz (die ›zentrale Exekutive‹) im Gehirn, weiß man heute, dass er in ein weit verteiltes Netzwerk kortikaler und subkortikaler Systeme eingebunden ist, also nicht einfach ›von oben‹ andere Hirnregionen ›kontrolliert‹, sondern selbst durch motivationale und emotionale Systeme beeinflusst wird. Ferner ist der Präfrontalkortex kein homogenes System, sondern seine Teilregionen sind vermutlich an unterschiedlichen Aspekten kognitiver Kontrolle beteiligt. So ist z. B. der dorsolaterale Präfrontalkortex mit der aktiven Aufrechterhaltung und Manipulation aufgabenrelevanter Information und der reizunabhängigen Reaktionsauswahl assoziiert worden, während der ventrolaterale Präfrontalkortex mit dem Abruf neuer Aufgabenregeln und der rechte inferiore Präfrontalkortex mit der Inhibition automatisierter Reaktionen in Verbindung gebracht wurde. Der frontopolare Kortex scheint u. a. an hierarchisch strukturierten Repräsentationen von Ober- und Unterzielen und Verzweigungen im Handlungsablauf beteiligt zu sein, während der ventromediale Präfrontalkortex sowie der orbitofrontale Kortex mit Bewertungsrepräsentationen, der Verknüpfung von Reizen mit antizipierten Belohnungen sowie der Emotionsregulation in Verbindung gebracht werden. Allgemein ist festzuhalten, dass die Kontrolle willentlicher Handlungen nicht einer bestimmten Hirnregion zugeordnet werden kann, sondern auf der Interaktion verschiedener Netzwerke von Hirnregionen beruht.

Neben der funktionalen Unterteilung des Präfrontalkortex besteht ein weiteres Forschungsziel darin zu klären, welche computationalen Mechanismen kognitiven Kontrollfunktionen zugrunde liegen. Eine einflussreiche Annahme besagt, dass sich Regionen im lateralen Präfrontalkortex dadurch auszeichnen, dass in ihnen einerseits neuronale Aktivierungsmuster, die Ziele oder Verhaltensregeln codieren, aktiv aufrechterhalten und abgeschirmt werden können, diese Repräsentationen andererseits aber auch schnell und flexibel aktualisiert werden können. Zusammen ermöglichen diese beiden Mechanismen, dass Prozesse in anderen (sensorischen, affektiven oder motorischen) Systemen in flexibler Weise durch aktiv gehaltene Ziele moduliert werden können. Im Einklang mit der oben beschriebenen Konzeption von Intentionen als inneren Randbedingungen gehen diese Ansätze davon aus, dass neuronale Repräsentationen von Zielen oder Absichten nicht direkt motorische Reaktionen auslösen, sondern den ›Wettstreit‹ gleichzeitig aktivierter Reiz- und Reaktionsrepräsentationen dahingehend modulieren, dass sich zielrelevante gegen unerwünschte automatisierte oder habituelle Reaktionen durchsetzen (Miller/Cohen 2001).

Die Verbindung der beiden angenommenen Mechanismen – schnelle Aktualisierung und aktive Aufrechterhaltung von Aufgaben- und Zielrepräsentationen – ist also eine zentrale Voraussetzung sowohl für die Fähigkeit, Reaktionsbereitschaften flexibel an wechselnde Ziele anpassen zu können, als auch für die Fähigkeit, starke automatisierte Reaktionen zugunsten eigentlich ›schwächerer‹, aber zielkongruenter Reaktionen unterdrücken zu können. Umgekehrt führen Beeinträchtigungen dieses Mechanismus dazu, dass die Reaktionsauswahl nicht länger durch Ziele moduliert wird, was zu reizgesteuertem und unflexiblem Verhalten führen sollte (für eine Übersicht über komplexere computationale Modelle der kognitiven Kontrolle vgl. O'Reilly et al. 2010).

Konfliktüberwachung und kognitive Kontrolle. Eine zentrale Frage für Modelle der kognitiven Kontrolle lautet, wie kognitive Kontrollprozesse eigentlich ihrerseits ›kontrolliert‹ werden, d. h. welche Mechanismen der kontextabhängigen Mobilisierung von kognitiven Kontrollprozessen zugrunde liegen. Bereits Ach (1910) hatte in seinem *Schwierigkeitsgesetz der Motivation* diese Frage damit beantwortet, dass Konflikte zwischen Intentionen und automatisierten Reaktionstendenzen automatisch zu einer verstärkten Mobilisierung von volitionalen Prozessen führen sollen. In der aktuellen kognitiven Neurowissenschaft findet sich eine ganz ähnliche Annahme in der sog. Konflikt-Überwachungs-Theorie (Botvinick et al. 2001), in der ebenfalls angenommen wird, dass Reaktionskonflikte eine verstärkte Aktivierung kognitiver Kontrolle auslösen. Dafür spricht, dass in sog. Interferenzaufgaben der Einfluss konkurrierender aufgabenirrelevanter Reaktionen oder störender Reize unmittelbar *nach* einem Reaktionskonflikt häufig deutlich reduziert ist (der sog. Konflikt-Adaptations-Effekt), was auf eine erhöhte kognitive Kontrolle unmittelbar nach einem Konflikt zurückgeführt wird (für eine Übersicht vgl. Mansouri et al.

2009). Darüber hinaus sprechen neuere Befunde dafür, dass es sogar bereits *während* eines Reaktionskonflikts zu einer verstärkten Fokussierung der Aufmerksamkeit auf zielrelevante Reize (Zielabschirmung) und einer Inhibition störender Reize kommt (Scherbaum et al. 2011). In der Konflikt-Überwachungs-Theorie wird vermutet, dass der anteriore cinguläre Kortex im medialen Präfrontalkortex an der Überwachung von Reaktionskonflikten beteiligt ist und die Notwendigkeit verstärkter kognitiver Kontrolle an andere Hirnregionen (insbesondere den dorsolateralen Präfrontalkortex) ›signalisiert‹. Allerdings ist der anteriore cinguläre Kortex auch an zahlreichen weiteren Funktionen beteiligt, und alternative Theorien sehen seine Funktion weniger in der Konfliktüberwachung als in der Konfliktlösung, der Berechnung von Kosten von Handlungen oder der Verarbeitung von negativen Konsequenzen oder Verlusten (Mansouri et al. 2009).

Neuronale Korrelate der Selbstkontrolle bei intertemporalen Entscheidungskonflikten. Im Unterschied zu Untersuchungen von Konflikten zwischen intendierten und automatisierten Reaktionen in einfachen Reaktionsaufgaben werden im vergleichsweise neuen Forschungsgebiet der Neuroökonomie (s. Kap. V.7) zunehmend auch komplexere Entscheidungskonflikte untersucht, die sich z. B. ergeben, wenn man zwischen einer sofortigen Belohnung und einer erst später verfügbaren, aber größeren Belohnung wählen soll (z. B. zwei Euro sofort oder zehn Euro in zwei Monaten; sofort eine Zigarette rauchen oder das Lungenkrebsrisiko in zwanzig Jahren senken). Menschen neigen in solchen intertemporalen Entscheidungskonflikten dazu, den subjektiven Nutzen von Belohnungen umso stärker abzuwerten, je weiter sie in der Zukunft liegen (die sog. zeitliche Diskontierung; *temporal discounting*). Ökonomische Entscheidungstheorien gehen in der Regel davon aus, dass es rational ist, den Wert verzögerter Belohnungen exponentiell abzuwerten (s. Kap. III.11), was zur Konsequenz hat, dass die relativen Präferenzen für die früheren und späteren Optionen nicht von deren absoluter zeitlicher Distanz abhängen. Im Gegensatz dazu präferieren Personen häufig eine kleinere sofortige Belohnung gegenüber einer größeren späteren Belohnung, ziehen jedoch die größere spätere Belohnung vor, wenn beide Belohnungen in der Zukunft liegen. Ein Beispiel dafür ist eine Person, die sich vornimmt, beim Dinner in zwei Wochen kein Dessert zu bestellen, weil ihr das langfristige Ziel abzunehmen sehr viel wichtiger ist, sich dann aber am besagten Abend doch für das Dessert

entscheidet. Eine einflussreiche Erklärung für diese Beobachtung geht von der Annahme zweier konkurrierender Bewertungssysteme aus (s. Kap. IV.6): ein ›reflektives‹ System soll die Antizipation langfristiger Konsequenzen vermitteln und den subjektiven Wert zukünftiger Belohnungen kaum abwerten, während ein ›impulsives‹ System primär auf sofort verfügbare Belohnungen reagieren und den Anreiz verzögerter Belohnungen stark abwerten soll. Im Einklang mit dieser Zwei-Systeme-Theorie wurde in einer früheren Studie zu intertemporalen Entscheidungen (McClure et al. 2004) mittels funktioneller Magnetresonanztomografie herausgefunden, dass Hirnregionen, die mit dem dopaminergen Belohnungssystem assoziiert werden (ventrales Striatum, orbitofrontaler Kortex) insbesondere bei Entscheidungen aktiviert wurden, die eine unmittelbar verfügbare Belohnung beinhalteten, während die Aktivierung in kognitiven Kontrollregionen (dorsolateraler Präfrontalkortex, posteriorer Parietalkortex) unabhängig von der Belohnungsverzögerung war.

Der Ansatz eines solchen ›dualen Systems‹ wird allerdings durch neuere Studien in Frage gestellt, die eher dafür sprechen, dass kurz- und langfristige Anreize im ventromedialen Präfrontalkortex zu einer einheitlichen Wertrepräsentation (einer ›gemeinsamen Währung‹) verrechnet werden (für eine Übersicht vgl. Peters/Büchel 2010). Selbstkontrolle beruht demzufolge nicht primär auf der Unterdrückung eines ›impulsiven‹ Systems, sondern auf der Modulation eines einheitlichen Bewertungssignals durch antizipierte langfristige Folgen (Hare et al. 2009). Im Einklang damit haben neuere Bildgebungsstudien gezeigt, dass Probanden, die instruiert wurden, ihre Aufmerksamkeit auf zukünftige Konsequenzen zu richten, eine geringere zeitliche Diskontierung sowie ein vermindertes Verlangen nach kurzfristigen Belohnungen zeigten.

Willensstärke als erschöpfbare Ressource

Der Begriff der Selbstkontrolle – insbesondere im Zusammenhang mit den eben beschriebenen Versuchssituationen bei intertemporalen Entscheidungskonflikten – ist eng mit dem alltagspsychologischen Konzept der Willensstärke (*willpower*) verwandt. Während Willensstärke oft als fragwürdiges Konzept angesehen wurde, vertritt insbesondere Roy Baumeister die These, dass Willensstärke tatsächlich als eine erschöpfbare und trainierbare mentale Ressource – ähnlich der Kraft eines Muskels – konzipiert werden kann, die die Selbstbeherrschung und das Durchhaltevermögen bei der Verfolgung von Zielen fördern soll (z. B. Baumeister/Tierney 2011). Baumeisters Theorie hat zahlreiche Verhaltensexperimente angeregt. In einer dieser Studien wurden Probanden zu einem angeblichen Gedächtnisexperiment zu Geschmackserinnerungen gebeten, bei dem sie in einem Raum, der köstlich nach Keksen duftete, entweder die Kekse oder Radieschen probeschmecken sollten, wobei die Gemüsegruppe explizit instruiert wurde, nichts von den Keksen zu essen. Danach mussten beide Gruppen unlösbare Anagramme bearbeiten. Als Maß der Willensstärke wurde die Zeit bis zum Aufgeben bei der Anagrammaufgabe gemessen. Es zeigte sich, dass die Gemüsegruppe viel schneller aufgab, was damit erklärt wurde, dass deren Mitglieder ihre Willenskraft infolge der Selbstbeherrschung, dem Naschen zu widerstehen, ›erschöpft‹ hatten. Weitere Untersuchungen zeigten, dass die so operationalisierte Willensstärke ein Prädiktor für Erfolg beim Lernen, gesundheitsförderliches Verhalten und beruflichen Erfolg ist und durch simple Maßnahmen (z. B. eine Woche auf eine aufrechte Körperhaltung zu achten) trainierbar zu sein scheint. Vor dem Hintergrund der in den vorhergehenden Abschnitten beschriebenen Studien zur kognitiven Kontrolle und Selbstkontrolle lässt sich Willensstärke möglicherweise als summarischer Ausdruck der Effektivität der beschriebenen neurokognitiven Kontrollmechanismen konzipieren. Ein Forschungsdesiderat besteht darin zu untersuchen, ob sich das Konstrukt der Willensstärke anhand bestimmter neuropsychologischer und neurokognitiver Parameter messen und quantifizieren lässt.

Kontrolldilemmata und die Kosten kognitiver Kontrolle

Zum Abschluss sei auf ein grundlegendes, bislang aber relativ wenig untersuchtes Problem hingewiesen, das daraus resultiert, dass unterschiedliche Kontrollprozesse je nach Kontext mit komplementären Nutzen und Kosten verbunden sind. Wir haben in diesem Kapitel primär die adaptiven Funktionen kognitiver und volitionaler Kontrollprozesse betont. So ist es offenkundig von Vorteil, wenn man bei der Verfolgung langfristiger Ziele in der Lage ist, störende Reize auszublenden und konkurrierende Reaktionen oder momentane Bedürfnisse zu unterdrücken. Auf der anderen Seite ist es ebenso offensichtlich, dass eine komplette oder dauerhafte Unterdrückung aktueller Bedürfnisse und potenziell bedeutsamer Reize (z. B. Gefahrensignale oder Gele-

genheiten zur Realisierung möglicherweise wichtigerer Ziele) in einer sich ständig verändernden Umwelt auch massive Nachteile haben kann. Allgemein kann man davon sprechen, dass intentionale Akteure bei der Verfolgung von Zielen vor einer Reihe antagonistischer adaptiver Anforderungen oder ›Kontrolldilemmata‹ stehen (Goschke 2007, 2013). Drei Beispiele solcher Kontrolldilemmata seien hier kurz beschrieben:

- *Abschirmungs-Wechsel-Dilemma*: Während es einerseits adaptiv ist, Absichten gegen konkurrierende Ziele oder Reaktionen abzuschirmen, kann eine übermäßige und rigide Zielabschirmung andererseits die Fähigkeit beeinträchtigen, Verhalten flexibel an wechselnde Kontexte anzupassen oder sich von Zielen wieder abzulösen, wenn diese nicht mehr erreichbar sind oder es aus anderen Gründen angemessen wäre, auf ein anderes Ziel zu wechseln.
- *Selektions-Überwachungs-Dilemma*: Während es einerseits für die Verfolgung von Zielen notwendig ist, die Aufmerksamkeit selektiv auf zielrelevante Informationen zu fokussieren und störende Reize auszublenden, müssen Lebewesen andererseits ihre Umwelt kontinuierlich auf potenziell bedeutsame Reize (z. B. Gefahrensignale, günstige Gelegenheiten für alternative Ziele usw.) überwachen, selbst wenn dadurch das Risiko von Interferenz oder Ablenkbarkeit erhöht wird.
- *Exploitations-Explorations-Dilemma*: Während es einerseits adaptiv ist, solche Handlungen auszuführen, die in der Vergangenheit mit positiven Konsequenzen verknüpft waren, müssen Lebewesen andererseits auch neue und potenziell riskante Optionen explorieren, um etwas über die Belohnungskontingenzen oder Veränderungen in einer Umwelt lernen zu können.

Da die Pole dieser Kontrolldilemmata jeweils mit komplementären Kosten und Nutzen assoziiert sind, stellt sich adaptive Handlungssteuerung als Optimierungsproblem dar, das einen Ausgleich zwischen antagonistischen adaptiven Anforderungen erfordert. Diese Überlegungen werfen drei zentrale Forschungsfragen auf:

- Wie wird die Balance zwischen komplementären Kontrollzuständen (z. B. Zielabschirmung *versus* Zielwechsel; Exploitation *versus* Exploration) dynamisch und kontextabhängig reguliert? Von welchen Faktoren hängt es z. B. ab, ob eine Absicht trotz konkurrierender Ziele oder wiederholter Konflikte weiter ›abgeschirmt‹ wird (wie es die oben beschriebenen Volitionstheorien postulieren), oder ob man sich von einem Ziel ablöst und andere Optionen exploriert? Welche Faktoren regulieren, ob die Aufmerksamkeit selektiv auf zielrelevante Informationen fokussiert oder die Umwelt möglichst umfassend auf potenziell bedeutsame Reize überwacht wird?

- Welche neuronalen Systeme sind an komplementären Kontrollfunktionen (z. B. zielgerichtete fokussierte Aufmerksamkeit *versus* verteilte Hintergrundüberwachung) beteiligt und welche Faktoren regulieren die Interaktion und relative Dominanz dieser Systeme?
- Welche Faktoren determinieren Kontrollparameter (z. B. die Aufmerksamkeitsbreite, die Stärke der Zielabschirmung, die Explorationsneigung usw.), die ihrerseits die Balance zwischen komplementären Kontrollprozessen regulieren?

Es ist davon auszugehen, dass zur Beantwortung dieser Fragen multiple Einflussfaktoren auf unterschiedlichen Zeitskalen zu berücksichtigen sein werden. So dürften stabile Einstellungen von Kontrollparametern und die Balance von komplementären Kontrollprozessen auf einer längerfristigen Zeitskala durch genetische Dispositionen in Interaktion mit individuellen Lernerfahrungen abhängen, wobei insbesondere statistische Merkmale der jeweiligen Umwelt einen wichtigen Einfluss haben dürften (z. B. die Häufigkeit von Reaktionskonflikten; die Stabilität *versus* Volatilität von Belohnungskontingenzen; die Vorhersagbarkeit langfristiger Belohnungen). Relativ stabile individuelle Unterschiede in Kontrollparametern hängen dabei vermutlich mit spezifischen Persönlichkeitsdispositionen zusammen (Kuhl 2000). Darüber hinaus spricht eine wachsende Zahl von Befunden dafür, dass Kontrollparameter und die Balance zwischen komplementären Kontrollzuständen (z. B. stabile Aufrechterhaltung *versus* flexible Aktualisierung von Zielrepräsentationen im Arbeitsgedächtnis) auch auf sehr viel kürzeren Zeitskalen durch Emotionen, Belohnungsreize, akuten Stress sowie damit assoziierte neuromodulatorische Systeme moduliert werden (Bolte/Goschke 2010; Chiew/Braver 2011). Die Entwicklung einer integrativen Theorie der dynamischen Regulation volitionaler und kognitiver Kontrolle ist insofern nur von einer engen Kooperation psychologischer und neurowissenschaftlicher Forschungsansätze auf verschiedenen Zeitskalen und multiplen Beschreibungsebenen zu erwarten.

Die Arbeit an diesem Kapitel und die Forschungen der Autoren zum Thema wurden durch die Volkswagen-Stiftung (II/80774) und die DFG (im Rahmen des Sonderforschungsbereichs *Volition and cognitive control*; SFB 940/2012–1) gefördert.

Literatur

Ach, Narziss (1910): *Über den Willensakt und das Temperament.* Leipzig.

Achtziger, Anja/Gollwitzer, Peter (⁴2010): Motivation und Volition im Handlungsverlauf. In: Jutta Heckhausen/ Heinz Heckhausen (Hg.): *Motivation und Handeln.* Berlin [1980], 309–336.

Baumeister, Roy/Tierney, John (2011): *Willpower.* New York. [dt.: *Die Macht der Disziplin.* Frankfurt a. M. 2012].

Blakemore, Sarah-Jayne/Wolpert, Daniel/Frith, Chris (1998): Central cancellation of self-produced tickle sensation. In: *Nature Neuroscience* 1, 635–640.

Bolte, Annette/Goschke, Thomas (2010): Thinking and emotion. In: Britt Glatzeder/Vinod Goel/Albrecht von Müller (Hg.): *Towards a Theory of Thinking.* Heidelberg, 261–278.

Botvinick, Matthew/Braver, Todd/Barch, Deanna/Carter, Cameron/Cohen, Jonathan (2001): Conflict monitoring and cognitive control. In: *Psychological Review* 108, 624–652.

Brass, Marcel/Haggard, Patrick (2007): To do or not to do. In: *Journal of Neuroscience* 27, 9141–9145.

Bühringer, Gerhard/Wittchen, Hans-Ulrich/Gottlebe, Katrin/Kufeld, Claudia/Goschke, Thomas (2008): Why people change? In: *International Journal of Methods in Psychiatric Research* 17, S4–S15.

Chiew, Kimberly/Braver, Todd (2011): Positive affect versus reward. In: *Frontiers in Psychology* 2, 279, 1–10.

Cohen, Jessica/Lieberman, Matthew (2009): The common neural basis of exerting self-control in multiple domains. In: Ran Hassin/Kevin Ochsner/Yaacov Trope (Hg.): *Self Control in Society, Mind, and Brain.* Oxford, 141–160.

Desmurget, Michel/Sirigu, Angela (2009): A parietal-premotor network for movement intention and motor awareness. In: *Trends in Cognitive Sciences* 13, 411–419.

Dretske, Fred (1988): *Explaining Behavior.* Cambridge (Mass.).

Fried, Itzhak/Katz, Amiram/McCarthy, Gregora/Sass, Kimberlee/Williamson, Peter/Spencer, Susan/Spencer, Dennis (1991): Functional organization of human supplementary motor cortex studied by electrical stimulation. In: *Journal of Neuroscience* 11, 3656–3666.

Gentsch, Antje/Schütz-Bosbach, Simone (2011): I did it. In: *Journal of Cognitive Neuroscience* 23, 3817–3828.

Goschke, Thomas (2004): Vom freien Willen zur Selbstdetermination. In: *Psychologische Rundschau* 55, 186–197.

Goschke, Thomas (²2007): Volition und kognitive Kontrolle. In: Jochen Müsseler (Hg.): *Allgemeine Psychologie.* Heidelberg [2002], 232–293.

Goschke, Thomas (2013): Volition in action: In: Wolfgang Prinz/Miriam Beisert/Arvid Herwig (Hg.): *Action Science.* Cambridge (Mass.), 409–434.

Haggard, Patrick (2008): Human volition. In: *Nature Reviews Neuroscience* 9, 934–946.

Haggard, Patrick/Eimer, Martin (1999): On the relation between brain potentials and the awareness of voluntary movements. In: *Experimental Brain Research* 126, 128–133.

Hare, Todd/Camerer, Colin/Rangel, Antonio (2009): Self-control in decision-making involves modulation of the vmPFC valuation system. In: *Science* 324, 646–648.

Haynes, John-Dylan/Sakai, Katsuyuki/Rees, Geraint/Gilbert, Sam/Frith, Chris/Passingham, Richard (2007): Reading hidden intentions in the human brain. In: *Current Biology* 17, 323–328.

Hofmann, Wilhelm/Schmeichel, Brandon/Baddeley, Alan (2012): Executive functions and self-regulation. In: *Trends in Cognitive Sciences* 16, 174–180.

Hommel, Bernhard (2000): The prepared reflex. In: Stephen Monsell/Jon Driver (Hg.): *Control of Cognitive Processes.* Cambridge (Mass.), 247–273.

Hommel, Bernhard/Müsseler, Jochen/Aschersleben, Gisa/Prinz, Wolfgang (2001): The theory of event coding. In: *Behavioral and Brain Sciences* 24, 849–937.

Kane, Robert (Hg.) (²2011): *The Oxford Handbook of Free Will.* Oxford.

Kuhl, Julius (1985): Volitional mediators of cognitive-behavior consistency. In: Julius Kuhl/Jürgen Beckmann (Hg.): *Action Control.* Berlin, 101–128.

Kuhl, Julius (2000): A functional-design approach to motivation and self-regulation. In: Monique Boekaerts/Paul Pintrich/Moshe Zeidner (Hg.): *Handbook of Self-Regulation.* San Diego, 111–169.

Kuhl, Julius/Goschke, Thomas (1994): A theory of action control. In: Julius Kuhl/Jürgen Beckmann (Hg.): *Volition and Personality.* Göttingen.

Libet, Benjamin/Gleason, Curtis/Wright, Elwood/Pearl, Dennis (1983): Time of conscious intention to act in relation to onset of cerebral activity (readiness-potential). In: *Brain* 106, 623–642.

Linser, Katrin/Goschke, Thomas (2007): Unconscious modulation of the conscious experience of voluntary control. In: *Cognition* 104, 459–475.

Mansouri, Farshad/Tanaka, Keiji/Buckley, Mark (2009): Conflict-induced behavioural adjustment. In: *Nature Reviews Neuroscience* 10, 141–152.

McClure, Samuel/Laibson, David/Loewenstein, George/Cohen, Jonathan (2004): Separate neural systems value immediate and delayed monetary rewards. In: *Science* 306, 503–507.

Miller, Earl/Cohen, Jonathan (2001): An integrative theory of prefrontal cortex function. In: *Annual Review of Neuroscience* 24, 167–202.

Neumann, Odmar/Prinz, Wolfgang (1987): Kognitive Antezedenzien von Willkürhandlungen. In: Heinz Heckhausen/Peter Gollwitzer/Franz Weinert (Hg.): *Jenseits des Rubikon.* Berlin, 195–215.

O'Reilly, Randall/Herd, Seth/Pauli, Wolfgang (2010): Computational models of cognitive control. In: *Current Opinion in Neurobiology* 20, 257–261.

Pacherie, Elisabeth/Haggard, Paul (2011): What are intentions? In: Walter Sinnott-Armstrong/Lynn Nadel (Hg.): *Conscious Will and Responsibility.* Oxford, 70–84.

Peters, Jan/Büchel, Christian (2010): Neural representations of subjective reward value. In: *Behavioural Brain Research* 213, 135–141.

Roskies, Adina (2010): How does neuroscience affect our conception of volition? In: *Annual Review of Neuroscience* 33, 109–130.

Sato, Atsushi/Yasuda, Asako (2005): Illusion of sense of self-agency. In: *Cognition* 94, 241–255.

Scherbaum, Stefan/Fischer, Rico/Dshemuchadse, Maja/Goschke, Thomas (2011): The dynamics of cognitive control. In: *Psychophysiology* 48, 591–600.

Sinnott-Armstrong, Walter/Nadel, Lynn (Hg.) (2011): *Conscious Will and Responsibility.* Oxford.

Soon, Chun Siong/Brass, Marcel/Heinze, Hans-Jochen/Haynes, John-Dylan (2008): Unconscious determinants of free decisions in the human brain. In: *Nature Neuroscience* 11, 543–545.

Synofzik, Matthis/Vosgerau, Gottfried/Newen, Albert (2008): Beyond the comparator model. In: *Consciousness and Cognition* 17, 219–239.

Walter, Henrik (2001): *Neurophilosophy of Free Will.* Cambridge (Mass.). [dt.: *Neurophilosophie der Willensfreiheit.* Paderborn 1998].

Walter, Henrik (2004): Willensfreiheit, Verantwortlichkeit und Neurowissenschaft. In: *Psychologische Rundschau* 55, 169–177.

Wegner, Daniel (2002): *The Illusion of Conscious Will.* Cambridge (Mass.).

Thomas Goschke/Henrik Walter

24. Wahrnehmung

Für den berühmt-berüchtigten ›Mann auf der Straße‹ gibt es kein Problem der Wahrnehmung, denn er ist in der Regel naiver Realist: Für ihn ist Wahrnehmung eine Art und Weise, mittels seiner fünf Sinne unmittelbar Informationen über die Welt aufzunehmen; ihm ist die reale Welt um ihn herum so vertraut, dass es ihm unnötig erscheint, darüber zu spekulieren, weshalb sie ihm so erscheint, wie sie ihm erscheint; er kann die ihn umgebenden Objekte mit seinen Sinnen wahrnehmen, seine Erwartungen an Häuser oder fahrende Autos werden zuverlässig bestätigt, insofern die Häuser sich nicht plötzlich verbiegen und die Autos nicht abheben; er kann sich abwenden oder die Augen schließen und Haus und Auto existieren weiter. Der naive direkte Realismus als Theorie der Wahrnehmung geht davon aus, dass wir in unmittelbarem Kontakt mit der Außenwelt stehen und dass diese Außenwelt unabhängig davon existiert, ob wir sie wahrnehmen oder nicht.

Für Philosophen, Psychologen, Physiologen und Robotiker wirft Wahrnehmung hingegen eine ganze Reihe von Fragen auf. Genauer betrachtet ist fraglich, ob Wahrnehmung wirklich die direkte Aufnahme von Informationen über eine vorgegebene, wahrnehmungsunabhängige objektive Welt sein kann. Diese Skepsis wird sowohl durch philosophische Argumente als auch durch empirische Belege genährt. Was ist dann aber Wahrnehmung? Was ist der Inhalt der Wahrnehmung? Welche neuronalen Mechanismen liegen Wahrnehmungsprozessen zugrunde? Unter welchen Bedingungen bricht unsere Wahrnehmung zusammen? In welchem Verhältnis steht unser Wahrnehmungsbewusstsein zur restlichen Kognition? Unter diesen übergreifenden Aspekten sollen im Folgenden ganz unterschiedliche Ansätze aus der Kognitionswissenschaft diskutiert werden, ohne dass dabei endgültige Antworten auf diese Fragen geliefert werden können.

Theorien der Wahrnehmung

Wahrnehmung, Illusion und Halluzination. Dem naiven oder direkten Realismus zufolge besteht Wahrnehmung in einem direkten Bewusstsein der uns umgebenden Objekte und ihrer Eigenschaften. Die Möglichkeit von Illusionen oder Halluzinationen stellt diese Auffassung vor Herausforderungen (Moore 1903). Illusionen sind alltägliche Phänomene. Betrachtet man z. B. die zwei Linien der Mül-

ler-Lyer-Illusion, so erscheinen sie einem unterschiedlich lang, obwohl sie gleich lang sind und man das eventuell auch weiß (weil man z. B. nachgemessen hat). Wenn man einer Halluzination erliegt, dann hat man ein bewusstes Erlebnis, das sich zwar wie eine Wahrnehmung eines wirklichen Gegenstandes anfühlt, für das es aber keinen korrespondierenden Gegenstand in der Welt gibt: Es mag z. B. vorkommen, dass Sie Stimmen hören, obwohl niemand spricht, einen Schmerz in Ihrem amputierten Arm fühlen oder einen Gestank zu vernehmen scheinen, obwohl nichts diesen Geruch verströmt. Hinsichtlich ihrer Qualität auf der Ebene der bewussten Erfahrung (s. Kap. IV.4) sind Sinnestäuschungen von wahrheitsgetreuen Wahrnehmungen oft schwer zu unterscheiden. Wenn aber Wahrnehmungen und Halluzinationen Erlebnisse derselben Art sind und wenn somit subjektiv ununterscheidbare Erfahrungen mit oder ohne existierende Gegenstände vorliegen können, dann scheint Wahrnehmung nicht in einem direkten Kontakt mit der Außenwelt bestehen zu können. Vielmehr scheint, so wird aus diesem ›Täuschungsargument‹ gefolgert, Wahrnehmung über irgendwie geartete Stellvertreter vermittelt zu sein. Philosophische Theorien der Wahrnehmung können als Auseinandersetzungen mit und Reaktionen auf dieses Problem formuliert werden.

Die Sinnesdatentheorie. Vertreter der sog. Sinnesdatentheorie folgern aus der Möglichkeit von Halluzinationen, dass wir uns nicht der gewöhnlichen physikalischen Gegenstände der Außenwelt bewusst sind, sondern vielmehr anderer Gegenstände, nämlich Sinnesdaten, und zwar nicht nur im Falle von Halluzination, sondern auch im Falle wahrhaftiger Wahrnehmungen (z. B. Moore 1910). Sinnesdaten sind nichtphysikalische, geistabhängige Gegenstände: Sehe ich eine Münze vor mir, dann bin ich demnach also direkt mit einem nichtphysikalischen mentalen Gegenstand vertraut, der von einer realen Münze verursacht sein kann (im Falle einer Wahrnehmung), aber nicht sein muss (im Falle einer Halluzination). Schließe ich die Augen, verschwindet dieser Gegenstand; öffne ich sie wieder, bin ich mit einem anderen Sinnesdatum vertraut. Der Sinnesdatentheoretiker kann zwar akzeptieren, dass es uns so scheint, *als ob* wir reale, geistunabhängige Gegenstände wahrnehmen, in Wirklichkeit aber sind wir in seinen Augen nur indirekt mit jenen Gegenständen der Außenwelt vertraut, die die Sinnesdaten verursachen (der sog. indirekte Realismus). Eine extreme Variante der Sinnesdatentheorie ist der Phänomenalismus, wonach wir gar nicht mit realen Objekten vertraut sind, auch nicht indirekt (Foster 2000).

Die Sinnesdatentheorie ist allerdings problematisch. Schwer zu schlucken ist z. B. die Konsequenz, dass sich mit den mentalen Gegenständen ein ›Schleier der Ideen‹ zwischen Subjekt und Welt schiebt. Der ontologische Status dieser ›Gegenstände‹ ist äußerst mysteriös – sie sind privat, geistabhängig, nur exklusiv zugänglich und ihre Existenz ist nicht von Dauer, kurz: sie haben keine der Eigenschaften, die üblicherweise mit Gegenständen assoziiert werden. Die Postulierung von Sinnesdaten ist lediglich durch die Annahmen motiviert, dass erstens Halluzination und Wahrnehmung Erlebnisse derselben Art sind, und dass es zweitens, wann immer man ein Erlebnis hat, immer *etwas*, d. h. ein Einzelding, geben muss, das die Eigenschaft hat, die man vermeintlich an einem Gegenstand wahrgenommen hat, kurz: dass es bei einem Erlebnis immer ein Ding gibt, *dessen* man sich bewusst ist. Beide Annahmen sind allerdings nicht selbstverständlich.

Die adverbiale Theorie. Eine erste Reaktion auf die Probleme der Sinnesdatentheorie besteht darin, den relationalen Charakter der Wahrnehmung aufzugeben und die Rede von Sinnesdaten auf die Rede von Arten und Weisen des Erlebens zu reduzieren. Ein goldenes Sinnesdatum beim Anblick einer Münze wird also ersetzt durch eine ›goldene Weise‹, die Münze wahrzunehmen (Chisholm 1957). Diese sog. adverbiale Theorie der Wahrnehmung nimmt statt mentalen Objekten intrinsische Eigenschaften von Erlebnissen an, die in jüngeren Debatten auch ›Qualia‹ genannt werden und von den repräsentationalen Eigenschaften eines Erlebnisses verschieden sind (s. Kap. IV.4). Ob es Qualia gibt, ist umstritten (Dennett 1988; s. u.). Die adverbiale Theorie scheint aber nicht erklären zu können, inwiefern Wahrnehmung uns ein Wissen über die Welt vermittelt (s. Kap. IV.25), wenn sie lediglich eine Aussage über die Modifikation des Bewusstseins trifft. Sie hat außerdem Probleme, komplexe Erlebnisse zu erklären, denn sie kann nicht zwischen der Wahrnehmung eines roten Rechtecks neben einem grünen Kreis und der Wahrnehmung eines grünen Rechtecks neben einem roten Kreis unterscheiden (Jackson 1977), da die Art und Weise des Wahrnehmens in beiden Fällen dieselbe ist: rötlich, grünlich, rundlich und rechteckig (s. Kap. III.2). Versuche, die adverbiale Theorie angesichts solcher Einwände zu reparieren, scheinen sie zu einer Variante der intentionalen Theorie zu

machen (s. u.), insofern angenommen werden muss, dass uns die Welt in Wahrnehmungen als irgendwie beschaffen erscheint. Blocks (2010) Theorie der bewussten Wahrnehmung scheint z. B. eine Kombination aus Repräsentation und Art und Weise des Wahrnehmens zu sein.

Der Disjunktivismus. Zwei weitere Reaktionen auf das Täuschungsargument sind die disjunktive und die intentionale Theorie der Wahrnehmung, die beide ohne die Annahme von Sinnesdaten auskommen. Man könnte argumentieren, dass Halluzinationen von wahrhaftigen Wahrnehmungen deshalb subjektiv unterscheidbar sind, weil bei der Wahrnehmung immerhin ein Gegenstand eine wichtige Rolle spielt, bei der Halluzination aber nicht (Hinton 1973; Snowdon 1980). Bei einer wahrhaftigen Wahrnehmung sind wir uns – gemäß dem direkten Realismus – direkt des Gegenstandes in der Außenwelt bewusst, der konstitutives Element des Erlebnisses sein soll: Wahrnehmungen beinhalten im Gegensatz zu Halluzinationen also Objekte. Es scheint uns lediglich so, als hätten wir Erlebnisse derselben Art, weil wir subjektiv nur urteilen können, dass wir gerade entweder eine Wahrnehmung haben oder einer Täuschung unterliegen, ohne bestimmen zu können, um welches der beiden es sich handelt. Da das bewusste Erlebnis aus subjektiver Perspektive entweder eine wahrhaftige Wahrnehmung oder eine Halluzination ist, wird diese Position als ›Disjunktivismus‹ bezeichnet (Byrne/Logue 2009). Der Disjunktivismus ist allerdings problematisch, weil nur von einzelnen Erlebnisvorkommnissen sinnvoll gesagt werden kann, sie beinhalteten ein Objekt (welches das Erlebnis wahr macht), nicht aber von Erlebnistypen, die für Wahrnehmungen und Täuschungen identisch sein könnten (Burge 2005). Der Disjunktivismus liefert zudem keine Charakterisierung halluzinierter Objekte: Da man sich auch in Halluzinationen eines Objekts bewusst sein kann, bietet es sich an, hier von einem *repräsentierten* Objekt zu sprechen. Damit würde der Disjunktivist aber eine intentionale Theorie bezüglich der Halluzination vertreten und die Frage provozieren, warum nicht auch bei der Wahrnehmung ein Objekt repräsentiert wird. Dies führt zur intentionalen Theorie der Wahrnehmung.

Die intentionale Theorie. Eine dritte Möglichkeit, die Annahme von Sinnesdaten zu vermeiden, zugleich aber mögliche Illusionen und Halluzinationen zuzulassen, ist die attraktive und unter Kognitionswissenschaftlern verbreitete intentionale Theorie der

Wahrnehmung (auch ›Repräsentationalismus‹ genannt; s. Kap. IV.4). Diese Theorie hält daran fest, dass Wahrnehmung und Täuschung subjektiv ununterscheidbar sind und beide Erlebnisse eine Gemeinsamkeit haben müssen. Diese soll jedoch kein Sinnesdatum, sondern ein intentionaler oder repräsentationaler Gehalt sein (Tye 1995). Wahrnehmung ist demnach also in dem Sinne intentional bzw. repräsentational, dass sie von einem Objekt handelt, ohne dass daraus auf die tatsächliche Existenz des repräsentierten Objekts geschlossen werden darf. Insofern intentionale Beziehungen die Existenz des repräsentierten Objekts nicht voraussetzen, werden Wahrnehmungen analog zu Überzeugungen als propositionale Einstellungen angesehen. So wie ich glauben kann, dass Münzen rund sind, kann ich auch wahrnehmen, dass Münzen rund sind (Armstrong 1961). In beiden Fällen hat meine bewusste Vorstellung einen intentionalen Gehalt, der mit der Welt übereinstimmen kann oder nicht. Erfüllungsbedingungen machen den Inhalt eines Wahrnehmungserlebnisses überprüfbar. So wie ich eine falsche Überzeugung (z. B. über die Existenz von Hexen) haben kann, kann ich auch fehlerhafte Wahrnehmungen haben. Illusionen und Halluzinationen sind gemäß dieser Position Fehlrepräsentationen (s. Kap. IV.16). Bei Wahrnehmung und Halluzination wird gleichermaßen ein Objekt als so-und-so beschaffen vorgestellt, dem Wahrnehmungserlebnis korrespondiert jedoch ein Gegenstand in der Welt (der es wahr macht). Halluzinierte Objekte existieren dagegen nicht, d. h. der intentionale Gehalt dieser Erlebnisse ist nicht erfüllt (Siegel 2011).

Bevor die intentionale Theorie der Wahrnehmung im Kontext der Entwicklung der Kognitionswissenschaft etwas genauer diskutiert wird, sollen zunächst die neuronalen Grundlagen der Wahrnehmungssysteme vorgestellt werden. In diesem Kontext ist interessant, welche Auswirkungen lokale oder globale Schädigungen des Gehirns auf unsere Wahrnehmungsfähigkeiten haben und in welchem Fall unbewusste Wahrnehmungen möglich bleiben, die gleichwohl Auswirkungen auf unser Verhalten haben können.

Wahrnehmung, Bewusstsein und Gehirn

Das visuelle System im Gehirn. Der Prozess der visuellen Wahrnehmung setzt mit dem Lichteinfall auf die Netzhaut ein. Diese enthält mehrere Schichten von Neuronen, von denen die (etwa 120 Millionen) Zapfen für Farbensehen und Sehen im Hellen zu-

ständig sind, die (etwa sechs Millionen) Stäbchen für Sehen im Dunkeln. Sie wandeln die Lichtenergie durch biochemische Prozesse in elektrische Signale um und leiten diese an die Ganglienzellen der Netzhaut weiter. Die Axone dieser Ganglienzellen bilden den optischen Nerv, über den die Information an den lateralen Kniehöcker im Thalamus weitergeleitet wird. Dort, wo der optische Nerv von der Netzhaut ausgeht, gibt es weder Zapfen noch Stäbchen, so dass ein blinder Fleck entsteht, der allerdings nur einen kleinen Teil des visuellen Feldes ausmacht. Der größte Teil des visuellen Feldes ist binokular, d. h. sowohl das linke als auch das rechte Auge liefern visuelle Informationen, die jeweils von der gegenüberliegenden Hemisphäre verarbeitet werden. Fast alle Sinne, außer dem Geruchssinn, projizieren zunächst in den Thalamus, der als Relaisstation zu fungieren scheint. Vom Thalamus aus werden die Signale der unterschiedlichen Sinnesmodalitäten in die jeweiligen Verarbeitungszentren weitergeleitet: Visuelle Signale z. B. gelangen zum visuellen Kortex im Hinterhauptslappen. Vom Thalamus aus erreichen die Signale außerdem das limbische System. Man nimmt an, dass Reize dabei mit einer emotionalen Bedeutung verbunden werden.

Das erste Stadium der Verarbeitung visueller Reize auf kortikaler Ebene findet hauptsächlich im frühen visuellen Kortex statt, also im hintersten Teil des Okzipitallappens. Der primäre visuelle Kortex (V1) ist topografisch organisiert, d. h. dort ist das gesamte visuelle Feld als ›Miniaturkarte‹ repräsentiert. Mit anderen Worten: Der räumliche Aufbau der Außenwelt ist im frühen visuellen Kortex anatomisch verankert, d. h. benachbarte Punkte im visuellen Feld werden durch benachbarte kortikale Regionen in V1 repräsentiert. Diese topografische Organisation setzt sich in anderen Arealen fort, wird jedoch in den höheren Arealen schwächer. Das visuelle System ist anatomisch und funktional hierarchisch organisiert: V1 analysiert sehr grundlegende Eigenschaften der visuellen Signale wie z. B. Helligkeitsunterschiede (Kontrast) oder die Orientierung und räumliche Frequenz von Reizen. In der sekundären und tertiären Rinde werden u. a. einfache Konturen und Kanten analysiert, in V4 Farben und in V5 Bewegung. Weitere höhere visuelle Regionen sind für die komplexere visuelle Analyse zuständig, der Temporallappen z. B. für Objekt- und Gesichtserkennung, während der Parietallappen die räumliche Beziehung zwischen Objekten verarbeitet. Neurone in den höheren visuellen Arealen reagieren im Gegensatz zu denen in früheren visuellen Arealen auf einen relativ großen Bereich der Außenwelt und sind vergleichsweise unabhängig von z. B. Betrachtungswinkel und Helligkeitsunterschieden. So reagiert etwa das Hirnareal, das auf Gesichtserkennung spezialisiert ist, auf Gesichter sowohl in der Frontal- als auch in der Profilansicht. Man spricht in diesem Fall von ›invarianter Repräsentation‹.

Aus historischen Gründen und wegen der Entwicklung der Forschungsmethoden, mit denen das visuelle System untersucht wurde, wird traditionell angenommen, dass visuelle Verarbeitung entlang der Hierarchie von unten nach oben (*feedforward* bzw. *bottom up*) stattfindet (s. u.). Das Wahrnehmungsbild wird also zunächst aus einfachen Merkmalen der visuellen Reize, wie z. B. Kontrasten und Konturen, zusammengesetzt und schließlich zu komplexeren Objekten und Bildern zusammengefügt. Allerdings ist auch die umgekehrte Richtung des Informationsstroms von oben nach unten (*feedback* bzw. *top down*) von entscheidender Bedeutung für unsere Wahrnehmung (Lamme 2006). Von allen anatomischen Verbindungen im visuellen System machen *feedforward*-Verbindungen nur fünf Prozent aus; der Rest sind *feedback*- und laterale Verbindungen. Da die Erforschung von *feedback*-Verbindungen und ihrer Funktion lange vernachlässigt wurde, besteht hinsichtlich der Funktionsweise dieser Verbindungen noch eine gewaltige Erklärungslücke. Einige jüngere Theorien erklären aber viele bislang unverstandene Aspekte der visuellen Wahrnehmung, z. B. visuelle Suche und perzeptuelles Lernen (Ahissar/Hochstein 2004), Objekterkennung und Kontextintegration (Bar 2007) oder die Wahrnehmung (Lamme/Roelfsema 2000), mit dem umgekehrten Verarbeitungsfluss. Ahissar/Hochstein (2004) argumentieren, dass über schnelle *feedforward*-Verarbeitung die Essenz eines Bildes extrahiert wird und spätere *feedback*-Verarbeitung die Details auffüllt, je nachdem, was im Kontext gerade wichtig ist. Lamme (2006) zufolge kann bewusste Wahrnehmung durch *feedforward*-Verarbeitung alleine nicht zustande kommen, sondern ist auf *feedback*-Verarbeitung (Rückkoppelungsschleifen) angewiesen. Auch für die Vorhersage visueller Information und die neuesten Theorien der Vorhersagecodierung (*predictive coding*) ist der beidseitige Informationsfluss entlang der Hierarchie zentral (s. u.). Des Weiteren könnten *feedback*-Einflüsse erklären, warum aktuelle Computermodelle des primären visuellen Kortex (V1) bislang nur 10 bis 40 Prozent seiner Funktionsweise erklären können, wenn man sich am klassischen Modell orientiert (Carandini et al. 2005) – obwohl V1 eines der am besten erforschten Hirnareale ist. Im Hinblick auf die Funktionsweise

des visuellen Systems besteht daher immer noch immenser Erklärungsbedarf.

Andere Sinne. Das visuelle System gilt als Modellsystem für die Informationsverarbeitung im Gehirn. Die anderen Sinne wie Hören, Tasten, Riechen oder Schmecken ermöglichen jedoch selbstverständlich ebenfalls Wahrnehmungen und werden mit dem Sehen zu einer multisensorischen Einheit verbunden. Besonders auditorische Signale werden zu einem großen Teil bereits subkortikal analysiert und dann in kortikalen Regionen weiterverarbeitet. Ähnlich dem visuellen System ist auch das auditorische System hierarchisch organisiert; die Verarbeitung erfolgt in beiderlei Richtungen. Die frühen auditorischen Regionen detektieren feine Frequenz- und Zeitunterschiede unter den in den Ohren eintreffenden Reizen; sie sind tonotopisch organisiert, d. h. die neuronale Struktur entspricht einem Gradienten von niedrigerer zu hoher Frequenzverarbeitung. Die tonotope Organisation der frühen auditorischen Regionen repräsentiert strukturell den Frequenzraum, so wie die retinotope Organisation der frühen visuellen Regionen den äußeren Raum zweidimensional abbildet. Höhere auditorische Regionen integrieren die Reize über Zeit und Frequenz hinweg und erfassen abstrakte und kategorische Informationen, wie z. B. Spracheinheiten. Das auditorische System ist hochsensibel für feine Frequenz- oder Zeitunterschiede, hat aber im Vergleich zum visuellen System eine schlechtere räumliche Auflösung.

Der Tastsinn sowie die Eigen- und Schmerzwahrnehmung sind im somatosensorischen System verankert. Auch der somatosensorische Kortex ist gemäß den Körperteilen, für die die verschiedenen Neuronenpopulationen zuständig sind, strukturell organisiert. Verschiedene Rezeptoren (etwa für Temperatur oder Verletzungen) senden Signale über Nervenbahnen an die Region im Gehirn, welche Reize in exakt dieser Körperstelle verarbeitet. Der gesamte Körper ist im Gehirn wie eine Karte repräsentiert, was auch für die Entwicklung des sog. Körperbildes entscheidend ist.

Der Geruchssinn ist der evolutionär älteste und in vielen Tierarten in Aufbau und Funktionsweise analog. Er spielt eine wichtige Rolle bei der Partnersuche, der Mutter-Kind-Interaktion, bei der Nahrungssuche und -aufnahme sowie bei der Vermeidung von Fressfeinden. Die Geruchsknospen und der olfaktorische Kortex sind bilateral miteinander verbunden und senden Signale in *feedforward*- und *feedback*-Richtung. Der olfaktorische Kortex dient als eine Art Mustererkennungsvorrichtung, der die komplexen und dynamischen Aktivierungsmuster der Geruchsknospen interpretiert. Bei diesem Mustererkennungsprozess werden auch Gedächtnisspuren von früheren Geruchsmustern einbezogen (s. Kap. IV.7), so dass eine Wiedererkennung und bewusste Wahrnehmung bestimmter Gerüche ermöglicht wird. Ebenso wie die anderen Sinne erfährt auch der Geruchssinn einen perzeptuellen Vervollständigungsprozess. Unvollständigen oder schwachen Sinnesreizen werden ähnlich wie beim Prozess der Vorhersage (s. u.) fehlende Informationen durch kortikale Interpolationen zugeführt, um eine kohärente Sinneswahrnehmung zu garantieren (Wilson/Sullivan 2011).

Der Geschmackssinn dient (evolutionär betrachtet) der Auswahl von nährstoffhaltiger Nahrung und der Vermeidung von Giften. Er detektiert die fünf verschiedenen Geschmacksrichtungen (süß, salzig, sauer, bitter und umami), alle anderen Geschmackswahrnehmungen entstammen dem Geruchs- sowie dem Schmerz- und Tastsinn (z. B. im Fall von scharf oder knackig). Auch Geschmacksreize werden zuerst subkortikal (im Thalamus und in den Mandelkernen) verarbeitet, bevor sie den gustatorischen Kortex erreichen, der ebenfalls topografisch organisiert ist; d. h. unterschiedliche Nervenpopulationen codieren für die verschiedenen Geschmacksrichtungen. Im gustatorischen Kortex werden nicht nur die fünf Geschmacksrichtungen repräsentiert, sondern auch Informationen über Temperatur und Konsistenz des Essens. Für die Geschmackswahrnehmung werden sowohl all diese als auch Reize von allen anderen Sinnen, z. B. dem Sehen, dem Hören oder dem Geruch, integriert; damit ist der Geschmackssinn einer der multi-sensorischsten aller Sinne (Carleton et al. 2011).

Multimodale Wahrnehmungen und Synästhesie. Obwohl die verschiedenen Sinnesorgane für unterschiedliche Aspekte unserer Umwelt sensibel sind, stellt unsere Wahrnehmung eine stimmige Einheit aus allen Sinneseindrücken dar. Wie diese Einheit zustande kommt, ist wiederum ein umstrittenes Forschungsfeld (Bayne 2011): Werden die einzelnen Sinneseindrücke erst von den sensorischen Arealen separat analysiert und dann zusammengefügt oder findet die multimodale Bindung bereits in den sensorischen Arealen statt? Für beide Sichtweisen gibt es empirische Evidenz (Driver/Noesselt 2008). So lassen sich der Einfluss von Tönen im frühen visuellen Kortex sowie der Einfluss von Bildern im frühen auditorischen Kortex nachweisen; zudem gibt es direkte anatomische Verbindungen zwischen den sen-

sorischen Kortices. Es wurden aber auch Hirnregionen identifiziert, die bei der perzeptuellen Bindung von auditorischen und visuellen Signalen eine wichtige Rolle spielen und mit beiden sensorischen Kortices anatomisch verbunden sind (Murray/Wallace 2012). Die multimodale Wahrnehmung provoziert zudem eine der grundlegenden Fragen der Hirnforschung: Ist das Gehirn modular organisiert, d. h. gibt es für jede Art von Information eine spezialisierte Hirnregion, oder kann jede Hirnregion prinzipiell jede Art von Information verarbeiten (s. Kap. II.E.3)? Die Antwort liegt wohl in der Mitte. Zwar besitzt das Gehirn spezialisierte Module, die auch selektiv ausfallen können; für jede Wahrnehmung ist jedoch ein weites Netzwerk verschiedener Regionen unabdingbar, wobei bestimmte Regionen unter Umständen die Aufgaben anderer übernehmen können: Sur (1999) z. B. operierte Frettchen so, dass visuelle Signale von den Augen in den auditorischen Kortex geleitet wurden, was dazu führte, dass sie mit dem auditorischen Kortex sahen – ein Beleg für die Neuroplastizität des Gehirns (s. Kap. IV.19).

Eine besondere Form der multimodalen Wahrnehmung stellt die Synästhesie dar. Ein kleiner Prozentsatz der Bevölkerung erlebt diese besondere Form der Wahrnehmung, bei der eine Sinneserfahrung automatisch eine andere, unzusammenhängende in einer anderen Sinnesmodalität hervorruft (z. B. Cytowic 2002). Es gibt Synästhetiker, die Farben sehen, wenn sie Musik hören, oder etwas schmecken, wenn sie lesen oder sprechen. Andere Synästhetiker nehmen Farben wahr, wenn sie schwarz gedruckte Zahlen oder Buchstaben sehen. Synästhetische Wahrnehmung ersetzt die normale Wahrnehmung nicht, sondern ergänzt sie; z. B. interferieren die durch Musik hervorgerufenen Farben nicht mit der normalen visuellen Wahrnehmung. Umstritten ist, ob Synästhesie tatsächlich eine wahrhaftige Form der Wahrnehmung und mit der sensorischen Wahrnehmung gleichzusetzen ist oder ob sie nur eine starke multimodale Assoziation darstellt. Die subjektiven Berichte von Synästhetikern unterscheiden sich in dieser Hinsicht: Manche beschreiben ihr synästhetisches Erleben als Assoziation, andere als wahrhaftige Wahrnehmung. Auch die Hirnforschung hat bisher keine eindeutige Antwort auf diese Frage finden können. Einige Studien zeigen, dass synästhetisches Erleben ähnliche frühe Hirnregionen aktiviert wie wahrhaftige Wahrnehmung. Für die Theorie der erlernten Assoziation spricht hingegen, dass z. B. Buchstaben und Zahlen (mit denen Synästhetiker oft andere Sinneseindrücke erfahren) eine relativ junge kulturelle Errungenschaft sind und daher anzunehmen ist, dass das Gehirn in dieser kurzen Zeit für synästhetische Sinneseindrücke keinen eigenen Wahrnehmungsprozess entwickelt haben kann, der mit den sensorischen Sinneseindrücken gleichzusetzen ist (Robertson/Sagiv 2004). Diese komplexen Erlebnisse sind somit zudem relevant für die oben erläuterte philosophische Debatte über Disjunktivismus und Intentionalismus sowie für das Phänomen der Einheit des Bewusstseins.

Echoortung: Wie ist es, eine Fledermaus zu sein? Thomas Nagel (1974) machte auf den charakteristischen subjektiv-phänomenalen Charakter bewusster Erlebnisse aufmerksam (s. Kap. IV.4) und illustrierte diesen am Beispiel der Fledermaus, die als Säugetier mit einem Sinnesapparat ausgestattet ist, der ihr wahrscheinlich bewusste Wahrnehmungen ermöglicht: es fühlt sich irgendwie an, eine Fledermaus zu sein. Allerdings könnten wir uns nicht vorstellen, wie es ist, eine Fledermaus zu sein, meinte Nagel, weil Fledermäuse im Gegensatz zu uns über Echoortung wahrnehmen, d. h. Schallreflektionen benutzen, um Informationen über die Umwelt zu sammeln. Heute ist zwar bekannt, dass auch Menschen echoorten können, aber bei Fledermäusen ist diese Fähigkeit viel besser entwickelt.

Die Echoortung in Fledermäusen ist ein aktiver Vorgang. Während der Beutejagd z. B. macht die Fledermaus Sonargeräusche und benutzt Veränderungen im Echo zur zielgerichteten Bewegungssteuerung, wobei unterschiedliche Fledermausarten unterschiedliche Sonargeräusche machen. Eine Fledermaus, die z. B. rechts von sich ein Insekt entdeckt, berechnet anhand der Unterschiede in der Auftrittszeit, der spektralen Komposition und der Stärke des Echos zwischen ihren Ohren zunächst die horizontale und vertikale Position des Insekts. Anschließend wendet sie ihren Kopf dem Insekt zu und gibt weitere Sonargeräusche ab, um mehr akustische ›Momentaufnahmen‹ zu erhalten, damit sie ihren Flugweg anpassen kann. Um für die Beutejagd ihre Entfernung zur Beute festzustellen, berechnet die Fledermaus die Zeitverzögerung zwischen dem Sonargeräusch und dem Echo. Zudem kann sie so auch Form und Größe eines Objekts erfassen (Moss/Schnitzler 1995). Auch im Gehirn der Fledermaus gibt es Spezialisierungen zur Echoortung (Thomas et al. 2004). Beispielsweise passt die Große Hufeisennase (*Rhinolophus ferrumequinum*) ihre Sonargeräuschproduktion so an, dass sich vorwiegend Echos um eine Referenzfrequenz von 83kHz ergeben (Schnitzler 1968). Daher verarbeitet ein großer Anteil der Neurone in ihrem zentralen auditiven Ner-

vensystem diese Referenzfrequenz. Bei mehreren Fledermausarten reagieren Neurone in Mittelhirn, Thalamus und Kortex jeweils auf Tonpaare mit einer bestimmten Zeitverzögerung zwischen dem ersten und zweiten Ton, die einer bestimmten Distanz des Zielobjekts entspricht (Thomas et al. 2004).

Bei Menschen ist Echoortung vorwiegend an Blinden untersucht worden, obwohl auch sehende Menschen echoorten können (Teng/Whitney 2011). Echoortung bei Menschen ist, ähnlich der Fledermaus, ein aktiver Vorgang, bei dem produzierte Geräusche zur Bewegungssteuerung (Stoffregen/Pittenger 1995) sowie zur Bestimmung von Position, Material, Form und Größe eines Zieles (Kellogg 1962) verwendet werden. Die von Menschen erzeugten Sonargeräusche variieren stark und reichen von Zungenschnalzen oder Fingerschnipsen bis hin zu Klopfgeräuschen. Menschen können allerdings auch unter ›passiven‹ Bedingungen echoorten, wenn sie sich Töne anhören, die Echoortungsgeräusche simulieren (Thaler et al. 2011). Die Genauigkeit der Echoortung des Menschen ist derjenigen der Fledermaus aber unterlegen, eventuell weil Fledermäuse höhere Frequenzen hören können als Menschen, was die räumliche Auflösung ihrer Echoortung verbessert, da kürzere Wellenlängen kleinere Zielreize entdecken helfen. Auch sind die neuronalen Grundlagen der Echoortung bei Menschen noch nahezu unerforscht (vgl. aber ebd.).

Pathologien und unbewusste Wahrnehmungen. Paradigmatisch sprechen wir von Wahrnehmungen im Sinne bewusster Wahrnehmungen mit phänomenalem Charakter (s. Kap. IV.4). Wahrnehmungen müssen aber nicht *per se* bewusst sein. Vielmehr gibt es zahlreiche Beispiele für unbewusste Wahrnehmungen; alltägliche Phänomene sowie überraschende Erkenntnisse aus psychologischen Experimenten und pathologischen Befunden zeigen, dass zahlreiche Informationen über die Welt zwar von unserem Gehirn ›wahrnehmend‹ verarbeitet werden und unser Verhalten nachhaltig beeinflussen, aber offenbar nicht bewusst werden.

Eine wichtige Quelle von Erkenntnissen über die Wahrnehmungssysteme im Gehirn sind daher indirekte Belege aus pathologischen Befunden als Folge von Gehirnschädigungen (s. Kap. II.E.3). Gerade solche empirischen Befunde zwingen insbesondere Philosophen mitunter zur Revision ihrer bisherigen Auffassungen. Entsprechend der oben angedeuteten hohen Spezialisierung der Wahrnehmungssysteme, besonders des visuellen Systems, können Gehirnschädigungen sehr spezifische Veränderungen der

Wahrnehmungsleistungen zur Folge haben. So verlieren Patienten mit einer Schädigung in der Gehirnregion MT/V5 die Fähigkeit, Bewegung wahrzunehmen (Akinetopsie), während sie Farben, Formen und andere Eigenschaften von Objekten weiterhin sehen (Zeki 1991). Bewusste Wahrnehmung wird für sie zu einer Aneinanderreihung von Schnappschüssen, bei der Objekte hier verschwinden, um dort wieder aufzutauchen. Die Farbwahrnehmung ist hingegen bei einer Schädigung von V4 gestört, was zur Achromatopsie führt (Heywood/Cowey 2003). Patienten, die an Prosopagnosie leiden, haben Schädigungen im Okzipital- und Temporallappen und sind außerstande, Gesichter zu erkennen, selbst wenn sie Teile des Gesichts und andere Objekte weiterhin wahrnehmen können (Grüter et al. 2008).

Patienten, die an sog. Blindsicht leiden, haben eine Schädigung im primären visuellen Kortex (V1) und weiterleitenden Nervenbahnen. Die Patienten berichten, dass sie in denjenigen Teilen ihres Gesichtsfeldes, die von dem Gehirnschaden betroffen sind, nichts mehr wahrnehmen; trotzdem ›sehen‹ sie weiterhin, insofern ihr Gehirn die Informationen dort unbewusst verarbeitet und ihnen unter Laborbedingungen ein sehr zuverlässiges Raten ermöglicht (Weiskrantz 1986). Neglect ist auf eine Schädigung weiter oben in der visuellen Verarbeitungshierarchie zurückzuführen, in der Region des posterioren Parietallappens. Patienten mit einer Schädigung des rechten posterioren Parietallappens ignorieren in der Regel die linke Hälfte ihres Gesichtsfeldes (essen nur die Speise auf der rechten Seite des Tellers auf, rasieren sich nur rechts, ignorieren ihre linke Körperhälfte im Spiegel usw.), sind sich aber nicht bewusst, dass ihnen etwas fehlt. Mit dem Verlust des linken Raumes gehen dort befindliche Objekte ebenfalls verloren. Diese Beeinträchtigung betrifft analog auch die Vorstellungskraft (Karnath et al. 2002).

Als ›visuelle Agnosie‹ bezeichnet man den Verlust der Fähigkeit, kohärente Objekte wahrnehmen zu können. Das Gehirn bindet im gesunden Fall, so wird angenommen, die verteilt verarbeitete Information über Farben, Formen, Strukturen usw. zu kohärenten Objekten in der Umgebung zusammen (s. o.), z. B. über eine gemeinsame Feuerungsrate der beteiligten Neuronengruppen (Engel et al. 1999; s. Kap. III.2). Bei spezifischen Schädigungen verkommt das visuelle Feld jedoch zu einem Durcheinander unverbundener Qualitäten, das einem abstrakten Gemälde gleicht. Während man die Objekte noch ertasten kann, sind sie visuell unerkennbar. Bei der apperzeptiven Agnosie können Patienten das, was sie wahrnehmen, weder benennen noch zählen oder zeichnen und stolpern über Gegenstände. Dennoch sind sie nicht völlig blind: erkannte Details fügen sich lediglich nicht mehr zu kohärenten Objekten zusammen. Bei der etwas schwächeren assoziativen oder integrativen Agnosie können Patienten Objekte zwar identifizieren, sie aber nicht benutzen, d. h. obwohl sie Zeichnungen davon anfertigen können, indem sie Linie für Linie kopieren, bleiben die Wahrnehmungsbilder für sie bedeutungslos. Beim Balint-Syndrom schließlich können Patienten die Eigenschaften verschiedener Objekte nicht mehr korrekt zuordnen. Wenn sie einen roten Ball und eine gelbe Kiste sehen, werden sie sagen, sie sehen einen Ball, der mal rot, mal gelb ist, oder sie sehen einen gelben Ball, auch wenn diese falschen Kombinationen von Eigenschaften dann recht stabil bleiben. So sind diese Pathologien insbesondere aufschlussreich für die feingliedrige Arbeitsteilung im Gehirn, für die Einheit des Bewusstseins und deren möglichen Zusammenbruch sowie für die Frage, ob spezifische Mechanismen Sinnesinformationen zunächst bündeln müssen, bevor sie dann bewusst wahrgenommen werden (Robertson 2003).

Nicht-pathologische unbewusste Wahrnehmungen. Weitere wichtige Erkenntnisse über unbewusste Wahrnehmungen liefert die Experimentalpsychologie, indem mit unterschiedlichen Methoden Sinnesreize präsentiert werden, die zwar im Gehirn teilweise (oder auch vollständig) verarbeitet, aber nicht bewusst wahrgenommen werden. Ein *priming* etwa führt zwar nicht zu einer bewussten Wahrnehmung eines unterschwelligen Reizes, beeinflusst aber die Verarbeitung eines kurz darauf folgenden, überschwelligen und bewusst wahrgenommenen Reizes. Wenn z. B. unterschwellig das Wort ›Salz‹ visuell präsentiert wird, und Versuchspersonen danach zwischen den überschwellig präsentierten Worten ›Pfeffer‹ und ›Lotus‹ wählen müssen, entscheiden sie sich häufiger für das dem unterschwelligen Reiz semantisch verwandte Wort. Sogar komplexe, besonders emotional aufgeladene Reize können, selbst wenn sie einen hohen Grad an semantischer Information aufweisen, verarbeitet werden, ohne dass sie uns bewusst werden (Kouider/Dehaene 2007). Viele Wahrnehmungsfunktionen können also auch unbewusst ausgeführt werden, selbst wenn z. B. für inhibitorische Prozesse Bewusstsein erforderlich und bewusste Wahrnehmung gleichwohl für die philosophische Analyse wie auch für die empirische Forschung paradigmatisch ist.

Der Inhalt der Wahrnehmung

Begrifflicher versus nichtbegrifflicher Gehalt. Einer intentionalen Theorie der Wahrnehmung zufolge repräsentieren Wahrnehmungserlebnisse, wie die Welt um einen herum, wie der eigene Körper und wie man selbst beschaffen zu sein scheint. Wahrnehmungen *handeln von* Autos, Häusern, Menschen, Geräuschen, Gerüchen und anderen Dingen und Eigenschaften der Umgebung (s. Kap. IV.16) und sind dabei mehr oder weniger akkurat (Siegel 2011). Der Gehalt der Wahrnehmung besteht darin, wie die Welt präsentiert wird. Illusionen und Halluzinationen sind Fehlrepräsentationen: Sie präsentieren Zustände der Welt, die nicht der Fall sind. Aber können wir Wahrnehmungsgehalte genauer charakterisieren? Manche Philosophen sehen in Wahrnehmungen erstens eine Art von Überzeugung (Armstrong 1961). Andere hingegen fassen sie zweitens als begrifflich-propositionalen Zustand anderer Art auf (McDowell 1994), dessen Gehalt in einer Proposition ausgedrückt werden kann (z. B. ›Peter sieht, dass Schnee weiß ist.‹). Drittens schließlich behaupten einige Philosophen, dass Wahrnehmungen grundsätzlich einen nichtbegrifflichen Gehalt haben, wobei sich die Charakterisierungen dessen, was als nichtbegrifflich verstanden wird, durchaus unterscheiden (Gunther 2003).

Armstrong (1961) zufolge sind Wahrnehmungen unmittelbar durch Sinneserfahrungen hervorgerufene Überzeugungen – genau genommen ist Wahrnehmung der Erwerb einer Überzeugung. Aber nur weil wir Überzeugungen gewöhnlich durch Wahrnehmungen erwerben, sind Wahrnehmungen nicht mit Überzeugungen identisch. Wäre dem so, dann müssten Sie nämlich immer, wenn Sie einen Gegenstand als so-und-so beschaffen wahrnehmen, überzeugt davon sein, dass er so beschaffen ist, und Sinnestäuschungen bieten Gegenbeispiele: Selbst wenn Sie davon überzeugt sind, dass die beiden Linien in der Müller-Lyer-Illusion gleich lang sind, etwa weil Sie nachgemessen haben, erscheinen sie Ihnen unterschiedlich lang. Wäre diese Wahrnehmung nichts als eine Überzeugung, hätten Sie in diesem Moment einander widersprechende Überzeugungen – eine Konsequenz, die vermieden werden sollte, weil wir sonst möglicherweise ständig widersprüchliche Überzeugungen hätten.

Selbst wenn sich die Überzeugungstheorie der Wahrnehmung bezweifeln lässt, scheint vieles für die zweite Auffassung zu sprechen, wonach der Gehalt der Wahrnehmung begrifflich-propositional strukturiert sein muss, damit Wahrnehmungen als wahr oder falsch bewertet und Gegenstände klassifiziert werden können. Das Hauptargument für diese Position ist erkenntnistheoretisch und beruft sich auf die Rechtfertigungsfunktion der Wahrnehmung für unser Wissen über die Welt (s. Kap. IV.25). Auch hier steht zunächst die Sinnesdatentheorie in ihren verschiedenen Varianten im Hintergrund. Akzeptiert man nämlich, dass wir in der Wahrnehmung zunächst unmittelbar nur mit Sinnesdaten konfrontiert sind, die rein subjektive mentale Gegenstände darstellen, so stellt sich die Frage, wie wir auf dieser Basis gerechtfertigte Urteile über die Außenwelt fällen können. Sellars (1956) hat die Sinnesdatentheorie aus diesem Grund als Glaube an einen ›Mythos des Gegebenen‹ kritisiert: Eine so verstandene Sinneserfahrung könne nicht als Rechtfertigung unserer Meinungen über die Außenwelt herhalten, weil sie – wenn nichtbegrifflich – nicht im ›Raum der Gründe‹ stehe, also nicht als rechtfertigender Grund fungieren könne.

Es gibt jedoch auch gute Argumente für die dritte Alternative, wonach der Wahrnehmungsgehalt nichtbegrifflich ist. Damit ein Lebewesen Wahrnehmungen haben kann, muss es nicht im Besitz derjenigen Begriffe sein, die erforderlich wären, um den Wahrnehmungsgehalt angemessen zu beschreiben (Evans 1982). Das Konzept des nichtbegrifflichen Gehalts der Wahrnehmung – in dieser negativen Abgrenzung zum begrifflichen Gehalt – ist durch mehrere Überlegungen motiviert:

- Wir können mehr Farbschattierungen voneinander visuell unterscheiden als begrifflich klassifizieren, so dass unser perzeptuelles Diskriminationsvermögen unser begriffliches Repertoire übersteigt (Raffman 1995).
- Wenn Kleinkinder und Tiere, die entweder noch nicht oder überhaupt nicht über Begriffe verfügen, ebenfalls Wahrnehmungen haben, müssen ihre Wahrnehmungsgehalte zwangsläufig als nichtbegrifflich im obigen Sinne charakterisiert werden; sie nehmen Tische und Stühle zwar wahr, aber nicht *als* Tische bzw. *als* Stühle. Bezüglich der Wahrnehmung von Gegenständen scheinen Säuglinge viele Fähigkeiten mit nichtmenschlichen Primaten zu teilen (Tomasello 1999/2002, 72 ff.). Sie zeigen z. B. ab dem dritten bis vierten Lebensmonat ein Verständnis von Gegenständen als selbständigen Entitäten und erfassen deren Permanenz und Undurchdringlichkeit. Im fünften bis zwölften Lebensmonat sind sie dann zur Kategorisierung von Objekten (s. Kap. IV.9), Schätzung kleiner Quantitäten, Objektdrehung in der Vorstellung sowie zur Bewegung im Raum mithilfe einer kognitiven Landkarte fähig.

- Nichtbegriffliche Wahrnehmungsgehalte könnten schließlich den Erwerb von Wahrnehmungsbegriffen erklären (s. Kap. IV.9).

Somit ist die Annahme nichtbegrifflicher Wahrnehmungsgehalte zwar gut motiviert, aber eine genauere und allgemein akzeptierte positive Charakterisierung, die über eine rein negative Abgrenzung zu begrifflichem Gehalt hinausgeht, steht noch aus. Es ist jedoch explanatorisch fruchtbar, verschiedene Formen repräsentationaler Gehalte einzuführen, um Wesen mit unterschiedlichen kognitiven Möglichkeiten Wahrnehmungen zuzugestehen und deren Gehalte zu charakterisieren.

Repräsentation, Transparenz und Phänomenalität der Wahrnehmung. Die intentionale Theorie charakterisiert Wahrnehmung über ihren repräsentationalen Gehalt. Kritiker wenden ein, dass der subjektive phänomenale Charakter der Wahrnehmung dadurch unterbestimmt sei und führen daher zusätzliche, nichtrepräsentationale intrinsische Eigenschaften von Erlebnissen, kurz: ›Qualia‹ (s.o.), ein, Vertreter des Intentionalismus wie Tye (1995) versuchen dagegen, den subjektiven Charakter durch nichtbegrifflichen Gehalt zu erklären. Ihr Hauptargument gegen die Existenz zusätzlicher Qualia beruft sich auf die sog. Transparenz der Wahrnehmung (Moore 1903). Unsere Sinneserfahrung scheint insofern transparent zu sein, als wir ›durch sie hindurch‹ direkt auf das Objekt der Erfahrung blicken, so wie wir durch eine Glasscheibe direkt sehen, was sich dahinter befindet. Das Argument für diese Transparenz ist rein phänomenologisch: Angenommen, man blickt in den blauen Himmel und richtet seine Aufmerksamkeit sodann vom Himmel (dem intentionalen Gehalt) weg hin zu dem Wahrnehmungserlebnis selbst, so ist man sich über die Eigenschaften des blauen Himmels hinaus nicht noch zusätzlicher Eigenschaften des Erlebnisses an sich bewusst (Harman 1990; Tye 1995).

Diese Annahme wird jedoch auch bestritten (Kind 2003). Jüngste psychologische Experimente zur Aufmerksamkeit (s. Kap. IV.1) legen zudem nahe, dass die Transparenzthese problematisch ist, weil sich bei Aufmerksamkeitswechseln zwar der phänomenale Charakter verändert, dabei aber sichergestellt ist, dass der repräsentationale Gehalt (der präsentierte Reiz) konstant bleibt (Carrasco et al. 2004). Wenn dem so ist, dann bleibt der phänomenale Charakter dieser Erlebnisse durch ihren repräsentationalen Gehalt unterbestimmt. Ned Block (2010) hat argumentiert, es bedürfe daher der Annahme von ›mentaler Farbe‹ (*mental paint*) zur vollständigen Erfassung des phänomenalen Charakters der Wahrnehmung, womit die intentionale Theorie der Wahrnehmung inadäquat wäre und stattdessen eine Version der adverbialen Theorie zuträfe, weil es dann verschiedene Weisen des Wahrnehmens gäbe. Blocks Vermeidung des Qualiabegriffs zugunsten des Begriffs der mentalen Farbe ist zum Teil Dennetts (1988) Kritik geschuldet, dessen Gedankenexperimente die Inkonsistenz des Qualiabegriffs demonstrieren sollen.

Spezifischer versus allgemeiner Gehalt. Neben der Frage nach der adäquaten Charakterisierung des Wahrnehmungsgehalts und der Frage, ob der Gehalt den Charakter der Wahrnehmung erschöpfend erklärt, stellt sich die Frage, ob unsere Wahrnehmung eher reich oder eher arm an Details ist. Der Mann auf der Straße geht wahrscheinlich davon aus, seine Wahrnehmung sei reich an Details. Block (2007) argumentiert dafür auf der Basis psychologischer Experimente: George Sperling (1960) z. B. präsentierte Versuchspersonen eine Anordnung von zwölf Buchstaben, die in drei Reihen zu je vier Buchstaben sortiert waren, unterschiedlich lange zwischen 50 und 500 Millisekunden und fragte sie anschließend, was sie gesehen hatten. Obwohl die meisten den Eindruck hatten, alle Buchstaben gesehen zu haben, konnten sie nicht mehr als vier bis fünf korrekt wiedergeben. Sodann forderte Sperling sie auf, nur einen partiellen Bericht abzugeben, wobei ein hoher, mittlerer oder tiefer Ton ihnen *nach* der Präsentation der Buchstaben jeweils signalisierte, welche der drei Reihen sie reproduzieren sollten. Bemerkenswerterweise konnten sie nun die entsprechenden Buchstaben angeben, obwohl sie nicht im Vorhinein wussten, um welche Reihe es gehen würde. Die Information über die gesamte Anordnung musste selbst nach der Präsentation des Reizes noch verfügbar gewesen sein, so dass sie darauf mithilfe ihrer Aufmerksamkeit zugreifen konnten. Die Frage ist, ob sie die spezifische Information über die einzelnen Buchstaben von einem *bewussten* Wahrnehmungsbild ablesen, wie Block meint, oder ob diese Information bloß *unbewusst* zur Verfügung steht und über die Lenkung der Aufmerksamkeit, angezeigt durch den Ton, bewusst wird (Schlicht 2012). Solche Experimente belegen laut Block, dass die Kapazität des phänomenalen Wahrnehmungsbewusstseins die Kapazität des kognitiven Zugriffs bei weitem übersteigt, insofern die spezifische Information über die einzelnen Buchstaben nur bewusst, aber nicht auf der erforderlichen begrifflichen Ebene verarbeitet wird, die einen kognitiven Zugriff erlauben würde. Daraus folgt allerdings, dass wir von einem Teil unseres Bewusstseins nichts wissen können, weil uns der Zugriff darauf verwehrt ist. Dies hat wichtige methodologische Konsequenzen für die Erforschung von Bewusstsein (s. Kap. IV.4). Um herauszufinden, ob jemand einen Reiz bewusst wahrnimmt, sind Forscher auf subjektive (verbale oder nonverbale) Berichte seitens der Betreffenden angewiesen. Solche Berichte setzen jedoch einen kognitiven Zugriff auf die verarbeiteten Informationen voraus. Wenn die Kapazität des Bewusstseins die des kognitiven Zugriffs übersteigt, dann geht aus Berichten prinzipiell nicht vollständig hervor, was einer Person bewusst ist (Block 2007).

Kritiker argumentieren hingegen, dieser Eindruck eines reichhaltigen Wahrnehmungsbewusstseins sei reine Illusion (z. B. Noë 2004). Dafür sprechen Experimente zur sog. Veränderungsblindheit (*change blindness*) und Unaufmerksamkeitsblindheit (*inattentional blindness*), die demonstrieren, dass wir uns selbst eindeutig sichtbarer Veränderungen im Zentrum unseres visuellen Feldes nicht bewusst werden, auch wenn wir wissen, dass sie stattfinden werden (Rensink et al. 1997). Dieser Effekt ist sehr robust, v. a. dann, wenn die Veränderung während einer Augenbewegung oder durch Blinzeln maskiert oder die Aufmerksamkeit abgelenkt wird. Aus diesen und anderen empirischen Hinweisen folgern z. B. Dehaene et al. (2006), dass uns nur das bewusst ist, worauf wir die Aufmerksamkeit richten und was folglich weiterer kognitiver Verarbeitung zur Verfügung steht (s. Kap. IV.4). Bewusst ist in Sperlings Experiment demnach also lediglich der generelle Inhalt, dass sich dort Buchstaben befinden; die Repräsentationen der einzelnen Buchstaben werden als inhaltsarm oder fragmentarisch bezeichnet (Gardelle et al. 2009). Um diese grundsätzliche Debatte zu entscheiden, sind jedoch weitere Forschungen erforderlich.

Wahrnehmungsparadigmen in der Kognitionswissenschaft

Die Natur der Wahrnehmung wird in den unterschiedlichen Paradigmen der Kognitionswissenschaft durchaus unterschiedlich bestimmt.

Kognitivismus. Gemäß dem in der Philosophie des Geistes und in der Kognitionswissenschaft vorherrschenden Funktionalismus (s. Kap. II.F.1), speziell gemäß dem (mittlerweile jedoch unzeitgemäßen) Computermodell des Geistes (s. Kap. III.1), wird Wahrnehmung wie alle anderen kognitiven Leistungen auch als Prozess der Informationsverarbeitung betrachtet, bei dem in Gehirnprozessen implementierte, diskrete algorithmische Rechenoperationen ablaufen, die formalisierbaren Regeln folgen. Exemplarisch für dieses Paradigma steht David Marrs lange dominierende Theorie der Objektwahrnehmung. Marr (1982) trifft eine bis heute einflussreiche Unterscheidung zwischen drei Untersuchungsebenen (s. Kap. II.E.2): Auf der höchsten, funktionalen, Ebene werden zunächst Aufgaben formuliert, die es zu lösen gilt; auf der mittleren Ebene werden dann entsprechende Algorithmen spezifiziert, die angeben, wie das visuelle System diese Funktionen berechnet; auf der untersten, physikalischen Ebene werden schließlich die Strukturen untersucht und beschrieben, durch die diese Algorithmen im Gehirn (oder in einem anderen physikalischen System) implementiert sind. In seinem posthum erschienenen Werk *Vision* versucht Marr zu erklären, wie es dem visuellen System gelingt, die für uns relevanten Aspekte der Welt den ›Bildern‹ zu entnehmen, die das Gehirn erstellt (ebd.). Als zentrale Aufgabe des Gehirns betrachtet er folglich das Erstellen solcher Bilder bzw. Repräsentationen (s. Kap. IV.16). Objektwahrnehmung ist dann ein Prozess, bei dem entsprechend der seriellen Verarbeitung in einem digitalen Computer nach und nach immer spezifischer werdende Repräsentationen von Objekten erstellt werden. Dieser Prozess beginnt Marr zufolge auf einer ersten Stufe mit einer Rohskizze, in der Zellen auf der Netzhaut, die für Lichtunterschiede sensibilisiert sind, Diskontinuitäten in der Umgebung erfassen, die gute Indikatoren für Objektgrenzen sind. Damit wird eine erste grobe Geometrie der Umgebung erfasst. Die 2½D-Skizze auf der zweiten Stufe enthält Information über Tiefe und Orientierung von Objekten und Oberflächen, so dass aus der egozentrischen Perspektive des Betrachters gesehen Distanz und Ausrichtung jedes Punktes im visuellen Feld repräsentiert werden. Die 3D-Skizze schließlich repräsentiert die Umgebung gemäß der gestellten Aufgabe. Im Gegensatz zur 2½D-Skizze hat diese kein egozentrisches, sondern allozentrisches Format (s. Kap. IV.16). Diese Übersetzung erlaubt es uns, Objekten selbst dann zu folgen, wenn sich ihre relative Lage zu uns ändert und sie daher ihre Erscheinungsweise ändern, was eine stabile Objektrepräsentation unabhängig vom Betrachterstandpunkt erfordert. Marrs Theorie verdeutlicht, wie Wahrnehmung auf unterschiedlichen Ebenen analysiert werden kann und wie man sich einen sequenziellen Prozess der Informationsverarbeitung, der schließlich zu unserem bewussten Wahrnehmungsbild führt, im Rahmen des Computermodells des Geistes (s. Kap. III.1) konkret vorstellen kann.

Konnektionismus. Mittlerweile hat sich diese Konzeption allerdings als höchst problematisch erwiesen. Insbesondere trifft das Computermodell angesichts der jüngeren Erkenntnisse der Gehirnforschung der Vorwurf der biologischen Unplausibilität. Ein Wahrnehmungsprozess in Gestalt einer diskreten Abfolge von Repräsentationen widerspricht der stark verteilten und parallelen Verarbeitung von Signalen im Gehirn. Der Einfluss von Vorwissen und Erwartungen auf die Informationsverarbeitung kann zudem ebenso wenig berücksichtigt werden wie der Umstand, dass Wahrnehmungen in der Regel bewusste Erlebnisse sind. Insofern Marrs Theorie aber mit dem Computermodell steht und fällt, ist auch sie der Kritik ausgesetzt, die an dem gesamten Paradigma geäußert wurde.

In der Folge wurden konnektionistische Modelle entwickelt, die den Aspekt der Selbstorganisation des Gehirns betonen und von einer massiv parallelen und verteilten Verarbeitung ausgehen (s. Kap. III.2). Hubel/Wiesel (1959), denen es gelungen war, die Aktivität einzelner Neurone zu messen und deren rezeptive Felder zu bestimmen, begriffen Neurone als Merkmalsdetektoren, die ganz spezifische Aufgaben im Wahrnehmungsprozess erfüllen. Bis heute wurden allein für das visuelle System mehr als dreißig verschiedene spezialisierte Subsysteme gefunden (Koch 2004). Allerdings muss die Aktivität der Neurone in verschiedenen Arealen sowie ihre funktionelle Bedeutung im Kontext größerer neuronaler Gruppen betrachtet werden. Neuronale Aktivität in ein und derselben Gehirnregion kann z.B. zu visuellen, aber auch zu akustischen Wahrnehmungen führen (Sur 1999). Die Aktivität größerer Zellverbände, die an der Analyse desselben Objekts beteiligt sind, ist zudem hoch synchronisiert (Engel et al. 1999). Auch wenn Konnektionisten an der Abbildungsfunktion des Gehirns festhalten, sind die Repräsentationen in konnektionistischen Modellen im Gegensatz zu klassischen Modellen durch komplexe subsymbolische Aktivierungsmuster in einem neuronalen Netzwerk und über die unterschiedlichen Gewichtungen der Knoten (Synapsen) realisiert. Indem bestimmte Aktivierungsmuster die Gewichtungen zwischen Einheiten des Netzwerks nachhaltig beeinflussen, hinterlassen sie eine Spur im gesamten Netzwerk. Kognition im Allgemeinen und Wahrnehmung im Besonderen werden im konnektionisti-

schen Paradigma nicht als regelgeleitete Symbolmanipulation, sondern als Emergenz eines globalen Aktivierungszustands in einem dynamischen neuronalen Netzwerk (s. Kap. III.4) verstanden (Clark 1989).

Enaktivismus und Repräsentation. Gleichwohl werden selbst konnektionistische Systeme von Kritikern als unzureichend angesehen, da auch ihnen noch die Annahme zugrunde liegt, die Funktion des Wahrnehmungssystems bestehe in der korrekten Abbildung einer vorgegebenen Welt, zu der sich ein wahrnehmendes Subjekt rein passiv verhält (Varela 1990, 89). Dem steht die Auffassung gegenüber, Wahrnehmung sei ein aktiver verkörperter Prozess, d.h. nicht etwas, das uns zustößt, sondern etwas, das wir tun (Noë 2004, 1). Gehirnprozesse müssen entsprechend im Kontext der Dynamik des Wahrnehmungsprozesses betrachtet werden, die das gesamte aktive Lebewesen sowie seine Umgebung mit einschließt (s. Kap. IV.19). Eine evolutionstheoretische Perspektive auf die Wahrnehmung, ihre Funktion und ihre Leistungsfähigkeit hebt hervor, dass sich die zum Teil sehr unterschiedlichen Wahrnehmungssysteme von Menschen und anderen Tieren jeweils parallel zu und in Interaktion mit einer bestimmten Umweltnische ausgebildet haben.

Die bisherigen Paradigmen der Kognitionswissenschaft vernachlässigen, so die Kritik, den Körper und die körperlichen Fähigkeiten von Lebewesen für die Wahrnehmung (Engel/König 1998; Wheeler 2005). Bemerkenswert ist, dass einer der entscheidenden Anstöße zum Umdenken bezüglich der Rolle von Körper und Repräsentationen weniger aus der Philosophie als vielmehr aus der Robotik (s. Kap. III.7) kam. Während sich die Pioniere der Künstliche-Intelligenz-Forschung mit anspruchsvollen Problemlösestrategien befassten, bei denen Computer dem Menschen aufgrund ihrer Rechenleistungen überlegen sind, wollte Rodney Brooks mit seinen mobilen Robotern (*mobots*) künstliche autonome Agenten entwickeln, die sich durch aktive motorische Interaktion in einer spezifischen Umgebung erfolgreich orientieren können (z.B. Brooks 1991). In Francisco Varelas (1990, 57) Worten war es »notwendig, die Position des Experten mit der des Kindes zu vertauschen, was die Rangfolge der Leistungen angeht«. Im Fokus stehen seitdem solche Fähigkeiten, die Menschen mit vermeintlicher Leichtigkeit ausführen (etwa Raumnavigation, Objekterkennung oder Bewegungsplanung), die aber für Roboter eine enorme Herausforderung darstellen. Brooks zufolge sind diese Leistungen wesentlich verkörperlicht und situiert (s. Kap. III.7). Mit Situiertheit ist dabei gemeint, dass sich die Umgebung eines autonomen Wahrnehmungssystems in ständiger Veränderung befindet. An die Stelle der Abbildung der Welt tritt daher die aktive körperliche Auseinandersetzung mit ihr. Die von Brooks entwickelten Roboter führen Aufgaben aus, ohne dabei einer detaillierten Repräsentation der Umwelt zu bedürfen, was ihn zu dem Slogan veranlasste, die Welt sei ihr eigenes bestes Modell. Die entscheidende Neuerung seines Ansatzes besteht darin, Wahrnehmung, Planung und Handlung innerhalb eines komplexen Gesamtrahmens statt in einer sequenziellen Reihenfolge zu betrachten.

Diese Grundidee überträgt der enaktive Ansatz auf unterschiedliche Weisen (Hutto/Myin 2013) in die Philosophie, insofern er Wahrnehmen als Ausübung eines verkörperlichten sensomotorischen Könnens (*know-how*) betrachtet, dessen Funktion primär in der erfolgreichen praktischen Orientierung des Lebewesens in seiner Umgebung besteht (Varela et al. 1991; s. Kap. IV.19). Eine Hauptmotivation für den Enaktivismus war die Unzufriedenheit mit dem für die traditionellen Ansätze zentralen Begriff der Repräsentation, der Varela zufolge inakzeptable Vorannahmen mache: »nur dann, wenn es eine vorgegebene Welt gibt, kann diese repräsentiert oder abgebildet werden. Wird die Welt, in der wir leben, jedoch erzeugt oder gestaltet, und ist sie also nicht vorgegeben, dann kann der Begriff der Abbildung bzw. Repräsentation nicht länger eine zentrale Rolle spielen« (Varela 1990, 90). Dass die Aufgabe des visuellen Systems im Gehirn darin bestehen soll, wie z. B. Marr dezidiert voraussetzte, Schritt für Schritt ein Abbild der Welt – eine Art Schnappschuss – zu erstellen, wird von Enaktivisten kritisiert (Noë 2004, 35 ff.). Statt anzunehmen, dass bereits die Welt Informationen enthält, vertreten Varela und seine Nachfolger den Standpunkt, dass sich Lebewesen durch ihr spezifisches sensomotorisches Profil ihre eigene kognitive Domäne allererst konstruieren bzw. erarbeiten (s. Kap. III.9). Ob die Grundidee des enaktiven Ansatzes, dass Wahrnehmung eine verkörperte Aktivität ist, mit der Annahme von Repräsentationen unvereinbar ist, darf jedoch bestritten werden. Vor Varela hatte bereits Bruner (1964) ›enaktive Repräsentationen‹ von bildlichen und sprachlichen unterschieden, wobei jene von der Ausführung bestimmter Handlungen nicht ablösbar seien. Umstritten ist, ob minimalistische Repräsentationskonzeptionen möglich sind, die die Annahmen der klassischen Kognitionswissenschaft und des Enaktivismus vereinbar machen können (Gallagher 2008).

Wahrnehmung, Verkörperlichung und Handlung. Konstitutives Element der Wahrnehmung sind dem zuletzt angesprochenen Ansatz zufolge sensomotorische Fähigkeiten. Dass jeder Wahrnehmungsgehalt von der gegenwärtigen Körperposition sowie der Ausführung bestimmter Handlungen, wie z. B. von Augen-, Kopf- und Körperbewegungen, abhängt, hat bereits Husserl (1907/1991) herausgearbeitet. Obwohl wir Gegenstände niemals in allen ihren Dimensionen zugleich, sondern immer nur in bestimmten Profilen wahrnehmen können, erlauben uns entsprechende Körperbewegungen, andere Profile in den Blick zu nehmen. Insofern scheint es angemessen, Wahrnehmung und Handlung eines Lebewesens als komplexes Gesamtsystem zu betrachten. Die Aufgabe des Gehirns besteht dabei in der Koordination der Auseinandersetzung des Lebewesens mit seiner Umwelt und in der Ermöglichung der Wahrnehmung durch neuronale Aktivität im Kontext der verkörperlichten Existenz des Lebewesens. Das Gehirn ist dann aber nicht allein verantwortlich für Wahrnehmungserlebnisse: Nicht nur der Körper, auch die Umwelt, mit der das Lebewesen interagiert, gehört zur dynamischen Maschinerie der bewussten Wahrnehmung. Ob allerdings Welt, Körper und Handlungen als konstitutive Elemente der Wahrnehmung oder bloß als kausale begünstigende Faktoren angesehen werden sollten, ist derzeit höchst umstritten (s. Kap. III.8).

Noë (2004) greift in seiner Version des enaktiven Ansatzes auf die ökologische Theorie der Wahrnehmung von James Gibson (1979) zurück, die bereits in den 1970er Jahren einen Gegenentwurf zum repräsentationalen Ansatz bildete. Gibson zufolge ist Wahrnehmung erstens direkt, d. h. sie involviert weder Repräsentationen noch Berechnungen analog zu einem Computer. Darüber hinaus dient sie zweitens primär der erfolgreichen Ausführung von Handlungen, nicht der handlungsunabhängigen Informationsaufnahme. Daraus folgt die dritte zentrale These Gibsons, nämlich dass die für Handlungen erforderliche Information schon in der Welt vorhanden sein muss, um wahrgenommen zu werden. Lebewesen nehmen ihre Umgebung demnach in Bezug auf ihre eigenen Handlungsmöglichkeiten wahr. Die Eigenschaften einer Umgebung sind immer bezogen auf einen speziellen Organismus als entweder zu- oder abträglich bewertbar, d. h. sie mögen diesem Lebewesen bestimmte Handlungen ermöglichen, andere verhindern; bezogen auf ein anders ausgestattetes Lebewesen ergeben sich andere Handlungsmöglichkeiten, die Gibson ›Affordanzen‹ (*affordances*) nennt: Wir nehmen eine ebene Fläche als für uns begehbar wahr, eine Tasse als greifbar usw. Selbst wenn andere Lebewesen ebenfalls die Tasse sehen können, so doch nicht alle als greifbares Objekt, etwa weil ihnen die nötige körperliche Ausstattung fehlt. Affordanzen sind also keine fixen Eigenschaften der Umgebung, sondern entstehen als emergente Eigenschaften durch die Koppelung von Umgebung und Lebewesen. Gibsons kontroverse These lautet, dass wir Affordanzen direkt wahrnehmen, was in dem Maße umstritten ist, wie die Auffassung der direkten Wahrnehmung generell umstritten ist (z. B. Fodor/ Pylyshyn 1981). Der Begriff der Affordanzen wird von Vertretern des enaktiven Ansatzes produktiv aufgenommen: Indem solche Handlungsmöglichkeiten zu Handlungen führen, die wiederum die Beschaffenheit der Umgebung verändern, was zu neuen Affordanzen führt usw., findet ein dynamisches Wechselspiel zwischen der Welt und dem aktiv erschließenden Organismus statt, der die ›sensomotorischen Kontingenzen‹ zwischen Handlungen einerseits und Wahrnehmungsinhalten andererseits beherrscht (Noë 2004).

Visuelle Wahrnehmung soll uns zum einen über die Umgebung aufklären, zum anderen ermöglichen, handelnd in diese Umgebung einzugreifen. Wie oben beschrieben wurde, wird ein Großteil der visuellen Signale von der Netzhaut über den Thalamus in den primären visuellen Kortex weitergeleitet. Vom primären visuellen Kortex ausgehend teilt sich die visuelle Wahrnehmung dann auf in eine ›ventrale‹ und eine ›dorsale‹ Bahn. Die ventrale Bahn führt in den Temporallappen, die dorsale Bahn in den Parietallappen. Es gibt unterschiedliche Theorien über die Funktion der ventralen und dorsalen Bahnen. Ungerleider/Mishkin (1982) z. B. bezeichneten die ventrale als ›Was‹-Bahn, die der visuellen Identifizierung dient (z. B. dass ein Gegenstand rund oder eckig ist), und die dorsale als ›Wo‹-Bahn, die der visuellen Lokalisierung dient (z. B. dass ein Gegenstand rechts oder links ist). Milner/Goodale (1995) betrachten die Funktion des dorsalen Verarbeitungsweges in der Ermöglichung erfolgreicher Handlungen aufgrund von visueller Information (sozusagen als ›Wie‹-Bahn). Zu dieser Interpretation gelangten sie insbesondere auf der Basis pathologischer Fälle wie der optischen Ataxie und der visuellen Formagnosie. An optischer Ataxie leiden Patienten mit einer Schädigung des dorsalen Pfades; sie sind darin beeinträchtigt, Objekte angemessen zu ergreifen und die Finger angemessen zum Ergreifen zu formen, obwohl sie die Objekte weiterhin wahrnehmen und identifizieren können. An visueller Formagnosie leiden Patienten, deren ventraler Pfad

beschädigt ist; sie können Objekte und ihre Eigenschaften nicht mehr identifizieren. Bemerkenswerterweise können sie dennoch, wie z. B. die Patientin D.F. demonstriert, angemessene Handlungen an Objekten ausführen, die durch visuelle Information geleitet sind (ebd.).

Jacob/Jeannerod (2003) postulierten auf der Basis dieser empirischen Beobachtungen zwei entsprechende Formen von Objektrepräsentationen, nichtbegriffliche visuelle und nichtbegriffliche visuomotorische Repräsentationen, die im einen Fall zu Überzeugungen führen, im anderen Fall zu motorischen Absichten, abhängig davon, ob die Information kognitiv oder pragmatisch verarbeitet wurde. Den Handlungen von D.F. lägen demnach solche visuomotorischen Repräsentationen der relevanten Merkmale des Zielobjekts zugrunde; deren repräsentationaler Gehalt kann deshalb nicht begrifflich sein, weil D.F. z. B. die von ihr benutzte visuelle Information nicht verbalisieren kann. Ihr visuopraktisches ›Verständnis‹ des ergriffenen Objekts ist nicht von der motorischen Aktivität zu trennen.

An der starken These der sensomotorischen Theorie, dass motorische Handlungen Wahrnehmung konstituieren, wird kritisiert, dass z. B. Patienten mit Locked-in-Syndrom, die zu keinerlei Bewegungen im Raum mehr fähig sind, erblinden müssten, was nicht der Fall ist. Inwiefern der enaktive und verkörperlichte Ansatz die klassischen Theorien der Wahrnehmung ersetzt oder nur um wichtige Faktoren ergänzt, ist Gegenstand derzeitiger Debatten und abhängig davon, wie extrem der enaktive Ansatz formuliert wird (Hutto/Myin 2013).

Das Bayes'sche Gehirn: Wahrnehmung, Vorhersage und Fehlermeldung. Der über das Gehirn hinausgehende Körper, sensomotorische Handlungen und die ihnen zugrunde liegenden Repräsentationen spielen also eine wichtige Rolle in Bezug auf unsere Wahrnehmung. Allerdings muss, um das anzuerkennen, weder die zentrale Rolle des Gehirns marginalisiert noch die Annahme von Repräsentationen aufgegeben werden. Weil auf Basis der (im Falle visueller Wahrnehmung) auf die Augen treffenden Lichtintensitäten zunächst ein Netzhautbild und in der Folge weitere mentale Repräsentationen der Welt entstehen, betrachten viele Gehirnforscher die Aufgabe des Gehirns darin, Hypothesen darüber zu formulieren, welche Ereignisse in der Welt diese Eindrücke hervorrufen, sowie Erwartungen darüber zu generieren, was als nächstes geschieht. Insofern impliziert Wahrnehmung dann wesentlich Schlussfolgerung und ist indirekt. Da der Wahrnehmungsprozess außerdem über die Zeit hinweg stattfindet, setzt er Gedächtnisleistungen voraus. Schon Hermann von Helmholtz hatte im 19. Jh. von Wahrnehmung als ›unbewusster Schlussfolgerung‹ gesprochen (Helmholtz 1866).

Diesen zentralen Gedanken von Helmholtz greift Friston (2010) in seiner Theorie auf, die auf eine universelle Erklärung der Arbeitsweise des Gehirns abzielt. Diese ›Bayes'sche‹ Theorie betrachtet das Gehirn als ›Wahrscheinlichkeitsmaschine‹, die ein Modell der Welt erzeugt und es kontinuierlich auf den neuesten Stand bringt, indem es seine Vorhersagen mit den einkommenden sinnlichen Reizen abgleicht und im Falle einer Diskrepanz zwischen Repräsentation und Reiz ›Fehlermeldungen‹ über neuronale Verarbeitungswege sendet. Enttäuschte Antizipationen führen zu Fehlermeldungen, die das Gehirn dazu bringen, seine Repräsentation der Welt auf den neuesten Stand zu bringen. Insofern sich dieser Prozess ständig wiederholt, wird Wahrnehmung zu einer Schleife (Frith 2007/2010, 168). Wahrnehmungen sind demnach gekennzeichnet durch Vorhersagen darüber, wie die Welt beschaffen sein sollte; diese Vorhersagen werden (auch durch Handlungen) unaufhörlich getestet. Trifft diese Auffassung zu, dann ist Wahrnehmung ein Prozess, der sowohl durch Rezeptivität als auch durch Produktivität gekennzeichnet ist, also *bottom-up* und *top-down* Elemente enthält. Dies widerspricht sowohl dem von Marr (1982) vorgeschlagenen seriellen Modell der Erstellung von Repräsentationen als auch Gibsons (1979) Modell der direkten Wahrnehmung.

Die Theorie des Bayes'schen Gehirns hat diverse Implikationen für die traditionelle Auffassung von Wahrnehmung. Wahrnehmung wird (wie im enaktiven Ansatz) als aktiver und konstruktiver Prozess angesehen, nicht als passiv-aufnehmender Prozess (s. Kap. III.9). Sie impliziert auch, dass das Gehirn die Welt nie ›unvoreingenommen‹ wahrnimmt, sondern immer schon gewisse Vorannahmen (gemäß Bayes' Theorem) wesentliche Grundlage der Reizverarbeitung sind. Insofern das Gehirn Sinnesdaten unaufhörlich interpretiert, kann also die Unterscheidung von ›rohen‹ Sinnesdaten und ›konstruiertem‹ Wahrnehmungsinhalt nicht mehr klar getroffen werden. Wir nehmen daher oft nur das wahr, was gemäß des Vorhersagemodells unseres Gehirns zu erwarten ist. Dies zeigt sich z. B. in diversen optischen Illusionen. Laut Clark (2013) bedeutet dies in letzter Konsequenz, dass die Grenze zwischen Wahrnehmung und Kognition verschwimmt.

Soziale Wahrnehmung

Die Betrachtung von Wahrnehmung und Handlung innerhalb eines komplexen dynamischen Gesamtsystems, in Abgrenzung zu einem sog. Sandwich-Modell (Hurley 1998) von Wahrnehmung, Kognition und Handlung mit linearer Verarbeitung hat sich auch in der Analyse sozialer Kognition bewährt, insbesondere bezüglich der Frage, wie wir die Handlungen anderer Personen verstehen (s. Kap. IV.21). Die Entdeckung von Spiegelneuronen (Gallese et al. 1996) führte weg von kognitiven Modellen wie der Theorie-Theorie (Gopnik/Wellmann 1992), wonach wir psychologische Gesetze kennen, die wir in Form eines Theoriegebäudes zugrunde legen, um das Verhalten anderer zu verstehen und zu prognostizieren, hin zu einem primär verkörperlichten Ansatz sozialer Kognition, wonach wir unsere eigenen neuronal repräsentierten motorischen Fähigkeiten nutzen, um die Handlungen anderer zu verstehen, indem wir sie simulieren (Gallese/Sinigaglia 2011).

Spiegelneuronen – im prämotorischen Kortex, zunächst im Areal F5 des Makakenhirns entdeckt, aber seitdem auch im menschlichen Gehirn nachgewiesen – feuern nicht nur bei der Ausführung einer zielgerichteten Handlung, z.B. beim Greifen nach einer Nuss, sondern auch, wenn man bloß beobachtet, wie jemand dieselbe oder eine ähnliche zielgerichtete Handlung ausführt. Sie feuern hingegen nicht, wenn man ein Objekt nur beobachtet, ohne dass darauf eine Handlung ausgeübt wird; auch nicht, wenn man beobachtet, wie jemand einen künstlichen Arm zu Hilfe nimmt usw. So legen die spezifischen Eigenschaften von Spiegelneuronen ebenfalls nahe, dass Wahrnehmung und Handlung im Gehirn eher in einem einheitlichen System betrachtet werden müssen, statt getrennt voneinander. Dass sie mit dem Verstehen von Handlungen und Handlungsabsichten zusammenhängen, scheint gesichert; ob ihr Feuern jedoch als Simulation gedeutet werden kann, ist umstritten.

Gallagher (2005) lehnt sowohl die Theorie-Theorie als auch den Begriff der Simulation in Zusammenhang mit sozialer Kognition ab und favorisiert die Position, dass wir zumindest die Absichten, Gefühle und grundlegenden mentalen Einstellungen anderer *direkt* wahrnehmen können. Spiegelneuronen könnten einer direkten sozialen Wahrnehmung zugrunde liegen. Allerdings steht und fällt diese Position mit dem Schicksal des Konzepts einer direkten Wahrnehmung schlechthin, wie sie oben diskutiert wurde.

Eine alternative Deutung betrachtet die Aktivität von Spiegelneuronen im Kontext der Wahrnehmung sozialer Affordanzen, d.h. im Hinblick auf die eigenen aktuellen Handlungen und potenziellen Handlungsmöglichkeiten (Schlicht im Druck). Spiegelneuronen feuern z. B. nicht bei der Beobachtung einer Handlung, die nicht zu dem eigenen motorischen Repertoire gehört, wie z. B. dem Bellen eines Hundes, sie feuern aber, wenn man den Hund essen sieht (Buccino et al. 2004). Weiterhin wurden Untersuchungen mit Patienten durchgeführt, die ohne Arme und Hände auf die Welt kamen und gesunde Probanden beobachteten, die mit ihren Händen bestimmte Handlungen ausführten. Dabei feuerten bei den Patienten diejenigen Neuronen, die ebenfalls feuern, wenn sie selbst solche Handlungen mit ihrem Mund oder ihren Füßen ausführen, also bezogen auf die ihnen möglichen Handlungen (Gazzola et al. 2007). Spiegelneuronen scheinen daher einen Handlungsplan in einem verkörperlichten Format zu repräsentieren, *unabhängig* davon, wer die Handlung ausführt, aber bezogen auf die eigenen Handlungsmöglichkeiten. Ob mit dieser Wahrnehmung ein Simulationsprozess oder gar das Verstehen der mentalen Sphäre des Gegenübers verbunden ist, wird hierdurch nicht entschieden.

Literatur

Ahissar, Merav/Hochstein, Shaul (2004): The reverse hierarchy theory of visual perceptual learning. In: *Trends in Cognitive Sciences* 8, 457–464.

Armstrong, David (1961): *Perception and the Physical World*. New York.

Bar, Moshe (2007): The proactive brain. In: *Trends in Cognitive Sciences* 11, 280–289.

Bayne, Tim (2011): *The Unity of Consciousness*. Oxford.

Block, Ned (2007): Consciousness, accessibility, and the mesh between psychology and neuroscience. In: *Behavioral and Brain Sciences* 30, 481–548.

Block, Ned (2010): Attention and mental paint. In: *Philosophical Issues* 20, 23–63.

Brooks, Rodney (1991): Intelligence without representation. In: *Artificial Intelligence* 47, 139–159.

Bruner, Jerome (1964): The course of cognitive growth. In: *American Psychologist* 19, 1–15.

Buccino, Giovanni/Lui, Fausta/Canessa, Nicola/Patteri, Ilaria/Lagravinese, Giovanna/Benuzzi, Francesco/Porro, Carlo/Rizzolatti, Giacomo (2004): Neural circuits involved in the recognition of actions performed by non-conspecifics. In: *Journal of Cognitive Neuroscience* 16, 114–126.

Burge, Tyler (2005): Disjunctivism and perceptual psychology. In: *Philosophical Topics* 33, 1–78.

Byrne, Alex/Logue, Heather (Hg.) (2009): *Disjunctivism*. Cambridge (Mass.).

Carandini, Matteo/Demb, Jonathan/Mante, Valerio/Tolhurst, David/Dan, Yang/Olshausen, Bruno/Gallant, Jack/Rust, Nicole (2005): Do we know what the early visual system does? In: *Journal of Neuroscience* 25, 10577–10597.

Carleton, Alan/Accolla, Riccardo/Simon, Sydney (2011): Coding in the mammalian gustatory system. In: *Trends in Cognitive Sciences* 33, 326–334.

Carrasco, Marisa/Ling, Sam/Read, Sarah (2004): Attention alters appearance. In: *Nature Neuroscience* 7, 308–313.

Chisholm, Roderick (1957): *Perceiving*. Ithaca.

Clark, Andy (1989): *Microcognition*. Cambridge (Mass.).

Clark, Andy (2013): Whatever next? In: *Behavioral and Brain Sciences* 36/3, 181–204.

Cytowic, Richard (²2002): *Synaesthesia*. Cambridge (Mass.) [1989].

Dehaene, Stanislas/Changeux, Jean-Pierre/Naccache, Lionel/Sackur, Jérôme/Sergent, Claire (2006): Conscious, preconscious, and subliminal processing. In: *Trends in Cognitive Sciences* 10, 204–211.

Dennett, Daniel (1988): Quining qualia. In: Anthony Marcel/Eduardo Bisiach (Hg.): *Consciousness in Contemporary Science*. Oxford, 42–77.

Driver, Jon/Noesselt, Toemme (2008): Multisensory interplay reveals crossmodal influences on ›sensory-specific‹ brain regions, neural responses, and judgments. In: *Neuron* 57, 11–23.

Engel, Andreas/Fries, Pascal/König, Peter/Brecht, Michael/Singer, Wolf (1999): Temporal binding, binocular rivalry, and consciousness. In: *Consciousness and Cognition* 8, 128–151.

Engel, Andreas/König, Peter (1998): Das neurobiologische Wahrnehmungsparadigma. In: Peter Gold/Andreas Engel (Hg.): *Der Mensch in der Perspektive der Kognitionswissenschaften*. Frankfurt a. M., 156–194.

Evans, Gareth (1982): *The Varieties of Reference*. Oxford.

Fodor, Jerry/Pylyshyn, Zenon (1981): How direct is visual perception? In: *Cognition* 9, 139–196.

Foster, John (2000): *The Nature of Perception*. Oxford.

Friston, Karl (2010): The free-energy principle. In: *Nature Reviews Neuroscience* 11, 127–138.

Frith, Christopher (2007): *Making up the Mind*. London. [dt.: *Wie unser Gehirn die Welt erschafft*. Heidelberg 2010].

Gallagher, Shaun (2005): *How the Body Shapes the Mind*. Oxford.

Gallagher, Shaun (2008): Are minimal representations still representations? In: *International Journal of Philosophical Studies* 16, 351–369.

Gallese, Vittorio/Fadiga, Luciano/Fogassi, Leonardo/Rizzolatti, Giacomo (1996): Action recognition in the premotor cortex. In: *Brain* 119, 593–609.

Gallese, Vittorio/Sinigaglia, Corrado (2011): What is so special about embodied simulation? In: *Trends in Cognitive Sciences* 15, 512–519.

Gardelle, Vincent de/Sackur, Jérôme/Kouider, Sid (2009): Perceptual illusions in brief visual presentations. In: *Consciousness and Cognition* 18, 569–577.

Gazzola, Valeria/van der Worp, Henk/Mulder, Theo/Wicker, Bruno/Rizzolatti, Giacomo/Keysers, Christian (2007): Aplasics born without hands mirror the goal of hand actions with their feet. In: *Current Biology* 17, 1235–1240.

Gibson, James (1979): *The Ecological Approach to Visual Perception*. Boston. [dt.: *Wahrnehmung und Umwelt*. München 1982].

Gopnik, Alison/Wellman, Henry (1992): Why the child's theory of mind really is a theory. In: *Mind and Language* 7, 145–172.

Grüter, Thomas/Grüter, Martina/Carbon Claus-Christian (2008): Neural and genetic foundations of face recognition and prosopagnosia. In: *Journal of Neuropsychology* 2, 79–97.

Gunther, York (Hg.) (2003): *Essays on Nonconceptual Content*. Cambridge (Mass.).

Harman, Gilbert (1990): The intrinsic quality of experience. In: *Philosophical Perspectives* 4, 31–52.

Helmholtz, Hermann von (1866): *Handbuch der physiologischen Optik*, Bd. 3. Leipzig.

Heywood, Charles/Cowey, Alan (2003): Colour vision and its disturbance after cortical lesions. In: Manfred Fahle/Mark Greenlee (Hg.): *The Neuropsychology of Vision*. Oxford, 259–282.

Hinton, John (1973): *Experiences*. Oxford.

Hubel, David/Wiesel, Torsten (1959): Receptive fields of single neurons in the cat's striate cortex. In: *Journal of Physiology* 148, 574–591.

Hurley, Susan (1998): *Consciousness in Action*. Cambridge (Mass.).

Husserl, Edmund (1907/1991): *Ding und Raum. Vorlesungen 1907*. Hamburg.

Hutto, Daniel/Myin, Erik (2013): *Radicalizing Enactivism*. Cambridge (Mass.).

Jackson, Frank (1977): *Perception*. Cambridge.

Jacob, Pierre/Jeannerod, Marc (2003): *Ways of Seeing*. Oxford.

Karnath, Hans-Otto/Milner, A. David/Vallar, Giuseppe (2002): *The Cognitive and Neural Bases of Spatial Neglect*. Oxford.

Kellogg, Winthrop (1962): Sonar system of the blind. In: *Science* 137, 399–404.

Kind, Amy (2003): What's so transparent about transparency? In: *Philosophical Studies* 115, 225–244.

Koch, Christof (2004): *The Quest for Consciousness*. Englewood Cliffs.

Kouider, Sid/Dehaene, Stanislas (2007): Levels of processing during non-conscious perception. In: *Philosophical Transactions of the Royal Society of London* B362, 857–875.

Lamme, Victor (2006): Towards a true neural stance on consciousness. In: *Trends in Cognitive Sciences* 10, 494–501.

Lamme, Victor/Roelfsema, Pieter (2000): The distinct modes of vision offered by feedforward and recurrent processing. In: *Trends in Neurosciences* 23, 571–579.

Marr, David (1982): *Vision*. San Francisco.

McDowell, John (1994): *Mind and World*. Cambridge (Mass.). [dt.: *Geist und Welt*. Frankfurt a. M. 2001].

Milner, David/Goodale, Melvyn (1995): *The Visual Brain in Action*. Oxford.

Moore, George E. (1903): The refutation of idealism. In: *Mind* 12, 433–453.

Moore, George E. (1910): Sense data. In: ders.: *Some Main Problems of Philosophy*. London, 28–40.

Moss, Cynthia/Schnitzler, Hans-Ulrich (1995) Behavioral studies of auditory information processing. In: Richard Fay/Arthur Popper (Hg.): *Springer Handbook of Auditory Research*. Berlin, 87–145.

Murray, Micah/Wallace, Mark (Hg.) (2012): *The Neural Bases of Multisensory Processes*. Boca Raton.

Nagel, Thomas (1974): What is it like to be a bat? In: *Philosophical Review* 83, 435–450.

Noë, Alva (2004): *Action in Perception*. Cambridge (Mass.).

Raffman, Diana (1995): Über die Beharrlichkeit der Phänomenologie. In: Thomas Metzinger (Hg.): *Bewußtsein*. Paderborn, 349–366.

Rensink, Ronald/O'Regan, Kevin/Clark, James (1997): To see or not to see. In: *Psychological Science* 8, 368–373.

Robertson, Lynn (2003): Binding, spatial attention and perceptual awareness. In: *Nature Reviews Neuroscience* 4, 93–102.

Robertson, Lynn/Sagiv, Noam (2004): *Synaesthesia*. Oxford.

Schlicht, Tobias (2012): Phenomenal consciousness, attention, and accessibility. In: *Phenomenology and the Cognitive Sciences* 11, 309–334.

Schlicht, Tobias (im Druck): Mittendrin statt nur dabei. In: Thiemo Breyer (Hg.): *Grenzen der Empathie*. Freiburg.

Schnitzler, Hans-Ulrich (1968): Die Ultraschall-Ortungslaute der Hufeisen-Fledermäuse (Chiroptera-Rhinolophidae) in verschiedenen Orientierungssituationen. In: *Zeitschrift für vergleichende Physiologie* 57, 376–408.

Sellars, Wilfrid (1956): Empiricism and the philosophy of mind. In: *Minnesota Studies in the Philosophy of Science* 1, 253–329.

Siegel, Susanna (2011): *The Contents of Visual Perception*. Oxford.

Snowdon, Paul (1980): Perception, vision and causation. In: *Proceedings of the Aristotelian Society* 81, 175–192.

Sperling, George (1960): The information available in brief visual presentations. In: *Psychological Monographs: General and Applied* 74, 1–29.

Stoffregen, Thomas/Pittenger, John (1995): Human echolocation as a basic form of perception and action. In: *Ecological Psychology* 7, 181–216.

Sur, Mriganka (1999): Rewiring cortex. In: *Journal of Neurobiology* 41, 33–43.

Teng, Santani/Whitney, David (2011): The acuity of echolocation. In: *Journal of Visual Impairment and Blindness* 105, 20–32.

Thaler, Lore/Arnott, Stephen/Goodale, Melvyn (2011): Neural correlates of natural human echolocation in early and late blind echolocation experts. In: *PLoS ONE* 6, e20162.

Thomas, Jeannette/Moss, Cynthia/Vater, Marianne (Hg.) (2004): *Echolocation in Bats and Dolphins*. Chicago.

Tomasello, Michael (1999): *The Cultural Origins of Human Cognition*. Cambridge (Mass.). [dt.: *Die kulturelle Entwicklung des menschlichen Denkens*. Frankfurt a.M. 2002].

Tye, Michael (1995): *Ten Problems of Consciousness*. Cambridge (Mass.).

Ungerleider, Leslie/Mishkin, Mortimer (1982): Two cortical visual systems. In: David Ingle/Melvyn Goodale/Richard Mansfield (Hg.): *Analysis of Visual Behavior*. Cambridge (Mass.), 549–586.

Varela, Francisco (1990): *Kognitionswissenschaft – Kognitionstechnik*. Frankfurt a. M.

Varela, Francisco/Thompson, Evan/Rosch, Eleanor (1991): *The Embodied Mind*. Cambridge (Mass.). [dt.: *Der mittlere Weg der Erkenntnis*. München 1992].

Weiskrantz, Lawrence (1986): *Blindsight*. Oxford.

Wheeler, Michael (2005): *Reconstructing the Cognitive World*. Cambridge (Mass.).

Wilson, Donald/Sullivan, Regina (2011): Cortical processing of odor objects. In: *Neuron* 72, 506–519.

Zeki, Semir (1991): Cerebral akinetopsia (visual motion blindness). In: *Brain* 114, 811–824.

Tobias Schlicht/Petra Vetter/Lore Thaler/Cynthia F. Moss

25. Wissen

Generell kann man zwischen verschiedenen Repräsentationen, Formen und Begriffen des Wissens unterscheiden. Diesen Unterschieden wird zum Teil disziplinübergreifend (von der Philosophie (s. Kap. II.F), der Psychologie (s. Kap. II.E) sowie der Künstliche-Intelligenz-Forschung (s. Kap. II.B.1) Rechnung getragen, zum Teil markieren sie aber auch verschiedene Schwerpunkte in der Zielsetzung der einzelnen Disziplinen.

Zunächst wird zwischen explizitem und implizitem Wissen unterschieden (Dienes/Perner 1999). Explizites Wissen umfasst bewusst zugängliches Wissen, während implizites Wissen nicht bewusst zugänglich ist (s. Kap. IV.4). Dass es ein solches implizites Wissen gibt, wird z. B. durch Experimente zum Lernen künstlicher Grammatiken gestützt (Litmann/Reber 2005). In der ersten Phase solcher Experimente sollen sich Versuchspersonen nach Regeln geformte sinnlose Zeichenreihen merken, wobei sie nicht wissen, dass die Zeichenkombinationen nach Regeln formiert sind. In der nächsten Phase werden die Versuchspersonen instruiert, neue Zeichenreihen, die nach denselben (ihnen unbekannten) Regeln formiert wurden, von anderen Zeichenreihen zu unterscheiden. Die meisten Versuchspersonen berichten, dass sie keine Regeln erkannt und daher geraten haben. Das Antwortverhalten ist jedoch statistisch signifikant besser als es von bloßem Raten zu erwarten wäre, was als Beleg dafür gewertet wird, dass in der ersten Phase implizites Wissen über die künstlichen Grammatikregeln erworben wurde. Hier sei auf Chomskys (1965, 4) Unterscheidung zwischen Performanz (»the actual use of language in concrete situations«) und Kompetenz (»the speaker-hearer's knowledge of his language«) hingewiesen.

Weiter kann man auf Tatsachen bezogenes *Wissen-dass* und mit Fähigkeiten verbundenes *Wissen-wie* unterscheiden (Anderson 1976; Ryle 1949). Wissen-dass wird in der Psychologie auch als ›deklaratives‹ und in der Philosophie als ›propositionales‹ Wissen bezeichnet. Wissen-wie bezeichnen Psychologen als ›prozedurales‹ Wissen. Zwischen beiden Wissensformen gibt es eine Reihe wichtiger Unterschiede: Erstens kann eine Person über graduelles Wissen-wie verfügen (z. B. wie man schwimmt), während Wissen-dass (z. B. dass Astana die Hauptstadt Kasachstans ist) entweder ganz oder gar nicht vorhanden ist. Zweitens kann Wissen-dass relativ schnell und plötzlich (z. B. durch eine Mitteilung) erworben werden, während Wissen-wie in der Regel

graduell und durch Übung erworben wird. Drittens ist Wissen-das das anders als Wissen-wie grundsätzlich kommunizierbar: Zwar mag es in einfachen Fällen manchmal sein, dass Wissen-wie allein durch Mitteilung erworben wird (z. B. wenn einem gesagt wird, wie man das Licht anmachen kann), aber ein solcher Erwerb durch Mitteilung ist beim Wissen-wie eben nicht immer möglich. Die Unterscheidung zwischen prozeduralem und deklarativem Wissen findet zahlreiche Anwendungen in der Psychologie, etwa in der ACT-R Theorie (Anderson et al. 2004), und konnte zudem auch neuropsychologisch gestützt werden. Beispielsweise beobachteten Cohen/ Squire (1980), dass an Amnesie leidende Personen Schwierigkeiten haben, sich deklaratives Wissen (Lernen von Wörtern) anzueignen, jedoch mit gesunden Kontrollpersonen vergleichbar in der Lage sind, prozedurales Wissen zu lernen (Erlernen der Fähigkeit, spiegelverkehrt geschriebene Wörter zu lesen). Neuere Versuche von Philosophen, entweder Wissen-wie auf Wissen-dass zu reduzieren (Stanley 2011) oder Wissen-dass auf Wissen-wie zu reduzieren (Hetherington 2011), sind stark umstritten.

Implizites Wissen und Wissen-wie sind eng miteinander verbunden. So drückt sich implizites Wissen in der Regel durch ein Wissen-wie aus. Das implizite Wissen eines kompetenten Sprechers von der Definition eines von ihm verwendeten Begriffs drückt sich etwa darin aus, dass er den Begriff gemäß seiner Definition anwenden kann, auch wenn ihm die Definition nicht bewusst zugänglich ist. Das bedeutet jedoch nicht unbedingt, dass implizites Wissen mit dem entsprechenden Wissen-wie identisch ist. Bei dem impliziten Wissen der Definition handelt es sich nämlich um ein Wissen-dass, das propositional repräsentiert ist. Beim Wissen-wie ist es hingegen strittig, ob es sich auf ein Wissen-dass reduzieren lässt.

In der natürlichen Sprache können zwei Arten des propositionalen Wissen-dass unterschieden werden: *schwaches* und *starkes* Wissen (Goldman 1999, 24–25, kritisch dazu: Jäger 2009). Um etwas im schwachen Sinne zu wissen, genügt es, wenn die betreffende Person eine wahre Meinung hat. Wenn man sich etwa fragt, ob der Vater weiß, dass seine Tochter eine Fünf in der Mathematikklassenarbeit geschrieben hat, dann muss nur geklärt werden, ob er diese Tatsache auch erfasst hat, d. h. ob er Entsprechendes glaubt. Weitere Bedingungen müssen nicht erfüllt sein. Um dagegen etwas im starken Sinne zu wissen, reicht eine wahre Meinung nicht aus (vgl. jedoch Sartwell 1992). Wenn ein Vater nur aus dem Grund glaubt, dass seine Tochter eine Fünf in der

Mathematikklassenarbeit geschrieben hat, weil er ihr in schulischen Dingen nichts zutraut, sie aber zufälligerweise tatsächlich eine Fünf geschrieben hat, dann würden wir nicht sagen, dass er *weiß*, dass sie eine Fünf geschrieben hat. Ihm scheinen dafür die richtigen Gründe zu fehlen. Wenn er die Arbeit hingegen mit eigenen Augen gesehen hat, dann sind die für starkes Wissen erforderlichen Bedingungen erfüllt.

Der schwache Wissensbegriff spielt v. a. dann eine wichtige Rolle, wenn es allein um das Ziel der Wahrheit geht, also um Wissenssysteme, die uns als gute Instrumente zur Erfassung der Realität dienen, ohne dass wir die Frage nach ihrer Rechtfertigung aufwerfen. Solche Wissenssysteme werden von der Künstliche-Intelligenz-Forschung (KI) untersucht. Sie unterstützen die Generierung schwachen Wissens, müssen aber zugleich dem Faktum Rechnung tragen, dass sich Fehler in die Systeme einschleichen können, die entdeckbar und eliminierbar sein sollen. Der Output solcher Wissenssysteme soll schwaches Wissen repräsentieren, aber Wissenssysteme enthalten eben nicht nur wahre, sondern auch falsche Information. Deshalb muss die Theorie der Wissenssysteme und ihrer Dynamik auch die rationale Revision unserer Meinungen mit dem Ziel der Wahrheitsproduktion simulieren. Der starke Wissensbegriff spielt hingegen bei Wissenszuschreibungen an Personen eine wichtige Rolle. In diesem Zusammenhang geht es darum, ob sich die Wahrheit einer Meinung der kognitiven Kompetenz der Person verdankt und ihr dafür das Verdienst zukommt (Sosa 2007, Kap. 4). Starkes Wissen ist deshalb nicht mit einer bloß zufälligen Erzielung der Wahrheit vereinbar. Die Philosophie ist traditionell an einer Analyse des starken Wissens interessiert. Ein solches Wissen stellt die höchste kognitive Errungenschaft dar und es ist aufgrund seiner Fundierung in Gründen nicht so flüchtig wie rein zufällig wahre Meinung, die uns durch jede Fehlinformation sofort wieder geraubt werden kann.

Zur Charakterisierung von Wissenssystemen wird mitunter auch ein *superschwacher* Wissensbegriff verwendet, wonach Wissen nichts weiter als eine (starke) Überzeugung ist, aber keine Wahrheitsbedingung beinhaltet. Der Wissenssoziologe David Bloor (1976, 5) z. B. meint, dass Wissen aus den Meinungen besteht, von denen wir überzeugt sind und die unser Leben bestimmen, ganz unabhängig davon, ob sie wahr sind. Bloors Verwendung des Wissensbegriffs scheint auch in Formulierungen wie ›Ich wusste in diesem Moment, wie die richtige Antwort lautet, aber nachher stellte sich heraus, dass ich

mich getäuscht hatte.‹ oder ›Die Menschen im Mittelalter wussten, dass die Erde eine Scheibe ist.‹ vorzukommen. Vermutlich handelt es sich aber einfach um elliptische Formulierungen, die eigentlich nur vermeintliches Wissen zuschreiben. Man sollte also besser sagen: ›Ich *glaubte* in diesem Moment zu wissen …‹ oder ›Die Menschen im Mittelalter *glaubten* zu wissen …‹. Insofern wäre der superschwache Wissensbegriff ein technischer Terminus, der mit unserem alltäglichen Wissensbegriff nicht viel zu tun hat.

In der Entwicklungspsychologie (s. Kap. II.E.4) spielt Wissen im Zusammenhang mit der Frage nach einer *theory of mind* eine Rolle, bei der es um die Fähigkeit geht, anderen Personen mentale Repräsentationen und Wissenszustände zuzuschreiben (s. Kap. IV.21). Zur Untersuchung, ob Kinder eine *theory of mind* entwickelt haben, eignet sich der sog. *false belief task* (Wimmer/Perner 1983), welcher ursprünglich durch die Primatenforschung inspiriert wurde. Versuchspersonen wird eine Geschichte vorgespielt, in welcher ein Akteur A Wissen darüber erlangt, wo ein Gegenstand verborgen ist, z. B. in Box 1. Danach verlässt A das Szenario. Nun betritt Akteur B das Szenario und nimmt den Gegenstand aus Box 1 und verbirgt ihn in Box 2. Anschließend verlässt B das Szenario und A kommt zurück. Die Schlüsselfrage lautet: In welcher Box sucht A den Gegenstand? Antwortet die Versuchsperson, dass A in Box 1 suchen wird, hat sie den Test bestanden und ist fähig, A einen Wissenszustand (im Sinn von superschwachem Wissen) korrekt zuzuschreiben. Sagt die Versuchsperson jedoch, dass A in Box 2 (in welcher sich der Gegenstand tatsächlich befindet) suchen wird, hat sie keine *theory of mind* von Akteur A. In der Studie von Wimmer/Perner (1983) bestanden keine der Drei- bis Vierjährigen, 57 Prozent der Vier- bis Sechsjährigen und 86 Prozent der Sechs- bis Neunjährigen diesen *false belief task*. In der Metaanalyse von Wellman et al. (2001) lösen die meisten Vier- bis Fünfjährigen den *false belief task* korrekt im Sinne der *theory of mind*.

Generierung und Repräsentation von Wissen in Wissenssystemen

Viele der oben angesprochenen Gedanken und feingranularen Unterscheidungen zwischen unterschiedlichen Arten von Wissen finden sich auch im Bereich der KI wieder, wobei hier der Schwerpunkt eher auf pragmatischen oder methodisch-theoretischen Aspekten liegt und die Umsetzbarkeit innerhalb eines wissensbasierten intelligenten Systems angestrebt wird. Zahlreiche wissensbasierte Systeme befinden sich weltweit im täglichen Einsatz: Computersysteme steuern und kontrollieren Prozesse, übernehmen Wartungsaufgaben und Fehlerdiagnosen, Roboter führen Transport- und Explorationsaufgaben aus und kommunizieren dabei mit ihrer Umgebung, entscheidungsunterstützende Systeme helfen bei der Analyse komplexer Zusammenhänge (z. B. in der Wirtschaft und bei Banken), medizinische Diagnosesysteme beraten den behandelnden Arzt und unterbreiten Therapievorschläge, verschiedene Systeme helfen bei Konfigurations- und Planungsaufgaben, tutorielle Systeme werden zur Schulung insbesondere in mit hohem Risiko verbundenen Bereichen (z. B. Flugsimulation und Chirurgie) eingesetzt. Trotz der enormen Breite im System- und Anwendungsbereich ist die allgemeine Aufgabenstellung eines wissensbasierten Systems aber von erstaunlicher Konstanz: Immer geht es darum, intelligentes Denken und Handeln in einem bestimmten Bereich zu simulieren, und immer muss zu diesem Zweck Wissen dargestellt und verarbeitet werden. Es ist daher von zentraler Bedeutung, eine Methode zur Wissensrepräsentation auszuwählen oder zu entwickeln, die der gegebenen Situation möglichst adäquat ist und die optimal zum vorgesehenen Einsatzbereich des Systems passt (Beierle/Kern-Isberner 2008).

In den Anfängen der KI wurde versucht, allein mit allgemeinen Problemlösungsmechanismen und ohne spezifisches Wissen über die jeweilige Problemdomäne intelligente Systeme zu bauen. Allerdings zeigte sich, dass Ansätze, die im Wesentlichen auf der Verkettung elementarer Ableitungsschritte beruhten (s. Kap. IV.17) und nur sehr wenig oder gar keine Informationen über den betreffenden Anwendungsbereich benutzten, in komplexeren Anwendungsszenarien nur schwache Ergebnisse erzielten. Daher setzte sich die Erkenntnis durch, dass ein vielversprechender Weg zu größeren Erfolgen darin besteht, mehr Wissen über den Problembereich zu verwenden, um komplexere Ableitungsschritte zur Lösung von im gegebenen Anwendungsbereich typischen Teilproblemen zu ermöglichen. Dies markierte den Beginn der Entwicklung wissensbasierter Systeme.

Der wichtigste Aspekt eines wissensbasierten Systems ist die Trennung zwischen der Darstellung des Wissens über den betreffenden Problembereich in einer *Wissensbasis* und der Verarbeitung dieses Wissens in der *Wissensverarbeitung*; die möglichst direkte Repräsentation von Wissen in einer Wissensbasis und die Trennung von Wissensbasis und Wis-

sensverarbeitung hat sich auch in anderen Bereichen der KI, etwa in der Agententechnologie, etabliert. Während in der Wissensbasis spezifisches Wissen über den Anwendungsbereich zu finden ist, stellt die Wissensverarbeitung eine anwendungsunabhängige Problemlösungskomponente dar. Ein Beispiel dafür ist die Darstellung von Wissen über Fehlerursachen in einem technischen Diagnosesystem durch konditionale Wenn-Dann-Regeln in einer Wissensbasis einerseits und die unabhängig von speziellem Diagnosewissen durchführbare Anwendung und Verkettung von Wenn-Dann-Regeln in der Wissensverarbeitung andererseits. So könnte die Wissensbasis eines KFZ-Betriebs problemspezifische Regeln wie ›Wenn die Batterie leer ist, dann springt der Motor nicht an.‹ und ›Wenn das Licht angelassen wurde, dann ist die Batterie leer.‹ enthalten. Eine von diesem Problembereich unabhängige Inferenzkomponente für die Verarbeitung von Wenn-Dann-Regeln kann ›Wenn A, dann B.‹ und ›Wenn B, dann C.‹ zu ›Wenn A, dann C.‹ verknüpfen und in der Folge z. B. abduktiv auf A als mögliche Ursache für das Vorliegen von C schließen. Wendet man nun diese problemunabhängige Wissensverarbeitungskomponente auf die KFZ-Wissensbasis an, so kann als Erklärung dafür, dass der Motor nicht anspringt, darauf geschlossen werden, dass eventuell das Licht angelassen wurde.

Der Inhalt der Wissensbasis kann dabei noch weiter in verschiedene Arten von Wissen unterteilt werden. Das fallspezifische oder evidentielle Wissen ist die spezifischste Art von Wissen, das sich nur auf den gerade betrachteten Problemfall bezieht. Das generische Wissen macht den eigentlichen Kern der Wissensbasis aus. Dieses Wissen umfasst das bereichsbezogene Wissen, das sich auf den gesamten Bereich bezieht, aus dem die Fälle, die das wissensbasierte System bearbeiten kann, genommen sind. Das kann sowohl theoretisches Fachwissen als auch Erfahrungswissen sein. Daneben kann es sich auch um Allgemeinwissen handeln, also z. B. um generelle Problemlösungsheuristiken, Optimierungsregeln oder auch um allgemeines Wissen über Objekte und Beziehungen in der realen Welt.

Der schematische Aufbau eines wissensbasierten Systems, das menschliche Experten bei der Entscheidungsfindung unterstützen soll, ist in Abbildung 1 dargestellt.

Die Wissensbasis enthält dabei das permanente, generische Wissen und der Arbeitsspeicher das temporäre, fallspezifische Wissen. In der oben skizzierten KFZ-Wissensbasis wären dann die Regeln der KFZ-Domäne enthalten, und im Arbeitsspeicher

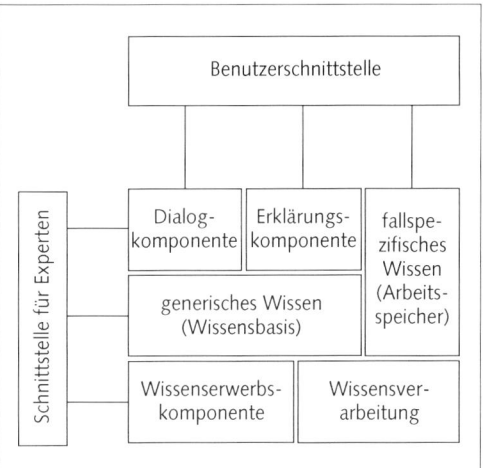

Abbildung 1: Aufbau eines wissensbasierten Systems zur Entscheidungsunterstützung (nach Beierle/Kernsberner 2008)

könnten z. B. die Beobachtung eines konkreten Falls wie ›Der Motor springt nicht an.‹ und daraus abgeleitete mögliche Fehlerursachen stehen. Neben der von der Wissensbasis getrennten Wissensverarbeitungskomponente gibt es die Wissenserwerbskomponente, die den Aufbau der Wissensbasis unterstützt. Die Erklärungskomponente soll für vom System vorgenommene Schlussfolgerungen aufzeigen, wie diese zustande gekommen sind, während die Dialogkomponente die Kommunikation der Nutzer mit dem System unterstützt (s. Kap. IV.13). Einer der wichtigsten Vertreter der wissensbasierten Systeme ist der intelligente, autonome Agent, ein Computersystem, das aufgrund seines Wissens in der Lage ist, flexibel Entscheidungen zu fällen, um seine Ziele zu erreichen.

Das Gebiet der Wissensrepräsentation, eines der zentralen Gebiete der KI, beschäftigt sich damit, wie man den Wissens- und Glaubenszustand eines intelligenten Systems modellieren kann. Zum einen enthält die Wissensbasis dabei eine explizite Repräsentation dessen, was der Agent weiß, und zum anderen soll es möglich sein, auf der expliziten, formalen Repräsentation des Wissens zu arbeiten und Inferenzen und letztendlich auch Entscheidungen für Handlungen des Agenten daraus abzuleiten. Während insbesondere in frühen KI-Ansätzen zur expliziten Darstellung von Wissen prozedurale Repräsentationen eine wichtige Rolle spielten, sind die meisten Wissensrepräsentationsformalismen, die heute untersucht und entwickelt werden, logikbasiert. Klassische Logiken wie die Aussagen- oder Prädika-

tenlogik bilden hierfür eine wichtige Grundlage (s. Kap. II.F.4). Insbesondere terminologisches Wissen, das Begrifflichkeiten festlegen soll, wird mithilfe solcher Logiken vereinbart. Dabei spielen Ontologien eine prominente Rolle. Primär werden hier Begriffshierarchien wie z. B. *Taschenbuch* ist_ein *Buch* ist_ein *Medium* definiert, aber auch Beziehungen von Objekten zueinander werden in einer Ontologie modelliert, z. B. *Kapitel* ist_Teil_von *Buch*. Damit können wichtige Strukturen eines Wissensbereiches formal abgebildet werden. Zur Codierung von Ontologien werden oft Beschreibungslogiken verwendet (Baader et al. 2003), die in der Regel ein Fragment der Prädikatenlogik erster Stufe sind und oft sehr effiziente Ableitungen von Wissen erlauben. Die durch Beschreibungslogiken erreichte Kombination von logischer Präzision und effizienter Wissensverarbeitung ist eine der wichtigsten Grundlagen des *semantic web*, in dem die (syntaktischen) Informationen des Internets mit Bedeutung versehen werden und so breiter und besser nutzbar werden.

Klassische Logiken alleine sind aber nicht ausreichend, um Informationen in realen Anwendungsszenarien zu repräsentieren und zu verarbeiten, da hier die Unsicherheit und Unvollständigkeit unseres Wissens zum Tragen kommen (s. Kap. III.1). So sind uns manche Dinge überhaupt nicht bekannt, Informationen sind für uns unzugänglich oder die Vervollständigung unseres Wissens bezüglich einer bestimmten Situation dauert schlicht zu lange. Tatsächlich können Situationen der realen Welt im Allgemeinen gar nicht vollständig beschrieben werden, da es zu viele Ausnahmen, Einzelheiten oder Besonderheiten gibt. Über Dinge, die in der Zukunft liegen, können wir nur spekulieren, und nicht zuletzt ist die natürliche Sprache oft mehrdeutig und kontextabhängig und kann daher leicht zu Missverständnissen führen. Daher sind Wissen und Überzeugungen eines Agenten, der mit einer realen Umwelt kommunizieren und erfolgreich in ihr agieren soll, typischerweise unvollständig, basieren auf impliziten Annahmen und sind mit Fehlern behaftet. Erklärungen und aufgestellte Hypothesen sind zunächst oft nur Vermutungen, die der Überprüfung bedürfen und manchmal auch nachgebessert oder sogar gänzlich revidiert werden müssen. Dies führt zu der Problematik des revidierbaren Schließens, das eine grundsätzliche Eigenschaft menschlicher Inferenz darstellt. Um dieses Verhalten in einem wissensbasierten System simulieren zu können, werden nicht-klassische Wissensrepräsentations- und Inferenzformen herangezogen, die die Ableitung vorläufiger Schlussfolgerungen auf der Basis für wahr gehaltener Annahmen und unter Verwendung meistens gültiger Schlussregeln gestatten (s. Kap. IV.17). Hier kann eine zusätzliche Information durchaus dazu führen, dass eine zuvor gezogene Schlussfolgerung wieder zurückgenommen wird, ohne dass allerdings die bisherige Annahme definitiv falsch sein muss oder die Schlussregel selbst in Zweifel gezogen wird: So sollte ein Agent nach der Beobachtung eines Tigers in seiner unmittelbaren Nähe rechtzeitig geeignete Vorsichtsmaßnahmen ergreifen wollen, diese Absicht aber wieder revidieren, wenn er realisiert, dass es sich um einen Tiger im (sicheren) Zoogehege oder einen Baby-Tiger handelt.

Eine naheliegende und oft angewandte Möglichkeit, die Richtigkeit unserer Schlussfolgerungen graduell abzustufen, liegt in der Verwendung von Wahrscheinlichkeiten. Probabilistisches Schließen hat zum Ziel, diese Variante des Schließens zu formalisieren, wobei Wahrscheinlichkeiten verwendet werden, um auszudrücken, dass z.B. eine Aussage A oder eine Regel ›Wenn A, dann B.‹ mit einer Wahrscheinlichkeit $x \in [0,1]$ gilt. Einen anderen Ansatz verfolgt die Fuzzy Logik mit der Beschreibung vager Prädikate, bei denen die Abgrenzung zwischen wahr und falsch schwer fällt. Ein typisches Beispiel ist das Prädikat ›groß‹, denn es lässt sich keine scharfe Grenze von z.B. 1,80 m finden, so dass man jemanden ab genau dieser Grenze als ›groß‹ bezeichnen würde. Weitere Ansätze für die Quantifizierung von Unsicherheit bieten Sicherheitsfaktoren, Plausibilitätsgrade usw. (Halpern 2005).

Seit den 1980er Jahren werden jedoch auch intensiv Methoden erforscht, unsichere, revidierbare Schlussfolgerungen im Umfeld klassischer symbolischer Logiken (d.h. ohne Verwendung von numerischer Information) zu realisieren. Ein Problem dabei ist die charakteristische Monotonieeigenschaft der klassischen Logik, die besagt, dass ein logisch gültiger Schluss auch dann logisch gültig bleibt, wenn die Prämissenmenge durch zusätzliche (beliebige!) Prämissen angereichert wird. Das führt bei natürlichsprachlichen Argumenten in realen Umgebungen aber nicht selten zu kontraintuitiven Situationen: Jemand, der auch vor einem Tiger im Gehege in panischer Angst flieht, weil er seine einmal getroffene Fluchtentscheidung monoton beibehält, würde nur das mitleidige Lächeln der anderen Zoobesucher ernten, und sein Verhalten würde irrational anmuten. Da die Revidierbarkeit dem streng monotonen Charakter der klassischen Logik entgegensteht, wurden verschiedene nichtmonotone Logiken entwickelt (z.B. Reiter 1980). Der Begriff ›nichtmonoton‹ bezieht sich in diesem Zusammenhang darauf, dass

einige Schlussfolgerungen, die aus einer Wissensbasis A gezogen werden, wieder zurückgenommen werden müssen, wenn neues Wissen zu A hinzugefügt wird. Bezeichnet I den Inferenzoperator, der zu einer gegebenen Wissensbasis alle Schlussfolgerungen liefert, kann hier also $A \subseteq B$ und gleichzeitig $I(A) \not\subseteq I(B)$ gelten, während I in der klassischen Logik monoton ist und aus $A \subseteq B$ zwingend $I(A) \subseteq I(B)$ folgt. Vereinfacht dargestellt wäre im obigen Tiger-Beispiel also A = {Tiger} und B = {Tiger, Gehege} und erwartungsgemäß sollte ›Flucht‹ in I(A), aber nicht in I(B) liegen.

In der Psychologie wird diese Änderung im Schlussfolgerungsverhalten als *suppression effect* (Byrne 1989) bezeichnet. Dieser empirisch gut belegte Effekt besteht darin, dass Versuchspersonen ursprünglich als gültig bewertete Konklusionen als ungültig bewerten, wenn neue Prämissen zur Prämissenmenge hinzugefügt werden. Beispielsweise bewerten die meisten Versuchspersonen den *Modus Ponens* als logisch gültig (s. Kap. II.F.4). Eine Instanz dieser Argumentform ist folgendes Argument:

(MP) *Prämisse 1:*	Katrin muss einen Aufsatz schreiben.
Prämisse 2:	Wenn Katrin einen Aufsatz schreiben muss, dann studiert Katrin bis Mitternacht in der Bibliothek.
Konklusion:	Katrin studiert bis Mitternacht in der Bibliothek.

Wird jedoch das Konditional ›Wenn die Bibliothek bis Mitternacht geöffnet ist, dann studiert Katrin bis Mitternacht in der Bibliothek.‹ zur Prämissenmenge von MP hinzugefügt, bewerten die meisten Versuchspersonen das Argument MP als nicht logisch gültig. Die Gültigkeitsbewertungen des *Modus Ponens* werden durch die zusätzliche Prämisse ›unterdrückt‹ (daher die Bezeichnung ›suppression effect‹). Dieser *suppression effect* wird als empirischer Beleg dafür gewertet, dass Menschen nichtmonoton schließen (Pfeifer/Kleiter 2010; Stenning/van Lambalgen 2005).

Nichtmonotone Inferenz, ein zentrales Charakteristikum des revidierbaren, rationalen Schließens eines intelligenten Agenten, soll die Auswahl von plausiblen, nützlichen oder wahrscheinlichen Schlussfolgerungen ermöglichen. Nichtmonotone Logiken basieren auf Formalismen wie Raymond Reiters *default*-Logik und Judea Pearls *System Z* oder auf axiomatischen Ansätzen wie *System P* (Kraus et al. 1990), deren Ziel darin besteht, charakteristische Eigenschaften rationalen Schließens zu beschreiben. *Sys-*

tem P ist einer der ersten und bedeutendsten Versuche, nichtmonotone Systeme *positiv* durch Axiome zu beschreiben (also nicht nur negativ durch die Abwesenheit der Monotonieeigenschaft). Dabei geht es insbesondere um die grundlegende Fragestellung des nichtmonotonen Schließens, wie viel monotones Schließen rational ist, ohne dass dadurch das allgemeinere Prinzip, gerechtfertigte Revidierbarkeit zuzulassen, verletzt wird. So wird in *System P* anstelle der problematischen Monotonieeigenschaft der klassischen Logik für eine nichtmonotone Inferenzrelation $\vdash$ die *vorsichtige Monotonie*

$$\frac{A\vdash B,\ A\vdash C}{A\wedge B\vdash C}$$

gefordert: Wenn aus A nichtmonoton B abgeleitet werden kann und aus A nichtmonoton C abgeleitet werden kann, dann kann auch aus A und B nichtmonoton C abgeleitet werden. Die Hinzunahme von nichtmonoton ableitbarem Wissen soll also nicht zur Zurücknahme von Schlussfolgerungen führen. In der Situation, in der Katrin einen Aufsatz anfertigen muss, kann man plausibel folgern, dass sie sowohl bis Mitternacht in der Bibliothek arbeitet als auch keine Zeit hat, ins Kino zu gehen. Die vorsichtige Monotonie erlaubt das Verbinden dieser beiden plausiblen Schlüsse aus derselben Prämisse durch Billigung des folgenden Schlusses: Wenn Katrin einen Aufsatz anfertigen muss und bis Mitternacht in der Bibliothek arbeitet, dann hat sie keine Zeit, ins Kino zu gehen. Man beachte, dass beide Schlussfolgerungen aus der Prämisse ›Katrin muss einen Aufsatz anfertigen.‹ nur plausibel (also nichtmonoton) sind, da sie sich nicht zwingend ergeben – Katrin könnte die Aufgabe einfach ignorieren oder (unerlaubterweise) einen Ghostwriter beauftragen. Allerdings wird auch argumentiert, dass das Axiom der vorsichtigen Monotonie zu restriktiv ist und abgeschwächt werden sollte, indem in der Prämisse $A\vdash B$ durch die sichere Folgerung ›aus A folgt logisch B‹ ersetzt wird. Weitere Postulate im Katalog von *System P* sind Anforderungen zur Kompatibilität mit klassisch-logischen Schlussfolgerungen, die Möglichkeit, Zwischenschritte in der Folgerung wegzulassen (die sog. Schnitt- oder Lemmaregel) und die Erlaubnis, über unterschiedliche Fälle zu argumentieren (die sog. Or-Regel).

Empirische Studien zum *System P* belegen die psychologische Plausibilität dieser grundlegenden Rationalitätspostulate des nichtmonotonen Schließens (Benferhat et al. 2005; Pfeifer/Kleiter 2005; Schurz 2005). Obzwar es mehrere Semantiken zu diesem System gibt, wurden bisher nur die possibi-

listische (Benferhat et al. 2005; Da Silva Neves et al. 2002) und die kohärenz-basierte Wahrscheinlichkeitssemantik (Gilio 2002) dieses Systems empirisch untersucht (Pfeifer/Kleiter 2003, 2009). Argumentformen, die Monotonie implizieren (wie z.B. Prämissenverstärkung oder Kontraposition), werden von Versuchspersonen als probabilistisch nicht informativ bewertet, während die Wahrscheinlichkeitsurteile mit den Regeln von *System P* relativ gut übereinstimmen (Pfeifer/Kleiter 2003, 2005, 2006, 2010).

Eine Erweiterung von *System P* erhält man, indem man das Axiom der *rationalen Monotonie*

$$\frac{A\not\vdash\neg B,\ A\vdash C}{A\wedge B\vdash C}$$

hinzufügt; man spricht dann oft vom *System R*. Die rationale Monotonie treibt die Erforschung der Grenze, bis zu welchem Punkt monotones Schließen rational ist, weiter voran: Der nichtmonotone bzw. plausible Schluss, dass aus A die Aussage C (erwartungsgemäß) folgt, kann unter Einbeziehung der Information B in der Prämisse erhalten bleiben, wenn man aus A nicht plausibel auf die Negation von B schließen kann. Für eine nichtmonotone Inferenzrelation ist das Axiom der rationalen Monotonie relativ restriktiv, da gefordert wird, dass die Hinzunahme eines beliebigen Wissenselements B, dessen Negation nicht aus A abgeleitet werden kann, nicht zur Zurücknahme der Inferenz von C aus A führen kann.

Eine elementare Form der Wissensdarstellung mit nichtmonotoner Inferenz basiert auf der Annahme der Abgeschlossenheit der Welt (*closed world assumption*): Hat man eine Menge von atomaren Aussagen, die wie z.B. in einer Datenbank in der Welt verankert (*grounded*) sind, werden alle Grundatome, die nicht in der Datenbank vorhanden sind, als falsch angenommen.

Im logischen Programmieren, wie es z.B. auch in der Programmiersprache PROLOG realisiert ist (s. Kap. IV.17), gibt es die Negation durch Misserfolg (*negation as failure*): Hier steht *not*(A) für ›A ist nicht beweisbar‹ und stellt eine nichtmonotone *default*-Negation dar, denn durch das Hinzufügen neuen Wissens könnte A beweisbar und *not*(A) damit falsch werden. In der erweiterten logischen Programmierung werden sowohl die *default*-Negation *not* als auch die klassisch-logische Negation zugelassen. Ein erweitertes logisches Programm besteht aus Regeln der Form

$$H \leftarrow A_1, \ldots, A_n,\ not\ B_1, \ldots, not\ B_m,$$

wobei H, $A_1, \ldots, A_n$, $B_1, \ldots, B_m$ Literale sind, d.h. Atome oder klassisch negierte Atome. Eine solche

Regel repräsentiert eine *default*-Regel und kann als
›Wenn alle A_1, …, A_n und keines der B_1, …, B_m abgeleitet werden können, dann folgere H.‹ gelesen werden. Die Semantik eines erweiterten logischen Programms ist eine Menge von sog. Antwortmengen,
wobei jede Antwortmenge als eine in sich konsis-
tente, maximale Menge von Überzeugungen angesehen werden kann, die aus diesem Programm gewonnen werden können.

Theorien des nichtmonotonen Schließens sind
eng mit Theorien der Revision von Überzeugungen
(*belief revision*) verwandt (Alchourron et al. 1985;
Hansson 2009). Psychologische Untersuchungen
sind hier rar. Experimente zur Revision von Überzeugungen deuten darauf hin, dass Menschen eher
Konditionale (Wenn-Dann-Aussagen) revidieren als
Fakten-Aussagen (Elio/Pelletier 1997). Außerdem
tendieren Menschen dazu, revidierte Überzeugungen nicht komplett aufzugeben, und ändern stattdessen ihre Überzeugungsgrade (Politzer/Carles 2001).

Konditionale der Form ›Wenn A, dann (normalerweise) B.‹, die einen plausiblen, wahrscheinlichen
oder möglichen Zusammenhang zwischen dem Antezedens A und dem Konsequens B herstellen, der
aber auch Ausnahmen zulässt, gehören zu den ge-
bräuchlichsten Formalismen für die logikbasierte
Repräsentation von Wissen. Da ein solches Konditional offensichtlich nicht durch die materiale Implikation $A \Rightarrow B$ der klassischen Logik modelliert werden kann, wurden verschiedene Arten der Semantik
für Konditionallogiken vorgeschlagen (Adams 1975),
von quantitativen Wahrscheinlichkeitsverteilungen
bis hin zu rein qualitativen Ansätzen, die Plausibili-
tätsordnungen, Possibilitätsverteilungen oder konditionale Objekte verwenden. Die dabei verwendeten semantischen Strukturen modellieren den epistemischen Zustand eines intelligenten Agenten. In
diesem epistemischen Zustand werden nicht nur logisches Wissen, sondern auch Präferenzen, Annahmen und Überzeugungen des Agenten repräsentiert.
Auf diese Weise können verschiedene Aussagen bezüglich Plausibilität, Möglichkeit, Wahrscheinlichkeit usw. miteinander verglichen werden. So wird
das Konditional ›Wenn A, dann (normalerweise) B.‹,
notiert als (B|A), vom Agenten akzeptiert, wenn die
Verifikation $A \wedge B$ des Konditionals in seinem augenblicklichen epistemischen Zustand plausibler, wahrscheinlicher usw. als dessen Falsifikation $A \wedge \neg B$ ist.
Im Folgenden skizzieren wir als Beispiel die von
Wolfgang Spohn (1988) vorgeschlagene Semantik
mit ordinalen Rangfunktionen (*ordinal conditional
functions*) als eine eingängige und wichtige Methode
zur adäquaten Repräsentation konditionalen Wis-

sens, die sowohl in der Philosophie als auch in der
KI ihre Wurzeln hat.

Eine ordinale Rangfunktion ist eine Funktion
$k:\Omega \rightarrow \mathbb{N}$, die jeder möglichen Welt ω eine natürliche
Zahl als Plausibilitätsgrad zuordnet; je größer $\kappa(\omega)$,
desto unplausibler ist ω. Zumindest eine Welt muss
den höchsten Plausibilitätsgrad haben, d.h. es gibt
mindestens ein ω mit $\kappa(\omega) = 0$. Jedes solche κ kann
als Repräsentation eines vollständigen epistemi-
schen Zustands eines Agenten angesehen werden,
indem κ auf beliebige Sätze A und Konditionale
(B|A) erweitert wird. Dann akzeptiert κ das Kon-
ditional (B|A), wenn $\kappa(A \wedge B) < \kappa(A \wedge \neg B)$ ist, wenn
also das Vorliegen von A und B als plausibler einge-
schätzt wird als das Vorliegen von A und nicht-B.
Diese Formalisierung ist nicht nur intuitiv plausibel,
sondern auch kompatibel mit wichtigen Theorien
zur Formalisierung des nichtmonotonen Schlussfolgerns, insbesondere mit den Axiomen des oben erwähnten *Systems P*. Die komplexe und für die klassische Logik unlösbare Aufgabe, Ausnahmeregeln
nicht nur geeignet darzustellen, sondern aus ihnen
auch (unsichere, nichtmonotone) Schlussfolgerungen zu ziehen, lässt sich mit Spohns Rangfunktionen
elegant auf einfache Rechen- und Vergleichsopera-
tionen zurückführen.

Unter den qualitativen Darstellungsformen unsi-
cheren Wissens nehmen die ordinalen Rangfunktionen derzeit eine wichtige Rolle ein. Ähnliche Ansätze werden auch in Halpern (2005) ausführlich
vorgestellt und verglichen.

Analyse des starken Wissensbegriffs

Traditionell hat sich die Philosophie v.a. für die
Analyse des starken propositionalen Wissens interessiert. Im Dialog *Menon* schreibt Platon: »es unterscheidet sich eben durch das Gebundensein [durch
gute Gründe; die Verf.] das Wissen von der wahren
Überzeugung« (98a). Damit legt er die folgende
Standardanalyse des (starken propositionalen) Wissens nahe:

Ein Subjekt S weiß, dass *p* (ein beliebiger propositionaler Inhalt, z.B. dass die Erde eine Kugel ist), genau
dann, wenn
(1) S überzeugt ist, dass *p*,
(2) *p* tatsächlich der Fall ist,
(3) S in seiner Überzeugung, dass *p*, gerechtfertigt ist.

Diese Standardanalyse des Wissens galt bis in die
zweite Hälfte des 20. Jh.s zumindest in der westlichen Tradition nahezu unangefochten. Sie ist so

plausibel, weil Wissen offenbar (1) eine feste Überzeugung (im Unterschied zum bloßen Raten) beinhaltet, (2) ein faktiver Ausdruck ist, so dass ›Er weiß
es, aber er irrt sich.‹ nicht konsistent erscheint (was
superschwaches Wissen ausschließt) und (3) leicht-
gläubig oder fanatisch erworbene wahre Meinungen
nicht als Wissen gelten, weil die guten Rechtferti-
gungsgründe fehlen.

Die Standardanalyse nennt drei notwendige und
zusammen hinreichende Bedingungen für Wissen.
Edmund Gettier (1963) hingegen präsentierte zwei
Beispiele, die zeigen sollten, dass die drei Bedingungen zusammen nicht hinreichend sind. Er bediente
sich dabei einer typisch philosophischen Methode,
die Definitionen anhand von Intuitionen über Einzelfälle überprüft. Die beiden ursprünglichen Gegenbeispiele von Gettier sind sich strukturell sehr
ähnlich. Deshalb soll hier nur sein erstes Beispiel
wiedergegeben werden (ebd., 122).

Der unverhoffte Job: Smith hat sich für eine Ar-
beitsstelle beworben. Er erfährt vom Firmenchef,
dass sein Konkurrent Jones die Stelle bekommen
wird. Smith hat außerdem gesehen, dass Jones zehn
Münzen in seiner Tasche hat, und glaubt deshalb,
dass Jones die Stelle bekommt und zehn Münzen in
der Tasche hat. Daraus zieht er den logisch gültigen
Schluss, dass derjenige, der die Stelle bekommt, zehn
Münzen in der Tasche hat. Smith weiß allerdings
nicht, dass der Firmenchef sich geirrt hat und tatsächlich Smith selbst die Stelle bekommt. Zudem
weiß er nicht, dass er selbst ebenfalls zehn Münzen
in der Tasche hat. Seine Meinung, dass derjenige, der
die Stelle bekommt, zehn Münzen in der Tasche hat,
ist also wahr und durch seine guten Gründe gerechtfertigt.

In diesem Fall sind alle Bedingungen der Standardanalyse erfüllt: Smiths Meinung ist wahr und
gerechtfertigt, weil er sie durch einen logisch gültigen Schluss aus einer Meinung gewinnt, die zwar
falsch, aber durch sinnliche Wahrnehmung und das
glaubwürdige Zeugnis des Firmenchefs gerechtfertigt ist. Dennoch würde man intuitiv nicht sagen,
dass Smith weiß, dass derjenige, der die Stelle bekommt, zehn Münzen in der Tasche hat. Es handelt
sich also um ein klares Gegenbeispiel gegen die Standardanalyse. (Nach Weatherson (2003) müssen solche
Gegenbeispiele Definitionen jedoch nicht zwingend widerlegen.)

Dass Smiths Meinung tatsächlich gerechtfertigt
ist, hängt von zwei, allerdings sehr plausiblen,
Grundannahmen ab: erstens davon, dass auch eine
falsche Meinung gerechtfertigt sein kann, d.h. dass
es fehlbare Rechtfertigungen gibt, und zweitens da-

von, dass ein gültiger Schluss aus einer gerechtfertig-
ten Meinung wiederum eine gerechtfertigte Meinung hervorbringt.

Welches strukturelle Merkmal ist dafür verantwortlich, dass Smith in dem Beispiel kein Wissen
hat? Offenbar sind Smiths Gründe (das, was er sieht
und vom Firmenchef hört) nicht auf die richtige
Weise mit den Tatsachen verbunden, die seine
Schlussfolgerung wahr machen. Etwas anders formuliert: Objektiv ist es ein bloßer Zufall, dass Smith
aus einer falschen Meinung auf eine wahre schließt.
Gettierfälle, in denen ein Missgeschick (die falsche
Prämisse) durch einen glücklichen Zufall wieder
korrigiert wird (so dass die Konklusion wahr ist),
nennt Hetherington (2006, 85–87) ›hilfreiche Gettierfälle‹.

Im Anschluss an Gettier wurden weitere ähnliche
Gegenbeispiele gegen die Standardanalyse präsentiert, von denen einige jedoch nicht strukturanalog
sind. Paradigmatisch ist der folgende Fall von Goldman (1976):

Scheunenfassaden: Henry fährt mit seinem Auto
durch eine ländliche Gegend. Er sieht von der Straße
aus bei guten Lichtverhältnissen und in nicht allzu
großer Entfernung ein Gebäude, das wie eine
Scheune aussieht. Deshalb glaubt Henry – völlig zu
Recht –, dass dort eine Scheune ist. Allerdings weiß
er nicht, dass es in der Gegend sehr viele Scheunen-
attrappen gibt, die echten Scheunen von der Straße
aus täuschend ähnlich sehen. Hätte Henry eine solche Attrappe gesehen, dann hätte er fälschlich geglaubt, dass dort eine Scheune ist. Tatsächlich ist
Henrys Meinung, dass dort eine Scheune ist, jedoch
wahr und gerechtfertigt.

Obwohl wie im ursprünglichen Gettierfall alle
Bedingungen der Standardanalyse erfüllt sind, würden wir Henry intuitiv kein Wissen zuschreiben. Die
Rechtfertigung seiner Meinung könnte man nur
dann bestreiten, wenn man verlangte, dass rechtfer-
tigende Gründe die Wahrheit garantieren müssen.
Aber das ist eine unplausibel hohe Anforderung.
Woran scheitert die Wissenszuschreibung in diesem
Fall? Es hätte sehr leicht passieren können, dass eine
vergleichbare Meinung aufgrund der gleichen
Gründe falsch gewesen wäre. Deshalb ist die vorliegende Meinung nur zufällig wahr, und das verträgt
sich nicht mit der Zuschreibung starken Wissens. Im
Unterschied zum ›hilfreichen‹ Gettierfall liegt hier
allerdings kein Glück vor, das ein Missgeschick in
der Meinungsbildung korrigiert, sondern die objektive Umgebung bedroht die Wahrheit der Meinung.
Hetherington (2006, 87–89) spricht deshalb von einem ›gefährlichen Gettierfall‹.

Welche allgemeinen Lehren lassen sich aus den Gettierfällen ziehen? Es ist möglich, dass aus der Perspektive des epistemischen Subjekts die Meinungsbildung vollkommen fehlerfrei und ohne jegliche Irrationalität erfolgt und dass dennoch selbst eine wahre Meinung kein Wissen darstellt. In solchen Fällen fehlt die objektiv richtige Verbindung zwischen den Gründen und der Wahrheit. Die Welt muss mitspielen, um die Zufälligkeit der Wahrheit auszuschließen. Will man das Gettierproblem lösen, dann muss man sagen, was das genauer heißt. Im Anschluss an Gettier hat es vielfältige Versuche gegeben, die Standardanalyse des Wissens so zu revidieren, dass sie gegen die Gegenbeispiele immun ist.

Grundsätzlich lassen sich zwei Typen von Lösungsvorschlägen für das Gettierproblem unterscheiden: Quartettlösungen fügen den drei Bedingungen der Standardanalyse eine vierte Bedingung hinzu, so dass diese vier Bedingungen dann zusammen hinreichend für Wissen sein sollen. Terzettlösungen hingegen ersetzen die Rechtfertigungsbedingung der Standardanalyse durch eine alternative Bedingung (von Plantinga (1993) ›warrant‹ genannt), die stark genug sein soll, um aus wahrer Meinung Wissen zu machen. Terzettlösungen werden auch durch die Einsicht motiviert, dass zugängliche Gründe für Wissen gar nicht unbedingt notwendig sind. So wird Leuten, die das Geschlecht von Küken unmittelbar und zuverlässig angeben können, ohne dass sie Gründe benennen können, an denen sie es erkennen (sog. *chicken sexer*), intuitiv ebenfalls Wissen zugeschrieben.

Als zusätzliche vierte Bedingung für Wissen wurde zunächst vorgeschlagen, dass die Rechtfertigung nicht auf einer falschen Prämisse oder Annahme beruhen dürfe. Also:

(4–1) Die Rechtfertigung beruht nicht auf falschen Prämissen oder Annahmen (Lycan 2006).

Dieser Vorschlag schließt den ursprünglichen Gettierfall aus, weil Smith dort ja über den Umweg einer falschen Meinung zur wahren Konklusion gelangt. Allerdings erfüllt der Scheunenfassadenfall auch diese Zusatzbedingung, denn Henrys Meinung beruht auf keiner falschen Prämisse oder Annahme. Lycan (ebd., 158) bestreitet deshalb, dass in diesem Fall kein Wissen vorliegt. Gefährliche Gettierfälle zeigen seines Erachtens nur, dass sehr leicht kein Wissen vorgelegen hätte, aber nicht, dass tatsächlich kein Wissen vorliegt. Diese Auffassung ist jedoch strittig, denn in beiden Typen von Gettierfällen ist die Wahrheit der Meinung bloß zufällig, und diese Tatsache verträgt sich nicht gut mit Wissen (Grundmann 2008, 108 f.).

Einem weiteren Vorschlag zufolge muss die Rechtfertigung unanfechtbar sein, damit Wissen vorliegt.

(4–2) Die Rechtfertigung ist unanfechtbar durch weitere wahre Informationen (Lehrer/Paxson 1969).

Dieser Vorschlag schließt auf elegante Weise den ursprünglichen Gettierfall und den Scheunenfassadenfall aus: Sobald Smith erführe, dass seine Prämisse falsch ist, wäre seine Rechtfertigung angefochten, und sobald Henry erführe, dass es in der Umgebung vor Attrappen nur so wimmelt, wäre die Glaubwürdigkeit seiner Rechtfertigungsquelle unterminiert. Dennoch kann das folgende Beispiel zeigen, dass auch dieser Vorschlag nicht hinreichend ist.

Lotterie: Lottie weiß, dass es extrem wahrscheinlich ist, in der Lotterie (in der auf 1.000 Lose nur ein Gewinn kommt) eine Niete zu ziehen. Sie glaubt deshalb, dass sie eine Niete zieht, und es ist auch wahr. In dieser Situation würde keine weitere wahre Information über die Situation Lotties Rechtfertigung aufheben. Sie hätte also eine unanfechtbar gerechtfertigte wahre Meinung.

Dennoch würden wir intuitiv nicht sagen, dass Lottie weiß, dass sie eine Niete zieht. Damit scheitert auch dieser Vorschlag.

Auf der Seite der Terzettlösungen wurde zunächst vorgeschlagen, die Rechtfertigungsbedingung durch eine kausale Bedingung der folgenden Art zu ersetzen:

(3–1) Die Tatsache, dass *p*, verursacht, dass S überzeugt ist, dass *p* (Goldman 1967).

Der ursprüngliche Gettierfall erfüllt diese Bedingung nicht, weil die Tatsache, dass Smith selbst die Stelle bekommt und zehn Münzen in der Tasche hat, auf seine Meinungsbildung keinerlei kausalen Einfluss hat. Allerdings schließt die sog. kausale Theorie des Wissens, die dieser Lösung zugrunde liegt, Wissen von mathematischen, abstrakten, zukünftigen oder allgemeinen Tatsachen grundsätzlich aus, da diese kausal wirkungslos sind. Außerdem ist der Vorschlag nicht hinreichend für Wissen, weil die kausale Zusatzbedingung vom Scheunenfassadenfall erfüllt wird und wir in diesem Fall ja gerade kein Wissen zuschreiben.

Aus dem Scheitern der kausalen Theorie des Wissens wurde die Lehre gezogen, dass für Wissen eine modale Verbindung zwischen der Überzeugung und der wahrmachenden Tatsache erforderlich ist, und zwar derart, dass die Überzeugung die Wahrheit garantieren muss. Verschiedene Vorschläge lassen sich danach unterscheiden, wie stark die geforderte modale Verbindung sein muss. Traditionelle Modelle des Wissens (wie etwa das von René Descartes) verlangen, dass die Überzeugung uneingeschränkt jede Irrtumsmöglichkeit ausschließen muss. Entsprechend müsste man die dritte Wissensbedingung als Gewissheitsbedingung verstehen:

(3–2) Es ist absolut unmöglich, dass S glaubt, dass *p*, und ›*p*‹ nicht wahr ist.

Damit werden alle Gettierfälle ausgeschlossen, denn dort liegen entweder faktische Irrtümer vor (in hilfreichen Gettierfällen) oder Irrtümer hätten leicht eintreten können (in gefährlichen Gettierfällen). Das fatale Problem der Gewissheitsbedingung ist allerdings, dass es sehr wahrscheinlich kaum eine Überzeugung gibt, für die jede Irrtumsmöglichkeit ausgeschlossen ist. Dieser Vorschlag zöge also einen weitgehenden Skeptizismus nach sich.

Eine schwächere modale Verbindung zwischen Überzeugung und Wahrheit wird von sog. Sensitivitätstheorien des Wissens vorgeschlagen. Demnach ersetzt die folgende Bedingung die Rechtfertigungsbedingung der Standardanalyse:

(3–3) Wäre *p* falsch gewesen, dann hätte S *p* nicht geglaubt (Nozick 1981).

Es lässt sich leicht zeigen, dass dieser Vorschlag die korrekte Bewertung von Gettierfällen impliziert, weil in allen Fällen die Sensitivitätsbedingung verletzt ist und somit kein Wissen vorliegen kann. Im ursprünglichen Gettierfall hätte Smith die Konklusion auch dann geglaubt, wenn sie falsch gewesen wäre (weil Smith z. B. keine zehn Münzen in der Tasche gehabt hätte). Im Scheunenfassadenfall hätte Henry auch dann geglaubt, dass dort eine Scheune ist, wenn er vor einer Attrappe gestanden hätte. Das Hauptproblem der Sensitivitätstheorie besteht darin, dass sie das extrem plausible Prinzip der Geschlossenheit von Wissen unter bekannter logischer Implikation verletzt. Normalerweise nehmen wir an, dass jemand, der eine Menge von Prämissen weiß und aus diesen eine Konklusion logisch korrekt ableitet, auch die Konklusion weiß. Aber Sensitivität erfüllt dieses Prinzip nicht, wie das folgende Beispiel zeigt: Petra weiß, dass sie Hände hat. Hätte sie nämlich keine Hände (weil sie z. B. ihre Hände durch einen Unfall verloren hätte), dann würde sie auch nicht glauben, dass sie Hände hat. Dass Petra Hände hat, impliziert logisch, dass sie kein handloses Gehirn im Tank ist, das von einem bösen Neurowissenschaftler getäuscht wird. Aber das weiß sie (der Sensitivitäts-

theorie zufolge) nicht. Denn wäre Petra ein solches Gehirn im Tank, dann würde sie (wegen der Täuschung) dennoch glauben, dass sie kein solches Gehirn im Tank ist. Sensitivitätstheorien des Wissens verstoßen also gegen das Prinzip der Geschlossenheit von Wissen unter bekannter logischer Implikation und gelten deshalb nicht als akzeptabel (Bon-Jour 1987).

In jüngerer Zeit wurde eine noch etwas schwächere modale Verbindung zwischen Überzeugung und Wahrheit als dritte Wissensbedingung vorgeschlagen: Sicherheit.

(3–4) Hätte S unter geringfügig anderen Umständen *p* geglaubt, wäre ›*p*‹ auch wahr.
(Pritchard 2005; Sosa 1999)

Diese Konzeption schließt alle Gettierfälle aus und hat zudem den Vorteil, dass sie mit der Geschlossenheit des Wissens verträglich ist. Es gibt jedoch auch gegen diesen Vorschlag Einwände. Der wichtigste Einwand besagt, dass die Definition durch Sicherheit Wissen von notwendigen Wahrheiten zu leicht macht. Jede mathematische Wahrheit (wie ›2 + 2 = 4‹), die jemand aus noch so abwegigen Gründen glaubt, würde automatisch gewusst, da eine notwendige Proposition in allen Welten, in denen sie (wie auch immer) geglaubt wird, auch wahr ist. Diesen Einwand kann man nur dadurch entkräften, dass es beim Wissen nicht auf die Sicherheit der Meinung ankommt, sondern auf die Sicherheit des meinungsbildenden Prozesses. (3–4) muss also durch die folgende Bedingung ersetzt werden:

(3–4/1) Hätte S unter geringfügig anderen Umständen etwas aufgrund desselben Prozesstyps geglaubt, aufgrund dessen S *p* tatsächlich glaubt, dann wäre es auch wahr.

Nicht jeder Prozess, der zu einer notwendigen Wahrheit führt, ist sicher in diesem Sinne (Grundmann 2008, 185 f.). So kann ich durch Kaffeesatzlesen im Ausnahmefall zu einer Meinung kommen, die notwendig wahr ist, aber dennoch wird ein solcher Prozess bei den meisten anderen Gelegenheiten zu falschen Ergebnissen führen. Gleichwohl bleiben auch bei der Sicherheitskonzeption einige offene Fragen. Es ist z. B. nicht ganz klar, wodurch die Menge der geringfügig anderen Umstände festgelegt wird. Hier könnten kontextualistische Faktoren eine Rolle spielen. Außerdem bleiben Zweifel, ob es tatsächlich sichere Prozesstypen gibt oder ob die Konzeption nicht wieder mit skeptischen Konsequenzen verbunden ist. Dennoch ist die Sicherheitskonzeption der derzeit vielversprechendste Versuch, genauer auszuformulieren, worin die für Wissen erforderliche nicht-zufällige Wahrheit bestehen soll.

Die Meinungen darüber, ob es gelingen kann, eine gegen alle weiteren intuitiven Gegenbeispiele immune Definition des Wissens zu finden, und welchen Wert die Suche nach einer solchen Definition überhaupt hat, gehen weit auseinander. Es gibt zunächst die Auffassung, dass die Definition des Wissens in der Auseinandersetzung mit Gegenbeispielen immer weiter verbessert wurde und mit der Sicherheitsbedingung bereits approximativ einfängt, was gemeint ist, wenn wir sagen, dass Wissen nicht-zufällig wahre Meinung ist (Grundmann 2008, 186). Daneben gibt es die Auffassung, dass die Geschichte des fortgesetzten Scheiterns aller Definitionsvorschläge an stets neuen Gegenbeispielen eindrucksvoll zeigt, dass Wissen undefinierbar ist (Williamson 2000). Timothy Williamson (2011) plädiert deshalb mit seinem Projekt *knowledge first* dafür, dass man ›Wissen‹ als primitiven Grundbegriff für den kognitiven Erfolgsfall verstehen sollte und ›Meinung‹, ›Rechtfertigung‹ sowie ›wahre Meinung‹ demgegenüber derivativ sind. Die Aussichten dieses Projekts hängen erstens davon ab, dass eine erfolgreiche Definition des Wissens tatsächlich unmöglich ist, und zweitens davon, dass sich Wissen als robuste und zentrale Kategorie erweist. Zur Verteidigung der zweiten Bedingung bringt Williamson vor, dass man Wissen entgegen der herkömmlichen Meinung als teilweise extern konstituierten mentalen Zustand auffassen sollte und dass Wissen eine fundamentale normative Bedeutung hat. Diese normative Bedeutung des Wissens zeigt sich nach Williamson in der Norm der Behauptung (›Behaupte nur das, was du weißt.‹), der Handlungsnorm des Wissens (›Handle nur entsprechend Deinem Wissen.‹) und darin, dass ein rechtfertigender Grund genau das ist, was man weiß. Ob Wissen diese fundamentale normative Bedeutung hat, ist jedoch strittig (Kvanvig (2009) richtet sich gegen Wissen als Norm der Behauptung, Grundmann (2009) gegen die Identifikation von Gründen mit Wissen). Schließlich gibt es die Auffassung des radikalen Skeptikers gegenüber dem Wert der klassischen Begriffsanalyse, wonach die Auseinandersetzung mit intuitiven Gegenbeispielen nach Gettier uns im Grunde dem Phänomen des Wissens nicht näher gebracht hat, sondern wir die Natur der paradigmatischen Fälle von Wissen empirisch untersuchen sollten, so wie wir die Natur des Aluminiums empirisch untersuchen (Kornblith 2002). Diese Auffassung hängt jedoch entscheidend von der strittigen These ab, dass ›Wissen‹ ein Begriff ist, dessen Bedeutung allein durch die tatsächliche Natur der paradigmatischen Instanzen festgelegt wird (die man dann empirisch untersuchen muss) und nicht durch unsere Intuitionen über die korrekte Begriffsverwendung in Bezug auf Einzelfälle zum Ausdruck kommt (vgl. dazu kritisch Grundmann 2008, Kap. 8).

In jüngerer Zeit gibt es einen Trend zur sog. experimentellen Philosophie (Knobe/Nichols 2008), die philosophische Intuitionen empirisch mithilfe der Methoden der Sozialpsychologie zu erforschen versucht. Die bisherigen empirischen Untersuchungen legen nahe, dass philosophische Intuitionen viel instabiler sind, als die Philosophie traditionell angenommen hat. Manche experimentelle Befunde deuten an, dass es hinsichtlich der menschlichen Intuitionen über Wissen starke kulturelle Unterschiede gibt. Angehörige westlicher Kulturen neigen in Gettier-Situationen z. B. eher dazu, von bloßem Glauben zu sprechen, während Angehörige östlicher Kulturen zu dem Urteil tendieren, dass es sich hier um echtes Wissen handelt (Weinberg et al. 2008). Weitergehende Untersuchungen legen nahe, dass philosophische Intuitionen auch mit dem sozioökonomischen Status, psychologischen Anker- und Ordnungseffekten, Emotionen und sogar dem Geschlecht der Probanden variieren (Alexander 2012). Das hat zu der Vermutung geführt, dass philosophische Begriffe sehr viel diverser sind, als allgemein angenommen wird, oder dass sogar die philosophische Methode der Begriffsanalyse nur unzuverlässigen Aufschluss über unsere Begriffe gewährt. Allerdings sind diese metaphilosophischen Konsequenzen der experimentellen Philosophie sehr umstritten (Horvath/Grundmann 2012).

In der gegenwärtigen Literatur gibt es eine heftige Kontroverse über die Bedeutung des Wissens. Da wir nicht automatisch wissen, ob wir etwas wissen, kann Wissen kein Kriterium für uns sein, um aus der Erste-Person-Perspektive zu entscheiden, welche Überzeugungen wir akzeptieren sollen. Wissen kann also keine regulative Funktion bei unserer Meinungsbildung übernehmen (Kaplan 1985). Einem anderen Vorschlag zufolge ist (starkes) Wissen Ziel unserer Erkenntnisbemühungen und nicht allein die Wahrheit. Das würde die weithin geteilte (und bereits von Platon im *Menon* artikulierte) Intuition erklären, dass Wissen mehr wert ist als bloß wahre Meinung. Vertreter der Tugenderkenntnistheorie (Sosa 2007, Kap. 4) erklären dieses angereicherte Ziel so, dass wir über die Wahrheit hinaus danach streben, den Erfolg aus eigenem Verdienst zu erzielen, und dass allein solche Erfolge Fälle von Wissen sind. Wahrheitsmonisten bestreiten jedoch, dass es ein solches, über die Wahrheit hinausgehendes Ziel der Erkenntnisbemühungen gibt (Beckermann 2001; Hofmann 2007; Sartwell 1992).

Literatur

Adams, Ernest (1975): *The Logic of Conditionals*. Dordrecht.

Alchourron, Carlos/Gärdenfors, Peter/Makinson, David (1985): On the logic of theory change. In: *Journal of Symbolic Logic* 50, 510–530.

Alexander, Joshua (2012): *Experimental Philosophy*. Chichester.

Anderson, John (1976): *Language, Memory, and Thought*. Hillsdale.

Anderson, John/Bothell, Daniel/Byrne, Michael/Douglass, Scott/Lebiere, Christian/Qin, Yulin (2004): An integrated theory of the mind. In: *Psychological Review* 111, 1036–1060.

Baader, Franz/Calvanese, Diego/McGuinness, Deborah/Nardi, Daniele/Patel-Schneider, Peter (Hg.) (2003): *The Description Logic Handbook*. Cambridge.

Beckermann, Ansgar (2001): Zur Inkohärenz und Irrelevanz des Wissensbegriffs. In: *Zeitschrift für philosophische Forschung* 55, 571–594.

Beierle, Christoph/Kern-Isberner, Gabriele (¹2008): *Methoden wissensbasierter Systeme*. Wiesbaden [2002].

Benferhat, Salem/Bonnefon, Jean-François/Da Silva Neves, Rui (2005): An overview of possibilistic handling of default reasoning, with experimental studies. In: *Synthese* 146, 53–70.

Bloor, David (1976): *Knowledge and Social Inquiry*. Chicago.

BonJour, Laurence (1987): Nozick, externalism, and skepticism. In: Stephen Luper (Hg.): *The Possibility of Knowledge*. Totowa, 297–313.

Byrne, Ruth (1989): Suppressing valid inferences with conditionals. In: *Cognition* 31, 61–83.

Chomsky, Noam (1965): *Aspects of the Theory of Syntax*. Cambridge (Mass.). [dt.: *Aspekte der Syntax-Theorie*. Frankfurt a. M. 1969].

Cohen, Neal/Squire, Larry (1980): Preserved learning and retention of pattern-analyzing skill in amnesia. In: *Science* 210, 207–210.

Da Silva Neves, Rui/Bonnefon, Jean-François/Raufaste, Eric (2002): An empirical test of patterns for nonmonotonic inference. In: *Annals of Mathematics and Artificial Intelligence* 34, 107–130.

Dienes, Zoltán/Perner, Josef (1999): A theory of implicit and explicit knowledge. In: *Behavioral and Brain Sciences* 22, 735–808.

Elio, Renée/Pelletier, Francis (1997): Belief change as propositional update. In: *Cognitive Science* 21, 419–460.

Gettier, Edmund (1963): Is justified true belief knowledge? In: *Analysis* 23, 121–123.

Gilio, Angelo (2002): Probabilistic reasoning under coherence in System P. In: *Annals of Mathematics and Artificial Intelligence* 34, 5–34.

Goldman, Alvin (1967): A causal theory of knowing. In: *Journal of Philosophy* 64, 357–372.

Goldman, Alvin (1976): Discrimination and perceptual knowledge. In: *Journal of Philosophy* 73, 771–791.

Goldman, Alvin (1999): *Knowledge in a Social World*. Oxford.

Grundmann, Thomas (2008): *Analytische Einführung in die Erkenntnistheorie*. Berlin.

Grundmann, Thomas (2009): Ist Wissen erkenntnistheoretisch fundamental? In: Gerhard Schönrich (Hg): *Wissen und Werte*. Paderborn, 45–69.

Halpern, Joseph (2005): *Reasoning about Uncertainty*. Cambridge.

Hansson, Sven Ove (2009): Logic of belief revision. In: Edward Zalta (Hg.): *The Stanford Encyclopedia of Philosophy*. http://plato.stanford.edu/archives/spr2009/entries/logic-belief-revision/

Hetherington, Stephen (2006): How to know (that knowledge-that is knowledge-how). In: Stephen Hetherington (Hg.): *Epistemology Futures*. Oxford, 71–94.

Hetherington, Stephen (2011): *How to Know*. Chichester.

Hofmann, Frank (2007): Wahrheit und Wissen. In: *Zeitschrift für philosophische Forschung* 61, 1–28.

Horvath, Joachim/Grundmann, Thomas (Hg.) (2012): *Experimental Philosophy and its Critics*. London.

Jäger, Christoph (2009): Why to believe weakly in weak knowledge. In: *Grazer Philosophische Studien* 79, 19–40.

Kaplan, Mark (1985): It's not what you know that counts. In: *Journal of Philosophy* 82, 350–363.

Knobe, Joshua/Nichols, Shaun (Hg.) (2008): *Experimental Philosophy*. Oxford.

Kornblith, Hilary (2002): *Knowledge and its Place in Nature*. Oxford.

Kraus, Sarit/Lehmann, Daniel/Magidor, Menachem (1990): Nonmonotonic reasoning, preferential models and cumulative logics. In: *Artificial Intelligence* 44, 167–207.

Kvanvig, Jonathan (2009): Assertion, knowledge, and lotteries. In: Patrick Greenough/Duncan Pritchard (Hg.): *Williamson on Knowledge*. Oxford, 140–160.

Lehrer, Keith/Paxson, Thomas (1969): Knowledge: Undefeated justified true belief. In: *Journal of Philosophy* 66, 225–237.

Litmann, Leib/Reber, Arthur (2005): Implicit cognition and thought. In: Keith Holyoak (Hg.): *The Cambridge Handbook of Thinking and Reasoning*. Cambridge, 431–453.

Lycan, William (2006): On the Gettier Problem problem. In: Stephen Hetherington (Hg.): *Epistemology Futures*. Oxford, 148–168.

Nozick, Robert (1981): *Philosophical Explanations*. Cambridge (Mass.).

Pfeifer, Niki/Kleiter, Gernot (2003): Nonmonotonicity and human probabilistic reasoning. In: Jiřina Vejnarová (Hg.): *Proceedings of the 6ᵗʰ Workshop on Uncertainty Processing*. Hejnice, 221–234.

Pfeifer, Niki/Kleiter, Gernot (2005): Coherence and non-monotonicity in human reasoning. In: *Synthese* 146, 93–109.

Pfeifer, Niki/Kleiter, Gernot (2006): Is human reasoning about nonmonotonic conditionals probabilistically coherent? In: *Proceedings of the 7ᵗʰ Workshop on Uncertainty Processing*. Mikulov, 138–150.

Pfeifer, Niki/Kleiter, Gernot (2009): Framing human inference by coherence based probability logic. In: *Journal of Applied Logic* 7, 206–217.

Pfeifer, Niki/Kleiter, Gernot (2010): The conditional in mental probability logic. In: Mike Oaksford/Nick Chater (Hg.): *Cognition and Conditionals*. Oxford, 153–173.

Plantinga, Alvin (1993): *Warrant*. New York.

Politzer, Guy/Carles, Laure (2001): Belief revision and uncertain reasoning. In: *Thinking & Reasoning* 7, 217–234.

Pritchard, Duncan (2005): *Epistemic Luck*. Oxford.

Reiter, Raymond (1980): Logic for default reasoning. In: *Artificial Intelligence* 13, 81–132.

Ryle, Gilbert (1949): *The Concept of Mind*. London. [dt.: *Der Begriff des Geistes*. Stuttgart 1986].

Sartwell, Crispin (1992): Why knowledge is merely true belief. In: *Journal of Philosophy* 89, 167–180.

Schurz, Gerhard (2005): Non-monotonic reasoning from an evolution-theoretic perspective. In: *Synthese* 146, 37–51.

Sosa, Ernest (1999): How to defeat opposition to Moore. In: *Nous* 33, 141–153.

Sosa, Ernest (2007): *A Virtue Epistemology*. Oxford.

Spohn, Wolfgang (1988): Ordinal conditional functions. In: William Harper/Bryan Skyrms (Hg.): *Causation in Decision, Belief Change, and Statistics, II*. Dordrecht, 105–134.

Stanley, Jason (2011): *Know How*. Oxford.

Stenning, Keith/van Lambalgen, Michiel (2005): Semantic interpretation as computation in nonmonotonic logic. In: *Cognitive Science* 29, 919–960.

Weatherson, Brian (2003): What good are counterexamples? In: *Philosophical Studies* 115, 1–31.

Weinberg, Jonathan/Nichols, Shaun/Stich, Stephen (2008): Normativity and epistemic intuitions. In: Joshua Knobe/Shaun Nichols (Hg.): *Experimental Philosophy*. Oxford, 17–45.

Wellman, Henry/Cross, David/Watson, Julanne (2001): Meta-analysis of theory-of-mind development. In: *Child Development* 72, 655–684.

Williamson, Timothy (2000): *Knowledge and Its Limits*. Oxford.

Williamson, Timothy (2011): Knowledge first epistemology. In: Sven Bernecker/Duncan Pritchard (Hg.): *The Routledge Companion to Epistemology*. London, 208–218.

Wimmer, Heinz/Perner, Josef (1983): Beliefs about beliefs. In: *Cognition* 13, 103–128.

Thomas Grundmann/Christoph Beierle/
Gabriele Kern-Isberner/Niki Pfeifer

V. Neuere Entwicklungen

1. Affektwissenschaft (*affective science*)

Die Affektwissenschaft (*affective science*; manchmal auch *affective sciences*) ist in ähnlich interdisziplinärer Weise mit dem wissenschaftlichen Studium affektiver Phänomene befasst wie die Kognitionswissenschaft mit dem Studium kognitiver Phänomene. Darüber hinaus ergänzt sie die Kognitionswissenschaft in vielen Gegenstandsbereichen, da sich gezeigt hat, dass zahlreiche vermeintlich rein kognitive Leistungen nicht vollständig verstanden werden können, wenn man sich auf eine kognitive Perspektive im engen Sinne beschränkt und das Affektive unberücksichtigt lässt; dies gilt u. a. für Fähigkeiten wie Aufmerksamkeit (s. Kap. IV.1), Entscheiden (s. Kap. IV.6), Erinnern (s. Kap. IV.7), Träumen (s. Kap. IV.22), das Verfolgen von Zielen (s. Kap. IV.23) und Wahrnehmen (s. Kap. IV.24).

So wie der Ausdruck ›Kognition‹ als Oberbegriff für eine Vielzahl verschiedener kognitiver Leistungen und Fähigkeiten steht, bezieht sich der Ausdruck ›Affekt‹ im Kontext der Affektwissenschaft auf eine Vielzahl unterschiedlicher, aber miteinander verwandter affektiver Phänomene wie z. B. kurze emotionale Episoden, sich über längere Zeiträume erstreckende Emotionen, Bauchgefühle, Stimmungen, affektive Einstellungen, affektive Stile und Temperamente, existenzielle und atmosphärische Gefühle oder affektive Störungen (*mood disorders*) und damit nicht nur auf Affekte im engeren Sinne, also besonders heftige, keinen Aufschub duldende und sich häufig der willentlichen Kontrolle entziehende emotionale Reaktionen, wie sie in sog. Affekthandlungen zum Ausdruck kommen.

Erstmals prominente (und nachhaltige) Erwähnung fand die Idee einer *affective science* vermutlich 1994 in dem von Paul Ekman und Richard Davidson verfassten Epilog ›Affective science: A research agenda‹, in dem sie als Herausgeber des Bandes *The Nature of Emotion: Fundamental Questions*, der vorwiegend Emotionspsychologen zu Wort kommen ließ, wie folgt Resümee ziehen:

We adopted the phrase ›affective science‹ because we believe emotions cannot be fully understood unless we also understand the other affective phenomena which border on emotion. We need to elucidate how emotions differ from moods, from preferences, from emotional traits, and emotional disorders. [...] We believe that programmatic research is required on each of the fundamental questions we have raised in this book if we are to see substantial progress. Methods are now available for instigating emotion in a number of different ways, and for measuring many different aspects of emotional experience. [...] By definition, such work will require collaborations among investigators, from different subspecialities within psychology and to some extent also between psychologists and colleagues in other disciplines (e.g., linguistics, sociology, anthropology, neuroscience, psychiatry, zoology, among others). Just as the study of cognition provided a unifying theme for psychology in the 1970s, we believe that emotion can serve a similar role in the 1990s. (Ekman/Davidson 1994, 430)

In der Tat erhielt die Erforschung des Emotionalen seit dieser Zeit in vielen wissenschaftlichen Disziplinen einen prominenten Raum (s. Kap. IV.5).

Institutionell befindet sich die Affektwissenschaft allerdings auch zwanzig Jahre später und zehn Jahre nach Erscheinen des wegweisenden *Handbook of Affective Sciences* (Davidson et al. 2003), in dessen Einführung die Herausgeber den Status der Affektwissenschaft mit dem der Kognitionswissenschaft gegen Ende der 1960er Jahre verglichen hatten, noch immer eher in der Anfangsphase: Auch wenn in der *Oxford University Press Series in Affective Science* inzwischen mehr als dreißig Titel erschienen sind, stellt der 2005 in Genf gegründete Nationale Forschungsschwerpunkt (NFS) *Affektive Wissenschaften*, der sich inzwischen mit über hundert beteiligten Wissenschaftlern der interdisziplinären Erforschung von Emotionen und ihren Auswirkungen auf menschliches Verhalten und die Gesellschaft in umfassender Weise widmet, weltweit eine Singularität in der Forschungslandschaft dar. Die Mehrzahl der interdisziplinär orientierten Forschungseinrichtungen, die ›affective science‹ in ihrem Namen tragen, ist nur mit einem eher kleinen Ausschnitt affektiver Phänomene befasst; zumeist liegt der Schwerpunkt auf der affektiven Neurowissenschaft inklusive der klinischen Psychologie mit dem Anliegen, ein tiefer gehendes Verständnis affektiver Störungen zu erlangen.

Wie dargelegt, kam der erste Impuls zur interdisziplinären Beschäftigung mit affektiven Phänomenen hauptsächlich aus der Emotionspsychologie (s. Kap. IV.5). Deren Interesse an einem umfassenden Verständnis menschlicher Emotionalität hatte zu der Einsicht geführt, dass etliche ihrer Forschungsfragen nur in gemeinsamer Anstrengung mit anderen Wissenschaften erfolgreich zu bearbeiten sein würden. Darüber hinaus wird zunehmend gesehen und anerkannt, dass menschliche Affektivität nahezu alle Bereiche des sozialen und kulturellen Lebens durchdringt und beeinflusst – sei es im Kleinen auf der Ebene individueller Verhaltensweisen und persönlicher Beziehungen oder im Großen auf der Ebene gesellschaftlicher Prozesse sowie politischer und ökonomischer Entscheidungen –, so dass es angezeigt erscheint, in die Affektwissenschaft noch weit mehr Disziplinen einzubinden als traditionell in die Kognitionswissenschaft (s. Teil II). Neben Psychologie und Neurowissenschaften spielen v. a. die folgenden Disziplinen mit entsprechenden beispielhaften thematischen Schwerpunkten eine bedeutsame Rolle für die Affektwissenschaft:

- (Kultur-)Anthropologie – kulturelle Besonderheiten affektiven Erlebens und Ausdrucks wie z. B. gesellschaftliche Erwartungen an emotionales Ausdrucksverhalten, Rituale, kulturspezifische Emotionen (s. Kap. II. A.2),
- Biologie, insbesondere Ethologie – emotionale Prozesse im Tierreich, genetische Prägungen,
- Erziehungswissenschaften – Einfluss menschlicher Affektivität auf Lernprozesse, Kultivierung der eigenen Emotionalität (s. Kap. IV.12, Kap. V.9),
- Geschichte – historischer Wandel emotionalen Erlebens und Ausdrucksverhaltens,
- Informatik und Robotik – wertbasierte Steuerungsprozesse autonomer Agenten, affektive Mensch-Maschine-Interaktionen (s. Kap. IV.13), automatisches Erkennen affektiver Befindlichkeiten,
- Kriminologie – gestörte Affektivität im Kontext kriminellen Verhaltens,
- Kulturwissenschaften – Ausdrucksformen affektiven Erlebens in Literatur (s. Kap. V.4), Musik und den bildenden Künsten,
- Philosophie – grundlegende Fragen zur Rationalität, Angemessenheit und Intentionalität von Emotionen (s. Kap. IV.5) sowie zur Situiertheit affektiver Prozesse (s. Kap. V.10),
- Psychotherapie und Psychiatrie – affektive Störungen und deren Behandlung (s. Kap. II.D.3),
- Rechtswissenschaften, insbesondere Strafrecht – Rechtsprechung bei affektgesteuerten Straftaten,

- Sozialwissenschaften – Rolle emotionaler Prozesse in sozialen Interaktionen,
- Sprachwissenschaften und linguistische Anthropologie – semantische Felder emotionaler Ausdrücke, Struktur des Affektlexikons in einer bestimmten Sprache,
- Wirtschaftswissenschaften – emotionale Faktoren im Entscheidungsverhalten (s. Kap. III.11, Kap. IV.6, Kap. V.7).

Wie sich diese unterschiedlichen disziplinären Zugangsweisen in der Affektwissenschaft gegenseitig bereichern und zu einer integrativen Sichtweise beitragen können, lässt sich an vier zentralen Themenschwerpunkten der Affektwissenschaft, die inhaltlich zum Teil eng miteinander verzahnt sind, exemplarisch verdeutlichen: Erstens geht es dabei um die Natur von Emotionen und deren Verhältnis zu anderen affektiven Phänomenen, zweitens um das Verhältnis zwischen affektiven und kognitiven Prozessen, drittens um Möglichkeiten der Emotionsregulation, affektive Störungen und deren Behandlung und viertens schließlich um künstliche Affektivität in autonomen Agenten sowie im Kontext von Mensch-Maschine-Interaktionen.

Die Natur affektiver Phänomene

Die Frage nach der Natur von Emotionen ist eine der ältesten, die im Hinblick auf affektive Phänomene überhaupt gestellt und diskutiert wurde. Mit ihr hatten sich bereits Philosophen wie Aristoteles, Thomas von Aquin, René Descartes, Baruch de Spinoza oder David Hume intensiv und kontrovers befasst (eine Darstellung verschiedener Emotionstheorien im Spätmittelalter und in der Frühen Neuzeit gibt Perler 2011); sie stand aber auch Pate für den Titel des eingangs erwähnten Buches des Psychologen Ekman und des Neuropsychologen und Psychiaters Davidson, das zum Initial der Affektwissenschaft wurde. Neben der spezifischen Abgrenzung gegenüber anderen affektiven Zuständen, Prozessen und Dispositionen geht es bei der Frage nach der Natur von Emotionen um die wesentlichen Komponenten und die Funktion von Emotionen (und anderer affektiver Phänomene), u. a. aber auch darum, ob Emotionen eher als diskrete oder als dimensionale Phänomene zu klassifizieren sind und ob Emotionen universell bzw. kulturabhängig sind, d. h. insbesondere, ob es basale Emotionen mit jeweils emotionsspezifischen Physiologien gibt. Erkenntnisse zu diesen Fragen steuern neben der Psychologie, Neurowissenschaft und Philosophie auch die Biologie, Kulturanthropologie und die Sozialwissenschaften bei.

Betrachten wir zunächst die wichtigsten der für Menschen typischen affektiven Phänomene, wobei zu beachten ist, dass die Terminologie in den verschiedenen Disziplinen, die zur Affektwissenschaft beitragen, nicht immer einheitlich ist und insbesondere der Ausdruck ›Emotion‹ zwei unterschiedliche Lesarten (episodisch und dispositional) hat:

- Situationsgebundene (*episodische*) *Emotionen* wie Ekel, Ärger, Furcht oder Freude bewegen sich häufig im Sekundenbereich, sind auf bestimmte Vorkommnisse gerichtet und gehen mit spezifischen Veränderungen im autonomen Nervensystem, mit einem charakteristischen Ausdrucksverhalten sowie mit typischen Handlungstendenzen und Empfindungen einher, die einen Organismus koordiniert auf eine situativ angemessene Reaktion vorbereiten; in der Emotionspsychologie werden ›Emotionen‹ in der Regel mit solchen emotionalen Episoden gleichgesetzt (Scherer 2005, 697).
- Sich über längere Zeiträume erstreckende und wiederholt in einzelnen emotionalen Episoden manifestierende (*dispositionale*) *Emotionen* wie anhaltende Eifersucht, lebenslange Trauer, chronischer Groll oder nicht weichende Schuldgefühle haben ebenfalls einen spezifischen Gehalt, gehen aber nicht zu jedem Zeitpunkt ihres Bestehens mit den für emotionale Episoden typischen körperlichen und mentalen Zuständen einher. Während Peter Goldie (2000) dispositionale Emotionen als die eigentlichen ›Emotionen‹ ansieht, subsumiert sie Klaus Scherer (2005, 703) unter dem Begriff der ›Einstellung‹ (*attitude*), was jedoch den kognitiven Aspekt dieser länger andauernden affektiven Zustände überbetont, v. a. dann, wenn sie als propositionale Einstellungen verstanden werden. Die auf ein spezifisches Objekt bezogenen dispositionalen Emotionen sind von Charakterzügen (bzw. affektiven Stilen; s. u.) zu unterscheiden, die Personen allgemein dazu disponieren, für bestimmte emotionale Reaktionen sensitiver zu sein als für andere.
- *Stimmungen* wie Ausgelassenheit, Niedergedrücktheit oder Gereiztheit sind im Unterschied zu emotionalen Episoden und dispositionalen Emotionen nicht auf ein spezifisches Vorkommnis bezogen, sondern bilden eher den (positiv oder negativ valuierten) affektiven Hintergrund für unser Wahrnehmen und Handeln in konkreten Situationen; im Unterschied zu emotionalen Episoden können sie sehr viel länger, über Stunden oder gar Tage, andauern.

- *Existenzielle Gefühle* sind ähnlich wie Stimmungen eher im Hintergrund des Erlebens präsent und nicht auf konkrete Ereignisse bezogen: In ihnen können die Welt, andere Personen oder auch wir selbst uns z. B. als fremd und unwirklich oder als vertraut und nah erscheinen, wir können uns von den herrschenden Umständen überwältigt oder als in voller Kontrolle der Ereignisse erleben usw.; Hintergrundgefühle dieses Typs strukturieren ebenfalls das Wahrnehmen und Handeln in konkreten Situationen (Ratcliffe 2008, 37; Stephan 2012, 158–159).
- *Atmosphärische Gefühle* beziehen sich im Unterschied zu existenziellen Gefühlen auf konkrete Vorkommnisse wie z. B. die Erhabenheit einer überwältigenden Landschaft, die Aura einer alten Basilika oder die eisige Atmosphäre im Rahmen eines Vorstellungsgesprächs; zwar strukturieren auch sie im Hintergrund unser weiteres Wahrnehmen und Handeln, können jedoch mit einer Änderung der sie auslösenden Situation schnell wieder verfliegen (ebd.).
- *Bauchgefühle* versorgen uns – atmosphärischen Gefühlen ähnelnd – in konkreten Situationen mit gefühlten Bewertungen komplexer Entscheidungsabsichten und können uns, falls negativ, auf etwaige nicht berücksichtigte Unstimmigkeiten aufmerksam machen.
- *Affektive Stile* schließlich zeigen sich u. a. darin, wie ein Mensch vorwiegend gestimmt ist bzw. wie er in der Regel mit anderen Personen interagiert: ob freundlich, unterstützend, wohlwollend oder aber unwirsch, verachtend, herablassend und arrogant. Menschen sind in der Regel dazu disponiert, gemäß ihres *Temperamentes* oder ihrer *Persönlichkeit* bestimmte affektive Stile zu bevorzugen und bestimmte Emotionen leichter zu erleben als andere, es kann aber auch vorkommen, dass sie (aus strategischen Gründen) für einen konkreten Interaktionsanlass mit einer anderen Person bewusst einen bestimmten affektiven Stil wählen (Scherer 2005, 705).

Mitunter wird im Folgenden schlicht allgemein von ›Emotionen‹ gesprochen, um damit neben den sich über längere Zeiträume erstreckenden dispositionalen Emotionen auch kurzzeitige emotionale Episoden zu bezeichnen.

Eine in der Affektwissenschaft seit langem sehr kontrovers diskutierte Frage betrifft das Vorkommen basaler Emotionen (Russell et al. 2011): Sind einige Emotionen in irgendeiner Weise fundamentaler als andere, und falls ja, in welcher Beziehung stehen sie dann zu den anderen, nicht-basalen Emotionen? Nach den derzeit vielleicht einflussreichsten Annahmen sind basale Emotionen (genauer: Typen emotionaler Episoden) phylogenetisch entstandene, für ontogenetische Erfahrungen – wie der späte Ekman einräumt – jedoch prinzipiell offene ›Affektprogramme‹, die über jeweils spezifische, pankulturell anzutreffende Signaturen verfügen, wie etwa schnelles Einsetzen, automatische Appraisals, charakteristische Ausdrucksformen (Mimik, Prosodie), spezifische autonome physiologische Veränderungen, vergleichsweise kurze Dauer sowie die Präsenz in anderen Primaten (Ekman/Cordaro 2011, 365–367). Im Allgemeinen sehen sich Affektprogrammtheorien in der Tradition von Charles Darwin, der in seiner wegweisenden Schrift *The Expression of the Emotions in Man and Animals* (1872) allerdings weder von ›basalen Emotionen‹ noch von ›Affektprogrammen‹ gesprochen hatte; vielmehr war er neben pankulturellen ebenso an interkulturellen und individuellen emotionalen Ausdrucksformen interessiert (Colombetti im Erscheinen). Insofern knüpft der oben skizzierte moderate Ansatz des späten Ekman besser an Darwins ursprüngliche Intentionen an als rigide frühere Affektprogrammtheorien, die kaum Raum für kulturelle und individuelle Ausprägungen emotionalen Verhaltens vorgesehen hatten.

Gleichwohl herrscht unter Fachleuten derzeit weder Einigkeit darüber, wie viele basale Emotionen es gibt, noch darüber, um welche es sich dabei im Einzelnen handelt. Ein Grund für diese Unklarheit dürfte darin liegen, dass die Kennzeichnung ›basal‹ selbst in mehrdeutiger Weise Verwendung findet. Darauf hatten bereits Andrew Ortony und Terence Turner (1990, 318–326) hingewiesen und zwischen *begrifflich* basalen Emotions*ausdrücken*, *biologisch* primitiven sowie *psychologisch* irreduziblen *Emotionen* unterschieden. Letztlich gelangten sie in ihrer Analyse zu dem defätistischen Schluss, dass die Annahme basaler irreduzibler Elemente im Falle von Emotionen (anders als etwa in der Chemie oder bezüglich des Farbensehens) zu keinen wissenschaftlichen Erkenntnissen führen wird und ähnlich verfehlt erscheint wie die Annahme, man könne alle Sprachen der Welt auf einen Kernbestand basaler irreduzibler Sprachelemente zurückführen (ebd., 329). Viel weniger skeptisch beurteilen hingegen Andrea Scarantino und Paul Griffiths den Stand der Dinge: Die Unterscheidungen Ortony und Turners aufgreifend argumentieren sie für drei kohärente, nicht-triviale Begriffe von basalen Emotionen, die jeweils orthogonal zueinander stehen (Scarantino/Griffiths 2011, 452). Ihrer Ansicht nach spricht

manches für die Existenz einiger basaler *Emotionskategorien* (wie z. B. ›Furcht‹ oder ›Zorn‹). Allerdings bezeichnen diese Kategorien ihrer Meinung nach keine natürlichen (affektiven) Arten, da sie eine Vielzahl unterschiedlicher affektiver Vorkommnisse subsumieren. Auch wenn Scarantino und Griffiths damit zugleich zugestehen, dass Alltagsbezeichnungen wie ›Ekel‹ oder ›Furcht‹ keine biologisch basalen Emotionen herausgreifen, vertreten sie aber dennoch die These, dass einige Spielarten von Ekel, Zorn und Furcht *biologisch basale Emotionen* sind, da diese sowohl über den nötigen evolutionären Hintergrund als auch über die spezifischen biologischen Merkmale verfügen (wie etwa charakteristischer universeller (Gesichts-)Ausdruck, spezifische physiologische Veränderungen, automatische, auf pankulturell vorhandene Auslöser ›geeichte‹ Bewertungen, schneller Beginn, kurze Dauer oder charakteristisches Erleben). Im Hinblick auf *psychologisch basale Emotionen* greifen Scarantino und Griffiths den Einwand von Ortony und Turner (1990, 325) auf, dass jede diskrete Emotion eine hedonische Valenz hat, d. h. mit Wohlbehagen (Lust) oder Unbehagen (Unlust) einhergeht, und insofern mindestens eine weitere affektive Komponente enthält, also selbst nicht primitiv sein kann (zum Valenzbegriff in Emotionstheorien vgl. Colombetti 2005). Für Scarantino und Griffiths folgt daraus jedoch nur, dass die Frage nach psychologisch basalen Emotionen differenzierter gestellt werden muss (2011, 451): Auch wenn vermeintlich psychologisch basale Emotionen wie Ärger, Freude und Furcht affektive Komponenten wie Lust und Unlust enthalten und daher nicht *affektiv* irreduzibel sind, ist damit noch immer verträglich, dass sie nicht weiter in andere Emotionen zerlegt werden können und insofern *emotional* irreduzibel sind.

Kritiker der Ansicht, dass einige Emotionstypen biologisch basal seien, betonen v. a., dass in Untersuchungen zu den angeblichen Korrelaten vermeintlich basaler Emotionen (wie etwa Gesichtsausdruck, somatoviszerale Veränderungen, neuronale Strukturen, autonome neurophysiologische Reaktionen) keine emotionsspezifischen Muster gefunden werden konnten (s. Kap. IV.5). Selbst Furcht – die prototypische basale Emotion schlechthin – biete mehr Variabilität als Einheitlichkeit; stattdessen ließen sich eher Korrelate für z. B. positive und negative Affekte oder für situationsbedingte Flucht- und Angriffstendenzen finden (Barrett 2006, 23; vgl. auch Ortony/Turner 1990, 320). Ein möglicher Ausweg aus dieser theoretisch unbefriedigenden Situation liegt nach James Russell darin, sich von unfruchtbaren Kategorien der Affektwissenschaft wie etwa ›Emotion‹, ›Stimmung‹ und deren Subkategorien wie ›Furcht‹, ›Zorn‹, ›Trauer‹, ›Niedergeschlagenheit‹, ›Euphorie‹ usw. abzuwenden und stattdessen die einzelnen Komponenten, die in konkreten affektiven Prozessen auf die eine oder andere Weise manifest werden, genauer in den Blick zu nehmen: Zu diesen Komponenten gehören Veränderungen u. a. im mimischen und stimmlichen Ausdruck, im Bewerten und Attribuieren, in Vorgängen des autonomen Nervensystems, in Verhaltenstendenzen sowie im Erleben und Regulieren (2009, 1268–1272). Zentral ist für Russell dabei der sog. Kernaffekt (*core affect*) – ein komplexer neurophysiologischer Zustand, in dem die beiden Valenzdimensionen (sich gut *versus* schlecht bzw. energiegeladen *versus* lethargisch zu fühlen) in einem einheitlichen bewussten Erlebnis zusammengeführt werden (ebd., 1264–1266). Keine der o. g. Komponenten gehört zwingend zu einer ›emotionalen Episode‹; da sie jedoch ständig größeren oder kleineren Veränderungen unterliegen, sind es nach Russell (und auch nach Lisa Barrett) *psychische Konstruktionen*, die situativ in bestimmten Zeitfenstern die gerade manifesten Komponenten im Zuge eines ›konzeptuellen Akts‹ zusammenbinden und im Alltagsverständnis damit als Emotionen eines bestimmten Typs erscheinen lassen (ebd., 1267; Barrett 2006, 33–37).

Ein anderes einflussreiches Modell, das die Annahme von diskreten biologisch basalen Emotionen ablehnt, zugleich aber auch die konstruktivistischen Ansätze von Barrett und Russell strikt zurückweist, ist Scherers Komponenten-Prozess-Modell (z. B. Scherer 2009). Nach diesem Modell kommt es in beliebig variantenreichen emotionalen Episoden – jeweils initiiert durch die kognitive (Appraisal-) Komponente – zu rekursiv beeinflussbaren synchronisierten Veränderungen in den einzelnen Komponenten, z. B. im Hinblick auf die autonome Physiologie, Handlungstendenzen, körperliche Ausdrucksformen oder Gefühle (Scherer 2005, 2009). Die kognitive Komponente besteht selbst aus mehreren evaluierenden Subkomponenten (den sog. *stimulus evaluation checks*), die die Funktion haben, Ereignisse in der Welt vor dem Hintergrund der Bedürfnisse, Werte, Ziele und Bewältigungsmöglichkeiten der emotional involvierten Person zu bewerten.

Eine weitere, in der Affektwissenschaft seit langem diskutierte Frage betrifft den körperlichen Charakter emotionaler Erlebnisse: Während fast einhellig die Meinung vertreten wird, dass jeder emotionale Prozess mit verschiedenen körperlichen Veränderungen (oder zumindest der Aktivierung von neuro-

nalen Repräsentationen körperlicher Veränderungen in sog. *as-if-body-loops*; Bechara/Damasio 2005, 344) einhergeht, besteht keineswegs Einigkeit darüber, ob wir körperliche Zustände und Veränderungen fühlen müssen, um eine Emotion zu erleben. William James z. B. ist berühmt für seine Annahme, dass dies so ist: »If we fancy some strong emotion, and then try to abstract from our consciousness of it all the feelings of its characteristic bodily symptoms, we find we have nothing left behind, no ›mind-stuff‹ out of which the emotion can be constituted, and that a cold and neutral state of intellectual perception is all that remains« (James 1884, 193). Für einige andere Emotionstheoretiker ist es jedoch keineswegs zwingend, dass alle Emotionen *körperliche Gefühle*, also das bewusste Erleben körperlicher Zustände und Veränderungen, involvieren, selbst wenn sie wie Goldie (2000, 54) die Betonung der zentralen Rolle körperlicher Gefühle in emotionalen Episoden mit James teilen. So argumentiert Goldie in einer längeren Auseinandersetzung mit James, dass zum einen länger andauernde Emotionen – wie eine sich über mehrere Wochen erstreckende Eifersucht oder eine bis zum Lebensende reichende Liebe für den Partner – nicht zu jeder Zeit bewusst erlebte (körperliche) Gefühle involvieren müssen (ebd., 65) und dass zum anderen selbst in konkreten emotionalen Episoden körperliche Veränderungen mitunter erst sehr viel später bemerkt werden, weil die ganze Aufmerksamkeit zunächst dem zu bewältigenden Ereignis gilt (ebd., 54, 62). Möglicherweise kann die Spannung zwischen den Positionen von James und Goldie zumindest im Hinblick auf emotionale Episoden durch eine genauere Berücksichtigung der spezifischen Phänomenologie körperlicher Gefühle verringert werden. Dabei dürfte sich die aus der phänomenologischen Tradition stammende Unterscheidung von Körper und Leib als hilfreich herausstellen, wonach man streng genommen den Körper im physiologischen Sinne gar nicht fühlen oder spüren, sondern allenfalls sehen oder tasten kann; vielmehr ist es der *gelebte* – und als ›Leib‹ bezeichnete – Körper, der subjektiv erlebt wird. Die vorgeschlagene Terminologie aufgreifend handelt es sich in emotionalen Prozessen weniger um ein Fühlen *von* dem Leib als vielmehr um ein mediales Fühlen *durch* den (bzw. *mit* dem) Leib (Colombetti im Erscheinen; Colombetti/Ratcliffe 2012). Insofern mag es sich herausstellen, dass emotionale Erlebnisse, die auf den ersten Blick keine leiblichen Gefühle zu involvieren scheinen, dennoch leibliche Erlebnisse sind.

Die körperlich/leibliche Dimension affektiver Phänomene ist jedoch nicht nur für das interne Geschehen zentral, ihr kommt insbesondere auch im Hinblick auf ihre regulative Funktion in sozialen Interaktionen und Beziehungen (wie auch in der Organisation von Gruppen) große Bedeutung zu: Denn die expressiven körperlichen Signale, die viele affektive Prozesse auf charakteristische Weise begleiten, erlauben die effiziente Kommunikation bedeutsamer Informationen unter Artgenossen auf schnelle und flexible Weise. Insofern wird der Ausdruck emotionaler Befindlichkeiten in Mimik, Stimme und dem gesamten Körper von vielen Forschern für den Königsweg zum Verständnis von Affektivität gehalten (Davidson et al. 2003, xiv sowie Teil IV, 411–558).

Zum Verhältnis affektiver und kognitiver Prozesse

Lange Zeit war – insbesondere in der philosophischen Tradition – die Meinung vorherrschend, dass *Emotion* und *Kognition* verschiedene geistige Vermögen sind, die zudem häufig in einem starken Gegensatz zueinander stehen. Mittlerweile bildet diese traditionelle Ansicht nur noch den einen Pol auf einer Skala von Positionen, deren anderer Pol durch eine vom Enaktivismus (s. Kap. III.9) inspirierte Auffassung eingenommen wird, wonach eine strikte Trennung von affektiven und kognitiven Prozessen nicht länger aufrechtzuerhalten ist.

Die traditionelle Position beruft sich v. a. auf Situationen, in denen heftige (und außer Kontrolle geratene) Emotionen zu Handlungen verleiten oder von solchen abhalten, für deren Unterlassung bzw. Vollzug es gute Gründe gibt – ein Anfall von Höhenangst mag den freudig geplanten Familienausflug in die Berge zu einem abrupten Ende bringen, obgleich der Wanderweg völlig sicher ist und vom Betroffenen auch so eingeschätzt wird; aus rasender Eifersucht kann eine strafbare Handlung entspringen, die der Täter später zutiefst bedauert und am liebsten ungeschehen machen würde. Neben Vorkommnissen wie diesen, in denen sich eine emotional gespeiste Handlungstendenz gegenüber konträren, auf rationalen Überlegungen beruhenden Handlungsmotiven durchzusetzen vermag, gibt es auch Situationen, in denen sich bestimmte kognitive Leistungen im engeren Sinn (wie etwa konzentriertes Nachdenken oder das Schreiben eines wissenschaftlichen Textes) nur sehr mühsam erbringen lassen, wenn die entsprechend engagierte Person zugleich heftig emotional erregt ist, etwa weil ihr bisheriger Lebensentwurf ernsthaft bedroht ist (z. B. durch den Verlust

des Arbeitsplatzes oder eine Krise in der Partnerschaft). Es wäre jedoch verfehlt, aus solchen zweifellos beobachtbaren Spannungsverhältnissen eine generelle These zum Verhältnis von affektiven und kognitiven Vorgängen ableiten zu wollen. Zum einen erleichtern emotionale Prozesse mitunter kognitive Prozesse (wie z. B. die Ausrichtung der Aufmerksamkeit oder das Auslösen spezifischer Erinnerungen), zum anderen scheinen affektive Befindlichkeiten für einige spezifische kognitive Leistungen geradezu unverzichtbar zu sein: So zeigen neurowissenschaftliche Studien, dass ein Ausfall affektiver Prozesse als Folge von Hirnläsionen bezüglich der Rationalität von Entscheidungsprozessen schwerwiegende Folgen haben kann (Damasio 1994).

Eine mittlerweile vorherrschende (interaktionistische) Ansicht unterstreicht deshalb, dass sich die affektive Beteiligung – entgegen der tradierten Auffassung – durchaus positiv auf eine ganze Reihe kognitiver Prozesse auswirken kann und dass zudem häufig ein enges Wechselspiel zwischen affektiven und kognitiven Prozesse besteht, in welchem sie sich in subtiler Weise gegenseitig regulieren und beeinflussen können (z. B. indem die (kognitive) Neubewertung einer Situation dazu beiträgt, eine emotionale Reaktion zu modifizieren, oder ein schlechtes Bauchgefühl eine zuvor getroffene Entscheidung in Frage stellt).

Affektive und kognitive Prozesse scheinen nach Ansicht einiger zeitgenössischer Emotionstheorien (z. B. Scherers Komponenten-Prozess-Modell) sogar noch enger miteinander verwoben zu sein als es diese interaktionistische Position bereits nahelegt. Sie gehen nämlich davon aus, dass insbesondere emotionale Prozesse nicht nur in fruchtbarer Weise mit unterschiedlichen kognitiven Prozessen wechselwirken können, sondern bestimmte kognitive Prozesse regelrecht implizieren, was für andere affektive Befindlichkeiten wie Stimmungen und existenzielle Gefühle nicht zu gelten scheint. Während nämlich letztere für ihr Auftreten keinen konkreten situativen Anlass benötigen, sind emotionale Prozesse Reaktionen auf bestimmte Ereignisse oder Sachverhalte. Damit Emotionen in ihrer jeweils spezifischen Weise ausgelöst werden können, müssen die Ereignisse, auf die sie reagieren, wahrgenommen und als in bestimmter Weise neu, relevant, (un-)bewältigbar usw. bewertet worden sein. Die Bewertung muss nicht bewusst erfolgen – aber ohne die Annahme, dass eine gegebene Situation z. B. als gefährlich eingeschätzt worden ist, bliebe die korrespondierende Furchtreaktion unverständlich. Zugleich (re-)präsentiert die Furchtreaktion die gegenwärtige

Situation für die betroffene Person als in bestimmter Weise bedrohlich. Bei den genannten Vorgängen (Wahrnehmen, Einschätzen, (Re-)Präsentieren) handelt es sich durchweg um kognitive Prozesse, die je nach zugrunde liegender Emotionstheorie entweder als konstitutiv für emotionale Vorgänge angesehen werden, so dass Emotionen selbst über kognitive Anteile verfügen, oder doch zumindest als kausal mit ihnen verknüpft, was eine andere interaktionistische Variante wäre.

Vorübergehend waren in der Philosophie sogar sog. kognitivistische Emotionstheorien vorherrschend. Indem diese Theorien emotionale Vorgänge mit Urteilen oder mit Überzeugungen und Wünschen identifizierten (Green 1992; Nussbaum 2001) und dabei dem Affektiven und der Rolle des Körpers zu wenig Gewicht beimaßen, schossen sie jedoch über das Ziel hinaus.

Der enge Zusammenhang von emotionalen und kognitiven Prozessen zeigt sich u. a. auch darin, dass es offenbar keine isolierbaren, klar umgrenzten neuronalen Bereiche gibt, die ausschließlich mit affektiven oder kognitiven Prozessen korrespondieren (Davidson et al. 2003, 5). Nach Ansicht enaktivistisch orientierter Positionen, die im Sinne der Kontinuitätsthese von Leben und Geist (s. Kap. III.9) davon ausgehen, dass auch höherstufige kognitive Leistungen letztlich eine Weiterentwicklung jenes Prozesses eines *sense-making* sind, in dem einfachste Lebewesen die sie umgebende Welt perspektivisch in einen Ort von subjektiver Bedeutung und Wert und damit in etwas affektiv Geladenes (ihre ›Umwelt‹) transformieren (Thompson/Stapleton 2009, 24–25), verschwimmt die scharfe Unterscheidung zwischen affektiven und kognitiven Prozessen. Vor diesem Hintergrund sind alle, selbst basale, Lebensvollzüge eng miteinander verwobene affektiv-kognitive oder kognitiv-affektive Vorgänge, insofern diese kognitiv-unterscheidende mit affektiv-evaluativen Aspekten vereinen (Colombetti im Erscheinen, Kap. 1).

Affektive Störungen und Emotionsregulation

Viele psychiatrische Krankheitsbilder gehen offensichtlich mit Störungen der Affektivität einher, handele es sich um depressive Verstimmungen, Phobien, Ess- und Zwangsstörungen, ungezügelte Aggressionsausbrüche oder anhaltend belastende Scham- und Schuldgefühle. In ihrem umfassenden Werk über Emotionen und deren Störungen, in dem sie auch zahlreiche konkurrierende Erklärungsansätze kritisch würdigen, entwickeln Mick Power und

Tim Dalgleish (2008) ein allgemeines Modell emotionaler Verarbeitung, das sog. SPAARS-Modell (*Schematic Propositional Analogue Associative Representations Systems*), mit dessen Hilfe sie anschließend zahlreiche psychische Erkrankungen wie die o. g. als Störungen von im Wesentlichen fünf basalen Emotionen charakterisieren (ebd., 133): Angst/Furcht (*fear*), Traurigkeit (*sadness*), Zorn/Ärger/Wut (*anger*), Ekel (*disgust*) und Freude (*happiness*). Dabei lassen sie sich von der Annahme leiten, dass emotionale Störungen extreme Formen normaler Affektivität darstellen, die sich qualitativ nicht grundlegend von dieser unterscheiden (ebd., 230).

Gemäß des SPAARS-Modells kann emotionsrelevante Information auf verschiedenen Ebenen des psychischen Systems bewusst oder unbewusst in unterschiedlichen Formaten repräsentiert werden (ebd., 141–145, 152–154):

* *analog* in Form von bildhaften Repräsentationen in den verschiedenen Sinnesmodalitäten einschließlich der Propriozeption,
* *propositional* in Form von Überzeugungen, die sich leicht satzartig formulieren lassen,
* *schematisch* in Form von ›höherstufigen‹ Modellen, die frühere Erfahrungen mit der Welt, sich selbst und anderen Personen komplex und organisiert repräsentieren, ohne dass die Gesamtheit dieser Repräsentationen leicht in natürlicher Sprache Ausdruck finden kann, und
* *assoziativ* in Form einer unmittelbaren und automatischen Verknüpfung spezifischer Typen von Ereignissen und Situationen mit früheren ›Lösungen‹, d. h. emotionalen Reaktionen.

Im Rahmen des SPAARS-Modells kann es auf zwei Weisen zur Generierung von emotionalen Reaktionen kommen: erstens flexibel, auf der schematischen Modellebene durch die Aktivierung von mehr oder weniger situationsangemessenen Bewertungszyklen, wie sie insbesondere Appraisaltheorien vorsehen, oder zweitens rigide und ›festverdrahtet‹ über die assoziative Bahn (ebd., 152–154), wobei auch von den automatisierten Reaktionen angenommen wird, dass sie ursprünglich die Ergebnisse von Bewertungsprozessen waren, die jedoch im Laufe der Phylo- bzw. Ontogenese ›kristallisierten‹. Darüber hinaus weisen Power und Dalgleish auf die Möglichkeit von parallelen und zyklischen Kopplungen von Emotionen hin (ebd., 166): Ein Beispiel für parallele Kopplungen sind etwa Erinnerungen an schöne, aber längst vergangene Zeiten, die zugleich Freude und Wehmut (Nostalgie) auslösen; eine zyklische Kopplung liegt hingegen vor, wenn jemand traurig und depressiv darüber wird, was er in seinem Leben durch seine Ängste alles verpasst hat, was wiederum die Angst auslösen mag, dass sich daran niemals etwas ändern wird. Psychische Erkrankungen gehen häufig mit solch ungünstigen zyklischen Kopplungen basaler Emotionen einher, die durch ihre gegenseitige Aktivierung perpetuieren (ebd., 229, 359–360): So scheint z. B. bei fortdauerndem tiefen Gram (*grief*) häufig eine Kopplung von Traurigkeit und (sozial geächteter) Wut vorzuliegen (ebd., 232–234), während sich bei vielen Depressionen eine Kopplung von Traurigkeit und (Selbst-)Ekel diagnostizieren lässt (ebd., 242–244; für weitere Verbindungen zwischen affektiven Störungen und basalen Emotionen und deren Abkömmlingen vgl. ebd., Teil II).

Während sowohl das SPAARS-Modell wie auch konkurrierende Ansätze versuchen, ein tiefer gehendes Verständnis affektiver Störungen zu ermöglichen, dienen die beiden großen Klassifikationssysteme psychiatrischer Erkrankungen (DSM-IV-TR und ICD-10) v. a. dazu, Klinikern ein statistisch basiertes, reproduzierbares Diagnoseinstrument zur Verfügung zu stellen. In letzter Zeit wird jedoch zunehmend kritisiert, dass ein solch syndromorientierter statistischer Ansatz dem emotionalen Erleben des einzelnen Patienten zu wenig Beachtung schenkt. Ein Korrektiv stellen interdisziplinäre Projekte dar, in denen affektive Befindlichkeiten aus philosophischer, psychologischer und psychiatrischer Perspektive im Kontext psychiatrischer Erkrankungen thematisiert werden (Atkinson/Ratcliffe 2012; Ratcliffe/Stephan 2013).

Ist es für ein Leben in zivilisierten Gesellschaften bereits eine große Herausforderung, ›normale‹ Emotionen angemessen regulieren zu können (Gross 2002, 281), so ist diese Aufgabe noch ungleich größer für diejenigen, die mit affektiven Störungen zu kämpfen haben. Daher bildet die Entwicklung hilfreicher Strategien zur Regulation etwa von Panikanfällen, ungezügelten Aggressionsausbrüchen, Phobien oder Niedergeschlagenheit einen weiteren Schwerpunkt der klinisch inspirierten Emotionsforschung (Gross 2007). Die für alltägliche emotionale Regungen zur Verfügung stehenden Regulationsstrategien wie z. B. die Neubewertung einer Situation und der eigenen Bewältigungsmöglichkeiten, die aktive Unterdrückung emotionaler Reaktionen oder das Aufsuchen bzw. Meiden spezifischer Situationen (Gross 2002, 282–283) sind im klinischen Kontext jedoch oftmals nicht von Erfolg gekrönt. Gerade bewusste Einsichten (in propositionalem Format) sind – wie auch das SPAARS-Modell nahelegt – nur begrenzt in der Lage, auf schematisch oder gar asso-ziativ ausgelöste emotionale Reaktionen in der gewünschten Weise Einfluss zu nehmen.

Affective computing

Die Vorstellung, dass auch Roboter oder Avatare in affektiven Zuständen sein können, wird denjenigen merkwürdig bis bizarr vorkommen, die phänomenales Erleben als notwendig für Affektivität ansehen – denn in der Tat sind wir weit davon entfernt, bewusstes Erleben in Robotern, geschweige denn in Avataren, implementieren zu können bzw. zu wissen, was zu tun wäre, um es implementieren zu können. Dennoch gibt es eine ganze Reihe von affektiven Vorgängen, die in künstlichen Systemen emuliert, modelliert oder von ihnen erkannt werden können, ohne dass dazu phänomenales Erleben erforderlich wäre (Calvo et al. 2013). Im Übrigen wurde z. B. auch bei der neurowissenschaftlichen Erforschung des ›Furchtsystems‹ der Ratte ausschließlich deren emotionales *Verhalten* und nicht ihr gegebenenfalls emotionales *Erleben* untersucht (LeDoux 1996, 18).

Insbesondere die folgenden ›emotionalen Fähigkeiten‹ spielen in diversen Anwendungsfeldern künstlicher Affektivität eine zentrale Rolle:

- ein stimmiges und situationsangemessenes emotionales (oder emotional erscheinendes) Ausdrucksverhalten,
- das Kategorisieren und ›Erkennen‹ menschlicher affektiver Befindlichkeiten sowie
- die Einbeziehung emotionaler Prozesse in die Verhaltenssteuerung autonomer Agenten.

Stimmiges und situationsangemessenes Ausdrucksverhalten ist z. B. wichtig, damit die in Unterhaltungsfilmen und Computerspielen häufig vorkommenden synthetischen Charaktere auf die Betrachter überzeugend wirken. Die große Bedeutung emotionaler Kompetenzen seitens künstlicher Agenten wird aber auch zunehmend für Lernumgebungen mit künstlichen Tutoringsystemen gesehen, um die Interaktion mit Maschinen für den Nutzer weniger frustrierend zu gestalten (Picard 2002, 214). Entsprechend können moderne Lernsysteme wie z. B. Affective AutoTutor in ihrer Kommunikation mit Nutzern nicht nur ermunterndes, skeptisches oder nachfragendes Verhalten zeigen, sondern darüber hinaus die Befindlichkeit der Lernenden richtig einschätzen und darauf angemessen reagieren, z. B. auf Eindrücke von Frustration, Konfusion oder Langeweile mit Äußerungen wie: »Maybe this *topic* is getting old. I'll help you finish so we can try something new.« (D'Mello/Graeser 2012, 22). Ein solches Verhalten setzt jedoch voraus, dass das künstliche System die richtigen Schlüsse vom Ausdrucksverhalten des Nutzers auf dessen Befindlichkeit ziehen kann. Verfügt ein künstliches System über diese Fähigkeit, kann es auch in ganz anderen Kontexten zum Einsatz kommen, z. B. um Menschen mit Informationen über die emotionalen Befindlichkeiten anderer zu versorgen, deren eigene Fähigkeit – wie bei Autisten – in dieser Hinsicht eingeschränkt ist (el Kaliouby et al. 2006).

Um aber auch über längere Zeit hinweg in unspezifizierten sozialen Situationen auf menschliche Kommunikationspartner empathisch und authentisch zu wirken, wird es nicht genügen, wenn ein Roboter oder Avatar den Gemütszustand des Nutzers erkennen und vielleicht noch mit der auslösenden Situation in Zusammenhang bringen kann. Darüber hinaus muss er in reziproker Weise auch über seine eigene Befindlichkeit angemessen berichten können, was voraussetzt, dass er einerseits über Motive (s. Kap. IV.14) und affektive Zustände verfügt, die sein Verhalten in Anbetracht seiner Motive situationsangemessen modulieren (s. Kap. IV.5), andererseits aber auch über Metarepräsentationen von seinen eigenen affektiven Zuständen sowie über ein Weltmodell darüber, was für Akteure in dieser Welt üblicherweise von Bedeutung ist. Es dürfte noch eine Weile dauern, bis wir in der Lage sind, Architekturen dieser Komplexität zu entwickeln. Einen ersten Schritt in diese Richtung stellt z. B. die an Dörners (1999) Psi-Modell orientierte, von Bach (2009) entwickelte MicroPsi-Architektur dar, in der das Verhalten der Agenten in ein emotionales und multi-motivationales Subsystem eingebettet ist, durch das es situationsgerecht moduliert wird.

Die Arbeit an diesem Kapitel und die Forschungen der Autoren zum Thema wurden durch den Europäischen Forschungsrat (*European Research Council*; ERC grant agreement nr. 240891 – Giovanna Colombetti) und die VolkswagenStiftung (II/84 051 – Achim Stephan) gefördert.

Literatur

Atkinson, Anthony/Ratcliffe, Matthew (Hg.) (2012): *Emotions and Feelings in Psychiatric Illness*. In: *Emotion Review* (Themenheft) 4, 119–202.

Bach, Joscha (2009): *Principles of Synthetic Intelligence*. Oxford.

Barrett, Lisa (2006): Solving the emotion paradox. In: *Personality and Social Psychology Review* 10, 20–46.

Bechara, Antoine/Damasio, Antonio (2005): The somatic marker hypothesis. In: *Games and Economic Behavior* 52, 336–372.

Calvo, Rafael/D'Mello, Sidney/Gratch, Jonathan/Kappas, Arvid (Hg.) (2013): *Handbook of Affective Computing*. Oxford.

Colombetti, Giovanna (2005): Appraising valence. In: *Journal of Consciousness Studies* 12/8–10, 103–126.

Colombetti, Giovanna (im Erscheinen): *The Feeling Body*. Cambridge (Mass.).

Colombetti, Giovanna/Ratcliffe, Matthew (2012): Bodily feeling in depersonalization. In: *Emotion Review* 4, 145–150.

Damasio, Antonio (1994): *Descartes' Error*. New York. [dt.: *Descartes' Irrtum*. München 1994].

Darwin, Charles (1872): *The Expression of the Emotions in Man and Animals*. London. [dt.: *Der Ausdruck der Gemütsbewegungen bei dem Menschen und den Tieren*. Frankfurt 2000].

Davidson, Richard/Scherer, Klaus/Goldsmith, Hill (Hg.) (2003): *Handbook of Affective Sciences*. Oxford.

D'Mello, Sidney/Graeser, Art (2012): AutoTutor and Affective AutoTutor. In: *ACM Transactions on Interactive Intelligent Systems* 2, 23, 1–39.

Dörner, Dietrich (1999): *Bauplan für eine Seele*. Reinbek.

Ekman, Paul/Cordaro, Daniel (2011): What is meant by calling emotions basic. In: *Emotion Review* 3, 364–370.

Ekman, Paul/Davidson, Richard (Hg.) (1994): *The Nature of Emotion*. Oxford.

el Kaliouby, Rana/Picard, Rosalind/Baron-Cohen, Simon (2006): Affective computing and autism. In: *Annals of the New York Academy of Sciences* 1093, 228–248.

Goldie, Peter (2000): *The Emotions*. Oxford.

Green, O. Harvey (1992): *The Emotions*. Dordrecht.

Gross, James (2002): Emotion regulation. In: *Psychophysiology* 39, 281–291.

Gross, James (Hg.) (2007): *Handbook of Emotion Regulation*. New York.

James, William (1984): What is an emotion? In: *Mind 9*, 188–205.

LeDoux, Joseph (1996): *The Emotional Brain*. New York. [dt.: *Das Netz der Gefühle*. München 1998].

Nussbaum, Martha (2001): *Upheavals of Thought*. Cambridge.

Ortony, Andrew/Turner, Terence (1990): What's basic about basic emotions? In: *Psychological Review* 97, 315–331.

Perler, Dominik (2011): *Transformationen der Gefühle*. Frankfurt a. M.

Picard, Rosalind (2002): What does it mean for a computer to ›have‹ emotions? In: Robert Trappl/Paolo Petta/Sabine Payr (Hg.): *Emotions in Humans and Artifacts*. Cambridge (Mass.), 213–235.

Power, Mick/Dalgleish, Tim (²2008): *Cognition and Emotion: From Order to Disorder*. Hove [1997].

Ratcliffe, Matthew (2008): *Feelings of Being*. Oxford.

Ratcliffe, Matthew/Stephan, Achim (Hg.) (2013): *Emotional Experience in Depression*. In: *Journal of Consciousness Studies* (Themenheft) 20, Heft 7–8.

Russell, James (2009): Emotion, core affect, and psychological construction. In: *Cognition and Emotion* 23, 1259–1283.

Russell, James/Rosenberg, Erika/Lewis, Mark (Hg.) (2011):

Basic Emotion Theory. Emotion Review (Themenheft) 3, 363–454.

Scarantino, Andrea/Griffiths, Paul (2011): Don't give up on basic emotions. In: *Emotion Review* 3, 444–454.

Scherer, Klaus (2005): What are emotions? And how can they be measured? In: *Social Science Information* 44, 695–729.

Scherer, Klaus (2009): The dynamic architecture of emotion. In: *Cognition and Emotion* 23, 1307–1351.

Stephan, Achim (2012): Emotions, existential feelings, and their regulation. In: *Emotion Review* 4, 157–162.

Thompson, Evan/Stapleton, Mog (2009): Making sense of sense-making. In: *Topoi* 28, 23–30.

Giovanna Colombetti/Achim Stephan

2. Brain reading

Das Forschungsgebiet des *brain reading* (Farah 2005) befasst sich mit der Frage, wie gut man auf die Gedanken einer Person schließen kann, wenn man nur Neuroimagingmessungen ihrer Hirnaktivität zur Verfügung hat. Dabei ist das ›reading‹ nicht im Sinne einer semantischen Interpretation der Hirnaktivitätsmuster zu verstehen. Stattdessen kommen Mustererkennungsverfahren zum Einsatz, die auf der Basis statistischer Regelmäßigkeiten ihres gemeinsamen Auftretens mit Hirnprozessen eine Klassifikation mentaler Zustände erlauben (Haynes/Rees 2006; Norman et al. 2006). Da sich der Begriff ›brain reading‹ als Pendant zum ›mind reading‹ (Gedankenlesen; s. Kap. IV.21) in der Literatur eingebürgert hat, soll er auch hier verwendet werden.

Das *brain reading* stellt einen neuartigen Forschungsansatz dar und erfordert eine eigene Methodik, da konventionelle Neuroimaginganalysen keine Aussagen darüber zu treffen erlauben, wie gut man menschliche Gedanken aus Neuroimagingdaten rekonstruieren kann. Dies hat mehrere Gründe. Klassische Verfahren (wie sie etwa bei der Software SPM verwendet werden) beruhen auf verteilt-univariaten Analysen, d.h. der Zusammenhang zwischen Hirnaktivität und mentalen Prozessen wird für jeden Messpunkt der funktionellen Magnetresonanztomografie (fMRT) im Gehirn separat gemessen. Vorrangiges Erkenntnisziel ist dabei nicht das Auslesen von gedankenbezogenen Informationen, sondern die Kartierung der Funktionsbereiche des Gehirns. Dazu mitteln klassische Analysen die gemessenen Daten über längere Zeiträume und mehrere Probanden hinweg und zielen auf probanden- und zeitpunktunabhängige statistische Aussagen ab. Durch diese Mittlung wird die Aussagekraft für den Einzelfall stark reduziert. Beim *brain reading* hingegen sollen nach Möglichkeit Aussagen über die Hirnaktivität einzelner Probanden zu ganz bestimmten Zeitpunkten getroffen werden. Außerdem kann durch eine multivariate, gleichzeitige Analyse vieler Hirnregionen auch die Kovarianz zwischen den verschiedenen Regionen als Informationsquelle herangezogen werden.

Die wissenschaftliche Basis des *brain reading* liegt darin, dass sich durch das kognitive Neuroimaging der lange vermutete enge Zusammenhang zwischen Hirnaktivität und menschlichen Gedanken als belastbare Hypothese erwiesen hat, durch den es überhaupt erst möglich ist, ein Hirnaktivitätsmuster als Indikator für das Vorhandensein eines beginnenden mentalen Prozesses zu verwenden.

Decodierung aus Hirnaktivitätsmustern

In einem typischen *brain reading* Experiment wird die Hirnaktivität eines Probanden gemessen, während er einen von verschiedenen möglichen Gedanken hat. Der Begriff ›Gedanke‹ ist hier nur ein genereller Platzhalter für eine Reihe bewusster (oder sogar unbewusster) mentaler Zustände wie Wahrnehmungen (s. Kap. IV.24), Vorstellungen, Erinnerungen (s. Kap. IV.7), Emotionen (s. Kap. IV.5) oder Absichten (s. Kap. IV.8). Nachdem die Hirnaktivität des Probanden bei verschiedenen Gedanken gemessen wurde, werden die Messdaten zum Trainieren eines Mustererkennungsalgorithmus verwendet, der das Vorhandensein bestimmter Gedanken erkennen soll. Überprüft wird der Erfolg in der Mustererkennung mit neuen, statistisch unabhängigen Testdaten. Die Trefferquote, mit der Gedanken in diesem Testdatensatz korrekt erkannt werden, ist das Maß für die Güte des Algorithmus.

Für die Mustererkennung werden verschiedene Klassifikationsalgorithmen (Pereira/Botvinick 2011) und verschiedene Ansätze zur räumlichen Selektion informativer Hirnregionen verwendet (z.B. de Martino et al. 2008). Statt auf eine Auswahl an Hirnregionen kann die Mustererkennung auch auf die Gesamtheit der gemessenen Hirnsignale (*whole-brain-classifier*-Verfahren) oder auf *a priori* definierte Regionen angewendet werden, die auf der Basis unabhängiger (z.B. anatomischer) Kriterien ausgewählt werden (*region-of-interest*-Verfahren). Eine Zwischenform ist das sog. *searchlight*-Verfahren (Kriegeskorte et al. 2006), bei dem der Informationsgehalt für alle lokalen Hirnregionen separat ermittelt wird. Im Bereich der neurokognitiven Grundlagenforschung kommen eher die *region-of-interest*- und *searchlight*-Ansätze zum Einsatz, weil sie klarere Aussagen zur Lokalisation der Information liefern. Bei technischen Anwendungen hingegen wird in der Regel ein *whole-brain-classifier* in Kombination mit einer Merkmalsselektion verwendet, um aus der Hirnaktivität für eine bestimmte Anwendung ein Optimum an Information zu extrahieren (so z.B. bei der musterbasierten Krankheitsdiagnostik).

Möglichkeiten und Grenzen

Auf diese Weise sind in den letzten Jahren eine Reihe von mentalen Repräsentationen aus der Hirnaktivität decodiert worden. Dazu zählen visuelle Wahrnehmungen (Haxby et al. 2001; Haynes/Rees 2005; Kamitani/Tong 2005), bildliche Vorstellungen (Ci-chy et al. 2012), die unbewusste Verarbeitung von Bildern (Haynes/Rees 2006), Aufmerksamkeit (Bogler et al. 2011), Erinnerungen (Polyn et al. 2005), Absichten (Haynes et al. 2007) und Emotionen (Anders et al. 2011). Allerdings ist die Forschung von einer ›universellen Gedankenlesemaschine‹, d.h. von einer Technik, die beliebige Gedanken aus der Hirnaktivität beliebiger Person decodieren kann, noch weit entfernt. Eine ganze Reihe von Hindernissen steht einer solchen Technik im Weg.

Begrenzte Auflösung gängiger Neuroimagingverfahren. Das menschliche Gehirn umfasst etwa 86 Milliarden Nervenzellen (Azevedo et al. 2009). Eine typische Messung mittels funktioneller Magnetresonanztomografie erfasst etwa 200.000 separate räumliche Messpunkte (Voxel). In einem einzelnen Voxel können also mehrere hunderttausend Nervenzellen enthalten sein. Es ist daher anzunehmen, dass die Genauigkeit der Decodierung mentaler Zustände wesentlich verbessert werden könnte, wenn es gelänge, die menschliche Hirnaktivität mit höherer Auflösung, d.h. mehr Voxeln, nichtinvasiv zu messen. Nicht nur die niedrige räumliche Auflösung der funktionellen Magnetresonanztomografie ist ein Problem, auch die niedrige zeitliche Auflösung. Aus der Elektroenzephalografieforschung weiß man, dass kognitive Prozesse in der Regel innerhalb weniger hundert Millisekunden abgeschlossen sind. Die funktionelle Magnetresonanztomografie mit einer zeitlichen Auflösung von Sekunden ist für solche schnellen Prozesse demnach nicht wirklich geeignet. Mit multimodalen Bildgebungsverfahren wie der Kombination von funktioneller Magnetresonanztomografie und Elektroenzephalografie (EEG) oder funktioneller Magnetresonanztomografie mit höheren Feldstärken könnten in der Zukunft bessere Ergebnisse erzielt werden.

Variation über Probanden. Die Hirnaktivitätsmuster für bestimmte mentale Repräsentationen weisen eine hohe interindividuelle Variabilität auf. Bereits bei einer groben Auflösung haben z.B. die Brodmann-Areale verschiedener Probanden eine sehr unterschiedliche Größe (Dougherty et al. 2003). Auf der Ebene feinkörniger Aktivitätsmuster sind die Unterschiede noch deutlicher (Kamitani/Tong 2005). Aus der Elektrophysiologie ist bekannt, dass kortikale Kolumnenmuster (Grinvald et al. 1986) über Individuen hinweg ein ähnliches Konstruktionsmuster aufweisen. Die detaillierte Musterbildung von Proband zu Proband ist jedoch sehr individuell, etwa vergleichbar der Musterbildung in

Tierfellen. Für eine gewisse Ähnlichkeit der Aktivitätsmuster spricht, dass es mitunter gelingt, die Zuordnung von Mustern zu mentalen Inhalten an einer Gruppe von Probanden zu lernen und diese an einer neuen Person anzuwenden. Allerdings liegen die Trefferquoten wesentlich höher, wenn der Klassifikator die Muster an der Zielperson selbst erlernt hat (Shinkareva et al. 2008). Eine Möglichkeit, dieses Problem zu überwinden, wäre die Verwendung von Kalibrierungsmessungen, wenn es gelänge die Zuordnung von vielen Aktivitätsmustern zu ihren mentalen Zuständen aus ein paar Messpunkten mathematisch vorherzusagen. Solche Verfahren sind in ersten Ansätzen bereits realisiert (Mitchell et al. 2008).

Plastizität und Lernen. Menschliche Hirnprozesse weisen eine hohe Plastizität auf. Dies wirft für *brain reading* einige Probleme auf. Zum einen ist unklar, ob ein neuronales Aktivitätsmuster, das einen Gedanken codiert, langfristig stabil ist (auf kurzen Zeitskalen von wenigen Wochen wurde dies jedoch bereits bestätigt). Zum anderen ist unklar, ob sich der Codierungsraum durch Lernprozesse oder Expertise verändert. In selbstorganisierten neuronalen Karten (Kohonen 1995) wäre es z. B. denkbar, dass mit jeder neu gelernten Einheit eine Verschiebung der Codierung der bisher gelernten Einheiten einhergeht. Es ist auch unklar, inwiefern Automatisierung und Expertise zu einer Verschiebung der Codierung zwischen Hirnregionen führen, etwa bei motorischen Aufgaben.

Künstlichkeit. Während in den meisten Experimenten den Probanden experimentell vorgegeben wird, woran sie denken sollen, gibt es auch Beispiele, bei denen Probanden sich einen mentalen Zustand frei aussuchen konnten (Haynes et al. 2007). Allerdings stehen auch dabei nur wenige Alternativen zur Verfügung; es handelt sich also stets um eine durch die experimentelle Situation hochgradig eingeschränkte Form von Gedanken. ›Freies‹ Denken (etwa im Sinne spontaner Assoziationsketten; s. Kap. IV.11) ist hingegen noch nicht untersucht worden.

Auslesen beliebiger Gedanken. Die vermutlich größte Herausforderung im Bereich des *brain reading* besteht in der Vielfalt, Komplexität und Kreativität menschlicher Gedanken: Mit Vielfalt ist gemeint, dass Menschen sehr viele verschiedene Gedanken formen können, mit Komplexität ist gemeint, dass selbst der einfachste Gedanke immer mit einer Vielzahl von Konnotationen und Assoziationen verbunden ist, und Kreativität zeigt sich in unerwarteten

und seltenen Gedanken (s. Kap. IV.11). Das Problem, das sich hieraus für *brain reading* Verfahren ergibt, besteht darin, dass man zunächst wissen müsste, welches Hirnaktivitätsmuster für einen sehr ungewöhnlichen Gedanken steht, den man nicht vorher erwartet hat (etwa ›Mein Luftkissenfahrzeug ist voller Aale.‹). Dies ist zwar prinzipiell möglich, da aber eine sukzessive Messung der Hirnaktivitätsmuster für alle Gedanken kaum möglich sein wird, erfordert das Auslesen beliebiger Gedanken das Erkennen und Verwenden der Systematik, mit der Gedanken im Gehirn codiert sind: So hat die Forschung gezeigt, dass zwei verschiedene, aber ähnliche Gedanken durch ähnliche neuronale Aktivitätsmuster codiert sind. Der Ähnlichkeitsraum der Gedanken bildet sich im Ähnlichkeitsraum der Hirnaktivitätsmuster systematisch ab (Kriegeskorte et al. 2008). Im Prinzip wäre es also möglich, mithilfe von Kalibrierungsmessungen mit wenigen mentalen Zuständen die Decodierung einer Vielzahl anderer Inhalte zu erlauben (Mitchell et al. 2008).

Mobilität und ›usability‹. Neben den konzeptionellen und prinzipiellen Schwierigkeiten sind für realitätsnahe Anwendungen auch eine Reihe von praktischen Problemen zu lösen. So ist v. a. die Mobilität gegenwärtiger Neuroimagingverfahren sehr stark eingeschränkt. Zwar gibt es bereits mobile Elektroenzephalografiegeräte, aber deren Messungen weisen bei gleichzeitigen motorischen Aktivitäten ein starkes Rauschen auf. Magnetresonanztomografiegeräte werden auf absehbare Zeit sicherlich nicht zu miniaturisieren sein. Mithin sind sie eher für Anwendungen geeignet, bei denen der Proband zum Scanner kommt, und nicht der Scanner zum Probanden.

Anwendungen

Auch wenn es in naher Zukunft sicherlich keine ›universelle Gedankenlesemaschine‹ geben wird, werden in einigen Bereichen bereits einfache Anwendungen getestet. Die wesentlichen Ansätze in diesem Zusammenhang sind Gehirn-Computer-Schnittstellen (s. Kap. IV.3), Lügendetektoren und das sog. Neuromarketing. Für Gehirn-Computer-Schnittstellen ist v. a. die Elektroenzephalografie geeignet, und es werden bereits vielfältige Anwendungen realisiert, bei denen es möglich ist, ›per Gedankenkraft‹ technische Geräte zu steuern (Blankertz et al. 2008). Solche Geräte werden v. a. zur Verbesserung der Kommunikation mit Schwerbehinderten eingesetzt, wie etwa bei auf Elektroenzephalografie basierenden Tippmaschinen zum Eingeben von Text. Allerdings stehen hirnbasierte Techniken in Konkurrenz zu Geräten, die verbleibende motorische Fähigkeiten von Patienten nutzen, wie etwa Augenbewegungen zur Steuerung einer Texteingabe. Die Forschung hat einen Spezialfall im Visier, die Kommunikation mit sog. Locked-In-Patienten (Kotchoubey et al. 2003), die zwar über geistige Aktivität verfügen, aber keinerlei motorische Kommunikationskanäle mehr aufweisen.

Jenseits von Gehirn-Computer-Schnittstellen gibt es auch eine Reihe nichtklinischer Anwendungen. So ist es möglich, aus der Hirnaktivität zu einem gewissen Grad vorherzusagen, welches Produkt jemand bevorzugt (Tusche et al. 2010). Allerdings stellt sich in der Praxis die Frage, ob auf Magnetresonanztomografie basierende Marketingtechniken wirklich effektiver sind als bewährte verhaltensbasierte Verfahren zur Beurteilung der Attraktivität von Produkten. Analog zum Neuromarketing gibt es auch Ansätze, die konventionelle Lügendetektoren durch auf Magnetresonanztomografie basierenden Verfahren zu ersetzen versuchen (Davatzikos et al. 2005). Gerade bei derart hochsensiblen und ethisch umstrittenen Verfahren muss die Zuverlässigkeit in besonderem Maße gewährleistet sein (s. Kap. V.5, Kap. V.8). Die auf Magnetresonanztomografie basierenden Lügendetektoren müssen ihre Tauglichkeit für realitätsnahe Anwendungen jedoch erst noch demonstrieren. Da die Verfahren in der Regel im Labor an Studentenpopulationen mit fiktiven experimentellen Szenarien entwickelt werden, stellt sich u. a. die Frage, inwiefern sie für Situationen geeignet sind, bei denen die Untersuchungspersonen unter hohem Stress stehen und möglicherweise selbst nicht die Realitätsbasiertheit ihrer Berichte genau beurteilen, also zwischen Lüge und Wahrheit nicht genau unterscheiden können.

Zusammenfassung

Die Kombination aus nichtinvasiver Messung der Hirnaktivität und Mustererkennung erlaubt zu einem gewissen Grad die Decodierung mentaler Zustände, v. a. in einfachen Situationen. Allerdings gibt es eine Reihe von Herausforderungen, die noch bewältigt werden müssen, bevor eine Technik verfügbar wäre, die beliebige mentale Repräsentationen von beliebigen Probanden decodieren kann. Eine Reihe von Ansätzen für Anwendungen ist bereits in Entwicklung, allerdings ist die Realitätsnähe dieser Techniken noch nicht ausreichend demonstriert worden.

Literatur

Anders, Silke/Heinzle, Jakob/Weiskopf, Nikolaus/Ethofer, Thomas/Haynes, John-Dylan (2011): Flow of affective information between communicating brains. In: *Neuro Image* 54, 439–446.

Azevedo, Frederico/Carvalho, Ludmila/Grinberg, Lea/Farfel, José/Ferretti, Renata/Leite, Renata/Jacob Filho, Wilson/Lent, Roberto/Herculano-Houzel, Suzana (2009): Equal numbers of neuronal and nonneuronal cells make the human brain an isometrically scaled-up primate brain. In: *Journal of Comparative Neurology* 513, 532–541.

Blankertz, Benjamin/Losch, Florian/Krauledat, Matthias/Dornhege, Guido/Curio, Gabriel/Müller, Klaus-Robert (2008): The Berlin brain-computer interface. In: *IEEE Transactions on Biomedical Engineering* 55, 2452–2462.

Bogler, Carsten/Bode, Stefan/Haynes, John-Dylan (2011): Decoding successive computational stages of saliency processing. In: *Current Biology* 21, 1667–1671.

Cichy, Radoslaw/Heinzle, Jakob/Haynes, John-Dylan (2012): Imagery and perception share cortical representations of content and location. In: *Cerebral Cortex* 22, 372–380.

Davatzikos, Christos/Ruparel, Kosha/Fan, Yong/Shen, Dingdang/Acharyya, M./Loughead, James/Gur, Ruben/Langleben, Daniel (2005): Classifying spatial patterns of brain activity with machine learning methods. In: *NeuroImage* 28, 663–668.

de Martino, Frederico/Valente, Giacarlo/Staeren, Noël/Ashburner, John/Goebel, Rainer/Formisano, Elia (2008): Combining multivariate voxel selection and support vector machines for mapping and classification of fMRI spatial patterns. In: *NeuroImage* 43, 44–58.

Dougherty, Robert/Koch, Volker/Brewer, Alyssa/Fischer, Bernd/Modersitzki, Jan/Wandell, Brian (2003): Visual field representations and locations of visual areas V1/2/3 in human visual cortex. In: *Journal of Vision* 3, 586–598.

Farah, Martha (2005): Neuroethics. In: *Trends in Cognitive Sciences* 9, 34–40.

Grinvald, Amiram/Lieke, Edmund/Frostig, Ron/Gilbert, Charles/Wiesel, Torsten (1986): Functional architecture of cortex revealed by optical imaging of intrinsic signals. In: *Nature* 324, 361–364.

Haxby, James/Gobbini, M. Ida/Furey, Maura/Ishai, Alumit/Schouten, Jennifer/Pietrini, Petro (2001): Distributed and overlapping representations of faces and objects in ventral temporal cortex. In: *Science* 293, 2425–2430.

Haynes, John-Dylan/Rees, Geraint (2005): Predicting the orientation of invisible stimuli from activity in human primary visual cortex. In: *Nature Neuroscience* 8, 686–691.

Haynes, John-Dylan/Rees, Geraint (2006): Decoding mental states from brain activity in humans. In: *Nature Reviews Neuroscience* 7, 523–534.

Haynes, John-Dylan/Sakai, Katsuyuki/Rees, Geraint/Gilbert, Sam/Frith, Chris/Passingham, Richard (2007): Reading hidden intentions in the human brain. In: *Current Biology* 17, 323–328.

Kamitani, Yukiyasi/Tong, Frank (2005): Decoding the visual and subjective contents of the human brain. In: *Nature Neuroscience* 8, 679–685.

Kohonen, Teuvo (1995): *Self-Organizing Maps*. Berlin.

Kotchoubey, Boris/Lang, Simone/Winter, Susanne/Birbaumer, Niels (2003): Cognitive processing in completely paralyzed patients with amyotrophic lateral sclerosis. In: *European Journal of Neurology* 10, 551–558.

Kriegeskorte, Nikolaus/Goebel, Rainer/Bandettini, Peter (2006): Information-based functional brain mapping. In: *Proceedings of the National Academy of Sciences of the USA* 103, 3863–3868.

Kriegeskorte, Nikolaus/Mur, Marieke/Ruff, Douglas/Kiani, Roozbeh/Bodurka, Jerzy/Esteky, Hossein/Tanaka, Keiji/Bandettini, Peter (2008): Matching categorical object representations in inferior temporal cortex of man and monkey. In: *Neuron* 60, 1126–1141.

Mitchell, Tom/Shinkareva, Svetlana/Carlson, Andrew/Chang, Kai-Min/Malave, Vicente/Mason, Robert/Just, Marcel (2008): Predicting human brain activity associated with the meanings of nouns. In: *Science* 320, 1191–1195.

Norman, Kenneth/Polyn, Sean/Detre, Greg/Haxby, James (2006): Beyond mind-reading. In: *Trends in Cognitive Sciences* 10, 424–430.

Pereira, Francisco/Botvinick, Matthew (2011): Information mapping with pattern classifiers. In: *NeuroImage* 56, 476–496.

Polyn, Sean/Natu, Vaidehi/Cohen, Jonathan/Norman, Kenneth (2005): Category-specific cortical activity precedes retrieval during memory search. In: *Science* 310, 1963–1966.

Shinkareva, Svetlana/Mason, Robert/Malave, Vicente/Wang, Wei/Mitchell, Tom/Just, Marcel (2008): Using fMRI brain activation to identify cognitive states associated with perception of tools and dwellings. In: *PLoS One* 3, e1394.

Tusche, Anita/Bode, Stefan/Haynes, John-Dylan (2010): Neural responses to unattended products predict later consumer choices. In: *Journal of Neuroscience* 30, 8024–8031.

John-Dylan Haynes

3.   Kognitive Archäologie

Grundlagen, Quellen, Besonderheiten

Die kognitive Archäologie ist ein noch junger Forschungszweig der urgeschichtlichen Archäologie. Ihr Ziel ist die Rekonstruktion des Denkens in der schriftlosen Vergangenheit des Menschen mithilfe von archäologischen Funden (Renfrew 2005; 2009, 91–95). Sie befasst sich – wie die Urgeschichtsforschung generell – mit dem größten Teil der Menschheitsgeschichte und folglich mit den wichtigsten Entwicklungen menschlicher Kognition. Der untersuchte Zeitraum reicht vom Tier-Mensch-Übergangsfeld vor etwa fünf Millionen Jahren bis zum Einsetzen historischer Überlieferung, d. h. in der Regel bis zur Entstehung bzw. bis zum Erscheinen schriftführender Kulturen, in Mitteleuropa etwa der Römer (Alpenfeldzug 15 v. Chr.). Die enorme zeitliche Tiefe, die Langzeitperspektive, über die andere historische Wissenschaften nicht in diesem Maße verfügen, ist sicherlich eine der Stärken der kognitiven Archäologie. Ihr wesentliches Handicap liegt in der Natur ihrer Quellen: Es ist nicht nur ausgesprochen schwierig, von archäologischen Funden, also von den Dingen, auf das Leben und das Denken der Menschen zu schließen, die diese erschaffen und benutzt haben; hinzu kommt, dass sich nur die wenigsten Hinterlassenschaften (Objekte aller Art, Gräber, Siedlungen, Deponierungen usw.) auf Dauer im Boden erhalten haben, geschweige denn überhaupt zu finden sind. Je weiter man in die Vergangenheit zurückgeht, desto lückenhafter wird die zur Verfügung stehende Datenbasis. Darüber darf aber nicht vergessen werden, dass außer den archäologischen Funden lediglich die sterblichen Reste der Menschen selbst als Quellen zur schriftlosen Menschheitsgeschichte verfügbar sind, ein Zugriff darauf mithin nur der Archäologie und der biologischen Anthropologie (darin eingeschlossen die Paläogenetik) möglich ist.

Forschungsfelder, Fragestellungen und Methoden

Aufgrund der Länge der Menschheitsgeschichte und der damit einhergehenden Veränderungen beschäftigt sich die kognitive Archäologie mit ganz unterschiedlichen Fragen – je nachdem, welcher Zeitraum und welcher Entwicklungsabschnitt jeweils im Mittelpunkt stehen. Im Wesentlichen umfasst die kognitive Archäologie drei große Forschungsfelder:

- die Entwicklung der kognitiven Fähigkeiten des Menschen im Verlauf der Hominisation bis zum Erscheinen des Jetztmenschen (*Homo sapiens sapiens*) vor etwa 200.000 Jahren;
- die Entstehung spezifisch ›moderner‹, d.h. für den Menschen der Gegenwart kennzeichnender kognitiver Fähigkeiten des *Homo sapiens sapiens*, vornehmlich am Übergang von der mittleren zur jüngeren Altsteinzeit vor gut 40.000 Jahren;
- die möglicherweise kulturabhängige Ausprägung kognitiver Leistungen während der jüngsten Menschheitsgeschichte im Holozän, von den Jäger- und Sammlergemeinschaften des Epipaläolithikums über bäuerliche Gesellschaften des Neolithikums und der Metallzeiten bis hin zur Entstehung städtischer Zivilisationen.

Fossile Menschenarten (vom Tier-Mensch-Übergangsfeld bis zum Neandertaler). Der früheste Abschnitt der Menschheitsgeschichte ist durch eine Reihe kontrastierender Faktoren gekennzeichnet (Mithen 1996; Renfrew 2009). Trotz des extrem langen Zeitraums (von beinahe fünf Millionen Jahren) ist die archäologische Überlieferung naturgemäß spärlich. Wenn also der erste nachweisbare Werkzeuggebrauch noch (bzw. schon) bei den Australopithecinen vor ca. 2,6 Millionen Jahren bezeugt ist, so heißt das gleichzeitig, dass über einen ca. 2,5 Millionen Jahre währenden Zeitraum, in dem sich die Hominiden biologisch schon eindeutig in Richtung *Homo* entwickelten, kaum archäologische Spuren vorhanden sind, die diesen Vorgang in irgendeiner Weise reflektierten. Die Herrichtung von Lagerplätzen durch Steine (vor 2 bis 1,5 Millionen Jahren), die Erfindung der Faustkeile vor 1,5 Millionen Jahren, der Gebrauch des Feuers (systematisch und dauerhaft wohl erst vor 800.000 Jahren), die Herstellung von Gerätschaften aus Holz (Speere von Schöningen, 400.000 Jahre alt) sowie avancierte Verfahren der Steingeräteherstellung (die sog. Levallois-Technik, vor 300.000 Jahren) dokumentieren allesamt gewaltige Schritte in der kognitiven Entwicklung des Menschen. Man darf aber darüber nicht vergessen, dass sich die Ereignisse extrem langsam zutrugen und nicht eines zum nächsten führte.

Der zweite auffallende Kontrast besteht zwischen der Simplizität der Artefakte und den Dimensionen der kognitiven Entwicklung. Zwar kann man aus den Werkzeugen, ihrer teilweise recht anspruchsvollen Herstellung und ihrem Gebrauch Rückschlüsse auf die kognitiven Fähigkeiten des Menschen ziehen, aber nicht immer und nicht in jedem Fall (Lombard/Haidle 2012). Faustkeile z. B. blieben in beinahe un-

veränderter Form für eine Million Jahre in Gebrauch, ohne dass sich daraus ein Stillstand in der kognitiven Entwicklung ableiten ließe. Hingegen ist anhand der archäologischen Überlieferung im Laufe der Zeit ebenso eine Akzeleration der Entwicklung wie eine Diversifikation der kognitiven Fähigkeiten zu beobachten, besonders in den letzten 300.000 Jahren. Die Herstellung von Gerätschaften aus verschiedenen Materialien (wie Holz und Stein) bezeugt technische Neuerungen, während erste einfache Verzierungen auf Objekten und einzelne Bestattungen (etwa vor 100.000 Jahren) untrügliche Hinweise auf die Fähigkeit zu symbolischem Handeln sind (Mithen 1996).

Eine der wichtigsten Fähigkeiten des Menschen indes, sein Sprachvermögen (s. Kap. IV.10, Kap. IV.20), ist archäologisch überhaupt nicht zu fassen und wird zum Teil bereits dem *Homo habilis*, zum Teil aber auch erst dem Neandertaler zugetraut (Renfrew et al. 2009). Daraus zu schließen, die Archäologie habe zur Kognitionsentwicklung der frühen Menschheitsgeschichte nicht viel beizutragen, wäre jedoch falsch. Vielmehr zeigen die Funde, dass die kulturelle Entwicklung des Menschen nicht im Gleichtakt mit seiner biologischen Evolution verläuft. Dementsprechend lassen sich Artefakte auch nicht bestimmten Menschenarten zuweisen. Späte Australopithecinen und frühe Homo-Formen benutzten gleichermaßen Geröllgeräte, und zwischen dem frühesten Auftreten des *Homo erectus* und den für den *Homo erectus* typischen ersten Faustkeilen liegen immerhin 400.000 Jahre (Tag für Tag gelebter Zeit).

Homo sapiens sapiens bis zum Ende der Eiszeit. Auch beim anatomisch modernen Menschen verlaufen die biologische und die kulturelle Evolution augenscheinlich asynchron (Renfrew 2009, 67–85). Während die Entstehung des *Homo sapiens sapiens* in Afrika 150.000 bis 200.000 Jahre zurückreicht, fand der kulturelle ›take-off‹ des anthropologisch gesprochen modernen Menschen erst sehr viel später statt. Vor 60.000 Jahren besiedelte *Homo sapiens sapiens* Australien, aber erst mit seinem Erscheinen in Europa vor ca. 40.000 Jahren traten vielerlei Neuerungen ein, die für den Jetztmenschen als wesentlich gelten und den Beginn des Jungpaläolithikums markieren. Hierzu gehören die Bildkunst (Höhlenmalerei, Kleinplastik, aber auch verzierte Gegenstände aller Art), die Musik (Knochen- und Elfenbeinflöten), der Gebrauch von Schmuck (vornehmlich Perlen und Anhänger), neue Techniken der Steingeräteherstellung, die Verwendung von Knochen, Elfenbein und Geweih als Werkstoffe sowie eine stark diversifizierte Herstellung von Werkzeugen unterschiedlichster Funktion. Insbesondere die Bildkunst, desgleichen aber auch die Musik und die Verwendung von Schmuck bezeugen symbolisches Denken und Handeln, das in dieser Form beim Neandertaler nicht zu beobachten war. Auch die zu dieser Zeit allmählich häufiger werdenden, aber immer noch seltenen, Bestattungen sind Ausdruck religiös-symbolischer Vorstellungen.

Was mit einem zeitlichen Abstand von etwa 40.000 Jahren als Big Bang der kulturellen Evolution erscheint, ist bei näherer Betrachtung weder gleichzeitig noch allgegenwärtig. Zwischen den einzelnen Neuerungen liegen mehrere Tausend Jahre (wiederum täglich gelebter Zeit), und besonders die Kunstäußerungen (Höhlenmalereien, Statuetten usw.) sind regional sehr begrenzte Erscheinungen. Deshalb sind Generalisierungen zur kognitiven und kulturellen Entwicklung des Menschen zu Beginn des Jungpaläolithikums mit Skepsis zu betrachten. Indes steht außer Frage, dass die Menschen des Jungpaläolithikums prinzipiell über dieselben kognitiven Möglichkeiten verfügten wie der Mensch der Gegenwart.

Artefakte, die aus dieser Zeit in großer Zahl vorliegen, erlauben zwar Rückschlüsse auf die kognitiven Leistungen ihrer Schöpfer, aber oft nur in begrenztem Maße. Ein bislang viel zu wenig beachteter Aspekt materieller Kultur ist die Tatsache, dass Artefakte und ihre Verwendungszusammenhänge neben einer praktischen immer auch eine symbolische Seite haben und damit essenzieller Bestandteil des Menschseins sind (Renfrew 2009, 98–101). Tatsächlich ist kein einziger Gegenstand, und sei er noch so banal, völlig frei von kultureller Bedeutung. Umgekehrt spielen Objekte eine eminent wichtige Rolle in vielen symbolträchtigen Handlungskontexten, angefangen von Herrschaftsinsignien bis hin zu liturgischem Gerät (wobei keine Religion überliefert ist, die ohne die Verwendung bestimmter Objekte auskäme). Daraus folgt keineswegs, dass in jedem Gegenstand die Ordnung der Welt zum Ausdruck gebracht würde (was manche Archäologen durchaus gerne so hätten), wohl aber, dass es kulturfreie Handlungen des Menschen gar nicht gibt.

Jüngere Urgeschichte. Will man die kognitive Entwicklung des Menschen nicht mit seiner biologischen gleichsetzen, wofür es gerade ausweislich der archäologischen Befunde keinerlei Grund gibt, dann ist davon auszugehen, dass sich diese auch in der jüngsten Menschheitsgeschichte fortsetzt. Tatsäch-

lich treten mit der Neolithisierung im Holozän mehrfach und unabhängig voneinander grundlegende kulturelle, technisch-ökonomische, politische und soziale Veränderungen ein, die in ihrer Tragweite dem jungpaläolithischen ›take-off‹ in nichts nachstehen (Renfrew 2009, 67–72). Hierzu gehören die Domestizierung von Tieren und Pflanzen, die damit verbundenen Verfahren zur Produktion und Verarbeitung von Nahrungsmitteln, die Sesshaftigkeit (Hausbau, dörfliche Siedlungsweise), technisch die Herstellung von Keramik (samt der erforderlichen Pyrotechnologie), von geschliffenen Steinwerkzeugen sowie einer Vielzahl an speziellen Gerätschaften; auf der symbolischen Ebene die regelhafte Bestattung der Toten nach bestimmten Normen, die weit verbreitete Verwendung figürlicher Bildwerke (vorwiegend Statuetten) in offenbar religiösen Zusammenhängen, mancherorts die Errichtung von Bauwerken zu religiösen Zwecken und schließlich die Entstehung kleinräumiger Stilprovinzen in der Formgebung und im Dekor von Artefakten (erhaltungsbedingt besonders Keramik), d. h. einer gruppenspezifischen Ästhetik und Ausdrucksform. Im Vergleich zu den Jägern und Sammlern der Eiszeit hatten sich nicht nur die Lebensformen radikal geändert, sondern damit einhergehend auch die kognitiven Anforderungen und Möglichkeiten. Wie schon zuvor traten die Veränderungen nicht gleichzeitig ein, sondern über einen Zeitraum von einigen Tausend Jahren. Ein weiterer Entwicklungsschub erfolgte schließlich ab dem vierten Jahrtausend v. Chr. mit der Entstehung städtischer Zivilisationen, hochkomplex organisierter Gemeinwesen (Staaten), arbeitsteiliger Produktionsprozesse und vor allen Dingen mit der Erfindung von Schrift (Goody et al. 1968).

Mit dem fortschreitenden Prozess der kognitiven Evolution ist keine gerichtete Höherentwicklung verbunden, sondern eine Entfaltung bestimmter Fähigkeiten in der Auseinandersetzung des Menschen mit seiner Lebenswelt, die sehr stark durch kulturelle Faktoren geprägt ist: Das Leben in einer städtischen Gesellschaft stellt andere Anforderungen als das Leben in einer Gemeinschaft von Jägern und Sammlern (und umgekehrt).

Besondere Einblicke in das Denken urgeschichtlicher Gemeinschaften gewähren Bildwerke, zumal diese das Ergebnis komplexer kognitiver Prozesse sind (Huth 2003). Die Bildschöpfungen der jüngeren Urgeschichte unterscheiden sich dabei von den älteren, paläolithischen ganz erheblich, gleichen sich aber untereinander in auffälliger Weise. Die naturalistisch anmutende, bewegte und polychrome Kunst des Jungpaläolithikums war zu Beginn des Holozäns in völlige Vergessenheit geraten, stattdessen herrschten zu dieser Zeit beinahe naiv anmutende Bildwerke vor. Insbesondere bei den zweidimensionalen Bildern werden invariant die gleichen Methoden und damit gedanklichen Leistungen sichtbar, mit denen man die dreidimensionale Wirklichkeit in die plane Bildfläche übertragen hat. Gezeigt wurden dabei keine echten Ansichten, sondern das, was man von den Bildgegenständen wissen musste. Diese wurden gewissermaßen in ihre Einzelteile zerlegt und dann im Bild wieder zusammengesetzt, so dass man alle konstitutiven Bestandteile sehen konnte. Deshalb stellte man die Objekte gleichzeitig von verschiedenen Seiten her dar: Eine Tiefenwirkung gibt es nicht, die Bilder sind fast immer monochrom und unbewegt, und Proportionen spielen keine Rolle. Man hat diese Art der Bildkunst, die in avancierter Form auch bei den alten Ägyptern, im europäischen Mittelalter und neuerlich wieder in der modernen Kunst vorkommt, ›Aspektive‹ genannt (im Gegensatz zur Perspektive) und Bezüge zur Entwicklung bildschöpferischer Fähigkeiten in der Ontogenese hergestellt (Brunner-Traut 1996).

Tatsächlich gleichen die urgeschichtlichen Bilder auffallend Zeichnungen, die von Kindern an der Schwelle zum konkret-operationalen Denken nach Jean Piaget angefertigt werden, also etwa im Alter von sieben bis acht Jahren. Ein Wandel der bildkünstlerischen Techniken ist dann mit der Entstehung von Hochkulturen zu beobachten. Erst in den städtischen, schriftführenden Gesellschaften finden sich anspruchsvollere Verfahren wie z. B. orthogonale Projektionen.

Der Zusammenhang zwischen bildkünstlerischem Vermögen, kognitiven Leistungen und kultureller Entwicklung ist augenfällig. Man hat daraus geschlossen, dass in Gemeinschaften der jüngeren Urgeschichte eine Art zu denken vorherrschend war, die durch Anschaulichkeit und konkrete Assoziationen geprägt war, in etwa also dem konkret-operationalen Denken *sensu* Piaget entsprach, und erst in den schriftführenden Kulturen durch abstrakt-logisches Denken abgelöst wurde (Dux/Wenzel 1994). Dies bedeutet weder, dass die Menschen der Urgeschichte wie Kinder gedacht hätten, noch dass sie zu abstrakt-logischem Denken nicht in der Lage gewesen wären. Vielmehr scheinen die bäuerlich-urgeschichtlichen Lebensumstände mathematische Gleichungen und abstrakte Vorstellungen von Zeit oder Geschwindigkeit und dergleichen mehr nicht erfordert zu haben (Rohde 2012).

Während der Wandel der Lebenswelt mit der Neolithisierung und dann noch einmal mit der Herausbildung städtischer Zivilisationen offenbar die Verwirklichung kognitiver Kontingenzen begünstigt hat, so ist andererseits auch ein Verlust an Fähigkeiten zu beobachten, betrachtet man die wesentlich anspruchsvolleren bildkünstlerischen Werke der späteiszeitlichen Jäger und Sammler.

Dieser Befund fügt sich in die aus der archäologischen Langzeitperspektive gewonnene Einsicht, dass die kognitive Entwicklung des Menschen weder linear-progressiv verläuft noch unmittelbar mit der biologischen Evolution verknüpft ist (Read/van der Leeuw 2009). Auch die Beobachtung, dass die Menschen zu allen Zeiten in ihrer Lebenswelt bestens zurechtkamen, verweist darauf, dass es einen engen Zusammenhang zwischen den Anforderungen der Lebenswelt und der Entwicklung kognitiver Fähigkeiten gibt. Urgeschichtliche Kulturen, die in irgendeiner Weise insuffizient gewesen wären oder ihre Schöpfer als Mängelwesen erscheinen ließen, gibt es nicht. Langfristig ist eine Höherentwicklung indes allenthalben festzustellen, desgleichen eine Akzeleration der Veränderungen. Das aber bedeutet keineswegs, dass man stets von seinen kognitiven Fähigkeiten in vollem Umfang Gebrauch machen würde, damals so wenig wie heute. Was über längere Zeit nicht geübt wurde, ging auch wieder verloren.

Literatur

Brunner-Traut, Emma (³1996): *Frühformen des Erkennens*. Darmstadt [1990].

Dux, Günter/Wenzel, Ulrich (Hg.) (1994): *Der Prozeß der Geistesgeschichte*. Frankfurt a. M.

Goody, Jack/Watt, Ian/Gough, Kathleen (1968): *Literacy in Traditional Societies*. Cambridge. [dt.: *Entstehung und Folgen der Schriftkultur*. Frankfurt a. M. 1981].

Haidle, Miriam (2008): Kognitive und Kulturelle Evolution. In: *Erwägen – Wissen – Ethik* 19, 149–209.

Huth, Christoph (2003): *Menschenbilder und Menschenbild*. Berlin.

Lombard, Marlize/Haidle, Miriam (2012): Thinking a bow-and-arrow set. In: *Cambridge Archaeological Journal* 22, 237–264.

Mithen, Steven (1996): *The Prehistory of the Mind*. London.

Read, Dwight/van der Leeuw, Sander (2009): Biology is only part of the story. In: Colin Renfrew/Chris Frith/Lambros Malafouris (Hg.): *The Sapient Mind*. Oxford, 33–49.

Renfrew, Colin (2005): Cognitive archaeology. In: Colin Renfrew/Paul Bahn (Hg.): *Archaeology*. London, 41–45.

Renfrew, Colin (2009): *Prehistory*. New York.

Renfrew, Colin/Frith, Chris/Malafouris, Lambros (Hg.) (2009): *The Sapient Mind*. Oxford.

Rohde, Claudia (2012): *Kalender in der Urgeschichte*. Rahden.

Christoph Huth

4. Kognitive Poetik

Die Ursprünge der kognitiven Poetik und der erste
Gebrauch des Begriffs ›cognitive poetics‹ gehen zurück auf Tsur (1983, 2008). Mit einem dezidierten Fokus auf kognitiven bzw. kognitionspsychologischen
Prozessen und Bedingungen, die sowohl die Produktion als auch die Rezeption von literarischen Texten
(und von Sprache allgemein) bestimmen, verknüpft
die kognitive Poetik zentrale Konzepte und Dimensionen der klassischen Poetik und Rhetorik, der Stilistik sowie der Rezeptionsästhetik mit Erkenntnissen
und Konzepten aus der Evolutionsbiologie (s. Kap.
II. A.1, Kap. II.E.6), der kognitiven Anthropologie
(s. Kap. II. A.2), der Psychologie (s. Kap. II.E) und v. a.
der kognitiven Linguistik (s. Kap. II.C.2).

Der Ausdruck ›Poetik‹ bezeichnet traditionell einerseits die Dichtung selbst als schöpferische, wirkungsvolle und ausdrucksstarke Form des kunstvol-
len Sprechens (als konkrete mündliche Rede) und
der Sprache (auch als Schrift), andererseits auch die
Beschreibung ihrer Eigenheiten, die Kategorisierung
ihrer Formen sowie die Analyse ihrer Funktion und
Wirkung. ›Poetik‹ meint also sowohl die Praxis als
auch die Theorie von Dichtung, was im engeren
Sinne unmittelbar die Poesie (also Lyrik), im weiteren Sinne aber jede Form sprachlicher Kunst (Dra-
matik, Erzählkunst) umfassen kann. Die Geschichte
der Poetik in der westlichen Tradition kann als graduelle Revision grundsätzlich präskriptiver Auffassungen der Poetik als Lehre der Dichtkunst begriffen
werden, in deren Verlauf die stark normativ verstandene antike und klassische Regelpoetik spätestens
seit der Romantik des 18. Jh.s zu einer immanent
verstandenen und individuell geprägten Werkpoetik
umgeformt wird. Die antike Poetik einschließlich
Horaz geht von einem erlernbaren Repertoire von
Regeln des poetischen Sprechens und Schreibens
aus, deren bewusste Befolgung sprachliche Kunst-
werke, also Dichtung, ermöglichen würde. Aus dieser Perspektive erscheint die Poetik als Sonderform
der Rhetorik, d. h. als Kunst effektiver sprachlicher
Kommunikation (s. Kap. IV.10), welche allerdings
nicht wie die Rhetorik auf Überzeugung, sondern
auf einen individuellen oder kollektiven Affekt zielt,
nämlich auf die gefühlsmäßige Ansprache und Einnahme der Adressaten. Diese Vorstellung bleibt auch
noch lange nach Horaz einem grundsätzlich funktionalen Verständnis von Dichtung verschrieben, welches z. B. in der englischen Renaissancepoetik Philip
Sidneys in dem Diktum, dass Dichtung erfreuen,
aber auch lehrreich, also nützlich sein solle (›profit

and delight‹), betont wird. Doch zeichnet sich zu dieser Zeit bereits die deutliche Hinwendung zu einer
der Ästhetik näherstehenden Poetik ab, für welche
der Effekt der Dichtung nicht einfach der befolgten
Regel, sondern vielmehr den individuellen Fähigkeiten und der schöpferischen Intuition des Künstlers
zu verdanken ist. Wie Immanuel Kant es schließlich
für die Romantik eingängig und folgenreich formuliert, wird die Kunst nicht einfach nach vorgefassten
Regeln erschaffen, vielmehr gibt erst der Künstler als
Genie der Kunst die Regel. Präskriptive (normative)
Regelpoetik und immanente (schöpferische) Genie-
poetik mögen als unvereinbar erscheinen, dennoch
sind ihre Prämissen hinsichtlich der Eigenheiten
von Dichtung als Kunst durchaus kompatibel, wenn
nicht gar komplementär. Wenngleich also die Regelpoetik letztendlich von der Werkpoetik abgelöst
wurde, blieb auch in der Werkpoetik der Grundgedanke erhalten, dass die Poetik die besonderen Prinzipien und Regelhaftigkeiten der Dichtung (im weitesten Sinne als literarische Kunst) erkennen und erklären kann. Selbst in ihrer expliziten Aufhebung in
der poststrukturalistischen Bewegung von der Pro-
duktions- zur Rezeptionsseite und in Folge des ›cultural turns‹ in den letzten Dekaden des 20. Jh.s bleibt
auch die zeitgenössische Poetik dem Gedanken der
Regelhaftigkeit dichterischer Sprache und Praxis
verhaftet, wenngleich nun die ›Regeln der Kunst‹
v. a. mit historisch spezifischen (und daher veränderlichen) gesellschaftlichen Konventionen und kulturell dominanten Erwartungshaltungen und Vorga-
ben gleichgesetzt werden.

Wenn also heute überhaupt noch sinnvoll von
Poetik die Rede sein kann, dann nur im Hinblick auf
die Differenz literarischer Sprache und Texte gegenüber anderen Formen sprachlicher Praxis – und
zwar zunächst ganz unabhängig davon, ob diese Differenz als ontologisch unabdingbar, anthropologisch
konstant oder kulturell konstruiert verstanden wird.
Jakobson (1960, 350) beschreibt dies so: »the main
subject of poetics is the *differentia specifica* of verbal
art in relation to other arts and in relation to other
kinds of verbal behavior«. Diese zentrale Rolle der
poetischen Sprachfunktion impliziert einerseits,
dass die Poetik in den Literaturwissenschaften immer dann zentral sein muss, wenn es um die Besonderheiten des literarischen Sprachgebrauchs selbst
geht. Dies umfasst die Untersuchung und Analyse
spezifischer Sprachformen in literarischen Texten
(Produktionspol) ebenso wie deren Funktion und
Wirkung in der Lektüre (Rezeptionspol).

Andererseits muss die Poetik aus dieser Sicht
auch als integraler Bestandteil der Sprachwissen-

schaft verstanden werden, da diese sich mit allen Erscheinungsformen sprachlicher Kommunikation auseinandersetzen sollte. In diesem spezifischen und eng gefassten Verständnis meint ›Poetik‹ die literatur- und/oder sprachwissenschaftliche Untersuchung der Gesetzmäßigkeiten und Eigenheiten literarischer Sprache. Die Poetik grenzt sich daher sowohl von der Interpretation literarischer Texte (d. h. der literarischen Hermeneutik) ab als auch von linguistischen Analysen literarischer Sprache auf Grundlage allgemeiner sprachwissenschaftlicher Kategorien und Konzepte. Wenngleich diese Abgrenzung nach beiden Seiten oft eher theoretischer denn praktischer Natur ist, bleibt die Insistenz auf der Besonderheit poetischer Sprache ein wesentliches Merkmal der Poetik in der aristotelischen (westlichen) Tradition. Ebenso durchgängig ist die interdisziplinäre Position der Poetik auf der Schnittfläche zwischen sprachorientierten Ansätzen in den Sprach- und Literaturwissenschaften, deren inhärentes Spannungsverhältnis durchaus produktive Konsequenzen für die kritische Revision der Poetik hatte und hat. Diese ebenso prekäre wie produktive Stellung der Poetik zwischen Literaturwissenschaft und Linguistik kennzeichnet auch die Entwicklung einer kognitiven Poetik in Folge der sog. kognitiven Wende in den Geistes- und Sozialwissenschaften Mitte des 20. Jh.s.

Aufgrund ihrer vielfältigen Bezüge zu unterschiedlichen Bereichen der Literatur- und Sprachwissenschaften erscheint die kognitive Poetik hinsichtlich ihres Potenzials und ihrer Geltung als eigenständige Form der Erforschung und der Auseinandersetzung mit der Produktion und Rezeption literarischer Texte immer eher unspezifisch, d.h sehr weit gefasst und noch ohne eigene, präzise zu bestimmende Kontur. Dies liegt sicher nicht an einem relativistischen Verständnis der historisch wandelbaren und individuell differenten Formenvielfalt poetischer Produktion und Rezeption. Vielmehr setzt die kognitive Poetik die grundsätzliche Regelhaftigkeit poetischer Texte (jenseits historischer und kultureller Grenzen) als Ausdruck allgemeiner biologischer, physiologischer, und, davon ausgehend, kognitiver Gesetzmäßigkeiten, die sich in der poetischen (d. h. literarischen) Praxis aller Kulturen zu allen Zeiten manifestieren, immer schon voraus. Indem sie diese Gesetzmäßigkeiten betont und in der allgemeinen physiologischen und psychologischen Verfassung des Menschen verankert, unterscheidet sich die kognitive Poetik wesentlich von konventionellen Poetiken in der Sprach- und Literaturwissenschaft. Methodologisch schlägt sich dieser Unterschied darin

nieder, dass sie zentrale Konzepte und Dimensionen der klassischen Poetik und Rhetorik, der Stilistik sowie der Rezeptionsästhetik wie eingangs erwähnt mit Erkenntnissen und Konzepten aus der Evolutionsbiologie, der kognitiven Anthropologie, der Kognitionspsychologie und v. a. der kognitiven Linguistik verbindet. Da das Augenmerk der kognitiven Poetik im Gegensatz zu konventionellen Ansätzen auf biologisch, evolutionsgeschichtlich sowie neurologisch und psychologisch begründeten universalen Bedingungen menschlicher Erfahrung und Praxis liegt, betrachten sich viele Unterströmungen der kognitiven Poetik dezidiert als Gegenbewegung zu den dominanten relativistischen Ansätzen in den Literatur- und Kulturwissenschaften.

Obwohl die kognitive Poetik immer noch als relativ junge Disziplin gelten muss, hat sie recht diverse Ansätze hervorgebracht, die sich zum Teil überschneiden und ergänzen, bisweilen aber auch inkompatibel erscheinen. Dieser Eindruck ist den jeweils unterschiedlichen operativen Auffassungen der beiden zentralen Pole, Kognition und Poetik, geschuldet, wobei die unterschiedliche Besetzung der beiden Kernbegriffe einerseits dem jeweiligen fachlichen Milieu zuzurechnen ist, andererseits aber auch strategisch-kritische Funktionen hat. In dieser Hinsicht lassen sich derzeit folgende Ansätze unterscheiden:

- *Kognitionspsychologische Ansätze*: Durch die Kognitionspsychologie informierte Ansätze (z. B. Dancygier 2012; Gibbs 1994; Turner 1996) gehen von fundamentalen Strukturen und Prozessen aus, welche menschliche Kognition allgemein, aber auch die Komposition poetischer/literarischer Sprache bzw. Texte bestimmen. Darauf aufbauend untersuchen sie literarische Texte und Genres als Ausdruck dieser Strukturen und zugleich als künstlerische Revision. Zu den in diesem Zusammenhang oft diskutierten kognitionspsychologischen Faktoren gehören etwa *scripts* und *frames*, *mental spaces* und *blending*, Metaphern und *embodiment* (s. Kap. II.C.2). Durch die Einbeziehung dieser Aspekte wird z. B. die ›literarische Sprache‹ in ihrem Verhältnis zur ›natürlichen Sprache‹ zum Gegenstand der Untersuchung und Metareflexion. Turner (1996) etwa kommt so zu dem Schluss, dass die Poetik gar nicht als Sonderfall der Sprache zu sehen ist, sondern dass vielmehr die natürliche Sprache im Kern ›poetischen‹ Prinzipien wie Metaphern und *blending* folgt.
- *Stilistische Ansätze*: Die Stilistik ist ein speziell im anglophonen Raum weit verbreiteter Ansatz, der,

geprägt von Rhetorik und russischem Formalismus, zunächst die rein sprachlichen Mikrostrukturen von Texten untersucht, um diese in einem zweiten Schritt mit möglichen Deutungen seitens der Leser in Verbindung zu setzen. Gerade die traditionelle Stilistik hat dabei zwar den Vorteil der präzisen Beschreibung der Textstrukturen, sieht sich aber gleichzeitig auch dem Vorwurf der mechanistischen, ja fast naturgesetzlichen, Deutung ausgesetzt. Bestimmte Bereiche der kognitiven Poetik greifen diesen Kritikpunkt auf (z. B. Jeffries/McIntyre 2010) und versuchen, die vormals eher unmotiviert erscheinenden Verknüpfungen von Struktur und Deutung durch eine Verbindung mit kognitionspsychologischen Theorien und Erkenntnissen zu untermauern (Semino/Culpeper 2002; Stockwell 2002). Ein zentraler Unterschied zu den o. g. kognitionspsychologischen Ansätzen liegt dabei im wesentlichen Erkenntnisinteresse: Während die kognitionspsychologischen Ansätze von kognitionspsychologischen Prinzipien und Regelmäßigkeiten ausgehen bzw. diese zum Gegenstand haben, liegt bei den stilistischen Ansätzen der Text als Primat vor, bei dessen konkreter Deutung textfremde Aspekte nachgeordnet oder nur unterstützend sind.

- *Evolutionsbiologische Ansätze*: Einige Ansätze versuchen, die Entwicklung und die Wirkmechanismen von literarischen Produkten im Rahmen von Studien mit evolutionsbiologischen Faktoren und Vorteilen (wie etwa dem Trainieren von Empathie) in Verbindung zu bringen (Austin 2011; Boyd 2011; Eibl 2004). Hier geht die kognitive Poetik insofern über bisher Gesagtes hinaus, als sie die (Ko-)Evolution von Literatur oder Poetik im Zusammenhang mit der Entwicklung anderer Fähigkeiten (wie etwa Musik und Kunst), insbesondere aber eben auch allgemeiner kognitiver Fähigkeiten und Strukturen, betrachtet. Ziel ist dabei zum einen die Diskussion der *differentia specifica* der Literatur (als einer Form von Sprache), zum anderen aber auch die kritische Diskussion der Bedeutung von Poetik in der Evolution des Menschen.

- *Narratologische Ansätze*: Narratologisch ausgerichtete Studien greifen Themen der (kognitiven) Linguistik und der Psychologie auf (Fludernik 1996). So versuchen z. B. einige Arbeiten (Herman 1995), (literarische) Narration in enger Verbindung zu sehen zu Grundlagen und Prinzipien der generativen Grammatik Chomsky'scher Prägung (s. Kap. II.C.1). Dabei soll gezeigt werden, wie dort postulierte Phänomene – z. B. Universal-

grammatik, Tiefen- und Oberflächenstruktur, Rekursion und Ähnliches – über die Syntax hinaus sinnvoll Anwendung finden können. Dabei werden die Paradigmen der generativen Grammatik (etwa als Teil der Evolutionsbiologie) ebenfalls zum Gegenstand der Untersuchung.

- *Neurowissenschaftliche Ansätze*: An den Neurowissenschaften orientierte Ansätze versuchen, die Wirkmechanismen von literarischen Werken auf der Grundlage von hirnphysiologischen und neurologischen Faktoren zu erklären bzw. zu zeigen, inwiefern Aspekte der Hirnphysiologie und Neurologie Gegenstand, Deutungshintergrund und Resonanzraum der Literatur sind (Rose 2004; Young 2010). Mashal et al. (2007) z. B. weisen in einer Studie mittels funktioneller Magnetresonanztomografie (fMRT) nach, dass die Verarbeitung von konventionellen Metaphern und wörtlichen Bedeutungen primär in der linken Hemisphäre angesiedelt ist, wohingegen neue Metaphern verstärkt Aktivität in der rechten Hemisphäre im Sulcus temporalis superior posterior und im Gyrus temporalis superior sowie im linken Gyrus temporalis medius mit sich bringen. Diese Beobachtung könne, so das Fazit der Studie, wichtige Hinweise auf die physiologische Basis verbaler Kreativität geben.

- *Experimentelle und empirische Ansätze*: Einige empirisch ausgerichtete und basierte Untersuchungen literarischer Produktion und Rezeption orientieren sich wie die kognitionspsychologischen Studien an spezifischen Universalien menschlicher Kognition (Miall 2008; van Peer 2008). Dabei werden in der Regel Gruppen von Lesern (mit unterschiedlichem Hintergrund, etwa erfahrene Leser *versus* Laien) mit einer Auswahl von literarischen und nicht-literarischen Texten konfrontiert. Dann werden die Reaktionen der Leser auf bestimmte Merkmale in diesen Texten aufgezeichnet und beschrieben. Hierbei reicht das Methodenrepertoire vom einfachen Unterstreichen der ›poetischen Wörter‹ (z. B. ›Fadensonnen über der grauschwarzen Ödnis. Ein baumhoher Gedanke greift sich den Lichtton‹ aus einem Gedicht Paul Celans) über Fragebögen (›Wie traurig macht Sie der Text auf einer Skala von 1–10?‹) bis hin zu Pulsmessungen oder elektroenzephalografischen Erhebungen während des Leseereignisses. Die so erlangten Werte werden dann statistisch ausgewertet und mit bestimmten formalen Faktoren der Texte korreliert. Die Hypothese lautet, dass poetische Texte bestimmte formale Merkmale besitzen, welche sich durch besondere kognitionspsychologische Faktoren z. B. aus der Gestalttheorie auszeichnen und bei allen Lesern in ähnlicher Weise signifikante Reaktionen auslösen. So sollen Schlüsse auf die grundlegenden kognitionspsychologischen Wirkmechanismen literarischer Texte ermöglicht werden. Auch wenn diese Ansätze durch ihr empirisches Vorgehen grundsätzlich neue und interessante Wege aufzeigen und viel Beachtung erhalten, sehen sie sich gleichzeitig – ähnlich wie die Stilistik – dem Vorwurf der kulturhistorisch ignoranten und mechanistischen Auffassung von der Wirkung literarischer Texte ausgesetzt.

- *Affektwissenschaftliche Ansätze*: Hierzu gehören Untersuchungen zur emotionalen Erfahrung literarischer Texte, basierend auf kognitionswissenschaftlichen Ansätzen und Theorien, mit zum Teil engen Anbindungen an die Philosophie der Kognition. So entwickelt z. B. Robinson (2005) auf Grundlage des ›appraisal‹-Konzepts der Emotion (s. Kap. IV.5) sowie Joseph LeDoux' Verständnis von emotionalen Zuständen als Episode und Prozess ein umfassendes Modell des Zusammenspiels von Affekt und Kognition in Literatur, Musik und bildender Kunst, während Oatley (1992), und in Erweiterung Hogan (2011), in Verweis auf z. B. Antonio Damasio und Jaak Panksepp versuchen, die emotionale Wirkungsweise grundlegender narrativer Strukturen und Strategien in literarischen Texten aufzuzeigen und auf dieser Grundlage eine allgemeine ›affektive Narratologie‹ (Hogan) zu etablieren.

Diese – unvollständige – Liste existierender Ansätze, welche die gegenwärtige Wahrnehmung der kognitiven Poetik bestimmen, weist sowohl auf deren potenzielle Stärke und Dynamik als auch auf ihre inhärente Schwäche und Inkonsistenz hin. Zur Kritik an der offensichtlichen Reduktion zentraler Begriffe wie ›Kognition‹ oder ›Poetik‹ tritt oft der Hinweis auf die unnötige Verdoppelung der Terminologie und der Beschreibungen. Tsur (ohne Datum) etwa zeigt, dass das Aufspüren von (verkörperlichten) *event-structure*-Metaphern (z. B. ›time is an object‹, ›time is a location‹) in einem Gedicht von Emily Dickinson im Grunde wenig zu seiner Deutung beiträgt und nur neue Formen der Beschreibung mit sich bringt. Eine solche Analyse sagt vielleicht etwas über menschliche Kognition, aber nur wenig über die ästhetischen Qualitäten des Gedichts. Eine kognitive Poetik sollte sich demnach nicht allein im Nachweis universaler Merkmale in der Dichtung erschöpfen, sondern aus dieser Perspektive v. a. die

Brüche und unerwartbaren Aspekte (*disruption*) der poetischen Sprache untersuchen, die das Besondere der dichterischen Umsetzung und Transformation genereller Merkmale kennzeichnen.

Im Hinblick auf eine grundlegend kognitionswissenschaftlich ausgerichtete Poetik erweisen sich viele Beiträge als zu kursorisch und allgemein. Auch bleibt das Verhältnis zwischen Poetik, Hermeneutik und Ästhetik meist nicht hinreichend geklärt, und die wenigen Aussagen hierzu fallen oft auf Allgemeinplätze zurück (wie z. B. Jackson 2002 und Kelleter 2007 zeigen). Auch das Verständnis von Literatur als veränderbare soziokulturelle Praxis ist in kognitionswissenschaftlich ausgerichteten Ansätzen bislang nur unzureichend reflektiert und implementiert (Zunshine 2010).

Festzuhalten bleibt, dass die Entwicklung der kognitiven Poetik sowohl für die Literatur- als auch für die Sprachwissenschaft neue und vielversprechende Perspektiven eröffnet hat. Insbesondere zu nennen ist dabei die Vernetzung mit neurowissenschaftlichen, evolutionsbiologischen, psychologischen und kognitionswissenschaftlichen Studien und das sich daraus ergebende Spannungsfeld zwischen mutmaßlichen Universalien der Poetik und ihrer Grundlegung in eben jenen Bereichen einerseits sowie soziokulturell spezifischen und dynamischen Aspekten andererseits, welche bislang traditionell in der Literaturwissenschaft starke Beachtung fanden, in der kognitiven Poetik derzeit jedoch (noch) nicht prominent figurieren. Es ist jenes Spannungsfeld, das sowohl die kritische Diskussion und Revision der traditionellen Ansätze kennzeichnet, gleichzeitig aber auch hier Fragen und Grenzen der neuen Ansätze sichtbar werden lässt. Es werden Entwicklungen erkennbar, die gerade die Literatur bzw. Poetik als immens relevant für die Kognitionswissenschaft, Neurowissenschaft und Evolutionsbiologie erscheinen lassen – wie dies z. B. für die Musik bereits geschehen ist (z. B. Koelsch 2012). Dichtung gehört ebenso wie Musik und bildende Kunst zu den wesentlichen Formen der symbolischen Praxis und des menschlichen Selbstbezugs, und das Studium ihrer Spezifika gehört daher zu den zentralen Aufgaben einer aufgeklärten Kognitionswissenschaft als Wissenschaft des menschlichen Geistes.

Die Übertragung der kognitiven Poetik in andere wissenschaftliche Kontexte und Traditionen kann zu einer grundlegend anders ausgerichteten kognitiven Poetik führen (Fricke/Müller 2010). Für eine robuste allgemeine ›kognitive‹ Literatur- und Sprachwissenschaft erscheint daher die Entwicklung gemeinsamer Konzepte, Fragestellungen und einer robusten übergreifenden Terminologie als zentrales Desiderat (Winko/Huber 2009).

Jenseits einer spezifisch auf sprachliche Formen ausgerichteten kognitiven Poetik haben sich an der Schnittfläche zwischen Geisteswissenschaften und Kognitionswissenschaft inzwischen noch andere vielversprechende interdisziplinäre Ansätze entwickelt, z. B. in der Geschichtswissenschaft und in den Filmwissenschaften (Bordwell/Carroll 1996; Fried 2004), deren Ergebnisse auch einigen Einfluss auf die Entwicklung einer kognitiven Poetik im weiteren Sinne haben dürften.

Literatur

Austin, Michael (2011): *Useful Fictions*. Lincoln.

Bordwell, David/Carroll, Noël (Hg.) (1996): *Post-Theory*. Madison.

Boyd, Brian (2011): *On the Origin of Stories*. Cambridge (Mass.).

Dancygier, Barbara (2012): *The Language of Stories*. Cambridge.

Eibl, Karl (2004): *Animal Poeta – Bausteine der biologischen Kultur- und Literaturtheorie*. Berlin.

Fludernik, Monika (1996): *Towards a ›Natural‹ Narratology*. London.

Fricke, Harald/Müller, Ralph (2010): Cognitive poetics meets hermeneutics. http://www.mythos-magazin.de/erklaerendehermeneutik/hf-rm_cognitivepoetics.pdf

Fried, Johannes (2004): *Der Schleier der Erinnerung*. München.

Gibbs, Raymond (1994): *The Poetics of Mind*. Cambridge.

Herman, David (1995): *Universal Grammar and Narrative Theory*. Durham.

Hogan, Patrick (2011): *Affective Narratology*. Lincoln.

Jackson, Tony (2002): Issues and problems in the blending of cognitive science, evolutionary psychology, and literary study. In: *Poetics Today* 23, 161–179.

Jakobson, Roman (1960): Linguistics and poetics. In: Thomas Sebeok (Hg.): *Style in Language*. Cambridge (Mass.), 350–377.

Jeffries, Lesley/McIntyre, Daniel (2010): *Stylistics*. Cambridge.

Kelleter, Frank (2007): A tale of two natures. In: *Journal of Literary Theory* 1, 153–189.

Koelsch, Stefan (2012): *brain & music*. New York.

Mashal, Nira/Faust, Miriam/Hendler, Talma/Jung-Beeman, Mark (2007): An fMRI investigation of the neural correlates underlying the processing of novel metaphoric expressions. In: *Brain and Language* 100, 115–126.

Miall, David (2008): Feeling from the perspective of the empirical study of literature. In: *Journal of Literary Theory* 1, 377–393.

Oatley, Keith (1992): *Best Laid Schemes*. Cambridge.

Robinson, Jenefer (2005): *Deeper than Reason*. Oxford.

Rose, Clifford (Hg.) (2004): *Neurology of the Arts*. London.

Semino, Elena/Culpeper, Jonathan (Hg.) (2002): *Cognitive Stylistics*. Amsterdam.

Stockwell, Peter (2002): *Cognitive Poetics*. London.

Tsur, Reuven (1983): Linguistic intuition as a constraint upon interpretation. In: *Jerusalem Studies in Hebrew Literature* 2, 21–53.

Tsur, Reuven (²2008): *Toward a Theory of Cognitive Poetics*. Amsterdam [1992].

Tsur, Reuven (ohne Datum): EVENT STRUCTURE – Metaphor and reductionism (an exercise in functional criticism). http://www.tau.ac.il/~tsurxx/Emily_Dickinson.html

Turner, Mark (1996): *The Literary Mind*. Oxford.

van Peer, Willie (2008): *The Quality of Literature*. Amsterdam.

Winko, Simone/Huber, Martin (Hg.) (2009): *Literatur und Kognition*. Berlin.

Young, Kay (2010): *Imagining Minds*. Columbus.

Zunshine, Lisa (Hg.) (2010): *Introduction to Cognitive Cultural Studies*. Baltimore.

Alexander Bergs/Peter Schneck

5. Kritische Neuro- und Kognitionswissenschaft

›Kritische Neurowissenschaft‹ ist der Name einer Initiative, die sich kritisch mit den aktuellen Entwicklungen in den Human-Neurowissenschaften befasst (Choudhury/Slaby 2012; www.critical-neuroscience.org). Es geht dabei um historische, soziologische, anthropologische und philosophische Interpretationen und Kontextualisierungen der Forschungspraxis, zugleich aber auch um das Bemühen, diese Reflexionen in die Praxis und die Selbstverständnisse der Hirnforscher zurückwirken zu lassen. Auf diese Weise wird in der Öffentlichkeit, in den Medien, bei Experten anderer Disziplinen sowie bei Entscheidungsträgern in Politik, Forschungsförderung und sonstigen Institutionen ein realistisches Bild der Möglichkeiten und Grenzen der Neurowissenschaften erzeugt, während innerhalb der Hirnforschung eine kritische Feedbackschleife etabliert wird, die das Feld vor voreiligen Schlüssen, Überinterpretationen, kruden Reduktionismen und einer naiven Geschichtsvergessenheit bewahren kann. Das Projekt trägt damit der multidisziplinären, Geistes-, Sozial- und Naturwissenschaften gleichermaßen umfassenden Reichweite der Neuro- und Kognitionswissenschaften Rechnung und erweitert den Rahmen der üblichen Wissenschaftsforschung, indem auch Methodenprobleme und technische Aspekte der Forschung sowie breitere kulturelle Entwicklungen intensiv thematisiert werden.

Was ist kritische Neurowissenschaft?

Was bedeutet ›kritisch‹? Ausgangspunkt bildet das von Immanuel Kant philosophisch kanonisierte Verständnis von Kritik: Es geht um die Analyse, Prüfung und Begrenzung des Möglichkeitsgefüges einer Praxissphäre. Dieses kritische Kerngeschäft ist allerdings nur die Voraussetzung für eine im stärkeren Sinne kritische Praxis – wie jene, die von der Frankfurter Schule der Kritischen Theorie entwickelt wurde. Hier steht die Idee einer, falls nötig, durch soziale Kämpfe zu erringenden Emanzipation von illegitimer Herrschaft ebenso im Mittelpunkt wie das Bemühen um Eindämmung und die rationale Kontrolle von naturwüchsig scheinenden Systemzwängen, die im Zuge von Industrialisierungs- und Technisierungsprozessen auftreten. Zugleich ist das emanzipatorische Bemühen der Kritischen Theorie nicht nur eine auf Veränderung zielende Praxis, sondern immer auch ausdrücklich ›Theorie‹. Die Kritische Theorie erhebt den Anspruch, eine eigenständige Form von Welterkenntnis zu sein und ist insofern ein Konkurrent des auf Francis Bacon, Galileo Galilei und René Descartes zurückgehenden traditionellen Verständnisses von Wissenschaft (Horkheimer 1937/1968). Hier zeichnet sich ein Konflikt zweier unterschiedlicher Orientierungen wissenschaftlicher Theoriebildung ab: ein selbstreflexives, auf die Bewusstmachung von Zwängen und die Schaffung von Autonomie zielendes *emanzipatorisches Wissen* einerseits, sowie ein auf neutrale Tatsachenerkenntnis zielendes, technisch verwertbares *Verfügungswissen* andererseits.

Mit der Kritischen Theorie verbindet die kritische Neurowissenschaft v. a. auch die Überzeugung, dass die wissenschaftliche Erforschung der menschlichen Realität ihrem Selbstverständnis als ›wertneutral‹ zum Trotz häufig gerade ganz bestimmte Werte und Zielsetzungen aufnimmt und verankert. Oft erfolgen diese Wertsetzungen im Dienste von Interessen und Machtkonstellationen und werden dadurch wirksam, dass sie die in der Gesellschaft herrschenden Vorstellungen der Natur und des Natürlichen prägen. Was zu einer bestimmten Zeit als *natürlich* gilt – z. B. ein Verständnis von Intelligenz, von Geschlechterdifferenzen, von Geisteskrankheiten oder von normaler psychischer Entwicklung –, ist das Produkt komplexer Konstruktionsprozesse und involviert soziale und politische Einflüsse ebenso wie technische und materielle Bedingungen. Das ›Natürliche‹ ist eingefasst in ein Geflecht von Faktoren, die es prägen und konturieren (Latour 1993). Diese Konstruktionsprozesse und Prägungen gilt es zu erkennen, explizit zu machen und kritisch zu prüfen. Ohne eine Reflexion auf historische Entwicklungen, begriffliche Weichenstellungen und sonstige stabilisierende Faktoren erscheinen wandelbare Aspekte des Menschlichen als natürliche Gegebenheiten, universell und unveränderlich. Leicht werden variable Konstrukte des Natürlichen mit normativer Autorität versehen und im Dienste der Begründung keineswegs zwingender Praktiken, Machtausübungen und Chancenzuteilungen mobilisiert. Hartmann (2012) spricht von *normativer Faktizität*: von der schleichenden Auszeichnung eines vermeintlich natürlichen Bereichs als ethisch, moralisch oder politisch verbindlich.

Ein wichtiges Ziel der kritischen Neurowissenschaft besteht folglich darin, einen praxisrelevanten, in verschiedenen Disziplinen einsetzbaren Kritikbegriff zu entwickeln, der verschiedene Verfahrensweisen und Erkenntnismittel bereitstellt (Choudhury/

Slaby 2012, Kap. 1). Es geht nicht um die Verteidigung einer geschlossenen Programmatik, sondern um die Kultivierung eines kritischen Ethos, der die fixen Orientierungen der Fachwissenschaft ergänzen kann – etwa dadurch, dass der Blick des Forschers geschärft wird für die Vielfalt an Faktoren, deren Zusammenspiel wissenschaftliche Perspektiven, Paradigmen und Gegenstandsverständnisse stabilisiert und dabei leicht den Eindruck von Unveränderlichkeit erzeugt. Es gilt dann, kontrolliert die Komplexität der relevanten Gegenstandsverständnisse zu erhöhen – diejenigen Elemente, die etwa Emotionen (s. Kap. IV.5), Interaktions- und Entscheidungsverhalten (s. Kap. IV.6), kognitive Praktiken oder pathologische Zustände konstituieren, wozu phänomenologische (s. Kap. II.F.3), historische, soziologische und anthropologische Ansätze (s. Kap. II.A) Beiträge leisten. ›Mehr Komplexität wagen!‹ sowie ›Abkehr von einseitigen Erklärungsmodellen!‹ sind die Maximen der kritischen Orientierung, die sich im Einklang mit der wissenschaftsphilosophischen Einsicht in die Problematik hierarchisch-linearer Erklärungsmodelle befindet (Mitchell 2009).

Situiert im Grenzgebiet zwischen den Neuro- bzw. Kognitionswissenschaften und den Sozial- und Geisteswissenschaften, verbindet der Ansatz eine Reihe eng verzahnter Aktivitäten. Dazu zählen historisch, sozial- und kulturwissenschaftlich informierte Analysen der heute oft proklamierten ›Neurorevolution‹ (s. Kap. V.8) – also des zum Teil realen, zum Teil erst nur medial behaupteten Booms neurowissenschaftlicher Ansätze in zahlreichen Wissens- und Praxisfeldern. Einen zentralen Beitrag leisten Untersuchungen der Motivationen und Implikationen dieser Neurowende in den dafür relevanten Bereichen – von der Psychiatrie und Anthropologie bis hin zu einer Reihe geisteswissenschaftlicher Disziplinen. Hinzu kommen ethnografische Untersuchungen der Laborpraxis, informiert durch Analysen der Begriffsbildung und des *agenda setting* in den Neurowissenschaften (s. Kap. II.D). Unverzichtbar ist bei all dem ein enger Kontakt mit der neurowissenschaftlichen Praxis, der verhindert, dass ein verkürztes Bild der Hirnforschung die Analysen leitet. Eine zentrale Aufgabe, die auf das aktive Mitwirken von Neurowissenschaftlern angewiesen ist, besteht in Analysen neurowissenschaftlicher Methoden, Technologien, Auswertungsverfahren sowie grundlagentheoretischer Überlegungen etwa zur Physiologie und Metabolik des Gehirns.

Diese auch personelle Verzahnung mit den Neurowissenschaften macht es möglich, dass die Aktivi-

täten der kritischen Neurowissenschaft ein Scharnier bilden zwischen der Wissensproduktion und den Metaanalysen bezüglich historischer Entwicklungen, Vollzugsformen und Verbreitungswegen des gewonnenen Wissens. Das Projekt versteht sich als *reflexive Schnittstelle* zwischen Forschung und Kontextanalyse sowie zwischen Neurowissenschaft und Öffentlichkeit. Im Zuge der zunehmend interdisziplinär organisierten Humanwissenschaft ist zu erwarten, dass historische, begriffsanalytische und ethnologische Untersuchungen der Wissensproduktion und technischen Anwendungen immer deutlicher zur gegenstandsbezogenen Forschung beitragen.

Ausgangspunkt – die Reisen der ›brain facts‹

Das Arbeitsprogramm der kritischen Neurowissenschaft orientiert sich an der Zirkulation von (vermeintlichem) Gehirnwissen – sog. *brain facts* – durch verschiedene Schauplätze innerhalb wie außerhalb der wissenschaftlichen Praxis. Unter ›Gehirntatsachen‹ verstehen wir lokale Resistenzen, die im Rahmen von wissenschaftlichen Praktiken auftreten und zu deren Stabilisierung es eines Denkkollektivs mit entsprechendem Denkstil bedarf (Fleck 1935/1980). Wissenschaftliche Tatsachen sind sowohl mit den materiellen Bedingungen und technischen Arrangements ihrer Erforschung als auch mit den Praktiken, Gepflogenheiten und epistemischen Tugenden der sie erforschenden Wissenschaftler untrennbar verknüpft – und darüber hinaus, vermittelt durch jene Praktiken und Tugenden der Forscher, mit breiteren kulturellen Gehalten (Daston/Galison 2007). Diese Tatsachen sind deshalb nicht etwa ›fiktiv‹ – wie der soziale Konstruktivismus fälschlich annimmt –, sondern zumeist Anzeichen einer unabhängigen Wirklichkeit, weshalb sie den Wissenschaftlern als Widerstände gegenübertreten, an welchen sie sich im Rahmen ihrer Experimentalpraktiken abarbeiten (Rheinberger 2006; Rouse 2002). Was in wissenschaftlichen Praktiken als Tatsache stabilisiert wird, unterliegt daher vielfältigen Wandlungsprozessen, die es zu erforschen gilt – z. B. um vorschnelle Festlegungen und Fehldeutungen zu verhindern (Hacking 2002).

Es ist zu fragen, welche im Labor erlangten Erkenntnisse in welcher Form mithilfe welcher Verfahren und Apparaturen gewonnen werden und welche Formen das neurowissenschaftliche Wissen dabei jeweils annimmt. In welchen Beziehungen stehen Erkenntnisse über neuronale Prozesse zu Wissensbeständen der Vergangenheit, wie sind neu gewonnene Erkenntnisse begrifflich gefasst, in welchem Verhältnis steht das neue Wissen zu den Erkenntnissen anderer Disziplinen? Wer sind die Abnehmer der Resultate – welche Anwendungen werden realisiert, welche bloß in Aussicht gestellt? – Ob es um die neuronalen Grundlagen von Suchterkrankungen, von Depression oder um die mit Hirnstrukturen assoziierbaren Aspekte von Kultur, Geschlecht oder Moralität geht – stets sind die Zirkulationswege und Anwendungskontexte der *brain facts* der erste Fokus der Analysen.

Technische und methodologische Analysen

Des Weiteren gilt es, die *black boxes* der Forschungspraxis aufzuschnüren und Einblicke in die technischen Grundlagen der Wissensproduktion zu erlangen. Mit dem technischen Fortschritt der Wissenschaften verstärkt sich eine von Außenstehenden oft unterschätzte Entwicklung: Selbst unter den Praktikern einer technowissenschaftlichen Disziplin ist das Verständnis der Abläufe der Forschungsmaschinerien oft nur selektiv ausgeprägt. Die nicht weiter hinterfragten Gerätschaften und Verfahren sind daher im Zuge von Methodenanalysen aufzuschlüsseln und hinsichtlich ihrer Funktionsprinzipien sowie ihrer Reichweiten und Grenzen aufzuklären. Hier ist v.a. an die Arbeit der neurowissenschaftlichen Grundlagenforschung, etwa in der Neurophysik oder der Physiologie anzuknüpfen: Diese Disziplinen verfügen über fundierte Expertisen, die jedoch noch nicht in ausreichendem Maße im Rest des Feldes beachtet werden. Erst recht gilt, dass komplexe Methodendebatten kaum über die Grenzen des inneren Kreises der Disziplin nach außen dringen – der vor einigen Jahren durch Blogosphäre und Presse zirkulierende *Voodoo-Correlations*-Einwand von Vul et al. (2009), der schlampige statistische Auswertungsverfahren in Studien mit funktioneller Magnetresonanztomographie (fMRT) bemängelte, bleibt die seltene Ausnahme.
Eine Reihe weiterer Grundsatzfragen, etwa zum Problem der mangelnden Replizierbarkeit von Studien mit funktioneller Magnetresonanztomographie (Bennett/Miller 2010), zu individuellen Differenzen in den neuronalen Aktivierungen bei identischen kognitiven Aufgaben (Miller et al. 2012) oder zu physiologischen Aspekten des BOLD-Signals (Logothetis 2008) sind bisher weder im Feld selbst noch in den umliegenden Disziplinen oder in der Öffentlichkeit thematisiert worden. Die kritische Neurowissenschaft strebt hier eine doppelte Vermittlungs-

funktion an: Über technische Aspekte und Grenzen von Verfahren wie der funktionellen Magnetresonanztomographie ist einerseits die akademische Öffentlichkeit klar ins Bild zu setzen. Andererseits gilt es, auch diejenigen Vertreter der Neurowissenschaften, die sich nicht mit Grundlagenforschung beschäftigen, in die Diskussion einzubeziehen und das diesbezügliche Reflexionsniveau zu erhöhen.

Zugleich ergibt sich eine fundamentalere Frage: Ist es ausgemacht, dass es einer Human-Neurowissenschaft *per se* um das Identifizieren genau derjenigen neuronalen Strukturen gehen sollte, die *psychologischen* oder *kognitionswissenschaftlichen* Begrifflichkeiten und Theorien entsprechen? Wäre nicht ein Ansatz denkbar, der die Organisation und die Funktionsprinzipien des Gehirn zunächst *als solche* erforscht – unabhängig von bereits verfügbaren Theoriebeständen und begrifflichen Einteilungen? Besteht nicht andernfalls die Gefahr, dass dem erst ansatzweise verstandenen Organ Gehirn Systematisierungen von außen aufgezwungen werden? Insbesondere die westliche Psychologie steht hier unter Verdacht, insofern sie der historischen und kulturellen Variabilität und dem zum Teil unklaren ontologischen Status ihrer ›Gegenstände‹ nicht hinreichend Rechnung trägt (Turner 2012).

Situierte Wissenschaft – Kontexte der Forschungspraxis

Neurowissenschaftler forschen heute unter Bedingungen einer immensen ökonomischen und politischen Mobilisierung ihrer Arbeit. Wissenschaftssoziologische und anthropologische Untersuchungen können die Anforderungen, die mit Kommerzialisierungs- und sonstigen Verwertungstendenzen einhergehen, im Hinblick auf ihre Prägungen der Forschungsrealität untersuchen. Hier geht es etwa um die konkreten Einflussnahmen durch die Industrie und andere Verwertungsinstanzen (Medizin, Militär, Sicherheitstechnik usw.), die im Kontext größerer Umstrukturierungen des Universitäts- und Forschungssektors stehen. Neurowissenschaftliche Diskurse und Fragestellungen korrespondieren heute verstärkt mit ökonomischen Deutungsmustern und Anforderungsprofilen – zumeist unterschwellig und von den Forschern selbst kaum bemerkt. Die neuen Organisationsformen wirken sich auf Inhalte und Arbeitsformen aus. Das Sozialprofil des Wissenschaftlers wandelt sich von dem des sachorientierten Forschers zum Typus des Managers, dessen Kerngeschäft die Einwerbung von Drittmitteln ist, der unternehmensartig strukturierte Einrichtungen leitet und wortgewandt die Werbetrommel für sein Forschungsprogramm rührt. Inhalte zählen dabei immer weniger – zunehmend kommt es auf Geld, Aufmerksamkeit, Publikationsimpact oder *spin-offs* an.

Darüber hinaus geht es auch zunehmend um die ideellen Bestände, die verstärkt zu politischen Anknüpfungen führen: etwa zu Initiativen zum staatlichen Umgang mit Risikopopulationen – Kriminelle, Drogenabhängige, impulsive, übergewichtige, lern- oder aufmerksamkeitsgestörte Kinder und Jugendliche usw. (Rose 2007). Neben Betrachtungen einzelner Initiativen – etwa im Hinblick auf die Frage, welche belastbaren neuen Ergebnisse der Hirnforschung hier tatsächlich bereits wirksam werden – gilt es, die breiteren Horizonte zu analysieren, in welche die ›evidenzbasierten‹ staatlichen Vorbeuge-, *screening-* oder Aktivierungsprogramme eingebettet sind. Welche gesellschaftlichen Trends stehen hinter dieser Orientierung? Wieso scheint gerade die Hirnforschung so attraktiv für politische Initiativen, was erklärt den Schulterschluss zwischen neoliberalen Sozialreformern und Neurowissenschaftlern, selbst in Ermangelung durchschlagender empirischer Ergebnisse?

Umformatierte Subjektivität?
Historische und ethnologische Analysen

Ein weiteres Arbeitsfeld untersucht Wandlungen im Verständnis von Subjektivität und Personalität, die im Zuge des Neurotrends zu beobachten sind. Erleben wir das Aufkommen einer spezifisch zerebralen Subjektivität (Rose 2007), werden wir Zeugen der Ersetzung von Personalität durch *brainhood* (Vidal 2009), ist unsere technisierte und medikalisierte Welt gar insgesamt auf dem Weg, zu einer neuronalen Welt (Malabou 2008) zu werden?

Einen Ausgangspunkt bilden historische Untersuchungen zu Vorläufertendenzen und Wiederholungsschleifen, die sich in diesem Diskurssegment finden. Man denke an die seit dem Materialismusstreit, der frühen Evolutionstheorie sowie der Phrenologie im 19. Jh. immer wieder vorgebrachten Naturalisierungsversuche alles Menschlichen: der Mensch sei ›bloß ein Tier‹, das Gehirn produziere Gedanken und Gefühle wie die Nieren den Urin, sämtliche geistigen Merkmale ließen sich durch präzise Schädelvermessung objektiv feststellen. Inwiefern wiederholen heutige Evolutionstheoretiker, kognitionswissenschaftliche Popularisierer und Neuroenthusiasten lediglich diese alten Denkfiguren?

Sodann sind die Analysen weiterzutreiben: Welche *andere* Geschichte der Neurowissenschaften lässt sich schreiben, wenn weniger auf populäre Manifeste, Sonntagsreden und Alterswerke geschaut wird, und mehr auf das kleinteilige Tagesgeschäft der normalen Forschung? Welches Bild ergeben die Details der technischen Abläufe in kleineren Labors und Forschungseinrichtungen sowie die diversen Allianzen mit der Industrie, die zahllosen gescheiterten oder aufgegebenen Forschungsansätze, die unspektakulären Untersuchungen von Nervengewebe bei Fröschen oder sonstigem Kleingetier (Stadler 2012)?

Anthropologische Untersuchungen zur lebensweltlichen Wirkung der Hirnforschung bringen einen anderen Akzent zur Geltung. Insbesondere das medial erzeugte Bild der kognitiven Neurowissenschaft (s. Kap. II.D.1) als zukunftsweisender *technoscience*, die objektive Messungen von geistigen Vorgängen erlaube, verfehlt seine Wirkung auf die öffentliche Imagination nicht. Der Anthropologe Joseph Dumit konstatiert das Aufkommen eines *objective self-fashioning* – der diskursiven Selbstgestaltung mittels aus der Wissenschaft übernommener, und somit für ›objektiv‹ erachteter, Versatzstücke. So fungierten Scanbilder des eigenen Gehirns laut Dumit (2004) inzwischen oft als stark emotional besetzte Marker von Individualität, als Signatur der eigenen Besonderheit (z. B. als psychisch krank, als Person mit Autismus, Aufmerksamkeitsdefizit-/Hyperaktivitätsstörung (ADHS) usw.), woran sich die große Offenheit und Aufnahmebereitschaft des menschlichen Selbstverständnisses zeige (vgl. auch Hacking 2002). Die Scanbilder werden emotional aufgeladen und dienen als Anker von Narrativen der eigenen Identität. Zugleich orientiert die Technik die Patienten auf eine hoffnungsvolle Zukunft. Hier zeigt sich der Verheißungscharakter der medial in Szene gesetzten Hirnforschung – als eine Art kollektiver Placeboeffekt.

Flaches Selbst – neuronale Welt?
Kulturphilosophische Deutungen

All das sind Anhaltspunkte auf dem Weg zu tieferen Diagnosen, die sich mit den Mitteln einer zeitdiagnostischen Kulturphilosophie erreichen lassen. Kann es sein, dass die Neurowissenschaften und ihre Begleitphilosophien heute auch deshalb so überzeugend wirken, weil sie Aspekte betonen, die in modernen Lebenswelten insgesamt immer deutlicher den Ton angeben? Zunehmend erleben wir eine Fokussierung der Forschung auf jene Bereiche des Mentalen, die vor der reflexiven Bewusstwerdung und gedanklichen Steuerung ablaufen – unwillkürliche Blickbewegungen, subliminale Wahrnehmungen, rasche Wechsel der Aufmerksamkeit, affektive Einschätzungen im Millisekundenbereich, vorbewusste interpersonale Koordination und dergleichen mehr. Der technisch ermöglichte Zugriff auf das vorbewusst Reflexhafte (man denke an Verfahren wie *eyetracking*, Elektroenzephalografie (EEG) oder Magnetenzephalografie (MEG)) entspricht dabei exakt der kulturellen Tendenz, dass heute zunehmend digitale Medien und Kommunikationspraktiken und die damit ermöglichten Prozessmodi des schnellen Reagierens unseren Alltag dominieren – Abläufe, die deutlich den Bereich des Unwillkürlichen, Subliminalen und Vorbewusst-Affektiven ansteuern: digitale Werbung, zu Multitasking einladende Smartphones, Computer- und Videospiele, Internet (wo es ebenfalls zunehmend auf digital messbare Aufmerksamkeitsspannen ankommt, vgl. www.eyequant.com).

Entwicklungen wie diese scheinen Malabou (2012) vorzuschweben, die feststellt, dass unsere Welt auf dem Wege sei, zur *neuronalen Welt* zu werden – und dass passend dazu die ›Zerebralität‹ als kulturelles Organisationsprinzip die inzwischen arg unzeitgemäß scheinenden Begriffe der Freud'schen Psychoanalyse sowie andere traditionelle Deutungsangebote verdrängt hätten. Offenbar setzt sich zunehmend die Vorstellung eines *flachen Selbst* ohne Substanz und Stabilität durch, dessen Operationen reflexartig ablaufen, das sich ständig situationsadäquat umorganisiert und als Knotenpunkt medial erzeugter Netzwerke nach den Regeln sozialer Feldkräfte und eines evolutionär programmierten sozialen Gehirns funktioniert. In diesen Deutungstrend lassen sich auch die von einigen Neurowissenschaftlern lautstark vorgebrachten ›Widerlegungen‹ der Willensfreiheit (s. Kap. IV.8) sowie die Dekonstruktionen des bewussten Selbst als narrative Fiktion oder als vom Gehirn erzeugte *user illusion* (s. Kap. IV.18) einreihen. Es könnte demnach sein, dass Lebenswelt und Gehirn immer deutlicher zur Deckung gebracht werden, so dass die Befunde der Hirnforschung leicht als Legitimation für die aktuelle Einrichtung der Gesellschaft fungieren können. Die wissenschaftlich ›verbriefte‹ Entmachtung des bewussten Selbst übernähme eine Entlastungsfunktion, da wir uns nun als Spielball unbewusster Abläufe verstehen könnten, ohne Chance auf tiefere Einsichten und Einflussmöglichkeiten. Trägt die Neurowissenschaft damit zur ideologischen Rah-

mung sozialer Ohnmacht und politischer Apathie bei? Erweist sich das plastische Gehirn gar als ›wie geschaffen‹ für einen Netzwerk- und Dienstleistungskapitalismus, der von seinen Arbeitskräften bedingungslose Flexibilität, Selbstorganisation, Eigeninitiative sowie kommunikative, soziale und emotionale Kompetenzen erwartet? Um Fragen wie diese geht es in diesem Bereich der Initiative, wobei die kritische Neurowissenschaft nicht darauf abzielt, sich jeweils früh für eine bestimmte Deutung der Befunde zu entscheiden, sondern v. a. darauf, das komplexe Geflecht von Faktoren, aus dem die Deutungen von Forschungsergebnissen hervorgehen, maximal transparent zu machen.

Fazit

Das hier knapp Skizzierte dürfte eine zentrale Forderung der kritischen Neurowissenschaft verdeutlicht haben: Es ist dringend mehr Selbstreflexivität in der Forschungspraxis und in ihren Einflussbereichen nötig – ein zu Widerspruch bereites Bewusstsein für die hier genannten und die vielen weiteren, oftmals schleichenden Prozesse kulturellen Wandels, für sich verändernde Vorstellungen dessen, was als ›gewöhnlich‹, was als ›erklärungsbedürftig‹ gilt, und für die Entstehungskontexte derjenigen diskursiven Elemente, welche die Interpretationen neurowissenschaftlicher Befunde prägen. Nur ein kritisches Bewusstsein dieser Vorgänge kann verhindern, dass sich die Kognitions- und Neurowissenschaften als Legitimationsinstanzen für problematische gesellschaftliche Entwicklungen instrumentalisieren lassen. Es versteht sich von selbst, dass diese Aufgabe nicht allein externen Kommentatoren zufallen darf. Neuro- und Kognitionswissenschaftler selbst sind zur spannenden Praxis einer umfassenden Selbstreflexion ihrer Tätigkeit aufgerufen.

Literatur

Bennett, Craig/Miller, Michael (2010): How reliable are the results from functional magnetic resonance imaging? In: *Annals of the New York Academy of Sciences* 1191, 133–155.

Choudhury, Suparna/Slaby, Jan (Hg.) (2012): *Critical Neuroscience*. Chichester.

Daston, Lorraine/Galison, Peter (2007): *Objectivity*. New York. [dt.: *Objektivität*. Frankfurt a. M. 2007].

Dumit, Joseph (2004): *Picturing Personhood*. Princeton.

Fleck, Ludwik (1935/1980): *Entstehung und Entwicklung einer wissenschaftlichen Tatsache*, hg. von Lothar Schäfer/Thomas Schnelle. Frankfurt a. M.

Hacking, Ian (2002): *Historical Ontology*. Cambridge (Mass.). [dt.: *Historische Ontologie*. Zürich 2006].

Hartmann, Martin (2012): Against first nature. In: Suparna Choudhury/Jan Slaby (Hg.): *Critical Neuroscience*. Chichester, 67–84.

Horkheimer, Max (1937/1968): Traditionelle und kritische Theorie: In. ders.: *Traditionelle und kritische Theorie*. Frankfurt a. M., 12–56.

Latour, Bruno (1993): *We Have Never Been Modern*. Cambridge (Mass.). [dt.: *Wir sind nie modern gewesen*. Frankfurt a. M. 2008].

Logothetis, Nikos (2008): What we can do and cannot do with fMRI. In: *Nature* 453, 869–878.

Malabou, Catherine (2008): *What Should We Do With Our Brain?* New York. [dt: *Was tun mit unserem Gehirn?* Zürich 2006].

Malabou, Catherine (2012): *The New Wounded*. New York.

Miller, Michael/Donovan, Christa-Lynn/Bennett, Craig/Aminoff, Elissa/Mayer, Richard (2012): Individual differences in cognitive style and strategy predict similarities in the patterns of brain activity between individuals. In: *NeuroImage* 59, 83–93.

Mitchell, Sandra (2009): *Unsimple Truths*. Chicago. [dt.: *Komplexitäten*. Frankfurt a. M. 2008].

Rheinberger, Hans-Jörg (2006): *Experimentalsysteme und epistemische Dinge*. Frankfurt a. M.

Rose, Nikolas (2007): *The Politics of Life Itself*. Princeton.

Rouse, Joseph (2002): *How Scientific Practices Matter*. Chicago.

Stadler, Max (2012): The neuromance of cerebral history. In: Suparna Choudhury/Jan Slaby (Hg.): *Critical Neuroscience*. Chichester, 135–158.

Turner, Robert (2012): The need for systematic ethnopsychology. In: *Anthropological Theory* 12, 29–42.

Vidal, Fernando (2009): Brainhood, anthropological figure of modernity. In: *History of the Human Sciences* 22, 5–36.

Vul, Edward/Harris, Christine/Winkielman, Piotr/Pashler, Harold (2009): Puzzlingly high correlations in fMRI studies of emotion, personality, and social cognition. In: *Perspectives on Psychological Science* 4, 274–290.

Jan Slaby

6. Neuromodulation als Therapieverfahren

In diesem Kapitel geht es um sog. neuromodulative Verfahren und deren Anwendung zur Therapie neurologischer und psychischer Erkrankungen. Als ›neuromodulativ‹ bezeichnet man dabei solche Methoden, bei denen das Gehirn in seiner Funktionalität zwar beeinflusst, seine strukturell-gewebliche Integrität aber nicht zerstört wird. Bei Erkrankungen, die mit einer Dysregulation bestimmter Gehirnareale assoziiert sind, kann so eine Wiederherstellung der (gesunden) Funktionalität dieser Gehirnbereiche erreicht werden. In diesem Zusammenhang sind unterschiedliche in der Neurologie und Psychiatrie angewandte Methoden zu nennen, so etwa die Transkranielle Magnetstimulation (TMS), die Elektrokrampftherapie (EKT) und auch die Tiefe Hirnstimulation (THS). Dabei kann sich die Wirkung der Transkraniellen Magnetstimulation, die mit elektromagnetischen Wellen arbeitet, nur auf oberflächlich lokalisierte Hirnareale erstrecken. Die Elektrokrampftherapie, bei der durch Applikation elektrischen Stroms ein generalisierter Krampfanfall ausgelöst wird, ist zwar ein sehr wirkungsvolles, aber auch ein höchst unspezifisches Verfahren, da sie es nicht erlaubt, spezifische Hirngebiete zu modulieren und andere dabei auszusparen. Die Tiefe Hirnstimulation hingegen stellt unter den erwähnten Aspekten eine einzigartige therapeutische Option dar, welche auch tiefe Hirnstrukturen erreichen und dabei ihre Wirkung selektiv in bestimmten Zielarealen entfalten kann. Da die Tiefe Hirnstimulation mittlerweile auch zu einem zentralen Gegenstand der neurowissenschaftlichen Forschung geworden ist, sollen sich die nun folgenden Ausführungen im Wesentlichen mit ihr beschäftigen.

Im engeren Sinne ist die Tiefe Hirnstimulation ein neurochirurgisches Verfahren, bei dem Elektroden in verschiedene Zielareale des Gehirngewebes implantiert werden. Durch die Applikation elektrischen Stroms können diese Areale dann in ihrer Aktivität verändert, also moduliert werden. Die Einführung der Elektroden erfolgt dabei stereotaktisch, d. h. die Elektroden werden vorsichtig durch das Gehirngewebe hindurchgeschoben, ohne dass es dadurch im engeren Sinne verletzt wird. Die Elektroden gleiten sozusagen an den Nervenzellen vorbei, nicht durch sie hindurch. Somit erstreckt sich die Wirkung des implantierten Systems tatsächlich nur auf die angesteuerte Zielstruktur. Zunächst fand das Verfahren bei Bewegungsstörungen wie der Parkinsonerkrankung, dem essenziellen Tremor und verschiedenen Dystonieformen Anwendung, mittlerweile wurde das Indikationsspektrum auch auf verschiedenste Erkrankungen aus dem psychiatrischen Bereich erweitert. Es waren hierbei insbesondere Fallberichte über psychiatrische Nebenwirkungen der Tiefen Hirnstimulation bei Parkinsonpatienten, die für weitere Forschungsbemühungen richtungsweisend waren, weil durch sie die Frage in den Fokus der wissenschaftlichen Aufmerksamkeit rückte, ob die Tiefe Hirnstimulation auch bei psychiatrischen Erkrankungen eine Behandlungsoption darstellen könnte. Mittlerweile wird die Tiefe Hirnstimulation recht erfolgreich zur Therapie von Zwangserkrankungen, dem Gilles-de-la-Tourette-Syndrom und der anderweitig therapieresistenten Depression angewendet; zusätzlich wird sie bei der Alkoholabhängigkeit und auch der Alzheimer Demenz erforscht. Aufgrund der Invasivität des Verfahrens und der wenigen, aber mitunter nicht unbeträchtlichen möglichen unerwünschten Nebenwirkungen ist die Tiefe Hirnstimulation hierbei aber als Ultima Ratio zu verstehen, d. h. sie sollte nur dann erwogen werden, wenn andere therapeutische Bemühungen gescheitert sind. Es existieren mittlerweile umfangreiche Forschungsarbeiten, die sich mit dem Verfahren beschäftigen: Die Tiefe Hirnstimulation ist einer der zentralen wissenschaftlichen Schwerpunkte der gegenwärtigen Neurochirurgie und Neurowissenschaften geworden. Auch wenn die Ursprünge der Tiefen Hirnstimulation in einem rein medizinischen Kontext zu sehen sind, sind aus der Anwendung des Verfahrens in Klinik und Forschung doch umfangreiche und einmalige wissenschaftliche Erkenntnisse über die Funktionalität des Gehirns zu erwarten.

Im Folgenden sollen nach einer kurzen geschichtlichen Einführung der Tiefen Hirnstimulation deren Technik und die mit ihr verbundenen Veränderungen auf neuronaler Ebene dargestellt werden. Danach wird am Beispiel der Parkinsonerkrankung ihre Anwendung im Rahmen neurologischer Erkrankungen ausführlich thematisiert, um schließlich auf die Ausweitung des Indikationsspektrums auf psychische Erkrankungen einzugehen. Abgerundet werden die Überlegungen zur Neuromodulation von einer kurzen Darstellung eines in der Praxis sehr gebräuchlichen neuromodulativen Verfahrens, der Transkraniellen Magnetstimulation.

Zur Geschichte der Tiefen Hirnstimulation

Durch den zunehmenden Erkenntnisgewinn im Bereich der Hirnforschung, insbesondere seit der Erweiterung des Spektrums neurophysiologischer Methoden, wurde gegen Mitte des 19. Jh.s damit begonnen, gezielt und hypothesengesteuert elektrischen Strom zur Reizung neuronalen Gewebes einzusetzen. Dabei beschäftigten sich die Pionierarbeiten zunächst damit, spezifische Funktionen bzw. Funktionsveränderungen bestimmter elektrisch gereizter Hirnareale zu identifizieren. Auf der Grundlage der so gewonnenen Erkenntnisse wurden später sowohl von neurologischer als auch von psychiatrischer Seite zunehmend Versuche unternommen, ausgewählte Patienten durch elektrische Stimulation von Hirngewebe zu behandeln (Huys et al. 2012). Als besonders geeignet erwiesen sich zunächst chronische Schmerzerkrankungen, da sich diese durch elektrische Stimulation über im Rückenmark implantierte Elektroden (später auch im Thalamus) wirkungsvoll lindern ließen.

Eine Arbeitsgruppe aus Grenoble um den Neurochirurgen Alim-Louis Benabid und den Neurologen Pierre Pollak bediente sich dieser Vorerfahrungen und führte im Dezember 1986 die heute noch im Wesentlichen unverändert verwendete Technik der kontinuierlichen Stimulation subkortikaler (›tiefer‹) Kerngebiete des Gehirns zur Behandlung von Bewegungsstörungen ein. Bei einem Patienten mit therapieresistentem Tremor hatten Benabid und Pollak durch eine einseitige Thalamotomie bereits eine (zumindest eine Körperhälfte betreffende) Symptomlinderung erzielen können. Bei der Thalamotomie handelt es sich um ein neurochirurgisches Verfahren, bei dem Teile des Thalamus in einer Gehirnhälfte zerstört werden. Aus Angst vor irreversiblen Nebenwirkungen einer beidseitigen Thalamotomie, die starke Antriebsstörungen, aber auch Bewusstseinsstörungen bis hin zur vollständigen Bewegungs- und Mitteilungsunfähigkeit hervorrufen kann, wurde ein zweiter Eingriff auf der anderen Gehirnseite nicht durchgeführt. Indes entschied man sich erstmals für die Kombination des neurochirurgisch-läsionellen (also zerstörenden) Verfahrens auf der einen Seite mit einer Stimulation (also Modulation) des Thalamus der anderen Gehirnhälfte. Durch die Stimulation konnten überraschend prompte und beeindruckende Effekte erzielt werden, die durch Abschalten der elektrischen Stimulation wieder reversibel waren (Benabid et al. 1987). Seitdem hat die Tiefe Hirnstimulation aufgrund der hohen, in vielfachen Studien nachgewiesenen Effizienz die Behandlung von Bewegungsstörungen, insbesondere der Parkinsonerkrankung, revolutioniert und wurde inzwischen weltweit bereits bei etwa 100.000 Patienten eingesetzt. Somit steht besonders für jene Patienten eine attraktive weitere Therapieoption zur Verfügung, die durch die medikamentöse Therapie nicht (mehr) profitieren, zumal gerade bei der Parkinsonerkrankung die Wirkung rein medikamentöser Strategien im Laufe der Erkrankung deutlich abnehmen kann.

Technische Aspekte und Durchführung der Tiefen Hirnstimulation

Die aus mindestens vier Polen bestehenden Elektroden werden im Rahmen der Tiefen Hirnstimulation stereotaktisch implantiert. Mit ›Stereotaxie‹ bezeichnet man hierbei ein operatives Verfahren, bei dem tiefe Gehirnareale präzise angesteuert werden können; bis zu den 1950er Jahren waren aufgrund technischer Limitationen nur oberflächlich gelegene (also kortikale) Hirngebiete einer Stimulation zugänglich. Nach Einführen der Elektroden geben diese dauerhaft hochfrequente elektrische Impulse zur Modulation neuronaler Funktionskreise ab und ermöglichen auch postoperativ noch eine Vielzahl von Stimulationsvarianten. Die verwendeten Rechteckimpulse sind etwa 100 μs breit, weisen in der Regel Amplituden zwischen 0,5 und 6 Volt auf und werden mit einer Frequenz zwischen 10 und 150 Hz abgegeben. Gemeinsam mit dem zugehörigen Impulsgenerator, der meist ähnlich wie bei einem Herzschrittmacher unter dem Schlüsselbein platziert wird, handelt es sich somit um ein hoch komplexes implantierbares Medizinprodukt.

Wirkmechanismen der Tiefen Hirnstimulation

Die Wirkmechanismen der Tiefen Hirnstimulation sind trotz langjähriger Anwendung und Erforschung bislang noch nicht hinreichend verstanden. Möglicherweise entfaltet sie unterschiedliche (zellbiologische) Wirkungen, abhängig davon, welche Zielstruktur stimuliert wird. Als vereinfachende Erklärung wurde lange Zeit das Modell der funktionellen Läsionierung propagiert, wonach die Tiefe Hirnstimulation eine lokale Inhibition von neuralem Gewebe in unmittelbarer Umgebung zur Elektrode bewirken sollte (McIntyre et al. 2004). Die angenommene mit Applikation elektrischen Stroms assoziierte Hemmung der physiologischen Aktivität stimulierter Zellen konnte dabei gut mit der nahezu sofortigen und reversiblen Wirkung der Tiefen Hirnstimulation auf Parkinsonsymptome (insbesondere dem Tremor) in Einklang gebracht werden. Viele andere, v. a. lang anhaltende und zeitlich verzögert einsetzende Effekte, die man z. B. bei der Behandlung von Dystonien und psychischen Erkrankungen beobachten kann, lassen sich durch dieses Modell indes nicht hinreichend erklären. Der derzeitige Wissensstand belegt vielmehr, dass die Tiefe Hirnstimulation sehr subtile Veränderungen hervorrufen kann, die sich weit über die Grenzen der stimulierten Zielstruktur hinaus erstrecken. Ihre Wirkungen entfalten sich in nicht unwesentlicher Weise auch in entfernten Hirnarealen, die mit der stimulierten Struktur aber über Nervenzellen in Verbindung stehen. Auf neurochemischer Ebene konnte bei Patienten mit Tourette-Syndrom gezeigt werden, dass die Tiefe Hirnstimulation eine erhebliche Minderung der dopaminergen Transmission in den stimulierten thalamischen sowie den nachgeschalteten Strukturen bewirkt (Vernaleken et al. 2009). Da die medikamentösen Behandlungsansätze beim Tourette-Syndrom vornehmlich auf antidopaminergen Substanzen beruhen, scheint hier ein Zusammenhang mit dem Wirkmechanismus der Tiefen Hirnstimulation offenkundig. Weitere Wirkhypothesen, die vom Einsatz der Tiefen Hirnstimulation bei anderen Indikationen generiert wurden, sind die Modulation oszillatorischer Aktivität in den jeweiligen Regelkreisen und die Stimulation der Synthese von Nervenwachstumsfaktoren.

Tiefe Hirnstimulation bei neurologischen Erkrankungen am Beispiel der Parkinsonerkrankung

Die für die Tiefe Hirnstimulation überzeugendsten klinischen Daten finden sich derzeit im Rahmen der Behandlung von Patienten mit schwerer Parkinsonerkrankung. Dabei werden neben dem Nucleus intermedius ventralis thalami, der heutzutage als seltenerer Zielpunkt sowohl bei der tremordominanten Variante der Parkinsonerkrankung als auch beim essenziellen Tremor anvisiert wird, zwei weitere Kernregionen stimuliert. Als Methode der ersten Wahl bei schwerem medikamentös therapieresistentem Morbus Parkinson gilt die bilaterale Stimulation des Nucleus subthalamicus. Dadurch kann durchschnittlich eine sechzigprozentige Reduktion der Parkinson-assoziierten Symptomatik bewirkt werden (Hilker et al. 2009), wodurch die Patienten eine erhebliche Verbesserung ihrer Lebensqualität erleben. Die Stimulation des Nucleus subthalamicus ist dabei aber auch mit einer Reihe von Nebenwirkungen assoziiert (Skuban et al. 2011a). So entwickelt sich bei einer nicht unerheblichen Anzahl von Patienten postinterventionell eine Apathie, d.h. ein Mangel an Motivation und Interesse, sowie eine Reduktion willentlich ausgerichteten Verhaltens, die möglicherweise mit einer Interferenz der Tiefen Hirnstimulation mit dem limbischen Anteil des Nucleus subthalamicus, aber auch mit einer Reduktion der dopaminergen Medikation in Zusammenhang stehen könnte (Thobois et al. 2010). Darüber hinaus werden nach der Tiefen Hirnstimulation des Nucleus subthalamicus auch Auslenkungen der Stimmungslage zum depressiven und zum manischen Pol hin beobachtet. Des Weiteren scheint das Risiko für Suizidalität erhöht, weshalb die Patienten postinterventionell dringend regelmäßig psychiatrisch untersucht werden sollten.

Ein weiterer bei stimulierten Parkinsonpatienten untersuchter Aspekt betrifft die unterschiedlichen kognitiven Auswirkungen durch Stimulation verschiedener Areale innerhalb des Nucleus subthalamicus. Die entsprechende Literatur ist hierbei höchst umfangreich und dabei sehr uneinheitlich, so dass hier nur wesentliche Befunde referiert werden sollen. Innerhalb des Nucleus subthalamicus sind mindestens drei Subregionen zu differenzieren, die in je separate neuronale Netzwerke eingebunden sind (eine ›sensorimotorische‹, eine ›assoziative‹ und eine ›limbische‹ Region). Offenbar ist v.a. eine Stimulation des dorsalen Anteils des Nucleus subthalamicus mit dem erwünschten motorischen Effekt verbunden (Greenhouse et al. 2011). Darüber hinaus ist der ventrale Anteil durch seine Beteiligung bei der Auswahl und Inhibition motorischer Reaktionen in Konfliktsituationen entscheidend dafür, dass eine Bewegung bzw. ein Verhalten auch zielgerichtet ausgeführt werden kann (Hershey et al. 2010; s. Kap. IV.15). Eine Stimulation des Nucleus subthalamicus scheint mit der kognitiven Verlangsamung in Entscheidungskonflikten zu interferieren, wodurch eine erhöhte Impulsivität resultieren kann (Frank et al. 2007). Daneben scheint die ventrale Stimulation auch mit einem generalisiert positiveren Affekt einherzugehen: So bewerten entsprechende Probanden Filme verschiedener Art eher positiv gefärbt als Patienten, die im dorsalen Bereich des Nucleus subthalamicus stimuliert werden. Möglicherweise ist dieser Befund auch Ausdruck einer Involvierung des ventralen Nucleus subthalamicus in limbische Funktionen (Greenhouse et al. 2011).

Kontrastierend zu diesem Befund identifizierten Péron et al. (2010) bei Parkinsonpatienten, die im Nucleus subthalamicus stimuliert wurden, eine erhöhte Tendenz zu negativen Emotionen beim Betrachten von Gesichtern oder dem Hören menschlicher Stimmen. Die Autoren sehen dies v.a. der geringen anatomischen Größe des Nucleus subthalamicus geschuldet. Es könne als nicht unwahrscheinlich erachtet werden, dass die Stimulationsenergie den Bereich des angesteuerten sensorimotorischen Anteils des Nucleus subthalamicus überschreite und somit auch Wirksamkeit auf benachbarte Strukturen entfalte, die an Emotionsattributionsprozessen beteiligt sind, etwa auf die Amygdala, den anterioren zingulären Kortex oder den orbitofrontalen Kortex. Auswirkungen auf das Arbeitsgedächtnis erforschten Campbell et al. (2008) an 24 Parkinsonpatienten, die im Nucleus subthalamicus stimuliert wurden. Es konnte gezeigt werden, dass durch die Tiefe Hirnstimulation die Fähigkeit beeinträchtigt wird, für eine gegenwärtige Aufgabe relevante Informationen präsent zu halten.

Aus medizinethischer Perspektive erfordert es eine ausführliche Diskussion, ob die Stimulation nicht auch Alterationen von Verhalten und Persönlichkeitszügen induzieren kann (Skuban et al. 2011b). Diesbezüglich kann aber bislang keine abschließende Bewertung vorgenommen werden, da die Datenlage überaus inkonsistent ist und dieser Frage bislang nur in wenigen Studien explizit nachgegangen wurde. Darüber hinaus sei in diesem Zusammenhang auch darauf hingewiesen, dass sich potenzielle Hinweise auf derartige Veränderungen, die in der breiten Öffentlichkeit verständlicherweise Sorgen und Unbehagen hervorrufen, bisher nur im Rahmen der Stimulation des Nucleus subthalamicus ergaben und somit auch nicht ohne Weiteres für andere Zielpunkte der Tiefen Hirnstimulation generalisiert werden dürfen.

Tiefe Hirnstimulation bei psychischen Erkrankungen

Unabhängig von diesen Überlegungen zu potenziellen Nebenwirkungen im Rahmen der Stimulation des Nucleus subthalamicus wurde die Anwendung des Verfahrens infolge der therapeutischen Erfolge beim Morbus Parkinson zunächst auf andere Bewegungsstörungen, auf spezielle Epilepsieformen und schließlich auch auf psychische Erkrankungen ausgedehnt. Ihre Anwendung bei psychischen Erkrankungen befindet sich dabei auch heute noch weitestgehend in einem Pionierstadium, und es muss sich erst noch zeigen, ob ihr Einsatz zur Therapie psychischer Störungen eine ähnliche Erfolgsgeschichte sein wird wie bei der Behandlung von neurologischen Erkrankungen. Bei der Ausweitung des Indikationsspektrums auf psychische Erkrankungen war natürlich auch bedeutsam, dass in den vergangenen Jahren insbesondere durch den Einsatz moderner Bildgebungsverfahren zusätzliche Erkenntnisse über die Entstehungsmechanismen psychischer Erkrankungen gewonnen und die zugrunde liegenden pathophysiologischen Prozesse der gestörten neuronalen Netzwerke zumindest teilweise identifiziert und lokalisiert werden konnten. Dadurch wurde es auch möglich, neue Stimulationsorte für die Applikation einer Tiefen Hirnstimulation zu identifizieren. Anfänglich wurden für die Tiefe Hirnstimulation bei Patienten mit psychischen Erkrankungen jene anatomischen Strukturen anvisiert, die in früheren Jahren und in manchen Zentren auch noch heute bei behandlungsresistenten psychischen Erkrankungen als Läsionsorte für neurochirurgische Prozeduren verwendet wurden. Aufgrund der mit diesen Verfahren verbundenen irreversiblen Hirnschädigung und des potenziell schweren Nebenwirkungsprofils sowie eingedenk des unrühmlichen Zeitalters der Psychochirurgie waren und sind solche läsionellen chirurgischen Eingriffe bei psychiatrischen Patienten zu Recht mit hohen Vorbehalten vergesellschaftet (Skuban et al. 2011b). Das deutlich weniger invasive, potenziell reversible und modulierbare Verfahren der Tiefen Hirnstimulation bot sich dagegen als eine weit nebenwirkungsärmere Methode an, mit der man an ähnlichen anatomischen Strukturen ansetzen konnte wie läsionelle Verfahren (Kuhn et al. 2007a). So wurden im Jahre 1999 die ersten erfolgreichen Behandlungen von chronisch kranken Patienten mit Zwangsstörung und Tourette-Syndrom publiziert, die zuvor durch medikamentöse oder psychotherapeutische Verfahren keine ausreichende Linderung ihrer Symptome erfahren hatten (Vandewalle et al. 1999). Handelte es sich in der Anfangszeit vorwiegend um einzelne Fallbeschreibungen, wurden in jüngster Vergangenheit kleine Fallserien und klinische Studien zur Wirksamkeit der Tiefen Hirnstimulation bei Patienten mit therapierefraktären Zwangsstörungen veröffentlicht (siehe Tab. 1). Dabei erfuhr das methodische Design der Studien insbesondere durch Einführung randomisierter doppelblinder On-Off-Phasen (zu bestimmten Untersuchungsabschnitten wussten weder die evaluierenden Ärzte noch die Patienten, ob die Stimulation ein- oder ausgeschaltet war) eine deutliche Aufwertung –

die Untersuchungsergebnisse wurden damit aussagekräftiger.

Zusammenfassend konnte für die Stimulation sowohl im Bereich des Nucleus accumbens und der angrenzenden Capsula interna (Greenberg et al. 2010; Huff et al. 2010) als auch für den Nucleus subthalamicus (Mallet et al. 2008) gezeigt werden, dass es bei mindestens 50 Prozent der bislang therapieresistenten Patienten mit Zwangsstörung innerhalb eines Jahres mindestens zu einer Verbesserung im Sinne einer *partial response* kam (Verbesserung ≥ 25 Prozent im Y-BOCS-Fragebogen zur quantitativen Erfassung der Zwangsstörung; s. Tab. 1). Dabei zeigten die Ergebnisse der Langzeitbeobachtungen noch weitere Verbesserungen, die sowohl das Ausmaß der Symptomreduktion als auch den prozentualen Anteil der Patienten mit Zwangsstörung betrafen, die von der Stimulation profitieren konnten. Bemerkenswerterweise wurde unlängst eine erste Studie zur Behandlung von Patienten mit Zwangsstörungen veröffentlicht, in der die Tiefe Hirnstimulation mit kognitiv basierter Verhaltenstherapie kombiniert wurde (Denys et al. 2010). Möglicherweise können durch die Tiefe Hirnstimulation stark pathologisch gestörte Netzwerke derart günstig beeinflusst bzw. neuromoduliert werden, dass eine wirksame Psychotherapie erst möglich wird.

Eine überzeugende klinische Effektivität scheint die Tiefe Hirnstimulation beim therapieresistenten Tourette-Syndrom zu entfalten. Unter Tourette-Syndrom versteht man eine Erkrankung, die sich durch vielfache motorische und vokale Tics äußert, wodurch die Lebensführung der Betroffenen oft in erheblicher Weise eingeschränkt wird. Mehrere Studien zeigten für insgesamt vier übergeordnete anatomische Strukturen hohe Response- (> 50 Prozent) und deutliche Besserungsraten (durchschnittlich bis zu 70 Prozent Linderung der Tic-Symptomatik) (z. B. Kuhn et al. 2010). Gleichzeitig bieten die unterschiedlichen Zielpunkte auch Ansatz für Kritik hinsichtlich einer offensichtlich noch nicht abgeschlossenen Suche nach einem idealen Stimulationsort: Im Sinne der pathophysiologischen Hypothese eines gestörten neuronalen Regelkreises (hier: der kortikostriato-thalamo-kortikalen Schleife) beim Tourette-Syndrom könnte die Tiefe Hirnstimulation neuromodulativ sowohl striatal, thalamisch als auch im internen und externen Pallidum regulierend eingreifen. Die zahlenmäßig größten Erfahrungen zur Behandlung des Tourette-Syndroms mittels Tiefer Hirnstimulation liegen für thalamische Kerngebiete vor. Allerdings wurde unlängst eine auf zwölf Patienten ausgelegte randomisierte, sham-kontrollierte

Referenz	n	Stimulationsort	Kommentar
Tiefe Hirnstimulation für therapieresistente Zwangsstörungen			
Mallet et al. (2008)	16	Nucleus subthalamicus beidseitig	Beobachtungszeitraum drei Monate: Vergleich einer randomisiert-kontrollierten On-Off- (Off-On)-Bedingung. Signifikante Reduktion der Y-BOCS-Werte der ›On-Stimulation‹ im Vergleich zum ›Off‹, allerdings relativ hohe Nebenwirkungsrate.
Huff et al. (2010)	10	Nucleus accumbens rechts	Beobachtungszeitraum zwölf Monate inkl. einer randomisierten kontrollierten On-Off- (Off-On)-Bedingung. Signifikanter Beleg, dass auch die einseitige Stimulation wirksam ist, den Ausprägungsgrad einer chronischen Zwangsstörung zu lindern.
Greenberg et al. (2010)	26	Vorderer Schenkel der Capsula interna beidseitig	Gepoolte Daten von mehreren Arbeitsgruppen (Beobachtungszeitraum > 36 Monate): Bei 16 Patienten (61 Prozent) kam es zu einer *full response* (> 35 Prozent Verbesserung der Y-BOCS).
Denys et al. (2010)	16	Nucleus accumbens beidseitig	Offene achtmonatige Stimulationsphase gefolgt von einem doppelblinden jeweils zweiwöchigen On-Off-Design. Neun von 16 Patienten waren *responder*, Besserung der Y-BOCS um 46 Prozent in der offenen Phase. Kombination der Tiefen Hirnstimulation mit kognitiver Verhaltenstherapie im weiteren Verlauf.
Tiefe Hirnstimulation für therapieresistente Tourette-Syndrome			
Servello et al. (2008)	18	Thalamus (Nucleus ventrooralis u. centromedianus)	Offene 3- bis 18-monatige Stimulationsphase. 31 bis 95 Prozent Verbesserung der Tics, gemessen mit dem total tic score des YGTSS. Fast alle schwerkranken Tourette-Patienten profitierten von der Stimulation.
Ackermans et al. (2011)	6	Thalamus (Nucleus ventrooralis u. centromedianus)	Design: Sechs Monate verblindetes Crossover (drei Monate On versus drei Monate sham-Stimulation), danach offen. Nach einem Jahr signifikante Verbesserung (49 Prozent) des YGTSS im Vergleich zur präoperativen Erhebung. Allerdings subjektiv Verschwommensehen und reduziertes Energieniveau bei allen Patienten. Ursprünglich 15 Patienten geplant, aber Abbruch der Studie nach der Zwischenauswertung wegen des zögerlichen Einschlusses und der signifikanten Resultate.
Tiefe Hirnstimulation für therapieresistente Major Depression			
Lozano et al. (2008)	20	subgenualer Bereich des Cingulum	Beobachtungszeitraum zwölf Monate, offene Stimulation. In dieser Zeit deutliche Reduktion der Symptomatik um 48 Prozent mit zwei non-*respondern*. Remission bei sieben Patienten (HAM-D ≤ 7). Darüber hinaus im Positronen-Emissions-Tomografen sichtbare Normalisierungen eines Hypermetabolismus in limbischen Regionen, welcher pathophysiologisch mit der Depression in Verbindung gebracht wurde.
Bewernick et al. (2010)	10	Nucleus accumbens	Beobachtungszeitraum zwölf Monate, offene Stimulation. Bei fünf Patienten kam es zu einer *full response* (50 Prozent Besserung anhand des HAM-D), bei drei davon zu einer Remission der Erkrankung. Besserung von Angstsymptomen bei allen Patienten.

Tabelle 1: Einige wichtige klinische Studien zur Tiefen Hirnstimulation bei neuropsychiatrischen Erkrankungen. (*Y-BOCS: Yale-Brown Obsessive Compulsive Scale*, ein halbstrukturiertes Interview zur Beurteilung des Schweregrades von Denk- und Handlungszwängen; *YGTTS: Yale Globale Tic-Schweregradskala*, beurteilt den Gesamtschweregrad von Tic-Symptomen hinsichtlich einer Reihe von Dimensionen; *HAM-D: Hamilton Depression Rating Scale*: klinische Fremdbeurteilungsskala zur Ermittlung der Schwere einer depressiven Störung).

Studie (also mit ›Schein-Stimulation‹) der *Dutch–Flemish Tourette Surgery Study Group* nach der Zwischenauswertung und einer zögerlichen Rekrutierung der ersten sechs Patienten gestoppt. Innerhalb dieser Studie war ein thalamischer Stimulationsort gewählt worden. Auch wenn die Wirksamkeit bezüglich des Tourette-Syndroms hoch war, klagten doch fast alle Patienten über Augenmotilitätsstörungen bzw. Verschwommensehen oder Apathie (Ackermans et al. 2011). Diesbezüglich bedarf es also weiterhin einer gewissenhaften Erforschung, auch hinsichtlich der Frage, ob die anderen bisher anvisierten Zielstrukturen bei ähnlicher Effektivität ein günstigeres Nebenwirkungsprofil aufweisen. Womöglich gilt es aber generell, beim Tourette-Syndrom die hohe Diversität der Phänomenologie zu berücksichtigen bzw. die klinischen Manifestationen zunächst zu subtypisieren, um damit künftig in Erfahrung zu bringen, welche Symptomkonstellationen durch Tiefe Hirnstimulation günstig beeinflusst werden können bzw. welche Zielpunkte bei welchen Symptomclustern für die Tiefe Hirnstimulation gewählt werden sollten.

Basierten die initialen Ansätze der Tiefen Hirnstimulation bei Zwangserkrankungen und beim Tourette-Syndrom auf den Vorerfahrungen aus läsionellen Prozeduren, so waren Helen Mayberg und Kollegen die ersten, die eine Rationale für die Tiefe Hirnstimulation bei chronisch therapieresistenter Depression vornehmlich aus verschiedenen modernen humanen Bildgebungsstudien ableiteten (z. B. Mayberg 2003). Mayberg wählte das subgenuale Cingulum als Zielstruktur aus, nachdem gezeigt werden konnte, dass sich in dieser Region bei depressiven Patienten mittels Positronenemmisionstomografie (PET) ein Hypermetabolismus darstellen ließ und sich diese Überaktivität bei wirksamer Behandlung analog zur klinischen Besserung zurückgebildet hatte. Mit der Beobachtung, einen derartigen lokal begrenzten Hypermetabolismus, der wesentlich für den Pathomechanismus der Depression zu sein scheint, mittels Tiefer Hirnstimulation ›normalisieren‹ zu können, konnte in einer offenen Pilotstudie bei vier von sechs anderweitig nicht behandelbaren schwer depressiven Patienten eine Remission der depressiven Symptomatik erreicht werden (Mayberg et al. 2005). Gleichzeitig (und somit die Hypothese bekräftigend) kam es zu einer lokalen Reduktion der Durchblutung im stimulierten prägenualem Gyrus cinguli. Drei Jahre später wurden die Ergebnisse einer größeren Kohorte von 20 schwerkranken depressiven Patienten veröffentlicht, die belegten, dass es bei 60 Prozent der Patienten

durch eine Tiefe Hirnstimulation zu einer Remission der Symptomatik gekommen war – und dies ohne nennenswerte Nebenwirkungen (siehe Tab. 1). Ein anderer Ansatz zur Behandlung der therapieresistenten Depression nutzte den Nucleus accumbens als Zielstruktur für die Stimulation (Schläpfer et al. 2008). Dabei fußte die Wahl dieser Region auf der Tatsache, dass der Nucleus accumbens als Schlüsselstruktur des hirneigenen Belohnungssystems gilt und dass unter Berücksichtigung der Tatsache, dass Anhedonie (Freudlosigkeit) ein Hauptsymptom der Depression ist, eine Störung bzw. Dysregulation des Nucleus accumbens anzunehmen ist. In der Tat konnten durch eine Tiefe Hirnstimulation des Nucleus accumbens bei zehn Patienten vergleichbar gute Effekte für depressive Patienten erzielt werden, wie es auch mit der Stimulation des prägenualen Gyrus cinguli möglich war (siehe Tab. 1).

Die besondere Bedeutung des Nucleus accumbens für das Belohnungssystem ist im Zuge eines vielversprechenden, aber noch experimentellen Ansatzes der Tiefen Hirnstimulation, nämlich der Modulation bzw. Behandlung von Abhängigkeitsverhalten, von höchstem Interesse. Diesbezüglich lassen sich stichhaltige Argumente formulieren, die eine Erprobung des Therapieverfahrens etwa bei der Alkoholabhängigkeitserkrankung nachvollziehbar machen: Einerseits hat die neurobiologische Suchtforschung in den letzten Jahren die große Bedeutung der Dysregulation des neurochirurgisch gut zugänglichen Nucleus accumbens bei Abhängigkeitserkrankungen identifiziert. Andererseits liegen bereits erste vielversprechende Falldarstellungen einer erfolgreichen Stimulation des Nucleus accumbens im Rahmen der Alkoholabhängigkeitserkrankung vor (Kuhn et al. 2007b; Kuhn et al. 2011). Und schließlich existieren mehrere translationale Studien, die bei Tiermodellen ebenfalls die Wirksamkeit eines solchen Ansatzes zur Modulation abhängigen Verhaltens belegen (Knapp et al. 2009).

Erwähnt werden sollte hier noch ein jüngst diskutierter Indikationsbereich der Tiefen Hirnstimulation, nämlich die Anwendung dieses Verfahrens bei Demenzerkrankungen (für eine Übersicht vgl. z. B. Hardenacke et al. 2013). Möglicherweise sind hier neben dem akuten und noch näher zu spezifizierenden Effekt der Tiefen Hirnstimulation zusätzlich Auswirkungen durch eine chronische Stimulation anzunehmen. Es ist vorstellbar, dass durch stimulationsbedingte Ausschüttung neurotropher Substanzen wie etwa dem *brain-derived neurotrophic factor* oder dem *nerve growth factor* die Neuro- und Synaptogenese erneut angeregt und so der Neurodegeneration entgegengewirkt wird. Erste translationale Daten lassen solche Spekulationen nicht abwegig erscheinen (Hotta et al. 2009).

Zusammenfassend sind die vorliegenden Resultate zum klinischen Nutzen der Tiefen Hirnstimulation ermutigend und eröffnen neue Perspektiven bei der Behandlung von therapieresistenten neurologischen und psychischen Erkrankungen. Eine weitere Erforschung von Wirksamkeit, Wirkmechanismen und Nebenwirkungsprofil mittels sorgfältiger und nach hohen ethischen Maßstäben durchgeführter Studien ist jedoch unerlässlich.

Zum Verfahren der Transkraniellen Magnetstimulation

Abschließend soll noch das weit verbreitete neuromodulative Verfahren der Transkraniellen Magnetstimulation kurz dargestellt werden. Es handelt sich dabei um eine nichtinvasive Methode, bei der mittels eines gepulsten Stromflusses in einer Spule ein kurzdauerndes Magnetfeld (zwei Tesla, 250 ms) erzeugt wird, das wiederum in der Lage ist, einen Stromfluss in avisierten Gehirnbereichen (Zielvolumen etwa zwei cm³) zu evozieren. In ihrer Weiterentwicklung der repetitiven Form (rTMS) kann sie etwas länger anhaltende, frequenzabhängige Effekte auf die kortikale Erregbarkeit bewirken (Pascual-Leone et al. 1998). Die hochfrequente repetitive Transkranielle Magnetstimulation führt im motorischen Kortex zu Faszilitation (Pascual-Leone et al. 1994), die niederfrequente zu Inhibition (Chen et al. 1997). Auf neuronaler Ebene wird davon ausgegangen, dass diese Effekte aus der sog. *long term potentiation* oder *long term depression* resultieren. Der zuletzt genannte Effekt könnte funktionell auch als das Setzen einer kurzfristigen ›virtuellen Läsion‹ interpretiert werden. Nachteilig ist indes, dass die beobachteten positiven Effekte der Transkraniellen Magnetstimulation oft nur vorübergehender Natur sind und die Anwendung des Verfahrens auf oberflächliche Hirnareale beschränkt ist. Sie gilt aber als sichere und gut verträgliche Therapiemethode; irreversible Nebenwirkungen wurden bislang nicht berichtet (Janicak et al. 2008). Als vorübergehende unerwünschte Wirkungen können allerdings Kopfschmerzen und Missempfindungen auftreten, sehr selten kurzfristige Anhebungen der Hörschwelle oder hypomanische Episoden. Eine akute Komplikation kann die Induktion eines epileptischen Anfalls sein, so dass eine vorbekannte Epilepsie ein Ausschlusskriterium darstellt.

Seit Mitte der 1990er Jahre sind zahlreiche Studien zur Wirksamkeit der repetitiven Transkraniellen Magnetstimulation bei der Behandlung depressiver Erkrankungen veröffentlicht worden. In vielen Studien konnte ein statistisch signifikanter Effekt beschrieben werden, der in etwa mit der Effektstärke von Psychopharmaka und Verhaltenstherapie vergleichbar ist. Allerdings konnten nicht alle Studien eine ausreichende Wirksamkeit nachweisen: In manchen Arbeiten war die repetitive Transkranielle Magnetstimulation einer Schein- bzw. Placebobehandlung nicht überlegen. Eher noch in einem Forschungsstadium ist die Anwendung der repetitiven Transkraniellen Magnetstimulation für chronische akustische Halluzinationen, schizophrene Negativsymptomatik, Zwangsstörungen, Angsterkrankungen, chronischen Tinnitus und stoffgebundene Abhängigkeiten (Höppner 2013).

Literatur

Ackermans, Linda/Duits, Annelien/van der Linden, Chris/Tijssen, Marina/Schruers, Koen/Temel, Yasin/Kleijer, Mariska/Nederveen, Pieter/Bruggeman, Richard/Tromp, Selma/van Kranen-Mastenbroek, Vivianne/Kingma, Hermann/Cath, Danielle/Visser-Vandewalle, Veerle (2011): Double-blind clinical trial of thalamic stimulation in patients with Tourette syndrome. In: *Brain* 134, 832–844.

Benabid, Alim-Louis/Pollak, Pierre/Louveau, A./Henry, S./de Rougemont, J. (1987): Combined (thalamotomy and stimulation) stereotactic surgery of the VIM thalamic nucleus for bilateral Parkinson disease. In: *Applied Neurophysiology* 50, 344–346.

Bewernick, Bettina/Hurlemann, René/Matusch, Andreas/Kayser, Sarah/Grubert, Christiane/Hadrysiewicz, Barbara/Axmacher, Nikolai/Lemke, Matthias/Cooper-Mahkorn, Deirdre/Cohen, Michael/Brockmann, Holger/Lenartz, Doris/Sturm, Volker/Schläpfer, Thomas (2010): Nucleus accumbens deep brain stimulation decreases ratings of depression and anxiety in treatment-resistant depression. In: *Biological Psychiatry* 67, 110–116.

Campbell, Meghan/Karimi, Morvarid/Weaver, Patrick/Wu, J./Perantie, Dana/Golchin, Nina/Tabbal, Samer/Perlmutter, Joel/Hershey, Tamara (2008): Neural correlates of STN DBS-induced cognitive variability in Parkinson disease. In: *Neuropsychologia* 46, 3162–3169.

Chen, Robert/Classen, Joseph/Gerloff, Christian/Celnik, Pablo/Wassermann, Eric/Hallett, Mark/Cohen, Leonardo (1997): Depression of motor cortex excitability by low-frequency transcranial magnetic stimulation. In: *Neurology* 48, 1398–1403.

Denys, Damiaan/Mantione, Mariska/Figee, Martijn/van den Munckhof, Pepijn/Koerselman, Frank/Westenberg, Herman/Bosch, Andries/Schuurman, Rick (2010): Deep brain stimulation of the nucleus accumbens for treatment-refractory obsessive-compulsive disorder. In: *Archives of General Psychiatry* 67, 1061–1068.

Frank, Michael/Samante, Johan/Moustafa, Ahmed/Sherman, Scott (2007): Hold your horses. In: *Science* 318, 1309–1312.

Greenberg, Benjamin/Gabriels, Loes/Malone, Donald/Rezai, Ali/Friehs, Gerhard/Okun, Michael/Shapira, Nathan/Foote, Kelly/Cosyns, Paul/Kubu, Cynthia/Malloy, Paul/Salloway, Stephen/Giftakis, Jonathon/Rise, Mark/Machado, Andre/Baker, K./Stypulkowski, Paul/Goodman, Wayne/Rasmussen, Steven/Nuttin, Bart (2010): Deep brain stimulation of the ventral internal capsule/ventral striatum for obsessive-compulsive disorder. In: *Molecular Psychiatry* 15, 64–79.

Greenhouse, Ian/Gould, Sherrie/Houser, Melissa/Hicks, Gayle/Gross, James/Aron, Adam (2011): Stimulation at dorsal and ventral electrode contacts targeted at the subthalamic nucleus has different effects on motor and emotion functions in Parkinson's disease. In: *Neuropsychologia* 49, 528–534.

Hardenacke, Katja/Kuhn, Jens/Lenartz, Doris/Maarouf, Mohammad/Mai, Jürgen/Bartsch, Christina/Freund, Hans-Joachim/Sturm, Volker (2013): Stimulate or degenerate deep brain stimulation of the Nucleus basalis Meynert in Alzheimer's dementia. In: *World Neurosurgery*.

Hershey, Tamara/Campbell, Meghan/Videen, Tom/Lugar, Heather/Weaver, Patrick/Hartlein, Johanna/Karimi, Morvarid/Tabbal, Samer/Perlmutter, Joel (2010): Mapping go-no-go performance within the subthalamic nucleus region. In: *Brain* 133, 3625–3634.

Hilker, Rüdiger/Benecke, Reiner/Deuschl, Gunther/Fogel, Wolfgang/Kupsch, Andreas/Schrader, Christoph/Sixel-Döring, Friedericke/Timmermann, Lars/Volkmann, Jens/Lange, Max (2009): Deep brain stimulation for Parkinson's disease. In: *Nervenarzt* 80, 646–655.

Höppner, Jacqueline (2013): TMS – Mögliche weitere Indikationen. In: Jens Kuhn/Wolfgang Gaebel (Hg.): *Therapeutische Stimulationsverfahren für psychiatrische Erkrankungen*. Stuttgart.

Hotta, Harumi/Kagitani, Fusako/Kondo, Masahiro/Uchida, Sae (2009): Basal forebrain stimulation induces NGF secretion in ipsilateral parietal cortex via nicotinic receptor activation in adult, but not aged rats. In: *Neuroscience Research* 63, 122–128.

Huff, Wolfgang/Lenartz, Doris/Schormann, Michael/Lee, Sun-Hee/Kuhn, Jens/Koulousakis, Anastosious/Mai, Jürgen/Daumann, Jörg/Maarouf, Mohammad/Klosterkötter, Joachim/Sturm, Volker (2010): Unilateral deep brain stimulation of the Nucleus accumbens in patients with treatment-resistant obsessive compulsive disorder. In: *Clinical Neurology and Neurosurgery* 112, 137–143.

Huys, Daniel/Möller, Michaela/Kim, Eun-Hae/Hardenacke, Katja/Huff, Wolfgang/Klosterkötter, Joachim/Timmermann, Lars/Woopen, Christiane/Kuhn, Jens (2012): Die tiefe Hirnstimulation bei psychiatrischen Erkrankungen. In: *Nervenarzt* 83, 1156–1168.

Janicak, Philip/O'Reardon, John/Sampson, Shirlene/Husain, Mustafa/Lisanby, Sarah/Rado, Jeffrey/Heart, Karen/Demitrack, Mark (2008): Transcranial magnetic stimulation in the treatment of major depressive disorder. In: *Journal of Clinical Psychiatry* 69, 222–232.

Knapp, Clifford/Tozier, Lisa/Pak, Arleen/Ciraulo, Domenic/Kornetsky, Conan (2009): Deep brain stimulation of the nucleus accumbens reduces ethanol consumption in rats. In: *Pharmacology, Biochemistry, and Behavior* 92, 474–479.

Kuhn, Jens/Gründler, Theo/Lenartz, Doris/Klosterkötter, Joachim/Sturm, Volker/Huff, Wolfgang (2010): Deep brain stimulation for psychiatric disorders. In: *Deutsches Ärzteblatt International* 107, 105–113.

Kuhn, Jens/Gründler, Theo/Bauer, Robert/Huff, Wolfgang/Fischer, Adrian/Lenartz, Doris/Maarouf, Mohammad/Bührle, Christian/Klosterkötter, Joachim/Ullsperger, Markus/Sturm, Volker (2011): Successful deep brain stimulation of the nucleus accumbens in severe alcohol dependence is associated with changed performance monitoring. In: *Addiction Biology* 16, 620–623.

Kuhn, Jens/Huff, Wolfgang/Lee, Sun-Hee/Lenartz, Doris/Sturm, Volker/Klosterkötter, Joachim (2007a): Tiefenhirnstimulation bei psychiatrischen Erkrankungen. In: *Fortschritte der Neurologie: Psychiatrie* 75, 447–457.

Kuhn, Jens/Lenartz, Doris/Huff, Wolfgang/Lee, Sun-Hee/Koulousakis, Athanasios/Klosterkötter, Joachim/Sturm, Volker (2007b): Remission of an alcohol dependency following deep brain stimulation (DBS) of the Nucleus Accumbens. In: *Journal of Neurology, Neurosurgery and Psychiatry* 78, 1152–1153.

Lozano, Andres/Mayberg, Helen/Giacobbe, Peter/Hamani, Clement/Craddock, R. Cameron/Kennedy, Sydney (2008): Subcallosal cingulate gyrus deep brain stimulation for treatment-resistant depression. In: *Biological Psychiatry* 64, 461–467.

Mallet, Luc/Polosan, Mircea/Jaafari, Nematollah/Baup, Nicolas/Welter, Marie-Laure/Fontaine, Denys/du Montcel, Sophie/Yelnik, Jérome/Chéreau, Isabelle/Arbus, Christophe/Raoul, Sylvie/Aouizerate, Bruno/Damier, Philipe/Chabardès, Stephan/Czernecki, Virginie/Ardouin, Claire/Krebs, Marie-Odile/Bardinet, Eric/Chaynes, Patrick/Burbaud, Pierre/Cornu, Philippe/Derost, Philippe/Bougerol, Thierry/Bataille, Benoit/Mattei, Vianney/Dormont, Didier/Devaux, Bertrand/Vérin, Marc/Houeto, Jena-Luc/Pollak, Pierre/Benabid, Alim-Louis/Agid, Yves/Krack, Paul/Millet, Bruno/Pelissolo, Antoine (2008): Subthalamic nucleus stimulation in severe obsessive-compulsive disorder. In: *New England Journal of Medicine* 359, 2121–2134.

Mayberg, Helen (2003): Positron emission tomography imaging in depression. In: *Neuroimaging Clinics of North America* 13, 805–815.

Mayberg, Helen/Lozano, Andres/Voon, Valerie/McNeely, Heather/Seminowicz, David/Hamani, Clement/Schwalb, Jason/Kennedy, Sidney (2005): Deep brain stimulation for treatment-resistant depression. In: *Neuron* 45, 651–660.

McIntyre, Cameron/Savasta, Mark/Kerkerian-Le Goff, Lydia/Vitek, Jerrold (2004): Uncovering the mechanism(s) of action of deep brain stimulation. In: *Clinical Neurophysiology* 115, 1239–1248.

Pascual-Leone, Alvaro/Tormos, Jose/Keenan, Julian/Tarazona, Francisco/Cañete, Carlos/Catalá, Maria (1998): Study and modulation of human cortical excitability with transcranial magnetic stimulation. In: *Journal of Clinical Neurophysiology* 15, 333–343.

Pascual-Leone, Alvaro/Valls-Solé, Josep/Wassermann, Eric/Hallett, Mark (1994): Responses to rapid-rate transcranial magnetic stimulation of the human motor cortex. In: *Brain* 117, 847–858.

Péron, Julie/Grandjean, Didier/Le Jeune, Florence/Sauleau, Paul/Haegelen, Claire/Drapier, Dominique/Rouaud,

Tiphaine/Drapier, Sophie/Vérin, Marc (2010): Recognition of emotional prosody is altered after subthalamic nucleus deep brain stimulation in Parkinson's disease. In: *Neuropsychologia* 28, 1053–1062.

Schläpfer, Thomas/Cohen, Michael/Frick, Caroline/Kosel, Markus/Brodesser, Daniela/Axmacher, Nikolai/Joe, Alexius/Kreft, Martina/Lenartz, Doris/Sturm, Volker (2008): Deep brain stimulation to reward circuitry alleviates anhedonia in refractory major depression. In: *Neuropsychopharmacology* 33, 368–377.

Servello, Domenico/Porta, Mauro/Sassi, Marco/Brambilla, Arianna/Robertson, Mary (2008): Deep brain stimulation in 18 patients with severe Gilles de la Tourette syndrome refractory to treatment. In: *Journal of Neurology, Neurosurgery and Psychiatry* 79, 136–142.

Skuban, Tobias/Flohrer, Juliane/Klosterkötter, Joachim/Kuhn, Jens (2011a): Psychiatrische Nebenwirkungen der tiefen Hirnstimulation bei idiopathischem Parkinsonyndrom. In: *Fortschritte der Neurologie: Psychiatrie* 79, 703–710.

Skuban, Tobias/Hardenacke, Katja/Woopen, Christiane/Kuhn, Jens (2011b): Informed consent in deep brain stimulation – ethical considerations in a stress field of pride and prejudice. In: *Frontiers in Integrative Neuroscience* 5, 7, 1–2.

Thobois, Stephane/Ardouin, Claire/Lhommee, Eugénie/Klinger, Hélène/Lagrange, Christelle/Xie, Jing/Fraix, Valérie/Coelho Braga, Maria Clara/Hassani, Rachid/Kistner, Andrea/Juphard, Alexandra/Seignereut, Eric/Chabardes, Stephan/Mertens, Patrick/Polo, Gustavo/Reilhac, Anthonin/Costes, Nicolas/LeBars, Didier/Savasta, Marc/Tremblay, Léon/Quesada, Jean-Louis/Bosson, Jean-Luc/Benabid, Alim-Louis/Brousolle, Emmanuel/Pollak, Pierre/Krack, Paul (2010): Non-motor dopamine withdrawal syndrome after surgery for Parkinson's disease. In: *Brain* 133, 1111–1127.

Vandewalle, Veerle/van der Linden, Chris/Groenewegen, Henk/Caemaert, Jacques (1999): Stereotactic treatment of Gilles de la Tourette syndrome by high frequency stimulation of thalamus. In: *Lancet* 353, 724.

Vernaleken, Ingo/Kuhn, Jens/Lenartz, Doris/Raptis, Mardjan/Huff, Wolfgang/Janouschek, Hildegard/Neuner, Irene/Schaefer, Wolfgang/Gründer, Gerhard/Sturm, Volker (2009): Bithalamical deep brain stimulation in tourette syndrome is associated with reduction in dopaminergic transmission. In: *Biological Psychiatry* 66, e15–17.

Jens Kuhn/Tobias Skuban-Eiseler/Wolfgang Huff

7.   Neuroökonomie

Die Entstehung der Neuroökonomie fußt auf dem Zusammenschluss zweier Forschungszweige, die zunächst unabhängig voneinander mit der systematischen Untersuchung von Entscheidungen (s. Kap. IV.6) begannen – die kognitive Neurowissenschaft (s. Kap. II.D.1) und die Verhaltensökonomie. Ursprünglich auf Tierläsionsstudien und pathologische Einzelfälle beschränkt, wurde es in den letzten Jahrzehnten der kognitiven Neurowissenschaft durch die Entwicklung nichtinvasiver neurophysiologischer Methoden ermöglicht, auch am gesunden Menschen den Zusammenhang zwischen Hirnaktivität, kognitiver Leistung und Entscheidungsverhalten zu untersuchen. Auch in der Ökonomie ereignete sich eine revolutionäre Entwicklung: Die Erkenntnis, dass die Hypothese des rational entscheidenden Nutzenmaximierers (*Homo oeconomicus*) in der Realität nur selten zutrifft (s. Kap. III.11), förderte das Interesse an Laborexperimenten (Glimcher et al. 2009). So entstand die moderne Verhaltensökonomie, die sich zunehmend der experimentellen Überprüfung ihrer normativen Entscheidungstheorien öffnete.

Die Anwendung psychometrisch-neurometrischer Methoden auf ökonomische Theorien wird heute als ›Neuroökonomie‹ bezeichnet (z. B. Reimann/Weber 2011). Eine Kernfrage der Neuroökonomie lautet: Durch welche physiologischen Prozesse lassen sich ökonomische Entscheidungen erklären? Mit solchen Fragestellungen hat die noch junge Neuroökonomie maßgeblich die Integration biologischer Faktoren in die Sozialwissenschaften vorangetrieben. Der Mensch wird also nicht als rationaler, körperloser Akteur, sondern als biologisches Wesen aufgefasst, das in seinen Entscheidungen biologischen Einflüssen unterliegt und dessen Biologie mit der Umwelt interagiert. Inwiefern sich die beiden Mutterdisziplinen – die kognitive Neurowissenschaft und die Verhaltensökonomie – in ihrer Tochter Neuroökonomie widerspiegeln, welchen Zugewinn beide durch die Fusion erhalten und welche praktischen Implikationen die transdisziplinären Forschungsbeiträge haben, soll in diesem Kapitel veranschaulicht werden.

Kognitive Neurowissenschaft und was sie von der Verhaltensökonomie lernen kann

Ein Thema der kognitiven Neurowissenschaft bildet den Grundstein der Neuroökonomie: die Erforschung von Entscheidungsprozessen (s. Kap. IV.6). Es wird angenommen, dass Mechanismen der Informationsverarbeitung, z. B. die Wahrnehmung und Bewertung von Entscheidungsalternativen, bei der Entscheidungsfindung eine tragende Rolle spielen. Die neuronale Aktivität, die diesen Mechanismen vermutlich zugrunde liegt, lässt sich durch die Kombination von Experimenten und moderner funktioneller Bildgebung mit immer besserer zeitlicher und räumlicher Auflösung abbilden. So hat sich in den letzten Jahrzehnten eine Fülle von Experimentaldaten angesammelt, die zu verschiedenen Theorien über die Mechanismen von Entscheidungsprozessen führte. Darunter fallen z. B. die Hypothese, dass physiologische Vorboten von Emotionen (s. Kap. IV.5) die Entscheidung beeinflussen (die sog. *somatic marker hypothesis*; Bechara/Damasio 2005), oder auch die These, dass Entscheidungen von dem Verhältnis der brauchbaren Information zur unbrauchbaren, verrauschten Information abhängen (vgl. die sog. Signal-Entdeckungstheorie, im Original von Green/Swets 1966).

Diese unterschiedlichen Ansätze zur Erklärung der Entscheidungsfindung führten dazu, dass bald die Forderung nach einem theoretischen Rahmen laut wurde, der über die jeweiligen Experimente und Modalitäten hinaus generalisierbar sein sollte (Glimcher et al. 2009). Für einen solchen Rahmen bietet sich die Verwendung präziser normativer Modelle an: Sie regt einerseits – durch die wissenschaftstheoretische Grundforderung nach Falsifikation – die Überprüfung bestehender Modelle sowie die Entwicklung neuer Modelle an; und sie ermöglicht andererseits, mehr als nur die Daten eines konkreten Experiments vorherzusagen (van Winden 2006). Da normative ökonomische Theorien wie der *revealed preference* Ansatz tatsächliches Verhalten gut vorhersagen, fanden sie bald Anwendung in der neurowissenschaftlichen Entscheidungsforschung. Diesem Ansatz liegt die Annahme zugrunde, dass ein Akteur bei einer Wahl zwischen zwei Gütern mit größerer Wahrscheinlichkeit das Gut wählen wird, das seiner tatsächlichen Präferenz entspricht. Auf Basis mehrerer solcher Entscheidungen können Schätzwerte für den sog. Erwartungswert und den Erwartungsnutzen berechnet werden, die der Akteur einem Gut zuschreibt (s. Kap. III.11). Die Beschreibung neurobiologischer Korrelate von Erwartungswert und Erwartungsnutzen wurde zum Thema der ersten Studien, die man der Neuroökonomie zuordnet (z. B. Shizgal/Conover 1996). In dieser Studie wurde erstmalig an einem Tiermodell aufgezeigt, dass verschiedene Optionen auf einer ge-

meinsamen Skala nach ihrem Nutzen bewertet werden und diese unterschiedlichen physiologischen Einflüssen unterliegen.

Normative ökonomische Entscheidungsmodelle haben den Vorteil, dass präzise formulierte Annahmen empirisch auf ihre Gültigkeit und Zuverlässigkeit überprüft werden können. Sie lassen *per se* zwar keine Rückschlüsse darüber zu, wie ein Individuum zu einer bestimmten Entscheidung gelangt ist (s. Kap. IV.6); dennoch bieten sie ein hilfreiches Dachkonzept, das den vielseitigen neurowissenschaftlichen Befunden lange fehlte.

Verhaltensökonomie und was sie von der kognitiven Neurowissenschaft lernen kann

Die kognitive Neurowissenschaft hat maßgeblich dazu beigetragen, dass die Sichtweise der Sozialwissenschaften um die Biologie erweitert wurde. Was noch vor wenigen Jahren undenkbar war, ist inzwischen Allgemeinwissen: Biologische Faktoren, vegetative Zustände, wie Hunger, Erregung oder Vigilanz sind bedeutende Motoren des Entscheidungsverhaltens. Dazu muss man verstehen, dass die traditionellen Sozialwissenschaften, eben auch die Verhaltensökonomie, körperlose Disziplinen sind, in deren Modellen Aspekte wie Erregung, Stress oder Emotionen keine Rolle spielen. Diese Auffassung hat sich durch den Einfluss der kognitiven Neurowissenschaft grundlegend verändert, was einen langfristigen Effekt auf die Sozialwissenschaften und somit auch auf die Wirtschaftsforschung haben wird. Ein Indikator für diese Tatsache ist, dass nahezu alle großen repräsentativen sozialwissenschaftlichen Panels weltweit mittlerweile biologische Faktoren mit in ihre Erhebungen aufnehmen.

Im Speziellen ermöglicht die Anwendung kognitiv-neurowissenschaftlicher Methoden, dass neben dem beobachtbaren Verhalten auch die dahinter liegenden Prozesse untersucht werden können. Dies ist eine neue Sichtweise, denn traditionell wurden ökonomische Modelle häufig unter der Prämisse eines ›als ob‹ bewertet: Die Annahmen eines Modells mochten falsch oder unrealistisch sein, aber die Vorhersagen des Verhaltens trafen zu. Mit diesem gewissermaßen behavioristischen Ansatz entzog sich die theoretische Ökonomie der Kritik, in offensichtlichem Widerspruch zu vielen psychologischen und neurowissenschaftlichen Befunden zu stehen. Gerade bei der Erforschung kognitiver Leistungen werden immer wieder Verletzungen ökonomischer Modellannahmen beobachtet. So findet sich (ökonomisch) irrationales, nicht-nutzenmaximierendes Verhalten z. B. im Erwerb von teuren Versicherungen gegen sehr unwahrscheinliche Katastrophen, in Spenden zu wohltätigen Zwecken oder im Kauf von Lotterielosen (s. Kap. III.11). Es stellt sich also die Frage, ob es nicht an der Zeit ist, das ökonomische Standardmodell des *Homo oeconomicus* zu erweitern und kognitionswissenschaftliche Erklärungen für die Denkprozesse hinter dem irrationalen (d. h. nicht-nutzenmaximierenden und von biologischen und psychologischen Faktoren beeinflussten) Verhalten zu integrieren. Diese Herangehensweise beinhaltet, dass die ›Black Box‹ zwischen Informationseingang und gezeigtem Verhalten geöffnet werden muss. Es bedeutet aber auch, dass sich interdisziplinär arbeitende Forscher in ihren Ansprüchen und Forderungen annähern müssen. Während Psychologen und Kognitionsforscher häufig sehr zurückhaltend waren, wenn es darum ging, formalisierte Generalisierungen als Erklärung für ihre empirischen Daten zu verwenden, fehlte den Ökonomen die empirische Untermauerung ihrer normativen Theorien (van Winden 2006). Diese Theorien mitsamt der in der Ökonomie geforderten stringenten Logik und Präzision in einem systematischen Experiment zu überprüfen, das gleichzeitig sämtliche psychologische Faktoren berücksichtigt, ist schier unmöglich (Rabin 1998). Die Neuroökonomie wagt daher den Kompromiss, kleinere kognitionspsychologische Phänomene mit aus der Ökonomie abgeleiteten Theorien zu erklären, deren Annahmen realistisch sind und die durch neurophysiologische Befunde untermauert werden können. Somit sind durch die Interdisziplinarität neben der Vorhersage auch die Ursache des Verhaltens und die Erklärung gegebener Verhaltensabweichungen zentrale Forschungsfragen der Neuroökonomie.

Forschungsbeiträge der Neuroökonomie

Die Neuroökonomie profitiert einerseits von der mathematischen Formalisierung der Annahmen und deren logischer Analyse, die die Ökonomie mitbringt; andererseits können psychologische Befunde wiederum neuroökonomische Modelle realistischer machen (Rabin 1998). So berücksichtigt die Neuroökonomie etwa, dass der Mensch begrenzte kognitive Kapazitäten zur Verfügung hat und daher beim Entscheiden Heuristiken anwendet, die zu systematischen Denkfehlern führen. Darüber hinaus ist es häufig falsch, von stabilen Präferenzen auszugehen: Die Neigung zu riskanten Entscheidungen ändert

sich in Abhängigkeit vom Kontext (der sog. *framing*-Effekt; Tversky/Kahneman 1992; s. Kap. III.11). Die interdisziplinäre Arbeit ermöglicht es, aus der Vielzahl psychologischer und ökonomischer Variablen eben jene herauszuarbeiten, die sowohl das Verhalten vorhersagen als auch dessen neurobiologische Ursachen erklären können. In den letzten Jahren ist eine große Anzahl einflussreicher Publikationen im Bereich der Neuroökonomie entstanden. Im Folgenden sollen – ohne Anspruch auf Vollständigkeit – die Ansätze und Implikationen einiger Arbeiten erläutert werden.

Auf basaler Ebene versucht die Neuroökonomie, entscheidungsrelevanten Variablen neurophysiologische Prozesse zuzuordnen. Auch wenn der Zusammenhang zwischen ›Belohnungsaktivierung‹ im Gehirn einerseits und ›ökonomischem Nutzen‹ andererseits nicht eindeutig ist, besteht große Zuversicht dahingehend und auch Evidenz dafür, dass ein physiologisches Korrelat des Nutzens im Gehirn gemessen werden kann. So konnten spezifische Bereiche des Gehirns mit der Zahlungsbereitschaft oder der Präferenz für Güter in Zusammenhang gebracht werden (Plassmann et al. 2007). Steht ein Proband bei der Bezahlung seiner Leistung im Vergleich mit einer anderen Person, beeinflusst die Relation der eigenen Bezahlung zur Bezahlung der anderen Person sowohl die Zufriedenheit mit der eigenen Bezahlung als auch die damit zusammenhängende belohnungsassoziierte Aktivität im Gehirn (Fliessbach et al. 2007).

Ein weiteres Thema der Neuroökonomie ist die Ermittlung der biologischen Grundlagen individueller Präferenzen, wie z. B. Risikopräferenzen (ähnliche Ansätze existieren auch für soziale oder Zeitpräferenzen). Diese werden häufig mithilfe von Lotterien erhoben. Angenommen, ein Proband hat die Wahl zwischen einem sicheren Geldbetrag von 100 Euro und der Chance, durch einen Münzwurf (eine sog. Lotterie) 200 Euro zu gewinnen oder leer auszugehen. Der stochastische Erwartungswert der Lotterie ist hier identisch mit der sicheren Auszahlung ($1/2 \times 200$ Euro = 100 Euro); beide Optionen unterscheiden sich aber in ihrem Risiko, d. h. in der Unsicherheit ihrer Vorhersage. Mithilfe funktioneller Bildgebung wurde gezeigt, dass sowohl die ökonomischen Entscheidungsparameter Erwartungswert und Risiko als auch die individuelle Risikopräferenz mit spezifischer Hirnaktivierung zusammenhängen (Christopoulos et al. 2009; Preuschoff et al. 2006).

In der Realität haben wir es selten mit so klar definierten Optionen zu tun; vielmehr müssen weitere Faktoren wie der Zeitpunkt oder die Menge an vorhandenen Informationen berücksichtigt werden. Menschen neigen dazu, kurzfristige niedrige Belohnungen (z. B. fünf Euro jetzt) langfristigen höheren Belohnungen (z. B. zehn Euro in einem Monat) vorzuziehen. Der subjektive Wert, der einer Belohnung zugemessen wird, verringert sich also durch die Zeit, die bis zum Erhalt der Belohnung verstreichen wird (das sog. *temporal discounting*). Die neuronalen Korrelate der Discountingfunktion wurde bereits im Tiermodell und am Menschen nachgewiesen (Kalenscher/Pennartz 2008).

Neben den Entscheidungen des Individuums sind auch Entscheidungen in sozialen Interaktionen von großer Bedeutung, wie etwa im Ultimatumspiel (s. Kap. IV.6): Ein Akteur teilt einen Geldbetrag zwischen sich und seinem Mitspieler auf; dieser Mitspieler kann das Angebot entweder annehmen, woraufhin beide ihren zugewiesenen Betrag erhalten, oder ablehnen, woraufhin beide leer ausgehen. Den größten Nutzen würde der Mitspieler also aus der Annahme jedes Angebots ziehen, denn ein geringer Geldbetrag ist immer noch besser als leer auszugehen. Tatsächlich verletzen Mitspieler jedoch das ökonomische Standardmodell und lehnen unfaire Angebote ab. In einer neuroökonomischen Studie wurde gezeigt, dass unfaire Angebote beim Mitspieler neuronale Aktivität in Arealen der Emotionsverarbeitung und in Arealen höherer kognitiver Funktionen hervorrufen (Sanfey et al. 2003). Hierauf aufbauend wurden Studien kreiert, die durch emotionale Intervention das Entscheidungsverhalten von Probanden veränderten (z. B. Harlé et al. 2012).

Praktische Implikationen

Neben der Erforschung der Grundlagen des Entscheidens bieten neuroökonomische Befunde auch praktische Implikationen. So kann z. B. die Erkenntnis, dass individuelle Risikopräferenzen in die subjektive Bewertung eines Risikos integriert werden, für bessere Vorhersagen des Anlegerverhaltens an Börsen genutzt werden. Neuroökonomische Befunde darüber, welche Aspekte in eine Produktbewertung und eine Kaufentscheidung einfließen, sind von großem Interesse für Marketing und Medien. Das bessere Verständnis von systematischen Entscheidungsfehlern und die Beeinflussbarkeit der Entscheidungen kann die Entwicklung eines gesellschaftlichen Umfelds fördern, das diesen Umständen Rechnung trägt. Besonders im Bereich von Nahrungsmittelentscheidungen kann dies auch zu gesundheitspolitischen Richtlinien beitragen: Wie werden Menschen

durch Signale (Labels) an Nahrungsmitteln in ihrem Entscheidungsverhalten, der Bewertung und Wahrnehmung von Produkten beeinflusst? Wirkt sich diese Beeinflussung gegebenenfalls konträr zu der von den Konsumenten gewünschten Zielsetzung aus? Nicht zuletzt könnte auch die Diagnose und Behandlung zahlreicher klinischer Störungsbilder, z. B. pathologisches Glücksspiel oder andere Suchterkrankungen, erleichtert werden, indem weitere Zusammenhänge zwischen neurophysiologischen Charakteristika und störungstypischem Verhalten aufgedeckt werden.

Zusammenfassung und Ausblick

Die Neuroökonomie umfasst die transdisziplinäre Erforschung ökonomischen Verhaltens mithilfe psychologischer und neurowissenschaftlicher Methoden. Zentrale Themen sind dabei die neurobiologischen Korrelate individueller Präferenzen und Mechanismen des Entscheidungsprozesses. Aus ihren Mutterdisziplinen Verhaltensökonomie und kognitive Neurowissenschaft gewinnt die Neuroökonomie einerseits einen normativen, präzise formulierten Rahmen und andererseits die empirische Untermauerung dafür, dass die angenommenen Mechanismen tatsächlich im menschlichen Organismus wiederzufinden und essenziell für das Verhalten sind. Wichtig für den Erfolg der interdisziplinären Arbeit ist, dass theoretische und methodische Grundlagen der jeweils anderen Disziplin erworben werden und dass der Austausch mit anderen Forschern eine Plattform findet. Mit der Entstehung interdisziplinärer Studiengänge in der Neuroökonomie und wissenschaftlicher Gesellschaften (z. B. der *Society for Neuroeconomics*) befinden wir uns auf dem richtigen Weg. Ein nächster wichtiger Schritt wird die Verknüpfung der Daten aus dem Labor mit tatsächlichen ökonomischen und sozialen Daten sein. Eine der Fragen wird dabei sein, ob die Verknüpfung ökonomischer Befragungen mit kognitiven und neurophysiologischen Faktoren die Vorhersage des Lebenserfolges von Menschen, wie z. B. des beruflichen und sozialen Werdegangs, verbessern kann (Heckman 2007).

Literatur

Bechara, Antoine/Damasio, Antonio (2005): The somatic marker hypothesis. In: *Games and Economic Behavior* 52, 336–372.
Christopoulos, George/Tobler, Philippe/Bossaerts, Peter/Dolan, Raymond/Schultz, Wolfram (2009): Neural correlates of value, risk, and risk aversion contributing to

decision making under risk. In: *Journal of Neuroscience* 29, 12574–12583.

Fliessbach, Klaus/Weber, Bernd/Trautner, Peter/Dohmen, Thomas/Sunde, Uwe/Elger, Christian/Falk, Armin (2007): Social comparison affects reward-related brain activity in the human ventral striatum. In: *Science* 318, 1305–1308.

Glimcher, Paul/Camerer, Colin/Fehr, Ernst/Poldrack, Russell (2009): Introduction. In: dies. (Hg.): *Neuroeconomics*. San Diego, 1–12.

Green, David/Swets, John (1966): *Signal Detection Theory and Psychophysics*. Oxford.

Harlé, Katia/Chang, Luke/van't Wout, Mascha/Sanfey, Alan (2012): The neural mechanisms of affect infusion in social economic decision-making. In: *Neuroimage* 61, 32–40.

Heckman, James (2007): The economics, technology, and neuroscience of human capability formation. In: *Proceedings of the National Academy of Sciences of the USA* 104, 13250–13255.

Kalenscher, Tobias/Pennartz, Cyriel (2008): Is a bird in the hand worth two in the future? In: *Progress in Neurobiology* 84, 284–315.

Plassmann, Hilke/O'Doherty, John/Rangel, Antonio (2007): Orbitofrontal cortex encodes willingness to pay in everyday economic transactions. In: *Journal of Neuroscience* 27, 9984–9988.

Preuschoff, Kerstin/Bossaerts, Peter/Quartz, Steven (2006): Neural differentiation of expected reward and risk in human subcortical structures. In: *Neuron* 51, 381–390.

Rabin, Matthew (1998): Psychology and economics. In: *Journal of Economic Literature* 36, 11–46.

Reimann, Martin/Weber, Bernd (2011): Neuroökonomie – Eine Bestandsaufnahme. In: dies. (Hg.): *Neuroökonomie*. Wiesbaden, 3–9.

Sanfey, Alan/Rilling, James/Aronson, Jessica/Nystrom, Leigh/Cohen, Jonathan (2003): The neural basis of economic decision-making in the ultimatum game. In: *Science* 300, 1755–1758.

Shizgal, Peter/Conover, Kent (1996): On the neural computation of utility. In: *Current Directions in Psychological Science* 5, 37–43.

Tversky, Amos/Kahneman, Daniel (1992): Advances in prospect theory. In: *Journal of Risk and Uncertainty* 5, 297–323.

van Winden, Frans (2006): Social science in the making. In: Paul van Lange (Hg.): *Bridging Social Psychology*. Mahwah, 415–420.

Sarah Rudorf/Bernd Weber

8. Neurowissenschaft und Ethik

Ethische Fragen in der Kognitionswissenschaft

Die Kognitionswissenschaft arbeitet daran, Erkenntnisse über mentale Leistungen zu erzielen und Fortschritte in Bezug auf neue Handlungsmöglichkeiten zu erlangen. Der Forschungsprozess, der Umgang mit den Ergebnissen, die Anwendungen und die Konsequenzen erfordern dabei normative Überlegungen, die Technikfolgenabschätzung sowie anthropologische, kulturelle, historische und soziale Dimensionen umfassen (s. Kap. V.5). Im Bereich der Künstliche-Intelligenz-Forschung (s. Kap. II.B.1) etwa sind die Konsequenzen des Erschaffens intelligenter Systeme zu bedenken: Es stellen sich z. B. Fragen nach ihren militärischen Anwendungen, nach Missbrauch, nach soziokulturellen Auswirkungen der Verbreitung von Mensch-Maschine-Schnittstellen (s. Kap. IV.3, Kap. IV.13) und nach dem Wert künstlicher intelligenter Systeme. Obgleich alle Teilgebiete der Kognitionswissenschaft solche normativen Fragen aufwerfen (neben der Künstliche-Intelligenz-Forschung v. a. auch die Robotik; s. Kap. II.B.2), liegt der Fokus im Folgenden speziell auf der Darstellung ethischer Konsequenzen der Neurowissenschaften. Da der wissenschaftliche Fortschritt in den Neurowissenschaften den Menschen in seinem generellen Menschenbild und in seinem Selbstverständnis betrifft, ist dort eine besonders sensible Herangehensweise an ethische Fragen vonnöten (s. Kap. V.5).

Neuro-Ethik

Neben Disziplinen wie Neuro-Marketing, Neuro-Pädagogik (s. Kap. V.9), Neuro-Theologie oder Neuro-Ästhetik hat sich im Rahmen der enormen Resonanz, auf die die Neurowissenschaften in anderen Wissenschaftsbereichen und in den Medien treffen, eine weitere Neuro-Bindestrich-Forschungsrichtung namens Neuro-Ethik etabliert. Der Trend, den diese Bindestrichdisziplinen ausdrücken, ist folgender: Den Neurowissenschaften wird mehr und mehr zugetraut, auf eine Vielzahl individueller und gesellschaftlicher Fragen antworten zu können, die vormals nicht in das Gebiet der Naturwissenschaften, sondern in das der Geistes- und Sozialwissenschaften fielen. Dieser Trend ist kritisch zu hinterfragen, wenn er einen Reduktionismus riskiert, der

den Phänomenen möglicherweise nicht gerecht werden kann (s. Kap. V.5). Es ist jedoch ebenso wichtig,
den Wert der wissenschaftlichen Fortschritte nicht
gänzlich zu verneinen und damit eine andere Einsei-
tigkeit zu riskieren.

Die Bezeichnung ›Neuro-Ethik‹ ist auch fragwürdig, da sie ein Konglomerat an kaum zusammenfass-
baren Themen integrieren möchte: So wird vorgeschlagen, Neuro-Ethik als das Gebiet zu beschreiben, das Neurowissenschaften der Ethik und Ethik
der Neurowissenschaften und deren Interaktionen
umfasst (Roskies 2002). Ethik als die Lehre vom
richtigen Handeln und Wollen beschäftigt sich traditionell mit Fragen danach, wie gutes Leben gelingen kann. Sie bedenkt Kriterien für gutes und
schlechtes Handeln sowie für moralische Urteile
und liefert Maßstäbe dafür, wie in bestimmten Situationen gehandelt werden sollte. Die Neurowissenschaften der Ethik versuchen, mit naturwissenschaftlichen Methoden moralisches Urteilen, soziale
Interaktionen und Entscheidungsprozesse zu untersuchen und schließen davon auf universelle Prinzipien im Gehirn, die moralphilosophischem Schließen zugrunde liegen könnten (z. B. Greene et al.
2004). Diese Forschungsrichtung ist jedoch keine
Ethik im ursprünglichen Sinne, sondern selbst Teil
neurowissenschaftlicher Forschung. Die Erkenntnisse der Neurowissenschaften der Ethik können
Ethiker zwar informieren und zum besseren Verständnis menschlichen moralischen Schließens beitragen. Möglicherweise ergeben sich auch Erkenntnisse, die metaethische Überlegungen unterstützen.
Die neurowissenschaftliche Forschung selbst betreibt jedoch keine Ethik. Die Ethik der Neurowissenschaften hingegen ist eine Form angewandter
Ethik, die untersucht, welche Konsequenzen neurowissenschaftlicher Fortschritt hat (Glannon 2007;
Levy 2007; Nagel 2010). Ihr gelten die nachfolgenden Überlegungen, in denen es u. a. darum geht,
wie mit potenziellen oder schon realen Anwendungen der neurowissenschaftlichen (Grundlagen-)For-
schung umgegangen werden kann, was Manipulationen des Gehirns und Einblicke in Gehirnprozesse
bedeuten, welche individuellen und gesellschaftlichen Folgen das zunehmende Wissen über mentale
Prozesse und ihre Beeinflussbarkeit haben oder wie
die Fortschritte in der Wissenschaft zum guten Leben beitragen können. Zu unterscheiden sind hier
zwei große Bereiche des neurowissenschaftlichen
Forschungs- und Anwendungsfeldes: die Beobachtung und die Beeinflussung mentaler Prozesse.

Bildgebende Verfahren und ethische Fragen

Einer der zentralen Fortschritte der Neurowissenschaften ist im Bereich bildgebender Verfahren zu
verorten, deren Methoden es erlauben, Gehirnprozesse mit immer größerer zeitlicher und räumlicher
Präzision zu visualisieren und zu untersuchen
(s. Kap. V.2). Mit diesem Potenzial sind ethisch relevante Konsequenzen verbunden, die sich von den
Forschungsstudien im Labor bis zu Anwendungen
in der Alltagswelt ziehen (z. B. Illes et al. 2006). So
kann die Verwendung struktureller und funktioneller bildgebender Verfahren in wissenschaftlichen
Studien außerhalb des Arzt-Patienten-Kontextes zu
Zufallsbefunden führen, d. h. es können unerwartet
klinisch relevante Anomalien entdeckt werden (Illes
et al. 2004). Von ethischer Relevanz ist dann die
Frage, wie mit solchen Befunden (z. B. entdeckten
Tumoren oder Hinweisen auf eine Demenzerkran-
kung), die oft gravierende persönliche Konsequenzen haben, umzugehen ist. Zu berücksichtigen ist
neben dem Legitimations- und Pflichtenverhältnis
zwischen Forscher und Proband (das nicht dem
Arzt-Patienten-Verhältnis entspricht) v. a. die klare
Aufklärung jedes Probanden vor einer Messung
über das Risiko und eine eindeutige Entscheidung,
wie im Falle von Zufallsbefunden zu handeln sei. In
Deutschland gibt es hierzu bislang keine ethischen
Richtlinien.

Ethische Konsequenzen der Anwendung bildgebender Verfahren werden auch in den Gebieten
Rechtsprechung und Marketing virulent. Messmethoden, die augenscheinlich ›dem Gehirn bei der
Arbeit zuschauen‹, könnten möglicherweise in verbesserten Versionen als Lügendetektoren genutzt
werden und mutmaßliche Straftäter ent- oder belasten. Vor einer gründlichen ethischen Debatte, die
u. a. zu bedenken hat, ob solche Interventionen in
die Privatheit der geistigen Prozesse eines anderen
erlaubt und erwünscht sind, ist jedoch zu beachten,
dass die Technik seriöse Anwendungen dieser Art
zur Zeit gar nicht erlaubt: Aussagen über Individuen
sind schwer möglich, es sind komplexe statistische
Datenanalysen nötig, um die eingängigen Bilder zu
produzieren, die suggerieren, sie wären Momentaufnahmen des Gehirns, und letztlich ist das Schließen
von einem Probanden auf den anderen angesichts
der interindividuellen Variabilität kaum möglich
(s. Kap. V.2). Die Faszination, die von Bildern des
Gehirns ausgeht und das Potenzial, das sie versprechen, ist also vorsichtig zu behandeln und mit der
Realität der Methoden abzugleichen (z. B. Kriegeskorte et al. 2009; Logothetis 2008, sowie die Bei-

träge in *Perspectives on Psychological Science* 5, 2010). Das gilt auch für das zweite Feld, in dem bildgebende Verfahren alltagsrelevant werden: Das sog. Neuro-Marketing nutzt z. B. die funktionelle Magnetresonanztomografie (fMRT) zur Untersuchung von Konsumentenmotiven, -emotionen, und -präferenzen, um Konversionsraten und Kundenbindung zu optimieren. Diese Anwendung, die über die üblichen und weit verbreiteten psychologischen Strategien hinausgeht, ist gesellschaftlich zu diskutieren und normativ zu untersuchen.

›Better than well‹ – Enhancement geistiger Eigenschaften

Ein anderer Bereich der Ethik der Neurowissenschaften beschäftigt sich mit der Bewertung der Beeinflussung mentaler Zustände. Technologien wie Psychochirurgie, Tiefe Hirnstimulation (s. Kap. V.6) und Gehirnimplantate werfen u. a. Fragen nach Identität, Autonomie (s. Kap. IV.2) und Privatheit auf. Neurotechnologien jeglicher Couleur werden meist für therapeutische Zwecke entwickelt. Es geht um Neuroprothesen, Implantate, Technologien zur sensorischen Substitution (s. Kap. IV.19) und Psychopharmaka. Der therapeutische Nutzen und der Bedarf an wirksamen Therapeutika ist groß. Unterschieden von diesem Nutzen zur Heilung oder Linderung wird die Anwendung dieser Technologien zur Verbesserung (*enhancement*) kognitiver, emotionaler und moralischer Fähigkeiten und Befindlichkeiten, um über das normale, gesunde Maß hinauszuwachsen (Schöne-Seifert et al. 2009). Die Abgrenzung zwischen Therapie und Enhancement ist jedoch notorisch schwierig. Die Grauzone ist groß zwischen einerseits pathologischen, medizinisch zu behandelnden Symptomen affektiver oder kognitiver Art und andererseits solchen Zuständen, in denen es primär um eine Stärkung der emotionalen Stabilität und eine Verbesserung der kognitiven Leistungen geht. Für Fragen medizinischer Versorgungsansprüche, Aufgaben des Arztes und Verteilungsgerechtigkeit im Gesundheitssystem wird diese Abgrenzung trotz schwieriger definitorischer Aspekte eine Rolle spielen.

Das Feld der Anwendungen und Methoden im Bereich des Neuroenhancement ist breit (z. B. Nagel 2010). Bei den Mitteln sind Eingriffe in das Nervensystem mit Psychopharmaka, nichtinvasive und invasive Verfahren der Hirnstimulation sowie Neuroimplantate zu berücksichtigen. Zurzeit ist die Psychopharmakologie die relevanteste Methode. Die

Anwendungsbereiche reichen von Verbesserungen körperlicher Leistungsfähigkeit (bezüglich Schlaf, Muskelkraft oder sexueller Leistung), über Interventionen in kognitive Zustände (vornehmlich Aufmerksamkeit, Vigilanz, Lernfähigkeit und Gedächtnis) bis zur Manipulation von Gefühlen und Stimmungen sowie der Beeinflussung von moralischer Kompetenz und sozialer Interaktion.

Neuroenhancement ist kein neues Thema. Menschen haben schon immer nach Optimierung, Veränderung von Bewusstseinszuständen und Leistungssteigerung gestrebt und dazu auch psychoaktive Substanzen wie Alkohol, Nikotin, Kaffee, Cannabis, Betel oder Psilocybin eingesetzt. Neu sind v. a. die entwickelten Mittel, die angenommene Selektivität und die Präsenz der Thematik. Insbesondere ist es aber der direkte Eingriff in das Organ Gehirn, das eine außerordentliche Faszination auf uns ausübt, weil es mitbestimmt, wie wir denken, handeln, wahrnehmen und fühlen.

Emotionen und Stimmungen (s. Kap. IV.5) können über psychopharmakologische Eingriffe in den Neurotransmitterhaushalt beeinflusst werden. Antidepressiva, die zur Behandlung von Depressionen entwickelt wurden, können auch bei Gesunden stimmungsaufhellend wirken. Obwohl Studien zur Wirksamkeit bei Gesunden ein gemischtes Bild geben (Repantis et al. 2009), finden insbesondere die sog. selektiven Serotonin-Wiederaufnahmehemmer wie z. B. Fluoxetin (bekannt unter den Handelsnamen Prozac®, Fluctin®) einen großen Markt bei den gesunden Unzufriedenen, d. h. bei Menschen, die ihre Stimmung oder Persönlichkeitsmerkmale verändern wollen. Diese Mittel versprechen, dafür zu sorgen, dass der Konsument sich ›besser als gut‹ fühlen kann, emotional belastbarer und aufgeschlossener wird.

Ferner scheint es heute durch neurochemische Interventionen möglich zu sein, Gedächtnisleistungen zu verbessern, indem mittels Manipulationen über Rezeptoren Konsolidierungsprozesse unterstützt werden. Die Forschung an Ampakinen und cREB-Aktivatoren (*cAMP Response Element-Binding Protein*) versucht auf neuronaler und molekularer Ebene, dem Mysterium Gedächtnis auf die Spur zu kommen (s. Kap. IV.7) und Mittel zu entwickeln, die zur Verfestigung synaptischer Verbindungen führen können. Auf gesicherte Ergebnisse, die aus Humantests stammen, wartet man noch.

Auf der anderen Seite der ›Gedächtnismedaille‹ geht es um das komplexe Phänomen Vergessen: Hier lassen sich mit Betablockern emotionale Aspekte von belastenden Erinnerungen stark reduzieren, so dass zwar die Erinnerung an ein Ereignis weiter besteht, jedoch weitgehend ohne den emotionalen Gehalt. Anwendungen werden neben dem klinischen v. a. im militärischen Bereich gesehen.

Ein weiteres viel diskutiertes Feld ist die Intervention in Aufmerksamkeitsprozesse (s. Kap. IV.1): Methylphenidat (Ritalin®, Concerta®) wird bei Kindern und Erwachsenen mit Aufmerksamkeitsdefizit-(Hyperaktivitäts-)Störung eingesetzt, um die Dopaminkonzentration zu erhöhen. Dadurch soll eine Steigerung der Konzentrationsfähigkeit erreicht werden, die v. a. in schulischen und beruflichen Kontexten wünschenswert erscheint. Für eine Reduzierung des Schlafbedürfnisses und gesteigerte Vigilanz sorgt bei Gesunden Modafinil – ein Medikament, das zur Therapie von Narkolepsie eingesetzt wird. Der Einsatz des Hormons Oxytocin wirkt sich in einigen Fällen positiv auf soziales Verhalten und Vertrauensprozesse aus. Die Reihe der möglichen Interventionen über Stimulanzien, Antidementiva und Antidepressiva lässt sich beliebig fortsetzen.

Zum jetzigen Zeitpunkt ist die Wirksamkeit vieler Medikamente für den Enhancementgebrauch nicht eindeutig nachgewiesen, und die interindividuelle Variation der Effekte ist groß. Außerdem ist anzunehmen, dass die Mittel v. a. vorhandene Defizite kompensieren, jedoch nicht deutliche Steigerungen von Leistungen bei überdurchschnittlich leistungsfähigen Menschen bewirken (de Jongh et al. 2008). Es ist zu bedenken, dass die Komplexität der Physiologie enorm und ein gezielter Zugriff auf eine Funktion äußerst schwierig ist. Zudem kann eine Verbesserung einzelner Funktionen wahrscheinlich zu einer Verschlechterung anderer Funktionen führen. Und schließlich gilt: Keine Wirkung ohne Nebenwirkung – und Langzeit- sowie explizit auf Enhancementgebrauch fokussierte Studien sind rar (Repantis et al. 2009, 2010). Erste Hinweise zu Wirksamkeit und Gebrauch gibt es jedoch, und die Forschung läuft unter Hochdruck, da der Markt verspricht, groß zu sein.

Ethische Fragen zur Nutzung und Verbreitung von Neuroenhancement

In der Debatte um Enhancement werden Fragen zu einer Vielzahl von Themen virulent (Farah et al. 2004; Harris 2007; Nagel 2010; Parens 1998; Schöne-Seifert et al. 2009):

- *Sicherheit und Risiken der Anwendungen*: Es ist bis jetzt weitgehend ungeklärt, welche Folgen der Enhancementgebrauch von Medikamenten hat. So-

lange Langzeitstudien dieses Gebrauchs fehlen, ist unbedingt zu Vorsicht zu raten. Die Risiko-Nutzen-Abwägung unterscheidet sich bei Therapie und Enhancement voraussichtlich: Bei einem gewünschten Enhancement wird die Toleranz von Neben- und Langzeitwirkungen vermutlich geringer sein als bei einem therapeutischen Einsatz. Außerdem ist in der sozialen Debatte die Gefahr des Missbrauchs der Mittel zu berücksichtigen.

- *Verschiebung des Krankheitsbegriffs*: Die Grenze zwischen Therapie und Enhancement ist fließend. Skeptiker befürchten eine zunehmende Medikalisierung mentaler Zustände, die vorher als Teil des gesunden Spektrums menschlicher Zustände angesehen wurden (wie z. B. Schüchternheit oder Erschöpfung, die nun eher als pathologisch und medikamentös behandelbar verstanden werden). Befürworter allerdings sehen durch die Verfügbarkeit von Enhancementmitteln die Chance der Destigmatisierung.

- *Veränderung des Arzt-Patienten-Verhältnisses*: Die klassischen Aufgaben des Arztes umfassen Enhancement nicht. Das Verhältnis von Arzt und Patient könnte sich eher zu einer Dienstleistungsbeziehung verändern, die möglicherweise einen anderen Ethos bedingen würde.

- ›*Authentizität*‹: Es ist zu untersuchen, ob Psychopharmaka eher dafür sorgen, dass Konsumenten authentischer leben oder im Gegenteil authentisches Leben bedrohen. Obwohl ›Authentizität‹ ein schwer zu bestimmendes Phänomen ist, spielt die Vorstellung davon, wie man am ehesten ein Leben lebt, das einem entspricht und das einen erfüllen kann, in der öffentlichen Debatte und in Diskussionen zu normativen Einschätzungen eine große Rolle.

- *Persönlichkeitsveränderungen*: Psychoaktive Substanzen können persönlichkeitsverändernd wirken, und bei manchen Einsätzen ist gerade das erwünscht (so z. B. bei der Einnahme von Antidepressiva zur Veränderung von Stimmungen). Dieser Effekt, der schleichend eintreten kann, muss ausreichend kommuniziert und reflektiert werden.

- *Reichweite des Begriffes ›Normalität*‹: Ebenso wie die Veränderung des Krankheitsbegriffes ist auch das Konzept des ›Normalen‹ neu zu bedenken: Welche affektiven und kognitiven Zustände wären normal, wenn Interventionen, die oft darauf abzielen, das Normale zu verändern, immer weiter verbreitet wären?

- *Natur des Menschen*: Es ist zu überlegen, ob Neuroenhancement in die Natur des Menschen eingreift (Bayertz 2005; Heilinger 2010) und wie dies zu bewerten ist. Dafür ist grundlegend zu diskutieren, ob Natürlichkeit und Normalität als Grundlage normativer Bewertungen dienen können (Daniels 2000).

- *Normative Bewertungen verschiedener Mittel zur Intervention*: Gibt es normative Unterschiede zwischen verschiedenen Interventionsarten? Es ist zu untersuchen, ob, und wenn ja warum, z. B. die Einnahme eines Antidepressivums anders bewertet wird als andere Interventionen, etwa Psychotherapie, Meditation, Coaching usw.
- *Sozialer Druck*: Kritiker sorgen sich darum, dass durch die Verfügbarkeit von Enhancementmaßnahmen gesellschaftliche Zwänge weiter zunehmen könnten. Von Schülern, Studenten und Arbeitnehmern könnte im privaten und beruflichen Kontext verlangt werden, mittels Psychopharmaka für bessere Stimmung oder eine gesteigerte Leistungsfähigkeit zu sorgen. Der Druck, Medikamente zum Enhancement zu nehmen, kann mit deren Verbreitung steigen und es denjenigen erschweren, ›nein‹ zu sagen, die ohne diese leben möchten. Die gesellschaftliche Akzeptanz kann zu einer (subtilen) gesellschaftlichen Erwartungshaltung und einem entsprechenden Druck führen.
- *Gerechtigkeit*: Es ist zu überprüfen, ob Enhancement dazu beiträgt, dass die soziale Schere weiter auseinanderklafft, da die Mittel nicht für jeden erschwinglich sein könnten, oder sie schließt, da nun jeder die Möglichkeit hat, Ungleichheiten auszugleichen.

Vermutlich werden generelle Reglementierungen normativ kaum zu begründen sein. Kategorische Argumente auf beiden Seiten sind wenig überzeugend, da ihnen die nötige Kontextsensitivität fehlt. Zur normativen Beurteilung muss geprüft werden, ob es um selbstbestimmtes, elterlich verfügtes oder staatlich eingefordertes Enhancement geht und ob es in einem kompetitiven Kontext geschieht. Enhancement bei Kindern erfordert zusätzliche Überlegungen, die Selbstbestimmung und physiologische und psychologische Entwicklungsprozesse berücksichtigen müssen (Graf et al. 2013). In Zeiten pluralistischer Wertevorstellungen ist eine gesellschaftliche Debatte vonnöten, um zu nuancierten Handlungsempfehlungen zu kommen. Letztlich ist zentral, ob die Nutzung von Enhancementtechnologien dem Einzelnen in der Verwirklichung eines gelingenden Lebens hilft und ob damit gesellschaftliche Dynamiken unterstützt werden, die langfristig wünschenswert sind.

Fazit

Die Methoden, Anwendungen und das Selbstverständnis der Neurowissenschaften erfordern eine vielschichtige Reflexion, die Potenziale und Grenzen erkennt, aber auch den historischen und sozialen Kontext der Disziplin wahrnimmt. Um ungerechtfertigte Reduktionismen und vorschnelle Interpretationen zu verhindern, ist seitens der Forscher eine hohe Selbstreflexion und in anderen Disziplinen sowie der Öffentlichkeit eine wache Diskussion erforderlich (s. Kap. IV.5). Eine zentrale Aufgabe der Ethik in den Neurowissenschaften – wie auch im Umgang mit anderen Wissenschaften – ist es, vorausschauend zu denken, vorschnelle Diffamierung ebenso zu vermeiden wie übereilten Enthusiasmus, auf Veränderungen vorbereitet zu sein und diese in die Bahnen zu lenken, die dem Einzelnen und der Gesellschaft gerecht werden und nachhaltig gut tun.

Literatur

Bayertz, Kurt (2005): *Die menschliche Natur*. Paderborn.

Daniels, Norman (2000): Normal functioning and the treatment-enhancement distinction. In: *Cambridge Quarterly of Healthcare Ethics* 9, 309–322.

de Jongh, Reinoud/Bolt, Ineke/Schermer, Maartje/Berend, Olivier (2008): Botox for the brain. In: *Neuroscience and Biobehavioral Reviews* 32, 760–776.

Farah, Martha/Illes, Judy/Cook-Deegan, Robert/Gardner, Howard/Kandel, Eric/King, Patricia/Parens, Erik/Sahakian, Barbara/Wolpe, Paul (2004): Neurocognitive enhancement. In: *Nature Reviews Neuroscience* 5, 421–425.

Glannon, Walter (2007): *Bioethics and the Brain*. Oxford.

Graf, William/Nagel, Saskia/Epstein, Leon/Miller, Geoffrey/Nass, Ruth/Larriviere, Dan (2013): Pediatric neuroenhancement: ethical, legal, social and neurodevelopmental implications. In: *Neurology* 80, 1251–1260.

Greene, Joshua/Nystrom, Leigh/Engell, Andrew/Darley, John/Cohen, Jonathan (2004): The neural bases of cognitive conflict and control in moral judgment. In: *Neuron* 44, 389–400.

Harris, John (2007): *Enhancing Evolution*. Oxford.

Heilinger, Jan-Christoph (2010): *Anthropologie und Ethik des Enhancements*. Berlin.

Illes, Judy/de Vries, Raymond/Cho, Mildred/Schraedley-Desmond, Pam (2006): ELSI priorities for brain imaging. In: *American Journal of Bioethics* 6, W24–W31.

Illes, Judy/Kirschen, Matthew/Karetsky, Kim/Kelly, Megan/Saha, Arnold/Desmond, John/Raffin, Thomas/Glover, Gary/Atlas, Scott (2004): Discovery and disclosure of incidental findings in neuroimaging research. In: *Journal of Magnetic Resonance Imaging* 20, 743–747.

Kriegeskorte, Nikolaus/Simmons, W. Kyle/Bellgowan, Patrick/Baker, Chris (2009): Circular analysis in systems neuroscience. In: *Nature Neuroscience* 12, 535–540.

Levy, Neil (2007): *Neuroethics*. Cambridge (Mass.).

Logothetis, Nikos (2008): What we can do and what we cannot do with fMRI. In: *Nature* 435, 869–878.

Nagel, Saskia (2010): *Ethics and the Neurosciences*. Paderborn.

Parens, Erik (Hg.) (1998): *Enhancing Human Traits*. Washington.

Repantis, Dimitris/Schlattmann, Peter/Laisney, Oona/Heuser, Isabella (2009): Antidepressants for neuroenhancement in healthy individuals. In: *Poiesis & Praxis* 6, 139–174.

Repantis, Dimitris/Schlattmann, Peter/Laisney, Oona/Heuser, Isabella (2010): Modafinil and methylphenidate for neuroenhancement in healthy individuals. In: *Pharmacological Research* 62, 187–206.

Roskies, Adina (2002): Neuroethics for the new millenium. In: *Neuron* 35, 21–23.

Schöne-Seifert, Bettina/Ach, Johann/Opolka, Uwe/Talbot, Davinia (Hg.) (2009): *Neuro-Enhancement*. Paderborn.

Saskia K. Nagel

9. Neuro- und Erziehungs-wissenschaften

Im Sog des jüngsten Erfolges der Neurowissenschaften wurde auch zahlreichen weiteren Wissenschaften das werbewirksame Prädikat ›Neuro-‹ vorgesetzt, wie etwa bei der Neuro-Ethik, der Neuro-Ökonomie oder der Neuro-Ästhetik, um nur einige wenige Beispiele zu nennen. Gerade Neuro-*Didaktik* bzw. Neuro-*Pädagogik* fanden jenseits des wissenschaftlichen Diskurses aufmerksames Interesse im Feuilleton und populärwissenschaftlichen Literaturbetrieb. Insbesondere die durch die Entwicklung bildgebender Verfahren gegebene Möglichkeit, Abläufe des menschlichen Gehirns *in vivo* zu untersuchen (s. Kap. V.2), verspricht ganz neue Einblicke, wodurch – so die Hoffnung – die bisherigen Erkenntnisse der Erziehungswissenschaften in Frage gestellt oder doch zumindest bereichert werden könnten. Für eine differenziertere Betrachtung wird zunächst auf die Erkenntnisgegenstände von Neuro- und Erziehungswissenschaften eingegangen, der sich erste generelle Überlegungen zu den Erklärungsebenen anschließen, um im Folgenden beispielhaft aufzuzeigen, inwieweit Potenziale für kooperierende Forschung bzw. für eine gemeinsame, dann genuine Bindestrichdisziplin bestehen.

Die beiden Disziplinen

Eine große Bandbreite an Definitionen für die Begriffe ›Erziehungswissenschaften‹, ›Pädagogik‹ und ›Didaktik‹ erschwert eine klare Abgrenzung. Zudem gibt es zahlreiche Spezialisierungen wie Sonderpädagogik, Erwachsenenbildung, Musik- oder Wirtschaftspädagogik. Die in diesen Disziplinen betrachteten Fragen sind darüber hinaus stets in gesellschaftstheoretische und wirtschaftspolitische Kontexte eingebunden, die u. a. essenziell auf die normativen Bildungsbegriffe, -werte und -ziele einwirken. Insofern überrascht es nicht, wenn Gudjons (2012, 27) Jean Pauls Bonmot zitiert: »Über Pädagogik reden heißt, über alles zugleich reden.« Eine pragmatische Fokussierung auf Lernen und Lehren scheint deshalb hilfreich sein zu können, etwa im institutionellen Kontext von Schule oder Universität.

Kulturell vermitteltes, sog. nichtprivilegiertes Lernen wird von privilegiertem Lernen unterschieden, unter welchem Fähigkeiten zusammengefasst werden, die bereits im menschlichen Organismus angelegt sind; Stern et al. (2005, 20) sprechen auch von ›start-up-Mechanismen‹. Beispiele für privilegiertes Lernen sind demnach der Erwerb basaler sozialer Interaktionsformen (z.B. Bindungsverhalten) oder die Entwicklung von Fähigkeiten wie Laufen oder visuelle Mustererkennung. Beispiele für Gebiete nichtprivilegierten Lernens sind Rechnen, Lesen, erweiterte soziale Kompetenzen (z.B. kulturell kodierte Umgangsformen) oder ein Verständnis naturwissenschaftlicher Zusammenhänge.

Im Kontext nichtprivilegierter Lern- bzw. Lehrprozesse ist dabei zu beachten, um welche Fähigkeiten es sich handelt, soll eine reduktionistische Trivialisierung vermieden werden. Die aristotelische Differenzierung zwischen *praxis* und *poiesis* thematisiert bereits den entscheidenden Unterschied zwischen Bildung verstanden als, ganz im Sinne Humboldts, Möglichkeit zur (selbstbestimmten) Persönlichkeitsentfaltung oder als »ein poietisches Herstellen und Verfertigen von Zöglingen« (Böhm 2010, 26). Eine erfolgreiche Lehr-bzw. Lern*praxis* ist also keinesfalls auf eine (reine) Faktenvermittlung zu begrenzen, sondern umfasst zahlreiche »Metakompetenzen« (Hüther 2009a) wie Kreativität, Kooperationsvermögen, Resilienz oder eine umfassende Problemlösungsfähigkeit. Da gerade die zuletzt genannte Fähigkeit spätestens seit der im Jahr 2000 veröffentlichten PISA-Studie besonders bei deutschen Schülern als unzureichend bewertet wurde, lag es nahe, zusätzlich in anderen Disziplinen nach Lösungen zu suchen.

Auch die Neurowissenschaften (s. Kap. II.D) beschäftigen sich mit Fragen zu Lernprozessen, sodass eine thematische Nähe zu den Erziehungswissenschaften besteht. Im Hinblick auf eine Verbindung der beiden Disziplinen scheinen zwei Ansätze vielversprechend zu sein. Erstens können die Erziehungswissenschaften Befunde der Neurowissenschaften rezipieren und diese in die eigenen Theorien integrieren. Zweitens können die Methoden der Neurowissenschaften in die erziehungswissenschaftliche Forschungspraxis integriert werden. Für beide Fälle ist jedoch eine Reflexion über die Erklärungsarten und -ebenen der Disziplinen notwendig, da diese sich fundamental unterscheiden.

Zur Verschiedenheit der Erklärungsebenen

Die Erziehungswissenschaften sind primär an einem geistes- und sozialwissenschaftlichen Forschungsparadigma orientiert. Die Neurowissenschaften folgen hingegen einem naturwissenschaftlichen Paradigma. Lassen sich die daraus resultierenden unterschiedlichen Erklärungsarten bzw. -ebenen aufeinander beziehen? In welchem Ausmaß sind die Theorien generell bzw. im konkreten Fall inkommensurabel?

Ralph Schumacher, der wissenschaftstheoretische Überlegungen zu den unterschiedlichen Erklärungsebenen von Neuro- und Erziehungswissenschaften anstellt, ist der Überzeugung, dass die Hirnforschung im Hinblick auf erziehungswissenschaftliche Probleme aus zwei Gründen *prinzipiell unterbestimmt* ist (Schumacher 2006): Zum einen könne es keine vollständige Reduktion erziehungswissenschaftlicher Erklärungen auf neurophysiologische geben, da sich erstere gegenüber letzteren auf einer höheren Erklärungsebene befänden, zum anderen mache das Gehirn nur ein Teilsystem im Zusammenhang von Lernprozessen aus, dessen alleinige Betrachtung nicht ausreiche.

Sind Messungen zur Beurteilung von Lernprozessen bereits auf der Ebene der Erziehungswissenschaften methodisch prinzipiell problematisch, z.B. in Bezug auf Konstrukte wie Persönlichkeitsentwicklung oder Sozialkompetenz, scheint ein Bezug von Messkriterien im Rahmen des neurowissenschaftlichen Paradigmas zu diesen Konstrukten nur noch sehr eingeschränkt möglich zu sein.

Trotz einer prinzipiellen Unterbestimmtheit ist eine Fruchtbarkeit der Zusammenarbeit der Disziplinen jedoch nicht ausgeschlossen. Schumacher bezeichnet die von ihm diagnostizierte Unterbestimmtheit vielmehr als »Ausdruck der Autonomie der verschiedenen Erklärungsebenen« (ebd., 184). So können Ergebnisse der Neurowissenschaften durchaus Beiträge für die Erziehungswissenschaften leisten, indem sie aufzeigen, unter welchen Bedingungen erfolgreiches Lernen gelingen kann. Auf die Frage, wie genau darauf beruhende Konzepte gestaltet würden, oder gar zum Inhalt von Lehrplänen kann die Neurowissenschaft laut Schumacher allerdings keinen Beitrag leisten. Ähnlich äußert sich hierzu der Hirnforscher Gerhard Roth (2010, 54): »Nichts von dem, was ich vortragen werde, ist einem guten Pädagogen inhaltlich neu. Der Erkenntnisfortschritt besteht vielmehr darin, dass man inzwischen besser zeigen kann, warum das funktioniert, was ein guter Pädagoge tut, und das nicht, was ein schlechter tut«.

Ob Schumachers bzw. Roths Aussagen in dieser Form haltbar sind, wird im Folgenden anhand von ausgewählten Beispielen diskutiert.

Befunde zur Gehirnentwicklung und erziehungswissenschaftliche Implikationen

Gibt es spezielle Stadien in der Entwicklung des Gehirns, die konstitutiv für das Erlernen bestimmter Fertigkeiten sind? Benötigt das Gehirn zu bestimmten Phasen speziellen Input, um spezifische Fähigkeiten zu erwerben? Diese Fragen werden v. a. im Zusammenhang mit dem Thema Frühförderung und frühkindliche Bildung diskutiert.

Synaptogenese und neurale Effizienz. Beobachtungen zur Synaptogenese, wonach die Synapsendichte in den ersten drei Lebensjahren mit enormer Geschwindigkeit zunimmt, danach aber schrittweise wieder zurückgeht, machten diese sehr frühen Jahre des Lebens für das Thema Bildung interessant (Huttenlocher/Dabholkar 1997). Lange wurde davon ausgegangen, dass eine zunehmende Synapsendichte mit erhöhter geistiger Leistung gleichzusetzen sei (Stern 2004). Hieraus wurde vielfach geschlossen, dass Kinder in diesem Zeitraum besonders gefördert werden müssten, da man annahm, die zentralen strukturellen und funktionalen Herausformungsprozesse des Gehirns seien nach dem dritten Lebensjahr weitgehend abgeschlossen (Hüther 2009b). Diese Annahme scheint, zumindest auf neuronaler Ebene, so nicht mehr haltbar zu sein. Heute geht man vielmehr davon aus, dass nicht eine lineare Funktion zwischen Synapsendichte und Leistungsfähigkeit besteht und das darauf folgende Zurückgehen der Synapsenverbindungen mit einer Verminderung der Lernfähigkeit einhergeht, sondern dass das gezielte Deaktivieren von Verschaltungen (*pruning*) zentral für eine effiziente Informationsverarbeitung ist (man spricht in diesem Zusammenhang auch von ›neuraler Effizienz‹; Stern et al. 2005). Die vorherrschende Auffassung ist, dass diejenigen Nervenverbindungen erhalten bleiben, welche wir oft nutzen, und solche absterben, welche wir selten oder gar nicht gebrauchen (›*what fires together wires together*‹; s. Kap. III.2).

Die Annahme ›kritischer Perioden‹. Ähnlich wie mit den Annahmen zur Synapsendichte und Leistungsfähigkeit verhält es sich mit der lange vorherrschenden Überzeugung einer Existenz sog. kritischer Perioden während der Gehirnentwicklung. Diese Annahme wird heute von den meisten Neurowissenschaftlern abgelehnt, und statt von ›kritischen‹ wird überwiegend von ›sensiblen‹ Phasen gesprochen (z. B. Goswami 2004). Die Annahme von ›kritischen Phasen‹, man spricht auch von sich schließenden Zeitfens-

tern, resultierte v. a. aus den Tierexperimenten von Hubel/Wiesel (1970), die zeigen, dass eine gewisse Form von umweltbedingter Stimulation zu bestimmten Zeiten während der Entwicklung benötigt wird, damit sich sensorische und motorische Systeme des Gehirns normal entwickeln können. Zum einen wiesen weitere Studien jedoch nach, dass abhängig von der speziellen Periode der Deprivation und den folgenden Umständen eine gewisse Erholung von Funktionen möglich ist (Blakemore/Frith 2005), zum anderen bezogen sich die Untersuchungen von Hubel/Wiesel (1970) auf privilegiertes, nicht auf nichtprivilegiertes Lernen. Während die Entwicklung sensorischer Fähigkeiten ein Aspekt der Hirnentwicklung ist, der bereits im Detail studiert wurde, ist wenig darüber bekannt, ob bestimmte Erfahrungen für die Entwicklung nichtsensorischer Fähigkeiten erforderlich sind, ob es also z. B. sensible Perioden für kulturell überlieferte Wissenssysteme gibt, wie etwa solche, die für das Lesen oder Rechnen verantwortlich sind (Blakemore/Frith 2005). Stern (2004) vertritt die These, dass der Zweitspracherwerb einer der wenigen Bereiche sei, für den die Rede von ›kritischen Perioden‹ bzw. einem sich schließenden Zeitfenster metaphorisch passend sei, und verweist auf Untersuchungen mit bildgebenden Verfahren, welche Unterschiede in der Sprachverarbeitung bei Erwachsenen aufzeigen, die zu verschiedenen Zeitpunkten (erste Lebensjahre *versus* einige Jahre später) eine Zweitsprache erlernten (s. Kap. IV.12).

Umweltfaktoren. Bei der Frage nach der Bedeutung der Umwelt für die Gehirnentwicklung scheint die These plausibel zu sein, dass sich Fehlentwicklungen auf kortikaler Ebene in der Kindheit nicht allein durch Umwelteinflüsse erklären lassen, solange emotionale und körperliche Grundbedürfnisse des Kindes im Säuglingsalter erfüllt wurden. Solche Fehlentwicklungen scheinen vielmehr das Ergebnis von Dysfunktionen der Sinnesapparate zu sein (ebd.; Blakemore/Frith 2005). Die Gehirnentwicklung von Kindern scheint also keine besonders komplexen Ansprüche an die Umwelt zu stellen, aber empfindlich auf Störungen oder Deprivation zu reagieren. Zudem sind jüngere Kinder deutlich abhängiger vom Input der Umwelt, da innere Lernprozesse wie reflektierendes Nachdenken noch in einem wesentlich geringeren Ausmaß stattfinden als im späteren Lebensalter, wenn das Gehirn bereits eine komplexere Erfahrungs- bzw. Wissensstruktur aufgebaut hat (Friedrich 2009).

Die Implikationen der Befunde zur Gehirnentwicklung stützen also nicht die Behauptung, Kinder müssten in den ersten Lebensjahren notwendigerweise möglichst komplexen Stimuli ausgesetzt werden, damit sie spezifische Fähigkeiten erlernen bzw. zu einer Erhöhung ihrer Lernkapazitäten gelangen können. Stattdessen scheinen die Befunde vielmehr die Annahme nahezulegen, dass für eine gesunde Entwicklung eine sorgsame Untersuchung der Sinnesfunktionen von Kindern sowie ein Umfeld mit vertrauten Bindungspersonen, Sprache und Interaktion zentral sind. Diese Annahmen sind v.a. in Zeiten relevant, in denen Kinder schon im Kindergartenalter möglichst gleichzeitig zu Kinderyoga, Chinesischkurs und täglichem Musizieren angehalten werden. Deprivation, ob von bestimmten sensorischen Stimuli oder von liebevoller Zuwendung durch Menschen, ist mit Gewissheit schädlich (Blakemore/Frith 2005). Jedoch geben diverse Befunde der Hirnforschung und insbesondere die Annahme einer lebenslangen neuronalen Plastizität Grund zur Hoffnung, dass das Sprichwort ›Was Hänschen nicht lernt, lernt Hans nimmermehr.‹ eine offene Frage bleibt bzw. in seiner Radikalität verneint werden kann (Friedrich 2009).

Befunde zu Bedingungen für gelingendes Lernen

Nicht nur das Gehirn konstituiert in gewisser Weise Bedingungen der Möglichkeit für das Lernen bestimmter Fähigkeiten während bestimmter Phasen, auch Einflüsse von ›außen‹ wirken auf das Gehirn ein und stellen somit unterschiedliche positive oder negative Bedingungen für gelingendes Lernen dar.

Die Rolle von Beziehungen. Gerald Hüther (2009b) vertritt die These, dass die (sozialen, emotionalen und auch intellektuellen) Fähigkeiten eines Individuums wesentlich von anderen Menschen abhängen. Seiner Überzeugung nach läuft diese Beeinflussung darüber, dass die Bezugsperson eines Kindes entscheidend darauf einwirkt, welche Synapsenverbindungen begünstigt werden, welche dieser Verschaltungen in besonderem Maße stabilisiert und welche wieder abgebaut werden. So benötigt ein Kind eine vertrauensvolle Beziehung zu einer engen Bindungsperson, damit durch Ausprobieren, die Möglichkeit Fehler zu machen und die notwendige Unterstützung sein Gehirn durch Erfahrung in sinnvoller Weise nutzungsabhängig strukturiert werden kann. Joachim Bauer betont ebenso die elementare Rolle von Beziehungen im Lernprozess und bezieht sich dabei v.a. auf Erkenntnisse zu Spiegelneuronen,

in denen er ein »pädagogisch didaktisches Plädoyer für das vieldiskutierte ›Lernen am Modell‹« (2010, 47) sieht, da sie es ermöglichen, beobachtete Handlungen nachvollziehen und dann selbst ausführen zu können. Weiterhin sieht Bauer durch neurowissenschaftliche Befunde gleichzeitig schon lange bekannte reformpädagogische Ansätze sowie neuere Ansätze wie etwa Intersubjektivitätstheorien bekräftigt. Nur im Kontext mit anderen Menschen, so seine These, kann das gelernt werden, was notwendig dafür ist, sich zu einer autonomen Persönlichkeit zu entwickeln.

Die Rolle von Erfahrungen. Diese Annahmen bezüglich der Rolle von Beziehungen für das Lernen sind eng verbunden mit der von einigen Autoren durch die Neurowissenschaften bekräftigt gesehenen Annahme, dass Erfahrungen eine zentrale Rolle für gelingendes Lernen spielen. Oft zitierte Studien in diesem Zusammenhang zeigen bei Novizen und Experten deutliche Unterschiede in Hirnstrukturen, die mit gewissen Aufgaben und Fähigkeiten assoziiert sind. In einer Studie wurden z.B. bei Taxifahrern und Nicht-Taxifahrern Größenunterschiede des hinteren Teils des Hippocampus festgestellt: Der mit räumlichem Erinnerungsvermögen assoziierte Hippocampus war bei Taxifahrern nicht nur generell größer, er war auch umso größer, je länger sie bereits Taxi fuhren (Maguire et al. 2000). Aus diesen Befunden wurde geschlossen, dass sich Gehirnregionen, die mit einer bestimmten Fähigkeit oder Tätigkeit assoziiert sind, entsprechend der Häufigkeit der Ausübung dieser Fähigkeit entwickeln. Erfahrung hätte also, so die These, einen direkten Einfluss auf die Strukturierung gewisser Hirnareale (Goswami 2004). Allerdings gibt es nicht nur Befunde zu strukturellen Unterschieden von Gehirnen in Bezug auf bestimmte Fähigkeiten, auch im Zusammenhang mit der Auswahl und Speicherung von Informationen scheint die eigene Erfahrung zentral zu sein. Abstrakte Inhalte, die in keiner Weise mit bereits gemachten Erfahrungen in Verbindung gebracht werden, werden häufig weniger tief verarbeitet als solche Inhalte, bei denen der Lernende einen persönlichen Bezug herstellen, sie mit bereits gemachten Erfahrungen verbinden und in die bereits bestehende Wissensbasis integrieren kann (Brand/Markowitsch 2011; s. Kap. IV.7).

Die Rolle von Emotionen. Die Annahme, dass ein persönlicher Bezug zentral für den Lernerfolg ist, hängt unmittelbar zusammen mit der These, dass Emotionen beim Lernen eine zentrale Funktion im

Hinblick auf die Auswahl, die Bewertung und auch die Konsolidierung von Informationen zukommt (Arnold 2002). Es gibt in diesem Bereich mittlerweile zahlreiche Studien, die neurobiologische Prozesse in mit Emotionen assoziierten Hirnarealen und deren Verbindungen mit Regionen, die z. B. mit Gedächtnisfunktionen zusammenhängen, betonen. Im Fokus stehen hierbei v. a. die Frage nach der Bedeutung der Art von zu lernenden Inhalten (ob z. B. emotionale oder neutrale Stimuli besser behalten werden) sowie die Rolle des physiologischen Zustandes des Lernenden bezüglich der Gedächtnisleistung. Aus den Ergebnissen verschiedener solcher Studien geht hervor, dass wir uns Inhalte wesentlich besser einprägen, je deutlicher der Zustand des Einprägens emotional gefärbt ist (z. B. Roth 2011). Jedoch fördert nicht jeder emotionale Zustand automatisch den Lern- und Erinnerungsprozess (s. Kap. IV.7): Stress und Angst während der Einspeicherung von Informationen haben klarerweise andere Wirkungen auf das spätere Erinnern als etwa Neugierde und Begeisterung. Auch hierfür lassen sich neurowissenschaftliche Erklärungen heranziehen. Vor allem Studien zur Funktion der Amygdala plausibilisieren einen Unterschied bei der Verarbeitung von gelernten Stimuli unter Angsteinfluss oder in neutralen bzw. positiven Gemütszuständen (z. B. LeDoux 1996). Spitzer (2006) ist der Überzeugung, dass sich aus der Rolle von Emotionen im Lernprozess konkrete Konsequenzen für den institutionellen Lernkontext ableiten lassen. Für ihn resultiert aus den Ergebnissen, dass »die emotionale Komponente der zu lernenden Daten und Fakten, das innere Beteiligt-Sein, die Spannung des Dabei-Seins« zentral für einen Lernerfolg sind und diese den Lernenden derzeit in der Schule oder auch Universität seinen Beobachtungen nach systematisch genommen werden (ebd., 160). Arnold (2002) verweist auf Panksepps (1998) These eines ›emotionalen Suchsystems‹, von dem vermutet wird, dass es direkt auf die Informationsverarbeitung im Hippocampus einwirkt und *vice versa*. Sie sieht hier die Verbindung von neuen Stimuli mit schon abgespeicherten Zielen und Werten der Person: »Auf diese Weise wird jeder neue Gedanke auf die Adäquatheit für die eigene Lebensgestaltung hin geprüft und demnach dann entweder längerfristig oder nur für kurze Zeit in das Gesamtdenksystem integriert« (Arnold 2002, 50).

Die aus reformpädagogischer Sicht betonten Aspekte der Individualität und Selbstständigkeit durch eigene Erfahrungen, Beziehungen und Emotionen scheinen mithin Unterstützung durch Befunde aus den Neurowissenschaften zu erhalten. Fakten ohne Bezug zu gemachten Erfahrungen, ohne emotionale Integration, scheinen ebenso schwer lernbar zu sein wie Dinge, die unter Stress und Angst verstanden und gespeichert werden sollen, von der (gesellschaftlichen) Sinnhaftigkeit dessen einmal ganz abgesehen.

Praktische Implikationen

Exemplarisch für konkrete Bereiche einer Bedeutung neurowissenschaftlicher Untersuchungen für erziehungswissenschaftliche Fragen seien zwei Beispiele angeführt:

Zum einen können neurobiologische Befunde in Bezug auf entwicklungsspezifische Mängel bzw. Besonderheiten von kognitiven Fähigkeiten hilfreich sein. Hier sei auf die sog. *scale errors* verwiesen, eine Unfähigkeit von Kleinkindern, Miniaturen von Gegenständen als verkleinerte Modelle dieser zu erkennen. DeLoache et al. (2004) erklären dies dadurch, dass in dem entsprechenden Entwicklungsstadium eine notwendige Verbindung von ventralem und dorsalem Verarbeitungssystem für visuelle Informationen noch nicht vorhanden ist (Stern et al. 2005).

Zum anderen sind Erklärungen der Neurowissenschaften nützlich, wenn es um kognitive Leistungsstörungen geht. Hierbei sind im Zusammenhang mit didaktischen Fragen besonders Studien zur Dyslexie (Goswami 2003) und Dyskalkulie (Dehaene 1997) von Interesse. Besonders hilfreich sind neurowissenschaftliche Befunde an dieser Stelle, wenn es verschiedene Ursachen für eine Störung geben kann. Auch wenn sich auf Verhaltensebene keine Unterschiede erkennen lassen, können einer Störung dennoch verschiedene Dysfunktionen zugrunde liegen. Beispielsweise können für eine Dyslexie sowohl Störungen des auditiven als auch des visuellen Systems verantwortlich sein, und beide Fälle erfordern unterschiedliche Maßnahmen, um dem Kind sinnvoll helfen zu können (Stern et al. 2005).

Fazit

Aus der vorangegangenen Diskussion lassen sich drei wesentliche Ergebnisse ableiten.
* Die prinzipielle Unterbestimmtheit neurowissenschaftlicher Erklärungen für erziehungswissenschaftliche Forschung stellt ein schwerwiegendes Problem dar. Für ein generelles In-Frage-Stellen der Methoden und Ergebnisse der Erziehungswissenschaften besteht bisher kein hinreichender

Anlass. Die Idee einer Ersetzung erziehungswissenschaftlicher durch neurowissenschaftliche Methoden scheint jedoch ohnehin völlig abwegig und damit auch kein ernsthafter Diskursbestandteil zu sein. Schumachers diesbezügliche Kritik ist deshalb zwar richtig und wichtig, jedoch auch offensichtlich. Analoge Fehlinterpretationen der Libet-Experimente (s. Kap. IV.23), die u. a. zu einer neurowissenschaftlich begründeten Forderung nach einem veränderten Strafrecht führten (Geyer 2004), stellen diese Offensichtlichkeit allerdings in Frage bzw. betonen die Notwendigkeit von Schumachers Diskursbeiträgen.

- Eine Verbindung der Disziplinen durch die Integration neurowissenschaftlicher *Befunde* in die erziehungswissenschaftliche Forschung ist hingegen wichtig und sinnvoll. Wie etwa am Beispiel der Dyslexie zu sehen ist, sind unterschiedliche erziehungswissenschaftliche Maßnahmen zu treffen, je nachdem, welche Dysfunktionen auf neuronaler Ebene vorliegen. Damit verändern neurowissenschaftliche Befunde die Erziehungswissenschaften durchaus, da neurowissenschaftliche Methoden zusätzliche Erklärungen liefern, die mit dem Instrumentarium der Erziehungswissenschaften nicht gewonnen werden können. Deshalb ist Roths Aussage, nach der lediglich erklärt werden könnte, was Pädagogen ohnehin schon wüssten, nicht haltbar.
- Eine Verbindung der Disziplinen durch die Integration neurowissenschaftlicher *Methoden* in die erziehungswissenschaftliche Forschung, die den Begriff einer Bindestrichdisziplin, wie z. B. den der Neuro-Didaktik, überhaupt erst rechtfertigen könnte, scheint trotz aller Bedenken prinzipiell möglich zu sein. Die bisherigen Veröffentlichungen lösen diesen Anspruch allerdings vielfach nicht ein, weshalb der Begriff eines genuinen Forschungsprogramms (bisher) unangemessen scheint. Was unter dem Begriff ›Neuro-Didaktik‹ firmiert, beschränkt sich regelmäßig auf eine Rezeption der Befunde (Becker 2006). Dies ist vermutlich dem Umstand geschuldet, dass entsprechende Forschungsvorhaben mit unzähligen methodischen Herausforderungen konfrontiert sind – z. B. fragwürdige Präsuppositionen, eine eingeschränkte Aussagekraft der Ergebnisse oder eine fragwürdige Anwendbarkeit der Methoden in spezifischen Kontexten (funktionelle Magnetresonanztomografie im Klassenraum?) – und im Vergleich zu den erforderlichen Ressourcen nur unzureichend(e) praktische Erkenntnisse erwartet werden können. Ansätze wie etwa die am Ul-

mer *Transferzentrum für Neurowissenschaften und Lernen* könnten zeigen, dass diese skeptische Analyse anzupassen ist.

Unabhängig davon gibt es zahlreiche Beispiele für weitere interessante Fragen an der Schnittstelle von Neuro- und Erziehungswissenschaft:

- Die Rolle von Dopamin und damit einhergehend dem sog. Belohnungssystem in Bezug auf motivationale Aspekte des Lernens (z. B. Spitzer 2006).
- Die Bedeutung von Schlaf für den Konsolidierungsprozess von Informationen (z. B. Maquet 2001).
- Weitere Befunde zur Gehirnentwicklung z. B. im Hinblick auf eine Umstrukturierung zentraler funktionaler Netzwerke während der Adoleszenz (z. B. Uhlhaas/Konrad 2011).
- Verschiedene Lernstile und mögliche Unterschiede auf neuronaler Ebene, wie auch Aktivierungsveränderungen im Gehirn bei Lernprozessen oder verschiedene Präferenzen der Modalität des zu lernenden Inhalts und mögliche neuronale Korrelate (z. B. Brand/Markowitsch 2011).
- Emotionale oder soziale Störungen, wie Autismus oder die Aufmerksamkeitsdefizit-/Hyperaktivitätsstörung (ADHS) und damit zusammenhängend die Frage nach möglichen alternativen Behandlungsmethoden durch z. B. Neurofeedback (z. B. Blakemore/Frith 2005).

Literatur

Arnold, Margret (2002): *Aspekte einer modernen Neurodidaktik*. München.

Bauer, Joachim (⁷2010): Spiegelneurone. In: Ralf Caspary (Hg.): *Lernen und Gehirn*. Freiburg [2006], 36–53.

Becker, Nicole (2006): *Die neurowissenschaftliche Herausforderung der Pädagogik*. Bad Heilbrunn.

Blakemore, Sarah-Jayne/Frith, Uta (2005): *The Learning Brain*. Oxford.

Böhm, Winfried (³2010): *Geschichte der Pädagogik*. München [2004].

Brand, Matthias/Markowitsch, Hans (2011): *Lernen und Gedächtnis*. München.

Dehaene, Stanislaus (1997): *The Number Sense*. New York. [dt.: *Der Zahlensinn*. Basel 1999].

DeLoache, Judy/Uttal, David/Rosengren, Karl (2004): Scale errors offer evidence for a perception-action dissociation early in life. In: *Science* 304, 1027–1029.

Friedrich, Gerhard (²2009): »Neurodidaktik« – Eine neue Didaktik? In: Ulrich Herrmann (Hg.): *Neurodidaktik*. Weinheim [2006], 272–285.

Geyer, Christian (Hg.) (2004): *Hirnforschung und Willensfreiheit*. Frankfurt a. M.

Goswami, Usha (2003): Why theories about developmental dyslexia require developmental designs. In: *Trends in Cognitive Sciences* 7, 534–540.

Goswami, Usha (2004): Neuroscience and education. In: *British Journal of Educational Psychology* 74, 1–14.

Gudjons, Herbert (¹¹2012): *Pädagogisches Grundwissen.* Bad Heilbrunn [1993].

Hubel, David/Wiesel, Torsten (1970): The period of susceptibility to the physiological effects of unilateral eye closure in kittens. In: *Journal of Physiology* 206, 419–436.

Hüther, Gerald (²2009a): Die Ausbildung von Metakompetenzen und Ich-Funktionen während der Kindheit. In: Ulrich Herrmann (Hg.): *Neurodidaktik.* Weinheim [2006], 99–108.

Hüther, Gerald (²2009b): Die Bedeutung sozialer Erfahrungen für die Strukturentwicklung des menschlichen Gehirns. In: Ulrich Herrmann (Hg.): *Neurodidaktik.* Weinheim [2006], 41–48.

Huttenlocher, Peter/Dabholkar, Arun (1997): Regional differences in synaptogenesis in human cerebral cortex. In: *Journal of Comparative Neurology* 387, 167–178.

LeDoux, Joseph (1996): *The Emotional Brain.* New York. [dt.: *Das Netz der Gefühle.* München 1998].

Maguire, Eleanor/Gadian, David/Johnsrude, Ingrid/Good, Catriona/Ashburner, John/Frackowiak, Richard/Frith, Christopher (2000): Navigation related structural change in the hippocampi of taxi drivers. In: *Proceedings of the National Academy of Sciences of the USA* 97, 4398–4403.

Maquet, Pierre (2001): The role of sleep in learning and memory. In: *Science* 294, 1048–1052.

Panksepp, Jaak (1998): *Affective Neuroscience.* Oxford.

Roth, Gerhard (⁷2010): Möglichkeiten und Grenzen von Wissensvermittlung und Wissenserwerb. In: Ralf Caspary (Hg.): *Lernen und Gehirn.* Freiburg [2006], 54–69.

Roth, Gerhard (2011): *Bildung braucht Persönlichkeit.* Stuttgart.

Schumacher, Ralph (2006): Die prinzipielle Unterbestimmtheit der Hirnforschung im Hinblick auf die Gestaltung des schulischen Lernens. In: Dieter Sturma (Hg.): *Philosophie und Neurowissenschaften.* Frankfurt a.M., 167–186.

Spitzer, Manfred (2006): *Lernen.* Heidelberg.

Stern, Elsbeth (2004): Wie viel Hirn braucht die Schule? In: *Zeitschrift für Pädagogik* 50, 531–538.

Stern, Elsbeth/Grabner, Roland/Schumacher, Ralph (2005): *Lehr-Lern-Forschung und Neurowissenschaften.* http://www.bmbf.de/pub/bildungsreform_band_dreizehn.pdf

Uhlhaas, Peter/Konrad, Kerstin (Hg.) (2011): *Das adoleszente Gehirn.* Stuttgart.

Imke Biermann

10. Situierte Affektivität

Situiertheit – Kognition und Affektivität

Der Ausdruck ›Kognition‹ war lange Zeit – im Sinne seines etymologischen Ursprungs (lat.: ›*cognoscere*‹, griech.: ›*gignoskein*‹) – für jene informationsverarbeitenden Prozesse reserviert, die den Fähigkeiten zum abstrakten Denken, Schlussfolgern und Erkennen zugrunde liegen. Auf der Grundlage dieses Begriffsverständnisses wurde ›Kognition‹ traditionell mit den Begriffen ›Emotion‹ (s. Kap. IV.5) und ›Motivation‹ (s. Kap. IV.14, Kap. IV.23) kontrastiert: »Alle Seelenvermögen oder Fähigkeiten«, so schrieb z. B. schon Immanuel Kant in der Einleitung zur *Kritik der Urteilskraft,* »können auf die drei zurückgeführt werden, welche sich nicht ferner aus einem gemeinschaftlichen Grunde ableiten lassen: das *Erkenntnisvermögen,* das *Gefühl der Lust und Unlust* und das *Begehrungsvermögen*« (A/B XXII). Die Vermögenspsychologie des 19. Jh.s griff diese Dreiteilung auf und identifizierte mit Erkenntnis, Gefühl und Wille jene geistigen Vermögen (*facultates mentales*), denen zum Teil noch heute nachgesagt wird, zusammen die gesamte Bandbreite unseres geistigen Lebens auszumachen (z. B. Strube 1996, 303). Eine solch strikte Trennung und Gegenüberstellung von Kognition einerseits und Emotion und Motivation andererseits ist heutzutage allerdings ebenso überholt wie die sich daraus ergebende Tendenz der frühen Kognitionswissenschaft, sich vornehmlich mit den subpersonalen Mechanismen von kognitiven Leistungen wie Planen (s. Kap. IV.17), Problemlösen (s. Kap. IV.11), Erinnern (s. Kap. IV.7) oder Lernen (s. Kap. IV.12) zu beschäftigen, den affektiven und konativen Phänomenen hingegen kaum Beachtung zu schenken (s. Kap. V.1). Eine solche Beschränkung geht an der Sache vorbei, denn als nicht nur denkende, sondern immer auch empfindende, wollende und wertende Wesen bewegen wir uns zu keiner Zeit in einem emotions- und motivationsfreien Raum reinen Denkens. Entsprechend geht es der Kognitionswissenschaft aktuell zu Recht nicht mehr nur um das Verständnis von Kognition im engen Sinne, sondern auch um ein Verständnis von Emotion, Motivation und ihrem Verhältnis zu Kognition sowie um die Beziehung von Kognition, Emotion und Motivation zu Phänomenen wie Bewusstsein, Intentionalität oder (Inter-)Subjektivität (s. Kap. IV.4, Kap. IV.18, Kap. IV.23).

Angesichts dieser Erweiterungen des ursprünglichen Gegenstandsgebiets der Kognitionswissenschaft sowie der derzeitigen Popularität sog. *situierter An-sätze*, die in Kognition etwas sehen, das wesentlich von unserem Körper und der interaktiven Einbettung in die natürliche, technische und soziale Umwelt abhängt (s. Kap. III.6), stellt sich die Frage, ob nicht auch in Bezug auf affektive (oder motivationale: Ross et al. 2007) Prozesse ein vergleichbarer Trend – weg von ›gehirnzentrierten‹ Ansätzen und hin zu einer Einbeziehung von Körper, Umwelt und deren Interaktion – überfällig ist. *Prima vista* spricht in der Tat einiges für ein solches neues Forschungsprogramm *situierter Affektivität* (Wilutzky et al. 2011).

Die Anhänger situierter Kognition verbindet die Einsicht, dass wir keine isolierten Denker sind, deren intelligentes Verhalten ausschließlich auf der wiederholten Abarbeitung starrer Wahrnehmen-Denken-Handeln-Zyklen im Stile der klassischen Planungsansätze der frühen Künstliche-Intelligenz-Forschung (KI; s. Kap. III.1, Kap. IV.17) oder der nachfolgenden konnektionistischen (Kap. III.2) bzw. hybriden Architekturen (s. Kap. III.3) beruht, deren kognitive Aktivität losgelöst von Körper und Umwelt ausschließlich im Gehirn (bzw. der zentralen Steuerungseinheit) stattfindet. Dasselbe gilt *mutatis mutandis* im Bereich von Affektivität: Ebenso wenig wie wir isolierte Denker sind, sind wir quasi-cartesianische ›Bewerter‹, deren Emotionalität im Rahmen wiederholter Wahrnehmen-Bewerten-Fühlen-Handeln-Zyklen ›fleischlos‹ zwischen ihrem Wahrnehmen und Handeln in der Welt vermittelt.

Die These von einer engen Kopplung von Gehirn, Körper und Umwelt ist im Fall des Affektiven sogar noch plausibler als im Fall von Kognition: Eigentlich wurde nur während der kurzen Blütezeit radikal kognitivistischer Emotionstheorien (z. B. Nussbaum 2001; Solomon 1976) übersehen oder vergessen, dass affektive Phänomene historisch nahezu ausnahmslos immer auch als situiert begriffen wurden (s. u.): Wäre die Kognitionswissenschaft nicht auf die Idee der Situiertheit verfallen, die Affektwissenschaft (s. Kap. V.1) hätte es auf jeden Fall tun müssen.

Darüber hinaus erkennen mittlerweile fast alle Ansätze der empirischen wie philosophischen Emotionsforschung an, dass in affektive Prozesse auf die eine oder andere Weise auch kognitive Prozesse eingehen (s. Kap. IV.5, Kap. V.1). Solange sich die Körper- und Umweltabhängigkeit des Kognitiven nicht – was höchst merkwürdig wäre – auf eine kleine Teilmenge kognitiver Prozesse beschränkt, die mit Affektivität nichts zu tun haben, sollte sich die Situiertheit schon allein aufgrund der an den Emotionen beteiligten kognitiven Prozesse auch auf den Bereich des Affektiven übertragen.

Obgleich es also gute Gründe dafür gibt, das altbekannte Faktum der Situiertheit affektiver Phänomene in einem modernen, der Debatte um situierte Kognition entlehnten begrifflichen Rahmen erneut zu thematisieren, gestaltet sich dieses Unterfangen schwierig, solange unklar ist, was genau mit der neuen Begrifflichkeit gemeint ist. Erst wenn hier Klarheit gewonnen ist, lässt sich fundiert einschätzen, ob und inwiefern die dortigen Attribute und theoretischen Vorstellungen tatsächlich auch einen substanziell neuen Beitrag zur Emotionsforschung leisten können. Ein erstes *philosophisches* Desiderat einer Theorie situierter Affektivität besteht mithin in einer begrifflich sauberen Differenzierung der verschiedenen Aspekte bzw. Bedeutungen von Situiertheit: Was genau heißt es, dass kognitive bzw. affektive Prozesse situiert (s. Kap. III.6), d.h. ›verkörperlicht‹ (*embodied*; s. Kap. III.7), ›situativ eingebettet‹ (*embedded*; s. Kap. III.7), ›erweitert‹ (*extended*; s. Kap. III.8), ›verteilt‹ (*distributed*; s. Kap. III.10) oder ›enaktiv‹ (*enacted*; s. Kap. III.9) sein sollen?

Affektivität – die Rolle von Körper und Umwelt

Im Hinblick auf eine mögliche Beteiligung des Körpers besteht ein wichtiger Unterschied zwischen Kognition und Emotion. Als sich Ende der 1980er Jahre in der Kognitionswissenschaft die Vorstellung durchzusetzen begann, dass die morphologischen, biologischen und physiologischen Details der körperlichen Verfasstheit eines Systems eine wesentliche und unverzichtbare Grundlage seiner *kognitiven Fähigkeiten* darstellen, stand dies in scheinbar eklatantem Widerspruch zur damals vorherrschenden Vorstellung von Kognition als substratneutral spezifizierbarer Informationsverarbeitung im Gehirn. Dagegen ist die Behauptung, dass *affektive Phänomene* maßgeblich durch die Details unserer körperlichen Verfasstheit mitbestimmt werden, ideengeschichtlich ein alter Hut: Seit Aristoteles in *de anima* (403a/b) darauf hinwies, dass sich Zorn für den Dialektiker als Streben nach Vergeltung einer Kränkung darstellt, für den Naturforscher dagegen als Sieden heißen Blutes in der Herzgegend, wurden körperliche Vorgänge in den meisten Emotionstheorien in der einen oder anderen Form berücksichtigt. Sogar überzeugte Kognitivisten wie Robert Solomon haben inzwischen eingestanden, dass ein Verständnis der Rolle des Körpers nicht vernachlässigbar ist (z. B.

Solomon 2004, 85). Die Vorstellung, dass der Körper kein bloßes Medium ist, mit dessen Hilfe wir die Welt wahrnehmen und internen Emotionen äußerlichen Ausdruck verleihen, sondern selbst in einem nicht-trivialen Sinne zu unserem affektiven Leben beiträgt, ist mithin weniger kontrovers als die entsprechende These im Bereich des Kognitiven (s. Kap. III.7), wenngleich es einige bevorzugt neurophysiologisch ausgerichtete Emotionstheorien gibt, nach denen der Körper ebenfalls nicht über die Rolle eines Mediums hinauskommt (z. B. Cannon 1927; Panksepp 1998).

Anders sieht es im Hinblick auf eine mögliche Beteiligung der *Umwelt* aus. Zwar war auch hier stets klar, dass es sich bei Emotionen im Normalfall um Reaktionen auf Veränderungen in der Umwelt handelt (s. Kap. IV.5). Nach traditioneller Ansicht ist die Umwelt aber nicht an den affektiven Prozessen selbst beteiligt oder gar ein Teil davon, sondern dient lediglich als Inputgeber und Outputempfänger. Affektive Phänomene wurden also nicht immer schon als situativ eingebettet, erweitert, verteilt oder enaktiv konzipiert – ebenso wenig wie klassische KI-Systeme als situiert angesehen wurden, weil sie einen Input aus der Umwelt erhalten und einen entsprechenden Output an sie zurückgeben.

Von wenigen Ausnahmen abgesehen steht demnach völlig außer Frage, dass unsere je spezifische körperliche Verfasstheit unsere Affektivität auf nicht-triviale Weise mitbestimmt. Zu klären bleibt, ob diese weithin akzeptierte Art von Körperabhängigkeit durch das abgedeckt wird, was gemeinhin unter ›Verkörperlichung‹ verstanden wird (s. o.), und ihrerseits im Gegenzug alle interessanten Formen der Körperabhängigkeit affektiver Phänomene einfängt (s. u.). Im Hinblick auf die Umwelt ist hingegen primär zu klären, ob es überhaupt affektive Phänomene gibt, die auf nicht-triviale Weise von der Umwelt bzw. unserer aktiven Interaktion mit ihr mitbestimmt – oder gar ko-konstituiert – werden (Stephan et al. 2014; Wilutzky et al. 2011). Aus diesen beiden offenen Fragen ergibt sich ein zweites, ebenfalls *philosophisches* Desiderat: eine Theorie affektiver Phänomene, die aufzeigt, welche affektiven Vorkommnisse bzw. welche Aspekte derselben auf nachhaltige und bislang nicht hinreichend erforschte Weise von unserem Körper und der Umwelt sowie unserer aktiven Interaktion mit ihr abhängen.

Man muss sich dem Forschungsprogramm einer Theorie situierter Affektivität also sowohl aus Richtung der Situiertheit als auch aus Richtung der Affektivität nähern: Überträgt man lediglich die in der Debatte um situierte Kognition etablierten Begriffe mit ihrer dortigen Bedeutung auf die Debatte um situierte Affektivität, läuft man Gefahr, charakteristische Aspekte des Affektiven zu übersehen; umgekehrt ist es bei dem Versuch, die Details der Körper- und Umweltabhängigkeit affektiver Phänomene zu verstehen, wenig zielführend, (die sowieso noch nicht hinreichend verstandene) Terminologie aus der Debatte um situierte Kognition zu übernehmen, sie inhaltlich aber womöglich mit ganz eigenen Bedeutungsnuancen zu versehen, was in empirischen und philosophischen Arbeiten zur Affektforschung in der Tat häufig zu beobachten ist (Wilutzky et al. 2011). Die inhaltliche Nähe zur Debatte um situierte Kognition birgt für eine Theorie situierter Affektivität also Chancen und Risiken. Nur durch Erfüllung der ersten beiden Desiderata zusammen können die Chancen genutzt werden, ohne dabei Gefahr zu laufen, begriffliche Verwirrung zu stiften, Altbekanntes für eine neuartige Einsicht zu halten oder umgekehrt tatsächlich neuartige Einsichten zu übersehen.

Situierte Affektivität – philosophische Überlegungen

Im Hinblick auf die Körperabhängigkeit von Affektivität rennt die Rede von ›embodied emotions‹ in gewisser Hinsicht wie gesehen sperrangelweit geöffnete Türen ein: Anders als kognitive Phänomene wurden affektive Phänomene – von wenigen Ausnahmen abgesehen – nicht als etwas ausschließlich neuronal Realisiertes konzipiert, das dann überraschend noch einen ›unverzichtbaren Beitrag‹ des Körpers erfordert (weshalb z. B. auch die Vorstellung von ›dis*embodied emotions*‹ als Gegenstück zu ›*embodied emotions*‹ wenig sinnvoll erscheint; Sheets-Johnstone 2009, 393). In einer anderen Hinsicht jedoch könnte eine Anlehnung an die Debatte um situierte Kognition die Emotionsforschung durchaus bereichern. Es mag zwar altbekannt sein, dass körperliche Faktoren wie Erregtheit oder ein bestimmtes Ausdrucksverhalten zu unserem affektiven Leben beitragen. Im Lichte von Mehrfaktorentheorien, die neben phänomenalen und körperlichen Aspekten auch einen dezidiert kognitiven Aspekt (meist in Form einer Bewertung (*appraisal*)) annehmen (s. Kap. IV.5), stellt sich jedoch die Frage, ob der Körper darüber hinaus nicht auch noch zu diesem traditionell dem Bereich des vom Körper losgelösten Kognitiven zugeschriebenen Bewertungsaspekt (z. B. der Einschätzung einer Situation als für das Subjekt ärgerlich, gefährlich oder erfreulich) beiträgt.

In Anlehnung an die entsprechende Debatte um situierte Kognition lassen sich auch im Hinblick auf die Abhängigkeit affektiver Phänomene von körperlichen und/oder kognitiven Faktoren eine *kausale* und eine *konstitutive* Lesart unterscheiden und diese zweistufig anwenden: Während kaum ein Emotionstheoretiker bestreiten würde, dass kognitive und körperliche Aspekte auf die eine oder andere Weise wenigstens kausal mit affektiven Phänomenen verknüpft sind, gibt es erhebliche Meinungsverschiedenheiten im Hinblick auf deren konstituierende Rolle. Auf der ersten Stufe bildet die Gefühlstheorie von William James (1884, 194) den einen Pol, wonach Emotionen mit Empfindungen (korrespondierender) körperlicher Veränderungen identifiziert und insofern von den körperlichen Veränderungen konstituiert werden, während kognitive Aspekte wie etwa Bewertungen der auslösenden Situation und sich anschließende Volitionen nur kausal mit Emotionen verknüpft sind. Den anderen Pol bilden kognitivistische Emotionstheorien, wonach Emotionen wesentlich z. B. Urteile (Solomon 1976) oder gefühlte Evaluierungen (Helm 2001) sind, während die mit ihnen einhergehenden körperlichen Veränderungen als bloß kausal verbundene Begleiterscheinungen angesehen werden. Eine dritte Gruppe von Emotionstheorien betrachtet Emotionen als gleichermaßen durch körperliche wie durch kognitive Faktoren konstituiert. Auf einer zweiten Stufe lassen sich die Theorien der dritten Gruppe im Hinblick auf das den kognitiven Faktor Konstituierende unterscheiden (Wilutzky et al. 2011, 287): So argumentiert etwa Giovanna Colombetti (2007) dafür, dass der Bewertungsaspekt affektiver Phänomene *selbst* durch körperliche Prozesse konstituiert wird, der Körper unser affektives Erleben der Umwelt somit nicht nur vermittelt durch eine abstrakte kognitive Bewertung beeinflusst, sondern selbst das Medium ist, durch das wir die Umwelt evaluativ wahrnehmen. Prinz (2004) schlägt mit seiner Theorie der ›*embodied appraisals*‹ eine ähnliche Richtung ein (für eine Kritik vgl. Wilutzky et al. 2011, 292–294). Dagegen spricht z. B. bei Klaus Scherers Variante einer Mehrfaktorentheorie (sein *component process model of emotion*) nichts dafür, dass die kognitive Bewertungskomponente, die für die sog. *stimulus evaluation checks* verantwortlich zeichnet, selbst extracraniell körperlich konstituiert ist, auch wenn zwischen ihr und den körperlichen Komponenten eine wechselseitige kausale Beeinflussung besteht. Scherers *stimulus evaluation checks* sollen u. a. ja gerade die jeweils typischen körperlichen Veränderungen und Charakteristika bestimmter emotionaler

Episoden erklären (2001, 94), und als ihr Substrat wird explizit das zentrale Nervensystem, nicht der Körper ausgemacht (2009, 1314–1315).

Die meisten Befürworter einer *situated cognition/affectivity*-Position wären wahrscheinlich nicht bereit, Scherers mit einem Primat auf dem Bewertungsaspekt versehenen Ansatz, der lediglich durch eine Feedbackschleife mit den körperlichen Komponenten ergänzt und von Scherer selbst insofern als dynamische Architektur verstanden wird, tatsächlich als eine dynamische Theorie oder gar als eine Instanz von *brain-body-world coupling* zu akzeptieren, wie sie z. B. das von Esther Thelen und Linda Smith untersuchte Laufverhalten von Säuglingen darstellt (Thelen/Smith 1994, 220). Scherers Komponenten-Prozess-Modell enthält nach wie vor eine Unterteilung des Emotionssystems in einzelne, in sich geschlossen arbeitende Komponenten, während Kritiker wie Colombetti gerade die Möglichkeit einer sauberen Trennung der Substrate emotionaler Prozesse in körperliche und kognitive Komponenten in Frage stellen. Ergebnisse aus anderen, aber verwandten Forschungsbereichen, die zu eher unerwarteten Dissoziationen vermeintlich zusammenhängender Faktoren (wie z. B. ›*hedonic liking*‹ und ›*motivational wanting*‹; vgl. Berridge 2009) geführt haben, sollten uns allerdings davor bewahren, auf sinnvoll erscheinende Komponentenanalysen vorschnell und allzu bereitwillig zu verzichten.

Im Hinblick auf die Rolle der Umwelt lassen sich, wiederum in Anlehnung an die Debatte um situierte Kognition (Walter 2013, Kap. 7–10), vier Arten von Umweltabhängigkeit unterscheiden, für die getrennt zu klären ist, ob sie im Bereich des Affektiven plausible Anwendung finden.

Situativ eingebettete affektive Phänomene: Hinter der Rede von ›situativer Einbettung‹ steht die Vorstellung einer speziellen Art von kausaler Umweltabhängigkeit, bei der das Subjekt seine Umwelt aktiv so strukturiert, dass es bei der Lösung eines Problems statt auf aufwendige interne Repräsentationen auf die Umwelt selbst zurückgreifen kann und dadurch seinen internen kognitiven Aufwand verringert (das sog. *scaffolding*). Im affektiven Bereich ist uns eine solche aktive Strukturierung zur Verbesserung unserer Lage ebenfalls bestens vertraut (Stephan et al. 2013): Wir richten uns z. B. auf eine bestimmte Weise ein, damit wir uns wohl fühlen, oder nehmen an einer Therapiegruppe teil, um unsere Ängste in den Griff zu bekommen. Auch Strategien der Emotionsregulation (Gross 2002; Gross/Thompson 2007) greifen unter den Stichwörtern ›Situationsauswahl‹ (*situation selection*) und ›Situationsmodifikation‹

(*situation modification*) ausdrücklich auf eine solche an den emotionalen Bedürfnissen des Subjekts ausgerichtete aktive Strukturierung der Umwelt zurück (Stephan 2012, Abs. 3). Kulturelle Konventionen und Institution können ebenfalls als affektives ›scaffold‹ fungieren (Griffiths/Scarantino 2009): So machen es z. B. die diversen Elemente von Hochzeitszeremonien und -feiern Brautpaar und Gästen leichter, die ›passenden‹ Emotionen zu empfinden, Beichtstühle erleichtern bestimmte religiös gefärbte Erfahrungen, und religiöse Institutionen (wie die protestantische Landeskirche oder sog. charismatische Gemeinden) stellen unterschiedliche Praktiken zur Verfügung, die auf z. B. überwiegend introvertierte bzw. bevorzugt extrovertierte Weise religiöse Erfahrungen ermöglichen (Scheer 2012).

Erweiterte affektive Phänomene: Anders als bei situativer Einbettung geht es bei der Rede von ›erweiterter‹ Kognition nicht um eine kausale, sondern um eine konstitutive Art von Umweltabhängigkeit: Unter bestimmten Bedingungen, z. B. wenn ein Individuum so mit natürlichen oder technischen Ressourcen in seiner Umwelt gekoppelt ist, das diese zum Teil die Funktion interner kognitiver Prozesse übernehmen, ist Kognition demnach nicht nur eine Sache des Gehirns, sondern erstreckt sich in dem Sinne in die Umwelt hinein, dass die externe Ressource selbst ein Teil der materiellen Realisierung des kognitiven Prozesses wird (s. Kap. III.8). Im Bereich des Affektiven wäre in diesem Zusammenhang etwa an eine autistische Person zu denken, die in sozialen Interaktionen die emotionalen Zustände ihrer Mitmenschen nicht direkt wahrnehmen bzw. identifizieren kann, aber durch ein automatisches Emotionserkennungssystem (etwa auf der Basis von Gesichtsausdrücken) in Echtzeit Informationen darüber erhält, wie sich ihre Interaktionspartner fühlen, und dadurch in die Lage versetzt wird, eine ›normale‹ Unterhaltung zu führen, auf emotionale Signale angemessen zu reagieren usw. (Stephan et al. 2013). Die aus solchen Informationen resultierenden Bewertungsprozesse einer autistischen Person sind zwar nicht ebenso unmittelbar mit körperlichen Prozessen verknüpft wie unbewusst ablaufende ›normale‹ emotionale Bewertungsprozesse, unterscheiden sich in dieser Hinsicht aber kaum von den theoriegeleiteten Bewertungsprozessen, die z. B. Asperger-Patienten vornehmen, um damit ihre fehlende affektive Intuition in emotionalen Interaktionen zu kompensieren. Gleichwohl würden wir Letzteren nicht grundsätzlich absprechen, in diesen Interaktionen Emotionen zu durchleben. Ein solches Emotionserkennungssystem ist im Übrigen

keine reine Science Fiction: Die *affective computing* Gruppe um Rosalind Picard am *Massachusetts Institute of Technology* entwickelt tragbare Geräte dieser Art mit dem expliziten Ziel, Autisten in die Lage zu versetzen, mit den sozial-emotionalen Signalen ihrer Mitmenschen umzugehen (z. B. el Kaliouby et al. 2006).

Verteilte affektive Phänomene: Verteilte kognitive Prozesse überschreiten ebenfalls die körperlichen Grenzen eines Individuums, erstrecken sich aber über Komplexe aus mehreren Akteuren, die miteinander sowie mit technischen Ressourcen interagieren und so zu Leistungen fähig sind, die sich nicht vollständig verstehen lassen, wenn man Organismus und Umwelt als einander kausal beeinflussende, aber separate Faktoren betrachtet (s. Kap. III.10). Im Bereich des Affektiven ließe sich hier z. B. das von Scheler (1923/1973) beschriebene, aber nicht eben leicht nachzuvollziehende Phänomen des *Miteinanderfühlens* im Sinne einer kollektiven Affektivität anführen, das er am Beispiel von Vater und Mutter, die zusammen am Grab ihres Kindes leiden, illustriert: Es geht nicht darum, dass beide leiden, dass beide mit dem anderen leiden oder dass beide um das Leiden des anderen wissen, sondern darum, dass Vater und Mutter als Kollektiv in einem nicht-metaphorischen Sinn ›dasselbe‹ Leid, ›denselben‹ Schmerz fühlen, so dass das geteilte Leid nicht auf die organismischen Grenzen des Vaters oder der Mutter beschränkt werden kann. Eine solche Form der *echten Einfühlung* ist nach Scheler nicht für sensuelle Gefühlsklassen möglich (es gibt keinen vergleichbaren ›Mitschmerz‹), sondern nur im sog. Miteinander-erleben desselben ›Wertverhaltes‹ und derselben emotionalen Regsamkeit auf diesen (ebd., 23–24; vgl. Krebs 2010; Sanchez Guerrero 2011; für eine andere Herangehensweise an die Idee verteilter affektiver Prozesse vgl. Huebner 2011).

Enaktive affektive Phänomene: In ihrer radikalen Ausprägung geht es der derzeit unter dem Stichwort ›Enaktivismus‹ diskutierten Position darum, dass Kognition der Prozess einer Sinnstiftung (*sensemaking*) ist, durch den ein autonomes und adaptives System im Rahmen seiner Interaktion mit der Umgebung eine Umwelt im eigentlichen Sinne erst hervorbringt (*enacts*). Als ein derart relationales Phänomen ist Kognition daher – anders als von allen anderen Ansätzen angenommen – überhaupt nicht raumzeitlich lokalisierbar (s. Kap. III.9). In einer weniger ambitionierten Lesart beschreibt der Ausdruck ›Enaktivismus‹ dagegen (auch) Ansätze, die betonen, dass Kognition erst in der und durch die Interaktion eines Akteurs mit seiner Umwelt entstehen kann, z. B. weil die für höherstufige kognitive Leistungen erforderlichen symbolischen Repräsentationsformate in ihrer ontogenetischen Entwicklung wesentlich auf nicht-symbolischen Repräsentationen (sog. *enactive representations*) basieren (Wilutzky et al. 2011, Abs. 4).

Im Bereich der situierten Affektivität erfreut sich die Rede von ›*enactive emotions*‹ zunehmender Beliebtheit. Während jedoch einige der entsprechenden Ansätze in Wahrheit eher an der Verkörperlichung affektiver Phänomene interessiert sind (z. B. Colombetti 2007) oder sich durch eine zu enge Anlehnung an die radikale Lesart des Enaktivismus unnötig viel metaphysischen Ballast aufladen (z. B. Colombetti 2010; Northoff 2008), kann eine schwache enaktivistische Position, die ihren Fokus lediglich auf einen bestimmten Aspekt unserer Interaktion mit der (vornehmlich sozialen) Umwelt legt, die klassische Emotionsforschung durchaus bereichern. Zwar mögen wir manchmal in der Tat ganz im Sinne der Wahrnehmen-Bewerten-Handeln-Zyklen klassischer Ansätze zunächst unsere Umwelt wahrnehmen, dann eine Bewertung vornehmen und zum Schluss eine entsprechende Handlung einleiten: Der Anblick einer Schlange z. B. kann dazu führen, dass wir die Situation als gefährlich einschätzen und daraufhin die Flucht ergreifen. In anderen Fällen jedoch scheint unser emotionales Leben auf eine engere, eigentümliche Weise mit unserer Umwelt verwoben zu sein, die von dieser klassischen Dreiteilung für sog. *one-shot emotions* nicht eingefangen werden kann (von Theorien, die Emotionen als temporale Prozesse verstehen, die sich in Bezug auf die wechselnden Erfordernisse und Bewältigungsversuche der beteiligten Person über die Zeit zu ändern vermögen, hingegen schon; vgl. Siemer/Reisenzein 2007). Wenn wir etwa auf eine Bemerkung unseres Partners, die uns missfällt, zunächst irritiert reagieren, dann mögen wir damit nicht einem schon abgeschlossenen Bewertungsprozess emotionalen Ausdruck verleihen, sondern eine Reaktion provozieren wollen, damit sich unsere undifferenzierte Irritiertheit im Verlauf der anschließenden Interaktion zu Ärger, Enttäuschung, Schuld oder Verletztheit konkretisieren kann. Nicht alle affektiven Phänomene sind also Ausdruck einer abgeschlossenen Bewertung von Umweltereignissen, einige manifestieren sich in der Interaktion mit der Umwelt, die sie selbst aktiv anstoßen, überhaupt erst als Zustände eines bestimmten Typs und sind somit wesentlich eine Sache des ›Austarierens‹ eigener und fremder Reaktionen (Wilutzky/Stephan im Erscheinen). Für die Emotionsforschung bedeutet dies, dass sie nicht länger ausschließlich den Savannenläufer im Blick haben darf, der einsam auf eine Schlange trifft, sondern eben auch Sänger vor ihrem Publikum, Pubertierende im Konflikt mit ihren Eltern oder Neugeborene in Interaktion mit ihren Bezugspersonen (Fridlund 2002; Parkinson et al. 2005; Reisenzein 2001).

Was die in diesem Abschnitt beschriebenen Positionen vereint, ist die Annahme, dass Körper und Umwelt sowie die aktive Interaktion eines körperlich auf eine bestimmte Weise verfassten Systems mit seiner Umwelt auf entscheidende und v. a. in der bisherigen philosophischen Emotionsforschung nicht hinreichend gewürdigte und verstandene Weise zu dessen affektivem Leben beitragen können. Uneinigkeit in den Details besteht hinsichtlich der Frage, was diesen Beitrag wozu leistet und worin dieser besteht. Unser Verständnis in dieser Hinsicht im Sinne der ersten beiden Desiderata weiter voranzutreiben, ist zwar – soweit es um die begriffliche Klärung und Theorie-Präzisierung geht – primär Aufgabe der Philosophie, die dabei aber auch auf die Erkenntnisse der empirischen Wissenschaften zurückzugreifen hat, die zu einer informierten philosophischen Begriffsbildung beitragen kann, indem sie, und das ist das dritte, *empirische*, Desiderat, Befunde zur Verfügung stellt, die es erlauben, die Rolle von Körper und Umwelt in unserem affektiven Leben besser zu verstehen.

Situierte Affektivität – empirische Befunde

Neben der dezidiert philosophischen Debatte um situierte Affektivität gibt es in jüngster Zeit vermehrt auch empirische Studien, die beanspruchen, die Rolle zu beleuchten, die Körper und Umwelt für unsere Emotionen spielen, wobei der Schwerpunkt bislang auf der Rolle des Körpers liegt.

Eine erste Gruppe von Arbeiten assoziiert mit ›*embodied emotions*‹ primär die Tatsache, dass emotionale Prozesse mit einer charakteristischen körperlichen Aktivität einhergehen. Michalak et al. (2009) z. B. zeigen, dass bei depressiven Personen ebenso wie bei in traurige Stimmung versetzten gesunden Versuchspersonen die Gehgeschwindigkeit sowie Auf- und Abbewegungen des Körpers verringert, laterale Pendelbewegungen im Oberkörper hingegen stärker ausgeprägt sind und die Körperhaltung weniger aufrecht ist. Darin sehen die Autoren einen Beleg für die These, dass der Gang der betroffenen Menschen deren Depression bzw. Traurigkeit ›verkörpert‹. Als empirischer Beitrag zur Debatte um die Verkörperlichung von Emotionen sind solche Studien allerdings nur begrenzt informativ: Dass sich jemand, der depressiv oder negativ gestimmt ist, auf charakteristische Weise anders bewegt als ein gesunder oder positiv gestimmter Mensch, ist zweifellos interessant, zeigt aber lediglich, dass Depression bzw. Traurigkeit charakteristische körperliche Begleiterscheinungen oder Wirkungen haben; in der philosophischen Debatte geht es jedoch nicht darum, ob affektive Prozesse körperliche Veränderungen *bewirken*, sondern umgekehrt darum, ob sie kausal oder konstitutiv von der Beschaffenheit und dem Zustand unseres Körpers *abhängen*.

Eine zweite Gruppe von empirischen Arbeiten versteht unter ›embodiment‹ die Tatsache, dass affektive Prozesse mit der Aktivierung modalitätsspezifischer sensorischer und motorischer Repräsentationen, sog. *bodily format representations*, einhergehen (z. B. Bastiaansen et al. 2009; vgl. auch Wilkowski et al. 2009). Dieses Konzept von Verkörperlichung ist auch in der Philosophie der Kognition weit verbreitet (Walter 2013, Kap. 6) und wird üblicherweise mit dem Verweis darauf begründet, dass die entsprechenden neuronalen Prozesse (z. B. im Sinne von sog. Spiegelneuronen) Simulationen körperlicher Vorgänge darstellen. Allerdings ist auch diese Konzeption nicht unproblematisch: Da es nicht im eigentlichen Sinne um den (extracraniellen) Körper, sondern um das Gehirn geht – nämlich um die Aktivierung modalitätsspezifischer neuronaler Repräsentationen –, könnten auch die kognitiven oder affektiven Prozesse eines ›Gehirns im Tank‹ in diesem Sinne verkörperlicht sein. Eine Lesart der Verkörperlichungsthese, wonach die affektiven oder kognitiven Leistungen eines in einem Behälter mit Nährlösung aufbewahrten Gehirns, dem von einem Computer ein Körper und eine Umwelt vorgegaukelt werden, als verkörperlicht gelten, ist als Grundlage einer Gegenbewegung zu traditionellen Ansätzen, die den *Körper* zum zentralen Gegenstand des Interesses machen sollte, allerdings kaum geeignet. Wiederum ist dieser Punkt gerade im Falle von Affektivität besonders augenfällig: Als etwa James (1884) von einem ›Resonanzkörper‹ sprach, der unser emotionales Leben mitgestaltet, meinte er den (extracraniellen) Körper und nicht – wie dann später Walter Cannon und Philip Bard in ihrer ›zentralistischen‹ Theorie – nur Prozesse im Gehirn (Reisenzein/Stephan 2014), und auch die klassische Bindung emotionaler Erlebnisse an charakteristische körperliche Veränderungen – schweißnasse Hände bei Angst, ein hochroter Kopf bei Scham usw. – zeugt vom Belang körperlicher Prozesse im eigentlichen Sinne.

Eine dritte Gruppe schließlich nähert sich empirisch am ehesten dem an, was in philosophischen Kontexten üblicherweise als ›Verkörperlichung‹ affektiver Phänomene verstanden wird (s. o.). Dies sind experimentelle Arbeiten, in denen kausale Effekte von körperlichen Veränderungen auf affektive sowie emotionsbezogene kognitive Prozesse nachgewiesen wurden. Beispielsweise haben Paula Niedenthal und Mitarbeiter in einer Reihe von Studien den Einfluss von Gesichtsmuskelaktivierungen auf die Erkennung und Verarbeitung verschiedener Emotionen untersucht. Es ist bekannt, dass die Aktivität unterschiedlicher Muskelpartien im Gesicht mit dem Ausdruck bestimmter Emotionen korreliert. Niedenthal et al. (2009) konnten zeigen, dass bei Versuchspersonen, die Begriffe für emotionsauslösende Stimuli wie ›Geschenk‹ oder ›Erbrechen‹ emotionalen Kategorien wie ›Freude‹, ›Ekel‹ usw. zuordnen sollten, jeweils jene Muskelpartien aktiv waren, die mit der entsprechenden Emotion korreliert sind. Weiterhin entdeckten sie, dass die Unterdrückung der spontanen Aktivierung der unteren Gesichtsmuskulatur – die Versuchspersonen mussten dazu einen Stift zwischen den Lippen halten – zu einer höheren Fehlerquote bei der genannten Kategorisierungsaufgabe führte. Ähnlich beobachteten Effron et al. (2006), dass ein bekannter psychologischer Effekt – Versuchspersonen schätzen die Präsentationsdauer eines emotionalen Reizes länger ein als die Dauer eines gleich langen neutralen Reizes – ausbleibt, wenn die Aktivierung der Gesichtsmuskulatur verhindert wird. Wiswede et al. (2009) schließlich konnten zeigen, dass die Verhinderung der Aktivierung der Gesichtsmuskulatur zur Verschlechterung der Leistung bei einer affektiven Wahlreaktionsaufgabe führte. Diese Studien sprechen dafür, dass körperliche Prozesse an emotionsbezogenen kognitiven Vorgängen beteiligt sind und diese begünstigen können. Die weitergehende philosophische Frage, ob die fraglichen körperlichen Vorgänge nur kausal zu den kognitiven Prozessen beitragen oder aber als konstitutiv dafür angesehen werden können, kann durch diese Befunde allein allerdings nicht beantwortet werden.

Auch zur Frage der Umweltabhängigkeit emotionaler Zustände im Hinblick auf deren Einfluss auf moralische Urteile wurden in den vergangenen Jahren relevante empirische Erkenntnisse gewonnen. So konnten Schnall et al. (2008) beobachten, dass Versuchspersonen, die ekelerregenden Gerüchen ausgesetzt worden waren oder an einem ekelerregenden Arbeitsplatz saßen (z. B. auf einem alten Stuhl mit dreckigem Sitzkissen und Essensresten auf dem Tisch), moralisch relevante Szenarien tendenziell als verwerflicher einschätzten als Versuchspersonen, die keinen ekel erregenden Umgebungen ausgesetzt wurden (auch Wheatley/Haidt 2005).

Der wesentlich dynamische Aspekt einiger affektiver Phänomene, der aus philosophischer Sicht wie oben skizziert als Ausdruck ihrer Umweltabhängigkeit angesehen werden kann, ist in jüngerer Zeit ebenfalls in den Blick anderer Wissenschaften geraten. Beispielsweise untersucht Cole (2009) aus der Perspektive der Psychiatrie die Rolle, die die soziale Interaktion für das emotionale Erleben spielt, und die Anthropologen Goodwin/Goodwin (2000) verstehen Emotionen als soziale Phänomene, die überhaupt erst im Rahmen der ›situierten Praktiken‹ sichtbar und verstehbar werden, mit deren Hilfe Individuen ihre geteilte Lebenswelt konstruieren.

Philosophische Bedenken gegenüber empirischen Studien (wie etwa die in diesem Abschnitt im Hinblick auf die inflationäre Verwendung des Ausdrucks ›Verkörperlichung‹ vorgestellten) weisen auf die Notwendigkeit hin, die philosophische Theoriebildung und Begriffsklärung stärker mit empirischen Erkenntnissen zu verzahnen: Ebenso wie es unzulässig wäre, philosophische Überlegungen zu ignorieren und in der empirischen Forschung vorbehaltlos jeden Einfluss von Körper und Umwelt als Nachweis situierter Affektivität anzusehen, ist die Philosophie nicht die alleinige Autorität in Sachen Begriffsverwendung. Vonnöten ist vielmehr ein umfassender, sowohl philosophisch wie auch empirisch informierter Ansatz, der auf der einen Seite in seiner Begriffsklärung empirische Befunde berücksichtigt und der sich auf der anderen Seite beim Design empirischer Untersuchungen von philosophischer Theoriebildung leiten lässt. Diese Forderung führt schließlich zum vierten, *interdisziplinären*, Desiderat des Programms einer situierten Affektivität, das darin besteht, schon in der Auseinandersetzung mit den ersten drei Desiderata gemeinschaftlich zu klären, wie sich philosophische Begriffsbildung und empirische Befundlage gegenseitig zu einer umfassenden Theorie situierter Affektivität ergänzen.

Literatur

Bastiaansen, Jojanneke/Thioux, Marc/Keysers, Christian (2009): Evidence for mirror systems in emotions. In: *Philosophical Transactions of the Royal Society* B364, 2391–2404.

Berridge, Kent (2009): ›Liking‹ and ›wanting‹ food rewards. In: *Physiology & Behavior* 97, 537–550.

Cannon, Walter (1927): The James-Lange theory of emotions. In: *American Journal of Psychology* 39, 106–124.

Cole, Jonathan (2009): Impaired embodiment and intersubjectivity. In: *Phenomenology and the Cognitive Sciences* 8, 343–360.

Colombetti, Giovanna (2007): Enactive appraisal. In: *Phenomenology and the Cognitive Sciences* 6, 527–546.

Colombetti, Giovanna (2010): Enaction, sense-making and emotion. In: John Stewart/Oliver Gapenne/Ezequiel Di Paolo (Hg.): *Enaction*. Cambridge (Mass.), 145–164.

Effron, Daniel/Niedenthal, Paula/Gil, Sandrine/Droit-Volet, Sylvie (2006): Embodied temporal perception of emotion. In: *Emotion* 6, 1–9.

el Kaliouby, Rana/Picard, Rosalind/Baron-Cohen, Simon (2006): Affective computing and autism. In: *Annals of the New York Academy of Sciences* 1093, 228–248.

Fridlund, Alan (2002): The behavioral ecology view of smiling and other facial expressions. In: Millicent Abel (Hg.): *An Empirical Reflection on the Smile*. Lewiston, 45–82.

Goodwin, Marjorie/Goodwin, Charles (2001): Emotion within situated activity. In: Alessandro Duranti (Hg.): *Linguistic Anthropology*. Malden, 239–257.

Griffiths, Paul/Scarantino, Andrea (2009): Emotions in the wild. In: Philip Robbins/Murat Aydede (Hg.): *The Cambridge Handbook of Situated Cognition*. Cambridge, 437–453.

Gross, James (2002): Emotion regulation. In: *Psychophysiology* 39, 281–291.

Gross, James/Thompson, Ross (2007): Emotion regulation. In: James Gross (Hg.): *Handbook of Emotion Regulation*. New York, 3–24.

Helm, Bennett (2001): *Emotional Reason*. Cambridge.

Huebner, Bryce (2011): Genuinely collective emotions. In: *European Journal for the Philosophy of Science* 1, 89–118.

James, William (1884): What is an emotion? In: *Mind* 9, 188–205.

Krebs, Angelika (2010): »Vater und Mutter stehen an der Leiche eines geliebten Kindes« – Max Scheler über das Miteinanderfühlen. In: *Allgemeine Zeitschrift für Philosophie* 35, 9–43.

Michalak, Johannes/Troje, Nikolaus/Fischer, Julia/Vollmar, Patrick/Heidenreich, Thomas/Schulte, Dietmar (2009): Embodiment of sadness and depression. In: *Psychosomatic Medicine* 71, 580–587.

Niedenthal, Paula/Winkielman, Piotr/Mondillon, Laurie/Vermeulen, Nicolas (2009): Embodiment of emotion concepts. In: *Journal of Personality and Social Psychology* 96, 1120–1136.

Northoff, Georg (2008): Is appraisal ›embodied‹ and ›embedded‹? In: *Journal of Consciousness Studies* 15/5, 68–99.

Nussbaum, Martha (2001): *Upheavals of Thought*. Cambridge.

Panksepp, Jaak (1998): *Affective Neuroscience*. Oxford.

Parkinson, Brian/Fischer, Agneta/Manstead, Anthony (2005): *Emotions in Social Relations*. New York.

Prinz, Jesse (2004): Embodied emotions. In: Robert Solomon (Hg.): *Thinking About Feeling*. Oxford, 44–61.

Reisenzein, Rainer (2001): Appraisal processes conceptualized from a schema-theoretic perspective. In: Klaus Scherer/Angela Schorr/Tom Johnstone (Hg.): *Appraisal Processes in Emotion*. Oxford, 187–201.

Reisenzein, Rainer/Stephan, Achim (2014): More on James and the physical basis of emotion. In: *Emotion Review* 6, Heft 1.

Ross, Don/Spurrett, David/Kincaid, Harold/Stephens, Lynn (Hg.) (2007): *Distributed Cognition and the Will*. Cambridge (Mass.).

Sanchez Guerrero, Andres (2011): Gemeinsamkeitsgefühle und Mitsorge. In: Jan Slaby/Achim Stephan/Hendrik Walter/Sven Walter (Hg.): *Affektive Intentionalität*. Paderborn, 252–282.

Scheer, Monique (2012): Protestantisch fühlen lernen. In: *Zeitschrift für Erziehungswissenschaft* 15, 179–193.

Scheler, Max (1923/1973): *Wesen und Formen der Sympathie*. Bern.

Scherer, Klaus (2001): Appraisal considered as a process of multilevel sequential checking. In: Klaus Scherer/Angela Schorr/Tom Johnstone (Hg.): *Appraisal Processes in Emotion*. Oxford, 92–120.

Scherer, Klaus (2009): The dynamic architecture of emotion. In: *Cognition and Emotion* 23, 1307–1351.

Schnall, Simone/Haidt, Jonathan/Clore, Gerald/Jordan, Alexander (2008): Disgust as embodied moral judgment. In: *Personalitiy and Social Psychology Bulletin* 34, 1096–1109.

Sheets-Johnstone, Maxine (2009): Animation: The fundamental, essential, and properly descriptive concept. In: *Continental Philosophy Review* 42, 375–400.

Siemer, Matthias/Reisenzein, Rainer (2007): Emotions and appraisals. In: *Emotion* 7, 26–29.

Solomon, Robert (1976): *The Passions*. New York.

Solomon, Robert (2004): Emotions, thoughts, and feelings. In: ders. (Hg.): *Thinking About Feeling*. Oxford, 76–88.

Stephan, Achim (2012): Emotions, existential feelings, and their regulation. In: *Emotion Review* 4, 157–162.

Stephan, Achim/Walter, Sven/Wilutzky, Wendy (2014): Emotions beyond brain and body. In: *Philosophical Psychology* 27, Heft 1.

Strube, Gerhard (Hg.) (1996): *Wörterbuch der Kognitionswissenschaft*. Stuttgart.

Thelen, Esther/Smith, Linda (1994): *A Dynamic Systems Approach to the Development of Cognition and Action*. Cambridge (Mass.).

Walter, Sven (2013): *Kognition*. Stuttgart.

Wheatley, Thalia/Haidt, Jonathan (2005): Hypnotic disgust makes moral judgments more severe. In: *Psychological Science* 16, 780–784.

Wilkowski, Benjamin/Robinson, Brian/Meier, Michael/Carter, Margaret/Feltman, Roger (2009): ›Hot-headed‹ is more than an expression. In: *Emotion* 9, 464–477.

Wilutzky, Wendy/Stephan, Achim (im Erscheinen): In search of the intentional objects and the adequacy of emotional interactions.

Wilutzky, Wendy/Stephan, Achim/Walter, Sven (2011): Situierte Affektivität. In: Jan Slaby/Achim Stephan/Henrik Walter/Sven Walter (Hg.): *Affektive Intentionalität*. Paderborn, 283–320.

Wiswede, Daniel/Münte, Thomas/Krämer, Ulrike/Rüsseler, Jascha (2009): Embodied emotion modulates neural signature of performance monitoring. In: *PLoS ONE* 4, e5754.

Wendy Wilutzky/Achim Stephan/Sven Walter

VI. Anhang

1. Auswahlbibliografie

Die einführende und vertiefende Literatur zu den Teildisziplinen der Kognitionswissenschaft, zu einzelnen kognitiven Leistungen sowie zu anderen systematischen Schwerpunkten ist in den Literaturverzeichnissen der jeweiligen Beiträge hinreichend dokumentiert. Im Folgenden ist daher lediglich eine Reihe allgemeiner Einführungs- und Nachschlagewerke aufgeführt, die der oder dem Interessierten bei einer eigenständigen Annäherung an das Gebiet der Kognitionswissenschaft als Handreichung dienen können.

Wörterbücher und Lexika

Nadel, Lynn (Hg.) (2005): *Encyclopedia of Cognitive Science*. New York.
Strube, Gerhard (Hg.) (1996): *Wörterbuch der Kognitionswissenschaft*. Stuttgart.
Wilson, Robert/Keil, Frank (Hg.) (1999): *The MIT Encyclopedia of the Cognitive Sciences*. Cambridge (Mass.).

Handbücher

Bechtel, William/Graham, George (Hg.) (1998): *A Companion to Cognitive Science*. London.
Calvo, Paco/Gomila, Toni (Hg.) (2008): *Handbook of Cognitive Science: An Embodied Approach*. Amsterdam.
Frankish, Keith/Ramsey, William (Hg.) (2012): *The Cambridge Handbook of Cognitive Science*. Cambridge.
Margolis, Eric/Samuels, Richard/Stich, Stephen (Hg.) (2012): *The Oxford Handbook of Philosophy of Cognitive Science*. Oxford.

Einführungen

Bermúdez, José (2010): *Cognitive Science: An Introduction to the Science of the Mind*. Cambridge.
Clark, Andy (2001): *Mindware: An Introduction to the Philosophy of Cognitive Science*. Oxford.

Eckhardt, Barbara von (1995): *What Is Cognitive Science?* Cambridge (Mass.).
Friedenberg, Jay/Silverman, Gordon (2012): *Cognitive Science: An Introduction to the Study of Mind*. Los Angeles.
Harre, Rom (2002): *Cognitive Science: A Philosophical Introduction*. Los Angeles.
Lenzen, Manuela (2002): *Natürliche und Künstliche Intelligenz: Einführung in die Kognitionswissenschaft*. Frankfurt a. M.
Sobel, Carolyn /Li, Paul (2013): *The Cognitive Sciences: An Interdisciplinary Approach*. Los Angeles.
Thagard, Paul (²2005): *Mind: An Introduction to Cognitive Science*. Cambridge (Mass.) [1996]. [dt.: *Kognitionswissenschaft: Ein Lehrbuch*. Stuttgart 1999].
Urchs, Max (2002): *Maschine, Körper, Geist: Eine Einführung in die Kognitionswissenschaft*. Frankfurt a. M.
Walter, Sven (2013): *Kognition*. Stuttgart.

Sammelbände

Cummins, Denise/Cummins, Robert (Hg.) (2000): *Minds, Brains, and Computers: An Historical Introduction to the Foundations of Cognitive Science*. London.
Lepore, Ernest/Pylyshyn, Zenon (Hg.) (1999): *What Is Cognitive Science?* London.
Münch, Dieter (Hg.) (1992): *Kognitionswissenschaft: Grundlagen, Probleme, Perspektiven*. Frankfurt a. M.
Posner, Michael (Hg.) (1989): *The Foundations of Cognitive Science*. Cambridge (Mass.).
Stainton, Robert (Hg.) (2006): *Contemporary Debates in Cognitive Science*. London.
Thagard, Paul (1998): *Mind Readings: Introductory Selections on Cognitive Science*. Cambridge (Mass.).

Historische Überblicksdarstellungen

Boden, Magaret (2006): *Mind as Machine: A History of Cognitive Science*, 2 Bde. Oxford.
Brook, Andrew (Hg.) (2007): *The Prehistory of Cognitive Science*. Basingstoke.
Gardner, Howard (1985): *The Mind's New Science: A History of the Cognitive Revolution*. New York [dt.: *Dem Denken auf der Spur: Der Weg der Kognitionswissenschaft*. Stuttgart 1989].

2. Die Autorinnen und Autoren

Prof. Dr. Artemis Alexiadou, Institut für Linguistik: Anglistik, Universität Stuttgart (*Kap. II.C.2: Kognitive Linguistik*)

Dr. Joscha Bach, Klayo AG, Berlin (*Kap. IV.6: Entscheidungsfindung*)

Prof. Dr. Nicole Becker, Institut für Erziehungswissenschaft, Technische Universität Berlin (*Kap. IV.12: Lernen*)

Prof. Dr. Christoph Beierle, Lehrgebiet Wissensbasierte Systeme, Fernuniversität Hagen (*Kap. IV.25: Wissen*)

Prof. Dr. Sieghard Beller, Department of Psychosocial Science University of Bergen, Norway (*Kap. II.E.1: Kognitionspsychologie*)

Prof. Dr. Andrea Bender, Department of Psychosocial Science University of Bergen, Norway (*Kap. II.A.2: Sozial- und Kulturanthropologie/Kognitionsethnologie*)

Prof. Dr. Alexander Bergs, Institut für Anglistik und Amerikanistik, Universität Osnabrück (*Kap. V.4: Kognitive Poetik*)

Dipl.-Math. Tarek R. Besold, Institut für Kognitionswissenschaft, Universität Osnabrück (*Kap. III.1: Kognition als Symbolverarbeitung: das Computermodell des Geistes*; *Kap. III.2: Konnektionismus, neuronale Netze und parallel distributed processing*; *Kap. III.3: Hybride Architekturen*; *Kap. IV.12: Lernen*)

B.Sc. Imke Biermann, Institut für Kognitionswissenschaft, Universität Osnabrück (*Kap. V.9: Neuro- und Erziehungswissenschaften*)

Prof. Dr. Dr. h. c. mult. Niels Birbaumer, Institut für medizinische Psychologie und Verhaltensneurobiologie, Eberhard Karls Universität Tübingen sowie IRCCS Ospedale San Camillo, Istituto di Ricovero e Cura a Carattere Scientifico, Venezia Lido, Italien (*Kap. IV.3: Brain-computer-interfaces (BCI) zur Kommunikation und Umweltkontrolle*)

Prof. Dr. Peter Bosch, Institut für Kognitionswissenschaft, Universität Osnabrück (*Kap. II.C.1: Theoretische Linguistik*)

Ass. Prof. Dr. Johannes L. Brandl, Fachbereich Philosophie, Universität Salzburg, Österreich (*Kap. II.F.1: Philosophie des Geistes und der Kognition*)

PD Dr. Peter Bublak, Klinik für Neurologie, Universitätsklinikum Jena (*Kap. II.E.3: Neuropsychologie*)

Prof. Dr. Martin V. Butz, Fachbereich Informatik, Kognitive Modellierung, Eberhard Karls Universität Tübingen (*Kap. IV.14: Motivation*)

Prof. Dr. Giovanna Colombetti, Department of Sociology, Philosophy and Anthropology, University of Exeter, Großbritannien (*Kap. V.1: Affektwissenschaft (affective science)*)

Prof. Giorgio Coricelli, Department of Economics, University of Southern California, Los Angeles, USA / Center for Mind Brain Sciences CIMEC, Universität Trento, Italien (*Kap. IV.5: Emotionen*)

Prof. Dr. Christine Dimroth, Institut für Germanistik, Universität Osnabrück (*Kap. IV.12: Lernen*)

Prof. Dr. Regine Eckardt, Seminar für Englische Philologie, Georg-August-Universität Göttingen (*Kap. IV.20: Sprache, sprachliche Bedeutung, Sprachverstehen und Kontext*)

Armin Egger, Institut für Kognitionswissenschaft, Universität Osnabrück (*Kap. II.A: Anthropologie: Einleitung*)

apl. Prof. Dr. Eva-Maria Engelen, Fachbereich Philosophie, Universität Konstanz (*Kap. IV.7: Gedächtnis und Erinnern*)

Dr. Frank Esken, Fachbereich Philosophie, Universität Salzburg, Österreich (*Kap. IV.21: Theory of mind*)

PD Dr. Kathrin Finke, Department Psychologie, Ludwig-Maximilians Universität München (*Kap. II.E.3: Neuropsychologie*)

Prof. Dr. Joachim Funke, Psychologisches Institut, Ruprecht-Karls-Universität Heidelberg (*Kap. IV.11: Kreativität und Problemlösen*)

Prof Dr. Wulf Gaertner (em.), Fachbereich Wirtschaftswissenschaften, Universität Osnabrück sowie Visiting Professor an der London School of Economics, Department of Philosophy, Logic, and Scientific Method (*Kap. III.11: Modelle menschlichen Entscheidens*)

Prof. Dr. Thomas Goschke, Institut für allgemeine Psychologie, Biopsychologie und Methoden der Psychologie, Technische Universität Dresden (*Kap. IV.23: Volition und Selbstkontrolle*)

Prof. Dr. Roland Grabner, Georg-Elias-Müller-Institut für Psychologie, Georg-August-Universität Göttingen (*Kap. IV.12: Lernen*)

Dr. Susanne Grassmann, Psychologisches Institut, Universität Zürich, Schweiz (*Kap. IV.20: Sprache, sprachliche Bedeutung, Sprachverstehen und Kontext*)

Jonathan Gratch, PhD, Institute for Creative Technologies, University of Southern California, Los Angeles, USA (*Kap. IV.5: Emotionen*)

Prof. Dr. Thomas Grundmann, Philosophisches Seminar, Universität zu Köln (*Kap. IV.25: Wissen*)

Prof. Dr. Dr. h. c. Horst Gundlach, Adolf-Würth-Zentrum für Geschichte der Psychologie, Julius-

Maximilians-Universität Würzburg (*Kap. I: Ursprünge und Anfänge der Kognitionswissenschaft*)

PD Dr. Helmar Gust, Institut für Kognitionswissenschaft, Universität Osnabrück (*Kap. IV.17: Schlussfolgern, Planen und Problemlösen*)

Prof. Dr. Dr. Mathias Gutmann, Institut für Philosophie, Universität Karlsruhe (*Kap. IV.2: Autonomie*)

Prof. Dr. Barbara Hammer, CITEC Exzellenzcluster, Universität Bielefeld (*Kap. II.B.3: Neuroinformatik*)

Prof. Dr. John-Dylan Haynes, Bernstein Center for Computational Neuroscience, Charité Universitätsmedizin, Berlin (*Kap. V.2: Brain reading*)

Prof. Dr. Joachim Hertzberg, Institut für Informatik, Universität Osnabrück sowie Deutsches Forschungszentrum für Künstliche Intelligenz (DFKI), Robotics Innovation Center, Außenstelle Osnabrück (*Kap. II.B.2: Kognitive Robotik*)

B.Sc. Ngan-Tram Ho Dac, Institut für Kognitionswissenschaft, Universität Osnabrück (*Kap. II.F.3: Neurophänomenologie*)

Prof. Dr. J. Allan Hobson, MD (em.), Division of Sleep Medicine, Harvard Medical School, USA (*Kap. IV.22: Träumen*)

Dr. Vera Hoffmann-Kolss, Philosophisches Seminar, Universität Köln (*Kap. II.F.4: Logik*)

Prof. Dr. Manfred Holodynski, Institut für Psychologie in Bildung und Erziehung, Westfälische Wilhelms-Universität Münster (*Kap. II.E.4: Entwicklungspsychologie*)

Dr. Wolfgang Huff, MPH, Abteilung für Psychiatrie und Psychotherapie, Marien-Hospital Euskirchen (*Kap. V.6: Neuromodulation als Therapieverfahren*)

Prof. Dr. Christoph Huth, Institut für Archäologische Wissenschaften, Albert-Ludwigs-Universität Freiburg (*Kap. V.3: Kognitive Archäologie*)

B.Sc. Jacob Huth, Institut für Kognitionswissenschaft, Universität Osnabrück (*Kap. II.B: Informatik: Einleitung*)

Prof. Dr. Frank Jäkel, Institut für Kognitionswissenschaft, Universität Osnabrück (*Kap. IV.9: Kategorisierung und Begriffe*)

Mateus Joffily, PhD, Groupe d'Analyse et de Théorie Economique, Lyon St. Etienne, CNRS, Écully, Frankreich (*Kap. IV.5: Emotionen*)

Prof. Dr. Geert Keil, Institut für Philosophie, Humboldt-Universität zu Berlin (*Kap. IV.8: Handlung, Urheberschaft und Willensfreiheit*)

B.A. Michael Kempter, Institut für Kognitionswissenschaft, Universität Osnabrück (*Kap. II.D: Neurowissenschaft: Einleitung*)

Prof. Dr. Gabriele Kern-Isberner, Fakultät für Informatik, Technische Universität Dortmund (*Kap. IV.25: Wissen*)

B.Sc. Jonas Klein, Institut für Kognitionswissenschaft, Universität Osnabrück (*Kap. II.F: Philosophie: Einleitung*)

Prof. Dr.-Ing. Alois Knoll, Institut für Informatik VI, Technische Universität München (*Kap. IV.16: Repräsentation*)

Prof. Dr. Nikola Kompa, Institut für Philosophie, Universität Osnabrück (*Kap. IV.20: Sprache, sprachliche Bedeutung, Sprachverstehen und Kontext*)

M.Sc. Carina Denise Krause, M.A., Max-Planck Institut für Kognitions- und Neurowissenschaften, Leipzig, sowie Fachbereich Sprach- und Literaturwissenschaft, Universität Osnabrück (*Kap. II.C.3: Psycholinguistik und Neurolinguistik*)

Prof. Dr. Julius Kuhl, Institut für Psychologie, Universität Osnabrück (*Kap. II.E.5: Persönlichkeitspsychologie*)

Prof. Dr. Jens Kuhn, Klinik für Psychiatrie und Psychotherapie, Uniklinik Köln (*Kap. V.6: Neuromodulation als Therapieverfahren*)

Prof. Dr. Kai-Uwe Kühnberger, Institut für Kognitionswissenschaft, Universität Osnabrück (*Kap. III.1: Kognition als Symbolverarbeitung: das Computermodell des Geistes*; *Kap. III.2: Konnektionismus, neuronale Netze und parallel distributed processing*; *Kap. III.3: Hybride Architekturen*)

Dr. Miriam Kyselo, IAS-Research Centre for Life, Mind, and Society, Department of Logic and Philosophy of Science, University of the Basque Country, San Sebastián, Spanien (*Kap. III.9: Enaktivismus*)

Dr. Manuela Lenzen, Zentrum für interdisziplinäre Forschung der Universität Bielefeld (ZiF) (*Kap. IV.10: Kommunikation*)

Prof. Dr. Holger Lyre, Institut für Philosophie, Otto von Guericke Universität Magdeburg (*Kap. III.6: Situierte Kognition (situated cognition)*; *Kap. III.7: Verkörperlichung und situative Einbettung (embodied/embedded cognition)*)

M.Sc. Amadeus Magrabi, Berlin School of Mind and Brain, Humboldt-Universität zu Berlin sowie Klinik für Psychiatrie und Psychotherapie, Charité Universitätsmedizin, Berlin (*Kap. IV.6: Entscheidungsfindung*)

Prof. Dr. Hans Markowitsch, Abteilung für Psychologie, Universität Bielefeld (*Kap. IV.7: Gedächtnis und Erinnern*)

B.Sc. Freya Materne, Institut für Kognitionswissenschaft, Universität Osnabrück (*Kap. II.C: Linguistik: Einleitung*)

Dr. Tamara Matuz, Institut für medizinische Psychologie und Verhaltensneurobiologie, Eberhard Karls Universität Tübingen (*Kap. IV.3: Brain-computer-interfaces (BCI) zur Kommunikation und Umweltkontrolle*)

Dr. Tobias Meilinger, Max-Planck-Institut für biologische Kybernetik, Tübingen (*Kap. IV.16: Repräsentation*)

Prof. Dr. Thomas Metzinger, Philosophisches Seminar, Universität Mainz (*Kap. IV.18: Selbst, Selbstmodell und Subjekt*)

PD Dr. Uwe Meyer, Institut für Kognitionswissenschaft, Universität Osnabrück (*Kap. IV.9: Kategorisierung und Begriffe*)

Prof. Dr. Henrike Moll, Department of Psychology, University of Southern California, Los Angeles, USA (*Kap. IV.20: Sprache, sprachliche Bedeutung, Sprachverstehen und Kontext*)

Prof. Cynthia F. Moss, Department of Psychology, Institute for Systems Research, University of Maryland, College Park, USA (*Kap. IV.24: Wahrnehmung*)

Dr. Saskia K. Nagel, Institut für Kognitionswissenschaft, Universität Osnabrück (*Kap. IV.19: Sensorische Substitution; Kap. V.8: Neurowissenschaft und Ethik*)

Prof. Dr. Michael Pauen, Berlin School of Mind and Brain sowie Institut für Philosophie, Humboldt-Universität zu Berlin (*Kap. IV.4: Bewusstsein*)

Dr. Dr. Niki Pfeifer, Fakultät für Philosophie, Wissenschaftstheorie und Religionswissenschaft, Munich Center for Mathematical Philosophy, Ludwig-Maximilians Universität München (*Kap. IV.25: Wissen*)

Prof. Dr. Gordon Pipa, Institut für Kognitionswissenschaft, Universität Osnabrück (*Kap. II.D.2: Theoretische Neurowissenschaft*)

B.Sc. Christian H. Poth, Abteilung für Psychologie, Universität Bielefeld (*Kap. IV.1: Aufmerksamkeit*)

Prof. Dr. Hannes Rakoczy, Georg-Elias-Müller-Institut für Psychologie, Georg-August-Universität Göttingen (*Kap. IV.21: Theory of mind*)

Dr. Benjamin Rathgeber, Institut für Philosophie, Universität Karlsruhe (*Kap. IV.2: Autonomie*)

Prof. Dr. Rainer Reisenzein, Institut für Psychologie, Ernst-Moritz-Arndt-Universität Greifswald (*Kap. IV.5: Emotionen*)

Prof. Robert C. Roberts, Department of Philosophy, Baylor University, Texas, USA (*Kap. IV.5: Emotionen*)

Dr. Marieke Rohde, Fakultät für Biologie, Kognitive Neurowissenschaften, Universität Bielefeld (*Kap. III.5: Evolutionäre Robotik, organic computing und Künstliches Leben*)

Prof. Dr. Constantin A. Rothkopf, Institut für Psychologie, Technische Universität Darmstadt (*Kap. II.D.1: Kognitive Neurowissenschaft; Kap. IV.15: Motorik und Handlungssteuerung*)

Prof. Dr. Birgitt Röttger-Rössler, Institut für Ethnologie, Freie Universität Berlin (*Kap. II. A.2: Sozial- und Kulturanthropologie/Kognitionsethnologie*)

Dipl. Psych. Sarah Rudorf, Center for Economics and Neuroscience, Rheinische Friedrich-Wilhelms-Universität Bonn (*Kap. V.7: Neuroökonomie*)

Prof. Dr. Katharina Scheiter, Leibniz-Institut für Wissensmedien, Tübingen (*Kap. IV.12: Lernen*)

Prof. Dr. Tobias Schlicht, Institut für Philosophie II, Ruhr-Universität Bochum (*Kap. IV.24: Wahrnehmung*)

Prof. Dr. Ute Schmid, Fakultät Wirtschaftsinformatik and Angewandte Informatik, Otto-Friedrich-Universität Bamberg (*Kap. II.B.1: Künstliche-Intelligenz-Forschung; Kap. IV.11: Kreativität und Problemlösen*)

B.Sc. Laura Schmitz, Institut für Kognitionswissenschaft, Universität Osnabrück (*Kap. II.E: Psychologie: Einleitung*)

Prof. Dr. Peter Schneck, Institut für Anglistik und Amerikanistik, Universität Osnabrück (*Kap. V.4: Kognitive Poetik*)

Prof. Dr. Werner X. Schneider, Abteilung für Psychologie, Universität Bielefeld (*Kap. IV.1: Aufmerksamkeit*)

Prof. Dr. Oliver R. Scholz, Philosophisches Seminar, Westfälische Wilhelms-Universität Münster (*Kap. III.10: Soziale und verteilte Kognition (social/distributed cognition)*)

Prof. Dr. Gregor Schöner, Institut für Neuroinformatik, Ruhr-Universität Bochum (*Kap. III.4: Die Theorie dynamischer Systeme*)

apl. Prof. Dr. Michael Schredl, Zentralinstitut für Seelische Gesundheit, Psychiatrie und Psychotherapie, Mannheim (*Kap. IV.22: Träumen*)

Prof. Dr. Bernhard Schröder, Fakultät für Geisteswissenschaften, Universität Duisburg-Essen (*Kap. II.C.4: Computerlinguistik*)

Dr. Holger Schultheis, Fachbereich Informatik, Universität Bremen (*Kap. II.E.2: Kognitive Modellierung*)

Dr. Tobias Skuban-Eiseler, Psychiatrische Klinik der Ludwig-Maximilians-Universität München (*Kap. V.6: Neuromodulation als Therapieverfahren*)

Prof. Dr. Jan Slaby, Institut für Philosophie, Freie Universität Berlin (*Kap. V.5: Kritische Neuro- und Kognitionswissenschaft*)

Prof. Dr. Volker Sommer, Department of Anthropology, University College London, Großbritannien (*Kap. II. A.1: Evolutionäre Anthropologie*)

Prof. Dr. Achim Stephan, Institut für Kognitionswissenschaft, Universität Osnabrück (*Kap. V.1: Affektwissenschaft (affective science)*; *Kap. V.10: Situierte Affektivität*)

Dr. Thomas Sturm, Departament de Filosofia, Universitat Autònoma de Barcelona, Spanien (*Kap. I: Ursprünge und Anfänge der Kognitionswissenschaft*)

Dr. Tareq Syed, Institut für Philosophie, Universität Karlsruhe (*Kap. IV.2: Autonomie*)

Lore Thaler, PhD, Department of Psychology, Durham University, Großbritannien (*Kap. IV.24: Wahrnehmung*)

Dr.-Ing. Marko Tscherepanow, Technische Fakultät, Universität Bielefeld (*Kap. IV.7: Gedächtnis und Erinnern*)

Petra Vetter, PhD, Department of Neuroscience, Medical School & Swiss Center for Affective Sciences, University of Geneva (*Kap. IV.24: Wahrnehmung*)

Prof. Dr. Dr. Kai Vogeley, Klinik und Poliklinik für Psychiatrie und Psychotherapie, Uniklinik Köln & Forschungszentrum Jülich, Institut für Neurowissenschaften und Medizin – Kognitive Neurowissenschaft (INM3) (*Kap. IV.16: Repräsentation*)

M.Sc. Kristin Völk, Gatsby Computational Neuroscience Unit, University College London, Großbritannien (*Kap. IV.12: Lernen*)

Prof. Dr. Gottfried Vosgerau, Institut für Philosophie, Heinrich-Heine-Universität Düsseldorf (*Kap. IV.16: Repräsentation*)

Prof. Dr. Ipke Wachsmuth, Technische Fakultät, Universität Bielefeld (*Kap. IV.13: Mensch-Maschine-Interaktion*)

Prof. Dr. Dr. Henrik Walter, Klinik für Psychiatrie und Psychotherapie, Charité Universitätsmedizin, Berlin (*Kap. II.D.3: Klinische Neurowissenschaft*; *Kap. II.F.2: Neurophilosophie und Philosophie der Neurowissenschaft*; *III. Strukturen kognitiver Systeme: Einleitung*; *Kap. IV.23: Volition und Selbstkontrolle*)

Prof. Dr. Sven Walter, Institut für Kognitionswissenschaft, Universität Osnabrück (*Kap. II.E.6: Evolutionäre Psychologie*; *Kap. III: Strukturen kognitiver Systeme*; *Kap. III.6: Situierte Kognition (situated cognition)*; *Kap. III.8: Erweiterte Kognition (extended cognition)*; *Kap. V.10: Situierte Affektivität*)

Prof. Dr. Bernd Weber, Center for Economics and Neuroscience, Rheinische Friedrich-Wilhelms-Universität Bonn (*Kap. V.7: Neuroökonomie*)

Prof. Dr. Harald Welzer, Universität Flensburg (*Kap. IV.7: Gedächtnis und Erinnern*)

M.Sc. Wendy Wilutzky, Institut für Kognitionswissenschaft, Universität Osnabrück (*Kap. V.10: Situierte Affektivität*)

Dr. Jennifer M. Windt, Philosophisches Seminar, Universität Mainz (*Kap. IV.22: Träumen*)

Prof. Dan Zahavi, Center for Subjectivity Research, Department of Media, Cognition and Communication, Universität Kopenhagen, Dänemark (*Kap. II.F.3: Neurophänomenologie*)

3. Personenregister

Zeitfracht Medien GmbH
Ferdinand-Jühlke-Straße 7
99095 Erfurt, Deutschland
produktsicherheit@kolibri360.de